SCHÜLER
DUDEN

Die Religionen

Duden für den Schüler

Wörterbücher und Sachlexika

Rechtschreibung und Wortkunde
Vom 4. Schuljahr an

Bedeutungswörterbuch
Erklärung des deutschen Grundwortschatzes

Grammatik
Eine Sprachlehre mit Übungen und Lösungen

Fremdwörterbuch
Herkunft und Bedeutung fremder Wörter

Die richtige Wortwahl
Ein vergleichendes Wörterbuch sinnverwandter Ausdrücke

Die Literatur
Die wichtigsten literarischen Begriffe

Die Mathematik I
5. bis 10. Schuljahr

Die Mathematik II
11. bis 13. Schuljahr

Die Biologie
Das Grundwissen der Schulbiologie

Die Physik
Von der ersten Physikstunde bis zum Abitur

Die Chemie
Ein Lexikon der gesamten Schulchemie

Die Geographie
Von der Geomorphologie zur Sozialgeographie

Die Geschichte
Die wichtigsten historischen Begriffe

Die Musik
Ein Sachlexikon der Musik

Die Kunst
Der gesamte Stoff für den modernen Kunstunterricht

Die Philosophie
Ein Sachlexikon der Philosophie

Politik und Gesellschaft
Ein Lexikon zur politischen Bildung

Die Psychologie
Ein Fachwörterbuch speziell für Schüler

Die Religionen
Ein Lexikon aller Religionen der Welt

Das Wissen von A–Z
Ein allgemeines Lexikon für die Schule

Duden Schülerlexikon

SCHÜLER DUDEN

Die Religionen

Herausgegeben von der Redaktion
für Religion und Theologie
des Bibliographischen Instituts
unter der Leitung von Gerhard Kwiatkowski

Bearbeitet von
Professor Dr. Günter Lanczkowski

Bibliographisches Institut Mannheim/Wien/Zürich
Dudenverlag

Redaktion: Dr. Hans Wißmann

CIP-Kurztitelaufnahme der Deutschen Bibliothek

Schülerduden „Die Religionen" / hrsg. von d. Red. für Religion u. Theologie d. Bibliograph. Inst. unter d. Leitung von Gerhard Kwiatkowski. Bearb. von Günter Lanczkowski. - Mannheim, Wien, Zürich: Bibliographisches Institut, 1977.
(Duden für den Schüler; 11)
ISBN 3-411-01369-9

NE: Kwiatkowski, Gerhard [Hrsg.]; Lanczkowski, Günter [Bearb.]; Die Religionen

Korrigierter Nachdruck 1980
Satz: Bibliographisches Institut
und Zechnersche Buchdruckerei, Speyer
(Mono-Photo-System 600)
Druck: Zechnersche Buchdruckerei, Speyer
Einband: Klambt-Druck GmbH, Speyer
Printed in Germany
ISBN 3-411-01369-9

VORWORT

Das Interesse an den Religionen ist in den letzten Jahren stark gestiegen. Denn zum einen entstehen weltweit neue Religionen mit ständig wachsenden Zahlen vor allem jugendlicher Anhänger. Diese Entwicklung ist Anlaß zu Kritik oder Besorgnis, in jedem Fall aber zum Nachdenken all derer, die Religion für ein durch neuzeitliche Rationalität überwundenes Phänomen halten. Zum anderen erschließen Ferntourismus und Massenmedien fremde Kulturen, die von der auch heute noch lebendigen Kraft religiöser Vorstellungen zeugen. Die zunehmende Bedeutung, die dem Fach Religion in der Schule, auch im Rahmen der Oberstufenreform, eingeräumt wird, spiegelt dieses neue Verhältnis wider. Der Schülerduden „Die Religionen" wurde für alle die geschaffen, die ein Hilfsmittel benötigen, das die vorhandenen Lehrbücher und Texte ergänzt. Er berücksichtigt die Vielfalt des Stoffs durch eine sorgfältig getroffene Stichwortauswahl, die auch die Bereiche des Aberglaubens und der jeweiligen Volksbräuche beachtet. In ihm werden in kurzen und informativen Artikeln Begriffe und Sachverhalte aus sämtlichen Religionen konfessionell neutral und in einer wissenschaftlich abgesicherten Weise erklärt. Es wurden durchweg nur Sachstichwörter aufgenommen, in denen religiöse Fakten, Glaubensüberzeugungen fremder, vergangener oder gegenwärtiger Religionen wie auch Aussagen der christlichen Theologien dargestellt werden. Bekannte und wichtige Gestalten der Religionsgeschichte wurden nur dann aufgenommen, wenn sie selbst Gegenstand religiöser Verehrung geworden sind oder als Stifter von Religionen hervortraten. Ein ausführliches Register eröffnet den Zugang zu weiteren Informationen, die nicht unter einem eigenen Stichwort abgehandelt sind. In einer kurzen Literaturübersicht werden schließlich deutschsprachige Werke genannt, die in einer umfassenden Weise über die Religionen informieren und einen Schlüssel zu weiterer religionswissenschaftlicher Literatur darstellen. Auf Grund der regen Nachfrage sahen wir uns genötigt, einen Nachdruck des Werkes vorzunehmen, in dem Druckfehler korrigiert und die Papstliste auf den neuesten Stand gebracht wurde.

Mannheim, im Frühjahr 1980

Herausgeber und Bearbeiter

Zur Einrichtung des Buches

1. Alphabetisierung

Der Text ist nach Stichwörtern alphabetisch geordnet, die halbfett gedruckt am Anfang der ersten Zeile des betreffenden Artikels stehen. Die Alphabetisierung berücksichtigt diakritische Zeichen grundsätzlich nicht und ordnet Umlaute wie die einfachen Selbstlaute ein: ä wie a, ö wie o usw. Komplexe Stichwörter, die mehrere halbfett gedruckte Wörter umfassen, werden ohne Rücksicht auf die Wortgrenze durchalphabetisiert: **A und O** steht zwischen **AUK** und **Aurora.**

2. Schreibung

Die Schreibung richtet sich grundsätzlich nach den Regeln der Duden-Rechtschreibung. Fachwörter mit eingedeutschter Endung werden in jedem Falle eindeutschend geschrieben (k bzw. z statt c usw.). Bei Begriffen aus Sprachen mit einer anderen Schrift als der lateinischen wurde eine vereinfachte Transkription verwendet, die die Laute annähernd in lateinischen Buchstaben wiedergibt. Andere, ebenfalls gebräuchliche Transkriptionen werden als Schreibvariante in Klammern mit einem Gleichheitszeichen angeführt, z. B. **Dschainismus** (= Jainismus), **Jasna** (= Yasna). Zusätzlich werden beim Stichwort bzw. im Text die folgenden diakritischen Zeichen verwendet:

¯ (Strich über Vokal): Längung des Vokals.

´ (Akzent auf Vokal): Betonung der Silbe. Im Altnordischen und Ungarischen Längung des Vokals. Im Französischen accent aigu.

` (Akzent auf Vokal): im Griechischen Betonung der Silbe (wenn ein weiteres griechisches Wort folgt); im Französischen accent grave.

῀ (Zirkumflex auf Vokal): im Griechischen Kennzeichnung einer langen, betonten Silbe, auf die nur eine kurze Silbe folgt.

˜ (Tilde): Kennzeichnung der Nasalierung des Lautes.

ˆ im Französischen accent circonflexe.

ʿ (spiritus asper): in semitischen Sprachen Wiedergabe des Ajin-Lautes (deutlich hörbarer Kehlkopfverschlußlaut, Knacklaut).

ʾ (spiritus lenis): in semitischen Sprachen Wiedergabe des Aleph-Lautes (leicht hörbarer Kehlkopfverschlußlaut, Knacklaut), im Chinesischen Kennzeichnung, daß der vorangegangene Laut „hart“ (aspiriert) ausgesprochen wird.

3. Betonung

Der untergesetzte Punkt unter Vokalen bedeutet, daß der Vokal kurz und betont ist; untergesetzter Strich unter Vokalen bedeutet, daß der Vokal lang und betont ist. Bei mehreren möglichen Betonungen erfolgt die Betonungsangabe nur in der Lautschrift in eckigen Klammern.

4. Ausspracheangaben in Lautschrift

In den Fällen, in denen die Aussprache nicht oder nur unvollkommen aus dem Stichwort erschlossen werden kann, wird in eckigen Klammern die Aussprache mit den folgenden Zeichen des Internationalen Phonetischen Alphabets (IPA) wiedergegeben:

Zeichen	Beschreibung	Beispiel
a	helles bis mittelhelles a	hạt [hat], Rad [ra:t]
ɑ	dunkles a	Fạther *engl.* ['fɑ:ðə]
æ	sehr offenes ä	Catch *engl.* [kætʃ]
ʌ	abgeschwächtes dunkles a	Butler *engl.* ['bʌtlə]
aɪ	ei-Diphthong	reit! [raɪt]
aʊ	au-Diphthong	Haut [haʊt]
b	b-Laut	Bau [baʊ]
ç	Ich-Laut	ịch [ɪç]
ɕ	ßj-Laut („scharf")	Sienkiẹwicz *poln.* [ɕɛŋ'kjɛvitʃ]
d	d-Laut	Dạmpf [dampf]
ð	stimmhafter englischer th-Laut	Fạther *engl.* ['fɑ:ðə]
dʒ	dsch-Laut („weich")	Gịn [dʒɪn]
e	geschlossenes e	lẹbt [le:pt]
ɛ	offenes e	hätte ['hɛtə]
ɛ̃	nasales [ɛ]	Teint [tɛ̃:]
ə	Murmellaut	hạlte ['haltə]
f	f-Laut	fạst [fast]
g	g-Laut	Gạns [gans]
h	h-Laut	Hạns [hans]
i	geschlossenes i	Elisa [e'li:za]
i̯	unsilbisches i	Mạrio *italien.* ['ma:ri̯o]
ɪ	offenes i	bịst [bɪst]
ɨ	zwischen [i] und [u] ohne Lippenrundung	Gromyko *russ.* [gra'mɨkɐ]
j	j-Laut	jụst [jʊst]
k	k-Laut	kạlt [kalt]
l	l-Laut	Lạst [last]
ʎ	lj-Laut	Sevịlla *span.* [se'βiʎa]
m	m-Laut	mạn [man]
n	n-Laut	Nẹst [nɛst]
ŋ	ng-Laut	lạng [laŋ]
ɲ	nj-Laut	Champạgne *frz.* [ʃã'paɲ]
o	geschlossenes o	Lọt [lo:t]
õ	nasales o	Bon [bõ:]
ɔ	offenes o	Pọst [pɔst]
ø	geschlossenes ö	mögen ['mø:gən]
œ	offenes ö	kö̩nnt [kœnt]
œ̃	nasales ö	Parfum [par'fœ̃:]
ɔʏ	eu-Laut	heute ['hɔʏtə]

Zeichen	Beschreibung	Beispiel
p	p-Laut	Pạkt [pakt]
pf	pf-Laut	Pfau [pfaʊ]
r	r-Laut	Rạst [rast]
s	ß-Laut („scharf")	Rạst [rast]
ʃ	sch-Laut	schạlt! [ʃalt]
t	t-Laut	Tau [taʊ]
θ	stimmloser englischer th-Laut	Cọmmonwealth *engl.* ['kɔmənwɛlθ]
ts	z-Laut	Zẹlt [tsɛlt]
tʃ	tsch-Laut	Mạtsch [matʃ]
u	geschlossenes u	Kur [ku:r]
u̯	unsilbisches [u]	Cạpua *italien.* ['ka:pu̯a]
ʊ	offenes u	Pụlt [pʊlt]
v	w-Laut	Wạrt [vart]
w	konsonantisches u	Wịnston *engl.* ['wɪnstən]
x	Ach-Laut	Bạch [bax]
y	ü-Laut	Tüte ['ty:tə]
ʏ	offenes ü	rüste ['rʏstə]
ɥ	konsonantisches ü	Suịsse *frz.* [sɥis]
z	s-Laut („weich")	Hase ['ha:zə]
ʒ	sch-Laut („weich")	Genie [ʒe'ni:]
:	Längezeichen, bezeichnet Länge des unmittelbar davor stehenden Vokals	bade ['ba:də]
'	Hauptbetonung, steht unmittelbar vor der betonten Silbe; wird nicht gesetzt bei einsilbigen Wörtern und nicht, wenn in einem mehrsilbigen Wort nur ein silbischer Vokal steht.	Ạcker ['akər], Apothẹke [apo'te:kə]; Haus [haʊs]; Jọhnson *engl.* [dʒɔnsn]
-	Bindestrich, bezeichnet Silbengrenze	Wịrtschaft ['vɪrt-ʃaft]

Wenn das Stichwort neben der Aussprache noch eine Herkunftsangabe (Etymologie) erhält, erscheint die jeweilige Sprache nur einmal, nämlich bei der Herkunftsangabe (Etymologie). Beispiel:

Quetzalcọatl [kεtsal'ko:atl; aztekisch „grüne Federschlange"].

5. Herkunftsangabe (Etymologie)

Ist eine Information über die Herkunft und die ursprüngliche Bedeutung eines Stichworts nicht nur wortgeschichtlich, sondern auch inhaltlich bedeutsam, erhält das betreffende Stichwort eine Herkunftsangabe in eckigen Klammern (nach der Ausspracheangabe in Lautschrift, soweit vorhanden). Die Herkunftsangabe wird im Normalfall mit der Sprache eingeleitet, aus der das Wort stammt, es folgt die Bedeutung des Wortes in dieser Sprache in Anführungszeichen. Sofern das Wort eine abgeleitete Bildung ist oder nicht mehr mit seiner ursprünglichen Lautung übereinstimmt, wird diese ebenfalls in einer vereinfachten Transkription eingeführt, gegebenenfalls unter Verwendung der unter 2. angegebenen diakritischen Zeichen:

Beispiele:

Okkultịsmus [von lateinisch occultus „verborgen"];
Ọm mạni pạdme hụm [Sanskrit „Om, Kleinod im Lotos, hum"];
Omophagi̲e̲ [von griechisch ōmós „roh" und phageĩn „essen"].

Ist die Erschließung der ursprünglichen Lautung inhaltlich nicht von Bedeutung, erscheint nur die Sprache, der dieses Wort entstammt.

6. Bedeutungsgleiche oder bedeutungsähnliche Wörter (Synonyme)

Gibt es für einen Sachverhalt mehrere Begriffe, so werden diese in runden Klammern, eingeführt durch „auch", wiedergegeben. Sie stehen nach der Aussprache- und Herkunftsangabe.
Beispiel:

Apostọlisches Glaubensbekenntnis (auch Apostolikum, Symbolum apostolicum).

7. Abkürzungen

In diesem Buch werden nur allgemein bekannte und gebräuchliche Abkürzungen verwendet, z. B.: „z. T., u. a., v. a., z. B., Abk.". Ausnahmen: die Abkürzungen der Bücher der Bibel. Sie sind in der Übersicht „Bücher der Bibel" (S. 60 ff.) in der letzten Spalte *kursiv* verzeichnet.
Ferner die Abkürzungen für das Alte Testament (A.T.) und das Neue Testament (N.T.).

8. Datierung

Alle Personennamen, die in einem Artikel erscheinen, werden mit biographischen Angaben, Geburtsjahr (*) und Sterbejahr (†) versehen. Bei Herrschern erscheinen im allgemeinen nur Beginn und Ende ihrer Regierungszeit, gekennzeichnet durch ein Symbol (♔).
Päpste und Gegenpäpste erhalten keine Daten zur Biographie bzw. zu ihrem Pontifikat; diese Daten sind der Übersicht „Päpste" (S. 324 ff.) zu entnehmen.

A

Äakus (= Aiakos): Gestalt der griechischen Mythologie, Sohn des Zeus und der Nymphe Ägina, König der Myrmidonen, eines Volksstammes in Thessalien, zeichnete sich durch Gottesfurcht und Gerechtigkeitssinn aus und galt nach seinem Tod als einer der drei Richter in der Unterwelt.

Aaronitischer Segen: der im A.T. (4. Mos. 6, 24–26) wiedergegebene Segen, den der Levite Aaron (nach 2. Mos. 4, 14 der Bruder des Moses) sowie dessen priesterliche Nachkommen über Israel sprechen sollen. Er bildete wahrscheinlich den Abschluß des vorexilischen Kults. Im Mittelalter wurde er in der Kirche nur vereinzelt liturgisch verwendet. Luther führte ihn 1525 in den evangelischen Gottesdienst ein, was von Calvin und Zwingli im gleichen Jahr übernommen wurde. Der Text des in dreifacher Gliederung rhythmisch geformten Segens lautet:
„Der Herr segne dich und behüte dich; der Herr lasse sein Angesicht leuchten über dir und sei dir gnädig; der Herr erhebe sein Angesicht über dich und gebe dir Frieden".

Abaddon [hebräisch „Vertilgung, Untergang"]: im A.T. das Totenreich (Ps. 88, 12; Hiob 26, 6). Das Wort, bereits Hiob 28, 22 für eine Person, den „Verderber" gebraucht, bezeichnet in der Apokalypse des Johannes (Apk. 9, 11; griechisch Apollýon) einen König dämonischer Mächte.

Abaton [griechisch „das Unbetretbare, das Unzugängliche"]: Teil eines Tempelbezirks, dessen Betreten Unbefugten untersagt war; auch griechischer Name der „reinen Stätte", des auf der ägyptischen Insel Bige angenommenen Grabes des ägyptischen Gottes Osiris. In den christlichen Ostkirchen bedeutet Abaton das Allerheiligste mit dem Altarraum.

Abba [aramäisch „Vater"]: im N.T. im religiösen Sinn ein („geistlicher") Vater, der Name, mit dem Gott im Gebet angeredet wird (Mark. 14, 36; Röm. 8, 15; Gal. 4, 6). Das Wort wurde vom Griechischen und Lateinischen übernommen und liegt dem deutschen *Abt*, dem französischen *abbé*, dem englischen *abbot* zugrunde.

Abendmahl: das letzte Gemeinschaftsmahl Jesu mit seinen Jüngern am Abend vor seinem Tode. Es umfaßt, wie die sogenannten Einsetzungsworte zeigen (Matth. 26, 26–29; Mark. 14, 22–25; Luk. 22, 15–20), die folgenden Gedanken: den Gedanken an den bevorstehenden Tod Jesu, den er selbst mit dem bald beginnenden Gottesreich verbindet, den Gedanken an das endzeitliche Heil der Menschen und an das Verständnis der Gaben von Brot und Wein als Gaben des Heils. Paulus sieht in der Feier des Abendmahls eine wirkliche Vereinigung der Christen mit Christus und untereinander (1. Kor. 10, 16), und er warnt vor einer unwürdigen Feier (1. Kor. 11, 23 ff.). – Während das Abendmahl von der ältesten Christenheit zunächst als Mahlzeit begangen wurde, entwickelte es sich im 2. Jahrhundert zu einer Feier mit sakramentalem Charakter (↑Sakrament). – In den Bekenntnissen der Reformation entstanden Unterschiede in der Frage, was von den Elementen der Abendmahlsfeier, Brot und Wein, auszusagen und zu glauben sei. Diese Unterschiede traten zwischen Luther und Zwingli 1529 beim Marburger Religionsgespräch zutage. Während Luther die *Realpräsenz* Christi im Sakrament erblickte (Christus *ist* in den Elementen Brot und Wein anwesend), vertrat Zwingli eine *symbolische* Deutung (Brot und Wein *bedeuten* Blut und Leib Christi). Calvin hielt an der Realpräsenz Christi im Abendmahl fest, die durch den

Abendmahl. Relief am Heiligblutaltar des Tilman Riemenschneider in der Jakobskirche in Rothenburg ob der Tauber (1499–1505)

Heiligen Geist in den Gläubigen bewirkt werde, während der Ungläubige nur Brot und Wein empfange.

Abercius-Inschrift: auf einer griechischen Grabinschrift des 2. Jahrhunderts aus dem kleinasiatischen Hieropolis berichtete ein Bischof Abercius in einer bewußt an die Sprache der vorchristlichen (heidnischen) ↑Mysterien angelehnten Redeweise von seiner Romreise, auf der ihm der „Glaube" (griechisch „Pistis", als Person gedacht) überall einen heiligen Fisch mit Brot und Wein vorgesetzt habe. Die Inschrift wurde 1883 in Phrygien entdeckt. Sie weist wohl auf das christliche Abendmahl hin.

Aberglaube (auch Superstition): im 15. Jahrhundert aufgekommener Begriff, mit dem „verkehrte", vom offiziell gelehrten christlichen Glauben abweichende Ansichten abwertend als Bestandteil vorchristlicher Religion gekennzeichnet werden sollen. Charakteristisch für den Aberglauben ist die Annahme von Kräften und Wirkungen, die mit der gewohnten Erfahrung und den bekannten Naturgesetzen nicht übereinstimmen. Der Aberglaube gründet in einer magischen Weltanschauung (↑Magie), in der der Mensch meint, durch außergewöhnliche Handlungen Einfluß auf übersinnliche Mächte gewinnen zu können. Meist verbinden sich damit animistische Ansichten (↑Animismus), nach denen physische Kräfte oder Dinge für beseelt gehalten werden und von denen man glaubt, sie entsprechend benutzen, d. h. mit zauberischen Absichten einsetzen zu können. Abergläubisches Handeln zielt meistens auf Abwehr von schädlichen, fremdem Zauber zugeschriebenen Einflüssen (↑apotropäisch) und darauf, Erkenntnisse über die Zukunft zu erlangen (↑Mantik).

abessinische Kirche (auch äthiopische Kirche): die älteste bis heute bestehende christliche Staatskirche (in Äthiopien). Ihre Grundlagen wurden Mitte des 4. Jahrhunderts zur Zeit der Regierung des Königs Esana von Aksum gelegt. Als erste christliche Missionare gelten Frumentius und Aedesius, über deren Tätigkeit Rufinus (ein lateinischer Kirchenschriftsteller, * um 345, † um 410) berichtet. In die Zeit um 500 fällt das Auftreten der „Neun Heiligen", die als Begründer des ↑Monophysitismus in der abessinischen Kirche angesehen werden. Vom 7. bis 13. Jahrhundert war die abessinische Kirche durch den das Land umgebenden Islam von der christlichen Welt abgeschlossen. – An der Spitze der abessinischen Kirche steht der *Abuna*, der bis 1950 stets vom koptischen (das heißt ägyptischen) Patriarchen aus Mönchen des koptischen Klosters des heiligen Antonius ausgewählt wurde. Er hatte seine Residenz in Gondar, seit 1893 in Addis Abeba. Seit 1950 wird die abessinische Kirche von einem einheimischen Geistlichen geleitet. Große Bedeutung besitzen in dieser Kirche die vornehmlich nach der Regel des Pachomius lebenden Mönche, deren Oberhaupt der *Etschagie* ist. – Die abessinische Kirche hat viele Merkmale aus der Zeit des frühesten Christentums bewahrt; sie entfaltete ein reiches liturgisches Leben. – 1965 fand eine Konferenz der orientalischen Kirchen in Addis Abeba statt, die die abessinische Kirche als eine führende Kraft innerhalb dieser Kirchen erkennen ließ.

Abfall: im religiösen Sprachgebrauch wird die Abwendung vom bisherigen Glauben, die meistens unter äußerem Druck oder um weltlicher Vorteile willen vollzogen wird, Abfall genannt.

Ạbgarbrief: ein legendärer, von dem griechischen Kirchenschriftsteller Eusebios von Caesarea (* zwischen 260 und 265, † 339) in seiner „Kirchengeschichte" (Buch 1, Kapitel 13) überlieferter Brief, den Jesus eigenhändig an Abgar V. (♕ 9–46), den König von Edessa geschrieben haben soll. Angeblich habe der Briefbote dem König auch ein echtes Bild Jesu überbracht.

Abgötterei: in monotheistischen Religionen der Glaube an mehrere Götter, der von der offiziell verkündeten Glaubenslehre verurteilt wird.

Abhidhamma-Pịtaka [mittelindisch „Korb der Lehrbegriffe"]: der dritte Teil („Korb") des buddhistischen heiligen Buches, des ↑Tripitaka.

Abhịdschna (= Abhijñā) [Sanskrit „wunderbare Erkenntnisse"]: nach buddhistischer Anschauung Teil der Erfahrungen, die dem Meditierenden zuteil werden.

Abhimụkti [Sanskrit „höchste Weisheit"]: im Buddhismus eine der Stufen auf dem Weg zur Vollkommenheit.

Ablaß (auch lateinisch Indulgentia): in der katholischen Kirche kann jedes Kirchenmitglied durch Erfüllung bestimmter Leistungen (z. B. durch gute Werke oder eine vorgeschriebene Anzahl von Gebeten) erreichen, daß ihm die Kirche sogenannte „zeitliche Sündenstrafen" erläßt. Dies sind Strafen, die von der Kirche oder von Gott verhängt werden und die entweder auf Erden abgebüßt, oder, wenn dies nicht geschieht, im Fegefeuer gesühnt werden. Denn nach katholischer Auffassung haben Jesus und die Heiligen „überschüssige" Verdienste erworben, die die Kirche wie einen Schatz (lateinisch „Thesaurus ecclesiae") verwalten kann in der Weise, daß Sündern mit diesem Schatz ein Teil ihrer Strafe erlassen werden kann. Die Mißstände, die im späten Mittelalter einerseits die Theorie des Ablasses mit ihrer begrifflichen Verwischung von Strafe und Sünde, andererseits die von finanziellen Interessen geleitete Praxis der Ablaßprediger (Gewinnen von Ablaß gegen Bezahlung) hervorriefen, führten zum Protest Luthers und zur Reform des Ablaßwesens auf dem Konzil von Trient. Heute spielt der Ablaß in der katholischen Kirche eine untergeordnete Rolle.

Ablutiọn [von lateinisch ablutio „Abwaschung, Reinigung"]: Reinigung der Gefäße, die in der katholischen ↑Messe verwendet werden, sowie der Fingerspitzen, manchmal des Mundes desjenigen, der die Messe zelebriert, mit Wein oder Wasser nach dem Empfang der ↑Eucharistie.

A̲braham (auch nordsemitisch Abram) [hebräisch]: Ahnherr Israels und ältester der drei ↑Patriarchen, von dem das A.T. (1. Mos. 12–25)

Abrahams Schoß. Bildwerk am Bamberger Dom, Fürstentor (zwischen 1225 und 1237)

berichtet; danach wanderte Abraham aus Ur in Chaldäa über Haran in Mesopotamien nach Kanaan ein. Er zeigte gläubiges Vertrauen zu Jahwe, dem monotheistischen Gott, inmitten einer Umwelt mit polytheistischen Religionen. Sein Name, der (1. Mos. 17, 5) fälschlich nach dem äußeren Anklang als hebräisch *ab hammon* („Vater des Getümmels [d. h. von Völkern]") verstanden wird, bedeutet wahrscheinlich „der Vater (d. h. Jahwe) ist erhaben". Abraham gilt im A. T. (Jes. 41, 8) als „Freund Gottes"; im N. T. (Luk. 16, 22) ist die Wendung „Abrahams Schoß" ein bildhafter Ausdruck für das Paradies.

Abraham-Apokalypse: eine um 100 n. Chr. entstandene pseudepigraphische Schrift (↑Pseudepigraphen), die sich in den Kapiteln 1 bis 8 gegen die heidnische Verehrung von Bildern richtet; die Kapitel 9 bis 32 berichten von einer visionären Zukunftsschau Abrahams, in der er die Geschichte seiner Nachkommen bis zum Endgericht überblickt.

Abrahamiten: Anhänger einer seit 1746 in Böhmen auftretenden religiösen Bewegung, die sich zum Glauben Abrahams vor seiner Beschneidung, d. h. zu der Religion vor dem eigentlichen Judentum, bekannte, vom Judentum aber die Heiligung des Sabbats und das Verbot des Genusses von Schweinefleisch übernahm. Die Abrahamiten wurden im März 1783 zur Auswanderung nach Ungarn und Siebenbürgen gezwungen, woraufhin ihre Bewegung bald erlosch.

Abraham-Testament: pseudepigraphische Schrift des 1./2. Jahrhunderts (↑Pseudepigraphen); sie enthält einen Bericht über eine Himmelsreise Abrahams, über seine Rückkehr und seinen Tod. Wird in der katholischen Kirche zu den ↑Apokryphen gerechnet.

Abram ↑Abraham.

Abraxas: ein Zauberwort, das man im allgemeinen auf den im 2. Jahrhundert n. Chr. lebenden Gnostiker Basilides zurückführt. Seine zauberische Wirksamkeit sollte auf der Siebenzahl seiner Buchstaben sowie auf deren Zahlenwert 365 beruhen (im

Abraxasgemme. Hahn als Tagkünder und Dämonenvertreiber, Schlange als Symbol der Zeugung und ewigen Verjüngung

Griechischen werden die Buchstaben auch als Zahlzeichen verwendet, d. h. Alpha = 1, Beta = 2, Rho = 100, Xi = 60, Sigma = 200; ergibt 1 + 2 + 100 + 1 + 60 + 1 + 200 = 365). Dieser Zahlenwert deutet sowohl auf die Tage des Jahres als auch auf die Anzahl der Geisterreiche in der Lehre des Basilides hin. – ↑auch Zahlensymbolik.

Abrenuntiation [von lateinisch abrenuntiatio „Abschwörung"] (auch griechisch Apotaxis): die Absage an den Teufel; ein alter, vorreformatorischer Bestandteil der christlichen Taufliturgie, mit dem der Täufling (bei der Kindertaufe der Pate) Satan und seinen Herrschaftsanspruch über den Menschen zurückweist.

Absolutheit des Christentums ↑Religionstheologie.

Absolution [von lateinisch absolutio „Lossprechung, Entlastung"]: die durch den katholischen Priester vollzogene Freisprechung von Sünden im Bußsakrament. In den evangelischen Kirchen der Abschluß der Beichte, mit dem auf die Vergebung der Sünden durch Gott hingewiesen wird.

Abstinenz [von lateinisch abstinentia „Enthaltsamkeit"]: der in der Religionsgeschichte häufig anzutreffende vorübergehende oder gänzliche Verzicht auf bestimmte Speisen, Genußmittel und auf sexuelle Betätigung. – ↑auch Fasten, ↑Zölibat.

Abt [von aramäisch abba „Vater"]: Vorsteher einer katholischen Ordensgemeinschaft mit Rechtsprechungsgewalt. In einzelnen evangelischen Anstalten, besonders Predigerseminaren, die auf ehemalige Klöster zurückgehen, blieb der Titel Abt erhalten (z. B. in Loccum und in Bursfelde).

Abuna [äthiopisch „unser Vater"]: Titel des Patriarchen der ↑abessinischen Kirche.

Abwehrzauber ↑Zauber.

Abydos [altägyptisch ʾbdw]: Ort in Mittelägypten, 560 km stromaufwärts von Kairo am Westrand des Niltals gelegen, in altägyptischer Zeit die bedeutendste Totenstadt (Nekropole) des Landes und Zentrum des Kultes des ↑Osiris.

Acaryas [a:ˈtʃa:rjas; Sanskrit „Verkünder, Lehrer"]: Mönche im ↑Dschainismus.

Ach [ägyptisch]: einer der drei wichtigsten altägyptischen Seelenbegriffe, meist als Vogel dargestellt (↑Seelentiere). Das Wort, das auch geisterhafte Mächte bezeichnet, gewinnt später im Koptischen die Bedeutung „Dämon, Gespenst".

Acheloos [griechisch]: Flußgott der griechischen Mythologie, Sohn des Okeanos und der Tethys.

Acheron [ˈaxɛro:n, aˈxɛro:n; griechisch]: in der griechischen Mythologie ein Unterweltsfluß, der oft mit der Unterwelt gleichgesetzt wurde und als Symbol für die Schrecken des Totenreichs galt.

Achikar (= Aḥīqar): Hauptfigur eines um 500 v. Chr. im Vorderen Orient entstandenen Romans, der zur religiösen Weisheitsliteratur zählt; überliefert in aramäischer, syrischer, arabischer, armenischer und äthiopischer Sprache.

Achilleus [axilˈlɔys, aˈxillɔys, griechisch] (auch lateinisch Achilles): der tapferste und schönste der griechischen Helden des Trojanischen Krie-

Abydos. Tempel Sethos' I.

Achilleus. Darstellung (Ausschnitt) auf einer Amphora des Achilleus-Malers (um 440 v. Chr.; Rom, Vatikanische Sammlungen)

ges. Um seine Gestalt rankten sich viele Sagen in zahlreichen Variationen.

Achtzehngebet: das auf hebräisch *Schmone Esre* („achtzehn") benannte, seit etwa 100 n. Chr. festliegende jüdische Hauptgebet der gottesdienstlichen wie auch der privaten Andacht. Es enthielt ursprünglich 18 Bitten mit je einer Lobpreisung; später wurde es ohne Änderung seines Namens um eine 19. Bitte erweitert. Trotz seiner Länge wird das Achtzehngebet im Stehen gesprochen.

Ackerfeste ↑Vegetationskult.

Acta Apostolorum [lateinisch] ↑Apostelgeschichte.

Acta Sanctorum [lateinisch „Taten der Heiligen"] (Abk. ActaSS): von den ↑Bollandisten herausgegebene Sammlung von Berichten und Legenden über das Leben der Heiligen und Märtyrer. – ↑auch Hagiographie.

Acyuta ['atʃjuta; Sanskrit „der Unerschütterliche"]: gelegentlich verwendeter Beiname des indischen Gottes ↑Krischna. Im Buddhismus wird eine Station auf dem Weg zur Erlangung des Heils *Acyuta Pada* genannt.

Adad (auch Hadad): altorientalischer Wettergott, dessen Verehrung im semitischen Bereich des Alten Orients weit verbreitet war; sein Kult wurde wahrscheinlich von Westsemiten nach Babylonien übertragen.

Adam [hebräisch]: nach alttestamentlicher Überlieferung (1. Mos, 2, 4–25) der erste Mensch, dann auch kollektiver Begriff für „Mensch, Menschheit" und für „Mann" im Gegensatz zu „Frau". Paulus versteht Adam als den Urheber der Sünde wegen Adams und Evas Sündenfall (Röm. 5, 12–19). Die Bedeutung des Namens Adam ist nicht geklärt; das A. T. verbindet ihn wegen des Namensanklangs etymologisch mit hebräisch *adama* („Erde"). In der Religionsgeschichte ist Adam ein Beispiel für die häufig begegnende Gestalt des ↑Urmenschen.

Adambücher: auf hebräische bzw. aramäische Originale zurückgehende apokryphe Schriften, die über Adam und Eva in verschiedenen Versionen berichten. Ihr Anliegen besteht meist darin, die Bußhandlungen der ersten Menschen herauszustellen.

Adamiten (auch Adamianer): christliche Sekten, die ihre Kulthandlungen angeblich unbekleidet vollzogen, um paradiesische Unschuld zu dokumentieren. Ernsthafte Beweise für die Existenz von Adamiten fehlen.

Adapa-Mythos: akkadischer Mythos, der, obwohl unvollständig überliefert, offensichtlich den umgreifenden Sinn eines Verscherzens der Unsterblichkeit durch den Titelhelden hat. Adapa bricht, nachdem sein Boot gekentert ist, die Flügel des Sturmgottes Zu und muß sich dafür vor dem Himmelsgott Anu verantworten. Dieser reicht ihm Brot und Wasser des Lebens. Auf Rat des Gottes Ea schlägt Adapa diese Nahrung aus, geht damit des ewigen Lebens verlustig und wird von Anu zur Erde entlassen.

Adaran: im Parsismus das „Feuergemach" im Allerheiligsten der Tempel. ↑Feuer.

Adhwarju (= Adhvaryu): in der wedischen Religion Indiens eine Priesterklasse, der die Vorbereitung der Altäre für Opferhandlungen, die manuelle

Handhabung der Riten und die Bewachung des heiligen Feuers oblag.

Adiaphoron [griechisch „Gleichgültiges"] (Mehrzahl Adiaphora; auch lateinisch Indifferentia): in der Philosophie der Stoa und in der christlichen Theologie Begriff für Werte, die in sittlicher Hinsicht neutral („indifferent") anzusehen seien, wie Gesundheit, Besitz, Ruhm, die erst durch menschliches Streben nach ihnen ethisches Gewicht erhalten.

Adisamadsch [Sanskrit „ursprüngliche Gemeinde"]: zeitweilig der Name des ↑Brahmasamadsch, der ihm durch Debendranath Tagore (* 1817, † 1905), nach dem Austritt von Keshab Chandra Sen (* 1838, † 1884) und dessen Anhängern gegeben wurde.

Aditi [Sanskrit „Ungebundenheit, Freiheit"]: altindische Göttin, Mutter der *Aditja*, wahrscheinlich als „Große Mutter" verehrt.

Aditja (= Āditya) [Sanskrit]: in der wedischen Religion Indiens eine von der Göttin *Aditi* abstammende Göttergruppe, deren Zahl zwischen sechs und zwölf schwankt. Ihre bedeutendsten Vertreter sind *Waruna* und *Mitra*.

Adler: in der Mythologie und Religionsgeschichte der König der Vögel und Symbol der Sonne, des Himmels und der Herrschermacht, Attribut von Göttern, besonders des Zeus. Im A. T. ist das Tragen „auf Adlers Flügeln" (2. Mos. 19, 4) Sinnbild für die Fürsorge Gottes. Der Adler ist Emblem des Evangelisten Johannes.

Adonai [hebräisch „mein Herr"]: eine Gottesbezeichnung des A.T., Umschreibung für Jahwe, als dessen Name aus religiöser Scheu nicht mehr ausgesprochen werden durfte.

Adonis: syrischer Vegetationsgott, wurde nach Übernahme in den griechischen Mythos als junger und schöner Mann, als Geliebter der Aphrodite gedacht. Im Hellenismus stand Adonis im Mittelpunkt eines Mysterienkults, in dem der Tod des Gottes mit jährlich wiederkehrenden ekstatischen Trauerbräuchen und seine Rückkehr ins Leben im Frühjahr rituell gefeiert wurde. Er wurde als Sinnbild für die jährlich sterbende und auferstehende Vegetation aufgefaßt.

Adoptianismus [lateinisch]: Sammelbezeichnung für verschiedene dogmatische Richtungen innerhalb des Christentums, deren Gemeinsamkeit in der Sorge um die Wahrung eines reinen Monotheismus besteht, um den Vorwurf zurückzuweisen, es handele sich bei der christlichen Lehre von der Trinität um eine versteckte Form des Polytheismus. Sie halten Christus für einen mit göttlichem Geist ausgestatteten Menschen, der von Gott als Sohn angenommen, „adoptiert", sei. Der Adoptianismus wurde in der antiochenischen Theologie v. a. von Paulus von Samasota (* um 200, † nach 273) vertreten. Der spanische Adoptianismus des Erzbischofs Elipandus von Toledo (* 717,

Adler am Anno-Schrein als Symbol des Evangelisten Johannes (um 1183; Siegburg, Sankt Michael)

† um 800) wurde im Auftrag Karls des Großen (♔ als Kaiser 800–814) von dem angelsächsischen Gelehrten Alkuin (* um 732, † 804) bekämpft und auf den Synoden von Regensburg (792) und Frankfurt (794) verurteilt.

Adrammelech: phönikischer Gott; im A.T. (2. Kön 17, 31) wird berichtet, daß ihm Menschen geopfert worden seien, indem sie verbrannt wurden.

Adrasteia [adras'taɪa, a'drastaɪa; griechisch „die Unentrinnbare"]: Beiname der ↑ Nemesis.

Adrastos [a'drastos, 'adrastos]: griechischer Heros; galt als sagenhafter König von Argos, der den Zug der „Sieben gegen Theben" veranstaltete.

Advaita ↑ Adwaita.

Advent [von lateinisch adventus „Ankunft" (Christi)]: die vorweihnachtliche Zeit, umfaßt seit Gregor dem Großen vier Sonntage. Advent gilt in der katholischen Kirche als Fastenzeit; die liturgische Farbe ist violett. In den evangelischen Kirchen beginnt mit Advent das Kirchenjahr, während katholische Theologen die Anfangslosigkeit des Kirchenjahres hervorheben.

Adventisten [von lateinisch adventus „Ankunft" (Christi)]: eine 1832 von dem Farmer William Miller (* 1782, † 1849) begründete christliche Religionsgemeinschaft, deren Anhänger die Wiederkunft Christi ursprünglich in den Jahren 1843/44 erwarteten. Als dieses Ereignis ausblieb, spalteten sich die Adventisten in mehrere Gruppen, von denen nur die der von Ellen G. White (* 1827, † 1915) begründeten *Siebenten-Tags-Adventisten* (englisch *Seventh-Day-Adventists*) über Nordamerika hinaus Bedeutung erlangten. Die Sabbatheiligung gilt ihnen als „wichtigstes Gebot", sie vollziehen die Erwachsenentaufe und sollen ein möglichst einfaches Leben führen, das Essen von Schweinefleisch ist ihnen verboten. Ihre Zahl betrug 1972 rund 2,2 Millionen, davon rund 26 000 in der BRD, 15 000 in der DDR.

Advocatus Dei [...e-i; lateinisch „Anwalt Gottes"]: volkstümlich-scherzhafte Bezeichnung für den Fürsprecher in einem katholischen Selig- oder Heiligsprechungsprozeß in der Ritenkongregation (lateinisch Congregatio Rituum) an der römischen Kurie; sein Widersacher, der Generalglaubensanwalt (lateinisch Promotor Fidei), der Gründe gegen die Selig- oder Heiligsprechung vorbringt, wird in gleicher Weise scherzhaft *Advocatus Diaboli* („Anwalt des Teufels") genannt.

Adwaita (= Advaita) [Sanskrit „Nichtzweiheit"]: in der indischen Religionsphilosophie auf den „Upanischaden" fußende monistische Richtung des Wedanta, nach der das Brahman das allein real Existierende darstellt, während die Welt als Welt der Zweiheit (d. h. der Unterschiede) und als bloße Illusion gilt.

Adyton [griechisch „das Unbetretbare"]: das Allerheiligste eines Tempels, das entweder überhaupt nicht oder meist von Laien nicht betreten werden darf. Adyton (oder Abaton) hieß im antiken Griechenland insbesondere der Orakelraum im Tempel von Delphi.

Aeiparthenos [a-ɛɪ...; griechisch „immerwährend Jungfrau"] (auch lateinisch Semper Virgo): Ehrentitel der Jungfrau Maria.

Aeschma (= Aēshma) ['aɪʃma; awestisch „Wut, Raserei"]: im Parsismus die dämonische Macht des Zornes, die auf seiten des bösen Geistes Angra Manju steht und beim Weltende von Sruscha, einem der „unsterblichen Heiligen" (↑ Amescha Spentas), besiegt wird.

Aes Sidhe ['a-es...; keltisch „Leute des Grabhügels"]: die alten keltischen Götter nach der Christianisierung, an deren Weiterleben, auch außerhalb der Gräber, man noch glaubte.

Affengott: unter dem Namen *Hanuman* eine sehr beliebte Gestalt des hinduistischen Volksglaubens, wird in Indien oft als Dorfgottheit verehrt.

afrikanische Religionen: die traditionellen Religionen der Afrikaner südlich der Sahara unter Ausschluß der Anhänger des Christentums und des Islams. In diesen Religionen des südlichen oder Schwarzafrikas ist der *Hochgottglaube* allgemein verbreitet. Das höchste Wesen gilt als eine himmlische (uranische) Macht, die entweder mit dem Himmel selbst oder auch mit der Sonne in enger Verbindung steht. Der Name des höchsten Wesens, des sogenannten Hochgottes, ist Heqo bei den Kafa in Südwestäthiopien, Mulungu bei den Bantustämmen Ostafrikas, Ngai („Regen") bei den Massai in Nordosttansania und Südkenia, Ruwa („Himmel"; und auch: „Sonne") bei den Dschagga in Tansania, Mawu bei den Ewe in Westafrika, Nyame (d. h. „der Glänzende") bei den Aschanti in Ghana. Die Pygmäen glauben an Chorum als höchstes Wesen, die Herero in Namibia an Ndjambi-Karunga (Himmels- und Unterweltsgottheit), die Hottentotten in Namibia an Tsui-Goab (Himmels- und Schöpfergott), die Zulu in Südafrika an Unkulunkulu. Neben dem Hochgottglauben ist für die afrikanischen Religionen die Vorstellung von einem frühzeitlichen *Heilbringer* kennzeichnend, der die Afrikaner in der Bereitung des Feuers, in der Pflanzenzucht und in verschiedenen Arten des Handwerks unterwiesen hat. Die *Verehrung der Ahnen*, die als Hüter der Tradition gelten, ist weit verbreitet, ebenso der *Totemismus*, der die Grundlage für den Zusammenhalt von Geheimbünden bildet. Als Totem (↑Totemismus) gilt meist ein Tier. Oberster Priester war bis in die neueste Zeit hinein oft ein *Sakralkönig* (↑Sakralkönigtum), dessen rituelle Tötung üblich war, wenn er durch Alter oder Krankheit kraftlos geworden war. Neben dem Priester besaß der *Medizinmann* als Heiler und Regenzauberer vorrangige Bedeutung. Nur kulturell fortschrittliche Stämme bauten Tempel; im übrigen findet der Kult im Freien statt. Wesentlicher Bestandteil sind *Tänze*, v. a. Maskentänze sowie Opferhandlungen mit der Darbringung von Pflanzen, häufiger noch von Tieren. – In der Gegenwart befindet sich Afrika, bedingt durch die Missionen des Christentums und des Islams wie auch durch die stets enger werdende Berührung mit der europäischen Zivilisation, in einer religiösen und kulturell bedeutsamen Übergangssituation.

Afrikanische Unabhängige Kirchen (Abk. AUK): christl. Kirchen Afrikas, die aus der christlichen Mission hervorgingen, sich aber von ihren europäischen Mutterkirchen lösten. Sie verfolgen das Ziel einer religiösen und kirchlichen Unabhängigkeit von Europa sowie einer geistigen Auseinandersetzung der traditionellen vorchristlichen Religionen Afrikas mit dem Christentum. Bedeutende Gruppen sind die sogenannten *äthiopischen Kirchen*, die die Bezeichnung „äthiopisch" im Sinne von „afrikanisch" führen, und die sogenannten *zionistischen Kirchen*, deren Name ohne Bezug auf den jüdischen Zionismus geprägt ist.

ägäische Religion (auch kretisch-mykenische Religion): stark von Kreta beeinflußte vorgriechische Religion des ägäischen Raumes, im Götterglauben durch die Verehrung einer „Großen Mutter", vielleicht auch mehrerer weiblicher Gottheiten charakterisiert. Auf die Verehrung von Stieren läßt die Darstellung eines Stiermenschen *(Minotauros)* schließen, auf die rituelle Tötung des Stiers wahrscheinlich Funde einer Doppelaxt, die möglicherweise als Kultgerät diente. Großangelegte Grabbauten lassen auf ausgeprägte Jenseitsvorstellungen schließen. Die eigenständige ägäische Religion und Kultur fand mit der dorischen Wanderung im 12. Jahrhundert v. Chr. ein jähes Ende.

Aga Khan: Titel des erblichen Oberhauptes der *Nizariten*, einer Untergruppe der ↑Ismailiten.

Agape [griechisch „Liebe"]: der im

Christentum, v. a. durch das N. T. geprägte Begriff der Liebe. Im N. T. ist die Agape die Liebe Gottes zu den Menschen, die sich in Christus zeigt, ferner die Liebe zu Gott und die Nächstenliebe. Außerdem heißt die gemeinsame Mahlzeit der Christen der ersten Jahrhunderte Agape.

Agathos Daimon [griechisch „guter Geist"]: in der antiken griechischen Religion ein häuslicher Schutz- und Segensgeist.

Agende [von lateinisch agenda „das, was getan werden soll"]: in der christlichen Kirche ursprünglich jede Handlung im Gottesdienst, heute in den evangelischen Kirchen das die Ordnung des Gottesdienstes regelnde Buch.

Ägir [altnordisch]: Meerwesen in der nordischen Mythologie, dessen Name mit einem indogermanischen Wort für „Wasser" (lateinisch *aqua*, gotisch *ahva*) zusammenhängt.

Agni [Sanskrit „Feuer"]: altindischer Gott des Feuers und das als Person gedachte Opferfeuer; Agni trägt die ihm geopferten Gaben mit dem Rauch in den Himmel.

Agnostizismus [von griechisch ágnōstos „unbekannt, unerkennbar"]: ein von dem britischen Zoologen und Physiologen Thomas Huxley (* 1825, † 1895) geprägter Begriff für philosophische Anschauungen, die nur die sinnliche Wahrnehmung gelten lassen und davon ausgehen, daß alle über diese Wahrnehmung hinausgehenden Phänomene nicht erkannt werden können.

Agnostos Theos [griechisch „der unbekannte Gott"]: der Gott, dem in Athen ein Altar geweiht worden sein soll. Im N.T. (Apg. 17, 23) knüpft Paulus in seiner Areopagrede an die Verehrung dieses Gottes an.

Agnus Dei [...e-i; lateinisch „Lamm Gottes"] (auch griechisch amnòs tũ theũ): im N. T. (Joh. 1, 29) wird Jesus von Johannes dem Täufer „Lamm Gottes" genannt. Im christlichen Gottesdienst ist „Agnus Dei" ein im Abendland seit dem 7. Jahrhundert bekannter liturgischer Gesang. Mit Agnus Dei werden in der katholischen Kirche außerdem aus Wachs geformte Täfelchen bezeichnet, auf denen das Bild des Lammes Gottes sowie Name und Regierungsjahr des jeweiligen Papstes eingeprägt sind.

Agora [griechisch „Markt"]: Marktplatz altgriechischer Städte, meist durch Tempelbauten auch religiöser Mittelpunkt.

Agrapha [griechisch „Ungeschriebenes"]: Worte Jesu, die nicht in den kanonischen Evangelien überliefert sind, sondern sich verstreut in anderen neutestamentlichen Schriften finden; sie sind möglicherweise zu einem kleinen Teil echte Worte Jesu.

Agwe: im ↑Wodu-Kult Haitis der göttliche Herr der Meere, der die Seefahrer beschützt.

Ägypterevangelium: apokryphes Evangelium gnostisch-asketischen Charakters, im 2. Jahrhundert in Ägypten entstanden, bruchstückhaft von christlichen Autoren überliefert.

ägyptische Religion: die Religion der alten Ägypter war einerseits durch eine große Anzahl von Gottheiten charakterisiert, andererseits durch eine einzigartige Betonung des Totenglaubens. Die *Vielzahl der Götter* beruht wahrscheinlich auf einer Aufnahme ehemaliger Gottheiten von ursprünglich lokal begrenzter Bedeutung in das Gesamtpantheon, die nach der Reichsgründung (um 2900 v. Chr.) erfolgt sein dürfte. An theologischen Versuchen einer Systematisierung dieser Vielheit hat es nicht gefehlt. Nach der großen *Götterneunheit von Heliopolis* stand an der Spitze der Urgott Atum, der durch das Ausatmen von Luft und das Ausspeien von Feuchtigkeit das Götterpaar Schu („Luft") und Tefnut („Feuchtigkeit") schuf. Beide brachten ihrerseits den Erdgott Geb und die Himmelsgöttin Nut hervor. Deren Kinder sind Osiris und Seth mit ihren schwesterlichen Gemahlinnen Isis und Nephthys.

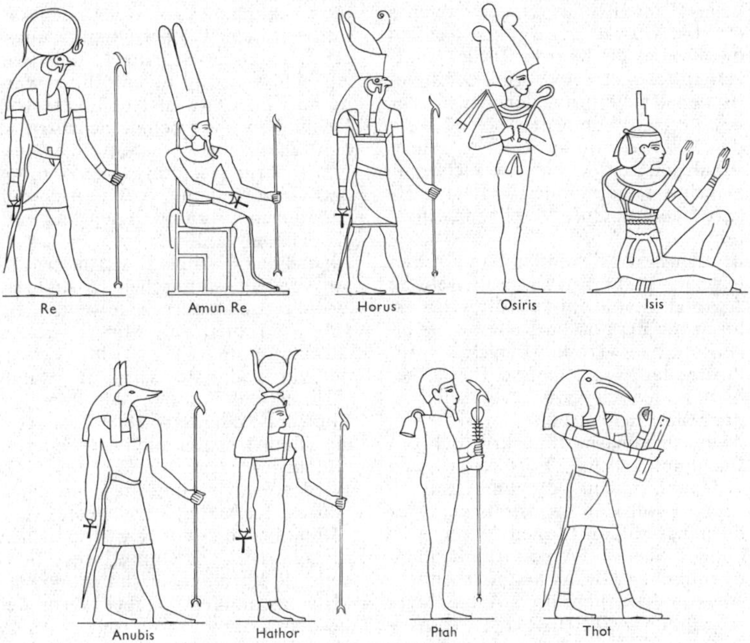

Ägyptische Götter. Dargestellt in typischer Gestalt

Der Neunheit von Heliopolis stand die *Achtheit von Hermopolis* gegenüber. Sie bestand aus vier Paaren, die Urmächte personifizierten: Das Urgewässer verkörperten Nun und Naunet, die Endlosigkeit Huh und Hauhet, die Finsternis Kuk und Kauket und die Unsichtbarkeit Amun und Amaunet.
Damit waren jedoch keineswegs alle Gottheiten Ägyptens erfaßt. Bedeutsam sind außerdem: der Sonnengott Re, Ptah, der Hauptgott der Stadt Memphis, die Himmelsgöttin Hathor, der Fruchtbarkeitsgott Min, ferner Chnum, der auf seiner Töpferscheibe die Menschen formt, der Totengott Anubis, die geiergestaltige Mut, Sachmet und die Katzengöttin Bastet, der Schreibergott Thot.
Zeugnisse des ausgeprägten *Totenglaubens* sind die königlichen Pyramidentexte, die Sargtexte und das Totenbuch. In dieser umfangreichen Totenliteratur tritt zunehmend die Tendenz in Erscheinung, dem Verstorbenen durch magische Mittel das Bestehen vor dem Totengericht des Osiris und ein glückliches Fortleben zu sichern.
Strömungen vertiefter Religiosität sind seit der ersten Zwischenzeit (um 2000 v. Chr.) auf dem Gebiet der *Ethik* zu erkennen. In der Spätzeit (nach 1000 v. Chr.) gewinnen sie in mehreren Weisheitslehren literarischen Ausdruck.
Besonderes Charakteristikum des Alten Reiches (um 2600–2100 v. Chr.) war das *Sakralkönigtum*. Der Pharao galt als eine Erscheinungsform des Falkengottes Horus, und er war derjenige, der die ↑Maat verwirklichte. Bedeutsamstes religionsgeschicht-

liches Ereignis des Neuen Reiches (1551–1070 v. Chr.) war die Reform des Königs ↑Echnaton. In der Spätzeit kündigt sich ein Verfall der ägyptischen Religion an, der v. a. in der gesteigerten Verehrung von Tieren, der *Zoolatrie* dieser Epoche seinen Ausdruck findet, bei der nicht nur einzelne Tiere, sondern ganze Tiergattungen religiöse Verehrung erfuhren.

Mit der nach Alexander dem Großen (♔ 336–323) erfolgten Einbeziehung Ägyptens in die antike Kulturwelt erlosch die ägyptische Religion als eigenständige Größe. Einzelne ihrer Gottheiten, v. a. Isis und Osiris, behielten jedoch bzw. vergrößerten noch ihre Bedeutung.

Ạham-Brahmạsmi [Sanskrit „ich bin Brahman"]: eine Formel in den ↑„Upanischaden", die zum Ausdruck bringen soll, daß höchste Erkenntnis darin besteht, die Einheit der menschlichen Seele (↑Atman) mit dem unendlichen ↑Brahman zu erkennen.

Ahạsver [von hebräisch Achaschwerosch]: im A.T. (Esther 1, 1; Esra 4, 6; Daniel 9, 1) hebräischer Name des Perserkönigs Xerxes I. (♔ 486 bis 465), in einem Volksbuch des Jahres 1602 Name des „Ewigen Juden", eines legendären Schuhmachers aus Jerusalem, der unstet wandern muß, weil er Jesus auf dem Gang nach Golgatha die Rast vor seinem Haus versagt hat.

Ahịmsa [Sanskrit „Nichtschädigung"]: Grundbegriff der Ethik des Buddhismus und des Dschainismus, bedeutet das Verbot der Tötung aller Lebewesen. Auch Gandhi bezeichnete sein Prinzip der Gewaltlosigkeit mit Ahimsa.

Ahīqar ↑Achikar.

Ạh Kịn [ax...; Maya „der von der Sonne"]: Priestertitel in der Religion der vorchristlichen Maya; nach der Christianisierung teilweise auch für katholische Geistliche verwendet.

Ahl Al Kitạb ['axəl alki'ta:p; arabisch „Leute des Buches"]: islamische Bezeichnung für „Schriftbesitzer", d. h. für die Anhänger von Religionen, die im Besitz schriftlicher Offenbarungstexte, „heiliger Schriften" sind (wie z. B. Christen und Juden). Ihnen wurde im Gegensatz zu Anhängern von Religionen ohne heilige Schriften in den islamischen Staaten freie Ausübung ihrer Religion gestattet unter der Voraussetzung, daß sie sich der staatlichen Ordnung fügten und eine Kopfsteuer zahlten.

Ahmadịjja (= Aḥmadiyya) [axma'di:ja]: von der islamischen Orthodoxie als häretisch angesehene Sekte, die 1860 in Indien von Mirsa Ghulam Ahmad (* um 1839, † 1908) begründet wurde, der sich selbst als Mahdi (d. h. als der von den Muslimen am Ende der Zeiten erwartete Erneuerer des Islams), später auch als wiedererschienener Jesus und auch als Wiederverkörperung des indischen Gottes Krischna bezeichnete. Die Ahmadijja erstrebt mit friedlichen Mitteln die Verbreitung ihres Glaubens; sie betreibt auch in Europa rege Missionstätigkeit. Dabei verbreitet sie den Koran in Übersetzungen in die jeweiligen Landessprachen. Das deutsche Missionszentrum (mit Moschee) befindet sich in Hamburg.

Ahnen: alle verstorbenen Vorfahren, insbesondere die verstorbenen Väter. Sie genießen in vielen Religionen, keineswegs nur in sogenannten primitiven Religionen, Verehrung. Ahnenverehrung war in den Religionen der Antike üblich, und sie ist wesentlicher Bestandteil des japanischen ↑Schinto sowie der konfuzianisch geprägten chinesischen Religion, die Pietät gegenüber den Ahnen forderte. – Die Ahnen wohnen in einem fernen oder unterirdischen Jenseits und haben großen Einfluß auf das Leben der Familie, des Stammes oder auch eines Staates. In den neuzeitlichen ↑Cargo-Kulten herrscht der Glaube, es seien in Wahrheit die Ahnen, die alle zivilisatorischen Güter, die den Reichtum der westlichen Zivilisation ausmachen, hergestellt und zum Gebrauch für den eigenen Stamm be-

Ahura Masda. Am Osttor des Tripylon in Persepolis (6./5. Jahrhundert)

stimmt hätten. Im allgemeinen gilt der Einfluß der Ahnen als heilbringend. Wenn sie jedoch nicht regelmäßig kultisch verehrt oder ihnen keine Opfer dargebracht werden, so können sie erzürnen und auf ihre Nachkommen schädliche Wirkungen ausüben. Ein enger Kontakt mit den Ahnen besteht durch Bestattung unter dem Wohnhaus oder Kultplatz. Häuptlinge, Könige oder Priester haben nach ihrem Tode als Ahnen einen besonders großen Einfluß. Weit verbreitet ist der Glaube, daß sie in Figuren, Masken, Steinen, Bäumen oder Tieren gegenwärtig seien. Bei Maskentänzen erscheinen unter den Tänzern oft Ahnen, und beim Vollzug von ↑Initiationsriten, die den Übergang von einer Phase des Lebens zur anderen, z. B. den Übergang von der Pubertät zum Erwachsenendasein begleiten, werden Kräfte der Ahnen auf den Initianden, der in eine neue Phase eintritt, übertragen.

Ähnlichkeitszauber ↑Zauber.

Ähre: in der Religionsgeschichte im allgemeinen Symbol der Fruchtbarkeit, in der griechischen Antike Attribut der Göttin Demeter.

Ahriman ↑Angra Manju.

Ahuna Warja (= Ahuna Vairya) [awestisch]: alte, bekenntnishafte Gebetsformel im Parsismus: „Der Wille des Herrn ist das Gesetz der Gerechtigkeit; der Lohn des Himmels für die Werke, die hier in der Welt für Masda (↑Ahura Masda) geübt werden; das Reich schenkt Ahura demjenigen, der die Armen unterstützt“.

Ahura Masda (= Ahura Mazdā) [awestisch „der weise Herr“] (auch mittelpersisch Ormazd): in der Verkündigung des Zarathustra guter und höchster Gott, Schöpfer der Welt und endzeitlicher Richter, als Wächter der sittlichen Ordnung Gegenspieler des bösen ↑Angra Manju, den er beim Weltende für immer überwindet. Im heutigen Parsismus besitzt Ahura Masda eine nahezu monotheistische Stellung.

Aiakos ↑Äakus.

Ainu-Religion: Religion des etwa 16 000 Menschen zählenden Volkes der Ainu auf der japanischen Insel Hokkaido. „Gott“ wird von den Ainu *Kamui* genannt. Die Ainu unterscheiden zwischen *Pase-Kamui*, dem „Himmelsgott“, und den „gewöhnlichen Gottheiten“, die *Yaiyen-Kamui* heißen. Unter ihnen nimmt die Feuergöttin *Abe Kamui* („das göttliche Feuer“) eine vorrangige Stellung ein. Sie ist Hüterin des häuslichen Herdes, stiftet Eintracht unter den Menschen und trägt deren Gebete zum Himmelsgott. Auch gilt sie als Richterin in einem Totengericht, das nach ethischen Prinzipien entscheidet. Im Kult nimmt das *Bärenfest* eine zentrale Stellung ein (↑Bärenkult).

Aisa [griechisch „Anteil, Schicksal“]:

nach griechischer Vorstellung das jedem Menschen durch göttlichen Willen zuteil werdende Geschick; auch als Person gedacht und mit ↑Moira gleichgesetzt. Mit *Aisa Diós* wird der „Wille des Zeus" bezeichnet.

Akascha (= Akāśa) [Sanskrit „Äther"]: nach indischer Vorstellung der leere Raum, von dem man annahm, er bestehe aus feiner Materie; er wurde zu Erde, Wasser, Feuer und Luft als fünftes Element hinzugezählt.

Akathistos [griechisch „nicht sitzend"]: im Stehen gesungener byzantinischer Marienhymnus.

Akkomodation [von lateinisch accomodatio „Anpassung"]: Missionsmethode, die die Ideen und Werte einer vorgefundenen Religion nicht strikt verwirft, sondern auf sie eingeht und sich mit ihnen auseinandersetzt oder sich ihnen teilweise anpaßt; im ↑Ritenstreit der katholischen Kirche mehrfach Gegenstand von theologischen Auseinandersetzungen.

Akolythen [von griechisch akólutoi „Gefolgsleute, Begleiter"] (auch Akoluthen): in der katholischen Kirche Kleriker der vierten Stufe der niederen Weihen, 1972 abgeschafft.

aksumitische Religion: Religion eines seit dem 1. Jahrhundert n. Chr. nachweisbaren abessinischen Reiches, dessen Hauptstadt Aksum in der heutigen Provinz Tigre lag. Als Himmelsgott wurde Astar verehrt, Kriegsgott war Machrem, der auf einer Inschrift dem griechischen Gott Ares gleichgesetzt wurde. Eine Gottheit der Erde, deren Geschlecht nicht zu entscheiden ist, war Medr, während Beher wahrscheinlich als Gott des Meeres zu verstehen ist. Für den Kult kann die Darbringung von Menschenopfern angenommen werden. In der Mitte des 4. Jahrhunderts n. Chr., in der das Reich von Aksum seinen Höhepunkt fand, wurde es von König Esana christianisiert.

Alberich: zwergenhafter Elfenkönig und kundiger Waffenschmied der germanischen Sage, im „Nibelungenlied" der Hüter des Nibelungenhortes, erscheint im französischen Versepos „Huon de Bordeaux" (1. Hälfte des 13. Jahrhunderts) als *Auberon*, später als *Oberon*.

Albigenser: nach der südfranzösischen Stadt Albi benannte Gruppe der ↑Katharer. Sie vertraten radikale dualistische Anschauungen des Neumanichäismus (so nahmen sie beispielsweise einen guten und einen bösen Gott an) und strenge asketische Forderungen, die v. a. für ihre „Apostel", die hierarchisch gegliederten Perfecti („Vollkommene"), galten. Die Albigenser spielten seit dem Ende des 12. Jahrhunderts im Languedoc eine bedeutende Rolle; in den Albigenserkriegen (1209–1229), zu denen Papst Innozenz III. aufgerufen hatte, wurden sie grausam ausgerottet.

alexandrinische Schule: eine im 2. Jahrhundert einflußreiche christliche Theologenschule in Alexandria. Ihre bedeutendsten Vertreter waren Klemens (* um 150, † vor 215) und Origenes (* 185/186, † 253/254). Die alexandrinische Schule vollzog in Verbindung mit Ideen des Neuplatonismus eine Umbildung des Christentums in eine christliche Philosophie.

Allah [von arabisch al-ilāh „der Gott"]: bereits in vorislamischer Zeit Name eines altarabischen Hochgottes, den der Prophet Mohammed als einzigen Gott verkündete.

Allat [von arabisch al-ilāt „die Göttin"]: vorislamische altarabische Göttin, wahrscheinlich als Himmelsherrin verehrt, galt als eine der Töchter Allahs; ihre Verehrung wurde von Mohammed im Zusammenhang mit seiner Kritik am Polytheismus bekämpft.

Allerheiligen: ein aus Gedächtnistagen für Märtyrer hervorgegangenes Fest, das seit dem 9. Jahrhundert in der abendländischen und bis heute in der katholischen Kirche am 1. November als Gedächtnisfest für alle Heiligen gefeiert wird.

Allerheiligstes (auch lateinisch Sanctissimum): 1. der innerste, meist nur dem Priester zugängliche Raum eines Tempels; 2. in der katholischen Liturgiesprache die geweihte ↑Hostie in der ↑Monstranz.

Allerseelen: in der katholischen Kirche Gedächtnistag für alle Verstorbenen, dessen Feier am 2. November von Abt Odilo von Cluny (* um 962, † 1048) 998 eingeführt wurde. Am Allerseelentag werden die Gräber der Verstorbenen mit Blumen, Kränzen und Lichtern geschmückt, und oft finden Prozessionen zu Friedhöfen statt. Falls der 2. November auf einen Sonntag fällt, wird der Gedächtnistag am 3. November begangen.

Allmacht ↑Omnipotenz.

Allwissenheit: in monotheistischen Religionen eine Eigenschaft Gottes; für polytheistische Religionen hat der italienische Religionswissenschaftler Raffaele Pettazzoni (* 1883, † 1959) den Typ eines „allwissenden Gottes" erschlossen, der, wie z. B. der indische Gott Waruna, über Allwissenheit verfügt, indem er alles *sieht* (visuelle Allwissenheit) und damit besonders das ethische Verhalten der Menschen überwacht.

Almosen [von griechisch eleēmosýnē „Mitleid"]: milde Gabe für Arme, Kranke, Witwen und Waisen, von der Ethik fast aller Religionen gefordert oder zumindest als verdienstvoll angesehen. Almosen, die in die Almosenschale des Bettelmönchs gelegt werden, sind im Buddhismus und im Dschainismus materielle Voraussetzung für die Existenz des Mönchtums. Im Islam gehören Almosen in Form der Armensteuer („Sakat") zur Pflicht des Muslim. – In Frankreich hat sich der „Almosenpfleger" (französisch aumônier), ursprünglich Titel eines mit der Verwaltung von Almosen betrauten Ordensgeistlichen, bis heute als Bezeichnung der Militär- und Anstaltsgeistlichen erhalten.

Alphabet: auf Grund des Glaubens an die geheimnisvolle Macht und Wahrheit von Buchstaben und ihren Kombinationen wird das Alphabet für mystische Spekulationen, für Mantik und Magie häufig verwendet; in diesem Sinne ist es besonders verbreitet in der griechischen Zauberliteratur, in der Gnosis und in der Kabbala.

Alpha und Omega: erster und letzter Buchstabe des griechischen Alphabets, im N. T. (Apk. 1, 8; 22, 13) symbolischer Ausdruck für das anfangs- und endlose Dasein Gottes und Christi; im gleichen Sinn der abgeleitete deutsche Gebrauch von „*A und O*". Alpha und Omega werden in der christlichen Kunst seit dem 4. Jahrhundert sinnbildlich für Christus verwendet. ↑Christusmonogramm.

Altar [von lateinisch altare „Aufsatz auf dem Opfertisch"]: in der Religionsgeschichte eine erhöhte Anlage, tisch- oder blockartig, auf der Opfer dargebracht und an der Gebete gesprochen werden. Der Altar kann aus Erdaufschüttungen, aus Holz, Stein oder Metall (dies ist z. B. für den goldenen Altar des Königs Salomo bezeugt [1. Kön. 7, 48]) bestehen. In der Antike erreichten die Altäre mit ihrem Stufenunterbau z. T. beträchtliche Ausmaße; der berühmte, Zeus und Athena geweihte Pergamonaltar ist 198 m lang und 23 m breit. Zu einem Tempelbezirk können neben dem Hauptaltar Nebenaltäre gehören. Der Altar wird durch Gebet und Darbringung des ersten Opfers geweiht. Er ist für den Schutzsuchenden eine Stätte des Asyls. – Im *Christentum* war der Altar zunächst ein hölzerner Tisch (im Anschluß an 1. Kor. 10, 21 der „Tisch des Herrn"), an dem das Abendmahl gefeiert wurde. Die Verehrung dieses Tisches beschränkte sich auf die Dauer der Liturgie; erst seit dem 4. Jahrhundert gewinnt der Altar mit der damals einsetzenden Altarweihe eine eigenständige Heiligkeit und gilt als Thron Christi. In der katholischen und der orthodoxen Kirche bergen die Altäre ↑Reliquien. Neben dem Haupt- oder Hochaltar kennt die katholische Kirche Neben- und Seitenaltäre zur Verehrung der Heiligen. Nach dem 2.

Altar. Frühgotischer Kastenaltar in der Benediktinerklosterkirche in Bad Wimpfen (Ende des 13. Jahrhunderts)

Vatikanischen Konzil soll der Altar nicht mehr an der Wand, sondern mehr im Kirchenraum stehen. In den reformierten Kirchen ist der Altar ein einfacher Abendmahlstisch.

altchristliche Kirche (auch alte Kirche): in der Geschichte der christlichen Kirche die Epoche der Entwicklung des Christentums in der antiken griechisch-römischen Welt. Der Übergang zur Kirche des Mittelalters wird verschieden angesetzt. Möglich ist eine Abgrenzung mit dem Ende der Völkerwanderung (Ende des 6. Jahrhunderts). – In der altchristlichen Kirche erfolgt eine Verbindung des Christentums mit antiker Bildung, es werden gnostische Strömungen überwunden, der Kanon des N. T. wird verbindlich abgeschlossen, das trinitarisch-christologische Dogma festgelegt. Es bilden sich die hierarchische Verfassung der Kirche und das Mönchtum.

Altes Testamẹnt (Abk. A. T.): die vom Christentum übernommene heilige Schrift der israelitisch-jüdischen Religion, deren Kanonisierung wahrscheinlich gegen Ende des 1. Jahrhunderts n. Chr. abgeschlossen war. Das A. T. ist fast ausschließlich in hebräischer Sprache niedergeschrieben; nur wenige Abschnitte in den Büchern Esra (4, 8–6, 18; 7, 11–28) und Daniel (2, 4–7, 28) sind aramäisch. Die wichtigste griechische Übersetzung ist die „Septuaginta“.

Im Judentum nehmen die fünf ersten Schriften des A. T. eine vorrangige Stellung ein. Sie bilden die *Thora* („Gesetz“) und werden in der hebräischen Bibel nach ihren Anfangswörtern benannt; so heißt z. B. das 1. Buch Mose *Bereschith* („am Anfang“). Die christliche Kirche spricht von den „Fünf Büchern Mose“, die Theologie nennt sie *Pentateuch* (griechisch „Fünfrollenbuch“). Der Kirchenlehrer Tertullian (* um 150, † 222) führte die folgenden lateinischen Namen für die Bücher ein: *Genesis* („Anfang“), *Exodus* („Auszug“), *Leviticus* („levitische Gesetze“), *Numeri* („Volkszählungen“) und *Deuteronomium* („Gesetzeswiederholung“).

Inhaltlich umfaßt der Pentateuch einen gewaltigen Stoff. Er beginnt mit der Schöpfungsgeschichte, der Erschaffung der Welt und der Menschen durch Gott. Die Urgeschichte, die Geschichte des Anfangs der gesamten Menschheit, berichtet über Sündenfall und Paradiesvertreibung, Sintflut und Turmbau zu Babel. Mit der Zerstreuung der Völker und der Verwirrung der Sprachen geht die Genesis über zur Geschichte der Patriarchen, der „Väter" des jüdischen Volkes. Das Buch Exodus wird beherrscht von den Berichten über die Gestalt des ↑Moses, des großen Befreiers der Israeliten aus ägyptischer Knechtschaft und zugleich des Gesetzgebers vom Berge Sinai. Neben weiteren geschichtlichen Berichten enthalten die Bücher des Pentateuch gesetzliche und rituelle Vorschriften. Die Bücher *Josua*, *Richter* und *Samuel* werden in der jüdischen Überlieferung als nur ein Buch angesehen. Zusammen mit den *Büchern der Könige* bezeichnet man sie im Judentum als „frühe Propheten". In den christlichen Sprachgebrauch ist diese umgreifende Benennung jenes Schriftenkomplexes nicht eingegangen. Allerdings ist die inhaltliche Verwandtschaft dieser Bücher nicht zu bestreiten. Sie sind historische Schriften, die die göttlich gelenkte Geschichte des israelitisch-jüdischen Volkes von der Landnahme unter Josua über die Zeiten des Königtums, v.a. des Großreichs des Königs David, bis zur Trennung und zum Untergang des Nord- und Südreichs zum Inhalt haben.

In den *Prophetenbüchern* haben die Verkündigung und das Wirken der Propheten des A.T. ihren Niederschlag gefunden. Die Botschaft der Propheten geißelt die Sünden des Volkes und tröstet in Zeiten der Not, indem sie hinweist auf den zukünftigen Retter, den Messias. Die literarische Gestalt der prophetischen Verkündigung gliedert sich nach den Persönlichkeiten der Propheten und unterscheidet die drei großen Prophetenbücher Jesaja, Jeremia und Ezechiel von den zwölf sogenannten ↑Kleinen Propheten.

Als „*Schriften*" schlechthin wird eine letzte Gruppe der Bücher des A.T. mit unterschiedlichem Inhalt bezeichnet. Zu ihnen zählen die *Psalmen*, das Buch *Hiob* und die Apokalypse des *Daniel*. Die Entstehungsgeschichte der nachexilischen Gemeinde bildet den Inhalt der Bücher *Esra* und *Nehemia*. Eine Untereinheit innerhalb der „Schriften" bilden die „*Rollen*". Es handelt sich um die fünf Bücher *Ruth*, *Hoheslied*, *Prediger*, *Klagelieder* und *Esther* (↑auch Tafel Bücher der Bibel, Seite 60ff.).

Altgläubige (auch Starowerzen): Selbstbezeichnung derjenigen russisch-orthodoxen Christen, die sich wegen der vom Patriarchen Nikon (* 1605, † 1681) auf dem Konzil zu Moskau (1667) durchgesetzten Reform fehlerhaft überlieferter liturgischer Texte von der Staatskirche trennten und von dieser abwertend *Raskolniki* („Spalter") genannt wurden. Bereits im 17. Jahrhundert spalteten sich die Altgläubigen in diejenigen, die ein Priesteramt kannten („Priesterliche", russisch Popowzy), und die „Priesterlosen" (russisch Bespopowzy).

Altkatholiken (= Alt-Katholiken): Angehörige einer katholischen Reformkirche, die aus der Ablehnung des Dogmas von der Unfehlbarkeit des Papstes in Fragen der Glaubens- und Sittenlehre auf dem 1. Vatikanischen Konzil (1869–1870) hervorgegangen ist. Die Altkatholiken schlossen sich unter Führung des Münchener Kirchenhistorikers Ignaz von Döllinger (* 1799, † 1890) zusammen, gegen den der Papst 1871 den Bann verhängte. Als erster Bischof wurde der Breslauer Theologieprofessor Joseph Hubert Reinkens (* 1821, † 1896) 1873 geweiht. 1889 vereinigten sich die deutschen Altkatholiken in Utrecht mit verwandten Bewegungen in Österreich, der Schweiz und den Niederlanden. Die Altkatholische Kirche ist Mitglied des Ökumenischen Rates der Kirchen. Ihre Mitgliederzahl in Deutschland beträgt 1976 30000; Sitz des altkatholischen Bischofs ist Bonn; dort besteht auch das Alt-Katholische Seminar als theologische Ausbildungsstätte.

Altlutheraner: Mitglieder der deutschen lutherischen Freikirchen, die im 19. Jahrhundert unter Protest gegen Unionsbestrebungen zwischen reformierten und lutherischen Kirchen entstanden, die von den Landesfürsten betrieben wurden. Die älteste altlutherische Kirche entstand 1841 in Preußen. Die Altlutheraner des ehemaligen Preußen sind seit 1954 unter dem Namen *Evangelisch-lutherische (altlutherische) Kirche* zusammengefaßt. Mit dieser schlossen sich die meisten altlutherischen Kirchen 1972 zur *Selbständigen Evangelisch-Lutherischen Kirche* (Abk. SELK) zusammen.

Altpreußische Union: die 1817 erfolgte Vereinigung der lutherischen und reformierten Kirchen im Gebiet des preußischen Staates, trägt seit 1954 den Namen *Evangelische Kirche der Union* (Abk. EKU).

Amarnareligion. Kopf der Nofretete (um 1355 v. Chr.; Kairo, Ägyptisches Museum)

Amarna (= Al-'Amārna, Tell Al-'Amārna) [arabisch „Ruinenhügel Al-Amārna"]: nach dem arabischen Stamm der Beni 'Amran benannte oberägyptische Ruinenstätte, in altägyptischer Zeit religiöser Mittelpunkt und Residenzstadt des Königs ↑Echnaton, von ihm Achet-Aton, „Lichtort des Aton", genannt.

Amarna-Religion ↑Aton, ↑Echnaton.

Amaterasu: nach dem Glauben des Schinto die Göttin der Sonne und Ahnherrin des japanischen Kaiserhauses.

Amaunet: altägyptische Göttin, ↑ägyptische Religion.

Ambrosia [griechisch ambrosía „Unsterblichkeit"]: in der griechischen Mythologie Nahrung der Götter, die ewige Jugend und Unsterblichkeit verleiht. Ursprünglich identisch mit *Nektar*, später aufgeteilt in die Speise Ambrosia und den Trank Nektar.

Ambrosianischer Lobgesang: der mit „Te Deum laudamus" („Dich, Gott, loben wir") beginnende Kirchengesang, seit dem 9. Jahrhundert irrtümlich auf den Bischof Ambrosius von Mailand (* 339 [?], † 397) und auf den Kirchenvater Augustinus (* 354, † 430) zurückgeführt.

amen [hebräisch „wahrlich, gewiß"]: aus dem A.T. ins N.T. und in die christliche Liturgie übernommenes Abschlußwort von Predigt und Gebet; im A.T. auch zur Bekräftigung von Eid, Segen und Fluch verwendet.

Amenophis IV. ↑Echnaton.

Ameretat ↑Amescha Spentas.

Amescha Spentas [awestisch „unsterbliche Heilige"]: nach der Verkündigung ↑Zarathustras Prinzipien, die für Wesen und Wirken des Gottes ↑Ahura Masda charakteristisch sind. Sie gewinnen in der späteren Entwicklung des ↑Parsismus die Stellung von „Erzengeln" und werden zu einer Siebenergruppe zusammengefaßt; zu dieser zählen: *Ascha* („Wahrheit, rechte Ordnung"), dessen Anhänger *Aschawan* heißen, *Wohu Manah* („gutes Denken"), *Chschathra* („Reich, Herrschaft"), *Armati* („gute Gesinnung"), *Haurwatat* („Gesundheit"), *Ameretat* („Unsterblichkeit") und *Srauscha* („Gehorsam").

Amicalismus: von ihrem französischen Namen *Société amicale des originaires de l'Afrique Équatoriale* (deutsch etwa: „Solidaritätsgesellschaft der Eingeborenen Äquatorialafrikas") abgeleiteter Name einer neuen afrikanischen Religion, in deren Mittelpunkt die Verehrung des Kongolesen Matswa André (* 1899, † 1942) steht. Dieser hatte als Arbeiter in Paris die *Société* als eine Hilfsorganisation für in Not geratene Afrikaner begründet. Im Kongo, wo die Vereinigung bald bekannt wurde, erhielt sie politische Züge, die zur Verhaftung und Verurteilung ihres Gründers führten, der schließlich auf der nördlich von Brazzaville gelegenen Regierungsstation Mayama starb. In seiner Vereinigung gewannen nunmehr gegenüber sozialen Motiven und politischen Zielen religiöse Anliegen die Oberhand. Ganz in den Mittelpunkt rückte die kultische Verehrung von Matswa André, an den Gebete gerichtet werden und dessen messianische Rückkehr erwartet wird.

Amida [japanisch] (auch chinesisch A-mi-t'o Fo; Sanskrit Amitābha): im Amida-Buddhismus der gnädige Herr des westlichen Paradieses ↑Sukhawati.

Amida-Buddhismus: eine japanische Schulrichtung des Buddhismus, die jedes Bemühen um Selbsterlösung verwirft und deren Anhänger den Eingang in das Paradies ↑Sukhawati von der Gnade des Amida-Buddha (japanisch Amida Butsu; kurz: Mida) erwarten, an den sie sich gläubig vertrauend wenden mit der steten Wiederholung der Andachtsformel „Anbetung dem Amida-Buddha (japanisch „Namu Amida Butsu"); auf Grund dieser Formel wird der Amida-Buddhismus auch *Nembutsu*-Schule genannt. Seine wichtigsten Richtungen sind die von Honen Schonin (* 1133, † 1212) begründete „Sekte des reinen Landes" (japanisch Dschodo-Schu) und die auf Schinran Schonin (* 1173, † 1262) zurückgehende „wahre Dschodo-Lehre" (japanisch Dschodo Schin Schu).

Amitābha [Sanskrit „(Buddha des) unendlichen Lichtglanzes"] ↑Amida.

A-mi-t'o Fo: chinesischer Name des japanischen Buddha ↑Amida.

Ammon ↑Amun.

Amor: dem griechischen Gott ↑Eros entsprechender römischer Gott der Liebe.

Amos: alttestamentlicher Prophet und gleichnamiges Buch des A.T., zu den ↑Kleinen Propheten gerechnet. Der Prophet Amos, Schafhirt aus Thekoa, trat unter Jerobeam II. (♕ 787–747) im nordisraelitischen Bethel in schroffer Form gegen Kultformen auf, die kanaanäische Elemente aufwiesen, was zu einem heftigen Zusammenstoß mit dem Oberpriester von Bethel führte. Amos betonte die ethischen Forderungen des Jahweglaubens und kündigte am „Tag Jahwes" (d.h. am Ende der Welt) ein Strafgericht an.

Amphiktyonie [von griechisch amphiktyonía „Umwohnerschaft"]: religiös-politischer Staatenbund, der sich um ein zentrales Heiligtum gebildet hat, dessen Schutz er garantiert und an dem er gemeinsame Kultfeiern veranstaltet. Bekanntestes Beispiel ist die Amphiktyonie von ↑Delphi.

Amphitrite: griechische Meeresgöttin, die in einem Muschelwagen über die Wellen fährt, Gattin des ↑Poseidon, vor dessen Werben sie zunächst zu Atlas flieht, jedoch von einem Delphin erspäht wird, der sie dem Gotte zuführt.

Amphitryon: sagenhafter griechischer Herrscher, König von Tiryns, Gemahl der Alkmene, der sich Zeus in Gestalt des Amphitryon naht und mit ihr ↑Herakles zeugt.

Amulett [französisch amulette von lateinisch amuletum „Schutzmittel"]: ein offen oder versteckt am menschlichen Körper getragener, am Haus oder Fahrzeug befestigter Gegenstand, der Schaden und Gefahren, die durch schadenbringende Mächte drohen, abwehren soll. Eine Abgrenzung gegenüber dem Talisman ist schwierig; meist wird sie in der Weise vorgenommen, daß dem Talisman eine positive und glückbringende Wirkung zugeschrieben wird.

Amun [ägyptisch wahrscheinlich „der Verborgene"]: altägyptischer Gott, als Schöpfer- und Fruchtbarkeitsgott verehrt, erlangte seit Beginn des Mittleren Reiches (2040–1650) eine universale Stellung, die er auch im Neuen Reich (1551–1070) als Reichsgott beibehielt. Seine in der Spätzeit nachweisbare Schreibung mit der Hieroglyphe des Wassers läßt erkennen, daß den Ägyptern damals der Anklang seines Namens an das libysche Wort „aman" („Wasser") bekannt war. Eine mit Amun synkretistisch verbundene Gestalt war der Gott *Ammon* der Oase Siwa, dessen Priester Alexander den Großen (♔ 336–323) als Sohn seines Gottes begrüßte (↑ Abbildung Seite 19).

An [sumerisch „oben, Himmel"]: oberster Gott der sumerischen Religion und Stadtgott von Uruk, Vater des Enlil und Enki sowie der Inanna. Sein Emblem ist eine mit Hörnern besetzte Tiara.

Anabaptisten [griechisch „Wiedertäufer"] ↑ Täufer.

Anachoreten [von griechisch anachṓrēsis „Zurückgezogenheit"]: asketische Einsiedler, die im Gegensatz zu den ↑ Zönobiten jede menschliche Gemeinschaft meiden, im christlichen Mönchtum seit etwa 300 besonders in Ägypten verbreitet. Berühmteste Gestalt des Anachoretentums ist Antonius der Große (* 251/52, † um 356).

Anahita [altpersisch „die Unbefleckte"] (auch Ardvi Sura Anahita): altiranische jungfräuliche Göttin der Fruchtbarkeit, zugleich göttliche Herrin der himmlischen und irdischen Gewässer, der der Biber heilig war. Von Zarathustra zusammen mit den anderen polytheistischen Gottheiten Irans verworfen, wurde ihre Verehrung durch den Perserkönig Artaxerxes II. (♔ 405–359) wieder offiziell anerkannt.

Analogie [von griechisch analogía „Entsprechung"]: ein magisches Prinzip, das auch Sympathie genannt wird. Ihm liegt die Ansicht und die mit ihm verbundene Praxis zugrunde, daß Gleiches durch Gleiches bewirkt werden könnte, daß z. B. Wasser ausgegossen wird, um Regenfälle zu bewirken. Die Annahme einer Analogie zwischen Himmelserscheinungen und irdischem Geschehen ist ferner Grundlage der ↑ Astrologie.

Analogiezauber ↑ Zauber.

Anath (= 'Anāt): kanaanäische, auch im A. T. und in Ägypten bezeugte Göttin, im ugaritischen Mythos Schwester des ↑ Baal, dessen Tod sie an dem Gotte Mot rächt.

Anathem [von griechisch anáthēma „das Aufgestellte"] (auch Anathema): in der Antike ursprünglich das Gottgeweihte, im N. T. (1. Kor. 16, 22) auch das Verfluchte; daher wird der Kirchenbann mit Anathema bezeichnet.

Andachtsliteratur ↑ Erbauungsliteratur.

Andreaskreuz ↑ Kreuzformen.

androgyn [griechisch andrógynos „mannweiblich"]: ein doppelgeschlechtliches Wesen wird androgyn genannt. Religionsgeschichtlich tritt die Vorstellung des Zwitters gelegentlich im Mythos auf; sie verbindet sich mit dem griechischen Hermaphroditos, dem Sohn des Hermes und der Aphrodite. Auch der Urmensch kann androgyn gedacht werden.

Äneis [...e-ɪs]: Epos des römischen Dichters Vergil (* 70, † 19), schildert die Irrfahrten des Äneas nach der Zerstörung Trojas, seine Begegnung mit Dido, der Herrin Karthagos, und seine Niederlassung in Latium. Übergreifendes Thema ist die zukünftige Größe, die Rom durch göttliche Gunst und menschliche Treue erlangen wird.

Aner Theios [griechisch „göttlicher Mensch"]: in der Antike ein Mensch, der zum Rang der Götter aufgestiegen ist.

anglikanische Kirche [von lateinisch Ecclesia Anglicana „englische Kirche"]: die Staatskirche von England („Church of England"), deren Beschützer die Krone als „Verteidiger des Glaubens" ist und die der geistlichen Leitung des Erzbischofs von Canterbury (Amtssitz Lambeth Palace untersteht. Die anglikanische Kirche entstand durch den persönlich bedingten Bruch Heinrichs VIII. (♔ 1509–1547) mit Rom, den das Parlament 1534 nachvollzog, als es in der *Suprematsakte* den König als „Supreme Head in Earth of the Church of England" („Oberhaupt der Kirche von England auf Erden") anerkannte. Abgesehen von der Verwerfung des Papsttums und der Aufhebung der Klöster (1534–1539), deren Besitz an die Krone fiel, blieb die anglikanische Kirche in ihrer Verfassung (Beibehaltung des Bischofsamtes) und in ihrer Liturgie zunächst katholisch. Erst unter Eduard VI. (♔ 1547–1553) kam es zu Reformen im protestantischen Sinn. Der für den minderjährigen König die Regentschaft führende Edward Seymour (* um 1506, † 1552) setzte 1549 als amtliches liturgisches Buch das *Common Prayer Book* in Kraft, das die Liturgie vereinfachte und in seiner 2. Ausgabe von 1552 kalvinistische Züge trug. Innerhalb der anglikanischen Kirche entstanden im 19. Jahrhundert konservativ-hochkirchliche (d. h. katholische Züge bewahrende) Bestrebungen, die sich seit 1834 in der High Church („Hochkirche") repräsentieren. Ihr stehen zwei weitere Hauptrichtungen gegenüber: die gemäßigt liberale, von der historisch-kritischen Theologie beeinflußte *Broad Church* und die *Low Church*, die tätiges Christentum und soziale Aktivitäten in den Vordergrund stellt.

Angra Manju (= Angra Mainyu) [awestisch „der böse Geist"] (auch mittelpersisch Ahriman): in der Verkündigung des Zarathustra die Verkörperung des bösen Prinzips, das zu dem guten Gott ↑Ahura Masda in einem unversöhnlichen und vom Anfang der Welt an gegebenen Gegensatz steht.

Anii: Verfasser einer nach ihm benannten altägyptischen „Lehre", die zur Weisheitsliteratur des späten Neuen Reiches zählt.

Animatismus [von lateinisch animatus „belebt, beseelt"]: der Glaube an eine Belebtheit aller Dinge.

Animismus [von lateinisch anima „Seele"]: Religionstheorie, nach der der Mensch durch Träume, Verzükkung oder Krankheit zur Erkenntnis der Seele gelange, woraus sich evolutionistisch (↑Evolutionstheorie) der Glaube an Geister und schließlich an Götter entwickele. Die Theorie des Animismus wurde von dem britischen Anthropologen Edward Burnett Tylor (* 1832, † 1917) entwickelt und von dem deutschen Philosophen und Psychologen Wilhelm Wundt (* 1832, † 1920) psychologisch weiter ausgebildet. Sie gilt heute in der Religionswissenschaft als überwunden. Die Kritik am Animismus betrifft dessen evolutionistische Grundhaltung, derzufolge die Entwicklung der Religionen in bestimmten, immer gleichen Stadien verlaufe, seinen Psychologismus, d. h. die Überbetonung der Rolle, die seelische Faktoren bei der Entstehung und Entwicklung von Religion gespielt haben, und die unreflektierte Annahme, Forschungen über neuzeitliche primitive Völker könnten die Religion alter, primitiver Kulturen oder gar die Anfänge menschlicher Religion erhellen.

Anthropogonie [griechisch]: die Erschaffung des Menschen als Teil von Schöpfungsberichten.

Anthropomorphismus [von griechisch ánthrōpos „Mensch" und morphḗ „Gestalt"]: Vorstellung von der Menschengestaltigkeit der Götter in ihrer physischen Erscheinung, in ihren Empfindungen *(Anthropopathismus)* und in ihren Handlungen. Auf Anthropomorphismus beruht der *Mythos*, wenn er vom göttlichen Wirken nach Art menschlichen Verhaltens, wenn auch mit größerer Macht berichtet. Die griechische Religion hat den Anthropomorphismus am stärksten ausgebildet, zugleich aber auch die heftigste Kritik hervorgerufen; der griechische Dichter und Philosoph Xenophanes (* um 565 oder 580, † 470 oder um 485) ironisierte den Anthropomorphismus scharf: „Hätten die Rinder und Rosse Hände wie Menschen, könnten sie malen wie diese und Werke der Kunst sich erschaffen, alsdann malten die Rosse gleich Rossen, gleich Rindern die Rinder auch die Bilder der Götter, u. je nach dem eigenen Aussehen würden sie auch die leibliche Form ihrer Götter gestalten." Dieser Kritik war der symbolische Charakter anthropomorpher Aussagen unbekannt. Sie schloß keine generelle Ablehnung der Religion ein, sondern setzte einen für die Verwerfung des Anthropomorphismus charakteristischen Gottesbegriff voraus, der monotheistisch und transzendent ist.

Anthroposophie [von griechisch ánthrōpos „Mensch" und sophía „Weisheit"]: eine Weltanschauungslehre, die Rudolf Steiner (* 1861, † 1925) nach seinem Bruch mit der ↑Theosophie am 19. Oktober 1902 in einem ersten Vortrag über Anthroposophie begründete. Die Anthroposophie sieht die Welt in einer stufenweisen Entwicklung begriffen, die der Mensch einfühlend und erkennend nachzuvollziehen hat, um „höhere" seelische Fähigkeiten zu entwickeln und mit ihrer Hilfe „übersinnliche" Erkenntnisse zu erlangen. Sie beruft sich in starkem Maße auf Goethe; sie ist ferner von christlichen, indischen, gnostischen (↑Gnosis) und kabbalistischen (↑Kabbala) Gedanken beeinflußt. Zentrum der „*Anthroposophischen Gesellschaft*" ist das als „Freie Hochschule für Geisteswissenschaft" unterhaltene „Goetheanum" in Dornach bei Basel. Beachtliche Einflüsse übt die Anthroposophie auf pädagogischem Gebiet mit den von ihrer Gesellschaft ins Leben gerufenen „Freien Waldorfschulen" aus.

Antichrist: aus dem N.T. (1. Joh. 2, 18 und 22; 4, 3; 2. Joh. 7) übernommene Vorstellung von einem Gegenspieler Christi, dessen Auftreten zu Beginn der Endzeit und vor der Wiederkunft Christi erwartet wurde. In der frühchristlichen Spekulation wurde der Antichrist als eine Verkörperung des Satans angesehen, die gelegentlich mit einer geschichtlichen Persönlichkeit, z. B. mit dem römischen Kaiser Nero identifiziert wurde. Verschiedene reformatorische Bewegungen des Mittelalters und auch Luther sahen im Papst den Antichrist.

Antimodernisteneid: Eid in Form eines Bekenntnisses gegen den „Modernismus", d. h. gegen Reformtendenzen in der katholischen Theologie und Kirche. Er wurde von Papst Pius X. am 1. September 1910 für alle katholischen Geistlichen vorgeschrieben und 1967 abgeschafft.

Antinomismus [griechisch]: Richtungen, die die Freiheit des Menschen gegenüber einem moralischen Gesetz (griechisch „nómos") betonen, werden antinomistisch genannt. Er wurde geschichtlich bedeutsam im *Antinomismusstreit*, den der deutsche evangelische Theologe Johann Agricola (* 1499, † 1566) auslöste, als er 1527 der Auffassung Philipp Melanchthons (* 1497, † 1560) widersprach, eine an das alttestamentliche Gesetz anknüpfende Bußpredigt müsse der Verkündigung des christlichen Glaubens vorangehen.

antiochenische Schule: Richtung innerhalb der christlichen Theologie des 4. und 5. Jahrhunderts in Antiochia, die sich der wissenschaftlichen Bibelauslegung widmete, eine allegorische Deutung, die hinter den Aussagen der Bibel einen tieferen und verborgenen Sinn annimmt, verwarf und den Unterschied zwischen der göttlichen und menschlichen Natur Christi betonte. Die antiochenische Schule war bedeutsam für die Entwicklung der Theologie der ↑Nestorianer.

Antiphon [griechisch „entgegentönend"]: Wechselgesang, in der christ-

Aphrodite. Kopf der knidischen Aphrodite (Kopie) des Praxiteles (um 350 v. Chr.; Rom, Vatikanische Sammlungen)

lichen Kirche seit dem 4. Jahrhundert zunächst beim Vortrag von Psalmen gebräuchlich; allgemein auch der Wechselgesang zwischen Priester und Gemeinde.

Antitrinitarier: diejenigen Anhänger christlicher Gruppen, die die kirchliche Lehre von der ↑Trinität bestritten, werden Antitrinitarier genannt. Diese Bezeichnung wird insbesondere für Gruppen verwendet, die im Reformationszeitalter in Südfrankreich, Italien, Polen und Siebenbürgen vorübergehende Bedeutung gewannen. Der damals bedeutendste Antitrinitarier war der Spanier Miguel Servet (* um 1511), der am 27. Oktober 1553 in Genf öffentlich verbrannt wurde.

Anu [akkadisch von sumerisch ↑An]: oft menschenfeindlich gedachter Himmelsgott der babylonisch-assyrischen Religion mit geringer kultischer Verehrung, in der Zeit der Seleukiden (4.–1. Jahrhundert) mit Zeus gleichgesetzt.

Anubis: altägyptischer Friedhofs- und Totengott, schakalgestaltig oder als Mensch mit Schakalkopf dargestellt, galt als sakraler Herr der Balsamierungshalle (↑Abbildung Seite 19).

Anunnaki [akkadisch von sumerisch anunna „die aus fürstlichem Samen"]: die unterirdischen Götter der babylonisch-assyrischen Religion.

Äon (= Aion) [griechisch „Zeit, Zeitdauer"]: im *N.T.* (Matth. 12, 32; 1. Kor. 1, 20; Gal. 1, 4; Ephes. 1, 21) Bezeichnung für diese, d. h. die gegenwärtige, böse Welt im Gegensatz zu jener, d. h. der zukünftigen, besseren Welt. Im *Mithraskult* ist Äon (lateinisch Saeculum) die höchste Gottheit; diese Vorstellung geht sicher auf die iranische Zervan-Idee (↑Zervanismus) zurück. Der *Manichäismus* kennt Äon als Urgott. In der *Gnosis* gelten Äonen als Erscheinungsweisen (Emanationen) des Absoluten.

Apastāk: mittelpersische Bezeichnung für ↑Awesta.

Aphrodite: griechische Göttin orientalischen Ursprungs, Herrin der sinnlichen Liebe und der Schönheit, nach Homer Tochter des Zeus und der Titanin Dione, nach Hesiod aus dem Schaum (griechisch „aphrós") des Meeres geboren, Gattin des Hephaistos, den sie mit Ares betrügt; beider Sohn ist Eros. Aphrodite verleiht Liebesglück und hilft dem Paris, der ihr den Preis der Schönheit zuerkennt, die Liebe der Helena zu gewinnen. Der griechischen Aphrodite entspricht die römische ↑Venus.

Apis. Zeichnung nach einer Bronzedarstellung

Apis [von ägyptisch Ḥpj „der Eilende"]: altägyptischer Stiergott, galt als Erscheinungsform des ↑Ptah und stand als Fruchtbarkeitsgottheit zu ↑Osiris in enger Beziehung. Der „Auslauf des Apis" war ein Fruchtbarkeitsritus, bei dem ein Bulle über die Felder getrieben wurde. Apis war besonders in der ägyptischen Spätzeit (ab dem 8. vorchristlichen Jahrhundert) sehr populär.

Apokalypse. Die apokalyptischen Reiter. Holzschnitt aus der „Apokalypse" von Albrecht Dürer (1498)

Apokalypse des Johannes [von griechisch apokálypsis „Enthüllung, Offenbarung"] (auch Johannesapokalypse, Offenbarung Johannis, Abk. Apk.): das abschließende Buch des N.T., das die frühen Kirchenväter auf den gleichnamigen Verfasser des *Johannesevangeliums* zurückgeführt haben. Seit dem 19. Jahrhundert wird diese Verfasserschaft angezweifelt. Theologisches Ziel der Apokalypse des Johannes ist es, die in den beginnenden Christenverfolgungen bedrängten Gläubigen durch den Ausblick auf die Wiederkehr Christi zu trösten und zugleich auf die diesem Ereignis vorausgehenden Greuel vorzubereiten. – Die Apokalypse des Johannes beginnt mit der Schilderung einer Christusvision, die Johannes auf der Insel Patmos erlebte. Es folgen Briefe an sieben kleinasiatische Gemeinden. Der Hauptteil gliedert sich in die Schilderung von Visionen in drei Reihen, in denen von je sieben Plagen berichtet wird. Das Gericht über Babylon (Deckname für Rom) schließt sich an. Höhepunkt dieses Dramas um das Weltende ist die Schilderung der neuen Schöpfung und des himmlischen Jerusalems.

Apokalyptik [von griechisch apokálypsis „Enthüllung"]: die „Enthüllung" göttlicher Geheimnisse und die Literaturgattung, die die Schilderung der Ereignisse des Weltendes (↑Eschatologie) zum Thema hat.

Apokatastasis [griechisch „Wiederherstellung, Wiederkehr"]: die Wiederherstellung eines ehemaligen Zustandes, insbesondere die Rückführung der Welt zu ihrem anfänglichen Zustand am Weltende. Die Apokatastasis wird in klassischer Weise vom *Parsismus* vertreten. Im christlichen Bereich wurde Apokatastasis als endzeitliche Versöhnung Gottes mit den Menschen verstanden; sie spielte in der Theologiegeschichte besonders bei dem Kirchenvater Origenes (* 185, † 254) und bei dem deutschen evangelischen Theologen Friedrich Ernst Daniel Schleiermacher (* 1768, † 1834) eine Rolle.

Apokryphen [von griechisch apókryphos „verborgen"]: eine Gattung religiöser Literatur, die trotz des von ihr erhobenen Anspruchs auf Echtheit und Originalität nicht in den Kanon heiliger Texte aufgenommen wurde.

Apollon. Kopf des Apollon vom Westgiebel des Zeustempels in Olympia (um 460 v. Chr.)

Die Apokryphen des A.T. werden im katholischen Sprachgebrauch *deuterokanonisch* genannt, die in der katholischen Kirche als Apokryphen bezeichneten Bücher der Bibel heißen im evangelischen Bereich ↑Pseudepigraphen.

Apollon (auch lateinisch Apollo): griechischer Gott wahrscheinlich kleinasiatischer Herkunft; galt als Sohn des Zeus und der Leto, Zwillingsbruder der Artemis; er war die Verkörperung des griechischen Ideals der „apollinischen Schönheit". Das Wesen Apollons trägt mannigfache Züge. Auf eine mit der Sonne zusammenhängende, lichte Komponente kann sein Beiname *Phoibos* („der Strahlende, Leuchtende") verweisen. Als göttlichem Herrn der *Inspirationsmantik* untersteht ihm in historischer Zeit das Orakel von Delphi. Apollon vertritt Recht, Ordnung und Frieden. Er ist der Gott, in dessen Namen Schuld gesühnt wird. Im Zusammenhang damit kann auch seine Verbindung mit der Heilkunde gesehen werden. Nach Rom gelangte sein Kult im 5. vorchristlichen Jahrhundert. Augustus (♕ als Kaiser 31 v. Chr.–14 n. Chr.) errichtete ihm später einen Tempel auf dem Palatin.

Apologeten [von griechisch apología „Verteidigung"]: eine Anzahl christlicher Schriftsteller des 2. Jahrhunderts werden Apologeten („Verteidiger") genannt, weil sie bestrebt waren, Vorwürfe besonders des Verrats am römischen Staat und des Atheismus (weil die Christen die römischen Götter nicht anbeteten), die gegen die Christen erhoben wurden, zu widerlegen, und die dabei zur Polemik gegen den heidnischen Polytheismus übergingen. Bedeutende Apologeten waren Justinus Martyr († um 165), Tatian, Theophilos von Antiochia († nach 180) und Athenagoras von Athen.

Apophis [ap-'o:...]: ägyptischer Dämon in Schlangengestalt, Gegner des Sonnengottes und Feind des ↑Osiris.

Apophthegmata Patrum [griechisch-lateinisch „Aussprüche der Väter"]: Aussprüche, Anekdoten und Kurzbiographien aus dem altchristlichen Mönchtum.

Apostel [von griechisch apóstolos „Gesandter"]: im Urchristentum gebildeter, spezifisch christlicher Begriff, der in erster Linie den engsten Jüngerkreis Jesu betrifft, die Zwölf, die Jesus zur Verkündigung des Evangeliums ausgesandt hatte; dann aber auch auf andere urchristliche Missionare, besonders auf Paulus, übertragen.

Apostelgeschichte (Abk. Apg., lateinisch Acta Apostolorum): von dem Evangelisten Lukas verfaßtes Buch des N.T., das über die Taten der Apostel berichtet, entstanden gegen Ende des 1. Jahrhunderts. Es stellt den Siegeszug des Evangeliums durch die antike Welt von Jerusalem bis Rom dar. So behandelt ein erster Teil die Grundlegung der Kirche in Jerusalem, die Mission in Judäa und Samaria sowie die Berufung des Paulus. Ein zweiter Teil berichtet über die Verkündigung durch Paulus unter den Juden außerhalb Palästinas und den „Heiden" (den nichtjüdischen Anhängern vorchristlicher Religionen), über die Missionsreisen des Paulus, über seine Gefangennahme und seine Überfahrt nach Rom.

Apostelkonzil: im N.T. (Apg. 15 und Gal. 2, 1–10) wird von einer Versammlung der zwölf Apostel und Ältesten zusammen mit den Heidenmissionaren Paulus und Barnabas (um 50 n. Chr.) berichtet. Anlaß für dieses Apostelkonzil war die Frage, ob nichtjüdische Anhänger vorchristlicher Religionen (die Heiden), die zum Christentum übertreten, sich beschneiden lassen und sich dem jüdischen Gesetz unterwerfen müssen. Ergebnis dieser Versammlung war das *Aposteldekret*, der Beschluß, daß „Heidenchristen" (zu Christen bekehrte Nichtjuden) zwar nicht zur Einhaltung des mosaischen Gesetzes verpflichtet seien, jedoch kein Fleisch, das von heidnischen Opfern

Paulus, Simon, Johannes, Judas Thaddäus, Jakobus d. J., Jakobus d. Ä.

Matthias, Thomas, Petrus, Philippus, Bartholomäus, Andreas

Apostel. Holzschnittfiguren von Tilman Riemenschneider (um 1510), von einem nicht erhaltenen Altar der Würzburger Marienkapelle (München, Bayerisches Nationalmuseum)

stammt und kein blutiges Fleisch, außerdem kein Fleisch von Tieren, die erstickt worden waren, essen sollten, und sich ferner von Unzucht enthalten müßten. Damit war ein bedeutender Schritt auf dem Weg zur Universalkirche vollzogen, insofern damit nicht nur Juden, sondern auch die Heiden zum Christentum bekehrt werden konnten.

Apostolikum ↑Apostolisches Glaubensbekenntnis.

apostolische Nachfolge ↑apostolische Sukzession.

Apostolischer Segen: der feierliche Segen des Papstes, den dieser meist von der Loggia der Peterskirche „der Stadt (Rom) und dem Erdkreis" (lateinisch *Urbi et Orbi*) erteilt.

Apostolisches Glaubensbekenntnis (auch Apostolikum, Symbolum Apostolicum): Glaubensbekenntnis der christlichen Kirchen, das auf die Apostel zurückgeführt wurde, hervorgegangen aus einem römischen Taufbekenntnis des 2. Jahrhunderts. 1971 wurde ein mit Ausnahme des 3. Artikels einheitlicher Text für den deutschen Sprachraum durch die katholische, die altkatholische und die evangelischen Kirchen in Deutschland eingeführt: „Ich glaube an Gott, den Vater, den Allmächtigen, den Schöpfer des Himmels und der Erde,

Apotheose des Kaisers Antoninus Pius und seiner Gemahlin Faustina. Relief am Sockel der Gedenksäule (161; Rom, Vatikanische Sammlungen)

und an Jesus Christus, seinen eingeborenen Sohn, unsern Herrn, empfangen durch den Heiligen Geist, geboren von der Jungfrau Maria, gelitten unter Pontius Pilatus, gekreuzigt, gestorben und begraben, hinabgestiegen in das Reich des Todes, am dritten Tage auferstanden von den Toten, aufgefahren in den Himmel; er sitzt zur Rechten Gottes, des allmächtigen Vaters; von dort wird er kommen, zu richten die Lebenden und die Toten. Ich glaube an den Heiligen Geist, die *heilige katholische/heilige christliche/heilige allgemeine christliche* Kirche, Gemeinschaft der Heiligen, Vergebung der Sünden, Auferstehung der Toten und das ewige Leben. Amen."

apostolische Sukzession (auch apostolische Nachfolge): Amtsnachfolge der Bischöfe in einer auf die Apostel zurückgehenden direkten und ununterbrochenen Reihenfolge, die die Legitimität der geistlichen Amtsträger und damit die *Apostolizität* der Kirche und ihren Wahrheitsanspruch sicherstellen soll. Wesentlich für die apostolische Nachfolge sind Weihe und Handauflegung, durch die das kirchliche Amt übertragen wird. Als entscheidend für den Bestand ihrer Kirchen werten die katholische, die anglikanische Kirche sowie die orthodoxen Kirchen die apostolische Nachfolge, während die evangelischen Kirchen die Nachfolge in der Evangeliumsverkündigung höher einschätzen.

apostolisches Zeitalter: die Periode vom Tode Jesu bis zum Aussterben der ersten christlichen Generation.

Apostolizität: nach katholischem Verständnis die Wesensgleichheit der gegenwärtigen Kirche mit der Kirche der Apostel in Lehre und Sakramenten. Nach protestantischem Verständnis ist Apostolizität dadurch gegeben, daß die Kirche das Wort der Apostel bewahrt hat.

Apotheose [von griechisch apothéōsis „Vergottung"]: Vergottung eines lebenden oder verstorbenen Menschen, dem fortan göttliche Verehrung zuteil wird, eine v. a. im römischen Kaiserkult übliche Erscheinung.

apotropäisch [von griechisch apotrópaios „Unglück abwehrend"]: alle Mittel, die der zauberischen Abwehr von Unheil dienen, werden apotropäisch genannt.

Apsis [von griechisch apsís „Wölbung, Rundung"]: im christlichen Kirchenbau eine nischenartige Raumform, meist über einem halbkreisförmigen Grundriß errichtet, mit einer Halbkuppel überwölbt, im allgemeinen am Ostende des Mittelschiffs, aber auch am Querschiff und an Seitenschiffen angeschlossen. Die Apsis enthielt ursprünglich den Bischofssitz und das Priestergestühl, später auch den Altar.

Apsu (= Apsū): in der babylonischen Mythologie der Süßwasserozean, in dem die Erdscheibe ruht und dessen göttlicher Herr ↑Ea ist. Im babylonischen Weltschöpfungsmythos „Enuma elisch" ist Apsu als Person und als Gatte der ↑Tiamat gedacht.

Äquinoktium (= Aequinoctium): Tagundnachtgleiche, in der Religionsgeschichte oft der Zeitpunkt von Sonnenfesten. Im Kult des ↑Attis wurde beim Frühlingsäquinoktium eine Pinie gefällt, die den verstorbenen Attis symbolisierte.

Aranjakas [von Sanskrit āranyaka „zum Walde gehörend"]: altindische Bücher, die Spekulationen über das Opfer und seine Symbolik zum Inhalt haben. Sie waren zum Studium in der Waldeinsamkeit bestimmt. Sie schließen sich zeitlich an die ↑„Brahmanas" an; die genaue Zeit ihrer Entstehung und ihre Autoren sind unbekannt.

Arbeiterpriester: katholische Priester in Frankreich, die als Arbeiter unter Arbeitern leben und diese zugleich seelsorgerlich betreuen. Sie hießen früher *prêtres-ouvriers*, seit 1965 *prêtres au travail.* Die ersten Arbeiterpriester begannen ihre Tätigkeit 1941 in Marseille. Da unter den Bischöfen Zweifel an der Vereinbarkeit von priesterlichem Amt mit ganztägiger Berufsarbeit aufkamen, wurde ihr Wirken 1953/54 schrittweise und 1959 endgültig verboten, 1965 aber wieder erlaubt.

Archetyp [von griechisch archétypos „das zuerst Geprägte"]: in der Theorie des schweizerischen Psychoanalytikers Carl Gustav Jung (* 1875, † 1961) inhaltliche Urbilder eines kollektiven, überindividuellen und ererbten Unbewußten, die in Träumen und religiösen Symbolen ihren Ausdruck finden.

Archidiakon [griechisch] (auch Erzdiakon): in der altchristlichen Kirche der Vorsteher der Diakone, später der Stellvertreter des Bischofs.

Archimandrit [griechisch]: in den Ostkirchen Vorsteher eines Klosters, auch Ehrentitel hoher Geistlicher.

Archon [griechisch „Herrscher"] (Mehrzahl Archonten): im antiken Griechenland ein v. a. mit religiösen Aufgaben betrauter Beamter; im Manichäismus und in der Gnosis sind Archonten die fünf bzw. sieben „Fürsten der Finsternis".

Ardvi Sura Anahita [altpersisch „die Feuchte, Starke, Unbefleckte"]: altiranische Göttin der Fruchtbarkeit, ↑Anahita.

Ares [...e:s]: in der griechischen Religion Sohn des Zeus und der Hera, kultisch selten verehrter Gott des Krieges, blindwütiger Dämon des Schlachtengetümmels, begleitet von seinen Söhnen Phobos („Furcht") und Deimos („Schrecken"). Aus seiner Verbindung mit Aphrodite, die ihren Gatten Hephaistos betrügt, geht Eros hervor. Die Römer setzten Ares dem Mars gleich.

Ares. Kopf des Ares Ludovisi (um 330 v. Chr.; Marmorkopie; Rom, Thermenmuseum)

Aretę [griechisch]: Tüchtigkeit, spezifische Leistung, auch göttlicher Machterweis, seit Sokrates im ethischen Sinn als Tugend verstanden.

Ạrhat [Sanskrit „ehrwürdig, heilig, vollendet"]: ein buddhistischer Mönch, der schon im irdischen Dasein durch eigenes Bemühen das ↑Nirwana erlangt hat, erhält den Ehrentitel Arhat. Der Arhat ist das religiöse Ideal des Hinajana-Buddhismus.

Ariạdne: griechische Mythen- und Sagengestalt, Tochter des Königs Minos von Kreta, Helferin des Theseus, der nach seinem Kampf mit dem Minotauros durch ein ihm von Ariadne übergebenes Wollknäuel aus dem Labyrinth herausfindet. Ariadne erscheint später als Gattin des Dionysos.

Arianịsmus: die Christologie des alexandrinischen Priesters Arius († 336). Nach ihr ist Christus mit Gott nicht wesensgleich, sondern nur dessen vornehmstes Geschöpf. Arius wurde von seinem Bischof Alexander exkommuniziert, seine Lehre, die der griechische Kirchenlehrer Athanasios (* um 295, † 373) aufs heftigste bestritt, wurde 325 unter Einfluß von Konstantin dem Großen (♔ 306 bis 337) auf dem Konzil von Nizäa verurteilt. Bei Goten, Vandalen und Langobarden lebte sie jedoch bis zum 6. Jahrhundert fort.

Aristęasbrief: ein im allgemeinen als Fälschung angesehener Brief in griechischer Sprache, den Aristeas, ein Beamter des Königs Ptolemaios II. Philadelphos (♔ 284–247), an seinen Bruder Philokrates geschrieben haben soll und in dem er über die Entstehung der griechischen Übersetzung des A. T., der „Septuaginta", berichtet.

Ārjasamadsch (= Āryasamāj) [Sanskrit „Versammlung der Edlen"]: hinduistische Reformbewegung, die am 10. April 1875 von dem Brahmanen Dayanand Sarasvati (* 1824, † 1883) in Nordindien begründet wurde und dort vorübergehend eine halbe Million Anhänger zählte. Der Arjasamadsch verwirft jede Toleranz in Glaubensfragen und lehnt alle Religionen ab, die nicht ausschließlich auf dem ↑Weda, der Sammlung heiliger Texte Altindiens, begründet sind. Der Weda wird zu Unrecht im monotheistischen Sinn verstanden und zugleich als Quelle jeglicher, auch der modernsten naturwissenschaftlichen Erkenntnisse angesehen. Auf der Grundlage dieser Lehren erstrebte der Arjasamadsch die nationale Einigung aller Inder.

Ạrmati: eine der ↑Amescha Spentas.

armęnische Kirche: älteste bis heute bestehende von einem eigenen unabhängigen Oberhaupt geleitete (autokephale) Kirche des Ostens, die sich auf Thaddäus und Bartholomäus als ihre Missionare beruft. Eigentlicher Begründer des armenischen Staatskirchentums war im 4. Jahrhundert Gregor der Erleuchter († um 320). Die armenische Kirche untersteht dem Katholikos als ihrem Oberhaupt; seine Residenz befindet sich seit dem 15. Jahrhundert in Etschmiadsin (heute Armenische Sozialistische Sowjetrepublik, UdSSR). Die armenische Kirche ist betont national ausgerichtet und hat sich um die Pflege der armenischen Sprache und Literatur bedeutende Verdienste erworben. In dogmatischer Hinsicht bekennt sie sich zum ↑Monophysitismus.

Arminiạner (auch Remonstranten): niederländische christliche Sekte, begründet von dem Leidener Theologieprofessor Jacobus Arminius (* 1560, † 1609), der sich gegen die kalvinistisch geprägte Staatskirche der Niederlande wandte und die strenge Prädestinationslehre Calvins verwarf. Die Arminianer legten 1610 bei den holländischen Ständen eine fünf Artikel umfassende Bekenntnisschrift vor, die sogenannte Remonstration, nach der sie sich als *Remonstranten* bezeichnen. 1798 wurden die Arminianer offiziell anerkannt. Zu ihnen zählen heute 33 Gemeinden.

Artemis: den Nymphen verwandte jungfräuliche Jagdgöttin der Griechen, Tochter des Zeus und der Leto, Zwillingsschwester Apollons.

Artha [Sanskrit]: Streben nach Nützlichem, d. h. nach dem Gewinn weltlicher Güter; eines der Ziele der hinduistischen Ethik.

Arvalische Brüder [von lateinisch fratres arvales „Saatfeldbrüder"]: römisches Priesterkollegium, das im Mai einen rituellen Flurumgang („ambarvalia") vollzog, bei dem die Arvalischen Brüder ein in sehr altertümlichem Latein verfaßtes, bereits in historischer Zeit nicht mehr verständliches Kultlied („carmen arvale") vortrugen; Verehrer des Mars und der Dea Dia.

Āryasamāj ↑Arjasamadsch.

Ascha (= Asha): eine der ↑Amescha Spentas.

Aschawan (= Ashavan): der sich zum Ascha Bekennende; ↑Amescha Spentas.

Aschi Dahaka (= Aži Dahāka) [altpersisch]: Drache des altiranischen Mythos, der von dem Helden Thraetaona besiegt und an einen Felsen gebunden wird.

Aschkenasim [hebräisch] (Einzahl Aschkenas): im A.T. (1. Mos. 10, 3) Mitglieder einer Völkerschaft im Norden Palästinas; der Begriff wurde übertragen auf die mittel- und osteuropäischen Juden (benannt nach dem seit dem Mittelalter üblichen Wort für Deutschland, Aschkenas), deren Umgangssprache Jiddisch ist. Im Gegensatz dazu heißen die iberischen Juden ↑Sephardim.

Aschram (= Āśrama) [Sanskrit]: Einsiedelei eines indischen Asketen sowie klosterähnliche Anlage in Indien.

Aschrama (= Āśrama) [Sanskrit]: die vier Abschnitte im Leben eines indischen Brahmanen: a) Leben in Keuschheit als Brahmanenschüler *(Brahmatscharja)*; b) Leben als Hausvater *(Grihastha)*; c) Leben als Waldeinsiedler *(Wanaprastha)*; d) Leben in völliger Einöde *(Sannjasa)*.

Aschwamedha (= Aśvamedha, Ashvamedha) [Sanskrit „Roßvermischung"]: im allgemeinen als „Roßopfer" bezeichneter altindischer Königsritus (in seinem Vollzug dem Puruschamedha verwandt), wurde von einem siegreichen Herrscher veranstaltet. Der Aschwamedha besteht in der Erstickung eines Hengstes und der anschließend symbolisch vollzogenen „Hochzeit" (↑Hieros Gamos) der Lieblingsfrau des Königs mit dem toten Tier.

Aschwins [von Sanskrit aśvin „Pferdebesitzer"] (auch Nāsatya): ursprünglich pferdegestaltige, den antiken ↑Dioskuren verwandte altindische Zwillingsgötter (↑Zwillinge); nach der Mythologie des ↑Weda erscheinen sie bei Sonnenaufgang am Himmel in einem rossegezogenen Wagen.

Asebie [von griechisch asébeia „Gottlosigkeit"]: Frevel gegen die griechischen Götter, in Athen seit 432 v. Chr. in Asebieprozessen verfolgt, die jedoch selten durchgeführt wurden. Der bekannteste dieser Prozesse ist der des Sokrates, der 399 v. Chr. mit dem Todesurteil beendet wurde.

Asen [altnordisch]: germanisches Göttergeschlecht, an dessen Spitze Odin steht und zu dem v. a. Thor, Tyr, Baldr und Frigg zählen. Die Asen gelten gegenüber den ↑Wanen als die jüngere, kriegerische Göttergruppe der Germanen.

Asgard [von altnordisch Ásgarðr „Gehöft der Asen"]: die germanische Götterburg, in der die ↑Asen wohnen, nach späterer Vorstellung am Himmel lokalisiert.

Asha ↑Ascha, ↑Amescha Spentas, ↑Rita.

Ashavan ↑Aschawan.

Ashvamedha ↑Aschwamedha.

Askese [von griechisch áskēsis „Übung"]: religiös begründete Einschränkung oder völlige Enthaltung von Speise und Trank, Wohnung, Schlaf, Kleidung und Besitz, vornehmlich zeitweiliger oder gänzlicher Verzicht auf Geschlechtsverkehr. Bei Vorbereitung von Kulthandlungen oder der Teilnahme an ihnen kann eine zeitlich begrenzte Askese gefordert sein, meist stärker vom Priester als vom Laien. Die Askese des Mönchtums hat in der Klostergemeinschaft zu einer sozialen Sonderform geführt. Auch einzelne Religionen können ganz von der Verpflichtung zur Askese geprägt sein. In der ↑Gnosis beruht sie auf der Intention, den Menschen aus der Gebundenheit an die Materie zu befreien. Andererseits kann Askese auf einer Wertung der Welt als Illusion (Sanskrit Māyā) beruhen wie im ↑Buddhismus.

Asklepios [griechisch] (auch Äskulap): antiker Gott der Heilkunde, wohl ursprünglich in Schlangengestalt verehrt; daher sein Schlangenstab. Seine Tochter ist die Gesundheitsgöttin Hygieia. Der Kult des Asklepios wurde im Jahre 291 v. Chr. anläßlich einer Seuche von Epidauros nach Rom übertragen, wo er als *Äskulap* verehrt wurde.

Aspersion ↑Besprengung.

Assassinen [von arabisch Haschschaschī „Haschischgenießer"]: Geheimsekte der ↑Ismailiten, deren Mitglieder durch den Genuß von Haschisch gefügig wurden, politische Morde zu begehen; daher liegt der arabische Name der Sekte dem französischen *assassin* („Mörder") zugrunde. Die Assassinen existierten seit dem 9. Jahrhundert, erlangten aber erst zu Ende des 11. Jahrhunderts entscheidendes Gewicht, nachdem es ihrem Leiter Hasan As Sabbah († 1124) gelungen war, um 1090 die nordpersische Bergfeste Alamut zu besetzen. Von dort dehnte er seinen Einfluß v. a. nach Syrien aus, um von Burgen des syrischen Berglandes Kreuzfahrer zu bedrohen. Während der letzten 34 Jahre seines Lebens soll er die Feste Alamut nicht mehr verlassen haben. Die Geschichte hat ihn deshalb den „Alten vom Berge" genannt. Seiner Bewegung nahm später der Mongolensturm jede politische Bedeutung (Eroberung von Alamut 1256).

Assur: Stadtgott der gleichnamigen Hauptstadt des assyrischen Reiches und Nationalgott der Assyrer mit betont kriegerischem Charakter.

assyrische Religion ↑babylonisch-assyrische Religion.

Astarte (ursprüngliche Namensform 'Attart): im A. T. *Aschtoret* genannte kanaanäische Fruchtbarkeitsgöttin, die in ugaritischen Ritualtexten häufig erwähnt wird und in Ägypten seit Amenophis II. (♔ 1438–1412) als Kriegsgöttin bekannt ist. In der spätantiken Welt ist Astarte, auch griechisch *Mylitta* genannt, die Herrin orgiastischer Kulte.

Astralmythologie [von lateinisch astra „Sterne"]: religiöse Verehrung der Gestirne, besonders der Sonne und des Mondes, in klassischer Weise in der ↑babylonisch-assyrischen Religion vertreten. Daher ist es verständlich, daß zu Ende des 19. und Beginn des 20. Jahrhunderts gerade vom ↑Panbabylonismus eine astralmythologische Schule stärkste Impulse empfing; ihre bedeutendsten Vertreter waren die Forscher A. Jeremias (* 1864, † 1935) und H. Winckler (* 1863, † 1913). Ziel ihrer inzwischen überholten Interpretationsmethode war es, Mythen aus Bewegungen von Sternen zu deuten. Dabei wurde die unbeweisbare Voraussetzung gemacht, die Mythenbildung sei durch frühzeitliche Beobachtungen von Himmelserscheinungen entstanden.

Astrologie [von griechisch astrología „Sternkunde"]: Sterndeutung; der Versuch, das Geschehen auf der Erde und die Schicksale der Menschen aus bestimmten Konstellationen der Gestirne zu deuten und vorherzusagen. Die Astrologie beruht auf der Annahme, daß zwischen der Sternenwelt und irdischen Vorgängen eine geregelte und dem Menschen erfaßbare Beziehung bestehe.

Asura [Sanskrit]: in der ↑wedischen Religion wird eine Götterklasse Asura genannt, deren bedeutendste Vertreter Waruna und Mitra sind. Während die awestische Entsprechung

Ahura (wie bei ↑Ahura Masda) ihren positiven Sinn behält, erfährt *Asura* im indischen Bereich einen Bedeutungswandel: Das anlautende *a-* wird als verneinende Vorsilbe (Alpha privativum; entsprechend dem deutschen *un-*) einer Götterbezeichnung *Sura* verstanden; damit werden die Asura dämonisiert und als Götterfeinde aufgefaßt.

Aśvamedha ↑Aschwamedha.

A.T.: Abk. für: ↑**A**ltes **T**estament.

Atargatis [aus der Kombination der aramäischen Namensform der Astarte und Ate, vielleicht „Astarte, Mutter der Ate"] (auch griechisch Derketo, lateinisch Dercetis): syrische Fruchtbarkeits- und Muttergottheit der hellenistischen Zeit, in Rom als „die syrische Göttin" („Dea Syria") bekannt. Hauptort ihres orgiastischen Kults war das antike Hierapolis (Nordsyrien). In ihrem Dienst standen die Galli, Priester, die sich selbst entmannt hatten und in weiblichen Kleidern und Schmuck auftraten. Ein Mythos der Atargatis ist nicht bekannt; als ihr Gemahl galt ↑Adad.

Ate [griechisch „Verblendung, Unheil"]: griechischer Begriff für einen den Menschen als Schicksal ergreifenden Frevelmut, der ihn in Schuld verstrickt. Bei Homer ist Ate als Person gedacht und gilt als Tochter des Zeus.

Athena. Kopf der Athena des Myron (um 440 v. Chr.; Marmorkopie; Frankfurt am Main, Städtische Skulpturensammlung, Liebieghaus)

Atem: der Atem wird in der Religionsgeschichte oft mit der Seele identifiziert, was sich in der Übertragung von Wörtern für Atem auf den Begriff Seele äußern kann (so z.B. im Sanskrit und Hebräischen). Im A.T. (1. Mos. 2, 7) wird der Mensch eine „lebendige Seele", nachdem ihm Gott „lebendigen Atem" in seine Nase geblasen hat.

Athanasianum (auch Athanasianisches Glaubensbekenntnis): christliches Glaubensbekenntnis mit trinitarischer Aussage (↑Trinität); seine Herkunft ist unbekannt, wahrscheinlich ist es im 6. Jahrhundert in Südgallien entstanden.

Atharwaweda: einer der Weden, ↑Weda.

Atheismus [von griechisch átheos „ohne Gott"]: in der Neuzeit (16./17. Jahrhundert) aufgekommene Bezeichnung für die Meinung, es gebe kein „transzendentes", von der der menschlichen Erfahrung zugänglichen Welt verschiedenes Wesen (ein Gott, insbesondere der christliche Gott oder mehrere Götter, ein Absolutes).

Athena (auch Pallas Athena): in der griechischen Mythologie die Lieblingstochter des Zeus; sie entsprang nach später mythologischer Vorstellung mit Helm und Brustpanzer dem väterlichen Haupt, dem Sitz der Metis, des göttlichen Denkens und weisen Rates. Obwohl die Gestalt der Athena auf eine kretisch-mykenische Palastgöttin zurückzuführen ist, ist ihr Wesen als Herrin der Weisheit doch ganz von ihren in griechischer Zeit erworbenen Qualitäten geprägt. Athena fördert die sinnvolle Arbeit des Friedens; Kunst und Wissenschaft stehen unter ihrem Schutz. Als jungfräuliche Kriegerin unterstützt sie den besonnenen Kampf. Sie ist Schutzherrin der nach ihr benannten Stadt Athen. Das ihr zugeordnete Tier ist die Eule, ihre Pflanze der Öl-

Athos. Kloster Karakalou

baum. In der römischen Religion entspricht ihr ↑Minerva.

Athos: orthodoxe Mönchrepublik im östlichen Teil der griechischen Halbinsel Chalkidike, 1912 dem Patronat Griechenlands unterstellt und 1926 zum griechischen Territorium erklärt. Seit Mitte des 9. Jahrhunderts gab es christliche Einsiedler auf dem Berg Athos, seit der 2. Hälfte des 10. Jahrhunderts erfolgte ein Zusammenschluß in Klöstern, deren Zahl allmählich auf zwanzig anstieg. In neuerer Zeit war die Anzahl der Mönche, die früher zum großen Teil aus Rußland kamen, in ständigem Rückgang begriffen und betrug 1970 nur noch wenig über 2000. Der Athos ist berühmt für seine Pflege des Gebets und der Arbeit in gemeinsamer Lebensweise, für seine byzantinischen Kunstwerke und seine wertvollen theologischen Bibliotheken mit vielen seltenen Handschriften. Er darf von weiblichen Wesen (Tiere eingeschlossen) nicht betreten werden.

Athrawan: im ↑„Awesta" eine Priesterklasse, die von der älteren Forschung als Feuerpriester gedeutet wurde, was neuerdings bestritten wird.

Ätiologie [von griechisch aitía „Ursache, Grund"]: Lehre von den Ursachen, in der Religionsgeschichte v. a. gebraucht für [ätiologische] Mythen, die die Ursachen, z. B. die der Existenz der Welt oder von kultischen Handlungen erläutern.

Atlas: den ↑Titanen zugehörige Gestalt der griechischen Mythologie. Auf den Schultern des Atlas ruhen nach Homer die Säulen, „die Erde und Himmel auseinander halten".

Atman (= Ātman) [Sanskrit „Hauch, Seele"]: indischer Seelenbegriff, verwandt mit dem deutschen „atmen".

Aton [von altägyptisch 'Itn]: altägyptische Bezeichnung zunächst für die Sonnenscheibe als natürliche Erscheinung, dann von *Echnaton* im religiösen Sinne verstanden und als alleiniger, von ihm monotheistisch verehrter Gott verkündigt. Berühmt sind die Hymnen Echnatons an Aton.

Attis: aus Kleinasien stammender Gott, Geliebter der Magna Mater (der „Großen Mutter"), erlangte in der Spätantike vorrangige Bedeutung als sterbender und wiederauferstehender Gott.

Attismysterien: kultische Feiern orgiastischen Charakters, in deren Mittelpunkt der Mythos des Gottes *Attis* stand. Seine Auferstehung und Rückkehr im Frühjahr galt als Beweis für

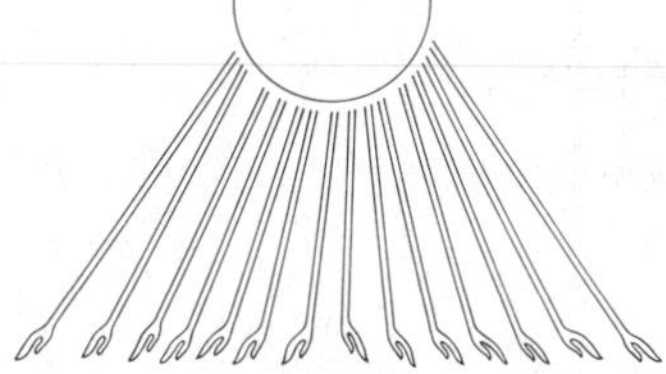

Aton. Darstellung als Sonnenscheibe mit Strahlen, die in Händen endigen

Wiedergeburt und Unsterblichkeit der in die Mysterien Eingeweihten, der *Mysten*.

Attribute und Prädikate Gottes: in *monotheistischen* Religionen auf eine einzige Gottheit in personaler Gestalt vereinigt, die als schlechthin heilig, übersinnlich, transzendent, unendlich und allwissend gilt, als Schöpfer Ursache allen Naturgeschehens ist, das Schicksal der Menschen lenkt und die normative Größe für deren sittliches Verhalten darstellt. – Im *Polytheismus* werden die Attribute und Prädikate Gottes auf verschiedene Gottheiten verteilt gedacht. Charakteristisch ist oft der Glaube an einen Schöpfer und Herrn des Himmels, der herrscherliche Qualitäten besitzt, an eine mütterliche Erdgöttin, die Fruchtbarkeit verleiht, ferner an einen allwissenden Gott des Rechts und der Ethik. In Jägerkulturen nehmen ein „Herr" oder eine „Herrin der Tiere" eine vorrangige Stellung ein, die in kriegerischen Gemeinschaften meist ein Kriegsgott besitzt.

Attritio [spätlateinisch „Reue"]: in der katholischen Theologie die unvollkommene oder nur aus Furcht vor Strafe geäußerte Reue (Furchtreue), die von der vollkommenen Reue („Contritio") unterschieden wird.

Atum [von altägyptisch 'Itm]: altägyptische Personifikation des urzeitlichen Chaos, wurde auch als Schöpfergott verehrt, Haupt der ↑Götterneunheit von Heliopolis, seit der 4. Dynastie des Alten Reiches (um 2570–2460) zunehmend mit dem Sonnengott ↑Re identifiziert.

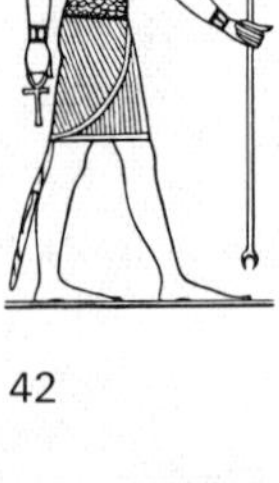

Atum. Zeichnung nach einer Statue

Audition [von lateinisch auditio „Anhören"]: übernatürliches Hören, das Propheten und Ekstatikern Botschaften von als außerweltlich empfundener Herkunft als Offenbarungen vermittelt. Gegenbegriff zum *visuellen* Offenbarungsempfang, der *Vision*.

Auditores [lateinisch „Hörer"]: 1. eine bestimmte Klasse von Anhängern des ↑Manichäismus; 2. die Richter an verschiedenen Gerichten der katholischen Kirche.

Auge: im religiösen Bereich ist das Auge oft Symbol für Gegenwart und ↑Allwissenheit Gottes. In der ägyptischen Religion wurde die sichtbare Sonne als Auge des Re bezeichnet; im Mythos vom Streit des Horus und Seth spielt das ↑Horusauge eine zentrale Rolle. Uralt ist bei Seeleuten der Brauch, ein Auge als Unheil abwehrendes (apotropäisches) Zeichen an die Vorderseite ihrer Schiffe zu malen.

Augsburger Religionsfriede: am 25. September 1555 in Augsburg abgeschlossener konfessioneller Friede, der das lutherische Bekenntnis gleichberechtigt neben dem der katholischen Kirche anerkannte und seinen Anhängern Frieden und Besitz sicherte. Er besiegelte die konfessionelle Spaltung Deutschlands, sicherte aber gleichzeitig die glaubensmäßige Geschlossenheit der Fürstentümer, da nun alle Untertanen sich dem Bekenntnis ihres jeweiligen Landesherrn anschließen mußten. – ↑auch Cuius regio, eius religio.

Augsburgisches Bekenntnis (auch Augsburger Bekenntnis, lateinisch Confessio Augustana): wichtigste Bekenntnisschrift der lutherischen Kirchen, von Philipp Melanchthon (* 1497, † 1560) im Auftrag seines Kurfürsten Johann von Sachsen (♔ 1525–1532) verfaßte und später mehrfach umgearbeitete Schrift, am 25. Juni 1530 auf dem Reichstag zu

Augsburg Kaiser Karl V. (♔ 1519 bis 1556) überreicht, der erklärt hatte, „eines jeden Gutdünken, Opinion und Meinung" erfahren zu wollen. Die katholische Seite reagierte mit einer Widerlegung („Confutatio").

Auguren [von lateinisch augures, „Weissager, Seher"] (Einzahl Augur): römische Priesterklasse, zusammengefaßt in dem *Auguralkollegium*, dem die Überwachung der *Auspizien*, die Beobachtung des Vogelflugs zum Zwecke der Weissagung, oblag. Abzeichen der Auguren war der Krummstab („lituus").

Augustana, Confessio: lateinische Bezeichnung des ↑Augsburgischen Bekenntnisses.

Augustiner: Anhänger katholischer Orden, die nach der sogenannten „Regel Augustins" leben, deren Wortlaut (er ist bis ins 8. Jahrhundert zurückzuverfolgen) jedoch nicht von dem Kirchenvater Augustinus (* 354, † 430) stammt. Zu den Augustinern zählen die *Augustiner-Chorherren* (lateinisch Canonici Augustiniani, Abk. CanA[ug]) und die *Augustiner-Eremiten* (lateinisch Ordo Eremitarum Sancti Augustini, Abk. OESA), die sich seit 1963 ohne Zusatz *Augustiner* (lateinisch Ordo Sancti Augustini, Abk. OSA) nennen. Die Augustiner sind in der Seelsorge, in der Ausbildung, als Wissenschaftler und in der Mission tätig.

Augustinismus [lateinisch]: Richtung innerhalb der christlichen Theologie, die sich auf die Gnadenlehre des Augustinus (* 354, † 430) beruft sowie auf dessen Ansicht, daß jede menschliche Erkenntnis auf göttlicher Erleuchtung beruhe.

AUK: Abk. für ↑**A**frikanische **U**nabhängige **K**irchen.

A und O ↑Alpha und Omega.

Aurora: die der griechischen ↑Eos entsprechende römische Göttin der Morgenröte.

Auspizien [von lateinisch auspicia „Vogelschau"]: Beobachtungen des Vogelflugs zu Zwecken der Weissagung, im alten Rom Aufgabe des Priesterkollegiums der ↑Auguren. Grundlage der Auspizien bildeten Anschauungen über eine sakrale Ordnung des Raumes, derzufolge Richtung, Schnelligkeit und Begleitumstände des Vogelflugs eine besondere Bedeutung gewannen. Diese Raumvorstellung hatte die römische Religion von der etruskischen übernommen.

australische Religion: die Religion der Eingeborenen Australiens ist in überwiegendem Maße vom *Totemismus* geprägt. Nach australischen Vorstellungen besitzen Individuen, Familien und Stämme ein Tier oder eine Pflanze als Totem, von dem sie ihren Ursprung herleiten und dem sie sich in einer magisch-mystischen Weise verbunden fühlen. Mit totemistischen Anschauungen hängt der *Kult* aufs engste zusammen. Seine Handlungen sowie die Lieder, die sie begleiten, gelten als Stiftungen der *Ahnen*. Vorrangige Bedeutung besitzen auch die mit schmerzhaften Härten verbundenen *Initiationsriten*. Mit Abschluß der Initiation ist der junge Mann zum Wissenden geworden und darf an den für Frauen verbotenen geheimen Kulten teilnehmen. Der *Glaube an Geister* ist weit verbreitet; ihre Gegenwart wird durch das Surren der ↑*Schwirrhölzer* (Tjurunga) erzielt. Demgegenüber tritt der Glaube an „*höchste Wesen*", die als Schöpfer angesehen werden, im religiösen Leben in den Hintergrund; die Hochgötter genießen wenig und z. T. überhaupt keine kultische Verehrung. Die *Jenseitsvorstellungen* sind uneinheitlich. Es findet sich der Glaube an eine Art Seelenwanderung. Verbreitet ist auch die Vorstellung von einer *Insel der Toten*, die im Stillen Ozean liegen soll.

Auto [spanisch; von lateinisch actus „Handlung, Darstellung"]: spanisches Mysterienspiel des Spätmittelalters, das v. a. als *Auto sacramental* zu Fronleichnam und als *Auto del nacimiento* zu Weihnachten aufgeführt wurde.

Autodafé (= Auto-da-Fé) [portugiesisch „Akt des Glaubens"]: feierliche Verkündigung und anschließende Vollstreckung eines von einem Gericht der ↑Inquisition gefällten Urteils (Freispruch oder Tod durch Verbrennen).
autokephale Kirchen [von griechisch autós „selbst" und kephalé „Haupt"]: Kirchen mit selbständigem Oberhaupt und eigener Jurisdiktion, kennzeichnend für die unabhängige Stellung der orthodoxen Kirchen untereinander.
Autorität [von lateinisch auctoritas „Machtvollkommenheit, Einfluß, Ansehen"]: im religiösen Bereich der unbedingte Anspruch auf Vertrauenswürdigkeit, Glauben und Gehorsam, der sich auf eine normative Größe gründet, die in einer heiligen Schrift, im Dogma oder der Verkündigung des Priesters und des Propheten bestehen kann. Auch die religiösen Funktionsträger (d. h. Träger religiöser Autorität) werden als *religiöse Autoritäten* bezeichnet.
Auxesia (auch Auxesie): griechische Göttin des Wachstums.
Avalokiteshvara ↑Awalokiteschwara.
Avalon (auch irisch Emain ablach, latinisiert insula avallonis oder insula pomorum [„Apfelinsel"]): nach keltischer Vorstellung die ↑Insel der Seligen, wohin der sagenhafte König Artus nach seiner Verwundung lebend entrückt wird.
Avatārā ↑Awatara.
Ave Maria [lateinisch „Gegrüßet seist du, Maria"]: Mariengebet, der sogenannte „Englische Gruß", bestehend aus dem Gruß des Erzengels Gabriel (Luk. 1, 28) sowie dem der Elisabeth (Luk. 1, 42): „Du bist gebenedeit [d. h. gesegnet] unter den Frauen". Zum Gebet des Ave Maria mahnt das *Angelusläuten.*
Aventin [lateinisch Mons Aventinus]: einer der sieben Hügel Roms, frühzeitig religiöser Mittelpunkt. Der Tempel der Diana auf dem Aventin war gemeinsames Heiligtum des latinischen Bundes (Bündnis zwischen Rom und den Latinern im 5./4. vorchristlichen Jahrhundert).
Avesta ↑Awesta.
Avidyā ↑Awidja.
Awalokiteschwara (= Avalokiteshvara) [Sanskrit wahrscheinlich „gnädig herabblickend"]: im Mahajana-Buddhismus der beliebteste und volkstümlichste ↑Bodhisattwa, als weibliche Gestalt in China unter dem Namen *Kuanyin*, in Japan als *Kwannon* verehrt. Sein bzw. ihr Hauptmerkmal ist das Mitleid. Als Verkörperung des Awalokiteschwara gilt im ↑Lamaismus der ↑Dalai Lama.

Awalokiteschwara (um 580; Boston, Massachusetts, Museum of Fine Arts)

Awatara (= Avatāra) [Sanskrit „Herabstieg"]: nach indischer Vorstellung die wiederholte irdische Erscheinung eines Gottes zum Zwecke der jeweiligen Wiederherstellung der Weltordnung. Die Awatara-Vorstellung ist in klassischer Weise im ↑Wischnuismus ausgeprägt, der zehn Awataras seines Gottes ↑Wischnu kennt.
Awesta (=Avesta) [awestisch „Grundtext"] (auch mittelpersisch Apastāk): die in der gleichnamigen altiranischen Sprache aufgezeichnete heilige Schrift des *Parsismus*, die zur Zeit der Sassaniden (226–642) kodifiziert wurde, nach der islamischen Invasion

Persiens (642) jedoch erhebliche Schäden erlitt. Das ursprüngliche Awesta umfaßte 21 *Nasks* („Sträuße", d. h. Bücher) heiliger Schriften. Die *Gathas* („Gesänge"), die unmittelbar auf die Verkündigung des Propheten Zarathustra zurückgehen, sind die ältesten Texte des Awesta. Sie sind Bestandteil einer Schriftensammlung, die als *Jasna* („Opfer, Verehrung") bezeichnet wird. Andere wichtige Teilstücke sind die *Jaschts* („Opfergesänge"), das *Widewdat* („Gesetz gegen die Dämonen") und das *Wisperat* („alle Herren"). – Vom Awesta ist der Begriff *Zend* („Erklärung") zu unterscheiden; er bezeichnet nicht den heiligen Text selbst, sondern Erläuterungen, die in der priesterlichen Tradition entstanden. – Die erste europäische Übersetzung des Awesta wurde 1771 von dem französischen Orientalisten A. H. Anquetil-Duperron (* 1731, † 1805) in Paris in französischer Sprache veröffentlicht.

Awidja (= Avidyā) [Sanskrit „Nichtwissen"]: die Unwissenheit über die Heilslehre des Buddha und die in ihr entfaltete Theorie über die Herkunft des Leids; diese Unwissenheit ist nach buddhistischer Lehre die Ursache einer leidvollen Existenz.

Awon [hebräisch]: im A. T. ein Begriff für Sünde.

Ayida-Wẹddo: im ↑ Wodu-Kult Haitis die göttliche Herrin der *Himmelsschlange*, d. h. des Regenbogens.

Azazel [a'za:zel; hebräisch]: im A. T. ein Dämon der Wüste, dem der ↑ Sündenbock zugeschickt wird (3. Mos. 16, 8 und 10 und 26).

Aži Dahāka ↑ Aschi Dahaka.

aztẹkische Religiọn [as...] (auch mexikanische Religion): die Religion der Azteken, der letzten indianischen Herren des Hochlandes von Mexiko, war im *Götterglauben* gekennzeichnet durch zahlreiche Götter, die die Azteken z. T. von anderen indianischen Völkerschaften übernommen hatten, so den ↑ Quetzalcoatl von den Tolteken. Der eigentliche Stammesgott der Azteken war der kriegerische ↑ Huitzilopochtli, der Führer seines Volkes auf der Wanderung von Aztlan, dem sagenhaften Herkunftsort der Azteken, nach Mexiko. Zentraler Bestandteil des aztekischen *Kults* war das sakrale Menschenopfer, das v. a. an Kriegsgefangenen vollzogen wurde. Seine verschiedenen Formen waren das am häufigsten dargebrachte Herzopfer (dem Opfer wurde bei lebendigem Leibe das Herz herausgerissen), ferner das Brandopfer, das Kampf- und Pfeilopfer sowie das Menschenschinden (dem noch lebenden Opfer wurde die Haut abgezogen). Die aztekische *Ethik* betonte Wahrheitsliebe, Ehrlichkeit und sexuelle Moral als vorrangige Werte. Sittliche Vergehen (z. B. Trunkenheit) sühnte das aztekische Recht äußerst streng, oft mit der Todesstrafe, wobei Adlige mit Blick auf ihre höhere soziale Verantwortung härter bestraft wurden als Angehörige der niederen Schichten. Der *Jenseitsglaube* kannte drei unterschiedliche Reiche, in die der Verstorbene nicht auf Grund seines Verhaltens im Leben, sondern auf Grund seiner Todesart gelangte. Wertmäßig an erster Stelle stand das „Haus der Sonne am Himmel", das die Geopferten, die Kriegsgefallenen und die im Kindbett gestorbenen Frauen aufnahm. Positive Aspekte verbanden sich auch mit dem auf wolkenverhangenen Bergen lokalisierten Reich des Regengottes ↑ Tlaloc, dem jenseitigen Aufenthaltsort der Ertrunkenen, vom Blitz Erschlagenen, der Aussätzigen und Gichtbrüchigen (Todesarten, die die Azteken mit dem Wasser in Verbindung brachten). Alle anderen Toten gelangten in das grauenvoll gedachte Unterweltsreich ↑ Mictlan.

Azymiten [von griechisch ázymos „ungesäuert"]: seit Mitte des 11. Jahrhunderts bei orthodoxen Christen aufgekommener abfälliger Name für katholische Christen, da diese die Eucharistie mit ungesäuertem Brot feiern.

B

Ba: einer der altägyptischen Seelenbegriffe; er wird dargestellt in Vogelgestalt mit Menschenkopf. Nach dem Tod des Menschen kann sich sein Ba frei bewegen und vom Leichnam entfernen.

Baal (= Ba'al) ['ba:-al; syrisch „Herr"]: syrisch-palästinensischer Gott, von den Propheten des A.T. heftig bekämpft. Baal galt als junger, aktiver Herr des Regens und als Spender der Fruchtbarkeit. Das Absterben der Vegetation während der sommerlichen Dürre wurde als Tod des Baal betrauert, das Wiedereinsetzen von Regenfällen als Wiedergeburt des Gottes gefeiert. Seine akkadische Namensform ist *Bel;* sie tritt seit Hammurabi (♔ 1728–1686) mehrfach als Titel des Gottes ↑Marduk auf.

Baba: sumerische Stadtgöttin von Lagasch (heute im Süden des Irak).

Baba Jaga: Dämonin des slawischen Volksglaubens, die nach Menschenblut verlangt.

Babalaô [...a-'o:; afrikanisch „Gottesvater, Heiligenvater"]: Titel des Priesters in der brasilianischen ↑Umbanda-Religion.

Babel, Turm von: nach dem Bericht des A.T. (1. Mos. 11) ein Bauwerk, das die Menschen aus Überheblichkeit bis zur Höhe des Himmels errichten wollten, dessen Vollendung Jahwe aber verhinderte, indem er zur Strafe die Sprache seiner Erbauer verwirrte und damit die Menschen in alle Lande zerstreute (daher sprichwörtlich „Babylonische Verwirrung"). – Dem Bericht des A.T. liegt die Anschauung babylonischer Tempeltürme (↑Zikkurat) zugrunde.

Babel und Bibel: Schlagwort eines heute nur noch historisch bedeutsamen wissenschaftlichen Streites, den der deutsche Assyriologe Friedrich Delitzsch (* 1850, † 1922) mit dem ersten seiner „Babel und Bibel"-Vorträge 1902 in Berlin auslöste. Es ging um den Versuch, das A.T. auf babylonische Vorbilder zurückzuführen und seinen von diesen Einflüssen unabhängigen, eigenständigen Wert zu bestreiten. Diese Überschätzung babylonischen Einflusses ist inzwischen wissenschaftlich überholt. ↑auch Panbabylonismus.

Babi: in der ägyptischen Religion ein Ungeheuer, das im Totengericht die Verstorbenen fressen will.

Babismus ↑Baha'i-Religion.

babylonisch-assyrische Religion: die Religion der Semiten Mesopotamiens, die z.T. sumerisches Gut übernommen hatten. Im *Götterglauben* kannten sie eine kosmische Dreiheit, die der Himmelsgott Anu, Enlil, der Herr der Erde, und Ea bildeten, dem die Gewässer unterstanden und der außerdem als menschenfreundlicher Gott der Weisheit und der Beschwörungen galt. Neben dieser wurde eine astrale Dreiheit verehrt, die aus dem Mondgott Sin bestand, seinem Sohn Schamasch, dem Sonnengott, und aus Ischtar, der Herrin des Morgen- und Abendsterns, die zugleich eine Liebesgöttin war. Die Dynastie in Babylon (1894–1595; mit Hammurabi [♔ 1728–1686]) setzte Marduk, den Stadtgott von Babylon, an die Spitze des Pantheons; wichtigstes literarisches Zeugnis hierfür ist das

Babylonisch-assyrische Religion. Babylonischer Turm. Rekonstruktion

Schöpfungsepos ↑„Enuma elisch". Die Stellung des Marduk nahm bei den Assyrern Assur ein, der Gott ihrer Hauptstadt wie auch ihres Reiches. Im *Kult* trat die religiös bedeutsame Stellung des Königtums v. a. bei der Feier des Neujahrsfestes zutage; der König mußte sich hierbei stellvertretend für das ganze Volk demütigen, konnte jedoch Strafen, die ihn anstelle seiner Untertanen trafen, auf einen Ersatzkönig übertragen (↑Sündenbock). Die *Ethik*, die von dem Gedanken allgemeiner menschlicher Verschuldung bestimmt war, bestand aus Verpflichtungen gegenüber dem Sonnengott Schamasch. *Wahrsagekunst* und *Beschwörungen* nahmen im täglichen Leben der Babylonier und Assyrer einen hervorragenden Platz ein. Man war überzeugt, menschliches Glück nur im Diesseits zu finden. Die *Jenseitsvorstellung* kannte nur ein bejammernswertes Schattendasein in einem unterirdischen „Land ohne Rückkehr".

Bacab [Maya „Sohn"]: vier Gottheiten der Maya-Religion, die als Söhne des ↑Itzamna gelten. Die Bacabs tragen mit erhobenen Armen den Himmel.

Bacchanalien: Feste zu Ehren des weitestgehend mit dem griechischen Gott Dionysos gleichgesetzten römischen Gottes Bacchus, die in römischer Zeit als Geheimkult mit rauschhaften Elementen gefeiert wurden. Im Jahre 186 v. Chr. wurde dieser Kult durch Senatsbeschluß für das gesamte Römische Reich untersagt.

Bacchantinnen ↑Mänaden.

Bacchus (auch Bakchos): ursprünglich griechischer Gott des Weines, besonders im Römischen Reich mit ↑Dionysos identifiziert.

Bad: in der Religionsgeschichte Mittel zur rituellen Reinigung, meist auf Waschungen bestimmter Körperteile reduziert.

Badb (Bodb): keltische Schlachtendämonin, die den Kampfentscheid durch Verwirrung der Gegner herbeiführt.

Baga [altiranisch] (auch Sanskrit Bhaga): ursprünglich der „Zuteiler" der menschlichen Schicksale. „Baga" hat sich in den indoiranischen und slawischen Sprachen zum Appellativum für „Gott" entwickelt.

Baha'i-Religion (auch Bahaismus): auf dem Boden des schiitischen Islams entstandene neue Religion, deren Vorstufe der *Babismus* war. Diesen hatte Mirsa Ali Mohammed (* 1820, † 1850) in Persien begründet, als er erklärte, er sei der Bab, die „Pforte" für den Eingang zu Allah. Er verstand sich selbst als eigenständigen Offenbarer und legte seine Verkündigungen in der Schrift „*Bayan*" („Erklärung") nieder. Damit zog er sich die Feindschaft der Muslime zu. Er wurde politischer Umtriebe bezichtigt und am 9. Juli 1850 in Täbris öffentlich hingerichtet. Sein Nachfolger in der Führung seiner Anhänger war Mirsa Hosain Ali Nuri (* 1817, † 1892), der sich am 21. April 1863 zum Baha Ullah, dem „Glanz Gottes", erklärte. Sein Sohn Abbas Effendi (* 1844, † 1921) errichtete das Zentrum der Gemeinde in Haifa. Auf ausgedehnten Reisen durch Europa und Amerika wirkte er als Missionar für die Baha'i-Religion. Als Oberhaupt der Gemeinschaft folgte ihm sein ältester Enkel Schoghi Effendi (* 1896, † 1957). Nach dessen Tod übernahm ein Vorstand von neun Personen die Leitung. – Die Baha'i-Religion betrachtet sich als Offenbarungsreligion. Sie ist streng monotheistisch. Gott offenbart sich durch seine Propheten, unter denen diejenigen der Baha'i-Religion eine hervorragende Stellung einnehmen. Sie will die Einheit der Menschen in einem umfassenden Gemeinwesen verwirklichen und den Weltfrieden herbeiführen. – Die Zahl der Anhänger ist nicht genau bekannt; in den USA werden sie auf etwa 40 000 geschätzt, in der BRD, die die stärkste Gruppe in Europa stellt, auf etwa 1 200. In Langenhain (Main-Taunus-Kreis) wurde 1964 ein „Haus der Andacht" als erstes europäisches Zentrum errichtet.

Bajadere [von portugiesisch bailadeira] (auch Sanskrit Dewadāsī „Dienerin der Gottheit"): die indische Tempeltänzerin, die oft zugleich Tempelprostituierte ist (d. h. sich aus sakralen Gründen prostituiert).

Bakchos ↑Bacchus.

Bakiden: im alten Griechenland wandernde Seher, benannt nach einem von Herodot u. a. erwähnten böotischen Wahrsager Bakis, dem Orakel über die Perserkriege zugeschrieben wurden.

Baldachin [von italienisch baldacchino „aus Bagdad stammend"]: Prunkdecke oder Prunkhimmel über Altar, Thron, Kanzel oder Grabmal. Auch der Traghimmel bei Prozessionen wird Baldachin genannt.

Baldr [altnordisch „der Herr"] (auch Baldur): germanischer Gott des Lichtes, des Guten und der Gerechtigkeit, Sohn des Odin und der Frigg, verheiratet mit Nanna. Der Name Baldr findet sich in Ortsnamen selten, und sein Kult wird erst spät erwähnt. Im Mittelpunkt der Mythen um seine Gestalt steht der Mythos seines Todes: Beunruhigt durch Baldrs Traumwarnungen, hat seine Mutter Frigg alle Wesen schwören lassen, dem Sohn kein Leid anzutun; nur die Mistel hat sie ausgelassen. Auf die arglistige Anstiftung des Gottes Loki schießt Baldrs Zwillingsbruder Hödr ahnungslos mit einem Mistelzweig auf Baldr, mit dessen Tod die Götterdämmerung beginnt.

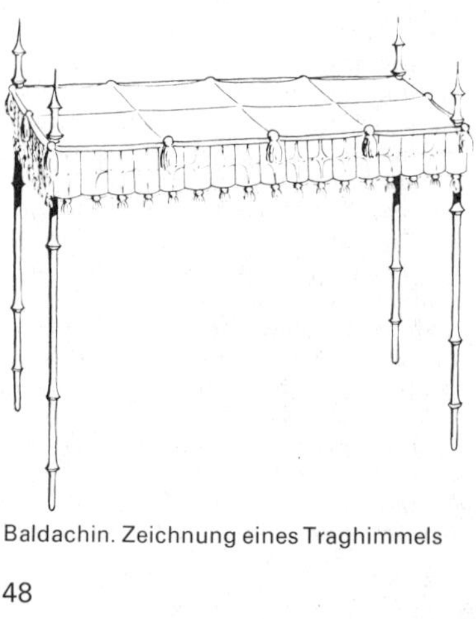

Baldachin. Zeichnung eines Traghimmels

Ballspiel. Ballspieler auf einem vorkolumbischen Relief (590 n. Chr.; Mexiko, Museo Nacional)

Baldur ↑Baldr.

Ballspiel: ein v. a. im indianischen Mexiko von Azteken und Maya gepflegtes Spiel, das den Lauf der Sonne magisch beeinflussen sollte. Bei dem Ballspiel, das auf mauerumschlossenen Plätzen stattfand, mußte der Ball Steinringe passieren, die in das Mauerwerk eingefügt waren.

Balsamierungsgott: in der ägyptischen Religion der Gott ↑Anubis.

baltische Religion: die Religion der baltischen Völker Altpreußen, Letten und Litauer, die aus christlichen Quellen sowie aus alten Volksliedern der Balten, den sogenannten „Dainas", bekannt ist (↑lettische Religion, ↑litauische Religion, ↑preußische Religion).

Banfathi: Prophetinnen der keltischen Religion.

Bann: im A.T. bestand der Bann ursprünglich in einer Weihe der Kriegsbeute an Jahwe, später bedeutete der Bann den Ausstoß bestimmter Menschen aus der israelitischen Gemeinde (Esra 10, 8). Im Mittelalter hieß die königliche Regierungsgewalt Bann; im katholischen Kirchenrecht ist Bann gleichbedeutend mit ↑Exkommunikation.

Baptisten [von griechisch baptistés „Täufer"]: im 17. Jahrhundert entstandene christliche Gemeindebewegung von Kalvinisten, die die Kindertaufe verwerfen und die Erwachsenentaufe durch Untertauchen vollziehen. Die meisten ihrer lose organisierten Kirchen sind seit 1905 in der *Baptist World Alliance* zusammengefaßt, die ihren Sitz in Washington hat.

Baptisterium [griechisch-lateinisch „Taufhaus"]: seit dem 3. Jahrhundert Bezeichnung für eine oft antiken Thermenanlagen nachgebildete Taufkirche, die neben der Gemeindekirche errichtet wurde.

Baraka ↑Beraka.

Barbelo-Gnostiker: Anhänger einer im 2. Jahrhundert n. Chr. aufgetretenen Gemeinschaft mit wahrscheinlich sexuell geprägten Kultbräuchen. Sie verehrten eine Göttin Sophia oder Barbelo, der sie die Entstehung der Welt zuschrieben.

Bärenkult: seit prähistorischen Zeiten ist ein Bärenkult nachweisbar. Die rituelle Verehrung des erlegten Bären war besonders bei arktischen Jägervölkern allgemein verbreitet. Eine enge Verbindung von Mensch und Bär stellte der ↑Berserker dar.

Barfüßer: Mitglieder verschiedener katholischer Orden, die entweder in Sandalen barfüßig gehen (wie die Franziskaner) oder ganz barfuß (wie die Unbeschuhten Karmeliten), werden Barfüßer genannt.

Barlaam und Josaphat ['barla-am] (auch Barlaam und Joasaph): eine romanhafte, verchristlichte Darstellung der Buddhalegende, die zum Zwecke der Verherrlichung des Mönchtums von einem Königssohn Josaphat berichtet, den ein Eremit auf den Weg zur Verachtung weltlicher Macht und Güter führt. Nach seiner Bekehrung verzichtet Josaphat auf die Herrschaft, wird ebenfalls Einsiedler und stirbt als Wundertäter. Die Geschichte von Barlaam und Josaphat wurde erstmals in griechischer Sprache von Johannes Damascenus (* um 670, † um 750) veröffentlicht.

Barmer Theologische Erklärung: von der *Barmer Bekenntnissynode* am 31. Mai 1934 einstimmig angenommene theologische Erklärung, deren sechs Sätze vorwiegend von dem schweizerischen evangelischen Theologen Karl Barth (* 1886, † 1968) stammen. Sie ist Bekenntnis gegenüber der vom Nationalsozialismus geprägten Verfälschung christlicher Lehren durch die ↑Deutschen Christen. Die Barmer Theologische Erklärung gilt in der Evangelischen Kirche in Deutschland als Bekenntnisschrift. Sie hat große theologische und kirchenpolitische Bedeutung, auch über den deutschen Bereich hinaus im internationalen Protestantismus und in der Ökumene.

Barmherzige Brüder: Name mehrerer Orden und Kongregationen der katholischen Kirche, die sich der Krankenpflege widmen (mit gleicher Aufgabenstellung gibt es auch Barmherzige Schwestern).

Barmherzigkeit: der Antrieb und das Verhalten, des Leides anderer, v. a. fremder Menschen gewahr zu werden und sich seiner durch solidarische

Baptisterium in Parma (begonnen 1196)

Hilfe anzunehmen. Im Christentum ist Barmherzigkeit als Begriff bekannt, der in der Bibel sowohl von Gott als auch vom Menschen ausgesagt wird, wobei Barmherzigkeit überwiegend als Grundeigenschaft Gottes dargestellt wird (2. Mos. 34, 6; Ps. 25, 6; 2. Kor. 1, 3). Barmherzigkeit ist häufig bedeutungsgleich mit Gnade, Erbarmen und Mitleid. Im N.T. wird Barmherzigkeit v.a. als das Verhalten gekennzeichnet, das das wahre christliche Leben auszeichnet (Hebr. 2, 17; Luk. 6, 36).

Barnabasbrief: apokryphe christliche Schrift, die nicht von Barnabas, dem Mitarbeiter des Paulus in der Heidenmission, sondern von einem unbekannten Lehrer verfaßt wurde, der aus ehemals heidnischen – d. h. nichtjüdischen – Verhältnissen stammt. Sie wurde um 130 verfaßt und ist durch antijüdische Tendenz und durch eine allegorische Auslegung des A.T. gekennzeichnet.

Barnabiten: von dem italienischen Arzt und Priester A. M. Zaccaria (* 1502, † 1539) 1530 gegründeter katholischer Orden, benannt nach dem Mutterhaus Sankt Barnabas in Mailand; die Barnabiten sind vor allem in Wissenschaft und Jugenderziehung tätig; es gab 1974 rund 530 Mitglieder.

Barsman [altpersisch]: in der altpersischen Religion und im Parsismus die Zweige, die beim Hauma-Opfer (↑Hauma) ausgebreitet werden; sie entsprechen dem altindischen Opfergras (Sanskrit Barhis).

Bart: häufig, besonders im Alten Orient, Standessymbol des Herrschers und des Priesters. Bei den Germanen galt das Abscheren des Bartes als Zeichen des Ehrverlustes.

Baruchschriften: pseudepigraphische Literatur, angeblich von Baruch, dem Schreiber des Propheten Jeremia, verfaßt, zwischen dem 1. Jahrhundert v. Chr. und dem 2. Jahrhundert n. Chr. entstanden. Sie enthalten vor allem eine griechische und eine syrische Apokalypse sowie eine Zusammenstellung von Buß- und Klageliedern.

Basilianer: im weiteren Sinn werden die Mönche der Ostkirche, die sämtlich nach den Regeln des griechischen Kirchenlehrers Basilius von Caesarea (* um 330, † 379) leben, Basilianer genannt. Im engeren Sinn versteht man unter diesem Begriff griechische Mönche, die im Mittelalter in Italien

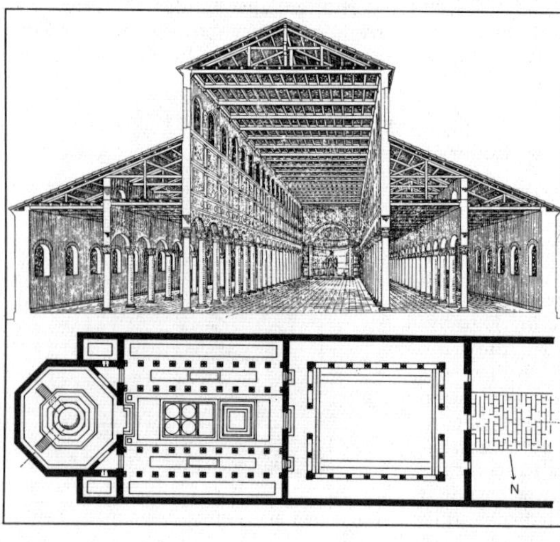

Basilika. Rekonstruktion der Pilgerkirche San Paolo fuori le mura in Rom (angebliche Weihe 324)

Basilisk. Gravur auf dem Elisabethschrein der Elisabethkirche in Marburg (Lahn) (Mitte des 13. Jahrhunderts)

und Spanien zu einem Orden im strengen Sinn verbunden wurden; das einzige Kloster dieser Art befindet sich heute in Grottaferrata bei Rom.

Basilika [griechisch-lateinisch „königliche (Halle)"]: ein römischer Gebäudetyp; im christlichen Kirchenbau ist darunter eine Kirche zu verstehen mit breiterem Mittelschiff und zwei, bei großen Kirchen vier, selten noch mehr Seitenschiffen, die durch Säulen oder Pfeiler mit Architrav (Querbalkenaufsatz auf den Pfeilern) oder, häufiger, Arkaden (Bogenreihe auf Pfeilern) getrennt werden. Das Mittelschiff überragt die Pultdächer der Seitenschiffe, seine Obermauern haben Fenster (Lichtgaden). Dieser Bautyp entstand mit mehreren Varianten zur Zeit Konstantins des Großen (♔ 306–337).

Basilisk [von griechisch basilískos „kleiner König"]: ein mittelalterliches phantastisches Fabelwesen: Hahn mit Eidechsen- oder Schlangenschwanz. Sein Blick galt als tödlich. Noch im 17. Jahrhundert war der Glaube an die Existenz eines solchen Tieres weit verbreitet. In der Symbolik stand der Basilisk für Tod, Teufel und Antichrist.

baskische Religion: die vorchristliche Religion der Basken ist aus heute noch lebendiger Überlieferung teilweise erschließbar. An der Spitze des polytheistischen Pantheons stand die Göttin Mari („Herrin"), die in Höhlen wohnt, aber auch in einem mit vier Pferden bespannten Wagen durch die Lüfte fährt. Lur („Erde") galt als wohltätige Göttin, ebenso ihre Tochter Ekhi, die Herrin der Sonne. Mit der Mondgöttin Illargui („Licht der Toten") war die Vorstellung verbunden, daß der Mond den Seelen der Verstorbenen leuchte. Geister in Tiergestalt spielten eine bedeutende Rolle. Zauberei war weit verbreitet. Bemerkenswert ist eine offenbar hochentwickelte Ethik.

Basmala: Kurzwort für die Eingangsworte jeder Sure des Koran: „Im Namen Allahs, des Erbarmers, des Barmherzigen". Der Begriff Basmala ist aus den arabischen Wörtern dieser Einleitungsformel zusammengezogen („Bi 'smi 'llāhi 'l-rachmāni 'l-rachīmi").

Bastet: altägyptische Göttin, vor allem im unterägyptischen Bubastis verehrt. Die Bastet wurde früh der Löwengöttin Sachmet gleichgesetzt. Seit der 18. Dynastie (1551–1306) ist ihre Darstellung in Gestalt einer Kat-

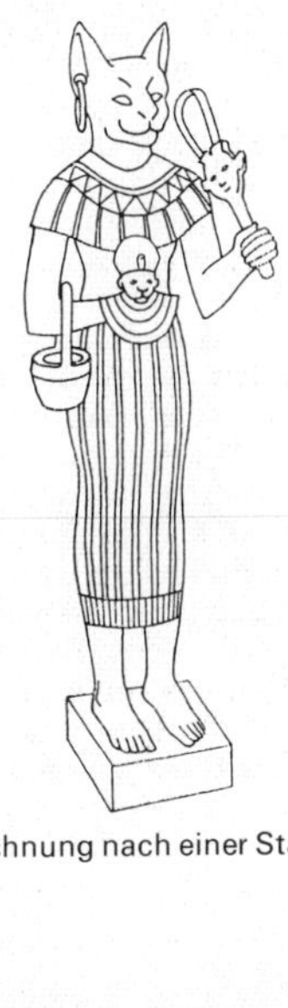

Bastet. Zeichnung nach einer Statue

ze nachweisbar; diese Form herrscht in der Spätzeit (715–343) vor.

Batakkirche (indonesisch Huria Kristen Batak Protestant; Abk. HKBP): evangelisch-lutherische Kirche der Batak, Mitglieder eines Volkes auf Sumatra, die seit 1861 von der Rheinischen Missionsgesellschaft christianisiert wurden. Die Batakkirche erklärte am 10. Mai 1940 ihre Selbständigkeit und wählte einen Batak zum Ephorus. 1951 wurde ein eigenes Glaubensbekenntnis ausgearbeitet, 1952 wurde die Batakkirche Mitglied des Lutherischen Weltbundes; ihr gehören etwa 700 000 Batak an.

Batiniten: bei islamischen Autoren zusammenfassender Begriff für verschiedene theologische Richtungen im Islam, denen gemeinsam ist, daß sie den „inneren Sinn" (arabisch „batin") des Korans zu erforschen suchen und den Wortlaut als „Äußeres" (arabisch „zahir") für unwesentlich halten.

Baum: in der Religionsgeschichte spielen Bäume mit vielfacher Bedeutung eine Rolle, so sind bereits in der sumerischen Kunst *Welt- und Lebensbäume* nachweisbar. In der Urgeschichte des A. T. gibt es neben dem „Baum des Lebens" den „Baum der Erkenntnis" (1. Mos. 2, 10). Im Bereich der Indogermanen ist die Weltesche ↑ Yggdrasil das bekannteste Beispiel. Neben dem Weltenbaum steht der *Baum des Heils:* der Buddha erfährt seine Erleuchtung unter einem Feigenbaum. In der christlichen Symbolik steht der Baum des Paradieses in Beziehung zum „Baum (d. h. Holz) des Kreuzes" als dem Sinnbild der Erlösung. Bäume wurden auch als *Orakel* benutzt: Aus dem Rauschen der heiligen Eichen im Hain von ↑ Dodona tönte den griechischen Priestern die Stimme des Zeus. Für die Bedeutung des Baumes im *Fruchtbarkeitskult* ist der Maibaum bezeichnend. Schließlich tritt der Baum als *Sinnbild des Frommen und Gerechten* (Ps. 1, 3) auf.

Baumgottheiten (auch Dryaden, Hamadryaden): meist Göttinnen, die mit Baumkulten in Verbindung stehen, im alten Ägypten in erster Linie die Göttin Hathor, der bei Memphis das Heiligtum der „Hathor, Herrin der südlichen Sykomore" geweiht war, und die bei Kom el Hisn als „Hathor, Herrin der Dattelpalmen" verehrt wurde. Die griechischen Dryaden waren weibliche Baumgeister.

Bauopfer: der Brauch, bei Errichtung eines Bauwerkes ein Opfer mit einzumauern; dies geschah meist als Fundamentopfer bei der Grundsteinlegung. An die Stelle früherer Menschenopfer, besonders von Kindern, traten dabei später als Ersatzopfer Tiere, Münzen oder geweihte Gegenstände. Der ursprüngliche Sinn des Bauopfers dürfte der eines Sühneopfers für den durch den Bau in seinem Machtbereich gestörten Geist des Ortes (Genius loci) sein. Außerdem dürfte der Gedanke an einen Abwehrzauber oder die Gewinnung eines Schutzgeistes eine Rolle gespielt haben.

Bayan [persisch „Erklärung"]: eine der Hauptschriften der ↑ Baha'i-Religion.

Bdud [tibetisch]: in der vorbuddhistischen Bon-Religion Tibets Himmelsgeister; sie wurden im buddhistischen Lamaismus zu bösen Dämonen abgewertet und mit „Teufeln" gleichgesetzt.

Becher- und Beckenweissagung: auch als „Bleigießen" bekannter europäischer Orakelbrauch, heute meist scherzhafte Unterhaltung am Silvesterabend. Geschmolzenes Blei wird in ein Gefäß mit Wasser gegossen; durch Deutung der entstehenden Formen wird eine Zukunftsvorhersage versucht.

Beelzebub: Gott der phönikischen Stadt Ekron (2. Kön. 1, 2–16), dort als „Götterfürst" („Baal Sebul") verehrt. Im A. T. wurde Beelzebub zum Dämon abgewertet und durch Entstellung seiner ursprünglichen Namensform als „Herr der Fliegen" verspottet, im N.T. wird „Beelzebub" ein Name für den Teufel. Die Redensart „Den Teufel durch Beelzebub austreiben" (im Sinne von „ein altes Übel durch ein neues Übel ersetzen") leitet sich her von einer Stelle im Matthäusevangelium (12, 24).

Befleckung: in der Religionsgeschichte wird Sünde häufig dinglich als Schmutz vorgestellt, dessen Behebung Reinigungsriten erfordert.

Begierde ↑Konkupiszenz.

Begierdetaufe ↑Taufe.

Beginen [niederländisch wahrscheinlich entstellt aus ↑Albigenser]: Frauen, die sich seit etwa 1200 zunächst in Südbrabant, dann im gesamten Gebiet der Niederlande, in Deutschland und Frankreich ohne feste Gelübde in ordensähnlichen Gemeinschaften zusammenschlossen, in den sogenannten Beginenhöfen lebten und sich der Mädchenerziehung und Krankenpflege widmeten. Von der katholischen Kirche anerkannte Beginen leben bis heute in Belgien und den Niederlanden.

Begräbnis ↑Bestattung.

Behemoth: ein im A.T. (Hiob 40, 15–24) genanntes Tier, vermutlich ein Nilpferd; es galt bei einigen Kirchenvätern als Symbol für den Satan.

Beichte: in der katholischen Kirche ein Schuldbekenntnis, das als Privat- oder Ohrenbeichte vor einem Beichtvater abgelegt wird, der die *Absolution*, die Zusage der Vergebung der Sünden, erteilt; er ist verpflichtet, das Beichtgeheimnis zu wahren. In den evangelischen Kirchen gibt es nur die allgemeine Beichte im Gottesdienst und vor der Abendmahlsfeier, in der die Gemeinde öffentlich und gemeinsam ein Schuldbekenntnis ablegt.

Bekehrung (auch lateinisch Conversio): die Annahme eines neuen Glaubens, die durch Zwang weltlicher Gewalt oder durch eine innere Entscheidung erfolgen kann. Bekehrungserlebnisse, die zum Übertritt in Sekten führen, werden von diesen oft mit *Erweckung* bezeichnet.

Bekennende Kirche: aus dem 1933 von dem deutschen evangelischen Theologen Martin Niemöller (* 1892) organisierten „Pfarrernotbund" hervorgegangene kirchliche Oppositionspartei gegen die nationalsozialistisch geprägten ↑Deutschen Christen sowie gegen die Unterdrückung der Kirche durch den nationalsozialistischen Staat. Die Bekennende Kirche formulierte ihre theologischen Grundsätze in der ↑Barmer Theologischen Erklärung auf der *Barmer Bekenntnissynode* (29.–31. Mai 1934). Sie bildete einen Reichsbruderrat und Landesbruderräte, die die Funktionen einer Kirchenleitung übernahmen. Nach dem 2. Weltkrieg wurden zahlreiche Führer der Bekennenden Kirche beim kirchlichen Neuaufbau mit leitenden Funktionen betraut.

Bekenntnis (auch lateinisch Confessio): prägnante, für die Anhänger einer Religion verpflichtende Formulierung ihrer Glaubensinhalte und zugleich Abgrenzung gegenüber davon abweichenden Glaubensaussagen (Häresien).

Bekreuzigung: spätestens seit dem 2. Jahrhundert aufkommende Geste, mit der Hand ein Kreuzzeichen zu schlagen, die sowohl der Selbstsegnung dienen kann als auch dem Zweck, Unheil abzuwenden, im Sinne des Wortes von dem Kirchenvater Cyrill von Jerusalem (* um 315, † 348/50): „Das Kreuz ist der Schrekken der Dämonen."

Bektaschi: ein türkischer Derwischorden (↑Derwisch), benannt nach seinem legendären Gründer Hadschi Bektasch (13. Jh.), seit 1925 in der Türkei offiziell aufgelöst. Die Bektaschis bekennen sich zu einer islamisch-mystischen, mit gnostischen Elementen durchsetzten Geheimlehre, verehren Ali, den vierten Kalifen, sie kennen die Beichte und Absolution. Zu ihren Riten gehört ein sakrales Mahl mit Wein, Brot und Käse. An ihrem Kult nehmen unverschleierte Frauen teil.

Bel ↑Baal.

Belial: im A.T. Begriff für Bosheit

und Verderben, im N.T. (2. Kor. 6, 15) der Widersacher Christi, in den Kumran-Texten für „Schlechtigkeit" und z. T. als Name eines Dämons verwendet.

Belisama [keltisch, wahrscheinlich „die sehr Strahlende"]: keltische Göttin des Lichtes und des Feuers, von den Römern der ↑Minerva gleichgesetzt.

Bellona: römische Göttin des Kriegs (lateinisch „bellum"), Schwester des ↑Mars.

Belomantie [von griechisch bélos „Pfeil" und manteía „Weissagung"]: ein Pfeilorakel, bei dem beschriftete Pfeile aus einem Köcher geschüttet oder gezogen werden; die Belomantie war früher im Alten Orient verbreitet.

Benanbrief: ein 1910 von dem Schriftsteller E. von der Planitz (* 1857, † 1935) herausgegebener Brief, den ein ägyptischer Arzt namens Benan, ein angeblicher Jugendfreund Jesu, geschrieben haben soll. 1921 endgültig als Fälschung erwiesen.

Benares: früher gebräuchlicher Name der indischen Stadt ↑Varanasi.

Bendis: aus Thrakien stammende griechische Göttin, deren orgiastischer Kult 430 v. Chr. unter Perikles (♔ 444–429) in Athen eingeführt wurde.

Benedicamus Domino [lateinisch „laßt uns den Herrn preisen"]: Entlassungsformel der katholischen Liturgie am Schluß der Messe. Nach der Liturgiereform des 2. Vatikanischen Konzils wird mit diesen Worten nur diejenige Messe beendet, an die sich eine weitere gottesdienstliche Handlung anschließt.

Benedicite [lateinisch „segnet, preiset"]: in der katholischen Liturgie die Bitte um Segen. Ferner Bezeichnung des „*Canticum trium puerorum*" („der Gesang der drei Knaben") nach dem A.T. (Daniel 3, 57 ff.).

Benedictio ↑Benediktion.

Benediktiner (lateinisch **O**rdo **S**ancti **B**enedicti; Abk. OSB): alle Mönche der katholischen Kirche, die nach der Regel des hl. Benedikt von Nursia

Benediktiner. Heiliger Benedikt von Nursia. Holzbildwerk von Gregor Erhart (1493) im Mittelschrein des Hochaltars der ehemaligen Klosterkirche in Blaubeuren

(* um 480, † 547 [?]) leben, der sogenannten „*Regula Benedicti*", die er für das von ihm 529 (?) gegründete Kloster Montecassino in Kampanien verfaßte. Diese Regel verpflichtet zu Eigentumsverzicht und Keuschheit, Gehorsam und Ortsbeständigkeit. Den Benediktinerorden bilden jene Klöster, die seit 1893 unter dem Abtprimas in Rom zusammengefaßt sind. Die bedeutendsten deutschen Klöster der Benediktiner sind Beuron, Ettal und Maria Laach. Die Benediktiner zählten im Mittelalter zu den hervorragendsten theologischen und kulturellen Lehrern des Abendlandes. In neuester Zeit wirkte der Orden vor allem in den Bereichen der Liturgie, Ökumene, Bibelwissenschaft, Theologiegeschichte und in der Missionsarbeit in Afrika und Ostasien.

Benediktion [von lateinisch benedictio „Segen"] (auch Benedictio): die Erteilung des Segens.

Bene Haggola [hebräisch „Söhne der Verbannung"]: die in der Diaspora, d. h. außerhalb Israels lebenden Juden werden Bene Haggola genannt.

Beraka (auch Baraka) [hebräisch „Lobpreisung"]: hymnisches Lob- und Dankgebet. Die Beraka ist die Grundform des jüdischen Gebets: „Gepriesen seist du, Ewiger, unser Gott, König der Welt".

Berge: in der Religionsgeschichte von jeher Stätten besonderer Verehrung und geheimnisvoller Macht, dies gilt vor allem für die mit ewigem Schnee bedeckten Berge und die Vulkane. Dem *Höhendienst* (Kulte, die auf Bergen begangen werden) und den Höhenheiligtümern liegt die Vorstellung zugrunde, auf Bergen der Gottheit näher zu sein. Daher wurde Ersatz geschaffen, wo Berge fehlten, so besonders in den Stufenpyramiden Mesopotamiens (↑Zikkurat) und des vorkolumbischen Mittelamerika. Häufig galten Berge als Wohnstätten der Götter oder als Symbole für die Form und Gestaltung der Welt. In der religiösen Sprache sind Berge oft Sinnbilder der Gottheit. Die Vorstellung von Helden, die in Bergen entrückt ihrer Rückkunft ins Leben entgegensehen, ist ein beliebtes Sagenmotiv (z. B. in der Kyffhäusersage). – Die Religionsgeschichte kennt eine Vielzahl heiliger Berge, z. B. Zion, Sinai, Karmel, Hermon, Tabor im A. T., ferner den Fudschijama Japans, den Meru der Inder, den Elburs der Perser, den Olymp der Griechen. Namen wie Wodansberg (Odenberg, Odenwald) und Donnersberg verweisen noch heute auf heilige Berge der germanischen Religion.

Bergpredigt: die im Matthäusevangelium (Matth. 5–7) überlieferte Predigt, die Jesus von einem Berg aus an seine Jünger richtete. Sie stellt eine Komposition des Matthäus aus verschiedenen Überlieferungsstücken dar. In ihr wird der von den Pharisäern praktizierten buchstäblichen Einhaltung des Gesetzes von Jesus eine Ethik gegenübergestellt, die einerseits das alttestamentliche Gesetz verschärft (nicht nur objektiv begangene, sondern bereits nur „im Herzen" begangene Verfehlungen werden verurteilt), andererseits einzelne Vorschriften dieses Gesetzes aufhebt. Wesentliche Bestandteile der Bergpredigt sind die Seligpreisungen (5, 3–12, „selig sind die ..., denn ..."), das Vaterunser (6, 9–13) und die „Goldene Regel" (7, 12: „Alles nun, was ihr wollt, daß es euch die Menschen tun, das sollt auch ihr ihnen tun").

Berith [hebräisch „Bund"]: der Bund, der zwischen Jahwe und dem Volk Israel am Sinai geschlossen wurde.

Berneuchener Bewegung: aus der evangelischen Jugendbewegung ging 1923 eine Erneuerungsbewegung hervor, die nach ihrem Treffpunkt, dem Gut Berneuchen in der Neumark, benannt wurde. Sie pflegt das Gemeinschaftsleben, die Feier der Messe, das Stundengebet und veranstaltet Freizeiten zur Rückgewinnung der der Kirche entfremdeten Christen.

Berserker [von altnordisch ber „Bär" und serkr „Kleid"]: in der altnordischen Sage ein fellvermummter Krieger, der sich durch diese Tracht die Kräfte des Tieres anzueignen glaubte, ein ekstatischer Kämpfer im Dienst des Gottes Odin. Davon abgeleitet ist der heutige Sprachgebrauch, der mit Berserker einen blindwütig rasenden Menschen meint.

Beruf: die verschiedenen Berufe unterliegen oft unterschiedlicher religiöser Einschätzung; eine einfachste wertmäßige Gegenüberstellung findet sich in der gegensätzlichen Wertung des seßhaften Bauern und des wandernden Viehzüchters (Kain und Abel: 1. Mos. 4, 1–16). Im Buddhismus sind Berufe verachtet, die mit Blutvergießen zu tun haben (Soldaten, Fleischer). Luther verstand „Beruf" in seiner ursprünglichen Bedeutung als „Ruf Gottes an den Menschen", eine Auffassung, die auch z. T. heute noch in einem bestimmten Berufsethos als sittlich verpflichtend gilt.

Berufung: im biblischen Sprachgebrauch der Ruf Gottes, der unerwartet an einen Menschen, v. a. den Propheten, ergeht und Beauftragung, nicht Bevorzugung des Berufenen um seiner selbst willen ist. – In den anderen Religionen können Berufungserlebnisse durch Vision oder Audition (visuelle oder akustische Offenbarungsereignisse) zur Stiftung neuer Religionen führen.

Bẹs: vom Oberlauf des Nils stammender altägyptischer Gott von zwergenhafter Gestalt und koboldartigem Wesen.

Bes ['bjɛs] (Mehrzahl Besy): slawische Bezeichnung für ein dämonisches Wesen.

beschauliche Orden (auch kontemplative Orden): Orden, die nicht von äußerer Aktivität, sondern vom Leben im Gebet und in der Beschauung (Kontemplation) geprägt sind, z. B. Kartäuser, Zisterzienser, Karmeliten und die entsprechenden Frauengemeinschaften.

Beschneidung (auch lateinisch Circumcisio, Zirkumzision): rituelle, oft mit ↑Initiationsriten verbundene Operation der Genitalien, ein häufig bei Knaben und Männern, seltener bei Mädchen und Frauen vollzogener Brauch. Sein ursprünglicher Sinn ist umstritten. Bemerkenswert ist, daß diejenigen Völker, die die Beschneidung vollziehen, ihr keine primär hygienische, sondern eine religiöse Bedeutung beimessen. Im Judentum geht die Vorschrift der Beschneidung auf das A.T. zurück (1. Mos. 17, 12); sie gilt als „Bundeszeichen". Im Christentum kennt ausschließlich die ↑abessinische Kirche die Vorschrift der Beschneidung. Für den Islam ist sie nicht verbindlich, sie wird aber als Symbol der Aufnahme in die Glaubensgemeinschaft verstanden.

Beschwörung: in der Religionsgeschichte weit verbreitet, besonders charakteristisch für die babylonisch-assyrische Religion, den Lamaismus und den Taoismus. Grundlage der Beschwörung ist der Glaube an Geister und der Wille des Menschen, auf diese einen Zwang auszuüben. Dabei kann das positive Ziel verfolgt werden, hilfreiche Geister herbeizurufen. Meist aber dient sie der Abwehr, Vertreibung, gelegentlich auch Vernichtung schadenbringender Dämonen. Diese apotropäische Beschwörung bezeichnet man mit dem Begriff *Exorzismus*. Eine besondere Form des Exorzismus ist die „Absage" (Abrenuntiation), die darin besteht, daß der Mensch sich mit bekenntnismäßig formulierten Worten der Einflußnahme dämonischer Mächte widersetzt. Die Beschwörung wird im allgemeinen nach feststehendem Ritus vollzogen. Dieser kann sich auf formelhaft geprägte feststehende Worte beziehen. Neben die Wirkung des beschwörenden Wortes tritt die rituelle Handlung, die in umfangreichen Zeremonien bestehen kann. Schließlich können exorzistische Wirkungen durch Gegenstände wie Amulette, Fetische, Talismane hervorgerufen werden.

Beseelung: nach weitverbreitetem Glauben das Erfüllen des ersten Menschen (z. B. 1. Mos. 2, 7) sowie auch jedes Neugeborenen mit einer Seele, die durch den Atem in den Körper eingeblasen wird.

Besen: v. a. im Hexenglauben sind Besen von Bedeutung. Man stellt sich die Hexen auf einem Besen reitend vor. Der Besen galt auch als Schaden abwendendes (apotropäisches) Mittel. In manchen Landschaften war es üblich, im Frühjahr alte Besen zu verbrennen oder mit den brennenden Besen lärmend über die Felder zu laufen, um Schaden abzuwehren.

Besessenheit: eine in fast allen Kulturen anzutreffende Erscheinung eingeschränkter oder gestörter psychischer Funktionen eines Menschen, die im religiösen Verständnis als Ergriffenwerden durch dämonische Mächte, die sein Reden und Handeln teilweise oder völlig bestimmen, interpretiert wird.

Bespopowzy [bɪspaˈpɔftsɨ; russisch „Priesterlose"]: russische Sekte, die sich von der russisch-orthodoxen Staatskirche nach der Reform des Patriarchen Nikon (* 1605, † 1681) 1667 abspaltete; ihre Mitglieder verwarfen kirchliche Einrichtungen und Sakramente und verfielen z. T. einem schwärmerischen Spiritualismus.

Besprechen: eine magische Heilungsmethode; sie wird ausgeübt von Personen, die hierfür als besonders befähigt gelten. Das Besprechen besteht meist in der Rezitation von Segensformeln, mit denen Krankheiten von Menschen und Tieren geheilt werden. Auch heutzutage vorkommende Heilungserfolge durch Besprechen werden von der Medizin meist auf die Wirkung der Suggestion zurückgeführt.

Besprengung (auch Aspersion): eine meist mit Wasser (z. B. in der katholischen Kirche mit dem ↑Weihwasser) oder mit Salzwasser vollzogene rituelle Handlung, die der kultischen Reinigung, der Sühnung, der Heiligung oder des Schutzes dient.

Bestattung: die verschiedenen Formen der Erd- und Luftbestattung sowie der Leichenverbrennung sind zumindest teilweise religiös bedingt. Dabei verfolgen die Bestattung und die mit ihr verbundenen Riten (Funeralriten) ein doppeltes Ziel. Handlungen zum Wohl des *Verstorbenen* sollen diesem die Jenseitsreise oder den Aufenthalt im Totenreich erleichtern. Hierzu gehören die Mitgabe von Bekleidung und Proviant, von Totentexten, Schiffsmodellen zur Überfahrt über einen Jenseitsfluß sowie von Dienerfiguren (z. B. in der ägyptischen Religion die ↑Uschebtis). Gelegentlich findet sich die Vorstellung, daß eine Verbrennung den Weg ins Jenseits erleichtere. Die Balsamierung beruht im Unterschied dazu auf der Annahme, daß nur dem äußerlich unversehrten Körper ein Fortleben möglich sei. Neben Riten für den Verstorbenen stehen solche, die den *Hinterbliebenen* dienen sollen. Apotropäische Handlungen werden aus Angst vor dem Toten vollzogen und sollen sein Verbleiben im Haus oder seine Rückkehr (als Wiedergänger) verhindern. Ihnen stehen Riten gegenüber, die den Verstorbenen weiterhin mit den Lebenden verbinden. Hierzu zählen Hausbestattung, Ahnenkult (↑Ahnen), Heroen-, Heiligen- und Reliquienverehrung.

Bethel [hebräisch „Haus Gottes"]: 19 km nördlich von Jerusalem gelegener Ort, im A.T. sehr häufig erwähnt, am bekanntesten durch die Erzählung von der Entdeckung seiner besonderen Heiligkeit durch den Patriarchen Jakob (1. Mos. 28, 10–19). – Nach dem biblischen Bethel sind die *Bodelschwinghschen Anstalten* bei Bielefeld benannt.

Bethlehem. Geburtskirche
(um 330, erneuert 540)

Bethlehem [hebräisch „Haus des Brotes"]: westjordanische, im judäischen Bergland südlich von Jerusalem gelegene Stadt, Heimatort des Geschlechts Davids und Geburtsort Jesu. Die von Konstantin dem Großen (♕ 306–337) um 330 über der Geburtsgrotte errichtete Basilika baute Justinianus (♕ 527–565) neu auf. Sie ist das Ziel zahlreicher Pilgerfahrten.

Bettelorden (auch Mendikanten): in

Bettelorden. Bettelordenskirche Santa Maria Novella in Florenz (begonnen 1246)

der katholischen Kirche aus der mittelalterlichen Armutsbewegung entstandene Ordenstypen, die durch Besitzlosigkeit ihrer Klöster und des Ordens charakterisiert sind; zu ihnen gehören die Franziskaner (mit Konventualen und Kapuzinern), Dominikaner, Karmeliten und Augustiner. Sie erwerben ihren Lebensunterhalt durch Arbeit und aus Almosen und betrachten seelsorgerliche Tätigkeit als ihre Hauptaufgabe. – Im nichtchristlichen Bereich ist auch das Mönchtum des Buddhismus und des Dschainismus zu den Bettelorden zu rechnen.

Bhagawadgita (= Bhagavadgita) [Sanskrit „Gesang des Erhabenen"]: ein in das indische Nationalepos „Mahabharata" eingefügtes religiös-philosophisches Lehrgedicht. Es stammt in seinen ältesten Schichten vielleicht aus dem 3. Jahrhundert v. Chr. und gilt im Hinduismus als heiliger Text, der in höchstem Ansehen steht. Die Bhagawadgita wird von Krischna, einer Inkarnation Wischnus, der als Wagenlenker des Fürsten Ardschuna erscheint, in 18 Gesängen vorgetragen. Anlaß ist die Weigerung Ardschunas, in einer bevorstehenden Schlacht seine Verwandten zu töten. Krischna belehrt ihn über die Pflicht zum Kampf, begründet dies mit dem Hinweis auf die Vergänglichkeit des Irdischen und die Ewigkeit des Geistes und zeigt sich im 11. Gesang dem Ardschuna in einer Theophanie in seiner göttlichen Gestalt. In der Bhagawadgita sind verschiedene religionsphilosophische Anschauungen enthalten. Ihr Erlösungsziel ist das *Brahma Nirwana*, das „Aushauchen [aus dieser Welt] ins Brahman". – Die Bhagawadgita war das erste indische Buch, das von dem deutschen Dichter August Wilhelm von Schlegel (* 1767, † 1845) eigenhändig gesetzt im Jahre 1823 als Sanskrittext herausgegeben wurde.

Bhagawan (= Bhagavan) [Sanskrit und Pali „der Erhabene"]: ein Titel Buddhas und Beiname Wischnus.

Bhagawata-Purana (= Bhagavata-Purāṇa) [Sanskrit „alte Erzählung der Verehrer des Erhabenen"]: einer der heiligen Texte der Bhagawata (d. h. der Verehrer des „Erhabenen"), Anhänger einer Richtung des Wischnuismus, die den indischen Gott Krischna unter dem Namen Bhagawan verehren und in der Gottesliebe (↑Bhakti) den Weg zur Erlösung sehen.

Bhaischadschjaguru (= Bhaishajyaguru): im Mahajana-Buddhismus einer der zahlreichen Buddhas früherer Weltalter (d. h. vor dem historischen Buddha Gautama), der als himmlischer Arzt gilt.

Bhakti [Sanskrit „Gottesliebe"]: die vertrauende Liebe auf das Erlösungswirken eines persönlichen Heilandgottes, dem auf menschlicher Seite selbstlose Hingabe zugeordnet ist; besonders von wischnuitischen Gruppierungen innerhalb des Hinduismus als Weg zum Heil über den Weg der Erkenntnis gestellt.

Bhawa (= Bhava) [Sanskrit „das Werden"]: ein Begriff der indischen Wiedergeburtslehre. Das „Rad des Werdens" (Bhawatschakra) ist ein oft dargestelltes Symbol für den Geburtenkreislauf aller belebten Wesen.

Bhikschu (= Bhikshu) [Sanskrit „Bettelmönch"] (auch Pali Bhikkhu): Mitglieder des buddhistischen Mönchsordens. Bettelnonnen heißen *Bhikschuni* (Pali Bhikkhuni).

Bhumi [Sanskrit]: im Mahajana-Buddhismus die zehn Stufen, die ein Bodhisattwa in Tausenden von Existenzen durchlaufen muß.

Bhuta [Sanskrit „Wesen"]: im Hinduismus böse Dämonen, meist in tierischer Gestalt gedacht, auch Bezeichnung für Seelen von Menschen, die eines plötzlichen oder gewaltsamen Todes starben.

Bhuwar [Sanskrit]: in der indischen Kosmologie der Luftraum.

Bibel [von griechisch biblía „Bücher"]: die beiden großen Schriftsammlungen des ↑Alten Testaments und des ↑Neuen Testaments. Das Wort *Testament* (lateinisch testamentum) bedeutet soviel wie „Bund, Bundesbestimmung". Das A.T. ist die Urkunde des Bundes, den Gott mit Israel schloß, das N.T. diejenige des Bundes Gottes mit allen Menschen. Die Bibel ist für alle christlichen Kirchen und Gemeinschaften Urkunde der Offenbarung Gottes und Grundvoraussetzung allen Glaubens, Lehrens und Handelns. Für das Judentum gilt nur das A.T. als Offenbarungsquelle. Dabei gebraucht das Judentum entweder die Bezeichnung „Bibel" in einer allein auf das A.T. bezogenen Verwendung oder es faßt die drei Schriftenkomplexe, in die das A.T. aufgegliedert ist, zusammen und spricht dann von „Gesetz, Propheten und Schriften" (hebräisch „Thora, Nebiim, Kethubim"). – ↑auch Übersicht Bücher der Bibel Seite 60 ff.

Bibel-Babel-Streit ↑Babel und Bibel.

Bibelforscher, Ernste ↑Zeugen Jehovas.

Bibelkritik: wissenschaftliche Untersuchung der biblischen Texte nach allgemein historischen und literarischen (form-, gattungs- und motivgeschichtlichen) Prinzipien sowie philologische Bearbeitung, besonders im Hinblick auf die Erschließung der ältesten Textgestalt.

Bibelübersetzungen: in etwa 1100 Sprachen liegen Bibelübersetzungen vor. Die bedeutendste Übersetzung allein des A.T. ist die *Septuaginta* (Abk. LXX; lateinisch „siebzig"). Ihr Name beruht auf einer Legende, nach der 72 jüdische Gelehrte die Arbeit der Übersetzung (zunächst nur der 5 Bücher Mose, des Pentateuch) in 72 Tagen vollendet haben sollen. In der syrischen Kirche setzte sich als Übersetzung die *Peschitta* (syrisch „die Einfache") durch. Wahrscheinlich ist sie das Werk des Bischofs Rabbula von Edessa (5. Jahrhundert). Für das Lateinische sind zwei wichtige Übersetzungen zu unterscheiden: Nordafrika, wo das Lateinische zuerst zur Kirchensprache wurde, ist wahrscheinlich die Heimat der *Vetus Latina* oder *Itala*. Der kirchlich rezipierte, 1546 auf dem Konzil von

BÜCHER DER BIBEL

Altes Testament (A.T.)

Vulgata	Lutherbibel	Loccumer Richtlinien*	Abkürzungen**		
Genesis	1. Buch Mose	Genesis	Gen	Gn	*1. Mos.*
Exodus	2. Buch Mose	Exotus	Ex		*2. Mos.*
Leviticus	3. Buch Mose	Levitikus	Lev	Lv	*3. Mos.*
Numeri	4. Buch Mose	Numeri	Num	Nu	*4. Mos.*
Deuteronomium	5. Buch Mose	Deuteronomium	Dtn	Dt	*5. Mos.*
Josua	Buch Josua	Josua	Jos		*Jos.*
Richter	Buch der Richter	Buch der Richter	Ri	Jd	*Richter*
Ruth	Buch Ruth	Buch Rut	Rut		*Ruth*
1 Samuel (1 Könige)	1. Buch Samuel	1. Buch Samuel	1 Sam	1 S	*1. Sam.*
2 Samuel (2 Könige)	2. Buch Samuel	2. Buch Samuel	2 Sam	2 S	*2. Sam.*
1 Könige (3 Könige)	1. Buch von den Königen	1. Buch der Könige	1 Kön	1 Rg	*1. Kön.*
2 Könige (4 Könige)	2. Buch von den Königen	2. Buch der Könige	2 Kön	2 Rg	*2. Kön.*
1 Chronik (1 Paralipomenon)	1. Buch der Chronik	1. Buch der Chronik	1 Chr		*1. Chron.*
2 Chronik (2 Paralipomenon)	2. Buch der Chronik	2. Buch der Chronik	2 Chr		*2. Chron.*
Esdras (1 Esdras)	Buch Esra	Buch Esra	Esr		*Esra*
Nehemias (2 Esdras)	Buch Nehemia	Buch Nehemia	Neh		*Neh.*
Tobias (Tobit)	*Buch Tobias*	*Buch Tobias*	Tob		*Tob.*
Judith	*Buch Judith*	*Buch Judit*	Jdt		*Judith*
Esther	*Buch Esther*	*Buch Ester*	Est		*Esther*
1 Makkabäer	*1. Buch der Makkabäer*	*1. Buch der Makkabäer*	1 Makk		*1. Makk.*
2 Makkabäer	*2. Buch der Makkabäer*	*2. Buch der Makkabäer*	2 Makk		*2. Makk.*
Psalmen	Psalter	Psalmen	Ps		*Ps.*
Job (Hiob)	Buch Hiob	Buch Ijob (Job, Hiob)	Ijob	Hi	*Hiob*
Sprüche	Sprüche Salomos	Buch der Sprichwörter (Sprüche Salomos)	Spr		*Sprüche*
Prediger (Ecclesiastes)	Prediger Salomo	Kohelet (Prediger Salomo)	Koh	Eccl	*Pred.*

Hoheslied	Hohelied Salomos	Hohelied (Hohelied Salomos)	Hld	Cant	*Hoheslied*
Buch der Weisheit	*Weisheit Salomos*	*Buch der Weisheit (Weisheit Salomos)*	Weish	Sap	*Weisheit*
Jesus Sirach (Ecclesiasticus)	*Buch Jesus Sirach*	*Buch Jesus Sirach*	Sir	JesSir	*Jes. Sir.*
Isaias	Jesaja	Buch Jesaja	Jes	Is	*Jes.*
Jeremias	Jeremia	Buch Jeremia	Jer		*Jer.*
Klagelieder	Klagelieder Jeremias	Klagelieder des Jeremia	Klgl	Thren	*Klagel.*
Baruch	*Buch Baruch*	*Buch Baruch*	Bar		*Baruch*
Ezechiel	Hesekiel	Buch Ezechiel (Hesekiel)	Ez	Hes	*Ezech.*
Daniel	Daniel	Buch Daniel	Dan		*Daniel*
Osee (Hosea)	Hosea	Buch Hosea	Hos		*Hos.*
Joel	Joel	Buch Joel	Joel		*Joel*
Amos	Amos	Buch Amos	Am		*Amos*
Abdias	Obadja	Buch Obadja	Obd	Ob	*Obadja*
Jonas	Jona	Buch Jona	Jon		*Jona*
Michäas	Micha	Buch Micha	Mich	Mi	*Micha*
Nahum	Nahum	Buch Nahum	Nah		*Nahum*
Habakuk	Habakuk	Buch Habakuk	Hab		*Habak.*
Sophonias	Zephanja	Buch Zefanja	Zef		*Zeph.*
Aggäus	Haggai	Buch Haggai	Hag		*Hagg.*
Zacharias	Sacharja	Buch Sacharja	Sach	Sa	*Sach.*
Malachias	Maleachi	Buch Maleachi	Mal		*Mal.*
Neues Testament (N.T.)					
Matthäus-Evangelium	Evangelium des Matthäus	Evangelium nach Mattäus	Mt		*Matth.*
Markus-Evangelium	Evangelium des Markus	Evangelium nach Markus	Mk		*Mark.*
Lukas-Evangelium	Evangelium des Lukas	Evangelium nach Lukas	Lk		*Luk.*
Johannes-Evangelium	Evangelium des Johannes	Evangelium nach Johannes	Joh	Jo	*Joh.*
Apostelgeschichte	Apostelgeschichte des Lukas	Apostelgeschichte	Apg	Act	*Apg.*
Römerbrief	Brief des Paulus an die Römer	Brief an die Römer	Röm	R	*Röm.*
1. und 2. Korintherbrief	1. und 2. Brief des Paulus an die Korinther	1. und 2. Brief an die Korinther	1/2 Kor	1/2 K	*1./2. Kor.*

Bücher der Bibel (Forts.)

Vulgata	Lutherbibel	Loccumer Richtlinien*	Abkürzungen**		
Galaterbrief	Brief des Paulus an die Galater	Brief an die Galater	Gal	G	*Gal.*
Epheserbrief	Brief des Paulus an die Epheser	Brief an die Epheser	Eph	E	*Eph.*
Philipperbrief	Brief des Paulus an die Philipper	Brief an die Philipper	Phil	Ph	*Phil.*
Kolosserbrief	Brief des Paulus an die Kolosser	Brief an die Kolosser	Kol	K	*Kol.*
1. und 2. Thessa-lonicherbrief	1. und 2. Brief des Paulus an die Thessalonicher	1. und 2. Brief an die Thessalonicher	1/2 Thess	1/2 Th	*1./2. Thess.*
1. und 2. Timotheus-brief	1. und 2. Brief des Paulus an Timotheus	1. und 2. Brief an Timotheus	1/2 Tim	1/2 T	*1./2. Tim.*
Titusbrief	Brief des Paulus an Titus	Brief an Titus	Tit	T	*Titus*
Philemonbrief	Brief des Paulus an Philemon	Brief an Philemon	Phlm	Phm	*Philem.*
Hebräerbrief	Brief des Paulus an die Hebräer	Brief an die Hebräer	Hebr	H	*Hebr.*
Jakobusbrief	Brief des Jakobus	Brief des Jakobus	Jak	J	*Jak.*
1. und 2. Petrusbrief	1. und 2. Brief des Petrus	1. und 2. Brief des Petrus	1/2 Petr	1/2 P	*1./2. Petr.*
1., 2., 3. Johannesbrief	1., 2., 3. Brief des Johannes	1., 2., 3. Brief des Johannes	1/2/3 Joh	1/2/3 J	*1./2./3. Joh.*
Judasbrief	Brief des Judas	Brief des Judas	Jud	Jd	*Jud.*
Geheime Offenbarung (Apokalypse)	Offenbarung des Johannes	Offenbarung des Johannes	Offb		*Apk.*

* entsprechend dem „Ökumenischen Verzeichnis der biblischen Eigennamen nach den Loccumer Richtlinien“ (Stuttgart 1971)

** als erste werden die Abkürzungen nach den „Loccumer Richtlinien“ angegeben, es folgen gegebenenfalls weitere gebräuchliche Abkürzungen. *Kursiv* sind schließlich die in diesem Buch verwendeten Abkürzungen gesetzt

(*Kursiv* gesetzt sind die apokryphen bzw. deuterokanonischen Bücher)

Trient für die katholische Kirche als maßgebend erklärte Text wurde die *Vulgata*, die Übersetzung des Hieronymus (* um 345, † 420). Von der gotischen Bibelübersetzung des Bischofs Ulfilas (* 311, † 383) sind nur Teilstücke erhalten. Die Übersetzung Luthers war von entscheidender Bedeutung für die Reformation und zugleich von fortwirkendem sprachlichen Einfluß. Die erste Gesamtausgabe erschien 1534; die letzte von Luther selbst betreute Ausgabe ist diejenige von 1545. Im englischen Sprachgebiet ist die *Authorized Version* von 1611 noch immer im offiziellen Gebrauch, im französischen die *Version Synodale* von 1744.

Biblia pauperum [lateinisch „Armenbibel"]: mittelalterliche Bezeichnung einer Form der ausgewählten Darbietung neutestamentlicher Stoffe unter Hinweis auf hierfür typische Motive aus dem A. T.; beides geschieht durch lateinische Texte und durch Bilder, wobei den Bildern der Vorrang gebührte. Der Name „Biblia pauperum" kann sich auf arme Kleriker beziehen, die sich keine vollständige Bibel leisten konnten oder auf Leute geringeren Bildungsgrades, denen biblische Stoffe vornehmlich durch Bilder nahegebracht werden sollten.

Bibliolatrie [von griechisch biblía „Bücher" und latreía „Verehrung"]: die Verwendung der Bibel als Idol und Zaubermittel. Analoge Erscheinungen sind auch in anderen Religionen, die heilige Schriften besitzen, aufgetreten.

Biblizismus: im Gegensatz zur † Bibelkritik der Umgang mit der Bibel, der, ohne wissenschaftliche Beschäftigung mit ihrem Text zulassen zu wollen, ein rein wörtliches Verständnis der Bibel vertritt, wobei die geschichtliche Tatsache, daß jeder Text für die Zeitgenossen seiner Entstehung verfaßt wurde, bei der Bibel (als Offenbarungswort) keine Geltung habe.

Bida (= Bid'ah) [arabisch „Neuerung"]: theologisches Schlagwort der islamischen Orthodoxie, mit dem alle

Biblia pauperum. Kindermord, Flucht nach Ägypten (um 1300–20; Sankt Florian, Stiftsbibliothek)

Änderungen der Lehre und der Lebensführung, die nicht durch die überlieferten Normen († Sunna) abgesichert sind, aufs schärfste verurteilt werden.

Bifröst (auch Bilröst): in der germanischen Kosmologie die Brücke, die Himmel und Erde verbindet. Sie wird gelegentlich mit dem Regenbogen identifiziert.

Big-Moon-Religion [big'mu:n; englisch]: einer der † Peyotekulte.

Bilderkult: religiöse Verehrung einer bildlichen, nicht nur menschengestaltigen Darstellung, die als irdische Realisierung übernatürlicher Macht gilt. Dabei kann z. B. eine Wesenseinheit zwischen dem Bild und der in ihm verehrten Gottheit angenommen werden. Das Bild genießt dann kultische Pflege. Ihm wird eine besondere Weihe zuteil, oft durch Salbung. Die Darbringung von Opfern und Weihrauch vor dem Bild ist üblich. Auch werden ihm Speisen gereicht. Vielfach erhält es eine besondere Bekleidung. Bei Prozessionen wird das Bild in feierlichem Umzug mitgeführt. –

Innerhalb des Christentums entwickelten die Ostkirchen mit ihrer Ikonenverehrung Formen des Bilderkults, der z. T. auf heftige Kritik stieß (↑Bildersturm).

Bildersturm (auch Ikonoklasmus): Bezeichnung für verschiedene Auseinandersetzungen um die Zulassung von Bildern im kirchlichen Bereich. 1. Der von Kaiser Leon III. (♕ 717 bis 741) 726 in Byzanz ausgelöste Bilderstreit, der dadurch entstand, daß er die Bilder verurteilte und damit das Volk in Bilderverehrer und Bilderstürmer spaltete; nach Auseinandersetzungen, die z. T. zur Verfolgung der Bilderverehrer führten, wurde die Bilderverehrung 787 auf dem zweiten Konzil von Nizäa wieder zugelassen; 2. die Beseitigung von Heiligengestalten und Marienfiguren in der Reformationszeit, die in Wittenberg in Abwesenheit Luthers 1522 unter Führung des deutschen Theologen Karlstadt (eigentlich Andreas Rudolf Bodenstein; * um 1480, † 1541) begann und in die Luther mäßigend eingriff; später wurden Bilder, soweit sie nicht selbst Verehrung genossen, im evangelischen Bereich akzeptiert. In der reformierten Kirche wurden Bilder 1523 von Zwingli abgeschafft.

Bildstock (auch Marter, Marterl, Betsäule): häufig an Wegen errichtetes Stein- oder Holzmal mit gemalten, in Form von Reliefs ausgeführten oder (seit dem 17. Jahrhundert) auch plastischen religiösen Darstellungen, oft mit Inschriften versehen. Der Bildstock, der im 14. Jahrhundert entstand, gelangte in der Barockzeit zur höchsten Blüte.

Bildstock in Sankt Leonhard in Kärnten (18. Jahrhundert)

Bilokation [von lateinisch bis „zweimal" und locus „Ort"]: die Wahrnehmung einer Person zu gleicher Zeit an zwei verschiedenen Orten. Bilokation wurde im Altertum u. a. von Apollonius von Tyana († um 97 n. Chr.) und Pythagoras (* um 570, † um 500), im Mittelalter und in der Neuzeit von verschiedenen Heiligen wie Antonius von Padua (* 1195, † 1231) und Franz Xaver (* 1506, † 1552) berichtet. Der ↑Schamanismus kennt ähnliche Phänomene.

Bilröst ↑Bifröst.

Bilwis: Dämon des deutschen Volksglaubens; Herkunft und Deutung des Namens sind umstritten; erstes Auftauchen in Wolfram von Eschenbachs (12./13. Jahrhundert) „Willehalm". Seit dem 16. Jahrhundert wird Bilwis mit Schadenzauber im Kornfeld in Verbindung gebracht.

Birgit (auch Brigit): von den Inselkelten als Göttin der Dichtkunst verehrt, Tochter des ↑Dagda.

Bischof [von griechisch epískopos „Aufseher"]: in der ihm anvertrauten ↑Diözese apostolischer (d. h. in der ↑apostolischen Sukzession stehender) Träger der kirchlichen Leitungsfunktionen (Kirchengewalt), durch Bischofsweihe ausgestattet mit der Vollmacht des Lehr-, Priester- und Hirtenamtes. Der Bischof erteilt Firmung und Priesterweihe, konsekriert (weiht) Altäre und Kirchen; er überwacht das Vermögen seines Bistums. – In den evangelischen Kirchen blieb die Beurteilung des traditionellen Bischofsamtes unterschiedlich, so daß es Landeskirchen gibt, die das Bischofsamt kennen neben solchen, die einen anderen Titel für ihren leitenden Amtsträger haben. Generell ist in den evangelischen Kirchen die

Auffassung von der apostolischen Sukzession von der der katholischen Kirche unterschieden.

Bittopfer ↑Opfer.

Black Muslims ['blæk 'mʊslɪmz; englisch „schwarze Muslime“]: straff organisierte religiöse Bewegung von Farbigen in den USA, die sich offiziell „*Lost-Found Nation of Islam in North America*“ („Verlorene und wiedergefundene Nation des Islams in Nordamerika“) nennt, im Jahre 1932 von Elijah Mohammed (* 1897, † 1975) begründet. Die religiöse Sonderstellung des Gründers und das Ziel der Regierung der Erde durch die Schwarzen sondert die Black Muslims vom übrigen Islam. Bekannteste Anhänger sind der 1965 ermordete Malcolm X (* 1925) und der Boxer Cassius Clay (* 1942), der sich seit seinem Beitritt zu den Black Muslims Muhammad Ali nennt. Schätzungen über die Zahl der Black Muslims schwanken zwischen 100000 und 200000.

Blasphemie [von griechisch blasphēmía „Gotteslästerung“]: Gotteslästerung durch Worte oder Handlungen, nach dem A.T. (3. Mos. 24, 10 ff.) mit der Strafe der Steinigung zu sühnen. Gehört rechtlich zu den *Religionsvergehen.*

Blau ↑ Farbensymbolik.

Bleigießen ↑Becher- und Beckenweissagung.

Blick, böser ↑böser Blick.

Blot [altnordisch blót]: in der germanischen Religion Begriff für „Opfer“.

Blotnaut [altnordisch blótnaut]: in der germanischen Religion Bezeichnung sowohl für das Opfertier als auch für ein Tier, dem Opfer dargebracht werden.

Blumen: im religiösen Bereich als Opfergabe und im Totenkult dargebracht. Alt ist auch die symbolische Bedeutung der Blumen: seit der Antike gilt die Rose als Sinnbild der Liebe, später als Symbol des Blutes Christi. Die Lilie symbolisiert Unschuld und Reinheit und wurde auf die Unbeflecktheit der Jungfrau Maria bezogen. Iris, Akelei und Maiglöckchen gelten seit dem späten Mittelalter als Symbole der Tugend. Die Nelke zeigt den männlichen, die Myrte den weiblichen Brautstand an.

Blumenkrieg [Übersetzung von aztekisch xochiyaoyotl]: im alten Mexiko vertraglich vereinbarte Kämpfe, die regelmäßig stattfanden und keinerlei territoriale Gewinne bringen, sondern allein dem Erwerb von Kriegsgefangenen dienen sollten, die als Menschenopfer dargebracht wurden.

Blumenopfer: kultische Darbringung von Blumen, in besonderer Weise charakteristisch für die aztekische Religion des alten Mexiko und den Hinduismus.

Blut: in den Religionen der Völker gilt das Blut in besonderer Weise als Träger des Lebens, der Seele, der Lebenskraft, die mit dem Tode aus dem Körper fließt. So vermeint man, durch Trinken des Blutes von Feinden oder auch Opfertieren, sich ihre bzw. höhere, gleichsam göttliche Kräfte anzueignen (Bluttaufe [↑Taurobolium] im Kult des Attis). Dem Blut schreibt man auch übelabwendende (apotropäische), sühnende wie auch gemeinschaftsstiftende Wirkung zu, und zwar nicht nur unter Menschen, sondern auch gegenüber Gott. Im A.T. will man sich mit Opfern von Tieren mit Gott versöhnen. Im Christentum wissen sich die Gläubigen durch das Blut Christi mit Gott versöhnt.

Die ↑Blutwunder gingen in manche Ursprungslegenden von Wallfahrtsorten ein. Mit eigenem Blut weihte man sich Gott oder Maria, verschrieb sich dem Teufel, mit Blut führte man allerlei abergläubische Praktiken aus. – Zur Blutstillung in der Volksmedizin verwendete pflanzliche und mineralische Mittel können natürliche Wirkungen haben, daneben standen zauberische Handlungen oder Worte.

Blut Christi: durch das freiwillige Opfer Jesu zur Vergebung der Sünden (Matth. 26, 28) von einer die Erlösung der Menschen bewirkenden (soteriologischen) Bedeutung. Die christlichen Kirchen vergegenwärtigen die Bluthingabe Christi beim Abendmahl, das für die christliche Gemeinde konstitutiv wirkt (1. Kor. 10, 16). Das Blut Christi steht im Mittelpunkt der Sage vom heiligen ↑Gral.

Blutopfer ↑Opfer.

Blutrache: Form der Selbstjustiz, durch die eine Verletzung der Sippenehre, v. a. die Tötung eines Angehörigen geahndet und der zürnende Geist des Toten beschwichtigt werden soll. Die Blutrache war und ist, wo sie geübt wird, bindende Pflicht der Sippe, besonders des Sohnes und Erben.

Blutschande ↑Inzest.

Bluttaufe: im christlichen Altertum das Martyrium von noch nicht Getauften, das als Ersatz für die sakramentale Taufe angesehen, von dem griechischen Kirchenlehrer Origenes (* 185/86 [?], † 253/54 [?]) sogar über diese gestellt wurde.

Blutwunder: außergewöhnliche Erscheinungen des Sichtbarwerdens von Blut in der Hostie oder am Abendmahlskelch, ferner an Gnadenbildern Christi und Marias. An Blutwunder knüpfen zahlreiche Wallfahrten an (z. B. Andechs, Walldürn, Bolsena). Zu den Blutwundern zählt auch die ↑Stigmatisation.

Bock: in der Religionsgeschichte häufig bevorzugtes Opfertier, ferner Träger kollektiver Verschuldung (↑Sündenbock), im N. T. Sinnbild der Sünder (Matth. 25, 32); daher wird der Bock im Volksglauben mit Hexen und dem Teufel in Verbindung gebracht.

Boden ↑Erde.

Bọdh Gạya: indisches Dorf im Bundesstaat Bihar, Ort, an dem Buddha, unter einem Feigenbaum (↑Bodhi-Baum) sitzend, seine Erleuchtung erlangte. Wenige der früher zahlreichen kultischen Bauten sind noch erhalten. Auf der Grundlage eines Bauwerkes des 2. Jahrhunderts n. Chr. entstand nach vielen Umbauten die heutige Gestalt des *Mahabodhitempels* (Tempel der großen Erleuchtung) mit einem 55 m hohen Turm.

Bọdhi [Sanskrit „Erleuchtung"]: die Erkenntnisse, die dem Buddha in ↑Bodh Gaya unter dem ↑Bodhi-Baum über das Leid des Daseins und den Weg zur Erlösung zuteil wurden, auch „vollkommene Erleuchtung" („Sammā-Sambodhi") genannt.

Bọdhi-Baum: der Feigenbaum (Ficus religiosa) in ↑Bodh Gaya, unter dem Buddha die Erleuchtung (Sanskrit „Bodhi") erlangte. Der heutige Bodhi-Baum ist ein Ableger des 1876 zerstörten früheren Baumes.

Bodhicịtta ↑Bodhitschitta.

Bodhisạttwa (= Bodhisattva) [Sanskrit „Erleuchtungswesen"]: Wesen, das auf dem Weg ist, ein Buddha zu werden. Das religiöse Ideal des Bodhisattwa tritt im Mahajana-Buddhismus an die Stelle des Strebens nach individueller Erlösung (↑Arhat).

Bodhisattwa. Kopf eines chinesischen Bodhisattwa (8. Jahrhundert; Frankfurt am Main, Städtische Skulpturensammlung, Liebieghaus)

Ein Bodhisattwa versucht, seinen Eintritt ins Nirwana zu verzögern, um zuvor möglichst viele Wesen zur Erlösung aus dem Geburtenkreislauf zu führen.

Bodhitschitta (= Bodhicitta) [Sanskrit „Bewußtsein der Erleuchtung"]: buddhistischer Begriff für die Befreiung aus den Fesseln des leidvollen Daseins.

Boğazköy [türkisch bɔːɑz'kœi̯]: bis 1937 Name des heute *Boğazkale* genannten türkischen Dorfes (150 km östlich von Ankara) mit den Ruinen von Hattusa, der alten Hauptstadt der Hethiter (↑hethitische Religion).

Bogomilen (auch Bogumilen): Anhänger einer Strömung des Neumanichäismus (↑Manichäismus), die im 1. bulgarischen Reich unter Zar Peter (♕ 927–969) entstand und sich auf dem Balkan und in Kleinasien bis zum Ende des 14. Jahrhunderts hielt. Die Deutung ihres Namens ist umstritten; möglich ist die Ableitung von einem Priester Bogomil (10. Jahrhundert), aber auch ein Verständnis als „Gottesfreunde" (slawisch bog „Gott"). Nach ihrem Ursprungsland wurden die Bogomilen auch *Bulgari* genannt. Sie wurden wegen ihrer Ablehnung der christlichen Kirchenordnungen schließlich im 12. Jahrhundert aus dem Byzantinischen Reich vertrieben, sie erreichten ihre größte Verbreitung im 12./13. Jahrhundert in Bulgarien und Bosnien.

Böhmische Brüder (auch Böhmische und mährische Brüder): Anhänger einer vorreformatorischen Reformbewegung, in der zweiten Hälfte des 15. Jahrhunderts aus dem Kreis um den Laientheologen Peter von Cheltschitz (Petr Chelčický, * um 1380, † nach 1452) entstanden, 1467 unter dem lateinischen Namen *Unitas Fratrum* („Brüderunität") zusammengeschlossen; sie pflegte brüderliche Gesinnung, Sanftmut und ein einfaches Leben. Unter Führung von Lukas von Prag (* um 1460, † 1528) nahmen die Böhmischen Brüder Abstand vom „engen Geist der ersten Generation" und knüpften trotz bestehender Differenzen Kontakte mit Luther.

Bollandisten: Mitglieder des Jesuitenordens, die in Gemeinschaftsarbeit die von dem belgischen Kirchenhistoriker Jean Bolland (* 1596, † 1665) in Antwerpen begonnene Edition der ↑Acta Sanctorum (Sammlung der Lebensgeschichten aller Heiligen der katholischen Kirche) fortsetzen; heutiger Sitz der Bollandisten ist Brüssel.

Bolos [griechisch „Klumpen"]: in der Endzeitlehre des Manichäismus der gestaltlose Haufen, zu dem Materie und Finsternis zusammengeworfen werden, um in einen Abgrund versenkt und mit einem riesigen Stein bedeckt zu werden.

Bona Dea [lateinisch „die gute Göttin"]: römische Segens- und Heilgöttin, oft als Gemahlin des ↑Faunus angesehen und mit Fauna gleichgesetzt. Sie besaß einen Tempel am Aventin. Es war Männern verboten, an ihren jährlich im Dezember gefeierten nächtlichen Festen teilzunehmen.

Bon Dieu [bɔŋ'djø; französisch „guter Gott"]: die oberste Gottheit des ↑Wodu-Kults auf Haiti.

Bon-Religion: älteste, autochthone Religion Tibets. Der Name „Bon" bedeutet wahrscheinlich das Anrufen der Götter durch magische Sprüche. Als ihr Stifter gilt die legendäre Gestalt eines gShen-rab mi-bo, der vom Himmel herabgestiegen sei und die Bon-Religion offenbart habe. Die Anhänger der Bon-Religion heißen *Bon-po*. – Die Bon-Religion ist durch magische und dämonische Züge gekennzeichnet. Himmel, Luftraum und Erde gelten als Aufenthaltsorte unzähliger Götter und Geister. In außerirdische Bereiche versetzen sich die Bon-Priester auf einem Seelenflug, den sie durch ekstatische Tänze oder Narkotika vorbereiten. – Mit dem Beginn der Buddhisierung Tibets im 7. Jahrhundert n. Chr. begann eine jahrhundertelange Auseinandersetzung beider Religionen, zugleich aber auch eine gegenseitige Beeinflussung, die zur Prägung eines eigenständigen ↑ Buddhismus in Tibet, des ↑ Lamaismus führte.

Bonze [japanisch]: Bezeichnung für den buddhistischen Mönch und Priester; im heutigen Sprachgebrauch verächtlich für Funktionär.

Boopis [griechisch bo-'o:pis; „die Kuhäugige"]: Beiname der griechischen Göttin ↑ Hera.

Boro Budur [indonesisch „viele Buddhas"]: buddhistisches Heiligtum in Zentral-Java, gewaltiger, über 40 m hoher, terrassierter, pyramidenförmiger ↑ Stupa, erbaut um 850 n. Chr. Die um die Terrassen laufenden Umgänge sind mit Reliefs verziert, die Stationen aus der Legende des ↑ Buddha darstellen.

Boro Budur. Grundriß des gewaltigen Bauwerkes

Borr, in der germanischen Mythologie der Vater der Götter Odin, Wili und We, die aus der Verbindung mit der Riesentochter Bestla stammen.

Böse: das Böse wird in der Religionsgeschichte im allgemeinen als das Widergöttliche angesehen, besonders in ethischer Hinsicht (↑ auch gut und böse); als persönliche Macht („der Böse") Ausdruck für den Teufel.

böser Blick: eine bestimmten Menschen, Tieren oder Dämonen zugeschriebene Befähigung, durch den Blick Schadenzauber zu bewirken. Die Grundlage dieser Vorstellung bildet die verbreitete Ansicht, daß das Auge nicht nur Eindrücke empfängt, sondern auch unheilvolle „Strahlen" aussenden könne. Seine persönliche Ursache soll der böse Blick in Mißgunst und Neid haben. Der böse Blick wurde besonders Personen zugeschrieben, denen auf Grund ihrer sozialen Stellung diese Eigenschaften am ehesten zugetraut wurden und die allgemein als zauberkundig galten (z. B. Hexen und Landfahrer). Gefürchtet war auch der als besonders wirksam geltende Blick von Sterbenden.

Boxerbewegung: mißverständliche Bezeichnung für die chinesische religiöse Geheimgesellschaft „Fäuste der Rechtlichkeit und Eintracht" (chinesisch I-ho-ch'üan, ein Mißverständnis der ursprünglichen Bezeichnung I-ho-t'uan „Gesellschaft für Rechtlichkeit und Eintracht"), die ekstatische Rituale und einen Fremdenhaß pflegte, der in den Jahren 1900 und 1901 zum *Boxeraufstand* führte. Der Einsatz eines internationalen Expeditionskorps erzwang die Unterzeichnung des *Boxerprotokolls*, mit dem sich China u. a. zum Verbot auslandsfeindlicher Geheimgesellschaften verpflichtete.

Bragi [von altnordisch Bragr „der Vornehmste"]: nordgermanischer Gott der Dichtkunst und der Skalden, Gemahl der ↑ Idun.

Brahma: indischer Gott ohne nennenswerte kultische Verehrung, galt in der Zeit des frühen Buddhismus als höchster Gott des Pantheons; daher sein Titel „Sahampati" („Herr der Götterversammlung" [?]). Brahma wurde später durch die Verehrung des Wischnu und des Schiwa verdrängt. Die Gattin des Brahma ist ↑ Saraswati.

Brahmacarya ↑ Brahmatscharja.

Brahman: in der wedischen Zeit Indiens das machthaltige Wort des Priesters beim Opfer, später zentraler religionsphilosophischer Begriff. Die ↑ „Upanischaden" sehen im Brahman das umfassende All-Eine, das absolute, allem Seienden zugrunde liegende Prinzip, das vom Menschen nur mit negativen Umschreibungen definiert werden kann. Die Erkenntnis, daß die individuelle „Seele" (der ↑Atman) identisch ist mit dem Brahman, führt zur Erlösung und zur Einsicht in den nach der Lehre der „Upanischaden" illusionären Charakter der sichtbaren Welt.

Brahmanas [Sanskrit]: indische religiöse Texte in Sanskrit, die sich zeitlich und inhaltlich an die vier „Weden" anschließen. Sie geben Anweisungen zur Ausführung des wedischen Opfers und versuchen mit Hilfe von Spekulationen, die Kraft des Opfers zu erläutern und eine Kosmologie zu entwerfen; sie sind als „vorwissenschaftliche Wissenschaft" charakterisiert worden, da in ihnen mit einer der neuzeitlichen Wissenschaftlichkeit vergleichbaren Akribie die Welt beschrieben und systematisiert wird, wobei dies jedoch unter Zugrundelegung magischer Prinzipien geschieht.

Brahmane [Sanskrit]: Angehöriger der obersten Kaste des Hinduismus, ursprünglich ausschließlich für den Beruf des Priesters bestimmt.

Brahma Nirwana: ein indisches Heilsziel, vertreten vor allem in der ↑„Bhagawadgita".

Brahmanismus [Sanskrit]: Vorform des Hinduismus, literarisch durch den ↑„Weda", die ↑„Brahmanas" und die ↑„Upanischaden" belegt, inhaltlich charakterisiert durch eine zunehmend starre, ausschließlich am Opferwesen orientierte „Wissenschaft", ferner durch Kastensystem und Wiedergeburtslehre. Mystische Spekulationen lösen nach der Epoche des „Weda" eine dem Diesseits zugewandte Lebensanschauung ab und streben nach dem absoluten All-Einen, dem ↑Brahman.

Brahmasamadsch (= Brahmasamaj) [Sanskrit „Gemeinde der Gottesgläubigen"]: von dem durch westliches Gedankengut, religionsgeschichtliche und philologische Studien gebildeten Brahmanen Rammohan Roy (* 1772, † 1833) am 20. August 1828 in Kalkutta gegründete religiöse Reformbewegung, deren Monotheismus mit einem historisch problematischen Rückgriff auf die frühe Religionsgeschichte Indiens verbunden wurde. Der Brahmasamadsch verwirft den hinduistischen Bilderdienst, verurteilt die Witwenverbrennung und kritisiert soziale Mißstände. Er erlebte eine Blütezeit unter der Leitung von Debendranath Tagore (* 1817, † 1905). Dessen Sohn Rabindranath Tagore (* 1861, † 1941) löste sich vom Brahmasamadsch, in dessen Umwelt er aufgewachsen war. Vom Brahmasamadsch trennte sich 1882 unter Führung von Keshab Chandra Sen (* 1838, † 1884) der *Nava-Vidhana-Brahma-Samaj* („Gottesgemeinde des neuen Bundes"). Die Aktivität des hinsichtlich seiner Anhänger zahlenmäßig nie sehr starken Brahmasamadsch ist heute gering.

Brahmatscharin ↑Brahmatscharja.

Brahmatscharja (= Brahmacarya) [Sanskrit „Wandel im Brahman"]: im Hinduismus das erste der Lebensstadien (↑Aschrama) des Brahmanen, der als *Brahmatscharin*, als Schüler eines Brahmanen, die heiligen Texte zu erlernen und ein Leben in Keuschheit zu führen hat.

Bran: Held einer altirischen Erzählung, der auf einer Zauberbarke eine Reise zu den Inseln der Seligen unternimmt.

Brandopfer: im Gegensatz zu Teilopfern eine Opferform, mit der die vollständige Darbringung des geopferten Tieres oder Menschen an die Gottheit vollzogen wird. Dem Brandopfer liegt der Gedanke zugrunde, daß die Opfergabe uneingeschränkt in den Besitz der Gottheit gelangen müsse und Menschen an ihrem Genuß nicht teilhaben dürften. Im Rauch der Verbrennung steigt die Opfergabe zur Gottheit empor. Der Vollzug des Brandopfers geschieht im allgemeinen auf Brandopferaltären.

Brauchtum: von bestimmten Gruppen der Gesellschaft geübtes traditionelles Verhalten; es ist häufig geprägt von sehr alten religiösen Vorstellungen, die offiziell (z. B. von der offiziellen Lehre einer Kirche) nicht mehr vertreten werden, oft auch nicht mehr bekannt sind. Das Brauchtum ist daher ein sinnvoller Forschungsgegenstand auch der Religionsgeschichte.

Brautmystik: in der Mystik wird oft das Verhältnis zwischen Gott und Mensch symbolisch als Beziehung von Braut und Bräutigam dargestellt. ↑auch Brautsymbolik.

Brautsymbolik: das Bild von der Braut, angewendet auf das Verhältnis Israels zu Jahwe (A. T.) und der Kirche zu Jesus Christus (N. T.). Da Braut in der Bibel auch „junge Frau" bedeutet, ist zwischen Braut- u. Ehesymbolik oft nicht zu unterscheiden. Bruch des Brautversprechens (Ehebruch) ist im A. T. (besonders bei Hosea) das Bild für den Abfall vom Bund mit Jahwe. Im N. T. wird die Kirche des öfteren Braut Christi genannt.

Brevier [von lateinisch brevis „kurz"]: aus längeren Lesungen, besonders der Psalmen, zusammengestelltes Stundengebetbuch katholischer Geistlicher mit Gebetsabschnitten, die stündlich gebetet werden.

Brief: beliebte Gattung religiösen Schrifttums, wofür u. a. die neutestamentlichen Briefe beispielhaft sind. Magisches Mittel ist der angeblich vom Himmel gefallene sogenannte *Himmelsbrief*, der wie ein Amulett als Schutz auf dem Körper getragen wird.

Brihadaraṇjaka-Upanischad: eine der ↑„Upanischaden".

Broad Church [englisch brɔ:d 'tʃə:tʃ]: eine der drei Richtungen der ↑anglikanischen Kirche.

Brot: im religiösen Bereich ist mit „Brot" häufig die gesamte tägliche Nahrung gemeint (wie im Vaterunser: „unser täglich Brot"); darüber hinaus ist Brot häufig die Speise bei sakralen Mahlzeiten. Brot wurde, meist zusammen mit Salz, als Zeichen der Gastfreundschaft und bei Hochzeiten als symbolische Gabe überreicht. Vom Mittelalter bis zur Neuzeit war die Brotspende ein Mittel der Armenpflege. Sagen berichten von Bestrafungen des Brotschänders.

Brotherhood Movement ['brʌðəhʊd 'mu:vmənt; englisch „Bruderschaftsbewegung"]: von John Blackham 1875 in England gegründete überkonfessionelle christliche Bewegung, die ein praktisches Christentum durch brüderliche Haltung in Familie, Politik und Wirtschaft verwirklichen will. Sie ist organisatorisch seit 1919 in einem Weltbund der Bruderschaften zusammengefaßt.

Brücke: ursprünglich waren Brücken mit magischen und sakralen Vorstellungen verknüpft. Zum Brückenbau gehörte das Brückenopfer, das den Geist des überquerten Flusses versöhnen sollte. In vielen Religionen gilt der Regenbogen als Brücke zwischen Himmel und Erde.

Brüdergemeine (auch Herrnhuter Brüdergemeine): evangelische Freikirche, hervorgegangen aus dem Erbe der ↑Böhmischen Brüder und von dem Grafen Nikolaus Ludwig Zinzendorf (* 1700, † 1760) ins Leben gerufen, der den Nachkommen der Böhmischen Brüder auf seinen Gütern in der Oberlausitz eine Zuflucht bot, die zur Gründung von Herrnhut und dort am 12. Mai 1727 zur Bildung der „*Erneuerten Brüder-Unität*" führte. Die Brüdergemeine ist ein selbständiger Zweig des Pietismus, vorübergehend mit schwärmerischen Zügen, im Mittelpunkt ihrer Theologie steht Christus. Sie pflegt ein enthusiastisches Christentum der Tat und ist auf missionarischem Gebiet äußerst aktiv. Besonders bekannt sind die von ihr jährlich herausgegebenen „Losungen". Das Zentrum der Brüdergemeine in der BRD ist in Bad Boll.

Bruderschaften: in der katholischen Kirche zu freiwilligen Werken der Fömmigkeit, Buße und Nächstenliebe zusammengefaßte Vereinigungen von Laien, die meist nicht durch Gelübde oder Regeln gebunden sind. Oft veranstalten sie eigene Andachten, Prozessionen und Wallfahrten. Die Ursprünge gehen auf Kollegien von Totenbestattern und Krankenpflegern des 4. Jahrhunderts zurück. – Den Bruderschaften entsprechen in den evangelischen Kirchen die †Kommunitäten.

Buddha. Predigender Buddha aus Loriyan Tangai (2./3. Jahrhundert, Kalkutta, Indian Museum)

Brüder und Schwestern des freien Geistes: libertinistische christliche Gemeinschaften, die seit der Mitte des 13. Jahrhunderts zunächst in Süddeutschland, dann auch in Frankreich und den Niederlanden auftraten und das ganze 14. Jahrhundert über bestanden. Sie verwarfen die christlichen Lehren von Schöpfung und Erlösung und propagierten die „Freiheit des Geistes", die von der Auffassung abgeleitet wurde, die menschliche Seele stehe jenseits von Gut und Böse.

Brüder vom gemeinsamen Leben: Ende des 14. Jahrhunderts aus dem Anhängerkreis des niederländischen Laienpredigers Gerd Groote (* 1340, † 1384) hervorgegangener Zusammenschluß von Klerikern und Laien, die sich ohne feierliche Gelübde einem mönchischen Leben verpflichteten und v. a. auf schulischem Gebiet einflußreich wirkten.

Buch: in der Religionsgeschichte eine meist in Umfang und Textgestalt für immer festgelegte (kanonisierte) heilige Schrift, die Grundlage des Glaubens und Handelns ist und daher besondere Verehrung genießt (am deutlichsten ist die Verehrung eines Buches bei der des †Granth, des heiligen Buches der Sikh-Religion). Religionen, die im Besitz eines heiligen Buches sind, werden als *Buchreligionen* von Religionen ohne ein heiliges Buch unterschieden.

Buddha [Sanskrit „der Erwachte, der Erleuchtete"] (auch tibetisch Sangsgyas, chinesisch Fo, japanisch Butsu): Ehrentitel des Siddhartha Gautama (* Kapilawastu 560, † bei Kusinara vermutlich 480), des Stifters des Buddhismus.

Buddha stammte aus dem zur Kschatrija-Kaste gehörenden Geschlecht der Schakja von Kapilawastu; daher bezeichnete man ihn als Schakjamuni („weiser Einsiedler aus dem Schakja-Geschlecht"). Eine häufige Selbstbezeichnung in seinen Reden war Tathagata („der so [d. h. auf dem Heilsweg] Gegangene"). Der Vater Buddhas hieß Schuddhodana, die Mutter Maja. Den Namen der Gattin Buddhas überliefern die Texte meist als Jaschodhara oder als Gopa, was vielleicht auf mehrere Frauen schließen läßt. Außerdem wird ein Sohn namens Rahula erwähnt.

Im Luxus lebend, beeindruckten den Buddha bei vier Ausfahrten aus dem väterlichen Schloß die Begegnungen mit einem Alten, einem Kranken, einem Toten und einem Mönch so sehr, daß er, um die Vergänglichkeit der Welt als Asket zu überwinden, nachts heimlich seine Familie verließ und nach der traditionellen Formulierung „aus dem Haus in die Hauslosigkeit" zog. Strenge Askese, die ihn an den Rand des Todes führte, brachte ihn der Erleuchtung nicht näher. Erst als er einen „mittleren Weg" zwischen Überfluß und Askese wählte, erlangte er im Alter von 35 Jahren unter einem Feigenbaum bei ↑Bodh Gaya die Erleuchtung. Nach anfänglichem Zögern begann er seine Verkündigung mit einer Predigt im Wildpark Isipatana bei Varanasi (Benares). Ereignisse der folgenden Jahre, in denen der Buddha mit seinen ersten Anhängern in Magadha und angrenzenden Gebieten lehrend umherzog, lassen sich chronologisch nicht einordnen. Gegen Ende seines Lebens scheiterte ein Attentatsversuch seines Vetters Dewadatta. Beim Ort Kusinara erkrankte Buddha an Ruhr und starb.

Buddhaschaft: nicht nur dem historischen Siddhartha Gautama wurde der Titel und die Qualität des ↑Buddha zuerkannt. Vielmehr kennt der Buddhismus auch andere Verkünder seiner Lehre, die aus eigener Kraft zur Erleuchtung gelangt sind. Nach buddhistischer Anschauung ist die Reihe der Buddhas, von denen nie zwei zur gleichen Zeit auftreten können, in Vergangenheit und Zukunft unendlich. Der Name des nächsten Buddha ist ↑Maitreja.

Buddhastatue: in Gandhara und Mathura entstanden nach einer bildlosen Phase, in der der Buddha nur durch Symbole (Thron, Fußspuren, Rad der Lehre, Stupa) dargestellt wurde, Statuen des Buddha. Die Formen der Buddhastatue wandelten sich in den verschiedenen Ländern und Stilen, doch blieben die ikonographischen Merkmale im ganzen die gleichen. Die Statue trägt entweder ein Mönchsgewand oder Fürstenschmuck. Zum Zeichen der Erleuchtung befindet sich eine halbkugelförmige Erhöhung auf dem Kopf (Uschnischa) und auf der Stirn ein leuchtender Punkt (Urna). Die Gestalt ist von einem Glorienschein umgeben und thront auf einem Sockel, der die Form einer Lotosblüte oder des indischen Weltberges Meru haben kann.

Buddhismus: die Weltreligion des Buddhismus ist nach dem Ehrentitel ihres Stifters ↑Buddha benannt, sie beruht auf dessen Lehre und Ordensgründung. Die erste Predigt Buddhas, in der traditionellen Formulierung das „Inbewegungsetzen des Rades der Lehre", war nicht allein der Anfang der Ausbreitung buddhistischer Gedanken, sondern zugleich die Begründung der *Ordensgemeinschaft* buddhistischer Mönche (des ↑Sangha), denen Buddha nach seiner Predigt die erbetene Mönchsweihe erteilte. Erst nach anfänglicher Ablehnung nahm Buddha auch Frauen in seinen Orden auf. Nicht den strengen Gesetzen des Mönchtums unterworfen sind die Laienanhänger.

Die *Lehre* Buddhas war häretisch gegenüber dem ↑Brahmanismus, insofern sie mit der religiösen Autorität des ↑„Weda" brach. Buddha übernahm jedoch die Wiedergeburtslehre. Das gleiche gilt für die qualitative Bestimmung jeder neuen Existenz durch Karma (je nach gutem oder bösem Karma, das durch gute oder böse Taten angesammelt wird, kommt der Mensch nach seinem Tode in eine neue gute oder schlechte Existenz). Doch distanzierte sich Buddha von der Erlösungslehre der ↑„Upanischaden", indem er den Gedanken von der Erlösung durch die Erkenntnis der Identität von ↑Brahman und ↑Atman ersetzte durch den Gedanken des Nirwana, des „Verwehens", der Vernichtung des Leidens, des Verlöschens des „Durstes", d. h. der Lebensgier. Die buddhistische *Ethik* steht im Dienst der Selbsterlösung. Diesem Ziel dienen die Forderungen der Gewaltlosigkeit (Ahimsa), der mitleidigen Liebe (Maitri), sowie der Enthaltsamkeit. Hinzu kommt das Gebot der meditativen Versenkung (Dhjana). Da Buddha sowohl kultische Handlungen als auch metaphysische Fragen bewußt ablehnte, wurde und wird die Frage diskutiert, ob der Urbuddhismus eine *Religion* ist, da Gott oder Götter keine absolute oder

überwertige Qualität besitzen, insofern Buddha die Existenz der *Götter* zwar nicht geleugnet, sie aber als erlösungsbedürftig gekennzeichnet und der Existenzweise des Mönches wertmäßig untergeordnet hat.
Der *indische Buddhismus* erfuhr unter der Herrschaft des Königs Aschoka (♔ 268–227) eine Blütezeit. Doch waren bereits auf dem Konzil zu Vaischali (um 380 v. Chr.) erhebliche Differenzen innerhalb des Ordens zutage getreten. Sie führten zur Spaltung in die beiden Richtungen („Fahrzeuge") des ↑Hinajana-Buddhismus und ↑Mahajana-Buddhismus, die seitdem in ihrer Lehre und Ausbreitungsgeschichte unterschiedliche Wege gingen.

Bulgari ↑Bogomilen.

Bulle [von lateinisch bulla „Kapsel"]: ein rundes Siegel aus Metall; davon abgeleitet ist die Bezeichnung für die mit einer derartigen Bulle versiegelten feierlichen Erlasse der Päpste. Bullen werden in lateinischer Sprache verfaßt und nach ihren Anfangsworten zitiert.

Bundahischn (= Bundahishn) [mittelpersisch „Grundlegung (d. h. Schöpfung)"]: auf teilweise später verlorengegangenen Abschnitten des ↑„Awesta" aufbauendes mittelpersisches literarisches Werk, wahrscheinlich Ende des 9. Jahrhunderts entstanden, eine Zusammenstellung von Aussagen über Entstehung und Gestalt der Welt, die außerdem eine Geschichte der Welt von der Schöpfung bis zum Ende und zur Erneuerung nach dem Ende bietet.

Bundeslade: ein altisraelitisches Heiligtum, das Moses auf Befehl Jahwes (2. Mos. 25) herstellen ließ. Die Bundeslade war eine vergoldete Truhe aus Akazienholz; sie diente, dem nomadischen Leben der damaligen Israeliten entsprechend, als tragbares Heiligtum, das wahrscheinlich zwei Steintafeln enthielt, auf denen die zehn Gebote aufgezeichnet waren. König David heiligte die Stadt Jerusalem, als er die Bundeslade dorthin bringen ließ. Salomo veranlaßte ihre Aufstellung im Allerheiligsten des von ihm erbauten Tempels. Als die Babylonier 586 v. Chr. Jerusalem eroberten und den Tempel durch Feuer verwüsteten, verschwand die Bundeslade.

Bund Jahwes ↑Berith.

Buri: in der nordgermanischen Mythologie das erste menschengestaltige Wesen, Vater des ↑Borr und damit Stammvater der Götter. Buri soll aus Salzsteinen zum Vorschein gekommen sein, die die Kuh Audhumla beleckte.

Buschgeist: nach dem Glauben einiger Jägerstämme v. a. in Afrika eine Gestalt vom Typ des ↑Herrn der Tiere, die durch Bitten und Opfer gütig gestimmt werden kann. Der Buschgeist lebt im Busch, in besonderen Bäumen und in Höhlen.

Buße: das Bemühen um die Wiederherstellung eines durch menschliches Vergehen gestörten Verhältnisses zwischen Menschen und der Gottheit, das sowohl das Individuum als auch eine Gemeinschaft betreffen kann. Die Buße kann stellvertretend durch einen ↑Sündenbock vollzogen werden, der Genugtuung für kollektive Vergehen leistet. Sie kann sich ferner der Mittel des Opfers und der Reinigungsriten bedienen, die häufig in sakralen Waschungen bestehen. Beichte, das Gelöbnis von Bußwer-

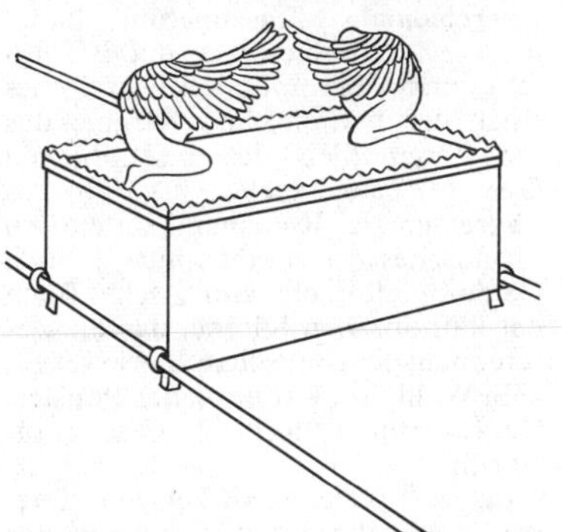

Bundeslade (Rekonstruktion). Zwei Cherubim mit verhüllten Häuptern schmücken die Lade

ken und asketische Bußdisziplin (↑Askese) sind meist Ausdruck einer subjektiven Bußgesinnung, der das Bewußtsein von Sünde zugrundeliegt und die echte Reue und Sinnesänderung (griechisch *Metanoia*) erstrebt.

Buß- und Bettag: die Festsetzung bestimmter Tage der Buße und innerlichen Einkehr geht auf altkirchlichen und mittelalterlichen Brauch zurück. Sie wurde vom Protestantismus übernommen; der erste Bußtag der reformatorischen Kirchen fand 1532 in Straßburg statt. Der Buß- und Bettag wird von den deutschen evangelischen Kirchen am vorletzten Mittwoch des Kirchenjahres begangen; er ist in der BRD gesetzlicher Feiertag, in Bayern nur in Gemeinden mit überwiegend evangelischer Bevölkerung.

Bụtsu ↑Buddha.

Bụttlarsche Rotte: aus dem Pietismus hervorgegangene pseudoreligiöse Gemeinschaft mit sexuell libertinistischem Charakter, 1702 in Allendorf (heute Bad Sooden-Allendorf) von Eva de Vésias, geb. von Buttlar (* 1670, † nach 1717) begründet, die selbst als „himmlische Sophia" (d. h. Weisheit) auftrat und zusammen mit zwei Männern ein „Abbild der Trinität" darstellen wollte.

Byzantịnische Nationạlkirchen ↑Ostkirche.

C

Cabrakạn ↑Kabrakan.

Caelẹstis Dẹa [lateinisch „himmlische Göttin"] (auch Virgo Caelestis, Venus Caelestis): die ursprünglich semitische Göttin Tanit, deren Kult von Kaiser Septimus Severus (♔ 193–211) aus seiner Heimatstadt Karthago nach Rom überführt wurde. Wahrscheinlich hat sein Sohn Caracalla (♔ 211–217) den Tempel der Caelestis Dea auf dem Kapitol errichten lassen.

Caeremoniạle Episcopọrum [lateinisch „Zeremonienbuch der Bischöfe"] (auch Ceremoniale): liturgisches Buch der katholischen Kirche, das die Zeremonien des bischöflichen Gottesdienstes regelt.

Caeremoniạle Romạnum [lateinisch „römisches Zeremonienbuch"] (auch Ceremoniale): das liturgische Buch der katholischen Kirche, das die Zeremonien der römischen Kurie regelt, z. B. Wahl und Krönung des Papstes.

Cakravạrtin ['tʃakra...] ↑Tschakrawartin.

Calmẹcatl [aztekisch]: bei den Azteken in Mexiko das Priesterhaus, das Wohnung der Priester und Schule der jungen Adligen war.

Calvinịsmus ↑Kalvinismus.

Camaldulẹnser ↑Kamaldulenser.

Camerlẹngo [italienisch] (auch lateinisch Sacrae Romanae Ecclesiae camerarius): Kämmerer der katholischen Kirche, seit dem 15. Jahrhundert stets ein Kardinal. Ihm obliegt während einer Sedisvakanz (nach dem Tod eines Papstes) die Verwaltung der Kirche und ihres Besitzes. Er stellt den Tod des Papstes förmlich fest und bereitet die Wahl des Nachfolgers vor.

Camisạrden ↑Kamisarden.

Camp-Meetings ['kæmpmi:tiŋz; englisch „Zeltversammlungen"]: Begriff für die in den USA seit Mitte des 19. Jahrhunderts von der Erweckungsbewegung ausgehende Missionstätigkeit in Zelten oder im Freien, die Anfänge der Zeltmission.

Composạnto [italienisch „heiliges Feld"]: der italienische Friedhof. Berühmt ist der Camposanto von Pisa, dessen kreuzgangartige Hallen mit Fresken des 14. und 15. Jahrhunderts geschmückt waren.

Cạnones Apostọlici [lateinisch „apostolische Vorschriften"]: aus der Zeit der frühen christlichen Kirche stammende rechtliche Bestimmungen, die in erster Linie die Pflichten der kirchlichen Amtsträger regeln.

Canticum [lateinisch „Gesang"] (Mehrzahl Cantica): im kirchlichen Sprachgebrauch werden liturgische Lobgesänge, die nicht im Buch der Psalmen enthalten sind, besonders ↑Benedicite, ↑Magnificat, Benedictus (Luk. 1, 68 ff.) und Nunc dimittis (Luk. 2, 29 ff.) Cantica genannt.

Canticum canticorum ↑Hoheslied.

Caodaismus [kaʊ...; vietnamesisch]: eine neue vietnamesische Religion, die etwa 2 Millionen Anhänger besitzt. Ihr Name leitet sich ab von dem vietnamesischen *Cao-Dai*, das wörtlich „Großer Palast" bedeutet und den obersten *Gottesbegriff* des Caodaismus ausdrückt. Er wurde begründet in Verbindung mit religiösen Feiern im November 1926 durch den damals etwa 50jährigen Mandarin Le-van-Trung im vietnamesischen Tay-ninh, dem späteren Zentrum des Caodaismus. Es handelt sich bei ihm um eine synkretistische Religion, die ostasiatische, indische und christliche Elemente vereinigt. Der für die Vietnamesen charakteristische *Geisterkult* sowie ihr Glaube an Wunder äußern sich in stark hervortretenden *spiritistischen* Zügen des Caodaismus. Seine *Ethik* ist altruistisch; sie fordert allgemeine Brüderlichkeit und Achtung vor jedem, auch dem tierischen Leben. Mittelpunkt des Kults ist das gemeinschaftliche Gebet, das als Vorstufe zur Meditation, der abstrakteren und höher eingeschätzten Form des Gottesdienstes, hinführen soll. Die hierarchische Organisation des Caodaismus ist nach dem Vorbild der katholischen Kirche aufgebaut.

Capitol ↑Kapitol.

Cara cognatio [lateinisch „liebe Verwandtschaft"]: altrömisches Familienfest, wurde am 22. Februar, am Tage nach Abschluß der ↑Parentalia, mit einer Zusammenkunft sämtlicher Familienmitglieder und einem gemeinsamen Mahl festlich begangen.

Cargo-Kulte [von englisch cargo „Ladung, Frachtgut"]: religiöse Bewegungen auf Neuguinea und in der melanesischen Inselwelt, die aus der Konfrontation der Eingeborenen mit zivilisatorischen Werten und Erzeugnissen entstanden sind und z. T. zur Wiederbelebung heidnischer Riten in bereits christianisierten Gebieten geführt haben. Zugrunde liegt die Vorstellung, die Güter westlicher Zivilisation seien von den Ahnen der Melanesier hergestellt und für ihre Nachkommen bestimmt, diesen aber von den Weißen vorenthalten worden. Im Mittelpunkt der meisten dieser Kulte, die in krasser Weise das Gefälle von Arm (Eingeborene) und Reich (Weiße) beleuchten, steht die Hoffnung, eines Tages werde dieser Betrug aufgedeckt werden, und die Ahnen würden Schiffsladungen (Cargos) mit Gütern, die den Reichtum der Weißen ausmachen, richtig zu den Eingeborenen gelangen lassen. Teils gewaltsam niedergeschlagen, teils von selbst aufgelöst auf Grund der Enttäuschung über das Ausbleiben dieser Güter, blieben diese Bewegungen jeweils nur kurze Zeit am Leben; sie sind aber außerordentlich zahlreich und entstanden noch in jüngster Vergangenheit.

Cäsaropapismus [lateinisch]: die Vereinigung der höchsten weltlichen und geistlichen Gewalt in einer, nämlich der weltlichen Hand, die dann unbeschränkte Macht auch im Bereich der Kirche besitzt; zunächst polemisch gebraucht, ist der Cäsaropapismus charakteristisch für das Byzantinische Reich sowie für das Staatskirchentum Rußlands von 1721 bis 1917.

Casus reservati ↑Reservatfälle.

Catechismus Romanus [lateinisch „römischer Katechismus"]: als Antwort auf die Katechismen der Reformatoren vom Konzil von Trient angeordnete und 1566 veröffentlichte zusammenfassende Darstellung des katholischen Glaubens, die v. a. für den Gebrauch der Geistlichen bestimmt war. Er enthält eine Erklärung des Apostolischen Glaubensbekenntnisses, der Sakramente, der zehn Gebote und des Vaterunsers.

Catenae ↑Katenen.

Cathedra [griechisch-lateinisch „Armsessel"]: in der Antike sesselartiges Gestühl in Grabanlagen für den Totenkult, auch Sitzmöbel des Lehrers, später für den Bischofssitz im Kirchenraum verwendet, dann übertragen auf Bischofssitz allgemein. So ist z. B. *Cathedra Petri* ein Ausdruck für den Papst, den Bischof von Rom. Lehrentscheidungen des Papstes, die er als oberster Lehrer der Kirche *ex cathedra* (etwa „aus der Vollmacht der höchsten Lehrautorität heraus") trifft, gelten in der katholischen Kirche als unfehlbar.

Cella [lateinisch „Kammer"]: im antiken Tempel der Raum, der das Kultbild enthielt; im Kloster früher für die Mönchszelle gebraucht.

Centenarfeier [von lateinisch centenarius „aus hundert bestehend"]: ursprünglich die römische Jahrhundertfeier (Säkularfeier), die 249 v. Chr. eingeführt wurde. Papst Bonifatius VIII. übertrug diese Sitte auf die Kirche, als er das Jahr 1300 zum ersten Heiligen Jahr (Anno Santo) erklärte, das seitdem alle 100 Jahre gefeiert werden sollte; heute wird alle 25 Jahre ein Heiliges Jahr gefeiert.

Centurien ↑Zenturien.

Centzon Huitznaua ['tsɛntsɔn wits'nawa; aztekisch „die vierhundert Südlichen"]: die von den Azteken als Gottheiten angesehenen Sterne des Südhimmels; sie galten als Feinde des aztekischen Stammesgottes ↑Huitzilopochtli.

Cerealia: die der Göttin ↑Ceres geweihten Feste; sie wurden von den Römern am 19. April begangen und galten dem magischen Schutz der Feldfrüchte.

Ceremoniale [lateinisch „Zeremonienbuch"] ↑Caeremoniale Episcoporum, ↑Caeremoniale Romanum.

Ceres: römische Göttin der Feldfrucht, mit der griechischen ↑Demeter gleichgesetzt. Ihrem altitalischen, bäuerlichen Charakter entsprach, daß sie vornehmlich von den Plebejern verehrt wurde (↑Cerealia).

Cernunnus: in Teilen Galliens verehrter keltischer Gott, meist dargestellt in sogenannter Buddha-Haltung und mit Hirschgeweih, oft von Tieren umgeben. Seine Funktion ist unsicher, sein Name bedeutet vielleicht „der den Scheitel wie ein Hirsch hat".

Chac [tʃak; Maya „Donner"]: in der ↑Maya-Religion Gott des Regens; ihm war der Brunnen von Chichén Itzá, der Ruinenstadt der Maya im Norden der Halbinsel Yucatán, geweiht.

Chadhir ↑Sufismus.

Chalkedon, Konzil von [çal...]: das 4. ökumenische Konzil, 451 von dem byzantinischen Kaiser Markian (♕450–457) einberufen. Das vom Konzil verabschiedete Glaubensbekenntnis, *Chalcedonese* genannt, enthält die folgenden Aussagen: in der einen Person Christus sind zwei Naturen, die göttliche und die menschliche, *ungetrennt* und *unvermischt* enthalten. Dieses Glaubensbekenntnis ist verbindlich geblieben für die orthodoxen und evangelischen Kirchen und für die katholische Kirche.

Chandogja-Upanischad [tʃan...] ↑Upanischaden.

Ch'an-tsung ↑Zen-Buddhismus.

Chanukka [xanʊ'ka:; hebräisch „Einweihung"]: jüdisches Fest, das im Dezember gefeiert wird zur Erinnerung an die 165 v. Chr. von dem Führer des jüdischen Aufstands gegen die Seleukiden, Judas Makkabäus († 160), veranlaßte Wiederaufnahme des Jerusalemer Tempeldienstes. Charakteristisch für das achttägige Fest ist das täglich fortschreitende Anzünden der Lichter des achtarmigen Chanukkaleuchters; daher wird das Fest auch „Lichterfest" genannt.

Chaos ['ka:ɔs; griechisch „Kluft, Abgrund"]: in der antiken (z. B. bei Hesiod auftretenden) Vorstellung der Zustand vor der Schöpfung; der mit ungeformtem Urstoff gefüllte, noch ungegliederte Raum bildete die Vorstufe des geordneten ↑Kosmos.

Character indelebilis [ka...; griechisch-lateinisch „unauslöschliches Merkmal"]: in der katholischen Theologie wird das „geistige und unauslöschliche Merkmal", das die Sakramente der Taufe, Firmung und Ordination (Weihe) dem Menschen einprägen, Character indelebilis genannt. Es besteht in einer bleibenden Orientierung auf Christus und die Kirche, die auch dann nicht verloren geht, wenn Gott dem Menschen seine Gnade entzieht oder der Mensch sich von Gott abwendet. Darum ist der Empfang dieser Sakramente nicht wiederholbar.

Charidschiten [xa...; von arabisch charidschi „außerhalb Befindliche"]: Anhänger der ältesten islamischen Sekte. Die Charidschiten versagten 657 dem 4. Kalifen Ali den Gehorsam. Sie vertraten die Ansicht, daß das Kalifat dem würdigsten Muslim zukomme, unabhängig von etwaiger Verwandtschaft mit dem Propheten Mohammed. Da sie sich verpflichtet glaubten, den Kalifen zu beseitigen, unternahmen sie ständig Aufstände, die bis in das 9. Jahrhundert andauerten. Noch heute gibt es in Nordafrika und Oman einige Charidschiten. Charakteristisch für die Charidschiten sind ihre strengen ethischen Forderungen.

Chanukka. Chanukkaleuchter (18. Jahrhundert; Frankfurt am Main, Historisches Museum)

Charis ['çaris; griechisch „Gnade, Huld"]: in der Theologie der Ostkirchen Begriff für die göttliche Gnade.

Charis ['çaris; griechisch „Anmut"]: griechische Göttin, die als göttliche Person gedachte Anmut.

Charisma [ça...; griechisch „Gnadengabe"] (Mehrzahl Charismata): im theologischen Sprachgebrauch eine weder vom Menschen selbst herbeizuführende noch durch Sakramente zu vermittelnde Einwirkung des göttlichen Geistes. Zu den besonderen Charismata gehört das ekstatische Stammeln (die sogenannte „Zungenrede"; auch Glossolalie), ferner nach Paulus (1. Kor. 12–14) Weisheit, Erkenntnis, Heilungsgabe, prophetische Rede, Unterscheidung der bösen von den guten Geistern. Träger eines Charismas ist der *Charismatiker*.

Chariten [ça...; von griechisch chárites]: in der griechischen Mythologie Göttinnen der Anmut und Lieblichkeit, Töchter des Zeus und der Eurynome, Dienerinnen v. a. der Aphrodite. Hesiod nennt die drei Chariten Aglaia („Glanz"), Euphrosyne („Frohsinn") und Thalia („Blüte").

Charon [ça...]: Fährmann der Toten in der griechischen Mythologie, der die Verstorbenen über den Unterweltsfluß Acheron zum Reich des ↑Hades übersetzt. Er weist Unbestattete zurück. Den Fährlohn, das *Charonsgeld*, legte man den Toten in Form einer Münze unter die Zunge. – Dem griechischen Charon entsprach der etruskische Charun, dessen dämonische Züge z. T. auf den römischen Gott ↑Dispater übergingen.

Chassidismus [xa...; von hebräisch Chasidim „die Frommen"]: auf dem kabbalistischen System (↑Kabbala) des jüdischen Mystikers Isaak Luria (* 1534, † 1572) aufbauende Richtung des Judentums, die die Liebe Gottes betont und eine Verinnerlichung des religiösen Lebens erstrebt, begründet in Galizien von Israel Ben Elieser

Cherub. Detail aus dem östlichen Apsismosaik der Kirche von Germigny-des-Prés (begonnen nach 806)

(* 1698, † 1759), genannt Baal Schem Tov. Wesentlich an der Frömmigkeit des Chassidismus ist, daß der Fromme (der Chasid) die Allgegenwart Gottes erkennt und sich mit ihr auf mystische Weise vereinigen kann, indem er seine Seele an Gott „anschmiegt". Die Erlösung des einzelnen geschieht dadurch, daß die den Menschen von Gott trennende „Verhüllung" (all das, was ihn an der Vereinigung mit Gott hindert) niedergerissen wird. Studium der Bibel, Gebet, aber auch Musik und Tanz gehören zur Vorbereitung dieser Vereinigung. Innerhalb des Chassidismus entstanden mehrere Gruppierungen, die vom orthodoxen Judentum und von der jüdischen Aufklärung bekämpft wurden. Der Leiter der *Gemeinden* des Chassidismus ist der *Zaddik* (der „Gerechte"); er verhilft durch sein Vorbild den Mitmenschen zum rechten Umgang mit Gott. Der Chassidismus leistete bedeutende Beiträge zum jüdischen Geistesleben; er ist weiten Kreisen durch die Werke des jüdischen Religionsphilosophen Martin Buber (* 1878, † 1965) bekannt geworden.

Chatib [xa...; arabisch „Wortführer"]: in altarabischer Zeit der Sprecher des Stammes, im Islam Vorbeter und Prediger in der Moschee.

Cheiron ['çɛɪro:n]: Kentaur der griechischen Mythologie, Sohn des Kronos und der Nymphe Philygra. Anders als seine gewalttätigen Brüder ist Cheiron freundlich und weise, ein Meister der Heilkunde und des Leierspiels, Erzieher des Asklepios und berühmter griechischer Helden.

Cherub ['çe:rʊp; hebräisch] (Mehrzahl Cherubim): im Alten Orient Schutzgeist, im A.T. geflügelter Engel mit menschlichem Antlitz, in unmittelbarer Nähe Gottes; die Cherubim sind auch Hüter der Bundeslade (2. Mos. 25, 18–22).

Chichén Itzá [tʃɪ'tʃɛn ɪ'tsa; Maya „am Brunnen der Itzá"]: Ruinenstätte im einstigen Gebiet des Mayastammes der Itzá, im Norden der Halbinsel Yucatán. Chichén Itzá ist durch bedeutende, wahrscheinlich toltekisch beeinflußte Tempelbauten gekennzeichnet. Hauptheiligtum war der dem Regengott Chac geweihte heilige Brunnen; die Untersuchung des Schlammes am Boden des Brunnens hat Opfergaben und menschliche Skelettreste zutage gebracht, die auf Menschenopfer schließen lassen, die wohl in Zeiten der Dürre als Regenopfer vollzogen wurden.

Chilam Balam [tʃi:'lam ba:'lam; Maya]: in lateinischer Schrift überlieferte religiöse Texte der Maya, die – mit unterscheidender Angabe des jeweiligen Entstehungsortes (Chumayel, Mani, Tizimin) – nach dem „Jaguar-Wahrsagepriester" benannt sind (die Chilam [wörtlich „Mundstück"] waren Wahrsagepriester, Balam [wörtlich „Jaguar"] ist eine Metapher für das Geheimnisvolle).

Children of God ['tʃildrənʌv'gɔd; englisch „Gotteskinder"]: eine von Faith

Dietrich, ihrem Mann Arnold Dietrich und ihrem Vater David Berg mit dem Anspruch charismatischen Führertums geleitete religiöse Bewegung in den USA, die stark missionierend hervortritt. Faith Dietrich bezeichnet sich als „Gotteskind aus Hollywood". Ihre Gemeinschaft lebt in Kommunen, die anscheinend streng hierarchisch geordnet sind.

Chiliasmus [çi...; von griechisch chílioi „tausend"]: die Lehre von einer tausendjährigen Herrschaft Christi auf Erden (auch lateinisch *Millenium* „Jahrtausend") am Ende der geschichtlichen Zeit. Sie beruht auf Aussagen der Johannesapokalypse (Apk. 20, 1–10), wo von einer Fesselung Satans für eine Zeit von tausend Jahren gesprochen wird. Diese Zeit soll nach der „ersten" Auferstehung der Gerechten stattfinden und bis zur „zweiten", endgültigen Auferstehung dauern. Die Lehre des Chiliasmus ist im Mittelalter am deutlichsten und nachhaltig wirksam von dem italienischen Theologen Joachim von Fiore (* um 1130, † 1202) formuliert worden, der eine umfassende Geschichtstheologie entwickelte: auf das Zeitalter des Vaters (Zeitalter des A. T.) folgt die Zeit des Sohnes (des N. T.), deren Ende er für das Jahr 1260 erwartete. Danach sollte das tausendjährige Zeitalter des Geistes anbrechen. Religiöse Bewegungen der Neuzeit, v. a. in der Dritten Welt, die den Anbruch eines Friedensreiches auf Erden erwarten, werden häufig *chiliastisch* genannt. – Der Chiliasmus ist letztlich auf den ↑Parsismus zurückzuführen. Im weiteren Sinn bedeutet Chiliasmus ein kurz bevorstehendes Weltende.

chinesische Religion: die alte chinesische Reichsreligion wird im allgemeinen mit dem Begriff ↑Universismus gekennzeichnet. Das ↑Tao ist der Zentralbegriff dieses Universismus; es beschreibt die numinose (göttliche) Weltordnung und umgreift die Ordnung des Kosmos, des Kultes, der ethischen und der staatlichen Sphäre. Es ist das übergeordnete Prinzip der einander entgegengesetzten Kräfte des männlichen, aktiven, schöpferischen und lichten Yang und des Yin, des weiblichen, passiven, dunklen und kalten Prinzips. Das Tao verwirklichen auch die *Götter*, an deren Spitze ↑Schang-ti steht, der „Herrscher in der Höhe", der ↑T'ien, dem Himmel, gleichgesetzt wird. Neben diesem Hochgott wurden die Erde (Hou-t'u), die Sonne (Ji), der Mond (Yüeh) und Sternbilder (Ch'en) ver-

Chichén Itzá. Tempelpyramide des Kukulkán (10.–12. Jahrhundert)

ehrt. Die Verbindung der Erde mit dem Himmel als oberster Gottheit stellte der „Sohn des Himmels" (T'ien-tse) her, der *Kaiser* Chinas. Er war oberster Priester und hatte die großen Staatsopfer zu vollziehen. Über seine Tugend (↑Te) wachte das Volk, dessen Urteil als Ausdruck himmlischen Willens verstanden wurde. Oberstes Gebot *moralischen Handelns* war die Pietät (Hsiao), die die zwischenmenschlichen Beziehungen in Staat und Familie bestimmte. Sie bezog sich auf lebende wie auf verstorbene Familienmitglieder; dem *Ahnendienst* kam daher große Bedeutung zu. Die altchinesische Reichsreligion wurde durch drei neue Systeme abgelöst, durch den ↑Konfuzianismus, den ↑Taoismus und den nach China übertragenen ↑Mahajana-Buddhismus.

Ching ↑Wu-ching.

Ching-t'u-tsung [chinesisch „Schule des reinen Landes"]: die chinesische Form des ↑Amida-Buddhismus, der japanischen *Dschodo Schu* entsprechend.

Chiromantie [çi...; von griechisch chéir „Hand" und manteía „Weissagung"]: Weissagung aus der Hand, die sich auf Beobachtung der Handlinien wie auch der Form der Hand beziehen kann.

Chlysten ['xlystən; russisch „Geißler"]: Mitglieder einer von dem Bauern Danila Filippow 1645 gegründeten russischen Sekte, die sich selbst „christy" („Christen") oder „boschji ljudi" („Gottesleute") nannten. Die Lehre der Chlysten ist wenig differenziert; Bibel und Dogma sind nebensächlich, die christlichen Sakramente werden verworfen; jede Gemeinde soll ihren eigenen Christus und ihre eigene Gottesmutter haben, jedes Mitglied ist berufen und fähig, den Geist Gottes in sich zu tragen. Ewige Seligkeit wird nur dem sexuell vollständig Enthaltsamen zuteil. Der Gottesdienst vollzieht sich mit ekstatischem Tanz, auf den ein Gemeinschaftsmahl folgt. Es ist unbekannt, ob die Gemeinschaft, die z. T. den Charakter einer Geheimsekte trug, heute noch besteht.

Chnum ['xnu:m]: altägyptischer Gott in Widdergestalt, galt als Schöpfer und Gestalter von Menschen, die er auf einer Töpferscheibe formt.

Chokma [xɔk...]: hebräischer Begriff für ↑Weisheit.

Chondokio [tʃɔn...; koreanisch „Lehre vom himmlischen Tao"] (auch japanisch Tendokio): eine aus der ↑Tonghak unter Führung von Son Pyong-hui (* 1861, † 1919) im Jahre 1906 hervorgegangene koreanische Religionsgemeinschaft, wie die *Tonghak* auf einer geheimnisvollen „himmlischen Schrift" (koreanisch *Chonso*) fußend. Die Gemeinschaft soll jetzt etwa 1 Million Anhänger besitzen.

Chons [xɔns; ägyptisch „Durchwanderer"]: ägyptischer Mondgott; menschengestaltig mit Sonnenscheibe und Mondsichel auf dem Kopf dargestellt; er genoß in der Spätzeit (715–343) als „Ratgeber", Heil- und Orakelgott großes Ansehen. Sein Tempel in Karnak ist gut erhalten.

Chons. Zeichnung nach einer Statue

Chonso: der heilige Text der koreanischen ↑Chondokio.

Choral [neulateinisch]: seit dem späten Mittelalter gebrauchte Bezeichnung für den im Chor der Kirche einstimmig vorgetragenen Gesang; in den evangelischen Kirchen das von der Gemeinde gesungene Kirchenlied.

Chorgebet: das gemeinsame Stundengebet im christlichen Mönchtum.

Chrisam ['çri:zam; von griechisch chrísma „Salbe, Salbung"] (auch Chrisma, Katechumenenöl): aus Olivenöl und Balsam bestehendes, vom Bischof geweihtes Salböl, in der katholischen Kirche v. a. bei Taufe, Firmung, Priesterweihe und Krankensalbung (letzter Ölung) verwendet.

Christbaum ↑Weihnachten.

Christengemeinschaft: von dem evangelischen Pfarrer Friedrich Rittelmeyer (* 1872, † 1938) im Jahre 1922 gegründete Religionsgemeinschaft; sie vertritt im Anschluß an die Anthroposophie ein kosmisch verstandenes Christentum. Ihre religiösen Ziele bestehen in der Vergeistlichung und Höherentwicklung des Menschen. Mittelpunkt ihres Kultes bildet das Mysterium der „Menschenweihehandlung", die die Teilnahme an Opfer und Auferstehung Christi eröffnen soll. Die Zentrale der Christengemeinschaft ist in Stuttgart. Die Gemeinschaft zählt etwa 25 000 Mitglieder, davon etwa 7 000 in der BRD.

Christentum: mit dem Begriff Christentum wird zum einen die Gesamtheit der Anhänger des christlichen Glaubens bezeichnet, zum anderen dieser Glaube selbst. Die Anhänger des christlichen Glaubens sind in zahlreichen und unterschiedlichen Gemeinschaften und Organisationen zusammengeschlossen, wie Kirchen, Freikirchen, religiösen Gemeinschaften (die z. T. von den Mitgliedern größerer Organisationen als „Sekten" bezeichnet werden) und religiösen Bewegungen. Die größten organisierten Gemeinschaften sind die katholische Kirche, die aus der Reformation hervorgegangenen protestantischen Kirchen und die orthodoxen Kirchen. Die Zahl der Anhänger des christlichen Glaubens wird (1976) auf etwa eine Milliarde geschätzt. Davon entfallen auf die katholische Kirche rund 552 Millionen, auf die protestantischen Kirchen rund 324 Millionen, auf die orthodoxen Kirchen rund 91 Millionen; die Zahl der sonstigen Christen beläuft sich auf rund 33 Millionen.

Zentraler *Inhalt* des christlichen Glaubens ist zunächst ihr Stifter Jesus Christus selbst, der für die Christen der *Sohn Gottes* ist, der in die Welt gekommen ist, um die Menschheit zu erlösen. Durch seinen *Tod am Kreuz* hat Gott nach christlicher Auffassung offenbart, daß er durch Jesus Christus sich den Menschen gleichgestellt hat, indem er Mensch wurde bis zum Tod. Dabei hat er sich jedoch durch seinen Tod den Menschen nicht nur gleichgesetzt, sondern durch seine *Auferstehung von den Toten* den Tod überwunden. Zum anderen bestehen die zentralen Inhalte des christlichen Glaubens in der *Verkündigung Jesu*, wie sie im N. T. niedergelegt ist: diese Verkündigung ruft alle Menschen zur Änderung ihres Verhaltens, von der Liebe zum Ich zur Nächstenliebe, die nicht nur die auch in anderen Religionen gebotene Liebe zum Mitmenschen umfaßt, dessen Leid man sich in solidarischem Handeln annehmen soll, sondern die darüber hinausgeht, indem das Liebesgebot zum Gebot der *Feindesliebe* erweitert wird. Das im A. T. formulierte Gebot Gottes wird im N.T. also einerseits verschärft, andererseits wird es durch die „Frohe Botschaft", das Evangelium, in seiner Geltung relativiert: die selbstverständlichen, geschichtlichen Zusammenhänge, in denen alle Menschen leben, und damit auch ihre Wertvorstellungen, werden als begrenzt und endlich dargestellt, da mit der Verkündigung Jesu vom *Reich Gottes* alle diesseitigen Bezüge und Wertvorstellungen des Menschen in radikaler Weise aufgehoben werden. Die Menschen können dabei das Reich Gottes nach den Aussagen des N. T. nicht selbst durch ein bestimmtes Handeln, auch nicht durch die Erfüllung der alttestamentlichen

Gebote, herbeiführen oder aus eigener Kraft verwirklichen wollen, da dieses Handeln und diese Zielrichtung selbst ebenfalls durch die Verkündigung vom Reich Gottes relativiert wird: der Mensch gilt im christlichen Glauben auch in seinem positiven Streben als Sünder, eine Veränderung dieses Zustands, die „*Rechtfertigung*" des Sünders kann nur von Gott her kommen. Auch der *Glaube* selbst kann nach christlicher Auffassung nicht, vom Menschen gewollt, die Distanz zwischen Gott und den Menschen überwinden, da auch der Glaube von Gott durch den Heiligen Geist im Menschen bewirkt wird. Die Inhalte des christlichen Glaubens sind nicht nur im N. T. als seiner Offenbarungsurkunde formuliert, für das Christentum gilt das A. T., das Buch, das vom Handeln Gottes in der Geschichte berichtet und das Gesetz Gottes enthält, ebenfalls als Offenbarung. Vom A. T., dem Offenbarungsbuch der israelitisch-jüdischen Religion übernimmt das Christentum den Gottesbegriff: Gott ist nicht nur Schöpfer und Erhalter der Welt, sondern er greift auch in die Geschichte ein. Waren diese Eingriffe in der israelitisch-jüdischen Religion weitgehend auf das Volk Israel beschränkt, um dessentwillen Gott die Geschichte lenkte, so ist der Eingriff Gottes in die Geschichte durch die Menschwerdung in Jesus Christus ein Geschehen, das allen Menschen gilt. Der Gottesbegriff des A. T. wird also übernommen und zu einer Trinität erweitert, insofern Gott die Menschen durch seine Menschwerdung in Jesus Christus „versöhnt" hat und als Person Jesus Christus erschienen ist und insofern nach christlicher Auffassung der Geist Gottes, der „Heilige Geist", eine Offenbarungsweise Gottes ist, die durch ihre unsichtbare und von außerhalb des christlichen Glaubens schwer deutbare Weise den Glauben im Menschen bewirkt und damit ständig den Lebenswandel der Christen sowie die Tradition der Auslegung, mit der für jede Epoche die Offenbarung Gottes mit anderen, zeitgemäßen Worten den Menschen verkündet wird, leitet.

Die Grundaussagen des christlichen Glaubens sind im ↑Apostolischen Glaubensbekenntnis formuliert. Dennoch werden sie unterschiedlich interpretiert. Dies beruht auf den verschiedensten Ursachen, die nicht zuletzt auf die Kompliziertheit der christlichen Glaubensaussagen zurückzuführen sind. Wegen dieser unterschiedlichen Interpretation des christlichen Glaubens gibt es nach außen hin keine einheitliche Organisationsform, in der sich alle Christen zusammengeschlossen hätten. Allen Christen gemeinsam aber ist die Auffassung, daß die Christen insgesamt – unabhängig von der ins Auge fallenden Organisationsform – eine Einheit bilden, gewissermaßen eine „verborgene Kirche" über die Grenzen der konkreten Kirchen und Gruppierungen hinweg. Sichtbares Zeichen für die Zugehörigkeit zu dieser Anhängerschaft des christlichen Glaubens ist die *Taufe*, in welcher Form auch immer sie vollzogen wird. Das Leben als Christ besteht im wesentlichen darin, die Offenbarung Gottes in Form der Aussagen der Bibel des A. T. und des N. T. ernst zu nehmen und davon auszugehen, daß die Liebe Gottes, die Gott durch seine Offenbarung den Menschen erwiesen hat, im Leben der Menschen miteinander deutlich und bewußt gemacht werden soll; nur in dieser Weise können Christen – auch gegenüber Anhängern anderer Religionen – zum Ausdruck bringen, daß sie sich dieser Liebe Gottes würdig erweisen wollen. Es ist unter Christen umstritten, ob ein *Austritt* aus dieser Gemeinschaft, die über die Grenzen der christlichen Kirchen und Gemeinschaften hinweg besteht, überhaupt möglich ist. Das berührt die offene Frage, ob ein Austritt aus einer organisierten Gemeinschaft oder aus einer Kirche, der in jedem Land staatskirchenrechtlich geregelt ist, gleichzeitig bedeutet, daß dieser Mensch nun kein Christ mehr ist.

Die *Geschichte* des Christentums (↑auch Christianisierung) umfaßt die Auswirkungen des Glaubens an Person und Wirken Jesu Christi, wie er von den christlichen Kirchen und Gemeinschaften in der Auseinandersetzung mit fremden Religionen, den geistigen und weltanschaulichen Strömungen der verschiedenen Zeiten sowie mit den politischen Mächten entwickelt worden ist. In dieser Geschichte lassen sich vier Abschnitte unterscheiden: die Epoche des Christentums innerhalb des *Römischen Reiches*, im *Mittelalter*, in der *Neuzeit* mit den religiösen Bewegungen der Reformation und Gegenreformation am Anfang und schließlich die Epoche der neuzeitlichen *Ausbreitung* des Christentums mit seinen Auseinandersetzungen mit nichtreligiösen Ideologien und Wertsystemen sowie mit anderen Religionen und christlichen Konfessionen in der Gegenwart.

Die *erste Epoche:* Die christliche Gemeinde galt im Römischen Reich zunächst als eine jüdische Sekte. Der römische Staat entzog dieser schnell wachsenden Gemeinschaft bald die religiösen und rechtlichen Privilegien, die er dem Judentum eingeräumt hatte. Die Auseinandersetzung mit dem Römischen Reich wurde intensiv seit der Mitte des 3. Jahrhunderts geführt. Kaiser Konstantin der Große (♔ 306–337) stellte die ↑Christenverfolgungen ein und machte das Christentum zu der mit allen zeitgenössischen Kulten gleichberechtigten und schließlich zur allein berechtigten Religion im Reich (Toleranzedikt von 311). Damit hatte er eine Entwicklung eingeleitet, die zur Entstehung der Reichskirche als einer von dem Reich letztlich abhängigen Einrichtung führte. Durch den oströmischen Kaiser Theodosius I. (♔ 379–395) wurde 380 der christliche Glaube für alle Bürger des Reiches verbindlich, die christliche Kirche wurde so zur Staatskirche.

Die *zweite Epoche* in der Geschichte des Christentums beginnt mit dem Übergang des christlichen Glaubens auf die germanischen, romanischen und slawischen Völker (↑Christianisierung). Wie der Kirche allmählich die Hoheit über den Staat zufiel und der Papst als der Herr der Welt erscheinen konnte, der die Fürsten und die Bischöfe als seine Untergebenen betrachtete, so schien der christliche Glaube in geistiger Hinsicht die *eine* Weltanschauung zu sein, mit der alle Probleme des Lebens gelöst werden sollten. Im Zusammenhang mit dieser monopolartigen Machtstellung stellten sich in der Kirche Verfallserscheinungen ein, die den Ruf nach einer Reform an „Haupt und Gliedern" (d. h. an Papst und Klerus) laut werden ließen.

Die *dritte Epoche* war die Zeit der Reformation und Gegenreformation, sie umfaßt das 16. und 17. Jahrhundert, in denen es zur Umbildung der gesamten Kirche kam. An die äußeren Formen des christlichen Glaubens hat Martin Luther (* 1483, † 1546) die Kriterien der Bibel und des biblisch begründeten Glaubens angelegt; er konnte aber infolge der auf dem Reichstag zu Worms (1521) bekundeten Haltung Kaiser Karls V. (♔ 1519–1556) die Reform der Kirche für das Reich nicht durchführen. Diese mußte nun den Weg über die Länder nehmen, so daß es zur Entstehung territorial und national begrenzter Landeskirchen kam. Auf dem Reichstag zu Augsburg (1530) legten diese Landeskirchen ein erstes grundlegendes Bekenntnis ab, das Augsburgische Bekenntnis, und sie fanden im Augsburger Religionsfrieden (1555) ihre reichsrechtliche Anerkennung. Die Reformation in der Schweiz vollzog sich zunächst unter dem Einfluß Zwinglis (* 1484, † 1531), dann aber v. a. Calvins. Calvin (* 1509, † 1564) gab den hier entstehenden Kirchen die Lehre, die Ver-

fassung und die kirchlichen Ordnungen. In England kam es nach der Verwerfung der obersten Leitungsgewalt (Suprematie) des Papstes zur Entstehung der ↑anglikanischen Kirche. Im deutschen und schweizerischen Protestantismus trennten sich die ↑Täufer und die ↑Spiritualisten von den reformatorischen Kirchen, wobei sie schließlich wegen ihrer zum Teil radikalen Versuche, das Reich Gottes auf Erden zu verwirklichen, von den offiziell anerkannten Kirchen verfolgt wurden.
Die Reformation löste die Gegenreformation aus. Im Mittelpunkt dieser Erneuerung steht das Konzil von Trient (1545–63), auf dem die Lehren des Katholizismus gegenüber denen der evangelischen oder protestantischen Kirchen fixiert wurden.
Die *vierte Epoche* der Geschichte des Christentums ist in der neuzeitlichen Ausbreitung des Christentums zu sehen, die im Anschluß und im Zusammenhang mit der politischen Expansion der europäischen Mächte (Kolonialismus und Imperialismus) geschah. Dabei kam es sowohl zur religiösen Legitimation des Kolonialismus wie auch zum erheblichen Widerstand der Missionen gegen kolonialistische Unterdrückung und Ausbeutung. Im Zuge der missionarischen Ausbreitung des Christentums fanden vielfach Begegnungen mit fremden, einheimischen Religionen statt, und auf der Grundlage von durch Missionare und Reisende erhobenen Tatsachen aus fremden Religionen entstand das Bewußtsein einer religiösen Vielfalt, die zur wissenschaftlichen Beschäftigung mit fremden Religionen und damit zur Entstehung einer neuzeitlichen ↑Religionswissenschaft führte. Neben dieser Auseinandersetzung und Beschäftigung mit fremdem religiösen Gedankengut mußte sich das Christentum in der Neuzeit zudem mit antireligiösen Ideologien und Weltanschauungen auseinandersetzen. Besonders diese Auseinandersetzung hat die Besinnung auf das Gemeinsame unter den christlichen Konfessionen gefördert und wesentliche Impulse für die ↑ökumenische Bewegung geliefert.

Christenverfolgungen: allgemein die zu verschiedensten Zeiten erfolgten Maßnahmen staatlicher Mächte, das Christentum zu unterdrücken oder zu beseitigen, im engeren Sinne die Verfolgungen durch den römischen Staat, die v. a. durch die Weigerung der Christen, am Kaiserkult teilzunehmen, ausgelöst wurden. Die Christenverfolgungen unter Nero (♔ 54–68) blieben zunächst ohne wesentliche Folgeerscheinungen. Die erste staatliche Regelung von Christenprozessen enthält eine Urkunde des Kaisers Trajan (♔ 98–117) an Plinius den Jüngeren (* 61 oder 62, † um 113). Die energischen Restaurationsversuche des Römischen Reichs unter Decius (♔ 249–251), Valerian (♔ 253–260) und Diokletian (♔ 284 bis 305) führten zu den größten systematischen Christenverfolgungen der Spätantike.

Christianisierung: die Geschichte der Ausbreitung des Christentums, von der im folgenden die wichtigsten Daten genannt werden. Im Römischen Reich hatte Konstantin der Große (♔ 306–337) dem Christentum den Weg zum Staatskirchentum gebahnt. Bischof Ulfilas (* 310, † 383) bekehrte die Westgoten; von ihnen aus gelangte das Christentum bald zu den Ostgoten, Vandalen und Burgundern. Chlodwig (♔ 482–511) leitete die Christianisierung der Franken ein. Die Regierung Karls des Großen (♔ als Kaiser 800–814) war eine der wichtigsten Ausbreitungsepochen; sie führte zur Übernahme des Christentums durch die Sachsen und Friesen sowie die Slawen im mittleren Deutschland und den Ostalpen. Die Bekehrung der Angelsachsen war das Werk Papst Gregors I. des Großen; der berühmteste angelsächsische Missionar unter Friesen und Hessen war im 8. Jahrhundert Bonifatius. Schon vor den Angelsachsen waren die Iroschotten in der Mitte des 5. Jahrhunderts vom hl. Patrick christianisiert worden. Im Norden und Osten Europas war die Christianisierung im wesentlichen um 1000 abgeschlossen; nur die baltischen Länder traten erst seit Ende des 12. Jahrhunderts zum Christentum über. Süd- und Ostslawen wurden von Byzanz aus christianisiert; entscheidend für die Bekehrung der Russen war die Zeit Wladimirs des Großen (♔ 980–1015). – Mit der 1492 einsetzenden Entdekkung Amerikas verband sich die bald beginnende Christianisierung dieses Kontinents. Seit dem 16. Jahrhundert fand die Mission Eingang in China und Japan. Die Christianisierung von Teilen Afrikas folgte der europäischen Kolonisation (↑ Christentum).

Christian Science ['krɪstjən 'saɪəns; englisch „christliche Wissenschaft"] (auch Scientismus): von Mary Baker-Eddy (* 1821, † 1910) begründete Lehre des geistigen Heilens. Sie beruht auf der Anschauung, daß der Mensch in Wirklichkeit Ausdruck des vollkommenen göttlichen Wesens ist und daß Disharmonien des menschlichen Lebens, Krankheiten eingeschlossen, nicht zu seinem gottgegebenen Wesen gehören. Um dieses göttliche Heilsein zu erleben, wird eine Umwandlung von einer materiellen zu einer geistigen Gesinnung gefordert. Organisationsform der Christian Science ist die *Kirche Christi, Wissenschafter*. Sie zählte 1974 rund 5 500 Mitglieder.

Christologie: die Lehre der christlichen Kirchen von der Person Jesu Christi, die Gegenstand von z. T. erheblichen Auseinandersetzungen in der alten Kirche war. Auf dem Konzil zu Nizäa (325) wurde festgelegt: Jesus Christus ist wahrer Sohn Gottes, der dasselbe Wesen hat wie der Vater (griechisch homoúsios). Das Konzil von Chalkedon (451) lehrte die „hypostatische Union": in Christus sind *zwei Naturen unvermischt* und *ungetrennt* in einer Person. Abschluß der christologischen Auseinandersetzungen ist die Verurteilung des *Monotheletismus*, die Ansicht von nur einem Willen in Christus; sie erfolgte auf dem Konzil zu Konstantinopel (680/681) mit dem Dekret: „Es gibt in dem einen Christus, dem fleischgewordenen Wort, zwei Willen und zwei Energien, göttlich die eine, menschlich die andere, untrennbar, ohne Vermischung miteinander vereint, zusammenwirkend zum Heil des Menschengeschlechts."

Christotokos [çri...; griechisch „Christusgebärerin"]: Ehrentitel Marias, mit dem die theologisch weitergehende Titulierung als *Theotokos* („Gottgebärerin") abgelehnt wird.

Christus ↑ Jesus Christus.

Christusbild: eine bildliche Darstellung von Jesus gibt es in der Urkirche nicht. Nach 350 kommen zwei Grundtypen von Christusbildnissen auf: der eine zeigt einen Jüngling, meist mit langem Haar, der andere einen Mann mit kurzem Vollbart und langem Haar. In den folgenden Epochen wandeln sich zwar nicht die Typen, aber die Aspekte. In Byzanz steht der Allherrscher (↑ Pantokrator) im Mittelpunkt. Im frühen Mittelalter und in der Romanik ist der König und Herr der Welt Hauptaspekt; daneben tritt der leidende Christus. In der Gotik herrscht der Passionschristus (Schmerzensmann) eindeutig vor. Seit der Renaissance wirkt sich die Wiederentdeckung des antiken Menschenbildes aus (Michelangelos Fresko in der Sixtinischen Kapelle), im Barock wird wieder der Aspekt des Himmelskönigs betont, daneben aber auch bis zur Sentimentalität der der Menschlichkeit, dies gilt ebenso im Rokoko. Das 19. Jahrhundert und die neueste Zeit haben keine einheitlichen Christusbilder geschaffen.

Christusmonogramm: eine seit Konstantin dem Großen (♔ 306–337) übliche Abkürzung von dem griechischen Wort „Christós" durch die Anfangsbuchstaben *Chi* (Zeichen X) und *Rho* (Zeichen P), häufig durch

Christusmonogramm

Alpha und *Omega* ergänzt. Später treten die griechischen Anfangsbuchstaben von „Jesus" (Zeichen IHS) auf, die lateinisch als „Iesus Hominum Salvator" („Jesus, Erlöser der Menschen") und deutsch als „Jesus, Heiland, Seligmacher" gedeutet wurden.

Christusmystik: Form der persönlich gefärbten ↑Mystik, im N.T. besonders von Paulus vertreten, die in einer z. T. gefühlsbetonten Weise eine Einheit mit Christus als dem göttlichen ↑Logos erstrebt.

Christuszeugnisse ↑Jesus Christus.

Chronikbücher: zwei Geschichtsbücher des A. T., wahrscheinlich um 300 v. Chr. niedergeschrieben. Sie fassen die Zeit von Adam bis Saul genealogisch zusammen und stellen ausführlich die Zeit Davids, Salomos und der Könige von Juda dar. Sie entstammen der Vorstellungswelt des Priesterkodex (↑Pentateuch).

Chronos ['krɔnos; griechisch „Zeit"]: in der kosmogonischen Spekulation der ↑Orphik das Urprinzip, das das Weltei erzeugt, aus dem der Weltschöpfer Eros hervorgeht.

Chrysostomusliturgie: die dem griechischen Kirchenlehrer Johannes Chrysostomus (* um 354, † 407) zugeschriebene Hauptgottesdienstordnung der Ostkirche; sie geht in ihrem Kern auf das 4. Jahrhundert zurück.

Chschathra [x'ʃaθra]: einer der ↑Amescha Spentas.

chthonische Mächte [çto:n...; von griechisch chthōn „Erde"]: der Erde verhaftete Götter und Geister im Gegensatz zu *uranischen* (himmlischen) Gottheiten. Die chthonischen Mächte walten im Innern der Erde, sie können Fruchtbarkeit und Leben spenden, sind aber auch Mächte der Unterwelt und des Totenreichs und tragen daher oft düstere und schreckenerregende Züge.

chubilghanische Sukzession [xʊ...; von mongolisch chubilghan „Verwandlung"]: die im ↑Lamaismus gültige Inkarnationserbfolge der Groß-Lamen, die nach buddhistischer Anschauung auf einem „Verwandlungs"-Leib (Sanskrit Nirmāna-Kāya) des Buddha beruht.

Chumbaba [xum...]: im ↑„Gilgamesch-Epos" der von Gilgamesch und seinem Freund Enkidu besiegte Bergdämon und Hüter des Zedernwaldes; sein Name läßt vielleicht auf einen ursprünglich elamischen Gott schließen.

Ch'un Ch'iu (= Tschun Tschiu) [tʃuən-tɕi̯ɔu̯; chinesisch „Frühling und Herbst"]: die sogenannten Frühlings- und Herbstannalen des Heimatstaates des Konfuzius (Lu), angeblich von diesem selbst verfaßt. Sie berichten über die Zeit zwischen 722 und 481 v. Chr.; sie sind in lapidarem Stil niedergeschrieben und sachlich als Kodex politischer Moral gedacht, sie gehören zu den kanonischen Büchern des Konfuzianismus.

Church of England [engl. tʃə:tʃ əv 'ɪŋglənd] ↑anglikanische Kirche.

Church of God ['tʃə:tʃ əv 'gɔd; englisch „Kirche Gottes"]: Name verschiedener religiöser Gruppen, besonders in den USA, die seit dem 19. Jahrhundert v. a. aus der ↑Pfingstbewegung und der ↑Heilungsbewegung hervorgegangen sind. Sie sind bestrebt, das Ideal des urchristlichen Gemeindelebens zu verwirklichen.

Church of the First-Born [englisch 'tʃə:tʃ əv ðə 'fə:stbɔ:n] ↑Peace Mission.

Chwarenah ['xwarenax; awestisch „Glück, Glanz, Glorie"]: das herrscherliche Charisma, ein für religiös begründet und geprägt gehaltenes Persönlichkeitsmerkmal, das dem altiranischen König gegeben ist.

CIC: Abk. für ↑**C**odex **I**uris **C**anonici.

Cinteotl [tsin'teotl; von aztekisch

cintli „Mais“ und teotl „Gott“]: der Maisgott der Azteken, eine angesichts der Bedeutung des Maises als Hauptnahrungspflanze Mittelamerikas wichtige Gottheit der Indianer Mexikos.

Cinteotl. Skulptur aus rotem Gestein (Hamburg, Museum für Völkerkunde)

Cịnvatbrücke ['tʃinwat...] ↑Tschinwatbrücke.

Cịppus [lateinisch]: im alten Rom ein aus Etrurien stammendes, sich nach oben verjüngendes Grenzzeichen aus Holz oder Stein; in Etrurien der Grabaufsatz, die Grabstele und die Markierung der Grabanlage.

Cịrce (auch Kirke): Zauberin der griechischen Mythologie, Tochter des Helios und der Perse. Fremde, die ihre Insel Aia betreten, verwandelt sie in Tiere, so die Gefährten des Odysseus in Schweine. Sie bricht jedoch den Bann, nachdem es Odysseus gelungen ist, ihre Gunst zu gewinnen. Sie gebiert ihm den Telegonos und weist ihm den Weg zur Unterwelt, wo er den Schatten des Sehers Teiresias über sein Schicksal befragen soll.

Circumcelliọnen [von lateinisch circumcellio „Wandermönch“]: radikale Anhänger des ↑Donatismus, die im 4. Jahrhundert in Nordafrika als Wanderasketen auftraten.

Circumcịsio ↑Beschneidung.

Cịste [von lateinisch cista „Kiste“]: in den ↑Mysterien Behälter zur Aufbewahrung von Kultgeräten.

Cịtta [tʃ...] ↑Tschitta.

Ciuacọatl ['siwa 'ko:atl; aztekisch „Frau Schlange“]: Name einer alten Erdgöttin im aztekischen Mexiko.

Clẹmensbriefe: zwei altchristliche Texte. 1. Der *erste Clemensbrief* ist ein Schreiben der römischen Gemeinde an die von Korinth, wahrscheinlich um 95 von Papst Klemens von Rom verfaßt. 2. Der *zweite sogenannte Clemensbrief* ist kein Brief, sondern die älteste literarisch erhaltene christliche Predigt, deren Verfasser unbekannt ist; sie stammt wahrscheinlich aus der Mitte des zweiten Jahrhunderts.

Cluniazẹnser ↑Kluniazenser.

Cluny [kly'ni]: französische Benediktinerabtei in Burgund, 910 von Herzog Wilhelm von Aquitanien († 912 [?]) begründet, besonders unter den Äbten Odo (927–942) und Odilo (994–1048) Zentrum der sogenannten kluniazensischen Reform, die bedeutenden Einfluß auf das abendländische Mönchtum sowie auf die Gesamtkirche gewann.

Coatlịcue ['koatl 'ikwe; aztekisch „die mit dem Schlangenhüftrock“]: in der aztekischen Religion die Mutter des Gottes ↑Huitzilopochtli.

Cọdex Iụris Canọnici [lateinisch „Buch des Kirchenrechts“] (Abk. CIC): das Gesetzbuch der katholischen Kirche, auf Anordnung von Papst Pius X. (19. März 1904) neu bearbeitet und am 27. Mai 1917 unter Papst Benedikt XV. amtlich veröffentlicht; es enthält in fünf Büchern 2414 Canones (Einzelvorschriften, Abk. cc).

Coena Dọmini [lateinisch „Mahl des Herrn“]: in der Sprache der katholischen Kirche das letzte Abendmahl Jesu und nach seinem Einsetzungstag lateinische Bezeichnung für den Gründonnerstag.

Coenobiten ↑Zönobiten.

Collegia Pietatis [lateinisch „Frömmigkeitsversammlungen“]: pietistische Erbauungsgemeinschaften; sie sind Kernzellen des ↑Pietismus.

Comitium [lateinisch]: Name eines Teiles des Forum Romanum; davon abgeleitet ist der Name für die dort mit rituellen Bräuchen vollzogenen Volksversammlungen der Römer.

Commendatio animae [lateinisch „Empfehlung der Seele (an Gott)“]: Sterbegebet in der katholischen Kirche.

Common Prayer Book ['kɔmən 'prɛɪəbʊk; englisch „Buch des gemeinsamen Gebets“]: in den Jahren 1541–1549 entworfenes, 1549 unter Eduard VI. (♔ 1547–1553) eingeführtes, seitdem mehrfach revidiertes liturgisches und katechetisches Buch der ↑anglikanischen Kirche.

Communio Sanctorum [lateinisch „Gemeinschaft der Heiligen“]: die über die Grenzen einzelner Kirchen reichende Gemeinschaft aller Christen.

Compitalia [von lateinisch compitum „Scheideweg“]: den ↑Laren geweihtes römisches Fest, das nach Beendigung der Feldarbeiten an den Grenzrainen zwischen einzelnen Besitzungen von allen Anliegern gefeiert wurde.

Complet ↑Komplet.

Conceptio immaculata [lateinisch „unbefleckte Empfängnis“] ↑Jungfrauengeburt.

Concordia [lateinisch „Eintracht“]: in der römischen Religion die als göttliche Person gedachte Eintracht. Die Concordia wird auf Münzen der Kaiserzeit sitzend dargestellt, in den Händen hält sie eine Opferschale und ein Füllhorn.

Conditor [lateinisch „Anordner, Urheber“]: in der römischen Religion Schutzgott der aufbewahrten Ernte.

Confessio: lateinischer Begriff für ↑Bekenntnis.

Confessio Augustana ↑Augsburgisches Bekenntnis.

Confessio Helvetica [neulateinisch „schweizerisches Bekenntnis“]: Name zweier Bekenntnisschriften der reformierten Kirche: 1. *Confessio Helvetica prior*, am 27. März 1536 in Basel angenommenes Bekenntnis der reformierten Eidgenossen. 2. *Confessio Helvetica posterior*, von dem Zürcher Theologen Heinrich Bullinger (* 1504, † 1575) als Privatbekenntnis verfaßt, 1566 von Kurfürst Friedrich III. von der Pfalz (♔ 1559–1576) veröffentlicht zur Rechtfertigung seines Übertritts zum Kalvinismus; wurde zum einigenden Band der Reformierten in Europa.

Confessio Tetrapolitana [neulateinisch „Vier-Städte-Bekenntnis“]: von den deutschen reformatorischen Theologen Martin Bucer (* 1491, † 1551) und Wolfgang Capito (* 1478, † 1541) verfaßte und 1530 dem Reichstag zu Augsburg vorgelegte Bekenntnisschrift der vier Städte Straßburg, Konstanz, Lindau und Memmingen.

Confessor [lateinisch „Bekenner“]: in der alten Kirche der Christ, der vor dem Richter seinen Glauben bekannte, dafür Strafen erhielt, aber nicht den Märtyrertod erlitt.

Confiteor [lateinisch „ich bekenne“]: in der katholischen Kirche ein allgemeines Sündenbekenntnis zu Eingang der Messe, vor der Komplet, Krankensalbung, Generalabsolution und dem päpstlichen Segen.

Confutatio [lateinisch „Widerlegung“]: die katholische Schrift, mit der das ↑Augsburgische Bekenntnis zurückgewiesen wurde.

Consensus [lateinisch „Übereinstimmung“]: als *Consensus gentium* („Übereinstimmung der Völker“) ein antikes Beurteilungsprinzip für die Wahrheit einer Sache. Bei den Gottesbeweisen (als *Consensus patrum* bzw. *Consensus theologorum* [„der Väter“ bzw. „der Theologen“]) im katholischen Verständnis ein Beweismittel für die Wahrheit von Glaubens- und Sittenlehren. Im Islam ist der ↑Idschma, die Übereinstimmung

Corvey. Westwerk der ehemaligen Abteikirche von 873–885. Im 12. Jahrhundert Glockenhaus und Turmerhöhung, Zeltdächer von 1553

aller Muslime, ein wichtiges Argument für die Wahrheit v. a. einer religiösen Auffassung.

Consolamentum [neulateinisch „Tröstung“]: das Sakrament der Initiation (Einführung in die Gemeinde) bei den ↑Katharern.

Consualia: die Feste für den römischen Gott ↑Consus, die nach Beendigung des Ausdreschens der Kornernte am 21. August und nach Abschluß der Winteraussat am 15. Dezember mit Bekränzung der Zugtiere gefeiert wurden.

Consuetudines [lateinisch „Gewohnheiten“]: mittelalterliche Vorschriften für das Mönchsleben, ergänzende Ausführungsbestimmungen zu den Regeln der Orden.

Consus: römischer Schutzgott der eingebrachten Ernte; seine Feste waren die ↑Consualia.

Contritio [spätlateinisch „Zerknirschung“]: in der katholischen Theologie die echte Reue und „Herzenszerknirschung“ (lateinisch Contritio cordis) im Gegensatz zur Furchtreue (↑Attritio), mit der jemand nur aus Furcht vor Strafen bereut.

Convector [von lateinisch convectere „zusammenbringen, zusammenfahren“]: der römische Schutzgott für das Einbringen der Ernte.

Conversio: lateinischer Begriff für ↑Bekehrung.

Corporale [lateinisch] ↑Korporale.

Corpus Christi mysticum [lateinisch „geheimnisvoller Leib Christi“]: aus der Theologie des Apostels Paulus (1. Kor. 12, 12ff.) abgeleitete Bezeichnung für die Einheit aller Christen.

Corpus doctrinae [lateinisch „Lehrsammlung“]: Bezeichnung verschiedener reformatorischer Lehr- und Bekenntnisschriften des 16. Jahrhunderts.

Corpus Hermeticum [lateinisch „Sammlung hermetischer Schriften“] ↑hermetische Schriften.

Corredemptrix [lateinisch „Miterlöserin“]: in der katholischen Kirche Titel Marias, mit dem zum Ausdruck gebracht wird, daß Maria am

Cromlech. Stonehenge (erste innere Anlage um 2000 v. Chr., Hauptausbau wohl im 17. Jahrhundert)

Erlösungswerk ihres Sohnes aktiv teilnimmt. Der Titel und die damit verbundene Mitwirkung Marias an der Erlösung ist entgegen der Hoffnung vieler katholischer Marienverehrer auf dem 2. Vatikanischen Konzil nicht nur nicht zum Dogma erhoben, sondern im Gegenteil in den Hintergrund gedrängt worden.

Corvey ['kɔrvaı]: ehemalige Benediktinerabtei bei Höxter an der Weser, als *Nova Corbeia* 822 von Corbie in der Picardie aus begründet, entwickelte sich zu einem bedeutenden kulturellen Zentrum und zum Stützpunkt für die Christianisierung des Nordens. 1803 wurde Corvey säkularisiert.

Couvade [ku'va:də; französisch „Männerkindbett"]: in primitiven Gesellschaften verbreitete Sitte, nach der der Vater die Rolle der Wöchnerin übernimmt. Der Sinn dieser Handlung liegt vermutlich darin, in magischer Weise schadenbringende Mächte von der Wöchnerin fernzuhalten.

Covenant ['kʌvənənt; englisch „Bund"]: 1. theologische Lehre, die auf Grund alttestamentlicher Anschauungen das Verhältnis zwischen Gott und der Kirche als Bund auffaßt: sie gewann durch den schottischen Reformator John Knox (* um 1505 [?], † 1572) und durch den englischen Staatsmann Oliver Cromwell (* 1599, † 1658) zentrale Bedeutung für die ↑Puritaner. – 2. Bezeichnung für Zusammenschlüsse schottischer Presbyterianer im 16. und 17. Jahrhundert zum Zweck der Verteidigung ihrer religiösen Rechte.

Creatio ex nihilo [lateinisch „Schöpfung aus dem Nichts"]: die Schöpfung der Welt durch einen Willensakt Gottes ohne die vorherige Existenz eines zweiten, von der Schöpfung unabhängigen, selbständigen Prinzips; wird von der christlichen Theologie auf Grund des alttestamentlichen Schöpfungsberichts (1. Mos. 1) vertreten.

Credo: Glaubensbekenntnis, ↑Kredo.

Crimen laesae religionis [lateinisch „Verbrechen der Religionsverletzung"]: Religionsverbrechen, Vorwurf, der im Römischen Reich gegen die Christen erhoben wurde, weil sie sich weigerten, für das Wohl des Kaisers zu opfern und bei seinem ↑Genius und bei seiner Fortuna zu schwören.

Cromlech [keltisch]: vorgeschichtliche Anordnungen von Steinen mit wahrscheinlich kultischem Charakter; die größte dieser Anlagen mit einem Durchmesser von 88 Metern ist Stonehenge bei Salisbury.

Crux capitata [lateinisch „mit einem Kopf versehenes Kreuz"] ↑Kreuzformen.

Crux commissa [lateinisch „zusammengefügtes Kreuz"] ↑Kreuzformen.

Crux dissimulata [lateinisch „verborgenes Kreuz"] ↑Kreuzformen.

Crux gammata [lateinisch „gammaförmiges Kreuz"] ↑Kreuzformen.

Cuius regio, eius religio [lateinisch „wessen das Land, dessen die Religion“]: Prinzip des ↑Augsburger Religionsfriedens von 1555, das den Landesherren, auch den geistlichen Fürsten, das Recht zusprach, das Bekenntnis ihrer Untertanen zu bestimmen.

Culpa-Stein [von lateinisch culpa „Schuld“]: Platz im Kapitelsaal von Klöstern, an dem eine öffentliche Beichte abgelegt wurde.

Cumae: alte griechische Kolonie in Italien, religiös und kulturell frühzeitig mit Rom verbunden, bekannt v. a. durch den Sitz der ↑Sibylle in der Sibyllengrotte (wahrscheinlich aus dem 5. vorchristlichen Jahrhundert).

Cyniker ↑Kyniker.

Czernobog ['tʃɛrnobog; slawisch „schwarzer Gott“]: ein seinem Namen, nicht aber seinen Qualitäten und Funktionen nach bekannter slawischer Gott.

D

Däbrä Libanos [amharisch]: Kloster und kirchlich-theologisches Zentrum der ↑abessinischen Kirche in der äthiopischen Provinz Schoa. Als Gründer gilt der hl. Täklä Haimanot. Im 15. Jahrhundert wurde den Vorstehern von Däbrä Libanos das Amt des Vorstehers aller Klöster übertragen.

Dachma ↑Türme des Schweigens.

Daena ['daɪna; awestisch „Religion“] (auch mittelpersisch Dēn; neupersisch Dīn): Religionsbegriff im ↑Parsismus.

Daēva ['daɪva] ↑Dewa.

Dagda [keltisch „der gute Gott“]: auf Irland verehrter keltischer Gott, auch Ollathir („Allvater“) genannt, was auf seine hohe Stellung im Pantheon hinweist. Dagda ist Herr der Weisheit und Spender des Überflusses. Er besitzt einen unerschöpflichen Kessel, von dem niemand ungesättigt fortgeht.

Dagoba [singhalesisch]: die ↑Pagode in Ceylon.

Dagon (= Dagan): westsemitischer Gott, zuerst wohl in Mari verehrt, gelangte mit den Amoritern nach Babylonien, in den Texten von Ugarit Vater des Baal. In Palästina übernahmen ihn die Philister als Nationalgott (Richter 16, 22; 1. Sam. 5, 2). Seine Gemahlin ist Schala. Die Bedeutung des Namens Dagon ist wahrscheinlich „Getreide“ (hebräisch dagan). Die Deutung als „Fisch“ (hebräisch dag) dürfte Volksetymologie sein, d. h. auf Grund des Namensanklangs beider Wörter entstanden sein.

Dahr i Mihr: Feuertempel im Parsismus.

Dai Butsu [japanisch „großer Buddha“]: Bezeichnung von Kolossalstatuen Buddhas, am bekanntesten sind diejenigen von Nara und Kamakura.

Daikioschu ↑Konkokio.

Daimonion [griechisch „göttliches Wesen, göttliche Fügung“]: bei Sokrates die innere Stimme, deren Einflüsterung er gehorchte, von Platon in der „Apologie“ als Gewissen interpretiert.

Dainitschikio (= Dainichi-kyo) [japanisch „Leitfaden des großen Glänzenden“]: eines der kanonischen Bücher der ↑Schingon-Sekte des japanischen Buddhismus.

Daiseido ↑Risscho Koseikai.

Daiwa (= Daēva) [awestisch]: im ↑Parsismus Bezeichnung von Dämonen, ↑Dewa.

Dalai Lama [von mongolisch Dalai „Ozean (des gelehrten Wissens)“ und tibetisch bla-ma „der Obere“]: Titel des bedeutendsten tibetischen Priesterfürsten im hierarchischen System des ↑Lamaismus. Nach der Lehre des Buddhismus gilt der Dalai Lama als die sich stets erneuernde Inkarnation eines ↑Bodhisattwa, und zwar als diejenige des Bodhisattwa ↑Awalokiteschwara. Er residierte in Lhasa. Im März 1959 floh der 14. Dalai Lama vor den Chinesen nach Indien.

Damaskusschrift: eine 1896 in einer Synagoge von Kairo entdeckte, 1910 veröffentlichte Schrift in hebräischer Sprache, die vor 70 n. Chr. in Damaskus in einer jüdischen Sekte entstanden ist, die der Gemeinschaft von ↑Kumran nahegestanden zu haben scheint.

Dambala: Gott der Fruchtbarkeit im ↑Wodu-Kult Haitis, im Zuge der [synkretistischen] Vermischung mehrerer Religionen in diesem Kult dem hl. Patrick gleichgesetzt.

Dämon [von griechisch daímōn „Unheilsgeist, Schicksal"]: bei Homer in der Bedeutung „Gott" vorkommend, in der Religionswissenschaft Bezeichnung für eine Klasse übernatürlicher, aber nicht göttlicher Mächte, meist durch absonderliche, oft erschreckende Gestalt gekennzeichnet, die in überwiegendem Maße negative Eigenschaften besitzen und den Menschen Schaden zufügen.

Dämonismus: dem ↑Animismus nahestehende religionsgeschichtliche Theorie, die im Gegensatz zum ↑Dynamismus im Glauben an ↑Dämonen den Ursprung der Religion sieht.

Dämonologie: die christliche Lehre vom ↑Satan und den ↑Dämonen.

Danaiden: in der griechischen Mythologie die 50 Töchter des Danaos, die mit den 50 Söhnen seines Bruders Aigyptos verlobt waren, ihre Freier aber auf Geheiß ihres Vaters in der Hochzeitsnacht umbrachten, mit Ausnahme der Hypermnestra, die den Lynkeus am Leben ließ. Die anderen Danaiden müssen zur Strafe für ihren Mord in der Unterwelt für alle Zeiten Wasser in ein durchlöchertes Faß *(Danaidenfaß)* schöpfen.

Danielbuch: Schrift des A.T., um 165 v. Chr. von einem Anhänger der Makkabäer verfaßt. Die Kapitel 1–6 berichten von einem Daniel, der aus Juda an den Hof des babylonischen Königs Nebukadnezar II. (♔ 605–562) verschleppt ist, wo er Träume von des Königs Überhebung und Erniedrigung sowie vom Untergang der Weltreiche deutet. Die Kapitel 7–12 bringen Visionen über die Reiche der Babylonier, Meder, Perser und Griechen sowie über das Weltgericht. In den Kapiteln 10–12 findet sich ein verschlüsselter Geschichtsbericht über das Vergehen des Seleukidenherrschers Antiochos IV. Epiphanes (♔ 175–164) gegen Israels Glauben und Tempel. Absicht des Danielbuches ist es, den Frommen Hoffnung und Mut zuzusprechen. Die um ihres Glaubens willen in einen Feuerofen geworfenen Freunde Daniels werden gerettet, Daniel selbst aus der Löwengrube erlöst. Die Erzählung vom *Drachen zu Babel*, die den heidnischen Götzendienst verhöhnt, ist Zusatz der griechischen Version.

Daphne: Nymphe der griechischen Mythologie. Auf der Flucht vor der Nachstellung des Apollon wird sie von ihrer Mutter Gaia in einen Lorbeerbaum (griechisch dáphnē) verwandelt.

Darbysten [dar'bıstən] ↑Plymouth-Brüder.

Dasasila [Pali „zehn Gebote"]: die zehn Gebote des Buddhismus, von denen die ersten fünf für alle Buddhisten, die zweiten fünf nur für die Mönche gelten: Verbote 1. des Tötens, 2. des Stehlens, 3. der Unkeuschheit, 4. der Lüge, 5. des Weintrinkens; 6. Gebot, nur eine Mahlzeit am Tag einzunehmen, 7. Meidung von Tanz, Gesang, Schauspiel, 8. Verbot des Gebrauchs von Parfüm oder Schmuck, 9. Verbot des Schlafens in einem weichen Bett, 10. Verbot des Besitzes von Gold, Silber, Juwelen.

Daschbog ['daʒbɐg; slawisch]: slawischer Sonnengott. Die Bedeutung des Gottes für die alten Russen ist daran zu erkennen, daß im „Igorlied" das russische Volk mit „Daschbogs Enkel" bezeichnet wird.

Datarie (auch Apostolische Datarie lateinisch Dataria Apostolica): Behörde der römischen Kurie, seit dem

Kurienreform Pauls VI. (15. August 1967) aufgelöst. Ihr Name leitet sich von der ursprünglichen Aufgabe her, päpstliche Bescheide zu datieren.

Dea Dia: römische Erdgöttin, im wesentlichen mit ↑Ceres identisch, besonders von den ↑arvalischen Brüdern verehrt.

Debir [hebräisch]: neben dem hebräischen „Kodesch kodaschim" eine Bezeichnung für das „Allerheiligste" des Jerusalemer Tempels.

Deboralied: das im A.T. (Richter 5) überlieferte Triumph- und Danklied der Richterin Debora, das sie nach dem Sieg des Barak über die Kanaanäer anstimmte, wahrscheinlich der älteste alttestamentliche Text.

Decretum [lateinisch „Verfügung, Erlaß"]: im katholischen Kirchenrecht Bezeichnung für päpstliche Erlasse, Beschlüsse der Konzilien, der römischen Kurienkongregationen und der Bischöfe.

Defixion [von lateinisch defigere „befestigen, festbannen"]: eine Form des Schadenzaubers, bei dem das zu verfluchende Wesen mündlich oder schriftlich gebannt wird, indem sein Abbild oder Name beschädigt bzw. vernichtet wird.

Degradierung (auch Degradation): Herabsetzung, im katholischen Kirchenrecht die Absetzung, der der Entzug der Amtsvollmachten und die Zurückversetzung in den Laienstand als schwerste Strafe für den Kleriker folgt.

Deisidaimonie [von griechisch deisidaimonía]: Furcht vor Göttern und Dämonen.

Deismus [de'is...; von lateinisch deus „Gott"]: eine besonders in England seit der Aufklärung zu Ende des 17. und im 18. Jahrhundert begründete Religionsauffassung, die Gott zwar als Urgrund der Welt anerkennt, ihm aber als einem ↑Deus otiosus, einem außerhalb der Geschichte existierenden Wesen, jeden Eingriff in die Geschichte abspricht. Der Deismus propagierte eine sogenannte natürliche Religion, d. h. er ging davon aus, daß unabhängig von Kirchen und organisierten Religionsgemeinschaften mit ihren Dogmen allein aus der Natur (Schöpfung) und der im Menschen von Natur aus angelegten Moral Gott erkannt werden könnte. Hauptvertreter war der englische Religionsphilosoph Herbert von Cherbury (* 1583, † 1648).

Dekadenztheorie (auch Depravationstheorie): im Gegensatz zur ↑Evolutionstheorie die Ansicht, eine ursprüngliche, reine Offenbarung sei in den geschichtlichen Religionen einer zunehmenden Entartung (Dekadenz) anheimgefallen, sei falsch überliefert und entstellt worden. Unter den Religionsstiftern hat diese Meinung am entschiedensten ↑Mani, der Stifter des Manichäismus, vertreten.

Dekalog [von griechisch déka „zehn" und lógoi „Worte"]: die zehn Gebote, die Moses nach dem Bericht des A.T. (2. Mos. 20, 2–17; 5. Mos. 5, 6–21) auf dem Sinai empfing.

Dekan [von lateinisch decanus „Führer von zehn Mann"]: in der katholischen Kirche 1. der Vorsteher des Kardinalkollegiums; 2. der dienstälteste Richter der *Sacra Romana Rota;* 3. ein Würdenträger in Dom- und Stiftskapiteln. – In einigen evangelischen Landeskirchen ein Vorgesetzter von Pfarrern, meist dem Kreispfarrer entsprechend.

Dekretalen: in der Geschichte des katholischen Kirchenrechts päpstliche Entscheidungen zu konkreten Rechtsfällen; nach heute geltendem Kirchenrecht sind besonders feierliche Erlasse des Papstes, z. B. Heiligsprechungsbullen, Dekretalen.

Delos: heilige Insel Griechenlands, spätestens seit dem 7. Jahrhundert v. Chr. religiöses Zentrum der ionischen Inselgriechen, dann unter dem Einfluß Athens stehend; neben Delphi bedeutendstes Heiligtum des Apollon.

Delphi: berühmte griechische Kultstätte, ursprünglich ein Heiligtum der Erdmutter Gaia, seit dem 9./8. Jahrhundert v. Chr. dem Apollon ge-

Delphi. Ruinen des Tholos (Rundbau, 4. Jahrhundert v. Chr.)

weiht. Dessen Orakel zu Delphi genoß in der Antike größtes Ansehen. Es wurde von der *Pythia* erteilt, die sich nach einem Trunk aus der Kassotis-Quelle auf einen Dreifuß über einen Erdspalt setzte, aus dem Dämpfe aufstiegen, die sie in Ekstase versetzten. Die abgerissenen Sätze, in denen sie dann sprach, wurden von den Priestern Apollons in Form metrischer, meistens mehrdeutiger Sprüche verkündet.

Dema-Götter: religionswissenschaftliche Bezeichnung für sterbliche Urzeitwesen, die die Stammväter der Sippen sind und alles erzeugten. Der Begriff, der aus Neuguinea stammt, wurde durch den deutschen Völkerkundler Adolf Ellegard Jensen (* 1899, † 1965) eingeführt.

Demeter [griechisch vielleicht „Erdmutter"]: griechische Göttin des Akkerbaus und der Feldfrucht, Schwester des Zeus, Mutter der Persephone; von Homer wegen ihres bäuerlichen Charakters nicht zu den olympischen Gottheiten gerechnet. Hauptkultstätte der Demeter war ↑Eleusis.

Demiurg [von griechisch dēmiurgós „Handwerker"]: ursprünglich der Handwerker oder Gewerbetreibende; bei Platon ist der Demiurg der „Baumeister" der Welt, der die chaotische Materie nach ewigen Ideen zum geordneten Kosmos formt. In der ↑Gnosis wird der Demiurg als Mittelwesen zwischen Gott und Welt verstanden. In der Religionswissenschaft kann mit „Demiurg" auch eine Schöpfergestalt bezeichnet werden, die im Auftrag eines höheren Wesens den Schöpfungsplan ausführt.

Demut: in der Religionsgeschichte wird häufig einer Eigenschaft des Menschen, um anderer Menschen willen oder angesichts einer übermächtigen, positiven Macht sich selbst zurückzustellen, der Wert einer Tugend beigemessen. Diese Hochschätzung der Demut findet sich bereits in babylonischen Bußpsalmen. In der Antike, besonders der griechischen, wurde die Demut in Gegensatz zur Hybris, der Selbstüberhebung, gesetzt, und Demut wurde als ehrfurchtsvolle Selbstbescheidung des Menschen gegenüber den Göttern und dem Schicksal verstanden. Das A. T. fordert Demut als Ausdruck der grundsätzlichen Abhängigkeit des Menschen von seinem göttlichen Schöpfer. Im N. T. erhält die Demut in der Selbsterniedrigung Jesu Christi ihr Leitbild und wird damit zum ethischen Leitwert für die „Nachfolge Christi" (↑Imitatio Christi), die Selbstidentifikation mit dem Auftreten und Wirken Jesu Christi.

Denomination: die einzelnen christlichen Religionsgemeinschaften werden v. a. in den USA Denominationen genannt. Diese Bezeichnung deckt sich weitgehend mit dem Begriff „Konfession" im Sinne von Religionsgemeinschaft, die sich durch ihr formuliertes Bekenntnis von anderen Religionsgemeinschaften unterschieden sehen will.

Deposition [von lateinisch deponere „niederlegen“]: religionswissenschaftliche Bezeichnung für das Niederlegen von Opfergaben. Im katholischen Kirchenrecht bedeutet Deposition die Enthebung vom geistlichen Dienst, unter Fortfall aller mit diesem Dienst verbundenen Privilegien.

Depositum fidei [...de-i; lateinisch „Glaubenshinterlegung“]: in der katholischen Theologie das der Kirche in der Bibel und in der die Bibel auslegenden Tradition anvertraute Glaubensgut.

Depravationstheorie ↑Dekadenztheorie.

Derketo ↑Atargatis.

Derwisch: islamischer Mystiker, der durch geistige Versenkung, aber auch heulend und tanzend die mystische Vereinigung mit Allah erstrebt. Die Bezeichnung Derwisch, die sachlich dem arabischen *Fakir* entspricht, wird meist, jedoch nicht unumstritten, vom persischen „Darwīsch“ im Sinne von „Türabsucher“, d.h. „Bettler“ abgeleitet.

Derwischorden: Zusammenschluß von Derwischen in ordensmäßigen Gemeinschaften (arabisch „tarīka“), die seit dem 12. Jahrhundert nachweisbar sind. Die wichtigsten sind die Orden der Rifaija, Mewlewija, Bektaschi und Senussi.

Determinismus: Theorie, derzufolge alles Geschehen in der Welt durch göttlichen Willen oder kausale Gesetzmäßigkeiten unabänderlich vorherbestimmt ist. – ↑Prädestination.

Deukalion: Gestalt der griechischen Mythologie, entrinnt mit seiner Gattin Pyrrha in einem selbsterbauten Schiff einer riesigen Flut, in der Zeus das frevelhafte Menschengeschlecht untergehen läßt. Deukalion landet nach neun Tagen auf dem Berge Parnaß. Auf die Frage, wie er neue Menschen hervorbringen könne, antwortet ihm ein Orakel, er solle „die Gebeine der Erde“ hinter sich werfen. Deukalion und Pyrrha folgen dieser Weisung und schaffen so aus Steinen ein neues Menschengeschlecht.

Deus: im Lateinischen Appellativ für „Gott“.

Deus absconditus [lateinisch „der verborgene Gott“]: in der mittelalterlichen Theologie und bei Luther Bezeichnung für den absolut transzendenten Gott, dessen Vorhaben unerforschlich sind und der mit menschlichen Kategorien nicht zu erfassen ist. Die Erhabenheit Gottes und seine Unerreichbarkeit durch menschliches Bemühen drückte Luther auch mit den Begriffen *Deus absolutus* („vollkommener, unbedingter Gott“) und *Deus ipse* („Gott selbst“) aus.

Deus absolutus ↑Deus absconditus.

Deus ipse ↑Deus absconditus.

Deus otiosus [lateinisch „der müßige, untätige Gott“]: Gottesbezeichnung, der die Ansicht zugrunde liegt, Gott habe zwar die Welt erschaffen, nehme aber keinen weiteren Anteil an seiner Schöpfung, eine besonders vom ↑Deismus vertretene Vorstellung. In der Religionswissenschaft bezeichnet „Deus otiosus“ im allgemeinen den Hochgott und Schöpfer innerhalb eines polytheistischen Systems, dem jedoch für das menschliche Geschick keine Bedeutung beigemessen wird. Deshalb wendet sich der Mensch mit Gebet und Kult an Götter, die dem Deus otiosus untergeordnet sind; so war der altarabische Allah *vor* dem Auftreten des Propheten Mohammed für die Araber ein Deus otiosus.

Deus revelatus [lateinisch „der offenbarte Gott“]: von Luther übernommener Begriff der mittelalterlichen Mystik, auf Jesus Christus als Offenbarung Gottes bezogen.

Deuterojesaja [von griechisch deúteros „der zweite“]: „zweiter Jesaja“, Bezeichnung für den anonymen Verfasser der Kapitel 40–55 des Jesajabuches sowie für diesen auf ihn zurückgehenden Text selbst, der, obwohl in das Jesajabuch aufgenommen, nicht von Jesaja selbst stammen kann, da er zu dessen Unheilsprophetie im Gegensatz steht. Deuterojesaja ist der große Prophet des Exils, der um 550 v. Chr. zu Beginn des Siegeszuges des Perserkönigs Kyros II. (♔ 559–529) die Heimkehr der Exilierten voraussagt. Das künftige Heil ist bei ihm für alle Völker bestimmt. Die Lieder vom *Knecht Jahwes* (↑Ebed Jahwe) verkünden das Geheimnis des stellvertretenden Leidens (Jes. 52, 13–53, 12).

deuterokanonische Schriften: „nachkanonische Schriften", in der katholischen Theologie Bezeichnung für die in der evangelischen Theologie *Apokryphen* genannten Schriften.

Deuteronomisten [von griechisch deúteros „der zweite" und nómos „Gesetz"]: israelitische Geschichtsschreiber, deren historische Sichtweise durch das ↑Deuteronomium (das „zweite Gesetz") bestimmt war. Ihr Einfluß tritt am stärksten im „Richterbuch" und in den beiden „Büchern der Könige" in Erscheinung.

Deuteronomium [von griechisch deúteros „der zweite" und nómos „Gesetz"]: „zweites Gesetz", in der Vulgata und allgemein in der Bibelwissenschaft Bezeichnung für das 5. Buch Mose, das in seinem Hauptteil (Kapitel 12–27) Gesetze enthält, die auf Moses zurückgeführt wurden. Das Deuteronomium bildete im 7. Jahrhundert v. Chr. die Grundlage für die Kultreform des Königs Josia (♔ 639–609).

Deutsche Christen: kirchenpolitische Strömung, von verschwommenen Vorstellungen über Beziehungen zwischen Christentum und völkischen Ideen geprägt, mit rassistisch bestimmter Ablehnung des A. T. Die Deutschen Christen erlangten 1933 mit Unterstützung des nationalsozialistischen Staates beträchtlichen kirchenpolitischen Einfluß, der jedoch sehr bald stark zurückging. Ihre radikalste Gruppe waren die „Thüringer Deutschen Christen" (auch „Kirchenbewegung Deutsche Christen").

Deutsche Glaubensbewegung: im Juli 1933 von dem Indologen und Religionswissenschaftler Jakob Wilhelm Hauer (* 1881, † 1962) und dem deutschen Schriftsteller Ernst Graf Reventlow (* 1869, † 1943) begründete religiöse Vereinigung, die als Sammelbecken verschiedener ↑deutschgläubiger Bewegungen gedacht war, bei denen durchweg die negative Tendenz einer Abkehr vom Christentum das verschwommene Ziel einer „arteigenen" Religiosität überwog.

deutsche Messe (auch evangelische Messe): auf Grund von Luthers 1526 erschienener Schrift „Deutsche Messe und Ordnung des Gottesdienstes" üblich gewordene Bezeichnung für evangelische Gottesdienstordnungen der Reformationszeit, in deutscher Sprache verfaßt und an der damaligen römisch-katholischen Meßliturgie orientiert, der neuen Lehre der Reformation mehr oder weniger angepaßt, z. T. um Gebete und lehrhafte Abschnitte verschieden stark erweitert.

Deutsche Theologie (auch Theologia Deutsch): eine um 1400 von einem unbekannten Frankfurter Deutschherrenritter verfaßte mystische Schrift, die Luther, der eigene Gedanken hineinlas, 1516 teilweise und 1518 vollständig herausgab.

deutschgläubige Bewegungen: Sammelbezeichnung für Gruppen, Organisationen oder Strömungen, die das Christentum als der deutschen „Wesensart" fremd ablehnen oder völkisch einengen. Herders Gedanke, daß „jede Nation Gott auf die ihr eigenste Weise liebe", wurde im 19. und 20. Jahrhundert immer deutlicher zur Erstellung eines gegenchristlichen Programms angewandt. Mathilde Ludendorff (* 1877, † 1966) sammelte seit 1926 im *Tannenbergbund* (1937 *Bund für Deutsche Gotterkenntnis;* 1961 als Tannenbergbund verboten) die von der „christlichen Suggestion Befreiten". 1933 gründeten Jakob Wilhelm Hauer (* 1881, † 1962) und Ernst Graf Reventlow (* 1869, † 1943) die ↑Deutsche Glaubensbewegung als Plattform der Einigung für alle Splittergruppen und versuchten den Durchbruch zur Massenbewegung. Doch die bis 1935 gesammelten 300 Ortsgemeinschaften schrumpften wieder. Die NSDAP versagte, enttäuscht über die Erfolglosigkeit, jede parteiamtliche Unterstützung und schuf die Möglichkeit zu einer „Gottgläubigkeit", die keine andere Institutionalisierung benötigte als die Gliederung der Partei selbst. Seit Kriegsende ist der deutschtümelnde Rassismus diskreditiert und damit den deutschgläubigen Bewegungen weitgehend die Grundlage entzogen.

Deutschkatholiken: von dem suspendierten römisch-katholischen Kaplan Johannes Ronge (* 1813, † 1887) 1844 aus Protest gegen die Wallfahrt zum heiligen Rock in Trier ins Leben gerufene Bewegung mit dem Ziel der Bildung einer deutschen Nationalkirche. In die Revolution von 1848 verstrickt, sammelten sich Reste der Bewegung in den Freireligiösen Gemeinden.

Devọtio modẹrna [lateinisch „neue Frömmigkeit"]: religiöse Erneuerungsbewegung im späten Mittelalter mit Betonung persönlicher, verinnerlichter Frömmigkeit und mystischer Versenkung.

Devotionạlien [von lateinisch devotio „Frömmigkeit, Andacht"]: Andachtsgegenstände für die persönliche Frömmigkeit, z. B. in der katholischen Kirche Heiligenbilder, Weihwassergefäße, Rosenkränze.

Dẹwa (= Deva) [Sanskrit „Gott"]: in der ↑wedischen Religion Indiens zunächst eine Götterklasse, nach der Abwertung der ↑Asuras zu Dämonen allgemeine Bezeichnung für Gott, in ehrender Weise auch für Brahmanen und Könige verwendet. Dem etymologisch entsprechenden awestischen Wort „Daiwa" wurde durch Zarathustra die Bedeutung „böser Geist" beigelegt.

Dewadạsi [Sanskrit „Dienerin Gottes"]: indischer Begriff für die Tempeltänzerin und Tempelprostituierte, die ↑Bajadere.

Dẹw Samạdsch (= Dev Samaj) [Sanskrit „Gottesgesellschaft"]: hinduistische Reformbewegung, 1887 von Shiva Narayana Agnihotri (* 1850, † 1909) in Lahore gegründet, verbindet einen naturphilosophischen Evolutionismus mit Atheismus: An die Stelle des Gottesglaubens soll der Glaube an einen mit überirdischen Kräften begabten Lehrer treten, worunter der Stifter des Dew Samadsch zu verstehen ist.

Dhạmma [Pali]: gleichbedeutend mit Sanskrit ↑Dharma.

Dhạmmapada [Pali]: buddhistischer Text, Bestandteil des ↑„Tripitaka".

Dhạrani [Sanskrit „Halt, Stütze"]: im späteren Buddhismus Bezeichnung für magische Formeln und Geheimwörter.

Dhạrma [Sanskrit] (auch Pali Dhamma): indische Bezeichnung für „Religion, Lehre, Gesetz", es bedeutet wörtlich „das, woran man sich zu halten hat".

Dharmacạkra [...tʃakra] ↑Rad der Lehre.

Dharmakạja (= Dharmakāya) [Sanskrit „Dharma-Körper"]: in der buddhistischen Spekulation über die drei „Körper" oder Aspekte des Buddha Bezeichnung für die letzte, geistige Essenz seines Wesens.

Dharmasụtras [Sanskrit „Lehrtexte über den Dharma"] (auch Dharmaschastras): hinduistische Texte mit religiös-rechtlichen Vorschriften.

Dharmatschạkra [Sanskrit] ↑Rad der Lehre.

Dhikr (= Zikr) [ðikr; arabisch „Gedenken"]: in der islamischen Mystik besonders der ↑Derwischorden ein Mittel, sich in Ekstase zu versetzen. In rituell festgesetzter Weise werden geheimnisvolle Laute (numinose Urlaute), der Name Allahs oder das islamische Glaubensbekenntnis entweder im Geist oder laut wiederholt. Diese religiöse Übung knüpft an eine Stelle im Koran an (Sure 33, 42): „O ihr Gläubigen, gedenket Allahs in häufigem Gedenken und preiset ihn morgens und abends".

Dhjạna (= Dhyāna) [Sanskrit]: indischer Begriff für Versenkung, Meditation.

Dhjanibuddha (= Dhyanibuddha) [Sanskrit „Meditationsbuddha"]: Bezeichnung für die fünf Buddhas, die in entfernten Paradiesen in ewige Meditation versunken sind; es sind dies: *Amitabha* („von unermeßlichem Lichtglanz"), *Wairotschana* („sonnenhaft"), *Akschobhja* („unerschütterlich"), *Amoghasiddhi* („von unfehlbarem Gelingen"), *Ratnasambhawa* („edelsteingeboren").

Dhyāna ↑Dhjana.

Diabolos [griechisch „der Verleumder"]: griechische Benennung des Teufels; daher „diabolisch" für „teuflisch".

Diadochenkult: sakrale Verehrung der Diadochen, der Nachfolger Alexanders des Großen (♔ 336–323), die über Teilstaaten seines Weltreichs herrschten.

Diakon [von griechisch diákonos „Diener"]: im N.T. (Apg. 6, 1–6; Phil. 1, 1; 1. Tim. 3, 8–13) und in der altchristlichen Kirche dem Bischof untergeordneter Gehilfe beim Gottesdienst und Armenpfleger, verliert seit dem 5. Jahrhundert an Bedeutung; im Mittelalter ist „Diakon" nur ein Weihegrad. Seit der Reformation erfolgte in den evangelischen Kirchen eine Neubelebung des diakonischen Amtes. Entscheidend für die Stellung des Diakons als Laiengehilfe in der Inneren Mission, in karitativer und sozialer Arbeit war das Wirken des evangelischen Theologen Johann Hinrich Wichern (* 1808, † 1881), der 1842 seinem bei Hamburg 1833 errichteten „Rauhen Haus", einer Anstalt für sittlich gefährdete Jugendliche, ein „Gehilfeninstitut" zur Ausbildung von Diakonen anschloß. In der katholischen Kirche ist das Amt des Diakons nach dem 2. Vatikanischen Konzil erneuert worden: es können nun auch verheiratete Männer (mindestens 35 Jahre alt) mit Zustimmung ihrer Ehefrauen zum Diakon geweiht werden (nach einer Diakonatsweihe ist die Eheschließung eines Diakons ausgeschlossen). Voraussetzungen für die Weihe sind theologische Grundkenntnisse, dreijährige Mitgliedschaft in einem Diakonatskreis, Kurse und Praktika.

Diakonikon [griechisch]: in der Ostkirche Bezeichnung für die Sakristei.

Diakonisse [von griechisch diakónissa „Dienerin"]: weibliche Entsprechung zum Diakon; in der alten Kirche hieß eine über 60 Jahre alte Witwe, die ein karitatives Amt übernahm „Diakonisse" oder „*Kalogria*" (griechisch „schöne Alte"). Das Amt erlosch mit dem Aufkommen der Klöster. Für seine Neubelebung in den evangelischen Kirchen war die Gründung eines Diakonissenmutterhauses entscheidend, das der evangelische Pfarrer Theodor Fliedner (* 1800, † 1864) 1836 in Kaiserswerth stiftete. Die deutschen Diakonissen sind seit 1861 im *Kaiserswerther Verband* zusammengeschlossen.

dialektische Theologie: theologische Richtung im Protestantismus, die nach dem 1. Weltkrieg von den Theologen Karl Barth (* 1886, † 1968), Friedrich Gogarten (* 1887, † 1967), Emil Brunner (* 1889, † 1966), Eduard Thurneysen (* 1888, † 1974) und Rudolf Bultmann (* 1884, † 1976) begründet wurde. Sie beruht auf der These von der absoluten Transzendenz Gottes, die von keinem theologischen, philosophischen, ethischen oder religiösen Bemühen des Menschen begrifflich gefaßt und erreicht werden kann. Im Anschluß an die Existenzphilosophie des dänischen Philosophen Søren Kierkegaard (* 1813, † 1855) wird der unaufhebbare Gegensatz zwischen Gott und Mensch, Zeit und Ewigkeit hervorgehoben. Die Überschreitung dieser Grenze, vor die sich der Mensch gestellt sieht, ist ihm weder durch Anstrengung seines Intellekts noch durch ethische Vervollkommnung möglich. Dieser gemeinsame Ansatz war nicht mehr gegeben, als Barth anderen Hauptvertretern der dialektischen Theologie vorwarf, sie begründeten ihre Theologie erneut auf Voraussetzungen, die sie im Men-

Diana. Gruppe eines unbekannten französischen Meisters (zwischen 1545 und 1550; Paris, Louvre)

schen selbst (d. h. anthropologisch) zu finden meinten.

Diamantfahrzeug ↑Wadschrajana.

Diana: römische Göttin der Jagd, der griechischen ↑Artemis gleichgesetzt, möglicherweise aber eigenständiger altitalischer Herkunft.

Diancecht: in Irland verehrter keltischer Gott der Heilkunst, wahrscheinlich identisch mit dem unter dem Namen „Apollo" überlieferten gallischen Gott.

Diaspora [griechisch diasporá „Zerstreuung"]: Bezeichnung für eine religiöse Minderheit sowie für deren Situation.

Diasporajudentum: die Gesamtheit der außerhalb des Staates Israel (sowohl des alttestamentlichen als auch des modernen Staates) lebenden Juden. Ihre Kultur wird durch die Spannung zwischen Abschließung gegenüber der andersgläubigen Bevölkerungsmehrheit und Angleichung an sie bestimmt.

Diatessaron [griechisch „das aus vieren bestehende", d. h. das „Evangelium aus vier Evangelien"]: Evangelienharmonie (ein Evangelium, in dem die vier Evangelien enthalten sind), im 2. Jahrhundert von dem syrischen Theologen Tatian zusammengestellt.

Diatheke [griechisch „Anordnung, Testament"]: in der „Septuaginta" Übersetzung von hebräisch *Berith* („Bund"). In diesem Sinn wird Diatheke auch im N.T. im allgemeinen verwendet (z. B. 1. Kor. 11, 25), gelegentlich aber auch in der ursprünglichen griechischen Bedeutung von „Testament" (Gal. 4, 24; Hebr. 9, 16).

Diatribe [griechisch diatribḗ „Zeitvertreib, Unterricht"]: antike Bezeichnung für eine Art der volkstümlichen Moralpredigt, die in witziger Weise ermahnen und belehren will. Sie entstand in hellenistischer Zeit aus popularphilosophischen Ansprachen kynischer Wanderredner.

Didache [griechisch „Lehre"]: sogenannte „Zwölfapostellehre", eine 1883 entdeckte altchristliche Gemeindeordnung aus dem Anfang des 2. Jahrhunderts mit Vorschriften für Kult und Gemeindeleben, in Palästina, Syrien oder Ägypten entstanden.

Didaskalia [griechisch „Unterweisung"]: altchristliche Kirchenordnung, im 3. Jahrhundert in griechischer Sprache in Syrien verfaßt; nur in syrischer Übersetzung erhalten.

Didaskalos: griechische Bezeichnung für den christlichen „Lehrer", der vom Apostel, Propheten und Wundertäter unterschieden wird (1. Kor, 12, 28).

Diebstahl: gilt in der Religionsgeschichte fast durchweg als schwere Sünde. In polytheistischen Religionen sind es vornehmlich Lichtgottheiten, die den Diebstahl entdecken und sühnen.

Dies fasti [lateinisch]: in der römischen Religion Tage, an denen das göttliche Recht (lateinisch „fas") eine profane Tätigkeit zuließ. Die meisten Dies fasti waren „dies comitiales", an denen die römischen Volksversammlungen einberufen werden konnten. Gegensatz ↑Dies nefasti.

Dies irae, dies illa [lateinisch „ein Tag des Zorns (ist) jener Tag"]: nach einer Stelle im Zephanjabuch des A.T. (1, 15) formulierter Abschnitt in Messen für Verstorbene. Die heutige Form im römischen Meßbuch entstand zu Beginn des 13. Jahrhunderts in italienischen Franziskanerkreisen.

Dies nefasti [lateinisch]: in der römischen Religion Bezeichnung für Tage, an denen keine weltlichen Geschäfte und besonders keine Gerichtsverhandlungen stattfinden durften. Gegensatz ↑Dies fasti.

Diesseits: die irdische Welt im Gegensatz zum Jenseits.

Diesseitsreligion: Religiosität mit stark auf das Diesseits ausgerichteter Zielsetzung, ↑Weltfrömmigkeit.

Dievas: Himmelsgott der alten litauischen Volksreligion.

Dievs (= Díavs): Himmelsgott der alten lettischen Volksreligion; bei der Christianisierung der Letten wurde Dievs zur Benennung des christlichen Gottes übernommen.

Digambaras [Sanskrit „Luftgekleidete"]: Schulrichtung des Dschainismus, deren Mönche im Gegensatz zu den ↑Schwetambaras völlig unbekleidet leben; sie folgen damit dem Vorbild des Wardhamana, des Stifters ihrer Religion.

Dighanikaya: buddhistischer Text, Bestandteil des ↑„Tripitaka".

Dike [griechisch „Gerechtigkeit"]: in der griechischen Mythologie die als göttliche Person gedachte Schirmherrin von Recht und Ordnung.

Dimissoriale [lateinisch]: im katholischen Kirchenrecht Entlassungsschreiben mit der vom zuständigen Oberen erteilten Erlaubnis zur Weihe eines Klerikers. – Im evangelischen Kirchenrecht der Entlaßschein, mit dem der zuständige Geistliche einen anderen zu Amtshandlungen (z. B. zu Beerdigungen) im Bereich seiner Pfarrei ermächtigt. Auch eine kirchenamtliche Erklärung, daß ein Theologiestudent sich anstelle der kirchlichen Dienstprüfung einem universitären Examen unterziehen darf, heißt Dimissoriale.

Din: im Arabischen und im Neupersischen Begriff für „Religion".

Din-i'ilahi [arabisch „Religion Gottes"]: Name der von dem Mogul-Kaiser Akbar (♔ 1556–1605) gestifteten monotheistischen Universalreligion ohne Bilderverehrung, in der die traditionellen Religionen Indiens und der Islam aufgehen sollten; diese Stiftung überdauerte jedoch die Zeit Akbars nicht.

Dinge, letzte: Begriff, mit dem das Geschehen am Weltende gekennzeichnet wird, der Gegenstand der ↑Eschatologie.

Dingir: sumerischer Begriff für „Gott".

Diognetbrief: „Brief an Diognetos", eine dem 3. Jahrhundert entstammende christliche Apologie (Schrift zur Verteidigung des christlichen Glaubens) in griechischer Sprache, deren Verfasser unbekannt ist.

Dionysos (auch Bakchos; lateinisch Bacchus): griechischer Gott des Weines und der Fruchtbarkeit, Sohn des Zeus und der Semele. Sein Attribut ist der mit Efeu und Reben umkränzte Thyrsosstab. In seinem ekstatischen und orgiastischen Kult zerreißen seine Verehrerinnen, die Mänaden, junge Tiere und verzehren deren rohes Fleisch. Die griechischen „Widersachermythen" – die Sagen vom traurigen Schicksal jener, die es wagten, die Verbreitung seines Kultes unterbinden zu wollen –, das Fehlen des Gottes in der Götterreihe bei Homer, die orgiastische Prägung seines Kultes und das Aufwachsen des Knaben Dionysos im fernen Fabelland Nysa sind Hinweise auf die nichtgriechische Herkunft des Gottes.

Dioskuren [griechisch Dióskuroi „Söhne des Zeus"]: in der griechischen Mythologie die göttlichen Zwillinge *Kastor* und Polydeukes (lateinisch *Pollux*). Der überaus populäre Kult der Dioskuren, die man vor allem als Helfer in Seenot anrief, war, von Sparta ausgehend, in ganz Griechenland und Italien verbreitet.

Diözese [von griechisch dioíkēsis „Verwaltung(sbezirk)"]: in der katholischen Kirche soviel wie Bistum, der Sprengel eines Bischofs; in der Ostkirche *Eparchie* genannt.

Di Parentum [lateinisch] (auch Divi Parentum): im alten Rom Bezeichnung für die sakral verehrten Toten der Familie; ihr Fest waren die *Parentalia* (13.–21. Februar).

Diptychon [griechisch „doppeltgefaltet"]: im christlichen Gottesdienst ursprünglich eine Schreibtafel mit Namen Lebender und Verstorbener, derer man beim Gottesdienst gedenken wollte; in der kirchlichen Kunst zweiteilige Altartafel.

Disciples of Christ [dɪ'saɪplz əv 'kraɪst; englisch „Schüler (d. h. Jünger) Christi"]: 1811 von dem presbyterianischen Pfarrer Thomas Campbell in den USA gegründete Freikirche, die den Baptisten in der Lehre von der Erwachsenentaufe nahesteht. Die Disciples of Christ betonen gegenüber formulierten Glaubensbekenntnissen die Notwendigkeit, sich allein am Bibeltext zu orientieren. Sie feiern betont einfache Gottesdienste. Die Gemeinschaft, die Mitglied des Ökumenischen Rates der Kirchen ist, zählt rund 2 Millionen Mitglieder.

Disciplina Etrusca [lateinisch „etruskische Lehre"]: ehemals von den Etruskern in Büchern überlieferte, heute nur noch bruchstückhaft in lateinischer Übersetzung erhaltene Lehre, die das gesamte Leben der Etrusker auf religiöser Grundlage ordnete. Die Disciplina Etrusca war durch bestimmte Raumvorstellungen sowie durch den Zeitbegriff des ↑Saeculum charakterisiert. Als Verkünder der Disciplina Etrusca galt der Götterbote Tages, der Enkel des Hochgottes Tinia.

Disen ↑Idisi.

Dispater: römischer Unterweltsgott, Herrscher im Reich der Toten, in seinen düsteren Wesenszügen von den Vorstellungen der Etrusker über das Jenseits und das Bestattungswesen stark beeinflußt. Dem Dispater war die Zypresse heilig.

Dispens [lateinisch]: im katholischen Kirchenrecht die Befreiung von bestimmten Vorschriften und Verpflichtungen.

Dissidenten: Getrennte, Andersdenkende, Bezeichnung für Menschen, die außerhalb einer bestimmten Religion, Konfession oder staatlich anerkannten Religionsgemeinschaft stehen.

Disziplin [von lateinisch disciplina „Ordnung, Lehre, Unterricht"]: im kirchlichen Sprachgebrauch die Ordnung in der kirchlichen Gemeinschaft und die Kirchenzucht, die auf Einhaltung dieser Ordnung zielt. Zu ihren Mitteln gehören Zurechtweisungen, Visitationen, auch Kirchenstrafen.

Dithyrambos [griechisch]: im Kult des Dionysos Chorgesang zur Flöte in Verbindung mit Tanzreigen.

Diva Angerona: römische Göttin der Sonnenwende, deren Fest am 21. Dezember gefeiert wurde.

Divination [von lateinisch divinatio „Sehergabe, Weissagung, höhere Eingebung"]: die Fähigkeit, den Willen der Gottheit zu erkennen sowie die Zukunft zu erforschen. Dabei ist zu unterscheiden zwischen einer rituellen Orakelgebung (↑Mantik), die meist in den Händen von Priestern oder Zauberern liegt, und dem unabhängig von einem religiösen Amt oder einer religiösen Funktion einem Menschen eignenden ↑Charisma, der von diesem Menschen nicht gewollten und gepflegten „Gabe" zu sehen.

Dodona. Zeusheiligtum (Rekonstruktionszeichnung)

Der deutsche evangelische Theologe und Religionsphilosoph Rudolf Otto (* 1869, † 1937) begriff Divination als „das etwaige Vermögen, das Heilige in der Erscheinung echt zu erkennen" (↑ heilig).

Divine Light Mission [dɪˈvaɪn ˈlaɪt ˈmɪʃn; englisch „Göttliches-Licht-Mission"]: hinduistische Reformbewegung. Ganz im Mittelpunkt steht die Verehrung des Guru Maharaj Ji (* etwa 1958), der sich 1970 in Neu-Delhi als Inkarnation früherer Heilbringer ausgab und verkündete, der Welt den Frieden zu schenken. Die Divine Light Mission hat vor allem in den USA und in Europa meist unter Jugendlichen ihren größten Zulauf. Im Mittelpunkt des (meist in klösterlichen Wohngemeinschaften organisierten) Lebens der Mitglieder der Divine Light Mission steht die Meditation mit stark antirationalen Tendenzen. 1974 wurde eine *Divine United Organisation* (Abk. DUO) gegründet, die die religiösen Ziele der Divine Light Mission durch rein kommerzielle Betriebe ergänzt. Die Zahl der Anhänger der Divine Light Mission wird auf mehrere Millionen geschätzt.

Divi Parentum ↑ Di Parentum.

Dodekapropheton [griechisch „Zwölfprophetenbuch"] ↑ Kleine Propheten.

Dodona: altgriechische Kultstätte in Epirus, dem Zeus geweiht, berühmt durch ihr Orakel, das der Priester aus dem Rauschen einer heiligen Eiche, dem Flug und Gurren der Tauben, später auch aus dem Klang eines bronzenen Dreifußes erteilte.

Dogma [griechisch „Beschluß, Grundsatz, Lehrsatz"] (Mehrzahl Dogmen): verbindliche, festgeprägte, normative Glaubensaussage. In der *katholischen* Theologie wird ein Dogma als ein von Gott offenbarter Glaubenssatz angesehen, dessen Leugnung die Trennung von der kirchlichen Gemeinschaft zur Folge hat. Diese Auffassung wird im wesentlichen damit begründet, daß bei der Verkündung der Dogmen der Heilige Geist der Kirche beisteht und damit ein irrtumsloses Zeugnis ermöglicht. Die *evangelischen* Kirchen gehen davon aus, daß nur die Bibel selbst als von Gott offenbart zu gelten habe; gleichzeitig ist von den Reformatoren (Luther und Calvin) betont worden, daß die altkirchlichen Bekenntnisschriften die biblischen Aussagen zutreffend wiedergeben. Sofern solche bekenntnismäßigen Aussagen die von Gott geoffenbarte Wahrheit aussprechen, sind sie verbindlich; sofern diese Aussagen jedoch Aussagen der Kirche sind, sind sie fehlbar und nicht irrtumsfrei. Mit diesem Ansatz wird also die katholische Geltung der Dogmen relativiert.

Dogmatik: in der Theologie der christlichen Kirchen die wissenschaftliche Beschäftigung mit den Dogmen. Die Dogmatik bemüht sich um die Erforschung und Darstellung der Dogmen, um die Glaubensinhalte der Kirche zu erfassen. Dabei ist sie nicht voraussetzungslos, sondern fühlt sich an die in diesen Dogmen ausgesprochenen Wahrheiten gebunden. In der evangelischen Theologie ist Dogmatik – mit gleicher Zielsetzung – eine Teildisziplin der systematischen Theologie.

Dogmatismus: Bezeichnung für die Einstellung, eine Begründung von Behauptungen abzuweisen und sich auf geltende philosophische, religiöse oder politische Lehren (auf Dogmen) zu berufen.

Dogmengeschichte: wissenschaftliche Disziplin der Theologie mit der Aufgabe, Entstehung und Geschichte der Dogmen darzustellen, um die Frage zu beantworten, wie es zu den heute von den christlichen Kirchen vertretenen Lehren und den für die Fixierung ihres Glaubens verkündeten Dogmen gekommen ist und was diese Dogmen für die einzelnen Christen bedeuten und zu bedeuten haben.

Doketismus [von griechisch dokeĩn „scheinen"]: theologische Auffassung über Wesen und Wirken Jesu, die seine irdische Existenz zum bloßen Schein erklärt. So ist Jesus nach doketischer Auffassung immer Gott geblieben, seine menschliche Existenzweise hat sein Wesen nicht berührt. Insbesondere im altkirchlichen Gnostizismus wurden doketische Anschauungen vertreten.

Dolmen: vorgeschichtliche Grabkammer, meist aus 4–6 senkrecht aufgestellten Trag- und 1–2 Decksteinen errichtet.

Dom [von lateinisch domus „Haus"]: bezeichnet zunächst sowohl die Bischofskirche als auch die Wohnungen des Klerus; im heutigen Sprachgebrauch werden im allgemeinen besonders große Kirchen wie auch die Bischofskirche „Dom" genannt.

Dominikanerorden (lateinisch Ordo [Fratrum] Praedicatorum „Predigerorden"; Abk. O.P.): nach den Franziskanern der zweite Bettelorden, gegründet von dem Spanier Dominikus (* um 1170, † 1221), der 1216 von Papst Honorius III. die Erlaubnis zur Gründung eines Ordens erhielt, der in Predigt, wissenschaftlicher Beschäftigung mit Theologie und in der Ketzerbekehrung seine Hauptaufgaben sah. Die Dominikaner stellten im Mittelalter die päpstlichen Hoftheologen; ihre berühmtesten Gelehrten waren Albertus Magnus (* um 1200, † 1280) und Thomas von Aquin (* 1225 oder 1226, † 1274). Die Tatsache, daß die Dominikaner seit 1232 führend in der Inquisition tätig waren, belastete ihr Ansehen; daher ihre wortspielartige Benennung mit „Domini canes" („Spürhunde des Herrn"). – Die Dominikaner tragen weißen Habit mit Kapuze und einen schwarzen Mantel. 1974 gab es rund 8 000 Dominikaner.

Die *Dominikanerinnen* leben nach z.T. unterschiedlichen Regeln in strenger Abgeschlossenheit und bilden einen Zweiten Orden neben den Dominikanern. Außerdem gibt es noch einen Dritten Orden, der v.a. in den Städten karitativ tätig wurde. Aus ihm entstanden im 19. Jahrhundert größere Kongregationen, die in Schule, Sozialfürsorge und in der Mission tätig wurden.

Dolmen. Prähistorische Grabstätte aus senkrecht stehenden Tragsteinen und darüber liegendem Deckstein

Dom in Speyer (1030 bis gegen 1100)

Domkapitel: geistliches Kollegium, dem die Durchführung eines feierlichen Gottesdienstes in der Dom- oder Kathedralkirche aufgetragen ist. Das Domkapitel hat Beratungsrecht in der Leitung der Diözese. Es übernimmt diese Leitung vorübergehend nach dem Tode eines Bischofs. Außerdem steht ihm ein meist eingeschränktes Mitwirkungsrecht bei der Wahl eines neuen Bischofs zu.

Domowoi [dɐma'vɔj; von russisch dom „Haus"]: slawischer Hausgeist, der Herd und Stall schützt; gedacht als unscheinbares, altes, graues Männlein.

Donar: germanischer Gott, altnordische Namensform ↑Thor.

Donatismus: im 4. Jahrhundert n. Chr. in Nordafrika entstandene christliche Sekte, benannt nach ihrem hervorragendsten Führer Donatus (seit 313 Bischof von Karthago). Die Donatisten forderten rigoros eine strenge Kirchenzucht und vertraten die Auffassung, die Wirksamkeit der Sakramente hinge von der sittlichen Qualität des Geistlichen ab, der sie vollzieht. So sei beispielsweise die von einem „unwürdigen" Priester vollzogene Taufe unwirksam. Ihr entschiedenster Gegner war Augustinus (* 354, † 430). Seit Anfang des 5. Jahrhunderts verschwand der Donatismus fast ganz. Reste, die sich bis zur islamischen Zeit hielten, hatten die Verfolgungen durch die Vandalen überlebt.

Donner ↑Gewittergott.

Donnerkeil: volkstümliche Bezeichnung für schmale, spitze, oftmals durchbohrte prähistorische Werkzeuge; man nahm an, sie seien bei Gewitter vom Himmel herabgeschleudert, und man hielt sie für heilig und zauberkräftig. Zur Bedeutung des Donnerkeils in indischen Religionen ↑Wadschra.

Doppelgänger: Person, die einer anderen zum Verwechseln ähnlich sieht. Im Volksglauben gilt das Erscheinen des Doppelgängers als Todesvorzeichen. Besondere Formen des Doppelgängertums finden sich im ↑Nagualismus und im ↑Totemismus.

Doppelgeschlechtlichkeit ↑androgyn.

Doppelkirche: zwei neben- oder übereinander errichtete Kirchen.

Doppelkloster: Zusammenfassung einer Mönchs- und Nonnengemeinschaft zu einer baulichen und rechtlichen Einheit, vom mittelalterlichen Reformmönchtum gefördert, später wieder aufgegeben.

doppelte Wahrheit: zwei unterschiedliche Aussagen über einen Sachverhalt, die beide zugleich wahr sein können, von denen die eine philosophisch, die andere theologisch formuliert ist. Eine solche Spannung besteht im Bereich der Religion z. B. zwischen Aussagen des Glaubens und des profanen Wissens oder zwischen höherer und niederer Erkenntnis. In der katholischen Kirche wurde die Lehre von der doppelten Wahrheit 1513 verurteilt.

Dordrechter Synode: die vom 13. November 1618 bis zum 29. Mai 1619 im südholländischen Dordrecht tagende Synode aller größeren reformierten Kirchen mit Ausnahme der Hugenotten. Ihr Ergebnis war eine Bekräftigung der Prädestinationslehre Calvins und eine Verurteilung der ↑Arminianer.

Dornbusch, brennender: im A.T. (2. Mos. 3, 4 ff.) wird von einer Erscheinung Jahwes berichtet, die Moses im Angesicht eines brennenden Dornbusches zuteil wird. Dies Ereignis ist ein Beispiel für ↑Theophanien.

Do ut des [lateinisch „ich gebe, damit du gibst"]: ursprünglich Formel des römischen Rechts für Verträge auf Gegenseitigkeit; in der Religionswissenschaft Bezeichnung für die Absicht des Opfernden, mit seinem Opfer eine Gegenleistung der Gottheit zu erwirken. Gleichen Sinn hat die indische Formel „dehi me dadāmi te" (Sanskrit „Gib mir, ich gebe dir").

Doppelkirche. Doppelkapelle in Schwarzrheindorf (1151 geweiht)

Drache. Der heilige Georg als Drachentöter (Reliefintarsie aus der Mitte des 17. Jahrhunderts; Braunschweig, Herzog-Anton-Ulrich-Museum)

Doxa [griechisch „Ruhm, Ansehen"]: eine Gott zugesprochene Eigenschaft, die Majestät, Glanz, Pracht und Erhabenheit ausdrückt.

Doxologie [von griechisch dóxa „Ruhm, Ansehen" und lógos „Wort, Rede"]: Lobpreisung der Herrlichkeit Gottes, hymnenartiger Lobspruch in den christlichen Gottesdiensten am Schluß des Glaubensbekenntnisses oder des Gebets.

Drache: ein sowohl in der religiösen Vorstellungswelt als auch in den Sagen vieler Völker auftretendes übermenschliches Mischwesen, dessen tierischer Gestalt Schlange, Krokodil und Vogel zugrunde liegen können. Der Drache, oft feuerspeiend gedacht, gilt meist als widergöttlich und menschenfeindlich. Dem mit der Tötung des Ungeheuers endenden Drachenkampf kommt daher in Mythos und Legende große Bedeutung zu; im christlichen Bereich gelten der Erzengel Michael und der hl. Georg als Drachentöter. Bedeutende Drachen in verschiedenen Mythologien sind ↑Illujanka, ↑Leviathan, ↑Python, ↑Tiamat, ↑Writra.

Drachenbootfest: im alten China ein Wettfahren drachenförmiger Boote, dessen ursprünglicher Sinn ein Regenzauber war.

Drachengott: in der chinesischen Religion weitverbreitete Gestalt, die als Bewohner der Berge, Meere und Seen galt, Stürme und Erdbeben verursachte, aber auch als Regenspender verehrt wurde.
Drachentempel: die dem chinesischen ↑Drachengott geweihten Tempel.
Drache zu Babel ↑Danielbuch.
Drama: in der Religionsgeschichte ↑Kultdrama.
Draupnir: in der nordgermanischen Mythologie der von Zwergen geschmiedete Zauberring Odins, von dem jede neunte Nacht acht gleich schwere Ringe abfallen.
Dreifaltigkeit ↑Trinität.
Dreiheiten (auch Triaden): in der Religionsgeschichte treten in großer Zahl Dreiheiten auf, da die Dreizahl meistens als heiligste Zahl gilt. Eine kosmologische Triade ist die Dreiteilung der Welt in Himmel, Erde und Unterwelt. Für göttliche Triaden sind u. a. charakteristisch: die ägyptische Dreiheit von Osiris, Isis und Horus und die römische von Jupiter, Mars und Quirinus. Als metaphysische Triade kennt die indische Religionsphilosophie „Sein, Denken, Wonne" (Sanskrit: sat, cit, ānanda). Anthropologisch ist die indische Dreiheit der Seelenkräfte: „das Finstere, Bewegte, Seiende" (Sanskrit: tamas, rajas, sattvam).
Drei Könige, heilige: nach der Erzählung des N.T. (Matth. 2, 1–12) die drei Weisen, die, dem Stern über Bethlehem folgend, aus dem Morgenland gekommen waren, um dem neugeborenen König der Juden zu huldigen und ihm Gold, Weihrauch und Myrrhe zu schenken. Von der Legende zu drei Königen erhoben, deren Namen Kaspar, Melchior und Balthasar im 9. Jahrhundert aufkamen; als christliche Heilige gelten sie besonders als Beschützer der Reisenden. Das Fest *Epiphanias* (6. Januar) (Offenbarung der Göttlichkeit des Kindes vor den drei Königen) wurde zum Dreikönigstag.
Dreimal-Heilig ↑Trishagion.
Dromenon [griechisch „das zu Tuende"]: die heilige Handlung, die im Kult in engster Verbindung zum liturgischen Wort (↑Legomenon) steht.
Drug [awestisch „Lüge, Trug"]: in der Verkündigung des Zarathustra das dem Ascha (einem der ↑Amescha Spentas) entgegengesetzte Prinzip des Bösen, dessen Anhänger *Drugwan* genannt werden. In den Inschriften der Achämenidenherrscher erscheint das Wort Drug in der altpersischen Form *Drauga*.
Druiden [von irisch drui, wahrscheinlich „intensiv Sehende, stark Erkennende"]: Bezeichnung der keltischen Priester.

Drei Könige. Anbetung der Heiligen Drei Könige von Nicola Pisano auf der Kanzel im Baptisterium in Pisa (1260)

Drusen, pseudoislamische Sekte, deren etwa 180000 Anhänger im Libanon, Antilibanon und in der Umgebung von Damaskus leben. Sie bekennen sich zu dem Fatimidenherrscher (aus der Dynastie, die von Fatima, der Lieblingstochter Mohammeds, abstammt) Al Hakim, der 1021 starb, nach dem Glauben der Drusen jedoch auf geheimnisvolle Weise verschwunden ist und dereinst zurückkehren soll. Ihr Name geht zurück auf Ad Darazi, einen Begründer der Hakim-Verehrung.

Dryaden: griechische Baumgeister, ↑Baumgottheiten.

Dschagatguru (= Jagatguru) [Sanskrit „Weltlenker"]: Titel von Äbten bedeutender Klöster des Schiwaismus.

Dschainismus (= Jainismus, Jinismus) [von Sanskrit Dschaina „Anhänger des Dschina"]: indische Religion, deren Entstehungszeit mit der des Buddhismus zusammenfällt. Ihr Verkünder war Wardhamana († um 477 v. Chr.), mit dem Ehrentitel ↑Dschina ausgezeichnet. Er entstammte dem Kriegeradel. In seiner Gemeinde gilt er als der letzte von 24 *Tirthankaras* (Sanskrit „Furtbereitern"), von denen vor ihm nur der vorletzte, Parschwa, historisch gewesen sein dürfte. – Der Dschainismus beruht auf einer streng asketischen Erlösungslehre. Meditation und Askese können die Wirksamkeit des ↑Karma aufheben und die individuellen Seelen aus den Fesseln der Materie befreien. Oberstes Prinzip der Ethik ist das strenge Verbot der Tötung lebender Wesen. Als besonders verdienstvoll gilt es, seinem Leben durch Fasten ein Ende zu setzen. – Die korrekte Erfüllung dieser Vorschriften ist nur im Mönchtum möglich, das in ↑Digambaras und ↑Schwetambaras aufgespalten ist. Ein besonderer Mönchsrang ist der des „Lehrers". Wie der Buddhismus besitzt der Dschainismus außerdem Laienanhänger. – Der Kult besteht hauptsächlich in der Verehrung der Tirthankaras. – Der Dschainismus, der missionarisch kaum aktiv ist, zählt heute in Indien etwa 2,6 Millionen Anhänger.

Dschihad (= Ǧihād, Djihād) [arabisch „heiliger Krieg"]: der Krieg des Islams gegen die Ungläubigen; er gilt als Pflicht der Muslime im Dienst der Ausbreitung ihrer Religion. Diese Pflicht wird abgeleitet von einer Stelle im Koran (Sure 9, 5): „Erschlaget die Götzendiener, wo ihr sie findet ... Wenn sie jedoch bereuen und das Gebet verrichten und die Armensteuer zahlen, so laßt sie des Weges ziehen". Dabei wird nicht gefordert, daß dieser Krieg ständig geführt werden müsse; grundsätzlich gilt es jedoch als Pflicht, die ganze Welt zum Islam zu bekehren.

Dschina (= Jīna) [Sanskrit „der Sieger"]: in der indischen Religionsgeschichte Ehrentitel großer religiöser Autoritäten, vornehmlich für Wardhamana, den Stifter des nach diesem Titel benannten ↑Dschainismus, aber auch für dessen zum großen Teil legendäre Vorläufer und für Buddha gebräuchlich.

Dschinn (= Ǧinn, Djinn) [arabisch]: die Wüstengeister der vorislamischen Religion Altarabiens, zur Zeit Mohammeds als unpersönliche, unbestimmte Wesen gedacht.

Dschiwanmuktas (= Jivanmuktas) [Sanskrit „lebendig Erlöste"]: indische Bezeichnung für Heilige, die schon im irdischen Leben ihr religiöses Ziel, die Erlösung vom Kreislauf der Wiedergeburten, erreicht haben.

Dua (= Du'ā') [arabisch „Segenswunsch, Gebet"]: im Islam das freie Einzelgebet im Gegensatz zum Pflichtgebet (Salat) und den mit diesem verbundenen rituellen Vorschriften.

Dualismus: auf religiösem Gebiet der Glaube an zwei metaphysische Mächte, die sich entweder einander ergänzend („komplementär") oder feindlich („antithetisch") gegenüberstehen. Typisch für einen *komplementären* Dualismus ist die altchinesische

Dura-Europos. Kopf eines Propheten aus der Synagoge (3. Jahrhundert; Damaskus, Museum)

Anschauung von den sich ergänzenden kosmischen Prinzipien des männlichen, aktiven und schöpferischen *Yang* und des weiblichen, passiven *Yin* als passivem Element. *Antithetischer* Dualismus findet sich am ausgeprägtesten in der Verkündigung des Zarathustra und im Manichäismus. Nach der Lehre Zarathustras steht dem guten Gotte Ahura Masda die Verkörperung des bösen Prinzips, der Widersacher Angra Manju, unversöhnlich gegenüber. Auch Mani, der Stifter des Manichäismus, nahm die uranfängliche Existenz zweier einander schroff gegenüberstehender Prinzipien an, die er als Gott und als Materie bezeichnete.

Duat [ägyptisch „Unterwelt"]: Bezeichnung des Totenreiches in der ägyptischen Religion.

Duchoborzen [russisch „Geisteskämpfer"]: russische Sekte, in der 2. Hälfte des 18. Jahrhunderts in Südrußland entstanden; sie brach am radikalsten mit der russischen Orthodoxie und lehnte deren Kult und Dogmen ab. Einziger Gottesdienst ist eine Gebetsversammlung. Die Duchoborzen haben eine strenge Ethik und verwerfen jegliche äußere Autorität.

Duhkhanta [Sanskrit „Ende des Leidens"]: im Schiwaismus Bezeichnung für „Erlösung"; sie besteht im Erreichen übernatürlicher Kräfte.

Dulia [von griechisch duleía „Dienst"]: in der katholischen Kirche und in der Ostkirche die den Heiligen erwiesene Verehrung, die theoretisch von der Verehrung Gottes (z. B. seiner

Durga. Bemaltes Holzrelief aus Dacca (um 1800; Berlin, Museum für Indische Kunst)

Anbetung), der *Latreia*, unterschieden wird.

Dumuzi [...zi; sumerisch „rechter Sohn"]: ursprünglicher Name des meist unter der hebräischen Namensform ↑Tammuz bekannten sumerischen Gottes.

Dura-Europos: Ruinenstätte in Ostsyrien, am rechten Ufer des Euphrat gelegen. Die Ausgrabungen der Jahre 1922–1936 haben antike Tempel freigelegt, ferner eine christliche Kapelle sowie eine im 3. Jahrhundert erbaute Synagoge mit einem großen Zyklus von Wandmalereien, die alttestamentliche Motive darstellen.

Durga [Sanskrit]: auch als *Kali*, *Parwati* oder auch *Dewi*, Göttin schlechthin, verehrte hinduistische Göttin, Gattin des Schiwa. Ihr Kult ist von z. T. sexuell geprägten Riten begleitet und außerdem durch Darbringung blutiger Tieropfer, früher auch Menschenopfer, gekennzeichnet.

Dyaus pitar (= Djaus pitar) [Sanskrit „Himmelsvater"]: ein dem griechischen *Zeus pater* und dem römischen *Jupiter* etymologisch und weitgehend auch sachlich entsprechender Himmelsgott der wedischen Religion.

Dynamismus [von griechisch dýnamis „Macht, Kraft, Stärke"]: evolutionistische Religionstheorie (↑Evolutionstheorie), nach der die primitivreligiöse Erfahrung übernatürlicher Macht primäres religiöses Erlebnis und Vorstufe des Glaubens an Götter sei. Angeregt wurde die Theorie des Dynamismus durch einen Brief, den der englische Missionar R. H. Codrington (* 1830, † 1922) 1877 an den deutsch-englischen Religionswissenschaftler Friedrich Max Müller (* 1823, † 1900) nach Oxford über den melanesischen Machtbegriff ↑Mana schrieb, der zunächst als eine *überpersönliche* Kraft (einer elektrischen Ladung vergleichbar) aufgefaßt wurde. Mana und vergleichbare Machtbegriffe (*Orenda* im Irokesischen, *Wakanda* bei den Sioux, *Hasina* bei den Madagassen) werden heute im allgemeinen als Qualität sakraler *Personen* angesehen, womit zugleich die spezifisch evolutionistische Tendenz des Dynamismus abgelehnt wird.

Dyophysitismus [von griechisch dýo „zwei" und phýsis „Natur"]: Lehre von den zwei Naturen Christi.

Dyotheletismus [von griechisch dýo „zwei" und thélēsis „Wille"]: in der katholischen Theologie die Lehre von den zwei Willen in Jesus Christus, dem göttlichen und dem menschlichen Willen.

E

E [germanisch „göttliches Gesetz, Ordnung"]: Begriff für „Religion" in der germanischen Religion.

Ea [akkadisch]: babylonisch-assyrischer Gott, dem ↑Enki der Sumerer entsprechend.

Ebed Jahwe [hebräisch „Gottesknecht"]: der leidende „Knecht Gottes" in der Prophetie des ↑Deuterojesaja (Jes. 52, 13–53, 12). Diese Gestalt trägt messianische, königliche und prophetische Züge. Es ist ungeklärt, ob der Ebed Jahwe, dessen hauptsächlicher Wesenszug das stellvertretende Leiden ist, als Einzelgestalt oder als Bild für das Volk Israel zu verstehen ist. Im N.T. wird Leben und Tod Jesu mit dem Leiden des Ebed Jahwe in Verbindung gebracht (z. B. Apg. 3, 13).

Ebenbild Gottes ↑Imago Dei.

Eben-Ezer [hebräisch „Stein der Hilfe"]: Name des Steines, den Samuel nach dem Sieg über die Philister aufstellen ließ (1. Sam. 7, 12).

Eber: im Hinduismus eine Inkarnation (↑Awatara) des Gottes Wischnu. In der germanischen Mythologie ist der Eber Gullinborsti Zug- und Reittier des Gottes Freyr. Die erdaufwühlende Tätigkeit des Ebers hat ihn mit Sturm und Gewitter in Verbindung gebracht.

Ebioniten [von hebräisch ebjon „arm"] (auch Nazoräer): judenchristliche (d. h. die Bedeutung des alttestamentlichen Gesetzes betonende), im Gegensatz zu den ↑Elkesaiten nichtgnostische Sekte des 2.–4. Jahrhunderts im Ostjordanland. Die Ebioniten verbanden strikte Gesetzesbefolgung mit dem Glauben an die Messianität Jesu. Sie verwarfen die Autorität des Apostels Paulus.

Ecce Homo ['ɛktse 'homo; lateinisch „sehet, welch ein Mensch"]: die berühmten Worte, mit denen Pilatus nach dem Johannesevangelium (Joh. 19, 5) den Juden den gegeißelten, mit einer Dornenkrone gekrönten und mit einem Purpurmantel bekleideten Jesus zeigt.

Ecclesiastes: in der „Septuaginta" Name des alttestamentlichen ↑Predigerbuches.

Ecclesiasticus: in der „Septuaginta" Name des alttestamentlichen apokryphen Buches des ↑Jesus Sirach.

Ecclesiola in ecclesia [lateinisch „Kirchlein in der Kirche"]: von Luther geprägter Begriff für eine christliche Kerngemeinde innerhalb der Kirche, vom Pietismus erneut aufgenommen.

Echnaton [altägyptisch „es gefällt dem Aton"]: Name, den der ägyptische König Amenophis IV. (♕ etwa 1370–1352 v. Chr.), der Gatte der Nofretete, annahm, als er in seinem 6. Regierungsjahr die neue Residenz Achet-Aton erbaute und zum Mittelpunkt seiner religiösen Reform machte. Diese Reform, die teilweise an die Verehrung des ↑Re in Heliopolis anknüpfte, galt der ausschließlichen Verehrung des Gottes ↑Aton. Als Monotheismus nahm der Aton-Glaube eine zunehmend feindliche Haltung zu den polytheistischen Göttern Ägyptens ein und ließ v. a. die populären, mit ↑Osiris verbundenen Jenseitsvorstellungen außer Betracht. Auf Grund dieser Tatsache und wegen der Vernachlässigung staatlicher Aufgaben durch Echnaton kam es zum raschen Verfall seiner religiösen Stiftung, der unmittelbar nach seinem Tod einsetzte.

Echo [von griechisch ēchḗ „Schall"]: im Volksglauben als Antwort von Geistern gedeutet. In der griechischen Mythologie wurde Echo als eine Bergnymphe gedacht, die durch ihr Geschwätz Hera ablenkt, während ihr Gatte Zeus seinen Liebesabenteuern nachgeht. Echo wird dafür von Hera in der Weise bestraft, daß sie weder von selbst reden, noch, wenn ein anderer redet, schweigen kann.

Echnaton. Teil einer ägyptischen Statue aus Karnak (um 1365 v. Chr.; Kairo, Ägyptisches Museum)

Edda: wichtigste literarische Quelle zur nordgermanischen Religion, in altnordischer Sprache verfaßt. Zu unterscheiden ist zwischen einer älteren oder *Lieder-Edda*, die Götter- und Heldenlieder enthält, deren älteste nach neueren Forschungen bis ins 6./7. Jahrhundert zurückreichen dürften. Diese Lieder-Edda wurde von einem unbekannten Isländer zusammengestellt. Die jüngere oder *Prosa-Edda* ist das Werk des christlichen Autors Snorri Sturluson (* 1179, † 1241), der in seinem Werk das vorchristliche Gut zuverlässig tradierte. Sein Werk ist ein für Dich ter bestimmtes Handbuch der nordischen Mythologie.

Eden [hebräisch]: im A.T. (1. Mos. 2, 8 ff.) die Landschaft, in der der Paradiesgarten lag. Das Wort Eden (wahrscheinlich von akkadisch edinu „Steppe, Wüste") weckte bei hebräisch Sprechenden die Assoziation an das gleichlautende Wort für „Wonne".

Edessa (heute Urfa, Türkei): antike syrische Stadt, nach der Eroberung durch Alexander den Großen (♔ 336–323) nach der gleichnamigen makedonischen Stadt benannt. Für die Anfänge des Christentums in Edessa ist das Wirken des christlichen Philosophen Bardesanes (* 154, † 222) bedeutsam gewesen. Unsicher ist, ob die edessenische Königsfamilie um 200 christlich und das Christentum Staatsreligion geworden ist. Edessa entwickelte sich früh zu einem Zentrum theologischer Gelehrsamkeit, wofür die Tätigkeit des Theologen Ephräms des Syrers (* um 306, † 378) als Lehrer, Exeget und Hymnendichter entscheidend war. Theologische Richtungskämpfe wurden durch den ↑Monophysitismus ausgelöst.

Edikt [lateinisch]: staatlicher Erlaß zur Regelung religiöser Angelegenheiten. Die alte Bezeichnung Edikt wurde vor allem von den französischen Königen in diesem Sinne verwendet und damit in den modernen Sprachgebrauch aufgenommen.

Edikt von Mailand: die 313 auf Grund von Abmachungen zwischen den Kaisern Konstantin dem Großen (♔ 306–337) und Licinius (♔ 308 bis 325) erlassene Konstitution, mit der die Christenverfolgungen offiziell beendet wurden und die Freiheit des christlichen Gottesdienstes gesichert wurde.

Edikt von Nantes [nã:t]: von dem französischen König Heinrich IV. (♔ 1589–1610) 1598 erlassen, bestätigte den katholischen Glauben als Staatsreligion und verhinderte eine weitere Ausbreitung des Protestantismus in Frankreich; es gab jedoch den ↑Hugenotten eine gesicherte Rechtslage, insofern ihnen örtlich begrenzte Kultfreiheit, volle Bürgerrechte und „Sicherheitsplätze" (befestigte protestantische Städte) zugestanden wurden. Das Edikt von Nantes wurde 1629 teilweise und 1685 endgültig zuungunsten der Hugenotten aufgehoben.

Egeria: Quellennymphe der römischen Mythologie, die im Hain der Camenae (römische Quellgottheiten) verehrt wurde.

Ehe [von althochdeutsch ewa „ewig geltendes Recht"]: durch den rituellen Vollzug der Hochzeit gilt die Ehe in den meisten Religionen als sakrale Gemeinschaft. Dies gilt besonders von der monogamen Ehe, die die meisten gestifteten Religionen bevorzugen. Z. B. gehört nach Aussagen des N.T. (Mark. 10, 5 ff.) die Ehe zur Schöpfungsordnung.

Ehre: als religiös verbindlicher Wert wird die Ehre sowohl für die Gemeinschaft als auch für das Individuum in charakteristischer Weise von der germanischen Religion herausgestellt. Zu ihren Forderungen gehört die Tapferkeit des Mannes und die Treue gegenüber dem Fürsten. Die Verletzung der Ehre erfordert ihre Wiederherstellung. Der Ehrlose steht außerhalb der Gemeinschaft. Im Christentum ist Ehre an die Ehre (oder Herrlichkeit) Gottes gebunden. Sie beruht nach dem N.T. auf der durch göttliche Gnade wiederhergestellten bzw. ermöglichten Gottes- und Christusebenbildlichkeit des Menschen (2. Kor. 3, 18; 2. Thess. 2, 14).

Ehrfurcht: ein besonders seit Goethe für die religiöse Haltung schlechthin gebräuchlicher Begriff, der die menschliche Gemütsregung angesichts des Heiligen und Erhabenen (↑heilig) zum Ausdruck bringt.

Ei: als Sitz des in ihm keimhaft enthaltenen Lebens Träger besonderer Macht; daher ist in vielen Religionen das Ei ein Symbol für das Leben.

Weit verbreitet sind mythische Vorstellungen vom Weltei als Ursprung des Kosmos. Besondere Kraft wird Eiern im Frühjahr beigemessen; dies ist, zusammen mit der Symbolik des neuen Lebens, charakteristisch für Ostereier. Als Totenbeigabe soll das Ei Verstorbenen die Lebenskraft erhalten.

Eibe: heiliger Baum der Inselkelten, dem eine kymrische Überlieferung eine Lebensdauer von 19683 Jahren zuschreibt. Die Eibe soll schadenabwendende (apotropäische) Eigenschaften besitzen; auch gilt sie in Europa weithin als Totenbaum.

Eiche: in der Religionsgeschichte hat die Eiche eine besondere Bedeutung, sie galt bei Indogermanen, aber auch bei den Japanern als heilig. Am bekanntesten ist die Eiche als heiliger Baum des germanischen Gottes Donar (Bonifatius [* 672/73, † 754] fällte 724 die Donareiche bei Geismar). Dem Zeus war in Dodona ein Eichenhain geweiht. Der Name der ↑Dryaden geht auf griechisch *drys*, „Eiche", zurück. Eine Eiche auf dem römischen ↑Kapitol wurde besonders von Hirten verehrt. Der japanische Schinto kennt einen besonderen Eichengott. – Neben der Verehrung einzelner Eichen und ihrer Verbindung mit bestimmten Gottheiten steht die generelle Bedeutung von Eichenhainen als Kultstätten, die bei indogermanischen Völkern Europas weit verbreitet waren. – Im christlichen Mittelalter wurden Eichen an Wallfahrtsorten mit Maria in Verbindung gebracht, was am deutlichsten im Ortsnamen Maria-Eich zum Ausdruck kommt.

Eid: feierliche Bekräftigung einer als wahr behaupteten Aussage. Diese Bekräftigung trägt meist religiösen Charakter; entsprechend gilt Meineid als besonders schwere Sünde. Der Eid ist dem ↑Fluch insofern verwandt, als er ursprünglich eine bedingte Selbstverfluchung darstellte. Die Wahrheit des Eides kann durch ein ↑Gottesurteil (Ordal) überprüft werden. Die religiöse Bekräftigung des Eides erfolgt durch symbolische Handlungen oder durch religiöse Eidesformeln. Zu den symbolischen Handlungen zählen der Schwurgestus des Erhebens der Hand oder einzelner Finger, das Hindurchschreiten durch zwei Hälften eines Opfertieres, v. a. die Berührung machthaltiger Objekte; so schworen die Germanen unter Berührung eines Eidesringes. In Buchreligionen wird oft unter Berührung der heiligen Schrift geschworen. Eine Bekräftigung durch das Wort stellt zum einen der *promissorische Eid* dar, der in einem Pfandsetzen für die Zukunft besteht: ein wertvoller Gegenstand oder ein geliebter Mensch werden als Pfand für die Wahrheit der Aussage genannt. Ebenfalls bekräftigt das Wort eine Aussage, wenn für deren Wahrheit eine Gottheit als Zeuge, Helfer oder Richter angerufen wird. Polytheistische Religionen kennen häufig bestimmte Schwurgötter, denen visuelle Allwissenheit zugeschrieben wird.

Eidechse: im Volksglauben Seelen- und Hexentier, aber auch Schutzgeist und Symbol für Tod und Auferstehung.

Eidolon [griechisch „Bild, Gestalt, Schattenbild"]: im griechischen Jenseitsglauben der Schatten des Menschen in der Unterwelt, oft als unterlebensgroße beflügelte Statue gedacht; in der „Septuaginta" und im N. T. ist Eidolon das Götzenbild.

Eigenkirche: die auf privatem Grund und Boden stehende Kirche, über die der Grundherr bestimmte Rechte ausübte, besonders das Recht, den Geistlichen ein- oder abzusetzen.

Eikon ↑Ikone.

Eileithyia: griechische Geburtsgöttin, Tochter des Zeus und der Hera, auch mit Hera oder Artemis identifiziert.

eingeborener Sohn: im Johannesevangelium (Joh. 1, 13) Titel Christi, mit dem seine Gottessohnschaft zum Ausdruck gebracht werden soll.

Eingeweideschau: die genaue Beobachtung der Eingeweide, insbesondere der Leber des Opfertieres zu Orakelzwecken. Die Leberschau war vor allem bei Babyloniern, Hethitern und Etruskern üblich. Beschriftete Lebermodelle wie die hethitische Tonleber von Boğazköy und die etruskische Bronzeleber von Piacenza haben zum Unterricht in der Mantik gedient. Im alten Rom wurde die Eingeweideschau von den ↑Haruspices vollzogen.

Eingießung ↑Infusion.

Einherier [von altnordisch einherjar „Einzelkämpfer"]: in der germanischen Mythologie die auf dem Schlachtfeld gefallenen Krieger, die in Walhall leben und dort täglich Kämpfe und Gefolgschaftsgelage veranstalten, um sich für den Kampf am Tage der Götterdämmerung (Ragnarök) bereit zu halten.

Einhorn: ein aus dem Orient stammendes Fabeltier, ziegen- oder pferdeähnlich, mit einem langen Horn in der Mitte der Stirn. Es kann nur im Schoß einer Jungfrau Schlaf finden und gilt daher als Symbol der Keuschheit und wurde zum Attribut der Jungfrau Maria.

Einhorn. Medaille von Pisanello (1447; Washington, National Gallery of Art)

Einigungsbestrebungen: Versuche zur Wiedervereinigung der christlichen Konfessionen, ↑ökumenische Bewegung.

Einkleidung: Übergabe des Ordenskleides an neue Mitglieder (Novizen) eines geistlichen Ordens und religiöser Gemeinschaften. Sie findet meist in einem feierlichen Gottesdienst statt, dem eine Prüfung des Kandidaten vorangegangen ist.

Einsegnung: Bezeichnung für eine kirchliche Segens- und Weihehandlung, vornehmlich für die ↑Konfirmation.

Einsetzungsworte: die Worte Jesu über Brot und Wein beim letzten ↑Abendmahl mit seinen Jüngern (Matth. 26, 26–29; Mark. 14, 22–25; Luk. 22, 15–20; 1. Kor. 11, 23–25). Diese Worte sind wesentlicher Bestandteil der Abendmahlsliturgien.

Einsiedler ↑Eremit.

Einzelgebet ↑Gebet.

Eirene [griechisch „Friede"]: griechische Göttin des Friedens, eine der drei ↑Horen.

Eisen: gilt im Volksglauben weithin als Mittel gegen Dämonen, besonders in Form von Hufeisen oder Nägeln. Den Eisenschmieden wurden magische Kenntnisse zugeschrieben. Bei den Alchimisten zählte das Eisen zu den sieben den Planeten zugeordneten Metallen.

Eisheilige: volkstümliche Bezeichnung für bestimmte Tage im Mai, an denen Kaltlufteinbrüche in manchen Gegenden Frostschäden verursachen. In Norddeutschland werden die Eisheiligen vom 11. bis 13. Mai (mit den Tagesheiligen Mamertus, Pankratius, Servatius) erwartet, in Süddeutschland vom 12. bis 15. Mai (Pankratius, Servatius, Bonifatius, „Kalte Sophie").

Ekam adwitijam (= ekam advitīyam) [Sanskrit „das Eine ohne ein Zweites"]: Zentralbegriff der altindischen Mystik, Bezeichnung für das Absolute, das unpersönlich gedacht wird.

Ekklesiologie [von lateinisch ecclesia „Kirche"]: die theologische Lehre von der [christlichen] Kirche.

Eklektizismus: auf religiösem Gebiet die Auswahl aus bestehenden Glaubens- und Kultformen ohne feste Bindung an nur eine Religion oder Konfession.

Ekpyrosis [griechisch „Verbrennung, Weltbrand"]: allgemeiner Brand am Ende einer Weltperiode, auf den griechischen Philosophen Heraklit (* um 550, † um 480) zurückgehende stoische Anschauung.

Ekstase [von griechisch ékstasis „Außersichgestelltsein, Verzückung"]: religiöses Erlebnis individueller Entpersönlichung, der das Gefühl entspricht, von einer Gottheit erfüllt zu sein. Zu unterscheiden ist eine spontan den Menschen überkommende von einer künstlich durch Askese, Musik, Tanz oder Drogen herbeigeführten Ekstase.

Ektenie [von griechisch ekténeia „Inbrunst, Beharrlichkeit"]: im Gottesdienst der Ostkirchen wechselweise vorgetragenes Fürbittegebet mit ständiger Wiederholung eines Refrains.

Ekur [sumerisch „Berghaus"]: Bezeichnung des Zentralheiligtums des sumerischen Gottes ↑Enlil in Nippur.

El: semitische Gottesbezeichnung. Der vom synonymen hebräischen *Eloah* abzuleitende Plural *Elohim* ist im A.T., wenn er für den Gott Israels verwendet wird, Pluralis majestatis und hat daher singularische Bedeutung.

elamische Religion: Religion des seit der Mitte des 3. Jahrtausends v. Chr. bezeugten altorientalischen Reiches von Elam (mit der Hauptstadt Susa) im heutigen Südwest-Iran, das um 640 v. Chr. von Assur unterworfen wurde. An der Spitze des Pantheons stand ursprünglich die Göttermutter Pinenkir. Im Verlauf des 2. Jahrtausends gewann der Gott Humban als Gottheit der königlichen Herrschaft eine vorrangige Stellung. Neben ihm besaßen der Sonnengott Nachchunte („Tagschaffer") und der Mondgott Napir („der Glänzende") eine besondere Bedeutung. Die absolute Übermacht der Götter über die Menschen trat deutlich zutage. Zur Eigentümlichkeit des elamischen Kultes gehörte die ausgeprägte Pflege von Wallfahrten zu Bergheiligtümern. Der Glaube an ein Fortleben nach dem Tode war mit der Vorstellung eines Totengerichts verbunden, als dessen göttlicher Herr Inschuschinak galt.

Elben [altnordisch] (auch Alben, Elfen): in der germanischen Mythologie kleinwüchsige Zaubergeister. Sie werden in späterer Zeit als gutartige Lichtelben und böse Dunkelelben unterschieden; letztere hausen unter der Erde.

Electi [lateinisch „Auserwählte"]: im Manichäismus gegenüber den Laienanhängern (lateinisch *Auditores* „Hörer") die streng nach den asketischen Vorschriften ihrer Religion und ohne festen Wohnsitz lebenden Mönche.

Elefant: religionsgeschichtlich bedeutsam für die Religionen Indiens und deren südostasiatische Verbreitungsgebiete sowie für alte afrikanische Stammesreligionen, die den Elefanten als Totemtier und als Machtträger kennen. – Nach indischer Vorstellung sind göttliche Elefanten die Hüter der Himmelsgegenden. Im Hinduismus gewann v. a. der zwergengestaltige, dickbäuchige Gott Ganescha, der mit einem einzahnigen Elefantenkopf darge-

Elefant. Ganescha aus Andhra Pradesh (etwa 12. Jahrhundert)

stellt wird, Bedeutung als Förderer behaglichen Wohlstandes, als göttlicher Herr der Schreibkunst und der Weisheit. In Südindien tritt Ganescha als Erntegott auf. – Die Buddha-Legende berichtet, daß der Buddha in Gestalt eines weißen Elefanten in den Schoß seiner schlafenden Mutter eintrat, um von ihr als Mensch geboren zu werden.

Elephantinetexte: in aramäischer Sprache 495–400 v. Chr. verfaßte Papyrustexte aus dem Archiv einer jüdischen Militärkolonie auf der bei Assuan gelegenen Nilinsel Elephantine. Die Elephantinetexte, unter persischer Herrschaft entstanden, sind ab 1893 bekannt geworden. Sie enthalten Privaturkunden, literarische Texte, Entwürfe zu Bittschriften wegen des Wiederaufbaus eines von ägyptischen Priestern zerstörten jüdischen Heiligtums sowie Antworten mit Erwähnung eines offiziellen Schreibens von dem Perserkönig Darius I. (♕ 522–486). Die Texte sind wichtige Quellen für das religiöse, politische und rechtliche Leben dieser frühen jüdischen Diasporagemeinde.

Eleusis: griechischer Kultort in Attika, Hauptstätte der Verehrung der ↑Demeter, auf die die *eleusinischen Mysterien* zurückgeführt wurden, in deren Mittelpunkt Demeters Tochter, das „Mädchen" („Kore") Persephone, stand. Da die in die Mysterien von Eleusis Eingeweihten zu absolutem Schweigen verpflichtet waren, besitzen wir kein vollständiges Bild dieser Feiern.

Elfen ↑Elben.

Elfenbeinturm: in religiöser Bedeutung ist „Elfenbeinturm" zunächst ein bildhafter Ausdruck im A. T. (Hoheslied 7,4), der später allegorisch gedeutet und auf Maria bezogen wurde („Turm" steht für Standhaftigkeit, „Elfenbein" für Reinheit). Das Bild des Elfenbeinturms findet sich seit dem 12. Jahrhundert in der religiösen, besonders der Marienliteratur (so in der Lauretanischen Litanei) und Marienikonographie.

Elia (= Elija) [hebräisch „mein Gott ist Jahwe"] (auch Elias): bedeutendster alttestamentlicher Prophet im 9. Jahrhundert v. Chr. im Nordreich. Elia war Verfechter eines unbedingten Jahweglaubens und radikaler Kämpfer gegen die Baalsverehrung. Die Elia-Überlieferung ist im A. T. (1. Kön. 17–2. Kön. 2) aufgezeichnet. An die Geschichte von seiner Himmelfahrt knüpfte sich die Erwartung seiner einstmaligen Wiederkehr.

Eliasapokalypsen: apokryphe Schriften über das Weltende, die unter dem Namen des Propheten Elia in den ersten nachchristlichen Jahrhunderten entstanden.

Elimination [von lateinisch eliminare „austilgen"]: in der Religionsgeschichte rituelle Beseitigung eines mehr oder weniger materiell aufgefaßten Sündenstoffes.

Elisa: israelitischer Prophet des 9. vorchristlichen Jahrhunderts, Schüler des ↑Elia und wie dieser Vorkämpfer für den Jahweglauben in der Auseinandersetzung mit dem Baalskult (1. Kön. 19, 19 ff. und 2. Kön. 2–13).

Elite: religionssoziologisch die innerhalb einer Religion aus religiösen Motiven besonders hervorgehobene und geachtete Gruppe. Hierbei kann es sich in einer größeren Kultgemeinde um eine kleinere, religiös besonders aktive Kerngemeinde handeln. In Mysterienreligionen, die Wissen und religiöse Erfahrung als Geheimnis hüten, bilden die Eingeweihten, die Mysten, eine Elite. Asketische Erlösungsreligionen wie Buddhismus und Dschainismus weisen dem Mönchtum eine elitäre Stellung zu. Im frühen Islam bildete sich aus den ersten Bekennern und Kampfgefährten des Propheten Mohammed eine Führungsschicht. Zur Elite zählen in jeder Religion die jeweiligen Typen religiöser Autorität: der charismatische Verkünder, Prophet und Priester, der Schamane (↑Schamanismus) und der Medizinmann. Wenn die religiöse Elite gleichzeitig zur Ausübung politischer Macht gelangt, entsteht eine hierarchische Ordnung des Gemeinwesens. Sie fand ihre konsequenteste Verwirklichung im Sakralkönigtum.

Eljon [semitisch „der Höchste"]: semitische Gottesbezeichnung.

Elkesaiten [...sa-i:...]: nach ihrem um die Wende des 1. zum 2. nachchristlichen Jahrhundert wirkenden Stifter Elkesai (auch Elchasai) benannte judenchristliche Sekte im Ostjordanland. Die Elkesaiten verbanden jüdische Bräuche der Sabbatheiligung und der Beschneidung mit dem Glauben an die Messianität Jesu sowie mit gnostischen Gedanken und synkretistischen Elementen. Ihr von Elkesai verfaßtes heiliges Buch ist nur fragmentarisch überliefert.

Ellampsis [griechisch „Erleuchtung"]: in der Sprache der Mysterien ein Terminus für die Schau des Heiligen.

Elohim ↑El.

Elohist (Abk. E): eine der Quellenschriften des ↑Pentateuch, die im Gegensatz zum ↑Jahwisten die Gottesbezeichnung Elohim verwendet und stärker theologisch reflektierend berichtet. Entstanden ist der Elohist im 8. Jahrhundert v. Chr. im Nordreich Israel.

Elterngottheit (auch japanisch Ojagami, Oyagami): Gottesbegriff der japanischen ↑Tenrikio.

Elysium (auch Elysion): in der griechischen Mythologie das am Ende der Erde oder auf einer Insel lokalisierte Gefilde der Seligen; nach Hesiod ist Kronos sein Herrscher.

Emanation [von lateinisch emanare „herausfließen"]: Bezeichnung für einen Weltentstehungsvorgang, der nicht auf der Schöpfung durch eine Gottheit beruht, sondern als ein Heraustreten der Erscheinungswelt aus einem Urprinzip gedacht wird.

Eminenz [von lateinisch eminentius „hervorragend"]: Ehrentitel und Anrede für Kardinäle und für den Großmeister des Malteserordens.

Emma-O [japanisch] (auch chinesisch Yen-lo Wang): im japanischen Buddhismus König und Richter der Unterwelt, auf den indischen Totengott ↑Jama zurückzuführen.

Empfängnis, übernatürliche ↑Jungfrauengeburt.

Empnoia ↑Epipnoia.

Empusa: in der griechischen Mythologie ein weibliches Schreckgespenst aus dem Gefolge der Hekate.

Enderwartung ↑Eschatologie.

Endgericht ↑Eschatologie.

Endkampf ↑Eschatologie.

Endzeit ↑Eschatologie.

Engel [von griechisch ángelos „Bote"]: Bote und Diener Gottes, Mittler zwischen der Gottheit und den Menschen. Die Engel sind der Gottheit, der sie dienen und in deren Nähe sie weilen, untergeordnet, stellen aber die höchste Stufe der Schöpfung in personaler Gestalt dar. Sie gelten nicht als völlig körperlos, sondern als Gestalten mit einem Körper aus Licht oder Äther (Astralleib) oder einem Feuerleib (daher die rote Gewandung auf griechischen Ikonen). Unter sich können die Engel eine hierarchische Ordnung bilden, an deren Spitze oft Erzengel stehen. Als gefallene Engel gelten häufig die widergöttlichen Mächte der Dämonen. Religionsgeschichtlich findet sich die Engelvorstellung v. a. in monotheistischen Religionen. Der Parsismus kennt neben seinem nahezu monotheistisch verehrten Gott eine uranfängliche Macht des Bösen und ordnet in diesen antagonistischen Dualismus die Engel einerseits und die Dämonen andererseits ein. Im A. T. treten Engel als Boten (z. B. 1. Mos. 19, 1; Ps. 103, 20) und als Söhne Gottes (Hiob 1, 6) auf. Als besondere Engelnamen finden sich Michael (Daniel 10, 13), Gabriel (Daniel 8, 16) und Raphael (Tob. 3, 17). Im N. T. findet sich zusätzlich zu Vorstellungen des A. T. die Gestalt des Schutzengels (Matth. 18, 10); die Engel erscheinen ferner als Begleiter des Messias beim Endgericht (Matth. 16, 27). Die christlichen Kirchen haben eigene Engellehren (Angelologien) ausgebildet. Der Islam übernahm die Engelvorstellung vom Judentum und Christentum.

Engischiki (= Engishiki): japanisches Zeremonialbuch aus der Periode Engi (901–923), von Fudschiwara Tokihira und Fudschiwara Tadahira zusammengestellt und 927 veröffentlicht; enthält detaillierte Vorschriften für die Zeremonien des kaiserlichen Hofes und die Rituale des Schinto (Buch 1–10). Im 8. Buch sind 27 alte Gebete (japanisch Norito) aufgezeichnet.

Englische Fräulein (offiziell lateinisch Institutum Beatae Mariae Virginis; Abk. IBMV): nach Art des Jesuitenordens aufgebaute weibliche Kongregation, 1609 von der Engländerin Mary Ward (* 1585, † 1645) in Saint-Omer in Nordfrankreich gestiftet. Die Englischen Fräulein widmen sich vornehmlich der Erziehung und dem Unterricht junger Mädchen. Das Generalat der Kongregation befindet sich in Rom. Ihr gehören (1974) rund 1 500 Schwestern an.

Englischer Gruß ↑Ave Maria.

Enki [sumerisch „Herr des Unten“]: sumerischer Gott des unterirdischen Süßwasserozeans und der Fruchtbarkeit spendenden Quellen, Herr der Weisheit und der Beschwörung.

Enlil [sumerisch „Herr Wind“]: sumerischer Gott des Luftraums und vernichtender Stürme, gelegentlich auch als gnädiger „Hirte der Schwarzköpfigen“ (d. h. der Sumerer) angesehen.

Enosch [hebräisch]: nach dem Bericht des A.T. (1. Mos. 4, 26) Sohn Seths, Enkel Adams. Zur Zeit des Enosch soll die Verehrung Jahwes begonnen haben. Gleichlautend mit dem Namen Enosch ist im Hebräischen das Wort für „Mensch“.

Ens realissimum [lateinisch „das allerwirklichste Sein“]: Begriff der mittelalterlichen Scholastik für das Göttliche.

Entblößung ↑Nacktheit.

Enthaltsamkeit ↑Abstinenz.

Enthusiasmus [von griechisch éntheos „gotterfüllt, gottbegeistert“ (eigentlich „worin ein Gott ist“)]: Zustand seelischer Ergriffenheit voller Leidenschaft und Begeisterung, im religiösen Sinne die Empfindung, von der Gottheit erfüllt zu sein, bei der gleichzeitig das Bewußtsein der eigenen Identität schwindet. Manche Formen der Religiosität sind dem Enthusiasmus nahe, v. a. solche, die ekstatische Techniken und Zustände kennen.

Entmythologisierung: von dem deutschen evangelischen Theologen Rudolf Bultmann (* 1884, † 1976) 1941 geprägter Begriff für den programmatischen Versuch, mythologische Vorstellungen und ein von Mythologie geprägtes Weltbild wie das der Bibel in der Weise zu verstehen, daß die zeitbedingte mythologische Rede- und Denkweise in moderne Rede- und Denkweisen übersetzt werden können. Der Entmythologisierung zugeordnet ist die *existentiale Interpretation*, der Versuch, das in der Bibel „zum Ausdruck kommende Verständnis der menschlichen Existenz“ herauszuarbeiten.

Entrückung: übernatürlich und ohne Tod bewirkter Weggang eines Menschen aus seiner irdischen Lebenswelt in ein Paradies oder an einen verborgenen Ort, meist im Innern von Bergen. Das weltweit verbreitete Sagenmotiv findet sich in der griechischen Vorstellung entrückter Helden (↑Heldensage), die auf den Inseln der Seligen fortleben. Häufig tritt der Glaube an eine spätere Rückkehr hinzu. Im europäischen Bereich knüpft er zunächst an die keltische Sage von König Artus an und verbindet sich später als sogenanntes „Kyffhäusermotiv“ mit der deutschen Kaisersage. Historisch bedeutsam wurde die Wiedererwartung des vergöttlichten Toltekenherrschers ↑Quetzalcoatl, den die Azteken in den Anfängen der spanischen Eroberung Mexikos in dem spanischen Eroberer Hernán Cortés (* 1485, † 1547) zu erkennen glaubten.

Entsühnung: Befreiung von ↑Sünde, die, je nach Sündenverständnis, mit verschiedenen Mitteln herbeigeführt werden kann. Wenn die Sünde materiell gedacht wird, gibt es zahlreiche Entsühnungsriten, die in Waschungen, Räucherungen, dem Durchschreiten von Feuer oder dem Ausspeien des Sündenstoffes bestehen können. Bekannt ist die Übertragung der Sünde auf einen ↑Sündenbock, die v. a. bei der Vorstellung von einer kollektiven Verschuldung üblich war. Das Verständnis von Sünde als dämonischer Besessenheit erfordert Riten zur Austreibung der Dämonen oder, wie gelegentlich in Primitivreligionen Afrikas, zu deren Wegfegen mittels eines Geisterbesens. In Religionen, die die Sünde nicht stofflich, sondern als Vergehen gegen eine Gottheit verstehen, sind Gebet, Opfer, Beichte, Bußübung sowie zeitweilige oder dauernde Askese die häufigsten Mittel der Entsühnung.

Entweihung: eine bewußte oder unbewußte Handlung, die Menschen oder Dinge aus der Sphäre des Heiligen entfernt. Der Sondercharakter des Heiligen kann bereits dadurch verletzt werden, daß man Heiliges wie Profanes behandelt.

Enụma ẹlisch [akkadisch „als droben"]: das auf die Taten des Gottes ↑Marduk ausgerichtete babylonische Weltschöpfungsepos, benannt nach seinen Anfangswörtern: „Als droben der Himmel noch nicht genannt, drunten der Grund noch nicht benannt war...".

Enzỵklika [von griechisch-lateinisch encyclica epistula „Rundbrief"]: Lehrschreiben des Papstes an Klerus und Laien der katholischen Kirche.

Ẹos: die griechische Göttin der Morgenröte, der römischen Aurora entsprechend; sie taucht frühmorgens aus dem Ozean (Okeanos) auf und zieht ihrem Bruder Helios, dem Sonnengott, voran.

Eparchi̱e: in den Ostkirchen gleichbedeutend mit ↑Diözese.

Epẹkeina [griechisch „jenseits, darüber hinaus"]: Begriff der Mystik zur Bezeichnung des jenseits aller menschlichen Wertungen und Wertungsmöglichkeiten liegenden Göttlichen.

Ẹpheserbrief (Abk. Eph.): neutestamentlicher Brief, dessen Autor und Adressat umstritten sind; wahrscheinlich ist er ein Sendschreiben des Apostels Paulus aus der Gefangenschaft an die Gemeinde in Ephesus. Die Kapitel 1–3 schildern die Aufgaben der Kirche und handeln von der Begnadung der zum Christentum bekehrten Empfänger des Briefes, die Kapitel 4–6 enthalten Mahnungen zur christlichen Einheit und zum Kampf gegen die Mächte des Bösen.

Ẹphesus: antike griechische Stadt im westlichen Kleinasien, berühmt durch ihren auf vorgriechische Zeit zurückgehenden Tempel der ↑Artemis, der zu den Sieben Weltwundern zählte. Durch Paulus wurde in Ephesus eine christliche Gemeinde begründet. Nach einer Tradition des 2. Jahrhunderts soll der Apostel Johannes in Ephesus als Bischof gelebt und dort eines natürlichen Todes gestorben sein. Ephesus war Sitz des 3. ökumenischen Konzils (431) und des zuerst von Papst Leo dem Großen als „Räubersynode" bezeichneten tumulthaft verlaufenden Konzils des Jahres 449.

Ephọd [hebräisch]: im A.T. ein priesterliches Gewand, das beim Erteilen von Orakeln angelegt wurde. Da auch Götterbilder „Ephod" genannt werden, vermutet man, ein Ephod sei ursprünglich ein Gewand für das Bild einer Gottheit gewesen.

Ephọdion [griechisch „Wegzehrung"]: Bezeichnung für die den Sterbenden gereichte Eucharistie.

Epiklẹse [von griechisch epíklēsis „Benennung, Anrufung"]: die Herbeirufung der Gottheit zur Heiligung von Menschen oder Opfergaben, in der Ostkirche Herabrufung des Heiligen Geistes im Gebet zur Weihung (Konsekration) der Abendmahlsgaben.

Epikurẹer [...e:-ɛ]: Anhänger des griechischen Philosophen Epikur (* 341, † 270), dessen Lehre bestimmt ist von dem Ziel persönlichen Glücks durch ein Leben in Freiheit von Schmerz und Unruhe.

Epilepsie: in der Antike als „heilige Krankheit" angesehen, als ein Ergriffen- und Besessensein von einer göttlichen oder aber auch von einer dämonischen Macht.

Epiphanias [von griechisch epipháneia „Erscheinung"]: in den evangelischen Kirchen Name des Festes der Erscheinung Christi, das am 6. Januar gefeiert wird. – ↑Drei Könige, heilige.

Epiphanie ↑Theophanie.

Epipnoia [griechisch „Anwehen, Anhauch"] (auch Empnoia): griechischer Begriff für die Inspiration.

Episkopalismus: eine letztlich auf den Bischof Cyprian von Karthago (* um 210, † 258) zurückgehende Ansicht über die Gleichstellung aller Bischöfe, die dem Papst nur einen Ehrenprimat zugesteht. Der Episkopalismus, der die Kirchengewalt in stärkerem Maße auf die Bischöfe verlagern will, fand typische Ausprägungen im ↑Gallikanismus und im ↑Febronianismus.

Episkopalsystem ↑Summepiskopat.

Episkopat: das Amt des Bischofs; auch die Gesamtheit der Bischöfe oder einer Gruppe von ihnen, z. B. Episkopat eines Landes.

Epistel [von lateinisch epistula „Brief, Sendschreiben"]: im religiösen Sprachgebrauch in erster Linie für Apostelbriefe verwendet.

Epistola Apostolorum [griechisch-lateinisch „Brief der Apostel"]: apokryphe, in koptischer und äthiopischer Sprache erhaltene Schrift, eine Art Apokalypse, die „Gespräche Jesu mit seinen Jüngern nach der Auferstehung" wiedergeben will; wahrscheinlich gegen Ende des 2. Jahrhunderts in Ägypten oder Kleinasien entstanden.

Epona: in Gallien verehrte keltische Pferdegöttin.

Erbärmdebild: Darstellung Christi als „Schmerzensmann".

Erbauungsliteratur (auch Andachtsliteratur): Literatur, die der Stärkung des Glaubens und der Förderung persönlicher Frömmigkeit dienen soll, besonders von der mittelalterlichen Mystik und vom Pietismus gepflegt.

Erbsünde (auch lateinisch Peccatum originale): durch den Sündenfall (1. Mos. 3) von allen Menschen ererbter Zustand der Ungnade vor Gott, der die Erlösung notwendig macht.

Erdbestattung ↑Bestattung.

Erde: im religiösen Bereich seit frühen Zeiten als eine Macht verehrt, die das Leben spendet, es aber auch als Empfängerin der Toten wieder in sich aufnimmt. Als Person gedacht gilt die Erde meist als mütterliche Göttin, der oft ein mit dem Himmel verbundener Vatergott korrespondiert. Der Mythos von einer ↑heiligen Hochzeit zwischen Himmel und Erde kann kultisch (in einem ↑Kultdrama) vergegenwärtigt werden und dient dann der Erhaltung des Lebens und der jährlichen Erneuerung der Vegetation. Als Herrin der vegetativen Fruchtbarkeit wird die „*Mutter Erde*" in besonderer Weise von Bauern verehrt, da deren Existenz von der Erde abhängt. In der griechischen Religion läßt sich bereits in sehr frühen Schichten die Verehrung einer Erdmutter nachweisen, die ursprünglich die Herrin des später auf Apollon übertragenen Heiligtums von ↑Delphi war. Der griechischen Erdgöttin Demeter entsprach in der römischen Religion die Tellus Mater. In der altägyptischen Religion war das Geschlecht der mit der Erde zusammenhängenden (chthonischen) Gottheit männlich, dasjenige der himmlischen (uranischen) Gottheit weiblich: dort stand dem Erdgott Geb die Himmelsgöttin Nut gegenüber.

Erdgeister ↑chthonische Mächte.

Erdgottheiten ↑Erde, ↑chthonische Mächte.

Erechtheus: mythischer König von Athen, errichtete der Athena den ersten Tempel auf der Akropolis, an dessen Stelle später das bis heute teilweise erhaltene *Erechtheion* trat.

Erechtheion. Korenhalle

Eremit [von griechisch erēmía „Einsamkeit"]: Einsiedler, Asket, der aus religiösen Gründen für sich allein in der Einsamkeit lebt.

Ereschkigal [sumerisch „Herrin der großen Erde (d. h. der Unterwelt)"]: sumerische Unterweltsgöttin, die das „Auge des Todes" auf die in die Unterwelt Eintretenden richtet. Der Gatte der Ereschkigal ist Nergal, ihre Schwester, die ihr die Toten zu entreißen versucht, ist Inanna.

Erinnyen [von griechisch Erinýes]: Rachegöttinnen der griechischen Mythologie, euphemistisch (d. h. mit einem verhüllenden, positiven Namen) als *Eumeniden* („die Wohlwollenden") bezeichnet, von den Römern *Furien* (Furiae) genannt; ursprünglich die racheheischenden Seelen der Ermordeten. Sie erscheinen schwarzgewandet, mit Schlangenhaaren und blutroten Augen, Geißeln und Fakkeln in den Händen. Sie verfolgen diejenigen, die sich gegen das heilige Recht vergangen haben wie Meineidige, Verwandtenmörder, Verletzer des Gastrechts. Diese Frevler werden von den Erinnyen mit Wahnsinn bestraft.

Eris [griechisch „Streit, Hader"]: in der griechischen Mythologie der als göttliche Person gedachte Begriff des Streits und Göttin der Zwietracht.

Erkennen, religiöses: besonders in den prophetischen Religionen geht das Erkennen im religiösen Sinn aus von dem Erleben der Wirklichkeit der Gottheit, sei es mittelbar durch die Schöpfung oder unmittelbar durch göttliche Selbstmitteilung. Eine auf den Menschen konzentrierte Erkenntnis finden wir in der indischen Mystik und einzelnen gnostischen Strömungen.

Erlebnis: im religiösen Sinne wurde das Erlebnis von dem deutschen evangelischen Theologen Friedrich Ernst Daniel Schleiermacher (* 1768, † 1834) und dem deutschen evangelischen Theologen und Religionsphilosophen Rudolf Otto (* 1869, † 1937) als wesentliches Element der Religion herausgestellt. Es besteht in der Erfahrung des Heiligen und der Empfindung des Menschen, sich als Geschöpf, als Kreatur zu fühlen („Kreaturgefühl"), die Ehrfurcht, Scheu, Glaube, Vertrauen und Hoffnung auslöst.

Erleuchtung: in der Religionsgeschichte vornehmlich die Erleuchtung Buddhas (Sanskrit „Bodhi"), in den Mysterien die zweite Stufe der Einweihung, in der Mystik die zweite Stufe des mystischen Lebens (lateinisch „via illuminativa"), seit dem christlichen Philosophen Justinus Martyr (* um 100, † 165) auch Bezeichnung für die Taufe der Katechumenen.

Erlöser ↑ Heiland.

Erlösung: wenn man Erlösung im weitesten Sinne als Hilfe und Heil versteht, ist sie ein allen Religionen eigenes Anliegen. Als spezielle *Erlösungsreligionen* gelten das Christentum, die indischen Religionen und die Religionen der Spätantike. Während das christliche Heilsziel in der Befreiung von Schuld und Sünde sowie in der Vollendung im ewigen Leben besteht, herrscht im Buddhismus und Hinduismus das Streben nach Erlösung aus einer leidvollen Scheinwelt vor. Die gnostischen Religionen der Spätantike (↑ Gnosis), unter denen der Manichäismus die größte Bedeutung gewann, erstreben eine Befreiung der Seele von den Fesseln der Materie. *Vermittelt* wird die Erlösung im Christentum durch Tod und Auferstehung Jesu Christi, die als für den Menschen geschehene Heilstaten gelten. Im Judentum, dessen Erlösungssehnsucht auf die Gesamtheit des jüdischen Volkes gerichtet ist, hat, v. a. im orthodoxen Judentum, der Messias als erwarteter, zukünftiger Erlöser vorrangige Bedeutung. Der Hinduismus kennt neben der Selbsterlösung durch Askese und mystische Erkenntnis das gläubige Vertrauen (↑ Bhakti) zur erlösenden Gottheit. Auch der Buddhismus vertritt neben dem in ihm vorherrschenden Weg der Selbsterlösung in zwei japanischen Schulrichtungen die Überzeugung, daß der Glaube an die Gnade des Amida-Buddha (↑ Amida-Buddhismus) zur Erlösung führe.

Erniedrigung ↑ Kenosis.

Ernte: in bäuerlichen Kulturen wurde die Ernte als wichtigstes Naturfest gefeiert, mit magischen und religiösen Bräuchen verbunden, die dem sicheren Einbringen der Ernte und der Sorge um zukünftigen Ertrag der Felder galten. Dieses Brauchtum, zu dem Flurumgänge, besondere Behandlung der ersten und letzten Garbe und eine feierliche Erntemahlzeit zählten, ist heute im christlichen Bereich fast völlig geschwunden. Eine Ausnahme bildet allein das christliche Erntedankfest.

Erntedankfest: kirchliche Feier beim Abschluß des Einbringens der Ernte, allgemein am 1. Sonntag im Oktober begangen. Zur Feier des Festes werden meist auf den Altären der Kirchen Feldfrüchte ausgebreitet, die anschließend verschenkt werden.

Ẹros: griechischer Gott der sinnlichen Liebe, Sohn der Aphrodite und des Ares. In der römischen Religion entsprechen ihm Amor und Cupido.

Ersatzkönig: in der babylonisch-assyrischen und in der hethitischen Religion magischer Brauch der Einsetzung eines Scheinregenten, der in Zeiten der Not und Gefahr den Zorn der Götter auf sich lenken sollte. So hat der kranke Assyrerkönig Asarhaddon (♕680–669), durch zwei Mondfinsternisse erschreckt, einmal für 100 Tage als Ersatzkönig einen Jüngling eingesetzt, der nachher getötet und in einem Mausoleum feierlich bestattet wurde.

Ersatzopfer: Menschenopfer, z. T. auch Tieropfer, wurden oftmals durch ein Ersatzopfer abgelöst. Die berühmteste Geschichte eines Ersatzopfers ist diejenige von Isaaks Opferung (1. Mos. 22). Hier tritt an die Stelle des erstgeborenen Sohnes Abrahams ein Widder als Opfertier.

Erstgeburt: bei zahlreichen Völkern nimmt das Erstgeborene, auch das zuerst Gewachsene (Erstling) eine besondere Stellung ein. Das Opfer der tierischen Erstgeburt und die rituelle Darbringung der Erstlinge des Feldes gelten meist als bevorzugte Opfergaben. Diese Opferung geht wohl von der Vorstellung aus, daß der eigentliche Besitzer die Gottheit ist, die für den Verlust, der ihr durch die menschliche Inanspruchnahme erwächst, entschädigt, bzw. besänftigt werden soll.

Erwachsenentaufe ↑ Taufe.

Eros mit dem Bogen. Marmorkopie nach einem Bronzeoriginal des Lysipp (330/320; Rom, Kapitolinisches Museum)

Erwählung: in der Religionsgeschichte begegnet häufig die Vorstellung, daß einzelnen Menschen, z. B. Propheten, aber auch Völkern (z. B. Israel) oder der ganzen Menschheit die Gnade der Erwählung (zu einer bestimmten Aufgabe oder zu einem besonderen Heil) verliehen wird.

Erweckung ↑Bekehrung.

Erweckungsbewegung: protestantische Erneuerungsbewegung; sie setzte zu Anfang des 19. Jahrhunderts in Deutschland ein mit dem Anliegen der Besinnung auf den biblischen Offenbarungsglauben und der Opposition gegen den Rationalismus der Aufklärung. Die erste große Erwekkungsbewegung wurde von den Brüdern John (* 1703, † 1791) und Charles Wesley (* 1707, † 1788), den Begründern des Methodismus, eingeleitet, sie griff von England aus nach Wales, Schottland, Irland und schließlich nach den USA über.

Erweckungspredigt: löste die Lehrpredigt der Orthodoxie und die dieser vorangehende, auf das Ablegen eines „Zeugnisses" zielende Predigt der Reformation ab, in England von John Wesley (* 1703, † 1791) begründet, in Deutschland durch Philipp Jakob Spener (* 1635, † 1705) beeinflußt.

Erzbischof: in der katholischen Kirche der Bischof, der eine Erzdiözese leitet; auch vom Papst verliehener Ehrentitel einzelner Bischöfe. – Auch die lutherischen Kirchen in Schweden und Finnland haben Erzbischöfe (Sitze in Uppsala und Turku). In der anglikanischen Kirche ist der Titel Erzbischof mit den beiden Bischofssitzen in Canterbury und York verbunden.

Erzengel: besonders hervortretende Engelgestalten, vor allem Michael, Gabriel und Raphael.

Erzpriester (auch Archipresbyter): ursprünglich der erstberufene Stellvertreter des Bischofs, seit Karl dem Großen (♔als Kaiser 800–814) Priester an der Spitze eines Sprengels, der seit dem 9. Jahrhundert den Titel Dekan führte, heute meist nur Ehrentitel.

Erzvater ↑Patriarch.

Eschatologie [ɛsça...; von griechisch éschata „letzte Dinge"]: die Lehre von den letzten Dingen; Glaubensvorstellungen, die sowohl das Endschicksal des Einzelmenschen *(Individualeschatologie)* als auch eine universale Enderwartung *(Universaleschatologie)* betreffen. Innerhalb der *universaleschatologischen* Anschauungen ist zu unterscheiden zwischen solchen, die auf der Grundlage eines zyklischen Geschichtsdenkens einen periodisch wiederkehrenden Weltuntergang annehmen, und denen, die von der Einmaligkeit des Weltendes am Abschluß einer linear verlaufenden Geschichtsentwicklung ausgehen. – Für die *Individualeschatologie* der indischen Religionen ist die Lehre vom Kreislauf der Wiedergeburten (Seelenwanderung), ferner im Brahmanismus der Eingang ins Brahman, im Buddhismus das völlige „Verwehen" (im ↑Nirwana) charakteristisch. Die Idee von einem individualeschatologischen Endgericht ist religionsgeschichtlich vor allem in der ägyptischen Religion (↑Totengericht) sowie im Parsismus und im Islam ausgebildet. Viele Religionen kennen besondere, teils freudvoll, teils leidvoll gedachte Totenreiche (↑Jenseits). – Die *Universaleschatologie* verbindet mit dem Weltende Geschehnisse, die teilweise in Zusammenhang miteinander auftreten können: Verfinsterung der Sonne, Götterdämmerung, Endkampf zwischen Göttern und Dämonen, Einsturz des Himmels, Herabfallen der Sterne, Versinken der Erde im Meer, vernichtende Kälte. – Im zyklischen Geschichtsverständnis, das für das indische Denken typisch ist, folgt auf den jeweiligen Untergang eine periodische Welterneuerung. Für eine lineare Geschichtsauffassung, die ein einmaliges Ziel der Geschichte kennt (Teleologie), ist die Endzeit mit der Auferstehung der Toten und mit einem Weltgericht verbunden, auf das die transzendente Schöpfung einer vergeistigten Welt folgt. Diese Eschatologie ist konsequent vom Parsismus ausgebildet worden und hat das Judentum zwischen der Abfassung des A. T. und des N. T., das Christentum und den Islam beeinflußt. Die christliche Eschatologie hat zudem den in der Religion des A. T. entwickelten Gedanken eines Friedensreiches des Messias als universales Geschehen in ihre endzeitlichen Vorstellungen aufgenommen.

Esche: von Kelten und Germanen als heiliger Baum verehrt. In der germanischen Kosmologie nahm die Weltesche ↑Yggdrasil einen zentralen Platz ein.

Eschmun: syrischer Vegetations- und Heilgott, später Stadtgott von Karthago.

Esel: der Esel wird in der Religionsgeschichte häufig als dämonisches Tier angesehen. Darstellungen und das Schriftzeichen für den in der ägyptischen Spätzeit verfemten Gott Seth wurden von den alten Ägyptern als Darstellung bzw. Zeichen für einen Esel aufgefaßt.

Eskimoreligion: im Mittelpunkt der Religion der Eskimos steht die Vorstellung, daß die gesamte Umwelt beseelt sei sowie der Glaube an eine große Anzahl von Kollektivgeistern. Als deutlich profilierte *Göttergestalten* werden vornehmlich Silap inua, der „Geist der Luft", und eine Herrin des Meeres verehrt, die bei den grönländischen Eskimos Arnarquashaq, „das majestätische Weib", heißt. Diese Göttin, die in der Tiefe des Meeres wohnt, beherrscht alle Seetiere. Der *Schamane*, der für die Religion der Eskimos vorrangige Bedeutung besitzt, begibt sich auf einer Seereise zu dieser Meeresherrin, um sie, wenn auf der Erde Nahrungsmangel herrscht, zur Freigabe der Seetiere für die Menschen zu bewegen. Die Nahrungssuche steht auch im Mittelpunkt des *Kultes* der Eskimos, der von Jagdriten geprägt wird. Zeremonielle Verpflichtungen gegenüber den Jagdtieren und die Befolgung von Tabuvorschriften gelten als Achtung der sittlichen Ordnung. Diese Form von *Ethik* ist bedeutungslos für das Jenseitsgeschick der Menschen, das entweder von der Todesart oder der sozialen Stellung bestimmt wird, die der Verstorbene im Leben besaß. Vorherrschend ist der Glaube an verschiedene *Jenseitsreiche*. Das Weltbild der Eskimos ist dort, wo keine indianische Beeinflussung vorliegt, absolut statisch und kennt keinen Schöpfungsmythos. Die Eskimos glauben, daß die Welt in ihrer jetzigen Gestalt seit je bestanden habe.

Esoterik [von griechisch esṓteron „Inneres"]: religiöse Geheimlehre, die nur für einen begrenzten Kreis Eingeweihter bestimmt ist; der Begriff Esoterik ist auch für geheime Kulte und Weihen gebräuchlich (v. a. für die Mysterienkulte der Antike).

Esrabücher: 1. das in den Kanon des A.T. aufgenommene Buch Esra, das von Esra, dem Schriftgelehrten aus hohepriesterlichem Geschlecht und seiner Rückführung der Juden aus dem Babylonischen Exil (538 v. Chr.) berichtet. – 2. Weitere unter dem Namen des Esra veröffentlichte apokryphe Bücher, von denen der 4. Esra, eine um 100 n. Chr. wahrscheinlich in Rom entstandene Apokalypse, besondere Bedeutung hat.

Essener: durch die Berichte des jüdisch-hellenistischen Philosophen Philon von Alexandria (* um 25 [oder 13?] v. Chr., † um 50 n. Chr.) und des jüdischen Geschichtsschreibers Flavius Josephus (* 37 oder 38, † um 100) bekannte ordensähnliche jüdische Gemeinde, die im 2. Jahrhundert v. Chr. entstand. Die Essener, deren Niederlassungen vornehmlich in der Gegend des Toten Meeres lagen, waren durch strenge Gesetzesbefolgung und Sabbatheiligung bekannt; sie lebten darüber hinaus in Gütergemeinschaft, feierten ihre Mahlzeiten in sakramentaler Weise, forderten Askese und Ehelosigkeit und zeichneten sich durch den Vollzug von Reinigungsriten aus. Die Gemeinde von ↑Kumran dürfte ihnen zumindest sehr nahe gestanden haben.

Essen und Trinken: der Vorgang der Kraftaufnahme hat vielfach sowohl hinsichtlich der Auswahl bzw. des Verbotes bestimmter Getränke und Speisen als auch im Hinblick auf den Ritus der Mahlzeiten eine religiöse Bedeutung. Der heilige Trank ist oft ein Rauschtrank. Beim sakramentalen Mahl besteht zwischen den Teilnehmern eine bestimmte Machtsphäre, das Mahl kann ferner als Bündnis mit der Gottheit gefeiert werden.

Established Church [ɪsˈtɛblɪʃd ˈtʃəːtʃ; englisch „eingerichtete, fest errichtete Kirche"]: ursprünglich Bezeichnung für die anglikanische Kirche in bezug auf ihr Verhältnis zum Staat, dann aber auch generell für eine die Mehrheit der Gesellschaft prägende Kirche.

Estherbuch: zu den ↑Megilloth gehörendes Buch des A.T. Die Heldin seiner Erzählung ist die Jüdin Esther, Nichte und Pflegetochter des Mardochai (auch Mordechai). Zur Gemahlin des Perserkönigs Ahasveros (gemeint ist Xerxes I., ♕486–465) erwählt, vereitelt sie in Susa die geplanten Judenverfolgungen des königlichen Wesirs Haman. Auf den Bericht des Estherbuches gründet sich die Feier des jüdischen Purim-Festes (↑Purim).

Esus: in Gallien verehrter keltischer Gott, dessen Eigenschaften und Funktionen wenig klar in Erscheinung treten. Auch die Etymologie seines Namens ist ganz unsicher.

Etana: nach sumerischer Überlieferung zwölfter nachsintflutlicher König von Kisch (einer alten Stadt nordöstlich von Babylon), „der Hirte, der zum Himmel aufstieg". Nach einem akkadisch tradierten Mythos fliegt er auf einem Adler zum Himmel, um für seine kinderlose Gattin die „Gebärpflanze" zu holen. Als er die Erde nicht mehr unter sich sieht, ergreift ihn Furcht und er stürzt mit dem Adler zur Erde zurück.

Ethik: sittliche Forderungen sind religiös fundiert, wenn sie als Gesetz einer überweltlichen, Normen setzenden Größe gelten. In den *archaischen Kulturen* des alten China, Altindiens, Sumers und des alten Ägypten war diese normative Größe eine impersonale Macht, die mit der ethischen zugleich die kultische sowie die kosmische Ordnung bestimmte und die menschliche Einordnung in diesen Zusammenhang von Mensch, Kult und Kosmos (↑Universismus) forderte. Derartige „*numinose Ordnungsbegriffe*" sind die später als Göttin und Tochter des Sonnengottes Re personifizierte altägyptische Maat, das sumerische ME, das indische Rita und das chinesische Tao. – Die meisten *polytheistischen Religionen* kennen einen bestimmten Gott, der in spezieller Weise Hüter der ethischen Gesetze ist und deren Übertretung, die Sünde, sühnt. Der italienische Religionshistoriker Raffaele Pettazzoni (* 1883, † 1959) hat herausgestellt, daß es sich hierbei um einen Himmelsgott handelt, dem das Prädikat der Allwissenheit zugesprochen wird. Da es sich um eine visuelle Allwissenheit handelt, ist sie mit der Vorstellung des Lichtes und damit des Himmels verbunden. Bezeichnend hierfür ist, daß der babylonische König Hammurabi (♕1728–1686) seine Gesetze, den „Kodex Hammurabi", eine der ältesten rechtlichen Satzungen der Welt, von dem babylonischen Sonnengott Schamasch empfing. Die Griechen erkannten in ihrem Himmelsgott Zeus den Gesetzgeber, dessen Satzungen der Herrschende zu überwachen hatte. In *monotheistischen Religionen* ist es der Wille des einen Gottes, der die Normen für das Zusammenleben der Menschen setzt, die meist von Propheten verkündet werden. Die buddhistische Ethik steht in ihrer ursprünglichen Form im Dienste einer vom Einzelnen für sich selbst zu erreichenden Selbsterlösung. – Innerhalb jeder einzelnen Religion braucht die Ethik keine starre und einheitliche Größe zu sein. Oft findet sich die Unterscheidung zwischen den strengeren Geboten einer Priester-, vor allem einer Mönchsethik und den weniger rigorosen Forderungen der Laienethik. Außerdem kann die Ethik historischen Wandlungen unterworfen sein. Das Bestreben, für jede denkbare Situation im voraus das rechte Verhalten festzulegen, führt zur *kasuistischen* (d. h. an einzelnen *Fällen* orientierten) Gesetzesreligion.

etruskische Religion: in ihrer historisch greifbaren Erscheinungsform war die Religion der Etrusker mit orientalischen und griechischen Elementen durchsetzt. In ihren Raum- und Zeitvorstellungen war sie von der ↑Disciplina Etrusca bestimmt. Im Mittelpunkt dieser Religion standen offenbar Vorstellungen, die den Tod des Menschen und sein Leben nach dem Tode zum Inhalt hatten. Der *Glaube an Götter* war polytheistisch. Tinia galt als Himmelsherr; seine Gattin war Uni. Turan war eine Göttin der Liebe, die später der Aphrodite gleichgesetzt wurde. Dem etruskischen Satres entsprach der römische Saturnus, dem Mari der Mars, der Menrva die Minerva. In dem bei Volsinii gelegenen Zentralheiligtum Etruriens wurde der wahrscheinlich zweigeschlechtliche Voltumna verehrt. Eine Gestalt des Schreckens war der mit dem Tod in Verbindung stehende Dämon Charun (↑Charon), von dem man annahm, er schlage mit seinem Hammer den Toten die Seele aus dem Leibe. Nicht allein römische Gottheiten sind hinsichtlich ihrer Namen und Qualitäten teilweise von den etruskischen abhängig. Von den Etruskern übernahmen die Römer vielmehr in reicher Fülle auch Kenntnisse der *Weissagung* (Mantik), die die Etrusker v. a. an der Beobachtung des Vogelflugs und der Leberschau entwickelt hatten, ferner die Gladiatorenkämpfe, denen Riten des etruskischen Totenopfers zugrunde lagen. Die Hüter etruskischen Geheimwissens waren die als Lukumonen bekannten Priesterfürsten.

Eucharistie [ɔʏça...; von griechisch eucharistía „Danksagung"]: in der frühen christlichen Kirche zunächst Bezeichnung für das Dankgebet, das bei der Abendmahlsfeier vor der Weihe (Konsekration) von Brot und Wein gesprochen wurde; dann wurde Eucharistie zum Begriff für die gesamte Abendmahlsfeier, die nach den Aussagen des N. T. (1. Kor. 10, 17) dem Ziel dient, die Kirche als universalen „Leib Christi" aufzubauen. Nach Auffassung des Evangelisten Johannes (Joh. 6, 51 ff.) verbindet sich mit der eucharistischen Feier der Empfang des ewigen Lebens; daher bezeichnete der Bischof Ignatius von Antiochia († nach 110) in seinem Brief an die Gemeinde von Ephesus (20, 2) die Eucharistie als „Heilmittel zur Unsterblichkeit" (griechisch *Pharmakon athanasias*).

eucharistische Kongresse: katholische Tagungen zur gemeinsamen Feier und Verehrung der Eucharistie in Verbindung mit Konferenzen und Seminaren. Angeregt wurden die eucharistischen Kongresse durch eine 1874 durchgeführte Wallfahrt nach Avignon zur Verehrung der Eucharistie. Der erste internationale eucharistische Kongreß fand 1881 in Lille statt. Neben regelmäßigen internationalen Kongressen werden in Frankreich, Spanien, Italien und den USA auch nationale eucharistische Kongresse veranstaltet.

Euchiten [von griechisch euchḗ „Gebet"] (auch Messalianer): seit Ende des 4. Jahrhunderts vom christlichen Klerus bekämpfter, zuerst in Mesopotamien auftretender Mönchsorden, nach dessen Lehre im Menschen ein Dämon haust, den nur beständiges Beten vertreiben kann.

Eudämonismus [von griechisch eudaimonía „Glückseligkeit"]: Richtung der philosophischen Ethik, nach der Motiv und Ziel menschlichen Handelns die Erlangung der Glückseligkeit ist, die im ↑Hedonimus, aber

Europa und der Stier. Griechisches Vasenbild (um 490 v. Chr.; Tarquinia, Nationalmuseum)

auch im tugendhaften Leben oder in der Erfüllung menschlichen Strebens liegen kann.

Euhemerismus: Theorie über die Entstehung des Mythos, die der griechische Philosoph und Schriftsteller Euhemeros von Messene (* um 340, † um 260) um 300 v. Chr. in seinem utopischen Reiseroman „Heilige Aufzeichnung" (griechisch „Hierà anagraphḗ") aufstellte: Aus einer auf der sagenhaften Insel Panchaia angeblich befindlichen Inschrift, die die irdischen Taten der griechischen Götter Uranos, Kronos und Zeus verzeichne, wollte Euhemeros den Schluß ziehen, daß Götterglaube und Götterkult aus der Verehrung irdischer Herrscher oder Weiser früherer Zeiten entstanden seien. Es ist umstritten, ob Euhemeros damit den Götterglauben oder den Herrscher- und Heroenkult ironisieren wollte. Seine Schrift wurde von dem griechischen Geschichtsschreiber Diodor (1. Jahrhundert) tradiert und von dem römischen Dichter Ennius (* 239, † 169) ins Lateinische übersetzt. Christliche Apologeten verwendeten die Theorie des Euhemerismus in der Auseinandersetzung mit dem heidnischen Polytheismus.

Eule: in der Religionsgeschichte ist die Eule ein dämonisches Tier und ein Unglücksbote, aber auch Sinnbild für Wissenschaft und Weisheit. Die Eule war das heilige Tier der griechischen Göttin Athena. Ihr Bild findet sich gemeinsam mit dem der Göttin auf attischen Münzen seit der Zeit des athenischen Gesetzgebers Solon (* um 640, † nach 561).

Eumeniden [von griechisch Eumenídes „die Wohlwollenden, Gnädigen"]: verhüllender, positiver Name (Euphemismus) für die ↑Erinnyen.

Euphemismus [von griechisch eúphēmos „glückverheißend"]: beschönigende Umschreibung von Unangenehmem, Gefährlichem, von Tabus; z. B. „*Freund* Hein" für Tod, „Eumeniden" für Erinnyen.

Europa [griechisch]: Gestalt der griechischen Mythologie, Tochter des Königs Agenor von Tyrus und der Telephassa. Als sich Europa mit ihren Freundinnen am Strand vergnügt, nähert sich ihr Zeus in Gestalt eines Stiers und entführt sie übers Meer nach Kreta, wo sie ihm Minos, Rhadamanthys und Sarpedon gebiert.

Eurydike: Gattin des ↑Orpheus.

Eusebeia [griechisch „Frömmigkeit, Gottesfurcht"]: einer der griechischen Begriffe für „Religion".

Eva. Sündenfall. Relief von Ludwig Krug (um 1520/25; München, Bayerisches Nationalmuseum)

Eva: die Frau Adams, deren Name in seiner hebräischen Form „Chawwa" im A.T. (1. Mose 3, 20) als „Mutter aller Lebendigen" (abgeleitet von hebräisch „chaj") erklärt wird. Wahrscheinlich ist jedoch der Name Eva vom phönikischen H[a]V[a]T abzuleiten, womit eine Schlangengöttin bezeichnet wurde.

Evangeliar: ursprünglich Bezeichnung für das liturgische Buch mit dem vollständigen Text der vier Evangelien, später auch für das Buch mit den Abschnitten für die gottesdienstliche Lesung (Perikopenbuch). Besonders aus dem frühen Mittelalter sind prachtvoll geschmückte und illustrierte Evangeliare erhalten.

Evangelien (Einzahl Evangelium): zusammenfassende Bezeichnung für die vier ersten Schriften des N.T.: Matthäusevangelium, Markusevangelium, Lukasevangelium, Johannesevangelium; ferner für einige apokryphe, nicht in den Kanon der Bibel aufgenommene Texte über das Leben Jesu.

Evangelienharmonie: Bezeichnung für den Versuch, aus dem Wortlaut der vier im N.T. enthaltenen Evangelien einen einheitlichen Bericht vom Leben und Wirken Jesu zusammenzustellen. Die erste und bekannteste Evangelienharmonie ist das ↑„Diatessaron". Eine Harmonisierung, d.h. Glättung der unterschiedlichen oder widersprüchlichen Aussagen in den Evangelien ist nach dem heutigen Stand der Bibelkritik aus dem Grunde nicht möglich, weil die Evangelien nicht *historische* Texte sind und sein wollen, sondern in unterschiedlicher Weise ein christliches *Bekenntnis* ablegen wollen.

Evangelienseite: die linke Seite im Kirchengebäude, von der aus in der katholischen Kirche vor der Liturgiereform durch das 2. Vatikanische Konzil das Evangelium gelesen wurde. In ländlichen Gemeinden ist die Evangelienseite z.T. noch heute die Seite, auf der die Frauen ihren Platz haben. Nach der Liturgiereform wird das Evangelium von einem Lesepult bzw. einem besonderen Podest (dem Ambo) verlesen.

Evangeliar der Äbtissin Hitda von Meschede (frühes 11. Jahrhundert; Darmstadt, Landesbibliothek)

Evangelisation: Form der christlichen Mission mit dem Versuch, das Evangelium (d.h. die Botschaft Jesu und die Botschaft über Jesus) für Menschen, die noch nichts über das Christentum gehört haben (vornehmlich in der äußeren Mission) oder für Menschen, die den Kirchen entfremdet sind (in der inneren Mission) als Offenbarung Gottes, deren Annahme ihr Leben verändern würde, begreifbar zu machen.

evangelisch: ein Begriff, mit dem zunächst alles bezeichnet werden kann, was mit dem christlichen Evangelium zusammenhängt. In der konfessionellen Abgrenzung gegenüber der katholischen Kirche allgemeine Kennzeichnung der Kirchen, die aus der Reformation hervorgegangen sind, d.h. der Gesamtheit des ↑Protestantismus.

Evangelische Kirche in Deutschland (Abk. EKD): kirchliche Organisation, zu der sich 1945 in der BRD und in Berlin (West) 21 lutherische, reformierte und unierte evangelische Landeskirchen zusammengeschlossen haben; die zunächst der EKD beigetretenen 8 Landeskirchen auf dem Gebiet der DDR bilden seit 1969 als eigenen Zusammenschluß den *Bund der Evangelischen Kirchen in der DDR*. Organe der EKD sind die Synode und die Kirchenkonferenz der Gliedkirchen. Leitung, Verwaltung und Vertretung nach außen übt der *Rat der EKD* aus. Amtsstellen der EKD sind die Kirchenkanzlei in Hannover und das Kirchliche Außenamt in Frankfurt am Main.

evangelische Messe ↑deutsche Messe.

Evangelische Räte (auch lateinisch Consilia evangelica): nach katholischer Lehre Armut, Keuschheit und Gehorsam, die in der katholischen Kirche als Ratschläge Jesu gelten, aus dem N.T. jedoch nicht mit dieser Klarheit zu entnehmen sind. Im Gegensatz zu den *Geboten* sind die Evangelischen Räte für Laien nicht verpflichtend, aber Inhalt der Ordensgelübde. Deshalb wird der Ordensstand als „Rätestand" bezeichnet.

Evangelisten: die Verfasser der vier neutestamentlichen Evangelien: Matthäus, Markus, Lukas und Johannes.

Evangelium [von griechisch euangélion „frohe Kunde, Heilsbotschaft"]: die Botschaft Jesu vom Kommen des Gottesreiches, ferner die Überlieferung von Leben und Wirken Jesu, besonders deren schriftliche Festlegung in den entsprechenden neutestamentlichen Texten, den Evangelien.

Evangelium aeternum [lateinisch „ewiges Evangelium"]: Bezeichnung, die die Franziskaner im Mittelalter den Schriften des italienischen Mönches und Theologen Joachim von Fiore (* um 1130, † 1202) beilegten, der den Anbruch eines neuen Zeitalters und einer „Kirche des Geistes" (nach einer Zeit des Vaters [A.T.] und des Sohnes [N.T.]) vorausgesagt hatte.

Evokation [von lateinisch evocare „herausrufen, vor sich kommen lassen"]: das „Herausrufen" einer Gottheit aus einer feindlichen Stadt, ein vornehmlich für die römische Religion bezeugter Brauch, der dem Zweck diente, der fremden Stadt den Schutz der Gottheit zu entziehen und selbst deren Macht zu gewinnen. Wesentlich hierfür ist ein Bericht des römischen Geschichtsschreibers Livius (* 59 v. Chr., † 17 n. Chr.), der überliefert, daß im Jahre 396 v. Chr. der römische Feldherr Camillus vor dem letzten Ansturm auf die etruskische Stadt Veii deren Göttin Uni aufgefordert habe, ihren Tempel und ihre bisherigen Verehrer zu verlassen und sich Rom zuzuwenden.

Evolutionstheorie: in der Religionswissenschaft der heute als überwunden anzusehende Versuch, eine „Entwicklung" der Religion aus primitiven Vorstufen zu höheren Glaubensformen konstruieren zu können. Dieser Versuch, der unter dem Einfluß der positivistischen Religionskritik des französischen Philosophen und Soziologen Auguste Comte (* 1798, † 1857) stand, ging von der methodisch unreflektierten Annahme aus, in der Religion neuzeitlicher Primitivvölker könne die Urreligion der Menschheit erblickt werden. Auf dieser Voraussetzung beruhten verschiedene evolutionistische Theorien. Der ↑Animismus des Oxforder Anthropologen Edward Burnett Tylor (* 1832, † 1917) sah in der Erkenntnis der Seele die erste religiöse Erfahrung, aus der sich erst später nach und nach der Glaube an Geister und Götter entwickelt habe. Auf teilweise mißverstandenen Mitteilungen des Melanesien-Missionars Robert Henry Codrington (* 1830, † 1922), die zuerst der Oxforder Indologe und Religionshistoriker Friedrich Max Müller (* 1823, † 1900) veröffentlichte, beruhte der ↑Dynamismus, der die Erfahrung von Macht (melanesisch Mana) als primäres religiöses Erlebnis herausstellte. Das Bemühen des britischen Ethnologen James George

Frazer (* 1854, † 1941) bestand darin, die Magie als Vorstufe der Religion zu erweisen. Neben diesen Versuchen, eine lineare Gesamtentwicklung der Religion zu konstruieren, gibt es heute Versuche, innerhalb einzelner Kulturen und Gesellschaften und ihren historisch sich wandelnden Religionsformen eine Entwicklung auch da zu rekonstruieren, wo schriftliche Quellen fehlen. Diese Versuche gehen davon aus, daß komplizierte Formen jünger seien als einfache, um so zu einer *relativen* (bezogen auf überschaubare Kulturen oder Gesellschaften) Chronologie zu gelangen.

Ewiges Licht (auch Ewige Lampe; hebräisch Ner tamid): mit Öl, Bienenwachs, in Notfällen mit elektrischem Strom gespeiste, ununterbrochen brennende Lampe, in Synagogen Symbol der Gegenwart Gottes, in katholischen, z. T. auch anglikanischen Kirchen Zeichen der Gegenwart Christi.

ewige Wiederkehr: in der Religionsgeschichte, insbesondere in den indischen Religionen die Vorstellung aufeinanderfolgender Weltzeitalter mit stets gleichem Geschehensablauf. Die Vorstellung von einer ewigen Wiederkehr ist typisch für eine kreisförmige, zyklische Weltanschauung; ihr entgegengesetzt ist eine lineare, auf ein Ziel hin ausgerichtete Geschichtsauffassung (Teleologie).

Ewigkeit: in der Religionsgeschichte eine Kategorie, die sehr oft, jedoch nicht unbedingt, primär der Existenz der Götter zugeordnet ist. Für die Menschen verbindet sich mit dem Begriff der Ewigkeit der Glaube an Auferstehung und jenseitiges Leben. Religiöse Werte und Phänomene besitzen, wenn ihnen Ewigkeit zugesprochen wird, eine absolute „ewige" Gültigkeit. Dies betrifft religiöse Wahrheiten und ihre Offenbarung, den Mythos, oft heilige Texte, ethische Normen, auch kultische Handlungen.

ex cathedra [lateinisch „vom Lehrstuhl aus"]: Lehrentscheidungen des Papstes über Glauben und Sitte, die er ex cathedra, d. h. in seiner Eigenschaft als höchste Lehrautorität fällt, sind für die gesamte katholische Kirche verpflichtend; sie gelten seit einem auf dem 1. Vatikanischen Konzil am 18. Juli 1870 gefaßten Beschluß als frei von der Möglichkeit des Irrtums und damit als „unfehlbar".

Exegese [von griechisch exḗgēsis „Auslegung"]: Auslegung von Texten, insbesondere der biblischen Schriften.

Exegetai [griechisch „Deuter"]: Bezeichnung der delphischen Priester, die die Orakelworte der Pythia auslegten.

Exemtion [von lateinisch exemptio „Ausnahme, Befreiung"]: im katholischen Kirchenrecht Befreiung von der Rechtsprechung und Amtsgewalt (Jurisdiktion) der eigentlich zuständigen kirchlichen Amtsträger und Unterstellung unter eine höhere kirchliche Instanz. So unterstehen exemte Orden nicht dem Bischof, sondern der päpstlichen Religiosenkongregation; exemte Bistümer gehören nicht zu einer Kirchenprovinz, sondern unterstehen direkt dem Heiligen Stuhl.

Exequien [von lateinisch ex(s)equiae „Leichenbegängnis"]: in der katholischen Liturgie die Riten, die den Verstorbenen zum Grab geleiten: Segnung des Leichnams, Überführung zur Kirche, Requiem, Prozession zum Grab, kirchliches Begräbnis.

Exerzitien [von lateinisch exercitia spiritualia „geistliche Übungen"]: Übungen, die unter Leitung eines Exerzitienmeisters zu religiöser Hingabe, Reinigung und zur persönlichen Erleuchtung führen sollen. Ihre klassische Form erhielten sie durch die erstmals 1548 im Druck erschienenen „Exercicios espirituales" („Exerzitienbüchlein") des Gründers des Jesuitenordens Ignatius von Loyola (* 1491, † 1556).

Exil, Babylonisches (auch Babylonische Gefangenschaft): in den Jahren 597 und 587 v. Chr. von dem babylonischen König Nebukadnezar II. (♔605–562) angeordnete Zwangsverschleppung führender jüdischer Bevölkerungsschichten nach Babylon. Die Deportierten, die dort als Unfreie lebten, versuchten, die jüdischen Traditionen zu bewahren. Nach dem Sturz des neubabylonischen Reiches (539 v. Chr.) gab der Perserkönig Kyros II. (♔559–529) den Befehl zum Wiederaufbau des Jerusalemer Tempels (Esra 6, 3–5), der bei der Eroberung durch Nebukadnezar zerstört worden war. Seit etwa 520 v. Chr. durften die Juden nach und nach zurückkehren.

existentiale Interpretation ↑Entmythologisierung.

Existentialismus (auch Existenzphilosophie): Sammelbezeichnung für Richtungen der europäischen Philosophie, die von einem auf das Individuum konzentrierten Begriff der Existenz ausgehen. Für die evangelische Theologie wurde die Anknüpfung an den Existenzbegriff des dänischen Philosophen Søren Kierkegaard (* 1813, † 1855) historisch bedeutsam, der die menschliche Existenz im Hinblick auf Gott verstand, die der Mensch im Lernen verantwortlichen christlichen Handelns sichern könne. Dieser Denkansatz wurde von der ↑dialektischen Theologie und v. a. von dem deutschen evangelischen Theologen Rudolf Bultmann (* 1884, † 1976) aufgenommen, der die biblischen Texte danach befragte, welches Existenzverständnis sich in ihnen ausspricht und was dieses für das moderne Existenzverständnis bedeute.

Exkommunikation [lateinisch]: in der katholischen Kirche der strafweise, jedoch nur zeitweilige Ausschluß von Gottesdienst und Sakramenten.

Exsultet. Exsultetrolle mit der Darstellung des thronenden Christus (12. Jahrhundert; Troia, Archivio Capitolare)

Exodus [von griechisch éxodos „Abzug, Auszug"]: der Auszug der Israeliten aus Ägypten; außerdem wissenschaftliche Bezeichnung des 2. Buches Mose, das über diesen Auszug berichtet.
Exogamie: Heirat nur zwischen Angehörigen verschiedener Clans, oft durch Anschauungen des ↑Totemismus bedingt.
Exorzismus ↑Beschwörung.
Exsultet [lateinisch „es jubele"]: nach dem Anfangswort benannter Lobgesang der katholischen Osterliturgie (in der Nacht vom Karsamstag auf Ostern) vom Diakon nach der Weihe der Osterkerze gesungen. *Exsultetrollen* sind mit Illustrationen versehene süd- und mittelitalienische Buchrollen des 10. bis 13. Jahrhunderts, die den Text des Exsultet enthalten.
Externsteine: gewaltige Sandsteinfelsen bei Horn im Teutoburger Wald, vermutlich ursprünglich germanische Kultstätte, durch eine in den Felsen gehauene und 1115 geweihte Kapelle christianisiert; damals dürfte auch das Relief mit der Kreuzabnahme entstanden sein.

Externsteine. Relief der Kreuzabnahme

Ezechielbuch (auch Hesekielbuch): prophetisches Buch des A.T., enthält auf den Propheten Ezechiel zurückgehende Worte und Berichte. Ezechiel, aus priesterlichem Geschlecht stammend, wurde nach Babylon deportiert und dort zum Propheten des Exils (↑Exil, Babylonisches). Das Ezechielbuch enthält Drohungen gegen Juda und Jerusalem (Kap. 1–24), gegen fremde Völker (25–32) und Verheißungen für das eigene Volk (33–48).

F

Fabeltiere: Tiere, die in der Wirklichkeit nicht existieren, an deren Existenz aber vielfach geglaubt wurde, von phantastischer Gestalt wie Drache, Einhorn, Greif, Phönix, auch Mischwesen aus Mensch und Tier wie Kentauren, Meerfrauen, Sirenen, Sphinx. Fabeltiere haben im Volksglauben noch heute Bedeutung; in der religiösen Kunst finden sie sich häufig als Symbole.
Fahrzeug ↑Buddhismus.
Faith and Order ['fɛɪθ ənd 'ɔːdə; englisch „Glauben und Kirchenverfassung"]: christliche Einigungsbewegung mit dem Ziel, die Trennung der Kirchen dogmatisch und rechtlich zu überwinden; veranstaltete Weltkonferenzen in Lausanne (1927) und Edinburgh (1937), bildet seit 1948 im Ökumenischen Rat in Genf ein ständiges Sekretariat als „Kommission für Glauben und Kirchenverfassung im ökumenischen Rat". Der Schwerpunkt ihrer gegenwärtigen Arbeit liegt in der Erörterung der für alle Konfessionen wichtigen Faktoren der Trennung, wie Rassismus, Nationalismus, Armut und Generationskonflikte.
Fakir ↑Derwisch.
Falkengott ↑Horus.
Fanatismus: die sprachliche Ableitung dieses Begriffes von lateinisch „fanaticus" („von einer Gottheit in Verzückung versetzt") läßt die ursprünglich religiöse Motivierung übersteigerter Leidenschaft für eine

Fabeltiere auf einem Portal zum Friedhof von Resmo (Öland; 11. Jahrhundert)

überwertige Größe erkennen, die als religiöse Komponente auch noch dem fanatischen Eifer für profane Ziele eigen ist.

Farbensymbolik: vornehmlich im Kult und im volkstümlichen Brauchtum lebendige Bedeutung der Farben. Ihre Sinngebung ist uneinheitlich in den verschiedenen Kulturen, z. T. auch innerhalb derselben: der Teufel wird sowohl schwarz als auch rot gedacht. – Kosmische Bedeutung erlangte die Farbensymbolik in Kulturen, die sie zu den Himmelsrichtungen in Verbindung setzte. In China wurde zusätzlich eine Verbindung mit den Jahreszeiten vollzogen. Dort war Blau die Farbe des Ostens und des Frühlings, Rot symbolisierte den Süden und den Sommer, Weiß den Westen und den Herbst, Schwarz den Norden und den Winter; Gelb galt als Farbe der Mitte. – Gelegentlich sind Farben zum Symbol bestimmter Religionen geworden. So charakterisiert die grüne Farbe den Islam. Gelb, seit alters die Farbe der indischen Asketengewänder, wurde vom Buddhismus übernommen und kennzeichnet mit der Bezeichnung „Gelbe Kirche“ den Buddhismus Tibets, den Lamaismus. Im Parsismus ist Weiß als Farbe des Lichtes, der Heiligkeit und Reinheit vorherrschend. – Die christliche Orthodoxie des Ostens kennt als Festfarbe Weiß, als Bußfarbe Violett und als Trauerfarbe Schwarz. Im westlichen Christentum hat sich im wesentlichen der folgende liturgische Gebrauch der Farben herausgebildet: Weiß für Herren-, Marien- und Heiligenfeste, Rot für Pfingsten und die Tage der Apostel und Märtyrer, Violett für Advent und Fastenzeit, Schwarz für Karfreitag und Trauertage; Grün ist die liturgische Farbe für Zeiten ohne Festcharakter.

Fascinosum (auch Fascinans) [lateinisch]: von dem deutschen evangelischen Theologen und Religionsphilosophen Rudolf Otto (* 1869, † 1937) eingeführter religionswissenschaftlicher Begriff für ein Moment der Reaktion des Menschen auf das religiöse Erlebnis des Numinosen (↑heilig). Das Fascinosum, das im Gegensatz zur Erfahrung des Schauervollen und Dämonischen steht, bezeichnet ein „faszinierendes“, anziehendes und bestrickendes Moment, aus dem Ergriffensein, Überschwenglichkeit und Rausch resultieren können. Charakteristisch für diese Gefühlsreaktion waren die Mysterien, die im Dienst des griechischen Gottes ↑Dionysos standen.

Fasten: religionsgeschichtlich weit verbreitete, individuell oder gemeinschaftlich vollzogene ↑Abstinenz von bestimmten Nahrungsmitteln und Getränken, z. T. auch totale Enthaltung von Nahrungsaufnahme, die zu bestimmten ↑Fastenzeiten oder – wie von einigen Anhängern des Dschainismus – dauernd geübt wird. Ihr Ziel kann in der Abwehr schädlicher Kräfte, in eigener Kraftgewinnung oder in der ekstatischen Steigerung der eigenen Fähigkeiten bestehen. In einigen Religionen dient das Fasten der Buße und der Heiligung, der Freiheit zum Gebet, der Vision und Erleuchtung, der Vorbereitung auf kultische Handlungen, besonders auf den Genuß heiliger Speisen.

Fastenzeit: in verschiedenen Religionen festgesetzte Zeit des Fastens, im Islam der Monat Ramadan. In der katholischen Kirche ist die Fastenzeit die Zeit von Aschermittwoch bis zum Abend des Gründonnerstags (Quadragesima) und die Adventszeit. In den evangelischen Kirchen ist die Fastenzeit die Passionszeit.

Fastnacht ↑Karneval.

Fatalismus [von lateinisch fatum „Schicksal"]: die Ansicht von einem unabänderlichen, durch menschliches Handeln unbeeinflußbaren, „blinden" Schicksal als einer unpersönlichen Größe. Dieser Ansicht entspricht oft eine Haltung der Resignation.

Fatiha [arabisch „die Eröffnende"]: die erste Sure des Korans: „Im Namen Allahs des Erbarmers, des Barmherzigen! Lob sei Allah, dem Weltenherrn, dem Erbarmer, dem Barmherzigen, dem König am Tag des Gerichts! Dir dienen wir und zu dir rufen um Hilfe wir. Leite uns den rechten Pfad, den Pfad derer, denen du gnädig bist, nicht derer, denen du zürnst, nicht den Irrenden!

Fátima: bedeutendster Marienwallfahrtsort Portugals. Drei Kinder im Alter von sieben bis zehn Jahren hatten dort 1917 jeweils am 13. der Monate Mai bis Oktober Erscheinungen Marias. Sie erlebten außerdem mit zahlreichen Zuschauern außergewöhnliche atmosphärische Phänomene (u. a. rotierende Sonnenscheibe). Die katholische Kirche erklärte 1930 die Erscheinungen für glaubwürdig. Am Ort der ersten Marienerscheinung entstand ein großer Versammlungsplatz mit Basilika, Verwaltungs- und Klosterbauten, Unterkünften und Hospitalgebäude.

Fatum [lateinisch]: in der römischen Religion das den Menschen bestimmte Schicksal.

Faunus: dem griechischen Pan weitgehend entsprechender römischer Wald-, Flur- und Herdengott.

Febronianismus: kirchenpolitische Richtung innerhalb der katholischen Kirche, die einen ↑Episkopalismus vertrat, benannt nach dem Pseudonym Justinus Febronius des Trierer Weihbischofs Johannes Nikolaus von Hontheim (* 1701, † 1799), der 1763 mit seinem Buch „De statu ecclesiae et legitima potestate Romani pontificis" („Der Zustand der Kirche und die legitime Macht des Bischofs von Rom") versuchte, die Ansprüche des Papstes auf absolute Leitungsgewalt in der Kirche zurückzudrängen. Der Febronianismus betonte die Rechte und Freiheiten der deutschen Reichskirche, um die Vereinigung der getrennten Konfessionen zu erleichtern. Ihm schwebte als Ideal die Kirchenverfassung des 1. Jahrtausends vor (oberstes Organ der Kirche ist das Konzil und die Versammlung der Bischöfe). Der Febronianismus fand nicht die Unterstützung der Bischöfe, die die Macht des Vorstehers einer Kirchenprovinz (Metropoliten) stärker ablehnten als die des Papstes.

Feen [von lateinisch fatum „Schicksal"]: meist als gütig gedachte weibliche Geister, die in das menschliche Schicksal eingreifen. Die Vorstellung von Feen geht zurück auf antike Schicksalsgöttinnen und auf die keltische Mythologie. Feen spielen im Volksglauben, in der altfranzösischen Dichtung und im Märchen eine bedeutsame Rolle.

Fegefeuer (auch Fegfeuer, Reinigungszustand, lateinisch Purgatorium): in der katholischen Kirche wird der Zustand der Läuterung des Menschen nach dem Tod Fegefeuer genannt. Die Lehre vom Fegefeuer geht davon aus, daß im Tode endgültig über das Schicksal des Menschen entschieden wird. Sie löst die Spannung zwischen einer möglichen Vollendung und der tatsächlichen Unfertigkeit des Menschen durch den Glauben, daß diejenigen, die in der Gnade Gottes sterben, durch die Sühnetat Christi und die Fürbitte der Kirche gereinigt und vollendet werden. – Die bedeutendste dichterische Darstellung des Fegefeuers findet sich im „Purgatorio" von Dantes „Divina Commedia".

Feigenbaum: religionsgeschichtlich bedeutungsvoll v. a. durch den Feigenbaum, unter dem Buddha die Erleuchtung gewann (↑Bodhi-Baum). In Griechenland war der Feigenbaum dem Gott Dionysos heilig. Der Feigenfrucht wird im Volksglauben Schaden abwendende (apotropäische) Bedeutung beigemessen.

Fels: in der Mythologie gilt der Gott Mithras als „der aus dem Fels Geborene" (lateinisch „de petra natus"). Der Fels findet sich in den Psalmen als Metapher für Gott in seiner Unerschütterlichkeit; nach dem Matthäusevangelium nennt Jesus den Apostel Petrus den Felsen, auf den er seine Gemeinde bauen will (Matth. 16, 18).

Felsendom: Moschee auf dem Tempelplatz von Jerusalem, oft *Omarmoschee* genannt, von dem Kalifen Abd Al Malik (♕685–705) in den Jahren 688–691 erbaut. Der Felsendom ist ein achteckiges Gebäude, das im Innern zum größten Teil von dem etwa 18 mal 13 m großen, ausgehöhlten Felsen eingenommen wird, der als Stätte von Mohammeds Himmelfahrt, der Opferung Isaaks durch Abraham und als Podium im Tempel Salomos gilt.

Fenrir [altnordisch] (auch Fenriswolf): in der nordgermanischen Mythologie Dämon in riesiger Wolfsgestalt, Sohn des Loki und der Riesin Angrboda, Bruder des Hel und der Midgardschlange, von den Göttern gefesselt, befreit sich beim Weltende, verschlingt Wodan und wird selbst von Vidar, dem Sohn Wodans, getötet.

Feralia [lateinisch]: im alten Rom der auf den 21. Februar fallende, als öffentliches Fest begangene letzte Tag der ↑Parentalia.

Fernheilung: die Gabe, ohne persönlichen Kontakt Kranke zu heilen. Sie wird v. a. Heiligen zugeschrieben.

Fesselung: weitverbreitet ist das mythologische Motiv der Fesselung eines Ungeheuers, das jedoch am Ende der Welt loskommen wird. Im iranischen Mythos fesselt der Held Thraetaona die Schlange Aschi Dahaka an einen Berg; der germanische Wolf Fenrir bleibt bis zur Götterdämmerung gefesselt. – Zeus läßt Prometheus, der das Feuer stahl, um es den Menschen zu bringen, an einen Felsen ketten. – Im N.T. (Apk. 20, 1–3) bindet ein Engel die alte Schlange, d.h. den Teufel, für 1000 Jahre. – Fesselung aus kultischen Gründen liegt dem Bericht des römischen Geschichtsschreibers Tacitus (* um 53, † um 120; „Germania" 39, 2) zugrunde, nach dem man beim Opfer den heiligen Hain der germanischen Semnonen nur gefesselt betreten durfte. – Der Brauch der Leichenfesselung ist aus Furcht vor der Wiederkehr der Verstorbenen zu erklären.

Feste und Feiern: ihrer Sinngebung nach sind Feste und Feiern religiös bestimmt, sie sind oft weitgehend der Säkularisierung unterlegen, d.h. im Laufe der Zeit ihres religiösen Charakters entkleidet, aber auch in ursprünglicher Form, wie die häufige Verbindung von Märkten mit religiösen Festen zeigt, bereits mit profanen Elementen verbunden. Anlaß religiöser Feste sind zunächst die großen Einschnitte des menschlichen Lebens: die Geburt, die mit Übergangsriten (Rites de passage) verbundene Pubertät, die Hochzeit und der Tod. In Jägerkulturen veranlassen Beginn und Abschluß der Jagd große Feste; bekannt ist vor allem das arktische Bärenfest. Die Hauptfeste bäuerlicher Kulturen richten sich nach dem vegetativen Jahreskreislauf und haben damit als Termine Aussaat und

Ernte. Beim vorderasiatischen Neujahrsfest wurde das Wiedererwachen der Natur nach einer Periode der Dürre gefeiert, die als Zeit gefürchteter Unsicherheit galt. Diejenigen Religionen, die der Geschichte eine religiöse Wertung beimessen, sehen den Sinn des Festes in einem meist jährlich wiederholten Gedenken an ein Datum ihrer Heilsgeschichte.

Fetialen [von lateinisch fetiales]: im alten Rom die 20 Mitglieder eines Priesterkollegiums, das die für den völkerrechtlichen Verkehr bestehenden Normen zu überwachen hatte, Bündnisverträge abschloß und Kriegserklärungen vollzog. Die Fetialen verloren durch die überseeische Expansion Roms seit dem 3. Jahrhundert v. Chr. allmählich ihre einstige Bedeutung.

Fetisch [von portugiesisch feitiço „künstlich, falsch, Zauber"]: die Portugiesen gebrauchten den Ausdruck Fetisch zunächst speziell für westafrikanische Götterbilder und dann generell zur abwertenden Kennzeichnung der nichtchristlichen Religionen, die die Verehrung künstlich hergestellter Dinge betrieben hätten, den *Fetischismus*. Der französische Historiker und Geograph Charles de Brosses (* 1709, † 1777), der im Fetischismus die Urform aller Religion zu erkennen meinte, führte den Begriff in den wissenschaftlichen Sprachgebrauch ein und verlieh ihm zugleich einen spezifischen, bis heute gültigen Sinn. Danach ist der Fetischismus, dessen klassische Verbreitungsgebiete sich in Westafrika finden, der Glaube an einen Fetisch als machtgeladenen Gegenstand. Wenn es sich dabei um Objekte – wie Steine, Hölzer, Knochen oder aus Lehm geformte Figuren – handelt, in die Geister gebannt worden sind, so spricht man von einem „animistischen" Fetischismus. Demgegenüber liegt „dynamistischer" Fetischismus vor, wenn in ein sogenanntes „heiliges Bündel" machthaltige Ingredienzien eingeführt wurden; zu diesen zählen vornehmlich Zähne, Haare und Felle. Fetische können sich im Besitz einzelner Personen wie auch ganzer Gruppen befinden. Ihre Machtgeladenheit soll ihren Besitzern dazu verhelfen, persönliche oder kollektive Ziele zu erreichen. Gelegentlich ist dazu eine besondere Behandlung der Fetische erforderlich, die bevorzugt im Beschmieren mit Blut besteht. Mit Fetischismus wird keine spezielle Religionsform bezeichnet, sondern eine dem Zauber nahestehende Praxis, die im Rahmen der verschiedensten primitiven Religionen auftreten kann. Bei kultureller Höherentwicklung lebt Fetischismus häufig fort in der säkularisierten Form des Glaubens an die schützende Macht eines ↑ Amuletts.

Fetischismus ↑ Fetisch.

Fetwa [arabisch]: Gutachten des islamischen Rechtsgelehrten, des ↑ Mufti, in Rechtsfragen.

Feuer: im religiösen Verständnis wird Feuer vielfach als eine göttliche Macht angesehen, die, wie in der griechischen Sage von Prometheus, nur durch Raub zu den Menschen gelangen kann. Das Feuer besitzt ambivalenten Charakter: es ist eine zerstörende, aber auch eine reinigende Größe. Beide Aspekte treten in Vorstellungen zutage, die einen Weltbrand am Ende der Zeiten erwarten. – Der Kult des Feuers als wärmender und erhaltender Kraft wird mit dem häuslichen Herdfeuer wie mit dem Stammes- und Staatsfeuer gepflegt. Feuerkulte haben auch den Zweck, den Lauf der Sonne magisch zu beeinflussen, die *Sonnwendfeuer* gehören in diesen Zusammenhang. Eine Form des Feuerkultes ist auch das Brennen von Ampeln und Kerzen. – Als göttliche Person gedacht (als Hypostase) erscheint das Feuer in Göttern wie dem indischen Agni, dem griechischen Hephaistos und dem römischen Vulcanus.

Feueranbeter: oft gebrauchte, jedoch unzutreffende Kennzeichnung für die Anhänger des Parsismus, die das Feuer nicht anbeten, sondern es als etwas Heiliges und Reines verehren.

Feuerpriester ↑Athrawan.

Feuertaufe: Märtyrer, die wegen ihres christlichen Glaubens verbrannt wurden, haben nach frühem christlichen Sprachgebrauch die Feuertaufe erlitten.

Feuertempel ↑Dahr i Mihr.

Fiducia: lateinischer Begriff für ↑Glaube.

Fihrist [arabisch „Verzeichnis"]: bibliographisches Sammelwerk der älteren arabischen Literatur und der vorderasiatischen nachislamischen Religionen, verfaßt 988 von dem arabischen Gelehrten Muhammad Ibn Ischak Ibn An Nadim († 995). Es enthält reiches religionsgeschichtliches Material.

Fikh (= Fiqh) [arabisch „Einsicht, Vernünftigkeit"]: arabischer Begriff für das ethische System des Islams und damit für die islamische Rechtswissenschaft, in deren Mittelpunkt die religiöse Pflichtenlehre steht.

Fiktionalismus [von lateinisch fictus „erdichtet, scheinbar"]: die von dem deutschen Philosophen Hans Vaihinger (* 1852, † 1933) entwickelte Philosophie des „Als ob", die, auf die Religion angewendet, deren Begriffe und Werte nur als Hilfsbegriffe, als *Fiktion*, anerkennt.

Filioque [lateinisch „und vom Sohn"]: durch die Theologie des Kirchenvaters Augustinus (* 354, † 430) angeregter Zusatz der abendländischen Kirche zum christlichen Glaubensbekenntnis, wonach der Heilige Geist vom Vater „und vom Sohn" ausgeht. Von der Ostkirche abgelehnt, war das Filioque seit 589 in der spanischen, seit 767 in der fränkischen Kirche in Geltung; Karl der Große (♔ als Kaiser 800–814) ließ es 809 auf einer Synode in Aachen anerkennen. In Rom wurde es 1014 offiziell eingeführt.

Fimbulwinter: in der germanischen Eschatologie ist der dreijährige Fimbulwinter ein Vorzeichen für den Weltuntergang.

finnisch-ugrische Religionen: die alten Religionen der finnisch-ugrischen Völker sind gekennzeichnet durch die Verehrung eines *Hochgottes*, der als Herr des Himmels galt. Er hieß bei den Finnen Ukko („der alte Mann"); die Wotjaken verehrten ihn unter dem Namen Inmar („der Himmlische"). Das Wort Jumo bezeichnet bei den Tscheremissen, das Wort Jen bei den Syrjänen sowohl den natürlichen Himmel als auch den Himmelsgott. Die Mordwinen nannten ihre Himmelsgottheit Schkaj („Schöpfer"). Im estnischen Bereich finden sich verschiedene Bezeichnungen, u. a. Pikne („Blitz"). Nach ungarischer Vorstellung trieb Magyar Isten („Gott der Ungarn") mittels der Flügelschläge großer Adler sein Volk an, die Karpaten zu überschreiten, um ihre heutigen Wohngebiete zu erreichen. – Eine weitere religiöse Gemeinsamkeit der finnisch-ugrischen Völker bestand wahrscheinlich in einem Priestertum, das Züge des ↑Schamanismus trug. – Speziell über die alte Religion der Finnen orientiert am ausführlichsten das 1551 veröffentlichte Götterverzeichnis des Missionars Finnlands, Mikael Agricola (* um 1509, † 1557). Als Gattin des Hochgottes Ukko galt Rauni, eine Göttin des Donners, die zugleich als Erdmutter verehrt wurde. Ilmarinen war Herr des Windes und Beschützer der Reisenden. Väinämöinen, eine Zentralgestalt des finnischen Nationalepos ↑„Kalevala", trug Züge eines ↑Kulturheros. Im *Kult* dominierte die Feier des Bärenfestes (↑Bärenkult). Geisterglaube war weit verbreitet. Die *Jenseitsvorstellungen* waren uneinheitlich. Neben dem Glauben an ein Fortleben im Grabe stand die Vorstellung von einem unterirdischen Totenreich.

Finsternis ↑Lichtsymbolik.

Fiqh ↑Fikh.

Firmung: mit Aussagen aus dem N. T. (Apg. 8, 14–17) begründetes Sakrament der katholischen Kirche, das Jugendlichen im Alter von 7–12 Jahren vom Bischof, Weihbischof, einem beauftragten Abt, in außerordentlichen Fällen auch vom Gemeindepfarrer durch Handauflegung, Salbung, Gebet und einem leichten Backenstreich gespendet wird.

Fisch: auf Grund der Symbolik des Menschenfischens im N.T. (Matth. 4, 19) ist der Fisch ein altchristliches Symbol; außerdem ist er Symbol für Christus, dessen griechische Bezeichnung mit **I**esũs **Ch**ristòs **Th**eũ **Hy**òs **S**otḗr („Jesus Christus, Gottes Sohn, Erlöser") das aus den Anfangsbuchstaben gebildete Wort ICHTHYS (griechisch „Fisch") ergibt. – Fische sind auch eine beliebte Fastenspeise.

Fischerring: Siegelring des Papstes mit dem Bild des Apostels Petrus und dessen Fischernetz sowie dem Namen des jeweiligen Papstes. Der Fischerring wird seit dem 15. Jahrhundert regelmäßig von Päpsten getragen.

Fjörgyn (= Fjörgynn) [wahrscheinlich von altnordisch Jörd „Erde"]: nordgermanische Gottheit, in ihrer weiblichen Erscheinung Mutter des Thor. Anscheinend hat sich aus der weiblichen Gottheit eine männliche entwickelt, die als Vater der Frigg bezeugt ist.

Flagellanten [von lateinisch flagellum „Geißel"]: Geißler, ekstatische Asketen des 13.–15. Jahrhunderts, die sich zur Buße selbst geißelten. Durch Bußpredigten und Endzeiterwartungen hervorgerufen, begann die Laienbewegung der Flagellanten 1260 in Italien mit einer Geißlerwallfahrt. Seit Mitte des 14. Jahrhunderts zogen die Flagellanten durch Mittel- und Nordeuropa, um 1400 unter Führung des Dominikaners Vincentius Ferrer (* 1350 [?], † 1419) durch Frankreich, Oberitalien und die Pyrenäenhalbinsel.

Flamen [lateinisch „Anbläser"] (Mehrzahl Flamines): Titel römischer Opferpriester. Nach den Göttern Jupiter, Mars und Quirinus unterschied man den ihnen jeweils zugeordneten Flamen Dialis, Flamen Martialis und Flamen Quirinalis. Weitere 12 Flamines Minores („mindere Flamines") standen im Dienst anderer Gottheiten.

Fledermaus: von den südamerikanischen Tupí-Guaraní wird die als Dämon der Nacht und als Feind der leuchtenden Gestirne aufgefaßte Fledermaus nach den endzeitlichen Vorstellungen dieser Indianer Sonne und Mond verschlingen und eine völlige Finsternis verursachen.

Fleisch und Geist ↑ Geist.

Flora: römische Göttin der Blüten und Blumen sowie des Frühlings. Ihr Fest waren die Floralia, die vom 28. April bis 3. Mai gefeiert wurden.

Flöte: sie wird häufig als kultisches Musikinstrument verwendet und ist Attribut des griechischen Gottes Pan.

Fluch: gegen Menschen, auch gegen Tiere oder Sachen gerichteter Unheilswunsch, Gegenteil des Segens. Der Verfluchende vertraut dabei auf die Macht seines Wortes, oder er unterstützt sie durch symbolische Gesten. Häufig wird auch die Erfüllung des Unheilwunsches von einer richtenden Gottheit erfleht.

Fluchpsalmen: Psalmen des A.T. (z. B. Ps. 109) bzw. Teile von Psalmen (z. B. Ps. 119, 21; 137, 8 f.), in denen der Fluch Jahwes auf Gottlose und auf Feinde Israels herabgerufen wird.

Flurumgang: gemeinsames rituelles Umgehen der Felder, symbolische Erneuerung der Besitzergreifung und magischer Brauch zum Schutz und zur Kraftsteigerung des Bodens. Durch die kirchliche Flurprozession soll der Segen Gottes auf Flur und Feldfrüchte herabgefleht werden.

Flußgottheiten: Gottheiten und Geistwesen (z. B. Nymphen), deren Sitz in Flüssen gedacht wird und die zuweilen von demjenigen, der ihren Fluß durchschreitet oder überbrückt, Opfer erheischen. Der Glaube an Flußgottheiten war besonders in der keltischen Religion verbreitet. Die Ägypter verehrten Hapi als Gott des Nils, die Griechen kannten den Flußgott Acheloos.

Flutsagen ↑Sintflut.
Fo: chinesische Namensform des ↑Buddha.
Föderaltheologie [von lateinisch foedus „Bündnis"]: von dem Leidener Theologen Johannes Coccejus (* 1603, † 1669) begründete Richtung der reformatorischen Theologie, die den biblischen Glauben unter dem Zentralbegriff des Bundes Gottes mit den Menschen zusammenfaßt.
Formalismus [von lateinisch forma „Gestalt, Form"]: striktes Festhalten an buchstäblicher Gesetzeserfüllung.
Formalprinzip: im Protestantismus das Bekenntnis zur Bibel als alleiniger Glaubensnorm.
Formel [von lateinisch formula]: feste Wortverbindung im liturgischen und magischen Gebrauch, tritt auf als Bekenntnis-, Opfer-, Segens-, Fluch-, Eides-, Weihe- und Zauberformel.
formgeschichtliche Methode: eine Methode der Untersuchung und Interpretation biblischer Texte, die davon ausgeht, daß die Texte aus bestimmten erzählerischen Einheiten bestehen, die ihrer Form nach unterschieden und als Gattungen typisiert werden können. Diese Formen sind abhängig von bestimmten typischen Situationen, in denen diese Texte hervorgebracht und verwendet wurden.
Forseti [altnordisch „der Vorsitzende"]: germanischer Gott, Sohn des Baldr und der Nanna, Schlichter des Streites, Herr der Winde und des Fischfangs. Sein Name ist eine auf dem Namensanklang beruhende (volksetymologische) Bildung zu der Namensform Fosite; sein Heiligtum soll auf Fositesland (d. h. Helgoland) gestanden haben.
Fortuna: römische Schicksals- und Glücksgöttin, der griechischen Tyche entsprechend. Die Verehrung der Fortuna wurde meist mit der Angabe ihres jeweiligen Wirkungsbereichs verbunden, z. B. „Fortuna des römischen Volkes" („Fortuna Populi Romani"), „plebejische Fortuna" („Fortuna Plebeia").
Franziskaner (offiziell lateinisch Ordo Fratrum Minorum; Abk. OFM): Mitglieder des „Ordens der minderen Brüder", die nach der 1223 von Papst Honorius III. bestätigten Regel des Franz von Assisi (* 1181/82, † 1226) leben. Sie gehören zu den Bettelorden; zu ihrer Ordenstracht zählt braunes Habit mit Kapuze, weißer Strick als Gürtel, oft auch Sandalen. Der Orden ist bis heute in Seelsorge, Schule, Wissenschaft und Mission tätig. – Die Ausbreitung des Ordens erfolgte trotz interner Auseinandersetzungen, die im 13. Jahrhundert zwischen den *Spiritualen*, die auf wörtliche Regelbefolgung drangen, und den *Konventualen*, die eine Angleichung an die älteren Orden erstrebten, entstanden waren.
Fraschokereti (= Frashokereti) [awestisch „Wunderbarmachung"]: in der Eschatologie des Parsismus die „Verklärung" der Welt nach dem Endgericht.
Fratizellen [mittellateinisch „Mönchlein", von mittellateinisch frater „Mönch"]: Anhänger einer radikalen Richtung der Franziskaner, im 14. und 15. Jahrhundert wegen ihrer unbedingten Forderung nach Armut der Mönche als Gegner der Kirche von Bedeutung, von der Inquisition verfolgt.
Frau: die rechtliche Stellung der Frau war in früheren Epochen der Kulturgeschichte weitgehend abhängig von ihrer *religiösen Einstufung*. Hierbei ist zu unterscheiden zwischen dem generellen Anteil aller Frauen am religiösen Leben einerseits und andererseits der Geltung bestimmter Frauen mit spezifisch religiösen Funktionen. – Die generelle Stellung der Frau innerhalb einer Religion bezieht sich vor allem auf ihre *Teilnahme am kultischen Gemeinschaftsleben*. In den Religionen schriftloser Völker sind nicht selten Kulthandlungen, Initiationsriten und vor allem die Feiern von Geheimbünden den Männern vorbehalten. Durch zeitlich begrenzte Meidungsgebote können Frauen während der Menstruation und der Schwangerschaft von der Gemein-

schaft isoliert werden. Einschränkungen hinsichtlich der kultischen Aktivität der Frauen kennt noch das frühe Christentum; so schrieb Paulus an die Gemeinde in Korinth (1. Kor. 14, 34): „Frauen sollen in der Gemeindeversammlung schweigen". – Jedoch bezog sich eine *kultische Exklusivität* keineswegs immer und ausschließlich auf die Männer. Der griechische Gott Dionysos ist bekannt dafür, daß in seinem Dienste vornehmlich, wahrscheinlich sogar ausschließlich, Frauen als Anhängerinnen, die Mänaden oder Bacchantinnen, standen. Auf kulturell früher Stufe ist die umfassendste kultische Anteilnahme der Frauen mit dem Glauben an eine Erdgöttin, die „Mutter Erde", verbunden, deren Verehrung in mutterrechtlichen, matriarchalischen Ackerbaukulturen weit verbreitet war. – *Spezifischen religiösen Funktionen* bestimmter Frauen liegt wohl ursprünglich die Annahme einer besonders engen Beziehung der Frau zu übersinnlichen Mächten zugrunde. Charakteristisch hierfür sind die Worte des römischen Geschichtsschreibers Tacitus (* um 53, † um 120), der in seiner „Germania" von den Germanen berichtet: „Sie glauben, den Frauen sei sogar etwas Heiliges und Seherisches zu eigen". – Die *überirdische Macht*, über die eine Frau verfügt, kann von ihr in positiver, aber auch in schadenbringender Weise genutzt werden. Dem Wohle einzelner wie der Gemeinschaft dienen im allgemeinen die Schamanin, die Seherin und die Prophetin. Als große Seherinnen sind vor allem die griechische Pythia des Delphischen Orakels bekannt geworden sowie die nordgermanische Völva, die den Weltuntergang und die darauffolgende Welterneuerung weissagte. Die schadenbringende Tätigkeit übersinnlich begabter Frauen kann als eine Verfallsstufe angesehen werden, die eintrat, nachdem ihre offiziellen Funktionen erloschen waren und sie nunmehr im Geheimen als böse Zauberinnen und Hexen wirkten. – Mit der Stellung der Seherin konnten *kultische Aufgaben* verbunden sein; jedoch sind weibliches Priestertum und weiblicher Tempeldienst selbständige Phänomene, die bestimmte Funktionen zu erfüllen hatten. Hierzu gehörten die weit verbreitete Hütung des Feuers, der Tempelgesang und der Tempeltanz. – Mit dem weiblichen Priestertum war häufig das *Keuschheitsopfer* verbunden, das zwei einander entgegengesetzte Formen aufweist: zum einem konnte es im Gelöbnis der Jungfräulichkeit bestehen. Die andere Form des Keuschheitsopfers bestand in der Ausübung der Tempelprostitution. – Die historisch späteren Religionen drängten nach und nach die religiösen Funktionen der Frauen zurück. Dies gilt für den Parsismus wie für den ebenfalls aus Persien stammenden spätantiken Mithraskult, der im Römischen Reich zur bevorzugten Soldatenreligion wurde. Der Buddhismus wurde als typische Mönchsreligion begründet, und als sich Buddha widerwillig überreden ließ, auch eine Nonnengemeinde zuzulassen, unterstellte er diese der Gemeinde der Mönche. – Während das A. T. von Frauen als großen religiösen Gestalten berichtet – wie z. B. die Richterin Debora (Ri. 4, 4 ff.; 5, 1 ff.) und die Prophetin Hulda (2. Kön. 22, 14 ff.) –, setzte im späteren Judentum eine Bewegung gegen das weibliche Element ein, dem im Gottesdienst der Synagoge eine rein passive Rolle zugewiesen wurde. – Die völlige Abschließung der Frau im Harem wurde im Islam erst im Laufe seiner Geschichte vollzogen, dann aber von der islamischen Orthodoxie als gottgewollte Ordnung angesehen. – Die Geschichte des Christentums weist unterschiedliche Einschätzungen der Frau nicht allein in geschichtlicher Abfolge, sondern auch gleichzeitig auf. Eine Zurückdrängung der Frau im kirchlichen Leben beginnt bereits im Urchristentum. Das Mönchtum mit seiner Forderung vollständiger sexueller Enthaltsamkeit neigte zur Verachtung der Frau als „Gefäß der Sünde". Andererseits förderte die Verehrung der Jungfrau Maria eine Hochschätzung asketischer Jungfräulichkeit. Hinzu kam, daß das mittelalterliche Nonnentum auf geistigem Gebiet bedeutende schöpferische Kräfte entwickelte. Die neuzeitliche Situation ist gekennzeichnet durch eine weitgehende rechtliche Gleichstellung der Geschlechter, die einzelne protestantische Kirchen in neuester Zeit auch auf die Ausübung des Pfarramtes durch Frauen ausdehnten.

Fraus pia [lateinisch „frommer Betrug"]: auf religiösem Gebiet Täuschungen, z. B. im Reliquienkult durch Handel mit unechten Reliquien, die mit dem Ziel, die Frömmigkeit zu fördern, nachträglich gerechtfertigt werden.

Frawaschi (= Fravashi) [awestisch]: im Parsismus der persönliche Schutzgeist jedes Menschen, der sich nach dessen Tod mit seiner Seele vereinigt.

Freidenker: Anhänger einer grundsätzlichen Opposition gegen jede religiöse, besonders kirchliche Autorität, seit 1880 in zahlreichen nationalen und internationalen Bünden mit meist atheistischer Tendenz zusammengeschlossen.

Freikirchen: im Gegensatz zu Staats- und Landeskirchen frei zusammengeschlossene Kirchen mit selbständiger Verwaltung. Auf Grund der Trennung von Kirche und Staat sind z. B. die Kirchen der USA Freikirchen.

freireligiös: Bezeichnung für z. T. aus den ↑Deutschkatholiken hervorgegangene religiöse Gruppen mit einer bekenntnismäßig großen Variationsbreite, zusammengefaßt im „Bund Freireligiöser Gemeinden Deutschlands" (etwa 70 000 Anhänger).

Freitagsgottesdienst: im Islam der Hauptgottesdienst in der Moschee.

Fremdreligionen: im Sprachgebrauch der christlichen Theologien Bezeichnung für die nichtchristlichen Religionen.

Freundgottglaube ↑Fulltrui.

Freyja [altnordisch „Herrin"] (auch altschwedisch Fröga): nordgermanische Göttin der Fruchtbarkeit, des Glücks und Kindersegens, Schwester des Freyr.

Freyr [altnordisch „Herr"] (auch altschwedisch Frö): nordgermanischer Gott der Fruchtbarkeit und des Reichtums, Bruder der Freyja; beide dem Geschlecht der Wanen zugehörig. Mittelpunkt des Freyr-Kultes war der Tempel von Uppsala, in dem ein Bild des Gottes stand. Freyr galt als Herrscher der Schweden und als Ahnherr des Königsgeschlechts der Ynglinge.

Friedensgruß: christlicher Ritus, meist im Rahmen der Abendmahlsfeier.

Friedenskuß: Friedensgestus in den altchristlichen und östlichen Liturgien; im Westen im allgemeinen durch den Friedensgruß ersetzt, jedoch in der Herrnhuter Brüdergemeine wieder aufgenommen.

Friedensritual: feierliche Handlung zur Erhaltung des Friedens, besonders aber zu dessen Wiederherstellung nach Kriegen. Wesentlicher Bestandteil des Friedensrituals sind Friedenssymbole, sinnbildhafte Gegenstände oder Handlungen, wie sie bei nordamerikanischen Indianern eine besonders reiche Ausbildung erfuhren. Bekannt sind das Vergraben des Tomahawk und das Rauchen der Friedenspfeife (Calumet). Darüber hinaus kannten die Ost-Zentralalgonkin einen speziellen Friedenstanz. Nordostafrikanischen Nomaden galten Grasbüschel als symbolische Friedenszeichen; bei den Galla in Äthiopien waren rituelle Blutvermischungen üblich. Als symbolische Handlungen sind das zeremonielle Ablegen der Waffen und die Feier gemeinsamer Mahlzeiten einstiger Gegner weitverbreitet. Als Symboltier des Friedens gilt vornehmlich die Taube. Weiß ist die häufigste Symbolfarbe des Friedens. Eine spezielle Gottheit des Friedens besaßen die Griechen

Fudschijama

in der Eirene, der die römische Pax entsprach.

Friedhof: bedeutet ursprünglich „eingefriedeter, umschlossener Raum". Später wird das Wort an „Friede" angelehnt. Bezeichnung der abgesonderten Stätte der Totenbestattung. Synonym werden Kirchhof, Totenacker und Gottesacker verwendet.

Frigg [altnordisch]: nord- und westgermanische Göttin, Gattin Odins, Mutter Baldrs. Auf ihren Namen geht der Name des Freitags (althochdeutsch frīatag, frijatag, mittelhochdeutsch vrītac) zurück.

Frọ ↑Freyr.

Frọga ↑Freyja.

Frömmigkeit: in der Religionsgeschichte die innere Haltung des Anhängers einer Religion, in der die Verehrung des Göttlichen und die Bereitschaft des Frommen enthalten ist, wegen seines Glaubens Opfer zu bringen. Die Frömmigkeit prägt sein Denken, Fühlen und Handeln.

Fronleichnam [mittelhochdeutsch vronlīcham „Leib des Herrn"]: Fest der katholischen Kirche, zur Verehrung der Eucharistie am Donnerstag nach dem ersten Sonntag nach Pfingsten gefeiert, 1246 zuerst in Lüttich nach Visionen der belgischen Nonne Juliana von Lüttich (* um 1192, † 1258) eingeführt, 1264 von Urban IV. für die ganze Kirche verbindlich vorgeschrieben. Mittelpunkt des Festes ist eine Prozession, bei der die geweihte Hostie in der Monstranz durch die Straßen getragen wird. An vier Altären werden Texte aus den vier Evangelien gesungen, und nach dem Gebet wird der Segen mit der Monstranz erteilt.

Fruchtbarkeit: die Fruchtbarkeit wird von Menschen häufig mit magischen Mitteln gefördert wie etwa durch Wetterzauber, im religiösen Bereich durch Frühlingsfeiern, die Verehrung von Vegetationsgottheiten und durch Kulte, in deren Mittelpunkt die Verehrung eines symbolisch dargestellten männlichen Gliedes steht (phallische Kulte).

Frühling: als Jahreszeit der Erneuerung des Wachstums ist der Frühling im Mythos die Zeit der Auferstehung vegetativer Gottheiten, die im Kult durch Feste und Feiern begangen wird, die sich in der säkularisierten Form der Maifeier bis heute erhalten haben.

Fuchs: im japanischen Schinto ist der Fuchs von besonderer Bedeutung, er gilt als Beschützer der Reisfelder und soll Menschengestalt annehmen können. Der Fuchs ist vor allem mit *Inari*, der populärsten Gottheit der Reisbauern, verbunden; vor Inari-Schreinen finden sich stets hölzerne oder steinerne Fuchsstatuen.

Fudschijama (= Fujiyama): heiliger und höchster Berg Japans, Gegenstand zahlreicher Dichtungen und bildlicher Darstellungen. Die Besteigung des Fudschijama zählt zu den beliebtesten Wallfahrten der Japaner.

Fußwaschung. Miniatur im Evangelistar des Speyerer Doms (um 1197; Karlsruhe, Badische Landesbibliothek)

Fulla (= Volla): die „Fülle", germanische Göttin des Reichtums, Schwester der Frigg.

Fulltrui [altnordisch „Vertrauter"]: altnordische Bezeichnung für die Gottheit, zu der der Mensch in einem besonders engen, freundschaftlichen Verhältnis steht. Dieser *Freundgottglaube* findet sich auch in anderen, vornehmlich in indogermanischen Religionen.

Fundamentalismus: Ende des 19. Jahrhunderts entstandene Bewegung des amerikanischen Protestantismus zur Abwehr des Liberalismus; sie geht mit Entschiedenheit davon aus, daß die Bibel direkt Gottes Wort (gewissermaßen wörtlich diktiert: „inspiriert") und aus diesem Grunde irrtums- und widerspruchsfrei sei.

Fundamentaltheologie: Disziplin der katholischen Theologie, die nicht einzelne Glaubensinhalte, sondern die Prinzipien der Theologie, die Möglichkeit des Glaubens und der diesem zugrundeliegenden Offenbarung untersucht.

Funeralriten ↑Bestattung.

Fünffeuerlehre: in der „Brihadaranjaka-Upanischad" (6, 2) und in der „Chandogja-Upanischad" (5, 3 bis 10) überlieferte Seelenwanderungslehre; sie geht von der Erschaffung der Menschen durch ein fünffaches Feueropfer der Götter aus und endet mit dem Weg der Verstorbenen, wenn sie das Leichenfeuer verlassen.

Funktionsgötter ↑Sondergötter.

Fürbitte: besondere Form des Gebets in den christlichen Liturgien. Die Fürbitte ist meist der freien Formulierung des Liturgen anheimgestellt.

Furien ↑Erinnyen.

Fußkuß: alte Geste der Verehrung; dabei wird das Kreuz des rechten Pontifikalschuhs des Papstes geküßt.

Fußwaschung: Reinigungssitte und Sklavendienst im Alten Orient und im Mittelmeerraum. Nach Aussagen des Johannesevangeliums (Joh. 13, 1 bis 7) wäscht Jesus seinen Jüngern die Füße als Zeichen demütiger Liebesbereitschaft gegenüber dem Nächsten. Dieser Brauch wurde von Klöstern und Bischöfen übernommen.

Fylgiur [altnordisch „Folgegeister"] (Einzahl Fylgia): nach nordgermanischem Glauben Schutz- und Schicksalsgeister der Menschen, meist als Frauen, gelegentlich auch in Tiergestalt gedacht.

G

Gabriel: Erzengel, nach dem Lukasevangelium (1, 26) der Engel, der die Geburt Jesu verkündet. Im Islam gilt Gabriel als oberster Engel, von dem Mohammed seine Offenbarung empfing.

Gad: israelischer Stamm im Ostjordanland.

Gaia (auch Ge): griechische Göttin der Erde, Gattin des Uranos. Nach Hesiod entstand Gaia aus dem Chaos.

Gajatri ↑Sawitri.

Gajomart (= Gayōmart) [von awestisch Gayō martā „sterbliches Leben"]: eine Urmenschengestalt der iranischen Mythologie.

Galaterbrief (Abk. Gal.): um 49 n. Chr. verfaßter Brief des Apostels Paulus an die christlichen Gemeinden im kleinasiatischen Galatien. Gegenüber Einflüssen von Judenchristen auf die Heidenchristen dieser Gemeinden beruft sich Paulus auf die Beschlüsse des ↑Apostelkonzils, betont die Freiheit der Christen vom Gesetz und rechtfertigt seinen apostolischen Auftrag.

Galli: Bezeichnung der kastrierten Priester der Mysterien des Gottes Attis.

gallikanische Liturgie: mit den übrigen nichtrömischen Liturgien Europas verwandte selbständige Entfaltung gemeinchristlicher Gottesdienstformen, im karolingischen Frankreich im 8./9. Jahrhundert entstanden. Einzelne gallikanische Elemente drangen später in die römische Liturgie Frankreichs ein. Gegenwärtig wird in französischen orthodoxen Gemeinden versucht, die gallikanische Liturgie erneut zu beleben.

Gallikanismus: französische Form des ↑Episkopalismus, mit der „Pragmatischen Sanktion" von Bourges 1438 offiziell eingeführt, von König Ludwig XIV. (♔ 1643–1715) gefördert, dem sich der französische Klerus 1682 anschloß. Im Mittelpunkt des Gallikanismus stand das Bestreben, den Einfluß des Papsttums in Frankreich zurückzudrängen, wobei das Konzil als dem Papst übergeordnet galt und ein gewisser Einfluß des französischen Königs auf die Kirche in Frankreich zugestanden wurde. Das 1. Vatikanische Konzil (1869/70) verwarf 1870 den Gallikanismus.

Gammadion ↑Kreuzformen.

Gandharwen (= Gandharvas): Geister der indischen Religion, nach Aussage des „Weda" Bewohner der Räume zwischen Himmel und Erde, später mit stark hervortretenden sexuellen Zügen ausgestattet.

Ganescha: hinduistische Gottheit mit Elefantenkopf, ↑Elefant.

Ganges: als „Mutter Ganga" verehrter heiliger Fluß Indiens, mit dessen Wasser sich die Inder rituell reinigen.

Ganymed: in der griechischen Mythologie „der allerschönste der sterblichen Menschen", nach dem Olymp entrückt, wo er in ewiger Jugend verweilt, um „Zeus zu bedienen als Schenke des Weins" (Homer, „Ilias" XX, 235).

Ganz Andere, das (auch lateinisch totaliter aliter): von dem deutschen evangelischen Theologen und Religionsphilosophen Rudolf Otto (* 1869, † 1937) in die religionswissenschaftliche Terminologie eingeführter Begriff, mit dem das Geheimnis des Heiligen (↑heilig), das sich aller rationalen Erfassung entzieht, angedeutet werden soll.

Ganzopfer ↑Brandopfer.

Garizim: der in ↑Samaria gelegene heilige Berg der Samaritaner.

Garm (auch Garmr): in der nordgermanischen Mythologie riesiger Hund mit blutiger Brust und vier Augen, der am Flusse ↑Gjöll den Eingang von ↑Hel bewacht. Garm wird in der Götterdämmerung von ↑Tyr erschlagen.

Garuda: in der Mythologie des Hinduismus Reittier des Gottes Wischnu,

Ganges mit badenden Hindus

ein Mischwesen mit Haupt und Flügeln eines Adlers.

Gastfreundschaft: das meist nur zeitweilige Schutz- und Friedensverhältnis, das einem Fremden gewährt wird. In neuerer Zeit durch öffentlich-rechtliche Ordnungen sowie durch das Beherbergungsgewerbe in ihrer ursprünglichen Bedeutung herabgemindert, galt Gastfreundschaft auf älteren Stufen des Rechts und in früheren Formen des Reisens als eine der vornehmsten Tugenden. Als Zeichen der Gewährung von Gastfreundschaft wurde die gemeinsame Mahlzeit mit dem Fremden angesehen. Gabenaustausch war häufiges Symbol für die Aufnahme des Gastes in eine Gemeinschaft, die sich zu dessen Schutz verpflichtete. Dieser Schutz konnte einer Gottheit unterstehen, die Zuwiderhandlungen ahndete. So galt den Griechen Zeus Xenios als Beschirmer des Fremdlings (griechisch „xénos"). Der Fremde war jedoch für die Dauer seines Aufenthaltes nur in begrenztem Maße Mitglied der gastgebenden Gemeinschaft, von deren Kult er im allgemeinen ausgeschlossen blieb. Diese Formen der Gastfreundschaft beruhen in frühen und primitiven Kulturen auf der fesselnden und zugleich erschreckenden Fremdheit, die Aussehen, Kleidung und Lebensgewohnheiten des Fremden zeigen. In historisch späteren Religionen gilt der Fremde als hilfsbedürftiger Mitmensch, der aus ethischen Motiven zu beherbergen ist, so die Aussagen im N. T. (Matth. 25, 35–41). Diese christliche Verpflichtung zur Gastfreundschaft traf sich im frühen Mittelalter mit germanischen Traditionen. Gastfreundschaft wurde zu einer der vornehmsten ritterlichen Tugenden. Als Werk der Barmherzigkeit gehört sie zu den Pflichten der Klöster, heute vor allem derjenigen in unwirtlichen und gefahrvollen Gegenden.

Gastromantie [von griechisch gastḗr „Bauch" und manteía „Weissagung"]: Bauchreden zur Weissagung, gedeutet als Stimme eines im Leib weissagenden Dämons.

Gathas ['ga:θas, 'ga:təhas; awestisch]: die Predigten Zarathustras; sie gehören zu den ältesten Texten des ↑„Awesta".

Gatumdug: sumerische Stadtgöttin von Lagasch, von dem Stadtfürsten Gudea von Lagasch (2. Jahrtausend v. Chr.) als „Mutter von Lagasch" bezeichnet.

Gautama: der Familienname des ↑Buddha.

Gayatri ↑Sawitri.

Gayōmart ↑Gajomart.

Gę ↑Gaia.

Gęb: altägyptischer Erdgott, dessen Gattin die Himmelsgöttin Nut ist. Geb ist in dem theologischen System der ↑Götterneunheit von Heliopolis vertreten.

Gebärden ↑Gestik.

Geber [wahrscheinlich von arabisch kāfir „ungläubig“]: Bezeichnung der Parsen im Iran durch die Muslime.

Gebet: die mit Worten und diese begleitende Handlungen verbundene Anrede einer als Person gedachten Gottheit durch den Menschen. Ihre früheste Form ist der unmittelbare *Gebetsruf*, der durch menschliche Not und Gefahr, aber auch durch ein überwältigendes religiöses Erlebnis veranlaßt sein kann. Diesem spontanen Gebet steht das *gebundene Gebet* gegenüber, dem feststehende Gebetstexte zugrunde liegen. Es tritt in der Form des *Einzelgebetes* wie auch des mit dem regelmäßigen Kult verbundenen *Gemeinschaftsgebetes* auf. – Zu den *Gebetsinhalten* zählt zunächst die Bitte, die irdische Güter betreffen kann, aber auch sittliche Werte wie Gerechtigkeit, Friedfertigkeit, Reinheit, Treue gegenüber göttlichen Geboten. Sündenbekenntnis und die Bitte um Vergebung der Sünden kennzeichnen das Bußgebet. Das Dankgebet gilt der Erfüllung des Bitt- wie auch des Bußgebetes und damit dem Empfang göttlicher Gnade. Es geht oft über in das Lobgebet, dessen Inhalt allein die Lobpreisung der Gottheit ist. Bestandteil des Gebets ist häufig das Bekenntnis des eigenen Glaubens. Es enthält eine Opferformel, wenn es mit der Darbringung von Gaben für die Gottheit verbunden ist. – Zu den *äußeren Formen* des Gebets gehört ein bestimmter Gebetsgestus, der im Niederknien oder Niederwerfen des ganzen Körpers, im Erheben oder Kreuzen der Arme oder im Händefalten besteht. – Die Befolgung bestimmter *Gebetszeiten* ist typisch für den Islam mit seiner Festsetzung der täglichen fünf Gebete (↑Salat). – *Begleitgegenstände* des Gebetes sind der islamische Gebetsteppich, die aus Gebetsmantel und Gebetsriemen bestehende jüdische Gebetskleidung sowie der Rosenkranz in der katholischen Kirche und im Buddhismus. Die Gebetsmühlen im Lamaismus verfolgen den Zweck eines mechanischen Gebetsersatzes.

Gebetsmühlen: im tibetischen Lamaismus sind Vorrichtungen gebräuchlich, die die mündliche Rezitation heiliger Sprüche mechanisch ersetzen. Ihre einheimische Bezeichnung ist „Juwelenrad“. Es handelt sich um zylinderförmige Behälter, die um eine Achse drehbar sind und mittels eines Hebels durch die menschliche Hand, aber auch durch Wind

Gebetsmühle

oder fließendes Wasser in Bewegung versetzt werden. Im Innern enthalten sie Papierstreifen, die mit kurzen Texten beschrieben sind, vornehmlich mit der heiligen Formel ↑Om mani padme hum. Durch die Bewegung soll die von selbst wirkende Macht dieser Worte vervielfacht werden. Zugrunde liegt der Glaube an die magische Wirkung eines Ersatzritus.

Gebetsnische (auch arabisch Mihrab): im Islam die apsisförmige Nische in der nach Mekka ausgerichteten Wand der Moschee. Bei der Leitung des Gebetsgottesdienstes steht der Vorbeter, der ↑Imam, vor der Gebetsnische, der er sein Gesicht zuwendet.

Gebetsrichtung: die Blickrichtung des Betenden kann durch Naturobjekte

Gebetsnische (Mihrab) mit Lüsterfayencen aus der Maidan-Moschee in Kaschan (1226; Berlin, Museumsinsel)

bestimmt sein, unter denen die Sonne sowie Berggipfel vorrangige Bedeutung besitzen. In Religionen, die vergöttlichte Ahnen verehren, kann sich der Blick auf deren Gräber oder Ahnentafeln richten. Die Gebetsrichtung als Hinwendung zu heiligen Stätten ist charakteristisch für die Muslime, die sich nach Mekka wenden, und für die Juden mit der Richtung nach Jerusalem; die Römer wandten sich betend zum Jupitertempel auf dem Kapitol.

Gebetsteppich (auch arabisch Sadschada): orientalischer Knüpfteppich kleineren Formats, der dem Muslim als Unterlage bei den täglichen Gebeten dient.

Gebote: die auf göttlicher Autorität beruhenden religiösen und sittlichen Normen, im A.T. in den zehn Geboten, im ↑Dekalog zusammengefaßt. Jesus bezeichnete Gottes- und Nächstenliebe als erstes und wichtigstes Gebot (Matth. 22, 37–40). Die katholische Kirche kennt seit dem Mittelalter spezielle Kirchengebote, die u. a. Feiertagsheiligung und Fastenzeiten betreffen.

Gebot und Verbot: in der Religionsgeschichte betreffen Gebot und Verbot zum einen die Vorschrift, tabuisierte Orte und Gegenstände zu meiden, zum anderen die Aufforderung zum Vollzug kultischer Handlungen und zu bestimmtem ethischen Verhalten.

Geburt: in der Religionsgeschichte wird die Geburt oft von Zeremonien begleitet, die den als unrein geltenden Zustand der Wöchnerin beenden, ferner das Schicksal des Kindes günstig beeinflussen und seiner rituellen Aufnahme in die Gemeinschaft dienen sollen.

Geburtenkreislauf ↑Seelenwanderung.

Geburtstag: die Feier der jährlichen Wiederkehr des Tages der Geburt war bereits in der Antike üblich und galt in Rom zunächst als Fest des Genius des Geburtstagskindes. Oft wird dem Geburtstag schicksalsbestimmende Bedeutung beigemessen; hierauf beruhte der umfangreiche Wahrsagekalender der Azteken.

Gefilde der Seligen ↑Elysium.

Gęfjon [von nordgermanisch Gefn „Geberin"]: nordgermanische Göttin, der alle verstorbenen Jungfrauen dienen.

Gefühl des Überweltlichen ↑heilig.

Gegenreformation: Geschichtsepoche, die durch die Versuche gekennzeichnet ist, protestantisch gewordene Gebiete dem katholischen Glauben zurückzugewinnen. Ihre Wurzeln lagen in Spanien. In Deutschland begann sie, vorangetrieben durch die Jesuiten, in Bayern unter Herzog Albrecht V. (♔ 1550–1579) um 1559, ihm folgten die geistlichen Fürstentümer und die Habsburger. Seit 1573 wurde die Gegenreformation durch die Kurie energisch unterstützt. Die Entwicklung führte in den als Religionskrieg beginnenden Dreißigjährigen Krieg, an dessen Ende im Westfälischen Frieden von 1648 der Gegenreformation ein Ende gesetzt wurde. In Europa war die Gegenreformation in den romanischen Staaten, in den Habsburgischen Ländern und in Polen erfolgreich. Sie scheiterte in England und in Schweden. Zu ihren historischen Ergebnissen zählte die Ausbildung des Staatskirchentums (↑Cuius regio, eius religio).

Geheimbünde: in Melanesien, Polynesien und Westafrika verbreitete, oft hierarchisch gegliederte Organisationen, in deren Mittelpunkt ein religiöses Geheimwissen steht, über das gegenüber Außenstehenden strenges Schweigegebot herrscht.

Geheimgesellschaften: für China seit alters charakteristische Zusammenschlüsse, die auf religiöser Grundlage politische Ziele verfolgten. Hierzu zählten die ↑T'ai-p'ing-Bewegung, die „Gesellschaft des weißen Lotus" (Pai-lien-chiao), die in der Endphase der Ming-Dynastie (1. Hälfte des 17. Jahrhunderts) einen beachtlichen politischen Faktor darstellte, ferner die „Faust der Rechtlichkeit und Eintracht" (I-ho-ch'üan), die den sogenannten Boxeraufstand der Jahre 1900/01 auslöste. Im Jahre 1915 wurde die spiritistische „Gesellschaft zur Erweckung von Rechtschaffenheit" (Wu-shan She) begründet, 1918 die karitativ eingestellte, durch Geheimkulte charakterisierte „Gesellschaft für allgemeines Wohl" (T'ung-shan She), 1921 die „Gesellschaft des Weges" (↑Tao-Yuan).

Geheimkulte: Uneingeweihten unzugängliche Kultfeiern, sie beruhen auf esoterischen Lehren; charakteristisch für Geheimkulte sind die antiken ↑Mysterien.

Geheimlehre ↑Esoterik.

Geheimnis ↑Mysterium.

Gehẹnna [von hebräisch Gē-Hinnom „Tal Hinnoms"]: hebräischer Begriff für *Hölle*, abgeleitet vom Hinnomstal bei Jerusalem, wo einst dem Gott Moloch Kinderopfer dargebracht wurden; daher galt dieses Tal als eine Stätte des Fluches.

Gehorsam: in den Religionen spielt der Gehorsam als Entsprechung zur Autorität eine bedeutende Rolle. Gehorsam kann sich auf die Erfüllung kultischer Vorschriften oder auf die Bereitschaft beziehen, den Willen Gottes – besonders in ethischer Hinsicht – zu erfüllen. Im Christentum ist Gehorsam einer der ↑Evangelischen Räte, die für das Mönchtum verpflichtend wurden.

Geis [altirisch] (Mehrzahl Gessa): ein Gebot, das in erster Linie der sakrale König Irlands, aber auch Helden und andere herausragende Persönlichkeiten im vorchristlichen Irland zu befolgen hatten. Im Unterschied zu Taburegeln handelte es sich bei den Gessa nicht allein um Gebote, Handlungen zu vermeiden (Meidungsgebote), sondern auch um Vorschriften für die Ausführung bestimmter Handlungen, deren Sinn uns heute nur teilweise verständlich ist.

Geißelung: mit Riemenpeitschen oder Ruten vollzogene Körperstrafe, z. T. in Ordensregeln aufgenommen; als Selbstzüchtigung ist die Geißelung eine freiwillige Handlung der Buße und Askese, die ihren Höhepunkt in den Geißlerzügen der ↑Flagellanten fand.

Geist: in der Religionsgeschichte gilt der Geist als ein vom Leib unterschiedener Wesensteil des Menschen, der mit Vernunft und Willen begabt ist; als reiner, absoluter Geist wird er mit Gott gleichgesetzt. In gnostischen Religionssystemen steht der Geist in schroffem Gegensatz zum *Fleisch*, das ihn wie in einem Kerker gefangenhält; die Erlösung besteht demnach in der Befreiung des Geistes vom Fleisch.

Geister: in vielen Religionen gibt es den Glauben an übernatürliche Wesen niederen Ranges mit begrenzter Machtfülle, menschen-, tier- oder fabelgestaltig, oft kollektiv als Haus-, Toten-, Ahnen- und Naturgeister, z. T. auch mit ausgeprägt individuellen Zügen gedacht; als gute Geister sind sie den Menschen freundlich, als Gespenster und Dämonen meist feindlich gesonnen. Die Beschwörung der Geister (meist der Verstorbener) pflegt der ↑Spiritismus.

Geisterbeschwörer: ein Mensch, dem die Fähigkeit zugesprochen wird, durch magische Formeln oder Handlungen ↑Geister zu bannen. Als einer der bedeutendsten Geisterbeschwörer der Religionsgeschichte gilt der besonders durch seine Wirksamkeit in Tibet bekannte Inder Padmasambhawa (8. Jahrhundert n. Chr.), der sich selbst als größten Zauberer aller Zeiten bezeichnet haben soll.

Geistkirche: nach der Prophetie des italienischen Abtes Joachim von Fiore (* um 1130, † 1202) die Kirche eines zukünftigen Zeitalters des Heiligen Geistes. In dieser Geistkirche sollen die hierarchischen und sakramentalen Funktionen der bestehenden Amtskirche durch das Wirken von Mönchen, die direkt mit dem Heiligen Geist begabt sind, ersetzt werden.

Geistleib (auch Astralleib): die Vorstellung von einem feinmateriellen, ätherischen, aber körpergestaltigen Leib.

Geistlichkeit: im Christentum seit dem 15. Jahrhundert die Standesbezeichnung für den ↑Klerus.

Geisttaufe: bei den Katharern, in manchen Sekten und Erweckungsbewegungen die Wiederholung der Geistausgießung zu Pfingsten (nach Apg. 2).

Gelber Kaiser: mythischer Herrscher und Kulturheros Chinas (chinesisch *Huang-ti*), gilt im späteren Taoismus als Vorgänger Laotses, als Gottheit und als Schutzherr der Arzneikunde.

Gelbmützen: nach ihrer Kopfbedekkung benannte Gruppe von Klerikern im ↑Lamaismus.

Geld: die *Entstehung* des Geldes ist vor allem im Blick auf seine früheste Form umstritten. Neben der Ansicht von einer ursprünglich rein wirtschaftlichen Funktion des Geldes als profanes Zahlungsmittel steht die Theorie, der Kult habe normierte Entgeltungsmittel entstehen lassen, die beim Opfer an die Stelle von Naturalgaben getreten seien. Hierfür spricht, daß älteste Münzstempel die bildliche Ablösung ursprünglicher Naturalopfer durch Symbole für Naturalgüter erkennen lassen. Der damit verbundenen positiven *Wertung* des Geldes korrespondiert eine negative Einschätzung des „ungerechten *Mammon*" (Matth. 6, 24; Luk. 16, 9. 13).

Gelehrsamkeit: spielt zu allen Zeiten auf religiösem Gebiet eine bedeutsame Rolle. Träger des religiösen Wissens können Priester, Schriftgelehrte, Orakeldeuter, Medizinmänner und Initiierte gnostischer Sekten und Mysterienbünde sein. In besonderer Weise ist Gelehrsamkeit mit dem religiösen Gebrauch der Schrift verbunden; nach chinesischer Vorstellung heulten die Dämonen, als die Kunst des Schreibens erfunden wurde. Die gelehrte Tätigkeit an heiligen Schriften erstreckt sich auf Bewahrung der Tradition, auf Kanonbildung, Quellenforschung, Studium der Ursprachen und Auslegung.

Gelübde: feierliches Versprechen, das in bezug auf ein religiöses Verhalten unbedingt oder bedingt gegeben wird; im zweiten Fall bleibt die Erfüllung abhängig von erhoffter göttlicher Hilfe. Zu unterscheiden sind zeitliche und ewige, d. h. für das ganze Leben gültige Gelübde; zu letzteren zählen Gelübde beim Eintritt in geistliche Orden (nach dem Noviziat).

Gemara [aramäisch „Erlerntes"]: in den Talmud aufgenommene Niederschriften von Diskussionen über die ↑„Mischna".

Gematrie: Deutung des geheimen Sinnes von Wörtern und Namen mit Hilfe des Zahlenwertes ihrer Buchstaben, v. a. in der jüdischen ↑Kabbala angewandt.

Gemeinde: die Gesamtheit einer kirchlichen Gemeinschaft sowie deren regionale Einheiten, ferner die Laien im Unterschied zum Klerus.

Gemeinschaftsbewegung: in der Tradition des Pietismus stehende, durch Erbauungsversammlungen und Evangelisationen gekennzeichnete innerprotestantische Erneuerungsbewegung. Die Bewegung erhielt 1888 in der *Gnadauer Konferenz* ihre Organisationsform, die nach dem Eindringen ekstatischer Elemente (mit deutlichen Zügen der Pfingstbewegung, z. B. der ↑Glossolalie) sich 1910 endgültig von den „Pfingstlern" trennte. Im Mittelpunkt des Gemeinschaftschristentums steht die „Bekehrung", ein einmaliger Akt der totalen Hinwendung zu einem konsequenten Leben in Frömmigkeit; nach diesem Akt glaubt der Gemeinschaftschrist an seine Erwähltheit, die er für einen nahezu unverlierbaren Besitz einschätzt.

Gemeinschaftsgebet ↑Gebet.

Generalbeichte: in der katholischen Kirche die Beichte sämtlicher schwerer Sünden, nicht nur derjenigen, die seit der letzten ↑Absolution begangen wurden.

Genesis [griechisch „Ursprung"]: im wissenschaftlichen Gebrauch übliche Benennung des 1. Buches Mose. Es enthält in den Kapiteln 1–11 die Urgeschichte, in den Kapiteln 12–50 die Erzählungen von den Patriarchen Abraham, Isaak und Jakob sowie von dessen Söhnen, besonders von Joseph.

Genius [von lateinisch gignere „zeugen, hervorbringen, gründen"] (Mehrzahl Genien): in der römischen Religion die dem Manne innewohnende göttliche Kraft, die sich speziell auf seine Zeugungsfähigkeit bezieht. Dem männlichen Genius steht die weibliche Juno als Gebärfähigkeit der Frau gegenüber. – Die Verehrung des Genius erweiterte sich zu einer Vorform des Herrscherkultes, als unter Augustus (♕ als Kaiser 31 v. Chr. bis 14 n. Chr.) der *Genius Augusti* aus der Masse privater Genien hervorgehoben wurde. Ein Senatsbeschluß des Jahres 29 v. Chr. bestimmte, daß bei allen öffentlichen und privaten Mahlzeiten dem kaiserlichen Genius eine Weihespende darzubringen sei. Es wurde üblich, beim Genius des Kaisers zu schwören. – Neben dieser hervorhebenden Spezialisierung des Genius erfolgte in der Kaiserzeit eine Ausweitung des Begriffes auf kollektive Größen, vornehmlich auf Truppenteile des römischen Heeres, sowie auf räumliche und politische Einheiten, besonders auf die Stadt Rom. Der bis heute üblichen Redeweise vom Genius eines Ortes, dem *Genius loci*, eignet meist keine religiöse Verbindlichkeit mehr; sie dient lediglich zur Charakterisierung vor allem des geistigen Klimas einer lokalen Einheit.

Genugtuung ↑Buße, ↑Satisfaktion.

Geomantik [von griechisch gē̃ „Erde" und manteía „Weissagung"]: das besonders in China entwickelte Verfahren, aus geographischen Gegebenheiten (z. B. Himmelsrichtungen, die eine bestimmte Bedeutung haben) oder aus absichtslos in den Sand gezogenen Figuren und Linien zu weissagen.

georgische Kirche: seit dem 5. Jahrhundert hat die christliche Kirche Georgiens ihr eigenes Oberhaupt (sie ist autokephal) mit eigener Liturgie; das Mönchtum nimmt eine vorrangige Stellung ein.

Gerd: in der nordgermanischen Mythologie Gattin des Freyr.

Gerechtigkeit Gottes: im A. T. Jahwes Eintreten für sein Bundesvolk Israel, im N. T. Begriff für das Heilshandeln Gottes.

Gericht ↑Jüngstes Gericht, ↑Totengericht.

germanische Religion: die Glaubensformen aller germanischen Stämme, die zwar keine völlige Einheitlichkeit aufwiesen, aber in vielen wesentlichen Anschauungen und mythologischen Vorstellungen übereinstimmten, können als germanische Religion bezeichnet werden. Das germanische Weltbild fand in der Wikingerzeit (Ende des 8. bis Mitte des 11. Jahrhunderts) seine endgültige Gestaltung. Das offizielle Bekenntnis zur germanischen Religion erlosch mit der Christianisierung, die Ende des 4. Jahrhunderts bei den Westgoten einsetzte und um die Wende vom 1. zum 2. Jahrtausend in Skandinavien ihren Abschluß fand. – Nach germanischem Mythos vollzog sich die *Entstehung der Welt* aus den Körperteilen eines riesigen Urwesens, das Ymir hieß. Aus dem Fleisch dieses

Ymir schufen die Götter die Erde, aus seinem Blut das Meer, aus seinen Knochen die Berge, sein Haar wurde zu Bäumen, sein Schädel bildete den Himmel. – Die zentrale Stellung im *räumlichen Weltbild* nahm die Esche Yggdrasil ein, die ihre Äste über das Universum ausbreitet. An ihrem Fuß befinden sich die Quelle der Weisheit und die Quelle des Schicksals, an der sich die drei schicksalsbestimmenden Nornen Urd, Werdandi und Skuld aufhalten. Die Kosmologie sah als Mittelpunkt der Welt den Lebensraum der Menschen an, das von der Midgardschlange umgebene Reich Midgard. Außerhalb von Midgard liegt die Wohnung der Riesen, als deren Name späte Quellen Utgard nennen. Unter der Erde liegt Hel, die düstere und kalte Unterwelt, über ihr erhebt sich Asgard, das Land der Götter. – Ihre polytheistischen *Götter* ordnete die germanische Religion zwei verschiedenen Geschlechtern zu, einem älteren der Wanen und einem jüngeren der Asen, das mit Odin, Thor und Tyr vorrangige Bedeutung gewann. – Die *Menschen* traten mit den Göttern durch den *Kult* in Verbindung. Der oberste Priester war der König. Er hatte das „Blot" zu vollziehen, die rituelle Tötung des Opfertieres, an die sich ein Opfermahl anschloß. Auch Menschenopfer wurden im Kult dargebracht. Kultstätten waren zunächst heilige Haine, später aber auch Tempel. Das berühmteste Heiligtum des Nordens war der Tempel von Uppsala. – Die Beziehung der Menschen zu den Göttern war aber nicht ausschließlich kultischer Art, sondern auch durch die Forderungen der germanischen *Moral* geprägt. Diese Moral wurde völlig bestimmt von den Begriffen der Pflicht und der Ehre. – Den sittlichen Normen entsprach der *Jenseitsglaube:* Die im tapferen Kampf gefallenen Krieger gelangen nach Walhall, der „Halle der Kampftoten". Alle anderen Verstorbenen kommen zur Göttin Hel in deren gleichnamiges Unterweltsreich. – Neben ihrem individualeschatologischen Glauben besaß die germanische Religion auch eine Universaleschatologie. Für den Weltuntergang, dem die Germanen entgegensahen, waren die Begriffe *Ragnarök* („Schicksal der Götter") und *Ragnarökkr* („Götterdämmerung") gebräuchlich. Verbunden war damit die Vorstellung von einem riesigen Weltenbrand, in dem Götter und Menschen ihren Untergang finden. Doch der Gott Baldr wird zurückkehren, und mit seiner Wiederkehr soll nach der totalen Vernichtung eine neue Erde aus den Fluten des Meeres emporsteigen.

Gesalbter ↑Messias, ↑Salbung.

Gesang ↑Musik und Gesang.

Geschenkopfer ↑Opfer.

Geschichtstheologie: die theologische Deutung der Geschichte als einer sich nach göttlichem Plan vollziehenden *Heilsgeschichte;* dabei wird ein Ziel der Geschichte angenommen sowie Eingriffe Gottes in die Geschichte zum Heil der Menschen.

Geschlecht der Gottheit: die Annahme eines Geschlechtes der Gottheit setzt eine Vorstellung des Göttlichen nach Analogie menschlicher oder tierischer Erscheinungen voraus und wird daher von einer Auffassung von Gott als dem jenseits aller irdischen Verhältnisse und Vorstellungsmöglichkeiten stehenden (transzendenten) Wesen ausgeschlossen. In polytheistischen Religionen führt meist eine menschengestaltige (anthromorphe) Schau der Gottheiten zu geschlechtlicher Differenzierung. Dabei sind die Funktionen eines Gottes für dessen Geschlecht im allgemeinen nicht ausschlaggebend; nur Gottheiten des Krieges sind vorwiegend männlich, die Gottheiten, die mit der Mutterschaft in Beziehung stehen, stets weiblich. Bei der Vorstellung von *Götterpaaren* ist der sexuelle Aspekt von Zeugung und Geburt anderer Gottheiten sekundär; er entspringt dem relativ späten Bemühen, die Vielzahl polytheistischer Götter nach menschlichen Familienverhältnissen zu ordnen. Primär beruht die Vorstellung von göttlichen Paaren auf dem Bestreben, in der Gottheit die *Summe* männlicher und weiblicher Qualitäten zu erfassen. Auf dieser Voraussetzung beruht auch die Vorstellung *androgyner* Gottheiten, die die geschlechtlichen Gegensätze in sich vereinen.

Geschlechtsleben: in der Religionsgeschichte finden sich sehr unterschiedliche Einstellungen zur menschlichen Sexualität: das eine Extrem ist in der total negativen Wertung zu sehen, die im Gebot der vollständigen sexuellen Enthaltsamkeit im christlichen oder buddhistischen Mönchtum zum Ausdruck kommt, auf der anderen Seite finden sich in der Religionsgeschichte religiös geforderte Sexualriten wie z. B. in Fruchtbarkeitskulten mit einer sehr positiven Einschätzung der Sexualität als Quelle der Fruchtbarkeit.

geschlossene Zeit (auch lateinisch tempus clausum): ein Zeitabschnitt innerhalb des Kirchenjahres, in dem laute Vergnügungen unterbleiben sollen, in der katholischen Kirche die Advents- und die Bußzeit von Aschermittwoch bis Ostern, in den evangelischen Kirchen Advent, Karwoche, Buß- und hohe Feiertage.

Gesellschaft Jesu ↑Jesuitenorden.

Gesellschaft und Religion ↑Religionssoziologie.

Gesellschaft zur Vereinigung des Weltchristentums ↑Tong Il.

Gesetz: mit der Religion steht das Gesetz in einem sehr engen Zusammenhang. Denn jede Religion hat gesetzesbildende Tendenzen, und jedes Gesetz galt ursprünglich als religiös legitimiert. Archaische Kulturen, die eine ganzheitliche Ansicht der Welt vertreten, die zugleich als kosmisch, rituell und ethisch verstanden wird, bezeichnen diese „universistische" Ordnung und Gesetzlichkeit (↑Universismus) mit Begriffen, die schwer übersetzbar sind, weil sie einen Bedeutungskreis umschließen, der heute verloren ist. Sie werden nach dem Vorschlag des Orientalisten Benno Landsberger (* 1890, † 1968) „numinose Ordnungsbegriffe" genannt. Hierzu rechnen die Maat der Ägypter, das Rita der Inder, das Tao der Chinesen, ME und NAM im Sumerischen. Nach dem Zerfall universistischer Ordnungen wird das Recht eine selbständige, vom kosmischen und kultischen Bereich abgelöste Größe. Es verliert aber nicht seine religiöse Bindung, auf der sein ethischer Anspruch beruht. Die religiöse Legitimation des Gesetzes kann darin zum Ausdruck kommen, daß es auf einen urzeitlichen Heilbringer zurückgeführt wird. Herrscher, die häufig rechtssetzend wirken, können ihre Gesetze auf göttlichen Befehl zurückführen. Typisch hierfür ist der babylonische König Hammurabi (♕ 1728–1686), der seine Gesetzessammlung vom Sonnengott Schamasch empfing. In prophetischen Religionen ist der Prophet auch der Verkünder des rechtlichen Willens seines Gottes.

Gesetzbuch des Manu (auch Sanskrit Manusmriti): berühmtestes indisches Gesetzbuch, nach indischer Vorstellung überirdischen Ursprungs, tatsächlich etwa zwischen dem 2. Jahrhundert v. Chr. und dem 2. nachchristlichen Jahrhundert aus älteren, inhaltlich teilweise divergierenden Rechtsüberlieferungen zusammengestellt. Neben rein juristischen Satzungen enthält das Gesetzbuch des Manu auch Anweisungen zur Regierungskunst sowie religiöse Ausführungen über Weltschöpfung und Seelenwanderung.

Gesetzesreligion: eine Religionsform, die das Gesetz und seine Befolgung in den Mittelpunkt religiösen Verhaltens stellt, wird Gesetzesreligion genannt. In ihr gilt Gott als allein rechtmäßiger Gesetzgeber, und der Religionsstifter wird zugleich als Gesetzeslehrer verehrt. Das Frömmigkeitsleben ist durch peinliche Befolgung aller gesetzlichen Vorschriften, durch einen *Legalismus*, bestimmt. Vor allem prophetische Religionen haben die Tendenz, sich zur Gesetzesreligion zu entwickeln. Typisch hierfür ist das Judentum. Im Islam baut das Gesetz auf den Weisungen des Koran und dem für alle Muslime als Vorbild geltenden Handeln des Propheten Mohammed auf. Die islamische Rechtswissenschaft (↑Fikh) hat in vier Rechtsschulen ein System von gesetzlichen Bestimmungen (Scharia) geschaffen, das alle Lebensbereiche umfaßt.

Gesetzestafeln: die beiden Tafeln, auf die Moses die zehn Gebote schrieb (5. Mos. 27, 8).

Gespenst ↑Geister.

Gestik: Gebärden, die magische und kultische Handlungen, besonders Gebete begleiten. Beispiele für solche Gesten sind im christlichen Bereich das Händefalten oder Niederknien beim Gebet oder das Bekreuzigen.

Gestirne ↑Astralmythologie.

Getränke ↑Essen und Trinken.

Geusch Urwan (= Geush Urvan) [awestisch „die Seele des Rindes"]: von Zarathustra gebrauchter Ausdruck, mit dem er für den Schutz des Rindes und gegen dessen kultische Tötung eintritt (im „Awesta" v.a. in dem Text Jasna 29 überliefert).

Gewand: Amtstracht des Priesters und kultische Kleidung.

Gewissen: in den Religionen wird unter Gewissen das Bewußtsein der unmittelbaren persönlichen Verantwortung vor Gott oder den Göttern verstanden.

Gewissensfreiheit ↑Toleranz.

Gewißheit ↑Heilsgewißheit.

Gewitter: oft als Funktion von Göttern oder als Kampf dämonischer Wesen gedeutet, auch als Werk des Teufels oder von Hexen aufgefaßt. Gegen Gewitter soll nach verbreitetem Glauben vor allem das Läuten der Wetterglocken helfen.

Gewittergott: Gottheit, auf die die Gewitter, im einzelnen Blitz oder Donner zurückgeführt werden; hierzu zählen der wedische Indra, der griechische Zeus Keraunos, der römische Jupiter Fulgur, der lettische Perun, der germanische Thor und der hethitische Teschub.

Ghede: Gruppe von Todesgottheiten im ↑Wodu-Kult Haitis.

Ghetto [italienisch „Judenviertel"]: Bezeichnung für ein abgeschlossenes jüdisches Wohnviertel.

Ghost-Dance-Religion ['goʊstda:nz rɪ'lɪdʒɪn; englisch „Geistertanzreligion"]: eine im Jahre 1889 von dem Paiute-Indianer Wovoka ins Leben gerufene indianische Bewegung, die 1890/91 in den USA weite Gebiete des Mittleren Westens bis nach Kalifornien ergriff. Die ekstatischen Tänze, zu denen Wovoka aufforderte, hatten eine eschatologische Zielsetzung: Seine Prophetie, deren Erfüllung er in Abhängigkeit von der Ausübung des gebotenen Rituals sah, hatte die Rückkehr aller verstorbenen Indianer und den Anbruch eines Goldenen Zeitalters für die Eingeborenen zum Inhalt. Die anfangs friedfertige Bewegung gewann weißenfeindliche Züge nach dem Beitritt der Sioux. Als deren Häuptling Sitting Bull beim Versuch seiner Festnahme getötet wurde, brach ein Aufstand aus, den General Miles am 28. Dezember 1890 bei Wounded Knee niederschlug. Die letzten Sioux ergaben sich am 16. Januar 1891.

Gibil [sumerisch] (auch akkadisch Girru): altmesopotamischer Gott des Feuers, Lichtbringer, aber auch Verursacher von Schilfbrand und Feuersbrünsten.

Giganten [von griechisch gigántes „Riesen"] ↑Riesen.

Ǧihād ↑Dschihad.

Gilgal [hebräisch]: heilige Steinkreise im semitischen Bereich, in mehreren Ortsnamen enthalten. Besondere Bedeutung besaß das nordöstlich von Jericho gelegene Gilgal, die Stätte der Einsetzung Sauls zum König (1. Sam. 11, 14 f.).

Gilgamesch-Epos: auf 12 Tafeln überliefertes Epos, das bedeutendste Werk der babylonischen Literatur. Es baut auf sumerischen Vorlagen auf und hat den Sagenstoff um Gilgamesch, einen frühgeschichtlichen Herrscher von Uruk, zum Inhalt. Dem tyrannischen Gilgamesch wird als Gegenspieler der wilde Naturmensch Enkidu zugeordnet, der dann der Gefährte seiner Abenteuer gegen *Chumbaba* und den Himmelsstier wird. Enkidus Tod treibt Gilgamesch auf die Suche nach dem ewigen Leben und führt ihn zum Fluthelden *Utnapischtim*, der ihm das Geheimnis des Lebenskrautes mitteilt. Gilgamesch holt dies Kraut vom Meeresgrund; aber eine Schlange stiehlt es ihm. So bleibt für Gilgamesch nur die Ergebung in das trostlose Todesgeschick der Menschen.

Ǧinn ↑ Dschinn.

Gịnnunga gạp [altnordisch „grundlose Gähnung"]: mythische Schlucht der nordgermanischen Kosmologie.

Gịnza [mandäisch „der Schatz"] (auch Sidrā Rabbā „das große Buch"): umfangreichste heilige Schrift der ↑ Mandäer.

Gịrru ↑ Gibil.

Gitagowịnda [Sanskrit „der Gesang von Gowinda (d. h. Krischna)"]: im Hinduismus äußerst beliebte indische Dichtung, in deren Mittelpunkt Krischna steht; um 1100 v. Chr. von Dschajadewa verfaßt.

Gjọ̈ll: in der nordgermanischen Mythologie der Fluß, der den Strand der Lebenden von dem der Toten trennt; über ihn führt die Brücke Gjallarbrú.

Glaube: ein Grundelement des religiösen Lebens, das keineswegs ausschließlich ein Fürwahrhalten außerirdischer, transzendenter Gegebenheiten bedeutet. Vielmehr ist damit ein *Vertrauen* (lateinisch fiducia) gemeint, eine feste Zuversicht, die für die Existenz des religiösen Menschen schlechthin entscheidend ist. Der griechische Begriff pistis (lateinisch fides) wird im N. T. (Hebr. 11, 1) als „feste Zuversicht" definiert. – Obwohl allen Religionen das Element des Glaubens eigen ist, weisen sie ihm doch eine unterschiedlich große Bedeutung zu. Eine zentrale Stellung nimmt der Glaube in den *prophetischen Offenbarungsreligionen* ein, im Judentum, Christentum und Islam. Der Glaube an Gott im monotheistischen Sinne ist Grundlage dieser Religionen. Er legitimiert das Offenbarungswort ihrer prophetischen Verkünder, wirkt als Gebetsmotiv und verleiht ethischen Geboten normativen Charakter. Im Leiden und Tod der Märtyrer findet er seine stärkste Bewährung. – Eine vergleichsweise geringere Bedeutung des Glaubens kann sich in der *mystischen Frömmigkeit* finden, die häufig dazu neigt, dem subjektiven Erlebnis des Heiligen eine vorrangige Stellung zu verleihen. – Der *Hinduismus* anerkennt den „Weg der gläubigen Hingabe" (Sanskrit Bhakti-Marga) als einen von drei möglichen Heilswegen. – Bemerkenswert ist die *buddhistische Einstellung* zum Glauben. Obwohl der Buddhismus jede Metaphysik ablehnt und sich als rational völlig durchschaubar versteht, fordert er den Glauben an Buddha und seine Verkündigung als ersten Schritt auf dem Weg zur Erlösung. Die Überzeugung, daß allein der Glaube an die Gnade des Amida Buddha erlöse, vertreten zwei buddhistische Schulen Japans (↑ Amida-Buddhismus).

Glaubensbekenntnis (auch lateinisch Confessio fidei): formelhafte Zusammenfassung der Kernpunkte eines religiösen Glaubens.

Glaubensfreiheit ↑ Toleranz.

Glaubenskrieg ↑ Krieg.

Glaukọpis [griechisch „eulenäugig"]: Beiname der griechischen Göttin Athena.

Gleichnis: sprachliches Gestaltungsmittel einer religiösen Aussage, die zur Veranschaulichung und Intensivierung mit einem Sachverhalt aus einem anderen, meist sinnlich-konkreten Bereich verglichen wird. Besonders bekannt wurden die Gleichnisse Jesu aus dem N. T., mit denen die Verfasser der Evangelien anschaulich das Zentrum der Predigt Jesu, daß das Reich Gottes angebrochen sei, zum Ausdruck bringen wollten.

Gleichnishandlung: symbolische Handlung, von den Propheten des A.T. häufig vollzogen; so etwa versinnbildlichte Jeremia das Schicksal des Volkes Israel durch Zerschlagen eines Kruges (Jer. 19, 10 f.).

Glocken: laden zu kirchlichen Feiern und verkünden Ereignisse, die das religiöse Leben der Gemeinde betreffen. Der *Volksglaube* spricht ihnen Schaden abwendende (apotropäische) Kraft zu. In der *Sage* erscheint die Glocke als beseeltes und handelndes Wesen, aufgenommen z.B. in Goethes Ballade „Die wandelnde Glocke".

Gloria in excelsis Deo [lateinisch „Ehre sei Gott in der Höhe"]: psalmenähnlicher christlicher Lob- und Bittgesang, im 4. Jahrhundert im östlichen Mittelmeerraum entstanden. Der Text enthält den Lobpreis der Engel aus dem N.T. (Luk. 2, 14) und andere neutestamentliche Anrufungen Christi. In der katholischen Kirche wird das Gloria im Eröffnungstext der Messe (nach dem Kyrie) an den Sonntagen außerhalb der Advents- und Fastenzeit bei festlichen Gottesdiensten gesungen bzw. gebetet.

Glorie ↑Heiligenschein.

Glosse: eine in biblische Handschriften besonders des Mittelalters eingefügte Einzelerklärung, die als *Interlinearglosse* zwischen die Zeilen eingefügt oder als *Marginalglosse* an den Rand geschrieben wurde.

Glossolalie [von griechisch glõssa „Zunge" und lalía „Reden"]: „*Zungenreden*", ekstatisches, unverständliches Stammeln als Zwangshandlung auf Grund religiöser Ergriffenheit, beim Pfingstwunder in der Apostelgeschichte zum ungewollten, automatischen Sprechen fremder Sprachen gesteigert (Apg. 2, 4). Paulus kennt das Phänomen der Glossolalie, spricht sich auch selbst die Fähigkeit dazu zu, warnt aber vor mißbräuchlicher Verwendung im Gottesdienst (1. Kor. 14, 13–19). In modernen ekstatischen Gemeinschaften, v.a. in der Pfingstbewegung, ist Glossolalie bis heute üblich. Sie ist noch nicht einwandfrei wissenschaftlich geklärt.

Glücksgötter: finden sich als göttliche Gestalten, die den Menschen irdisches Glück schenken, vornehmlich im Taoismus und im Schinto; letzterer faßt sie zu der Gruppe der „Sieben Glücksgötter" (japanisch Schitschi-Fukudschin) zusammen.

Gnade [von althochdeutsch ganāda „Hilfe"] (auch lateinisch Gratia): die unverdiente Hilfe eines Gottes, die vom Menschen nicht beeinflußbar ist. Sie dient in den prophetischen Religionen vornehmlich der Vergebung menschlicher Sünden, in den mystischen Religionen indischer Herkunft in erster Linie der Erlösung aus irdischer Vergänglichkeit.

Gnadenbild: ein v.a. an Wallfahrtsorten verehrtes Bild der Gottheit oder eines Heiligen, mit dem sich der Glaube an besondere gnadenvolle Eingriffe der Gottheit in das menschliche Leben (Gnadenerweise) verbinden.

Gnadengabe ↑Charisma.

Gnadenorte: Wallfahrtsorte, an denen sich Wunder ereigneten und Gebete für die Gläubigen sichtbar erhört wurden.

Gnadenreligionen: Religionen, in denen die Erlösung in erster Linie göttlicher Gnade entspringt. Eine solche Auffassung steht im Gegensatz zu dem Glauben, daß die Erlösung durch Verdienste oder Werke erlangt werden könne. Zu den Gnadenreligionen werden außer dem Christentum in erster Linie die indische Bhakti-Frömmigkeit (↑Bhakti) und der ↑Amida-Buddhismus gerechnet.

Gnadenstuhl: kunstgeschichtliche Bezeichnung für eine etwa seit dem 12. Jahrhundert bekannte Darstellungsform der christlichen Trinität: Der auf einem Thron sitzende Gottvater hält das Kreuz mit dem gekreuzigten Christus zwischen den Knien, über bzw. zwischen beiden schwebt der Heilige Geist in Gestalt einer Taube

Gnadenwahl ↑Prädestination.

Gnosis [griechisch „Erkenntnis, Wissen"]: zusammenfassende Bezeichnung verschiedener religiöser Strömungen, die besonders im 2. nachchristlichen Jahrhundert weite Kreise erfaßten. Ihnen war eine im wesentlichen einheitliche dualistische Grundkonzeption eigen: Der Urgottheit, die als Aion, Achamot oder Sophia bezeichnet wird, steht die Hyle (griechisch „Materie") gegenüber; an ihr haftet das Böse. Die Welt ist nicht die Schöpfung Gottes, sondern das Werk eines Demiurgen. In ihr und damit im Menschen sind geistige und materielle Elemente vermischt. Der geistige Funke, der in die Materie des Menschen eingegangen ist, kann durch Gnosis befreit und somit erlöst werden.

Gog und Magog: nach den Aussagen des Ezechielbuches im A.T. (Ezech. 38 bis 39) wird der aus dem Norden kommende Fürst Gog, dessen Vorbild vielleicht der Lyderkönig Gyges (♕ 685[?]–etwa 652) war, Israel überfallen und von ihm besiegt werden. Magog ist hierbei der Herrschaftsbereich des Gog. Im N.T. (Apk. 20, 8) sind Gog und Magog Bestandteile eines Doppelnamens für den Feind des Gottesvolkes im endzeitlichen Kampf.

Gold: im Volksglauben hat Gold Schaden abwendende (apotropäische) Kräfte. Heilkräftige Wirkungen wurden ihm u. a. von dem Arzt und Naturforscher Paracelsus (* 1493, † 1541) zugeschrieben. Bekannt sind die Versuche der Alchimisten, mit Hilfe des „Steins der Weisen" unedlere Metalle in Gold zu verwandeln.

Goldene Regel: seit dem 16. Jahrhundert nachweisbare Bezeichnung für die im N.T. (Matth. 7, 12) formulierte Grundregel rechten Handelns: „Alles, was ihr wollt, daß euch die Menschen tun, sollt auch ihr ihnen tun". Sinngemäß findet sich die Goldene Regel auch in der indischen, der chinesischen und der jüdischen Tradition.

Goldenes Kalb: das von Aaron aufgestellte kultische Stierbild aus Gold (2. Mos. 32), das Moses zusammen mit denen, die es angebetet hatten, vernichtete.

Goldenes Zeitalter (auch lateinisch aureum saeculum): seit der Antike nachweisbare Vorstellung von einem früh- oder urzeitlichen paradiesischen Zustand, demgegenüber sich der weitere Prozeß der Geschichte als Verschlechterung darstellt. Die Antike kennt die Deutung glanzvoller Epochen (Zeitalter des athenischen Politikers Perikles (♕ 444–429) oder des römischen Kaisers Augustus (♕ als Kaiser 31 v. Chr.–14. n. Chr.) als Wiederkehr des Goldenen Zeitalters.

Golem [hebräisch „Klumpen"]: in der Vorstellung der jüdischen Mystik des Mittelalters ein meist aus Lehm oder Ton künstlich geschaffenes menschliches Wesen, das oft gewaltige Größe und Kraft besitzt.

Golfreligion ↑PL-Kiodan.

Gorgo und Chrysaor, Westgiebel des Artemistempels von Kerkyra (um 590/580; Kerkyra, Museum)

Gorgonen [von griechisch Gorgónes]: die urzeitlichen weiblichen Ungeheuer der griechischen Mythologie Stheno, Euryale und Medusa, mit Schlangenhaaren, Hauzähnen und einem versteinernden Blick. Nur die Medusa ist sterblich, ihr schlägt der Held Perseus das Haupt ab.

Gott: heilige, übersinnliche, transzendente und unendliche Macht in personaler Gestalt, die als Schöpfer Ursache alles Naturgeschehens ist, das Schicksal der Menschen lenkt und die normative Größe für deren sittliches Verhalten darstellt. Diese Fülle von Qualitäten und Prädikaten vereinigt der ↑Monotheismus, der Glaube an nur einen Gott, auf eine einzige Gottheit, während der Glaube an eine Vielheit von Göttern, der ↑Polytheismus, die göttlichen Funktionen als auf verschiedene Gottheiten verteilt annimmt. Charakteristisch für den Polytheismus ist häufig der Glaube an einen göttlichen Herrn des Himmels, an eine mütterliche Erdgöttin, die als Herrin der Fruchtbarkeit verehrt wird, ferner an einen Gott des Rechtes und der Ethik, der mit Allwissenheit in dem Sinne, daß er alle menschlichen Taten sieht (visuelle Allwissenheit) begabt ist und menschliches Vergehen sühnt. In Jägerkulturen nehmen ein Herr oder eine Herrin der Tiere eine vorrangige Stellung ein, die in kriegerischen Gemeinschaften meist ein Kriegsgott besitzt. Der Polytheismus neigt oft dazu, seine Gottheiten nach Analogie menschlicher Verhältnisse als Familienverband aufzufassen. Dennoch ist der Polytheismus kein starres System. Vielmehr können in ihm Aufspaltungen göttlicher Qualitäten zur Erhöhung und Vereinigungen verschiedener Funktionen zu einer Reduktion der Anzahl der Götter führen. Polytheistische Götter genießen seitens des Menschen keine einheitliche, sondern eine sehr differenzierte Verehrung. Häufig findet sich innerhalb des Polytheismus ein subjektiver Monotheismus, der dem Gläubigen, vornehmlich beim Gebet, den von ihm verehrten Gott als alleinigen erscheinen läßt, auf den er die Attribute anderer Götter überträgt. Diese Erscheinung wird als ↑Henotheismus bezeichnet. – Der Gottesglaube ist kennzeichnend und von zentraler Bedeutung für die Vorstellungswelt fast aller Religionen. Über seinen Ursprung sind verschiedene evolutionistische Theorien aufgestellt worden (↑Animismus, ↑Dynamismus). In der neueren Forschung zeigt sich zunehmend die Abwehr eines Evolutionismus, der die Entwicklung der Religion aus primitiven Anfängen des Seelen- oder Machtglaubens bis zum Monotheismus meinte verfolgen zu können. Häufig vorherrschend ist heute die Annahme eines ursprünglichen ↑Hochgottglaubens.

Gott, höchster ↑Hochgottglaube.

Gottebenbildlichkeit ↑Imago Dei.

Götterachtheit von Hermopolis: ein der ↑Götterneunheit von Heliopolis gegenüberstehendes ägyptisches System von Gottheiten, das ausgeprägt spekulativen Charakter trug. Die Götterachtheit bestand aus vier Paaren, die Urmächte personifizierten. Das Urgewässer verkörperten Nun und Naunet, die Endlosigkeit Huh und Hauhet, die Finsternis Kuk und Kauket, die Unsichtbarkeit Amun und Amaunet.

Götterbild (auch Idol): von Menschen gefertigte bildhafte Repräsentation von Gottheiten. Sie beruht auf dem Verlangen, das Verborgene, Transzendente sichtbar erscheinen zu lassen und damit irdisch zu vergegenwärtigen. Die religiöse *Bedeutung* derartiger Darstellungen weist innerhalb der meisten Religionen unterschiedliche Wertungen auf. Das Bild eines Gottes kann einen für den Gläubigen vermittelnden Charakter tragen. Auf einer weniger differenzierten Stufe des religiösen Verstehens erfolgt eine vollständige oder zumindest weitgehende Identifikation zwischen dem Bild und dem dargestellten Gott; im Bild wird dann die tatsächliche Gegenwart, die Realpräsenz einer Gottheit angenommen. – Auch die *Einstellung der einzelnen Religionen* zur bildlichen Darstellung von Gottheiten ist sehr unterschiedlich

Götterbild. Poseidon (um 450 v. Chr.; Athen, Archäologisches Nationalmuseum)

und schwankt zwischen Bejahung, Duldung und Ablehnung. Charakteristisch für eine ausgesprochene Neigung zur Bildlosigkeit sind die prophetischen Religionen. Ihnen stehen bilderfreundliche Religionen gegenüber. Heute sind dies in ausgeprägtem Maße Hinduismus und Buddhismus. Bilderfreundlich waren auch die Religionen der Antike und des indianischen Mesoamerika. – Die *Gestalt* des Götterbildes weist eine weite Skala von Formen auf, die vom unbehauenen Stein bis zur vollendeten Menschengestaltigkeit des griechischen Götterbildes reichen. – Dem *Andachtsbild*, das vornehmlich für die individuelle Frömmigkeit Bedeutung besitzt, steht das *Kultbild* gegenüber, wobei allerdings Verbindungen beider Typen häufig sind.

Götterbote: göttlicher Mittler zwischen Göttern und Menschen. Der bekannteste Götterbote ist der griechische ↑Hermes.

Götterdämmerung ↑Eschatologie, ↑germanische Religion.

Götterneunheit von Heliopolis: wie die ↑Götterachtheit von Hermopolis ein systematisch zusammengefaßter Kreis altägyptischer Götter, an deren Spitze der Urgott Atum stand, der das Götterpaar Schu („Luft") und Tefnut („Feuchtigkeit") schuf. Beide brachten ihrerseits den Erdgott Geb und die Himmelsgöttin Nut hervor. Deren Kinder sind Osiris und Seth mit ihren schwesterlichen Gemahlinnen Isis und Nephthys.

Götterpaar ↑Geschlecht der Gottheit, ↑Zwillinge.

Götterprozessionen: kultische Umzüge mit Götterbildern, oft in ritueller Wiederholung von Götterreisen, über die in Mythen berichtet wird. Sie vermitteln einer Vielzahl von Menschen die Nähe des sakralen Bildes.

Götterschiffe: finden sich vor allem bei Götterprozessionen in Kulturen, die von der Nähe eines großen Flusses geprägt sind; auch die Fahrt des Sonnengottes über den Himmel kann in einem Schiff gedacht werden.

Götterschrein ↑Schrein.

Götterspeise und Göttertrank ↑Ambrosia, ↑Hauma, ↑Nektar, ↑Soma.

Götterthrone ↑Thron.

Götterversammlung: Begriff der griechischen Religion („theõn agorá"); er bezeichnete die Ansammlung von Heiligtümern ursprünglich ortsfremder Gottheiten um die Kultstätte des Hauptgottes und war außerdem auch für die Versammlung der Götter auf dem Olymp gebräuchlich.

Götterwagen: bei Götterprozessionen

werden häufig Wagen verwendet, auf denen die Götter gefahren werden. Außerdem findet sich die Vorstellung von der Fahrt des Sonnengottes in einem Wagen.

Gottesbeweise: Versuche, die Existenz Gottes verstandesmäßig zu begründen. *1. kosmologisch:* Gott ist die notwendige letzte Ursache der Welt; weil alles eine Ursache hat, müsse es eine letzte Ursache geben, die ihrerseits nicht durch etwas bedingt ist (Aristoteles [* 384, † 322]); – *2. teleologisch:* die Ordnung der Welt weist auf einen zwecksetzenden Geist; – *3. historisch:* es gibt kein Volk ohne Religion; – *4. ontologisch:* von der Idee eines vollkommenen Wesens wird auf dessen Existenz geschlossen (ein vollkommenes Wesen wäre kein vollkommenes Wesen mehr, wenn ihm etwas, nämlich seine Existenz, mangeln würde; zur Vollkommenheit dieses Wesens gehört damit notwendig seine Existenz) (Anselm von Canterbury [* 1033, † 1109], Descartes [* 1596, † 1650]); – *5. moralisch:* folgert von der Unabdingbarkeit der sittlichen Forderung (kategorischer Imperativ) auf einen Urheber des moralischen Bewußtseins, das diese sittliche Forderung erkennt (Kant [* 1724, † 1804]).

Gottesbund: der Bund Jahwes mit Israel (↑ Berith).

Gottesdienst: in den christlichen Kirchen gehört der Gottesdienst neben Lehre, Seelsorge und Diakonie zu den Elementen, in denen sich das Leben der christlichen Gemeinde vollzieht. Er besteht aus einer Verehrung Gottes, die in Schriftlesung, Predigt, Gebet, Gesang und Sakrament zum Ausdruck kommt. Ein kirchlicher Raum, liturgische Gewänder und festgelegte Ordnungen gehören ebenso zum Gottesdienst wie seine Leitung durch einen Geistlichen.

Gotteserkenntnis: in der Scholastik wurde die Erkenntnis Gottes in der folgenden Weise differenziert und formuliert: Die Gotteserkenntnis vollzieht sich 1. auf dem Wege der Erkenntnis von Kausalität (lateinisch „via causalitatis“): Gott ist der Schöpfer und Erhalter der Welt; – 2. auf dem Weg der Erkenntnis seines alle Maßstäbe übersteigenden „Hervorragens“ (lateinisch „via eminentiae“): Gott ist höchster Maßstab für alle Werte; – 3. auf dem Weg der Negation aller Aussagen, die für irdische Verhältnisse zutreffen (lateinisch „via negationis“): Gott ist der Verborgene, Unnahbare, der mit menschlichen Ausdrucksmitteln nicht zu erfassen ist.

Gotteserscheinung ↑ Theophanie.

Gottesfreunde: Bezeichnung religiöser Gemeinschaften, die in der 2. Hälfte des 14. Jahrhunderts am Oberrhein, besonders in Straßburg, eine mystische Frömmigkeit pflegten.

Gottesfriede (auch lateinisch Pax Dei, Treuga Dei): der befristete Waffenstillstand zwischen kämpfenden Truppen während gemeinsam begangener Kultfeiern; im Mittelalter war die Proklamation eines Gottesfriedens ein Mittel, die Rechtsunsicherheit und die überhandnehmenden Fehden einzuschränken.

Gottesfurcht: in allen Religionen gibt es die Furcht vor der Gottheit, die zugleich Ehrfurcht ist, da die Gottheit nach der Erfahrung des Frommen nicht nur strafend, sondern auch helfend, Heil und Leben spendend handelt. Im A. T. wird Gottesfurcht als Anfang der Weisheit gepriesen (Ps. 111, 10). Im N. T. wird Gottesfurcht durch Liebe und ↑ Gotteskindschaft überwunden (Röm. 8, 15; 1. Joh. 4, 18).

Gottesgegenwart: sowohl die Vorstellung von einer an die heilige Stätte räumlich gebundenen Anwesenheit als auch diejenige von einer Allgegenwart Gottes.

Gottesglaube ↑ Theismus.

Gotteshaus ↑ Kirche, ↑ Tempel.

Gottesherrschaft: wird in prophetischen Religionen vornehmlich als eine göttliche Lenkung der Geschichte verstanden, die sich im Reich Gottes am Ende der Zeit vollendet.

Gotteskindschaft: die Vorstellung von

einer engen persönlichen Bindung jedes Menschen an die Gottheit. Im A. T. gibt es den Gedanken einer Gotteskindschaft Israels, des einzelnen Frommen wie auch aller Menschen. Im N. T. bezeichnet Gotteskindschaft das Verhältnis zwischen den Menschen, die durch Christus mit Gott versöhnt sind und Gott.

Gottesknecht ↑ Ebed Jahwe.

Gotteslamm ↑ Agnus Dei.

Gotteslästerung: Beschimpfung der Gottheit durch Wort, Bild oder sonstige Ausdrucksmittel; vom Strafrecht vieler Völker meist streng gesühnt, z. B. im alten Israel durch die Strafe der Steinigung (3. Mos. 24, 16).

Gottesmutter (auch Gottesgebärerin, griechisch Theotókos): Titel und Anrede der Jungfrau Maria, auf dem Konzil von Ephesus (431) zum Dogma erhoben (Maria ist als Mutter Jesu Christi auch Mutter Gottes), Kern der ↑ Mariologie und Grundlage der ↑ Marienverehrung.

Gottesreich ↑ Reich Gottes.

Gottessohn ↑ Sohn Gottes.

Gottesstaat ↑ Theokratie.

Gottesurteil (auch Ordal): Schuld- oder Freispruch auf Grund übernatürlichen Eingreifens in Fällen der Unergründbarkeit einer Rechtslage durch Menschen, früher sehr weit verbreitet. Zu den Proben des Ordals gehörte der Kesselfang, bei dem der Proband einen Gegenstand aus einem Kessel mit kochendem Wasser holen mußte, und die Feuerprobe, das Tragen glühenden Eisens oder das Schreiten über glühende Pflugscharen.

Gottesvolk ↑ Volk Gottes.

Gottherrscher ↑ Sakralkönigtum.

Göttin ↑ Erde, ↑ Geschlecht der Gottheit, ↑ Mutter.

Gottkönigtum ↑ Sakralkönigtum.

göttliche Prinzipien ↑ Tong II.

göttlicher Zorn: Teilerscheinung des schreckensvollen Aspekts des Heiligen (↑ heilig) und seiner Erfahrung im Gefühl des Menschen, abhängig und Geschöpf zu sein.

Gottmensch (auch griechisch Theánthrōpos): seit dem altkirchlichen Theologen Origenes (* 185, † 254) Benennung Jesu Christi.

Götzen: abwertende Benennung für Götter fremder Religionen, aber auch für Menschen und Dinge, von denen man zum Ausdruck bringen will, sie würden eine überwertige Verehrung genießen.

Graduale [lateinisch „Stufengesang"]: Wechselgesang von Psalmversen in der katholischen Messe.

Gral [von lateinisch cratalis „Schüssel, Topf" oder von mittellateinisch gradalis „Stufenkelch"]: in der mittelalterlichen Dichtung ein geheimnisvoller sakraler Gegenstand, der, mit höchster Wunderkraft ausgestattet, seinem Besitzer alles irdische und himmlische Glück verleiht; zusammen mit einer ebenso rätselhaften blutenden Lanze an einem geheimen Ort aufbewahrt, ist der Gral nur dem Reinen erreichbar, der zu ihm berufen wird. – Die älteste erhaltene Gralsdichtung des Mittelalters ist Chrétien de Troyes' (* vor 1150, † vor 1190) „Perceval"; hier ist der Gral eine Schale, von der lebensspendende Kraft ausgeht; sie dient der Aufbewahrung einer Hostie. Robert de Boron († um 1212) in seiner wenig jüngeren Prosadichtung „Joseph d'Arimathie" verbindet diese Schale mit der Legendentradition um Joseph von Arimathia; bei ihm ist der Gral das Gefäß, das Christus beim letzten Abendmahl als Kelch diente und später, unter dem Kreuz, das Blut des Heilands auffing. Die späteren französischen Gralsdichtungen führen diese Thematik weiter; die blutende Lanze wird hier mit dem Longinus-Speer (↑ Lanze, heilige) identifiziert; Gralssucher sind neben Perceval-Perlesvaus auch Gabain, Lancelot, Bohort und vor allem Galad. – Am Anfang der deutschen Gralsdichtungen steht der „Parzival" Wolframs von Eschenbach (* um 1170, † nach 1220), bei dem der Gral ein heiliger Stein ist; er spendet Speisen in beliebiger Fülle und verleiht ewige Jugend; seine Kraft empfängt er von einer Hostie, die jeweils am Karfreitag von einer Taube vom Himmel gebracht wird. Ursprünglich wurde der Gral, nach Luzifers Höllensturz, von Engeln gehütet, später von einer auserwählten Schar keuscher Ritter und Jungfrauen, der Gralsgemeinschaft der Templeisen. Aufbewahrungsort ist die nur dem Berufenen zugängliche Burg Munsalvaesche. – Von den zahlreichen neuzeitlichen Gestaltungen und Umgestaltungen der Gralssage ist vor allem Richard Wagners Bühnenweihfestspiel „Parsifal" zu nennen.

Gralsbewegung: von Oskar Ernst Bernhardt (* 1875, † 1941) begründete religiöse Gemeinschaft, deren Zentrum seit 1928 auf dem Vomperberg bei Schwaz in Tirol liegt. Im Mittelpunkt ihrer Lehre steht der Stifter Bernhardt, der sich „Abd-ru-shin" und „Menschensohn" nannte und als Bote Gottes aus der Gralsburg verehren ließ.

Grannus: Beiname eines von den Römern mit Apollo bezeichneten keltischen Heilgottes, dessen Verehrung im Raum von Aachen durch den lateinischen Namen dieser Stadt – Aquisgranum (antiker Name vielleicht Aquae Granni) – bezeugt ist.

Granth [von Sanskrit grantha „(heiliges) Buch"]: Name der heiligen Schrift der ↑Sikh-Religion, auch *Ādi Granth* („ursprünglicher Granth") genannt; dieser Bezeichnung fügen die Sikhs noch das arabische *Sāhib* („Herr") hinzu, um zum Ausdruck zu bringen, daß es sich um einen verehrungswürdigen Gegenstand handelt. Der Granth, der in dem inmitten des „Sees der Unsterblichkeit" gelegenen „Goldenen Tempel" von Amritsar (Nordwestindien, in der Nähe der Grenze zu Pakistan) aufbewahrt wird, genießt gottähnliche Verehrung. Die in mehreren indischen Sprachen verfaßte heilige Schrift besteht aus 3 384 Hymnen, deren durchgängiges Thema der Lobpreis des monotheistisch verstandenen Gottes der Sikhs ist.

Gratia: lateinisch für ↑Gnade.

Gregorianischer Gesang (auch Gregorianischer Choral): an ein festes Grundgerüst gebundener, einstimmiger liturgischer Gesang. Seine schon frühe Benennung nach Papst Gregor dem Großen geht auf dessen um 600 erfolgte Neuordnung der Liturgie zurück. Es ist jedoch ungewiß, ob diese schon den heutigen Gregorianischen Gesang betraf.

Gregorianischer Kalender ↑Kalender.

Greif [von griechisch grýps „Greif"]: geflügeltes Fabeltier mit Löwenkörper und Adlerkopf, Sinnbild von Macht und Hoheit.

Grenzen: in der Religionsgeschichte gelten Grenzen als religiös geheiligt und oft dem Schutz bestimmter Gottheiten, wie z. B. des römischen Jupiter Terminus, unterstellt. Die Grenzverletzung ist im A. T. ein religiöses Vergehen (5. Mos. 19, 14). Besondere Bedeutung besitzen *Grenzsteine* wie die babylonischen *Kudurru*, die griechischen *Hermen* und die römischen *Termini*.

griechische Religion: die Religion der Griechen der Antike war charakterisiert durch ein hierarchisch gegliedertes *Pantheon* zahlreicher anthropomorpher Gottheiten, um die sich eine Fülle von Mythen rankte. Den Göttern untergeordnet waren Gruppen von übernatürlichen Wesen, von denen sich die Griechen die sie umgebende Natur belebt dachten. Das Opfer war der vornehmste *Kult*, der im griechischen Stadtstaat, der *Polis*, vollzogen wurde, die sich ihrerseits nicht allein als kommunalen Verband, sondern auch als religiöse Einheit verstand. Außer den Tempeln der Polis kannte die griechische Religion auch amphiktyonische Heiligtümer (↑Amphiktyonie), deren bedeutendstes die *Orakelstätte* von Delphi war. In der griechischen *Ethik* galt als schwerste Verschuldung die ↑Hybris. Die griechische *Philosophie* stellte die anthropomorphen Götter zuneh-

Greif. Schwarzfigurige Malerei auf der Françoisvase (um 570 v. Chr.; Florenz, Archäologisches Museum)

mend in Frage. Sie tat dies nicht durchweg mit atheistischer Tendenz, sondern auch im Sinne eines vergeistigten, monotheistischen Gottesbegriffs. – Griechische *Mysterienkulte* waren in der hellenistisch-römischen Religion (↑hellenistische Religionen) in der ganzen damals bekannten Welt verbreitet.

griechisch-orthodoxe Kirche: oft ungenau als Sammelbezeichnung für ↑Ostkirche gebraucht, tatsächlich nur für die Kirche Griechenlands zutreffend.

Grihastha [Sanskrit]: indische Bezeichnung für den Familienvater, mit Vorstellungen, die dem römischen ↑Paterfamilias entsprechen.

Grille (auch Heimchen): sie gilt im Volksglauben als guter Hausgeist, als Seelentier, aber auch als Krankheitsdämon und Todesbote.

Große Mutter ↑Magna Mater.

Großer Geist: eine unter nordamerikanischen Indianern weit verbreitete Bezeichnung einer unsichtbaren und übernatürlichen kosmischen und lebenspendenden Macht. Der Große Geist ist anscheinend mit unterschiedlicher Deutlichkeit als göttliche Person gedacht worden. Großer Geist heißt in der Algonkin-Sprache Kitschi Manitu; auch war es üblich, lediglich das Wort Manitu („Geist") im gleichen Sinne zu verwenden. Dem Wort Manitu entspricht in der Sprache der Sioux Wakanda und in derjenigen der Huronen Oki.

Grotte ↑Höhlen und Grotten.

Gründonnerstag: in den christlichen Kirchen der fünfte Tag der Karwoche, nach dem N.T. (1. Kor. 11, 23) der Tag des letzten Abendmahls Jesu; wohl benannt nach dem Brauch, an diesem Tag Grünes zu essen; vielleicht auch nach dem mittellateinischen dies viridium „Tag der Buße", eigentlich „Tag der Grünen", d.h. derer, die durch ihre Buße wieder zu lebendigen, grünen Zweigen der Kirche werden.

Gruppenbewegung ↑Moralische Aufrüstung.

Gruß: ursprünglich ein religiöser Akt, der noch in Grußfloskeln wie „Grüß Gott" und „Adieu" (von französisch dieu „Gott") zum Ausdruck kommt.

Gryps: griechischer Begriff für das Fabeltier ↑Greif.

Gugumatz ↑Kukumatz.

Gullveig: Zauberin der nordgermanischen Mythologie.

Gungnir: der Speer Odins, mit dem dieser im Kampf die Todgeweihten zeichnete.

Guru: im Hinduismus der geistliche Lehrer.

Gut, das höchste ↑Summum Bonum.

gut und böse: Wertmaßstäbe für Verhaltensweisen, die entweder einer übergreifenden und daher verpflichtenden Ordnung entsprechen oder ihr zuwiderlaufen. In monotheistischen Religionen wird das Gute auf Gott als „das höchste Gut" (lateinisch Summum bonum) zurückgeführt; in ihnen läßt sich daher die Ethik nicht von der Religion isolieren. Für dualistische Religionen ist die Prophetie Zarathustras charakteristisch: Sie führt den in der irdischen Lebenswelt vorherrschenden Gegensatz zwischen gut und böse auf zwei uranfängliche metaphysische Prinzipien zurück, die in personaler Form gedacht werden. Polytheistische Religionen verehren oft einen mit visueller Allwissenheit begabten Himmelsgott als Wächter über das Gute und Bestrafer des Bösen. Der frühe Buddhismus relativiert den Sinn von gut und böse insofern, als er alles irdische Handeln als Handeln in einer von ihm als Illusion verstandenen Welt auffaßt.

Gymnosophịsten [von griechisch gymnós „nackt" und sophistḗs „der Weise"]: in der griechischen Literatur Bezeichnung für indische Asketen.

Gyrovạgi [von lateinisch gyrus „Kreis, Kreislauf" und vagus „umherschweifend"]: in der frühen christlichen Kirche die im Gegensatz zum klösterlichen Mönchtum herumziehenden vagabundierenden Mönche.

H

Haar: in der Religionsgeschichte gilt häufig das Haar als Sitz geheimnisvoller Kraft; dies kommt z. B. in der alttestamentlichen Geschichte von Simson und Delila zum Ausdruck (Richter 16). Auf ein asketisches Haaropfer geht die Tonsur der Mönche zurück.

Hạbakuk: Prophet des A.T. Das von ihm verfaßte Buch zählt zu den zwölf Kleinen Propheten. Es enthält die Ankündigung eines baldigen Gerichtes über die Gottlosen und verheißt den Gerechten, am Leben zu bleiben. Das 4. Kapitel enthält die Schilderung einer Gotteserscheinung (Theophanie).

Hạchiman [japanisch 'hatʃiman] ↑Hatschiman.

Hadạd ↑Adad.

Hạddsch (= Ḥağğ) [arabisch]: die Pilgerfahrt nach Mekka, die jedem volljährigen Muslim einmal im Leben vorgeschrieben ist, sofern er körperlich und finanziell dazu imstande ist.

Hạddschi (= Ḥağğī) [arabisch]: im Islam derjenige, der die Pilgerfahrt nach Mekka (Haddsch) vollzogen hat.

Hạdes: griechischer Gott der Unterwelt sowie Name seines Unterweltreiches; in beidem dem römischen *Orkus* entsprechend.

Hadị̲th [arabisch xa'ði:θ]: im Islam Bericht über ein Wort oder eine Verhaltensweise des Propheten Mohammed, die für die Gläubigen normative Bedeutung haben.

Hạfis (= Hafiz) [arabisch „Bewahrer"]: im Islam derjenige, der den gesamten Koran auswendig kann.

Haggadạ [hebräisch „Aussage"]: hebräische Bezeichnung der vorwiegend erzählenden Teile des Talmuds.

Haggai̲: nachexilischer Prophet des A.T. Das nach ihm benannte Buch zählt zu den zwölf Kleinen Propheten. Haggai wirkte im Jahr 520 v. Chr. in Jerusalem und setzte sich energisch für den Wiederaufbau des Tempels ein, nach dessen Vollendung er den Anbruch einer Heilszeit unter dem Fürsten Serubbabel aus dem jüdäischen Königshaus erhoffte.

Hạgia Sophị̲a [griechisch „Heilige Weisheit"]: Name des bedeutendsten Bauwerkes der byzantinischen Kunst, Krönungskirche der oströmischen Kaiser in Konstantinopel, nach der Eroberung der Stadt durch die

Türken (1453) in eine Moschee verwandelt, seit 1934 Museum.

Hagiographie [griechisch]: Darstellung des Lebens der Heiligen der katholischen Kirche sowie die wissenschaftliche Arbeit an diesen Überlieferungen, bei der die ↑Bollandisten führend sind.

hagios: griechischer Begriff für ↑heilig.

Hain, heiliger: vornehmstes Heiligtum bei Kelten und Germanen; daher finden sich im germanischen Sprachraum Ortsnamen wie *Lund* („Hain"), bzw. mit „-lund" zusammengesetzte geographische Bezeichnungen.

Hakenkreuz ↑Kreuzformen.

Halacha [hebräisch „Gehen, Wandeln"]: hebräische Bezeichnung jener Teile des Talmuds, die Rechtsbestimmungen zum Inhalt haben, die an konkreten Fällen gewonnen und dargestellt wurden.

Halbgötter ↑Heroen.

Halifa ↑Kalifat.

Halleluja [hebräisch „preiset Jahwe"]: im israelitisch-jüdischen Gottesdienst Abschluß hymnischer Anrufungen; er wurde von der christlichen Liturgie übernommen.

Halljahr: in der Lutherübersetzung des A.T. deutscher Begriff für das ↑Jobeljahr.

Hamadryaden ↑Dryaden.

Hamingja [altnordisch]: vorwiegend in den Sagas auftretender Begriff für das Glück des Menschen. Die Hamingja konnte von einer Person auf eine andere übergehen.

Hammer: galt vor allem den Germanen als Werkzeug, das mit einer besonderen Macht versehen war. Hammerförmige Amulette sind in schwedischen und angelsächsischen Gräbern gefunden worden. In der Mythologie galt ↑Mjöllnir, der Hammer Thors, als kraftgeladenes Werkzeug.

Hammurabi ↑Kodex Hammurabi.

Hanak Pacha ['hanak 'patʃa; Quechua „Oberwelt"]: in der Inkareligion eines der Jenseitsreiche, ↑Paradies.

Hananim: altkoreanischer Himmelsgott. Er regiert die Welt, belohnt das Gute und bestraft Böses.

Hand: im A.T. symbolisiert die Hand Gottes seine stärkende und heilende Macht (Ps. 89, 22). In der römischen Kaiserzeit war die Hand aufs engste mit Sabazios verbunden, der als göttlicher Herr des Lebens und der Geburten galt; als Dank für glückliche Entbindung wurden ihm bronzene Votivhände gestiftet. – Von den *Teilen* der Hand kommt dem Ringfinger, dem man oft eine direkte Verbindung zum Herzen zusprach, besondere Bedeutung zu, außerdem den Schwurfingern.

Handauflegung: religionsgeschichtlich sehr weit verbreiteter Gestus, der generell der Übermittlung des Segens dient. Insbesondere ist damit häufig die Absicht der Heilung verbunden. Durch Handauflegung erfolgt auch oft die Weihe bei der Übertragung eines priesterlichen oder herrscherlichen Amtes.

Händefalten ↑Gebet.

Handschuh: die Verhüllung der Hand durch einen Handschuh, die von den Persern durch Alexander den Großen (♔ 336–323) in den Hellenismus eindrang, hatte wahrscheinlich zunächst die sakrale Bedeutung, Heiliges nicht mit bloßen Händen zu berühren.

Hanif [arabisch]: im Koran werden diejenigen Frommen, die schon in vorislamischer Zeit den reinen Glauben unverfälscht bewahrten, Hanifen genannt. Dies gilt insbesondere für Abraham.

Hanuman: im Hinduismus der ↑Affengott.

Haoma ['haʊma] ↑Hauma.

Hapi: altägyptischer Name des Nils sowie des göttlichen Herrn dieses Stromes.

Hapu-Religion: sie wurde von einer Prophetin namens Hapu im Jahre 1825 auf Hawaii begründet. Sie stellte eine Verschmelzung von heidnischen Ritualvorschriften und teilweise christlichen Vorstellungen dar. Im Mittelpunkt stand eine Botschaft vom bevorstehenden Weltuntergang, zu der sich ihre Anhänger nach dem Tode der Prophetin zunächst noch bekannten, jedoch von ihr abfielen, als die Endzeiterwartung sich nicht verwirklichte.

Harahi [japanisch „Wegfegung"]: im Schinto übliche Besprengung mit Salzwasser zum Zwecke der rituellen Reinigung.

Ḥaram (= Charam) ['xaram; arabisch „Unerlaubtes, Heiliges"]: die nur den Muslimen zugänglichen heiligen Gebiete von Mekka und Medina.

Ḥare-Krịschna-Bewegung [Sanskrit]: nach der Anrufungsformel ihres Gottes benannte religiöse Gemeinschaft, die offiziell den Namen „Internationale Gesellschaft für Krischna-Bewußtsein e. V." (englisch „International Society for Krishna Consciousness"; Abk. ISKCON) trägt. Die Gesellschaft wurde 1966 in New York von dem damals 70jährigen A. C. Bhaktivedanta Swami Prabhupada ins Leben gerufen. Sie fußt auf der ↑„Bhagawadgita", deren zentrale Gestalt der göttliche Offenbarer Krischna ist. Die meist jugendlichen Anhänger leben in Wohngemeinschaften zusammen und lernen unter weitgehender Ausschaltung ihrer rational kontrollierten Persönlichkeit, ihr Leben als Dienst und Hingabe an den Gott Krischna zu verstehen. Sie sind zum einen durch ihre fast kahl geschorenen Köpfe wie auch durch ihre langen gelben Gewänder bekannt geworden. Durch ihre rigorosen Praktiken des Geldsammelns gerieten sie (1976) in den Verdacht des Bettelbetrugs. Im Mittelpunkt ihrer Gottesdienste steht das gemeinsame „Chanten", der ständig wiederholte Anruf: „Hare Krischna". Die Zentrale der ISKCON befindet sich heute in Los Angeles, in der BRD unterhält sie Zentren in Hamburg und bei Frankfurt am Main (Schloß Rettershof im Taunus).

Häresi̱e [von griechisch haíresis „die Wahl, das Gewählte"]: in der griechischen Antike und im Hellenismus ein Bekenntnis religiösen oder politischen Inhalts und eine wissenschaftliche Denkweise. Der Begriff wurde im frühen Christentum zunehmend im Sinne einer willkürlichen Auswahl aus dem Lehrgut der Kirche und einer Abweichung von deren Dogma verwendet. Damit gewann er einen Sinn, der identisch ist mit dem des im Mittelalter aufkommenden Begriffs der Ketzerei.

Ḥari [Sanskrit]: Beiname des indischen Gottes ↑Wischnu.

Ḥaridschans (= Harijans) [Sanskrit „Kinder Gottes"]: von M. K. „Mahatma" Gandhi (* 1869, † 1948) geprägte Benennung für die Kastenlosen, die „Unberührbaren", die außerhalb des indischen Kastensystems stehen. Mit dieser Benennung war der von Gandhi begonnene Versuch verbunden, eine Aufwertung der Kastenlosen zu erreichen, ohne das Kastensystem selbst in Frage zu stellen.

Hariği̱ten ↑Charidschiten.

Harmagedo̱n: nach der Johannesapokalypse (Apk. 16, 16) der Ort des Entscheidungskampfes beim endzeitlichen Weltgericht.

Harn: gilt in der Religionsgeschichte wie manche andere Körperausscheidung vielerorts als machthaltige Substanz; im indischen Bereich wird dem Harn heiliger Kühe reinigende Kraft zugeschrieben.

Harpy̱ien [von griechisch hárpyiai „die Raffenden"]: ursprünglich geflügelte weibliche Sturmdämonen der griechischen Mythologie, später als häßliche Riesenvögel mit Frauenköpfen gedacht und als menschenraubend angesehen.

Harris-Bewegung [englisch 'hærɪs]: von William Wadé Harris in den Jahren 1913 bis 1915 im westafrikanischen Küstengebiet begründete und nach ihrem Stifter benannte religiöse Bewegung. In ihr wird Harris, der seine Botschaft auf eine Offenbarung durch den Erzengel Gabriel zurückführte, als Heiliger verehrt. Seine Predigt stützte sich auf das A.T. und enthielt keine christologischen Aussagen. Die Polygamie wurde ausdrücklich geduldet.

Haruspices [lateinisch] (Einzahl Haruspex): im alten Rom Körperschaft von sechzig etruskischen Sehern, die ihre Wahrsagekunst vornehmlich mittels der nach ihnen „haruspicina" benannten Leberschau ausübten, ferner durch Beobachtung von Blitzschlägen (lateinisch „ars fulguratoria").

Ha-Schem (= Haschschem) [hebräisch „der Name"]: bei den Samaritanern übliche Ersatzlesung für die zu vermeidende Aussprache des Gottesnamens *Jahwe*.

Hase: in Religionsgeschichte und Mythologie hat der Hase unterschiedliche Funktionen. Er tritt in nordamerikanischen Indianermythen als Kulturbringer auf. Die Slawen kannten den Hasengott Medein. Der *Osterhase* geht vielleicht auf die mit Hasenohren vorgestellte nordgermanische Wintergöttin ↑Skadi zurück; er würde dann ursprünglich den fliehenden Winter symbolisieren, und seine Verbindung mit der im Frühling wiederauflebenden tierischen Fruchtbarkeit (symbolisiert durch Ostereier) wäre sekundär; bezeichnend ist, daß diese bis heute in Schweden durch die Osterhenne versinnbildlicht wird.

Haselnußstrauch: im Volksglauben Sinnbild für Lebenskraft und Fruchtbarkeit; er wurde für Wünschelruten und als Mittel gegen Zauberei, Blitzschlag oder Schlangenbiß verwendet.

Hasina: madagassischer Begriff für eine dem ↑Mana entsprechende geheimnisvolle Kraft. – ↑Dynamismus.

Hatha-Joga ↑Joga.

Hathor: ägyptische Göttin, deren Name „Haus (d. h. Mutter?) des ↑Horus" bedeutet. Sie wurde als Himmelsgöttin, vornehmlich aber als Herrin der Liebe und des Tanzes sowie auch als Kuhgöttin verehrt. Heilig war ihr die Sykomore. Ihr Hauptkultort war Dendera. Auffällig ist ihre weite Verbreitung außerhalb Ägyptens, auf dem Sinai, in Byblos und in Nubien (↑Abbildung Seite 19).

Hatschiman (= Hachiman): japanischer Kriegsgott, unter dessen Namen der friedliche Kaiser Odschin (3. Jahrhundert n. Chr.) verehrt wird.

Hau-Hau ↑Pai-Marire.

Hauma (= Haoma) [awestisch]: dem ↑Soma der wedischen Zeit Indiens entsprechender Rauschtrank, der im alten Iran bei nächtlichen Opfermahlzeiten genossen wurde und als „todabwehrend" galt. Über seine Zusammensetzung ist nichts Sicheres bekannt; Vermutungen schwanken zwischen einer Herstellung aus Hanf oder aus Rhabarber. Der Prophet Zarathustra verwarf die ekstatischen Nachtkulte und mit ihnen auch den Hauma, den er als „Jauche" bezeichnete. In der Zeit nach Zarathustra gewann der Hauma jedoch allmählich erneut kultische Bedeutung, er wurde liturgisch gepriesen und sogar als göttliche Person gedacht und verehrt.

Häuptling: der Häuptling nimmt in sogenannten primitiven Kulturen häufig neben administrativen und politischen Funktionen auch religiöse

Harpyien. Harpyienmonument (um 480 v. Chr.; London, Britisches Museum)

wahr; er gilt dann meist als besonders machterfüllte Persönlichkeit.

Haurvatat: einer der ↑Amescha Spentas.

Haus: das Haus ist in der Religionsgeschichte insofern bedeutsam, als es mit allen entscheidenden Stadien des menschlichen Lebens eng verbunden war und ist. Es ist der Ort der Geburt, des Vollzugs der Ehe und die Stätte des Todes. Der Verstorbene bleibt in frühen Kulturen oft mit dem Hause räumlich verbunden, indem er entweder in ihm selbst (Hausbestattung) oder in dessen nächster Nähe beigesetzt wird. Auch wo dies nicht mehr geschieht, wird häufig dem Grabmal eine Hausform gegeben; bezeichnend hierfür sind z. B. die etruskischen Hausurnen. – Dem Hause eignet eine besondere Heiligkeit. Es kann durch ↑Bauopfer geweiht werden. Auch die Verbindung mit den Ahnen des Stammes ist üblich; so stellen die geschnitzten Wandpfeiler im Männerhaus der Maori die Bilder verstorbener Häuptlinge dar, die nun das Gebäude gewissermaßen tragen. Weit verbreitet ist die Ansicht, daß Heiligkeit und Bestand des Hauses dadurch gesichert werden, daß es nicht wahllos erbaut, sondern nach Himmelsrichtungen ausgerichtet wird. – Wie das Haus als Ganzes, so haben auch seine *Teile* heiligen Charakter. Über der Tür werden Schaden abwendende (apotropäische) Gegenstände befestigt; sie untersteht oft dem Schutz eines besonderen Gottes. Von der lateinischen Bezeichnung der römischen Vorratskammer „penus" leitet sich der Name der ↑Penaten ab. Im nordgermanischen Haus galt der Hochsitz, der Platz des Hausherrn, als heilig. Eine besondere Bedeutung, die im Zusammenhang mit derjenigen des heiligen Feuers steht, wird oft dem Herde beigemessen. – Religiöse Bedeutung eignet dem Begriff des Hauses auch im übertragenen Sinne. Im frühen Christentum wird die Bezeichnung „Haus Gottes" nicht primär auf bestimmte Gebäude bezogen, sondern in symbolischer Weise auf die zum Herrenmahl versammelte Gemeinde angewandt.

Hausvater ↑Paterfamilias.

Hebe: griechische Göttin, Tochter des Zeus und der Hera, vor ↑Ganymed Mundschenk der Götter; als Göttin der Jugend entsprach ihr die römische Juventas.

Hebräer: gleichbedeutend mit Israeliten und Juden.

Hebräerbrief (Abk. Hebr.): in Briefform gekleidete Schrift des N. T., Ende des 1. Jahrhunderts von einem unbekannten Autor verfaßt. Im Mittelpunkt stehen theologische Ausführungen über das Sühneleiden Christi als des wahren Hohenpriesters.

Hebräerevangelium: in Zitaten in Schriften von Kirchenvätern und in aramäischen Fragmenten erhaltenes apokryphes Evangelium, in judenchristlichen Kreisen vor 130 in Palästina entstanden.

Hedonismus [von griechisch hēdonḗ „Freude, Vergnügen"]: eine Form der philosophischen Lehre, in der das Glück als das höchste Gut gilt und in der Erfüllung von egoistischem Streben nach Lust gesehen wird.

Hedschra (= Hiğra, Hidschra) [arabisch „Auswanderung"]: die Auswanderung Mohammeds und seiner ersten Anhänger im Jahre 622 von Mekka nach Medina; sie ist der Beginn der islamischen Zeitrechnung.

Heidelberger Katechismus: neben Luthers „Kleinem Katechismus" der bedeutendste evangelische Katechismus des 16. Jahrhunderts, 1563 von den reformierten Theologen Zacharias Ursinus (* 1534, † 1583) und Kaspar Olevianus (* 1536, † 1587) auf Anordnung des Kurfürsten Friedrich III. von der Pfalz (♔ 1559–1576) verfaßt; enthält die Grundzüge der Lehre Calvins unter Abgrenzung von der katholischen Theologie und von der lutherischen Abendmahlslehre.

Heiden [von gotisch haithi „Acker" oder von mittelhochdeutsch heide „unbewohntes (Wald)land"]: ursprünglich wurden die Anhänger vorchristlicher, nichtjüdischer Religionen von den Christen Heiden genannt; seit Beginn der Neuzeit nur noch für Bekenner nichtmonotheistischer Religionen gebräuchlich und daher nicht für Juden und Muslime angewandt. Da die Bezeichnung „Heiden“ abwertenden Charakter trägt, wird sie heute oft durch „Nichtchristen“ ersetzt. Die sprachliche Bedeutung ist „niedrigstehend, roh“, auch im kulturellen Sinn. Sie entwickelte sich analog zu dem Bedeutungswandel des lateinischen Wortes „paganus“, das zunächst den „Dorfbewohner“ und dann den „Ungläubigen“ bezeichnete.

Heidenchristen: diejenigen Christen, die zur Zeit des Urchristentums vor ihrer Bekehrung Anhänger vorchristlicher und nichtjüdischer Religionen waren, werden im Unterschied zu den Judenchristen, die vor ihrer Bekehrung Juden waren, Heidenchristen genannt.

Heidrun: in der germanischen Mythologie eine Ziege, aus deren Euter Met fließt.

Heil [von altnordisch heill „ganz, unversehrt“]: Kennzeichen der Existenzweise, die dem Menschen durch die Religion vermittelt wird; der Kontrastbegriff hierzu ist Unheil. Heil kann in der Religionsgeschichte als Substanz gedacht werden und wird dann als Befreiung von Sündenstoff und dämonischer Besessenheit verstanden, deren Folgen Unglück und Krankheit sind. Erlösungsreligionen sehen im Heil eine völlig verwandelte Daseinsweise, eine Heiligung des Menschen, die zur Unsterblichkeit und Teilnahme am Leben der Gottheit führt. Zur Erlangung des Heils können Heilsmittel sowie das Beschreiten eines Heilsweges dienen. Heil kann aber auch als eine göttliche Gnadengabe angesehen und durch einen ↑Heiland den Menschen vermittelt werden. Der Glaube an diese Heilsvermittlung führt zur Heilsgewißheit. Der Verkünder zukünftigen Heils ist der Heilsprophet.

Heiland [von altsächsisch heliand, althochdeutsch heilant „der heilende, erlösende“]: im Christentum wird Jesus Christus Heiland, Erlöser genannt; dieser Sprachgebrauch entspricht dem griechischen Begriff ↑Soter, den das N.T. verwendet und der im Lateinischen mit Salvator wiedergegeben wird. – In der Religionswissenschaft wurde die Bezeichnung Heiland auf heilsvermittelnde Gestalten anderer Religionen übertragen, die von Schuld, Sünde und Krankheit befreien, der Welt den Frieden schenken und zur Unsterblichkeit führen. – Die bekannteste Heilandsgestalt des Buddhismus ist ↑Amida. Krischna hat vergleichbare Funktionen im Hinduismus. In der griechischen Religion wurde ↑Apollon als Befreier von Schuld und Krankheit verehrt. In der Spätantike galten ↑Osiris und ↑Attis als Erlöser. In der Gnosis bildete sich die Vorstellung vom erlösten Erlöser, der sich von den Fesseln der Materie befreit hat und in die Lichtwelt aufgestiegen ist. – Heilandserwartung spielt in der Religionsgeschichte eine bedeutsame Rolle. So erwartet der Buddhismus den ↑Maitreja als zukünftigen Erlöser, der Parsismus den ↑Sauschjant als endzeitliche Heilsgestalt. Die Idee vom Weltheiland, mit der sich die Erwartung der Geburt eines göttlichen Kindes verband, zeigte in klassischer Weise die 4. Ekloge des römischen Dichters Vergil (* 70, † 19). Der Gedanke eines derartigen Retters, der der ganzen Welt den ersehnten Frieden bringt, wurde im Römischen Reich erstmals mit Augustus (♔ als Kaiser 31 v. Chr.–14 n. Chr.) verbunden und beeinflußte den späteren Kaiserkult. Die religionsgeschichtlich größte Bedeutung hat die Messiaserwartung im Judentum und ihre Deutung auf Jesus Christus im Christentum.

Heilbringer: religionswissenschaftlicher Begriff, meist mit dem des Kulturbringers identifiziert, der in vielen Mythen als urzeitlicher Bote des Hochgottes auftritt, um den Menschen Nahrungsmittel, ethische und rechtliche Normen, Riten und kulturelle Errungenschaften (z. B. das Feuer) zu vermitteln.

Heilgötter: Gottheiten, die von Krankheit und Sünde befreien; am bekanntesten unter ihnen sind ↑ Apollon und ↑ Asklepios.

heilig: Begriff, der von den angelsächsischen Missionaren des Christentums zur Wiedergabe von lateinisch „sanctus" (griechisch „hágios", hebräisch „kadosch") verwendet und damit in seiner späteren Bedeutung geprägt wurde, die die religiöse, vornehmlich kultische Absonderung und Distanz gegenüber dem Alltäglichen, Profanen zum Inhalt hat, das seinerseits das „vor dem geheiligten Bezirk (lateinisch „fanum") Liegende" bezeichnet. – In der modernen Religionswissenschaft werden „heilig" und „das Heilige" oft als Zentralbegriffe der Religion gebraucht. Es soll mit ihnen dann nicht allein die kultische Sphäre erfaßt werden, sondern das, was die Religion grundsätzlich von allen anderen Bereichen der Wirklichkeit unterscheidet. Diese Begriffserweiterung geht zurück auf den Anstoß, den der deutsche evangelische Theologe Friedrich Ernst Daniel Schleiermacher (* 1768, † 1834) 1799 mit seinen „Reden über die Religion" gab zur Erkenntnis der Selbständigkeit der Religion und der Unmöglichkeit, sie vollständig aus nichtreligiösen Phänomenen ableiten und begründen zu wollen. In diesem umfassenden Sinn wurde der Begriff von dem französischen Soziologen Émile Durkheim (* 1858, † 1917) aufgegriffen, und der schwedische Theologe und Religionswissenschaftler Nathan Söderblom (* 1866, † 1931) maß ihm für die Religion eine Bedeutung zu, die diejenige des Gottesbegriffes übersteige. Bedeutende Breitenwirkung erlangte dieses Verständnis von „heilig" durch den deutschen evangelischen Theologen und Religionsphilosophen Rudolf Otto (* 1869, † 1937), der in seinem vorwiegend religionspsychologischen Werk über „Das Heilige", das er erstmals im Jahre 1917 veröffentlichte, die Erfahrung des Gefühls des *Überweltlichen*, sowohl des Anziehenden, Faszinierenden („Fascinosum") als auch zugleich Erschreckenden, Erschütternden („Mysterium tremendum") des Heiligen herausstellte. Von den Kritikern Ottos wurden Bedenken geäußert, die einerseits die vornehmlich an der menschlichen Erfahrung orientierte Schau betrafen, andererseits das Bestreben, das Heilige unter Ausschluß ethischer Werte zu erfassen.

Heiligabend (auch heiliger Abend): der Tag, besonders der Abend (24. Dezember) vor dem Weihnachtsfest.

Heilige der letzten Tage ↑ Mormonen.

heilige Hochzeit ↑ Hieros Gamos.

heilige Lanze ↑ Lanze, heilige.

Heiligenbild: Darstellung von Heiligen, im christlichen Bereich seit dem 3. Jahrhundert nachweisbar. Im Volksglauben wird oft angenommen, der dargestellte Heilige sei entweder mit seiner Abbildung identisch oder er sei (in irgendeiner Form) in der Abbildung anwesend (Realpräsenz).

Heiligenfeste: jährliche liturgische Begehung des Todes- oder Gedächtnistages von Heiligen.

Heiligenlegende: die legendarische Beschreibung des Lebens eines Heiligen sowie das Buch, das diese Beschreibung enthält.

Heiligenschein (auch Glorie, Nimbus): Lichtscheibe oder Strahlenkranz um das Haupt göttlicher und heiliger Personen, von der christlichen Ikonographie im 4. Jahrhundert aus der antiken Kunst für Darstellungen Gottes, Christi, der Jungfrau Maria und der Heiligen übernommen.

Heiligenverehrung: die in vielen Religionen verbreitete Verehrung religiöser Autoritäten oder von Menschen, deren Leben ausschließlich der Religion geweiht war. Die christliche Heiligenverehrung, die besonders in der katholischen Kirche lebendig ist, läßt

Heiligenbild. Volkstümliche Andachts- und Votivbilder

sich in ihren Ansätzen bis ins 2. Jahrhundert verfolgen. Die evangelischen Kirchen lehnen die Heiligenverehrung ab, weil nach der in ihnen vertretenen Lehre die Heiligkeit kein Zustand ist, der einzelnen Menschen in besonderer Weise eigne, sondern der Zustand des an sich sündigen Menschen, der durch Kreuz und Auferstehung von Jesus Christus mit Gott versöhnt ist.

Heiliger Geist: nach den christlichen

Glaubensbekenntnissen eine der drei Personen der ↑Trinität.

heiliger Krieg ↑Dschihad.

Heiliger Stuhl: seit Papst Damasus I. Begriff für das Amt des Papstes und die römische Kurie.

Heiliger Vater: Ehrentitel und Anredeform des Papstes.

heilige Schriften: religionswissenschaftliche Bezeichnung, die von der Benennung der christlichen Bibel als „Heiliger Schrift" (Röm. 1, 2) abgeleitet ist und für religiöse Texte mit normativer Geltung in nichtchristlichen Religionen übernommen wurde. Meist wird der Inhalt heiliger Schriften, der Mythen, prophetische Offenbarungen, ethische Gebote, kultische Vorschriften, Rechtssatzungen und historische Berichte enthalten kann, auf übernatürlichen Ursprung zurückgeführt. Der kanonisierte Wortlaut heiliger Schriften muß unverändert erhalten bleiben, die Sprache, in der sie abgefaßt sind, gilt oft als heilige Sprache. Heilige Schriften dienen der Begründung und Stärkung des individuellen Glaubens und werden im Gemeindegottesdienst liturgisch verlesen. Volkstümliches Brauchtum verwendet sie zuweilen als Orakelbücher. – Neben der Bibel des A.T. und N.T. sind die wichtigsten heiligen Schriften: 1. der ↑„Talmud", der für das orthodoxe Judentum neben das A.T. getreten ist; – 2. der ↑„Koran", die vom Erzengel Gabriel dem Propheten Mohammed übermittelte heilige Schrift des Islams; – 3. das ↑„Awesta", der kanonische Text des Parsismus, der in seinen ältesten Teilen auf den Religionsstifter Zarathustra zurückgeht; – 4. der ↑„Weda" des Brahmanismus und Hinduismus; für letzteren besitzt die ↑„Bhagawadgita" vorrangige Bedeutung; – 5. der ↑„Granth", dem die indische Reformsekte der Sikhs göttliche Verehrung zukommen läßt; – 6. das ↑„Tripitaka" des südlichen Buddhismus; die nördliche Schulrichtung des Buddhismus besitzt keinen einheitlichen Kanon; – 7. die konfuzianischen Bücher Chinas (↑„Wuching"). – In neuerer Zeit sind aus Ägypten und aus Innerasien zahlreiche Texte des Manichäismus bekannt geworden. Die seit 1947 erschlossenen Handschriften vom Toten Meer enthalten neben Texten des A.T. auch eigenständige heilige Schriften der ehemals dort beheimateten Sekte von ↑Kumran. – Eine religiöse Neustiftung, die in betonter Weise auf den Besitz einer eigenen heiligen Schrift aufbaut, ist das Mormonentum mit seinem Buch ↑„Mormon".

Heiliges Jahr (auch italienisch Anno Santo): in der katholischen Kirche ein Jahr, das der inneren Erneuerung der Gläubigen dienen soll. Das erste heilige Jahr wurde 1300 durch Papst Bonifatius VIII. ausgerufen. Es wird seitdem in bestimmten Zeitabständen, jetzt alle 25 Jahre begangen. Die Einleitung erfolgt zu Weihnachten mit dem Öffnen der heiligen Pforte des Petersdoms durch den Papst; sie wird nach Ablauf des Jahres wieder vermauert.

Heiliges Land: im A.T. Palästina; diese Benennung wurde in den christlichen Sprachgebrauch übernommen.

heiliges Mahl: die in religiöser Absicht vollzogene Einnahme von Speise und Trank, die Machtübertragung bewirken kann, die eine religiöse Gemeinschaft der Mahlgenossen begründet oder erneuert und der Verbindung mit der Gottheit dient.

heilige Stätten: Orte, die aus ihrer natürlichen Umwelt auf Grund einer spezifisch religiösen Bedeutung herausgenommen sind, die darin bestehen kann, daß sie als Aufenthalts- und Verehrungsstätten einer Gottheit gelten, daß sich an ihnen Wunder, Offenbarungen oder bedeutsame Ereignisse im Leben eines Religionsstifters vollzogen haben, oder die Zentren einer Religion sind. Heilige Stätten sind häufig durch Meidungsgebote vor dem Betreten Unbefugter geschützt; oft herrscht an ihnen ein Asylrecht. Alle Erscheinungsformen der Natur, vornehmlich Bäume, Haine, Flüsse,

Seen, Steine, Berge und Höhlen können als heilig angesehen werden. Hinzu kommen Altäre und Kultbauten als Heiligtümer, die von Menschen errichtet und geweiht wurden. Der Charakter der Heiligkeit kann räumlich größeren Einheiten eigen sein. So gelten als heilige Städte Jerusalem für Christentum, Judentum und Islam, Rom für die katholische, Moskau für die orthodoxe Kirche, Mekka und Medina für den Islam, Benares (heute Varanasi) für Hinduismus und Buddhismus, Lhasa für den Lamaismus, das frühere Peking für die konfuzianische Staatsreligion des kaiserlichen China. Das bekannteste Beispiel für die Heiligkeit eines ganzen Landes ist Palästina.

heilige Zeiten: dem Alltag enthobene Zeitabschnitte, die meist in jährlicher Wiederholung durch Feste begangen werden und eine Ursache zur Aufstellung des ↑Kalenders sind. Heilige Zeiten sind Tage, an denen nicht gearbeitet wird, sie werden oft mit Feiern begangen, können aber auch Bußcharakter haben und asketisches Verhalten fordern. Übergangsfeste, wie besonders das Neujahrsfest, wurden vielfach in Verbindung mit Gefahren gebracht, deren Abwendung rituell zu vollziehen war. Anlaß für heilige Zeiten sind in bäuerlichen Kulturen die zyklisch wiederkehrenden Abschnitte der Aussaat und Ernte, in Jägerkulturen Einleitung und Abschluß der Jagd. Für das menschliche Gemeinschaftsleben haben Initiationen von Jugendlichen und Totenfeste vorrangige Bedeutung. Polytheistische Religionen kennen Festzeiten, die bestimmten Göttern gewidmet sind. Die heiligen Zeiten der Erlösungsreligionen beziehen sich meistens auf Ereignisse im Leben des Religionsstifters.

Heiligkeitsgesetz: wissenschaftliche Bezeichnung für die alttestamentlichen Gesetze in den entsprechenden Abschnitten des A.T. (3. Mose 17 bis 26). Das Heiligkeitsgesetz enthält Vorschriften für den Priesterdienst und die Feste, für Opfergenuß und für das Sexualleben.

Heiligsprechung (auch Kanonisation, d.h. Aufnahme in den Kanon der Heiligen): in der katholischen Kirche ist die Heiligsprechung seit Gregor IX. (1234) ausschließlich dem Papst vorbehalten. Sie erfolgt nach einem besonderen Prozeß; sie setzt die ↑Seligsprechung voraus sowie den Nachweis, daß nach der Seligsprechung weitere Wunder durch den betreffenden Heiligen geschehen sind. ↑auch Advocatus Dei.

Heiligtum ↑heilige Stätten.

Heiligung: religiös-sittliche Vervollkommnung sowie Erfüllung mit göttlicher Kraft.

Heiligungsbewegungen: eine größere Anzahl religiöser Gruppen, die aus der methodistischen Erweckungsbewegung des 19. Jahrhunderts in den USA, Großbritannien und Deutschland hervorgingen und auf die ↑Gemeinschaftsbewegung bedeutenden Einfluß gewannen, werden Heiligungsbewegungen genannt. Gemeinsam ist ihnen die Abwendung von der protestantischen Rechtfertigungslehre, die den Menschen grundsätzlich als Sünder begreift und damit die Möglichkeit eines *Zustands* der Heiligkeit ausschließt, sowie die Anschauung, daß eine „Geistestaufe", durch die die völlige Hingabe an Christus erlangt wird, nicht allein die Vergebung der Sünden, sondern die Befreiung vom Zwang zur Sünde und damit die vollständige Heiligung des Menschen im irdischen Leben bewirke. Die bedeutendsten dieser Heiligungsbewegungen, die wegen der in ihnen angestrebten „Vollkommenheit" der Menschen auch „perfektionistisch" genannt werden, sind die ↑Pfingstbewegung und die ↑Church of God.

Heilsarmee (auch englisch Salvation Army): von dem ehemaligen Methodistenprediger William Booth (* 1829, † 1912) im Jahre 1878 in London gegründete, äußerlich militärisch formierte Organisation, die sich der

Rettung Verwahrloster, dem Kampf gegen das Laster (v. a. den Alkoholmißbrauch) und Sorge für Arbeitslose widmet.

Heilsgeschichte: Begriff der christlichen Theologie, mit dem eine bestimmte Sicht der Geschichte verdeutlicht wird: die Geschichte erscheint nicht als bloße Abfolge von zufälligen Ereignissen oder von Ereignissen, die ihre ursächliche Begründung in sich selbst tragen, sondern es wird angenommen, daß Gott nach einem bestimmten Plan zum Wohl und Heil der Menschheit die Geschichte lenkt und zu einem Ziel führt.

Heilsgewißheit: das feste Vertrauen des Gläubigen darauf, daß ihm das in der Religion zugesprochene Heil zuteil wird.

Heilsmittel ↑Heilsordnung.

Heilsordnung (auch lateinisch Ordo Salutis): in der evangelischen Dogmatik Aussagen darüber, daß das Heil durch göttliche Gnade sowie durch die *Heilsmittel* des Wortes, des Sakraments und der Kirche bewirkt werden.

Heilsprophetie ↑Prophet.

Heilsweg: vornehmlich in Religionen, die in besonderer Weise die Erlösung in den Mittelpunkt stellen (Erlösungsreligionen) das dem Menschen gebotene Verhalten zur Erlangung des Heils. Die indische Religionsphilosophie hat drei Heilswege (Sanskrit „Marga") herausgestellt: den „Weg der Werke" („Karma-Marga"), den „Weg der Erkenntnis" („Dschnjana-Marga") und den „Weg gläubig vertrauender Hingebung" („Bhakti-Marga").

Heiltum: veraltete Bezeichnung für Reliquie und für einen Wallfahrtsort.

Heilung: der Glaube an die religiöse Einwirkung zur Genesung von Krankheiten ist äußerst weit verbreitet; ursprünglich bestand die einzige Form der Behandlung von Kranken in religiösen Praktiken. Sie kann sowohl durch Heilgötter vermittelt werden als auch durch menschliche Heiler, zu denen in sogenannten primitiven Kulturen der Medizinmann zählt, auf höherer Stufe der als vom göttlichen Geist Erfüllte (der Charismatiker).

Heilungsbewegungen: zusammenfassende Bezeichnung für religiöse Gemeinschaften, die die Genesung von Krankheiten durch rein religiöse Mittel erstreben, zu denen Handauflegung und Gebet gehören, ferner die Auffassung, daß Krankheiten durch religiöses Fehlverhalten (z. B. religiöse Irrtümer) entstehen. In Deutschland wurden derartige Heilungswunder vornehmlich durch das Wirken des Pfarrers Johann Christoph Blumhardt (* 1805, † 1880) in Bad Boll bekannt. ↑auch Christian Science.

Heimarmene [griechisch „Zugeteiltes, Bestimmtes"]: griechischer Begriff für ein unausweichliches Schicksal.

Heimdall (auch altnordisch Heimdallr): ein nur aus der Mythologie der Nordgermanen bekannter, aber kultisch nicht verehrter Gott, dessen Name in Ortsbezeichnungen fehlt. Er scheint, da die Menschen als „Söhne Heimdalls" bezeichnet werden, ein Gott des Anfangs gewesen zu sein.

Heimskringla [altnordisch „Weltkreis"]: um 1230 entstandenes Werk des Snorri Sturluson (* 1178[?], † 1241), beginnt mit der mythischen Vorzeit der götterentsprungenen Ynglinge und berichtet über norwegische Könige bis zum Jahre 1177.

Heimsuchung Mariä (auch lateinisch Visitatio Beatae Mariae Virginis): der im Lukasevangelium (Luk. 1, 39–56) enthaltene Bericht über den Besuch Marias bei Elisabeth.

Hekal: hebräische Bezeichnung für die ↑Bundeslade.

Hekate ['he:kate, he'kate]: griechische Göttin kleinasiatischer Herkunft, unheimliche Zauberin, die von einem Gespensterschwarm begleitet wird. Ihr heiliges Tier ist der Hund. Hekate besaß Bedeutung im griechischen Volksglauben; Homer dagegen erwähnt sie nicht.

Hekatombe [von griechisch hekatón

„hundert" und būs „Rind"]: ursprünglich ein Opfer von 100 Rindern, später allgemeine Bezeichnung für ein besonders großes Opfer, auch für große Menschenverluste.

Hel [altnordisch]: in der germanischen Mythologie Name des unterirdischen Totenreiches und seiner Herrscherin.

Heldensage: der Stoff der Heldendichtung ist für die Religionsforschung insofern aufschlußreich, als in ihr zum einen – wie in den Epen Homers – Götter in stark vermenschlichter Form auftreten, andererseits besonders bei der Überlagerung durch neue Religionen und dem damit verbundenen Wechsel des Glaubens mythische Stoffe der alten Religion in die Heldensage Aufnahme finden; dies gilt in großem Umfang für die irischen Heldensagen nach der Christianisierung Irlands.

Heliand [altsächsisch „Heiland"]: zwischen 822 und 840 entstandenes, anonym überliefertes Epos, aufbauend auf der ↑ Evangelienharmonie Tatians und den Evangelienkommentaren des angelsächsischen Gelehrten Alkuin (* um 732, † 804), des angelsächsischen Kirchenlehrers Beda (* 672/73, † 735) und des Fuldaer Abtes Hrabanus Maurus (* um 780, † 856). Es berichtet in germanisierter Form die Lebensgeschichte Jesu, dem seine Jünger durch germanische Gefolgstreue verbunden sind.

Helikon: Gebirge im griechischen Böotien, in der antiken Mythologie Sitz der ↑ Musen.

Heliopolis [griechisch „Sonnenstadt"] (auch hebräisch On): griechischer Name der altägyptisch Iwnw bezeichneten unterägyptischen Stadt, die seit der 5. Dynastie (um 2460 bis 2320) Zentrum der Verehrung des Sonnengottes Re war. In Heliopolis entstand auch das theologische System der ↑ Götterneunheit von Heliopolis.

Helios: griechischer Sonnengott, erhebt sich morgens in seinem Palast am Ostrand der Erde, um in seinem mit vier feuerschnaubenden Rossen bespannten Wagen über den Himmel zu fahren. Helios galt nicht nur als Gott des Lichtes (auch des Augenlichtes, als der er Blindheit heilen und mit Blindheit strafen kann), sondern auch als Gott der Wahrheit, der „alles sieht" („Pantoptes") und den man daher neben Zeus und Gaia als

Heimsuchung Mariä. Bronzerelief an der Südtür des Baptisteriums in Florenz von Andrea Pisano (um 1333)

Schwurzeugen anrief, schließlich als Hüter und Garant der Ordnung überhaupt.

hellenistische Religionen: die Religionen der durch Alexander den Großen (♔ 336–323 v. Chr.) eingeleiteten geistesgeschichtlichen Periode, die durch eine Begegnung der antiken Welt mit dem Orient gekennzeichnet war. Auf religiösem Gebiet führte dies zu Erscheinungen der Vermischung religiöser Elemente (Synkretismus). Griechische Mysterienkulte gewannen im Römischen Reich erhebliche Bedeutung, aus Kleinasien übernahm Rom im Jahre 204 v. Chr. die Verehrung der ↑Magna Mater, und zur Zeit Sullas (* 138, † 78 v. Chr.) kam der Kult der ↑Isis aus Ägypten nach Rom. Der persische ↑Mithraskult wurde im Römischen Reich zur bevorzugten Soldatenreligion.

Hellsehen: außersinnliche Wahrnehmung, das „Sehen" verborgener und zukünftiger Ereignisse, Gegenstände oder Zeichen, von Dingen also, die nicht mehr durch Vermittlung der Sinnesorgane wahrnehmbar sind.

Hemerobaptisten [von griechisch hēméra „Tag" und baptismós „Taufe"]: die nach ihrer täglich oder jedenfalls häufig vollzogenen Taufe Hemerobaptisten genannten ↑Mandäer.

Hen [griechisch „eins, einzig"]: im Neuplatonismus das „Ur-Eine" als Begriff für das Göttliche.

Henochbücher: Schriften, die unter der Verfasserschaft des im A.T. (1. Mos. 4, 17 und 1. Mos. 5, 18 ff.) genannten Patriarchen Henoch in Umlauf gesetzt wurden und in denen die Gestalt des Henoch eine wesentliche Rolle spielt. Zu unterscheiden sind ein äthiopisches, ein slawisches und ein hebräisches Henochbuch.

Henotheismus [von griechisch heĩs „einer" und theós „Gott"]: Eingottverehrung, ein von dem Oxforder Indologen und Religionswissenschaftler Friedrich Max Müller (* 1823, † 1900) eingeführter und von ihm an der indischen Religionsgeschichte aufgezeigter Begriff. Er bezeichnet innerhalb polytheistischer Religionen einen subjektiven Monotheismus, der vorliegt, wenn der Gläubige die von ihm verehrte Gottheit als alleiniges göttliches Wesen erlebt. Dies geschieht vornehmlich beim Gebet.

Hepatoskopie ↑Leberschau.

Hephaistos ['he:faɪstos, he:'faɪstos] (auch Hephäst): griechischer Gott des Feuers und der Schmiede, Schirmherr des Handwerks, dem bei den Römern ↑Vulcanus entsprach.

Hephata [hebräisch „öffne dich"]: im N.T. (mit „ephphata" wiedergegeben, Mark. 7, 34) Wort Jesu bei der Heilung des Taubstummen; danach Name der evangelischen Pflegeanstalten bei Treysa in Hessen.

Hera. Kopf ihres Kultbildes vom Heraion in Olympia (um 600 v. Chr.; Olympia, Archäologisches Museum)

Hera: griechische Göttin mit dem Beinamen *Boopis* („die Kuhäugige"), Gattin des Zeus, über dessen eheliche Treue sie eifersüchtig und erfolglos wacht. Hera ist Himmelskönigin, Beschützerin von Ehe und Geburt. Ihr entsprach bei den Römern Juno.

Herakles (auch lateinisch Hercules; Herkules): Held der griechischen Mythologie, Sohn des Zeus und der Alkmene. Wegen der Eifersucht der Hera, der Gattin des Zeus, muß Herakles (sein Name bedeutet „der durch Hera Berühmte") viele Mühsal und Leistungen vollbringen, so die berühmten zwölf Arbeiten („Dodekathlos"): 1. Die Erlegung des Nemeischen Löwen, dessen unverwundbares Fell der Held, nachdem er das Tier erwürgt hat, als Panzer anlegt. – 2. Der Kampf mit der neunköpfigen Hydra (Schlange) von Lerna. Ihre nach jedem Schwertstreich doppelt nachwachsenden Köpfe brennt Herakles mit glühenden Baumstämmen ab. Die Galle des Ungeheurs dient ihm von da an als tödliches Pfeilgift. – 3. Das Einfangen der windschnellen Kerynitischen Hirschkuh, eines der Artemis heiligen Tieres mit goldenem Geweih. – 4. Das Einfangen des Erymanthischen Ebers. – 5. Der Kampf mit den Stymphalischen Vögeln, die ihre ehernen Federn wie Pfeile abschießen können. Herakles scheucht sie mit einer Klapper auf und erlegt sie mit seinen Giftpfeilen. – 6. Die Reinigung der Ställe des Augias, des Königs der Epeier in Elis, der dem Herakles den zehnten Teil seiner außergewöhnlich großen Herden verspricht, falls es ihm gelingen sollte, die Stallungen innerhalb eines Tages vom Mist zu befreien. Herakles bewältigt die Aufgabe, indem er zwei Flüsse durch die Viehhöfe leitet, wird aber um seinen Lohn betrogen, wofür er später mit einem Heer das Land des Augias verwüstet und diesen und dessen Söhne erschlägt. – Nach diesem Rachefeldzug gründet Herakles die Olympischen Spiele. – 7. Das Einfangen des Kretischen Stieres (↑ Minotauros). – 8. Die Erringung der menschenfressenden Rosse des Diomedes, eines thrakischen Königs, den Herakles bezwingt und den Rossen zum Fraß vorwirft. – 9. Die Erbeutung des Gürtels der Amazonenkönigin Hippolyte, die von Herakles im Zweikampf getötet wird. – 10. Die Erbeutung der Rinder des Geryoneus, eines dreileibigen Riesen, der auf einer am Westrand der Erde im Okeanos gelegenen Insel lebt. Bei der Durchquerung der Meerenge zwischen Spanien und Afrika (Straße von Gibraltar) setzt Herakles die nach ihm benannten „Säulen" als Zeugen seiner weitesten Fahrt. Den Geryoneus tötet er mit seinen Giftpfeilen. – 11. Die Erringung der goldenen Äpfel der Hesperiden. Auf der Suche nach ihrem im äußersten Westen gelegenen Land gelangt Herakles zu Atlas, dem Vater der Hesperiden, für den er auf dessen Angebot, die Aufgabe auszuführen, das Himmelsgewölbe auf seine Schultern lädt. Als Atlas mit den Äpfeln zurückkehrt, die schwere Bürde jedoch nicht mehr übernehmen will, gelingt es Herakles durch eine List, sich wieder zu befreien. – 12. Die Entführung des Unterwelthundes Zerberus, den Herakles im Ringkampf bezwingt, vor Eurystheus schleppt, um ihn darauf wieder in den Hades zu bringen. Nach Vollendung der zwölf Arbeiten kehrt Herakles nach Theben zurück, vermählt seinen Gefährten Iolaos mit Megara und zieht später mit seiner zweiten Gemahlin Deianira, um deren Hand er mit ↑ Acheloos ringen mußte, nach Trachis; dort ereilt ihn durch Deianiras ungewolltes Verschulden ein furchtbares Todesgeschick, das er durch Selbstverbrennung abkürzt. Von Zeus wird er schließlich, mit Hera versöhnt, unter die Unsterblichen aufgenommen.

Herd: Mittelpunkt und Symbol des Hauswesens, in der Antike Verehrungsort von Hausgeistern. Göttin des Herdfeuers war bei den Griechen Hestia, in Rom Vesta.

Herkeios [griechisch „hausbeschützend"]: Beiname des ↑ Zeus als Beschützer des Hauses und der Familie.

Herkules ↑ Herakles.

Hermas, Hirt des ↑ Hirt des Hermas.

Herme: griechischer Kultpfeiler, meist an Wegkreuzungen aufgestellt, ursprünglich mit bärtigem Kopf des ↑ Hermes und mit Phallus, später auch mit Darstellungen anderer Gottheiten.

Hermeneutik [von griechisch hermēneúein „auslegen, erklären"]: die Kunst der Auslegung und die Theorie über die Bedingungen des Verstehens vor allem von schriftlich fixierten Texten. Zu diesen Bedingungen zählt in erster Linie die historische Distanz zwischen Verfasser und Leser eines Textes, die die Hermeneutik offenlegt in der Darstellung der jeweiligen zeitgeschichtlich bedingten Interessen an einem Text sowohl auf seiten seines Verfassers als auch seines Lesers. ↑auch Bibelkritik.

Hermes. Darstellung auf einer Lekythos (um 440 v. Chr.; München, Staatliche Antikensammlungen)

Hermes: griechischer Gott des sicheren Geleits, Patron der Wanderer, Hirten, Kaufleute, Schelme und Diebe, auch Wegeführer der Seelen Verstorbener und Götterbote; in den ↑hermetischen Schriften mit dem ägyptischen Gott der Schreibkunst ↑Thot identifiziert und als *Hermes Trismegistos* („dreimal größter Hermes") bezeichnet.

Hermetica ↑hermetische Schriften.

hermetische Schriften (auch lateinisch Hermetica, Corpus Hermeticum): dem Hermes Trismegistos (↑Hermes) zugeschriebene spätantike Literatur. Sie besteht aus Traktaten in Brief-, Dialog- oder Predigtform und handelt von Wiedergeburt, Ekstase, Reinigung, Opfer und der mystischen Vereinigung mit Gott. Die Sammlung hermetischer Schriften ist wahrscheinlich im 2./3. Jahrhundert entstanden.

Heroen [von griechisch hḗrōs „Herr, Held"] (Einzahl Heros): Bezeichnung der zwischen Göttern und Menschen stehenden Helden, der Halbgötter, die im Leben große Taten vollbrachten und nach ihrem Tode, den Göttern entsprechend, die Fähigkeit erlangten, den Menschen aus eigener Macht Hilfe zu leisten. Diese Heroenvorstellung ist weit verbreitet; am deutlichsten ausgeprägt ist sie jedoch in erster Linie in der griechischen Religion und speziell im griechischen Volksglauben, der der Adelsreligion Homers mit ihrer Verehrung der großen olympischen Götter verhältnismäßig fremd gegenüberstand. Entwickelt hat sich die Heroenverehrung wahrscheinlich aus dem Totenkult mächtiger Herren der mykenischen Zeit, deren früheres Wirken mit der Vorstellung von ihrer Überlegenheit verbunden war. Eine einstmalige geschichtliche Existenz wurde allen Heroen zugesprochen. Doch haben sie nach ihrem Tode eine gottähnliche Daseinsweise in der Unterwelt erlangt; allein ↑Herakles wurde auf den Olymp versetzt. Der Sage zufolge entstammte der Heros der Verbindung eines Gottes oder einer Göttin mit einem Menschen. In den Stand von Heroen konnten aber auch Gottheiten, deren Verehrung gesunken war, Vorfahren in den Mythen der Stämme, Könige, Städtegründer und im Krieg Gefallene versetzt werden. Die Heroen genossen eine kultische Verehrung, die stets örtlich begrenzt war. Sie fand statt an dem tempelförmigen Grabmal, das Heroon hieß und die Reliquien des Heros enthielt. Häufig wurden zu Ehren der Heroen Spiele aufgeführt.

Hero-Trickster [englisch 'hi:roʊ 'trɪkstə] ↑Trickster.

Herr der Tiere: ein vornehmlich in Jägerkulturen verehrter Wildgeist, der als Besitzer und Hüter der Jagdtiere gilt, die er den Jägern vorenthält, wenn diese mutwillig töten oder erlegtes Wild unehrerbietig behandeln. Andererseits führt er seine Tiere den Jägern zu, wenn diese die mit der Jagd verbundenen rituellen Handlungen vollziehen, deren bekannteste das arktische Bärenfest ist. Vielfach findet sich die Vorstellung, daß die Seelen der getöteten Tiere zum Herrn der Tiere zurückkehren und von ihm ihre Körper zurückerhalten. Meist wird dieser Geist des Wildes männlich gedacht; gelegentlich findet sich aber auch der Glaube an eine Herrin der Tiere.

Herrlichkeit Gottes: die Erscheinungsweise der überweltlichen Majestät Gottes, sie wird im Griechischen mit ↑Doxa bezeichnet.

Herrschaft Gottes ↑Gottesherrschaft.

Herrscherkult: die den Anschauungen des ↑Sakralkönigtums entsprechende Verehrung des Herrschers. Dabei symbolisieren seine Insignien und Gewänder die übermenschliche Macht (sein Charisma), die er für seine Umgebung besitzt. Das Hofzeremoniell umgibt ihn mit einem starren Ritual, an dessen Vollzugsformen er selbst sklavisch gebunden ist. Sein Leben vollzieht sich meist in strenger Abgeschlossenheit. Krönung und Bestattung des Sakralkönigs sind kultische Akte. Teilweise wird er sakral getötet. Der Brauch, beim Tod des als Gott verehrten Herrschers die Menschen seiner engeren Umgebung ebenfalls zu töten und mit ihm zu bestatten, war gelegentlich Bestandteil des Herrscherkults.

Herz: gilt in den verschiedensten Kulturen als Zentrum tierischer und menschlicher Lebenskraft, als Ort des Gewissens, als Sitz der Seele sowie der Gefühle, vornehmlich derjenigen der Liebe und der Tapferkeit. – Als tierisches Kraftzentrum besitzt das Herz magische Bedeutung: in primitiven Kulturen wollen sich die Menschen durch das Essen der Herzen starker und wilder Tiere deren Kräfte aneignen. Das gleiche gilt für das Verzehren der Herzen mutiger, aber besiegter und getöteter Feinde. Amulette in Herzform sollen vor Krankheiten schützen. – Im religiösen Bereich spielt das „gläubige Herz", der Glauben, den man einer Gottheit entgegenbringt, eine bedeutende Rolle. In den Hochreligionen steht neben der Bedeutung des gläubigen Herzens die Vorstellung vom Herzen als Sitz der religiösen und sittlichen Haltung des Menschen.

Herz Je̤su: der Gedanke der Liebe und des stellvertretenden Opfers ist mit dem Herzen Jesu bereits im N.T. verbunden. Er hat seine stärkste Ausprägung in der Herz-Jesu-Verehrung gefunden, die seit dem 12. Jahrhundert vor allem von der deutschen Mystik gepflegt wurde. In ihr wird das Herz Jesu als Symbol für Jesus verehrt. Ergänzt wurde sie durch die Herz-Maria-Verehrung, deren eifrigster Förderer der Jesuitenorden war. Das Herz-Jesu-Fest, von Pius IX. für die ganze katholische Kirche eingeführt, wird am Freitag nach dem zweiten Sonntag nach Pfingsten gefeiert.

Herzopfer: die Opferung des Herzens beruht auf der Anschauung, daß das Herzblut kultisch geopferter Menschen die Nahrung der Götter bilde. Das Herzopfer hat seine stärkste Ausprägung im alten Mittelamerika, vornehmlich bei den Azteken gefunden. Dem Menschen, der geopfert werden sollte, wurde bei Tagesanbruch auf der Plattform einer Pyramide das Herz bei lebendigem Leibe aus der Brust gerissen und der Sonne entgegengehalten.

Hese̤kielbuch ↑Ezechielbuch.

Hesti̤a: der römischen ↑Vesta entsprechende griechische Göttin des Herdes und des Herdfeuers, sowohl des häuslichen als auch des immerwährenden Feuers der Städte und Staaten.

Hesychasten [von griechisch hēsychía „innere Ruhe“]: Anhänger einer auf den byzantinischen Mystiker Symeon den neuen Theologen (* 949, † 1022) zurückgehenden ostkirchlichen Form der Mystik, die durch Konzentration und körperliche Übungen (besonders Beherrschung des Atems wie beim indischen Joga) zur Schau der göttlichen Energien und des „unerschaffenen Lichtes der Gottheit“ gelangen wollten. Sie wurden anfangs beschuldigt, zwei Götter (Jesus neben oder unter Gott; *Ditheismus*) zu verehren. Da ihr Meditationsobjekt vornehmlich der Nabel war, wurden sie von ihren Gegnern als *Omphalopsychiker* („Nabelseelenleute“) verspottet.

Heterodoxie [von griechisch hétera „die andere“ und dóxa „Lehre“]: Andersgläubigkeit, die im Gegensatz zur Orthodoxie steht, von deren offizieller („rechter“) Lehre sie abweicht.

hethitische Religion: Religion des hethitischen Reiches, bekannt durch die seit 1906 bei dem östlich von Ankara gelegenen Dorfe Boğazköy gefundenen Texte. Die hethitische Religion war durch die Aufnahme vieler fremder *Gottheiten* unterworfener Völker sowie durch die Pflege von deren Kultsprachen charakterisiert. Höchste Gottheit des Staates war die Sonnengöttin der Stadt Arinna, die Wurusemu hieß. Vorrangige Bedeutung besaßen auch Wettergötter, besonders der churritische ↑Teschub. Auch der churritische Göttervater ↑Kumarbi genoß Verehrung. Die hethitische *Ethik* war durch ein stark ausgeprägtes Sündenbewußtsein gekennzeichnet. Zu dessen Tilgung kannte sie neben Gebeten auch *magische Mittel.*

Heuschrecke: im alttestamentlichen Buch Joel (1, 4; 2, 25) und in der Johannesapokalypse (Apk. 9, 3) werden Heuschrecken als Vorboten des Endgerichts genannt.

Hexagramm [von griechisch héx „sechs“ und grámma „geschriebenes Zeichen“]: sechsstrahliger Stern; auch Davidstern.

Hexapla [griechisch „die sechsfache“]: von dem griechischen Theologen Origenes (* um 185, † 254) im 3. Jahrhundert zusammengestellter Bibeltext des A. T., der aus fünf griechischen Bibelübersetzungen und dem hebräischen Original in sechs Kolumnen bestand.

Hexateuch [von griechisch héx „sechs“ und teũchos „Gefäß für Buchrollen“]: zusammenfassende Bezeichnung der fünf Bücher Mose und des Buches Josua.

Hexenglaube [von althochdeutsch hagzissa, hag(a)zus(sa), vielleicht „sich auf Zäunen oder Hecken aufhaltendes dämonisches Wesen“]: der Volksglaube an Hexen ist bereits im Alten Orient und im A.T. (2. Mos. 22, 18) nachweisbar. Der Glaube an das Vorhandensein von Hexen steigerte sich im späten Mittelalter zum *Hexenwahn.* Er führte zu einer Fülle von *Hexenprozessen*, die bis zum Ende des 18. Jahrhunderts andauerten. Der Hexenglaube wurzelt in der schwarzen Magie. Er sieht in den Hexen schadenbringende, Kinder raubende und giftmischende Frauen, die einen Pakt mit dem Teufel haben, mit ihm sexuell verkehren, ketzeri-

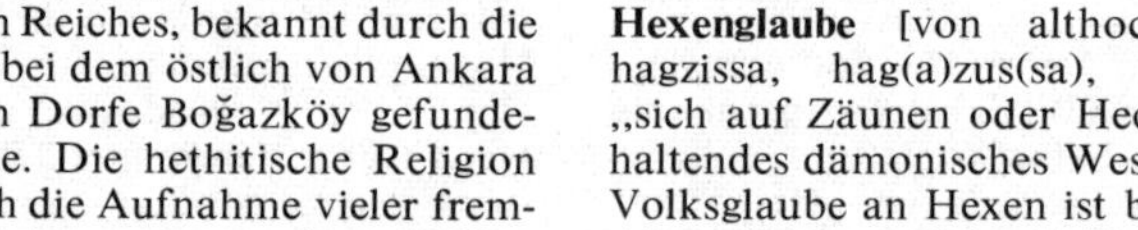

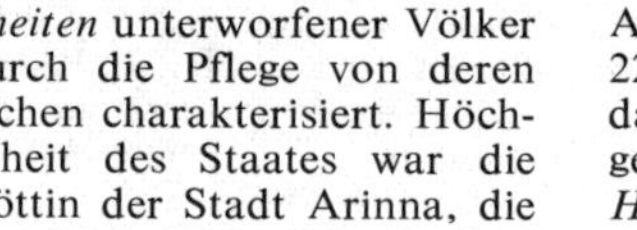

Hieroglyphen

Hieros Gamos auf einer Metope vom Ostfries des Tempels E in Selinunt (um 460 v. Chr.; Palermo, Nationalmuseum)

sche Ansichten vertreten, durch die Lüfte fliegen und sich und andere in Tiere verwandeln können.

Hierarchie [hi-e...; von griechisch hierarchía „heilige Herrschaft"]: Priesterherrschaft, verbunden mit einer Unterscheidung der priesterlichen Ämter, die stufenweise höhere und niedere Ränge bildeten. Eine rangmäßige Gliederung von abgestuften Herrschaftsbefugnissen wird auch im profanen Bereich übertragen als Hierarchie bezeichnet.

Hiereia [hi-'ɛ...]: griechischer Begriff für „Priesterin".

Hiereus [hi-e...]: griechischer Begriff für „Priester".

Hierodulen [hi-e...; griechisch] ↑Prostitution, sakrale.

Hieroglyphen [hi-e...; griechisch hieroglyphiká grámmata „heilige eingemeißelte Schriftzeichen"]: seit dem griechischen Theologen Klemens von Alexandria (* um 150, † vor 216) Bezeichnung der altägyptischen Denkmalschrift, mit der eine Fülle heiliger Texte tradiert wurde. Später wurden auch andere Zeichen einer Bilderschrift oder eines Schriftsystems, das sich aus der Bilderschrift entwickelte und deutliche Bildelemente bewahrt hat, Hieroglyphen genannt.

Hierophanie [hi-e...; griechisch] ↑Theophanie.

Hierophant [hi-e...; von griechisch hierophántes „Enthüller heiliger Dinge"]: in der griechischen Religion der Oberpriester, der die heiligen Symbole zeigte, vornehmlich in den Mysterien von ↑Eleusis. Seine weibliche Entsprechung ist die *Hierophantin*, die ihm zur Seite stand.

Hieros Gamos [hi-e...; griechisch „heilige Hochzeit"]: religionswissenschaftliche Bezeichnung für einen Kultakt, der der sexuellen Vereinigung des Menschen mit der Gottheit dient. Er kann auf mythischem Vorbild beruhen und steht meist im Mittelpunkt von Fruchtbarkeitsriten. Wird der Kultakt nicht nur symbolisch, sondern als Geschlechtsakt vollzogen, so vertritt ein Mensch – der König, der Priester, die Tempelprostituierte (Hierodule) – die Gottheit. Für einen nur symbolischen Vollzug des Hieros Gamos ist das altindische Roßopfer (↑Aschwamedha) charakteristisch.

Hierurgia [hi-e...; griechisch „heiliger Dienst"]: griechischer Begriff für „Gottesdienst".

High Church ['haɪ'tʃəːtʃ; englisch „Hochkirche"]: eine der drei Richtungen der ↑anglikanischen Kirche.

High Gods ['haɪ'gɔdz; englisch „Hochgötter"] ↑Hochgottglaube.

Hiisi ['hi:zi; finnisch „Hain"]: ursprünglich ein karelischer Waldgeist. Das Wort erhielt nach der Christianisierung Finnlands den Sinn von „Teufel".

Hikesios [griechisch]: Beiname des ↑Zeus in seiner Eigenschaft als Beschützer der um Schutz Flehenden.

Hilasterion [griechisch]: im Sprachgebrauch des N.T. „Versöhnungsmittel, Sühneopfer", Luther übersetzte Hilasterion mit „Gnadenstuhl".

Himmel: auf Grund seiner Erhabenheit und unerreichbaren Ferne, als Raum der Gestirne und als Ausgangsort atmosphärischer Erscheinungen erhält der Himmel eine religiöse Wertschätzung und wird mit Ehrfurcht und Scheu betrachtet, er gilt meist als die Stätte alles Überirdischen, Transzendenten. Gedacht wird der Himmel häufig als Zeltdach, als Mantel, als eine vom Weltenbaum, von Pfeilern oder einem Titanen (dem griechischen Atlas) gestützte Kuppel, als Scheibe (China), als Trennwand zwischen oberen und unteren Gewässern (1. Mos. 1, 6f) oder als ein in mehrere Sphären gegliedertes Gewölbe (wie in Dantes „Göttlicher Komödie"). Mit der Heiligkeit des Himmels steht diejenige der Berggipfel in Zusammenhang; sie sind bevorzugte Kultstätten, weil sie die dem Himmel am nächsten liegenden irdischen Plätze darstellen. Der Mythos verbindet Himmel und Erde in der Vorstellung eines elterlichen Götterpaares, eines Himmelsvaters und einer Erdmutter; nur die ägyptische Religion kannte eine Umkehr des Geschlechtes dieser Gottheiten; für sie war Nut die Himmelsgöttin und Geb der Gott der Erde. – Viele Religionen erblicken im Himmel den Wohnsitz eines Hochgottes. Der chinesische Schang-ti, „der Herrscher in der Höhe", war Urbild des Kaisers, der als „Sohn des Himmels" galt. In allen indogermanischen Religionen besitzt ein himmlischer Hochgott hervorragende Bedeutung; sein ursprünglicher Name, der seinen engen Bezug zum Himmel ausdrückt, war „der Leuchtende". – Das A.T. kennt den Himmel als Wohnort Gottes, aber auch als Geschöpf seiner Macht. Ein zunehmender Rückgang des rein topographischen Interesses setzt sich im N.T. fort, das mit den Begriffen Himmel und Himmelreich die Art und überwältigende Größe des Göttlichen bildhaft ausdrückt, den Zustand der unmittelbaren Gottesnähe umschreibt und die verklärende Umwandlung der Schöpfung zu „einem neuen Himmel und einer neuen Erde" erwartet (Apk. 21, 1).

Himmelfahrt: mit Himmelfahrt wird in einem Verständnis, das das Jenseitsgeschick des einzelnen betrachtet (individualeschatologisch), der *Aufstieg der Seele* des Verstorbenen in den Himmel als den Wohnort der Gottheit bezeichnet. Hiervon zu unterscheiden ist die „*Aufnahme*" (lateinisch Assumptio) *des ganzen Menschen*, der mit Leib und Seele in den Himmel entrückt wird wie Henoch (1. Mos. 5, 24) und Elia (2. Kön. 2, 11). Spätantike Darstellungen lassen in analoger Weise Mithras im Sonnenwagen zum Himmel fahren.

Himmelfahrt Christi: nach dem Bericht der Apostelgeschichte (Apg. 1, 9–11) ist die Himmelfahrt Christi Bestandteil des christlichen Glaubensbekenntnisses über Auffahrt und Aufnahme des auferstandenen Jesus Christus in den Himmel. Das Fest Christi Himmelfahrt wird seit dem 4. Jahrhundert begangen; es wird am 40. Tag nach Ostern, einem Donnerstag, gefeiert.

Himmelfahrt Marias (auch lateinisch Assumptio Beatae Mariae virginis): nach römisch-katholischer, aus der christlichen Spätantike stammender Lehre die Aufnahme Marias, der Mutter Jesu, nach ihrem Tod „mit Leib und Seele" in den Himmel, durch Papst Pius XII. 1950 zum Dogma erhoben. Das Fest Mariä Himmelfahrt wird am 15. August gefeiert.

Himmelreich ↑Reich Gottes, ↑Himmel.

Himmelsbrief: ein angeblich vom

Himmelfahrt Christi im Sakramentar von Sankt Gereon (Ende des 10. Jh.s; Paris, Bibliothèque Nationale)

Himmel gefallenes Schriftstück. Himmelsbriefe, die bereits in der Antike bekannt waren, gelten noch im heutigen Volksglauben als Schutzmittel.

Himmelsgott ↑Hochgottglaube.

Himmelskönigin (auch lateinisch Regina Coeli): in der katholischen Kirche Ehrentitel der Jungfrau Maria.

Himmelsleiter (auch Jakobsleiter): vom Patriarchen Jakob in ↑Bethel im Traum geschaute Leiter, auf der die Engel zum Himmel auf- und niederstiegen (1. Mos. 28, 10–12).

Himmelsmantel: die Vorstellung des Himmels als eines sternbesäten Mantels, der als Kleid der Gottheit, z. B. des Marduk und des Mithras, angesehen wird; eine ähnliche Vorstellung vom Einhüllen der Gottheit findet sich im 104. Psalm.

Himmelsreise: 1. Die Fahrt von Göttern, vornehmlich von Sonnengottheiten über den Himmel. – 2. Im Gegensatz zur ↑Himmelfahrt eine zeitlich begrenzte Reise von Menschen zum Himmel mit einer anschließenden Rückkehr zur Erde, wie sie nach islamischer Vorstellung Mohammed von Jerusalem aus unternommen haben soll. Auch die Himmelsreise des Schamanen gehört zu diesem Typ einer visionär zu verstehenden Himmelsreise.

Himmelsrichtungen: in der Vorstellungswelt und kultischen Praxis der verschiedenen Religionen haben Himmelsrichtungen keine einheitliche Bedeutung. Doch treten bestimmte Anschauungen in überwiegendem Maße auf. So findet sich die Ausrichtung sakraler Gebäude nach Osten (↑Ostung) in Sonnenkulten, in den antiken Religionen und im Christentum. Der Westen gilt oft als das Land der Toten, als Jenseits und Paradies. Wo der Norden als unheimliches Reich der Dämonen oder der Riesen angesehen wird, weist der Süden positive Aspekte auf. Die verschiedenen Himmelsrichtungen können bestimmten Göttern als Wächtern unterstellt sein. Die Symbolik der Farben kann mit derjenigen der Himmelsrichtungen korrespondieren.

Hinaj̣ana-Buddhismus (= Hīnayāna) [von Sanskrit und Pali Hīnayāna „kleines Fahrzeug"]: ursprünglich Spottname für den ↑Therawada-Buddhismus, nach dessen Lehre nur wenige ins ↑Nirwana gelangen können, weshalb zur Fahrt dorthin ein kleines Fahrzeug ausreicht. Der Hinajana-Buddhismus vertritt das Ideal des nach eigener Erlösung strebenden ↑Arhat. Seine heilige Schrift ist das ↑„Tripitaka". Der Hinajana-Buddhismus wird auch „südlicher" Buddhismus genannt, da er sich auf Ceylon, in Burma, Thailand und Kambodscha, also in Süd- und Südostasien, ausbreitete.

Hinduịsmus: Glaubens- und Lebensform der Inder; er setzt, mit volkstümlichen Kulten verbunden, die Tradition des ↑Brahmanismus insofern fort, als auch der Hinduismus sich zum Kastensystem, zur Seelenwanderungslehre und zur Erlösungssehnsucht bekennt. Obwohl er ebenso auf dem Boden des ↑„Weda" steht, beeinflußte ihn die ↑„Bhagawadgita" in ungleich größerem Maße. Unter den *Göttern* des Hinduismus gilt Brahma als der Schöpfer, Wischnu als Erhalter und Schiwa als Zerstörer. Neben dieser Dreiheit kennt der Hinduismus ein reiches Pantheon anderer Götter. Nach den Vorstellungen der Inder können sie gelegentlich in menschlicher Gestalt auf Erden wandeln (↑Awatara). Die *kultische Verehrung* der Gottheiten ist durch zahlreiche Feste sowie durch äußerst beliebte Wallfahrten gekennzeichnet. Ein übergreifender Zug hinduistischer Frömmigkeit ist die Heilighaltung der Kuh. Neuzeitliche *Reformbewegungen* (↑Brahmasamadsch, ↑Arjasamadsch, ↑Ramakrischna-Mission, ↑Integraler Joga), die z. T. christlich beeinflußt sind, vertreten eine Abkehr von der hinduistischen Vielgötterei. Die Zahl der Hindus wird auf 516 Millionen geschätzt.

Hinnomtal ↑Gehenna.

Hinokischin ↑Tenrikio.

Hiob: zentrale Gestalt des gleichnamigen alttestamentlichen Buches, das zu den bedeutendsten Werken der Weltliteratur zählt. Sein Thema ist das Leiden des Gerechten und sein Verhalten im Unglück. Hiobs Frömmigkeit wird durch Heimsuchungen mit „*Hiobsbotschaften*" erprobt. Der Redeteil des Buches umfaßt die Auseinandersetzung Hiobs mit Gott sowie Debatten zwischen Hiob und seinen Freunden.

Hippios [griechisch „zum Pferde gehörig"] ↑Pferd, ↑Poseidon.

Hirmin ↑Irmin.

Hirsch: auf sehr alte religiöse Bedeutung des Hirsches verweisen Felsbilder in Höhlen Südfrankreichs und Nordspaniens. Der Hirsch war heiliges Tier der griechischen Artemis und der römischen Diana.

Hirt des Hermas (auch lateinisch Pastor Hermae): um 140 verfaßte Schrift des christlichen Laien Hermas, enthält vorwiegend sittliche Vorschriften und ist ein wichtiges Dokument für die altkirchliche Bußgeschichte.

Hirtenamt: die geistliche Leitungsfunktion wird in den christlichen Kirchen nach einem Ausspruch Jesu im Johannesevangelium (Joh. 21, 15 ff) als Hirtenamt bezeichnet.

Hirtenbrief: in den christlichen Kirchen Rundschreiben von Bischöfen zu lehramtlichen und seelsorgerischen Fragen oder zu aktuellen Zeitproblemen.

Hirtengott: göttlicher Beschützer der Herden, wie der griechische ↑Pan und der indische ↑Krischna.

Hirtenstab (auch Bischofsstab): nach seiner Form auch Krummstab genannt, Abzeichen der bischöflichen Würde.

Hirt und Herde: bereits im Alten Orient wird das Verhältnis zwischen der Gottheit und den Menschen mit dem auch aus der Bibel bekannten Bild vom Hirten und seiner Herde beschrieben.

Historienbibel: volkstümliche, oft bebilderte Darstellung der erzählenden Teile der Bibel im Mittelalter. Historienbibeln waren besonders vom 13. bis 15. Jahrhundert äußerst beliebt.

Hlodyn: in der nordgermanischen Mythologie Erdgöttin und Mutter des Thor, wahrscheinlich identisch mit einer Göttin Hludana, deren Name aus Inschriften auf friesischem und niederrheinischem Gebiet belegt ist.

Hochamt: feierliche Form der katholischen Messe mit Beteiligung der Gemeinde, unter Assistenz von Diakonen und Subdiakonen, denen die Lesungen obliegen, den Leviten (daher auch „*levitiertes* Hochamt"), und mit Gesang der liturgischen Texte durch die verschiedenen liturgischen Rollenträger. – ↑auch Pontifikalamt.

Hochgott ↑Hochgottglaube.

Hochgottglaube: der Glaube an einen Hochgott, der in der Religionswissenschaft auch *höchster Gott* oder *höchstes Wesen* genannt wird. Der Hochgott, der nicht identisch ist mit dem Gott einer monotheistischen Religion, vielmehr innerhalb polytheistischer Religionen auftritt, ist meist mit dem Himmel oder mit der Sonne verbunden und gilt als Schöpfer der Welt und des Menschen sowie oft als Herr atmosphärischer Erscheinungen (z. B. des Gewitters). Er ist eine Schicksalsgottheit, die über Leben und Tod der Menschen entscheidet, meist auch über deren Taten richtet. Wird der Hochgott als Elterngottheit angesehen, so liegt nicht durchweg die Vorstellung eines zweigeschlechtlichen (androgynen) Wesens zugrunde. Vielmehr handelt es sich häufig um die Ansicht von zwei Personen, die eine göttliche Einheit bilden, womit die Fülle und Allmacht der Gottheit ausgedrückt werden soll. – Der schottische Folklorist Andrew Lang (* 1844, † 1912) hatte in seinem Werk „The making of religion" 1898 zuerst das Wesen von Hochgöttern, „*High Gods*", herausgestellt. Wesentliche Beiträge zur Erforschung des Hochgottglaubens und seiner weiten Verbreitung stammen von dem schwedischen Religionswissenschaftler Geo Widengren (* 1907).

hochkirchliche Bewegung: Bezeichnung einer in der anglikanischen Theologie bereits seit der Reformation Englands lebendigen Strömung mit dem Ziel eines stärkeren Rückgriffs auf katholische Traditionen. Eigentlicher Begründer der hochkirchlichen Bewegung war William Laud (* 1573, † 1645), seit 1633 Erzbischof von Canterbury. Ihren Höhepunkt erreichte die hochkirchliche Bewegung mit ihrem ausdrücklichen Widerspruch gegen Liberalismus und Säkularismus des 19. und 20. Jahrhunderts in der ↑ Oxfordbewegung. Betont werden eine gesteigerte Wertschätzung des durch apostolische Sukzession übertragenen geistlichen Amtes, der sakramentale Charakter des Gottesdienstes, die Förderung der Privatbeichte und die Bildung evangelischer Bruderschaften, zu denen in Deutschland die Franziskaner-Tertiaren zählen, in Schweden der Birgittenorden, in Dänemark die Sankt Ansgar-Bruderschaft und in Frankreich das reformierte Kloster von Taizé.

Hochkirchliche Vereinigung: ein im Oktober 1918 erfolgter Zusammenschluß evangelischer Theologen und Laien, der Ideale des Anglokatholizismus und der ↑ hochkirchlichen Bewegung Englands aufgriff. Die Leitung der hochkirchlichen Vereinigung, die sich seit 1947 „Evangelisch-ökumenische Vereinigung des Augsburgischen Bekenntnisses" nannte, hatte im Jahre 1929 der deutsche Religionswissenschaftler und evangelische Theologe Friedrich Heiler (* 1892, † 1967) übernommen, dem der überkonfessionelle, ökumenische Einfluß, den die Vereinigung gewann, im wesentlichen zu verdanken war. Erstrebt werden eine „evangelische Katholizität", bischöfliche Kirchenverfassung mit apostolischer Sukzession der geistlichen Ämter, die Feier der deutschen Messe Luthers, Privatbeichte und Privatabsolution, teilweise auch der gottesdienstliche Gebrauch altkirchlicher liturgischer Gewänder.

Hochmut ↑ Hybris.

Hochreligionen: nicht eindeutig festgelegter und daher unterschiedlich angewandter Begriff, den man zur Bezeichnung der großen Weltreligionen gebraucht, oft aber auch auf andere Religionen in hochkulturellen Bereichen ausdehnt. Im zweiten Fall dient er zur Abgrenzung gegenüber Religionen schriftloser Völker.

höchstes Wesen ↑ Hochgottglaube.

Hochwürden: Anrede und Ehrenbezeichnung für katholische Geistliche.

Hochzeit [von mittelhochdeutsch hôchgezît „hohes Fest"]: das Fest der Eheschließung, das in Gesellschaften mit lebendiger religiöser Tradition und Prägung stets kultischen Charakter trägt und in dessen Mittelpunkt die Trauung durch den Priester steht. Die griechische Religion verehrte in

Hymenaios einen besonderen Hochzeitsgott. Zu den Bräuchen, die bis heute mit der Hochzeit verbunden sind, gehören ein gemeinsames Mahl und das auf magischen Vorstellungen der Dämonenabwehr beruhende laute Zerschlagen von Tonwaren und Glas am Polterabend.

Hödr [von altnordisch höd „Kampf"]: in der nordgermanischen Mythologie blinder Sohn Odins, der ahnungslos seinen Zwillingsbruder Baldr mit einem Mistelzweig tötet, den Loki ihm reichte.

Hoffnung: die der Angst und der Verzweiflung entgegengesetzte seelische Haltung. Sie gründet sich im A. T. auf den Bund Jahwes mit seinem Volk und das hieraus resultierende Vertrauen auf das Handeln Jahwes in der Geschichte. Im Christentum ist Inbegriff der Hoffnung die Erwartung der Wiederkunft Christi, die die Vollendung des durch seine Auferstehung angebrochenen neuen Zeitalters und einer neuen Welt mit sich bringt.

Höhenheiligtümer ↑Berge.

Hohepriester (auch Hoherpriester): Oberhaupt der Priesterschaft des Jerusalemer Tempels; er gewann in nachexilischer Zeit als höchste jüdische Autorität auch politische Bedeutung. Mit der Zerstörung des Tempels im Jahre 70 n. Chr. erlosch das Amt des Hohenpriesters.

hohepriesterliches Gebet: das im Johannesevangelium (Joh. 17) überlieferte Fürbittegebet Jesu, das den Abschluß seiner Abschiedsreden bildet.

Hoher Rat ↑Synedrium.

Hoheslied (auch hebräisch Schir Ha-Schirim; lateinisch Canticum canticorum „Lied der Lieder" [d. h. schönstes Lied]): Buch des A. T., eine irrtümlich auf König Salomo als Verfasser zurückgeführte Sammlung meist erst viel später entstandener volkstümlicher Liebes- und Hochzeitslieder. Sie wurden wegen ihrer allegorischen Deutung auf die göttliche Liebe in den Kanon aufgenommen.

Höhlen und Grotten: waren bereits in vorgeschichtlicher Zeit Kultorte, wovon die Felsbilder in Höhlen Südfrankreichs und Nordspaniens zeugen. Der Kult des Mithras, der stets in unterirdischen Räumen stattfand, wurde ursprünglich in natürlichen Höhlen vollzogen. In Höhlen eingebaute Felsentempel finden sich in Indien, die bedeutendsten in Ajanta und Ellora. Höhlen dienten christlichen Heiligen als Aufenthaltsort; so hielt sich Franz von Assisi (* 1181/82, † 1226) im Eremo dei Carceri und in Forte Colombo auf. Die Grotte von Lourdes ist ein berühmter Wallfahrtsort.

Hokkekio ↑Saddharmapundarika.

Holi: indisches Frühlingsfest, besonders in den unteren Kasten äußerst beliebt, ursprünglich wohl ein Fruchtbarkeitsritus.

Holle, Frau: auf germanischen Elfenvorstellungen beruhende Märchengestalt. Nach jüngeren Sagen läßt sie die Neugeborenen aus ihrem geheimnisvollen Brunnen hervorgehen und empfängt die Seelen der Verstorbenen. Sie wacht über hausfrauliche Tätigkeiten, besonders über das Spinnen. Das Märchen von Frau Holle („Goldmarie und Pechmarie" bei den Brüdern Grimm) ist über die ganze Erde verbreitet.

Hölle [von altnordisch Hel]: in zahlreichen Religionen herrscht die Vorstellung von einem meist in der Unterwelt lokalisierten Schattenreich des Todes und der Qual Unerlöster vor. Die Babylonier nannten es das „Land ohne Wiederkehr". Im nachexilischen Judentum kam die Bezeichnung ↑Gehenna auf. Die mittelalterlichen Höllenvorstellungen fanden ihre farbigste Darstellung in Dantes „Inferno" mit seinem „Lasciate ogni speranza voi ch' entrate" („Laßt alle Hoffnung zurück, ihr die ihr eintretet").

Höllenfahrt: in altorientalischen und antiken Mythen die Vorstellung von der Reise eines Menschen oder eines Gottes in die Unterwelt, in das Reich der Toten oder an den Strafort der

Bösen. – Die Vorstellung von der *Höllenfahrt Christi*, sein Herabstieg zu den Verstorbenen (lateinisch Descensus ad inferos) zielte auf die Erlösung der Gerechten des Alten Bundes, die vor der Lebzeit Jesu gestorben waren (1. Petr. 3, 19 f.; 4, 6).

Holokautoma: griechischer Begriff für das ↑Brandopfer.

homerische Religion: in der homerischen Dichtung „Ilias" bezeugte Gestalt der griechischen Religion. Sie ist die Religion des Adels und des patriarchalischen Königtums und unterdrückt die erdgebundenen (chthonischen) Mächte der Volksreligion. Ihre Götter mit Wohnsitz auf dem Olymp sind von menschlicher Gestalt (anthropomorph), sie erscheinen den Menschen in Theophanien und beschützen ihre Lieblingshelden. Als Tugenden der Menschen gelten nicht allein Tapferkeit, sondern auch kluge Besonnenheit. – ↑auch griechische Religion.

Homiletik [von griechisch homilía „Unterhaltung, Unterricht"]: Lehre von der christlichen Predigt und ihrer Geschichte; in der evangelischen und katholischen Theologie Teildisziplin der praktischen Theologie.

Höllenfahrt Christi. Psalter des Landgrafen Hermann von Thüringen (zwischen 1211 und 1213; Stuttgart, Landesbibliothek)

Homilie [griechisch, ↑Homiletik]: wissenschaftliche Bezeichnung für die Predigt im christlichen Gottesdienst.

Homilien, manichäische ↑Manichaica.

homoiusios [homɔʏ'uzios; griechisch „wesensähnlich"]: auf dem Konzil von Nizäa (325) als Vermittlungsformel im Streit um das Verhältnis von göttlicher und menschlicher Natur in Jesus Christus und um das Verhältnis vom Sohn (Jesus Christus) und Vater (Gott) vorgebrachter Begriff, nach dem der Sohn dem Vater nicht wesens*gleich* (griechisch homousios), sondern nur wesens*ähnlich* sei.

Homousianer: Anhänger der theologischen Formel ↑homousios.

homousios [hɔmɔ-'uzios; griechisch „wesensgleich"]: der vom Konzil von Nizäa (325) in das Glaubensbekenntnis aufgenommene Begriff, der die Wesensgleichheit zwischen göttlichem Vater und dem Sohn (Jesus Christus) ausdrücken soll. Davon zu unterscheiden ist der Begriff ↑homoiusios.

Honig: gilt in der Religionsgeschichte als Götterspeise, als kraftvermittelndes, dämonenabwehrendes Zaubermittel; im Mithraskult war mit Honig vermischtes Wasser ein sakramentales Getränk.

Hönir [von altnordisch höna „Huhn"]: nordgermanischer Gott in Vogelgestalt, wahrscheinlich als Storch gedacht. Vermutet wird, daß die Vorstellung vom Storch als Überbringer von Neugeborenen auf ihn zurückgeht.

Horeb: wird im 2. Buch Mose neben dem Sinai als Berg der Gottesoffenbarung genannt; vielleicht ist der Horeb mit dem Sinai identisch.

Horen [von griechisch hṓrai „Jahreszeiten"]: die drei griechischen Göttinnen der Jahreszeiten: Auxo („Wachstum"), Thallo („Blüte") und Karpo („Frucht").

Horen [von lateinisch horae „Stun-

den"]: in der Kirchensprache die Gebetszeiten.
Hörgr [altnordisch]: kultischer Begriff der nordgermanischen Religion, dessen Bedeutung umstritten ist. Als Grundbedeutung wird sowohl „heiliger Hain" als auch „Steinhaufen" angenommen.
Hörner: gelten vielfach als Schutzmittel gegen Zauberei, Dämonen, Blitzschlag und Schlangenbiß. Nach altem Volksglauben erhält sich in den Hörnern die Kraft des hörnertragenden Tieres über dessen Tod hinaus. Das *Trinkhorn* ist Symbol des Gedeihens und der Fülle, ebenso das *Füllhorn*, aus dem Blumen und Früchte quellen; dieses war in der Antike Attribut der griechischen Tyche und der römischen Fortuna.
Horoskop [von griechisch hṓra „Stunde" und skopeĩn „schauen, erforschen"]: Darstellung der Planetenkonstellation zu den Tierkreiszeichen zur Zeit der Geburt eines Menschen. Die Verwendung des Horoskops zur Zukunftsdeutung beruht auf der Annahme eines Einflusses der Gestirne auf das menschliche Schicksal.

Hortus deliciarum. Die Vision des Propheten Sacharja

Hortus deliciarum [lateinisch „Garten der Wonnen" (d. h. Paradies)]: nur noch in Kopien erhaltene, mit zahlreichen Miniaturen versehene Sammlung von Auszügen aus der Bibel, den Schriften der Kirchenväter und theologischer Autoren, von Herrad von Landsberg (* zwischen 1125 und 1130, † 1195), seit 1167 Äbtissin des Chorfrauenstifts Hohenburg auf dem Odilienberg im Elsaß, verfaßt.
Horus [wahrscheinlich „der Ferne"]: *falkengestaltiger Königsgott* Ägyptens, dessen Flügel die Länder Ober- und Unterägypten überspannen, nach dem Turiner Königspapyrus der letzte in der Reihe jener am Anfang der ägyptischen Geschichte als Herrscher stehenden Götter. Mit der zunehmenden Bedeutung des Gottes Osiris in der ägyptischen Religion erfolgte eine Götterspaltung in Horus den Älteren, in Horus, Sohn des Osiris (oder Sohn der Isis), und in *Horus das Kind*. Im späteren Neuen Reich wuchs die Bedeutung des kindlichen, menschengestaltigen Horus, die in der Spätzeit und im Hellenismus völlig überwog.
Horusauge: das Auge oder die beiden Augen des ↑ Horus, Symbole für Sonne und Mond, überaus häufig als Amulett aus Fayence.
Hosanna ↑ Hosianna.
Hosea: Prophet und gleichnamiges Buch des A. T. Hosea wirkte im 8. Jahrhundert im Nordreich Israel. Er wandte sich gegen die Baalsverehrung und verglich die Liebe Jahwes zu seinem Volk und die Untreue dieses Volkes mit einer Ehe zwischen ungleichen Partnern, wie er sie selbst führte.
Hosianna [von hebräisch hoschiah-na „hilf doch!"] (auch Hosanna; griechisch Osanná): im A. T. (z. B. Ps. 118, 25) Flehruf an Gott, auch an den König, im N. T. (Matth. 21, 9;

Horus in Gestalt eines Falken. Granitstatue im Horustempel von Idfu (zwischen dem 3. und 1. Jahrhundert)

Joh. 12, 13) Jubel- und Huldigungsruf gegenüber Jesus; als Bittruf in die christliche Liturgiesprache übernommen.

Hospitaliter [von lateinisch hospitalarii]: zusammenfassende Bezeichnung für Ordensgemeinschaften, die sich besonders der Krankenpflege in Hospitälern widmen.

Hostie [von lateinisch hostia „Opfer"]: die in der katholischen und lutherischen Eucharistie bzw. Abendmahlsfeier verwendete ungesäuerte Oblate, aus Weizen mit Wasser gebacken.

Hotar: Angehöriger einer altindischen Priesterklasse, der es oblag, die Verse des „Rigweda" zu rezitieren.

Hotoke: japanische Bezeichnung für die Buddhas und Bodhisattwas.

Hou-t'u: altchinesischer Erd- und Reichsgott.

Hrafstra [awestisch 'xrafstra]: bei Zarathustra Bezeichnung für unreine, böse Geister und Menschen, im späteren Parsismus für unreine und schädliche Tiere.

Hsiao [xi'aʊ; chinesisch „Pietät"]: zentraler ethischer Begriff der altchinesischen Religion und des Konfuzianismus, der die Pietät gegenüber den Ahnen, den Eltern und Höhergestellten beinhaltet.

Hsi-wang-mu [xi-waŋ-mu; chinesisch „königliche Dame des Westens" (d. h. des Paradieses)]: chinesische Göttin, Tochter des Himmelsgottes.

Hu ↑numinose Urlaute.

Huaca [Quechua 'waka]: Begriff der inkaischen Religion zur Kennzeichnung des Numinosen (↑heilig).

Huang-ti ↑gelber Kaiser.

Huang-t'ien Schang-ti [chinesisch „der erhabene Himmel, der Herrscher in der Höhe"]: Bezeichnung des chinesischen Himmelsgottes.

Hubal: Name des in vorislamischer Zeit in der ↑Kaaba verehrten altarabischen Gottes.

Huehueteotl ['wewe'teɔtl; aztekisch „alter Gott"]: Beiname des aztekischen Feuergottes ↑Xiuhtecutli, aber auch Prädikat anderer Gottheiten, denen entweder eine historisch lange Verehrung in Mexiko oder der Charakter von Hochgöttern zugesprochen werden sollte.

Hufeisen: im Volksglauben werden dem Hufeisen Schaden abwehrende (apotropäische) und glückbringende Eigenschaften zugeschrieben.

Hugenotten: aus „Eidgenossen" entstellte Bezeichnung der französischen kalvinistischen Protestanten, die das französische Königtum zu vernichten suchte. Die als „Pariser Bluthochzeit" bekannte Bartholomäusnacht (23.–24. August 1572) bildete hierbei einen Höhepunkt. Erst Heinrich IV. (♔ 1589–1610) beendete 1598 mit dem Edikt von Nantes, das den Hugenotten Glaubensfreiheit zusicherte, die seit 1562 andauernden Hugenottenkriege. Ludwig XIV. (♔ 1643 bis 1715) hob dieses Edikt 1685 wieder auf, konnte aber die Auswanderung der hugenottischen Réfugiés („Flüchtlinge") nach Brandenburg, Hessen, den Niederlanden und der Schweiz nicht verhindern.

Hugin [altnordisch Huginn, von hugr „Sinn, Gemüt"]: Name eines der beiden Raben ↑Odins. – ↑auch Munin.

Huiracocha (= Viracocha) [Quechua 'wi:ra'kɔtʃa]: inkaischer Schöpfergott, der vor allem im andinen Hoch-

Huitzilopochtli. Zeichnung nach einer Abbildung im Codex Telleriano-Remensis (Paris, Bibliothèque Nationale)

land verehrt wurde und nach mythischen Berichten nahe der Ruinenstätte Tiahuanaco Gestirne und Menschen erschuf.

Huitzilopochtli [aztekisch wɪtsil-o'pɔtʃtli]: Stammesgott der Azteken, der durch enge Bezüge zu Krieg und sakralem Menschenopfer charakterisiert ist. Nach der aztekischen Wandersage war Huitzilopochtli der vogelgestaltige Führer seines Volkes auf dem Wege nach Mexiko. Sein Name, häufig zu *Vitzliputzli* entstellt, bedeutet „Kolibri der linken Seite", worunter die sich nach Westen orientierenden Azteken den Süden verstanden.

Huldigungsopfer ↑Opfer.

Humiliaten [von lateinisch humilis „niedrig, demütig"]: „Demütige", Anhänger einer mittelalterlichen Armutsbewegung, 1201 als religiöser Doppelorden organisiert. Der männliche Ordenszweig wurde 1571 aufgehoben; einige Klöster der *Humiliatinnen* existieren noch heute in Italien.

Hunabku [Maya „einziger Gott"]: Hochgott der Maya, jedoch mit relativ geringer Bedeutung für das religiöse Leben.

Hunahau [hun-a'haʊ; Maya „Häuptling"]: Todesgott der Maya.

Hunahpu [Maya hunax'pu:]: im Mythos der Maya der Name, wie bei den Maya üblich, aus einer Zahl und einem Begriff zusammengesetzt, der beiden Brüder Hun Hunahpu („Eins Blume") und Vucub Hunahpu („Sieben Blume"), die als Heroen in der Unterwelt ein kultisches Ballspiel gegen die Todesgötter Hun Came („Eins Tod") und Vucub Came („Sieben Tod") verlieren.

Hund: im Parsismus gilt der Hund als heiliges Tier, dessen Blick dämonenaustreibende Kraft besitzt. Sonst wird jedoch der Hund meist selbst für dämonisch und unrein gehalten, in der Mythologie ist er oft auch ein Totenbegleiter.

Hurakan [Maya „Einbein"]: 1. Gott der Maya-Religion, im ↑„Popol Vuh" Schöpfergottheit; – 2. gleichnamiger Sturmgott der karibischen Inseln, von dem sich die Worte Orkan und Hurrikan ableiten.

Huri [von arabisch ḥūrī „die Weißen"]: die an mehreren Stellen im Koran erwähnten Paradiesesjungfrauen.

Hussiten: die Anhänger des tschechischen Reformators Jan Hus (* um 1370 [?], † 1415), die sich nach dem

Feuertod ihres Führers (6. Juli 1415 in Konstanz) erhoben und die *Hussitenkriege* (1419–1436) auslösten, die auf alle Nachbarländer Böhmens übergriffen. Die Hussiten zerfielen in mehrere Gruppierungen: Die sogenannten *Kalixtiner* („Kelchler") forderten in gemäßigter Weise, daß die Laien bei der Eucharistie auch den Wein (d. h. nach christlicher Vorstellung das Blut Christi) genießen dürfen (Laienkelch), ferner freie Predigt, strenge Kirchenzucht und Beschlagnahmung des Kirchengutes. Die nach der von ihnen erbauten Stadt Tabor genannten *Taboriten* vertraten chiliastische (↑Chiliasmus) und sozialrevolutionäre Ideen (Aufrichtung des Reiches Gottes auf Erden durch das Schwert, Ablehnung kirchlicher Einrichtungen).

Hutuktu [xʊ'tʊktu; mongolisch „Juwel"]: Titel des früheren Oberhauptes des Lamaismus in der Mongolei.

Hwergelmir ↑Yggdrasil.

Hyakinthos [hya'kintɔs, hy'akintɔs; griechisch]: ursprünglicher Vegetationsgott, nach griechischem Mythos im Wurfspiel durch den Diskus des Apollon getötet, der aus dem Blut des Hyakinthos die nach ihm benannte Hyazinthe aufsprießen läßt.

Hybris [griechisch „Übermut"]: Hochmut, Überheblichkeit und frevelhafter Stolz gegenüber Göttern und Gesetzen. Sie galt in der griechischen Religion als schwerstes ethisches Vergehen.

Hydra: neunköpfiges, schlangenartiges Ungeheuer der griechischen Mythologie. Die Tötung der Hydra war eine der Arbeiten des ↑Herakles.

Hygieia [hy'gi:ɛɪa, hygi:'ɛɪa; griechisch „Gesundheit"]: bei den Griechen die als göttliche Person gedachte Gesundheit. Die ursprünglich selbständige Göttin galt später als Tochter des ↑Asklepios.

Hyle: griechischer Begriff für ↑Materie.

Hymenaios: griechischer Gott der ↑Hochzeit.

Hymir: nordgermanischer Riese, Besitzer eines großen Bierkessels; diesen entwendet ihm Thor und erschlägt den ihn verfolgenden Hymir.

Hymnologie: die Wissenschaft von der Hymnendichtung und vom Kirchenlied.

Hymnus [lateinisch] (auch Hymne): besonders feierliche Form des kultischen Gesanges.

Hyperboreer [von griechisch hyperbóreoi, auch hyperboreĩoi]: in der griechischen Mythologie ein im hohen Norden (griechisch boréas) wohnendes glückliches Volk, bei dem Apollon während des Winters weilt.

Hyperion [hy'pe:rion, hypɛr'io:n; griechisch]: in der griechischen Mythologie das als göttliche Person gedachte himmlische Feuer, ein Titan, Sohn des Uranos und der Gaia, Vater des Helios und der Selene.

Hypostase [von griechisch hypóstasis „Grundlage, Substanz, Wirklichkeit, wahres Wesen"]: Bezeichnung für göttliche Qualitäten, die als göttliche Personen gedacht wurden (Personifikationen). *Hypostatische Union* ist in der christlichen Theologie ein Begriff für die Einheit der menschlichen Natur Christi mit der einen göttlichen Person des ↑Logos.

I

Iatros [griechisch „Arzt"]: Beiname des Apollon.

Iblis [arabisch, wahrscheinlich entstellt tradiert aus griechisch diábolos „Teufel"]: islamische Bezeichnung für den Teufel.

I-ching (= I-king): das unter die fünf kanonischen Bücher des Konfuzianismus aufgenommene „Buch der Wandlungen". Der Inhalt des I-ching besteht aus Spekulationen über die zwei grundlegenden, sich einander ergänzenden Prinzipien des *Yang* und des *Yin*.

Ichthys: griechischer Begriff für ↑Fisch, bedeutsam vor allem in seiner Symbolfunktion für das Christentum.

Ida: Gebirgsmassiv im Mittelteil der Insel Kreta, galt als Geburtsstätte des Zeus.

Idafeld (auch altnordisch Idavöllr): in der nordgermanischen Mythologie eine herrliche Wiese in Asgard, der Wohnstätte der ↑Asen.

Identitätsformel: formelhafte Wendung, mit der der Mystiker die Einheit seiner Seele mit dem höchsten Gut seiner Religion zum Ausdruck bringt, z. B. die indische Formel ↑Aham-Brahmasmi, mit der im Brahmanismus die Identität von Einzelseele und Weltseele ausgedrückt wurde.

Idiorrhythmie [von griechisch ídios „eigen" und rhythmós „Zeitmaß"]: eine weitgehend selbständige und demokratische Form klösterlichen Lebens, bei dem die einzelnen Mönche ihre eigene religiös bestimmte Lebensweise verwirklichen, die in der Ostkirche neben dem zönobitischen Mönchtum (↑Zönobiten) besteht.

Idisi (auch Disen): weibliche Vegetations- und Schicksalsgöttinnen der Germanen, im westgermanischen Bereich auch Herrinnen des Kampfes; Tacitus bezeichnet in seinen „Annalen" (Buch 2, Kap. 16) eine Gegend im nördlichen Weserbergland mit Idistaviso (auch als Idisiaviso überliefert, „Feld der Idisi").

Idolatrie [von griechisch eídōlon „Bild, Gestalt" und latreía „Verehrung"]: die Verehrung von Bildern und Gegenständen, von denen angenommen wird, in ihnen sei eine Gottheit anwesend (Realpräsenz), oder denen aus anderen Gründen eine übernatürliche Macht zugeschrieben wird.

Idschma [arabisch „Übereinstimmung"]: die Übereinstimmung der islamischen Gemeinde in Glaubens- und Rechtsfragen. Da der Idschma praktisch kaum feststellbar ist, gilt eine Lehrmeinung als rechtgläubig, wenn ihr noch nie ein islamischer Gelehrter widersprochen hat.

Idun (= Iduna): nordgermanische Göttin, dem Geschlecht der Asen zugehörig, Gattin des Bragi. Idun verwaltet die goldenen Äpfel der ewigen Jugend, die den Asen als Verjüngungsmittel dienen. Als Loki die Göttin der Gewalt des adlergestaltigen Riesen Thjazi ausliefert, beginnen die Asen zu altern und zwingen Loki, Idun zurückzuholen. Danach erschlagen sie den Riesen Thjazi.

Igigi: in der babylonisch-assyrischen Religion ein Begriff, mit dem sowohl alle Götter des Pantheons gemeint sein können als auch niedere Gottheiten, die sich im Gefolge der großen Götter befinden.

I-king ↑I-ching.

Ikonen [von griechisch eikṓn „Bild"]: mit dem Kult der orthodoxen Kirchen eng verbundene Heiligenbilder.

Ikonographie [von griechisch eikṓn „Bild" und grapheĩn „schreiben"]: die wissenschaftliche Erfassung der Inhalte und künstlerischen Formen von religiösen bildlichen Darstellungen.

Ikonoklasmus [von griechisch eikṓn „Bild" und klázein „lärmen"] ↑Bildersturm.

Ikonostase (auch Ikonostas): Bilderwand in orthodoxen Kirchen zwischen Altar- und Gemeinderaum.

Ilias ↑homerische Religion.

Illapa [Quechua ıʎ'ʎapa: „Blitz"]: inkaischer Gewitter- und Regengott.

Illujanka: im hethitischen Mythos ein Drachen, gegen den der Wettergott kämpft.

Illuminatenorden: ein 1776 von dem deutschen Philosophen Adam Weishaupt (* 1748, † 1830) in Ingolstadt gegründeter Geheimbund, radikal aufklärerisch, mit dem Ziel der Verbreitung des ↑Deismus und der Bekämpfung der Monarchie.

Illuminatio: lateinischer Begriff für ↑Erleuchtung.

Imago Dei [lateinisch „Bild Gottes"]:

Bezeichnung für die auf dem A.T. (1. Mos. 1, 26f.) beruhende Aussage der theologischen Anthropologie vom Menschen als *Ebenbild Gottes.*

Imam [arabisch „Muster, Vorbild, Führer"]: 1. der Vorbeter in der Moschee. – 2. besonders in der ↑Schia gebräuchliche Bezeichnung für das Oberhaupt der muslimischen Gemeinde.

Imhotep (auch griechisch Imuthes): in der ägyptischen Spätzeit und im Hellenismus als Heilgott verehrter altägyptischer Weiser, der um 2700 v. Chr. für König Djoser die Stufenpyramide von Sakkara erbaut hatte.

Imitatio Christi [lateinisch „Nachahmung Christi"] (auch Nachfolge Christi): das auf dem Matthäusevangelium (Matth. 16, 24) gegründete Ideal christlicher Lebensführung, in der die „Nachfolge", d. h. die Ähnlichkeit mit dem Wirken und der Haltung des historischen Jesus von jedem

Ikone. Apostel Petrus (2. Hälfte des 6. Jahrhunderts; Sinai, Katharinenkloster)

Menschen aufs neue angestrebt werden soll, ein Anliegen der Christusmystik wie auch der christlichen Ethik. – Die mittelalterliche religiöse Erneuerungsbewegung der ↑Devotio moderna fand ihren Ausdruck in der Schrift „De imitatione Christi" („Über die Nachfolge Christi"), einer vor 1427 entstandenen und 1441 abgeschlossenen Sammlung von vier Traktaten, die das berühmteste mystische Buch aus dem 15. Jahrhundert wurde. Es wurde dem deutschen Mystiker Thomas a Kempis (* 1379/1380, † 1471) zugeschrieben.

Immanenz: das Diesseits, die Innerweltlichkeit im Gegensatz zur Transzendenz.

Immanuel [hebräisch „mit uns ist Gott"]: Name des Sohnes einer Jungfrau bzw. jungen Frau, dessen Geburt Jesaja weissagte (Jes. 7, 14); diese Stelle wurde später auf Jesus Christus als den Messias gedeutet.

Immersion ↑Taufe.

Immunität: Sonderrechtsstellung geistlicher Personen und Institutionen, die Freiheit von öffentlichen Lasten und von der staatlichen Gerichtsbarkeit bedeuten kann.

Impersonalismus: die besonders von Anhängern mystischer Strömungen Indiens häufig vertretene Ansicht von einer Unpersönlichkeit Gottes wie auch der menschlichen Seele.

Imprimatur [lateinisch „es werde gedruckt!"]: die nach katholischem Kirchenrecht erforderliche bischöfliche Druckerlaubnis für Bibelausgaben, religiöse und theologische Schriften, die am Anfang oder Ende dieser Veröffentlichungen vermerkt wird.

Imuthes ↑Imhotep.

Inanna [sumerisch wohl „Herrin des Himmels"] (auch Innin): sumerische Göttin, Gattin des ↑Dumuzi, Herrin des Venussterns. Inanna weist kriegerische Aspekte auf; in erster Linie aber ist sie eine Göttin der Liebe.

Inari ↑Fuchs.

Incomprehensibile [lateinisch „unbegreiflich, unfaßbar"]: ein Ausdruck, mit dem die Unmöglichkeit eines menschlichen Begreifens der Gottheit ausgesagt wird.

Independenten: „Unabhängige", aus dem englischen Puritanismus hervorgegangen, forderten völlige Unabhängigkeit von der anglikanischen Kirche. In England verfolgt, begaben sie sich ins niederländische Exil, von wo aus sie 1620 mit der „Mayflower" als sogenannte Pilgerväter nach Nordamerika auswanderten.

Index librorum prohibitorum [lateinisch „Verzeichnis verbotener Bücher"]: in der katholischen Kirche Liste der Bücher, deren Lektüre kraft päpstlichen Entscheids nicht erlaubt war; diesen Index gab es seit 1559, er wurde 1965 abgeschafft.

indianische Religionen Nordamerikas: sie weisen nach Stämmen Unterschiede, aber auch eine Reihe gemeinsamer Züge auf. Der Glaube an einen *Hochgott* (↑Großer Geist) war weit verbreitet; vielfach ist die Gestalt eines *Heilbringers* nachweisbar. *Totemismus* und Initiationsriten sind typische Erscheinungen. Der indianische *Kult* hatte häufig ekstatischen Charakter. Der Seelen- und Unsterblichkeitsglaube verband sich mit der Vorstellung von einem *Jenseitsreich*, das an unterschiedlichen Orten gedacht wurde. Die Jägerstämme sahen es als *ewige Jagdgründe* an.

Indigitamentengötter (auch lateinisch Di indigetes): vielleicht die einheimischen, ursprünglich römischen Götter. Doch ist der Begriff bis heute in der Forschung umstritten.

Individualismus: auf religiösem Gebiet das Prinzip der Freiwilligkeit und freien Entscheidung des einzelnen. Im Charismatiker, Propheten und Religionsstifter ist der religiöse Individualismus am deutlichsten ausgeprägt.

indoiranische Religion: die gemeinsame Religion der Inder und Iranier vor ihrer Trennung. Das älteste schriftliche Zeugnis hierfür ist ein um 1350 v. Chr. zwischen dem Hethiterkönig Suppiluliuma I. (♛ 1370 bis 1335) und Mattiwaza, dem Erbe des Thrones von Mitanni, abgeschlossener Vertrag, der die Namen der Götter Mitra, Waruna, Indra und die beiden Nasatjas als diejenigen nennt, die über die Einhaltung dieses Vertrages (als Schwurgötter) wachen.

indonesische Religionen: der orthodoxe (sunnitische) *Islam*, der seit dem Ende des 13. Jahrhunderts auf den indonesischen Inseln verbreitet wurde, ist die heute vorherrschende Religion, zu der sich etwa 88 % der Bevölkerung bekennen. Ungefähr 7 % Indonesier sind *Christen*; unter ihnen überwiegen gegenüber den Katholiken die Protestanten, die auf Sumatra in der ↑Batakkirche zusammengeschlossen sind. Der *Hinduismus* hat sich nur auf der Insel Bali in einer mit Elementen indonesischer Kultur synkretistisch verbundenen Sonderform unter etwa 3 % der Gesamtbevölkerung Indonesiens erhalten. Zum *Konfuzianismus* und zum *Mahajana-Buddhismus* bekennen sich in überwiegendem Maße eingewanderte Chinesen (etwa 0,4 % der Gesamtbevölkerung). – Neben diesen von außen auf die Inseln vorgedrungenen Hochreligionen haben sich einheimische *Stammesreligionen* bis in die Gegenwart behauptet. Sie weisen, trotz zahlreicher lokaler Unterschiede, Gemeinsamkeiten in zentralen Vorstellungen auf. Hierzu gehört der Glaube an ein *höchstes Wesen*, das als Schöpfergott verehrt wird, aber gegenüber niederen Gottheiten an Bedeutung verloren hat. Allgemein verbreitet ist der *Machtglaube* (↑Mana), aus dem man Riten der Kopfjagd und des ↑Kannibalismus im Sinne der Gewinnung fremder Macht abzuleiten versuchte. Den Manavorstellungen korrespondieren zahlreiche Meidungsgebote (Tabuvorschriften). Der *Jenseitsglaube* kennt ein Land der Toten, das meist als paradiesische Insel gedacht wird. Große Verehrung genießen die *Ahnen*, in deren Gemeinschaft der vornehme Tote durch ein kompliziertes Ritual versetzt wird.

Indra: kriegerischer Hauptgott der

↑wedischen Religion, der nach den Hymnen des „Rigweda" mit seiner Wurfkeule, dem ↑Wadschra, den Dämon ↑Writra und andere Feinde und Widersacher tötet. Seine gewaltige Kraft, die Indra durch reichlichen Genuß des Rauschtrankes ↑Soma stärkt, hilft den Ariern gegen ihre Feinde und den Göttern gegen die Dämonen. Im späteren Hinduismus sinkt Indra zum Regengott und Schützer der östlichen Himmelsgegend ab.

Indulgentia [lateinisch „Nachsicht, Nachlassung"]: lateinische Bezeichnung für den ↑Ablaß.

Induskultur ↑Mohendscho Daro.

Ineffabile [lateinisch das „Unaussprechliche"]: ein Ausdruck für das alle menschlichen Möglichkeiten der Benennung und Beschreibung überschreitende Wesen Gottes.

Infallibilität ↑Unfehlbarkeit des Papstes.

Inferno ↑Hölle.

Inful [von lateinisch infula „Kopfbinde"]: die Kopfbinde antiker Priester, später die Bischofsmütze (↑Mitra).

Infusionstaufe ↑Taufe.

Ing: Name eines nordgermanischen Gottes, dessen Verehrung zunächst für den Osten Dänemarks bezeugt ist und dann auf Schweden übergriff. Wahrscheinlich ist mit Ing der schwedisch bezeugte Yngvi identisch, der dort in enge Beziehung zu ↑Freyr trat. In einem Gotte Yngvi-Freyr sah das frühe schwedische Königsgeschlecht der Ynglinge seinen Ahnherrn. Mit Ing dürften auch die Ingaevones zusammenhängen, die der römische Geschichtsschreiber Tacitus (* um 53, † um 120) in seiner „Germania" (2. Kapitel) als germanische Stämme an der Meeresküste nennt.

Initiationsriten [von lateinisch initiatio „Einführung, Einweihung"]: rituelle Handlungen, die am Beginn eines neuen Lebensstadiums vollzogen werden. Sie tragen religiösen Charakter und symbolisieren häufig den Tod in dem alten und die Auferstehung in dem neuen Lebensabschnitt. Generell kann mit Initiation jeder Aufnahmeakt in eine religiöse Gemeinschaft bezeichnet werden, wie etwa die christliche Taufe. In besonderer Weise ist der Vollzug von Initiationsriten charakteristisch für den Eintritt in Geheimbünde, in Mysteriengemeinschaften und in totemistische Gruppen. Bei Naturvölkern ist die häufigste Form der Initiation mit dem Abschluß der Pubertät verbunden, bei der seltener der weiblichen, weitaus öfter der männlichen Jugend „Übergangsriten" (französisch „Rites de passage") auferlegt werden, die meistens erhebliche psychische und physische Belastungen darstellen. Sie erfordern im allgemeinen Absonderung und zeitweiligen Aufenthalt in unwirtlicher Gegend, Fastenübungen, Enthaltungen von Schlaf und Mutproben. Religiöse, kultische und sexuelle Unterweisungen sowie die Überprüfung des erworbenen Wissens gehören ebenfalls zu dieser Vorbereitungszeit. Die darauffolgende Initiationsfeier, eine Jugendweihe, die den jungen Männern den Eintritt in das Männerhaus eröffnet, wird als Mannbarkeitsritus häufig mit Beschneidungen, Maskierungen, Zahnverstümmelung oder Tätowierung begangen. – Initiationsriten im Bereich außerhalb der Religion sind Ritterschlag, Freisprechung der Handwerksgesellen, „Taufe", die jemand erhält, der den Äquator zum ersten Mal überquert (Äquatortaufe, auch Linientaufe).

Inkareligion: die offizielle Religion des Inkareiches, seit dem Inka Pachacutic (♔ 1438–1471) auf die Verehrung des Sonnengottes ↑Inti als oberstem Reichsgott ausgerichtet. Der jeweils herrschende Inka galt als „Sohn des Sonnengottes" (Intip Churin), seine Gemahlin war die „Mutter Mond" (Mama Quilla). Der Schöpfergott wurde unter den Namen ↑Pachacamac (Quechua „Welterschaffer") und ↑Huiracocha verehrt; der zweite Name ist sprachlich noch nicht befriedigend erklärt. Typisch war der Volksglaube an zahlreiche niedere göttliche und dämonische Wesen (↑Huaca).

Inkarnation [von lateinisch caro „Fleisch"]: die Menschwerdung (eigentlich „Fleischwerdung") eines göttlichen Wesens. Die Lehre von der Inkarnation Gottes in Jesu Christus ist zentrales Dogma des Christentums; es beruht auf Aussagen des N.T. (insbesondere Joh. 1, 14). – In einer nicht ganz präzisen Weise wird der Begriff Inkarnation auch auf die indische Awatara-Vorstellung (↑Awatara) angewandt sowie auf das ↑Sakralkönigtum.

Inklusen [von lateinisch includere „einschließen"]: „Eingeschlossene", Asketen, die sich einschließen oder einmauern ließen, im christlichen Mönchtum bis zum 17. Jahrhundert, im Lamaismus bis in die neueste Zeit nachweisbar.

Inklusivismus: Begriff für die Tendenz einer Religion, besonders des modernen Hinduismus, Anschauungen fremder Religionen in ihr System von Vorstellungen und Werten mit einzuschließen.

Inkubation: Tempelschlaf, eine besonders in der Antike geübte Sitte, die teilweise von der christlichen Volksfrömmigkeit übernommen wurde und sich bis in die Gegenwart in griechischen Wallfahrtskirchen erhalten hat. Zweck des Schlafes an heiligen Stätten ist einerseits die Erlangung einer göttlichen Weisung oder eines Orakels, das im Traum oder durch eine Göttererscheinung vermittelt wird, andererseits die Heilung von Krankheiten. In der antiken Religiosität war dieser zweite Aspekt das beherrschende Motiv der Inkubation, deshalb wurde der Tempelschlaf vornehmlich an Kultstätten des Heilgottes ↑Asklepios, besonders in Epidauros, vollzogen. Auch mit dem Heroenkult und seinen heiligen Stätten verband sich die Sitte der Inkubation.

Inkubus (= Incubus) [von lateinisch incubus „der Aufliegende"]: Bezeichnung des Alpdrucks, die sich in gleicher Bedeutung als *incubo* bis heute im Italienischen erhalten hat. „Inkubus" war in römischer Zeit zugleich Name des den Alpdruck verursachenden Dämons. Seine Gestalt wurde vom mittelalterlichen Dämonenglauben übernommen, der darunter vornehmlich den Teufel verstand, mit dem eine Hexe sexuell verkehrt haben soll. Diese Vorstellung gewann in den Hexenprozessen vorrangige Bedeutung und blieb bis zum Ausgang des Mittelalters im Volksglauben lebendig. – ↑auch Sukkubus.

Innere Mission: von dem deutschen evangelischen Theologen Johann Hinrich Wichern (* 1808, † 1881) zuerst verwendeter Begriff für evangelische Sozialarbeit sowie für die Missionsarbeit im eigenen Land. 1849 wurde der „Centralausschuß für Innere Mission der deutschen evangelischen Kirche" gegründet, der die freien sozial-karitativen Vereine und Anstalten vereinigte. 1957 fand die Innere Mission ihre Organisationsform in dem „Diakonischen Werk – Innere Mission und Hilfswerk der Evangelischen Kirche in Deutschland". Der Inneren Mission entspricht auf katholischer Seite die Karitas, die im „Deutschen Caritasverband" (gegründet 1897) ihren organisatorischen Rahmen erhielt.

Inquisition [von lateinisch inquisitio „das Aufspüren, die Untersuchung"]: Untersuchung durch kirchliche Institutionen (und daraufhin durchgeführte staatliche Verfolgung) gegen Häretiker zur Reinerhaltung des Glaubens, benannt nach dem dabei angewandten Verfahren (Inquisitionsprozeß). Im Römischen Reich hatte es vor Kaiser Konstantin dem Großen (♔ 306–337) nur geistliche Bußmittel und Aufhebung der Kirchengemeinschaft gegeben. Seit das Christentum Staatsreligion war, gab es Zwangsmaßnahmen gegen Häretiker, aber keine spezielle Behörde zu deren Aufspürung. Erst im hohen Mittelalter wurde im Zusammenhang mit der zunehmenden Gefährdung der Kirche durch Ketzereien (↑Waldenser, ↑Albigenser) die Inquisition als besondere Einrichtung ausgebildet. Neben die bis dahin nur bischöfliche Inquisition traten schon unter Innozenz III. Sonderbeauftragte des Papstes. Das 4. Laterankonzil erneuerte 1215 die Bestimmung über die bischöfliche Inquisition und forderte zur Ausrottung der Ketzerei die Auslieferung der Verurteilten an die weltliche Gewalt. Gregor IX. richtete 1231/32 die päpstliche Inquisition ein; als Inquisitoren wurden vorzugsweise Dominikaner, dann auch Franziskaner eingesetzt. Kaiser Friedrich II. (♕ 1220–1250) verfügte die Hilfe des Staates bei der Ketzerverfolgung und verschärfte 1224 die Bestimmung durch Androhung der Todesstrafe (Verbrennung) für hartnäckige und rückfällige Ketzer. Innozenz VI. genehmigte 1352 die Anwendung der Folter. Die Strafen waren abgestuft von harmlosen Kirchenstrafen über Güterkonfiskationen bis zur Überantwortung an weltliche Instanzen zur Vollstreckung des Todesurteils durch Verbrennen. Die Inquisition kam in erster Linie in südlichen Ländern und in Frankreich zur Geltung. In Deutschland trat sie in den Hintergrund bis etwa Mitte des 15. Jahrhunderts (bis zu den Hexenprozessen). Von Anfang an verquickten sich mit der Ketzerverfolgung auch politische und ökonomische Motive, was zur Vernichtung ganzer mißliebiger Gruppen führte (z. B. ↑Templerorden). In Spanien wurde die Inquisition seit 1478 eine staatliche Einrichtung unter einem Großinquisitor und ein wichtiges Instrument zur Verfolgung von zwangsweise getauften Juden (Marranen), Muslimen (Morisken) und Protestanten; ein Charakteristikum der spanischen Inquisation waren die ↑Autodafés. Die Inquisition bestand in einigen Ländern bis in die erste Hälfte des 19. Jahrhunderts fort.

Inseln der Seligen: sie galten in der griechischen (↑Elysium) und in der keltischen Religion (↑Avalon) als paradiesisches Jenseitsreich.

Insignien: [...i-ən; von lateinisch signum „Zeichen"]: Abzeichen der Macht, des Standes und der Würde, besonders von Herrschern und Geistlichen.

Inspiration [von lateinisch inspiratio „Einhauchung"] (auch griechisch epípnoia): religionswissenschaftlicher Begriff für eine Form der Offenbarung, der letztlich die Vorstellung von einer Übertragung göttlichen Geistes an einen menschlichen Verkünder, meist einen Propheten, zugrunde liegt, von dessen Willen oder Intellekt das Geschehen des Inspiriertwerdens unabhängig ist. In verschiedenen Religionen findet sich der Gedanke der *Schriftinspiration*, die den übermenschlichen und absoluten, Normen schaffenden Charakter heiliger Schriften herausstellt. Eine *Verbalinspiration* wird angenommen, wenn jedes einzelne Wort einer heiligen Schrift auf göttliche Eingebung zurückgeführt wird.

Institutum Beatae Mariae Virginis ↑Englische Fräulein.

Integraler Joga (= Yoga): von dem indischen Philosophen Sri Aurobindo Ghosh [oro'bindo] (* 1872, † 1950) begründete Lehre und Praxis, mit der durch Bewußtseinserweiterung, die durch Meditation angestrebt wird, eine Höherentwicklung („Evolution") und Vergeistigung („Spiritualisierung") des Menschengeschlechts erreicht werden soll. Die Entwicklung seelischer Fähigkeiten und Kräfte steht dabei im Vordergrund, überkommene Religionsformen westlicher oder östlicher Herkunft gelten nicht mehr als einander ausschließende Wege zum Heil. Zentrum des Integralen Joga ist ein von Aurobindo 1910 gegründetes klosterähnliches Meditationszentrum (Aschram) im südindischen Pondicherry, das lange Zeit unter der Leitung der als „Mutter" verehrten Französin Mira Richard (* 1878, † 1973) gestanden hat.

Interdikt [von lateinisch interdictum

„Verbot"]: Entziehung geistlicher Rechte als Kirchenstrafe. Das *Personalinterdikt* verbietet einzelnen Personen die Teilnahme an gottesdienstlichen Handlungen. Das *Lokalinterdikt* verbietet gottesdienstliche Handlungen an einem bestimmten Ort oder in bestimmten Gebieten.

Interpretatio Romana [lateinisch „römische Deutung"]: die Bezeichnung fremder Gottheiten mit Namen eigener, römischer Götter wird Interpretatio Romana genannt. Sie wurde von antiken Autoren äußerst häufig geübt. So meint z. B. der römische Geschichtsschreiber Tacitus (* um 53, † um 120) in seiner „Germania" (9. Kapitel) den germanischen Gott Wodan (oder Odin), wenn er von der Verehrung der Germanen für *Merkur* berichtet. Diese Art der Gleichsetzung diente einerseits der Verständlichmachung für den römischen Leser, andererseits barg sie die Tendenz zur Verwischung charakteristischer Sonderzüge der jeweiligen Gottheiten in sich. Das der Interpretatio Romana gleichzusetzende Verfahren griechischer Autoren heißt *Interpretatio Graeca.*

Inthronisation: Thronerhebung; in der katholischen Kirche der feierliche Amtsantritt, die Besteigung des bischöflichen oder päpstlichen Stuhles nach der Bischofsweihe bzw. der Papstkrönung.

Inti [Quechua „Sonne"]: Sonnengott der Inkareligion, seit der Regierung des Inka Pachacutic (♛ 1438–1471) oberste Gottheit des Inkareiches.

Intip Raymi [Quechua „Tanz der Sonne"]: das Sonnenfest des Gottes Inti, bedeutendstes Fest im alten Inkareich.

Intoleranz: Unduldsamkeit, besonders in Glaubens- und Weltanschauungsfragen.

Introitus [...o:-i...; lateinisch „Eingang, Einzug"]: Eröffnungsgesang der katholischen Messe.

Investitur [von lateinisch vestis „(Amts)kleidung"]: „Einkleidung", die förmliche Einweisung in ein bischöfliches Amt, die seit König Otto I., dem Großen (♛ 936–973) durch Überreichung des bischöflichen Stabes seitens des Königs erfolgte; seit König Heinrich III. (♛ 1039–1056) wurde zusätzlich auch der Bischofsring übergeben. Zugleich mit der Erteilung der kirchlichen Befugnisse wurden auch weltliche Rechte und Güter verliehen, die mit dem kirchlichen Amt verbunden waren.

Investiturstreit: Bezeichnung für den Konflikt, der im 11. Jahrhundert zwischen dem Papsttum und dem englischen, französischen und deutschen Königtum um die ↑Investitur der Bischöfe und Äbte entstand und der zur grundsätzlichen Auseinandersetzung um das Verhältnis zwischen weltlicher und geistlicher Gewalt führte. Er erreichte seinen Höhepunkt unter Heinrich IV. (♛ 1056 bis 1106) und Papst Gregor VII. Mit dem Wormser Konkordat von 1122 schlossen Papst Kalixt II. und Heinrich V. (♛ 1106–1125) einen Kompromiß, bei dem der König auf die Investitur mit Stab und Ring verzichtete, der Gewählte aber dem König einen Treueid leistete und von diesem mit dem Kirchenbesitz belehnt wurde.

Inzensation ↑Räucherung.

Inzest [von lateinisch incestum „Unzucht"]: die sexuelle Beziehung (insbesondere Geschlechtsverkehr) zwischen Verwandten ersten Grades. Sie gilt fast durchweg als schwere Verfehlung, trat jedoch in alten Formen des ↑Sakralkönigtums auf. Das *Inzesttabu* von Naturvölkern kann für die Angehörigen einer Bevölkerungsgruppe, die an einem Ort wohnt und deren Mitglieder untereinander nicht heiraten dürfen (exogamer Klan), gelten. Das Verbot des Inzests ist in diesen Gruppen also auf Personen ausgedehnt, die nicht im biologischen Sinn miteinander verwandt sind.

Io: in hellenistischer Zeit mit Isis identifizierte Gestalt der griechischen Mythologie, Priesterin der Hera und Geliebte des Zeus, der sie in eine Kuh verwandelt, um sie den Nachstellungen der eifersüchtigen Hera zu entziehen.

Io ↑Kiho.

iranische Religionen: auf dem Boden des alten Iran gab es die folgenden historischen Religionsformen: die altiranische Religion ist aus der ↑indoiranischen Religion hervorgegangen, von der sie sich zunächst wenig unterschied. Zunehmend trat die Verehrung des Gottes *Mithra* als des göttlichen Herrn der sozialen Ordnung und der altiranischen Männerbünde in den Vordergrund. Neben ihm gewannen der Windgott *Waju* und die Göttin *Anahita* vorrangige Bedeutung. Der Kult war durch Feuerriten, ein Stieropfer und den Genuß des ↑Hauma gekennzeichnet. Nach dem Auftreten des Propheten Zarathustra gewann der *Parsismus* die Vorherrschaft; in der Sassanidenzeit (226–642) war er persische Staatsreligion. Die islamische Eroberung des Iran im Jahre 642 leitete eine fortschreitende *Islamisierung* ein.

irische Kirche ↑iroschottische Kirche und Mission.

Irmin (auch Hirmin): ein von Widukind von Corvey (10. Jahrhundert) im Zusammenhang mit der ↑Irminsul erwähnter germanischer Gott.

Irminsul [...su:l]: Säule des Gottes ↑Irmin, die im Kult als die Weltachse angesehen wurde. Sie war ein Heiligtum der Sachsen vor deren Christianisierung, 772 von Karl dem Großen zerstört.

iroschottische Kirche und Mission: das keltische Christentum, das in der 1. Hälfte des 5. Jahrhunderts in Irland durch den heiligen Patrick verbreitet wurde. Die irische Kirche entwickelte sich zu einer Mönchskirche, die vom 7. Jahrhundert an ihren eigenständigen Charakter verlor. – Seit dem 6. Jahrhundert hatten irische Mönche eine rege Missionstätigkeit in Schottland entfaltet, außerdem auf dem europäischen Festland, wo der irische Missionar Columbanus (* um 500, † 597) 590 in den Vogesen das Kloster Luxeuil gründete. Er wirkte später zusammen mit seinem Schüler Gallus (* um 555, † um 645), dem Begründer von Sankt Gallen, in der Bodenseegegend.

Irrationalismus: die Ansicht, daß sich religiöse Fakten wie auch Fragen nach Ursprung und Wesen der Welt einer ausschließlich verstandesmäßigen Erfassung entziehen.

Irregularität: im katholischen Kirchenrecht Hindernis für den Empfang der Weihen.

Irreligiosität: Religionslosigkeit, Ablehnung aller bestehenden Religionen und theoretische Bestreitung einer religiösen Wirklichkeit, die die endliche Welt überschreitet (Transzendenz), häufig verbunden mit dem Bekenntnis zu rein immanenten Weltanschauungen oder zu Ersatzformen von Religion (↑Quasireligion).

Irrlehre ↑Häresie.

Irrlichter (auch Irrwische): Leuchterscheinungen in sumpfigem Gelände, vom Volksglauben seit dem 16. Jahrhundert als „arme Seelen" gedeutet, als Totengeister vorwiegend von ungetauft verstorbenen Kindern, auch von denjenigen, die in ihrem Leben Grenzen verletzt hatten und von Selbstmördern. Irrlichter können Menschen in die Irre führen und ihnen dann Verderben bringen, sie gelten jedoch im allgemeinen als gutmütig und hilfreich.

Irrtumslosigkeit heiliger Schriften: im allgemeinen Bezeichnung für eine Einstellung, die jedes Wort eines heiligen Textes für verbindlich erklärt, in neuerer Zeit besonders stark ausgeprägt im ↑Arjasamadsch.

Irvingianer: nach dem schottischen presbyterianischen Prediger Edward Irving (* 1792, † 1834) benannte Anhänger der Katholisch-Apostolischen Gemeinden, aus denen später die ↑Neuapostolische Gemeinde hervorging.

Isanagi [iza...]: Urgott der schintoistischen Mythologie, der zusammen mit seiner Gattin *Isanami* die japanischen

Inseln geschaffen haben soll. Mit Isanagi und Isanami werden die Hochzeitsfelsen (Mioto-iwa) verglichen, die sich in der Nähe von ↑Ise vor Futami im Stillen Ozean erheben.

Ischkur: Name des sumerischen Wettergottes.

Ischtar: der sumerischen ↑Inanna entsprechende babylonische Göttin der Liebe und des Krieges, deren zentraler Kultort das südbabylonische Uruk (heute Warka) mit dem Tempel Eanna („Haus des Himmels") war. Ischtar galt vornehmlich als Geliebte des ↑Tammuz, den sie jedoch als Ersatzmann stellt, um selbst aus der Unterwelt, in die sie eine Reise unternommen hat, wieder befreit zu werden. Das ↑„Gilgamesch-Epos" wertet Ischtar ganz negativ; seine 6. Tafel enthält eine Schmährede des Gilgamesch gegen die Göttin.

Ischwara (= Īśvara) [Sanskrit „der Herr"]: im Hinduismus häufiger Titel und Anrede für den jeweils als höchsten verehrten Gott (jeder fromme Hindu „wählt" sich aus der Vielzahl hinduistischer Götter denjenigen aus, den er als höchsten verehrt; ↑auch Henotheismus). Daneben wird auch der höchste Gott der verschiedenen hinduistischen Gruppierungen jeweils Ischwara genannt.

Ise: an der Ostküste der japanischen Hauptinsel Hondo nahe der Isebucht gelegenes Hauptheiligtum der Sonnengöttin ↑Amaterasu.

Isis: altägyptische Göttin, vermutlich ursprünglich im Nildelta beheimatet. Die hieroglyphische Schreibung ihres Namens mit dem Zeichen des Thronsitzes läßt auf eine Herrschergöttin schließen. Als solche wurde sie früh zur Gattin des Königsgottes ↑Osiris; beider Sohn ist ↑Horus. Darstellungen der Isis mit dem Horuskind erfreuten sich in der Spätantike großer Beliebtheit. In den hellenistischen Isis-Mysterien, die im römischen Reich weiteste Verbreitung fanden, wurde Isis als Universalgöttin verehrt. – Zum Mythos von Isis und Osiris ↑Osiris (↑Abbildung Seite 19).

Islam [arabisch „völlige Hingabe (an ↑Allah)"]: die jüngste der großen Weltreligionen, die auf die im ↑Koran niedergelegte Verkündigung des arabischen Propheten ↑Mohammed (* 569, † 632) zurückgeht. Die Botschaft Mohammeds, die er im Alter von etwa 40 Jahren vom Erzengel Gabriel empfing, kreiste anfangs ganz um das endzeitliche *Weltgericht* mit seiner Vergeltung guter und böser Taten der Menschen. Hinzu trat mit dem Bekenntnis zu Allah als alleinigem Gott ein strenger, exklusiver *Monotheismus*, der jede „Zugesellung" (↑Schirk) anderer Götter zu Allah ausschloß. – Auf dem Gebiet der *Ethik* sind für den gläubigen Muslim die fünf „Grundpfeiler des Islams" verpflichtend. Es sind dies das Glaubensbekenntnis: „Es gibt keinen Gott außer Allah, und Mohammed ist sein Prophet"; ferner das täglich fünfmal, möglichst in einer Moschee zu verrichtende Pflichtgebet (↑Salat), die Armensteuer (↑Sakat), das Fasten im Monat ↑Ramadan und die Wallfahrt nach Mekka (↑Haddsch), die jeder Muslim einmal in seinem Leben durchführen soll, sofern er gesundheitlich und wirtschaftlich dazu in der Lage ist. Darüber hinaus gilt der heilige Krieg (↑Dschihad) als geboten. Weingenuß und Glücksspiel sind untersagt. Das Eherecht erlaubt dem Mann den gleichzeitigen Besitz von vier Frauen sowie freie Verfügung über seine Sklavinnen. – Der *Kult*, dessen Mittelpunkt die ↑Kaaba in Mekka ist, wurde von Mohammed in allen rituellen Einzelheiten genauestens festgelegt. – Vom orthodoxen Islam, der an der „Gewohnheit" (↑Sunna) festhält, spalteten sich *Sekten* ab. Sie werden alle unter dem Begriff ↑Schia zusammengefaßt; denn sie gehen zurück auf die Partei („Schia") Alis, des vierten Kalifen und Schwiegersohns des Propheten, dessen Nachkommen sie allein als geistliche Führer, als Imame, anerkennen. – Obwohl der Islam eine typisch prophetische Religion ist, entwickelte sich in ihm als Strömung der *Mystik* der ↑Sufismus, den der große islamische Theologe Al Ghassali († 1111) mit der Gesetzesfrömmigkeit zu verbinden suchte. – Das äußere Erscheinungsbild des Islams wurde geprägt durch die rasche *Ausbreitung* der religiös-politischen Gemeinde (↑Umma), die er bildete. Der Eroberungskrieg, der bereits ein Jahr nach dem Tode Mohammeds begann, führte in westlicher Richtung über ganz Nordafrika bis nach Spanien, das von 711 bis 1492 in islamischer Hand blieb. Der kurzfristige Griff über die Pyrenäen scheiterte 732, als Karl Martell den muslimischen Truppen auf den Feldern zwischen Tours und Poitiers siegreich entgegentrat. Auf ihrem Weg nach Osten eroberten die Muslime 642 das persische Sassanidenreich. Über Indien gelangte der Islam mit friedlichen Mitteln nach Indonesien; das früheste Datum der dortigen Missionierung bietet eine Inschrift aus dem Jahre 1297. Neuzeitliche Ausbreitungstendenzen richten sich vor allem auf Afrika südlich der Sahara. – Prinzipiell anerkennt die Theorie des islamischen *Staatsrechts* nur die Zweiteilung der Menschheit in Dar Al Islam („Islamgebiet") und Dar Al Harb („Kriegsgebiet"). Praktisch genossen jedoch in allen islamischen Staaten die ↑Ahl Al Kitab („Schriftbesitzer"), die Anhänger von Buchreligionen, Vorrechte, sofern sie sich der islamischen Staatsordnung fügten und eine Kopfsteuer zahlten.

Ismaeliten [...ma-e...]: die Nachkommen Ismaels, des Sohnes Abrahams und dessen Nebenfrau Hagar (1. Mos. 16, 15), der mit seiner Mutter nach der Geburt Isaaks vertrieben wurde. Die Ismaeliten siedelten als Verband von 12 Stämmen in alttestamentlicher Zeit im arabischen Wüstengebiet südwestlich von Israel (1. Mos. 25, 12–18).

Ismailiten [...ma-i...]: islamische Sekte, hervorgegangen aus Streitigkeiten über die Frage, ob als berufene Nachfolger des Propheten Mohammed die Kalifen anzuerkennen seien oder die Imame, von Allah mit besonderem Wissen begabte geistliche Führer, die ihre Abstammung auf Ali Ibn Abi Talib, den Schwiegersohn Mohammeds zurückführen konnten. Der siebte dieser Imame war Ismail († 760). Nach seinem Tod bildete sich die Sekte der Ismailiten, die ihn als letzten Imam ansieht. Vom orthodoxen Islam weichen die Ismailiten auch darin ab, daß sie gnostische Ideen in ihre Lehren aufgenommen haben. Gegenwartsbedeutung hat vor allem ein in Indien und Ostafrika vertretener Zweig der Ismailiten, dessen Oberhaupt der ↑Aga Khan ist.

israelitisch-jüdische Religion: die Religion, deren normative Offenbarungsurkunde das *Alte Testament* ist. Sie ist geprägt von dem Glauben an Jahwe als alleinigen Gott, als Schöpfer der Welt und Lenker ihrer Geschichte. Moses schloß am Sinai den Bund Jahwes mit dem Volk Israel und überbrachte diesem die zehn Gebote, den ↑Dekalog. Aus dem Bundesschluß, dem Vertrag, den Israel mit seinem Gott schloß, ihn als alleinigen Gott zu verehren, erwuchs die Überzeugung von der Auserwähltheit Israels unter den Völkern der Erde. Nach der israelitischen Landnahme stellten die Baalskulte Kanaans eine Versuchung für die Israeliten dar, andere Götter neben oder statt Jahwe zu verehren. Die Ausschließlichkeit des Glaubens an Jahwe bedingte die kompromißlose Haltung der Propheten gegenüber der kanaanäischen Religion. In der Sicht des Menschen als Kreatur Gottes, die seinem Willen und seinen Forderungen unterworfen ist, wurzelte der Vorrang des Ethischen in der Verkündigung der Propheten. Im Babylonischen Exil (597 und 587 bis nach 539) und in der nachexilischen Zeit vollzog sich die Ausbildung des Judentums zur *Gesetzesreligion*. Ihr Kernstück ist das Gebot, den Sabbat als Feiertag mit völliger Arbeitsruhe zu heiligen. Hinzu kommen Reinheits- und Speisevorschriften. Die Sitte der Beschneidung wird nach dem A.T. (1. Mos. 17, 10 ff.) als Zeichen des Bundes mit Jahwe angesehen. Nachdem die Zerstörung des Tempels im Jahre 70 n. Chr. das Judentum seines kultischen Zentrums beraubt hatte, hörte der Opferdienst vollständig auf, und an die Stelle des Tempelkultes trat der Gottesdienst der *Synagoge*. Die Stelle des Priestertums mit dem Hohenpriester als hierarchischer Spitze nahm nunmehr der Rabbiner als Lehrer seiner Gemeinde ein.

Issai-kio [japanisch „sämtliche Lehren“]: japanische Bezeichnung des ↑„Tripitaka“, auch sinojapanisch „San-zō“ („Dreikorb“) genannt.

Itala ↑Bibelübersetzungen.

ithyphallisch [von griechisch ithýs „gerade, aufgerichtet“ und phallós „männliches Glied“]: mit erigiertem männlichen Glied; Darstellungsform bei Götterbildern, vor allem bei denen von Fruchtbarkeitsgöttern.

Itzamatul: Orakelgott der Maya.

Itzamna [Maya „Haus des Herabtropfens“ (d. h. Himmel)]: Himmels- und Sonnengott der Maya, als solcher auch *Kinich Ahau* („sonnengesichtiger Herr“) genannt, wurde auf Yucatán unter dem Namen Yaxcocahmut (etwa „grüner Leuchtkäfer“) auch als Patron der Wissenschaften verehrt.

Ivi-atua: „Geschlecht der Götter“, Bezeichnung der ehemaligen Priester der Osterinsel, auch Name einer im Jahre 1914 kurzfristig aufflammenden Bewegung, die dieses ehemalige Priestertum zur Geltung bringen wollte; sie beruhte auf der Botschaft einer Prophetin namens Angata, die den Einwohnern der Osterinsel verkündete, ihre Insel werde wieder den Eingeborenen gehören. Ein Aufstand, der sich gegen die chilenischen Fremdherren richtete, fiel nach dem Tod der Prophetin in sich zusammen.

Ixchel [Maya iʃ'tʃɛl]: Mondgöttin der Maya, Gattin des Himmels- und Sonnengottes ↑Itzamna.

Ixtab [iʃ'tap; Maya „Herrin des Seils“]: im Pantheon der Maya die höchst eigenartige Gestalt einer Göttin der Selbstmörder, die diesen nach Ansicht der Maya zum direkten Eingang ins Paradies verhalf.

J

Jadschurweda (= Yajurveda) [Sanskrit „der ‚Weda‘ der Opferformeln“]: die dritte Sammlung des ↑„Weda“, enthält Opferformeln und Ritualanweisungen.

Jäger, Wilder ↑Odin.

Jahr: durch den stets wiederkehrenden Rhythmus klimatischer Verhältnisse und die dadurch bedingten Zeiten der Saat und Ernte wurde das Jahr früh als eine sakrale Einheit aufgefaßt und dementsprechend mit Festen begangen, die die Wiederkehr des Jahres kultisch sichern sollten; dahinter steht die Vorstellung, die Wiederholung der Jahreszeiten würde ins Stocken geraten oder aufhören, wenn der Mensch nicht das Jahr mit den vorgeschriebenen Kulten und Feiern „in Gang“ halten würde.

Jahreszeiten: werden vor allem in bäuerlichen Kulturen kultisch begangen, um nach Perioden der Dürre oder des Winters die Wiederkehr des Regens oder des Lichtes zu sichern. Die stete Wiederkehr der Jahreszeiten versichert die im A.T. (1. Mos. 8, 22) überlieferte Verheißung.

Jahwe [hebräisch 'jaxwe]: im A.T. der Name des Gottes Israels, als dessen ursprüngliche Bedeutung vielleicht „Er ist“ anzunehmen ist. Jahwe wird als Tetragramm mit den vier hebräischen Konsonanten JHWH für hebräisch **Jahweh** geschrieben. Die Juden vermieden es seit etwa 300 v. Chr., den Namen „Jahwe“ auszusprechen und lasen stattdessen „Adonai“ („mein Herr“). Die Vokalzeichen von „Adonai“ und die Konsonantzeichen von „Jahweh" ergaben zusammen gelesen die falsche Namensform „Jehowah" (Jehova).

Jahwịst (Abk. J): älteste Quellenschrift des ↑Pentateuch. Sie ist dadurch charakterisiert, daß sie durchgängig den Gottesnamen *Jahwe* gebraucht im Unterschied zum ↑Elohisten mit dem Gottesnamen *Elohim.*

Jaina ['dʒaina] (= Dschaina) ↑Dschainismus.

Jạkschas (= Yakśas) [Sanskrit]: dämonisches Wesen der altindischen Mythologie.

Jạma (= Yama) [Sanskrit]: zusammen mit seiner Zwillingsschwester *Jami* Urheber des Menschengeschlechts. Jama gilt als erster Verstorbener und als Herrscher im Totenreich. Auf ihn ist die Gestalt des japanischen Unterweltrichters ↑Emma-O zurückzuführen.

Jansenịsmus: eine von Cornelius Jansen (Jansenius) (* 1585, † 1638) ausgehende Reformbewegung innerhalb des französischen Katholizismus mit Betonung strenger Moralgrundsätze und religiös-asketischer Verinnerlichung.

Jạsata (= Yazata) [awestisch „Verehrungswürdige"]: im Parsismus göttliche Mächte und Wesen, insbesondere die nach der Zeit Zarathustras wieder anerkannten Gottheiten der vorzarathustrischen Zeit.

Jạschts (= Yashts) [awestisch „Loblieder"]: Textgruppe des ↑„Awesta". Einzelne Jaschts sind religionsgeschichtlich besonders aufschlußreich, weil in ihnen Götter und Mächte angerufen werden, deren Verehrung weit in die Zeit vor Zarathustra zurückreicht.

Jạsna (= Yasna) [awestisch „Opfer, Gottesdienst"]: Teil des ↑Awesta, dessen älteste Texte, die ↑Gathas, unmittelbar auf Zarathustra zurückzuführen sind.

Jenseits: eine den irdischen Bereichen völlig entzogene Stätte, deren Existenz in den Glaubensformen der gesamten Menschheit eine vorrangige Stellung einnimmt. Die Vorstellungen vom Jenseits reichen in ihren zahlreichen Ausprägungen von einer konkreten Anschauung, die in Analogie zu irdischen Verhältnissen steht, bis zu sehr abstrakten Vorstellungsformen. Oft gilt das Jenseits als Aufenthaltsort eines Hochgottes, wobei es meist im *Himmel* lokalisiert wird, oder als Wohnort polytheistischer Götter, aber auch als Reich eines Totengottes. In das Jenseits gelangen die auferstandenen Toten oder die Seelen Verstorbener. – Eine primitive und sehr frühe Vorstellung, die bereits durch Grabbeigaben in prähistorischer Zeit bezeugt wird, identifiziert das Jenseits mit dem *Grab*, in dem der Verstorbene sein irdisches Leben fortsetzt. Die Sitte, Familiengräber anzulegen, sollte den Zusammenhang der Verwandtschaft über den Tod hinaus sichern. – Wie diese Anschauung, so steht auch diejenige vom Jenseits in der *Unterwelt* in engem Zusammenhang mit der Erdbestattung. Das Unterweltsreich der Toten untersteht meist der Herrschaft eines besonderen Totengottes. Das Leben nach dem Tod in der Unterwelt gilt im allgemeinen als Leben mit einer wesentlichen Verschlechterung gegenüber irdischen Lebensbedingungen. Dies gilt für das griechische Schattenreich des ↑Hades, den römischen Orkus, die frühe hebräische Unterwelt ↑Scheol, das germanische Totenreich ↑Hel. Am düstersten sind wohl die Vorstellungen, die sich mit der babylonischen Unterwelt Arallu verbanden; sie galt als das hoffnungslose „Land ohne Heimkehr". – Jedoch braucht der Eintritt des Toten in die Unterwelt nicht stets in automatischer Weise mit der Erwartung einer leidvollen und schreckensreichen Form seines Fortlebens verbunden zu sein. Es kann ihn vielmehr ein *Gericht* erwarten, in dem erst endgültig über sein Jenseitsgeschick entschieden wird. Typisch hierfür sind die Anschauungen, die im alten Ägypten vorherrschend wurden und sich mit dem Gotte ↑Osiris verbanden. Der Entscheidung im osirianischen Totengericht lagen ursprünglich ethische Prinzipien zugrunde, die Oberhand gewannen aber magische Vorstellungen, nach denen es für den Verstorbenen allein notwendig war, vor Osiris in rein mechanischer Weise Totentexte zu rezitieren, die „negative Konfessionen" enthielten, nämlich die Aufzählung von Sünden, die man nicht begangen hat. – Die Unterscheidung der Toten hinsichtlich ihres Jenseitsgeschicks ist häufig mit dem Glauben an *verschiedene Jenseitsreiche* verbunden. Der Eintritt in diese Reiche entscheidet sich durchaus nicht immer nach ethischen Kriterien. Bestimmend hierfür kann vielmehr auch die *Todesart* sein. Die altmexikanische Religion kannte drei Jenseitsreiche. In das paradiesische „Reich der Sonne am Himmel" gelangten die gefallenen Krieger, die Geopferten und die im Kindbett gestorbenen Frauen. Diejenigen, die im Wasser ertranken, vom Blitz erschlagen wurden, aber auch Gichtbrüchige und Hautkranke kamen in das auf wolkenverhangenen Bergen lokalisierte Reich des Regengottes ↑Tlaloc. Alle übrigen Verstorbenen erwartete das schreckensvolle Unterweltsreich ↑Mictlan. – Die Vorstellung mehrerer Jenseitsreiche kannte auch die germanische Religion, die neben Hel an ↑Walhall, den Aufenthaltsort gefallener Krieger, glaubte. Die Griechen nahmen an, daß nicht alle Sterblichen in den Hades kämen; vielmehr war den aus dem irdischen Leben wunderbar Entrückten das ↑Elysium vorbehalten. Die Anschauung von einer „Insel der Seligen", einem „leuchtenden Land" (keltisch Tír sorcha), war auch für die keltische Religion typisch. Sie ist ferner in der Südsee weit verbreitet. – Von den Hochreligionen hat allein der Buddhismus keine profilierten Jenseitsvorstellungen ausgebildet, da Buddha selbst alle Fragen danach strikt abwies. Nur der japanische ↑Amida-Buddhismus kennt ein Jenseits, das er mit einem allgemeinen Richtungsnamen „Paradies des Westens" nennt. Die Paradieses- und Höllenvorstellungen des späteren Judentums, des Islams und des Christentums sind vom Parsismus beeinflußt, dessen Anschauungen ganz von *ethischen Gesichtspunkten* geprägt wurden. Die Verkündigung des Propheten Mohammed stand anfänglich völlig unter dem Gedanken an Gericht und Vergeltung im Jenseits. Das Paradies gilt im Islam als herrlicher, kühler Garten. Die Anschauungen des Christentums, die ein göttliches Gericht, aber auch die Gnade Gottes einschließen, hat in ihren bis zum Ende des Mittelalters ausgebildeten Formen am gewaltigsten Dante in seiner „Divina Commedia" zum Ausdruck gebracht. Die katholische Kirche bekennt sich bis heute zu einem dem Jüngsten Gericht vorausgehenden läuternden *Fegefeuer*, eine Vorstellung, die von den protestantischen Kirchen als biblisch nicht begründet aufgegeben wurde.

Jerusalem [von hebräisch Jeruschalajim] (auch arabisch Al Kuds „das Heiligtum"): unter dem Namen Urusalimmu bereits um 1380 v. Chr. in den Amarnabriefen erwähnt, wurde um 1000 v. Chr. durch David die Hauptstadt des Judäerreiches, in die der König die heilige Lade bringen ließ. Der von Salomo erbaute Tempel gab Jerusalem die Bedeutung als heiliger Stadt der Juden. – Jesus und seine Jünger übernahmen diese Hochschätzung der Stadt; v. a. durch den Kreuzestod Jesu wurde Jerusalem auch heilige Stadt der Christen, in der Konstantin der Große (♕ 306–337) im Jahre 335 die seitdem mehrfach umgebaute Grabeskirche errichten ließ. Für den mittelalterlichen Christen war Jerusalem die Stätte seiner sakralen Orientierung, und es erschien auf Weltkarten als Erdmittelpunkt. Eschatologisch bedeutsam wurde die Vorstellung von einem *himmlischen Jerusalem*. – Für den Islam gilt nach Mekka und Medina Jerusalem als dritte heilige Stadt. Di

Legende läßt von der Stätte des ↑Felsendoms Mohammed auf dem Roß Al Burak zum Thron Allahs gelangen.

Jesiden (auch Yazidi): kurdische Anhänger einer synkretistischen und teilweise esoterischen Sekte, nach deren Lehre sich Gott nach der Schöpfung zurückgezogen und die Weltregierung dem gütigen „Engel Pfau" übergeben habe. Da den Muslimen dieser Engel Pfau als Teufel erscheint, bezeichnen sie die Jesiden als *Teufelsanbeter*.

Jesuitenorden (auch Gesellschaft Jesu, lateinisch Societas Jesu; Abk. SJ): der jüngste große Orden der katholischen Kirche, der heute über die meisten Angehörigen verfügt. Die Gesellschaft Jesu wurde 1534 von dem baskischen Adligen Ignatius von Loyola (* 1491, † 1556) auf dem Montmartre in Paris gegründet. Sie wurde straff organisiert, sie untersteht dem in Rom residierenden *Ordensgeneral*, ihre Mitglieder sind zum Zwecke der Gewissensprüfung und Meditation zu regelmäßigen *Exerzitien* verpflichtet. Der Orden hat seelsorgerische und pädagogische Aufgaben sowie die der Ausbreitung des Glaubens; noch zu Lebzeiten Loyolas wirkte der spanische Jesuit Franz Xavier (* 1506, † 1552) als Missionar in Indien und Japan. Die Gesellschaft Jesu wurde 1540 von Papst Paul III. bestätigt; sie wurde der führende Orden der Gegenreformation. Im Zeitalter der Aufklärung verfügte Papst Klemens XIV. 1773 die Aufhebung des Ordens, der 1814 durch Papst Pius VII. wieder hergestellt wurde. In Deutschland war der Orden von 1872 bis 1917 verboten.

Jesus Christus [von griechisch christós „der Gesalbte"]: Urheber und zentrale Gestalt des Christentums, deren Geschichtlichkeit durch die Christuszeugnisse des N. T. sowie durch Notizen bei dem jüdischen Geschichtsschreiber Flavius Josephus (* 37/38, † um 100) und dem römischen Geschichtsschreiber Cornelius Tacitus (* um 53, † um 120) unbestritten ist. Jesus entstammte einer zu den Nachkommen des Königs David zählenden Familie. Sein öffentliches Auftreten etwa in seinem 30. Lebensjahr begann in Anlehnung an Johannes den Täufer. Jesus sammelte um sich eine Gruppe von Anhängern (Jüngern), mit denen er durch Palästina zog. Zentrales Anliegen seiner Verkündigung war die frohe Botschaft vom baldigen Kommen des Gottesreiches und der damit verbundene Aufruf zur Buße, um sich auf die Gottesherrschaft vorzubereiten (Zusammenfassung bei Mark. 1, 15). Seine in aramäischer Sprache und oft in Gleichnisrede vorgetragene Predigt wurde unterstützt durch den Anspruch, mit göttlicher Vollmacht zu sprechen und zu handeln, mit dem er auftrat, und durch die Wunder, die er vollbrachte. Eine Reise Jesu zum Passahfest nach Jerusalem führte zu seiner jubelnden Begrüßung als Messias, aber auch zur Verurteilung durch den römischen Prokurator von Judäa, Pontius Pilatus († 39) und zur Kreuzigung. Mit dem Tod Jesu war seine Wirksamkeit nicht beendet. Seine Jünger, aber auch andere Anhänger wie Paulus, gewannen die unerschütterliche Überzeugung von der Auferstehung des Gekreuzigten. Nur der Glaube an dieses Ostergeschehen hat zur Verkündigung seiner Botschaft und damit auch zu den Berichten über den irdischen Jesus geführt.

Jesus Sirach: jüdischer Weisheitslehrer und Verfasser des gleichnamigen Buches, das zu den Apokryphen des A. T. zählt, in der Vulgata „*Liber Ecclesiasticus*" („Kirchenbuch") genannt. Das Buch Jesus Sirach ist zwischen 190 und 170 v. Chr. entstanden. Den Inhalt bilden Ratschläge zur Erfüllung des Gesetzes; sie gründen sich auf Gottesfurcht.

Jezira [hebräisch Sefer Jezira „Buch der Schöpfung"]: ein frühes literarisches Zeugnis der mittelalterlichen Mystik des Judentums, auf dem die klassischen Zeugnisse der ↑Kabbala aufbauen. Seine Entstehungszeit fällt wahrscheinlich in das 8. Jahrhundert. Seinem eigenen Anspruch nach will das Buch Weisheiten überliefern, die auf Abraham zurückgehen; sicher enthält es Traditionsgut, das bereits vor seiner Sammlung im Sefer Jezira in Kreisen des jüdischen Volkes verbreitet war. Es will letzte Geheimnisse offenbaren, die v. a. Fragen der Entstehung (Schöpfung) der Welt betreffen. Nach der Lehre des Sefer Jezira wirkte Gott bei der Schöpfung der Welt mittels der den Buchstaben und Zahlzeichen innewohnenden Macht.

Jima (= Yima) [awestisch]: wie der indische ↑Jama ein Urmensch, daneben aber auch erster König und Herrscher in einem Goldenen Zeitalter.

Jobeljahr [von hebräisch jobel „Widder, Widderhorn"] (auch Jubeljahr, Halljahr): das im A. T. (3. Mos. 25, 8–54) von Jahwe angeordnete heilige Jahr der Juden, das nach sieben Sabbatjahren (d. h. nach 7 × 7 = 49 Jahren) feierlich begangen werden soll, verbunden mit Schuldenerlaß, Freilassung von Sklaven und Rückgabe verkauften Bodens. Der Name kommt dadurch zustande, daß am Beginn eines Jobeljahres das Widderhorn geblasen wurde.

Joga (= Yoga) [Sanskrit „Anspannung, Anschirrung (unter ein Joch)"; etymologisch verwandt mit lateinisch iugum, deutsch Joch]: indische Psychotechnik, die vielleicht schon vor der arischen Einwanderung nach Indien praktiziert wurde. Sie beruht auf einer Sicht vom Menschen, die davon ausgeht, daß zwischen Körper und Geist eine gewisse Wechselwirkung anzunehmen sei. Aus diesem Grund ist der Joga bestrebt, mit bestimmten Körperhaltungen und Atemübungen eine schwierige, teilweise psychisch gefährliche Methode zur Befreiung des Geistes durchzuführen. Der praktizierende Anhänger des Joga ist der *Jogin* (auch *Jogi*). Der Joga hat verschiedene Schulrichtungen ausgebildet. Der *Hatha-Joga* („Anstrengungsjoga") ist der grobe, gewaltsame Joga, der die körperlichen Übungen in den Vordergrund stellt. Der *Karma-Joga* legt den Nachdruck auf die Tat („Karma"), auf sittliche Werte. Im *Radscha-Joga* („königlicher Joga") hat die intuitive Einsicht Vorrang.

Jogatschara (= Yogācāra) [Sanskrit „Wandel im Joga"]: Schulrichtung des Mahajana-Buddhismus, gekennzeichnet durch das Interesse ihrer Anhänger am Joga, den sie als eine Möglichkeit zur Erlangung der Existenz eines Bodhisattwa auffassen. Die Jogatscharaschule leugnet die Realität aller Dinge, anerkennt jedoch ein individuelles „Selbst" (Sanskrit Atman).

Johannesevangelium (Abk. Joh.): das vierte Evangelium des N. T., wahrscheinlich gegen Ende des 1. nachchristlichen Jahrhunderts verfaßt, weicht von den ↑Synoptikern vielfach ab. Jesus ist der fleischgewordene Logos, der als Offenbarer die Herrlichkeit Gottes in der Welt darstellt (Joh. 1, 14). Typisch sind die theologischen Offenbarungsreden mit ihren „Ich bin"-Worten (Joh. 6, 35; 8, 12; 10, 7–11; 11, 25; 14, 6). Dagegen fehlen die für die synoptischen Evangelien charakteristischen Gleichnisreden. Die Geschichte Jesu ist zu einer Offenbarungsgeschichte geworden.

Johualli Eecatl [jo'walli e-'e:katl; aztekisch „Nacht und Wind"]: in der aztekischen Religion Beiname einiger Götter, vornehmlich des ↑Quetzalcoatl, womit dieser vordergründig als Windgott bezeichnet wird; gleichzeitig ist Johualli Eecatl aber wohl auch Ausdruck für den Charakter dieses Gottes, ungreifbar und irdische Zusammenhänge übersteigend (transzendent) zu sein.

Jom Kippur: das im A. T. (3. Mos. 16) gebotene Versöhnungsfest, der höchste jüdische Feiertag (September/Oktober), ein Tag des Sündenbekenntnisses und der Läuterung.

Jona: Prophet des A. T. und Buch gleichen Namens. Jona erhält die Berufung zur Bekehrung der Stadt Ninive, der er sich durch die Flucht aufs Meer entziehen will. Dort wird er von einem großen Fisch verschlungen und nach drei Tagen unversehrt wieder an Land entlassen. Er befolgt den Auftrag Jahwes und bewahrt Ninive vor dem göttlichen Strafgericht.

Joni (= Yoni) [Sanskrit „Mutterschoß"]: der als kultisches Symbol verehrte weibliche Schoß genießt vornehmlich in tantrischen Riten des Schiwa- und des bengalischen Durgakultes eine Verehrung, zu der noch im vorigen Jahrhundert Menschenopfer gehört haben sollen.

Jordan: der Fluß Jordan erlangte eine religiöse Bedeutung auf Grund der Taufe Jesu im Jordan. Die Mandäer bezeichnen mit „Jordan" fließendes und zum Taufritual geeignetes Wasser.

Josephinismus: zunächst Bezeichnung für die reformerische Staatskirchenpolitik Kaiser Josephs II. (♕ 1765 bis 1790), ihre weitgehenden Eingriffe in Privilegien des katholischen Klerus und ihre Toleranz gegenüber dem Protestantismus; dann im weiteren Sinne Begriff für aufgeklärten Absolutismus.

Josephsehe: im katholischen Kirchenrecht eine nach Joseph, dem [gesetzlichen] Vater Jesu, benannte Ehe, in der die Gatten bei Eheschluß bzw. später aus religiösen Motiven auf den Geschlechtsverkehr verzichten.

Joseph und Aseneth: apokryphe Legende, die den Bericht des A.T. (1. Mos. 41, 45) über die Heirat Josephs mit Aseneth, der Tochter eines Priesters aus dem ägyptischen Heliopolis ausspinnt und berichtet, Aseneth habe sich vor dieser Heirat von ihren ägyptischen Göttern losgesagt. Der Name Aseneth (hebräisch Asnath) bedeutet „der [ägyptischen Göttin] ↑Neith zugehörig".

Josua: Nachfolger des Moses und Führer der Israeliten bei der Landnahme Kanaans. Das nach ihm benannte Buch des A.T. berichtet zunächst (Kapitel 1–12) über die Eroberung des Westjordanlandes und die darauffolgende Verteilung dieser Gebiete. Die Kapitel 23 und 24 enthalten Abschiedsreden Josuas an das Volk und den Bericht über den Landtag zu Sichem.

Jubiläenbuch (auch Jubiläen): apokryphe (nach katholischem Sprachgebrauch pseudepigraphische) Schrift des A.T., vollständig nur in äthiopischer Übersetzung erhalten, wohl etwa 100 v. Chr. entstanden. Das Buch erhielt seinen Namen nach der zeitlichen Einteilung seines geschichtlichen Stoffes in Analogie zu den ↑Jobeljahren (alle 49 Jahre). Es bietet in freier Nacherzählung den Inhalt von 1. Mos. 1–2. Mos. 12.

Jubiläum [lateinisch „Jubelfeier"]: im religiösen Bereich in längeren Abständen wiederholte feierliche kultische Handlung oder eine Reihe von kultischen Handlungen wie z. B. die Begehung des ↑Heiligen Jahres.

Juda: israelitischer Stamm, benannt nach dem gleichnamigen Stammvater; nach dem Zerfall des Großreichs Davids und Salomos in ein Nordreich Israel und ein Südreich (um 925 v. Chr.) Bezeichnung des Südreichs mit Jerusalem als Hauptstadt.

Judäa: in der griechisch-römischen Antike Bezeichnung des südlichen Teils von Palästina, der im A.T. ↑Juda heißt.

Judasbrief: siebter der ↑Katholischen Briefe des N.T., dessen Verfasser sich als Judas, der Herrenbruder, bezeichnet. Der Brief ist ein Warnschreiben gegen gnostische Irrlehrer.

Jude, der Ewige ↑Ahasver.

Judenchristentum: zur Zeit des Urchristentums der christliche Glaube und das christliche Verhalten bekehrter Juden, die im Gegensatz zum Heidenchristentum an Beschneidung, Sabbatheiligung und jüdischen Speisegeboten festhielten.

Judentum: religiöse und ethnische Gemeinschaft, nach traditionellem Selbstverständnis die Nachkommen der biblischen Patriarchen Abraham, Isaak und Jakob. Für das Judentum ist die ↑Beschneidung obligatorisch. – Religionsgeschichtlich gehören zum Judentum die Epochen der ↑israelitisch-jüdischen Religion und die spätere Entwicklung nach der Zerstörung des Jerusalemer Tempels (70 n. Chr.), die durch den Gottesdienst der Synagoge und die Zerstreuung des Volkes gekennzeichnet ist. Dieses Judentum wurde zusätzlich zum A.T. vom ↑Talmud geprägt. Im mittelalterlichen Judentum spielte einerseits die ↑Kabbala eine bedeutende Rolle, andererseits die Scholastik, die in Spanien ihr Zentrum hatte; dort wirkte einer der größten Gelehrten des Judentums, Mose Ben Maimon (auch Maimonides) († 1204). In neuerer Zeit gewannen sowohl der ↑Chassidismus Bedeutung als auch die religiösen Aspekte des ↑Zionismus.

Judith (auch Judithbuch): nur in griechischer Übersetzung erhaltene Schrift des A.T., die in Form einer Geschichtslegende von der Errettung der Juden im Kampf gegen das Heer des babylonischen Königs Nebukadnezars II. (♔ 605–562) berichtet, dessen General Holofernes von der jüdischen Heldin Judith mit List getötet wird.

Juga: indischer Begriff für ↑Weltzeitalter.

Jul (auch altnordisch Jol): ein Winterfest der Germanen, dessen Namensbedeutung unsicher ist und entweder als „Rad (der Sonne)“ oder als „Besprechung“ verstanden wird. Zweifelhaft ist auch, ob das Fest im Zusammenhang mit der Wintersonnenwende stand und an diesem Termin begangen wurde. Die Hauptgötter des Festes scheinen im Norden Freyr und Odin gewesen zu sein; da für das Fest aus dem angelsächsischen Bereich die Bezeichnung Modraniht („Mütternacht“) überliefert wird, ist außerdem die rituelle Verehrung von Muttergottheiten anzunehmen. Das Julfest war eine Zeit allgemeinen Friedens. Im Mittelpunkt seiner kultischen Feier stand die Tötung eines Ebers, über dessen Borsten Gelübde abgelegt wurden. Das Eberopfer kann als Fruchtbarkeitsopfer verstanden werden; das sich anschließende Ebermahl wird meist als Gemeinschaftsessen mit den Verstorbenen gedeutet. – Bräuche des Julfestes sind teilweise vom christlichen Weihnachtsfest übernommen worden und haben sich am ausgeprägtesten in Skandinavien erhalten. Dort ist bis heute „Jul“ die übliche Bezeichnung des Weihnachtsfestes; außerdem kennt noch das Englische neben dem weitaus häufiger gebrauchten „Christmas“ auch „Yule“ für „Weihnachten“. Das Aufstellen eines grünen Nadelbaumes zur Weihnachtszeit ist die am weitesten verbreitete Sitte, die wahrscheinlich auf das germanische Julfest zurückgeht. In England ist es üblich, das *Yulelog* („Weihnachtsscheit“) im Kamin anzubrennen und seine angekohlten Reste, die als glückbringend gelten, ein Jahr lang aufzubewahren. Bekannteste schwedische Sitte ist der *Julklapp*,

Jungfrau Maria. Sedes sapientiae. Relief am südlichen Westportal der Kathedrale Notre-Dame in Paris (3. Viertel des 12. Jahrhunderts)

das heimliche Niederlegen verpackter Weihnachtsgeschenke vor die Türen der Häuser.

Jünger ↑ Meister und Jünger.

Jungfrauengeburt (auch griechisch Parthenogenese): die weltweit verbreitete Vorstellung von einer Geburt nach einer Empfängnis ohne Geschlechtsverkehr wird auf zahlreiche Gestalten der Geschichte angewendet, so auf die ägyptischen Pharaonen, auf Alexander den Großen und Augustus, auf Herakles, Pythagoras und Platon, auf Laotse, Buddha und Quetzalcoatl; vom Sauschjant des Parsismus wird sie als endzeitliches Ereignis erwartet. – Im Christentum fand der paulinisch-johanneische Inkarnationsglaube seine Ergänzung in der Geburt Jesu durch eine Jungfrau, die in den Evangelien nach Matthäus (1, 18–25) und Lukas (1, 26–35) überliefert ist.

Jungfräulichkeit: in der Religionsgeschichte findet sich häufig und mit unterschiedlicher Zielsetzung die Forderung nach ständiger, lebenslanger Enthaltsamkeit von jeder sexuellen Betätigung. Diese Forderung beruht entweder auf magischen Vorstellungen bzw. der Tabuisierung des Sexuellen oder auf ethischen Prinzipien. Als Gesetz galt sie für die Priesterinnen bestimmter griechischer Tempel, für die römischen Vestalinnen und für die Sonnenjungfrauen des Inkareiches. Auf der besonderen Hochschätzung, die sie in der frühchristlichen Kirche erfuhr, beruht das Ordensleben christlicher Mönche und Nonnen. – Weit verbreitet in der Religionsgeschichte sind Berichte über das Wunder der Jungfrauenempfängnis, Jungfräulichkeit vor dem Gebären (lateinisch Virginitas ante partum).

Jungfrau Maria: in der christlichen Theologie wurde Maria, die Mutter Jesu, mit unterschiedlichen Titeln und Würdenamen verehrt, ↑ Mariologie.

Jüngstes Gericht (auch Jüngster Tag): Gerichtsakt am Ende der Zeiten, der

Jupiter (3. Jahrhundert; Rom, Vatikanische Sammlungen)

einen Ausgleich zwischen sittlich-religiöser Lebensführung der Menschen und ihrem irdischen Schicksal vollzieht. In den verschiedensten Religionen finden sich Ansätze zu dieser Glaubensvorstellung. Sie gewann jedoch ihre typische Ausprägung in dem auf die Prophetie Zarathustras zurückgehenden Parsismus. Unter seinem Einfluß wurde der Glaube an die Auferstehung des Leibes und an das Jüngste Gericht vom Judentum übernommen (Daniel 7, 9ff.) und fand von da aus Aufnahme ins Christentum. Als endzeitlicher Weltenrichter scheidet nach den Aussagen des N.T. (Matth. 25, 31ff.) Christus die Gerechten von den Ungerechten. Darstellungen dieses Endgerichts nehmen besonders in der mittelalterlichen Kunst eine vorrangige Stellung ein. Für die Stiftung des Islams war der Glaube an das Jüngste Gericht von entscheidender Bedeutung: die Verkündigung der Vergeltung guter und böser Taten am Ende der Zeiten stand anfangs völlig im Mittelpunkt der Offenbarungen des Propheten Mohammed.

Juno: römische Göttin etruskischer Herkunft mit Zügen der griechischen Hera. Juno Regina („Königin Juno") ist die Gattin des Jupiter und Patronin der Ehe, wobei in ihrem Wesen vornehmlich mütterliche Aspekte betont wurden.

Jupiter (= Juppiter): Name der von den Römern verehrten Gestalt des indogermanischen Himmelsgottes; er stand als Jupiter Optimus Maximus an der Spitze des römischen Pantheons. Seine Beinamen lassen seine enge Beziehung zum Himmel erkennen. Als Lucetius ist er der Bringer des himmlischen Lichtes, als Fulgur schleudert er Blitze und sendet als Pluvius den Regen. Im Bereich irdischer Ordnungen ist er Bewahrer des römischen Staates, der als Victor den Waffen Roms den Sieg verleiht. Schließlich ist er Schwurzeuge und Schützer der Ehe.

Jurisdiktion: in der römisch-katholischen Kirche Bezeichnung für die Leitungsgewalt höherer Geistlicher mit den Funktionen der Gesetzgebung, Rechtsprechung und Verwaltung.

Jus divinum [lateinisch „göttliches Recht"]: im alten Rom Richtschnur für das Verhältnis der Bürgerschaft zu den Göttern; nach christlicher Auffassung die Gesamtheit des auf menschliches Verhalten bezogenen göttlichen Willens.

Justitia: römische Göttin, die als göttliche Person gedachte Gerechtigkeit.

K

Ka: zentraler, zugleich vieldeutiger Begriff der alten ägyptischen Religion, der am ehesten mit „Lebenskraft" wiedergegeben werden kann. Er bezeichnet die schöpferische Macht der Götter und ist im menschlichen Bereich der wichtigste *Seelenbegriff;* deshalb wurden Ka-Statuen in den Gräbern aufgestellt. Ka kann auch „Nahrungsmittel" bedeuten. Da das Wort lautlich mit demjenigen für „Stier" identisch ist, kann vielleicht von einer Grundbedeutung „Zeugungskraft" ausgegangen werden.

Kaaba ['ka-aba; arabisch „Würfel"]: Zentralheiligtum des Islams in Mekka; ein 15 m hohes, 12 m langes und 10 m breites würfelförmiges Bauwerk aus Stein, an dessen Südostecke ein schwarzer Meteorit eingemauert ist. Außen ist die Kaaba mit einem schwarzen Stoffbehang verkleidet. Um die Kaaba dehnt sich ein weiter Hof, in dem sich der Semsembrunnen befindet, den die Legende mit Hagar und Ismael in Zusammenhang bringt. Die Kaaba war in vorislamischer Zeit Heiligtum des ↑Hubal. Mohammed übernahm sie, nachdem er die Richtung, die die Muslime beim Gebet einnehmen (↑Kibla) nach ihr ausgerichtet hatte.

Kabbala [hebräisch „Tradition"]: zusammenfassende Bezeichnung für verschiedene Richtungen der jüdischen Mystik, die von gnostischen, z. T. auch neuplatonischen Ideen mitgeprägt sind. Das grundlegende Werk der Kabbala ist der im 13. Jahrhundert anonym verfaßte ↑„Sohar" („Lichtglanz"). Hauptvertreter der Kabbala waren Isaak der Blinde aus Nîmes († 1210), der vom Buch ↑„Jezira" beeinflußt war, ferner Abraham Abulafia († 1291), der das prophetisch-messianische Element hervorhob. In Deutschland war im 13. Jahrhundert Samuel der Fromme aus Speyer der bedeutendste Kabbalist.

Starken Einfluß gewann Isaak Luria (* 1534, † 1572), der „Adler der Kabbalisten". Zum Zentrum der Kabbala wurde die Stadt Zefat in Palästina. Die Kabbala hat den ↑Chassidismus beeinflußt.

Kabiren [von griechisch kábeiroi]: Kollektivgeister der griechischen Mythologie, Helfer in Seenot, später mit Hephaistos sowie mit chthonischen Gottheiten, besonders mit Hermes als Seelenführer, in Verbindung gebracht.

Kabod [hebräisch „Lichtherrlichkeit"]: im A. T. vornehmlich die Herrlichkeit Jahwes; dann auch Bezeichnung für „Ehre" und „Ruhm" von Menschen.

Kabrakan (= Cabracan) [Maya „Zweibein", dann „Erdbeben"]: als „Zerstörer der Berge" bezeichneter Erdbebendämon der Maya.

Kadariten (= Qadariten) [von arabisch qadar „Vorherbestimmung"]: im Islam Bestreiter der unabänderlichen Vorherbestimmung. Die Kadariten betonten demgegenüber die menschliche Willensfreiheit.

Kadi: in islamischen Gebieten Bezeichnung für den an das islamische Gesetz gebundenen Richter.

Kadischtu ↑Prostitution, sakrale.

Kadmos: aus Phönikien stammender Heros der griechischen Mythologie, Gründer Thebens. Kadmos erschlägt einen dem Ares heiligen Drachen, dessen Zähne er in die Erde pflanzt. Aus ihnen entsprießen Recken, von denen fünf zu Stammesherren des thebanischen Adels werden.

kadosch ↑heilig.

Kaguratanz: im japanischen Schinto ein auf sehr alten Traditionen beruhender kultischer Tanz, der von jungen Mädchen, meist Priestertöchtern, ausgeführt wird.

Kailasa: Berg im westlichen Transhimalaja, gilt in der indischen Mythologie als Wohnsitz der Götter ↑Schiwa und ↑Kubera.

Kainiten [ka-i...]: gnostische, libertinistische und judenfeindliche Sekte des 2. Jahrhunderts n. Chr., die eine Umkehrung biblischer Wertungen vollzog und daher Kain heroisierte.

Kainszeichen: nach dem A. T. (1. Mos. 4, 15) das Schutzzeichen, das Jahwe für Kain machte, damit keiner den Heimatlosen tötete.

Kairos [griechisch „rechter Zeitpunkt"]: im Verständnis der christlichen Theologien zunächst Ausdruck für das Bewußtsein, daß die Zeit dem Willen Gottes unterworfen ist, dann Bezeichnung für die Heilszeit, die mit dem Kommen Christi angebrochen ist.

Kaiserkult ↑Sakralkönigtum.

Kala [Sanskrit „Zeit"]: in der philosophischen Spekulation der Inder die Zeit als die über allem Geschehen waltende Macht, als vernichtende Größe mit dem Todesgott ↑Jama identifiziert.

Kalam [arabisch „Rede, Sprache"]: im Islam Begriff für die scholastische Theologie, im weiteren Sinne auch allgemein für Dogmatik.

Kalandsbruderschaften: seit dem frühen 13. Jahrhundert in Norddeutschland verbreitete kirchlich-karitative Vereinigungen, die ihre Bezeichnung von den am Ersten jedes Monats (den Kalenden) stattfindenden Versammlungen erhielten.

Kalender [von lateinisch calendae „erster Monatstag", übertragen für „Monat"]: Gliederung des Jahres, die ursprünglich in erster Linie der Fixierung heiliger Zeiten mit kultischen Festen diente. Die Aufstellung des Kalenders war daher vornehmlich eine priesterliche Aufgabe. Der Kalender, den der römische König Numa Pompilius erstellen ließ, regelte den gesamten Staatskult. Er wurde durch den von Gajus Julius Cäsar (* 100 oder 102, † 44) eingeführten *Julianischen Kalender* abgelöst, den seinerseits Papst Gregor XIII. 1582 mit dem bis heute gültigen *Gregorianischen Kalender* verbesserte. – Der Anfangspunkt der Zeitrechnung ist Anzeichen für den religiösen Charakter des Kalenders: Die christliche Zeitrechnung beginnt mit Jesu Geburt, der islamische mit der ↑Hedschra. Der jüdische Kalender rechnet im Prinzip von der Erschaffung der Welt an, die im 10. Jahrhundert n. Chr. auf das Jahr 3761 v. Chr. datiert wurde.

Kalevala [finnisch „Land des Kaleva" (einer mythischen Gestalt)]: finnisches Nationalepos, von dem finnischen Arzt, Schriftsteller und Volkskundler Elias Lönnrot (* 1802, † 1884) aus eigenen Sammlungen alter finnischer und karelischer Helden- und Volkslieder zusammengestellt und z. T. mit verbindenden Versen versehen, in endgültiger Fassung 1849 veröffentlicht. Das „Kalevala" ist eine äußerst wichtige Quelle für die alte finnische Volksreligion. Zentrale Gestalt ist der ↑Kulturheros Väinämöinen. – Das estnische Gegenstück zum „Kalevala" ist das „Kalevipoeg".

Kali [Sanskrit „die Schwarze"]: ein zweiter Name der indischen Göttin ↑Durga.

Kalifat [von arabisch chalīfa „Stellvertreter"]: islamische Institution, die nach dem Tode des Propheten Mohammed, der kein Testament hinterlassen hatte, geschaffen wurde, um den Bestand und Zusammenhalt der islamischen Gemeinde (Umma) unter einem Oberhaupt sicherzustellen. Der Kalif sollte künftig Mohammed vertreten, aber dessen abgeschlossenes Prophetenamt nicht fortführen, sondern die Leitung der Gemeinde beim Gebet und im Krieg innehaben. Das Kalifat entwickelte sich bald zur weltlichen Herrschaft erblicher Dynastien. Die Kalifendynastie der Omajjaden regierte das islamische Reich von 632 bis 750, zunächst von Medina aus, dann seit 661 von der neuen Hauptstadt Damaskus. In die Zeit der Omajjaden fallen die großen Eroberungen; im Westen erreichten sie 711 Spanien; im Osten hatten sie bereits 642 das persische Reich der Sassaniden zerstört. Die Omajjaden wurden nach schweren inneren Auseinandersetzungen 750 von den Abbasiden abgelöst, die das Reich zunächst von Bagdad aus regierten und seit 1258 in Kairo residierten. Der letzte Omajjade hatte 756 in Spanien das Emirat (seit 929 Kalifat) von Córdoba begründet. Der Mongolensturm vernichtete das Abbasidenreich. Das Kalifat ging auf die türkischen Sultane über. Der Einfluß von Kemal Atatürk war maßgebend, als die türkische Nationalversammlung 1924 das Kalifat abschaffte.

Kalkin: die zehnte, noch nicht erschienene und für die Zukunft erwartete Inkarnation (↑Awatara) des indischen Gottes Wischnu.

Kalpa: in der indischen Lehre von den ↑Weltzeitaltern die zusammenfassende Bezeichnung für eine große Zahl von Perioden.

Kalvarienberg [von lateinisch calvaria „Schädelstätte"]: das biblische Golgatha sowie Erderhebungen mit plastischer Darstellung einer Kreuzigungsgruppe, zu der Kreuzwegstationen hinaufführen.

Kalvinismus (= Calvinismus): die auf den schweizerischen Reformator Johann Calvin (* 1509, † 1564) zurückgehende Form des reformierten Glaubens mit ihrer Betonung der Erwählung oder Verdammung der Menschen durch göttlichen Ratschluß (Prädestination) und der darin zum Ausdruck kommenden uneingeschränkten Freiheit Gottes, der Kirchenzucht und Gestaltung der staatlichen Ordnung nach biblischen Grundsätzen. Größte Bedeutung erlangte der Kalvinismus durch den in England, Schottland und Nordamerika sich ausbreitenden Puritanismus.

Kama [Sanskrit „Verlangen, Begierde"]: Name des indischen Liebesgottes.

Kamakura: japanische Stadt auf Hondo, an der Sagamibucht, bekannter Wallfahrtsort mit zahlreichen buddhistischen Tempeln und Schintoschreinen. Berühmt ist eine der bedeutendsten buddhistischen Kolossalstatuen, der *Dai Butsu* („großer Buddha") von Kamakura.

Kamaldulenser (= Camaldulenser): von Romuald, einem Angehörigen des Herzogsgeschlechts von Ravenna, im Jahre 1012 in *Camaldoli* in den Apenninen gestiftete Eremitenkongregation auf der Grundlage der Benediktinerregel, die Gemeinschafts- und Einsiedlerleben verbindet.

Kami: Zentralbegriff des japanischen Schinto, der sprachlich wahrscheinlich mit dem Ainuwort für „Gott", Kamui, zusammenhängt. Wörtlich bedeutet Kami „oben, das Obere, der Höherstehende". Damit wird im Schinto alles religiös Verehrungswürdige bezeichnet. Dies sind nicht allein die Götter. Kamicharakter können auch Tiere, Pflanzen, Seen und Berge haben. Im menschlichen Bereich können hochangesehene Verstorbene als Kami verehrt werden. Die „Gottbesessenheit" Lebender, die sich in ekstatischen Zuständen äußert, wird mit *Kami-gakari* bezeichnet. – Auf Grund der sehr großen Anzahl von Kamiwesenheiten spricht der Schinto von den Jao-jorosu-no-kami, den acht Millionen, d. h., der unzählbaren Menge, von Kami.

Kami-gakari ↑Kami.

Kami-Musubi [japanisch „göttlicher hehrer Erzeuger"]: Himmelsgott des japanischen Schinto, der als Herr des Werdens und der Geburten große Verehrung genießt.

Kami no mitschi (= Kami no michi) [japanisch „Weg der ↑Kami"]: rein japanische Form für den sinojapanischen Begriff ↑Schinto.

Kamisarden (= Camisarden) [von lateinisch camisia „Leinenhemd"] (auch französisch Camisards): Name der ↑Hugenotten in den Cevennen (dem Rand des Zentralmassivs in Frankreich), deren Aufstand gegen die französische Regierung 1702 begann und erst 1709 endgültig niedergeschlagen wurde.

Kamosch ↑moabitische Religion.

Kanaan: im A. T. Name des den Israeliten verheißenen Landes.

Kandschur [von tibetisch bKa-'gyur „Übersetzung der Vorschriften"]: eine 689 Einzelwerke umfassende Sammlung heiliger Schriften des Lamaismus, die zusammen mit dem ↑Tandschur den buddhistischen Kanon Tibets bildet, der teilweise auf meist sklavisch genauen Übersetzungen indischer Texte ins Tibetische beruht. Die definitive Festlegung der heutigen Textgestalt erfolgte zu Beginn des 14. Jahrhunderts. 1628/29 wurde der Kandschur vollständig ins Mongolische übertragen.

Kane no Kami: im japanischen Schinto der gefürchtete Metallgott, auf dessen Zorn Leid und Tod von Menschen oft zurückgeführt wird, auch unter dem Namen Kondschin bekannt.

Kannibalismus: Begriff, der sich sprachlich vom Stammesnamen der Kariben ableitet, Bezeichnung für *Menschenfresserei* (Anthropophagie). Kannibalismus hat das primäre Ziel der Machtübertragung und Kraftsteigerung. Der Kannibale will sich durch Verzehr von Körperteilen getöteter Menschen oder durch das Trinken von deren Blut die Kraft, die diese besaßen, zu eigen machen.

Kannuschi (= Kannushi) [japanisch]: im japanischen Schinto ursprünglich der Oberpriester eines Schreines, heute im allgemeinen synonym zu Schinschoku als Bezeichnung für „Priester" gebräuchlich.

Kanon [griechisch „Richtschnur"]: 1. eine endgültig festgelegte Sammlung heiliger Schriften; 2. kirchenrechtliche Normen (Kanones); 3. das von der katholischen Kirche anerkannte Verzeichnis ihrer Heiligen.

Kanoniker: Chorherren an Dom- und Stiftskirchen.

Kanonisation ↑Heiligsprechung, ↑Kanon.

kanonisches Recht: Bezeichnung für das in *Kanones* festgelegte katholische Kirchenrecht.

Kanopen: die vier Krüge, in denen die Ägypter die Eingeweide Verstorbener beisetzten.

Kantor (= Cantor) [lateinisch „Sänger"]: Vorsänger bei den liturgischen Gebeten der katholischen Kirche; in evangelischen Kirchen Organist und Chorleiter.

Kanzel [von lateinisch cancelli „Schranken"]: erhöhter, halbhoch umschlossener und meist nach oben durch einen Schalldeckel begrenzter Standort für den Prediger in kirchlichen Räumen.

Kanopen. Aschenurne aus Chiusi (6. Jahrhundert v. Chr.; Kopenhagen, Ny Carlsberg Glyptotek)

Kanzelparagraph: während der Auseinandersetzung zwischen Staat und Kirche im Deutschen Reich seit 1871 (Kulturkampf) im November 1871 erlassenes Gesetz, das eine den öffentlichen Frieden gefährdende Erörterung staatlicher Angelegenheiten durch Geistliche während der Ausübung ihres Berufes mit Gefängnis bis zu zwei Jahren bedrohte. Dieser Paragraph wurde in der Bundesrepublik Deutschland 1953 aufgehoben.

Kanzel- und Abendmahlsgemeinschaft: Bezeichnung für den gegenseitigen Austausch von Predigern und die gegenseitige Zulassung zum Abendmahl zwischen verschiedenen christlichen Konfessionen, z. B. zwischen den lutherischen und reformierten Kirchen in der Evangelischen Kirche in Deutschland oder zwischen der altkatholischen und der anglikanischen Kirche.

Kapelle: Bezeichnung eines kleineren gottesdienstähnlichen Raumes, benannt nach dem Betraum der fränkischen Könige, in dem die *Cappa* (lateinisch „Mantel") des heiligen Martin von Tours (* 316 oder 317, † 397) als Reliquie aufbewahrt wurde.

Kapitel [von lateinisch capitulum „Köpfchen"]: ursprünglich die einem Textabschnitt (als „Kopf") vorangestellte Überleitungsformel oder Inhaltsangabe, dann Bezeichnung für den Abschnitt selbst. Im Ordensrecht ein Abschnitt der Ordensregel, der der Klostergemeinschaft vorgetragen wird, dann Bezeichnung für die Versammlung der Klostergemeinde sowie für das ↑Domkapitel.

Kapitel- und Verseinteilung der Bibel: die heute gebräuchliche Kapiteleinteilung der Bibel wurde zuerst 1205 für die „Vulgata" von dem englischen Theologen und Kardinal Stephen Langton (* um 1150, † 1228), Professor in Paris, später Erzbischof von Canterbury, durchgeführt. Die seit 1551 übliche Verseinteilung geht zurück auf den Pariser Buchdrucker Robert Estienne (latinisiert Stephanus; * 1503, † 1559).

Kapitol (= Capitol) [von lateinisch Capitolium]: einer der sieben Hügel Roms, der sogenannte Mons Capitolinus, seit Errichtung der Kultstätte der kapitolinischen Göttertrias Jupiter–Juno–Minerva im 6. Jahrhundert v. Chr. das religiöse, z. T. auch politische Zentrum Roms.

Kaplan [von mittellateinisch capellanus „Kapellengeistlicher"]: ursprünglich Priester an der fränkischen Hofkapelle, heute ein katholischer Seelsorger mit besonderen Funktionen sowie der Hilfspriester eines katholischen Pfarrers.

Kapuzinerorden (lateinisch Ordo Fratrum Minorum Capuccinorum; Abkürzung OFMCap): ein im Jahre 1528 von den Franziskanern abgetrennter Orden mit dem Ziel der strengen Befolgung des franziskanischen Armutsideals. Der Orden gelangte im Volk vornehmlich durch seine Prediger bald zu bedeutendem Einfluß. Die Tracht der Kapuziner besteht aus einem braunen Ordensmantel mit angenähter, langer Kapuze und einem weißen Strickgürtel. Es gibt (1975) etwa 12700 Kapuziner.

Karbala (auch Kerbela): bedeutender schiitischer Wallfahrtsort im Irak mit dem Grab Husains (* 626, † 680), des Sohnes des vierten Kalifen Ali.

Kardinal [von mittellateinisch cardinalis „zur Türangel (cardo) gehörig"; übertragen: „im Angelpunkt, an wichtiger Stelle stehend"]: Mitglied des Kardinalkollegiums der römisch-katholischen Kirche, das nach geltendem Kirchenrecht den Senat des Papstes bildet. Die hauptamtlich an der römischen Kurie tätigen Kardinäle werden *Kurienkardinäle* genannt. Der *Kardinalat* ist die höchste vom Papst verliehene kirchliche Würde. Nach dem Völkerrecht kommt einem Kardinal das Vorrecht zu, der Gerichtsbarkeit und Verwaltungshoheit eines ausländischen Staates nicht zu unterliegen (Exterritorialität), wenn er sich als persönlicher Vertreter des Papstes ins Ausland begibt. Er ist berechtigt, ohne jede Beschränkung durch Italien zum Papst, zu einem Konklave oder Konzil zu reisen. 1971 wurden die Rechte der Kardinäle dahingehend beschnitten, daß sie mit Vollendung des 80. Lebensjahres das aktive Papstwahlrecht, d. h. das Recht, am Konklave teilzunehmen, sowie die Mitgliedschaft in den Behörden der römischen Kurie und der Vatikanstadt verlieren.

Kardiognosie [von griechisch kardía „Herz" und gnõsis „Erkenntnis"]: das Erkennen eines fremden Herz-, d. h. Seelenzustandes; sie zählt zu den außerordentlichen religiösen Erlebnisformen.

Karfreitag [von althochdeutsch chara „Klage" im Sinne der nicht lauten, sondern stillen, inneren Trauer]: in den christlichen Kirchen der dem Gedächtnis des Kreuzestodes Jesu gewidmete Freitag der Karwoche.

Karma [Sanskrit „Werk, Tat"]: ursprünglich wurden rituelle Handlungen, die der Sicherung der individuellen Unsterblichkeit dienen sollen, mit Karma bezeichnet. In der Religionsphilosophie der ↑„Upanischaden" wird Karma zum Schlüsselwort für die Lehre von der Vergeltungskausalität der Tat, die im Zusammenhang mit dem Seelenwanderungsglauben steht. Nach dieser Lehre wird die Art der Wiedergeburt eines Menschen bestimmt durch die Taten in seinem vorhergehenden Leben. Gute Werke schaffen glückliche Verhältnisse in einer zukünftigen Existenz, böse Taten bestimmen eine schlechte Wiedergeburt. Dieses Gesetz wirkt automatisch. Zugrunde liegt ihm eine deterministische Anschauung vom menschlichen Schicksal, die der Buddhismus, der das Karmagesetz übernimmt, auch auf die Götter überträgt, die nach buddhistischer Anschauung ebenfalls dem Zwang unterliegen, verschiedene Existenzen durchlaufen zu müssen.

Karma-Joga ↑Joga.

Karma-Marga [Sanskrit „Weg der Werke"]: einer der indischen Heilswege, auf dem der Mensch durch rituelles oder ethisches Handeln die Erlösung zu erlangen bestrebt ist.

Karmaten (= Qarmaten): von Hamdan Qarmat begründete schiitische Sekte des Islams mit betont politischen Akzenten, die sich Ende des 9. Jahrhunderts vom Südirak aus verbreitete und in ihrem Herrschaftsbereich einen religiös gefärbten Kommunismus verwirklichte. Die Karmaten terrorisierten während des 10. Jahrhunderts den Irak, Syrien und Teile Nordarabiens. Im Jahre 930 entführten sie den schwarzen Stein der ↑Kaaba, so daß bis zu seiner Rückgabe nach 22 Jahren die Pilgerfahrten ausgesetzt werden mußten.

Karmel: bis nahe an die Mittelmeerküste reichender Gebirgszug in Nordisrael, Stätte der Auseinandersetzung

Elias mit den Baalspropheten (1. Kön. 18, 19ff.), in der Zeit der Kreuzzüge Gründungsstätte des ↑Karmeliterordens; am Fuß des Karmel befindet sich seit 1868 das Zentrum der ↑Baha'i-Religion.

Karmeliterorden (lateinisch Ordo Fratrum Beatae Mariae Virginis de Monte Carmelo; Abkürzung OCarm): im Jahre 1156 aus einer Eremitengemeinschaft am nordisraelischen Berg Karmel entstandener katholischer Orden, der sich nach der Übersiedlung nach Europa als Bettelorden konstituierte. Die 1562 und 1568 durchgeführten Reformen der spanischen Mystikerin Teresa de Jesus (auch Theresia von Ávila; * 1515, † 1582) und des Juan de la Cruz (auch Johannes vom Kreuz; * 1542, † 1591) führten zur Abtrennung des Ordens der *Unbeschuhten Karmeliten* (lateinisch Ordo Carmelitarum Discalceatorum, Abk. OCD). Beide Orden zusammen haben (1975) etwa 5 700 Mitglieder.

Karnak: in Oberägypten auf dem rechten Nilufer an der Stelle des altägyptischen Theben gelegener Ort, berühmt durch seine Ruinenstätten, vornehmlich diejenigen des in der 12. Dynastie (1991–1786) begonnenen Tempels des damaligen Reichsgottes Amun.

Karneval (auch Fasching, Fastnacht): mit ausgelassenem und närrischem Brauchtum begangene Zeit vor Aschermittwoch, seit dem Spätmittelalter in Italien in prunkvoller Weise gefeiert; deutsche Hochburgen des Karnevals sind seit dem 19. Jahrhundert Köln, Mainz, Aachen und Düsseldorf. Dem Karneval, der typologisch den römischen ↑Saturnalien vergleichbar ist, liegen letztlich magische Riten der Abwehr von Mächten zugrunde, die dem beginnenden Frühling feindlich begegnen. Der Begriff Karneval (von italienisch carnevale) kann sprachlich von lateinisch carrus navalis („Schiffskarren") oder auch von der scherzhaft gebrauchten lateinischen Form carne vale („Fleisch, leb' wohl") abgeleitet werden.

Karneval. Fastnachtsspiel, Titelholzschnitt zu Hans Sachs' „Der bös Rawch" (1560)

Karsamstag [von althochdeutsch chara „Klage", ↑Karfreitag]: der dem Gedächtnis der Grabesruhe Christi geweihte Tag vor Ostern. Tag der Trauer und der Ostererwartung. In allen vorreformatorischen Kirchen voller Fasttag und daher eucharistielos. Die abendliche Vigil mit Auferstehungs- und Tauffeier gehört bereits zu ↑Ostern.

Kartäuserorden (lateinisch offiziell Ordo Cartusiensis; Abkürzung OCart): nach der 1084 von Bruno von Köln († 1101) begründeten Einsiedelei La Chartreuse bei Grenoble benannter und 1143 von Papst Innozenz II. bestätigter Orden, dessen Angehörige sich in dem mit *Kartause* bezeichneten Kloster in streng abgesonderten Einzelzellen schroffer Askese und einem rein kontemplativen Leben widmen. Die Zahl der Kartäuser beträgt (1974) etwa 450.

Karthago ↑punische Religion.

Karuna [Sanskrit „Mitleid"]: indischer Begriff für Mitleid, ↑Mahakaruna.

Karwoche [von althochdeutsch chara „Klage", ↑Karfreitag]: Bezeichnung für die am Palmsonntag beginnende vorösterliche Woche mit Gründonnerstag, Karfreitag und Karsamstag.

Kasel ↑Meßgewand.

Kassandra: Gestalt der griechischen Mythologie, der Apollon die Sehergabe verliehen, diese jedoch aus Zorn über die Zurückweisung seiner Liebe mit dem Fluch belegt hatte, daß ihr niemand Glauben schenken solle. So blieben die Warnungen der Kassandra, ihre *Kassandrarufe*, vor und während des Trojanischen Krieges unbeachtet. Kassandra fällt schließlich dem Agamemnon als Kriegsbeute zu und wird mit diesem in Mykene von Ägisthus und Klytämnestra ermordet.

Kasteiung [von lateinisch castigatio „Züchtigung, Strafe"]: besonders harte asketische Übung, meist durch Geißelung vollzogen; bei den aztekischen Priestern war das Durchstechen von Zunge und Ohrläppchen üblich.

Kastensystem [von portugiesisch casta „Art, Geschlecht, Rasse"]: im Hinduismus religiös begründete Gliederung der indischen Gesellschaft, die sich im Laufe der Zeit noch bedeutend differenzierte. An der Spitze der vier großen Kastengruppen stehen die *Brahmanen*, die ursprünglich und bis heute häufig dem Priesterstand angehören. Der *Kschatrija* ist der „Herrschende". Der *Waischja*, der „Siedler", ist meist Bauer oder Handwerker. Angehörige der vierten, verachteten Kaste werden mit *Schudra* bezeichnet. – Gandhi (* 1869, † 1948) bekämpfte die Auswüchse des Kastensystems. Die Verfassung der Indischen Union hat zwar Vorrechte und Benachteiligungen des Kastensystems, aber noch nicht dessen tatsächlichen Einfluß beseitigt.

Kastor: einer der ↑Dioskuren.

Kastration [lateinisch]: als religiöser Akt ist die Entmannung aus orientalischen Kulten, vornehmlich des Attis und der Magna Mater, bekannt; bei dem altkirchlichen Theologen Origenes (* 185, † 254), der sich selbst kastrierte, diente sie dem Ziel, auf radikale Weise das Ideal der Ehelosigkeit zu verwirklichen.

Kasualien [von lateinisch casus „Fall"]: im Bedarfsfall vorgenommene kirchliche Amtshandlungen; zu ihnen gehören Taufe, Trauung, Beerdigung.

Kasuga-dschinscha (= Kasuga jinsha) [japanisch „Schrein des Kasuga"]: der berühmte, im Jahre 768 n. Chr. von der Familie Fudschiwara in Nara für ihre Ahnengottheit Kasuga begründete Schintoschrein. Der Schrein wird alle 20 Jahre abgerissen und nach altem Plan neu erbaut.

Kasuistik [von lateinisch casus „Fall, Vorkommnis"]: eine bis ins Detail genaue Spezifizierung von Moralvorschriften, mit der möglichst alle erdenkbaren Einzelfälle erfaßt und normativ entschieden werden sollen.

Katakomben: nach dem Bestattungsort des hl. Sebastian (Coemeterium ad catacumbas) in einer Talsenke an der Via Appia benannte unterirdische Begräbnisstätten, charakteristisch für das frühe Christentum. Die meisten Katakomben, die oft weitverzweigte Stollenanlagen darstellen, befinden sich in der Umgebung Roms.

Katakomben des Kalixt in Rom

Kataphryger ↑Montanismus.

Katechese [von griechisch katēcheīn „mündlich unterrichten"]: in Frage- und Antwortform durchgeführter Unterricht über christliche Glaubensinhalte. Heute auch allgemein religiöse Unterweisung.

Katechet [griechisch, ↑Katechese]: christlicher Religionslehrer; heute oft als Bezeichnung für einen Religionslehrer ohne volle theologische Ausbildung gebräuchlich.

Katechetik [griechisch, ↑Katechese]: wissenschaftliche Lehre vom Unterricht im christlichen Glauben (↑Religionspädagogik), Teildisziplin der praktischen Theologie.

Katechismus [griechisch, ↑Katechese] (Mehrzahl Katechismen): seit der Reformation Bezeichnung für ein meist in Frage- und Antwortform zusammengestelltes Lehrbuch des christlichen Glaubens, am berühmtesten sind die von Martin Luther (* 1483, † 1546) 1529 veröffentlichten Katechismen „Großer Katechismus" und „Kleiner Katechismus". Angeregt durch Luther entstand eine große Zahl weiterer Katechismen, von denen aber nur der ↑Heidelberger Katechismus eine vergleichbare Bedeutung erlangte.

Katechumenat [griechisch, ↑Katechese]: Vorbereitungszeit der Taufbewerber (Katechumenen). Der Katechumenat wurde mit Einführung der Kindertaufe beendet.

Katechumenen [kat-ɛ'çumenən; kat-ɛçu'me:nən; griechisch]: in der frühen christlichen Kirche Bezeichnung für die Taufbewerber.

Katechumenenmesse [kat-ɛ'çumenən..., kat-ɛçu'me:nən...; griechisch] in der frühen christlichen Kirche eine von der eigentlichen Messe abgetrennte Vormesse, die für Büßer und die noch ungetauften Taufbewerber (Katechumenen) zugänglich war.

Katechumenenöl ↑Chrisam.

Katenen [von lateinisch catenae „Ketten"]: mittelalterliche Bibelkommentare, bestehend aus einer Aneinanderreihung von Stellen aus exegetischen Schriften der Kirchenväter.

Kathaka-Upanischad: eine der ↑„Upanischaden".

Katharer [von griechisch katharoí „Reine"]: Anhänger einer seit dem 12. Jahrhundert in Südfrankreich und Oberitalien auftretenden religiösen Bewegung mit streng dualistischer, auf Einflüsse des ↑Manichäismus zurückzuführender Lehre, daher auch als *Neumanichäer* bezeichnet: Der Teufel, der böse Gott des A. T., liegt in ständigem Kampf mit dem guten Gott des N. T. und seinem reinen Engel Christus. Die Selbsterlösung geschieht durch Sektenmitgliedschaft und völlige Enthaltung von weltlichen Dingen, z. B. von der Ehe. Apostolische Armut und radikale Askese kennzeichneten die Lebensführung der Katharer. Ihre hierarchische Organisation unterschied die Gruppe der *Perfecti* (lateinisch „Vollkommene") vom weiteren Kreis der *Credentes* („Gläubige"). – In Frankreich wurden die Katharer nach der Stadt Albi auch Albigenser genannt, außerdem Tisserands (französisch „Weber"), weil sie z. T. ihren Lebensunterhalt mit Weben verdienten. Ihre Gemeinden erlitten in den Albigenserkriegen (1209–1229) entscheidende Verluste; sie wurden von der Inquisition gänzlich ausgerottet. Geistig hatte zu ihrer Überwindung die Armutsbewegung der Bettelorden (Dominikaner und Franziskaner) beigetragen.

Katharsis [griechisch „Reinigung"] (auch lateinisch purificatio): Bezeichnung für die erste Stufe der Mysterienkulte sowie für den ersten Abschnitt des mystischen Weges.

Kathedrale [von lateinisch cathedra „Lehrstuhl, Bischofssitz"]: Bezeichnung für die Bischofskirche, die Hauptkirche eines Bistums. In Deutschland und Italien wird diese meistens Dom genannt.

Katholikon: Sitz oder Hauptkirche eines ↑Katholikos.

Katholikos [griechisch, ↑katholisch]: kirchlicher Titel, soviel wie allgemeiner Bischof, allgemeines Oberhaupt. Zunächst Vertreter des Patriarchen von Antiochia in einem abhängigen Teilgebiet des Patriarchates, später Oberhaupt der selbständig gewordenen Kirche; auch heute als Titel von verschiedenen Oberhäuptern orientalischer Kirchen gebraucht (u.a. Georgien, Armenien, Äthiopien).

katholisch [von griechisch katholikós „alle betreffend, allgemeingültig"]: der Begriff katholisch wurde zuerst von dem Kirchenvater Ignatius von Antiochia († zwischen 107 und 117) auf die von Jesus Christus „für alle" gestiftete Kirche bezogen. Heute wird „katholisch" vielfach zur Kennzeichnung der römisch-katholischen Kirche und zur Unterscheidung von den durch die Reformation entstandenen christlichen Kirchen verwendet. Dieser Sprachgebrauch ist jedoch insofern problematisch, als auch diese Kirchen sich als „katholisch", d.h. als Glieder der einen, von Christus gestifteten Kirche, verstehen.

Katholisch-Apostolische Gemeinde ↑ Neuapostolische Gemeinde.

Katholische Briefe: Bezeichnung für sieben „für die Allgemeinheit bestimmte" Briefe des N.T., die nach Verfassern und nicht nach den – meist ungenannten – Adressaten benannt werden; es sind dies: der Jakobusbrief, der 1. und 2. Petrusbrief, 1., 2. und 3. Johannesbrief sowie der Judasbrief.

katholische Kirche [griechisch, ↑ katholisch]: im Selbstverständnis ihrer Mitglieder die von Jesus Christus gestiftete Gemeinschaft der Gläubigen mit dem römischen Bischof (Papst) als ihrem Oberhaupt. Die Bezeichnung *römisch*-katholische Kirche wird vor allem von Nichtkatholiken verwendet, um damit die für die katholische Kirche typische und von ihnen nicht anerkannte Lehr- und Leitungsgewalt des Papstes in Fragen des Glaubens und der Moral zum Ausdruck zu bringen. Zur katholischen Kirche gehören entsprechend ihrer Struktur als einer Rechtskirche (d.h. einer Kirche mit einem ausformulierten Kirchenrecht) alle, die getauft worden sind, sich zum Glauben der katholischen Kirche bekennen, durch die Gemeinschaft der Sakramente verbunden sind und nicht wegen eines vom Kirchenrecht umschriebenen Verstoßes von ihr ausgeschlossen sind. Darüber hinaus versteht sich die katholische Kirche als die einzige Kirche Christi und für alle Menschen als heilsnotwendig, da die katholische Kirche davon ausgeht, daß sie allein den Auftrag bekommen hat, allen Menschen das Heil zu vermitteln. Dementsprechend führt der eigentliche Weg zum Heil über den Eintritt in die katholische Kirche, wenn auch das 2. Vatikanische Konzil die ergänzende Funktion der anderen christlichen Kirchen betont. Nach neuerer Auffassung können jedoch auch die nichtchristlichen Religionen ein Heilsweg sein. Nach ihrem eigenen Verständnis kennzeichnen die katholische Kirche vier Merkmale, die sie als die Kirche Jesu Christi ausweisen: *Einheit* (im Glauben, in den Sakramenten, Einheit ihrer Glieder, die in der Einheit der Leitung begründet

Kathedrale von Laon, Westfassade (um 1190 begonnen)

wird), *Heiligkeit* (durch ihre Stiftung durch Jesus Christus und ihr Ziel, auf ihn hin zu wirken), ihre grundsätzliche Heilsbedeutung für die ganze Welt *(Katholizität)* und ihre Wesensgleichheit mit der Kirche zur Zeit der Apostel *(Apostolizität)*. Den Aussagen des 2. Vatikanischen Konzils entsprechend unterscheidet die katholische Kirche zwei Bereiche ihrer Tätigkeit und Wirksamkeit: nach innen die von zahlreichen hierarchischen, territorial und nach Ständen gegliederten Organisationen getragene Seelsorge an den Gläubigen auf der Ebene der Pfarrei, in den Laienorganisationen, durch Orden und andere Kongregationen; nach außen die von der römischen Kurie geführten Beziehungen zu den nichtkatholischen christlichen und den nichtchristlichen Religionen, die Mission, die kirchliche Öffentlichkeitsarbeit in den Bereichen, die zugleich weltliche und kirchlich-theologische Fragen berühren, und die Mitarbeit in zahlreichen internationalen Organisationen. Innerhalb der Länder ist die katholische Kirche nach Diözesen unter der Leitung eines Bischofs gegliedert. Mehrere Diözesen sind in der Regel zu einer Kirchenprovinz unter einem Metropoliten (Erzbischof oder Patriarch) vereinigt. Die Diözesen gliedern sich entsprechend den örtlichen Gegebenheiten nach Pfarreien (außerdem gibt es sogenannte Personalpfarreien wie Studentengemeinden, Militärseelsorge, Pfarrei einer Strafanstalt usw.) mit dem in der Regel auf Lebenszeit bestellten Pfarrer und gegebenenfalls sogenannten Hilfsgeistlichen wie Kaplan, Vikar zur Ausübung der Seelsorge. In den Missionsgebieten, die noch keine selbständige Volkskirche mit einer einheimischen Hierarchie gebildet haben und deshalb der direkten Leitung Roms unterstehen, gibt es besondere Organisationsformen wie Apostolische Vikariate, Apostolische Präfekturen, unabhängige Prälaturen, Missionsgebiete und andere.

Statistik (Stand Ende 1973): Zahl der Katholiken: rund 552 Millionen, Zahl der Priester: 343 000. In der Bundesrepublik Deutschland gibt es die Erzbistümer Bamberg, Freiburg, Köln, Paderborn sowie München und Freising mit insgesamt 16 Bistümern; das Bistum Berlin ist dem Heiligen Stuhl direkt unterstellt. Gesamtzahl der Katholiken (1973; einschließlich Berlin [West]): 29 577 000.

Katholische Majestät: Titel, den Papst Alexander VI. im Jahre 1496 den spanischen Königen als Anerkennung für den Abschluß der christlichen Rückeroberung islamischer Gebiete auf der iberischen Halbinsel (Reconquista) verlieh.

Katholizismus: der Begriff Katholizismus wird oft in gleicher Bedeutung wie ↑katholische Kirche verwendet, vor allem jedoch wird eine Haltung so genannt, die von der katholischen Kirche inspiriert ist oder aber sich an ihr orientiert, aber nicht unbedingt mit der Institution der katholischen Kirche konform geht.

Katze. Vielleicht aus Bubastis (vermutlich 6. Jahrhundert v. Chr.; Hannover, Kestner-Museum)

Katze: im alten Ägypten genoß die Katze in Gestalt der Göttin *Bastet* eine Verehrung, die, wie zahlreiche Katzenmumien zeigen, in der Spät-

Kentauren. Kentaur und Lapithe auf einer Metope vom Südfries des Parthenons in Athen (um 440 v. Chr.; London, Britisches Museum)

zeit Ägyptens auf die gesamte Gattung ausgedehnt wurde.

Kausalität ↑Heilswege, ↑Gotteserkenntnis.

Kegare [japanisch „Beschmutzung“]: Begriff des japanischen Schinto für kultische Unreinheit, in neuerer Zeit auch für Sünde.

keltische Religion: die Religion der Inselkelten sowie der in Frankreich, Süd- und Südosteuropa einst weit verbreiteten Festlandskelten. Die hohe Anzahl ihrer *Götter* ist aus alten Inschriften und aus Ortsnamen bekannt; klassische Autoren haben die keltischen Götter nach Art der ↑Interpretatio Romana mit antiken Namen beschrieben. Der Glaube an Schutzgeister und an eine numinose Beseeltheit der natürlichen Umwelt war weit verbreitet. Der *König* galt als sakrale Person, doch wurde er an Machtfülle von der *Priesterschaft* der ↑Druiden übertroffen. Im Mittelpunkt des *Kultes* standen blutige Opfer, zu denen Menschenopfer gehörten. Der *Jenseitsglaube* war nicht einheitlich, der Glaube an ein Weiterleben nach dem Tode war jedoch allgemein verbreitet.

Kenning [altnordisch „Kennzeichnung“] (Mehrzahl Kenningar): in der altnordischen und angelsächsichen Dichtung die Umschreibung eines Begriffes durch zwei Nomina oder ein zweigliedriges Kompositum, z. B. fleina brak („das Tosen der Pfeile“) oder fleinbrak („Pfeilgetöse“) für „Kampf“. Diesem Stilmittel liegen wahrscheinlich magische Ursprünge der Umschreibung tabuisierter Wörter zugrunde.

Kenosis [griechisch „Ausleerung“] (auch Kenose): Bezeichnung für die Entäußerung der göttlichen Gestalt Christi nach dem N. T. (Phil. 2, 5–11), da Christus sein göttliches Wesen entäußerte, aufgab, um Mensch in „Knechtsgestalt“ zu werden bis hin zur äußersten Erniedrigung des Kreuzestodes.

Kentauren [von griechisch Kéntauroi] (auch lateinisch Centauri): in den Bergwäldern Thessaliens beheimatete Fabelwesen der griechischen Mythologie, deren Mischgestalt aus einem menschlichen Rumpf auf einem Pferdeleib besteht. Mit Ausnahme des weisen und gerechten ↑Cheiron galten sie als heimtückisch und gewalttätig.

Kephalaia ↑Manichaica.

Keraunos [griechisch „Blitz“]: Beiname des Zeus als Blitzeschleuderer.

Kerbala ↑Karbala.

Kerberos ↑Zerberus.
Keren ↑Seelenfest.
Keromantie [von griechisch kērós „Wachs"]: die Kunst der Weissagung aus erstarrtem Wachs, ↑Mantik.
Kerygma [griechisch „Heroldsruf, -verkündigung"]: theologischer Begriff zur Bezeichnung der urchristlichen Botschaft, d. h. sowohl der Predigt Jesu als auch der Predigt der urchristlichen Gemeinde über Jesus Christus, das Evangelium. Das Kerygma Jesu wird inhaltlich von der Nähe des Reiches Gottes bestimmt und durch Jesu Verhalten als Zuwendung Gottes zu den Armen, Entrechteten, Sündern ausgelegt. Das Kerygma der urchristlichen Gemeinde interpretiert dieses Geschehen als die Offenbarung Gottes, die Umkehr (Buße) und Glauben fordert. Die dialektische Theologie und vor allem der deutsche evangelische Theologe Rudolf Bultmann (* 1884, † 1976) haben von hier aus eine Theologie des Wortes Gottes („Kerygmatheologie") entworfen, die ihre Aufgabe in der Predigt als der jeweils aktuellen und konkreten Verkündigung des Heilshandelns Gottes in Jesu sah. Da Kerygma keine zeitlos allgemeine Wahrheit, sondern eine der geschichtlichen Veränderung unterliegende Anrede an den Menschen ist, stellte sich der Kerygmatheologie vor allem das Problem einer sachgemäßen ↑Hermeneutik der Bibel.
Kerze: in den christlichen Kirchen Lichtsymbol, zunächst im Totenkult verwendet. Aus dem Niederstellen von Prozessionskerzen auf den Altären entwickelten sich die Altarkerzen. Die *Osterkerze* geht auf frühchristliche abendliche Lichtfeiern und ihre jüdischen Vorläufer zurück, sie symbolisiert den auferstandenen Christus.
Kerzenweihe ↑Lichtmeß.
Kessel: der Kessel wird zur Weissagung aus Erscheinungen auf der Wasseroberfläche (Hydromantik) und bei kultischen Opfermahlzeiten verwendet; er besaß besondere Bedeutung in der keltischen Religion, die den Gott ↑Dagda als Besitzer eines unerschöpflichen, stets neue Nahrung spendenden Kessels verehrte.
Ketzer: von ↑Katharer abgeleiteter Begriff, mit dem seit dem 13. Jahrhundert die Anhänger einer vom christlichen Glauben abweichenden [Irr]lehre bezeichnet werden.
Ketzertaufstreit: eine 255–257 zwischen Bischof Cyprianus von Karthago (* um 200, † 258) und Papst Stephan I. von Rom geführte Auseinandersetzung über die Gültigkeit der Taufe, die in einer häretischen Gemeinde gespendet wurde, d. h. über die Frage, ob ein so Getaufter noch einmal kirchlich getauft werden müsse oder nicht. Bei dieser Auseinandersetzung kam es zu keiner Annäherung der Standpunkte. Rom verzichtete weiterhin bei der Konversion getaufter Ketzer auf eine Wiederholung der Taufe, während Karthago darauf bestand.
Keuschheit: in der Religionsgeschichte ist ein zeitweiliger oder völliger Verzicht auf Geschlechtsverkehr eine weit verbreitete Erscheinung. Zeitweilig geübte Keuschheit wird häufig bei Begegnungen mit dem Sakralen geübt, besonders bei Initiationsriten und kultischen Akten. Meist sind die Priester in stärkerem Maße als die Laien zur Keuschheit verpflichtet. Dauernde geschlechtliche Enthaltsamkeit kann innerhalb einer Religion zu gesellschaftlichen Sonderformen führen; bezeichnend hierfür ist die Klostergemeinschaft des asketischen Mönchtums. – Keuschheitsgebote sind nicht überall und auch nicht ursprünglich ethisch motiviert. Vielmehr besteht auf primitiver Stufe die Vorstellung, daß der Geschlechtsverkehr in magischem Sinne verunreinige. Demgegenüber wird dann, wie noch im Hinduismus, Enthaltsamkeit als Quelle eines besonderen, die gewöhnliche Menschenkraft übersteigenden Machtgewinns angesehen. Ein metaphysischer Dualismus, der das Heil der Menschen an die Be-

freiung von Körperlichkeit und Materie knüpft, begründet in gnostischen Religionen die Forderung ständiger Keuschheit. Im Buddhismus beruht sie auf einer Wertung der Welt als völliger Illusion.

Keuschheitsopfer: Bezeichnung für zwei äußerlich entgegengesetzte Verhaltensweisen: zum einen kann das Keuschheitsopfer in einer bis zur freiwilligen Kastration reichenden sexuellen Enthaltsamkeit bestehen, andererseits kann es im Rahmen der sakralen Prostitution aus einem Geschlechtsverkehr mit Vertretern von Gottheiten bestehen. Beide Formen haben in unterschiedlicher Weise zum Inhalt, daß der Gottheit die eigene Keuschheit dargebracht bzw. geopfert wird.

Khalsa [Sanskrit „die Reine"]: Selbstbezeichnung für die Sikh-Gemeinde, die deren zehnter und letzter Guru (seit 1675) Gobind Singh (* 1660, † 1708) einführte.

Khatib (= Chatib): im alten Arabien der Wortführer seines Stammes, im Islam Vorbeter und Prediger in der Moschee.

Khwastwaneft ↑ Manichaica.

Kibla [arabisch]: die Gebetsrichtung im Islam, die Richtung, in die die Muslime beim Gebet blicken, von Mohammed zunächst nach Jerusalem, dann aus Enttäuschung über die seiner Prophetie feindlich gegenüberstehenden Juden nach Mekka ausgerichtet.

Kiddusch (= Qiddusch) [hebräisch „Heiligung, Weihe"]: im Judentum am Sabbat über einem Becher Wein gesprochenes Gebet, das Gott für das Geschenk des Sabbats preist.

Kiho (auch Kio, Io): Schöpfer- und Hochgott der Maori Neuseelands, dessen Name, der nur flüsternd ausgesprochen werden durfte, zum esoterischen Wissen des Priesterstandes gehörte. Der Name Kiho, der wörtlich „Kern, Mark, innerstes Wesen" bedeutet, wurde im Sinne des einzig Wahren und eigentlichen Seins sowie als Macht und Tatkraft verstanden.

Kimbanguismus (auch Kimbangismus): religiöse Bewegung im Kongo, die auf das Wirken von Simon Kimbangu (* 1889, † 1951) zurückzuführen ist, das sich in der kurzen Zeit vom Mai bis November 1921 vollzog. Damals trat Simon Kimbangu als Ngunza („Verkünder, Prophet") im Kongo mit Krankenheilungen in Erscheinung, verkündete eine auf Monotheismus, moralische Strenge und gegen überlieferten Fetischglauben ausgerichtete Botschaft, in deren Mittelpunkt seine Person in der Funktion eines Erlösers stand. Die weißenfeindlichen Tendenzen, die seine Verkündigung auslöste, führten zur Deportation von Simon Kimbangu. Er starb am 10. Oktober 1951 im Gefängnis von Elisabethville (heute Lubumbashi, Zaïre). Nach seinem Tod galt er seinen Anhängern als „Gott der Schwarzen", dessen Rückkehr im Flug durch die Lüfte sie erwarten. Sie sind organisatorisch zusammengeschlossen in der *Église du Christ sur la terre par le prophète Simon Kimbangu* („Kirche Christi auf Erden durch den Propheten Simon Kimbangu").

Kinder: erfahren in der Religionsgeschichte eine unterschiedliche Wertung und sind mit unterschiedlichen religiösen Funktionen verbunden. In vom Ahnenkult geprägten religiösen Gemeinschaften sind sie Garanten für die Verehrung der Verstorbenen und für die hierauf beruhende Erhaltung des Stammes. – Die grausame Sitte des Kinderopfers soll in besonderer Weise eine zürnende Gottheit besänftigen. – Der Vollzug kultischer Handlungen durch Kinder findet sich vornehmlich dort, wo im Kind eine besondere Reinheit und Heiligkeit gesehen wird.

Kindertaufe: löste in der christlichen Kirche seit dem 6. Jahrhundert allmählich die vordem übliche *Erwachsenentaufe* ab. – ↑ Taufe.

Kindschaftsverhältnis ↑ Gotteskindschaft.

Kingu: im babylonischen Weltschöpfungsepos ↑ „Enuma elisch" Sohn der ↑ Tiamat, die ihm die Schicksalstafeln übergibt.

Kinich Ahau ['kinitʃ a'haʊ]: in der Religion der Maya der Sonnengott ↑ Itzamna in seiner Erscheinungsform als Mittagssonne.

Kirche [von griechisch kyriakón „Gotteshaus", eigentlich „zum Herrn gehöriges (Haus)"]: 1. als „Gotteshaus" das der christlichen Gottesverehrung geweihte Gebäude; 2. die christliche Glaubensgemeinschaft sowie die Gesamtheit der Anhänger einer in einer festen Organisationsform zusammengeschlossenen Konfession, die ebenfalls Kirche genannt werden kann. Es gibt demnach innerhalb des Christentums, dessen Anhänger sich als Glieder *einer* Kirche verstehen, eine große Zahl von organisierten Einzelkirchen. Sie lassen sich durch folgende äußere Merkmale von den ↑ Sekten unterscheiden, wobei beachtet werden muß, daß die Sekten selbst sich auch als Teil der einen Kirche verstehen: 1. durch die im allgemeinen deutlich erkennbare Unterscheidung von Amtsträgern und Laien (Rollendifferenzierung); 2. durch den weitgehend rationalen Charakter ihrer Organisation unter gleichzeitiger Vermeidung nichtrationaler, z. B. ekstatischer Elemente; 3. durch ihren universalen Geltungsanspruch: Kirchen verstehen sich als Organisationsmöglichkeit, die grundsätzlich jedem Menschen offensteht; damit verbunden ist ein Anspruch auf Allgemeingültigkeit der in ihnen vorherrschenden Normen (z. B. des Verhaltens), die nach dem Verständnis der Kirchen nicht nur für ihre Anhänger gelten.

Alle christlichen Kirchen verstehen sich nicht nur als beliebige Organisationsformen, in denen sich Gläubige zusammengeschlossen haben, sondern gehen davon aus, daß der Stifter des christlichen Glaubens, Jesus Christus, eine Gemeinschaft gewollt habe, die in den verschiedenen Kirchen mit diesem Bezug auf Christus und die Bibel verwirklicht wird. Sicher ist, daß sehr bald nach der Kreuzigung Jesu auf Grund der Ostererfahrung persönliche Jünger Jesu, aber auch andere Juden sich im Glauben an den Auferstandenen zu Gebet und Mahlfeier zusammenschlossen; als sehr bald der Brauch der Taufe und die Erfahrung des Gottesgeistes aufkam (vgl. den Pfingstbericht Apg. 2), war die vom Judentum sich abgrenzende „Kirche" vorhanden, die sich als das Gottesvolk der Endzeit empfand. Zu einer völligen Trennung von der Synagoge kam es aber erst, als sich im außerpalästinensischen Bereich christliche Gemeinden bildeten, die mehrheitlich aus ehemaligen Nichtjuden (Heiden) bestanden. Paulus ist der älteste Zeuge theologischen Nachdenkens über die Kirche; für ihn sind die örtlichen Gemeinden Repräsentanten der einen Kirche, die den „Leib Christi" darstellt, in der der Geist Christi alle zu gleichwertigen Gliedern macht, in der der Herr Christus als das Haupt des Leibes seine Herrschaft ausübt. Feste Ämter kennt Paulus noch nicht, nur Funktionen, die alle gleichwertig sind. Die späteren Schriften des N. T., v. a. das Matthäusevangelium, der Epheserbrief und die Pastoralbriefe, zeigen den Beginn einer Entwicklung, die zur Ausübung fester kirchlicher Ämter, zum Zurücktreten des Wissens um die Vorläufigkeit der Kirche, aber auch zu Spekulationen über ihre Ewigkeit führten; doch findet sich im Johannesevangelium eine Kirchenvorstellung, die ganz auf äußere Formen verzichtete. So konnten nicht nur der frühe Katholizismus, sondern auch die verschiedensten Formen kirchlicher Gemeinschaften im Verlauf der Kirchengeschichte ihre Begründung im N. T. suchen. – ↑ auch katholische Kirche, ↑ Protestantismus, ↑ Ostkirche.

Kirchenaustritt: in Ländern, die Religionsfreiheit garantieren, ist der Kirchenaustritt ein staatlich respektierter Akt. In der Bundesrepublik

Deutschland entfällt mit dem Kirchenaustritt die Kirchensteuerpflicht. Die katholische Kirche lehnt den Austritt grundsätzlich ab, die evangelischen Kirchen erkennen ihn insofern nur bedingt an, als die mit Taufe und Konfirmation hergestellten Bindungen nicht zu lösen sind.

Kirchengebote: in der katholischen Kirche die im Unterschied zu den zehn Geboten erlassenen Gebote der Feiertagsheiligung, des Meßbesuchs, der Einhaltung der Fasttage, der mindestens jährlich einmaligen Beichte und der Osterkommunion.

Kirchengut (auch lateinisch Temporalien „zeitliche Güter"): das gesamte materielle Vermögen der Kirche an Grundbesitz, Stiftungen, Kollekten und Kirchensteuer; es dient der irdischen Sicherung der Wahrnehmung kirchlicher Aufgaben.

Kirchenjahr: im Gegensatz zum bürgerlichen Jahr die sich aus dem christlichen Festkalender ergebende Ordnung des Jahres, in der die christlichen Heilstatsachen zusammenhängenden Ausdruck finden sollen. Das Kirchenjahr beginnt traditionell mit dem ersten Adventssonntag und führt über Weihnachten, Ostern und Pfingsten zum Fest der Dreieinigkeit (Trinitatis). Es folgt die festlose Zeit, in der jedoch katholische Heiligenfeste liegen, außerdem Erntedank- und Reformationsfest sowie der Totengedenktag.

Kirchenlehrer: in der katholischen Kirche werden altchristliche Kirchenväter sowie bedeutende Theologen späterer Zeit Kirchenlehrer genannt.

Kirchenlied (auch geistliches Lied): das volkssprachliche, von der Gemeinde gesungene, in die Liturgie eingeflochtene Lied; in den evangelischen Kirchen der ↑Choral.

Kirchenordnung: Anweisungen und Regelsammlungen für Kirchenverfassung, Kirchenzucht, Liturgie und seelsorgerliche Aufgaben der Kirchen.

Kirchenprovinz: in der katholischen Kirche eine Verwaltungseinheit, die mehrere Bistümer umfaßt und einem Erzbischof unterstellt ist. Ihr entspricht in Deutschland räumlich etwa eine evangelische Landeskirche.

Kirchenrecht: Gesamtheit der von einer Kirche erlassenen Normen, die das kirchliche Gemeinschaftsleben regeln; in der katholischen Kirche als *kanonisches Recht* bezeichnet und im ↑Codex Iuris Canonici zusammengefaßt.

Kirchenregierung: die Ausübung der obersten Kirchenleitung.

Kirchenschriftsteller: Verfasser theologischer Schriften im frühen Christentum, deren Lehrmeinungen z. T. von der offiziellen Lehre der Kirche abweichen.

Kirchensprache ↑Sakralsprache.

Kirchenstaat: ehemaliges Herrschaftsgebiet des Papsttums in Italien, das im 8. Jahrhundert durch die ↑Konstantinische Schenkung politische Unabhängigkeit erlangte. Nach wechselnden Besitzverhältnissen während des Mittelalters erreichte der Kirchenstaat unter den Päpsten der Renaissance seine größte neuzeitliche Bedeutung. Nachdem er in napoleonischer Zeit säkularisiert war, stellte ihn die Restauration 1814 wieder her. 1870 wurde der Kirchenstaat dem italienischen Nationalstaat einverleibt. Die ↑Lateranverträge brachten die päpstliche Unabhängigkeit mit der Anerkennung der Vatikanstadt als souveränes Territorium zum Ausdruck.

Kirchenstrafen: Strafen, die die katholische Kirche über Kirchenangehörige verhängen kann, die eine Norm des kirchlichen Strafrechts schuldhaft übertreten haben. Die schärfste Kirchenstrafe ist der *Kirchenbann.* Den Kirchenstrafen entsprechen in den evangelischen Kirchen Maßnahmen der ↑Kirchenzucht.

Kirchentag: 1. *Deutscher Evangelischer Kirchentag*, 1949 begründet von dem deutschen Juristen Reinhold von Thadden-Trieglaff (*1891, †1976); er findet seit 1957 alle zwei Jahre statt und erstrebt in Zusammenarbeit mit den Kirchenleitungen eine Aktivierung der Laien. 2. Vergleichbare Ziele verfolgt auf katholischer Seite der seit 1950 alle zwei Jahre stattfindende *Katholikentag*.

Kirchenväter: frühchristliche Schriftsteller, die in der Kirche als verbindliche Lehrzeugen gelten.

Kirchenverfassung: die organisatorische Ordnung des kirchlichen Lebens; in der katholischen Kirche hierarchisch gegliedert, in den evangelischen Kirchen seit Beginn des 19. Jahrhunderts zunehmende Entwicklung zur Synodalverfassung mit stärkerer Beteiligung von Laiengremien an den kirchlichen Leitungsfunktionen.

Kirchenweihe (auch Kirchweihe): die Einweihung eines neuen Kirchengebäudes, in der katholischen Kirche ein feierlicher, vom Bischof zu vollziehender Ritus, in den evangelischen Kirchen mit einem entsprechenden Gottesdienst gefeiert. Die Erinnerung hieran wird durch das jährlich wiederholte Kirchweihfest wachgehalten, bei dem heute allerdings weitgehend der Charakter eines kirchlichen Festes zurücktritt.

Kirchenzucht (auch Kirchendisziplin): in den evangelischen Kirchen geistliche Strafgewalt zum Schutz der kirchlichen Ordnung, vor allem durch Ausschluß von den Sakramenten, Verweigerung der kirchlichen Gemeinschaft und des kirchlichen Begräbnisses.

Kirchweihe ↑Kirchenweihe.

Kịrke ↑Circe.

Kismẹt [arabisch-türkisch „Anteil, zugeteiltes Los“]: im volkstümlichen Islam in der Türkei Bezeichnung für das unabänderliche Schicksal, in das sich der gläubige Muslim willig fügt.

Kitawạla [Bantu „Wachtturm“]: eine von den ↑Zeugen Jehovas beeinflußte religiöse Bewegung in Zentralafrika. Nationalistische, fremdenfeindliche Auslegung der Bibel und Verheißung einer paradiesischen, autoritätsfreien Zukunft mit Gleichberechtigung aller Rassen sind charakteristische Merkmale dieser Bewegung.

Klabautermann [niederdeutsch, wahrscheinlich der „Kalfatermann“ von kalfatern „Fugen in Schiffswänden verschließen“]: im Volks- und Seemannsglauben ein Schiffskobold, der Schiffe begleitet und durch sein Klopfen zur Ausbesserung der Schiffswand mahnt oder auch den Untergang des Schiffes anzeigt.

Klagelieder (auch Klagelieder Jeremias, lateinisch Threni, Lamentationes, Abk. Klagel.): im Kanon des A. T. Bezeichnung für fünf Lieder, die bald nach dem Fall Jerusalems (586 v. Chr.) entstanden sind und u. a. das Ende Judas beklagen. Sie sind im A. T. an das Buch des Propheten Jeremia angeschlossen, dessen Verfasserschaft jedoch heute weitgehend bezweifelt wird.

Klagemauer: Teil der westlichen Mauer des Tempelplatzes in Jerusalem, 48 m lang und 18 m hoch, heilige Gebetsstätte der Juden.

Klarịssenorden (auch Klarissinnenorden; lateinisch Ordo Sanctae Clarae; Abk. OSCl): der nach Klara von Assisi (* 1194, † 1253) benannte und von ihr zusammen mit Franz von Assisi (* 1181 oder 1182, † 1226) 1212 begründete, weibliche „zweite“ Orden der Franziskaner; das erste Kloster der Klarissen (Klarissinnen) war San Damiano bei Assisi.

Klausụr [von lateinisch claudere „abschließen“]: der innerhalb eines Klosters den Ordensleuten vorbehaltene Wohnraum. Die rechtlichen Bestimmungen über die Klausur schließen Personen des anderen Geschlechts von diesen Räumen aus und erschweren allgemein eine Zulassung von Ordensfremden dorthin.

Kleidung: sie ist im sakralen Bereich meist nicht willkürlicher Wahl anheimgestellt; das Betreten heiliger Stätten und die Teilnahme an kultischen Handlungen sind vielmehr oft an bestimmte Kleidervorschriften gebunden. Die Kleidung des Klerus un-

Kirche:
1 Vorhalle,
2 Laienchor,
3 Lettner,
4 Mönchschor;
Kloster:
5 Kreuzgang,
6 Brunnen,
7 Kapitelsaal,
8 Parlatorium,
9 Mönchssaal,
10 Wärmeraum,
11 Mönchsrefektorium,
12 Laienrefektorium,
13 Vorratsraum

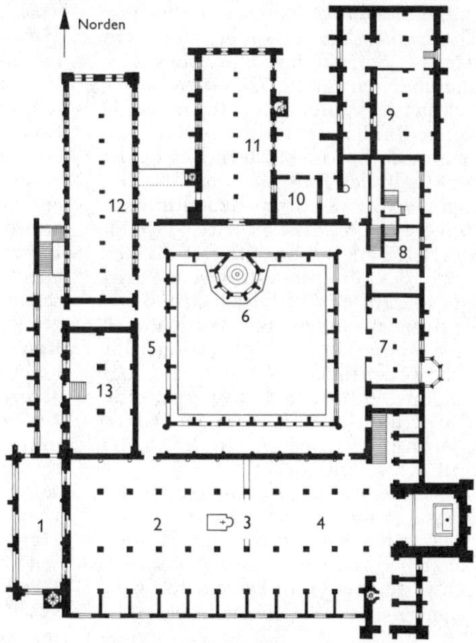

Kloster. Grundriß des ehemaligen Zisterzienserklosters Maulbronn (12.–15. Jahrhundert)

terscheidet sich im öffentlichen Leben oft, bei Gottesdiensten fast durchweg von derjenigen der Laien.

Kleine Propheten: Sammelbezeichnung für die 12 Prophetenbücher des A. T., die wegen ihrer vergleichsweise kürzeren Textgestalt den Großen Propheten nachgestellt werden. Es sind dies: Hosea, Joel, Amos, Obadja, Jona, Micha, Nahum, Habakuk, Zephanja, Haggai, Sacharja, Maleachi. Die Schriften dieser Kleinen Propheten werden unter der Bezeichnung *Dodekapropheton* oder *Zwölfprophetenbuch* zusammengefaßt.

Klerus [von griechisch klēros „Los, Anteil"]: die religiösen Funktionsträger (die Geistlichkeit) bilden zusammen mit den weltlichen Anhängern einer Religion die Glieder einer bestimmten Religionsgemeinschaft. Die Überbetonung ihres Unterschiedes sowie dirigistische Neigungen des Klerus werden mit *Klerikalismus* bezeichnet.

Kloster [von lateinisch claustrum „verschlossener Raum"]: ein von der Außenwelt mehr oder weniger abgetrennter Komplex von Wohngebäuden, Andachts-, Meditations- und Kultstätten der spezifisch religiösen Organisation des *Mönchtums*. Das Kloster als Aufenthalts- und Wirkungsstätte der dem religiösen Leben (lateinisch „vita religiosa") geweihten Mönche und Nonnen ist eine in vielen Religionen ausgebildete Erscheinung, der oft eine anfängliche Periode der asketischen Heimatlosigkeit vorangegangen war. Zu unterscheiden sind *beschauliche* und *tätige Klostergemeinschaften;* letztere widmen sich nicht allein religiösen Übungen, sondern treiben Studien und arbeiten in der schulischen Unterweisung, in Landwirtschaft und Handwerk. – In Asien hat v. a. der *Buddhismus* das Kloster (Sanskrit ↑Wihara) weit verbreitet. Vom Buddhismus übernahm der *Taoismus* die Klostergemeinschaft. Im *Hinduismus* tritt das Kloster (Sanskrit ↑Aschram) hinter dem individuellen Asketentum zurück. Die *islamischen Mystiker* haben seit dem 13. Jahrhundert ein reiches Klosterleben entfaltet. Die *aztekischen* Priester des alten Mexiko lebten in klosterähnlichen Bezirken (aztekisch ↑Calmecatl). Für klösterliches Leben innerhalb des *Judentums* hat die Gemeinde von ↑Kumran Bedeutung erlangt. Im *Christentum* tritt das Kloster seit dem 4. Jahrhundert auf. Es hat in der römisch-katholischen Kirche in zahlreichen Orden große Bedeutung gewonnen und, vornehmlich im abendländischen Mittelalter, eine außerordentliche Wirkung auf das gesamte kulturelle Leben ausgeübt. Die berühmtesten Klöster der Ostkirche sind die früheren Höhlenklöster von Kiew und der Berg Athos. In den *evangelischen Kirchen* spielt das Kloster eine weitaus geringere Rolle; doch sind bedeutsam die Bruderschaft von Taizé und die Marienschwesternschaft in Darmstadt.

Kluniazenser (= Cluniazenser) [kly-...]: Anhänger der von dem burgundischen, im Jahre 910 von Herzog Wilhelm von Aquitanien begründeten Kloster *Cluny* ausgehenden Reformbewegung. Auf der Grundlage der Benediktregel diente die *kluniazensische Reform* der Erneuerung des mönchischen Lebens und wirkte dem Verfall christlicher Traditionen entgegen. Der bedeutende Einfluß Clunys auf Mönchtum und Kirche wurde von Odo (Abt von Cluny von 927 bis 942) begründet und unter seinen Nachfolgern v. a. von Odilo (994 bis 1049) gefördert.

Kniebeuge: aus dem höfischen Zeremoniell in den kultischen Bereich übernommene Geste der Huldigung, Anbetung, Bitte und Buße.

Knochen: gelten seit ältesten Zeiten wegen ihrer relativ langsamen Verwesung als Träger geheimnisvoller Kräfte. Sie sind bevorzugte Reliquien, werden als Amulette und als mantische Mittel benutzt. Oft gilt ihre Erhaltung als Voraussetzung für eine Wiederbelebung des Körpers.

Koadjutor (= Coadjutor) [lateinisch „Mithelfer, Gehilfe"]: Gehilfe eines kirchlichen Amtsträgers, z. B. der Weihbischof als Vertreter des amtierenden Diözesanbischofs.

Kobolde: im Volksglauben werden die Geister des Hofbereichs Kobolde genannt. Sie sind meist gutmütig, gelegentlich aber auch tückisch, von unterschiedlicher Gestalt und haben die Fähigkeit, sich unsichtbar zu machen. Ihr Gegenstück im seemännischen Bereich ist der ↑Klabautermann.

Kodesch kodaschim [hebräisch „allerheiligstes"]: das „Allerheiligste" im Jerusalemer Tempel.

Kodex Hammurabi (= Codex Hammurabi, Abk. CH): auf älteren sumerischen und babylonischen Gesetzessammlungen aufbauendes Gesetzeswerk des babylonischen Königs Hammurabi (♔ 1728–1686), als dessen Garant der Gott Schamasch gilt. Der Kodex Hammurabi ist ein nach gesellschaftlichen Gruppen gestaffeltes Vergeltungsrecht (Talionsrecht).

Kodschiki (= Kojiki) [japanisch „Geschichte der Begebenheiten im Altertum"]: japanisches Literaturdenkmal, Quellenwerk für den Schinto, im Jahre 712 n. Chr. von dem Gelehrten O no Jasumaro im Auftrag der Kaiserin Gemmio (* 661, † 721) mit chinesischen Schriftzeichen in japanischer Sprache verfaßt. Das Kodschiki behandelt die mythische und halbhistorische Zeit Japans und berichtet von der auf das Götterzeitalter folgenden Geschichte Japans bis zum Tod der Kaiserin Suiko (628). In den erzählenden Text sind 111 altjapanische Gesänge eingeflochten.

Kogo Schui (= Kogo Shui): ein von dem Japaner Imbe Hironari im 9. Jahrhundert verfaßtes literarisches Werk mit wichtigen Überlieferungen zur alten Geschichte Japans und zum frühen Schinto.

Kohelet: hebräischer Name für das alttestamentliche ↑Predigerbuch.

Köhlerglaube: nach Luther Bezeichnung für blinden Glauben.

Koinobiten ↑Zönobiten.
Koinonia [griechisch „Gemeinschaft, Teilhabe"]: griechische Bezeichnung für eine Mahlzeit mit sakralem Charakter.
Kojiki ↑Kodschiki.
Kollegialstift (auch Kollegiatkirche): nach katholischem Kirchenrecht eine Kirche, deren Gottesdienst von einer Körperschaft von Weltgeistlichen ausgerichtet wird.
Kollekte [von lateinisch colligere „sammeln"]: die freiwillige Spende und die im Gottesdienst oder nach dessen Beendigung erfolgende Sammlung von Gaben für kirchliche oder karitative Zwecke.
Kollektivgottheiten: Gottheiten, die wenig oder überhaupt keine individuellen Züge aufweisen und nur als Gruppe verehrt werden, z. B. die keltischen ↑Matronen.
Kolosserbrief: im N. T. ein dem Apostel Paulus zugeschriebener, von ihm aber höchstwahrscheinlich nicht verfaßter Brief an die Gemeinde im kleinasiatischen Kolossae. Der Brief polemisiert gegen Irrlehrer, die gnostische Spekulationen verfechten und einen Kult kosmischer Mächte fordern. Diese Haltung wird als unvereinbar mit der Stellung Christi als des alleinigen Heilsmittlers abgelehnt.
Kometen: Schweifsterne, deren Erscheinung fast immer als Ankündigung kommenden Unheils gedeutet wurde.
Kommentar: historische, philologische und inhaltliche Erläuterung eines literarischen Werkes; in der Religionswissenschaft die mit wissenschaftlichen Methoden erstellte Interpretation eines religiös bedeutsamen Textes, v. a. einer hl. Schrift.
Kommunion [von lateinisch communio „Gemeinschaft"]: in der frühen christlichen Kirche Bezeichnung für innerkirchliche Gemeinschaft; im heute üblichen Sinn Bezeichnung für den Empfang des Abendmahls (v. a. in der katholischen Kirche).
Kommunismus: in der Religionsgeschichte findet sich wiederholt die Aufhebung des Privateigentums an Gütern (Güterkommunismus) oder Produktionsmitteln in ordensmäßigen Gemeinschaften, die den Privatbesitz an Gütern und Produktionsmitteln ablehnen, wie auch in religiösen Bewegungen, die die Endzeit nahe glauben, so daß Gedanken an irdisches Wohl als schädlich gelten. Ihm liegen dabei nicht materialistische, sondern religiöse Motive zugrunde, für die wirtschaftliche Ziele irrelevant sind.
Kommunitäten: in den evangelischen Kirchen Bezeichnung für den Orden der katholischen Kirche vergleichbare Gemeinschaften (↑Bruderschaften). Als evangelische Kommunität hat besonders die Communauté de Taizé Bedeutung erlangt.
Komplet (= Complet): Abend- und Schlußgebet des Stundengebets der katholischen Kirche.
Konfession [von lateinisch confessio „Bekenntnis"]: persönliches Bekenntnis, dann Bekenntnisschrift, v. a. Bezeichnung für eine Gruppe von Christen, die ein gemeinsames Bekenntnis vertreten und als kirchliche Gemeinschaft organisiert sind.
Konfessionskunde: wissenschaftliche Disziplin der Theologie, die die Eigenart, Geschichte und Lehre der christlichen Kirchen und Sekten erforscht, früher *Symbolik* (nach den „Symbolen", den verschiedenen Glaubensbekenntnissen) genannt.
Konfessor (= Confessor) [lateinisch „Bekenner"]: in der frühen christlichen Kirche nach schwankendem Sprachgebrauch meist Bezeichnung eines Christen, der seinem Glauben trotz Verfolgungen treu blieb, in denen er im Gegensatz zum ↑Märtyrer unblutig und nicht mit dem Tode bestraft wurde.
Konfirmation [von lateinisch confirmatio „Befestigung, Bestätigung"]: in den evangelischen Kirchen seit dem 16. Jahrhundert übliche *Einsegnung*, mit der die Getauften im Alter von etwa 14 Jahren nach Abschluß des

Konfirmandenunterrichts ihren christlichen Glauben, in dem sie als Getaufte erzogen wurden, bewußt bejahen und als vollberechtigte Mitglieder in die Gemeinde eingeführt und erstmals zur Abendmahlsfeier zugelassen werden.

Konfuzianismus: die auf Konfuzius (chinesisch K'ung-fu-tse) (* 551, † 479) zurückgehende ethische, weltanschauliche und staatspolitische Geisteshaltung Chinas, die während der Handynastie (206 v. Chr.–220 n. Chr.) verbindliche Staatsdoktrin des chinesischen Reiches wurde und dies bis zum Ende des Kaisertums (1912) blieb. Zentrales Anliegen des Konfuzianismus ist die moralische Grundlage der Familie und des Staates. Die Ideale der Menschlichkeit („jen"), Rechtlichkeit („li") und Pietät („hsiao") stehen im Mittelpunkt konfuzianischen Denkens. Das Vorbild ist der edle Mensch („chün-tse"), zu dessen Eigenschaften neben der Tugend („te") die vom Konfuzianismus besonders hoch eingeschätzte, vornehmlich literarische Bildung gehört.

Kongregationalismus: um 1600 aus dem englischen Puritanismus hervorgegangene religiöse Bewegung, die die Reste des katholischen Kults und die Verfassung der anglikanischen Kirche, v. a. das Bischofsamt, ablehnte. Der Kongregationalismus kennt keine den autonomen Einzelgemeinden übergeordnete Kirchenstruktur, die Ämter in der Gemeinde werden durch die Wahl der Gemeindeglieder besetzt.

Kongretationen: in der katholischen Kirche ordensähnliche Gemeinschaften, deren Mitglieder nur einfache Gelübde ablegen, die im Unterschied zu den feierlichen Gelübden geringere kirchenrechtliche Konsequenzen haben.

Königebücher: zwei Bücher des A. T., die die Geschichte Israels und Judas vom Tod Davids und der Thronbesteigung Salomos (um 970 v. Chr.) bis zum Babylonischen Exil berichten. Die Königebücher beruhen auf königlichen Akten, Tempelchroniken und Prophetenerzählungen.

Königsgott: in polytheistischen Religionen ein Gott, der in besonderer Weise die herrscherliche Funktion repräsentiert; es ist dies beispielsweise ein Aspekt des ägyptischen Gottes ↑ Osiris.

Königskult ↑ Sakralkönigtum.

Königsopfer: die bei den alten Preußen, im früheren Südindien und v. a. weithin in Afrika verbreitete Sitte der Tötung des alternden Königs, dessen abnehmender Macht, als deren Ausdruck auch die Körperkraft und Zeugungsfähigkeit gilt, man damit begegnen will. Dieses Königsopfer kann durch Ermordung des Königs, dessen Selbsttötung oder im Rahmen einer Kampfhandlung vollzogen werden.

Königtum Jahwes: Vorstellung des A. T., die besonders in den sogenannten „Thronbesteigungspsalmen" Ausdruck findet, die Jahwe als König der Welt und Herrn über alle Völker preisen (z. B. Ps. 95, 3–5; 99, 1–2).

Konklave [von lateinisch clavis „Schlüssel"]: im Vatikan streng abgeschlossener Versammlungsort der Kardinäle für die Papstwahl; auch Bezeichnung für die Gesamtheit der zu dieser Wahl versammelten Kardinäle und für den Vorgang der Wahl selbst.

Konkokio (= Konkōkyō) [japanisch „Lehre vom goldenen Glanz (Gottes)"]: eine der neuen Religionen Japans, deren hervorstechendes Charakteristikum die Gestalt eines lebenden Mittlers („Toritsugi") zwischen Gott und der Menschheit ist. Der erste Mittler der Konkokio war ihr Stifter Bundschiro Kawate (* 1814, † 1883), der von seinen Anhängern postum den Ehrennamen Ikigami Konko Daidschin („fleischgewordener großer Gott des Goldglanzes") erhielt. Er hatte seine Religion gestiftet auf Grund einer Berufung durch den schintoistischen Metallgott Kondschin, den er hinfort in streng monotheistischer Form unter dem

Namen Tentschi Kane no Kami („Metallgott Himmels und der Erde") verehrte. Die Nachfolger des Stifters, die zu seiner Blutsverwandtschaft gehören müssen, tragen den Titel Daikjoschu („Erzabt"). Die Konkokio ist durch Toleranz gegenüber anderen Religionen, durch eine bemerkenswert disziplinierte Moral sowie große Verdienste auf pädagogischem und kulturellem Gebiet gekennzeichnet.

Konkordanz [von lateinisch concordantia „Übereinstimmung"]: alphabetisches Verzeichnis aller in einem Buch, besonders der Bibel, vorkommenden Wörter und Begriffe mit Seitenzahlen und Stellenangaben; auch Vergleichstafel mit den Seitenzählungen verschiedener Ausgaben desselben Werkes.

Konkordat [von lateinisch concordatum „Übereinkunft, Vereinbarung"]: Vertrag zwischen der römisch-katholischen Kirche, repräsentiert durch den Heiligen Stuhl, und einem Staat, der von den Vertragspartnern zur Regelung ihrer gegenseitigen Beziehungen abgeschlossen wird.

Konkordienbuch: die 1580 veröffentlichte Sammlung der lutherischen Bekenntnisschriften.

Konkordienformel (auch lateinisch Formula Concordiae): einheitliches lutherisches Lehrbekenntnis aus dem Jahre 1577, Bestandteil des *Konkordienbuches*, abschließendes Bekenntnis des Luthertums und Grundlage der lutherischen Orthodoxie.

Konkupiszenz: im theologischen Sprachgebrauch die zur Sünde führende, insbesondere sexuelle Begierde, die als grundlegende Verfaßtheit des Menschen als Folge der Erbsünde verstanden wird. Der Begriffsumfang ist dem buddhistischen „Lebensdurst" (Trischna) ähnlich.

Konsekration [von lateinisch consecratio „Weihe, Heiligung"]: Begriff für die kultisch vollzogene Weihung von Personen, besonders von Priestern wie auch von Sachen; zu letzteren zählen vornehmlich Kultstätten, Kirchen, Altäre und Altargeräte sowie Glocken. In der altrömischen Staatsreligion war Konsekration die feierliche Übertragung aus dem profanen in den sakralen Bereich, in der Kaiserzeit auch die offizielle Vergöttlichung des Herrschers. In der katholischen Kirche bezeichnet Konsekration auch die Weihehandlung bei der Feier der Messe, wobei nach katholischer Auffassung Brot und Wein in Leib und Blut Christi verwandelt werden.

Konservatismus (auch Konservativismus): die konservative, Überkommenes bewahrende, gegenüber Veränderung und Wandel skeptische Haltung ist ein allen Religionen eigentümlicher Charakterzug. Er äußert sich am stärksten im kultischen Bereich, insofern hier oft Handlungen vollzogen werden, an denen festgehalten wird, obwohl ihr ursprünglicher Sinn in Vergessenheit geriet. Auf dogmatischem Gebiet kann der religiöse Konservatismus jedoch durchaus eine Auseinandersetzung des religiösen Erbes mit aktuellen Problemen zum Inhalt haben.

Konsistorium [von lateinisch consistere „haltmachen, sich (an einem Ort) aufhalten"] (Mehrzahl Konsistorien): oberste Verwaltungsbehörde einiger evangelischer Landeskirchen; in der katholischen Kirche Versammlung der Kardinäle unter Vorsitz des Papstes.

Konstantinische Schenkung (auch lateinisch Donatio Constantini): angebliche Urkunde Kaiser Konstantins des Großen (♔ 306–337), mit der dieser dem Papst Silvester I. Rom und die Westhälfte des Römischen Reiches übertragen haben soll. Im Mittelalter wurde die Konstantinische Schenkung in der Auseinandersetzung zwischen Kaisertum und den Päpsten als Beweismittel bei der Bestreitung der kaiserlichen Oberhoheit über die Kirche sowie zur Unterstützung der päpstlichen Herrschaftsrechte in Italien herangezogen. Sie wurde von Lorenzo Valla 1440 (* um

1407, † 1457) als Fälschung aus der Mitte des 8. Jahrhunderts entlarvt.

Konstantinopel: seit Kaiser Konstantin dem Großen (♔ 306–337) Name des alten Byzanz; heute (seit 1930) Istanbul; Stätte mehrerer ↑Konzile, Sitz eines Patriarchen.

Konsubstantiation [lateinisch]: die lutherische Lehre vom Abendmahl, nach der sich Leib und Blut Christi mit Brot und Wein verbinden, ohne deren Substanzen zu verwandeln.

Kontemplation: in der Religionsgeschichte, vor allem in der Mystik die betrachtende Versenkung in das Übersinnliche.

Konvent [von lateinisch conventus „Zusammenkunft"]: die Versammlung aller stimmberechtigten Angehörigen eines Klosters; in den evangelischen Landeskirchen die Zusammenkunft von Pfarrern aus verschiedenen Gemeinden zur wissenschaftlichen Weiterbildung und zur Besprechung, z. T. auch zur Entscheidung kirchlicher Probleme.

Konventikel: private religiöse Zusammenkunft, oft mit intoleranten und gegen die etablierte Kirche gerichteten (sektiererischen) Zügen.

Konventualen ↑Franziskaner.

Konvertiten: Bezeichnung für die zu einer anderen Glaubensgemeinschaft Übergetretenen.

Konzelebration: gemeinsame Feier der Liturgie, besonders der katholischen Messe, durch mehrere Geistliche.

Konzil [von lateinisch concalare „zusammenrufen"] (auch griechisch Synode): Versammlung von Bischöfen und anderen kirchlichen Amtsträgern zur Erörterung und Entscheidung theologischer und kirchlicher Fragen. Das ökumenische oder allgemeine Konzil, das im ersten Jahrtausend vom Kaiser und seit Beginn des zweiten Jahrtausends vom Papst einberufen wurde, repräsentiert die Gesamtkirche und besitzt nach katholischem Verständnis in seinen Glaubensentscheidungen Unfehlbarkeit. Von der gesamten Christenheit werden sieben ökumenische Konzile anerkannt (benannt nach dem Tagungsort): 1. Nizäa (325), 2. Konstantinopel (381), 3. Ephesus (431), 4. Chalkedon (451), 5. Konstantinopel (553), 6. Konstantinopel (680), 7. Nizäa (787). – In der katholischen Kirche gelten die weiteren Konzile als ökumenisch: 8. Konstantinopel (869), 9. 1. Laterankonzil (1123), 10. 2. Laterankonzil (1139), 11. 3. Laterankonzil (1179), 12. 4. Laterankonzil (1215), 13. Lyon (1245), 14. Lyon (1274), 15. Vienne (1311), 16. Konstanz (1414–1418), 17. Basel (1431–1437), 18. Ferrara-Florenz (1438/39), 19. 5. Laterankonzil (1512–1517), 20. Trient (1545–1563), 21. 1. Vatikanisches Konzil (1869/70), 22. 2. Vatikanisches Konzil (1962–1965).

Konziliarismus: die Auffassung, daß das ↑Konzil die höchste kirchliche Instanz sei und in der römisch-katholischen Kirche über dem Papst stehe.

koptische Kirche: christliche Nationalkirche Ägyptens, entstanden nach dem Scheitern der kirchlichen Einigungspolitik Kaiser Justinians I. (♔ 527–565). Die koptische Kirche lehnte die Beschlüsse des Konzils von ↑Chalkedon ab und bekannte sich weiterhin zum ↑Monophysitismus; in Ägypten lebende Anhänger der Reichskirche, meist Griechen, wurden *Melchiten* („Kaiserliche") genannt. Trotz zeitweise harter arabischer Unterdrückung konnte die koptische Kirche bis heute ihre Eigenart bewahren. Die Kirchensprache ist koptisch, die Liturgie altchristlich. Die Kirchenleitung liegt in den Händen des Patriarchen von Alexandria, dessen Sitz heute in Kairo ist. Die Zahl der Anhänger beträgt über 2 Millionen.

Koran (= Qur'an) [arabisch „Lesung"]: die heilige Schrift des Islams, die auf den Offenbarungen beruht, die der Prophet Mohammed vom Erzengel Gabriel empfing und die er seinen Landsleuten „in offenkundiger arabischer Sprache" (Sure 26, 195) verkündete. Der Koran wurde bereits knapp zwanzig Jahre nach dem Tode Mohammeds unter dem Kalifen Othman (♔ 644–656) kodifiziert. Er ist aufgeteilt in 114 Abschnitte, die *Suren*. Sie sind mit Ausnahme der „eröffnenden" Sure (↑Fatiha) nach dem Prinzip der abnehmenden Länge angeordnet. Dies bedeutet, daß die späteren und längeren in Medina verkündeten Offenbarungen des Propheten den älteren, mekkanischen Suren voranstehen.

Kore [griechisch „Mädchen"]: Kosename der griechischen Göttin ↑Persephone, vor allem in den Mysterien von Eleusis gebräuchlich. In ihnen symbolisierte die Kore, die von Hades in die Unterwelt entführt war, deren Mutter Demeter aber erreicht hatte, daß sie dort nur ein Drittel des Jahres, zwei Drittel aber auf der Erde verweile, als *Kornmädchen* die wiederkehrende Vegetation, vornehmlich des Getreides.

koreanische Religionen: unter den Göttern der altkoreanischen Volksreligion nimmt ↑Hananim als oberster Himmelsherr eine beherrschende Stellung ein. Der Sonnengott ↑Palk verkörpert das gute, ↑Kud das böse Prinzip. Weit verbreitet war der Glaube an Geister; dementsprechend bedeutsam war die Stellung des Beschwörers (Paksu). – Die koreanische Volksreligion wurde vom Buddhismus überlagert, der offiziell im Jahre 372 n. Chr. in Korea eingeführt wurde. Spätestens seit dem 7. Jahrhundert sind außerdem Beeinflussungen durch Taoismus und Konfuzianismus nachweisbar. Die religionsgeschichtliche Entwicklung seit der Mitte des 19. Jahrhunderts ist durch die Stiftung einiger neuer Religionen gekennzeichnet.

Korintherbriefe: im N. T. zwei umfangreiche Briefe (Abk. 1. und 2. Kor.), die Bestandteil einer z. T. verlorengegangenen Korrespondenz sind und die Paulus an die von ihm gegründete Gemeinde in Korinth schrieb. Sie gehen auf Anfragen aus dieser Gemeinde ein und setzen sich mit deren Nöten und inneren Zwistigkeiten (die Gemeinde von Korinth war damals in vier Parteien gespalten) auseinander.

Korporale (= Corporale) [von lateinisch corpus „Leib"]: „Leibtuch", weißes geweihtes Leinentuch als Unterlage für Hostie (den *Leib* des Herrn) und Kelch in der katholischen Messe.

Korware: die auf Neuguinea aus Holz oder Stein gefertigten menschlichen Figuren, in deren ausgehöhltem Kopf sich der Schädel eines Ahnen befindet.

Korybanten [griechisch]: Priester der phrygischen Göttin ↑Kybele, die in deren Dienst zu lärmender Musik orgiastische Waffentänze vollführten.

koscher [jiddisch „rein"]: soviel wie einwandfrei (nach dem jüdischen Religionsgesetz), bezieht sich v. a. auf Speisen. Die im alttestamentlichen Gesetz (Thora) zum Verzehr freigegebenen Tiere (3. Mos. 11; 5. Mos. 14) dürfen nur nach ritueller Schlachtung („geschächtet") und vollständig aus-

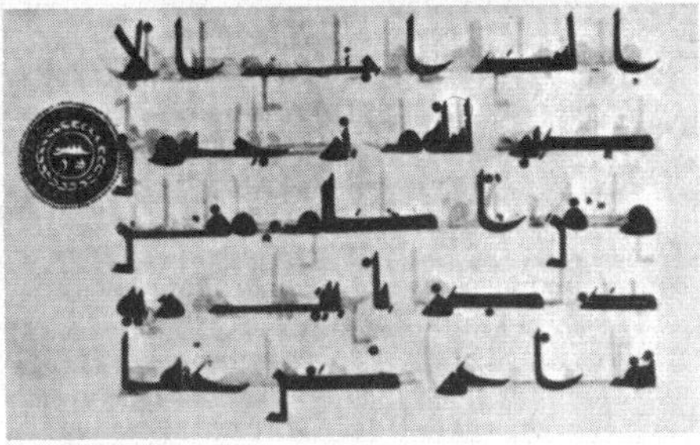

Koran. Ausschnitt aus einer der ältesten Koranhandschriften in kufischer Schrift (9. Jahrhundert)

geblutet verwendet werden. Speisen mit Milch und solche mit Fleisch sind sorgfältig auseinanderzuhalten (2. Mos. 23, 19), dies geht soweit, daß in einem frommen jüdischen Haushalt für beide Speisearten je ein Geschirr vorhanden sein soll.

Kosmogonie [von griechisch kósmos „Weltall" und gígnomai „entstehen"]: in der Religionsgeschichte die Mythen von der Entstehung der Welt. Diese Berichte vermitteln nicht eine bloße Erklärung bestehender Verhältnisse, sie geben vielmehr darüber hinaus die religiös fundierte Versicherung einer *Ordnung*, durch die die Mächte des Ungeordneten, Ungestalteten, des Chaos, gebannt sind. Dies tritt besonders bei der *kultischen Wiederholung* des Schöpfungsaktes deutlich in Erscheinung. Charakteristisch hierfür sind Jahresriten altorientalischer Religionen, besonders das babylonische Neujahrsfest. – Trotz beträchtlicher Unterschiede der Anschauungen im einzelnen lassen sich die Kosmogonien der verschiedenen Religionen zu mehreren *Typen* zusammenfassen. Einmal besteht die Vorstellung, die geordnete Welt sei aus einem *Urstoff* oder einem vorzeitlichen *Urwesen* entstanden. Nach altindischer Kosmogonie spaltete sich zu Beginn der Existenz des Kosmos ein Weltei spontan in zwei Hälften, deren eine zum Himmel, die andere zur Erde wurde. Aus dem Eidotter entstand die Sonne. Die chinesische Mythologie geht von dem Urwesen P'an-ku aus; durch den Zerfall seines Riesenkörpers entstanden die Teile des Weltalls. Nach germanischer Kosmogonie bildete sich aus dem Schädel des urzeitlichen Riesen ↑Ymir der Himmel, aus seinem Fleisch die Erde, aus seinem Blut das Meer, und seine Knochen wurden zu Bergen. Ein der Bildung des Kosmos vorangehender *Kampf gegen eine Chaosmacht* kommt am deutlichsten im babylonischen Weltschöpfungsepos „Enuma elisch" zum Ausdruck. Nach ihm zerspaltet der Gott ↑Marduk das Chaoswesen ↑Tiamat und formt aus den beiden Teilen seines Körpers Himmel und Erde. – Von der Annahme der Umbildung eines vorzeitlichen Urstoffes oder Urwesens ist die Anschauung von der *Schöpfung aus dem Nichts* (↑Creatio ex nihilo) zu unterscheiden. Nach ihr wird die Kosmogonie zunächst als Gedanke einer Gottheit entworfen, durch deren Wort sie dann verwirklicht wird. Charakteristisch hierfür ist neben dem alttestamentlichen Schöpfungsbericht (1. Mos. 1) der des ↑„Popol Vuh". Diese Ansicht der Kosmogonie wurde auch von der christlichen *Theologie* übernommen. – Völlig pessimistisch sind die Kosmogonien der gnostischen Erlösungsreligionen der Spätantike. Da sie der Materie feindlich gegenüberstehen und die Befreiung der Seele aus ihren Banden erstreben, sehen sie in der Entstehung der Welt das *Werk eines Demiurgen*, eines dämonischen Widersachers des guten, lichten Gottes. – Während sich Kosmogonien in fast allen Religionen finden, fehlen sie im Dschainismus und im frühen Buddhismus, die zwar beide ein Weltbild haben, aber keine Vorstellungen über die Entstehung der Welt.

Kosmologie [von griechisch kósmos „Weltall" und lógos „Lehre"]: das Weltbild, das in Religionen, die von einer Entsprechung von ↑Makrokosmos und Mikrokosmos ausgehen, große, in anderen Religionen jedoch nur untergeordnete Bedeutung besitzt. Die Gestalt des Weltbildes weist in den verschiedenen Religionen sehr unterschiedliche Formen auf. Oft findet sich jedoch eine Dreiteilung von Himmel, Erde und Unterwelt, die Vorstellung von einer Weltachse oder einem das Himmelsgewölbe stützenden Weltenbaum, ferner eine Entsprechung zwischen dem irdischen und einem himmlischen Ozean.

Kosmos [griechisch „Weltall, Ordnung"]: Begriff für die geordnete und harmonische Einheit des Universums, die im Gegensatz zum Chaos steht. In Schöpfungsberichten, die von einer chaotischen Urzeit ausgehen, ist der Kosmos das eigentliche Werk von Schöpfergottheiten.

Kraft ↑ Macht.

Krakucchanda [krakʊtʃ'tʃhanda]: nach buddhistischer Lehre der erste Buddha, der in unserer gegenwärtigen Weltperiode auftrat.

Krankenheilung: in der Religionsgeschichte gibt es viele Formen der Heilung von Krankheiten, die durch unterschiedliche, der jeweiligen Einschätzung der Krankheit entsprechende Mittel erfolgt. Hierzu gehören Dämonenaustreibung und Beschwörung, die Heilung durch Salbung, Handauflegung oder gebieterische Worte, ferner durch das Gebet, das sich in polytheistischen Religionen an spezielle ↑ Heilgötter wenden kann.

Krankensalbung (auch lateinisch unctio infirmorum): die früher „letzte Ölung" genannte Salbung eines Schwerkranken durch einen oder mehrere Priester; sie gilt in der katholischen und in der orthodoxen Kirche als Sakrament; sie wird begründet unter Berufung auf das N. T. (Jak. 5, 14 ff.).

Krankheit: gilt im Rahmen dämonischer und magischer Vorstellungen als Ergebnis der Einwirkung böser Geister oder feindlicher Menschen; in höheren Religionen kann sie als Folge von Schuld oder als Strafe der Gottheit empfunden werden. Eine positive Wertung erfuhr bei den Griechen und Römern die Epilepsie; sie galt ihnen als „heilige Krankheit".

Kranz ↑ Krone.

Kreatianismus [von lateinisch creatio „das Erschaffen"]: Lehre der christlichen Theologie, nach der Gott die Seele jedes einzelnen Menschen aus dem Nichts erschafft; im Gegensatz zur Ansicht des *Generatianismus* oder *Traduzianismus*, nach der die menschliche Seele durch elterliche Zeugung entsteht.

Kreaturgefühl: von dem deutschen evangelischen Theologen und Religionsphilosophen Rudolf Otto (* 1869, † 1937) in die Religionswissenschaft eingeführter Begriff zur Bezeichnung des Erlebnisses der eigenen Nichtigkeit und absoluten Abhängigkeit von dem Göttlichen.

Kredo (= Credo) [lateinisch „ich glaube"]: in gleicher Bedeutung wie „Glaubensbekenntnis" gebrauchter Begriff.

Kreis: in der Religionsgeschichte und im Bereich magischer Vorstellungen wird der Kreis mit unterschiedlichen Deutungen versehen. Der Kreis kann Symbol und, wie in der altägyptischen Hieroglyphenschrift, Bildzeichen (Piktogramm) der Sonne sein. Er ist ferner Symbol der Endlosigkeit; daher bezeichnen die Inder die Seelenwanderungslehre als einen „Kreislauf der Wiedergeburten". Auf Grund seiner völligen Geschlossenheit wird der Kreis als ein Machtzentrum verstanden, das gleichzeitig Schutz bietet gegenüber schädlichen Einflüssen von außen. Diesem Verständnis liegt die sehr früh nachweisbare kreisförmige Anlage von Städten zugrunde. Auf ihm beruht auch die magische Bedeutung des Zauberkreises. Als Machtzentrum strömt der Kreis Kraft auf die ihn Umgebenden aus. Hierauf beruht die weit verbreitete Sitte des Rundganges, die sich in der Umwandlung von Buddhastatuen, der Prozession um die islamische Kaaba in Mekka, im Flurumritt und Flurumgang findet. Als Ring ist der Kreis Symbol einer engen Bindung (z. B. als Ehering).

Krethi und Plethi [hebräisch, vielleicht „Kreter und Philister"]: im A. T. Name der an der Seite des Königs David kämpfenden ausländischen Truppe (2. Sam. 8, 18; 15, 18); heute wird der Ausdruck im abwertenden Sinn für zweifelhaftes Volksgemisch gebraucht.

kretisch-mykenische Religion ↑ ägäische Religion.

Kreuzberg ↑ Kalvarienberg.

Kreuzestod ↑ Kreuzigung.

Kreuzformen: die verschiedenen Formen des Kreuzes finden sich in sehr

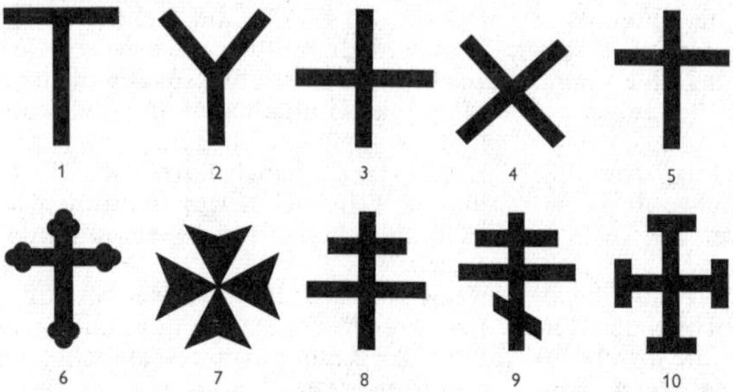

Kreuzformen
1 Antoniuskreuz,
2 Gabelkreuz,
3 griechisches Kreuz,
4 Andreaskreuz,
5 lateinisches Kreuz,
6 Kleeblattkreuz,
7 Malteserkreuz,
8 Lothringer Kreuz,
9 russisches Kreuz,
10 Krückenkreuz

großer Vielfalt. Vorchristlich ist das altägyptische Schleifen- oder Henkelkreuz (☥), die Hieroglyphe für „Leben" („anch"), außerdem das weit verbreitete Hakenkreuz, das auch *crux gammata* (oder Gammadion) genannt wird, weil es in vier griechische Gamma (Γ) auflösbar ist; seine zwei Formen werden mit indischen Termini benannt: das Swastika (卐) ist männliches, Sauwastika (卍) weibliches Symbol. Die gewöhnliche christliche Kreuzform hat gleiche Längs- und Querbalken *(crux immissa)* (+) oder einen verlängerten Längsbalken *(crux capitata)* (†). Das Andreaskreuz *(crux decussata)* hat die Form des griechischen Buchstaben Chi, d. h. die Balken sind quergestellt (×). Beim Antoniuskreuz *(crux commissa)* ragt der Längsbalken nicht über den Querbalken hinaus (T). Zu den Doppelkreuzen zählt das *Kreuz von Lothringen* (☨). Aus der Verbindung des ↑Christusmonogramms mit dem Kreuz erwuchsen eine Fülle weiterer Formen.

Kreuzigung: die den Kreuzestod bewirkende Form der Hinrichtung; sie stammte vermutlich aus Persien und war in der Antike die übliche Todesstrafe für Schwerverbrecher, Aufständische und Kriegsverbrecher. – Jesus wurde nach den Berichten in den Evangelien (Mark. 15, 23 ff.; Matth. 27, 32 ff.; Luk. 23, 33 ff.; Joh. 19, 16 ff.) nach römischer Art als politischer Aufrührer gekreuzigt. Der Kreuztitel, eine Tafel mit einer Art amtlicher Verlautbarung über die Schuld des Gekreuzigten, wurde oft am Kreuz befestigt; der Kreuztitel Jesu lautete (nach Joh. 19, 19): „Iesus Nazarenus Rex Judaeorum"; Abk. I. N. R. I. („Jesus aus Nazareth, König der Juden"). Im Unterschied zur orientalischen Art der Kreuzigung – der Leichnam eines schon Hingerichteten wurde zur öffentlichen Zurschaustellung an einen Pfahl oder Baum gehängt (im A. T. z. B. 5. Mos. 1, 22; Jos. 8, 29) – bedeutete in der

Kreuzigung. Missale aus dem Nachlaß des Domdekans Konrad von Rennenberg († 1357), Köln, Dombibliothek

Antike die Kreuzigung die Hinrichtung des Verurteilten selbst. Die eigentliche Todesursache bei dieser grausamen Form der Hinrichtung (Aufspießen oder Aufhängen an einen Pfahl, die Arme an einen Querbalken gebunden, die Füße angeheftet oder abgestützt) war Kreislaufkollaps mit Zusammenbruch der wichtigsten Körperfunktionen.

Kreuzweg: nach weit verbreitetem Volksglauben eine Stätte besonders machtvoller Wirksamkeit übernatürlicher, meist schadenbringender Geister, die durch schutzverleihende magisch-kultische Handlungen versöhnt werden müssen. Die altrömische Religion besaß in den Compitalia ein besonderes Jahresfest der Straßenkreuzungen. In der brasilianischen ↑Umbanda-Religion wird an Straßenkreuzungen dem Straßengott Bara (oder Barabara) ein Opfer von gerösteten Maiskörnern, einem roten Tuch und einem getöteten Hahn dargebracht. – Zum Kreuzweg Christi ↑Via Dolorosa.

Kreuzzeichen: in den christlichen Kirchen Gebetsgebärde, mit der die Gläubigen sich selbst, andere oder Gegenstände segnen. Seit dem 2. Jahrhundert nachweisbar, begleitet es die aus der Taufpraxis stammende Formel „im Namen des Vaters...". In der katholischen Kirche gibt es das große Kreuzzeichen (mit der rechten Hand werden Stirn, Brust, zuerst linke, dann rechte Schulter berührt [in den Ostkirchen umgekehrte Reihenfolge]) und das kleine Kreuzzeichen (mit dem Daumen werden Stirn, Mund und Brust berührt). In den evangelischen Kirchen wird das Kreuzzeichen oft zum Abschluß der Segenserteilung durch den Geistlichen ausgeführt. – In der katholischen Volksfrömmigkeit ist das Kreuzzeichen v. a. Abwehrzauber und wird bei allen Gelegenheiten ausgeführt, bei denen das Einwirken schädlicher Einflüsse befürchtet wird. Auch beim Besprechen und anderen magischen Praktiken ist es üblich.

Kreuzzüge: allgemein die im Mittelalter von der Kirche propagierten oder unterstützten Kriege gegen Ungläubige und Häretiker zur Verbreitung bzw. Wiederherstellung des christlichen Glaubens, v. a. aber die vom Ende des 11. Jahrhunderts bis zum Ende des 13. Jahrhunderts unternommenen Züge nach Vorderasien zur Befreiung der heiligen Stätten des Christentums von islamischer Herrschaft.

Krieg: in einigen Religionen gibt es das religiös motivierte Gebot des Kriegführens. Es ist besonders deutlich im islamischen ↑Dschihad sowie im aztekischen ↑Blumenkrieg.

Kriegsgefangenenopfer: die sakrale Tötung der im Krieg gefangenen gegnerischen Kämpfer, früher weit verbreitete Sitte, für die die Bräuche im aztekischen Mexiko besonders charakteristisch waren.

Kriegsgott: sakraler Herr des Krieges, bevorzugte Gottheit von Soldatenreligionen (Religionsformen, die v. a. für Soldaten typisch waren). Zu den spezifischen Kriegsgöttern zählen der Ares der Griechen, Mars und Quirinus der Römer, Kumara der Inder, Verethraghna der Perser, Assur der Assyrer, Kuan-ti der Chinesen, Hatschiman der Japaner, Month der Ägypter. Bekannte Kriegsgöttinnen sind die babylonische Ischtar, die römische Bellona und die keltische Morrigan.

Kriegsritual: zeremonielle Vorbereitung des Krieges, die Kriegstänze, Blutgenuß und magische Feindbesprechung umfassen kann, ebenso Meidungsgebote wie das Verzehren furchtsamer Tiere und das Scheren der Haare.

Kriobolium [von griechisch kriós „Widder"] ↑Taurobolium.

Krippenspiele: seit dem Mittelalter übliche szenische Darstellungen des Weihnachtsgeschehens, meist dreiteilig (Verkündigung, Herbergssuche/Geburt, Anbetung der Hirten), oft mit zusätzlicher und abschließender Anbetung durch die hl. drei Könige.

Krischna (= Krishna) [Sanskrit „der Dunkle"]: indischer Gott, der als Verkörperung (↑Awatara) des Gottes ↑Wischnu angesehen wird und in der ↑„Bhagawadgita" als Wagenlenker und Offenbarer göttlicher Wahrheiten auftritt. Berichte über sein Leben unter Hirten lassen auf die ursprüngliche Gestalt eines Hirtengottes schließen; das Hirtenmädchen *Radha* gilt als seine bevorzugte Geliebte.

Kristallomantie ↑Mantik.

Kritajuga: das erste der indischen ↑Weltzeitalter.

Krokodil: vor dem gefährlichen Tier suchte man sich im alten Ägypten beim Überqueren von Wasserläufen durch Zauberformeln zu schützen. Verehrt wurde jedoch der krokodilgestaltige Gott *Sobek* (auch *Suchos*), der als Sohn der Göttin ↑Neith galt.

Kromlech ↑Cromlech.

Krone [von lateinisch corona „Kranz"]: Herrschersymbol, das auf Grund seiner kreisförmigen Gestalt als Träger besonderer Macht angesehen wird.

Kronos: Titan der griechischen Mythologie, Sohn des von ihm entthronten Uranos, Vater des Zeus, der ihn seinerseits in der Weltherrschaft ablöst und ihn mit den anderen Titanen in den Tartarus verbannt. Später herrscht Kronos, mit Zeus versöhnt, über die Inseln der Seligen.

Kröte: schon in der Antike wurde die Kröte als giftig angesehen, später gilt sie als Teufels- und Hexentier. Entsprechend zubereitet waren Kröten oder ihre Sekrete Bestandteil von Zaubertränken und Hexensalben. Demgegenüber erschienen im Märchen Kröten oft als gute Geister und Schatzhüter.

Kruzifix [von lateinisch crucifixus „ans Kreuz Gehefteter"]: plastische oder gemalte Darstellung des gekreuzigten Christus auf einem Kreuz aus Holz oder anderen Materialien.

Krypta [von griechisch kryptḗ oder krýptē „Gewölbe"]: Unterkirche, meist unter dem erhöhten Chor des Kirchengebäudes liegend, mit einem oder mehreren Altären, oft Grabstätte von Heiligen, Bischöfen und Fürsten.

Kryptokalvinisten (= Kryptocalvinisten) [von griechisch kryptós „verborgen"]: „heimliche Kalvinisten", polemisch gebrauchter Name für Lutheraner, die in Kursachsen unter Führung von Melanchthons Schwiegersohn, dem Humanisten Kaspar Peucer (* 1525, † 1602) der kalvinistischen Abendmahlslehre anhingen; sie wurden seit 1574 mit Kerker bestraft. Der kursächsische Kanzler Nikolaus Crell (* 1552) versuchte eine Neubelebung des Kryptokalvinismus; er wurde 1601 hingerichtet.

Kschatrija: eine der Hauptkasten des indischen ↑Kastensystems.

Kschitigarbha (= Kshitigarbha) [Sanskrit „der die Erde als Mutterschoß hat"] (auch chinesisch Titsang, japanisch Dschiso): ein besonders in Ostasien sehr beliebter ↑Bodhisattwa, Beschützer der Reisenden, der Schwangeren und Kinder sowie der Höllenbewohner.

Ktesios [griechisch „zum Besitz der Herrschaft gehörig"]: Beiname des ↑Zeus.

Kuan-ti: Göttername, der 1574 dem vergöttlichten Kriegshelden Kuan Yü verliehen wurde, der die Handy-

Krypta des Speyerer Doms (1041 geweiht)

nastie (206 v. Chr.–220 n. Chr.) erfolglos gegen Aufständische verteidigt hatte, in deren Hand er fiel und 219 n. Chr. enthauptet wurde.

Kuạnyin [chinesisch] (auch japanisch *Kwannon*): ostasiatische Gottheit der Barmherzigkeit, die Seefahrer beschützt und an die sich heilungsuchende Kranke wenden sowie Frauen mit der Bitte um Kindersegen. Das hilfreiche Wesen der Gottheit wird durch Dutzende von Armen symbolisiert, mit denen sie häufig dargestellt ist (sogenannte „tausendarmige" Kuanyin). Im allgemeinen gilt Kuanyin als eine Erscheinungsform des Bodhisattwa ↑Awalokiteschwara. Umstritten ist ihre Auffassung als weibliche Gottheit, als Madonna Ostasiens. Denn nach streng buddhistischer Lehre gibt es bei Heilsgestalten keinen Geschlechtsunterschied. Allerdings kamen zwischen dem 13. und 15. Jahrhundert Darstellungen der Gottheit mit einem Kind auf.

Kubẹra: indischer Gott des Reichtums, dickbäuchig dargestellt.

Kud: in der altkoreanischen Religion Gott der Finsternis, die als göttliche Person gedachten Begriffe Sünde und Unglück.

Kudschiki (= Kujiki) [japanisch „Geschichte der Begebenheiten in der Urzeit"]: ein 620 n. Chr. vom Prinzen Schotokutaischi verfaßtes Werk, das zu den grundlegenden Schriften des japanischen Schinto zählt.

Kudụrru ↑Grenzen.

Kụfa: irakische Stadt an einem rechten Nebenarm des Euphrat, 636 n. Chr. vom Kalifen Omar (♔ 634 bis 644) gegründet, bedeutendes islamisches Kulturzentrum. 11 km südwestlich von Kufa liegt An Nadschaf mit dem Grab des 661 n. Chr. ermordeten Ali Ibn Abi Talib, ein Wallfahrtsort der Schiiten.

Kuh: in verschiedenen Religionen genießt die Kuh eine vor allem kultische Verehrung. Sie ist besonders in Indien bis heute stark ausgeprägt. Die Tötung der Kuh ist dort ein Verbrechen, ihr Urin gilt als Medizin. Der

Kuanyin. Holzfigur aus dem Ende des 9. Jahrhunderts (Nara, Hokkedschi)

iranische Prophet Zarathustra hatte sich für einen besonderen, religiös begründeten Schutz der Kuh (gegen die üblichen Rinderopfer) eingesetzt.

Kuhgöttin: vornehmlich die altägyptische ↑Hathor, die kuhgestaltig und mit Kuhhörnern versehen gedacht wurde; die griechische ↑Hera galt als „kuhäugig" (griechisch „boṓpis").

Kujiki ↑Kudschiki.

Kukulkạn: in der Sprache der Maya in Yucatan die dem ↑Kukumatz entsprechende Namensform.

Kukumạtz (= Gukumatz) [Maya-Quiché „grüne Federschlange"]: mit dem aztekischen ↑Quetzalcoatl bedeutungsgleicher Name eines Mayagottes, dessen Verehrung möglicherweise ebenfalls auf Quetzalcoatl zurückzuführen ist.

Kult [von lateinisch colere „sorgfältig pflegen"]: festgesetzte und geordnete Form des Umgangs mit dem Göttlichen, die einerseits der Verehrung der Gottheit dient, andererseits der Förderung und Heiligung des menschlichen Lebens, der Erfahrung von Segen und Gnade sowie der Abwehr schadenbringender Mächte. Träger des Kults ist eine menschliche Gemeinschaft, in deren Auftrag Priester als kultische Vertreter die rituellen Akte vollziehen, die im allgemeinen an heilige Orte gebunden sind und die Beachtung bestimmter Zeiten erfordern, an denen entweder ein Naturgeschehen oder ein Ereignis der Heilsgeschichte gefeiert wird. Auch einschneidende Übergänge des menschlichen Lebens, besonders Geburt, Eheschließung und Tod, sind mit kultischen Handlungen verbunden. – Die Vorbereitung des kultischen Aktes erfordert oft Reinigungsriten, zu denen Fasten und asketische Übungen zählen. Der Kult selbst besteht formal aus Worten und Handlungen. In seinem Mittelpunkt steht das Opfer, die von der Gemeinde der Gottheit dargebrachte Gabe. Sie vermittelt die Verbindung zur Gottheit und hat somit sakramentale Bedeutung. An die Stelle früher Menschenopfer traten auf höherer Stufe Ersatzopfer und symbolische Opferhandlungen. Der Genuß der Opferspeise, die Berührung des Gottesbildes, Handauflegung und Salbung haben Kommunionscharakter: sie vermitteln die Vereinigung mit der Gottheit. Die liturgische Lesung, Psalmen und Gebete sowie die Segensworte des Priesters begleiten den Vollzug der rituellen Akte. Oft sind Prozessionen und Tänze Bestandteil des Kults.

Kultbild: das im Kult verehrte Bild oder Symbol einer Gottheit.

Kultdrama: die im Kult vollzogene dramatische Gestaltung eines im Mythos berichteten Geschehens.

Kultgemeinschaft: Bezeichnung einer gesellschaftlichen Gruppe, deren Gefühl der Zusammengehörigkeit und Solidarität auf der Teilnahme an einem bestimmten Kult beruht.

kultgeschichtliche Methode: neuere religionsgeschichtliche Forschungsrichtung, die von der englischen *Myth and Ritual School* und der *skandinavischen* oder *Uppsalaschule* vertreten wird. Ihre Einstellung ist antievolutionistisch. Im Mittelpunkt ihres Interesses stehen die alte Traditionen bewahrenden Formen des Kults, deren konservativer Zug hervorgehoben wird. Hinsichtlich der Strukturen oder „Muster" (englisch „patterns") des Kults wird eine Übereinstimmung in verschiedenen Religionen herausgearbeitet. Diese Ergebnisse werden vornehmlich am Studium der altorientalischen Religionen gewonnen. Da in ihnen das ↑Sakralkönigtum eine hervorragende Rolle spielt, ist v. a. die Stellung des Königs im Kult Gegenstand der Forschung.

Kultheros: Heros, dessen Verehrung einen Kult begründete, der meist an dessen Grab- oder Gedächtnisstätte vollzogen wird; besonders charakteristisch für die griechische Religion.

Kultlegende: Legende, die einen bestimmten Kult begründet, der häufig an den Ort gebunden bleibt, an dem dieser Legende nach ein Heiliger Wunder vollbrachte.

Kultmystik ↑Mystik.

Kultmythos: Mythos, der kultisch (in einem Kultdrama) als geschlossener Handlungsablauf wieder vergegenwärtigt (repristiniert) wird.

Kultsprache ↑Sakralsprache.

Kultstätte: Ort, an dem ein Kult vollzogen wird. Der Begriff kann für ↑heilige Stätten in ihrem gesamten Umkreis verwendet werden wie auch für die eigentliche Stätte des kultischen Vollzugs, meist den Altar.

Kulturbringer ↑Heilbringer.

Kulturheros: ein in der Religionswissenschaft nicht eindeutig definierter Begriff, mit dem sowohl ein ↑Heilbringer als auch bestimmte ↑Heroen gemeint sein können.

Kulturkampf: von dem Mediziner und Politiker Rudolf Virchow (* 1821,

† 1902) geprägte Bezeichnung für die Auseinandersetzung zwischen dem von Bismarck geleiteten preußischen Staat und der katholischen Kirche in den Jahren 1872–79. Staatliche Maßnahmen wie die Einführung des Kanzelparagraphen, der Zivilstandsgesetzgebung (Zivilehe) und des Verbots der Jesuiten stießen auf wachsenden Widerstand der katholischen Kirche, der zu einem teilweisen Einlenken Bismarcks führte. – Mit Kulturkampf wird heute allgemein ein Konflikt zwischen Kirche und Staat bezeichnet.

Kulturreligion: ein nicht eindeutig festgelegter Begriff, der zur Unterscheidung von ↑Naturreligionen gebraucht werden kann, aber auch zur Bezeichnung von Religionen innerhalb höherer Kulturen verwendet wird.

Kultvereine: durch die Integrationskraft gemeinsamer religiöser Verehrung und gemeinsamer kultischer Aufgaben zusammengeschlossene Gruppen, bei denen es sich um Bruderschaften, Stämme oder Städte handeln kann. Charakteristisch für letztere war die altgriechische ↑Amphiktyonie.

Kultzentren ↑Amphiktyonie.

Kumạra (auch Skanda): indischer Kriegsgott, tritt v. a. in der indischen Epik hervor.

Kumạrbi: Göttervater des churritischen Pantheons, hatte seinen Vater Anu vom Thron gestürzt, wird aber dann selbst seiner Herrschaft durch den Wettergott ↑Teschub beraubt.

Kumbum [von tibetisch sKu-'bum Byams-pa-gling „Insel der hunderttausend Bilder des (zukünftigen Buddha) Maitreja“]: zur Zeit des 3. Dalai Lama im Jahre 1578 n. Chr. in Nordosttibet gegründetes, berühmtes lamaistisches Kloster.

Kumrạn (= Qumran): westjordanische Ruinenstätte, am Nordwestufer des Toten Meeres gelegen, bis zur Zerstörung im Jahre 68 n. Chr. etwa 200 Jahre lang von den Angehörigen einer streng disziplinierten und in Gütergemeinschaft lebenden jüdischen Sekte bewohnt. Seit 1947 sind heilige Schriften dieser Ordensgemeinschaft in Höhlen entdeckt worden. Sie enthalten in hebräischer Sprache und Schrift, jedoch altertümlicher Orthographie, zum einen Schriften des A. T., die eine Textgestalt bewahrt haben, die vor der Festlegung des alttestamentlichen Kanons (auf der Synode zu Jamnia im Jahre 90 n. Chr.)

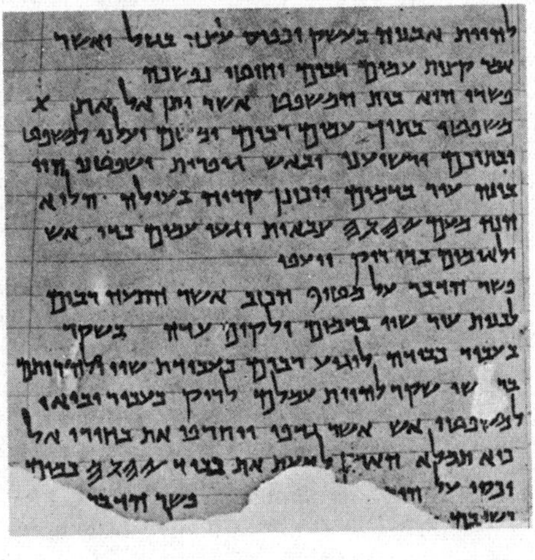

Kumran. Kommentar zu Habakuk (1. Jahrhundert v. Chr.; Jerusalem, Shrine of the Book)

bestand. Zum anderen handelt es sich um literarisches Sondergut der Gruppe von Kumran, das Ordensregeln enthält, ferner Texte, die einen Dualismus zwischen den Mächten des Lichtes und der Finsternis betonen und außerdem die entscheidende Rolle eines „Lehrers der Gerechtigkeit" hervorheben.

Kurat [von lateinisch cura „Fürsorge, Pflege"]: im katholischen Kirchenrecht Hilfspriester mit eigenem Seelsorgebezirk.

Kureten [von griechisch kurẽtes]: den ↑Korybanten verwandte Priester der ↑Kybele.

Kurialismus: Zentralisierung von Verwaltung und kirchlicher Machtausübung in der römischen ↑Kurie.

Kurie (auch lateinisch Curia Romana): seit dem Ende des 11. Jahrhunderts Bezeichnung für die Gesamtheit der in der Leitung der römisch-katholischen Kirche tätigen Organe des Apostolischen Stuhls in Rom.

Kurnugi [sumerisch „Land ohne Heimkehr"]: aus dem Sumerischen entlehnte Bezeichnung des babylonischen Unterweltsreiches.

Kurosumikio (= Kurozumikyo): die älteste der neuen Religionen Japans, deren Hauptverbreitungsgebiet in der Präfektur Okajama liegt, in deren gleichnamiger Hauptstadt die Zentrale der Religionsgemeinschaft ihren Sitz hat. Begründet wurde die Kurosumikio von dem Samurai Munetada Kurosumi (* 1780, † 1850), von dessen Namen sich auch die Bezeichnung der neuen Religion ableitet. Sie anerkennt schintoistische und christliche Einflüsse, lehnt jedoch den Buddhismus strikt ab. Im Mittelpunkt steht die nahezu monotheistische Verehrung der Sonnengöttin Amaterasu. Tägliches Einatmen von Sonnenkraft soll dem Ziel der Vergottung des Menschen dienen. Die Verkündigung umfassender Bruderschaft aller Menschen wird als Verwandtschaft zum Christentum aufgefaßt. Aristokratische Tendenzen zeigen sich jedoch in der ausdrücklichen Ablehnung, an die Interessen der Massen zu appellieren.

Kuß: im magischen Bereich Austausch zauberhafter Seelensubstanz, auf religiösem Gebiet Weihe- und Friedenszeichen, im alten Rom von rechtlicher Bedeutung beim Verlobungsritual. Das Märchen kennt den erlösenden Kuß (Dornröschen). Der *Judaskuß* ist Inbegriff des Verrats. Ersatz des Kusses durch die *Kußhand* war bereits in der Antike üblich. In frühchristlicher Zeit war der Friedenskuß ein wichtiger Teil der Liturgie.

Kußtafel: wurde in der frühen christlichen Kirche für die Laien als „Friedensgerät" (lateinisch instrumentum pacis) eingeführt, nachdem der Friedenskuß nur noch zwischen Klerikern ausgetauscht wurde.

Kwannon ↑Kuanyin.

Kwasir (= Kvasir): nach nordgermanischer Mythologie das klügste Wesen, entstanden aus dem Speichel der Göttergeschlechter der Asen und Wanen, den diese nach Beendigung ihres Krieges gemeinsam in ein Gefäß speien. Kwasir wird von Zwergen erschlagen. Aus seinem mit Honig vermischten Blut wird der Skaldenmet Odrörir („Geistbeweger") hergestellt, dessen Genuß die Gabe der Weisheit und Dichtkunst verleiht.

Kybele ['ky:bele, ky:'be:le]: phrygische Muttergöttin, Spenderin von Leben und Fruchtbarkeit. Der Mythos von ihrer Liebe zu ↑Attis bildet die das Erblühen und Absterben der Vegetation symbolisierende Grundstruktur der ihr zu Ehren gefeierten Kulte. – ↑auch Magna Mater.

Kyffhäuser: den südlichen Ausläufern des Harzes benachbarter Berg, in dem nach verbreitetem Volksglauben Kaiser Friedrich I. Barbarossa (♔ 1152 bis 1190) auf seine einstige Wiederkehr warten soll (dieser Glaube ist seit 1519 belegt).

Kyklopen (= Zyklopen) [von griechisch kýklōpes „Rundaugen"]: wilde, einäugige Riesen der griechischen

Mythologie, Schmiedegesellen des Hephaistos, Helfer bei der Errichtung der Mauern von Tiryns und Mykene.

Kyklos tes geneseos [...sε-o:s; griechisch „Kreislauf der Geburten, Geburtenkreislauf"]: griechische, insbesondere in der ↑Orphik übliche Bezeichnung für die Lehre von der Seelenwanderung.

Kyniker (= Cyniker) [von griechisch kynikós „hündisch"]: Vertreter einer bestimmten Ausprägung der griechischen Philosophie, dem Kynismus, zu denen die Philosophen Antisthenes (* um 440, † 366), Diogenes von Sinope (* um 400, † wohl zwischen 328 und 323, bekannt durch Anekdoten, die sein Leben in der Tonne beleuchten) und andere gehören. Sie forderten Bedürfnislosigkeit, Selbstgenügsamkeit und Aufhebung gesellschaftlicher Vorurteile.

Kynismus (= Zynismus): von den ↑Kynikern vertretene philosophische Richtung, die in der Antike zunehmend zur Mißachtung von gesellschaftlichen Konventionen tendierte. Im heutigen Sprachgebrauch ist Zynismus bissiger Spott, meist über die Wertgefühle anderer.

Kyriake Hemera [griechisch „Tag des Herrn"] ↑Sonntag.

Kyrie eleison ['ky:ri-ε; griechisch „Herr, erbarme dich]: in die christliche Liturgie übernommener vorchristlicher Gebetsruf; seit etwa 600 wird das Kyrie eleison neunmal gesungen, bei den mittleren Malen als „Christe eleison" („Christus, erbarme dich"). In den evangelischen Kirchen ist das Kyrie eleison Bestandteil des Altargesangs des Pfarrers.

Kyrios [griechisch „Herr"]: in der „Septuaginta" Übersetzung des alttestamentlichen Gottesnamens Jahwe, im N.T. ein Würdename Jesu.

L

Labarum [lateinisch]: die von Konstantin dem Großen (♔ 306 bis 337) nach der Schlacht an der Milvischen Brücke (312 n. Chr.) eingeführte Standarte mit dem Christusmonogramm. Sie wird mit der Wendung Konstantins zum Christentum in Verbindung gebracht.

Labyrinth [griechisch]: Irrgarten oder Gebäude mit verschlungenen Gängen, als dessen Urform die mythische Behausung des kretischen ↑Minotauros gilt.

Lachmu: nach babylonischer Mythologie Angehöriger einer älteren, in der Herrschaft abgelösten Göttergeneration, auch als Seeungeheuer gedacht.

Laien ↑Klerus.

La ilaha illa'llah, Mohammed rasul Allah [arabisch „Es gibt keinen Gott außer Allah, Mohammed ist der Gesandte Allahs"]: Text des islamischen Glaubensbekenntnisses.

Lakschmi (= Lakshmī): hinduistische Göttin des Glücks und der Schönheit, deren Symbol die Lotosblume ist. Lakschmi, auch *Schri* genannt, gilt als Gattin des ↑Wischnu, dem sie in seinen Inkarnationen (↑Awatara) in verschiedenen Gestalten zur Seite steht.

Laktizinien [von lateinisch lac „Milch"]: Sammelbezeichnung für Milch und Milchprodukte, deren Genuß nach römisch-katholischem Kirchenrecht an Abstinenztagen erlaubt, in den Ostkirchen aber verboten ist.

Lalitawistara (= Lalitavistara) [Sanskrit „die ausführliche Erzählung vom Spiel" (d.h. vom Leben des Buddha)]: einer der wichtigsten Texte des Mahajana-Buddhismus und zugleich eine der vorzüglichsten Quellen für das Leben Buddhas, das als das Spiel (Sanskrit „lalita") eines überirdischen Wesens dargestellt wird.

Lama [von tibetisch bla-ma „der Obere, Superior“]: ursprünglich wurde nur ein ranghoher Kleriker, später jeder Geistliche im ↑Lamaismus Lama genannt.

Lamaismus: die nach dem ↑Lama benannte tibetische Sonderform des Buddhismus, die von der autochthonen ↑Bon-Religion und vom ↑Wadschrajana nicht unwesentlich beeinflußt wurde. Charakteristisch für den Lamaismus war es, daß er mit seiner hierarchischen Struktur jahrhundertelang in einer den ursprünglichen Intentionen des Buddhismus fremden Weise das staatstragende Element Tibets bildete. – Die Einführung des Buddhismus erfolgte um 632 n. Chr. zur Zeit der tibetischen Großmachtstellung unter König Srong-btsansgam-po. Die geistige Überwindung der Bon-Religion gelang jedoch erst dem im 8. Jahrhundert n. Chr. nach Tibet gerufenen Inder ↑Padmasambhawa durch synkretistische Verbindungen tibetischer Vorstellungen mit buddhistischen Anschauungen. Padmasambhawa hatte seine durch rote Gewandung gekennzeichneten Mönche, die *Rotmützen*, nicht den strengen Regeln des ehelosen Lebens unterworfen. Die großen Klöster der Roten Kirche entwickelten sich daher zu erblichen Machtzentren, die sich ständig befehdeten. Das Ende dieses Zustandes wurde durch das Wirken des großen Reformators Tsong-kha-pa (* 1357, † 1419) eingeleitet. Er forderte das strikte Zölibat in seiner reformerischen „Tugendsekte“ (tibetisch dGe-lugs-pa). Sie ist, da ihre Anhänger als Träger gelber Mützen mit *Gelbmützen* bezeichnet wurde, bei Mongolen und Chinesen unter der Bezeichnung „*Gelbe Kirche*“ (mongolisch schira schaschin, chinesisch huang chiao) bekannt geworden. Tsong-kha-pa hatte kurz vor seinem Tode die ↑chubilghanische Sukzession begründet. Innerhalb dieses Sukzessionssystems wurde die politische Vorrangstellung des *Dalai Lama* endgültig durch den 5. Dalai Lama (* 1617, † 1682) gesichert, den Erbauer des Potala auf dem roten Hügel bei Lhasa. Dem 13. Dalai Lama (* 1876, † 1933) gelang es noch, die Unabhängigkeit seines Landes gegenüber rivalisierenden Großmachtansprüchen auf Tibet zu erhalten. Sein Nachfolger aber, der 1935 geborene und 1940 inthronisierte 14. Dalai Lama ging 1959 nach Indien ins Exil.

Lamaschtu: der sumerischen Dimme entsprechende babylonische Dämonin des Kindbettfiebers und der Säuglingskrankheiten.

Lamassu: wohlwollende babylonische Schutzdämonin, bereits in sumerischer Zeit unter dem Namen *Lama* bekannt.

Lambethkonferenzen [engl. 'læmbəθ]: nach dem Lambeth-Palace in London, dem Amtssitz des Erzbischofs von Canterbury, benannte Konferenzen aller anglikanischen Bischöfe, die seit 1867 etwa alle zehn Jahre unter Leitung des Erzbischofs von Canterbury stattfinden und deren Beschlüsse, obwohl formell ohne kirchenrechtliche Autorität, richtungsweisend für die anglikanische Kirchengemeinschaft sind.

Lamechlied: ein im A. T. (1. Mos. 4, 23–24) überliefertes, dem Lamech, einem Nachkommen Kains, zugeschriebenes Lied, das die unversöhnliche Haltung Kains und dessen Nachkommen unterstreicht.

Laotse. Chinesischer Holzschnitt

Lateran. San Giovanni in Laterano (Innenausgestaltung von Francesco Borromini, 1646–49)

Lamia: in der griechischen Mythologie ein auch in Mehrzahl *(Lamien)* auftretendes abscheuliches und blutsaugendes weibliches Schreckgespenst, das v. a. schönen Jünglingen das Blut aussaugt.

Lamm Gottes ↑Agnus Dei.

Landeskirche: zunächst Bezeichnung für die unter der Oberhoheit eines Landesherrn entstandene regionale und staatlich gebundene Kirchenorganisation; heute Bezeichnung einer Gliedkirche der ↑Evangelischen Kirche in Deutschland, an deren Spitze meist ein Landesbischof steht. Die Bereiche der einzelnen Landeskirchen decken sich heute nur noch teilweise mit den politischen Einheiten der Bundesländer.

Landvaettir [altnordisch „Landwichte"]: in der nordgermanischen Religion Schutzgeister des Landes.

Lanze, heilige: Reliquie aus der Passion Jesu, über deren Wiederauffindung legendarische Berichte existieren; die Lanze, mit der Jesu Seite durchstochen wurde (Joh. 19, 34), worauf Joseph von Arimathia das Blut des Gekreuzigten in der Schale des ↑Grals auffing.

Laodicenerbrief: unechter Paulusbrief, der als Ersatz für den im „Kolosserbrief" (Kol. 4, 16) erwähnten, aber verlorengegangenen Brief des Paulus an die Gemeinde in Laodikeia verfaßt wurde.

Laotse [chinesisch „der alte Meister"]: chinesischer Philosoph, der nach neueren Datierungsversuchen im 3. oder 4. Jahrhundert v. Chr. (nicht im 6. Jahrhundert, wie die chinesische Überlieferung meint) lebte. Er ist Begründer des ↑Taoismus. Spärliche Nachrichten über sein Leben lassen erkennen, daß er Bibliothekar in Lo, der Hauptstadt des südchinesischen Staates Chou war. Im Alter soll er seine Heimat aufgegeben haben und nach Westen gezogen sein. Ehe er China verließ, habe er dem Paßkommandanten des Hankupasses das ↑„Taoteking" übergeben.

Lapsi [lateinisch „Gefallene"]: in der alten Kirche Bezeichnung für die während der Christenverfolgungen abgefallenen Christen, die unter äußerem Druck ihren Glauben verleugnet hatten.

Laren: römische Schutzgottheiten der Fluren, des väterlichen Bodens, des Hauses und der Familie. Die Laren waren den Penaten verwandt und wurden mit diesen zusammen am häuslichen Herd durch tägliche Speiseopfer geehrt. An den Haupttagen (Kalenden, Nonen und Iden) sowie an Familienfesten öffnete man den Larenschrein (Lararium) und schmückte ihre Bilder mit Blumen.

Lar familiaris: römische Schutzgottheit der Familie.

Lateran: päpstlicher Palast sowie die mit ihm verbundene Bischofskirche Roms, San Giovanni in Laterano, seit 1929 Exklave der Vatikanstadt.

Laterankonzile ↑Konzil.

Lateranverträge: die unter dem Pontifikat von Pius XI. zwischen dem Heiligen Stuhl, vertreten durch Kardinalstaatssekretär Pietro Gasparri (* 1852, † 1934) und dem italienischen Staat am 11. Februar 1929 abgeschlossenen Verträge, die die Souveränität des Papstes über die Vatikanstadt sowie über eine Anzahl außerhalb dieses Gebietes liegender Kirchen und Paläste sicherstellten.

Laternenfest (auch chinesisch tengchieh): am 15. Tag nach Neujahr begangenes chinesisches Lichterfest.

Latitudinarier [von lateinisch latitudo „Weite, Breite"]: anglikanische Theologen des 17. Jahrhunderts mit konfessionell weitherzigem Standpunkt und Offenheit gegenüber Erkenntnissen der modernen Wissenschaft, teilweise zum ↑Deismus tendierend.

Latreia [griechisch „Gottesdienst"]: das Wort „Latreia" ist gleichbedeutend mit dem lateinischen „religio" („Religion").

Laubhüttenfest (auch hebräisch Sukkot): das zur Erinnerung an den Auszug aus Ägypten gefeierte jüdische Herbstfest (3. Mos. 23, 33 ff.). Zu seinem Brauchtum gehört das Wohnen in Laubhütten, die in Gärten oder heute meist innerhalb der Wohnungen erstellt werden. Es dauert in Israel sieben, außerhalb Israels acht Tage.

Laudes ↑Stundengebet.

Lauretanische Litanei: nach dem latinisierten Namen des italienischen Wallfahrtsortes ↑Loreto benanntes Wechselgebet zu Ehren Marias, seit dem 16. Jahrhundert eine der beliebtesten ↑Litaneien der katholischen Volksfrömmigkeit.

Läuterung ↑Fegefeuer.

Laxismus ↑Rigorismus und Laxismus.

Lazaristen (lateinisch Congregatio Missionis; Abk. CM): katholische Kongregation, benannt nach Saint-Lazare in Paris, ihrer ersten Niederlassung. 1625 von Vinzenz von Paul (* 1576, † 1660) gegründet, daher auch *Vinzentiner* genannt. Die Lazaristen, in äußerer und innerer Mission, Seelsorge und Priesterausbildung tätig, sind in Deutschland seit dem 18. Jahrhundert verbreitet.

Leben: wird in den meisten Religionen auf eine göttliche Schöpfungstat zurückgeführt. Ebenso ist die Unterscheidung zwischen einem vorläufigen, irdischen Leben des Menschen und einem vollendeten, jenseitigen Leben äußerst weit verbreitet, wobei das diesseitige Leben als religiöse und ethische Verpflichtung aufgefaßt wird.

lebender Leichnam: Bezeichnung bei Natur- und Kulturvölkern für die Vorstellung von einem dem früheren Leben ähnlichen Weiterexistieren des Verstorbenen im Grab. Seine Versorgung mit Nahrungsmitteln und anderen Gaben soll u. a. häufig seine Wiederkehr verhindern.

Lebensbaum (auch lateinisch arbor vitae): der Baum gilt als Symbol menschlichen Lebens, weshalb häufig ein Baum bei der Geburt eines Kindes gepflanzt wird, dessen Leben in engem Zusammenhang mit dem dieses Baumes gesehen wird. Teile eines Baumes können lebensspendend wirken; im A. T. (1. Mos. 3, 22) sind es die Früchte des Lebensbaumes. Die volkstümliche Vorstellung, daß Zweige durch Berührung besondere Kraft vermitteln, lag der Sitte des „Schlagens mit der Lebensrute" zugrunde. Der Lebensbaum steht gelegentlich in Verbindung zum Weltenbaum, im Christentum zum „Baum (d. h. Holz) des Kreuzes".

Lebensbuch (auch himmlisches Buch): religionsgeschichtlich mehrfach auftretende Vorstellung von einer schriftlichen Aufzeichnung, die zum einen das vorausbestimmte Geschick jedes Menschen enthalten kann. Diese Ansicht von einer „Tafel der Schicksale" ist mesopotamischen Ursprungs; als Besitzer der Schicksalstafel galt zunächst der Gott Enlil, später Marduk. Im A. T. (Ps. 139, 16) werden die schriftlich festgelegten Lebenstage der Menschen erwähnt.

Von diesem *prädestinatorischen Sinn* des Lebensbuches ist aber ein *ethischer* zu unterscheiden; nach ihm werden die Taten der Menschen in Büchern festgehalten, die beim Jüngsten Gericht aufgeschlagen werden (Apk. 20, 32). Im Islam findet sich neben dieser Anschauung (Sure 82, 10 ff.) auch diejenige von einer schriftlichen Determinierung des menschlichen Schicksals.

Lebensdurst ↑ Trischna.

Lebensfaden (auch Schicksalsfaden): antike Vorstellung, nach der das Leben jedes einzelnen Menschen an einem Faden hängt, den drei Schicksalsmächte spinnen, nämlich die griechischen Moiren, denen in der römischen Religion die Parzen entsprechen. Die Moira Klotho spinnt den Faden bei der Geburt des Menschen an, Lachesis spinnt ihn aus und Atropos durchschneidet ihn. Wahrscheinlich war das Wirken der Nornen, der germanischen Schicksalsschwestern, ursprünglich ebenfalls mit der Vorstellung des Spinnens verbunden.

Lebensrute ↑ Lebensbaum.

Lebenswasser: weit verbreitete Vorstellung, daß Wasser, besonders das aus einem „Jungbrunnen" geschöpfte, Unsterblichkeit verleihe. Altägyptische Bilddarstellungen zeigen, wie der Pharao von Wasserströmen übergossen wird, die das Lebenszeichen tragen. Der babylonische ↑ „Adapa-Mythos" berichtet, der weise Adapa habe den Genuß göttlichen Lebenswassers und -brotes verweigert und dadurch die Unsterblichkeit verscherzt. Nach iranischer Vorstellung suchte Alexander der Große (♔ 336 bis 323) den Lebensquell am Ende der Welt. – In der Bibel ist „lebendiges Wasser" ein Bild der göttlichen Gnade. Nach prophetischer Verkündigung ist Jahwe „die Quelle lebendigen Wassers" (Jer. 17, 13). Im Johannesevangelium (4, 7 ff.) ist Christus der Spender des „ins ewige Leben quellenden Wassers".

Leber: religionsgeschichtlich wird die Leber oft als besonders machthaltiges Organ angesehen. Sie gilt beim Menschen gelegentlich als Sitz der sogenannten Organseele, beim Opfertier als Mittel zur Gewinnung mantischer Kenntnisse (↑ Leberschau). Letzteres ist für die Religionen der Babylonier, Hethiter und Etrusker durch beschriftete Modellebern bezeugt.

Leberschau (auch Hepatoskopie): Orakel zur Erforschung der Zukunft und des göttlichen Willens. Die Leberschau beruht auf der Vorstellung, daß Macht und Kraft des Opfertieres, häufig eines Schafes, in der Leber konzentriert seien. Auf *mesopotamischem Gebiet* wurde die Leberschau seit Beginn des altbabylonischen Reiches (etwa 2350 v. Chr.) vollzogen. In Israel war bekannt, daß sie vornehmlich als Staatsorakel diente (Ezech. 21, 21). Von den *Babyloniern* übernahmen sie die *Hethiter*. Sie spielte ferner eine hervorragende Rolle bei der Zeichendeutung der *Etrusker*, die ihr mantisches Wissen später den *Römern* übermittelten. Beschriftete Tonlebermodelle sind aus Mesopotamien und dem hethitischen Boğazköy bekannt; sie dienten offenbar ebenso zu Lehrzwecken wie die bei Piacenza gefundene etruskische Bronzeleber. Sie ist in Felder eingeteilt, die in Analogie zu den himmlischen Bezirken und zu den Wirkungsbereichen der Götter gesehen wurden.

Leerheit ↑ Schunjata.

Legalismus ↑ Gesetzesreligion.

Legendarium ↑ Legende.

Legende [von lateinisch vita legenda „das vorzutragende Leben (eines Heiligen)"]: ursprüngliche Bezeichnung für den mittelalterlichen Brauch der Verlesung des Lebens eines Heiligen an dessen Jahrestag. Das Buch, aus dem diese Lesung erfolgte, heißt *Legendarium*, bei Märtyrern *Passionarius*. Das Wort Legende entwickelte sich zum heute üblichen Begriff für die Darstellung einer heiligmäßigen, vorbildhaften Lebensgeschichte oder exemplarischer Geschehnisse daraus. Entscheidender als die Aufzeichnung historischer Zeugnisse zum Leben der Heiligen war die Darstellung eines vorbildlichen, gottgefälligen Erdenwandels, in dem sich Wunderbares manifestiert.

Legomenon [griechisch „das zu Sagende“]: die heilige Rede, die im Kult die heilige Handlung (↑Dromenon) begleitet und ergänzt.

Lehre: auf religiösem Gebiet die Unterweisung über meist in systematisierter Form zusammengefaßte und durchdachte Glaubensinhalte.

Lehrer: Typus religiöser Autorität, der die überragende Bedeutung einer Lehre in den Mittelpunkt seiner Verkündigung stellt. Gegenüber dieser Lehre tritt die Person des Lehrers zurück. Religionsgeschichtlich charakteristische Vertreter des Lehrers waren Buddha (nach der frühen buddhistischen Überlieferung) und Konfuzius.

Leib und Seele ↑Seele.

Leichenbehandlung: soll einerseits die Überlebenden vor dem Toten schützen; Mittel hierzu sind Leichenfesselung, eine besonders feste Einsargung, lärmende, den Geist des Verstorbenen vertreibende Musik, Begräbnis außerhalb menschlicher Siedlungen. Andererseits soll die Leichenbehandlung dem Toten dienen; seine Verbrennung soll den Weg der Seele erleichtern, Grabbeigaben sollen ihm auf der Jenseitsreise oder im Jenseits selbst dienlich sein (↑Uschebtis). Mumifizierung findet sich dort, wo das jenseitige Leben von der Erhaltung der irdischen Körpergestalt in Abhängigkeit gesehen wird.

Leichenverbrennung ↑Bestattung.

Leid: Schmerz, Krankheit, Entbehrung, Hoffnungslosigkeit, vor allem seelische Betrübnis. Die Frage nach Ursprung, Zweck und Überwindung des Leids ist von den Religionen sehr unterschiedlich beantwortet worden. Primitivreligionen erkennen im Leid häufig eine Einwirkung dämonischer Kräfte oder magischer Mittel. Im Parsismus tritt der Gedanke auf, daß ↑Angra Manju Verursacher des Leides sei. Der Konfuzianismus setzt Glück und Leid in einen Kausalzusammenhang zum moralischen Verhalten des Menschen. Das gilt auch für die indische Lehre vom ↑Karma. Der frühe Buddhismus sah im Leid die beherrschende Qualität des individuellen Seins, die mit dem Eingang ins Nirwana überwunden wird. Später entwickelte sich im nördlichen Buddhismus die Ansicht, daß ein Bodhisattwa die Leiden anderer auf sich nimmt und sich für deren Heil opfert. Das Griechentum gelangte zu der Einsicht, daß Leid den Menschen zum wahren Wissen führe. Gnostische Religionen sind bestrebt, durch Askese die leidvolle Vermischung des Geistes mit der Materie zu trennen. Für den Islam ist Leid eine Prüfung (Koran 2, 150), die zu Allah führen (30, 32) und das Vertrauen auf ihn festigen soll (9, 51). Nach alttestamentlicher Anschauung ist dem Menschen ein ursprünglich leidloser paradiesischer Zustand durch den Sündenfall verwehrt (1. Mos. 3). Im Buche Hiob ist der Zweck des Leidens die Erprobung des Gottvertrauens. Die Passionsgeschichte des N. T. berichtet, wie Jesus Christus die Leiden der Menschen auf sich genommen hat. In der alten Kirche galten Opfer und Martyrium als erlösendes Leiden.

Leiturgia ↑Liturgie.

Lekanomantie ↑Mantik.

Lektionar: in der katholischen Kirche und in den Ostkirchen das Buch mit den Schriftlesungen (Lektionen) für Eucharistiefeier und Stundengebet. In den evangelischen Kirchen ist der Lektionar das Buch mit den liturgischen Lesestücken in der Ordnung des Kirchenjahres.

Lektisternien [lateinisch] (auch griechisch *Theoxenien*): „Götterbewirtungen“, im antiken Kult zeremonielle Mahlzeiten, bei denen als anwesend gedachten Göttern Speisen dargereicht wurden.

Lemuren [lateinisch]: auch Larven (lateinisch larvae) genannte Spukgestal-

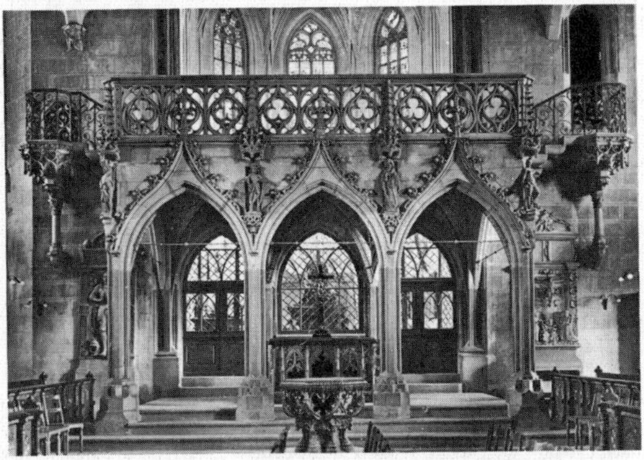

Lettner der Stiftskirche Sankt Georg in Tübingen (15. Jahrhundert)

ten der römischen Religion, umherirrende Geister ungenügend versehener Toter, die der Familienvater am Fest Lemuria (9., 11., 13. Mai) durch Beschwörungsriten zu bannen versuchte.

Lentulusbrief: apokryphe Beschreibung des Christusbildes, wahrscheinlich im 13. Jahrhundert entstanden. Der Brief gibt sich z. T. als Auszug aus römischen Annalen, die von einem Lentulus, dem angeblichen Vorgänger des Pilatus, verfaßt sein sollen.

Lethe: in der griechischen Mythologie ein Unterweltsstrom, der die Gefilde der Seligen umfließt. Von seinem Wasser trinken die Seelen der Verstorbenen, woraufhin sie ihr irdisches Dasein vergessen.

Leto: in der griechischen Mythologie Geliebte des Zeus, Mutter des Apollon und der Artemis. Umstritten ist, ob ihr Name von dem lydischen Wort lada („Frau") abzuleiten ist. Leto wurde bei den Römern Latona genannt.

lettische Religion: die vornehmlich durch die Forschungen des schwedischen Religionswissenschaftlers Haralds Biezais (* 1909) bekannte vorchristliche Religion der Letten, die bis in die neueste Zeit in den „Dainas", den lettischen Volksliedern, lebendig blieb. Sie trägt ausgesprochen *bäuerlichen Charakter*. Der Himmelsgott Dievs wird als himmlischer Hofbesitzer und Viehzüchter gedacht. Er gilt als Schöpfer der Welt und der Menschen. Auf seinen Reisen zur Erde fördert er die Fruchtbarkeit der Felder, sorgt für das Vieh und sucht die Bauern abends in ihren Häusern auf. Saule, die Herrin der Sonne, wird gelegentlich als schöne Jungfrau verehrt, meist aber als Mutter vieler Töchter. Auch sie besitzt einen himmlischen Bauernhof. Eine spezielle Schicksalsgöttin ist Laima oder Laima māte („Glücksmutter"). Mit den entscheidenden Ereignissen des menschlichen Lebens, mit Geburt, Heirat und Tod, ist sie eng verbunden; außerdem gilt sie als Wächterin über die weibliche Tugend. Daß der besondere Bezug zum bäuerlichen Leben nicht fehlt, zeigt ihre Bezeichnung als Govu Laima („Kühe-Laima"). Zu den Wesenszügen des lettischen Volksglaubens gehörte die Annahme einer numinosen Belebtheit der gesamten Natur. Hierbei kam dem Donnergott Pērkons und der Erdmutter Zemes māte vorrangige Bedeutung zu. Die religiösen *Feste* der alten Letten galten einerseits familiären Ereignissen, andererseits dem bäuerlichen Zyklus von Aussaat und Ernte. Mit dem Frühlingsfest war die erste Nachthütung der Pferde verbunden. Beim Herbstfest dankte man für das Einbringen der Ernte und vollzog ein heiliges Mahl, an dem nach allgemeinem Glauben die Verstorbenen teilnahmen.

Lettner [von lateinisch lectorium „Lesepult"]: in mittelalterlichen Kirchen vorwiegend aus Stein, z. T. auch aus Holz errichtete Schranke zwischen Chor und Schiff, die als Lesebühne der liturgischen Schriftlesung diente.

Letzte Dinge ↑Eschatologie.

Leuchter, achtarmiger ↑Chanukka.

Leuchter, siebenarmiger (auch hebräisch Menora „Leuchter"): kultisches Gerät im zweiten Tempel von Jerusalem, nach dessen Zerstörung (70 n. Chr.) nach Rom gebracht und am Titusbogen abgebildet; bedeutendes Bildmotiv und Symbol des Judentums.

Leukippos: nach griechischer Sage König der peloponnesischen Stadt Messene, bekannt v. a. durch das kunstgeschichtlich verbreitete Motiv vom Raub seiner Töchter, der Leukippiden Phoibe und Hilaeira, Priesterinnen der Athena bzw. der Artemis, durch die Dioskuren.

Levellers ['lɛvləz; englisch „Gleichmacher"]: eine seit 1645 in England aufgetretene, dem städtischen Mittelstand verbundene Agitationsgruppe. Sie forderten Agrarreformen, volles demokratisches Wahlrecht bzw. Religionsfreiheit und Parlamentssouveränität. Nur die *Diggers*, ihre radikale Untergruppe, bestanden auf Abschaffung von Privateigentum und Ehe. Die Levellers wurden 1649 von Oliver Cromwell (* 1599, † 1658) mit Gewalt unterdrückt.

Levi ↑Leviten.

Leviathan [von hebräisch lawah „winden"]: im A. T. (Jes. 27, 1; Hiob 41) ein mythischer Chaosdrache, der wohl dem in den Texten von Ugarit als Gegner Baals genannten Lotan entspricht. Bei dem englischen Philosophen Thomas Hobbes (* 1588, † 1679) in seinem Werk „Leviathan" wird er als Umschreibung für die Staatsautorität verwendet.

Levirat [von lateinisch levir „Bruder des Ehegatten"]: Schwagerehe, bei der der Bruder eines kinderlos verstorbenen Mannes die bei Naturvölkern und im Alten Orient weitverbreitete Pflicht erfüllt, dessen Frau zum Zweck der Kinderzeugung zu heiraten; ein Sohn aus einer Leviratsehe gilt als gesetzlicher Sohn und Erbe des Verstorbenen. Das bekannteste Beispiel aus dem A. T. findet sich im Buch ↑Ruth.

Levitation [von lateinisch levitas „Leichtigkeit"]: das Phänomen der

Leuchter, siebenarmiger (Menora). Darstellung auf einem Grabstein (3./4. Jahrhundert; Berlin, Museumsinsel)

Lhasa. Ehemalige Palastburg des Dalai Lama

Überwindung der Körperschwere und damit das Schweben eines Menschen, vornehmlich in der Ekstase.

Leviten: im A. T. die Tempeldiener aus dem Stamm *Levi*. In der katholischen Liturgie frühere Bezeichnung von Subdiakon und Diakon als Assistenten des Priesters beim feierlichen Hochamt („Levitenamt"), 1972 mit der Abschaffung des Subdiakonats aufgehoben.

Levitikus (= Leviticus): im A. T. das 3. Buch Mose, das vorwiegend kultische, „levitische" Vorschriften enthält.

Lhasa [tibetisch „Ort der Götter"]: schon in vorbuddhistischer Zeit heilige Stadt Tibets, dann Sitz des ↑Dalai Lama, der bis 1959 in dem auf dem „roten Hügel" errichteten Palast Potala residierte.

Li [chinesisch]: zentraler Begriff der alten chinesischen Reichsreligion, dessen Grundbedeutung etwa „ordnende Kraft" ist. Gemeint waren damit zunächst die „Riten", die als „Grundlage des Reiches" galten und vom Kaiser in Form großer Staatsopfer zu vollziehen waren. Konfuzius ethisierte den Begriff, der nunmehr die Bedeutung von „Sitte" als gestaltender Kraft der Ordnungen in Staat und Familie gewann.

Libation [von lateinisch libatio „Trankopfer"]: altrömisches Trankopfer für Götter und Verstorbene; dann auch religionswissenschaftliche Bezeichnung für Trankopfer in anderen Religionen.

liberale Theologie: eine der Hauptrichtungen der protestantischen Theologie des 19. und beginnenden 20. Jahrhunderts. Ausgehend von Aufklärung und Idealismus, entwikkelte sie sich zur Kritik an exegetischen, dogmatischen und kirchlichen Traditionen. Die liberale Theologie stellt keine durchgehende Einheit dar. Eines ihrer entscheidenden Verdienste ist die Herausbildung und Anwendung der historisch-kritischen Methode, mit der v. a. die biblischen Quellen kritisch untersucht und wesentliche Ergebnisse in der Erforschung der Ur- und Frühgeschichte des Christentums und der Dogmengeschichte erzielt wurden. Auch andere religionsgeschichtliche Quellen wurden für die Theologie erstmals zugänglich gemacht. Ihre bekanntesten Vertreter waren Adolf von Harnack (* 1851, † 1930), Ernst Troeltsch (* 1865, † 1923) und die Theologen der ↑religionsgeschichtlichen Schule.

Libertiner: im N. T. (Apg. 6, 9) Angehörige eines besonderen religiösen Gemeindeverbandes, vielleicht aus Nachkommen römischer Freigelassener hervorgegangen; später abschätzige Bezeichnung für Anhänger einer religiösen und insbesondere moralischen Freizügigkeit.

Liber und Libera: römische Fruchtbarkeitsgottheiten, früh mit dem griechischen Dionysos und der Persephone identifiziert; das Fest der beiden römischen Gottheiten, die *Liberalia*, wurden am 17. März gefeiert.

Li-chi [chinesisch „Aufzeichnungen über Sitten"]: eines der fünf kanonischen Bücher des ↑Konfuzianismus, enthält vornehmlich kasuistische Sittenregeln. Das Buch dürfte nur teilweise auf Konfuzius selbst zurückgehen.

Lichtfreunde: ein unter dem Einfluß des Rationalismus 1841 erfolgter Zusammenschluß liberaler protestantischer Pfarrer, die vielfach ihres Amtes enthoben wurden, was zur Bildung freier Gemeinden führte, hauptsächlich in Magdeburg, Halle/Saale und Marburg a. d. Lahn, während der Revolution 1848/49 auch in anderen Gegenden. Die Gemeinden vereinigten sich 1859 mit den freireligiösen Deutschkatholiken zum „Bund freier religiöser Gemeinden".

Lichtmeß (auch Mariä Lichtmeß, Mariä Reinigung): volkstümliche Bezeichnung für das Fest der Darstellung des Herrn (2. Februar). Der Name wird abgeleitet von der Kerzenweihe und der Lichterprozession. Das Fest geht zurück auf den Text des Lukasevangeliums (2, 22–39). Lichtmeß war im Volksglauben ein wichtiger ↑Lostag.

Lichtsymbolik: religionsgeschichtlich die Verwendung des Lichtes als Sinnbild der Gottheit, besonderer Heiligkeit, des menschlichen Lebens und des ethisch Guten. Nach der Verkündigung Zarathustras ist der Lichtglanz (awestisch Chwarenah) eine Manifestation des Gottes Ahura Masda. Der Koran nennt Allah „Licht des Himmels und der Erde" (Sure 24, 35). Die germanische Religion sah in Baldr einen Gott des Lichtes. Im *Polytheismus* sind spezielle Lichtgötter oft entweder mit dem Feuer, wie ↑Agni, oder mit der Sonne verbunden (↑Aton, ↑Re, ↑Schamasch, ↑Helios, ↑Sol invictus). – *Dualistische Systeme* wie die Gnosis, der Manichäismus, die Mandäer, Essener und die Sekte von Kumran fassen den Gegensatz von *Licht und Finsternis* kosmologisch, anthropologisch und soteriologisch: die Vermischung beider Prinzipien, die einerseits den Geist und das Gute, andererseits die Materie und das Böse repräsentieren, muß zur erlösenden Trennung gebracht werden. – Im A. T. ist die *Erschaffung des Lichts* das erste Schöpfungswerk Gottes (1. Mos. 1, 3). Das israelitische Gottesvolk ist das „Licht der Heiden" (Jes. 42, 6). Das N. T. bezeichnet *Christus* als „Licht der Menschen" (Joh. 1, 4 f.). – Die *Mystik* sieht die menschliche Seele als Trägerin göttlichen Lichtes und beschreibt die mystische Gotteserfahrung als Lichtschau. Nach weit verbreitetem Glauben sind *Heilige* von einem Lichtfluidum umgeben. Im *Gottesdienst* der christlichen Kirchen kommt dem Kerzenlicht große Bedeutung zu. Ein spezielles Lichterfest ist Mariä ↑Lichtmeß mit seiner Lichterprozession. Im religiösen *Brauchtum* erscheint das Licht als Symbol des Lebens, wenn zu Allerseelen die Gräber mit brennenden Kerzen geschmückt werden. Für die Lebenssymbolik des Lichtes ist im Sprachgebrauch die Rede vom „Lebenslicht" charakteristisch. Der *Volksglaube* sieht im Licht, vornehmlich dem des Feuers, ein Mittel zur Vertreibung von Dämonen.

Liebe: in der Religionsgeschichte ist Liebe ein Merkmal der Gottheit wie auch ein für den Menschen gültiges Gebot. *Polytheistische Religionen* (↑Polytheismus) kennen oft spizielle ↑Liebesgottheiten. In *prophetischen Religionen* ist Liebe ein im Gottesbild vorhandener Zug. Ihm korrespondiert das Gebot der Gottesliebe, das im A.T. dem Menschen auferlegt wird (5. Mos. 6, 5) und das das N. T. wiederholt (Mark. 12, 30) und vertieft, indem es die Liebe zu Gott als Antwort auf die Liebe Gottes auffaßt (1. Joh. 4, 19). Prüfstein dieser christlichen Liebe, der ↑Agape, ist die Nächstenliebe (1. Joh. 4, 20) die die Feindesliebe einschließt (Matth. 5, 44) und sich, wofür v. a. die Lebensbilder von Heiligen charakteristisch sind, auch auf die Liebe zur nichtmenschlichen Kreatur erstreckt. – In der mystischen Religiosität (↑Mystik) ist das Streben der menschlichen Vereinigung mit der Gottheit nicht frei von erotischen Zügen; sie treten als symbolische Aussage der Liebesmystik sehr häufig auf. Doch fehlt mystischen Religionen nicht die Hinwendung zu einer Kindesliebe, die sich im gläubigen Vertrauen auf das liebevolle Handeln einer Heilandsgottheit äußert. Dies ist in der späteren indischen Bhaktifrömmigkeit (↑Bhakti) der Fall wie auch im nördlichen Buddhismus, der auf die Erlösung des Menschen durch die errettenden Taten der Bodhisattwas vertraut. – Altruistisches, auf den Mitmenschen gerichtetes Handeln wird im allgemeinen von der Mystik weniger stark betont als von prophetischen Religionen. Die urbuddhistische Liebe (Sanskrit Maitri, Pali Metta) ist Nächstenliebe nur insofern, als diese im Dienst des übergeordneten Ziels der Selbsterlösung steht; erst der spätere Buddhismus entwickelt den Gedanken des Mitleidens (Karuna). Am eindeutigsten unter den außerchristlichen Mystikern hat Laotse mitmenschliche Liebe betont.

Liebesgottheiten: innerhalb polytheistischer Religionen Gottheiten, die meist selbst im Mythos, vor allem aber in ihrer Funktion gegenüber den Menschen speziell mit der Liebe verbunden sind. Hierzu zählen der indische Gott Kama, die babylonische Ischtar, die griechische Aphrodite, der die römische Venus entspricht, der griechische Gott Eros, die aztekische Göttin Xochiquetzal.

Liebesmystik ↑Mystik.

Lied ↑Musik und Gesang.

Life and Work ['laɪfənd 'wɜ:k; englisch „Leben und Arbeit"]: englische Bezeichnung für den Ökumenischen Rat für Praktisches Christentum, der auf Anregung des schwedischen lutherischen Theologen und Religionswissenschaftlers Nathan Söderblom (* 1866, † 1931) 1925 die Weltkirchenkonferenz von Stockholm veranstaltete.

Lif und Lifthrasir: in der nordgermanischen Mythologie ein Menschenpaar, das im Gehölz Hoddmimir den ↑Fimbulwinter überdauert und offensichtlich nach dem Weltuntergang ein neues Menschengeschlecht zeugen soll.

Lilith [hebräisch]: weiblicher, altisraelitischer schädlicher Dämon, zurückgehend auf Lilītu, den akkadischen Namen eines mesopotamischen Sturmdämons, durch etymologische Verbindung mit hebräisch laila („Nacht") in Israel als Nachtgespenst gedacht (Jes. 34, 14), nach späterer rabbinischer Tradition die erste Frau Adams, die ihn verließ und zum Dämon wurde.

Limbus [lateinisch „Saum, Rand"]: nach heute nicht mehr vorbehaltlos vertretener katholischer Lehre die *Vorhölle*, der Aufenthaltsort der vorchristlichen Gerechten *(Limbus patrum)* und der ungetauft verstorbenen Kinder *(Limbus puerorum)*.

Lindwurm: gelegentliche Bezeichnung für Drachengestalten in Mythos und der Sage. Das Wort „Lind" (althochdeutsch „Schlange") ist begrifflich identisch mit „Wurm".

Linga [Sanskrit „Kennzeichen, Phallus"]: symbolische Darstellung des männlichen Gliedes als Kultbild in Indien. Das Linga, als Säulenstumpf oder naturalistisch dargestellt, gilt als Symbol des ↑Schiwa.

Lingajatsekte [Sanskrit Lingāyata]: eine im 12. Jahrhundert n. Chr. im kanaresischen Gebiet Südindiens begründete Sekte, deren Anhänger ↑Schiwa unter dem Symbol des ↑Linga verehren, das sie in einer Büchse um den Hals tragen.

Linksprotestantismus: Bezeichnung für eine persönliche Einstellung sowie für besonders in den USA vertretene Freikirchen und Sekten, die von der ↑liberalen Theologie beeinflußt sind und der offiziellen kirchlichen Lehre kritisch gegenüberstehen.

links und rechts: auf Grund des Vorherrschens der Rechtshändigkeit erfahren links und rechts in Religionsgeschichte, Volksglauben und Magie sehr unterschiedliche Wertungen. Meist gilt rechts als gut und glückbringend, demgegenüber ist dann mit der linken Seite Unglück und Böses verbunden. Umgekehrte Einschätzungen galten in der römischen Mantik.

Litanei [griechisch-lateinisch „Flehruf"]: in der christlichen Liturgie die Anrufung Gottes und der Heiligen in Wechselrede zwischen Vorbeter und Gemeinde.

litauische Religion: vorchristliche Religion des litauischen Volkes, deren älteste Überlieferungen sich in der Chronik des Malalas vom Jahre 1261 finden. Es bestehen verwandte Züge zur ↑lettischen Religion, aber auch charakteristische Unterschiede. So fehlt die Verehrung eines spezifischen Himmelsgottes. Der *Donnergott* nimmt eine hervorragende Stellung ein. Er vermittelt Regen und Fruchtbarkeit, ist aber auch Schutzherr des Rechts und Verfolger der Dämonen. Wie andere baltische Völker so verehrten auch die Litauer die Schicksalsgöttin Laima. Sáule war die Herrin der Sonne, Menùlis der Mondgott. Als beider Tochter galt Žemyna, die Erdherrin, an die sich das tägliche Abendgebet mit anschließendem Küssen des Erdbodens richtete. Gabijà war die Göttin des Feuers. Neben den Naturmächten wurden Haushaltsgötter verehrt, deren bedeutendster Dimstipatis („Hofherr") war, dem Hähne geopfert wurden. Öffentliche *Kulte* mit tierischen Opfern vollzog man in einem heiligen Hain („Alka"). Das *Priestertum* unterschied zwischen dem Zauberer („Burvis") und dem Wahrsager („Zīmlemis"); doch waren beider Funktionen nicht streng geschieden.

Literarkritik ↑Textkritik.

Liturgie [von griechisch leiturgía „Dienst, Dienstleistung"]: der in streng geregelten Formen gefeierte Gottesdienst der christlichen Kirchen unter Einbeziehung von Elementen der Musik, Dichtung und bildenden Kunst, in engerem Sinn ohne Predigt.

Liturgik: heute vornehmlich in der evangelischen Kirche die Bezeichnung für die theologische Beschäftigung mit der ↑Liturgie und deren Geschichte, ein Zweig der praktischen Theologie; in der katholischen Theologie mit *Liturgiewissenschaft* bezeichnet.

liturgische Bewegungen: moderne Richtungen zur Erneuerung der ↑Liturgie, im evangelischen Bereich durch den Alpirsbacher Kreis, die Berneuchener und die ↑hochkirchliche Bewegung vertreten, auf katholischer Seite von Mönchen der Abteien Beuron und Maria Laach gefördert.

liturgische Farben ↑Farbensymbolik.

Loci theologici: lateinische Bezeichnung für theologische Leitsätze.

Logion [griechisch „Ausspruch"]: im theologischen Verständnis ein Wort Jesu, das zunächst mündlich überliefert und dann oft in die Evangelien aufgenommen wurde.

Logos [griechisch „Wort, Rede, Vernunft, Ausspruch, Behauptung"]: menschliche Vernunft; im Prolog des Johannesevangeliums wird Christus als „Wort" Gottes an die Menschen verstanden.

Lohan [chinesisch] (auch japanisch Rakan): ein aus der Umschreibung A-lo-han des indischen Wortes ↑Arhat gebildeter Begriff, der im chinesischen Buddhismus eine dritte, nach den Buddhas und Bodhisattwas rangierende Klasse buddhistischer Wesenheiten bezeichnet, deren einzelne Gestalten z. T. starken chinesischen Einfluß aufweisen. Die Lohan werden in verschiedenen Gruppierungen zu 16, 18 oder 500 Personen zusammengefaßt. Zu ihnen zählen neben Jüngern Buddhas auch Kaiser Wu-ti (♔ 140–86) und Pu-tai, der sogenannte „Dickbauchbuddha".

Lohn und Strafe ↑Vergeltung.

Lokalgötter: Gottheiten, deren Wirksamkeit auf einen bestimmten Raum begrenzt ist und die nur an diesem Platz kultische Verehrung genießen. Ihre Ortsgebundenheit kann einerseits durch Naturobjekte wie Bäume, Quellen, Steine, Berge bedingt sein, andererseits durch menschliche Setzungen; hierzu gehören vornehmlich Haus und Friedhof, aber auch die politische Einheit des räumlich beschränkten Stadtstaates.

Lokasenna: Götterlied der „Edda", in dem ↑ Loki eine spöttische Schmährede gegen die anderen Götter vorträgt.

Loki: zwielichtige Gestalt der nordgermanischen Mythologie. Lokis äußere Gestalt ist wandelbar. Als Stute gebiert er das Roß ↑ Sleipnir. Als Lachs stürzt er sich in einen Wasserfall, um einer Bestrafung durch die Götter zu entgehen. Sein Verhältnis zu den Göttern ist zwiespältig. Er ist einerseits der Blutsbruder ↑ Odins und meist der Helfer ↑ Thors. Andererseits aber beschimpft und verhöhnt er die Götter in einem großen Streitgespräch. Mit der Riesin Angrboda erzeugt er drei dämonische Wesen: die ↑ Midgardschlange, ↑ Hel und ↑ Fenrir. Vor allem ist Loki der Feind ↑ Baldrs, dessen Ermordung durch ↑ Hödr er veranlaßt. Damit leitet er den Untergang der Götter ein, denen es zunächst gelingt, Loki an einen Felsen zu fesseln. Er befreit sich und wird in der Götterdämmerung der Anführer der Mächte der Vernichtung, fällt aber im Kampf mit ↑ Heimdall.

Lollarden: volkstümliche Bezeichnung für die Anhänger des englischen Theologen John Wiclif (* 1328, † 1384), die als Laienprediger dessen gegen die politische Macht der Kirche gerichtete Lehre in vergröberter Form verbreiteten.

Lorbeer: der dem Apollon heilige Lorbeer galt in der Antike als Zeichen des Sieges und Ruhmes in Sport und Krieg und fand bei Sühneriten zeremonielle Verwendung.

Lorber-Gesellschaft: seit 1945 Name der auf den Offenbarungen des österreichischen theosophischen Mystikers Jakob Lorber (* 1800, † 1864) beruhenden religiösen Gemeinschaft, die aus „Geschwisterkreisen" hervorging und sich von 1924 bis zum Ende des 2. Weltkriegs „*Neu-Salems-Gesellschaft*" nannte. Sie bekennt sich zu der von Jakob Lorber verkündeten und in der Niederschrift seiner Offenbarungen enthaltenen rein gnostischen Erlösungslehre und zeichnet sich im weltlichen Leben durch tätige Nächstenliebe aus.

Lorenzianer: Anhänger einer fast ausschließlich auf den sächsischen Raum beschränkten religiösen Gruppe, die sich selbst seit 1922 „Gemeinschaft in Christo Jesu" nennt. Sie beruht auf der von Emil Hermann Lorenz (* 1864, † 1929) seit 1914 geoffenbarten dualistischen Erlösungslehre, die in sogenannten „Pergamenten" festgehalten ist, die in der Gemeinschaft eine der Bibel gleichrangige Verbindlichkeit besitzen. Dem Stifter Lorenz wird der Geist des Propheten Elia zugesprochen.

Loreto: italienische Stadt in der Provinz Ancona, bedeutender Marienwallfahrtsort, der um die hier verehrte *Casa Santa* entstand, das nach der seit dem 15. Jahrhundert nachweisbaren Legende am 7. September 1295 von Engeln aus Nazareth nach Loreto getragene Haus der Jungfrau Maria.

Los: weitverbreitete Form des Orakels, das drei unterschiedlichen, von dem italienischen Theologen Thomas von Aquin (* 1225 oder 1226, † 1274) herausgestellten Zwecken dienen kann. Das *verteilende Los* („sors divisoria") entscheidet juristische Streitfälle; bei seiner Anwendung überschattet der Gedanke des Gewinnens oder Verlierens rechtliche Motive. Mit Hilfe des *beratenden Loses* („sors consultatoria") werden Zeitpunkt und Form geplanter Unternehmungen ermittelt. Das *wahrsagende Los* („sors divinatoria") dient der Erkundung der Zukunft. – Als *Losinstrument* sind Holzstäbchen weit verbreitet, außerdem Würfel, Steine und Schafgarbenstengel. – Im alten Israel trug der Hohepriester in seinem Brustschild die heiligen Lose ↑ Urim und Tummim. Im Christentum hat das Los unterschiedliche *Wertungen* erfahren. Sein Gebrauch wurde einerseits relativ früh abgelehnt („Decretum Gratiani"; etwa 1150). Andererseits gewann es in der Herrnhuter Brüdergemeine unter Berufung auf die Apostelgeschichte (1, 26) vorrangige Bedeutung für die Erstellung der ↑Losungen.

Lostage: bestimmte Tage des Jahres galten in der volkstümlichen Überlieferung als bedeutend für die Wettervorhersage, als günstig oder ungünstig für den Beginn oder die Verrichtung bestimmter Arbeiten. Diese Lostage genannten Termine wurden schriftlich (z. B. in Bauernkalendern) und mündlich überliefert. Zu den bekanntesten Lostagen gehören Lichtmeß (2. Februar), Petri Stuhlfeier (22. Februar), Siebenschläfer (27. Juli) und die Zwölften (die zwölf Tage zwischen Weihnachten und Dreikönig).

Losungen: die von der Brüdergemeine jährlich herausgegebenen Sammlungen losartig gezogener Verse des A. T. mit freigewählten Texten des N. T. und Liedversen.

Los-von-Rom-Bewegung: propagierte in Österreich seit 1898 aus deutschnationalen Motiven die Lösung vom römischen Katholizismus und führte damals zu zahlreichen Übertritten zum Protestantismus. Analog zu dieser erst 1945 zum Stillstand gekommenen Bewegung werden auch andere Bestrebungen zur Gründung von freien katholischen Kirchen Los-von-Rom-Bewegungen genannt.

Lotosblume: die Lotosblume war religionsgeschichtlich v. a. im alten Ägypten und in Indien als kosmisches Symbol und als Attribut von Gottheiten bedeutsam. Nach einer ägyptischen Kosmogonie entstand die Erde aus einer Lotosblume, die als erstes Leben aus dem Urwasser aufsproß. Eng verbunden und wohl ursprünglich identisch war die Lotosblume mit dem Gotte Nefertem („der ganz Vollkommene"). Nach indischer Vorstellung gleicht die Erde einer Lotosblume auf dem Weltmeer. Der Gott Brahma wird auf einer Lotosblume sitzend gedacht, der Bodhisattwa Padmapani hält diese Pflanze in seiner Hand. Die Legende des im 8. Jahrhundert n. Chr. in Indien und Tibet wirkenden ↑Padmasambhawa („der aus dem Lotos Entstandene") berichtet, dieser buddhistische Heilige sei in Gestalt eines achtjährigen Knaben dem Blütenkelch einer Lotosblume entstiegen.

Lotos-Sutra ↑Saddharmapundarika.

Lourdes. Basilika (1876)

Lourdes [französisch lurd]: französische Stadt am Nordrand der Pyrenäen, bedeutender katholischer Wallfahrtsort, dessen in einer Grotte entspringende Quelle als wundertätig gilt; über ihr erhebt sich heute eine neugotische Kirche. Die Heiligkeit des Ortes geht auf Marienerscheinungen zurück, die das Hirtenmädchen Bernadette (Maria Bernarda Soubirous, * 1844, † 1879) 1858 in der Grotte erfuhr. Eine Untersuchungskommission des Bischofs von Tarbes erklärte 1862 die Erscheinungen für echt und erteilte die kirchliche Bestätigung. Papst Pius X. ordnete für die gesamte katholische Kirche das Fest der Erscheinung am 11. Februar an.

Low Church [englisch 'loʊ 'tʃə:tʃ]: eine der drei Richtungen der ↑anglikanischen Kirche.

Löwe: gilt seit alters als Sinnbild von Stärke und Macht und findet sich daher früh als Wappentier. Die ägyptische Göttin ↑Sachmet wurde löwengestaltig gedacht. Die hinduistische Mythologie kennt eine Mischgestalt aus Mann und Löwe als eine Inkarnation des Gottes ↑Wischnu. Im Christentum ist der Löwe die Symbolfigur des Evangelisten Markus, er wird aber auch als brüllender Löwe mit dem Teufel verglichen (1. Petr. 5, 8).

Lucernarium [lateinisch]: altkirchliche Sitte des abendlichen Anzündens von Kerzen vor Altären.

Lucetius ↑Jupiter.

Luchtaine (auch Luchtine, Luchtaire): inselkeltischer Gott des Zimmerhandwerks.

Luft: in der Religionsgeschichte wird die Luft häufig als Aufenthaltsort der Seelen Verstorbener oder dämonischer Wesen angesehen. Der Lufthauch (griechisch pneũma, Sanskrit ātman) steht oft in enger Beziehung zu Seelenvorstellungen. Die Luft wurde vielfach als göttliche Person gedacht. Unter diesen Personifikationen hatte die altägyptische Vorstellung Bedeutung bei der Erschaffung der Welt: der Luftgott Schu (die Leere) trennte uranfänglich die Himmelsgöttin Nut vom Erdgott Geb. Besonders die in Wind und Sturm bewegte Luft wird häufig mit Gottheiten gleichgesetzt oder als von ihnen bewirkt verstanden. In Indien zählen dazu Waju und die Maruts, denen die Stürme zugeordnet werden, im japanischen Schinto der feindliche Bruder der Sonnengöttin Amaterasu, der Sturmgott Susa-no-o. Germanisch ist die Vorstellung von der im nächtlichen Sturm sich vollziehenden „Wilden Jagd" Odins an der Spitze des Totenheeres.

Lug: alter Gott der Kelten, der wohl Schutzherr der kriegerischen Funktionen herrscherlicher Autorität war. Sein Name ist, meist verbunden mit dem keltischen Wort dun („befestigter Ort"), bis heute vielfach in Städtenamen erhalten geblieben; der bekannteste ist Lyon, das alte Lugdunum.

Lugalbanda: vergöttlichter König der sumerischen Stadt Uruk, gilt als Vater des Gilgamesch.

Lüge: im Gegensatz zum Irrtum eine bewußt falsche Aussage oder unwahre Behauptung, die in religiöser Sicht als Versündigung gilt.

Lukasevangelium (Abk. Luk.): drittes Evangelium im N. T., als dessen Verfasser der Arzt Lukas gilt, ein Reisebegleiter des Apostels Paulus; auf die Autorschaft des Lukas wird auch die *Apostelgeschichte* zurückgeführt. Das Lukasevangelium war für das Heidenchristentum bestimmt; es entstand zwischen den Jahren 80 und 90. Der Hauptzug des lukanischen Jesusbildes ist der des Freundes und Heilandes der Armen, Verachteten und Sünder.

Luna ↑Mond.

Lund ↑Hain, heiliger.

Lun-Yü [chinesisch „Gespräche des Meisters (d. h. des Konfuzius)"]: unmittelbarste Quelle für die Lehren des chinesischen Philosophen Konfuzius (* 551, † 479), aufgezeichnet von seinen Schülern und in der Handynastie (206 v. Chr.–220 n. Chr.) zu einem der kanonischen Texte des ↑Konfuzianismus erklärt. Die überlieferten Aussprüche, die sich häufig an eine Erzählung aus dem Leben des Meisters anschließen, haben meist eine knappe, aphoristische Form.

Lupercalia: am 15. Februar gefeiertes altrömisches Fest der Hirten zu Ehren des ↑Faunus in dessen Eigenschaft als *Lupercus* (Wolfsabwehrer). Die Lupercalia gehörten zu den ältesten römischen Festen und hatten unheilabwehrenden Charakter.

Lust ↑Konkupiszenz.

Lustrum [lateinisch] (auch Lustration): im römischen Kult ursprünglich eine Trennung zwischen Heiligem und Profanem, später ein

Ritus, der der Entsühnung diente und zugleich ein Mittel gegen schadenbringende Einflüsse darstellte. Für die Stadt Rom wurde das Ritual, das zunächst vornehmlich Anwendung auf das Heer fand, später zur Entsühnung des gesamten Volkes alle fünf Jahre durch einen Umgang auf dem Marsfeld um den Altar des Gottes ↑Mars als Mittelpunkt vollzogen. Dabei wurden Tiere herumgeführt, die man nach Abschluß des Umgangs opferte.

Lusus [lateinisch] (auch portugiesisch Luso): sagenhafter Ahnherr der Portugiesen; von seinem Namen leitet sich die Bezeichnung Portugals als „Lusitanien" und die der Portugiesen als „Lusitanier" ab.

lutherische Kirchen: auf der Grundlage der lutherischen Bekenntnisschriften entstandene Staats-, Landes- und Freikirchen, zusammengefaßt im Lutherischen Weltbund. Bedeutende lutherische Kirchen sind vor allem die skandinavischen Kirchen, die über 95 % der Gesamtbevölkerung umfassen. Die lutherischen Kirchen Deutschlands sind zusammengeschlossen in der Vereinigten Evangelisch-Lutherischen Kirche Deutschlands (Abk. VELKD).

Luthertum: Bezeichnung für die von den lutherischen Kirchen und ihren Mitgliedern vertretene Glaubens- und Lebenshaltung. Versteht man unter Luthertum ein bestimmtes *Kirchentum*, so ist dieses durch eine Reihe gemeinsamer Züge geprägt: 1. durch die Bindung an die Bibel, die als die von Gott gegebene Autorität für Glauben und Leben der Christen gilt; 2. durch die autoritative Geltung der lutherischen Bekenntnisschriften; 3. durch den Kirchentypus, der nur das Amt der Wortverkündigung als gottgegeben anerkennt; 4. durch den den Großteil der lutherischen Kirchen umfassenden Zusammenschluß im Lutherischen Weltbund; 5. durch die mit dem Einsatz der natürlichen und geistlichen Gaben Gottes begründeten Aktivitäten in der Welt (u. a. als Hilfsdienste im Kampf gegen Not). – Versteht man unter Luthertum die vom Glauben geprägte *geistige Haltung*, so ist diese mit den folgenden Merkmalen zu beschreiben: 1. ein Menschenbild, das von der Einheit der menschlichen Person ausgeht und das den Menschen als das schöpfungsmäßige Gegenüber Gottes ansieht; 2. das Verständnis von Freiheit, das als Befreiung des Gewissens von jeder Gesetzlichkeit zu deuten ist und das zum Dienst am Nächsten verpflichtet; 3. die Auffassung des Staates als der gottgewollten, das Zusammenleben der Menschen regelnden Ordnungsmacht; 4. die Auffassung der Notwendigkeit politischen Widerstands, die dann als gegeben gilt, wenn politische Gremien auf das Gebiet des Glaubens einwirken oder wenn ihre Vertreter die an sie delegierte Macht pervertieren; 5. die der Auffassung von dem Unterschied von Gesetz und Evangelium entsprechende strikte Scheidung von Religion und Politik.

Lü-tsung [chinesisch „Schule der Disziplin"]: von Tao-hsüan im 7. Jahrhundert n. Chr. begründete Schule des chinesischen Buddhismus, die größten Wert auf die Wahrung der alten Ordensdisziplin legt.

Luzifer (= Lucifer) [lateinisch „Lichtbringer"]: in der römischen Mythologie der Morgenstern, Sohn der ↑Aurora. Nach biblischer Vorstellung ein sich gegen Gott auflehnender Engel, der von Michael in die Hölle gestürzt wird. Hierauf spielt Jes. 14, 12 unter Bezugnahme auf den König von Babel an. Da nach Luk. 10, 18 auch der *Satan* wie ein Blitz vom Himmel fällt, wird Luzifer mit ihm identifiziert. Während der Christianisierung Skandinaviens erfolgte eine gelegentliche Gleichsetzung von Luzifer mit ↑Loki.

Lychnomantie ↑Mantik.

M

Mạ: der ↑Kybele wesensverwandte, wie diese durch ekstatisches Ritual gefeierte kleinasiatische Mutter- und Kriegsgöttin, von den Römern der ↑Bellona gleichgesetzt.

Maat ['ma:-at; ägyptisch]: ein mit „Wahrheit, Ordnung, Gerechtigkeit" nur annähernd genau übersetzbarer zentraler Begriff der altägyptischen Religion, der die kosmische, ethische und rituelle Ordnung der Welt umgreift und in der späteren Entwicklung als Tochter des Sonnengottes ↑Re gedacht wird.

Macht: eine übernatürliche, außerordentlich wirkungsvolle, jedoch nicht unpersönliche, sondern stets mit einer Person verbundene *Kraft*, die manche Eingeborenensprachen mit einem besonderen Begriff zum Ausdruck bringen, so mit *Mana* im Melanesischen, *Orenda* im Irokesischen, *Wakanda* im Sioux, *Hasina* im Madagassischen. Während diese Begriffe den für den Menschen positiven Aspekt übernatürlicher Macht beinhalten, wird der gefahrvolle durch das polynesische Wort *Tabu* gekennzeichnet. Beobachtet wurde der Machtglaube zuerst bei den Melanesiern. Auf dem anfänglichen Irrtum, es handele sich um eine *unpersönliche* Kraft, beruht die evolutionistische Theorie des *Dynamismus*, nach der die Erfahrung von Kraft (griechisch „dýnamis") Vorstufe des Glaubens an Gottheiten sein soll.

Macụmba ↑Umbanda-Religion.

Madhjạmika-Schule (auch Sanskrit Madhyamikavada „Lehre vom mittleren Weg"): Richtung der buddhistischen Philosophie, die alle Erkenntnisse, einschließlich diejenigen der buddhistischen Lehre, relativiert und daher den „mittleren Weg" zwischen Sein und Nichtsein geht.

Madọnna [italienisch „meine Herrin"]: Bezeichnung der Jungfrau Maria.

Magi̤e: zusammenfassende Bezeichnung für Praktiken, mit denen der Mensch seinen eigenen Willen auf die Umwelt in einer Weise übertragen will, die für naturwissenschaftliches Verständnis irrational erscheint und dem ↑Zauber sehr nahe steht. Während die Magie einerseits vom rationalen Weltverständnis unterschieden werden muß, so andererseits auch vom religiösen. Vertraut der Mensch in der Religion einem weltbeherrschenden göttlichen Willen, so will er mit der Magie selbst die Welt beherrschen und die Natur allein aus eigener Kraft lenken. Er vertraut dabei auf eine in seinen magischen Handlungen enthaltene Macht, die eine automatische Wirkung besitzt. Das Bestreben des vom magischen Weltbild geprägten Menschen, den eigenen Willen auf die Umwelt zu übertragen, verfolgt das Ziel, sich selbst von der Einwirkung schädlicher Mächte freizuhalten, diese aber auf Gegner zu übertragen. Der Magier versucht daher, Einfluß auf Leben und Tod zu gewinnen, auf Gesundheit und Krankheit, vegetative Fruchtbarkeit und Dürre, gute und böse Tage, nützliche und schädliche Tiere; er will Freunden helfen und Feinde vernichten. Hinsichtlich der Zielsetzung ihrer Anwendung wird zwischen weißer und schwarzer Magie unterschieden. Unter *weißer Magie* versteht man ein von der Gesellschaft erwünschtes und für sie nützliches magisches Handeln, während die *schwarze Magie* zum Schaden der Gesellschaft angewandt wird. – Im Hinblick auf ihre *Methoden* werden verschiedene Formen der Magie unterschieden. Die *kontagiöse* oder *Berührungsmagie* erstrebt den Besitz machtgeladener Gegenstände sowohl der belebten Natur als auch eines lebenden oder verstorbenen Menschen. Da im magischen Denken Teile für ein Ganzes (lateinisch *pars pro toto*) wirksam werden können, hält es die kontagiöse Magie für möglich, durch den Besitz eines menschlichen Haares Macht auf dessen bisherigen Träger auszuüben. Sie erstrebt aber auch zum Zwecke der eigenen Machtsteigerung den Besitz von kraftgeladenen Gegenständen sowie von Teilen eines lebenden oder Knochen eines verstorbenen Menschen, der über eine besondere Machtfülle verfügte, die er teilweise vermittelt. – Die *analogische* oder *homöopathische Magie* beruht auf dem Grundsatz, daß Gleiches Gleiches hervorbringe. Einer nachahmenden Handlung werden reale Folgen zugeschrieben. Die mimische Vernichtung des Feindes im Verlauf eines Kriegstanzes soll den eigenen Sieg sicherstellen und die feindliche Niederlage garantieren. Die Erdolchung einer Puppe soll den Tod des Gegners veranlassen. Pantomimische Jagdszenen werden zur Sicherung realen Jagdglücks aufgeführt. Der Magier vollzieht das Ausgießen von Wasser, wenn er Regen hervorrufen will, er imitiert den Donner, um ein Gewitter heranzuführen. Magie der Analogie liegt auch vor, wenn figürliche Grabbeigaben den Verstorbenen im Jenseits bedienen sollen. – Eine weitere Methode der Magie besteht in *übersinnlicher Kraftübertragung*. Diese bedient sich oft des Namenszaubers. Zugrunde liegt die Vorstellung, daß der Name eines Menschen aufs engste mit seiner Person verbunden sei, und daß die Kenntnis dieses Namens Macht über den Namensträger verleihe (Rumpelstilzchenmotiv). Die Übertragungsmagie bedient sich v. a. des magischen Wortes, an dessen Stelle auf höherer Kulturstufe oft die magische Verwendung der Schrift tritt. – Der Vollzug magischer Praktiken ist nicht allein für die sogenannten Primitivkulturen charakteristisch. Vielmehr ist die Geschichte der *Auseinandersetzung zwischen Religion und Magie* weltweit und im Prinzip unabgeschlossen. Speziell zwei religiöse Bereiche neigen zum Rückfall in die Magie. Das ist einmal der Kult, der magische Züge gewinnt, sobald er nicht mehr als Dienst an der Gottheit verstanden, ihm vielmehr – wie weitestgehend in der wedischen Religion – eine selbständige Kraft zugeschrieben wird. Neben dem Kult neigt der Volksglaube dazu, magische Vorstellungen zäh und lange zu tradieren. – Das A.T. warnt vor der Magie der kanaanäischen Umwelt und verdammt sie als ein Greuel (5. Mos. 18, 9–12). Die Botschaft des N.T. ist mit Magie unvereinbar. Die christliche Kirche lehnt die Magie, mit der sie sich vornehmlich in der Spätantike und im frühen Mittelalter auseinandersetzen mußte, strikt ab.

Magier [von altpersisch magusch]: nach Herodot ursprünglich der mit priesterlichen Aufgaben und der Aufgabe der Weissagung betraute Angehörige einer der sechs Sippen des medischen Reiches. Die Magier bekannten sich, nach anfänglich heftiger Gegnerschaft, zur zoroastrischen Religion und übernahmen auch in ihr das Priestertum. Als Einzelpersönlichkeit ist der Magier Gaumata bekannt, der im Jahre 522 v. Chr. einen Aufstand gegen den persischen König Kambyses II. (♕ 529–522) entfachte, den dessen Nachfolger Dareios I. (♕ 522–486) niederschlug. – Im griechischen Text des N.T. (Matth. 2, 1 ff.) werden die Weisen aus dem Morgenland als Magier (mágoi) bezeichnet, womit auf ihre astrologischen Kenntnisse verwiesen wird. – Religionswissenschaftlich wird der Begriff „Magier" allgemein zur Bezeichnung des Inhabers übernatürlicher, „magischer" Fähigkeiten verwendet.

magisches Quadrat: ein im magischen Weltverständnis als Symbol der Harmonie gewertetes Quadrat, das seinerseits nach Art eines Schachbretts in kleinere Quadrate unterteilt ist, die mit Zahlen versehen sind, deren waagerechte, senkrechte und diagonale Quersummen identisch sind.

Magna Mater [lateinisch „große Mutter"]: in Rom übliche Bezeich-

nung der ↑Kybele, deren Kultobjekt, ein schwarzer Stein, 204 v. Chr. in der Notzeit des 2. Punischen Krieges nach Rom gebracht wurde, weil man sich von der Göttin Hilfe bei der Vertreibung Hannibals aus Italien erhoffte.
Magni: in der nordgermanischen Mythologie Sohn des ↑Thor und der Jarnsaxa. Er befreit im Alter von drei Tagen den Hals seines Vaters von dem daraufliegenden Bein des Riesen Hrungnir. Magni und sein Bruder Modi gelangen nach der „Götterdämmerung“ in den Besitz von Thors Hammer Mjöllnir.
Magnịficat: urchristlicher Gesang, der im N. T. Maria, der Mutter Jesu, zugeschrieben wird (Luk. 1, 46–55). Der Gesang ist benannt nach dem ersten Wort des lateinischen Textes: „Magnificat anima mea Dominum“ („Meine Seele rühmt den Herrn“).
Mạgog ↑Gog und Magog.
Mahabhạrata (= Mahābhārata) [Sanskrit „der große (Kampf) der Nachfahren des Bharata“]: neben dem „Ramajana“ das zweite große indische Nationalepos; religionsgeschichtlich wichtig auf Grund eingeschobener didaktischer und religionsphilosophischer Episoden, von denen die ↑„Bhagawadgita“ die bedeutendste ist.
Mahabọdhi-Society [...sə'saɪətɪ; Sanskrit-englisch „Gesellschaft der großen Erleuchtung“]: eine 1906 gegründete buddhistische Gesellschaft, die von ihrem Zentrum in Kalkutta aus eine Wiederbelebung des Buddhismus in Indien und außerdem seine Verbreitung im Westen erstrebt.

16	3	2	13
5	10	11	8
9	6	7	12
4	15	14	1

Magisches Quadrat nach einem Detail von Albrecht Dürers Kupferstich „Melencolia I“ (1514)

Mahadẹwa (= Mahādeva) [Sanskrit „großer Gott“]: Bezeichnung indischer Götter, vornehmlich des Schiwa.
Mahajạna-Buddhismus (= Mahāyāna) [Sanskrit „großes Fahrzeug“]: der Buddhismus des großen Fahrzeugs, mit dem viele zum Heil gelangen können, ist gekennzeichnet durch größeren Einfluß des Laientums und durch das Erbarmen (Mahakaruna) als religiöses Ideal, das in vorbildlicher Weise die ↑Bodhisattwas verwirklichen. Die Gestalt des historischen Buddha wird transzendiert und zu einem verehrungswürdigen göttlichen Wesen. Der Mahajana-Buddhismus wird auch „nördlicher“ Buddhismus genannt; er verbreitete sich in Nordindien, Tibet, Zentralasien, China, Korea und Japan.
Mạhajuga ↑Weltzeitalter.
Mahakạruna [Sanskrit]: das „große Erbarmen“, das alle Lebewesen umfassen soll; zentrales Liebesgebot des Mahajana-Buddhismus.
Mahaparinibbạna-Sụtta [Pali „der große Vortrag über das völlige Nirwana (des Buddha)“]: bedeutender Text des ↑„Tripitaka“, der von den letzten Lebenstagen des Buddha berichtet und die vor seinem Tode gehaltenen Reden überliefert.
Maharịschi ↑Rischi.
Mahasạnghika [Sanskrit „Glieder der großen Gemeinde“]: Bezeichnung der Anhänger einer Schulrichtung des Buddhismus, die in den ersten Jahrhunderten nach dem Tode Buddhas gegen die zahlenmäßig kleinere Gruppe der ↑Sthawiras auftraten.
Mahạtma [Sanskrit „dessen Seele groß ist“]: indischer Ehrentitel für Weise und Heilige, der auch dem indischen Freiheitskämpfer Mohandas Karamchand Gandhi (* 1869, † 1948) beigelegt wurde.
Mahawạstu (= Mahāvastu) [Sanskrit „Buch der großen Begebenheiten“]: umfangreicher Text des Mahajana-Buddhismus, dessen Hauptinhalt die ganz im Stile einer Wundergeschichte erzählte Biographie des Buddha ist.

Mahawira (= Mahāvīra) [Sanskrit „der große Held"]: Ehrenname des im 5. Jahrhundert v. Chr. wirkenden indischen Religionsstifters Wardhamana. Von seinem zweiten Beinamen Dschina („der Sieger", d. h. der Weltüberwinder) leitet sich die Bezeichnung seiner Stiftung, des ↑Dschainismus, ab.

Mahdi ['maxdi; arabisch „der Geleitete", d. h. der von Allah recht Geleitete]: im Islam das verborgene und wiedererwartete Oberhaupt der muslimischen Gemeinde, der Imam. Als Mahdi gaben sich mehrere Aufrührer aus; am bekanntesten unter ihnen wurde Mohammed Ahmad (* 1844, † 1885), der 1881 den Mahdi-Aufstand im Sudan auslöste.

Maheschwara (= Maheshvara) [Sanskrit „der große Herr"]: ein Beiname des ↑Schiwa, der ihm von seinen Bekennern zugelegt wurde.

Mahl, sakramentales ↑Essen und Trinken.

Mahrem: kriegerischer Gott der aksumitischen Könige des vorchristlichen Äthiopien, „der nicht besiegt wird vom Feinde".

Maitrajani ↑Upanischaden.

Maitreja (= Maitreya) [Sanskrit] (auch Pali Metteya; chinesisch Mi-lo Fo): Name des nach buddhistischer Lehre zu erwartenden, zukünftigen Buddha.

Maitri [Sanskrit „Wohlwollen, Freundschaft"] (auch Pali Metta): buddhistischer Begriff für eine alle Wesen umfassende Liebe.

Maja (= Maya) [Sanskrit]: in der wedischen Religion die den Göttern zugeschriebene Zauberkraft, in der nachwedischen Religionsphilosophie die Illusion der Realität, die durchschaut werden muß, um zur Erlösung zu gelangen.

Makkabäer: nach Judas Makkabäus benanntes jüdisches Geschlecht, das in den Jahren 167–137 v. Chr. den Aufstand der Juden gegen die Seleukidenherrschaft anführte. Dieser Aufstand richtete sich gegen den Versuch der systematischen Unterdrükkung religiöser Traditionen des jüdischen Volkes. – Von den vier *Makkabäerbüchern* sind die beiden ersten, die zu den Apokryphen (nach katholischer Auffassung zu den deuterokanonischen Büchern) des A. T. zählen, für die Geschichte der Makkabäer von Bedeutung.

Makrokosmos und Mikrokosmos: werden vielfach in einem wechselseitigen Zusammenhang gesehen. Danach entspricht alles irdische Sein und Geschehen einem überirdischen, das sich außerhalb der menschlichen Lebenswelt vollzieht. Die begriffliche Erfassung dieser Anschauung findet sich zerst bei dem griechischen Philosophen Aristoteles (* 384, † 322), und sie wurde besonders von dem Arzt, Naturforscher und Philosophen Paracelsus (* 1493, † 1541) vertieft. Der Entsprechungszusammenhang zwischen Makrokosmos und Mikrokosmos kommt in Schöpfungsmythen durch die Tötung eines Urwesens zum Ausdruck, aus dessen Körper die Erde gebildet wird. Hieraus folgert die Anschauung von einer substantiellen Einheit von Makrokosmos und Mikrokosmos. Sie begründet ein göttliches Ordnungsprinzip, das die harmonische Entsprechung des Irdischen zum Himmlischen fordert. Auf der Annahme eines Parallelismus irdischer und makrokosmischer Kräfte beruhen die Astrologie und viele mantische Praktiken.

Malabarchristen ↑Thomaschristen.

Malachias-Weissagungen: um 1590 entstandene Weissagungen über 111 Päpste bis zum angeblich letzten Papst Petrus II., fälschlicherweise dem irischen Erzbischof Malachias von Armagh (* um 1094, † 1148) zugeschrieben.

Malagan (= Malanggan): dem Ahnenkult gewidmete Schnitzereien der Bewohner von Neuirland.

Mal'akh Jahwe [hebräisch „Bote Gottes"]: im A. T. eine Bezeichnung für „Engel".

Maleachi [hebräisch „mein Bote"]: Prophet des A. T., der ersten Hälfte des 5. Jahrhunderts zugehörig, und gleichnamiges, letztes Buch der ↑ Kleinen Propheten.

Malikiten: Anhänger der von Malik Ibn Anas (* um 710, † 795) begründeten islamischen Rechtsschule, die das sanktionierte Gewohnheitsrecht betont. Die Malikiten sind in den islamischen Gebieten Afrikas verbreitet und waren auch im islamischen Spanien vorherrschend.

Malsteine ↑ Masseben.

Mammon ↑ Geld.

Mana [melanesisch „das außerordentlich Wirkungsvolle"]: in der Religionswissenschaft häufig gebrauchter Begriff für übernatürliche ↑ Macht.

Mänaden [griechisch „Rasende"]: auch als *Bacchantinnen* bekannte Verehrerinnen des Gottes ↑ Dionysos.

Manah [awestisch 'manax]: Begriff in der Verkündigung Zarathustras, der mit „Geist, innerer Sinn, Gesinnung, Denken" wiederzugeben ist.

Manannán mac Lir [altirisch „Manannan, der Sohn des Meeres"]: keltischer Meeresgott, dessen Name mit der Insel *Man* in Verbindung steht. Die walisische Entsprechung ist Manawyddan fab Llŷr.

Manas [Sanskrit]: in der indischen Anthropologie das aus feinstem Stoff bestehende Denkorgan.

Manasse-Gebet: apokryphes Klagelied, das im A. T. (2. Chron. 33, 12 f.) dem König Manasse von Juda (♔ 698–643 v. Chr.) in den Mund gelegt ist.

Manawyddan fab Llŷr ↑ Manannán mac Lir.

Mandäer (auch ostaramäisch Mandājē): die Anhänger einer gnostischen Religionsgemeinschaft, die ihren Namen von deren Zentralbegriff mandā („Erkenntnis") erhalten haben. Ihre *Lehre* ist durch die Annahme eines Widerstreits zwischen der Lichtwelt und dem stofflichen Bereich der Finsternis geprägt. Die menschliche Seele, die der himmlischen Lichtwelt entstammt, aber auf der Erde durch die Materie gefesselt ist, erlangt die Erlösung durch Erkenntnis dieses Zustandes. Unter den *kultischen Mitteln*, die die Erlösung fördern sollen, nimmt die möglichst oft in fließendem Wasser zu vollziehende Taufe eine vorrangige Stellung ein. Es ist deshalb anzunehmen, daß die Erwähnung von *Hemerobaptisten* („täglich Taufenden") bei dem griechischen Theologen Eusebios von Caesarea (* zwischen 260 und 265, † 339) sich auf die Mandäer bezieht. Die Mandäer berufen sich bei ihrem Taufakt auf Johannes den Täufer und nennen das Taufwasser „Jordan" (Jardna). Ihre heiligen Schriften, deren umfangreichste das ↑ „Ginza" oder „Sidrā Rabbā" („großes Buch") ist, sind im sogenannten Mandäischen, einem ostaramäischen Dialekt, verfaßt und im 7. bis 8. Jahrhundert n. Chr. kanonisiert worden. Die aktuelle Bedeutung der am Schatt Al Arab beim Persischen Golf auf iranischem und irakischem Gebiet beheimateten Mandäer ist gering; sie zählen heute etwa 4 000 Bekenner.

Mandala. Japanisches Beispiel

Mandala [Sanskrit „Kreis"]: mystisches Kreis- oder Vieleckbild der Buddhisten, Hilfsmittel zur Meditation.

Mandorla [italienisch „Mandel"]: mandelförmiger Heiligenschein um die ganze Figur, fast nur bei Christus- und Mariendarstellungen.

Mandschuschri (= Manjushri) [Sanskrit „von lieblicher Schönheit"]: ein im Buddhismus besonders beliebter

Mandorla. Thronender Christus, Trierer Evangeliar (Ende des 10. Jahrhunderts; Koblenz, Staatsarchiv)

Bodhisattwa, der als Schutzherr der Weisheit gilt und in den Menschen die Erkenntnis erweckt; er wird oft mit einem Buch in den Händen dargestellt.

Manen [von lateinisch manes]: in der römischen Religion seit der Kaiserzeit allgemeine Bezeichnung der Seelen der Verstorbenen, die auch, um sie günstig zu stimmen, *dii manes* („Manengötter") genannt wurden.

Mani: der Stifter des ↑ Manichäismus, wurde 216 als Perser im nördlichen Babylonien geboren. Sein Vater Patik und seine Mutter Maryam entstammten iranischen Fürstenhäusern; sie vermittelten Mani eine umfassende Bildung. Durch Offenbarungen, die ihm ein Engel vom „König des Lichtparadieses" überbrachte, wurde er zur Verkündigung der neuen Botschaft veranlaßt. Er verbreitete seine Lehre auf weiten Reisen. Dabei erfreute er sich der Protektion des Königs Schahpur I. (♕ 243–273). Unter Bahram I. (♕ 274–277), der auf Betreiben der Magier eine zoroastrische Renaissance förderte, wurde Mani angeklagt und ins Gefängnis geworfen, in dem er 277 starb.

Manichaica [...'ça:-ika]: heilige Schriften des ↑ Manichäismus. In einem Dialekt des Koptischen sind die *Kephalaia* („Kapitel") verfaßt, die als Offenbarungen verstanden werden, die ↑ Mani seinen Jüngern in Gesprächen mitteilte; ferner das *Psalmenbuch* mit seinen gottesdienstlichen Gesängen und die *Homilien*, die u. a. einen Bericht über Manis Passion enthalten. Ein manichäisches Beichtformular, *Khwastwaneft* („Bekenntnis") betitelt, ist im uigurischen Dialekt des Türkischen verfaßt. Für den König Schahpur I. (♕ 243–273) verfaßte Mani in persischer Sprache eine Darstellung seiner Lehre, das *Schahpurakan* („Schahpurisches Buch").

Manichäismus: die von ↑ Mani gestiftete Religion, eine *gnostische Erlösungslehre*, nach der der Weltprozeß sowie die Entstehung des ersten Menschenpaares Gehmurd und Murdiyanag durch eine schuldhafte Vermischung von Licht und Materie (griechisch Hyle) bedingt sind. Diese Weltordnung hat der Mensch in einem Akt der Erkenntnis zu durchschauen. Seine Aufgabe ist es dann, die in ihm vorhandenen Lichtteile von der Materie seines Leibes zu befreien. Nur so kann seine Seele sich im Tod mit der himmlischen Lichtwelt vereinigen und ist keiner Seelenwanderung mehr unterworfen. – Dies Erlösungsziel war nur in einem völlig asketischen Leben zu verwirklichen. Das führte zu einer Aufteilung der Anhänger des Manichäismus in mönchisch lebende *Electi* („Auserwählte") und Laien, die *Auditores* („Hörer") hießen; letzteren gehörte der Kirchenvater Augustinus (* 354, † 430) zeitweise an. – Ein *kultischer Akt* der Manichäer war das Fest des Lehrstuhles *(Bema)*, das in Verbindung mit einem sakramentalen Essen gefeiert wurde. Man glaubte, Mani sei im Geist als Lehrer bei diesem Fest anwesend. – Der Manichäismus hatte bald nach dem Tod seines Stifters die Verbreitung einer *Weltreligion* erlangt. In der Spätantike besaß er zahlreiche Anhänger im gesamten

Mittelmeerraum. Auf eine Blütezeit des Manichäismus im 4. Jahrhundert folgte im Westen ein rascher Verfall. Seit dem Jahre 382 stand auf dem Bekenntnis zu ihm die Todesstrafe. Im Osten konnte sich der Manichäismus bedeutend länger halten. Er wurde 763 Staatsreligion des zentralasiatischen Reiches der Uiguren. Damit genoß er auch diplomatischen Schutz in China, wo er erst im Verlauf des 14. Jahrhunderts erlosch.

Manismus: von den römischen ↑Manen abgeleiteter Begriff für Totenkult und Ahnenverehrung.

Manitu ↑Großer Geist.

Mann: in allen vaterrechtlichen, patriarchalischen Gesellschaften nimmt der Mann eine der Frau übergeordnete Stellung ein. Seine vorherrschende Rolle erstreckt sich auf Ehe, Familie, Wirtschaft, kulturelles Leben, Politik und Religion. In primitiven Gesellschaften manifestiert sich die Vorherrschaft der Männer oft in ihrem Zusammenschluß zu Männerbünden, deren Gemeinschaftsleben durch spezielle Männerhäuser garantiert wird, zu denen Frauen normalerweise keinen Zutritt haben. Die Männerbünde können über ein streng gehütetes Geheimwissen verfügen, das den jungen Männern vor ihrem Eintritt ins Männerhaus im Verlauf von Mannbarkeitsriten (↑Initiationsriten) übermittelt wird. Neben ihrer sozialen Aufgabe, die jungen Männer in die Gesellschaft einzuführen, haben die Männerbünde auch kultische Funktionen, die meist der Verehrung eines Gottes dienen, der kriegerischen Charakter besitzt und zugleich ein Herr der Verstorbenen ist, vornehmlich der im Kampf Getöteten. Kulte, von denen Frauen ausgeschlossen sind, finden sich auch in Hochkulturen; typisch hierfür waren die spätantiken Mysterien des vor allem von Soldaten verehrten Gottes Mithras. – Im Bereich der Magie wird dem Manne in patriarchalischen Gesellschaften die stärkere Macht zugeschrieben. Für die Annahme, daß er dämonenabwehrende Kräfte besitze, ist die verbreitete Sitte der ↑Couvade bezeichnend. Auf religiösem Gebiet sind in patriarchalischen Gesellschaften Funktionen, die an sich auch Frauen ausüben können, den Männern vorbehalten. Der Haus- und Familienvater war in Altindien zugleich der Priester. Der Häuptling gilt als Machtträger. Bei Vorherrschaft des Mannes sind diesem Königtum und Priestertum sowie die Stellungen eines Medizinmannes und eines Schamanen vorbehalten. Das Mönchtum, mit dem das Keuschheitsopfer verbunden ist, war in seinen historischen Anfängen wie seinem Wesen nach frauenfeindlich; es ist bezeichnend, daß Buddha nur sehr widerwillig Frauen in seinen Orden aufgenommen hat. Alle höheren Religionen haben zunächst dem Manne Vorrechte eingeräumt. Am stärksten trat dies im Islam in Erscheinung, in dem erst in neuerer Zeit emanzipatorische Tendenzen der Frauen gegen deren Beschränkung auf den Bereich des Harems wirksam geworden sind.

Manna [hebräisch]: im Bericht über den Zug der Israeliten durch die Sinaihalbinsel (2. Mos. 16) wunderbar vom Himmel gefallene Nahrung, wohl identisch mit dem eingedickten Honigtau der auf Tamarisken lebenden Mannaschildlaus.

Mannbarkeitsriten ↑Initiationsriten.

Männerbund: Zusammenschluß der erwachsenen Männer eines Stammes oder einer totemistischen Gesellschaft. Die Aufnahme erfolgt durch Initiationsriten. Es herrscht Schweigegebot gegenüber Frauen und Kindern hinsichtlich eines im Männerbund tradierten Geheimwissens. Als Versammlungsplatz dient meist das Männerhaus.

Männerkindbett ↑Couvade.

Mannus: nach dem römischen Geschichtsschreiber Tacitus (* um 53, † um 120) („Germania“) Sohn des erdgeborenen Tuisto („Zwitter“), Ahnherr der Germanen, von dessen drei Söhnen sich die Stämme der Herminonen, Ingwäonen und Istäwonen herleiten.

Mantik (in Zusammensetzungen auch: -mantie): ein der ↑Divination nahestehender Begriff, der sprachlich dem griechischen Wort mántis („Seher") verwandt ist. Damit ist zunächst eine *Inspirationsmantik* bezeichnet, bei der der Mensch in der Ekstase als Empfänger übernatürlichen Wissens gilt. Heute wird der Begriff Mantik in einem umfassenderen Sinn für alle Formen der Zukunftsschau, der Wahr- und Weissagung, der Erteilung von Orakeln gebraucht. Der Empfang höheren Wissens, das zukünftige Ereignisse und Erfordernisse menschlichen Verhaltens betrifft, kann sich in *Visionen* vollziehen. Er wird durch Narkotika, Tänze und Fastenübungen herbeigeführt, die Mittel der sogenannten technischen Mantik sind. Auf der Annahme einer Harmonie zwischen Makrokosmos und Mikrokosmos beruhen die *astrologische Mantik* und die *Geomantik*, die den Himmelsrichtungen Bedeutung für menschliches Geschick beimißt. *Chiromantie* ist Wahrsagung aus der menschlichen Hand, *Pyromantie* ist die Beobachtung des Opferfeuers, um übersinnliches Wissen zu erlangen, *Lychnomantie* bedient sich der brennenden Fackel und generell der leuchtenden Flamme. Die Beobachtung von Quellwasser, in das Gegenstände geworfen werden, heißt *Hydromantik*. Die *Kristallomantie* bedient sich der Spiegelung von Kristallen, die *Lekanomantie* der akustischen Wirkung von Becken und Schalen, die *Keromantie* der Formung des in Wasser gegossenen Wachses. Beliebte Formen der Mantik sind ferner Losorakel, Pfeilorakel, Würfeln, Kartenlegen und das Befragen von Orakelbüchern. Zu den *Tierorakeln* zählen ↑Auspizien, ferner die ↑Leberschau des Opfertieres (↑auch Haruspices) und das Schulterblattorakel. *Totenorakel* (auch Nekromantie) werden meist an Grabstätten gesucht.

Mantra [Sanskrit „Spruch"]: in der wedischen Religion Bezeichnung für den Opferspruch. Im buddhistischen ↑Tantrismus werden Sprüche mit magischer Bedeutung als Mantras bezeichnet. Oft bestehen sie aus einer Vermischung von Wörtern mit sinnlosen Silben.

Mantrajana (= Mantrayāna) [Sanskrit „Mantra-Fahrzeug]: Richtung des buddhistischen ↑Tantrismus, in der die ↑Mantras als wichtigstes Hilfsmittel der Erlösung galten.

Manu, Gesetzbuch des ↑Gesetzbuch des Manu.

Manusmriti ↑Gesetzbuch des Manu.

Maori-Religion: die Religion der Eingeborenen Neuseelands ist charakterisiert durch den Glauben an einen *Hochgott*, der den Namen Io („innerstes Wesen") trug. Ihm unterstanden die beiden Gruppen der großen Götter („Atua") und der niederen Gottheiten („Aitu"). Unter den Atua wurde vornehmlich Tane („Mensch") als ein Gott des Lichtes verehrt. Die *Priester*, die über ein Geheimwissen verfügten, hießen Tohunga pure („Meister der Verehrung"); ihre jahrelange und sehr schwere Ausbildung erfolgte in einem Priesterhaus, das mit „rotes Haus" („Whare kura") bezeichnet wurde. Der Glaube an die Bedingungen des *jenseitigen Lebens* war von ethischen Voraussetzungen unabhängig.

Mara [Sanskrit und Pali „Tod"; verwandt mit lateinisch mors „Tod"]: im Buddhismus der Böse und der Versucher des Buddha, den Mara vergebens an der Verkündigung seiner Lehre zu hindern sucht.

Marae [ma'ra-ı] (auch Malae, Meae): polynesische Kultplätze. Die ursprüngliche Bedeutung scheint „Versammlungsplatz des Dorfes" zu sein. Es handelt sich um gepflasterte, von einer Steinmauer umgebene und meist rechteckige Plätze. Das durch strenge Tabuvorschriften geschützte Allerheiligste im Marae ist der an einer Schmalseite des Kultplatzes aus Steinen errichtete Altar („Ahu").

Maranatha! [aramäisch „unser Herr, komm!"]: im N.T. (1. Kor. 16, 22) überlieferter Gebetsruf, wahrscheinlich im frühen Christentum die älteste eucharistische ↑Epiklese.

Marburger Religionsgespräch: theologische Auseinandersetzung, die auf Initiative des Landgrafen Philipp I. von Hessen (♔ 1509–1567) im Oktober 1529 auf dem Marburger Schloß zwischen Wittenberger Theologen, besonders Martin Luther (* 1483, † 1546) und Philipp Melanchthon (* 1497, † 1560) und Ulrich Zwingli (* 1484, † 1531) mit Martin Bucer (* 1491, † 1551) stattfand. Im Mittelpunkt stand die Abendmahlslehre, bei der Luther auf der Realpräsenz Christi bestand, die Zwingli bestritt.

Märchen: Gattung der Weltliteratur, die oft mythische Motive tradiert und daher religionsgeschichtliche Bedeutung besitzt. Im Gegensatz zu vielen Mythen wird das Märchen nicht kultisch vergegenwärtigt (repristiniert); gegenüber der Sage werden die handelnden Personen nicht historisch dargestellt. Ferner ist das Märchen durch die Betonung des Zauberhaften charakterisiert.

Marcionitismus: häretische Richtung des Christentums mit zeitweise bedeutender kirchenähnlicher Organisation, in Rom von Marcion (* um 85, † um 160), einem reichen Reeder aus Sinope am Schwarzen Meer, im Jahre 144 (einziges sicheres Datum seines Lebens) begründet. Die Lehre Marcions ist durch eine einseitige Auslegung der paulinischen Theologie gekennzeichnet: Vom Gegensatz des Paulus zwischen Gesetz und Evangelium gelangte Marcion zur Annahme zweier Götter. Er verwarf den Judengott und anerkannte nur den Gott der Liebe, der vor Christus unbekannt gewesen sei. Marcion verwarf das A.T.; er gab seiner Gemeinde mit dem „Evangelion" ein von vermeintlichen Judaismen gereinigtes Lukasevangelium und mit dem „Apostolikon" zehn von ihm redigierte Paulusbriefe.

Marduk [von sumerisch Amar-utuk „Jungrind des Sonnengottes"]: Stadtgott von Babylon, gewann mit dem Aufstieg dieser Stadt zur Metropole des Babylonischen Reiches unter der Dynastie Hammurabis (♔ 1728 bis 1686) die Bedeutung eines Reichsgottes.

Marga [Sanskrit „Weg"]: indische Bezeichnung für den Heilsweg. Die Inder unterscheiden verschiedene Heilswege: Bhakti-Marga („Weg der Gottesliebe"), Dschñana-Marga („Weg der Erkenntnis"), Joga-Marga („Weg der leiblich-seelischen Übungen"), Karma-Marga („Weg der Werke"), Tantra-Marga („Weg der magischen Riten").

Maria ↑Mariologie.

Mariä Lichtmeß ↑Lichtmeß.

Marianische Kongregationen: nach Ständen gegliederte katholische Vereinigungen, die ein intensives religiöses Leben mit besonderer Verehrung Marias anstreben. Die Marianischen Kongregationen wurden 1967 erneuert und erhielten den Namen *Gemeinschaften Christlichen Lebens.*

Marianisten: katholische Priester- und Laienkongregation, 1817 in Bordeaux von G. J. Chaminade (* 1761, † 1850) zur Erneuerung des katholischen Lebens und Erziehungswesens gegründet.

Mariaviten (auch polnisch Mariawici): Angehörige einer von Rom unabhängigen katholischen Glaubensgemeinschaft in Polen, die 1905 von der Ordensfrau Maria Franziska Koslowska († 1922) begründet wurde. Die Mariaviten zeichneten sich anfangs durch betonte Marienverehrung aus, später traten spiritistische und nach dem 1. Weltkrieg nationalistische Momente in den Vordergrund.

Marienfeste: im katholischen deutschen Sprachgebiet gelten seit 1971 als Marienfeste: Mariä Heimsuchung (2. Juli), Mariä Himmelfahrt (15. August), Mariä Geburt (8. September), Unbefleckte Empfängnis (8. Dezember).

Marienverehrung: Sammelbezeichnung für alle Formen der privaten und der öffentlichen Verehrung Marias, vor allem in der katholischen Kirche und in den Ostkirchen, die einerseits inhaltlich die lehramtliche ↑Mariologie geprägt haben, andererseits von der Mariologie theologisch ausformuliert und eingegrenzt wurden, sowie für solche Formen der Verehrung, die von einer von der Theologie weitgehend unabhängigen Volksfrömmigkeit getragen werden. Seit dem Mittelalter gilt Maria als die milde Fürsprecherin. Zu ihrer Verehrung haben seit dem 19. Jahrhundert vor allem Marienerscheinungen an Wallfahrtsorten (u. a. in ↑Fátima und ↑Lourdes) beigetragen.

Mariologie: theologische Begriffs- und Lehrbildung zur Gestalt der Jungfrau Maria und ihrer Verehrung (↑Marienverehrung). Auf der Synode von Ephesus 431 wurde der Titel *Gottesgebärerin* (Theotókos) dogmatisiert. Die *immerwährende Jungfräulichkeit* Marias wurde auf dem Konzil von Trient 1555 zum Dogma erklärt. Am 8. Dezember 1854 dogmatisierte Papst Pius IX. die theologische Aussage über die *unbefleckte Empfängnis* Marias. Den Abschluß bildete das am 1. November 1950 von Papst Pius XII. verkündete Dogma von der *leiblichen und seelischen „Aufnahme in die himmlische Glorie“*, d. h. von der ↑Himmelfahrt Marias.

Mari-Texte: seit 1933 im alten Mari (heute Tall Hariri) am mittleren Euphrat entdecktes Tontafelarchiv aus dem 18. Jahrhundert v. Chr. Es enthält neben Urkunden zur Politik und Verwaltung des von Hammurabi (♔ 1728–1686) zerstörten altbabylonischen Reiches von Mari kultur- und religionsgeschichtlich wichtige Texte, die u. a. Zeugnisse für das Wirken von Propheten bieten.

Markusevangelium (Abk. Mark.): das älteste und kürzeste der synoptischen Evangelien, um 70 n. Chr. in griechischer Sprache verfaßt. Für den Ort seiner Entstehung gibt es keine sicheren Anhaltspunkte. In Markus, dem Autor, sah bereits die altkirchliche Tradition ohne sichere Beweise den Begleiter des Paulus und Barnabas. Die Konzeption des Markusevangeliums ist ein historischer Aufriß des Lebens Jesu, der jedoch nicht Erinnerung, sondern Verkündigung des Evangeliums sein will. Er wird von sachlichen Kompositionselementen durchbrochen, vor allem von Lehr- und Streitgesprächen sowie von Berichten über Wundertaten.

Markusevangelium. Markus der Evangelist. Adaevangeliar (um 800; Trier, Stadtbibliothek)

Markusliturgie: auf den Evangelisten Markus zurückgeführte Liturgie, die bis zum 13. Jahrhundert in Alexandria in ihrer vollen Länge gefeiert wurde; sie liegt den heute kürzeren Liturgien der koptischen und der abessinischen Kirche zugrunde.

Maroniten: Anhänger der einzigen geschlossen mit Rom unierten orientalischen Kirche, deren Ursprünge auf das syrische Kloster des hl. Maro († vor 423) zurückgehen. Dort sammelten sich seit 675 Christen, die in den dogmatischen Streitigkeiten um die Einheit des Willens in Jesus Christus am Monotheletismus (↑Christologie) festhielten. Durch die Araber wurden sie in den Libanon abgedrängt. In den Jahren 1181/82 nahmen sie offizielle Beziehungen zu Rom auf. Das Konzil von Florenz bestätigte 1445 die Union. Ein Patriarch leitet heute zusammen mit den Bischöfen die rund 1,3 Millionen im Nahen Osten (v. a. im Libanon) und in der ganzen Welt zerstreuten Maroniten.

Marranen (= Maranen): vielleicht von spanisch Marrano („Gauner") abzuleitender Schimpfname für zwangsgetaufte oder aus Furcht vor der Inquisition zum Christentum übergetretene Juden Spaniens, die heimlich am Judentum festhielten und nach 1492 z. T. aus Spanien vertrieben wurden.

Mars: römischer Agrar- und Kriegsgott, trotz großer Verschiedenheit in Wesen und Funktion dem griechischen Ares gleichgesetzt, Vater der Zwillinge Romulus und Remus und somit Ahnherr des römischen Volkes. Mars bildete zusammen mit Jupiter und Quirinus eine archaische Götterdreiheit. Das Priesterkollegium der Salier (↑ Salii) feierte ihn in dem nach ihm benannten Monat März und im Oktober mit Waffentänzen.

Mars Thincsus: durch Inschriften aus der Zeit des Kaisers Alexander Severus (♔ 222–235) bezeugter, von germanischen Soldaten in römischen Diensten verehrter Gott, der den römischen Kriegsgott Mars mit der germanischen Volksversammlung, dem Thing, und damit auch mit dem germanischen Gotte Tyr verband.

Märtyrer [von griechisch mártys „Zeuge, Zeugin"]: Glaubenszeuge, der für sein Bekenntnis blutige Strafen oder den Tod erleidet, später oft als Heiliger verehrt.

Martyrium [griechisch-lateinisch „Zeugnis, Blutzeugnis"]: das Leiden bis zum Tod, das ein Mensch freiwillig um seines Glaubens willen auf sich nimmt; v. a. Bezeichnung für den Tod der Christen in den Christenverfolgungen.

Martyrologien: Festkalender der christlichen Märtyrer und Heiligen mit beigefügten Lebensbeschreibungen; in der katholischen Kirche ist seit 1584 das *Martyrologium Romanum* verbindliches Märtyrer- und Heiligenbuch.

Martyrologium Romanum ↑ Martyrologien.

Maruts: in der wedischen Religion auf Wagen fahrende göttliche Jünglinge, die Stürme verursachen und als Regenbringer verehrt werden.

Masdakismus (= Mazdakismus): nach ihrem Stifter Masdak († 529 n. Chr.) benannte religiöse Reformbewegung, die unter der Herrschaft des Sassaniden Kawadh I. (♔ 488 bis 497 und 501–531) im Perserreich Bedeutung gewann. Masdak verband die dualistischen Lehren des Manichäismus mit sozialreformerischen Tendenzen, die das Programm einer allgemeinen Gütergemeinschaft einschlossen. Dies führte bald zu revolutionären Unruhen. König Kawadh I., der anfänglich den Masdakismus unterstützt hatte, trat später unter dem Druck der zoroastrischen Geistlichkeit sowie der weltlichen Aristokratie als dessen Gegner auf. Er ließ Masdak und seine Anhänger töten, nachdem er sie vergeblich zu einem Religionsgespräch an den Hof in Ktesiphon geladen hatte. Mit dem Ende des Masdakismus war der endgültige Sieg der Religion Zarathustras im Sassanidenreich verbunden.

Masǧid ↑ Moschee.

Maske: im umfassenden Sinn ist die Maske, nicht allein Gesichtsverhüllung, sondern Verkleidung jeder Art, eine weltweit verbreitete Erscheinung, die sich besonders häufig in Afrika, Ozeanien und Amerika findet. Auch in antiken Mysterienkulten traten Maskenträger auf; der griechischen Tragödie lagen Bocksmaskentänze zugrunde. Die Maske hat ursprünglich eine ausschließlich religiöse oder magische Bedeutung. Ihr Träger repräsentiert die Gestalt, die die Maske darstellt; er wird mit ihr teilweise oder völlig identifiziert. Masken von Göttern dienen der Verbindung mit diesen numinosen Mächten.

Maske. Satyrmaske von Christof Angermair (um 1625; München, Bayerisches Nationalmuseum)

Daher finden sie Verwendung im Kultdrama, das einen Mythos dramatisch vergegenwärtigt (repristiniert). Abschreckende Geistermasken sollen Dämonen abwehren. Dies gilt oft auch für Tiermasken, die außerdem im Zusammenhang mit totemistischen Vorstellungen auftreten. Totenmasken können beim Ahnenkult getragen werden. Im alten Ägypten dienten sie der Bewahrung des verklärten Antlitzes eines Verstorbenen. Sie finden sich auch in der mykenischen Kultur und bei den Etruskern, von denen sie die Römer übernahmen. – Das Tragen von Masken kann sich öffentlich vollziehen, oft aber erfolgt es nur vor den eingeweihten Mitgliedern eines Geheimbundes.

Masora ↑Massora.

Masseben [von hebräisch mazzeba]: Malsteine, im antiken westsemitischen Bereich meist unbeschriftete und unbehauene Steinsäulen als Grab-, Kult- und Gedenksteine sowie als Siegesmale.

Massora (= Masora) [hebräisch „Überlieferung"]: Bezeichnung für die Arbeit jüdischer Gelehrter zur Sicherung des Textes, insbesondere der Aussprache des hebräischen A. T. Die wichtigste Aufgabe dieser jüdischen *Massoreten* bestand darin, den ursprünglich reinen Konsonantentext des A. T. mittels eines „Punktationssystems" mit Vokalzeichen zu versehen; diese Vokalzeichen wurden den Konsonanten als Punkte und Striche hinzufügt.

Mastaba ↑Pyramide.

Materie: tritt in Kosmogonien dann als form- und eigenschaftsloser Urstoff (lateinisch Materia prima) auf, wenn die Schöpfung im wesentlichen als ein Akt der Zusammenfügung und Ordnung der Welt und nicht als ↑Creatio ex nihilo aufgefaßt wird. Die Wertung der Materie ist ganz negativ in den dualistischen Systemen der Gnosis; die in ihnen meist mit dem griechischen Begriff *Hyle* bezeichnete Materie gilt als die dem Licht und dem guten Gott feindliche Macht und als Werk eines bösen ↑Demiurgen.

Mater Matuta: römische Göttin der Morgenfrühe, später auch der Ehefrauen.

Matres ↑Matronen.

Matriarchat: Mutterherrschaft, Gesellschaftsordnung, in der die Frau die bevorzugte Stellung innehat und als Familienvorstand gilt. Zur religiösen Stellung der Frau in matriarchalischen Gesellschaften ↑Frau.

Matronen (auch lateinisch Matres „Mütter"): keltische Kollektivgöttinnen, die bildlich meist als Dreiheit dargestellt sind. Füllhorn und Früchte als ihre Attribute verweisen auf Bezüge zur Vegetation. Verehrt wurden sie vornehmlich an Flußläufen; die singularische Bezeichnung Matrona lebt weiter im Namen des französischen Flusses Marne.

Matsuri [japanisch]: Bezeichnung für den Kult des Schinto, speziell für die Feiern an großen Festtagen. Matsurigoto („Kultsache") ist Begriff für die offizielle, auch politische Tätigkeit des Kaisers.

Matthäusevangelium (Abk. Matth.): erstes im Kanon des N. T. aufgeführtes Evangelium, zwischen 75 und 90 von einem hellenistischen Judenchristen verfaßt. Das Hauptinteresse gilt dem Christusbild: Jesus von Nazareth ist der im A. T. verheißene, aber von seinem Volk abgelehnte Messias. Gegenüber dem alttestamentlichen Gesetz werden in der Lehre Jesu die sittlichen Forderungen radikalisiert und in dem Doppelgebot der Gottes- und Nächstenliebe zusammengefaßt (22, 34–40). Die Sendung Jesu und seiner Jünger gilt zunächst Israel, das Heil ist jedoch für alle Völker bestimmt (28, 16–20).

Mattr [altnordisch máttr „Macht"]: dem melanesischen ↑ Mana vergleichbarer Machtbegriff der germanischen Religion.

Matutin [von lateinisch matutinus „morgendlich"]: der im Deutschen mit „Mette" bezeichnete Früh- bzw. Nachtgottesdienst.

Matzen ↑ Mazzot.

Matronen auf einem römischen Relief (164 n. Chr.; Bonn, Rheinisches Landesmuseum)

Mau-Mau: in seiner Bedeutung umstrittener Name eines Geheimbundes der Kikuju in Kenia, der den Mau-Mau-Aufstand der Jahre 1952 bis 1956 durchführte. Die Aufnahme in den Geheimbund erfolgte durch Initiationsriten, in deren Mittelpunkt kultähnliche Handlungen mit blutigen Tieropfern standen.

Mauriner: französische Benediktiner-Reformkongregation, die 1618 gegründet wurde und sich durch hervorragende wissenschaftliche Arbeiten, besonders auf dem Gebiet der Kirchengeschichte, auszeichnete. Das Zentrum war die Abtei Saint Germain-des-Prés, Paris. Die Kongregation wurde in der Französischen Revolution aufgelöst und 1837 neu ins Leben gerufen.

Maya-Religion: die Religion der Träger der ältesten Hochkultur Altamerikas während der Zeit ihres Alten (317–987) und ihres Neuen Reiches (Ende des 10. Jahrhunderts bis 1441). Unter den *polytheistischen Göttern* ist Chac, der Spender des Regens, in den Handschriften am häufigsten bezeugt. Ihm folgen der Himmels- und Sonnengott Itzamna und seine Gattin Ixchel, die Herrin des Mondes. Die Verehrung des Kukulkan ist im Neuen Reich auf den Einfluß des ↑ Quetzalcoatl zurückzuführen. Das ↑ „Popol Vuh", das heilige Buch der Maya, kennt einen Heilbringer-Mythos, der mit den Schicksalen eines Zwillingsbrüderpaares verbunden ist. Im *Kult* waren Menschenopfer seltener als in der aztekischen Religion Mexikos. Sakralen Charakter hatte auch bei den Maya das ↑ Ballspiel. Für das *Jenseitsgeschick* des Menschen war die Todesart von Bedeutung; doch scheinen die Maya auch ethisches Verhalten als mitbestimmend angesehen zu haben.

Mazdaismus: eine von dem Gottesnamen ↑ Ahura Masda abgeleitete Bezeichnung des ↑ Parsismus.

Mazdakismus ↑ Masdakismus.

Mazdaznan [masdas ...; persisch]: religiöse Heils- und Heilungsbewegung, die unter [umstrittener] Berufung auf Zarathustra um 1900 in Chicago von Otto Hanisch (* 1844, † 1936), der sich später Dr. Otoman Zar-Adusht Hanish nannte, begründet wurde. Sie verfolgt das Ziel, Weltreligion in einem weltweiten Friedensreich zu werden. Im Mittelpunkt steht eine Rassenlehre, nach der die arische Rasse, zu der auch die Semiten gerechnet werden, allen anderen als überlegen gilt. Eine Höherentwicklung des Menschen wird durch systematische Kontrolle der Atmung und der Ernährung verfolgt. Die Gesellschaft unterhält seit 1962 in Neubringhausen am Edersee eine „Neuzeitliche Diät- und Lebensschule".

Mazzot [hebräisch] (auch Matzen): runde Brote aus Weizenmehl und Wasser ohne Zusatz von Sauerteig, die als „Brot des Elends" von den Juden zur Erinnerung an den Auszug aus Ägypten in der Passahzeit gegessen werden.

Mechitaristen (lateinisch Ordo Mechitaristarum, Abk. OMech): nach dem Beinamen Mechitar („Tröster") ihres Stifters Peter Manuk (* 1676, † 1749) benannter armenisch-unierter Orden unter der Benediktregel. Ihre Aufgabe sahen die Mechitaristen in der Drucklegung armenischer Quellen und in Studien zur Grammatik. 1773 spaltete sich eine Gruppe ab, die zunächst nach Triest, 1810 nach Wien ging. Beide Gruppen sind in der Jugendseelsorge und in der Mission unter den Armeniern tätig.

Medea (= Medeia): griechische Sagengestalt, hilft Jason bei der Gewinnung des Goldenen Vlieses, flieht mit ihm, wird seine Gemahlin und Mutter von zwei Kindern. Nach der Verstoßung durch Jason, der Kreusa, die Tochter des Königs Kreon heiratet, tötet sie Kreusa und ihre eigenen Kinder.

Medien [lateinisch] (Einzahl Medium) ↑Spiritismus.

Medina [arabisch „Stadt"]: arabische Oasenstadt, ehemalige Wirkungsstätte Mohammeds, nach ↑Mekka der zweitwichtigste islamische Wallfahrtsort.

Meditation [von lateinisch meditatio „Nachdenken, Besinnung"]: eine meist religiös motivierte Versenkung, die mit oder ohne Konzentration auf Objekte geübt werden kann. Ihr Ziel ist die „Entwerdung", die Ausschaltung individueller Anliegen zugunsten der Erfahrung des Absoluten, von dem sich der Meditierende in Besitz genommen weiß. Meditationsübungen sind typisch für die mystische Religiosität. Sie finden sich daher auch in mystischen Strömungen prophetischer Religionen, wo sie dem Ziel einer Vereinigung mit der Gottheit dienen. Charakteristisch ist die Meditation aber in erster Linie für die Mystik des Ostens, in der sie zur Erfahrung eines unpersönlichen Absoluten oder auch des bestimmungslosen Nichts führen soll. In Europa sind vornehmlich Meditationsanleitungen des hinduistischen Joga und des japanischen Zen-Buddhismus bekannt und teilweise auch psychotherapeutisch angewandt worden.

Medizinmann: ein von der Völkerkunde zunächst auf Grund von Beobachtungen bei nord- und mittelamerikanischen Indianern gebildeter Begriff für einen Menschen, der übernatürliche Macht besitzt und ausübt. Der Begriff ist wenig präzis, da er eine Fülle von Qualitäten und Funktionen umfaßt, die durchaus nicht immer in einer Person vereinigt sind; hierzu zählen Geheimwissen, Verkehr mit Geistern, die Fähigkeit des Wahrsagens, der Heilung und Dämonenbeschwörung, die Erteilung von Segen und Fluch, die Macht, den Regen herbeizuführen (Regenmacher).

Medizin und Religion: stehen in einem engen Zusammenhang. Auf mythologischer Ebene kommt dies in bestimmten Heilgöttern zum Ausdruck, von denen Asklepios der bekannteste ist. Im menschlichen Bereich ist der Priester ursprünglich auch Arzt; dies tritt am eindringlichsten beim Medizinmann und beim Schamanen in Erscheinung. Die Verbindung von Religion und Medizin zeigt sich bis heute deutlich, wenn an Wallfahrtsorten Heilung gesucht wird; sie tritt auch im Gesundbeten zutage. Die Frage nach seelischen Ursachen körperlicher Leiden nähert neuerdings auf wissenschaftlichem Gebiet Theologie und Medizin.

Medr: Erdgottheit des vorchristlichen Äthiopien.
Medrese [türkisch]: mit einer Moschee verbundene islamische Hochschule.

Medusa Rondanini (aus dem ehemaligen Palazzo Rondanini in Rom)

Medusa: in der griechischen Mythologie eine der ↑Gorgonen; wer sie anblickte, wurde zu Stein. Von Perseus wurde ihr das fratzenhafte Haupt abgeschlagen.
Meer: in vielen Kosmogonien der chaotische, oft auch als Person gedachte Urozean, aus dem die Welt hervorging. Das Motiv kehrt oft in Eschatologien wieder, nach denen sich eine neue Erde aus der Flut erheben wird.
Meer, ehernes: im Vorhof des Salomonischen Tempels ein auf zwölf Stierbildern ruhender Wasserbehälter für Waschungen der Priester. Das Motiv wurde von der christlichen Kunst für Taufbecken übernommen, als deren Vorbild das eherne Meer gedeutet wurde.

Meer, ehernes; Holzschnitt von Jost Amman (16. Jahrhundert)

Meergeister: finden sich als Fabeltiere, Meerweiber und Wassermänner im Glauben vieler Völker. Die Griechen kannten als kollektive Meergeister die Nereiden und Okeaniden. In der germanischen Mythologie sind Ägir und seine Gattin Ran aufs engste mit dem Meer verbunden.
Mefitis (= Mephitis): altrömische Göttin, Beherrscherin erstickender Dünste, um deren Vertreibung sie gebeten wurde. Ihr Kult wurde vornehmlich in Gebieten vulkanischer Ausdünstungen und in der Sumpfluft von Flußniederungen vollzogen.
Megalithreligion: vorgeschichtliche Religion, die durch gewaltige Steinblöcke (Megalithgräber, Cromlechs, Menhire) bezeugt ist. Man vermutet einen kultischen Gebrauch dieser Steine, vor allem im Totendienst. Als Blütezeit der Megalithreligion wird das 3. Jahrtausend v. Chr. angenommen. Verbreitet war diese Religion in Nord- und Westeuropa.
Megaron: das Allerheiligste des griechischen Tempels, das nur Priester betreten durften.
Megilloth [hebräisch „Rollen"]: Bezeichnung der in der hebräischen Bibel zu einer Gruppe zusammengefaßten Bücher Hoheslied, Ruth, Klagelieder, Prediger und Esther.
Megin: germanischer, dem melanesischen ↑Mana entsprechender Machtbegriff. Die besondere Macht der Götter wird mit ásmegin bezeichnet.
Meineid ↑Eid.
Meister und Jünger: religionswissenschaftliche Begriffe, die die autoritative Stellung einer religiös führenden Persönlichkeit gegenüber einem meist engen Kreis von Anhängern zum Ausdruck bringen, die sich diesem Meister freiwillig oder auf Grund ausdrücklicher Berufung angeschlossen haben und von ihm Einzel- oder Gruppenunterweisung erhalten. Vornehmlich der Religionsstifter ist der Meister seiner Jünger, die ihn als seine Gefährten begleiten und, meist erst nach der Lebenszeit des Stifters, als seine Apostel wirken. Der Begriff

Mekka.
In der Mitte die Kaaba

des Meisters wird auch für den indischen Guru als religiösen Lehrer angewandt, ebenso für Meditationsmeister, hauptsächlich im Lamaismus und im Zen-Buddhismus.

Mekka: im Westen von Saudi-Arabien gelegene Hauptstadt des Hedschas, heiligste Stadt des Islams, Geburtsort Mohammeds. Die ↑Kaaba in Mekka ist das Ziel der Wallfahrt der Muslime.

melanesische Religion: sie ist gekennzeichnet durch besonders intensive Verehrung der *Ahnen*, denen eine gegenüber den Göttern und Geistern vorrangige Bedeutung zukommt; durch *Masken* identifizieren sich die Kultteilnehmer mit den Ahnen. *Mana-Vorstellungen* liegen dem Kannibalismus zugrunde. Männer- und Geheimbünde, die eine große Rolle spielen, beruhen auf *Totemismus*. Für die neuere Entwicklung ist das Entstehen von ↑*Cargo-Kulten* bezeichnend.

Melchisedek: im A. T. (1. Mos. 14, 18 ff. und Ps. 110, 4) genannter vorisraelitischer Priesterkönig von Salem (d. h. Jerusalem). Im N. T. (Hebr. 7) dient die Erwähnung Melchisedeks der Begründung und Betonung des Hohepriestertums Jesu.

Melchiten ↑koptische Kirche.

Melkart [phönizisch „König der Stadt"]: Hauptgott von Tyrus und Karthago, von den Phöniziern weit verbreitet, als Seefahrergott oft an Vorgebirgen verehrt.

memphitische Theologie (auch Denkmal memphitischer Theologie): altägyptischer Text, vermutlich dem Alten Reich (um 2600–2190) entstammend, den König Schabaka (♔ 716–701) auf einem von Würmern zerfressenen Papyrus im Tempel des ↑Ptah in Memphis fand und auf einen Stein meißeln ließ; daher auch *Schabakatext* genannt. Er ist aufgegliedert in eine Götterlehre und eine politische Lehre. Die Götterlehre preist Ptah als Urgott, der mit Herz und Zunge als schöpferischen Organen die Welt ins Dasein rief. Die politische Lehre betont den Herrschaftsanspruch der Stadt Memphis.

Memra [aramäisch „das Wort"]: in aramäischen Übersetzungen des A. T. Umschreibung für den Gottesnamen *Jahwe*.

Mendikantenorden ↑Bettelorden.

Menetekel: Kurzwort für *mene mene tekel upharsin*, Orakelworte, die nach dem Bericht des Danielbuches (5, 25 bis 28) während eines Festmahls des babylonischen Kronprinzen Belsazar († 539 v. Chr.) plötzlich an der Palastwand erschienen; sie wurden von Daniel mit „gezählt, gezählt, gewogen und geteilt" und damit auf den Untergang Belsazars und seines Reiches gedeutet.

Menhir [keltisch]: vorgeschichtliche Steinsäule, die sich besonders häufig in der Bretagne findet, gelegentlich im Zusammenhang mit Grabanlagen. Eine ursprünglich religiöse, speziell kultische Bedeutung ist äußerst wahrscheinlich.

Mennoniten: Name der nach dem täuferischen Theologen Menno Simons (* 1496, † 1561) benannten Anhänger einer aus schweizerischen, niederländischen und nordwestdeutschen Täufergruppen nach 1535 entstandenen Reformbewegung, die ein kalvinistisch geprägtes Christentum vertritt, die sittliche Heiligung betont und Kindertaufe, Eidesleistung und Kriegsdienst verwirft. Häufig zur Auswanderung gezwungen, gelangten größere Gruppen von Mennoniten seit Ende des 18. Jahrhunderts nach Amerika und in die Ukraine. Heute sind die Mennoniten in der Mennonite World Conference zusammengeschlossen. Es gibt heute auf der Erde etwa eine halbe Million Mennoniten.

Menologien: Sammlungen von Berichten über das Leben der Heiligen, zusammengestellt nach der Ordnung des Kalenders, seit dem 6. Jahrhundert bezeugt.

Menora ↑ Leuchter, siebenarmiger.

Mensa [lateinisch „Tisch"] (auch Mensa Domini „Tisch des Herrn"): in liturgischen Dokumenten bevorzugter Begriff für den christlichen Altar.

Mensch: der Mensch nimmt in der Religionsgeschichte gegenüber anderen Lebewesen eine vorrangige Stellung ein. Nach biblischer und islamischer Vorstellung hat Gott ihm „lebendigen Odem" eingehaucht (1. Mos. 2, 7; Koran 38, 72). Auf eine Aussage des A. T. (1. Mos. 1, 27) geht die Lehre von der Gottebenbildlichkeit des Menschen (Imago Dei) zurück. Nach chinesischer Vorstellung ist der Mensch ein dem Universum (Makrokosmos) entsprechender Mikrokosmos. Die indischen Religionen sehen auf Grund ihrer Seelenwanderungslehre keinen prinzipiellen Unterschied zwischen Göttern, Menschen und Tieren, heben aber den Menschen dadurch hervor, daß er allein fähig sei, die Erlösung zu erlangen. Die Religion der alten Maya begründete in ihrem heiligen Buch, dem „Popol Vuh", die Ausnahmestellung des Menschen damit, daß nur er imstande sei, die Götter zu verehren und ihnen kultisch zu dienen. – Alle Religionen heiligen rituell die entscheidenden Lebensstadien des Menschen, Geburt, Hochzeit und Tod. Den gewöhnlichen Menschen überragt der Vertreter einer speziellen religiösen Autorität, die er durch Begnadung empfing, durch

Menhire bei Carnac in der Bretagne

heiligmäßiges Leben erwarb oder durch besondere Weihe verliehen bekam. Hierzu zählen sakrale Herrscher, Propheten, Heilige und Priester.

Menschenopfer: sakrale Tötung von Menschen, ein in den Religionen Alteuropas, der Semiten sowie der Naturvölker weit verbreiteter kultischer Akt, der häufig im Laufe der religionsgeschichtlichen Entwicklung durch das *tierische Ersatzopfer* abgelöst wurde; so in der Erzählung von Isaaks Opferung (1. Mos. 22). Menschenopfer dienten unterschiedlichen Zwecken. Oft hatten sie den Sinn einer *Machtübermittlung* an Naturobjekte und die sie personifizierenden Gottheiten; so sollte das mexikanische Herzopfer in erster Linie die Kraft der Sonne mehren. An die Kultteilnehmer soll die Stärke des Geopferten durch *Anthropophagie* (Menschenfresserei) übertragen werden; diese Vorstellung liegt dem Kannibalismus zugrunde. Der Machtgedanke bestimmt auch den *rituellen Königsmord;* verliert der alternde Herrscher seine Kraft, so wird er entweder getötet oder er vollzieht selbst das Königsopfer. Dies kann auch den Sinn einer Übertragung des herrscherlichen Charismas auf Geschlecht und Volk haben; so bei der rituellen Tötung des ungarischen Fürsten Álmos (9. Jahrhundert n. Chr.). Das *Sühneopfer* dient der Tilgung einer Schuld, die, wie beim babylonischen Neujahrsfest, stellvertretend für das gesamte Volk einem menschlichen „Sündenbock" übertragen wurde. Weit verbreitet war die Sitte der *Bauopfer*, die unter den Fundamenten von Häusern und Brücken bestattet wurden; im alten Japan hießen sie „Menschenpfeiler" (hitobashira). Der Abwehr drohender Gefahren galt das *Selbstopfer* römischer Truppenführer. Die römischen Gladiatorenkämpfe tradierten die Riten des etruskischen Totenopfers, eines Zweikampfes, nach dessen Beendigung eine Gestalt in der Maske des *Totengottes* die Leichen der Gefallenen vom Schauplatz schaffte. Zum Totenkult gehören auch die *Totenbegleitopfer*. Hierzu zählt die indische Witwenverbrennung. Im Ägypten der Frühzeit und im alten Sumer wurde der Hofstaat des verstorbenen Herrschers getötet und mit ihm bestattet; freiwillig folgten japanische Ritter ihrem Lehnsherrn in den Tod, indem sie Harakiri verübten. – Von den Azteken des alten Mexiko, die dem Menschenopfer große Bedeutung beimaßen, waren *die Formen seines Vollzugs* am stärksten differenziert; man kannte das Herzopfer, das Brandopfer, das Kampf- und Pfeilopfer sowie das Menschenschinden (dem Opfer wurde die Haut abgezogen).

Menschenschöpfung (auch Anthropogonie): ist in den meisten Weltentstehungsberichten als Schöpfung eines *Menschenpaares* der abschließende Schöpfungsakt. Dabei kann sich die Erschaffung der Menschen als ein Experiment in mehreren Akten vollziehen. Sehr deutlich kommt dies im ↑„Popol Vuh", dem heiligen Buch der Maya, zum Ausdruck, wo den jetzt lebenden Menschen solche aus Schlamm und aus Holz vorangingen, die beide verworfen wurden, weil sie nicht fähig waren, die Götter zu verehren.

Menschensohn (Übersetzung von hebräisch ben-'adam, aramäisch bar-'änosch): in den Evangelien Selbstbezeichnung Jesu. Der Ausdruck entstammt dem Sprachgebrauch des A. T. und ist zunächst ein Begriff für „Mensch" in seiner geschöpflichen Nichtigkeit (Ps. 8, 5; Hiob 25, 6). Auf Grund späteren Gebrauchs im Zusammenhang mit eschatologischen Vorstellungen (Daniel 7, 13) wird „Menschensohn" zur Bezeichnung des künftigen Herrschers im Gottesreich, d. h. des Messias.

Menschheitsbund, religiöser: er wurde 1921 von dem deutschen evangelischen Theologen und Religionsphilosophen Rudolf Otto (* 1869, † 1937) gegründet mit dem Ziel, auf ethischem Gebiet einen lebendigen Austausch der Religionen zu fördern; 1956 von dem deutschen evangelischen Theologen und Religionswissenschaftler Friedrich Heiler (* 1892, † 1967) neu belebt und als „Deutscher Zweig des Weltbundes der Religionen" dem ↑Weltkongreß der Religionen angegliedert.

Menschwerdung Gottes ↑Inkarnation, ↑Awatara.

Menstruation: sie gilt besonders auf früher Kulturstufe als ein Ablassen schädlicher Kräfte. Demzufolge muß die Frau während der Menstruation zahlreiche Meidungsvorschriften beachten. Es findet sich aber auch die entgegengesetzte Ansicht, nach der das Menstruationsblut als besonders krafthaltig angesehen und dann als Wirkmittel bei Zauberhandlungen verwendet wird.

Mentalreservation (auch lateinisch reservatio mentalis): der geheime Vorbehalt bei Abgabe von Erklärungen, der dem Verständnis des Partners unbekannt bleibt.

Mephitis ↑Mefitis.

Merikare, Lehre für König: seit 1914 bekannter Text, den in der 1. Zwischenzeit Ägyptens König Achthoes für seinen Sohn Merikare (♕ 2070–2041) verfaßte. Der lehrhafte Text stellt eine Art politisches Testament dar und ermahnt den kommenden Herrscher zur Nächstenliebe und Gesinnungsethik.

Merkur (auch lateinisch Mercurius): der gern mit einem Geldbeutel in der Hand dargestellte römische Handelsgott, in dessen Namen lateinisch merx („Handelsware") enthalten ist. Außerdem ist Merkur, wie der griechische ↑Hermes, ein listenreicher Wegekundiger und ein geschickter Redner sowie Bote der Götter.

Merlin: Zauberer und Seher der keltischen Artussage, stammte aus der Vereinigung des Teufels mit einer Jungfrau. Er beendet sein Leben im Wald von Brocéliande, wo er von der Fee Viviane in ewigem Schlaf gehalten wird. – Die Überlieferung wurde von Geoffrey of Monmouth († 1154) in dem Buch „Prophetiae Merlini" festgehalten.

Merseburger Zaubersprüche: zwei althochdeutsche, auf heidnisch-germanische Tradition zurückgehende Zaubersprüche, die im 10. Jahrhundert auf dem Vorsatzblatt eines aus Fulda stammenden Meßbuches verzeichnet wurden; 1841 wurden sie in der Merseburger Dombibliothek entdeckt. Der erste Spruch gilt der Gefangenenbefreiung, der zweite der Heilung von Beinverrenkung bei Pferden.

Meru: der im Zentrum der Erde lokalisierte Weltberg im Mythos der Inder.

Messalianer ↑Euchiten.

Meßbuch ↑Missale Romanum.

Messe: in der katholischen Kirche die nach ihren lateinischen Entlassungsworten „Ite, missa est" („gehet hin, [die Gemeinde] ist entlassen") bezeichnete Feier der Eucharistie. Nach der Liturgiekonstitution des 2. Vatikanischen Konzils ist der Aufbau der Messe jetzt folgendermaßen gegliedert: 1. Eröffnung mit Introitus, Begrüßung, Schuldbekenntnis, Gloria und Tagesgebet; 2. Wortgottesdienst mit Schriftlesung und Predigt, Kredo und Fürbitten; 3. Eucharistiefeier mit Bereitung der Gaben, Vorbereitungsgebet (Präfation), eucharistischem Hochgebet mit den Wandlungsworten, Fürbitte für Lebende und Verstorbene, Vaterunser, Friedensgruß und Kommunion; 4. Entlassung mit Segen.

Meßgewand: es wird offiziell mit Kasel bezeichnet. Es ist ein mantelarti-

Meßgewand. Kasel

ges, ärmelloses Obergewand, das vom Priester bei der Eucharistiefeier getragen wird.

Messianismus: allgemeine, wissenschaftlich sehr ungenaue Bezeichnung für die Erwartung eines dem ↑Messias vergleichbaren Heilbringers. Die neuerlich in der Völkerkunde übliche Verwendung des Begriffs „Messianismus" für ↑Cargo-Kulte und ähnliche Bewegungen ist religionswissenschaftlich problematisch, da diese Vorstellungen entspringen, die mit dem israelitisch-jüdischen Messiasverständnis nicht in Deckung zu bringen sind, zumal auch solche Bewegungen so genannt werden, die eine messianische Gestalt nicht kennen.

Messias [hebräisch „Gesalbter"] (auch griechisch Christos): im A. T. zunächst Bezeichnung für den regierenden König (z. B. 1. Sam. 24, 7), nach dem Zerfall des davidischen Reiches der erhoffte Idealherrscher aus Davids Stamm (z. B. Jes. 9, 1–6; Micha 5, 1–5), in nachexilischer Zeit der König eines endzeitlichen Gottesreiches. Das Urchristentum sah in Jesus von Nazareth die Hoffnung auf den Repräsentanten einer Gottesherrschaft erfüllt und bezeichnete ihn als Messias und damit mit einem Hoheitstitel, dessen griechische Übersetzung „Christos" bald als Name aufgefaßt und gebraucht wurde.

Meßopfer: in der katholischen Kirche das Opfer von Leib und Blut Christi nach der Wandlung (Transsubstantiation) von Brot und Wein bei der Feier der Eucharistie.

Mesusa: Name einer kleinen Kapsel, die einen Pergamentstreifen mit der Aufschrift von zwei Abschnitten aus dem A. T. (5. Mos. 6, 4–9 und 11, 13–21) enthält. Es ist jüdischer Brauch, sie am – vom Eintretenden aus gesehen – rechten Türpfosten eines Wohnraumes oder Wohnhauses anzubringen.

Met: alkoholhaltiges Getränk aus vergorenem Honigwasser, wurde von den Germanen bei dem sich an das *Blot* („Opfer") anschließenden Opferschmaus getrunken. Auch die Götter tranken Met; besonders Thor galt als großer Liebhaber dieses Getränks.

Metabolismus: gleichbedeutend mit ↑Transsubstantiation.

Metalle: gelten auf Grund ihrer Herkunft aus dem Erdinnern als Träger geheimnisvoller Kräfte. Geschmolzenes Metall wird nach der Eschatologie des Parsismus Mittel des endzeitlichen Reinigungsaktes sein.

Metamorphose [griechisch „Gestaltwandel, Verwandlung"]: im Mythos der Gestaltwandel von Göttern (z. B. Zeus als Stier), in Sagen und Märchen die Verwandlung eines Menschen in ein Tier (Froschkönig) oder in eine Pflanze (Daphne).

metaphorische Redeweise: die Rede in sprachlichen Bildern (Metaphern), sie findet sich besonders häufig in der Mystik, so im Bild des Liebesumganges oder des Rausches für die Erfahrung der mystischen Einigung (lateinisch unio mystica) mit dem Göttlichen.

Metaphysik [von griechisch metà physiká „nach den (Schriften) über Physik"]: ursprüngliche Bezeichnung für diejenigen Schriften des griechischen Philosophen Aristoteles (* 384, † 322), die der griechische Philosoph Andronikos von Rhodos im 1. Jahrhundert v. Chr. „hinter die Schriften über die Physik" einordnete. Es sind dies Schriften, die die ersten Ursachen des Seins zum Thema haben. Hierdurch wurde „Metaphysik" zur Bezeichnung derjenigen philosophischen Lehre, die das über und hinter der sinnlich erfaßbaren Welt Liegende behandelt. Daher wird der Begriff „Metaphysik" gebraucht für Aussagen über jenseitige, transzendente Wahrheiten.

Metawila [arabisch „getreue Anhänger (der Familie des Ali)"] (auch Mutawali): Name einer schiitischen Sekte im Libanon.

Metempsychose ↑Seelenwanderung.

Meteor: gilt im Volksglauben meist

als Unheilszeichen, wird aber auch als ein gegen Blitzschlag schützendes Amulett verwendet. Für die kultische Verehrung von Meteoren sind der schwarze Stein der ↑Kaaba in Mekka und der Stein der ↑Magna Mater bezeichnend.

Methodismus: von den Brüdern John Wesley (* 1703, † 1791) und Charles Wesley (* 1707, † 1788) sowie George Whitefield (* 1714, † 1770) ins Leben gerufene Erweckungsbewegung, die ihren Ausgang von einem 1729 in Oxford gegründeten Studentenverein nahm. Die Bewegung wurde zunächst wegen ihrer „methodischen" Frömmigkeit verspottet. Ihre Trennung von der anglikanischen Kirche erfolgte allmählich; sie kam 1797 mit einer eigenen Organisationsform der methodistischen Freikirche zum Abschluß. Die Methodisten betonen Bibelfrömmigkeit, Erlösung von Schuld und Sünde sowie christliche Nächstenliebe. Im Mittelpunkt ihres pietistisch geprägten Frömmigkeitslebens steht ein persönliches Bekehrungserlebnis. Der Methodismus gehört heute zu den einflußreichsten und größten Freikirchen der USA. Die Zahl seiner Mitglieder beträgt insgesamt etwa 20 Millionen.

Metropolit: in der katholischen Kirche Vorsteher einer Kirchenprovinz, dessen Amt mit einem bestimmten Bischofssitz bzw. einem Erzbistum verbunden ist. In den Ostkirchen ursprünglich Bischof der Provinzhauptstadt, heute Leiter einer unabhängigen orthodoxen Landeskirche; daneben auch bloßer Ehrentitel.

Metta ↑Maitri.

Mette ↑Matutin.

Mewlewija [von arabisch Mawlawiyya] (auch Mewlewi-Orden): der von dem persischen Mystiker Dschalaladdin Rumi († 1273) im kleinasiatischen Konyo begründete Orden der sogenannten „tanzenden Derwische".

mexikanische Religionen ↑aztekische Religion, ↑Maya-Religion.

Miasma [griechisch „Befleckung, Verunreinigung"]: Sündenbegriff, dem die Vorstellung von einer substantiellen, stofflichen und daher körperlich befleckenden Form der Sünde zugrunde liegt.

Micha: alttestamentlicher Prophet und gleichnamiges Buch des A. T., das zu den zwölf ↑Kleinen Propheten zählt. Micha wirkte in der zweiten Hälfte des 8. Jahrhunderts v. Chr. Mit seiner Verkündigung knüpfte er an Amos an. Er geißelte die sittlichen Zustände seiner Zeit und prophezeite ein Strafgericht über Jerusalem (Micha 3, 12).

Michael [hebräisch „wer ist wie Gott?"]: Erzengel, nach dem A. T. (Daniel 10, 13) der Schutzengel Israels, bekämpft nach dem N. T. (Apk. 12, 7) und der Kriegsrolle von Kumran als Anführer der himmlischen Heerscharen den Satan. Der *Michaelstag*, der im bäuerlichen Leben vielfach den Abschluß der Ernte markierte, fällt auf den 29. September.

Michael. Im Chor der Severikirche in Erfurt (1467)

Mictlan [aztekisch „Stätte der Toten"]: unter den drei aztekischen Jenseitsreichen, in die die Menschen nicht nach ethischem Verhalten, sondern auf Grund ihrer Todesart Eingang fanden, das düsterste und freudloseste, in der Unterwelt lokalisiert. Mictlan unterstand dem Gott Mictlantecutli („Herr der Totenstätte"); seine Gattin hieß Mictlancihuatl („Herrin der Totenstätte").

Mictlancihuatl [aztekisch miktlan'si:-watl] ↑Mictlan.

Mictlantecutli ↑Mictlan.

Midgard [germanisch „der mittlere Hof"]: nach germanischer Kosmologie die Lebenswelt der Menschen, zunächst als Erdscheibe gedacht, in der Wikingerzeit als Burg, deren Umwallung aus den Wimpern des Urriesen Ymir errichtet wurde. Rings um Midgard liegt im Weltenmeer die ↑Midgardschlange.

Midgardschlange: nach germanischer Kosmologie ein von dem Gott Loki und der Riesin Angrboda erzeugtes Ungeheuer, das die Lebenswelt Midgard umschließt. Ihr Gegner ist der Gott Thor, dem es in der „Götterdämmerung" zwar gelingt, mit seinem Hammer Mjöllnir den Schädel des riesenhaften Ungetüms zu zerschlagen, der aber selbst an dem giftigen Atem der Schlange zugrundegeht.

Midianiter: ein im nordwestlichen Arabien beheimateter Nomadenstamm, zu dem die Keniter gehörten. Der Priester Jethro, der sowohl als Midianiter als auch als Keniter bezeichnet wird, war Verehrer des Gottes Jahwe. Auf der Tatsache, daß Moses der Schwiegersohn Jethros wurde, fußt die umstrittene Hypothese, die Israeliten hätten die Verehrung Jahwes von den Midianitern übernommen.

Midrasch [hebräisch „Forschung"]: jüdischer Begriff für die speziell auf das A. T. ausgerichtete Forschung, daher auch „Auslegung". Unterschieden wird zwischen einem *halachischen* Midrasch einerseits, der den „Wandel" (hebräisch Halacha) betrifft und gesetzliche Erläuterungen enthält, und dem *haggadischen* Midrasch andererseits, der die „Erzählung" (hebräisch Haggada) bietet. Da diese rabbinischen Erörterungen seit dem 5. Jahrhundert n. Chr. systematisch zusammengefaßt wurden, bezeichnet Midrasch eine sehr umfangreiche jüdische Literaturgattung.

Migrationstheorie: Hypothese, nach der sich religiöse Ideen und Kulte von gewissen Zentren aus verbreitet hätten. Die Annahme derartiger Wanderungen kann nur in solchen Fällen als gesichert gelten, in denen sich die Wege der Verbreitung religiösen Gutes historisch nachvollziehen lassen.

Mihrab ↑Gebetsnische.

Mija (= Miya) [japanisch „vornehmes Haus"]: japanischer Begriff für Schinto-Schreine.

Mikrokosmos [von griechisch mikrós „klein" und kósmos „Ordnung, Weltall"] ↑Makrokosmos und Mikrokosmos.

mikronesische Religion: kennzeichnend für die heute weitgehend christianisierten Bewohner der mikronesischen Inselwelt war ein Überwiegen ihrer *Ahnenverehrung* gegenüber dem Götterglauben. Höchste Verehrung genossen die „Siedlungsahnen", die Führer einstiger Einwanderergruppen. Der Reise der Verstorbenen in das Land der Ahnen sollte die *Bootsbestattung* dienen. In den mündlichen Überlieferungen der Mikronesier spielen *Heroen*, die mit der Seefahrt in Verbindung standen, eine bevorzugte Rolle.

Milchstraße: häufig als himmlischer Fluß gedacht, dem ein irdischer (z. B. Nil, Ganges) entspricht. In der *altiranischen* Religion galt die Göttin Anahita (↑Ardvi Sura Anahita) als Herrin der Milchstraße sowie eines irdischen Flusses, wahrscheinlich des Oxus. Nach *japanischer* Vorstellung ist der „Himmelsfluß" („Ana-no-gawa"), ein mit Steingeröll gefülltes Flußbett, ein Ort für Götterversammlungen. Die *Australier* sahen in der Milchstraße einen Strom, an dessen Ufern herrliche Früchte wachsen. Oft steht die Milchstraße mit den Seelen der Verstorbenen in Verbindung. Sie wandern auf ihr ins Jenseits; den *Pythagoreern* galt sie als Reich der Seligen. Die *Babylonier* sahen in ihr eine große Schlange, *bolivianische Indianer* einen Wurm, der Menschenherzen frißt.

Minarett der Großen Moschee (848/849–852) in Samarra

Milindapanha [Pali „Fragen des Milinda"]: buddhistischer Lehrtext, im Pali und in chinesischen Übersetzungen erhalten. Im Milindapanha beantwortet der Weise Nagasena dem indogriechischen König Milinda (griechisch Menandros) Fragen über die buddhistische Lehre.
Militia Christi [lateinisch]: der Kriegsdienst für Christus, insbesondere vom christlichen Mönchtum im Sinne eines Kampfes für Christus mit geistlichen Mitteln verstanden.
Millenium [lateinisch „Jahrtausend"] ↑Chiliasmus, ↑Weltzeitalter.
Mi-lo Fo ↑Maitreja.
Mimamsa (= Mīmāmsā) [Sanskrit „Erörterung"]: ein aus der indischen Wissenschaft von den Ritualen entwickeltes System der indischen Religionsphilosophie. Die Mimamsa anerkennt die unbedingte Autorität der „Weden", verwirft aber den Glauben an einen allmächtigen Gott, leugnet jedoch nicht die Existenz höherer Wesen mit begrenzter Macht.
Mimir (auch altnordisch Mímr): in der nordgermanischen Mythologie wahrscheinlich ursprünglich ein Wasserriese mit schicksalsbestimmender Macht; hervorgehoben wird seine Weisheit und die Fähigkeit der Weissagung.
Min: altägyptischer Gott in menschlicher Gestalt, Herr der Zeugungskraft und Fruchtbarkeit, dessen Hauptkultorte Koptos und Achmim waren.
Mina: arabischer Ort in den Bergen östlich von Mekka, Station der Wallfahrer, die dort das sogenannte „Steinigen des Satans" vollziehen, indem sie Steine auf drei Steinhaufen werfen.
Minäer und Sabäer ↑sabäische Religion.
Minarett (auch arabisch Manāra, Minār): Moscheeturm, auf dem der Muezzin die Gebetszeiten ausruft, was in neuester Zeit auch mit Lautsprechern geschieht.
Minerva: auf die etruskische Menrva zurückzuführende römische Göttin; sie galt, durch die griechische ↑Athena beeinflußt, als Herrin der hand-

Minerva. Kopf einer etruskischen Bronzestatue

werklichen Kunstfertigkeiten und des verständigen Denkens. Mit Jupiter und Juno bildete sie die sogenannte Kapitolinische Trias.

Ministrant [lateinisch „der Bedienende“]: in der katholischen Kirche als Chorknabe und Meßdiener der Gehilfe des Priesters, der liturgische Hilfsfunktionen wahrnimmt.

Minnetrinken [von altnordisch minni „Erinnerung“]: Bezeichnung für die aus germanischer Zeit stammende Sitte eines feierlichen Trunks innerhalb einer Gemeinschaft, die hierbei Götter und Verstorbene mit einschloß. Im christlichen Frühmittelalter wurde dieser Brauch zu einem Trinken im Namen der Heiligen. Gegenüber dieser in ritterlich-höfischen Kreisen gepflegten Heiligenminne gewann seit dem 11. Jahrhundert die Johannesminne den Vorrang: Am Johannestag (27. 12.) wurde der Wein kirchlich geweiht und zur Förderung von Gesundheit und Glück wie zur Abwehr schadenbringender Mächte getrunken. In einigen katholischen Gegenden hat sich diese Sitte bis in die Gegenwart erhalten.

Minotauros: Ungeheuer der griechischen Mythologie, Mischwesen aus Stier und Mensch, von dem kretischen König Minos im ↑Labyrinth gefangengehalten. Zur Fütterung des Minotauros mußte das tributpflichtige Athen jährlich sieben Knaben und sieben Mädchen liefern, ehe ↑Theseus das Ungeheuer erschlug.

Mirakel: vom lateinischen miraculum abgeleitete Bezeichnung für ↑Wunder.

Mischehen: Ehen, deren Partner unterschiedlichen christlichen Konfessionen angehören. In den evangelischen Kirchen ist Konfessionsverschiedenheit der Ehepartner kein Ehehindernis. In der katholischen Kirche ist die Zugehörigkeit zu verschiedenen Konfessionen unerlaubt; doch gab Papst Paul VI. den Bischöfen die Vollmacht zu weitgehender Befreiung (Dispens) von diesem Verbot. Auch Ehen zwischen Angehörigen verschiedener Religionen werden Mischehen genannt.

Mischna [hebräisch „wiederholt Ge-

Minotauros. Theseus tötet den Minotauros. Darstellung auf einer attischen Amphora (5. Jahrhundert v. Chr.)

lerntes"]: wichtiger Teil des Talmud, die verbindlich festgelegte Redaktion der zunächst mündlich überlieferten jüdischen Gesetzeslehre und -auslegung. Die Sprache der Mischna ist eine gegenüber der biblischen jüngere Form des Hebräischen. Inhaltlich ist die Mischna in sechs Ordnungen (Sedarim) aufgegliedert: 1. Seraim („Saaten"), Satzungen für die Landwirtschaft; 2. Moëd („Feste"), Gebote für die Feiertage; 3. Naschim („Frauen"), Ehegesetze; 4. Nasikin („Schäden"), Traktate zum Zivil- und Strafrecht; 5. Kodaschim („Heilige Dinge"), Speisegesetze und Kultvorschriften; 6. Teharoth („Reinheit"), Reinheitsgesetze.

Miserere [lateinisch „erbarme dich"]: der nach seinem Anfangswort benannte Psalm 51, der in der christlichen Liturgie seit dem frühen Mittelalter zum bevorzugten Bußgebet wurde.

Missale Romanum [lateinisch „römisches Meßbuch"]: das Meßbuch der katholischen Kirche, seit dem 13. Jahrhundert durch die Franziskaner weit verbreitet, 1570 von Papst Pius V. auf Grund der Beschlüsse des Tridentinums herausgegeben. Abgelöst wird das Missale Romanum durch das Missale Papst Pauls VI., das seit 1969 in Teilstücken erschien. Deutsche Übersetzungen erscheinen seit 1970, in der Bundesrepublik Deutschland und in Österreich als „Gotteslob, katholisches Gebet- und Gesangbuch" (1975).

Missio canonica [lateinisch „kanonische Sendung"]: die offizielle Beauftragung für ein kirchliches Amt.

Mission [lateinisch „Sendung"]: die Verkündigung der eigenen Religion unter Andersgläubigen. Das Christentum kennt einen expliziten Missionsbefehl des auferstandenen Christus (Matth. 28, 19–20) und sieht in der Mission der Kirche die Weiterführung der göttlichen Sendung Jesu in der Welt.

Missionsgesellschaften: Organisationen zur Ausübung und Unterstützung von christlicher Missionstätigkeit.

Missionswissenschaft: Disziplin der Theologie, die Grundlagen, Geschichte und Methoden der äußeren Mission untersucht.

Mistel: nach Plinius d. Ä. (* 23 oder 24, † 97) wurde die Mistel von den Kelten als „Allheiler" verehrt. Auf keltische Tradition geht vielleicht die englische Sitte zurück, zu Weihnachten einen Mistelzweig aufzuhängen. – In der germanischen Mythologie wird Baldr mit einem Mistelzweig getötet.

Mi-tama-schiro: japanische Bezeichnung für ein Kultobjekt, von dem der Geist einer Gottheit Besitz ergriffen hat. Der sinojapanische Ausdruck dafür ist *Schintai*.

Mithraskult: Kult des indoiranischen Gottes des Rechts und der staatlichen Ordnung, dessen Name „Vertrag" bedeutet; erstmals als Schwurgott erwähnt in dem um 1350 v. Chr. in akkadischer Sprache geschlossenen Vertrag zwischen dem Hethiterkönig Suppiluliuma I. (♔ 1370–35) und Mattiwaza von Mitanni. In Indien stand er als *Mitra* in enger Beziehung zu dem über ethisches Verhalten wachenden Gott Waruna. Im alten Iran war er als *Mithra* der göttliche Herr von Männerbünden. Er wurde von Zarathustra (7./6. Jahrhundert) bekämpft, aber von Artaxerxes II. (♔ 405–359) wieder offiziell anerkannt. Seit dem 1. Jahrhundert n. Chr. erlangte er im Römischen Reich erneute Bedeutung als ein mit der Sonne in Verbindung stehender Erlösergott. Seine Verehrung wurde zur bevorzugten Religion der Soldaten. Daher entstanden die Heiligtümer dieser Soldatenreligion, die *Mithräen*, vornehmlich in Garnisonsorten. Ein *Mithräum* ist ein meist unterirdischer, verhältnismäßig kleiner, langgestreckter Raum, der zu beiden Seiten von Steinbänken für die Kultteilnehmer flankiert ist und von einer Apsis mit dem Altar abgeschlossen wird. Im Mittelpunkt des Kultes, von dem Frauen ausgeschlos-

Mithraskult. Mithras tötet den Stier. Relief aus dem Mithräum von Osterburken (um 250 n. Chr.; Karlsruhe, Badisches Landesmuseum)

sen waren, stand die Tötung eines Stiers. Sie beruhte auf dem Mythos von einer *Stiertötung* durch den jugendlichen Gott und sollte der Förderung des Lebens wie der Erlösung dienen. Der Mithraskult war eine typische Mysterienreligion, in deren Geheimnisse man nach jeweiligen schweren, auch physisch schmerzhaften Prüfungen über sieben Einweihungsgrade eingeführt wurde.

Mitleid: das Erleben von Leid, Schmerz und Not anderer als eigenes Erleben, die *Sympathie* im ursprünglichen Sinn dieses Begriffs. Aus Mitleid resultiert das Gebot, anderen zu helfen. In der Religionsgeschichte wird diese Forderung bereits im altägyptischen Totenbuch deutlich, dessen „negative Konfessionen" (z. B. „ich habe nicht hungern lassen") die positive Wertung der Hilfeleistung zum Ausdruck bringen. Nach buddhistischer Überlieferung offenbart Buddha seine Heilserkenntnis aus Mitleid mit der Welt; der Bodhisattwa opfert sich für das Heil anderer. Jesus verbindet das Gebot der Gottes- mit dem der Nächstenliebe, der Agape (Mark. 12, 28–31). Für Paulus ist Nächstenliebe die Erfüllung des ganzen Gesetzes (Röm. 13, 8 und 10). Das Mitleid erstreckt sich auch auf die untermenschliche Kreatur. Der Buddhismus begründet Tierliebe mit der Seelenwanderung; das A. T. fordert sie aus Gerechtigkeit: „Der Gerechte erbarmt sich seines Viehs" (Sprüche 12, 10); für Paulus folgert sie aus dem Erlösungsverlangen der Kreatur (Röm. 8, 19 ff.).

Mitnal: eines der Jenseitsreiche der Maya-Religion, sachlich wie auch hinsichtlich seiner sprachlichen Bezeichnung dem aztekischen ↑Mictlan entsprechend.

Mitra (auch Inful): Kopfbedeckung von Bischöfen und höheren Prälaten bei liturgischen Amtshandlungen.

Mi-tsung [chinesisch „Schule der Geheimnisse"]: eine Anfang des 8. Jahrhunderts n. Chr. in China begründete buddhistische Schulrichtung, eine chinesische Form des ↑Wadschrajana-Buddhismus.

Mittfasten: die in einigen katholischen Gegenden mit Umzügen und Backen von Pfefferkuchen und Brezeln begangene (ungefähre) Mitte der Fastenzeit, die am Mittwoch oder Donnerstag vor dem 4. Fastensonntag (Lätare) gefeiert wird.

Mittler: in der Religionsgeschichte eine Gestalt, die zwischen der Gottheit und den Menschen steht und die irdische mit der jenseitigen Welt in Verbindung bringt. Diese Mittlerfunktion ist jedem Typus religiöser Autorität eigen. Von Gott ausgehend betrifft sie vornehmlich Engel und Propheten; vom Menschen ausgehend, Heilige, Priester, Sakralherrscher. Für das Christentum ist Jesus Christus der erlösende Mittler (1. Tim. 2, 5; Hebr. 8, 6).

Mixcoatl [miʃ'ko:atl; aztekisch „Wolkenschlange"]: ins aztekische Pantheon aufgenommener chichimekischer Stammesgott, der mit dem Polarstern in Verbindung stand, von den Azteken vornehmlich als Herr der Jagd verehrt wurde und als dessen ↑Nahualli der Hirsch galt.

Miya ↑Mija.

Mjöllnir: der Hammer des germanischen Gottes Thor. Mjöllnir wird, da er die Waffe eines Donnergottes ist, häufig als Blitz gedeutet.

Mnevis-Stier: heiliger Stier in der altägyptischen Stadt Heliopolis (auch hebräisch On), der als Mittler zu dem Gott Atum galt. Seine Verehrung ist seit den frühesten Zeiten der ägyptischen Geschichte nachweisbar. Der stets schwarze Stier wurde feierlich als heiliges Tier inthronisiert. Nach seinem Tod wurde er einbalsamiert und rituell bestattet.

moabitische Religion: die Religion der zwischen der Ostküste des Toten Meeres und der syrisch-arabischen Wüste beheimateten Moabiter. Eine 1868 in Diban entdeckte Inschrift auf einer Siegesstele ihres in der Mitte des 9. Jahrhunderts v. Chr. regierenden Königs Mesa, der auch im A. T. erwähnt ist (2. Kön. 3, 4 ff.), nennt *Kamosch* als obersten Gott der Moabiter.

Mobed (= Mobad): Priesterbezeichnung des Parsismus mit der ursprünglichen Bedeutung „Oberhaupt der Magier".

Modalismus: eine Form der Christologie, die Ende des 2. und Anfang des 3. Jahrhunderts besonders von Noëtus von Smyrna vertreten wurde. Der Modalismus sah in Christus eine Erscheinungsweise (lateinisch modus) Gottes. Den Modalisten nahestehend waren die *Monarchianer*, zu denen v. a. Paulus von Samosata (Mitte des 3. Jahrhunderts) gezählt wird. Um die uneingeschränkte „Monarchie" Gottes (d. h. seine absolute Einzigkeit) zu wahren, sahen sie in Christus einen Menschen, der mit Gott nur durch Einwirkung göttlicher Kraft oder durch Adoption verbunden gewesen sei.

Moderator [lateinisch „Mäßiger, Lenker, Regierer"]: Synodalvorsitzender in reformierten Kirchen.

Modernismus: aus der Begegnung mit der modernen Welt, der historischen Kritik und der religiösen Erkenntnistheorie um 1900 entstandene Richtung in der katholischen Theologie, die sich gegen den Einfluß eines starren Kurialismus auf das geistige Leben wandte. Zu den Hauptvertretern des Modernismus zählen Hermann Schell (* 1850, † 1906) in Deutschland, Alfred Loisy (* 1857, † 1940) in Frankreich, George Tyrrell (* 1861, † 1909) in England und Romolo Murri (* 1870, † 1944) in Italien. Papst Pius X. verurteilte 1907 den Modernismus als Summe aller Glaubensirrtümer und forderte 1910 von allen Klerikern den ↑Antimodernisteneid.

Mohammed [arabisch „der Gepriesene"]: eigentlich Abul Kasim Muhammad Ibn Abd Allah, * Mekka um 570, † Medina 632, prophetischer Stifter des ↑Islams. Mohammed war Angehöriger einer Seitenlinie der Koraisch, des in Mekka herrschenden Geschlechts. Nach dem frühen Tod seiner Eltern erzog ihn sein Onkel Abu Talib. Mit 25 Jahren heiratete Mohammed die ältere Kaufmannswitwe Chadidscha. Erst nach ihrem Tod hatte er mehrere Frauen. In seinem 40. Lebensjahr erhielt Mohammed vom Erzengel Gabriel seine Berufung zum Propheten. Mit seiner Verkündigung, in deren Mittelpunkt das endzeitliche Weltgericht und der monotheistische Glaube an Allah standen, stieß Mohammed in seiner Vaterstadt zunächst fast nur auf Ablehnung. Eine Wende für ihn und die kleine Schar seiner Anhänger trat ein mit der *Hedschra* („Auswanderung") des Jahres 622 nach Medina, wo Mohammed zum Herrn der Stadt wurde. Sein Ziel blieb jedoch die Wiedergewinnung seiner Heimatstadt Mekka. Nach mehreren kleinen Kämpfen der Muslime mit den Mekkanern konnte Mohammed als nunmehr anerkannter Prophet im Jahr 630 im Triumph nach Mekka zurückkehren. Er übernahm für den Islam das mekkanische Heiligtum der *Kaaba* und ordnete die Wallfahrt dorthin. Zwei Jahre nach seinem Einzug in Mekka starb Mohammed im Hause seiner Lieblingsfrau Aischa.

Mohendscho Daro (= Mohenjo Daro): Ruinenstadt am Indus, in den Jahren 1922 bis 1932 systematisch ausgegrabener Hauptfundort der vorarischen Induskultur und -religion, deren Blütezeit auf etwa 2500 bis 1500 v. Chr. geschätzt wird. Statuetten lassen auf ausgeprägten Bilderkult schließen. Die Darstellung einer männlichen Person in Jogapositur ist als Vorläufer des indischen Gottes Schiwa gedeutet worden. Die Verehrung einer Muttergöttin ist ebenfalls deutlich. Die Entzifferung der auf Siegelzylindern erhaltenen Schrift hat noch nicht zu allgemein anerkannten Ergebnissen geführt.

Moira [griechisch „Anteil, Los, Geschick"] (Mehrzahl Moiren): griechische Schicksalsgöttin, in der Dreizahl Töchter des Zeus. Diese drei Moiren wurden als Spinnerinnen gedacht: Klotho spinnt den Lebensfaden an, Lachesis spinnt ihn aus und Atropos schneidet ihn ab. Die Römer identifizierten die Moiren mit ihren ↑ Parzen.

Mokscha [Sanskrit „Erlösung"] (auch Mukti): indischer Begriff für die Erlösung, worunter die Befreiung aus dem Zwang des Geburtenkreislaufs verstanden wird.

Molla: die in Persien und Indien übliche Bezeichnung des Koran- und Rechtsgelehrten.

Moloch ↑ punische Religion.

Monarchianer ↑ Modalismus.

monastisch: „mönchisch", ↑ Mönchtum.

Mönchtum. Initiale mit Szene aus dem Mönchsleben, aus „Moralia in Job" Gregors des Großen, Citeaux um 1111 (Dijon, Bibliothèque Publique)

Mönchtum: in der *Religionsgeschichte* weit verbreitete Erscheinung einer von Männern, seltener von Frauen, vorübergehend oder auf Lebensdauer gewählten besitz- und ehelosen Existenzweise rein religiöser Zielsetzung, die im Eremitentum, in der Wanderaskese oder in klösterlicher Gemeinschaft verwirklicht wird. Klassisches Land des Mönchtums ist Indien. Bereits in früher Zeit pflegte der brahmanische Hausvater sich im Alter als Waldeinsiedler (Wanaprastha) vom weltlichen Leben zurückzuziehen. Dschainismus und Buddhismus sind ihrem Ursprung und Wesen nach typische Mönchsreligionen; nach ihren Lehren kann allein der Mönch die unmittelbare Erlösung erlangen. Der Buddhismus übertrug das mönchische Ideal auf weite Gebiete Asiens. Im tibetischen Lamaismus übernahmen die Mönche auch die staatliche Macht. Nach buddhistischem Vorbild entwickelte sich in China das Mönchtum des Taoismus.

In Japan ist der Zen-Buddhismus die gegenwärtig bedeutendste Erscheinung des Mönchtums. Auch außerhalb buddhistisch beeinflußter Gebiete entstand außerchristliches Mönchtum. Der Manichäismus verpflichtete seine „auserwählten" (electi) Anhänger zur Ehelosigkeit und zu ständiger heimatloser Wanderschaft. Im Islam traten erst mit dem Aufkommen mystischer Strömungen Asketen auf. Man nannte sie Sufi, da sie Kleider aus Wolle (arabisch suf) trugen. Sie schlossen sich im 13. Jahrhundert zu Bruderschaften mit ordensmäßigem Charakter zusammen. – Im Christentum ist die älteste Form des Mönchtums das Leben als Anachoret; es wird geschichtlich erstmals greifbar in der Gestalt Antonius' des Großen (* 251/52, † um 356). Das christliche Mönchtum verbreitete sich rasch in Ägypten, Palästina und Syrien. Das Klosterleben wurde um 320 durch den Kopten Pachomius (* 292, † 346) begründet. – Seit etwa 370 faßte das Mönchtum im Abendland Fuß. Die spezifisch abendländische Gestalt des mönchischen Lebens prägte Benedikt von Nursia (* 480, † 547) mit der Gründung des Kloster Montecassino (529[?]) und der dafür aufgestellten Regel.

Mond: gilt häufig als Gottheit, wie in Ägypten der Mondgott ↑Thot, in Griechenland die tauspendende ↑Selene, in Rom die *Luna*, die den Beinamen *Noctiluca* („die Nachtleuchte") erhielt. Sie besaß eigene Tempel auf dem Aventin und dem Palatin; letzterer wurde nachts erleuchtet. Im semitischen Bereich war der Kult des Mondes weit verbreitet; meist wurde er unter dem Namen ↑Sin verehrt. Dieser Sin stand vor dem Sonnengott ↑Schamasch und der ↑Ischtar an der Spitze der mit den Gestirnen verbundenen Dreiheit babylonischer Götter. In den alten Staaten Südarabiens galt der regional unter verschiedenen Namen verehrte Mondgott jeweils als Reichsgott; die Mondsichel war sein Symbol. Ein großes Verbreitungsgebiet des Mondkultes ist Afrika südlich der Sahara. Dort besteht zuweilen noch heute die Sitte des ununterbrochenen Trommelns und Tanzens während der *Vollmondnächte*. Oft gilt der Häuptling als irdischer Repräsentant des Mondes. Buschmänner und Hottentotten richten ihre Gebete um Regen, Feldfrüchte und Wild an den Mond. – *Neumond* ist oft Anlaß für kultische Feiern. Vor dem *aufgehenden Mond* wurde nach altgermanischer Sitte die Kopfbedekkung abgenommen, nach japanischer in die Hände geklatscht. – Gegen Mondkult wendet sich das A.T. (5. Mos. 4, 19; 17, 3), Mohammed erklärt ihn im Koran (Sure 6, 77) für sinnlos.

mongolische Religion: die alte mongolische Volksreligion vor der Annahme des Lamaismus durch die Mongolen in der 2. Hälfte des 16. Jahrhunderts. Sie war gekennzeichnet durch einen *Hochgottglauben*, der den Himmelsgott Tengri („Himmel") als höchstes Wesen verehrte. Ihm stand die Erdmutter Etügen gegenüber. Eine Gottheit der Herden und der Fruchtbarkeit war Tschagan ebügen („der weiße Alte"). Reitergottheiten spielten eine beträchtliche Rolle. Unter den Ahnengottheiten stand der Mongolenherrscher Dschingis-Khan (* 1156, † 1227) an erster Stelle. Das ekstatische Priestertum ist dem *Schamanismus* zuzuordnen; die Bezeichnung des Schamanen war Böge. An Steinsetzungen (↑Obo) erbaten Reisende den Schutz der Ortsgeister.

Monismus: All-Einheitslehre, erklärt im Gegensatz zum Dualismus die Existenz der Welt aus nur einem Prinzip. Der Monismus ist religionsgeschichtlich in reinster Form in der Identitätsphilosophie der indischen „Upanischaden" vertreten. Nach ihrer Lehre besitzt allein das unpersönliche Brahman Realität. Es ist „das Eine ohne ein Zweites", das absolut „Zweitlose" („Adwaita"). Was außer ihm scheinbar existiert, beruht auf

„Illusion“ („Maja“). Erlösung erlangt der Mensch durch Erkenntnis der Identität seiner Seele („Atman“) mit dem Brahman.

Monogamie: die von den meisten Hochreligionen geforderte Eheform. Sie wird rituell vollzogen und gilt oft als sakramentale Gemeinschaft, als Nachbildung einer himmlischen Götterehe oder als Herstellung einer Ganzheit gemäß dem kosmischen Yang-Yin-Prinzip (↑Yang-Yin) der altchinesischen Religion. Das N.T. bezeichnet die Einehe als unauflöslich (Mark. 10, 5ff.) und sieht in ihr ein Abbild der mystischen Einheit Christi und der Kirche (Eph. 5, 21ff.).

Monolatrie [von griechisch mónos „allein, einzig“ und latreía „Verehrung“]: innerhalb polytheistischer Religionen in Kult und Frömmigkeitsleben die Verehrung nur eines Gottes, ohne daß damit die Existenz anderer Götter bestritten wird.

Monophysitismus [von griechisch mónos „allein, einzig“ und phýsis „Natur“]: theologische Position innerhalb der christologischen Streitigkeiten des 5. Jahrhunderts, nach der es in der Person Christi nur eine, die göttliche Natur gebe. Das Konzil von Chalkedon (451) verurteilte den Monophysitismus als Irrlehre und bekannte sich zu Christus als vollkommenem Gott und zugleich vollkommenem Menschen.

Monotheismus [...te-'is...; von griechisch mónos „allein, einzig“ und theós „Gott“]: Eingottglaube, Bekenntnis und Verehrung nur eines einzigen Gottes, der Schöpfer und Erhalter der Welt ist. Dem Monotheismus ist Ausschließlichkeitscharakter und Universalitätsanspruch eigen, er betont die Absolutheit Gottes, seine Ewigkeit, Allmacht und Allwissenheit. Die Anerkennung anderer, polytheistischer Götter ist für ihn Sünde. Das religiöse Erleben des Menschen ist in monotheistischen Religionen stark durch die Erfahrung des geschichtlichen Handelns Gottes bestimmt. Die menschliche Ethik ist geprägt von der Forderung des Gehorsams gegenüber dem göttlichen Willen. – Monotheistische Religionen sind v. a. Judentum, Christentum und Islam sowie der heutige Parsismus. Andere Religionen haben z. T. im Laufe ihrer Geschichte monotheistische Tendenzen gezeigt; dies gilt für den neuzeitlichen Reformhinduismus sowie für die altägyptische Verehrung des Sonnengottes Aton durch König Echnaton (♕ etwa 1370–1352 v. Chr.).

Monotheletismus ↑Christologie.

Monstranz. Turmmonstranz (um 1350; Basel, Historisches Museum)

Monstranz [von lateinisch monstrare „zeigen“]: in der katholischen Kirche das liturgische Gefäß für die Darbietung der geweihten Hostie zur Verehrung.

Montanismus: altkirchliche Bewegung, nach 150 in Phrygien entstanden und nach dem Begründer Montanus († vor 179) benannt. Die

Montecassino

Bewegung trug prophetisch-eschatologischen Charakter. Montanus beanspruchte, der im N. T. (Joh. 14, 16) angekündigte Paraklet zu sein und verkündete zusammen mit den Prophetinnen Prisca und Maximilla das nahe Ende der Welt. Ethischer Rigorismus führte zu strenger Weltentsagung. Die Großkirche verurteilte den Montanismus als Häresie. Wegen der Herkunft ihrer Bewegung aus Phrygien wurden die Montanisten auch *Kataphryger* genannt.

Montecassino: das 529 (?) von Benedikt von Nursia (* 480, † 547) auf einem 519 m hohen Berg über der Stadt Cassino in der italienischen Region Latium gegründete Mutterkloster des Benediktinerordens, berühmte Pflegestätte geistlicher Bildung, 1866 zum Nationaldenkmal erklärt. Das Kloster wurde im Februar 1944 durch Bombenangriffe zerstört und nach dem 2. Weltkrieg nach alten Plänen wieder aufgebaut. Die in Rom ausgelagerte Bibliothek, das Archiv und die Gemälde konnten gerettet werden.

Mooropfer: eine germanische Form des Menschenopfers, die wahrscheinlich in erster Linie an Verbrechern, die ins Moor gestoßen wurden, vollzogen worden ist.

Moralische Aufrüstung (englisch Moral Rearmament; Abk. MRA): seit 1938 Name der von Frank Buchman (* 1878, † 1961) zunächst im Jahre 1921 in Oxford unter der Bezeichnung *Oxford-Gruppenbewegung* (englisch Oxford Group) ins Leben gerufenen Vereinigung, die durch den Einsatz ständiger Mitarbeiter („fulltimer") weite Bedeutung erlangt hat. Sie veranstaltet seit 1946 jährliche Weltkonferenzen auf der Insel Makkinac (Michigan) und besonders in Caux (bei Montreux). Ihr Ziel besteht darin, aus christlichem Geist einen sittlichen Wandel („change") der Menschheit herbeizuführen. Sie wendet sich dabei gegen Klassenkampf, Rassenhaß und totalitäre Ideologien. Ihre vornehmsten Prinzipien sind die vier „Absoluta": Ehrlichkeit, geschlechtliche Reinheit, Selbstlosigkeit, dienende Nächstenliebe. Sie fordert ein Hören auf Gottes Stimme in der stillen Zeit („quiet time"). Hierüber erfolgen Aussprachen in einer Gruppe („team") sowie Beichten.

Moraltheologie: Disziplin der katholischen systematischen Theologie, die das sittliche Verhalten des Menschen und seine Normen innerhalb der göttlichen Heilsordnung zum Gegenstand hat. Diese auf Gott ausgerichtete Begründung unterscheidet die Moraltheologie von der philosophischen Ethik.

Morgenröte: wird in einigen Religio-

Mormonen. Tempel der Mormonen in Salt Lake City

nen als Göttin gedacht und verehrt. Zu diesen Göttinnen zählen die indische Uschas, die griechische Eos und die römische Aurora.

Mormon, Buch: heilige Schrift der ↑Mormonen, angeblich eine von Joseph Smith (* 1805, † 1844), dem Begründer der Mormonenkirche, in englischer Sprache diktierte Übersetzung eines in „reformägyptischer" Sprache und Schrift auf Goldplatten verzeichneten Textes, den Smith von einem Engel namens Moroni erhalten zu haben behauptete. Der Name des Buches Mormon ist einer Persönlichkeit der in ihm berichteten Heilsgeschichte entlehnt. Smith erklärte ihn als Zusammensetzung aus einem zu „mor" verkürzten englischen „more" („mehr") und einem angeblich ägyptischen „mon" („gut"), das sich jedoch in dieser Bedeutung im Ägyptischen nicht findet. Das Buch Mormon ist an biblischen Vorbildern orientiert, bietet aber inhaltlich eine ganz auf Amerika bezogene Geschichtstheologie. Es erschien erstmals zu Anfang des Jahres 1830 im Druck (erste deutsche Übersetzung 1852).

Mormonen: die Mitglieder der „Kirche Jesu Christi der Heiligen der Letzten Tage" (englisch „Church of Jesus Christ of Latter-Day Saints"), benannt nach dem für ihre Religionsgemeinschaft grundlegenden, von Joseph Smith (* 1805, † 1844) geoffenbarten Buch ↑Mormon. Die Mormonenkirche wurde am 6. April 1830 von Joseph Smith begründet. Im Mittelpunkt ihrer Lehre steht ein auf Amerika zentriertes religiöses Geschichtsbild, das möglicherweise von indianischen Überlieferungen beeinflußt ist. Die Mormonen vertreten in betonter Weise den Gedanken der Höherentwicklung des Menschen, und sie haben sich in ihren Anfängen bis zum Jahre 1890 zur Mehrehe (englisch „plural marriage") bekannt. – Nach der Ermordung ihres Stifters Joseph Smith wurde Brigham Young (* 1801, † 1877) Präsident der Mormonenkirche. Er unternahm in den Jahren 1846 bis 1847 mit 12 000 Gefolgsleuten einen kühnen Zug in den menschenleeren Westen, der in der Gegend des Großen Salzsees endete. Dort errichteten die Mormonen ihren Staat Utah, ein theokratisch verfaßtes Gemeinwesen mit einem Präsidenten und einem vielklassigen Priestertum. Utah wurde 1896 als selbständiger Teilstaat der USA anerkannt. Das Zentrum der Hauptstadt Salt Lake City ist der aus Granit erbaute Mormonentempel, von dem aus nach mormonischem Glauben Christus das Jüngste Gericht halten wird. – Außerhalb Amerikas sind die Mormonen bereits seit 1837 missionarisch hervorgetreten; ein Fünftel von ihnen lebt heute außerhalb der USA. Insgesamt bekennen sich etwa 2,7 bis 3 Millionen Menschen zum Mormonentum.

Morrigan: keltische Schlachtengöttin und leichenfressende Dämonin, erscheint oft in Gestalt einer Krähe.

Moschee [von arabisch masğid „Ort, wo man sich niederwirft, Anbetungsort"]: Bezeichnung des islamischen Gotteshauses, das in erster Linie Versammlungsort für das gemeinsame Gebet der Muslime ist.

Moses [altägyptisch „Sohn"]: der Stifter der israelitischen Religion, der vermutlich in der Mitte des 13. Jahrhunderts v. Chr. lebte. Zweifel an der Geschichtlichkeit seiner Gestalt sind wohl unberechtigt. Moses führte die Israeliten, in Ägypten eingewanderte Nomadenstämme, aus der Knechtschaft. Sein Gotteserlebnis am Sinai war entscheidend für seine Verkündigung. Er offenbarte den Israeliten Jahwe als alleinigen, in der Geschichte wirkenden und ein bestimmtes Verhalten fordernden Gott. Der Bundesschluß am Sinai knüpfte ein besonders enges Band zwischen Jahwe und den Israeliten. Es war Moses nicht vergönnt, die Führung der Israeliten in das gelobte Land Kanaan zum Abschluß zu bringen. Er starb vor Erreichung des Westjordanlandes auf moabitischem Gebiet. Sein Grab blieb unbekannt (5. Mos. 34, 6).

Mosesbücher ↑Pentateuch.

Mosessegen: der 5. Mos. 33 überlieferte Abschiedssegen des Moses, der den einzelnen Stämmen Israels galt.

Moskau: Patriarchat der russisch-orthodoxen Kirche, galt jahrhundertelang als geistiges Zentrum der Ostkirchen und wurde „das dritte Rom" (nach Konstantinopel und Rom) genannt.

Moschee. Sulaiman-Moschee in Istanbul (1550–57 von Sinan)

Moses. Titelbild zum Buch Deuteronomium, Bury Saint Edmunds, zwischen 1121 und 1148 (Cambridge, Corpus Christi College)

Moslem ↑ Muslim.
Motuproprio [lateinisch „aus eigenem Antrieb"]: in der katholischen Kirche ein Erlaß, der auf persönliche Initiative des Papstes ergeht.
mozarabische Liturgie: die altspanische, in der Zeit der arabischen Besetzung des Landes (711–1492) lebendig gebliebene christliche Liturgie, die, vielfach von der römischen Liturgie abweichend, Traditionen der einstigen westgotischen Liturgie fortführte. Sie ist heute fast vollständig von der römischen Liturgie verdrängt.
Mudra (= Mudrā) [Sanskrit „Siegel"]: im Buddhismus bestimmte Handhaltungen mit symbolischer Bedeutung.
Muezzin (auch arabisch Mu'adhinn): der Gebetsrufer, der fünfmal täglich vom Minarett der Moschee herab den Muslimen die „Ankündigung" (arabisch „Adhān") des Gebetes zuruft. Heute erfolgt der Gebetsruf oft über Lautsprecher und Tonband.
Mufti: islamischer Rechtsgelehrter, der in strittigen Fällen nach den Grundsätzen einer anerkannten Rechtsschule ein Gutachten („Fetwa") erstellt. Er hat zu entscheiden, ob eine ihm vorgelegte Frage im Sinn des islamischen Rechts (Scharia) zu bejahen oder zu verneinen ist.
Muhadschir [arabisch „Auswanderer, Emigrant"]: Bezeichnung für einen Anhänger des Propheten Mohammed, der mit ihm 622 von Mekka nach Medina zog (↑ Hedschra).
Mukti ↑ Mokscha.
Mulungu [Bantu „der da oben, der im Himmel ist"]: Hochgott der Bantustämme Ostafrikas, gilt als Schöpfergottheit, die ihre Macht vornehmlich in astralen und atmosphärischen Erscheinungen zeigt. Obwohl als gütiges Wesen verehrt, wird Mulungu im allgemeinen geringe Einflußnahme auf menschliches Geschick beigemessen.
Mumifizierung: Einbalsamierung, sie findet sich dort, wo die jenseitige Existenz des Menschen abhängig erscheint von der Erhaltung seiner äußeren Körperform. Sie ist typisch für die altägyptische Religion. Auch die Herrscher des Inkareiches wurden mumifiziert.
Munin [von altnordisch munr „Verstand"]: neben Hugin nach nordgermanischer Mythologie einer der beiden Raben des Gottes Odin, die auf seinen Achseln sitzen und ihm alles ins Ohr sagen, was sie sehen und hören. Sie sind auch seine Boten, und als streitlustige Tiere folgen sie ihm in den Kampf und stürzen sich auf die Leichen der Gefallenen.
Münzen: als Münzstempel finden sich früh und häufig Bilder von Göttern und Sakralkönigen. Im Mittelalter werden Mariendarstellungen und Bilder von Heiligen bevorzugt. Damit erhalten die Münzstempel zum einen die Aufgabe der Glaubensverkündigung, zum anderen soll der christliche Münzstempel die Gefahren entkräf

ten, die mit dem Geld als Werkzeug des Bösen verbunden sind. – Der Aberglaube verwendet Münzen als Amulette und Mittel gegen Krankheiten. Der Brauch, Münzen in einen Brunnen zu werfen, ist vornehmlich mit der römischen Fontana di Trevi verbunden; er soll eine spätere Rückkehr nach Rom sichern.

Murdschịten [arabisch „die Aufschiebenden"]: theologische Richtung im Islam, die alle als Muslime anerkannte, die sich formell zum Islam bekennen. Das Urteil über ihre wahre Rechtgläubigkeit solle „aufgeschoben", d. h. Allah beim Jüngsten Gericht überlassen bleiben.

Muschrik ↑Schirk.

Mụsen: in der griechischen Mythologie Töchter des Zeus und der Mnemosyne, der Göttin des Gedächtnisses. Die Musen sind Schutzgöttinnen der Künste; sie treten meist als die folgenden neun Schwestern auf: Kalliope („die Schönstimmige"), Muse der epischen Dichtung, Melpomene („die Singende"), Muse der tragischen Dichtung, Thalia („die Blühende"), Muse der komischen Dichtung, Euterpe („die Erfreuende"), Muse der Lyrik, Terpsichore („die Reigenfrohe"), Muse des Tanzes, Erato („die Liebevolle"), Muse der Liebesdichtung, Polyhymnia („die Hymnenreiche"), Muse der Hymnendichtung, Klio („die Rühmerin"), Muse der Geschichtsschreibung, Urania („die Himmlische"), Muse der Sternkunde.

Musik und Gesang: bilden in frühen Kulturen, oft in Verbindung mit dem Tanz, einen wichtigen Bestandteil religiös-ritueller wie auch magischer Handlungen. Dabei genießt der Rhythmus den Vorrang vor einer meist kurzen und oft, auch in Variationen, wiederkehrenden Melodie. Daher kommt Schlaginstrumenten, vor allem der Trommel, große Bedeutung zu. Hinzu treten früh Rasseln, die Flöte und auch der menschliche Gesang. Der Ton gilt als Kraftträger. Er soll Geister in seinen Bann zwingen, aber auch die Harmonie zwischen den Menschen und der Gottheit bewirken; dies war das Ziel der altchinesischen „Musik des großen Abgrundes". Der Gottheit Verehrung zu erweisen, ist ein weiterer Anlaß dafür, „daß ich singe und lobe" (Ps. 57, 8). Der Ton führt ferner zur Entladung von Macht; dies gilt für die Flöte des Bacchanten und für die Schamanentrommel. Auf religiös höherer Stufe dient er nicht der Erweckung der Ekstase, sondern der Stimmung vertiefter Frömmigkeit. Auch als Machtträger wirkt die Musik: beim Blasen der Posaunen fallen die Mauern Jerichos (Jos. 6). Oft tritt Musik als unheilabwehrendes (apotropäisches) Mittel auf; Glockenspiel soll Blitzeinschläge abwehren, und das Harfenspiels Davids vertrieb den bösen Geist Sauls (1. Sam. 16, 23). Magische Wirkungen der Musik ließen sie zunächst für den christlichen Gottesdienst suspekt erscheinen; als der Kirchenlehrer Ambrosius von Mailand (* wahrscheinlich 339, † 397) den Hymnengesang einführte, warfen ihm seine arianischen Gegner vor, er vollziehe magische Beschwörungen.

Musen. Relief am sogenannten Musensarkophag (Zeichnung)

Muslim (= Moslem) [arabisch „der sich Gott unterwirft"]: Bekenner der Religion des Islams. Die Bezeichnung „Mohammedaner" lehnen die Muslime wegen der Bezugnahme auf Mohammed und nicht auf Allah als Fehldeutung ihres Glaubens ab.
Muspilli [althochdeutsch, von altnordisch Muspell, Muspelheimr]: nach nordgermanischer Mythologie ein südliches Feuerland, über das der Gott Surt („der Schwarzbraune") mit flammendem Schwert herrscht.
Mut: ägyptische Göttin, Gattin des ↑Amun.
Mutasiliten (= Mutaziliten) [arabisch „die sich Absondernden"]: Angehörige einer theologischen Richtung des Islams. Im Mittelpunkt ihrer Dogmatik stand die Lehre von der absoluten Einheit Gottes, die jede vermenschlichende Aussage ausschloß, und von Gottes Gerechtigkeit, die den freien Willen des Menschen bedinge. Die Mutasiliten verwarfen daher die Prädestinationslehre. Sie wandten sich gegen die vorherrschende Ansicht der Orthodoxie, der Koran existiere seit Ewigkeit bei Allah.
Mutter: in der Religionsgeschichte weit verbreiteter Typ einer Göttin, bei der die Aspekte des Urtümlichen, des Erdhaften, der Geburt und der Vegetation im Vordergrund stehen. Die Muttergöttin ist als „Bergmutter" Herrin der wilden Natur; meist aber wird sie, wie die griechische „Kornmutter" Demeter, als Beschützerin der kultivierten, alles ernährenden Erde verehrt. Der Bezug zur Vegetation kann mit Flußkulten im Zusammenhang stehen; dies gilt offenbar für die Matronen, die drei Kollektivgöttinnen der Kelten. Der Aspekt der Gebärerin tritt vornehmlich bei der Mutter aller Götter in Erscheinung; so bei der griechischen Gaia und der aztekischen Teteoinnan („Mutter der Götter"). Gegenüber einer Funktion als Geliebte (wie die babylonische Ischtar und die griechische Aphrodite) oder als Gattin und Partnerin bei der „Heiligen Hochzeit" gewinnt die mütterliche Fürsorge für das Kind eine beherrschende Stellung; im späten Isiskult verdrängt sie fast ganz das Verhältnis dieser ägyptischen Göttin zu ihrem Gatten Osiris. Die mütterlichen Qualitäten stehen mit Fürsorge, Mitleid und Gnade in enger Verbindung. Muttergottheiten können jedoch auch grausame Züge aufweisen; charakteristisch hierfür ist die indische Durga oder Kali. Die kultische Verehrung von Muttergottheiten gewann in den Mysterien der Spätantike eine beherrschende Stellung. In Rom begann sie bereits während des 2. Punischen Krieges. In der damaligen Notzeit wurde im Jahre 204 v. Chr. der schwarze Stein der phrygischen Göttermutter Kybele aus Kleinasien nach Rom gebracht. Die Römer verehrten die Kybele vornehmlich als Magna Mater („große Mutter"). – Im Christentum gilt Maria, die Mutter Jesu, als Gottesgebärerin (Theotokos). Mit ihr verbindet sich der Aspekt des Leidens (Mater Dolorosa), aber auch der Gnade, Fürsorge und des Mitleids gegenüber den Menschen.
Muttergöttinnen ↑Mutter.
Mutterrecht ↑Matriarchat.
Mylitta: griechische Bezeichnung der Göttin ↑Astarte.
Myrionymos [griechisch „tausendnamig"]: Beiname der ↑Isis in der Spätantike, als diese ursprünglich ägyptische Göttin zu einer Universalgottheit geworden war und Namen und Eigenschaften anderer Gottheiten auf sich vereinigt hatte.
Myron [griechisch „wohlriechendes Öl"]: Bezeichnung für das Salböl in der orthodoxen Kirche.
Myrte: war bei den Griechen als Sinnbild der Liebe und der Schönheit der Aphrodite heilig. Als Brautschmuck ist die Myrte Symbol der Keuschheit. Sie gilt aber auch als Totenpflanze.
Mystagoge [griechisch]: Priester, der Neulingen, die sich einem antiken Mysterienkult anschlossen, die Geheimnisse der ↑Mysterien vermittelte

und sie durch die Erteilung von Weihen in den kultischen Verband aufnahm.

Myste [zu griechisch mýein „sich schließen" (von Lippen und Augen)]: ein in die kultischen Geheimnisse der antiken ↑ Mysterien Eingeweihter und durch den Empfang von Weihen in eine Mysteriengemeinschaft Aufgenommener.

Mysterien [von griechisch mystḗrion „Geheimnis"]: antike Geheimkulte, die im Römischen Reich besonders zur Zeit des Hellenismus vorrangige Bedeutung gewannen. Ihr Ziel war die Beseligung, die der ↑ Myste erfuhr, sowie die Sicherung eines glücklichen Jenseitsgeschicks. Über die Einzelheiten ihres rituellen Vollzugs sind wir oft nur unvollkommen unterrichtet, da die Mysteriengemeinschaften ein diesbezügliches Schweigegebot meist streng befolgt haben. – Bereits in vorhellenistischer Zeit wurden in Griechenland die Eleusinischen Mysterien gefeiert, deren Weihetempel in der attischen Stadt ↑ Eleusis lag, ferner die ↑ Bacchanalien, ekstatische Feiern im Dienste des ursprünglich kleinasiatischen Gottes Dionysos, sowie in Samothrake und Theben Geheimkulte, die der Verehrung der göttlichen Kabiren galten. – Orientalische Götter standen im Mittelpunkt bedeutender Mysterien der Spätantike. Bei der ägyptischen Isis, die zur Zeit Sullas (* 138, † 78 v. Chr.) in Rom Eingang fand, trat das Verhältnis zu ihrem Gatten Osiris zurück gegenüber dem mütterlichen Aspekt ihrer Fürsorge für Horus. Der orgiastische Kult der Göttin Kybele, seit 204 v. Chr. als Magna Mater („große Mutter") in Rom verehrt, den kastrierte Priester zelebrierten, war verbunden mit der Verehrung ihres Geliebten Attis (↑ Attismysterien). Auch der syrische Adonis („Herr") war ein Vegetationsgott, dessen Auferstehungsfeier den Mysten die Versicherung ewigen Lebens vermittelte. Persien war die Heimat des Gottes Mithras (↑ Mithraskult).

Mysterienspiele: geistliche Spiele, deren Handlungen auf biblischen Erzählungen beruhen.

Mysterium: allgemein soviel wie Geheimnis, im religiösen Bereich verwendet zur Kennzeichnung dessen, was der rationalen Erkenntnis grundsätzlich entzogen ist. Im N. T. Bezeichnung für das dem menschlichen Verstand unzugängliche Offenbarungshandeln Gottes.

Mysterium tremendum ↑ heilig.

Mystik [griechisch]: in der Religionsgeschichte eine weit verbreitete Sonderform des religösen Erlebens, die in unterschiedlichen Religionen auftritt. Ihr Ziel ist eine erfahrbare Verbindung und Vereinigung mit dem Unendlichen (Unio mystica). Erstrebt wird dieses Ziel mit Hilfe von Meditation und Askese. Nach ihrem Erlebnisraum kann man eine individuelle und eine Gemeinschafts- oder Kultmystik unterscheiden. Die Sprache der Mystik ist symbolisch. Die Bilder des Verbrennens der Kerze, des Verfließens eines Tropfens im Ozean stehen für die Vereinigung der Seele mit dem Göttlichen. Rausch und Trunkenheit sind Umschreibungen für diese Vereinigung. Die Liebesmystik verwendet nicht selten erotische Vergleiche. Typisch ist die Mystik vornehmlich für die Religionen Indiens und z. T. Ostasiens, während sie in prophetischen Religionen nur als gelegentliche Strömung des Frömmigkeitslebens auftritt. In *Indien* sind zwei mystische Richtungen seit der Zeit der „Upanischaden" bekannt. Die impersonale Identitätsmystik erstrebt die erlösende Erfahrung einer Wesenseinheit der Seele (↑ Atman) mit der einzig realen Größe des ↑ Brahman. Daneben findet sich eine personalistisch-theistische Richtung, die die mystische Vereinigung des Menschen mit einer Gottheit erstrebt. In der späteren Zeit des Hinduismus war Schankara (* 788, † 828) der bedeutendste Vertreter des mystischen Impersonalismus; seine Ideen wurden aufs schärfste von dem Monotheisten

Ramanudscha (* 1050, † 1137) bekämpft. Im Buddhismus führen vier Stufen der Versenkung zur Erlangung eines höheren Wissens, das die Erkenntnis des Nichtseienden, der völligen Leere (Schunjata) zum Inhalt hat. Diese buddhistische Mystik wird heute v. a. im japanischen Zen-Buddhismus gepflegt. In *China* lehrte Laotse eine quietistische Mystik des Nichttuns (Wu-wei), die der Versenkung in das ↑Tao dienen sollte. In der *Spätantike* führte Plotin (* 205, † 270), der Begründer des Neuplatonismus, die Ideen Platons in einem gnostisch-mystischen Sinne weiter. Auch die ↑Orphik gewann mystische Züge. Neuplatonische und indische Gedanken haben die Entwicklung einer *islamischen* Mystik gefördert, des Sufismus, der gegen rechtlichen Formalismus und Verweltlichung des Islams auftrat und vom 10. bis 13. Jahrhundert seine Blütezeit erlebte. Die unter der Bezeichnung Kabbala bekanntgewordene *jüdische* Mystik entstand im 13. Jahrhundert in Spanien und Südfrankreich. Ihr grundlegendes literarisches Werk ist der ↑„Sohar". Die letzte Phase jüdischer Mystik ist der durch den jüdischen Religionsphilosophen Martin Buber (* 1878, † 1965) weithin bekanntgewordene ↑Chassidismus. Im *Christentum* begegnet Mystik bereits im N. T. vor allem bei Paulus als Christusmystik. Zu den großen Mystikern des Mittelalters zählen Bernhard von Clairvaux (* 1091, † 1153), Bonaventura (* 1221, † 1274), Meister Eckhart (* etwa 1260, † 1327), Johann Tauler (* etwa 1300, † 1361) und Heinrich Seuse (* etwa 1295, † 1366). Mystische Einflüsse prägten auch das Frömmigkeitsleben in Frauenklöstern. Zu den großen Mystikerinnen gehören Hildegard von Bingen (* 1098, † 1179), Elisabeth von Schönau (* wahrscheinlich 1129, † 1164), Mechthild von Magdeburg (* um 1210, † 1282 oder 1294), Katharina von Siena (* 1347, † 1380) und Teresa de Jesus (* 1515, † 1582).

Mythologie: das Wort geht ursprünglich zurück auf griechisch mýthus légein („Mythen sagen") und bezeichnet daher zunächst den Vortrag des ↑Mythos, die Erzählung vom Handeln der Götter. Später wird der Begriff in dem bis heute gültigen Sprachgebrauch entweder für die Gesamtheit der mythischen Überlieferungen eines Volkes verwendet oder für die wissenschaftliche Darstellung und kritische Erforschung von Mythen. Die Mythenkritik, die die Wahrheit des Mythos bestreitet, hat sich vornehmlich sowohl an der Vielzahl der Götter als auch an ihrer vermenschlichten Auffassung entzündet. Sie findet sich bereits im antiken Griechentum, besonders bei Xenophanes (* um 565, † um 470), und herrscht in Europa bis ins 17. Jahrhundert mit der Theorie des ↑Euhemerismus vor. Die Romantik, besonders die Heidelberger Schule, deren bedeutendster Vertreter Georg Friedrich Creuzer (* 1771, † 1858) war, brachte dem Mythos tieferes Verständnis entgegen. Johann Gottfried Herder (* 1744, † 1803) wandte sich gegen eine rein rationale Erfassung, Friedrich Wilhelm Joseph von Schelling (* 1775, † 1854) verwies auf den spezifisch religiösen Gehalt der Mythen. – Seit dem 19. Jahrhundert wurden verschiedene mythologische Betrachtungsweisen entwickelt, die teilweise bis heute für einzelne religionsgeschichtliche Schulrichtungen charakteristisch sind. Sie versuchen einerseits, den Mythos auf vormythische, ihn bedingende Gegebenheiten zurückzuführen, andererseits, ihn als unableitbare religiöse Aussage zu erfassen und ernst zu nehmen. – Die Möglichkeit einer Ableitung aus seelischen Erlebnissen des Menschen wird von der Theorie des Animismus behauptet. Sie geht letztlich auf Carl Gustav Carus (* 1789, † 1869) zurück und wurde v. a. von Edward Burnett Tylor (* 1832, † 1917) vertreten. Eine psychologische Deutung gaben auch Sigmund Freud (* 1856, † 1939), der im Mythos den Ausdruck verdrängter individueller Wünsche sah, und Carl Gustav Jung (* 1875, † 1961), der in ihm die seelische Erfahrung überindividueller Wahrheiten erblickte. Völkerpsychologische Betrachtungen waren charakteristisch für Lucien Lévy-Bruhl (* 1857, † 1939) und Wilhelm Wundt (* 1832, † 1920). – Die Schule des Panbabylonismus verkündete eine naturmythologische Schau, die die Berichte über das Wirken der Götter speziell auf astrale Geschehnisse zurückführte. – Seitens der klassischen Philologie betonten vornehmlich Ulrich von Wilamowitz-Moellendorff (* 1848, † 1931) und Walter F. Otto (* 1874, † 1958) die Realität des Mythos. Die Religionswissenschaftler Gerardus van der Leeuw (* 1890, † 1950) und Raffaele Pettazzoni (* 1883, † 1959) haben die Erfassung der religiösen Wirklichkeit, die sich im Mythos ausspricht, bedeutend gefördert. Eine neue Sicht vermittelte die kultgeschichtliche Methode. Sie stellte die stete Wiederholung des Mythos im rituellen Vollzug heraus. Für sie ist daher der Mythos Text eines kultischen Dramas. Auf diese enge Beziehung zwischen Kult und Mythos hatte schon Konrad Theodor Preuss (* 1869, † 1938) verwiesen. Sie wurde von Vilhelm Grønbech (* 1873, † 1948) und später v. a. von dem schwedischen Religionswissenschaftler Geo Widengren (* 1907) herausgestellt.

Mythos [griechisch „Wort, Rede, Erzählung“]: „Wort“ im Sinne einer letztgültigen Aussage, die Existenz und Geschichte der Welt wie des Menschen auf das Handeln von Gottheiten zurückführt, auf deren Wirken im Himmel, auf der Erde, bei ihrer Begegnung mit Menschen und in der Unterwelt. Der Mythos erwächst auf dem Boden des Polytheismus, dessen Vielzahl von Göttern er einerseits nach ihren Funktionen bei der Schöpfung und Erhaltung der Welt, dem Lauf der Gestirne, dem Schicksal und den Tätigkeiten der Menschen, der Setzung und Hütung des Rechtes sowie der Bestrafung der Sünde differenziert, andererseits nach ihren Wohnorten im Himmel, auf der Erde, speziell auf Bergen, in Quellen und heiligen Hainen, sowie in der Unterwelt. Die unterschiedlichen Gestalten seiner Gottheiten faßt der Mythos jedoch häufig nach Analogie menschlicher Verhältnisse in Götterfamilien oder in einander ablösende Göttergeschlechter zusammen. Eine enge Verbindung der menschlichen mit der göttlichen Sphäre stellt das mythische Denken auch damit her, daß es das göttliche Handeln nur graduell, aber nicht prinzipiell vom menschlichen unterscheidet. Meist wird auch die Erscheinung der Gottheiten in Menschengestalt gedacht. – Der Mythos vermittelt Einsicht in den Grund (griechisch aitía) aller Erscheinungen des Daseins; er hat daher *ätiologischen* Charakter. Nach der Antwort, die er auf spezielle Fragen gibt, kann man verschiedene mythische Themenkreise unterscheiden. Über den Ursprung der Gottheiten berichtet der *theogonische* Mythos. Mit der Entstehung des Kosmos und den Bedingungen seiner Existenz befaßt sich der *kosmogonische* Mythos. An ihn schließt sich meist der *anthropogonische* an, der von der Erschaffung der Menschen handelt. Die menschlichen Lebensbedingungen werden im *Urstandsmythos* begründet. *Transformationsmythen* berichten über einen meist durch menschliche Verfehlungen bewirkten Abbruch einer paradiesischen Urzeit; eine sehr weit verbreitete Form dieser Mythen sind Sintflutberichte. Der *soteriologische* Mythos handelt von göttlich bewirkter Erlösung des Menschen, der *eschatologische* vom Ablauf der Ereignisse des Weltendes. – Der Mythos weist enge Bezüge zum Kult auf. Um die bestehende Ordnung der Welt zu sichern und vor einem Abfall ins Chaos zu schützen, werden die mythischen Geschehnisse, insbesondere die der Weltentstehung und die mit ihnen oft verbundenen Kämpfe der Mächte des Lichtes und der Ordnung gegen die Gewalten der Finsternis und des Chaos, zu bestimmten Zeiten, meist denjenigen der Jahreswende, als kultisches Drama rituell wiederholt. – Der Mythos kann sowohl seitens der Religion als auch des verstandesmäßigen Denkens einer Kritik unterworfen werden. Eine religiöse Mythenkritik wird vom Monotheismus vollzogen. Der Glaube an die Überweltlichkeit und Erhabenheit des einzigen Gottes steht der vermenschlichten Sicht des mythischen Geschehens entgegen. Typisch hierfür ist die Tendenz des A. T. zur Überwindung des mythischen Anthropomorphismus. Eine Krise mythischer Vorstellungen ereignet sich auch dann, wenn ein rationalkausales und funktionales Denken dem Mythos entgegentritt. Die griechischen Sophisten haben als erste diesen Gegensatz zwischen der autoritativen Überlieferung des Mythos und dem Logos als dem durch verstandesmäßige Beweise in seiner Wahrheit erhärteten Wort herausgestellt. Denn während die logische Erkenntnis Urteile bildet, will der Mythos Realitäten darstellen, für die er keine vernunftmäßigen Beweise zu erbringen versucht.

N

Naassener ↑ Ophiten.
Nabatäer: ein aus Arabien stammendes Volk, das sich seit dem 4. Jahrhundert v. Chr. am Rande Palästinas im alten Edomitergebiet festsetzte und in der Zeit vom 1. Jahrhundert v. Chr. bis zum 1. Jahrhundert n. Chr. den Höhepunkt seiner Macht erreichte. Das Zentrum seines Reiches war die Stadt Petra. Als Hauptgötter verehrten sie den Dusares und die ↑ Allat.
Nabel ↑ Omphalos.
Nabi (Mehrzahl Nebi'im): das hebräische Wort für „Prophet".
Nabu: im A. T. *Nebo* genannter babylonischer Gott der Schreibkunst und Weisheit, Sohn Marduks; sein Hauptkultort war Borsippa bei Babylon.
Nachfolge Christi ↑ Imitatio Christi.
Nächstenliebe: die zumeist religiös begründete und geforderte aktive und tatkräftige Zuwendung zum „Nächsten", d. h. zu jedem Menschen, der hilfsbedürftig ist. Für das Christentum ist Nächstenliebe mit der Liebe zu Gott unmittelbar verbunden und somit Verwirklichung christlichen Glaubens (z. B. Matth. 25, 40).
Nacht ↑ Tag und Nacht.
Nacktheit: religionsgeschichtlich kann Nacktheit Ausdruck besonderer Askese sein; charakteristisch hierfür sind die ↑ Digambaras. Kultische Nacktheit soll entweder eine bedingungslose Hingabe an die Gottheit erkennen lassen oder die paradiesische Unschuld des ersten Menschen wieder herstellen (↑ Adamiten). Wird die kultische Nacktheit durch teilweise Entblößung abgelöst, so wird diese zum einen durch Barhäuptigkeit hergestellt, wie sie die griechische und germanische Religion beim Gebet forderten, ebenso die christlichen Kirchen. Eine zweite Form ist die Entblößung des Oberkörpers bzw. der rechten Schulter beim Gebet der Inder. Sehr weit verbreitet ist schließlich Barfüßigkeit beim Betreten heiliger Stätten. – In der Magie ist Nacktheit oft mit Fruchtbarkeitsriten verbunden. Unheil abwehrende (apotropäische) Wirkungen der Nacktheit kannten Germanen und Griechen.
Nagas ↑ Schlange.
Nagelung: aus Etrurien stammender Ritus, der in Rom mehrfach in Zeiten einer Pestepidemie vollzogen wurde. Man schlug im Jupitertempel auf dem Kapitol einen Nagel ein, um die Krankheit zu bannen. – In Afrika, vornehmlich im Kongogebiet, kennt man einen *Nagelfetisch*, der mensch-

liche oder tierische Gestalt besitzt und in den eiserne Nägel eingeschlagen werden. Die Bedeutung dieses Brauchs ist unsicher. Vermutet wird, daß jeder Nagel dem kranken Körperteil eines Genesung suchenden Menschen entspreche, daß er einen guten Geist an den Fetisch binden oder einen bösen Geist bannen solle.

Naglfar [altnordisch „Nagelschiff"]: das aus ungeschnittenen Nägeln Verstorbener erbaute nordgermanische Totenschiff.

Nagualismus: vom aztekischen ↑Nahualli über spanisch nagual abgeleiteter Begriff, mit dem eine Art individueller Totemismus bezeichnet wird, in dem einzelne Menschen mit einem zumeist tierischen Doppelgänger eine äußerst enge Schicksalsgemeinschaft eingehen. Für diese Erscheinung weniger gebräuchlich ist der Begriff *Tonalismus* (von aztekisch tonalli „Schicksalszeichen, Seele, Geist").

Nahualli [na'walli; aztekisch „Maske, Verkleidung"]: Symbol eines Menschen, mit dem er sich weitgehend identifiziert; gewinnt daher die Bedeutung einer mystischen Simultanexistenz. Die Azteken bezeichneten mit Nahualli auch eine bestimmte Klasse ihrer Zauberer.

Nahum: Prophet und gleichnamiges Buch des A. T., entstanden nach 626 v. Chr., zu den ↑Kleinen Propheten gehörend. Die Prophetie Nahums wendet sich nicht gegen sein eigenes Volk, sondern gegen die Assyrer.

Najaden: griechische Nymphen der Quellen und Flüsse.

Naja Nar ↑Schiwa.

Name: in der Religionsgeschichte ist der Name mit dem Wesen des Benannten aufs engste verbunden. Erst der Name verleiht Personen und Dingen ihre Existenz. Deshalb nimmt die Namensgebung in vielen Schöpfungsberichten eine vorrangige Stellung ein. Der Name begleitet das Leben seines Trägers in schicksalhafter Weise. Das war der Grund für die Sorgfalt, mit der der aztekische Wahrsagepriester die Namenswahl für Neugeborene vornahm. Auch der Namenswechsel hat hierin seinen Grund. Ein neuer Zustand erfordert einen neuen Namen. So wurde aus Saulus ein Paulus. Der Namenswechsel nach der Papstwahl wurde 533 erstmals vollzogen, als Johannes II. seinen heidnischen Namen Mercurius ablegte; er ist, abgesehen von wenigen Ausnahmen, seit Gregor V. (996) allgemein üblich. Der Eintritt ins Kloster ist mit der Verleihung eines Ordensnamens verbunden. Die Kenntnis des Namens verleiht Macht über den Genannten (Rumpelstilzchenmotiv). Die Aussprache eines Namens kann aber auch gefahrvoll oder sündhaft sein; sie wird oft bei Götternamen vermieden oder durch den Gebrauch von Noanamen (↑Noa) ersetzt. Die Juden vermeiden die Aussprache des Gottesnamens Jahwe. Allah hat 100 Namen; aber nur 99 sind den Menschen bekannt.

Namtar [sumerisch „das, was abgeschnitten ist, Geschick"]: sumerische Schicksalsmacht, gilt, als göttliche Person gedacht, als Pestgott und Bote der Unterweltsherrin Ereschkigal.

Namu Amida Butsu [japanisch „Anbetung dem Amida-Buddha"]: die auch *Nembutsu* genannte Andachtsformel, mit der die Anhänger des Amida-Buddhismus die Gnade Buddhas erflehen.

Nanak: der 1469 geborene Stifter der ↑Sikh-Religion führte zunächst auf der Suche nach der Wahrheit ein Wanderleben, das ihn bis nach Mekka geführt haben soll. Er setzte dieses Leben in seiner indischen Heimat im Dienste seiner Verkündigung fort, nachdem ihm im Alter von etwa 50 Jahren eine entscheidende Offenbarungsvision zuteil geworden war. Er starb 1538.

Nandin [Sanskrit „der Erfreuende"]: ein weißer Stier im Gefolge des indischen Gottes Schiwa, der als Ausdruck des Fruchtbarkeitsaspektes dieses Gottes zu verstehen ist.

Nanna [altnordisch „die Mutige"]: in der germanischen Mythologie die

Narziß. Gemälde von François Le Moyne (1728; Hamburg, Kunsthalle)

Gattin des Baldr und Mutter des Forseti. Nanna stirbt aus Gram über den Tod ihres Gemahls und wird mit ihm gemeinsam verbrannt.

Nanna: sumerischer Mondgott, Sohn des Enlil, Gemahl der Ningal; Hauptkultort war Ur. Dem Nanna entspricht der babylonische ↑Sin.

Nansche: in der Stadt Lagasch verehrte sumerische Göttin, die als Verkünderin göttlichen Willens, als Traumdeuterin und Wahrsagerin galt.

Naos [griechisch „Götterwohnung, Tempel"]: in der Religionswissenschaft gelegentlich für „Tempel" gebrauchter Begriff. Naos bezeichnete ursprünglich den griechischen Tempel, später auch das Hauptschiff der christlichen Basilika.

Narajana (= Nārāyana) [Sanskrit „Sohn des Urmenschen"]: in den indischen ↑„Brahmanas" gelegentlich als höchstes Wesen und Herr der Götter verstanden, später mit Wischnu identifiziert.

Naraka: im indischen Weltbild Bezeichnung für die unterirdisch gedachte „Hölle".

Narrheit, heilige: im N.T. (1. Kor. 4, 10) nennt Paulus die Apostel „Narren um Christi willen". Die heilige Narrheit hatte im Osten, besonders im alten Rußland, den Heiligentypus des „Gottesnarren" hervorgebracht.

Narthex [griechisch „Kapsel"]: die mit Fresken und Mosaiken ausgestattete Vorhalle der altchristlichen und byzantinischen Basiliken.

Narziß (auch griechisch Narkissos): in der griechischen Mythologie ein schöner Jüngling, Sohn des Flußgottes Kephissos. Narziß verschmäht die Liebe der Nymphe Echo, weshalb er von Aphrodite bestraft wird: er muß sich in sein eigenes Spiegelbild verlieben, das er in einer Quelle erblickt. Von den Qualen, die ihm dies bereitet, wird er erlöst durch die Verwandlung in die nach ihm benannte Blume, die Narzisse.

Nasatjas ↑Aschwins.

Nasiräer [von hebräisch nasir „Geweihter"]: im A.T. (4. Mos. 6, 1–21) Bezeichnung für denjenigen, der ein Gelübde auf sich genommen hat. Kennzeichnend für den Nasiräer sind Ablehnung des Weines, das ungeschnittene Haar und die Vermeidung der Berührung von Toten.

Nask ↑Awesta.

Nataraja [...'ra:dʒa] ↑Schiwa.

Nationalkirche: die eine Nation im staatlichen oder ethnischen Sinne umfassende und von ihr anerkannte

Einheitskirche, im Unterschied zur übernationalen Weltkirche. Die bekanntesten Beispiele für Nationalkirchen sind die autokephalen orthodoxen Kirchen.

Native American Church [englisch 'nɛɪtɪv ə'mɛrɪkən 'tʃə:tʃ] ↑Peyotekulte.

Nativismus [von lateinisch nativus „angeboren"]: ethnosoziologischer Begriff für das betonte Bewahren und Festhalten kultureller Elemente der Primitivvölker angesichts der Überlagerung von fremdkulturellen Werten.

Naturen Christi ↑Christologie.

natürliche Religion: Begriff, der von der Religionsphilosophie der Aufklärung geprägt wurde. Er bezieht sich nicht auf die Religionen der Naturvölker. Vielmehr bildet er den Gegensatz zu dem Begriff der historischen oder „positiven" Religion. Zugrunde liegt ihm das Bemühen, von den geschichtlichen Erscheinungen der Religionen das Wesentliche zu abstrahieren, das als Norm für das zu gelten habe, was als Religion ohne dogmatischen Überbau anzusehen sei.

Naturmythologie: religionsgeschichtliche Forschungsrichtung, die Existenz und Wesen polytheistischer Götter als Personifikationen von Naturerscheinungen – Sonne, Sterne, Erde, Wasser, Wind, Gewitter, Feuer – verstehen will. Naturmythologische Deutungsversuche finden sich bereits in der Antike. Im 19. Jahrhundert wurden sie vornehmlich von der Indogermanenforschung erneut aufgenommen. Durch die Einsicht, daß der Naturaspekt polytheistischer Gottheiten allenfalls ein einziger unter mehreren ist, muß die Naturmythologie heute als überholt angesehen werden.

Naturreligionen: Begriff, der nicht präzis festgelegt ist und daher in unterschiedlicher Weise angewandt wird. Zum einen dient er zur Bezeichnung von Religionen der Naturvölker im Gegensatz zu denjenigen der Kulturvölker; er ist dabei gleichbedeutend mit dem problematischen Begriff *Primitivreligionen.* Andererseits können mit Naturreligionen jene Religionen bezeichnet werden, in denen die Natur gegenüber der Geschichte eine ungleich bedeutsamere Rolle einnimmt. Die Gottheiten dieser Religionen stehen in einem besonders engen Zusammenhang mit Naturerscheinungen. Sie werden als Mächte verehrt, die heilige Berge, Haine, Quellen und Flüsse beherrschen, aber auch in atmosphärischen Erscheinungen wirksam sind. In Jägerkulturen tritt die Verehrung eines ↑Herrn der Tiere beherrschend in den Vordergrund. In den Agrarreligionen bäuerlicher Kulturen steht eine meist mütterlich gedachte Erdgottheit, eine „Mutter Erde", im Mittelpunkt.

Naturwissenschaft und Religion: standen seit der Aufklärung in einem Spannungsverhältnis zueinander, das bedingt war durch die irrtümliche Annahme, Religion sei rational beweisbar. Dabei wurden besonders gern naturwissenschaftliche Hypothesen über die Entstehung der Welt den kosmogonischen Mythen gegenübergestellt. Zu einer Überwindung des Spannungsverhältnisses hat die Einsicht beigetragen, daß die Religion eine Größe eigener Art (sui generis) ist und durch naturwissenschaftliche Erkenntnisse nicht widerlegt werden kann.

Naunet: in der ↑Götterachtheit von Hermopolis die weibliche Ergänzung zu dem Gott Nun, der Verkörperung des Urgewässers.

Nava-Vidhana-Brahma-Samaj ↑Brahmasamadsch.

Naya Nar (= Naja Nar) ↑Schiwa.

Nazaräer ↑Nazoräer.

Nazaräerevangelium: ein u. a. bei dem Kirchenlehrer Hieronymus (* um 347, † 420) erwähntes und in mittelalterlichen Evangelienhandschriften fragmentarisch erhaltenes apokryphes Evangelium, wahrscheinlich eine Bearbeitung des Matthäusevangeliums.

Nazaretha Church [englisch

nɛɪzə'rɛθə 'tʃə:tʃ]: eine von dem Zulu Isaiah Mayekise Shembe (* 1870, † 1935) im Jahre 1911 gegründete Gemeinschaft, in der christliche Elemente mit einer religiösen Verehrung der Person Shembes als „Christus der Zulu“ verbunden sind. Die Nazaretha Church ist heute in Südafrika weit über das Gebiet der Zulu hinaus verbreitet; sie zählt etwa 10 000 Mitglieder.

Nazoräer (auch Nazaräer): im N. T. (Apg. 24, 5) werden die Christen allgemein als Nazoräer bezeichnet. Später ist Nazoräer der Name einer judenchristlichen Sekte.

Nebi'im ↑ Prophet.

Nebo ↑ Nabu.

Nefesch [hebräisch „Hauch, Atem, Seele“]: Seelenbegriff des A. T.

negative Theologie: eine Form der theologischen Aussage, die das Wesen Gottes mit Negationen umschreibt, indem sie alle Begrenzungen, Unvollkommenheiten und Vergleiche aus dem menschlichen Bereich der Erfassung Gottes für unangemessen hält und damit positiv den Charakter des Außerordentlichen, Überweltlichen herausstellt. Die negative Theologie findet sich bereits im Neuplatonismus. Durch Dionysios Areopagita (um 500) gewann sie einen bedeutenden Einfluß auf die christliche Mystik.

Nehallenia: eine für das Gebiet des Niederrheins und der Nordseeküste bezeugte germanische Göttin, die mit Schiffen dargestellt wurde; wahrscheinlich eine Beschützerin der Schiffahrt.

Nehemia: in der Perserzeit jüdischer Statthalter in Jerusalem; seine Amtszeit dauerte ungefähr von 445 bis 425 v. Chr. Auf religiösem Gebiet setzte Nehemia das Reformwerk des Esra (↑ Esrabücher) fort. Außerdem ließ er die Stadtmauern Jerusalems erneuern. Über sein Leben und Werk berichtet im A. T. das nach ihm benannte Buch.

Nehustan (= Nehuschtan) ↑ Schlange, eherne.

Neid der Götter: das Motiv des Neides der Götter auf die Menschen kann dann auftreten, wenn die Götter in menschenähnlicher Gestalt gedacht und v. a. in ihrem Wesen den Menschen äußerst stark angeglichen werden. Der Götterneid findet sich daher vornehmlich in der griechischen Religion.

Neith: altägyptische Göttin in Menschengestalt, wahrscheinlich libyschen Ursprungs, deren Name vielleicht „die Furchtbare“ bedeutet. Neith galt als Gottesmutter, „die den Re gebar“. Außerdem war sie eine Waffengöttin. Mit ihrem Kultzentrum in der unterägyptischen Stadt Sais war eine Ärzteschule verbunden. Die Griechen setzten sie der Athena gleich.

Nekromantie ↑ Mantik.

Nekrophilie [griechisch]: Liebe zu Toten, d. h. die Benutzung von Leichen zu magischen und meditativen Zwekken, charakteristisch für den Tantrismus und tantristisch beeinflußte Strömungen des Wadschrajana-Buddhismus.

Nekropole [griechisch „Totenstadt“]: große Begräbnisanlage des Altertums. Weit ausgedehnte Nekropolen gab es z. B. im alten Ägypten und bei den etruskischen Städten.

Nektar [griechisch]: Unsterblichkeitstrank der griechischen Götter (↑ auch Ambrosia).

Nekymantie ↑ Mantik.

Nembutsu ↑ Namu Amida Butsu.

Nemesis [griechisch „Strafe, Rache, Vergeltung“]: im antiken Griechentum ursprünglich ein abstrakter Begriff, mit dem die Vergeltung des Unrechts bezeichnet wurde. Bei Hesiod (um 700 v. Chr.) das als göttliche Person gedachte sittliche Rechtsgefühl und die Bestrafung jeglichen Frevels.

Neobuddhismus: Sammelbegriff für europäische und amerikanische Versuche, den Buddhismus mit modernem Gedankengut zu harmonisieren und dadurch als die dem heutigen Menschen gemäße Religion zu erweisen.

Neophyt [griechisch „Neugeborener"]: seit dem frühen Christentum Bezeichnung für den neugetauften Christen; auch für den neu in einen Geheimbund oder eine Mysterienreligion Aufgenommenen.
Nephthys: menschengestaltige altägyptische Göttin, Schwester der Isis und des Osiris, Gattin des Seth.

Nephthys. Zeichnung nach einer Statue

Neptun (auch Neptunus): römischer Gott der Binnengewässer, der durch seine Gleichsetzung mit dem griechischen Poseidon auch zum Herrn der Meere wurde. Das Fest des Neptun waren die *Neptunalia*, die am 23. Juli gefeiert wurden.
Nereiden [...e-i...]: in der griechischen Mythologie die 50 Töchter des ↑Nereus und der Doris, anmutige Meeresnymphen, Helferinnen der in Seenot Geratenen.
Nereus: göttlicher Meergreis der griechischen Mythologie, Sohn des Pontos („Meer") und der Gaia („Erde"), der die Gabe der Weissagung und der Verwandlung besitzt; Vater der ↑Nereiden.
Nergal: babylonischer Unterweltsgott, Gatte der ↑Ereschkigal.
Ner tamid ↑Ewiges Licht.
Nerthus: von dem römischen Geschichtsschreiber Cornelius Tacitus (* um 53, † um 120) („Germania", Kapitel 40) als germanische „Mutter Erde" (Terra Mater) und Göttin eines Kultverbandes bezeichnet, dem sieben Stämme angehörten, deren Wohnsitze offensichtlich an der Ostseeküste lagen. Die Etymologie des Namens Nerthus ist umstritten; er kann mit keltisch nert („Kraft"), griechisch nérteroi („Unterweltliche", d. h. Gottheiten) oder litauisch nerti („tauchen") in Verbindung gebracht werden. Auf einer Insel (Alsen oder Fünen?) befand sich der heilige Hain der Göttin. In ihm stand ihr Prozessionswagen, der zur Zeit ihres wahrscheinlich im Frühjahr anläßlich des neuen Erwachens der Erde gefeierten Festes von zwei Kühen gezogen und von einem Priester begleitet wurde, um alle Orte der Insel zu besuchen. Während dieser Zeit fanden keine Kriege statt. Nach der Rückkehr ins Heiligtum wurde der Wagen in einem verborgenen See von Sklaven gewaschen, die man anschließend ertränkte.
Nestorianer: Anhänger des Nestorius (* um 381, † 451), der von 428 bis 431 Patriarch von Konstantinopel war und sich gegen die Bezeichnung Marias als „Gottesgebärerin" gewandt hatte. Nestorius wurde 431 auf dem Konzil zu Ephesus als Irrlehrer verdammt. Nach seiner Verurteilung wanderten seine Anhänger in das persische Reich der Sassaniden aus. Von dort entfalteten sie eine reiche Missionstätigkeit, die sich auf Indien, Innerasien und China erstreckte. In den Mongolenkriegen (1380 Einfall Timur-Lengs, * 1336, † 1405) wurde die nestorianische Kirche zerschlagen. Sie besitzt heute nur noch eine zahlenmäßig geringe Anhängerschaft in den USA, im Vorderen und Mittleren Osten.
Neuapostolische Gemeinde (auch Neuapostolische Kirche): christliche Religionsgemeinschaft, nach 1860 aus der Katholisch-Apostolischen Kirche hervorgegangen, die ihrerseits auf der enthusiastischen Gruppe der *Irvingianer* aufbaute, die der schotti-

sche Erweckungsprediger Edward Irving (* 1792, † 1834) begründet hatte. Die Neuapostolische Gemeinde besitzt einen hierarchischen Aufbau. Charakteristisch ist die Bedeutung, die sie ihren Aposteln zuweist. Dem Apostelamt wird besondere Machtfülle und eine Versöhnerfunktion zugesprochen. Heute zählt die Neuapostolische Gemeinde rund 900 000 Mitglieder (davon 335 000 in der Bundesrepublik Deutschland).

Neues Testament (Abk. N. T.): das Neue Testament ist die allen christlichen Kirchen und Gruppen gemeinsame heilige Schrift. Ihre religiöse Wertung beruht auf der Tatsache, daß in ihr die Berichte über das Leben und Wirken, die Worte und Taten, der Tod und die Auferstehung Jesu sowie die Geschichte und die christliche Verkündigung der Urgemeinde, insbesondere des Apostels Paulus, enthalten sind. Das N. T. bildet zusammen mit dem A. T. die christliche ↑ Bibel. – Die Sprache, in der der Urtext des N. T. durchweg niedergeschrieben ist, ist die gemeingriechische Sprache der hellenistischen Zeit; sie wird die „allgemeine Sprache" *(Koine)* genannt. In diesem griechischen Text finden sich Aramaismen, Ausdrucksformen, die typisch sind für das Aramäische, das zur Zeit Jesu in Palästina gesprochen wurde. – Das N. T. umfaßt die *vier Evangelien* nach Matthäus, Markus, Lukas und Johannes, die *Apostelgeschichte*, die *Briefe* des Paulus an die Römer, Korinther (2), Galater, Epheser, Philipper, Thessalonicher (2), an Timotheus (2), an Titus, an Philemon und an die Hebräer; ferner die Katholischen Briefe des Petrus (2), Johannes (3), des Jakobus und des Judas; schließlich die Offenbarung des Johannes. – Die Bücher des N. T. sind in einer für heilige Schriften außerordentlich kurzen Zeit nach dem Wirken Jesu entstanden. Der vermutlich älteste Paulusbrief, der 1. Thessalonicherbrief, wurde 50 n. Chr. verfaßt, das Markusevangelium um 70 n. Chr., die übrigen Evangelien etwas später. Bereits um 120 n. Chr. waren alle Schriften des N. T. abgeschlossen. Ein feststehender Kanon bestand mit Sicherheit gegen Ende des 2. Jahrhunderts (↑ auch Bücher der Bibel S. 60 ff.).

Neuheidentum: Bezeichnung für religiöse Gruppen nachchristlichen Charakters, speziell für solche, die mit der Pflege völkischer Ideen letztlich auf der Rassenlehre von Joseph Arthur Graf Gobineau (* 1816, † 1882) fußen. Einzelne dieser Gruppen entstanden in Deutschland schon vor dem 1. Weltkrieg und wählten z. T. bereits damals das Hakenkreuz zu ihrem Symbol. Mit ihrer Behauptung, das Christentum sei artfremd, verwarfen sie Sünde, Buße, Erlösung und Gnade. Sie forderten Arterhaltung und heroische Lebensführung germanischer Menschen. Größere Bedeutung erlangten sie nur während der nationalsozialistischen Herrschaft. Im Juli 1933 erfolgte in Eisenach die Gründung einer „Arbeitsgemeinschaft der deutschen Glaubensbewegung" (ADG); ihr schlossen sich die meisten ↑ deutschgläubigen Gruppen an, nur der von Erich (* 1865, † 1937) und Mathilde (* 1877, † 1966) Ludendorff repräsentierte „Tannenbergbund" trat nicht bei. Seit 1934 nannte sich die ADG ↑ „Deutsche Glaubensbewegung". Nach dem 2. Weltkrieg formierten sich neue Organisationen, deren Anziehungskraft gering blieb.

Neujahrsfest: es wird seit frühen Zeiten weltweit als ein Fest begangen, dessen rituelle und magische Handlungen dem Zweck dienten, die Krise zwischen dem Ende des alten und dem Anfang des neuen Jahres, die nach frühen Kalendern oft mehrere Tage anhielt, zu überwinden und einen Neubeginn zu sichern, der als Erneuerung der Welt und Neuschöpfung des Lebens verstanden wurde. Deshalb fand häufig der Vollzug eines Kultdramas statt, das eine symbolische Wiederholung der

Weltschöpfung darstellte. Dem Fest gingen Reinigungsriten zur Entsühnung von Sünden voraus, die während des alten Jahres begangen wurden. Sie konnten individuell getilgt oder kollektiv einem „Sündenbock" übertragen werden. Maskenumzüge und lärmende Feiern galten der Vertreibung böser Mächte. Zeichen des Neubeginns war häufig die Erneuerung des Feuers im Haus oder Tempel. Orakel, die die Zukunft erkunden sollten, wurden bevorzugt am Jahresanfang erteilt. Für den vorderasiatischen Raum war das babylonische Neujahrsfest charakteristisch. An ihm wurde das Weltschöpfungsepos ↑„Enuma elisch" verlesen. Für die Zeit seiner Feier galt der rechtmäßige König offiziell als Bauer, und es wurde ein ↑Ersatzkönig eingesetzt. In Ugarit feierte man den Sieg Baals über den Todesgott Mot. Das jüdische Herbst- und Neujahrsfest wird als „Tag Jahwes" begangen. Im Christentum wird der Neujahrstag seit dem 6. Jahrhundert als Fest gefeiert. Er gilt in allen Konfessionen als Tag der Besinnung.

Neuluthertum: kirchliche und theologische Bewegung, die im 19. Jahrhundert aus der ↑Erweckungsbewegung hervorging und gegen den Rationalismus eine Erneuerung von Kirche und Theologie durch eine Rückbesinnung auf die Reformation anstrebte. Dabei stand die lutherische Gnadenlehre im Mittelpunkt des theologischen Interesses. Auf kirchlichem Gebiet wurde eine Erneuerung des altkirchlichen Amtsbegriffs erstrebt. Die Zentren des Neuluthertums waren in Erlangen, Neuendettelsau, Hermannsburg, Rostock und Dorpat.

Neumond ↑Mond.

Neuplatonịsmus: spätantike Weiterbildung der Philosophie Platons (* 428/427, † 348/347) durch Hineinnahme orientalischer und gnostischer Gedanken. Der Neuplatonismus trat mit dem Anspruch einer Universalreligion auf. Seine *Gotteslehre* war pantheistisch. Zwischen Gott als dem Urwesen und der Welt der Menschen wurde eine Reihe von Mittelwesen angenommen, die aus dem Urwesen hervorgegangen seien. *Ziel des Menschen* sollte es sein, seine Seele durch mystische Versenkung von der Fessel des Körpers zu befreien und ihr den Aufstieg zu Gott zu ermöglichen. Die Hauptvertreter des Neuplatonismus waren Ammonios Sakkas (* um 175, † um 242), Plotin (* 205, † 270) und Porphyrios (* 233, † 304).

Neuprotestantịsmus: im Unterschied zum Altprotestantismus eine von der Aufklärung entscheidend beeinflußte Form des evangelischen Christentums, die sich seit etwa der Mitte des 17. Jahrhunderts entfaltete. Ihr Anliegen bestand vornehmlich in der Hineinnahme des modernen Kulturbewußtseins in die christliche Botschaft.

Neupythagorẹer ↑Pythagoreer.

Neu-Sạlems-Gesellschaft ↑Lorber-Gesellschaft.

Neuscholastik: das philosophische und theologische Bemühen um eine Erneuerung des Gedankengutes der Scholastik seit der Mitte des 19. Jahrhunderts. Für die Neuscholastik war die scholastische Methode des Mittelalters, besonders des Thomas von Aquin (* 1225 [?], † 1274), ausschlaggebend bei der Behandlung der theologischen Überlieferung. Die Enzyklika „Aeterni Patris" Papst Leos XIII. (1879) über die Philosophie des Thomas von Aquin förderte die Neuscholastik in der ganzen katholischen Welt. Ihre bedeutendsten Vertreter waren in Deutschland Clemens Baeumker (* 1853, † 1924), Heinrich Denifle (* 1844, † 1905) und Martin Grabmann (* 1875, † 1949), in Frankreich Étienne Gilson (* 1884) und Jaques Maritain (* 1882, † 1973).

Nezahualcọyotl [nesawal'ko:jɔtl; aztekisch „der fastende Koyote"]: aztekischer Fürst, der von 1418 bis 1472 in der mit dem indianischen Mexiko verbündeten Stadt Tezcoco regierte und als religiöser Reformator wirkte. Mit seiner Reform, die gelegentlich mit den Bestrebungen des ägyptischen Königs ↑Echnaton verglichen wurde, vollzog Nezahualcoyotl einen Rückgriff auf die Verehrung des von ihm monotheistisch verstandenen altmexikanischen Hochgottes. Wie gegen den Polytheismus, so wandte er sich auch gegen die kultische Praxis der Menschenopfer.

Nichiren-Sekte ↑Nitschiren-Sekte.

Nidhögg (= Nidhöggr): nach nordgermanischer Mythologie ein in der Unterwelt hausender, leichenfressender Drache, der an den Wurzeln der Weltesche Yggdrasil nagt.

Nieren: gelten im Volksglauben als Kraftzentrum, zuweilen auch als Sitz der Seele. Im alten Israel bestand das Verbot des Essens von Nieren und Nierenfett; beides war Jahwe als Opfer vorbehalten (2. Mos. 29, 13; 3. Mos. 3, 4; 10, 15). Außerdem galten die Nieren als Sitz seelischer Empfindungen und Gedanken; der Ausdruck „auf Herz und Nieren prüfen" hat dort seinen Ursprung (Jer. 11, 20; 17, 10; 20, 12; Ps. 7, 10; 16, 7).

Niflheim (= Niflheimr) [nordgermanisch „Nebelheim"]: nach nordgermanischer Kosmologie die kalte, im Norden gelegene Nebelwelt, in deren Mitte sich der Brunnen Hwergelmir befindet, dem zwölf Ströme mit feuchtkalten Luftmassen entspringen, aus denen sich häufig Hagelschauer bilden.

Nihongi [japanisch „japanische Annalen"]: in chinesischer Sprache verfaßte Chronik, die die Geschichte Japans von der mythischen Urzeit bis zum Jahre 697 n. Chr. berichtet. Das Nihongi wurde in den Jahren 714 bis 720 von Prinz Toneri (* 676, † 735) in Zusammenarbeit mit mehreren Gelehrten verfaßt. Es erschien in 30 Büchern, die in drei Abteilungen aufgegliedert werden. Im Jahre 1599 erfolgte auf kaiserlichen Befehl die erste Drucklegung.

Nike: in der griechischen Religion vergöttlichte Personifikation des (sei es im Kriege, sei es in sportlichen oder künstlerischen Wettkämpfen) errungenen Sieges. Ihr entsprach die römische Göttin Victoria.

Nikolaiten: die im N. T. (Apk. 2, 6 und 15) genannten Anhänger einer gnostischen und sexuell libertinistischen Sekte. Im Mittelalter wurden nichtzölibatär lebende Priester Nikolaiten genannt.

Nil ↑Hapi.

Nimbus ↑Heiligenschein.

Nimrod ↑Ninurta.

Ninchursag (= Ninchursanga) [sumerisch „Herrin des Gebirges"]: Muttergöttin der sumerischen Religion.

Ningal [sumerisch „große Herrin"]: die Gemahlin des sumerischen Mondgottes ↑Nanna.

Ningirsu ↑Ninurta.

Ninigi: nach der Mythologie des Schinto der Enkel der Sonnengöttin ↑Amaterasu, die ihm befahl, sich auf die japanischen Inseln zu begeben. Dort wurde er zum Stammvater des japanischen Kaiserhauses.

Ninive: mesopotamische Stadt am linken Tigrisufer, zeitweise Hauptstadt des Assyrerreiches; religions- und kulturgeschichtlich bedeutsam durch den dortigen Fund des riesigen Tontafelarchivs des Königs Assurbanipal (♕ 668– etwa 631).

Ninlil [sumerisch „Herrin Wind"]: in der sumerischen Mythologie Gattin des ↑Enlil und Fürsprecherin bei ihm.

Ninsun [sumerisch „Herrin der Wildkuh"]: im ↑„Gilgamesch-Epos" die vergöttlichte Mutter des Gilgamesch.

Ninurta [sumerisch „Herr der Erde"]: ein wohl mit *Ningirsu* identischer sumerischer Kriegsgott, auch Herr der Fruchtbarkeit und Vegetation. Auf Ninurta geht wahrscheinlich die Gestalt des biblischen *Nimrod* zurück, als dessen Land im A. T. (Micha 5, 5) Assyrien genannt wird. Im A. T. erscheint Nimrod als „gewaltiger Herr" und als „ein gewaltiger Jäger vor dem Herrn" (1. Mos. 10, 8 f.).

Niobe: Gestalt der griechischen Mythologie. In Vermessenheit wagte es Niobe, vor Leto, die nur zwei Kinder geboren hatte, mit ihren sechs Söhnen und sechs Töchtern zu prahlen. Apol-

Niobe. Tötung der Niobiden durch Apollon und Artemis. Rotfigurige Malerei auf dem sogenannten Argonautenkrater (um 460 v. Chr.; Paris, Louvre)

lon und Artemis rächten diese Beleidigung, indem sie die zwölf Kinder der Niobe, die *Niobiden*, mit ihren Pfeilen töteten. Niobe selbst wurde von Zeus zu einem Felsen des lydischen Sipylosgebirges versteinert, aus dem seither ihre Tränen quellen.

Nirgrạnthas [Sanskrit „Fessellose"]: von den Fesseln des Karma und der durch das Karma bedingten Wiedergeburt Befreite hießen die Mitglieder des ersten indischen Asketenordens, der von Parschwanatha (* um 720 v. Chr.) gegründet worden war.

Nirmạnakaja ↑Trikaja.

Nirwạna (= Nirvāna) [Sanskrit „Erlöschen, Verwehen"] (auch Pali Nibbāna): Begriff, den Buddha zur Kennzeichnung des Heilsziels seiner Religionsstiftung gebrauchte. Für ihn ist Nirwana die Überwindung aller Faktoren, die die Last des Daseins bedingen, das Verlöschen der Lebensbegierde und des Wahnes, im Dasein eine Realität zu erkennen. In psychologischer Hinsicht bedeutet dies die Aufhebung des „Durstes" (Tanha), wie Buddha sagte, der Gier nach dem Leben. Dieser Zustand kann bereits zu Lebzeiten erreicht werden. Nach dem Tod tritt der Erlöste dann in das vollkommene Nirwana, das *Parinirwana* ein, seine individuelle Existenz erlischt, und er ist dem Gesetz der tatbedingten Wiedergeburten entzogen, denn er hat durch absolute Begierdelosigkeit kein ↑Karma angesammelt, das die Seelenwanderung bedingt.

Nitschirẹn-Sekte (= Nichiren-Sekte): von dem Japaner Nitschiren (* 1222, † 1282) begründete und nach ihm benannte Sekte des japanischen Buddhismus, die als autoritative Glaubensgrundlage allein den „Lotos des guten Gesetzes" (Sanskrit Saddharmapundarika, japanisch Hokkekio) anerkennt, einen Text des nördlichen Buddhismus. Als unduldsamer Prophet eines bewußt national-japanischen Buddhismus verwarf Nitschiren in schroffer Weise alle anderen Schulrichtungen. Seine Gegner erwirkten seine zweimalige Verbannung und schließlich das Todesurteil. Angeblich sei die Hinrichtung Nitschirens wundersam durch eine am Himmel fliegende Feuerkugel verhindert worden, die den Scharfrichter blendete.

Nixen [von indogermanisch nig „waschen, baden"]: germanische Wassergeister, die teils männlich (Nix, Neck, Nöck), vornehmlich aber als schöne

Jungfrauen gedacht wurden, die versuchen, Menschen zu sich in die Tiefe des Wassers zu locken.

Nizänokonstantinopolitanum (auch Symbolum Nicaeno-Constantinopolitanum): trinitarisches Glaubensbekenntnis, das nach strittigen Angaben auf dem 1. Konzil von Konstantinopel 381 beschlossen worden sein soll. Es erweiterte inhaltlich das ↑Nizänum, indem es auch die volle Gottheit des heiligen Geistes betonte.

Nizänum (auch Symbolum Nicaenum): das auf dem Konzil von Nizäa 325 formulierte und beschlossene Glaubensbekenntnis. Es ist auf dem Hintergrund der arianischen Lehrstreitigkeiten entstanden und versucht, sie durch drei Aussagen über die Person Jesu beizulegen: Jesus sei „aus dem Wesen des Vaters", „gezeugt und nicht geschaffen" und „wesensgleich (↑homousios) mit dem Vater".

Njörd: nordgermanischer Gott aus dem Geschlecht der Wanen, lebt jedoch bis zum Weltende mit seinem Sohn Freyr und seiner Tochter Freyja als Geisel bei den Asen. Njörd galt als Spender von Reichtum und als Herr der Seefahrt, der Wind und Meer beruhigt.

Nkrumahismus [...ma-'is...]: Bewegung zur religiösen Verehrung von Kwame Nkrumah (* 1909, † 1972), dem früheren Staatspräsidenten von Ghana, die nach dessen Sturz am 24. Februar 1966 erlosch. Der Nkrumahismus hatte in Nkrumah den „Erlöser" („Osagyefo") schlechthin sehen wollen. Nkrumah selbst hatte versucht, seiner Person eine höhere Weihe zu geben. Er verband dabei christliche Vorstellungen mit Rückgriffen auf das religiöse Erbe Afrikas.

Noa: polynesischer Begriff, der im Gegensatz zu dem sakralen Meidungsbegriff ↑Tabu das Profane, Alltägliche und frei zu Gebrauchende bezeichnet. Noawörter sind erlaubte Ausdrücke, die ersatzweise für Benennungen gebraucht werden, deren Aussprache verboten ist; dies gilt besonders für kultische Gegenstände und Götternamen.

noachitische Gebote: aus dem Bund Gottes mit Noah (1. Mos. 9) allen Menschen erwachsende Verpflichtungen in Form einer Reihe sittlich-religiöser Urgebote, die nach jüdischer Auffassung nicht erst Moses, sondern schon Noah gegeben wurden und daher auch für Nichtjuden verpflichtend sind.

Noctiluca ↑Mond.

Nokturn ↑Stundengebet.

Nominalismus [von lateinisch nomen „Name, Benennung"]: eine Schulrichtung der mittelalterlichen ↑Scholastik, nach der Gattungsbegriffe (z. B. Tisch, Baum) als bloße Abstraktionen des menschlichen Verstandes, als bloße Nomina angesehen werden; wirkliche Realität sei nur den individuellen Einzeldingen zuzusprechen.

Nomismus [von griechisch nómos „Gesetz"]: eine religiöse Grundauffassung, die dem Gesetz und seiner peinlich genauen Erfüllung überragende Bedeutung beimißt. Nomistische Religionen sind Gesetzesreligionen.

Nomokanon: heißt eine mittelalterliche, im 11. Jahrhundert abgeschlossene Sammlung kirchenrechtlicher Bestimmungen der orthodoxen Kirche, die sowohl Satzungen des byzantinischen Staatskirchenrechts (griechisch nómoi) als auch kirchliche Satzungen (lateinisch canones) enthält.

Nomos [griechisch]: die Setzung, Norm, Ordnung, die das menschliche Handeln bestimmende Regel. Im spätantiken Sakralkönigtum wird der Herrscher *Nómos émpsychos* („lebendiges Gesetz") genannt.

Norito [japanisch]: Bezeichnung für 27 schintoistische Ritualgebete, deren Sammlung auf das 10. Jahrhundert zurückgeht, die jedoch zum großen Teil bereits dem 7. Jahrhundert entstammen und zu den ältesten japanischen Sprachdenkmälern zählen. Sie beginnen meist mit einer mythologischen Erinnerung, zählen Opfergaben auf und enthalten vornehmlich Bitten um Natursegen, um das Wohl des Reiches und des Herrscherhauses.

Nornen [von altnordisch nornir; Bedeutung umstritten: „Verknüpfende", „Warnende" oder „Raunende"]: die drei Schicksalsschwestern der germanischen Mythologie, die den griechischen Moiren (↑Moira) und den römischen ↑Parzen entsprechen. Wahrscheinlich ist ihre Dreizahl eine Reduktion einer ursprünglich unbestimmten Vielheit kollektiver Schicksalsmächte. Ihre Namen sind Urd, Verdandi und Skuld. Sie verweilen bei der Schicksalsquelle am Fuß der Weltesche Yggdrasil und bestimmen durch ihren Spruch den Menschen bei der Geburt Geschick und Lebensdauer.

Nothelfer: werden 14 Schutzheilige genannt, die in der katholischen Volksfrömmigkeit Deutschlands seit dem 14. Jahrhundert große Bedeutung gewannen. Ihre Namen sind z. T. landschaftlichen Schwankungen unterworfen; die Normalreihe bilden im allgemeinen: die drei Bischöfe Dionysius von Paris, Erasmus, Blasius von Sebaste, die drei Jungfrauen Barbara, Margaretha von Antiochia, Katharina von Alexandria, die drei ritterlichen Heiligen Georg, Achatius, Eustachius, der Arzt Pantaleon, der Mönch Ägidius, der Diakon Cyriakus von Rom, der Knabe Vitus und Christophorus als Träger des Christuskindes. Den Nothelfern sind zahlreiche Wallfahrtskirchen geweiht, deren bedeutendste Vierzehnheiligen in Oberfranken ist.

Nottaufe ↑Taufe.

Noviziat: heißt die Probezeit der Novizen („Neulinge"; von lateinisch novus „neu") vom Eintritt in ein Kloster bis zur Profeß, der Ablegung der Ordensgelübde. Das Noviziat dauert in den Orden der katholischen Kirche mindestens ein Jahr.

nubische Religionen: von der *altnubischen* Religion ist uns durch ägyptische Überlieferung die Verehrung des Gottes Dedun bekannt, der bereits in den ↑Pyramidentexten erwähnt wird. Mit fortschreitender Ägyptisierung Nubiens gelangten Kulte *ägyptischer Götter*, v. a. des Amun, der Hathor und der Isis ins Land. Als ersten nubischen *Christen* kennt das N. T. (Apg. 8, 26–39) den Kämmerer der Königin Kandake. Offiziell christlich wurde Nubien mit der Schließung der Isistempel auf der Nilinsel Philae, die Justinian I. (♔ 527–565) um 535 befahl. Eine zunehmende arabische Durchdringung förderte die *Islamisierung* des Landes, die um 1272 abgeschlossen war.

Numen [lateinisch von nuere „nikken"]: der durch Kopfnicken angedeutete Wille, besonders derjenige einer Gottheit; dann auch für ein göttliches Wesen selbst gebräuchlich und in dieser Bedeutung in der modernen Religionswissenschaft allgemein verwendet.

Numeri [lateinisch „Zahlen"]: wissenschaftlicher Name des 4. Buches Mose, so benannt, weil es mit Volkszählungen beginnt. Das Buch berichtet über den Wüstenaufenthalt der Israeliten und über den Beginn der Landnahme. Als Sonderüberlieferung tritt die Bileam-Erzählung (4. Mos. 22–24) hinzu.

Numinose, das: von ↑Numen abgeleiteter Begriff, den der deutsche evangelische Theologe und Religionsphilosoph Rudolf Otto (* 1869, † 1937) prägte, um „das Heilige minus seines sittlichen Momentes" zu erfassen.

numinose Urlaute: werden einige Silben genannt, denen die Macht des Herbeirufens höherer Wesen zugesprochen wird. Diese numinosen Urlaute können als Keimformen des Gebets verstanden werden; sie verbinden sich oft mit Gebetsanrufen. Die bekanntesten numinosen Urlaute sind das indische *Om* und *Hum*, das *Hu* der islamischen Derwische, das *Hau-Hau* der Anhänger der ↑Pai-Marire.

Nuntius [lateinisch „Botschafter, Gesandter"] (auch Apostolischer Nuntius): päpstlicher Gesandter, der neben dem kirchlichen Auftrag mit der diplomatischen Vertretung des Vatikans in fremden Staaten betraut ist. Er gehört zur ersten Rangklasse der diplomatischen Vertreter und besitzt in vielen Staaten unabhängig vom Dienstalter die Ehrenstellung eines *Doyen* („Ältester") des diplomatischen Korps. Wo dies nicht der Fall ist, führt er den Titel *Pronuntius*.

Nus [griechisch]: Geist, Vernunft; bei Platon (* 428/427, † 348/347) Bezeichnung für die „denkende Seele", die Menschen im Unterschied zu Tieren besitzen; bei Aristoteles (* 384, † 322) die Seinsweise Gottes; in einigen Systemen der Gnosis die Bezeichnung für das oberste geistige Weltprinzip.

Nusairier (auch Nosseirier): in den Tälern des Libanon und auf syrischem Gebiet beheimatete Sekte des schiitischen Islams, deren Glaube Elemente der Gnosis und der altsyrischen Religion enthält. Ali, Mohammed und der Perser Salman genießen eine fast göttliche Verehrung. Die Nusairier bekennen sich zur Seelenwanderung. Eine eigene Kaste bilden unter ihnen die in Geheimlehren Eingeweihten, die besondere Riten und Speisegebote zu beachten haben. Der Stifter der Sekte, nach dem sie ihren Namen trägt, war Mohammed Ibn Nusair (9. Jahrhundert).

Nusku: sumerischer, von den Babyloniern unter dem gleichen Namen verehrter Gott, galt als Minister des Enlil und als Feuergott.

Nut: altägyptische Himmelsgöttin. Sie bildet in der ↑ Götterneunheit von Heliopolis zusammen mit ihrem Gatten Geb, dem Erdgott, die dritte Generation nach dem Urschöpfer Atum. Sie wird gelegentlich in Kuhgestalt als sogenannte „Himmelskuh" dargestellt, oft auch in menschlicher Gestalt als Frau, die mit ihren Fingerspitzen den Erdboden berührt und sich in hohem Bogen über den auf der Erde liegenden Geb beugt. Da sie allabendlich die Sterne hervorbringt, die sie am Morgen wieder verschluckt, hofft auch der Tote, von ihr wiedergeboren zu werden. Daher findet sich ihr Bild seit dem Neuen Reich (1551–1070) im Innern der Sargdeckel.

Nymphen [griechisch nýmphai „Bräute, junge Frauen"]: in der griechischen Mythologie meist in Gruppen auftretende weibliche Naturgeister, die als Töchter des Zeus galten. Man unterscheidet Nymphen des Meeres (Okeaniden und Nereiden), der Landgewässer (Najaden), der Berge (Oreaden) und der Bäume (Dryaden).

Nyx: bei den Griechen Begriff und die als göttliche Person gedachte Nacht. Nach Hesiod (um 700 v. Chr.) ist die Nyx unmittelbar aus dem Chaos entsprungen und die Mutter verderblicher Mächte der Finsternis, wie z. B. des Thanatos („Tod").

Nzambi: bei den afrikanischen Bantuvölkern die Bezeichnung für eine dem melanesischen ↑ Mana entsprechende Kraft.

O

Oannes: gräzisierte Form eines nicht sicher ermittelten sumerischen oder akkadischen Götternamens. Nach einem nur bruchstückhaft überlieferten griechischen Bericht des Bel-Priesters Berossos (* um 345, † nach 270) soll Oannes aus dem Meer gekommen und in Babylonien an Land gestiegen sein, um den Menschen dort die Schrift, Künste und Wissenschaften, Städte- und Tempelbau, Handwerk und Ackerbau zu lehren.

Obadja: Prophet und Name des kleinsten, nur ein Kapitel umfassenden Buches der ↑ Kleinen Propheten des A. T. Das Buch enthält eine nachexilische Aussage über den Untergang Edoms als Feind Israels.

Obelisken des Königs Thutmosis I. und der Königin Hatschepsut (um 1500 und um 1470 v. Chr.) in Karnak

Obelisk [von griechisch obelískos „Bratspießchen"]: so nannten die Griechen rechteckige, sich nach oben verjüngende und mit einer Spitze gekrönte Steinpfeiler, die von den Ägyptern seit der 5. Dynastie (2563 bis 2433) freistehend errichtet wurden, im Neuen Reich (1551–1070) meist paarweise. Sie erreichten eine Höhe von fast 30 m. Sie waren Symbole des Sonnengottes. Auf ihre mit Edelmetallen überzogene Spitze fielen frühmorgens die ersten Strahlen der Sonne.

oben–unten: Gegensatzpaar, das im Weltbild vieler Religionen mit einer positiven Wertung des oben liegenden Himmels und seiner Gottheiten, zugleich mit einer negativen Wertung des „Unten", d. h. der Erde mit ihren chthonischen Mächten, v. a. aber der Unterwelt als Reich der Toten verbunden ist.

Oblaten [von lateinisch (pueri) oblati „dargebrachte (Knaben)"]: in der alten und mittelalterlichen Kirche Kinder, die von ihren Eltern dem Kloster dargebracht und für das Leben im Kloster bestimmt wurden. Daneben auch Bezeichnung für Erwachsene, die sich einem Orden oder Kloster anschließen, ohne Vollmitglied der betreffenden Gemeinschaft zu sein. Oblaten nennen sich auch die Mitglieder neuerer katholischer Ordensgemeinschaften, z. B. Oblaten des hl. Franz von Sales.

Obo (= Obō): Steinsetzung der altmongolischen Volksreligion. Der Obo galt als Wohnsitz und Sammelpunkt von Ortsgeistern.

Obödienz (= Obedienz) [lateinisch]: die Gehorsamspflicht des Klerikers gegenüber den geistlichen Oberen sowie das Gehorsamsgelübde der Ordensangehörigen.

Observanz [lateinisch]: peinlich genaue Befolgung religiöser Gebote; auch die Einhaltung der strengeren Regeln eines Mönchsordens.

Oden Salomos: eine in den Jahren 1909 bis 1912 erstmals in syrischer Übersetzung herausgegebene Sammlung von 42 christlich-gnostischen Hymnen. Ihre Ursprache war wahrscheinlich griechisch. Sie sind Dichtungen aus Kreisen des christlichen Gnostizismus des 2. Jahrhunderts, in

Odysseus, die Freier tötend (auf einem Trinkbecher aus der Mitte des 5. Jahrhunderts v. Chr.)

denen der Weg des Gläubigen zu Gott und seine Verbindung mit ihm durch die Erkenntnis der Wahrheit gepriesen wird.

Odin (auch altnordisch Óthinn, niederdeutsch Wodan): Herr des germanischen Göttergeschlechts der Asen, Gatte der Frigg und Vater ihres Sohnes Baldr. Wesenszüge und Funktionen Odins sind vielschichtig. Sein Name, der mit dem Wort „Wut" zusammenhängt, deutet auf ekstatische Züge. Er ist Sturmgott und „Wilder Jäger", der Anführer der nächtlichen „Wilden Jagd", bei der er auf seinem achtbeinigen Hengst Sleipnir durch die Lüfte reitet. Er reizt zum Kampf, begleitet von seinen beiden Raben (↑ Munin), die Vögel der Stätte der Erschlagenen sind. Seine Dienerinnen, die Walküren, bestimmen diejenigen Krieger, die fallen und in die Wohnung Odins, nach Walhall, der „Halle der Kampftoten", eingehen werden. Aber Odin ist nicht nur Kriegs- und Todesgott, sondern auch der Meister der Runen, der Gott der Dichtkunst und Weisheit, der göttliche Herr der Skalden. Er weist ferner enge Beziehungen zur Magie auf und übt die Wahrsagekunst aus. In hervorragender Weise eignen seinem Wesen herrscherliche Züge. Seine Verehrung ist für die Germanen Mitteleuropas früh bezeugt. Für den skandinavischen Bereich ist in der Forschung die Ansicht vorherrschend, daß Odin erst allmählich nach Norden vorgedrungen sei und dabei die vorher beherrschende Stellung der Götter Freyr und Thor eingenommen habe. In der Wikingerzeit ist er dann sicher der vorrangig verehrte Gott der Nordgermanen.

Ödipus: Gestalt der griechischen Sage, tötet seinen von ihm unerkannten Vater Laios, heiratet unwissend seine Mutter Iokaste und übernimmt die Königsherrschaft von Theben. Als diese Stadt von einer Seuche heimgesucht wird, fordert das Delphische Orakel die Bestrafung von Laios' Mörder. Die Untersuchung hierüber, von Ödipus veranlaßt, deckt seine Tat auf. Daraufhin erhängt sich Iokaste, und Ödipus beraubt sich des Augenlichts. Von seinen Söhnen aus Theben verwiesen, führt er jahrelang, nur begleitet von seiner Tochter Antigone, ein unstetes Bettlerleben, von dem ihn ein friedvoller Tod erlöst.

Odoruschukio (= Odorushukyo) [japanisch „Tanzreligion"]: inoffizieller Name einer am 22. Januar 1945 gestifteten neuen Religion Japans, die sich selbst Tenscho Kodai Dschingukio nennt, was sie mit „Lehre des absoluten Gottes" wiedergibt. Die Lehre der neuen Religion, die sich zu einem nahezu monotheistischen Gottesbegriff bekennt, tritt zurück gegenüber dem ethischen Gebot der Freiheit vom Egoismus und der Forderung der Demut. Völlige Befreiung aber erlangt der Mensch erst mittels einer kultischen Handlung, die „Tanz des Nicht-Ich" („Muga no odoru") genannt wird.

Odysseus: Held der griechischen Sage, Gemahl der Penelope, Vater des Telemachos, König der Insel Ithaka. Odysseus zeichnet sich im Trojanischen Krieg durch Klugheit und List aus. Seine Heimfahrt von Troja, die

Gegenstand der „Odyssee“ Homers ist, dauert zehn Jahre und ist reich an gefährlichen Abenteuern. Nach seiner Heimkehr tötet er die Freier seiner Gattin Penelope.

Offenbarung: allgemein eine in übernatürlicher Weise erlangte Erkenntnis, im spezifisch religiösen Sinn die Enthüllung transzendenter Wahrheiten, die vom Empfangenden im Glauben ergriffen wird. Offenbarung ist in allen Religionen von überragender Bedeutung; sie ist bestimmend für die Entstehung neuer Religionen. Eine mittelbare Offenbarung erfolgt, wenn im Schöpfungswerk, im menschlichen Schicksal und in der Geschichte das Walten eines göttlichen Willens erkannt wird. Unmittelbar tritt die Offenbarung in der Theophanie zutage. Von dieser äußeren Offenbarung ist eine innere zu unterscheiden, die als innere Stimme oder innere Wahrnehmung erlebt wird. Innere Offenbarung ist vor allem die mystische Erleuchtung. Von der mystischen ist die prophetische Offenbarung zu unterscheiden. Sie ist auftragsgebundene Rede, die der Unmittelbarkeit des prophetischen Umgangs mit der Gottheit entspringt. Ihr Inhalt ist die Verkündigung des fordernden Willens, des Gerichtes und der Gnade Gottes. Diese Offenbarung, die ethische Normen setzt, findet sich bei Zarathustra und den Propheten des A. T. Für das Christentum ist Jesus Christus selbst als Sohn Gottes die letzte und abschließende Offenbarung.

Offenbarung Johạnnis ↑Apokalypse des Johannes.

Offertọrium [lateinisch „Darbringung, Opfer“]: in der katholischen Messe die Gabenbereitung und der Gesang, der die Bereitung der Gaben einleitet.

Offịcium [lateinisch „Dienst, Pflicht“]: 1. die Gesamtheit der dem Geistlichen vorbehaltenen liturgischen Amtshandlungen; 2. das dem katholischen Geistlichen obliegende Stundengebet; 3. Sanctum Officium, römische Kurialbehörde zum Schutz von Glaubens- und Sittenlehre, 1965 in die „Kongregation für die Glaubenslehre“ umgewandelt.

Ofudesạki [japanisch „Spitze des Pinsels“]: Name des heiligen Buches der japanischen ↑Tenrikio.

Ọger [von lateinisch orcus „Unterwelt“]: von der Bedeutung „Unterweltsherrscher“ abgeleitete und über das französische „ogre“ ins Deutsche übernommene Bezeichnung für ein Ungeheuer, das zuerst im französischen Märchen als menschenraubender und -fressender Riese auftritt.

Ọgma ↑Ogmios.

Ọgmios: aus dem gallischen Verbreitungsgebiet der keltischen Religion bezeugter Name eines Gottes, der in Irland *Ogma* hieß. Er galt als Erfinder der aus einfachen Strichen zusammengesetzten *Ogam-Schrift*. Der irische Beiname *Mac Elathan* („Sohn der Wissenschaft“) kennzeichnet den Gott als Schutzherrn der Gelehrsamkeit. Gedacht wurde er als alter Mann.

Ogụ́n: ursprünglich westafrikanischer Gott des Eisens und des Feuers, der sowohl in den Wodu-Kult Haitis als auch in die Umbanda-Religion Brasiliens Eingang fand. Die Haitianer unterscheiden zwei Erscheinungsformen, den Eisen-Ogún oder Ogún-Ferraille, den Schutzherrn der Schmiede, und den kriegerischen Ogún-Badagri, der mit Jakobus dem Älteren gleichgesetzt wird. Die Umbanda-Religion betont die kriegerischen Eigenschaften des Ogún und identifiziert ihn mit dem Drachentöter Georg.

Ohrenbeichte ↑Beichte.

Ojagạmi ↑Tenrikio.

Ojasato (= Oyasato) [japanisch „Wohnsitz der Elterngottheit“]: in der japanischen ↑Tenrikio die religiöse Bezeichnung ihres kultischen und organisatorischen Zentrums, die Stadt Tenri Schi (auch Tenri City).

Okẹanos: in der griechischen Kosmologie ursprünglich der die Erde kreisförmig umsäumende Weltstrom, später Bezeichnung des Weltmeeres. Als Person gedacht ist Okeanos der Sohn des Uranos und der Gaia, einer der Titanen, Gemahl der Tethys.

Okkultismus [von lateinisch occultus „verborgen"]: die Lehren vom Verborgenen sowie Praktiken, die auf diesen Lehren beruhen. Im allgemeinen wird Okkultismus als Sammelbegriff für alle Geheimwissenschaften verwendet, die sich mit übersinnlichen, durch Naturgesetze nicht erklärbaren Erscheinungen befassen. Dazu zählen außersinnliche Wahrnehmungen des Hell- und des psychischen Fernsehens, Bewegung von Gegenständen ohne physische Ursache *(Psychokinese)*, das Phänomen des Schwebens *(Levitation)*, die Entstehung neuer körperlicher Gebilde *(Materialisation)* sowie alle durch Medien vermittelten parapsychischen Erscheinungen. Dem Begriff Okkultismus werden meist auch Astrologie, Wahrsagen, Spiritismus, Magie und Spuk zugeordnet. Der Okkultismus beruht zum einen auf dem Glauben an die Übermacht menschlicher Seelenkräfte gegenüber den Naturgesetzen und an die Existenz von Geistern. Er nimmt ferner eine Beseeltheit der Natur an und rechnet schließlich mit der Möglichkeit eines Entsprechungszusammenhangs von menschlicher Seele und beseelter Natur.

Oktav [von lateinisch octavus „der achte"]: in der katholischen Liturgie die achttägige Festwoche oder die Nachfeier von Festen am achten Tag; seit 1969 haben nur noch Weihnachten und Ostern eine Oktav.

Ökumene [griechisch „die bewohnte (Welt)"]: in der Theologie Bezeichnung für die Gesamtheit der christlichen Kirchen.

ökumenische Bewegung: Einigungsbewegung der christlichen Kirchen im 20. Jahrhundert. Ausgangspunkt war das gemeinsame Handeln in der Mission, ihr Ziel ist die Einheit der Kirchen in der Verkündigung von Jesus Christus und im Dienst an der Welt. Instrument der ökumenischen Bewegung ist der *Ökumenische Rat der Kirchen* (auch *Weltrat der Kirchen*) in Genf. Bedeutende Anstöße empfing die ökumenische Bewegung durch die 1925 von dem schwedischen Erzbischof und Religionswissenschaftler Nathan Söderblom (* 1866, † 1931) einberufene Weltkirchenkonferenz in Stockholm sowie durch die Weltkonferenz für Glauben und Kirchenverfassung (Faith and Order) in Lausanne 1927. Die anfangs ablehnende Haltung der katholischen Kirche änderte sich entscheidend seit dem Pontifikat Johannes' XXIII. Papst Paul VI. besuchte 1969 das ökumenische Zentrum in Genf.

Ökumenischer Rat der Kirchen ↑ Weltrat der Kirchen.

Öl: in vielen Religionen sind heilige Öle sakramentale Mittel der Weihe und Kraftübertragung, der Dämonenabwehr und Entsühnung. Deshalb werden häufig Götterbilder und Kultobjekte gesalbt. Im A. T. (1. Mos. 28, 18) begießt Jakob den Stein von Bethel mit Öl, außerdem findet sich der Befehl zur Salbung der Stiftshütte (2. Mos. 40, 9). Die Römer salbten die Waffen des alten Ortsgottes Quirinus. Die Salbung der Könige, ein Weihe- und zugleich Rechtsakt, wurde bereits in alttestamentlicher Zeit (1. Sam. 10, 1; 2. Sam. 2, 4; 1. Kön. 1, 34) vollzogen; sie findet sich im Abendland seit dem 7. Jahrhundert und ist für die byzantinischen Kaiser seit dem Ende des 1. Jahrtausends bezeugt. Die älteste christliche, bereits im N. T. (Mark. 6, 13) erwähnte Salbung ist die Krankenölung; später wurde die sakramentale Salbung auch für Taufe, Firmung und Priesterweihe üblich. Als heiligstes Öl gilt in der katholischen Kirche das ↑ Chrisam.

Olymp: Gebirgsmassiv in Thessalien, an der Grenze zu Makedonien gelegen. Der Olymp galt in der Antike als Sitz der Götter, v. a. des Zeus.

Olympia: durch Ausgrabungen erschlossene antike Ruinenstätte in der griechischen Peleponnes, einst der

Ort der Olympischen Spiele, die alle vier Jahre zu Ehren des olympischen Zeus veranstaltet wurden (erster Nachweis 776 v. Chr.). Der Kult wurde 394 durch Kaiser Theodosius I. (♔ 379–395) verboten, das Heiligtum selbst im 6. Jahrhundert durch Erdbeben zerstört.

Ölzweig: war besonders in der griechischen Religion heilig. Die *Eiresione*, der Ölzweig Apollons, galt als Segensmittel. Auf Grund von 1. Mos. 8, 11 gilt der Ölzweig bei den Juden und Christen als Friedenszeichen.

Om ↑numinose Urlaute.

Omarmoschee ↑Felsendom.

Omecihuatl [aztekisch ome'ßi:watl] ↑Ometecutli.

Omen [lateinisch] (Mehrzahl Omina): Vorzeichen, das dem Menschen entweder ungesucht zuteil wird oder das er bewußt unter Anwendung einer Vorzeichenlehre erkundet. Zugrunde liegt die magische Auffassung vom Zusammenhang aller Dinge und Erscheinungen. Als bevorzugte Omina gelten Träume, der Lauf der Gestirne, atmosphärische Erscheinungen, Vogelflug und Eingeweide-, besonders Leberschau eines Opfertieres.

Ometecutli [aztekisch „Herr der Zweiheit"]: zusammen mit *Omecihuatl* („Herrin der Zweiheit") der oberste Himmelsgott der Azteken, der in einer personalen Zweiheit im Sinne einer göttlichen Einheit als Elterngottheit angesprochen wurde.

Omeyocan [ome'jɔkan; aztekisch „Ort der Zweiheit"]: der im obersten Himmel befindliche Aufenthaltsort der elterlichen Hochgottheit der Azteken ↑Ometecutli und Omecihuatl.

Om mani padme hum [Sanskrit „Om Kleinod im Lotos hum"]: magische Formel des Lamaismus, in Gebetsmühlen oft auf Papierstreifen geschrieben. Das deutbare *mani padme* („Kleinod im Lotos") ist in die ↑numinosen Urlaute om und hum eingeschlossen.

Omnipotenz [lateinisch]: Allmacht, unbeschränkte Machtvollkommenheit; v. a. ein Prädikat von Gottheiten.

Omophagie [von griechisch ōmós „roh" und phageĩn „essen"]: das Verschlingen des rohen Fleisches von Opfertieren, um sich die Kraft des darin gegenwärtig gedachten Gottes anzueignen. Das bekannteste Beispiel für Omophagie waren die Mysterien des Dionysos, in deren Verlauf die Bacchantinnen einen Bock zerfleischten und roh verzehrten.

Omophorion [von griechisch ōmophoreĩn „auf den Schultern tragen"]: in den Ostkirchen ein zum bischöflichen Ornat gehörender langer Seidenstreifen, der über die linke Schulter gelegt wird.

Omotokio (= Omotokyo) [japanisch „Lehre von der großen Grundlage (der Weltordnung und Weltherrschaft)"]: eine der neuen Religionen Japans. Sie wurde 1892 von Nao Degutschi (* 1836, † 1918) begründet und entscheidend geprägt von deren visionär und dämonisch veranlagten Schwieger- und Adoptivsohn Onisaburo Degutschi (* 1871, † 1948). Die Lehre der Omotokio, die im ↑„Ofudesaki" der Stifterin und in den „Erzählungen aus der Geisterwelt" („Reikai Monogatari") ihres Schwiegersohnes niedergelegt ist, verbindet nationalistisch-imperialistische Tendenzen mit der Erwartung eines kommenden Weltreichs des Friedens. Ein in der Gemeinde praktizierter Ritus der Dämonenaustreibung sowie politische Unklarheiten ihrer Zielsetzung führten 1921 zum Verbot und 1935 zur gewaltsamen Zerstörung des Zentralheiligtums in Ajabe bei Kioto.

Omphalopsychiker ↑Hesychasten.

Omphalos [griechisch omphalòs (tẽs gẽs) „Nabel (der Erde)"]: mythisch begründete religionsgeographische Mittelpunktsvorstellung, die viele Völker mit heiligen Stätten, Kultorten oder Bergesgipfeln verbanden. In Griechenland galt das Heiligtum von Delphi mit dem kultisch verehrten Omphalos-Stein als Mittelpunkt der Erde, in Rom der „Nabel der Stadt Rom" (lateinisch umbilicus urbis Romae) auf dem Forum Romanum. In Palästina wurde der Berg Garizim als Mittelpunkt angesehen (Richter 9, 37), v. a. aber Jerusalem, mit dem bereits der Prophet Ezechiel (5, 5) diese Vorstellung verband und das auf Erdkarten bis ins 18. Jahrhundert als Zentrum erscheint.

On ↑ Heliopolis.

Ontologie [griechisch]: die Lehre von den Ordnungs-, Begriffs- und Wesensbestimmungen des Seins. Der ontologische Gottesbeweis schließt von der Idee eines höchsten Wesens auf dessen Existenz (↑ Gottesbeweise).

Opfer. Relief mit der Darstellung einer Opferszene aus Ephesus (165/170 n. Chr.; Wien, Kunsthistorisches Museum)

Opfer: religionsgeschichtlich eine der ältesten und wichtigsten Formen des Kults, der Vollzug einer Handlung, die der gänzlichen oder teilweisen Hingabe von Menschen, Tieren Pflanzen oder irdischen Gütern dient und damit einen Kontakt zu überirdischen Mächten, vergöttlichten Ahnen, v. a. aber Gottheiten selbst hergestellt. Die Opferhandlung ist rituell festgelegt, sie findet besonders zu heiligen Zeiten und an heiligen Orten statt und wird meist von einem Priester vollzogen. – Dem Opfer können sehr unterschiedliche Intentionen zugrunde liegen. Das *Bittopfer* erstrebt die Gewährung menschlicher Wünsche durch die Gottheit. Für empfangene Segnungen mit Nachkommen, reichem Viehbesitz und guten Ernten werden *Dank-*, *Geschenk-* und *Huldigungsopfer* dargebracht. Götterbilder, Altäre und Grenzsteine werden durch *Weihopfer* geheiligt. *Schuld-* und *Sühneopfer* sollen den Zorn der Gottheit beschwichtigen. *Divinationsopfer*, die mit einer Opferschau verbunden sind, haben mantische Motive; sie wollen den Willen der Gottheit erforschen. – Nicht in jedem Falle wird das Opfer einer persönlichen Gottheit gespendet. Im magischen Bereich spricht man ihm eine Kraft der Verwirklichung zu, die automatisch wirkt. Dies gilt oft für das *Jagdopfer*, aber auch für Opfer, die die Lebenskraft der Gestirne, besonders der Sonne, erhalten sollen, sowie für Opfer, die dem Bestand der Welt dienen. Charakteristisch hierfür sind das altindische *Roßopfer* (↑ Aschwamedha) sowie Dramatisierungen mythischer Geschehnisse, wie sie besonders im Alten Orient weithin üblich waren. – Wie die Intentionen so sind auch die Formen des Opfers sehr verschieden. Alt ist sicher das *Blutopfer*, das durch Blutabzapfungen lebender Menschen, aber auch durch das ↑ Menschenopfer dargebracht wurde. Sonderformen des Menschenopfers sind das Kinder-, Jungfrauen- und Kriegsgefangenenopfer. Die römische Religion kannte das *Selbstopfer* (lateinisch devotio). Mit der indischen Witwenverbrennung hat sich lange Zeit hindurch das *Totenbegleitopfer* erhalten. Ein *Häuptlingsopfer* wurde vielfach vollzogen, wenn die Kraft des Herrschers erlahmte. – Im Verlauf einer Verinnerlichung des Opfergedankens wird das Menschenopfer durch *Ersatzopfer* und durch *Pars-pro-toto-* oder *Teilopfer* abgelöst. Als Ersatzopfer dient zunächst und vornehmlich das Schlachtopfer von Tieren, aber auch jede andere dem Menschen wertvolle Gabe, besonders der erste Ertrag der Ernte, der als *Primitialopfer* dargebracht wird. Pars-pro-toto-Opfer sind besonders Haar- und Fingeropfer. Das *Keuschheitsopfer* äußert sich in den unterschiedlichen Formen der Askese, der Kastration und der sakralen Prostitution. – *Rauch-* und *Trankopfer* sind häufig begleitende Opferhandlungen. – In der Haltung der Religionen zum Opfer können extreme Pole aufgezeigt werden: Buddhismus und Dschainismus sind gänzlich ablehnend, während die aztekische Religion des alten Mexiko dem Blut- und Menschenopfer am stärksten zugeneigt war. – Die Religion des A. T. kannte ursprünglich sowohl unblutige als auch blutige Opfer, die jedoch früh eine Humanisierung erfuhren (Opferung Isaaks; 1. Mos. 22). Die Propheten bekämpften den Opferkult (z. B. Amos 5, 21 f.) und forderten stattdessen Bußgesinnung und Gehorsam (1. Sam. 15, 22). Im talmudischen Judentum gilt auch das Schriftstudium als Opfer. Für das Christentum ist der Tod Christi das einmalige und endgültige Opfer zur Tilgung der Sünden (1. Kor. 5, 7; Hebr. 9, 28).

Opferstock: in den christlichen Kirchen Behälter für Almosen.

Opfertod ↑Opfer.

Ophiten [von griechisch óphis „Schlange"] (auch Naassener): Sammelbezeichnung für die Anhänger einer in unterschiedlichen Gruppen im Orient vertretenen Richtung der Gnosis. In ihren Systemen hatte die Schlange eine zentrale Stellung. Sie wurde von einigen Gruppen (auf Grund von 1. Mos. 3, 5) als Vermittlerin der Erkenntnis und des Fortschritts verehrt, in anderen Gruppen galt sie als Bringerin des Verderbens.

Ops: römische Göttin der Erde und des Erntesegens, die auch als Beschützerin der Neugeborenen verehrt wurde.

Opus operatum [lateinisch „die vollzogene Handlung"]: Bezeichnung für die automatische Wirksamkeit einer kultischen Handlung, die allein durch ihren Vollzug *(ex opere operato)* eintritt; in der christlichen Theologie eine dogmatische Theorie, nach der die gnadenvermittelnde Wirkung der Sakramente unabhängig ist von der Person des Spenders oder des Empfängers.

Ora et labora [lateinisch „bete und arbeite"]: alte christliche, v. a. mönchische Maxime, die das Benediktinertum entscheidend geprägt hat.

Orakel ↑Mantik.

Orarion [griechisch]: Bezeichnung für die Stola des Diakons in der griechisch-orthodoxen Liturgie.

Oratorianer (lateinisch Institutum Oratorii Sancti Philippi Neri; Abk. Or): Mitglieder einer katholischen Weltpriestergemeinschaft, die 1564 von dem hl. Philipp Neri (* 1515, † 1595) in Rom gegründet wurde. Die Gemeinschaft pflegt neben intensiver Seelsorgetätigkeit besonders die geistliche Musik. Der Name Oratorianer leitet sich ab vom ersten Versammlungsort der Gemeinschaft, einem römischen Oratorium; danach wird jede Niederlassung der Gemeinschaft Oratorium genannt.

Oratorium: ist ursprünglich die allgemeine lateinische Bezeichnung für jeden zum Beten bestimmten Raum. Die mit Oratorium bezeichnete Gattung geistlicher Musik entstand im 17. Jahrhundert und wurde nach ihren anfänglichen Aufführungsorten, den Oratorien („Betsälen") der ↑Oratorianer, benannt.

Ordal ↑Gottesurteil.

Orden [von lateinisch ordo „Reihe, Ordnung, Rang, Stand"]: nach katholischem Kirchenrecht klösterliche Gemeinschaften. Die Mitglieder eines Ordens haben sich zu den drei Gelübden des Gehorsams, der Armut und Keuschheit verpflichtet und leben unter einem gemeinsamen Oberen nach einer gemeinsamen Ordensregel. Das Ziel des Ordenslebens ist rein religiöser Art; doch erfüllen die Ordensleute meist auch Aufgaben in kirchlichen, wissenschaftlichen und karitativen Bereichen. Man unterscheidet männliche und weibliche Orden. Nach der Tätigkeit der Ordensleute werden kontemplative, aktive und gemischte Orden unterschieden; letztere verbinden innerklösterliche Beschaulichkeit (Kontemplation) mit äußerer Tätigkeit. Die Anfänge des christlichen Ordenslebens liegen im Asketentum der alten Kirche. – ↑ auch Mönchtum.

Ordinariat [zu lateinisch ordinarius „ordentlich"]: in der katholischen Kirche die vom Generalvikar geleitete zentrale Verwaltungsbehörde eines Bistums.

Ordination [lateinisch] (auch Ordo): im katholischen Kirchenrecht die Spendung des Sakraments der Weihe (Ordo), mit dem die zum Leitungsdienst in der Kirche notwendige geistliche Vollmacht übertragen wird. Seit 1973 gibt es nur noch die drei Weihestufen des Diakons, des Priesters und des Bischofs.

Ordnung: in der Religionsgeschichte wird das Prinzip einer umfassenden, sowohl kosmischen als auch ethischen und rituellen Ordnung häufig durch „*numinose Ordnungsbegriffe*" zum Ausdruck gebracht. Zu derartigen Zentralbegriffen zählen die ägyptische ↑ Maat, ferner das zu dem Gotte Waruna in enger Beziehung stehende altindische Rita sowie das Tao des alten China. Die Sumerer bezeichneten eine Ordnung von ewiger, unveränderlicher Geltung mit ME. Im Russischen drückte der Begriff Prawda ursprünglich ein ethisches Prinzip der Weltordnung aus. Beim Zerfall universistischer Weltbilder (↑ Universismus) werden numinose Ordnungsbegriffe meist unter Fortfall ihrer kosmischen und rituellen Bedeutung auf ethische und rechtliche Qualifikationen eingeschränkt. – Die christlich-theologische Ethik unterscheidet zwischen einer vorgegebenen Schöpfungsordnung und den in Gesellschaft und Staat geschichtlich entwickelten Ordnungen, deren moralische Berechtigung dem Gebot Gottes zu unterstellen ist.

Orenda: in der Religion der Irokesen Bezeichnung einer übernatürlichen, im wesentlichen unpersönlich gedachten Macht, die sich jedoch mit Menschen verbinden und durch Berührungszauber übertragen werden kann. Der Begriff Orenda entspricht dem ↑ Mana der Melanesier.

Orestes (auch Orest): in der griechischen Heldensage Sohn des Agamemnon und der Klytämnestra, Bruder von Elektra, Iphigenie und Chrysothemis. Nach der Ermordung Agamemnons durch Klytämnestra und ihren Geliebten Ägisthus läßt Elektra den Bruder zu König Strophios bringen, der ihn gemeinsam mit seinem eigenen Sohn Pylades erziehen läßt. Acht Jahre später kehrt Orestes in das heimatliche Mykene zurück, um im Auftrag Apollons seinen Vater zu rächen; er tötet Klytämnestra und Ägisthus. Als Muttermörder wird er von den Erinnyen verfolgt, jedoch von Apollon und Athena entsühnt.

orgiastisch: schwärmerisch, ausschweifend, zügellos. Die antiken Mysterienkulte trugen z. T. orgiastische Züge. Feiern mit sexuellen Ausschweifungen finden sich vornehmlich in Fruchtbarkeitskulten.

orientalische Kirchen ↑ Ostkirchen.

Orientation [lateinisch]: bedeutet auf religiösem Gebiet zunächst die ↑ Ostung, dann aber auch die Gebetsrichtung zur heiligen Stätte. Sie erfolgte bei den Römern zum kapitolinischen Tempel des Jupiter, bei den Juden nach Jerusalem, den Muslimen zunächst ebenfalls nach Jerusalem, dann aber schon zu Zeiten Mohammeds nach Mekka (↑ Kibla).

Orixá [ɔrɪˈʃa] ↑ Umbanda-Religion, ↑ Wodu-Kult.

Orkus ↑ Hades.

Ormazd ↑ Ahura Masda.

Orpheus, umgeben von Kriegern, die seiner Musik lauschen (griechisches Vasenbild auf einem Krater, um 450 v. Chr.; Berlin, Museumsinsel)

Ornat [von lateinisch ornare „schmücken"]: feierliche, nach bestimmten Vorschriften getragene Amtstracht der Geistlichen in den christlichen Kirchen.

Orpheus: griechische mythologische Gestalt, Sohn des Flußgottes Oiagros und der Muse Kalliope; bezaubert mit seinem Gesang und Saitenspiel Menschen, Tiere und Pflanzen. Nach dem Tod seiner geliebten Gattin *Eurydike* steigt er in die Unterwelt hinab und erreicht von Hades die Rückgabe seiner Gemahlin. Da Orpheus jedoch die Bedingung des Hades, sich erst an der Oberwelt nach Eurydike umzusehen, nicht erfüllt, wird sie ihm wieder entrissen. In der Trauer darüber zum Frauenverächter geworden wird er von Mänaden in Stücke zerrissen.

Orphik: bedeutende religiöse Bewegung der griechischen Antike und des Hellenismus, die von Thrakien ihren Ausgang nahm und sich von der geschichtlich schwer faßbaren und im Griechentum mythologisierten Gestalt des ↑Orpheus herleitete. Die dualistische Lehre der Orphiker befaßte sich vornehmlich mit dem jenseitigen Geschick der Seele. Die Einweihungs- und Läuterungsriten der Orphik sowie die Forderung einer asketischen Lebensführung sollten der Seligkeit im Jenseits dienen.

Ort, heiliger ↑heilige Stätten.

orthodoxe Kirchen: ursprünglich die Bezeichnung für Kirchen, die die Beschlüsse der Konzile von Nizäa (325), Ephesus (431) und Chalkedon (451) annahmen und sich damit gegenüber Arianern, Nestorianern und Monophysiten als „orthodox" („rechtgläubig") verstanden. Später erhält „orthodox" neben der theologischen auch eine kirchenrechtliche Bedeutung und umfaßt dann alle Kirchen, die 1054 und danach im Gefolge Konstantinopels die Gemeinschaft mit Rom aufkündigten. Die orthodoxen Kirchen folgen fast ausschließlich dem byzantinischen Ritus. Heute gehören zu den orthodoxen Kirchen die vier alten Patriarchate von Konstantinopel, Alexandria, Antiochia und Jerusalem, die Kirchen von Georgien, Griechenland, Zypern und vom Berge Sinai, von Moskau und ganz Rußland, Serbien, Rumänien und Bulgarien sowie die orthodoxen Kirchen in Polen, der Tschechoslowakei, in Finnland und in den USA. Die Gesamtzahl aller orthodoxen Christen schätzt man heute auf rund 91 Millionen.

Orthodoxie, protestantische: zusammenfassende Bezeichnung der nachreformatorischen Epoche in der evangelischen Theologie, die mit dem Augsburger Religionsfrieden 1555 einsetzte und um 1700 endete. Obwohl bis zur Neuorthodoxie des 19. Jahrhunderts wirksam, wurde ihre Vorherrschaft mit dem Beginn der Aufklärung und des Pietismus gebrochen. Im Anschluß an die Scholastik entwickelte die Orthodoxie bis ins Detail durchgearbeitete dogmatische Systeme, die gegen alle Abweichungen als „reine Lehre“ verteidigt wurden. Sie wollte damit der kirchlichen Heilsvermittlung dienen. Vorherrschend im kirchlichen Leben waren einseitig die Theologen. Zwei wesentliche Stränge der Orthodoxie waren die *lutherische Orthodoxie*, die sich vornehmlich in Norddeutschland und in Skandinavien durchsetzte, und die *reformierte Orthodoxie*, die in Süddeutschland überwog.

Osiris: altägyptischer Gott, dessen Name als „Sitz des Auges“ verstanden werden kann oder möglicherweise von einem untergeordneten mesopotamischen Gott Asariluchi abzuleiten ist. Osiris wird menschengestaltig dargestellt mit ungegliedertem, mumienartigen Körper und mit Krummstab und Geißel. In seinem Wesen verbinden sich der patriarchalisch-nomadische Herrscherbegriff und der bäuerlich-vegetative Lebensbegriff. Der aus dem Ostdelta stammende Gott gewann im Alten Reich (um 2600–2190) eine wachsende Einflußnahme auf die alte Nekropole Abydos und trat dort an die Stelle des Totengottes Chenti Imentiu („Erster der Westlichen [d. h. der Verstorbenen]“). Sein Mythos, der bruchstückhaft bereits in den Pyramidentexten erhalten ist, findet sich vollständig erst bei dem griechischen Schriftsteller Plutarch (* um 46, † um 125). Danach wird Osiris von seinem feindlichen Bruder Seth ermordet. Seine Gattin Isis sammelt die Teile der zerstückelten Leiche und belebt diese erneut. Osiris wird Herrscher im Totenreich und Richter beim Totengericht. Die Jenseitshoffnungen der Ägypter knüpften sich seit dem Mittleren Reich (2040–1650) an seine Gestalt.

Ostara: althochdeutsche Bezeichnung des Osterfestes. Der deutsche Sprach- und Literaturwissenschaftler Jakob Grimm (* 1785, † 1863), der sich auf eine Notiz bei Beda Venerabilis (* 672/73, † 735) stützte, meinte, hieraus auf eine altgermanische Frühlingsgöttin Ostara schließen zu können. Diese Deutung ist bis heute umstritten.

Osten und Westen ↑ Himmelsrichtungen, ↑ Orientation, ↑ Ostung.

Osterlamm: eine schon im N. T. (1. Kor. 5, 7; Apk. 13, 8) bezeugte Deutung des Passahlamms auf Christus. – ↑ Agnus Dei.

Ostern: ältestes Fest der Christenheit, aus dem jüdischen Passahfest hervorgegangen, wurde zunächst zur Erinnerung an den Tod Jesu, seit dem 4. Jahrhundert als Feier seiner Auferstehung begangen. Die Deutung des Namens „Ostern“ ist ungeklärt; der Versuch, ihn auf eine germanische Göttin ↑ Ostara zurückzuführen, ist umstritten geblieben. Nach dem Volksglauben macht die Sonne am Ostermorgen Freudensprünge. In der Osternacht geschöpftes Wasser (Osterwasser) und zu Ostern entzündetes Feuer sollen reinigende und stärkende Kraft besitzen. Tierisches Symbol des Osterfestes ist in Deutschland der Osterhase, in Skandinavien die Osterhenne.

Ostiarius [lateinisch „Türhüter“]: war in der katholischen Kirche die unterste Stufe der niederen Weihen und wurde mit diesen 1973 abgeschafft.

Ostkirchen (auch orientalische Kirchen): Sammelbezeichnung für alle christlichen Kirchen, die im Byzantinischen Reich, in den daran angrenzenden Gebieten oder durch Mission von dort aus entstanden sind. Der Begriff Ostkirche umfaßt daher eine Vielzahl von Kirchen, die voneinander zu unterscheiden sind: 1. dem Bekenntnis nach: es gibt nestorianische, monophysitische, orthodoxe und katholische Ostkirchen; 2. dem Ritus nach: die verschiedenen Ostkirchen gehören zu kleineren Teilen zur Gruppe der Kirchen mit alexandrinischen oder antiochenischen Riten; der größte Teil, nämlich alle orthodoxen Kirchen, folgt heute dem byzantinischen Ritus; 3. der Kirchenorganisation nach: die Ostkirchen sind in voneinander unabhängigen nationalen Kirchen mit einem eigenen Oberhaupt organisiert.

Ostung: die religiös motivierte West-Ost-Richtung sakraler Bauten; auch die Blickrichtung nach Osten beim Gebet oder Opfer vornehmlich in Religionen, bei denen der Aufgang der Sonne religiöse Bedeutung besitzt. Ostung bei der Totenbestattung war in der Antike fast allgemein üblich. Bereits im frühen Christentum erfolgte bei der Anlage von Kirchen eine Ostung, indem der Altar nach Osten gerichtet wurde. Sie war begründet mit der Hinwendung zu Christus als dem im Osten aufgehenden „Licht der Welt" („ex oriente lux").

Oxfordbewegung (auch englisch Oxford Movement): im 19. Jahrhundert in Oxford entstandene Erneuerungsbewegung innerhalb der anglikanischen Kirche, Teil der ↑hochkirchlichen Bewegung. Ihre Hauptvertreter, die anglikanischen Geistlichen John Keble (* 1792, † 1866), John Henry Newman (* 1801, † 1890) und Edward Bouverie Pusey (* 1800, † 1882) empfahlen – gegen den zeitgenössischen Liberalismus gerichtet – eine Neubelebung des altkirchlichen Verständnisses von Kirche, Amt, Sakrament und Liturgie. Nach Newmans Übertritt zum Katholizismus (1845) arbeiteten sie v. a. an einer Wiederbelebung altkirchlicher liturgischer Formen.

Oxford-Gruppenbewegung ↑Moralische Aufrüstung.

Oyagami ↑Tenrikio.

Oyasato ↑Ojasato.

Ozean, himmlischer ↑Kosmologie.

ozeanische Religionen: zusammenfassende Bezeichnung für die Religionen Australiens (↑australische Religion) und der Inselwelt des Pazifischen Ozeans, d. h. der ↑melanesischen Religion, der ↑mikronesischen Religion und der ↑polynesischen Religionen.

P

Päan [von griechisch paián „Helfer, Retter, Jubelgesang"]: altgriechischer Hymnus, insbesondere Bitt-, Dank- oder Sühnelied, auch Schlacht- und Siegesgesang; ursprünglich an den Gott Apollon gerichtet.

Pachacamac [patʃa'kamak; Quechua „Welterschaffer"]: der ehemals in der Küstenregion des Inkareiches verehrte Schöpfergott.

Pachamama [patʃa...; Quechua „Erdmutter"]: Erd- und Fruchtbarkeitsgöttin der Inkareligion.

Padmapani [Sanskrit „der die Lotosblume in der Hand hält"]: ein Beiname des Bodhisattwa ↑Awalokiteschwara.

Padmasambhawa [Sanskrit „der aus dem Lotos Geborene"] (auch tibetisch Padma 'byun gnas): in der 2. Hälfte des 8. Jahrhunderts n. Chr. in Tibet wirkender Inder, der eine synkretistische Verschmelzung von Buddhismus und Bon-Religion erstrebte. Zentrum dieser Bestrebungen wurde das von ihm um 770 gegründete Kloster bSam-yas, etwa 80 km südöstlich von Lhasa gelegen. Padmasambhawa gilt als großer Geisterbeschwörer. Er nahm eine höchst selbständige Stellung gegenüber Buddha ein, den er verächtlich einen „kleinen Zauberer" nannte. Der Widerstand gegen seine magischen Praktiken veranlaßte ihn zum Verlassen Tibets. Die Legende berichtet, daß er nach einem sagenhaften Land der Dämonen flog, um diese zu bekehren.

Pagode. Fünfstöckige Pagode des Horiudschi bei Nara

Paganismus: gleichbedeutend mit Heidentum; im engeren Sinne die Bezeichnung für heidnische Bestandteile im Christentum (Mehrzahl Paganismen).

Pagode [von singhalesisch Dagobe, aus Sanskrit Datu-garbha „Reliquienbehälter"]: aus dem indischen ↑Stupa entwickelter buddhistischer Reliquienbehälter oft sehr großen Ausmaßes, ein quadratischer oder polygonaler Stockwerkbau mit sich nach oben verjüngenden Geschossen, im Buddhismus Ostasiens Bestandteil jeder Tempelanlage.

Paidagogos eis Christon [griechisch „Lehrmeister hin zu Christus"]: so bezeichnete der christliche Theologe Klemens von Alexandria († vor 215) die heidnische Philosophie, der er damit die gleiche auf das Evangelium vorbereitende Bedeutung zuerkannte wie dem Gesetz und den Propheten des A. T.

Pai-Marire: „guter und friedfertiger (Glaube)", eine in der 2. Hälfte des 19. Jahrhunderts von dem Maori-Priester Te Ua gestiftete neue Religion. Ihr mit Jehova bezeichneter Gottesbegriff knüpfte sachlich an den einheimischen Hochgott Tane an. Im Mittelpunkt des Kults standen ekstatische Tänze um einen heiligen Pfahl. Die Bewegung trat in den Jahren 1860 bis 1870 mit fremdenfeindlichen Tendenzen in äußerst grausamer Weise in Erscheinung. Von ihrem damaligen Kampfruf „Hau" leitet sich ihr Name *Hau-Hau-Bewegung* her. Staatliches Eingreifen sowie die Abwendung vieler Maori von den Grausamkeiten der Bewegung führten zu ihrem Niedergang. Der Maori Te Kooti († 1893) hatte offenbar einen Teilerfolg mit einer Neubelebung, die unter dem auf den Gebetsgestus der Maori verweisenden Begriff *Ringa-tu* („erhobene Hände") hervorgetreten ist.

Paksu: in der koreanischen Volksreligion der Beschwörer, dessen einflußreiche Stellung sich bis in die Neuzeit erhielt. Der oft blinde Beschwörer vertrieb Krankheitsdämonen mit Stockschlägen; er wurde außerdem als Wahrsager befragt.

Palästina: „Philisterland", der Name, den die Römer ihrer vorher „Judäa" genannten Provinz nach dem jüdischen Aufstand der Jahre 132 bis 135 gaben.

Palibuddhismus ↑südlicher Buddhismus.

Palikanon ↑Tripitaka.

Palingenese ↑Seelenwanderung.

Palk: in der koreanischen Volksreligion der Gott der Sonne, die Verkörperung des lichten und guten Prinzips.

Palladium: Kultbild der Göttin *Pallas Athena* mit Schild und erhobener Lanze, insbesondere das kleine hölzerne Kultbild von Troja, das die Sicherheit der Stadt gewährleistete und deshalb von Diomedes und Odysseus vor der Eroberung Trojas geraubt wurde. Nach römischer Version hat Äneas das Palladium aus dem untergehenden Troja geraubt und nach Rom gebracht, wo es im Vestatempel aufbewahrt und zu den Penaten der Stadt gerechnet wurde. – In übertragenem Sinne bedeutet Palladium Schutzbild und schützendes Heiligtum.

Pallas ↑Athena.

Pallium: in der katholischen Kirche eine päpstliche und erzbischöfliche Insignie, die über dem Meßgewand als handbreites, mit sechs schwarzen Kreuzen verziertes ringförmiges Band um die Schultern gelegt wird, wobei kurze Endstücke herabhängen. Das Pallium wird aus der Wolle zweier Lämmer hergestellt, die der Papst am Fest der hl. Agnes (21. Januar) segnet.

Pallottiner (lateinisch Societas Apostolatus Catholici; Abk. SAC): katholische Priestergemeinschaft ohne Ordensgelübde, 1835 von Vincenzo Pallotti (* 1795, † 1850) in Rom gegründet. Die Pallottiner sind auf allen Gebieten der Seelsorge und Mission tätig. Seit 1843 besteht auch ein weiblicher Zweig der *Pallottinerinnen.*

Palmesel: im Mittelalter, vor allem in Süddeutschland, beliebte, aus Holz geschnitzte Darstellung der auf einem Esel sitzenden Christusfigur. Auf einem fahrbaren Brett wurde der Palmesel bei der Prozession am Palmsonntag mitgeführt, und der ihn zog, hoffte auf Vergebung seiner Sünden. Der Brauch ist 970 zum erstenmal in Augsburg erwähnt. Die Berührung des Palmesels galt als förderlich vor allem für das Gedeihen der Kinder.

Palmsonntag (auch Palmarum): im christlichen Kirchenjahr der Sonntag vor Ostern und Beginn der Karwoche. Der Palmsonntag erhielt seinen Namen von der Palmprozession, die als Nachvollzug des Einzugs Jesu in Jerusalem (Matth. 21, 1–11; Joh. 12, 12–15) im Abendland seit dem 7. Jahrhundert bezeugt ist. Die mittelalterlichen Palmprozessionen waren große Volksumzüge mit Kreuz, Evangelienbuch und Eucharistie oder Palmesel. In katholischen Gegenden besteht die Sitte, einen geweihten und vielfältig geschmückten Palmbaum oder Palmzweig in einer Prozession um die Kirche zu tragen.

Pan: arkadisch-griechischer Gott der Hirten und Herden, Sohn des Hermes und einer Nymphe, die ihn bocksgestaltig gebar. Pan bringt in der Mittagshitze über den einsamen Wande-

Panathenäen. Reiteraufbruch (Ausschnitt vom Parthenonfries in Athen, um 440 v. Chr.)

Pantheon in Rom (zwischen 118 und 128 erneuert)

rer oder das lagernde Vieh durch plötzliches Erscheinen den „panischen" Schrecken, die „Panik". Im Gefolge des Dionysos führt er die Satyrn an und lauert den Nymphen auf, deren eine, Syrinx (griechisch „Flöte"), auf der Flucht vor ihm in Schilfrohr verwandelt wird, aus dem dann Pan die erste Hirtenflöte schnitzt. – Der Gleichlaut seines Namens mit *pan* (griechisch „all") ließ Pan zu einem umfassenden Allgott werden.

Panathenäen: in der griechischen Antike das Hauptfest der Athener zu Ehren der Stadtgöttin Athena. Die „kleinen" Panathenäen wurden jährlich gefeiert; die „großen", die mit Wettkämpfen verbunden waren, wurden alle vier Jahre begangen.

Panbabylonismus: zu Beginn des 20. Jahrhunderts auftretende assyriologische Schulrichtung, die eine inzwischen widerlegte Hypothese vertrat, nach der das astrale Weltbild der sumerisch-babylonischen Religion alle Kulturen und Religionen, insbesondere die des A. T., geprägt habe.

Pañcarātra [pantʃa'ra:tra] ↑ Pantscharatra.

Pañcatantra [pantʃa'tantra] ↑ Pantschatantra.

Panchen Lama ['pantʃɛn] ↑ Pantschen Lama.

Pandora [griechisch „die Allgeberin"]: in der griechischen Mythologie eine auf Geheiß des Zeus von Hephaistos aus Erde geformte Frau, die Zeus, der die Menschen für den Raub des Feuers durch Prometheus strafen will, mit einem alle Übel bergenden Tonkrug versieht und auf die Erde zu Prometheus' Bruder Epimetheus sendet, der sie zur Frau nimmt. Pandora öffnet den Krug und verbreitet so Übel und Krankheiten.

Panentheismus ↑ Pantheismus.

Pange, lingua [lateinisch „preise, Zunge"]: in der lateinischen Liturgie die Anfangsworte von rund hundert mittelalterlichen Hymnen.

Panpsychismus: Allbeseeltheit; die Annahme, daß alles Seiende beseelt sei.

Panspermie [von griechisch pán „all" und spérma „Samen"]: „Gemisch aus allerlei Samen", ein altgriechischer Ernteritus: Erstlingsfrüchte wurden in einem Krug gekocht, dann gemahlen und zu Brot verbacken. Der Genuß dieser Speise sollte den Menschen die Kraft der Erstlingsfrüchte zuführen.

Pantheismus [...te-is...; von griechisch pán „all" und theós „Gott"]: eine Form der Auflösung des Gegensatzes von Gott und Welt: Der jenseitige, transzendente Gott wird im Pantheismus der Welt innewohnend und identisch mit ihr gedacht. Es gibt zwei modifizierte Formen des Pantheismus. Der *Theopanismus* legt allen Nachdruck auf die Göttlichkeit aller irdischen Erscheinungen. Demgegenüber stellt der besonders für die spätere indische Religionsentwicklung im Hinduismus charakteristische *Panentheismus* eine Art Synthese von Theismus und Pantheismus dar. Er betont zwar das letztlich göttliche Wesen aller irdischen Erscheinungen, anerkennt aber dennoch einen persönlichen Gott.

Pantheon [von griechisch pántes theoí „alle Götter"]: im Polytheismus Bezeichnung für alle Götter einer Religion; ferner ein Heiligtum, das der Gesamtheit dieser Götter geweiht ist. Das berühmteste Pantheon dieser Art ist das in Rom auf dem Marsfeld errichtete, das in seiner heutigen Gestalt mit einer 43 m hohen Kuppel unter Kaiser Hadrian zwischen 118 und 128 n. Chr. erbaut wurde. Papst Bonifatius IV. weihte das von ihm mit zahlreichen Reliquien versehene Heiligtum 609 n. Chr. als Kirche Santa Maria ad Martyres der Jungfrau Maria und allen Märtyrern; heute Santa Maria Rotonda.

Pantja Sila [indonesisch „fünf Prinzipien"]: von dem damaligen indonesischen Staatspräsidenten Sukarno (* 1901, † 1970) am 1. Juli 1945 verkündete religiös-staatliche Grundsätze: Nationalismus, Glaube an Gott, Humanismus, Demokratie und soziale Gerechtigkeit.

Pantokrator [griechisch „Allherrscher"]: in der griechischen Übersetzung des A. T. Bezeichnung Gottes zum Ausdruck seiner Universalität und Allmacht, vom N. T. (2. Kor. 6, 18; Apk. 1, 8; 4, 8) für Christus übernommen, von den griechischen Kirchenvätern gegen die Arianer verwendet. – Die zunächst in Mosaik, später in Fresko ausgeführten Darstellungen des Pantokrator zeigen Christus meist als Halbfigur in einem Kreis, seltener als Ganzfigur, die Rechte lehrend oder segnend erhoben, während die Linke das Evangelienbuch an die Brust drückt.

Pantscharatra (= Pañcarātra) [Sanskrit „zu fünf Nächten gehörig"]: religiöses System des ↑Wischnuismus. Der Name wird als fünf Nächte dauernde Askese oder als in fünf Nächten erfolgte Belehrung durch den Gott Wischnu gedeutet. Das System des Pantscharatra erreichte seinen Höhepunkt im 7. bis 9. Jahrhundert. Nach seiner Lehre entstand die Welt aus Emanationen, die Wischnu aus sich entließ. Die Erlösung des Menschen wird nicht im Aufgehen, sondern in der ewigen Gemeinschaft mit Wischnu gesehen.

Pantschatantra (= Pañcatantra) [Sanskrit „fünf Belehrungsbücher"]: eine zwischen 300 und 500 in Indien

Pantokrator. Apsismosaik (Ausschnitt) der Kathedrale in Cefalù (um 1148)

entstandene Fabelsammlung, die zu den meist übersetzten Werken der Weltliteratur gehört. Das Pantschatantra ist aufschlußreich für die indischen Moralanschauungen seiner Entstehungszeit.

Pantschen Lama (= Panchen Lama) [von tibetisch Pan-chen rin-po-che „Juwel der Gelehrten"]: neben dem ↑Dalai Lama der ranghöchste Hierarch des ehemaligen tibetischen Priesterstaates. Nach buddhistischer Lehre gilt der Pantschen Lama als Inkarnation des Buddha Amitabha (↑Amida) und überragt an geistlicher Würde den Dalai Lama. Er residierte im Kloster Taschi-lunpo bei Schigatse, einer etwas über 200 km westlich von Lhasa gelegenen Stadt.

Papabili [italienisch]: Papstkandidaten, Bezeichnung für diejenigen Kardinäle, die Aussicht haben, bei der nächsten Papstwahl die erforderliche Stimmenanzahl auf sich zu vereinigen.

Papalismus [von italienisch papa „Papst"]: im Gegensatz zum ↑Episkopalismus und Konziliarismus die Auffassung, die Leitung der katholischen Kirche habe in zentralistischer Weise durch den Papst zu erfolgen.

Papaloa: „Gottesvater", im ↑Wodu-Kult Haitis der Titel eines höheren priesterlichen Würdenträgers.

Papst: Oberhaupt der katholischen Kirche mit den amtlichen Titeln „Bischof von Rom, Stellvertreter Jesu Christi, Nachfolger des Apostelfürsten, Oberhaupt der allgemeinen Kirche, Patriarch des Abendlandes, Primas von Italien, Erzbischof und Metropolit der Kirchenprovinz Rom, Souverän des Staates der Vatikanstadt". Seine Selbstbezeichnung lautet seit Gregor dem Großen oft Servus servorum Dei („Diener der Die-

PÄPSTE

Es gibt bis heute keine Papstliste, die verbindlich ist hinsichtlich der Regierungsdaten v. a. der frühen Päpste und hinsichtlich der Frage, ob sie den Päpsten oder Gegenpäpsten oder auch keiner der beiden Kategorien zuzurechnen sind. Besondere Schwierigkeiten bestehen bei den Päpsten der diokletianischen Verfolgung, den Pontifikaten des Jahres 530, den Wirren 1044–1046, bei der Doppelwahl 1130, v. a. bei den zwei bzw. drei Papstreihen des Abendländischen Schismas seit 1378. Aus diesem Grund ist auch die Numerierung der Päpste in den verschiedenen Papstlisten uneinheitlich. – Ungewisse oder umstrittene Daten sind mit Fragezeichen versehen. Gegenpäpste sind eingerückt; Ordnungszahlen sind eingeklammert, wenn die Zählung der als rechtmäßig geltenden Päpste die so gekennzeichneten nicht berücksichtigte. Sterbejahre sind nicht angegeben, wenn sie mit dem letzten Regierungsjahr übereinstimmen oder unbekannt sind.

1.	Petrus, hl.	† 64/67(?)
2.	Linus, hl.	67 – 76(?)
3.	Anenkletos (Anaklet I.), hl.	79 – 90(?)
4.	Klemens I., hl.	92 – 101(?)
5.	Evaristus, hl.	99 – 107(?)
6.	Alexander I., hl.	107 – 116(?)
7.	Sixtus I. (Xystus I.), hl.	116 – 125(?)
8.	Telesphorus, hl.	125 – 136/38(?)
9.	Hyginus, hl.	136/38 – 140/42(?)
10.	Pius I., hl.	140/42 – 154/55(?)
11.	Anicetus, hl.	154/55 – 166(?)
12.	Soter, hl.	166 – 174(?)
13.	Eleutherus, hl.	174 – 189(?)
14.	Viktor I., hl.	189 – 198/99(?)
15.	Zephyrinus, hl.	199 – 217(?)
16.	Kalixt I., hl.	217 – 222
	Hippolyt	217 – 235
17.	Urban I., hl.	222 – 230
18.	Pontianus, hl.	230 – 235
19.	Anteros, hl.	235 – 236
20.	Fabianus, hl.	236 – 250
21.	Cornelius, hl.	251 – 253
	Novatian	251 – 258(?)
22.	Lucius I., hl.	253 – 254
23.	Stephan I., hl.	254 – 257
24.	Sixtus II. (Xystus II.), hl.	257 – 258
25.	Dionysius, hl.	259/60 – 267/68(?)
26.	Felix I., hl.	268/69 – 273/74(?)
27.	Eutychianus, hl.	274/75 – 282/83(?)
28.	Cajus, hl.	282/83 – 295/96
29.	Marcellinus, hl.	295/96 – 304
30.	Marcellus I., hl.	307 – 308(?)
31.	Eusebius, hl.	308/09/10
32.	Miltiades, hl.	310/11 – 314(?)
33.	Silvester I., hl.	314 – 335
34.	Markus, hl.	336
35.	Julius I., hl.	337 – 352
36.	Liberius	352 – 366
	Felix (II.)	(† 365) 355 – 358
37.	Damasus I., hl.	(* um 305) 366 – 384
	Ursinus	366 – 367
38.	Siricius, hl.	384 – 399
39.	Anastasius I., hl.	399 – 402
40.	Innozenz I., hl.	402 – 417
41.	Zosimus, hl.	417 – 419
42.	Bonifatius I., hl.	418 – 422
	Eulalius	(† 423) 418 – 419
43.	Cölestin I., hl.	422 – 432
44.	Sixtus III. (Xystus III.), hl.	432 – 440
45.	Leo I., hl.	440 – 461
46.	Hilarus, hl.	461 – 468
47.	Simplicius, hl.	468 – 483

48. Felix II. (III.), hl.		483–492	
49. Gelasius I., hl.		492–496	
50. Anastasius II.		496–498	
51. Symmachus, hl.		498–514	
Laurentius		498–506	
52. Hormisdas, hl.		514–523	
53. Johannes I., hl.		523–526	
54. Felix III. (IV.), hl.		526–530	
55. Bonifatius II.		530–532	
56. Dioskur		530	
57. Johannes II.		533–535	
58. Agapet I., hl.		535–536	
59. Silverius, hl.		536–537	
60. Vigilius		537–555	
61. Pelagius I.		556–561	
62. Johannes III.		561–574	
63. Benedikt I.		575–579	
64. Pelagius II.		579–590	
65. Gregor I., hl.	(* um 540)	590–604	
66. Sabinianus		604–606	
67. Bonifatius III.		607	
68. Bonifatius IV., hl.		608–615	
69. Deusdedit (Adeodatus I.), hl.		615–618	
70. Bonifatius V.		619–625	
71. Honorius I.		625–638	
72. Severinus		640	
73. Johannes IV.		640–642	
74. Theodor I.		642–649	
75. Martin I., hl.	(† 655)	649–653	
76. Eugen I., hl.		654–657	
77. Vitalianus, hl.		657–672	
78. Adeodatus II.		672–676	
79. Donus		676–678	
80. Agatho, hl.		678–681	
81. Leo II., hl.		682–683	
82. Benedikt II., hl.		684–685	
83. Johannes V.		685–686	
84. Konon		686–687	
Theodor		687	
Paschalis	(† 692?)	687	
85. Sergius I., hl.		687–701	
86. Johannes VI.		701–705	
87. Johannes VII.		705–707	
88. Sissinnus		708	
89. Konstantin I.		708–715	
90. Gregor II., hl.	(* 669)	715–731	
91. Gregor III., hl.		731–741	
92. Zacharias, hl.		741–752	
(Stephan II.)		752	
93. Stephan II. (III.)		752–757	
94. Paul I., hl.		757–767	
Konstantin II.		767–768	
(Philippus)		768	
95. Stephan III. (IV.)		768–772	
96. Hadrian I.		772–795	
97. Leo III., hl.		795–816	
98. Stephan IV. (V.)		816–817	
99. Paschalis I., hl.		817–824	
100. Eugen II.		824–827	
101. Valentin		827	
102. Gregor IV.		827–844	
Johannes		844	
103. Sergius II.		844–847	
104. Leo IV., hl.		847–855	
105. Benedikt III.		855–858	
Anastasius (III.)	(† 879)	855	
106. Nikolaus I.	(* um 800)	858–867	
107. Hadrian II.	(* 792)	867–872	
108. Johannes VIII.		872–882	
109. Marinus I. (Martin II.)		882–884	
110. Hadrian III., hl.		884–885	
111. Stephan V. (VI.)		885–891	
112. Formosus	(* um 816)	891–896	
113. Bonifatius VI.		896	
114. Stephan VI. (VII.)		896–897	

115. Romanus		897
116. Theodor II.		897
117. Johannes IX.		898–900
118. Benedikt IV.		900–903
119. Leo V.		903
120. Christophorus		903–904
121. Sergius III.		904–911
122. Anastasius III.		911–913
123. Lando		913–914
124. Johannes X.		914–928
125. Leo VI.		928
126. Stephan VII. (VIII.)		928–931
127. Johannes XI.		931–935/36
128. Leo VII.		936–939
129. Stephan VIII. (IX.)		939–942
130. Marinus II. (Martin III.)		942–946
131. Agapet II.		946–955
132. Johannes XII.	(* 937)	955–964
133. Leo VIII.		963–965
134. Benedikt V.	(† 966)	964
135. Johannes XIII.		965–972
136. Benedikt VI.		973–974
137. Bonifatius VII.		974, 984–985
138. Benedikt VII.		974–983
139. Johannes XIV.		983–984
140. Johannes XV.		985–996
141. Gregor V.	(* 972)	996–999
Johannes XVI.		997–998
142. Silvester II.	(* 940/50)	999–1003
143. Johannes XVII.		1003
144. Johannes XVIII.		1003/04–1009
145. Sergius IV.		1009–1012
146. Benedikt VIII.		1012–1024
Gregor (VI.)		1012
147. Johannes XIX.		1024–1032
148. Benedikt IX.	(† 1055/56)	1032–1045
149. Silvester III.		1045–1046
150. Gregor VI.	(† 1047)	1045–1046
151. Klemens II.		1046–1047
152. Damasus II.		1048
153. Leo IX., hl.	(* 1002)	1049–1054
154. Viktor II.		1055–1057
155. Stephan IX. (X.)		1057–1058
156. Benedikt X.		1058–1059
157. Nikolaus II.		1059–1061
158. Alexander II.		1061–1073
Honorius (II.) (* 1009, † 1072?)		1061–1064
159. Gregor VII., hl.		1073–1085
Klemens (III.) (* um 1025, † 1100)		1080–1098
160. Viktor III., sel.	(* um 1027)	1086–1087
161. Urban II., sel.	(* um 1035)	1088–1099
162. Paschalis II.		1099–1118
Theoderich		1100–1102
Albert		1100
Silvester (IV.)		1105–1111
163. Gelasius II.		1118–1119
Gregor (VIII.)	(† 1137)	1118–1121
164. Kalixt II.		1119–1124
165. Honorius II.		1124–1130
Cölestin (II.)	(† vor 1127)	1124
166. Innozenz II.		1130–1143
167. Anaklet II.		1130–1138
Viktor (IV.)		1138
168. Cölestin II.		1143–1144
169. Lucius II.		1144–1145
170. Eugen III., sel.		1145–1153
171. Anastasius IV.		1153–1154
172. Hadrian IV.	(* 1110/20)	1154–1159
173. Alexander III.		1159–1181
Viktor (IV.)		1159–1164
Paschalis (III.)		1164–1168
Kalixt (III.)		1168–1178
Innozenz (III.)		1179–1180

174.	Lucius III.		1181 – 1185
175.	Urban III.		1185 – 1187
176.	Gregor VIII.		1187
177.	Klemens III.		1187 – 1191
178.	Cölestin III.		1191 – 1198
179.	Innozenz III.	(* 1160/61)	1198 – 1216
180.	Honorius III.	(* um 1150)	1216 – 1227
181.	Gregor IX.	(* um 1170)	1227 – 1241
182.	Cölestin IV.		1241
183.	Innozenz IV.	(* um 1195)	1243 – 1254
184.	Alexander IV.		1254 – 1261
185.	Urban IV.	(* um 1200)	1261 – 1264
186.	Klemens IV.		1265 – 1268
187.	Gregor X., sel.	(* 1210)	1271 – 1276
188.	Innozenz V., sel.	(* 1225)	1276
189.	Hadrian V.		1276
190.	Johannes XXI.	(* 1210/20)	1276 – 1277
191.	Nikolaus III.	(* 1210/20)	1277 – 1280
192.	Martin IV.		1281 – 1285
193.	Honorius IV.	(* 1210)	1285 – 1287
194.	Nikolaus IV.		1288 – 1292
195.	Cölestin V., hl.	(* 1215, † 1296)	1294
196.	Bonifatius VIII.	(* um 1235)	1294 – 1303
197.	Benedikt XI., sel.	(* 1240)	1303 – 1304
198.	Klemens V.		1305 – 1314
199.	Johannes XXII.	(* 1244)	1316 – 1334
	Nikolaus (V.)	(† 1333)	1328 – 1330
200.	Benedikt XII.		1334 – 1342
201.	Klemens VI.	(* um 1292)	1342 – 1352
202.	Innozenz VI.		1352 – 1362
203.	Urban V., sel.	(* um 1310)	1362 – 1370
204.	Gregor XI.	(* 1329)	1370 – 1378
205.	Urban VI.	(* um 1318)	1378 – 1389
	Klemens VII.	(* 1342)	1378 – 1394
206.	Bonifatius IX.	(* um 1350)	1389 – 1404
	Benedikt XIII.	(† 1423)	1394 – 1417
207.	Innozenz VII.	(* 1336)	1404 – 1406
208.	Gregor XII.	(* 1325, † 1417)	1406 – 1415
209.	Alexander V.	(* 1340)	1409 – 1410
210.	Johannes XXIII.	(* um 1370, † 1419)	1410 – 1415
211.	Martin V.	(* 1368)	1417 – 1431
	Klemens (VIII.)	(*1380, †1446)	1423 – 1429
212.	Eugen IV.	(* 1383)	1431 – 1447
	Felix V.	(* 1383, † 1451)	1439 – 1449
213.	Nikolaus V.	(* 1397)	1447 – 1455
214.	Kalixt III.	(* 1378)	1455 – 1458
215.	Pius II.	(* 1405)	1458 – 1464
216.	Paul II.	(* 1418)	1464 – 1471
217.	Sixtus IV.	(* 1414)	1471 – 1484
218.	Innozenz VIII.	(* 1432)	1484 – 1492
219.	Alexander VI.	(* 1431[1432?])	1492 – 1503
220.	Pius III.	(* 1439)	1503
221.	Julius II.	(* 1443)	1503 – 1513
222.	Leo X.	(* 1475)	1513 – 1521
223.	Hadrian VI.	(* 1459)	1522 – 1523
224.	Klemens VII.	(* 1478)	1523 – 1534
225.	Paul III.	(* 1468)	1534 – 1549
226.	Julius III.	(* 1487)	1550 – 1555
227.	Marcellus II.	(* 1501)	1555
228.	Paul IV.	(* 1476)	1555 – 1559
229.	Pius IV.	(* 1499)	1559 – 1565
230.	Pius V., hl.	(* 1504)	1566 – 1572
231.	Gregor XIII.	(* 1502)	1572 – 1585
232.	Sixtus V.	(* 1521)	1585 – 1590
233.	Urban VII.	(* 1521)	1590
234.	Gregor XIV.	(* 1535)	1590 – 1591
235.	Innozenz IX.	(* 1519)	1591
236.	Klemens VIII.	(* 1536)	1592 – 1605
237.	Leo XI.	(* 1535)	1605
238.	Paul V.	(* 1552)	1605 – 1621
239.	Gregor XV.	(* 1554)	1621 – 1623
240.	Urban VIII.	(* 1568)	1623 – 1644
241.	Innozenz X.	(* 1574)	1644 – 1655
242.	Alexander VII.	(* 1599)	1655 – 1667
243.	Klemens IX.	(* 1600)	1667 – 1669
244.	Klemens X.	(* 1590)	1670 – 1676
245.	Innozenz XI., sel.	(* 1611)	1676 – 1689
246.	Alexander VIII.	(* 1610)	1689 – 1691
247.	Innozenz XII.	(* 1615)	1691 – 1700
248.	Klemens XI.	(* 1649)	1700 – 1721
249.	Innozenz XIII.	(* 1655)	1721 – 1724
250.	Benedikt XIII.	(* 1649)	1724 – 1730
251.	Klemens XII.	(* 1652)	1730 – 1740
252.	Benedikt XIV.	(* 1675)	1740 – 1758
253.	Klemens XIII.	(* 1693)	1758 – 1769
254.	Klemens XIV.	(* 1705)	1769 – 1774
255.	Pius VI.	(* 1717)	1775 – 1799
256.	Pius VII.	(* 1742)	1800 – 1823
257.	Leo XII.	(* 1760)	1823 – 1829
258.	Pius VIII.	(* 1761)	1829 – 1830
259.	Gregor XVI.	(* 1765)	1831 – 1846
260.	Pius IX.	(* 1792)	1846 – 1878
261.	Leo XIII.	(* 1810)	1878 – 1903
262.	Pius X., hl.	(* 1835)	1903 – 1914
263.	Benedikt XV.	(* 1851)	1914 – 1922
264.	Pius XI.	(* 1857)	1922 – 1939
265.	Pius XII.	(* 1876)	1939 – 1958
266.	Johannes XXIII.	(* 1881)	1958 – 1963
267.	Paul VI.	(* 1897)	1963 – 1978
268.	Johannes Paul I.	(* 1912)	1978
269.	Johannes Paul II.	(* 1920)	seit 1978

ner Gottes“). Anrede: „Heiligkeit, Heiliger Vater“. – Der Titel Papst ist in Rom seit dem 4. Jahrhundert bezeugt. Als *Gegenpapst* wird derjenige bezeichnet, der eine Papstwahl annimmt, obwohl ein Papst bereits nach kanonischem Recht gewählt ist.

Papstnamen: die Namen, die die Päpste mit Beginn ihres Pontifikats annehmen. In der alten Kirche und z. T. noch im Mittelalter wurden die Päpste nach ihrem Rufnamen benannt. Die ersten Namensänderungen erfolgten zur Vermeidung heidnischer Namen; so nannte sich Mercurius nach seiner Wahl im Jahre 533 Johannes II. Seit Beginn des 11. Jahrhunderts wird die Namensänderung zur Regel (Ausnahmen: Hadrian VI. und Marcellus II.). Das Hinzufügen einer Ordnungszahl zum gewählten Namen wurde zuerst bei Gregor III. angewandt.

Papsttum: nach der im Laufe der Kirchengeschichte entwickelten und vom 1. Vatikanischen Konzil definierten Lehre der katholischen Kirche beruht das Papsttum auf der nach göttlichem Willen monarchischen Vorrangstellung des Apostels Paulus im Apostelkollegium (obwohl dies historisch umstritten ist) und auf der apostolischen Nachfolge des Petrus durch den Papst als Haupt, Vater, Lehrer, Hirt und Regent der Kirche sowie auf seiner ↑Unfehlbarkeit. Er steht innerhalb der Kollegialität der Bischöfe, untersteht aber keiner anderen kirchlichen Autorität. Er ernennt (oder bestätigt) die Bischöfe, beruft Konzilien und kann von kirchlichen Gesetzen dispensieren.

Papstwahl: der Papst wird von den dazu berechtigten Kardinälen im ↑Konklave gewählt. Wahlberechtigt sind seit dem 1. Januar 1971 alle Kardinäle, die das 80. Lebensjahr noch nicht vollendet haben. Die Zahl der wahlberechtigten Kardinäle ist auf 120 begrenzt. Wählbar ist jeder katholische Christ; seit 1389 sind jedoch nur Kardinäle und seit 1523 nur Italiener gewählt worden.

Paradies [von awestisch pairi-daēza umfriedeter Garten"]: Begriff für eine religionsgeschichtlich weltweit verbreitete Vorstellung von einer urzeitlichen Stätte der Ruhe, des Friedens und Glücks, deren Wiederkehr in der Endzeit erwartet wird. Charakteristisch für das Paradies sind ein Überfluß an Naturgaben und eine friedliche Tierwelt. Das Paradies war ferner der Wohnort des ersten Menschen, der in ihm in Freiheit von Sünde und Tod lebte, diesen paradiesischen Zustand aber meist – wie Adam in der biblischen Schöpfungsgeschichte (1. Mos. 2 f.) – durch Verstrickung in Sünde und Schuld verlor. Irdische Lokalisierungen des Paradieses sind mehr oder weniger bestimmt: Die Griechen kannten die Vorstellung von einem Gefilde der Seligen, die keltische Religion die „Apfelinsel" Avalon. Die Amida-Sekte des Buddhismus spricht von einem Glücksland Sukhawati, das als Paradies des Westens gilt. Unter dem paradiesischen Garten Eden des A. T. ist wohl ursprünglich ein Garten in der Steppe verstanden worden. Die Vorstellung von einem paradiesischen Garten hat der Islam übernommen und mit sehr realistischen Bildern des irdischen Lebens ausgestaltet. Vergeistigter als irdische Lokalisierungen ist die Gleichsetzung des Paradieses mit dem Himmel im religiösen Verständnis. Auch sie findet sich nicht selten; z. B. wird in der Inkareligion das Paradies in bezeichnender Weise „Oberwelt" (Hanak Pacha) genannt.

Paradies. Sündenfall und Vertreibung; aus dem Stundenbuch „Les Très Riches Heures" des Jean de Berry (zwischen 1412 und 1415; Chantilly, Musée Condé)

Paraklet [von griechisch paráklētos „Fürsprecher, Tröster"]: in den Abschiedsreden Jesu im Johannesevangelium (Joh. 14–16) die Bezeichnung des heiligen Geistes, der nach Jesu Tod seine Gemeinde leiten wird; nach dem 1. Johannesbrief (2, 1) ist der erhöhte Christus der Paraklet.

Paramatman [param-'a:tman; Sanskrit „höchste Seele"]: in einigen Systemen des Hinduismus die Bezeichnung für Gott als das „höchste Selbst", auch für einen allen sinnlichen Erscheinungen zugrunde liegenden Weltgeist.

Paramente [von lateinisch parare „bereiten"]: kultische Ausrüstungsgegenstände, zu denen in erster Linie die liturgischen Gewänder und Insignien der Geistlichen gehören, ferner die zur Ausstattung des Altars und des kirchlichen Raumes notwendigen Geräte und Gegenstände.

Pardschanja (= Parjanya): altindischer Regen- und Gewittergott.
Parentalia: ein im alten Rom zum Jahresabschluß (13.–22. Februar) gefeiertes Fest, das dem Gedächtnis der verstorbenen Eltern (Di parentes) und Verwandten galt. Es fand seinen Abschluß mit der ↑Cara cognatio.
Parilia: ein am 21. April begangenes römisches Hirtenfest, das nach der Reinigung der Ställe gefeiert wurde und wohl der Fruchtbarkeit des Viehs galt. Ungeklärt ist, ob dieses Fest unter dem Schutz einer Gottheit *Pales* stand, möglicherweise einer männlichen und einer weiblichen Gottheit, die beide diesen Namen trugen.
Parinirwana ↑Nirwana.
Parjanya [par'dʒanja] ↑Pardschanja.
Parnaß: Gebirge im östlichen Zentralgriechenland, war nach der antiken Mythologie dem Apollon geweiht und galt als Sitz der Musen; daher in übertragener Bedeutung auch Reich der Dichtkunst.
Parochie [von griechisch paroikía „Anwohnerschaft, Nachbargemeinschaft"]: Pfarrsprengel, kleinster Verwaltungs- und Seelsorgebezirk mit einer Kirche und einem Pfarrer.
Parsismus: nach ihrem Ursprungsland Persien benannte Religion, deren Stifter der Prophet ↑Zarathustra war. Auf ihn gehen höchstwahrscheinlich auch die „Gathas" zurück, die ältesten Teile des ↑„Awesta", der heiligen Schrift der Parsen. Ihr Inhalt ist durch einen *Dualismus* gekennzeichnet, der ethischer Natur ist, aber in der göttlichen Sphäre begründet liegt: Dem guten Gott Ahura Masda, dem „weisen Herrn", steht der „böse Geist" Angra Manju gegenüber, der Vertreter der „Lüge" (Drug). Ihm sind böse Prinzipien zugeordnet, während die „unsterblichen Heiligen" (Amescha Spentas), die später zu „Erzengeln" werden, Qualitäten Ahura Masdas darstellen. Zarathustra wandte sich schroff gegen die „wilde Raserei" (Aeschma) der im damaligen Persien üblichen orgiastischen Kulte, zu denen der zeremonielle Genuß eines Rauschtrankes (Hauma) und die kultische Tötung von Stieren gehörten. Mit Nachdruck trat er für den *Schutz des Rindes* und den Stand der Viehzüchter ein. Er verkündete eine *Eschatologie* mit einer Vorstellung des Paradieses als einem „schönen weidenreichen Wohnsitz". Hinweise auf den endzeitlichen Retter (Sauschjant) finden sich bereits bei Zarathustra. Der heutige Parsismus ist praktisch eine monotheistische Religion.
Pars-pro-toto-Opfer [lateinisch „der Teil (gilt) für das Ganze"] ↑Opfer.
Parthenogenese ↑Jungfrauengeburt.
Parthenon [griechisch]: dorischer Marmortempel der *Athena Parthenos* („Jungfrau") auf der Akropolis von Athen; in den Jahren 447 bis 432 unter dem athenischen Politiker Perikles (♔ 444–429) erbaut.
Parusie [von griechisch parusía „An-

Parthenon in Athen

kunft, Anwesenheit, Gegenwart"]: Begriff für die kultische Erscheinung des Götterbildes; sie wird im hellenistischen Sakralkönigtum für die Ankunft des Herrschers verwendet. Der Begriff wurde früh vom Christentum übernommen und bezeichnet bis heute in der theologischen Fachsprache die endzeitliche Wiederkunft Christi.

Parwati ↑Schiwa.

Parzen [von lateinisch parere „gebären"]: in der römischen Religion drei ursprüngliche Geburtsgöttinnen, später den griechischen Moiren entsprechende Schicksalsgöttinnen, die jedem Menschen das Geschick zuteilen, indem eine Parze den Lebensfaden anspinnt, die zweite ihn ausspinnt und die dritte ihn abschneidet.

Pascha ['pas-ça]: die im griechischen Text des N. T. übliche, auf das Aramäische zurückgehende Form für ↑Passah.

Paschupati ↑Schiwa.

Passah: zur Zeit des Frühlingsvollmondes gefeiertes jüdisches Fest zur Erinnerung an den Auszug der Israeliten aus Ägypten (2. Mos. 12). Die kultische Form der Festfeier mit der Schlachtung des Passahlamms im Tempel zu Jerusalem endete mit dessen Zerstörung im Jahre 70 n. Chr. Seitdem wird das Fest als häuslicher Familiengottesdienst begangen. Für die Passahwoche ist der Verzehr ungesäuerter Brote, bitterer Kräuter und des Passahlamms vorgeschrieben. – Jesus stiftete das ↑Abendmahl anläßlich seines letzten Passahmahles.

Passion [lateinisch]: die Leidensgeschichte Jesu Christi, die in Verbindung mit seiner Auferstehung (Mark. 8, 31; Apg. 2, 36; Röm. 8, 34) zentrale Lehre der Urkirche war. Die Evangelien (Matth. 26 f.; Mark. 14 f.; Luk. 22 f.; Joh. 18 f.) berichten im wesentlichen übereinstimmend von Jesu Gefangennahme in Gethsemane; es folgen Verhör vor dem Synedrium, Geißelung, Dornenkrönung, Verurteilung zum Kreuzestod durch Pilatus, Kreuzweg (↑Via Dolorosa) und Kreuzigung, Tod und Begräbnis.

Passionarius [lateinisch] ↑Legende.

Passionsmystik (auch Passionsfrömmigkeit): besondere Form der Christusmystik, bei der ein Miterleben und Mitleiden der Passion Christi im Mittelpunkt steht sowie jede Form der Frömmigkeit, die sich auf die Verehrung des Leidens Christi konzentriert.

Passionszeit: seit dem 9. Jahrhundert gebräuchliche Bezeichnung für den Abschnitt des Kirchenjahres, der dem Gedächtnis der Passion Christi gewidmet ist, d. h. die Fastenzeit vom ersten Passionssonntag (in den evangelischen Kirchen: Estomihi oder Judika) bis einschließlich Karfreitag.

Pastor [lateinisch „Hirt"]: Amtsbezeichnung und Anrede für evangelische und katholische Pfarrer.

Pastoralbriefe: Sammelbezeichnung für die unter dem Namen des Apostels Paulus im N. T. überlieferten zwei Timotheusbriefe sowie den Titusbrief, deren gemeinsamer Gegenstand die Abwehr gnostischer Strömungen ist.

Pastoraltheologie ↑praktische Theologie.

Pastor angelicus [lateinisch „Engelpapst"]: die Gestalt eines Idealpapstes, von dem erhofft wurde, er werde die Kirche in ihrer ursprünglichen Gestalt erneuern. Die Idee stand im Zusammenhang mit mittelalterlichen eschatologischen Vorstellungen. Sie ist zum ersten Mal bei dem italienischen Theologen Joachim von Fiore (* um 1130, † 1202) greifbar und gewann für das Mittelalter große Bedeutung.

Pastor Hermae ↑Hirt des Hermas.

Patäken: Krüppelzwerge, Figuren kranker, körperlich entstellter Kinder, die in der ägyptischen Spätzeit auftreten. Sie werden nach dem Vorbild Herodots (III, 37) Patäken genannt. Wahrscheinlich dienten sie einem schadenabwehrenden (apotropäischen) Zweck und sollten die Geburt gesunder Kinder sicherstellen.

Pataliputra: Ort des dritten buddhistischen Konzils, das um 250 v. Chr.

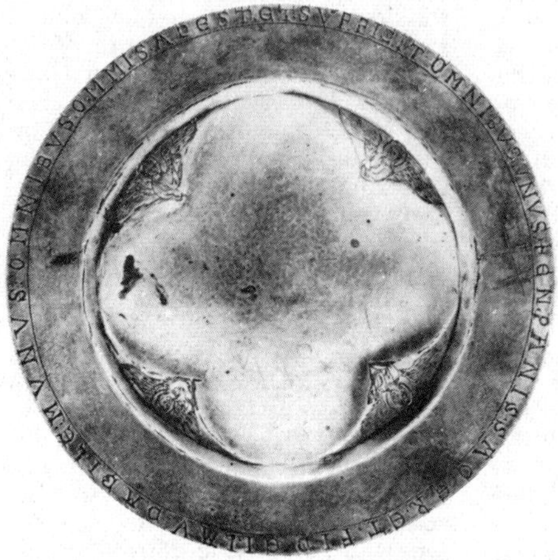

Patene. Hildesheimer Arbeit um 1230 (Nürnberg, Germanisches Nationalmuseum)

auf Veranlassung des großen buddhistischen Kaisers Aschoka (♔ 272–232) veranstaltet wurde. Es ist umstritten, ob bereits auf diesem Konzil ein Teil des ↑„Tripitaka" kanonisiert wurde.

Paten [von lateinisch pater „Vater"]: in den christlichen Kirchen Taufzeugen, ursprünglich Bürgen für den die christliche Taufe begehrenden Heiden. Als im 6. Jahrhundert die Kindertaufe allgemein üblich wurde, hatten die Paten für den Täufling das Glaubensbekenntnis abzulegen, und sie waren neben den Eltern mitverantwortlich für dessen christliche Erziehung und Unterweisung.

Patẹne [von lateinisch patena „Opferteller"]: liturgisches Gerät bei Eucharistie und Abendmahl, ein flacher Teller für die Hostien oder für das Abendmahlsbrot.

Pạterfamịlias [lateinisch]: „Vater der Familie", dem im alten Rom alle Macht im Haus zustand und der die priesterliche Aufgabe des Verkehrs mit den Göttern wahrnahm. Sein ↑Genius wurde als fortwirkend gedacht in der Abfolge kommender Generationen seiner Familie. Dem römischen Paterfamilias entsprach im alten Indien weitgehend der ↑Grihastha.

Patimọkkha [Pali]: Name des buddhistischen Beichtspiegels, der den Mönchen regelmäßig vorgelesen werden soll und auf Grund dessen sie nach etwaigen Verfehlungen zu befragen sind.

Patriạrch [griechisch]: im A. T. Bezeichnung für die Erzväter des Volkes Israel: Abraham, Isaak und Jakob sowie dessen Söhne; in der christlichen Kirche Titel der Bischöfe von Rom, Alexandria, Antiochia, Konstantinopel und Jerusalem sowie für die Oberhäupter verschiedener orthodoxer Kirchen.

Patriarchạt [griechisch]: Vaterherrschaft, gesellschaftliche Struktur, in der der Hausvater Familienoberhaupt ist. Zur religiösen Stellung des Mannes in patriarchalischen Gesellschaften ↑Mann.

Pạtrii Dịi [lateinisch „vaterländische Götter"]: die überkommenen heimischen Schutzgottheiten Roms, besonders die im Kult des Staates am Altar der Vesta verehrten ↑Penaten.

Patripassiạner [von lateinisch pater passus est „der Vater hat gelitten"]: abwertender Name, der den Anhängern der Lehre des ↑Modalismus von ihren Gegnern beigelegt wurde. Damit wurde zum Ausdruck gebracht, daß die letzte Konsequenz des Modalismus (Christus sei mit Gott identisch, nur eine unterschiedliche Erscheinungsweise von ihm) die Ansicht sei, in Christus habe Gott (der Vater) selbst gelitten.

Patristik: wissenschaftliche Disziplin, die sich mit dem Studium der altchristlichen Literatur, insbesondere der der Kirchenväter, befaßt.

Patronat: Rechtsbeziehung zwischen den abendländischen christlichen Kirchen und dem Stifter einer Kirche sowie dessen Rechtsnachfolgern. Der Patron hat das Recht der Mitbestimmung bei der Verwaltung des Kirchengutes und vor allem ein Vorschlagsrecht bei der Stellenbesetzung durch einen Geistlichen.

Patrozinium: die Schutzherrschaft eines Heiligen über eine katholische Kirche.

Paulizianer: Anhänger einer um 650 in Armenien entstandenen Sekte, die wahrscheinlich unter Einflüssen des ↑Marcionitismus stand, dualistische Anschauungen vertrat und sich selbst auf den Apostel Paulus berief. Die Sekte erstarkte vorübergehend zu politischer Macht. Ein großer Teil ihrer Anhänger wurde im 9. Jahrhundert in Thrakien angesiedelt. Dort erlosch die Sekte im 12. Jahrhundert unter byzantinischem Einfluß.

Paulus (jüdischer Name Saul): * Tarsus (Kilikien) Anfang des 1. Jahrhunderts, † Rom zwischen 63 und 64, Apostel des Urchristentums, Verfasser zahlreicher Schriften des N. T. – Paulus entstammte einer streng jüdischen Familie. Von seinem Vater erbte er das römische Bürgerrecht. Er schloß sich den Pharisäern an und bekämpfte leidenschaftlich das junge Christentum, bis ihn eine Christusvision vor Damaskus (Apg. 9, 3–9) bekehrte. Sie bedeutete für ihn zugleich die Berufung zum Apostel der Heiden. Auf dem ↑Apostelkonzil zu Jerusalem konnte er die gesetzesfreie Heidenmission durchsetzen, die er auf weiten Missionsreisen nach Kleinasien und Griechenland ausübte. In Jerusalem wurde er auf jüdisches Betreiben wegen Aufruhrs verhaftet und zur Verurteilung als römischer Bürger nach Rom überführt. Dort fand er wahrscheinlich unter Nero den Märtyrertod.

Paulusakten: apokryphe Apostelerzählung, nur unvollständig in koptischer Sprache überliefert; sie enthielt einen 3. Korintherbrief sowie Beschreibungen der Mission des Apostels Paulus mit den Erzählungen von zahlreichen Wundern.

Paulusapokalypse: Name zweier angeblich auf Paulus zurückgehender Apokalypsen: 1. eine um 380 entstandene Schrift, die die Beschreibung einer Jenseitsreise des Paulus enthält; 2. eine gnostische Schrift, die in Nag Hammadi gefunden wurde.

Paulusbriefe: die von dem Apostel Paulus um 50 n. Chr. verfaßten bzw. ihm zugeschriebenen Briefe im ↑Neuen Testament. Mit Sicherheit sind davon von Paulus selbst verfaßt nur (in der Reihenfolge ihrer Abfassungszeit) 1. Thessalonicher-, Galater-, 1. Korinther-, Philipper-, Philemon-, 2. Korinther- und Römerbrief.

Pax [lateinisch „Frieden"]: bei den Römern als göttliche Person gedachter Begriff des Friedens, der griechischen ↑Eirene entsprechend.

Pax Dei ['de-i] ↑Gottesfriede.

Pax deum [de-ʊm]: in der römischen Religion Bezeichnung für ein harmonisches Friedensverhältnis zwischen Göttern und Menschen.

Peace Mission ['pi:ß 'mɪʃn; englisch „Friedensmission"]: sie ist eine Gemeinschaft, die in den USA ein Neger, der wahrscheinlich zunächst George Baker hieß, in den Jahren 1907 bis 1919 begründete; als Oberhaupt seiner Gemeinde, in der er göttliche Verehrung genoß, nannte er sich Father Divine („göttlicher Vater"). Er erklärte, die Inkarnation Gottes auf der Vaterstufe zu sein, während diejenige Christi nur auf der Sohnesstufe erfolgt sei. Als Ziel seiner Botschaft verkündigte er die „Errichtung eines Königreichs Gottes auf Erden". Er verfolgte hierbei keinerlei rassistische Ziele. Das Englische propagierte er als künftige Weltsprache. Father Divine starb 1965 im Alter von 100 Jahren auf seinem Schloß in Pennsylvania. Die Leitung seiner Gemeinschaft übernahm als Mother Divine („Göttliche Mutter") seine zweite Frau, Edna Rose Ritchings.

Penaten [lateinisch]: in der römischen Religion die am Herd des Hauses verehrten Gottheiten der Vorratskammer (penus), später den den ganzen Besitz des römischen Bauern schützenden Laren angeglichen. Neben den Penaten der Familie (penates familiares oder privati) kannte die römische Religion staatliche Penaten (penates publici), die am Herdfeuer des Vestatempels verehrt wurden.

Pentagramm [von griechisch pénte „fünf" und grámma „Zeichen"]: fünfzackiger Stern, in der Antike u. a. ein Symbol der Gesundheit. Im Mittelalter und in nachmittelalterlicher Zeit galten Pentagramme als Abwehrzeichen gegen Dämonen.

Pentateuch [von griechisch pénte „fünf" und teũchos „Buchrolle"]: „Fünfrollenbuch", im A. T. die fünf Bücher Mose. Sie umfassen die Urgeschichte, die Vätergeschichten, den Auszug aus Ägypten, die Landnahme und umfangreiche Gesetzestexte. Ihre Bezeichnung im Judentum ist *Thora* („Gesetz"). Die moderne wissenschaftliche Pentateuchkritik hat eine Unterscheidung verschiedener Quellenschriften herausgestellt, die in der vorliegenden Gestalt des Pentateuch zusammengefaßt sind. Nach dem jeweiligen Gebrauch des Gottesnamens „Jahwe" oder „Elohim" werden *Jahwist* und *Elohist* unterschieden. Der Name *Priesterkodex*, der dritten Quellenschrift, wurde von der systematisierenden, priesterlichen Textgestalt hergeleitet.

Perchta: im deutschen Volksglauben eine der Frau ↑Holle verwandte Gestalt. Sie tritt als schöne Gabenbringerin, aber auch als Schreckgestalt auf. In ihrem Gefolge befindet sich eine Schar dämonischer Wesen, die besonders in den ↑Zwölften und vor Epiphanias (6. Januar) umherziehen. Sie werden beim *Perchtenlauf*, einem Maskenbrauchtum der Alpenländer, zu Fastnacht und am Vorabend von Epiphanias dramatisch dargestellt.

Perchta. Perchtenmaske

Peregrinatio ↑Pilger.

Perfecti ↑Katharer.

Perikopen: biblische Textabschnitte, die zur Lesung im Gottesdienst und als Textgrundlage für die Predigt bestimmt sind.

Perkons: lettischer Himmelsgott, vornehmlich ein Herr des Donners, der als Blitzeschleuderer gefürchtet war, andererseits aber auch als Regenspender verehrt wurde. Er war ferner ein Gott des Krieges und erhielt spät die Funktion eines Hüters von Moral und Recht.

Perkunas: litauischer Himmels- und Gewittergott, dessen Name und Funktionen dem lettischen ↑Perkons entsprechen.

Persephone: griechische Unterweltsgöttin, Tochter des Zeus und der Demeter, Gemahlin des Hades. Ihr entsprach in der römischen Mythologie die *Proserpina*. In den Mysterien von Eleusis gewann Persephone als ↑Kore die Bedeutung einer Vegetationsgottheit.

Person: in der Religionsgeschichte die individuelle Vorstellung der Gottheit und die religiöse Betonung der menschlichen Einzelpersönlichkeit mit ihren Konsequenzen für Frömmigkeit und Jenseitsauffassung. Mystische Religionen neigen zu einem Impersonalismus, der in der frühen indischen Konzeption des neutralen Brahman als letzter Realität typischen Ausdruck fand. Die dieser Vorstellung gemäße Haltung des Menschen ist die Erkenntnis seiner Identität mit dieser impersonalen Größe. Buddha lehnte jede metaphysische Aussage ab und begriff die menschliche Existenz als völlig impersonal. Demgegenüber vertreten sowohl der Polytheismus als auch die prophetische Religiosität monotheistischer Religionen einen personalen Gottesbegriff, dem eine individuelle Auffassung des Menschen korrespondiert. Diese Korrelation ist Voraussetzung für eine Religiosität mit Verehrung und Anbetung der Gottheit, der eine Jenseitsauffassung entspricht, die das zukünftige Heil in einer personalen Lebensgemeinschaft mit Gott erblickt.

Personifikatiọn: in der Religionsgeschichte die individuelle Vorstellung von einer dem Menschen überlegenen Macht. Sie kann Naturerscheinungen betreffen, sowohl spontanes atmosphärisches Geschehen, das als Wirken bestimmter Gottheiten verstanden wird, als auch den jahreszeitlichen Wechsel der Vegetation, der als sterbender und wieder auferstehender Gott begriffen und kultisch dargestellt wird. Häufig zu beobachten ist ein Prozeß, durch den göttliche Qualitäten personale Eigenständigkeit erlangen: die ↑Amescha Spentas des Parsismus sind hierfür vor allem charakteristisch. Auch Grundaxiome einer Weltansicht, sogenannte numinose Ordnungsbegriffe (↑Ordnung), können persönliche Gestalt gewinnen, so die altägyptische Maat, die zur Tochter des Sonnengottes Re wird. Für die römische Religion war vornehmlich die Erhebung abstrakter Begriffe in den Rang von Göttern bezeichnend; hierzu zählen die Hoffnung (Spes), die Eintracht (Concordia), die Treue (Fides), der Verstand (Mens), die Sicherheit (Securitas). Die Auffassung der Personifikation schwankt meist innerhalb der einzelnen Religionen zwischen einer dinghaft vorgestellten Erscheinung, die im Bild des Gottes seine tatsächliche Gegenwart (Realpräsenz) erblickt, und einer vergeistigten Schau der göttlichen Person.

Perụn: „Schläger", slawischer Donnergott, dem die Eiche heilig war. Nach dem Nachweis geographischer Namen (z. B. Pirna) wurde Perun offensichtlich von allen Slawen verehrt. Bei den Russen galt er auch als Schwurgott. Fürst Wladimir von Kiew (♔ 980–1015) ließ eine hölzerne Statue des Perun aufstellen. Nach seiner Taufe im Jahre 988 ließ Wladimir die Statue des Perun in den Dnjepr stoßen.

Peschịtta [syrisch „die Einfache"]: Name der syrischen Bibelübersetzung, die sich in der syrischen Kirche als verbindlicher Text durchgesetzt hat. Wahrscheinlich ist sie das Werk des Bischofs Rabbula von Edessa († 435).

Petạra: bei den Dajak auf Borneo ein dem melanesischen ↑Mana entsprechender Machtbegriff.

Pẹterskirche (auch italienisch San Pietro in Vaticano): in der Vatikanstadt gelegene Hauptkirche des Papstes, der bedeutendste Kirchenbau des Abendlandes, wurde an der Stelle der von Konstantin dem Großen (♔ 306–337) errichteten Basilika seit 1506 erbaut. Die Peterskirche hat mit Vorhalle eine innere Länge von 211 m, eine äußere Kuppelhöhe von 136 m; der Kuppeldurchmesser beträgt 42 m. – Die Annahme, daß sich unter der Peterskirche das Grab des Apostels Petrus befinde, haben archäologische Forschungen nicht eindeutig bestätigen können.

Peterspfennig: im Mittelalter eine v. a. in England, Irland, Polen, Schweden und Norwegen erhobene Steuer zugunsten des Papstes, beruht heute auf freiwilligen Gaben der Gläubigen.

Petrus. Statue am Gewände des östlichen Nordportals der Kathedrale von Reims (zwischen 1225 und 1230)

Petrus: bereits in den Evangelien die führende Gestalt im Kreis der zwölf Jünger Jesu. Petrus lebte als verheirateter Mann, von Beruf Fischer, in Kapernaum, als er von Jesus berufen wurde und dabei anstelle seines früheren Namens Simon den Namen Petrus (griechisch Pétros; Übersetzung von aramäisch Kepha „Fels") erhielt. Diese Namensgebung bringt die Bedeutung des Petrus vor allem für die nachösterliche Gemeinde zum Ausdruck. Die Führung der Gemeinde in Jerusalem hatte er vermutlich bis zum ↑Apostelkonzil inne. Dann wurde er aus nicht bekannten Gründen von dem Herrenbruder Jakobus abgelöst. Danach wirkte er missionarisch in Antiochia (Gal. 2, 11 ff.) und vielleicht auch in Korinth (1. Kor. 1, 12). Über seine weiteren Schicksale gibt es keine sicheren Nachrichten. Umstritten ist, ob er in Rom den Märtyrertod erlitt.

Petrusakten: apokryphe Erzählungen über den Apostel Petrus, in denen der Kampf zwischen Petrus und Simon Magus und das Martyrium des Petrus in Rom enthalten sind.

Petrusapokalypse: apokryphe Apokalypse, wahrscheinlich in der ersten Hälfte des 2. Jahrhunderts in Ägypten entstanden, vollständig nur in äthiopischer Sprache erhalten. Mit der drastischen Ausmalung von Himmel und Hölle gewann der Text Einfluß auf die christliche Eschatologie.

Petrusbriefe: im ↑Neuen Testament zwei dem Apostel Paulus zugeschriebene Briefe, die zu den Katholischen Briefen gerechnet werden.

Petrusevangelium: apokryphes, stark legendarisches Evangelium, wahrscheinlich um 150 in Syrien entstanden; nur fragmentarisch überliefert.

Peyotekulte [von aztekisch peyotl, eine mexikanische Kakteenart]: sakramentaler Gemeinschaftsgenuß der meskalinhaltigen, in Scheiben geschnittenen Peyote, der Trancezustände bewirkt. Der Genuß der Peyote geht auf Bräuche der aztekischen Klasse der Zauberer zurück und wurde seit dem letzten Jahrzehnt des vorigen Jahrhunderts unter den Indianern Nordamerikas weit verbreitet durch visionäre Seher, unter denen Elkhair und John Wilson hervorragen. Nach Wilson, der „Big Moon" genannt wurde, erhielten die Peyotekulte auch den Namen *Big-Moon-Religion.* Der religiösen Wertung der Peyote liegt die Vorstellung zugrunde, sie entstehe aus den Fußspuren einer Gottheit in Hirschgestalt, die Tatosi („unser Ahne") heiße. Unterschiedliche Formen der Peyotekulte gehen auf radikale Abwehr bzw. Übernahme christlicher Vorstellungen zurück. Unter dem Namen „*Native American Church*" erlangte der Peyotismus mit einer Anhängerschaft, zu der jetzt auch Weiße zählen, offizielle Anerkennung.

Pfad, achtfacher: der „edle, achtteilige Pfad", den Buddha zur Überwindung des Leidens lehrte, nämlich: rechte Anschauung, rechtes Wollen, rechtes Reden, rechtes Tun, rechtes

Leben, rechtes Streben, rechtes Gedenken, rechtes Sichversenken.

Pfarrer: im katholischen Kirchenrecht der vom Bischof für eine Pfarrei bestellte Geistliche; im evangelischen Kirchenrecht der durch Ordination nach Wahl durch die Gemeinde oder Einsetzung durch die Kirchenbehörde mit der Verwaltung des Pfarramtes beauftragte Geistliche. – Die Herkunft des Wortes Pfarrer ist umstritten.

Pfau: in der Antike Sinnbild der Unsterblichkeit, im frühen Christentum Symbol der Auferstehung. Auf der Insel Samos war der Pfau der Hera heilig. Nach der Lehre der ↑Jesiden hat sich Gott von seiner Schöpfung zurückgezogen und die Regierung der Welt einem „Engel Pfau" übergeben.

Pfeilorakel ↑Mantik.

Pferd: das Pferd besitzt große religionsgeschichtliche Bedeutung, besonders bei den Indogermanen. Pferdeopfer sind für die wedische Religion Indiens und für die germanische Religion bezeugt. Weithin galt das Pferd als Reit- oder Zugtier der Götter. In enger Verbindung zum Pferd wurde der „pferdeartige" (griechisch híppios) Meeresgott Poseidon gesehen.

Pfingstbewegung: zusammenfassende Bezeichnung einer größeren Anzahl von heute z. T. weltweit verbreiteten religiösen Gruppen, die in Nordamerika aus methodistisch und baptistisch geprägten ↑Heiligungsbewegungen der 2. Hälfte des 19. Jahrhunderts hervorgegangen sind. Die einzelnen Gemeinschaften der Pfingstbewegung sind in dogmatischer Hinsicht durchaus nicht einheitlich ausgerichtet. Ihr gemeinsames Kennzeichen besteht aber darin, daß sie den Besitz der urchristlichen Gnadengaben, der Charismata (1. Kor. 12; Röm. 12, 6 ff.), für sich in Anspruch nehmen. Vor Rechtfertigung und ethischer Haltung sehen sie die höchste Stufe des christlichen Lebens in einem häufig von Konvulsionen begleiteten Geistempfang, einer Geisttaufe, die mit Zungenreden, Prophetie und Krankenheilungen verbunden ist.

Pfingsten [von griechisch pentekostḗ (hēméra) „fünfzigster (Tag)" (d. h. nach Ostern)]: in den christlichen Kirchen am 7. Sonntag nach Ostern gefeiertes Fest zum Gedächtnis der Ausgießung des Heiligen Geistes (Apg. 2). Zeitlich trifft das Pfingstfest mit dem jüdischen Erntedankfest zusammen.

phallische Kulte ↑sexuelle Riten.

Phallussymbol: das männliche Geschlechtsorgan (Phallus) als Inbegriff von Zeugungskraft und Fruchtbarkeit ist in Darstellungen seit der Steinzeit nachweisbar. Der Phallus dient als Fetisch und Amulett, und er wird als heiliger Stein in Phallusform verehrt. Im Fruchtbarkeitszauber und in sexuell geprägten Hochzeitsriten kann er eine zentrale Stellung einnehmen. Kultische Bedeutung hatte er besonders in den Dionysosfeiern und beim römischen Fruchtbarkeitsfest (Liberalia) erlangt. Als Attribut ist der Phallus mit dem indischen Gott Schiwa verbunden, ferner mit dem ägyptischen Min, dem griechischen Hermes, dem römischen Liber, dem späthellenistischen Gartengott Priapos und mit dem germanischen Freyr.

Phanes: nach der Götterentstehungslehre der ↑Orphik ist Phanes der aus dem von Chronos geschaffenen Weltei hervorgegangene Urgott; seine Tochter ist Nyx („Nacht").

Pharao [von altägyptisch Per-aa „großes Haus"]: im alten Ägypten zunächst Bezeichnung des königlichen Palastes. Erst seit der 18. Dynastie (1562–1308) wird es üblich, den Begriff auch für die Person des Königs zu verwenden. – Zur religiösen Stellung des Pharao ↑Sakralkönigtum.

Pharisäer: zur Zeit Jesu ein Verband von frommen Juden, die die Befolgung des alttestamentlichen Gesetzes betonten. Sie forderten Gesetzestreue im Glauben an Auferstehung und jenseitige Vergeltung sowie in der Hoffnung auf das Kommen des Messias. Ihr Selbstbewußtsein frommer Überlegenheit wird im N. T. vielfach kritisiert. Die Pharisäer haben die Gestalt des späteren Judentums nachhaltig beeinflußt. Der Gebrauch des Begriffs „Pharisäer" im Sinne von „Heuchler" entbehrt der historischen Rechtfertigung.

Pharmakon Athanasias [griechisch „Heilpflanze der Unsterblichkeit"] ↑Eucharistie.

Phelonium (auch griechisch Phelonion): mantelartiges Meßgewand des orthodoxen Priesters.

Philemonbrief (Abk. Philem.): einziger im N. T. erhaltener Privatbrief des Apostels Paulus, der als Gefangener den entlaufenen Sklaven Onesimos bekehrt hat und ihn nun mit diesem Brief als Begleitschreiben zu seinem bereits christlichen Herrn Philemon zurückschickt. Er empfiehlt Philemon, Onesimos als christlichen Bruder zu behandeln.

Philipperbrief (Abk. Phil.): einer der Paulusbriefe des N. T. Er enthält einen Bericht über die persönliche Situation des Paulus, Mahnungen an die Gemeinde in Philippi und an zentraler Stelle einen Christushymnus (2, 5–11). Die Authentizität des Briefes ist nicht umstritten. Paulus hat ihn während einer nicht näher bestimmbaren Gefangenschaft geschrieben.

Philippusakten: apokryphe Apostelgeschichte, die über Missionsreisen des Philippus berichtet.

Philister: Angehörige eines Volkes, das während der durch die „Seevölker" ausgelösten Umwälzungen im östlichen Mittelmeer in Palästina einwanderte. Die Philister sind inschriftlich erstmals in der Zeit des Pharao Ramses III. (♔ 1198–1166) bezeugt. Im A. T. erscheinen sie am Ende der Richterzeit unvermittelt als Herren der südpalästinensischen Küstenebene. Von den Königen Saul und David wurden sie unterworfen. Auf religiösem Gebiet zeigten die Philister eine erstaunliche Wandlungsfähigkeit. Sie übernahmen rasch die vorgefundenen kanaanäischen Götter, besonders den Gott Dagan, der nach dem A. T. (Richter 16, 23; 1. Sam. 5) ihr Hauptgott wurde.

Philosemitismus: die dem Antisemitismus entgegengesetzte Haltung, die gegenüber Juden und ihrer Religion Verständnis und Wertschätzung aufbringt.

Phobos [griechisch „Furcht, Angst, Schrecken"]: bei den Griechen Begriff und vergöttlichte Personifikation des Grauens, einer der Begleiter des ↑Ares.

phönikische Religion: die Religion der alten Phöniker, die im syrisch-palästinensischen Gebiet einen schmalen Küstenstreifen zwischen dem Meer und dem Libanon bewohnten und von dort aus weite Handelsreisen unternahmen. Sie verehrten den gemeinwestsemitischen Baal jeweils als Lokalgott ihrer Städte, so daß wir einen Baal von Tyrus, von Sidon usw. kennen. Ein Heilgott war Eschmun. Auch Adon und Astarte besaßen Kulte, die z. T. orgiastischen Charakter trugen.

Phönix: eine vielleicht auf den altägyptischen Reiher Benu zurückgehende Gestalt, die als Seele des Sonnengottes Re angesehen wurde. Dem Phönix wurde später eine äußerst lange Lebensdauer zugeschrieben, nach der er jeweils aufs neue („aus der Asche") erstehen sollte. Deshalb wurde er in der Spätantike zum Symbol der Ewigkeit und der Auferstehung.

Phratrie [von griechisch phratría „Bruderschaft"]: in der griechischen Antike eine Gemeinschaft innerhalb eines Staates, deren Mitglieder einen kultischen Verband bildeten.

phrygische Religion: die Religion der aus Thrakien nach Kleinasien eingewanderten Phryger. In ihrem Mittelpunkt stand der orgiastische Kult der Kybele (auch Magna Mater). Verehrt wurden ferner Sabazios, Attis und der Mondgott Men, dessen Kult weit verbreitet war.

Physikotheologie: eine besonders im 18. Jahrhundert in einer umfangreichen Literatur vertretene theologisch-philosophische Position, die von der Sinnhaftigkeit und Zweckmäßigkeit des Aufbaus der Natur und ihrer Ordnung auf die Existenz und das Wesen Gottes schließt.

Physiologus: ein im 2. Jahrhundert n. Chr. in Ägypten entstandenes Werk, das für die christliche Tiersymbolik der mittelalterlichen Kunst entscheidende Bedeutung gewann. Es enthält für 41 Tiere symbolische Deutungen.

Piaristen (lateinisch Ordo clericorum regularium pauperum matris Dei scholarum piarum; Abk. SP): katholischer Orden zur Erziehung und Unterrichtung der Jugend, 1597 von dem spanischen Theologen Joseph von Calasanza (* um 1556, † 1648) gegründet. Der Orden ist v. a. in Spanien, Südamerika und Italien verbreitet, früher auch in Ungarn.

Pieta [pi-e'ta; italienisch „Mitleid, Barmherzigkeit, Erbarmen"]: in Malerei und Plastik die Darstellung Marias mit dem Leichnam ihres Sohnes Jesus auf dem Schoß; da die Kreuzabnahme am Spätnachmittag (der Zeit der späteren Vesper) stattfand, im deutschen Sprachgebiet auch *Vesperbild* genannt.

Pieta (um 1350; Bonn, Rheinisches Landesmuseum)

Pietät [von lateinisch pietas]: Frömmigkeit, Ehrfurcht, Achtung, Rücksichtnahme; als Verhalten gegenüber Eltern und Ahnen eine der Hauptforderungen des Konfuzianismus.

Pietismus [pi-e...]: religiöse Bewegung innerhalb des Protestantismus, die sich gegen die Orhodoxie wandte und eine verinnerlichte Frömmigkeit, das allgemeine Priestertum aller Gläubigen, ein Christentum der Tat, Erbauungspredigten und das Meiden gehässiger Religionsstreitigkeiten forderte. Diese Programmpunkte des Pietismus hatte Philipp Jakob Spener (* 1635, † 1705) 1675 in seiner Schrift „Pia desideria oder herzliches Verlangen nach gottgefälliger Besserung der wahren evangelischen Kirchen" zusammengefaßt. Durch Speners Schüler August Hermann Francke (* 1663, † 1727) wurde Halle mit seiner 1694 gestifteten kurbrandenburgischen Universität und den „Stiftungen" Franckes zu einem Mittelpunkt des Pietismus. Eine selbständige Ausprägung erhielt der Pietismus in Württemberg. Zu einem dritten Zweig wurde die von Nikolaus Ludwig Graf von Zinzendorf (* 1700, † 1760) gestiftete Herrnhuter Brüdergemeine.

Pilger [von lateinisch peregrinus „Fremder"]: äußerst weit verbreitete Erscheinung des aus religiösen Motiven zeitweise oder dauernd ortsfremd und heimatlos Wandernden. Häufigste Form der Pilgerschaft (lateinisch peregrinatio) ist die *Wallfahrt* zu einer heiligen Stätte, an der sowohl Befreiung von irdischen Übeln als auch religiöse Erleuchtung und Heiligung gesucht wird. Ein weiteres Motiv der zeitweiligen Pilgerschaft ist das Erreichen eines *„gelobten Landes"*. Hierfür sind besonders kennzeichnend die israelitische Wüstenwanderung, der

Auszug der Pilgerväter des 17. Jahrhunderts aus England und die Züge der südamerikanischen Tupí Guaraní auf der Suche nach dem „Land ohne Übel“. *Ständiger Pilgerschaft* können zum einen, wie den Reisen des Apostels Paulus und des Religionsstifters Mani, *missionarische Intentionen* zugrunde liegen. Zum andern kann der dauernde Verzicht auf Seßhaftigkeit und häusliche Geborgenheit Bestandteil *asketischer Forderungen* sein. Dies war teilweise im frühchristlichen Mönchtum der Fall, ebenso im Urbuddhismus, dessen Mönche nur während der Regenzeit feste Unterkunftsräume aufsuchen durften. Auch die „Auserwählten“ (lateinisch Electi) des Manichäismus erfüllten als bettelnde Mönche in einem Leben ohne festen Wohnsitz und auf ausdrücklich geforderter ständiger Pilgerschaft konsequent die strengen Gebote ihrer Religion.

Pilgerväter (auch englisch Pilgrim Fathers): englische Kongregationalisten (↑ Kongregationalismus), die zur freien Religionsausübung zunächst unter Führung von John Robinson (* 1575, † 1625) in die Niederlande auswanderten und 1620 auf der „Mayflower“ nach Amerika kamen, wo sie in Massachusetts die Stadt Plymouth gründeten, die bald einen wachsenden Zustrom von Puritanern anzog.

P'i-lu-Fo ↑ Wairotschana.

Pinie: sie war in den Mysterien des Attis Symbol für dessen Sterben und Wiederauferstehen. Ein Pinienzapfen schmückte den Thyrsosstab des Dionysos.

Pirkẹ Abọth [hebräisch „Sprüche der Väter“]: ein Traktat der ↑ Mischna, enthält hauptsächlich Maximen jüdischer Gesetzeslehrer.

Pịstis Sophịa [griechisch „Glaube“ und „Weisheit“]: Titel einer für unsere Kenntnis der christlichen Gnosis äußerst wichtigen Schrift, die vermutlich im 3. Jahrhundert in Ägypten entstand und in koptischer Sprache überliefert wurde. Die Schrift enthält ausführliche Erörterungen über die gnostische Gestalt der Pistis Sophia, ferner Gespräche des auferstandenen Christus mit seinen Jüngern und schließlich eine Schilderung der Qualen in der Unterwelt.

Pịtaka ↑ Tripitaka.

Pịtaras [Sanskrit „Väter“]: die Totengeister der wedischen Religion. Sie haben zuerst den Weg des Totengottes ↑ Jama beschritten und sind zu ihrem Wohnort im dritten Himmel gelangt. Da sie diesen Weg für die nachfolgenden Toten bereitet haben, genießen sie eine besondere Verehrung, die unvereinbar ist mit dem später in Indien uneingeschränkt herrschenden Glauben an die Seelenwanderung.

Platonismus. Platon (Marmorkopie nach einem Bildniskopf von Silanion, etwa 370/360 v. Chr.)

Platonịsmus: die auf den griechischen Philosophen Platon (* 428/27, † 348/47) zurückgehenden Gedanken sind keine Religion. Sie sind aber religionsgeschichtlich insofern bedeutsam, als sie auf dem Gebiet des Gottesglaubens die Güte Gottes betonen, im menschlichen Bereich den Seelenwanderungsgedanken und die Idee der Gefangenschaft der Seele im Körper vertreten und die Welt der wahrnehmbaren Dinge auf Ideen als deren Urbilder zurückführen.

Plejạden: in der griechischen Mythologie die sieben Töchter des Atlas und der Pleione. Die jungfräulichen Plejaden fliehen vor den Nachstellungen des Orion, bis Zeus sie – zusammen mit Orion – an den Himmel versetzt.

Plenarien [lateinisch]: „vollständige Bücher", im späten Mittelalter die Bezeichnung für Sammlungen, die alle Texte der Meßfeier enthielten.

Pleroma [griechisch „Fülle"]: in der Gnosis die vollkommene Welt des Geistes.

PL-Kiodan (= PL-Kyodan): eine der neuen Religionen Japans, deren zweisprachiger Name sich aus der Abkürzung von englisch „Perfect Liberty" („vollkommene Freiheit") und dem japanischen Kiodan („religiöse Bruderschaft") zusammensetzt. Der PL-Kiodan geht zurück auf den „Menschenweg" (Hito no Mitschi), der 1931 von Tokuharu Miki (* 1871, † 1938) begründet und 1937 behördlich aufgelöst wurde. 1946 rief Tokutschika Miki (* 1900), der Sohn des ersten Stifters, die Gemeinschaft erneut unter ihrem heutigen Namen ins Leben. Der PL-Kiodan besitzt über 1 Million Anhänger, z. T. auch außerhalb Japans. Der zentrale Satz seiner Lehre ist: „Leben ist Kunst", wobei Kunst in einem umfassenden, den ethischen Bereich und die Forderung des Weltfriedens einschließenden Sinn verstanden wird. Der vornehmlich weltlichen Zielsetzung des PL-Kiodan entsprechend, ist der Begriff seines Gottes Mioja-okami (etwa „erhabener göttlicher Vater") wenig klar definiert. Wegen der eifrigen Förderung der Anlage von Golfplätzen wird der PL-Kiodan abwertend auch „Golfreligion" genannt. Das Zentrum, „Eternal Headquarters" („ewiges Hauptquartier") genannt, wurde in der Präfektur Osaka errichtet.

Pluton: griechischer Gott des Reichtums (plũtos). Da die Erde Reichtümer in sich birgt, wurde Pluton auch zum Gott der unterirdischen Bereiche und damit dem Unterweltsgott Hades sehr stark angeglichen. Pluton galt als Sohn des Kronos und der Rhea sowie als Gatte der Persephone.

Pluviale [von lateinisch (pallium) pluviale „Regenmantel"]: ursprünglich ein Wintermantel der Kleriker und Mönche beim Chorgebet, seit dem 10. Jahrhundert zu den liturgischen Gewändern gerechnet. Heute wird das Pluviale als offener, ärmelloser Mantel bei verschiedenen Gottesdiensten getragen.

Plymouth-Brüder [englisch 'plɪməθ]: Anhänger einer schroff kirchenfeindlichen, das nahe bevorstehende Weltende erwartenden christlichen Gemeinschaft. Die Plymouth-Brüder, die sich selbst Brethren („Brüder") nennen, sind nach ihrem anfänglichen Hauptversammlungsort, der Stadt Plymouth, benannt, in der sie seit 1826 zusammenkamen. Nach der bedeutendsten Persönlichkeit ihrer Gründerzeit, dem ehemaligen anglikanischen Geistlichen John Nelson Darby (* 1800, † 1882), heißen sie auch Darbysten. Darby war jedoch nicht der Gründer der Gemeinschaft.

Pneuma [griechisch „Hauch, Wind, Atem"] (auch lateinisch spiritus): im griechischen Denken und besonders in der griechischen Medizin eine stets materiell gedachte Lebenskraft, die Atem und Puls reguliert. Die Stoa versteht das Pneuma als allgemeines Prinzip der Natur und sieht es z. T. als feuerförmig an. Eine Spiritualisierung vollzieht erst der hellenistische Religionsphilosoph Philon von Alexandria (* 15/10 v. Chr., † 45/50 n. Chr.). Die Gnosis unterscheidet im allgemeinen ein rein geistiges Pneuma von der grobstofflichen *Hyle* (Materie). In der „Septuaginta" ist Pneuma die häufigste Wiedergabe des hebräischen Begriffs Ruach, der sowohl die bewegte Luft als auch den Geist Gottes (1. Mos. 1, 2; Ps. 33, 6) bezeichnen kann. Eine rein geistige Auffassung vertritt das N. T. Die Taufe wird als Vermittlung dieses geistigen Pneumas angesehen (Mark. 1, 10), und das Pfingstwunder (Apg. 2, 2) gilt als Ausgießung des Heiligen Geistes (pneũma hágion). Für Paulus sind die Lebensäußerungen der Kirche durch das Pneuma bewirkt. An die Auffassung des Johannes vom Pneuma, das alle Jünger Jesu in Wahrheit leiten wird (Joh. 16, 13) knüpft die kirchliche Lehre vom Heiligen Geist an.

Pneumatologie: Lehre vom Geist (↑Pneuma); im Christentum die Lehre vom Heiligen Geist.

Poimandres [griechisch „Männerhirt"]: die wichtigste der ↑hermetischen Schriften, enthält einen ausführlichen Schöpfungsbericht und schildert den Aufstieg der durch Erkenntnis (Gnosis) vom Körper befreiten Seele in die Lichtwelt.

Polis [griechisch „Stadt"]: der altgriechische Stadtstaat, der mit dem Kult einer ihm eigenen Stadtgottheit nicht nur einen politischen, sondern auch einen religiösen Verband darstellte.

Pollux: einer der beiden ↑Dioskuren.

Polydämonismus [von griechisch polý- „viel" und daímōn „Geistwesen"]: der Glaube an eine Vielzahl unheimlicher Geister, deren einzelne Gestalten meist wenig scharf umrissen sind, die vielmehr kollektiv als Gespenster, Natur- und Totengeister, Trolle, Elfen, (arabische) Dschinn oder in monströsen Mischformen auftreten und die die Menschen verführen sowie Krankheit, Wahnsinn oder Tod bewirken. Sehr umstritten ist die Theorie, aus dem Polydämonismus habe sich der ↑Polytheismus als Glaube an eine Vielheit individuell stärker profilierter Gestalten entwickelt.

Polyglotten [griechisch „Vielsprachige"]: Bibelausgaben, die neben dem Urtext mehrere Übersetzungen enthalten.

Polyhymnia: eine der ↑Musen.

polynesische Religionen: sie weisen trotz der weiträumigen Inselwelt, in der sie beheimatet sind, viele Gemeinsamkeiten auf. Dies gilt für den *Hochgottglauben*, der zum Geheimwissen der Priester gehörte, und für die Einteilung der *polytheistischen Götter* in ranghöhere (Atua) und rangniedere Wesen (Aitu). Das Priestertum besaß eine starke Stellung. Der *Kult* wurde an ummauerten Kultstätten gefeiert, die ↑Marae hießen. Im Leben der Polynesier war die strikte Befolgung von *Tabuvorschriften* (↑Tabu) oberstes Gebot. Das *jenseitige Leben* wurde in Abhängigkeit vom irdischen Rang gesehen, nicht vom ethischen Verhalten im Diesseits.

Polytheismus [...te-'ismus; von griechisch polý- „viel" und theós „Gott"]: im Gegensatz zum ↑Monotheismus, der sich zu nur einem Gott bekennt, der Glaube an eine Vielzahl von Göttern und Göttinnen, deren Gemeinschaft, ihr polytheistisches Pantheon, an Zahl und Bedeutung Schwankungen unterworfen ist. Durch Aufnahme von Gottheiten eroberter Gebiete sowie dadurch, daß göttliche Qualitäten als einzelne göttliche Personen gedacht werden (Hypostasierung), wird die Anzahl der Gottheiten vergrößert; sie kann reduziert werden durch monotheistische Intentionen sowie durch die Vermischung verschiedener Göttergestalten (Synkretismus). Eine Ordnung erfährt das polytheistische Pantheon durch Göttergenealogien und familiäre Gliederungen nach Analogie menschlicher Verhältnisse, durch hierarchische Rangsetzungen und durch Zusammenfassung verschiedener Gottheiten zu Göttergruppen. Die Götter des Polytheismus sind nach ihren Qualitäten und Funktionen zu unterscheiden. Häufig korrespondiert einem obersten Himmelsherrn, der als Schöpfer und väterlicher Weltenherrscher gilt, eine mütterliche Erdgöttin, die Geburten und Vegetation schützt. Für die menschliche Moral besitzt der von dem italienischen Religionswissenschaftler Raffaele Pettazzoni (* 1883, † 1959) herausgestellte Glaube an einen allwissenden Gott, der Hüter des Rechts ist, vorrangige Bedeutung. In kriegerischen Gemeinschaften überwiegt die Verehrung von Kriegsgöttern, unter Jägern diejenige eines Herrn oder einer Herrin der Tiere. Den Gottheiten, die menschliches Handeln fördern, stehen schadenbringende gegenüber. Durchweg verbreitet ist im Polytheismus der Glaube an einen Herrn des Totenreichs, der meist mit schreckenerregenden Attributen versehen ist. Ambivalent ist die Gestalt eines ↑Trickster, der in unberechenbarer Weise positiven oder negativen Einfluß ausübt.

Pomerium: die sakrale Stadtgrenze des alten Rom, die nach altitalischer, besonders etruskischer Sitte umgepflügt wurde.

Pomona: römische Göttin der Baumfrüchte, Gemahlin des ↑Vertumnus.

Pönitentialien (auch lateinisch libri poenitentiales): zum Gebrauch des katholischen Priesters bestimmte Beichtbücher, die Sünden und Sündenstrafen verzeichnen.

Pönitentiar [lateinisch]: zur Abnahme der Beichte bevollmächtigter Priester.

Pönitenz: von lateinisch poenitentia abgeleitete Bezeichnung für ↑Buße.

Pontifex maximus [lateinisch „größter Brückenbauer, Wegebereiter"]: ein auf die ursprünglich sakrale Bedeutung des Brückenbaus verweisender Titel, den in altrömischer Zeit der Vorsteher des Priesterkollegiums trug. Augustus (♔ als Kaiser 31 v. Chr. – 14 n. Chr.) nahm den Titel im Jahre 12 v. Chr. an, und die römischen Kaiser haben ihn bis Kaiser Gratian (♔ 375–383) beibehalten. In die päpstliche Titulatur, mit der Pontifex maximus (italienisch „Sommo Pontifice") seit der Renaissance fest verbunden ist, wurde der Titel erstmals von Leo I. aufgenommen.

Pontifikalamt: von einem Bischof zelebriertes ↑Hochamt.

Pontifikalbücher: in der katholischen Kirche liturgische Bücher für bischöfliche Amtshandlungen außer der Messe. Maßgebend ist heute das *Pontificale Romanum.*

Pontifikalien: liturgische Gewänder und Insignien des Bischofs sowie liturgische Amtshandlungen, bei denen er diese Gewänder und Insignien trägt.

Popol Vuh ['pɔpɔl 'vʊx; Maya-Quiché „Buch der Matte (d. h. der Herrschaft)"]: eines der heiligen Bücher der Maya mit einem ausführlichen Bericht über die Schöpfung, die als ↑Creatio ex nihilo erfolgt. Zweck der Erschaffung der Menschen ist es, daß diese die Götter verehren. Das Popol Vuh enthält ferner den Bericht über ein sakrales Ballspiel sowie die Frühgeschichte des Quiché-Stammes der Maya.

Portiunkulaablaß: ein Ablaß, der in Franziskanerkirchen am 2. August (bzw. an dem darauffolgenden Sonntag), dem Jahrestag der Weihe (1216) der bei Assisi gelegenen Marienkapelle Portiunkula (auch Santa Maria degli Angeli) gewonnen werden kann. Seit 1952 können auch andere Dom- und Pfarrkirchen an diesem Tag den Portiunkulaablaß gewähren.

Portunus: römischer Gott der Türe (porta) des Privathauses sowie auch des Tiberhafens (portus). Die öffnende und schließende Funktion des Gottes deuten Darstellungen an, die Portunus mit einem Schlüssel in der Hand zeigen. Das Fest des Portunus waren die *Portunalia*, die seit dem 6. Jahrhundert v. Chr. am 17. August gefeiert wurden.

Poseidon: griechischer Gott, dem bei der Teilung der Welt mit seinen Brüdern Zeus und Hades das Meer zugefallen war. Mit seinem Dreizack erschüttert Poseidon die Erde, spaltet Felsen und läßt Quellen entspringen. Er galt aber auch als Helfer in Seenot und als Patron der Fischer. Wie auch andere Wassergötter wurde er gern pferdegestaltig gedacht; darauf verweist auch sein Beiname Hippios („Herr der Pferde").

Positivismus [lateinisch]: philosophische Richtung, die sich ausschließlich auf die Feststellung des „Positiven", in innerer und äußerer Wahrnehmung unzweifelhaft Tatsächlichen beschränkt. Gegenüber dieser philosophischen Richtung wird auf religiösem Gebiet mit Positivismus ein Standpunkt bezeichnet, der sich im Gegensatz zum Rationalismus auf den Boden der Offenbarung stellt.

Postille: Predigtsammlung zum kirchlichen und besonders auch zum häuslichen Gebrauch.
Prädestination [lateinisch]: Vorherbestimmung des menschlichen Geschicks, in der Religionsgeschichte eine aus dem Glauben an die absolute Souveränität Gottes resultierende und daher von einer anonymen Schicksalsbestimmung zu unterscheidende Erwählung oder Verwerfung des Menschen, die ausschließlich dem persönlichen Willen Gottes entspringt und daher vom menschlichen Handeln unabhängig ist. Sie betrifft vornehmlich nicht das irdische, sondern das jenseitige Geschick, also die göttliche Gnadenwahl zur Seligkeit oder zur Verdammnis. Die Prädestination wird am konsequentesten vom Islam vertreten. Obwohl sie im Koran nicht eindeutig bezeugt ist, haben sich gegenüber ihren Bestreitern, besonders den Mutasiliten, die *Dschabirija*, die „Leute des Zwangs" durchgesetzt und die Haltung der Orthodoxie bestimmt. Auch die indische Bhakti-Frömmigkeit neigt mit ihrem Vertrauen auf die Liebe einer Heilandsgottheit zur Prädestination; zu ihr bekennt sich die „Bhagawadgita" (18, 61) ausdrücklich.
Prädikate Gottes ↑Attribute und Prädikate Gottes.
Pradschapati (= Prajāpati) [Sanskrit „Herr der Geschöpfe"]: ein bereits im „Weda" erwähnter indischer Gott, der jedoch erst in nachwedischer Zeit größere Bedeutung erlangt. Die Religionsspekulation zur Zeit der „Brahmanas" sieht in ihm einen Universalgott, den sie zum Schöpfer und Erhalter der Welt erklärt.
Pradschna (= Prajñā) [Sanskrit „Weisheit"]: die erlösende Erkenntnis, die vom Mahajana-Buddhismus als eine Tugend aufgefaßt wird. Im Wadschrajana-Buddhismus gilt sie als weibliches Prinzip.
Pradschnaparamita (= Prajñāpāramitā) [Sanskrit „vollkommene Weisheit"]: Titel von Lehrschriften des Mahajana-Buddhismus, die die Leugnung sowohl des Seins als auch des Nichtseins zum Inhalt haben. – Im Wadschrajana-Buddhismus ist die Pradschnaparamita ein weiblicher Bodhisattwa.
Präexistenz: das ewige Vorherdasein von Menschen und Gegenständen religiöser Anschauung vor deren zeitlichen Erscheinungsform. Nach Platon und dem Neuplatonismus existiert die menschliche Seele im Reich der Ideen, bevor sie in die Verbindung mit einem Körper eintritt. Die Seelenwanderungslehre faßt die Präexistenz im zyklischen Sinn: nach ihr gehen die Seelen stets aufs neue in körperliche Gebilde ein, in Menschen, aber auch in Tiere oder Pflanzen. Besondere Bedeutung gewinnt die Präexistenz für die Gestalt des Heilands: nach christlicher Lehre war Christus als ewiger Logos und Sohn Gottes *vor* seiner irdischen Erscheinung existent. Der schiitische Islam nimmt diese Präexistenz für den erwarteten, letzten Imam an. Aber auch heiligen Schriften wird Präexistenz zugeschrieben. So waren nach indischer Auffassung die „Weden" präexistent, ehe sie von heiligen Sehern verkündet wurden. Der islamische Glaube an die Präexistenz des Koran geht auf Mohammed zurück; der Prophet selbst begriff sich als Verkünder eines heiligen Textes, der seit Ewigkeit auf einer „wohlverwahrten Tafel" bei Allah im Himmel aufbewahrt sei. Eine Präexistenz kommt nach rabbinischer Lehre dem Gesetz (der Thora) zu, ebenso dem Namen des Messias, dem Paradies und dem Thron Gottes.
Präfation ↑Messe.
Prajāpati ↑Pradschapati.
Prajñā ↑Pradschna.
Prajñāpāramitā ↑Pradschnaparamita.
Prakriti: in der indischen Religionsphilosophie die Bezeichnung der Urmaterie.
praktische Theologie: Disziplin der Theologie, die sich der Geschichte und den praktischen Erfordernissen kirchlichen und seelsorgerlichen

Predella vom Flügelaltar in Tramin

Handelns widmet. Sie befaßt sich mit der Lehre von der Predigt (Homiletik), vom Religionsunterricht (Katechetik) und den gottesdienstlichen Handlungen (Liturgik) sowie der Seelsorge. Hilfswissenschaften, denen in neuester Zeit verstärkte Beachtung geschenkt wird, sind Psychologie, Pfarrsoziologie und Grenzfragen zwischen Theologie und Medizin. – In der katholischen Theologie werden die Aufgabenbereiche der praktischen Theologie unter dem Begriff Pastoraltheologie zusammengefaßt.

Prälat: höherer Geistlicher, in der katholischen Kirche Welt- und Ordensoberer sowie Ehrentitel für verdiente Geistliche; in den evangelischen Kirchen der Leiter eines Kirchenbezirks oder der Vertreter des Bischofs.

Prämonstratenserorden (lateinisch Ordo Praemonstratensis; Abk. OPraem): ein 1120 von Norbert von Xanten (* 1085, † 1134) in Prémontré bei Laon begründeter Klerikerorden, der durch die Ernennung Norberts zum Bischof von Magdeburg (1126) seine Wirksamkeit vornehmlich in den ostelbischen Ländern entfaltete. Die Prämonstratenser werden nach ihrem Ordensstifter auch *Norbertiner* genannt.

Predella: die oberste Altarstufe.

Predigerbuch (auch hebräisch Koheleth; auch griechisch-lateinisch Ecclesiastes): eine dem König Salomo zugeschriebene Schrift des A. T., die zu den ↑ Megilloth gehört und ihres Inhalts wegen zur Weisheitsliteratur zu rechnen ist. Der Allmacht Gottes wird die Nichtigkeit des menschlichen Lebens gegenübergestellt; der Satz „alles ist eitel" wird immer wieder aufs neue betont. Das menschliche Leben erscheint als Problem, und irdischen Gütern wird ein fragwürdiger Wert beigemessen.

Predigt [von lateinisch praedicare „öffentlich bekanntmachen, laut verkündigen, bekennen, rühmen"]: die im Gottesdienst der christlichen Kirchen stattfindende Kanzelrede, daneben gibt es heute auch Predigten im Rundfunk und Fernsehen oder auf Kirchen- bzw. Katholikentagen. Im Gegensatz zu dem umfassenderen Begriff der Verkündigung, der jede Art der Vermittlung der biblischen Botschaft bezeichnet, ist die Predigt an die Sprache und zudem überwiegend an einen Bibeltext gebunden. Die theologische Zielsetzung der Predigt besteht darin, in einer dem heutigen Menschen verständlichen Sprache von der Liebe Gottes zu erzählen, um damit die Hörer zu einer Bewußtseins- und Verhaltensänderung (Buße) zu veranlassen und so die Welt menschlicher werden zu lassen. Sie ist weder im katholischen noch evangelischen Verständnis eine Proklamation abstrakter und zeitloser Glaubenswahrheiten. Sie ist vielmehr in Entstehung und Vollzug an bestimmte Menschen und ihre Situation gebunden. In der katholischen Kirche gewinnt die Predigt in Praxis und Theorie besonders seit dem 2. Vatikanischen Konzil an Bedeutung. In den reformatorischen Kirchen ist die Predigt der wesentliche Teil des Gottesdienstes.

Presbyter [griechisch]: „Älteste", die bereits im N. T. (Apg. 11, 30; 15, 2 und 6; 1. Tim. 5, 17; 1. Petr. 5, 1 ff.)

genannt werden; sie unterstützten und vertraten den Bischof in frühchristlicher Zeit in Gottesdienst und Lehramt.

Presbyterialverfassung: das Selbstverwaltungssystem in reformatorischen Kirchen, bei dem die leitenden Funktionen der Gemeinde übertragen sind.

Presbyterianer: englische und schottische Anhänger der Presbyterialverfassung der Kirche. Sie bildeten in England nur eine schwache Gemeinschaft, während die *United Presbyterian Church in the USA* heute rund 3,3 Millionen Mitglieder zählt.

preußische Religion: die Religion der Altpreußen (auch Prussen) ist die quellenmäßig am schlechtesten überlieferte Religion der baltischen Völker. Bekannt sind der Himmelsgott Deivas, der Mondgott Menins, der Donnergott Percunis, der Fruchtbarkeitsgott Curche, der Wassergott Potrimpus sowie Picullus, der Herr der Finsternis und der Hölle. Die Verehrung der gesamtbaltischen Schicksalsgöttin Laima kann als sicher gelten. Auch eine Sonnengottheit, deren Name nicht zuverlässig überliefert ist, gehörte zum Pantheon der Altpreußen.

Priapos: griechischer, besonders in hellenistischer Zeit verehrter Gott der Gärten und Weinberge, der als Fruchtbarkeitsgottheit den Phallus zum Symbol hatte.

Priester [von griechisch presbýteros „der Ältere, Ehrwürdigere"]: der Mittler zwischen den göttlichen Mächten und den Laienanhängern einer Religion, von denen der Priester häufig durch Tabuvorschriften gesondert ist. Vorstufen des amtlichen Priestertums sind einerseits, wie im alten Indien und in Rom, die Wahrnehmung sakraler Funktionen durch den Familienvater (↑Paterfamilias), andererseits die Ausübung ritueller Aufgaben durch den König, der, wie dies in der altägyptischen Entwicklung besonders deutlich hervortritt, seine kultischen Verpflichtungen zunehmend an Priester delegierte. – In der Religionsgeschichte ist der Priester eine fast durchweg auftretende Erscheinung, deren Wertung jedoch verschiedenartigen Einschätzungen unterliegt. Religionen, in denen kultische Handlungen und geheimes Wissen eine vorrangige Rolle spielen, betonen die Bedeutung des Priestertums, das sich in ihnen zur bevorrechtigten Kaste entwickeln kann; typisch hierfür sind die indischen Brahmanen und die keltischen Druiden. Demgegenüber weisen prophetische Religionen ein spannungsreiches Verhältnis zum Priestertum auf; dies tritt im A. T. deutlich zutage, der Islam kennt überhaupt kein spezielles Priestertum. – Der Priester handelt nicht aus eigener Machtvollkommenheit, sondern kraft göttlicher Vollmacht und auf Grund einer rituellen Priesterweihe, die ihm in einem Akt vermittelt wird, zu dem Handauflegung, Salbung, Reinigung und Übertragung geheimen Wissens gehören können. – Innerhalb der menschlichen Gesellschaft nimmt der Priester eine Sonderstellung ein, die durch besondere Vorrechte und äußerlich meist durch eine Amtstracht gekennzeichnet ist. Der Priester hat besonders strenge Ehr- und Moralbegriffe zu verwirklichen. Oft untersteht er dem Gebot der Ehelosigkeit. – Die Aufgaben des Priesters sind mannigfaltig und unterschiedlich hinsichtlich der vorrangigen Intentionen seiner Religion: auf primitiv-religiöser Stufe versieht er Funktionen des Medizinmannes und des Mantikers, der zuständig ist für die Erteilung von Orakeln. Der Vollzug kultischer Handlungen, vornehmlich des Opfers, gehört stets zu seinen Aufgaben. Hinzu tritt auf höherer Stufe eine Stellvertretung vor Gott, die in der Übermittlung von Gebeten einerseits, im Spenden des Segens und in der Seelsorge andererseits Ausdruck findet. – Der Priester verfügt über ein besonderes Wissen, das in archaischen Kulturen nicht allein theologische Kenntnisse betrifft, sondern alle Wissensgebiete umfaßt. – Die Fülle priesterlicher Aufgaben bewirkt eine Differenzierung der Funktionen und damit eine Aufgliederung in verschiedene Priesterklassen, die meist rangmäßige Unterschiede aufweisen und eine Hierarchie bilden, an deren Spitze der Hohepriester steht. Seine Funktionen können mit denen des weltlichen Herrschers verbunden werden, der dann die Stellung eines Priesterkönigs einnimmt. Andererseits kann die priesterliche Hierarchie selbst in einem Priesterstaat zum staatstragenden Element werden. – Die Geschichte des Priestertums weist eine zunehmende Zurückdrängung der Frau aus priesterlichen Funktionen auf. Die Priesterin stand vor allem im Dienst weiblicher Gottheiten. Weibliche Priestergenossenschaften waren die römischen Vestalinnen und die keltischen Priesterinnen im Dienste der irischen Göttin Birgit.

Priesterkodex ↑ Pentateuch.

Priestertum, allgemeines: ist in der Geschichte des Christentums besonders von der Reformation zur Ergänzung des Amtspriestertums gefordert worden. Ein allgemeines Priestertum stützt sich auf Aussagen des N. T. (1. Petr. 2, 5–10; Apk. 1, 6).

Priesterweihe ↑ Priester.

Prim ↑ Stundengebet.

Primat: kirchliche Ehren- und Vorrangstellung. Der Inhaber dieser Stellung ist Primas seiner Kirche. So ist der Papst Primas der katholischen Kirche, der Erzbischof von Canterbury Primas der anglikanischen und der Erzbischof von Uppsala Primas der schwedischen Kirche.

Primitialopfer ↑ Opfer.

Primitivreligionen: umstrittener und leicht mit Abwertungen verbundener Begriff. Wertneutral ist der Ausdruck „Religionen schriftloser Völker". – ↑ auch Naturreligionen.

Primiz: die erste Messe eines neugeweihten katholischen Priesters.

Priscillianisten: Anhänger einer von dem Laien Priscillian, der 385 in Trier das Martyrium erlitt, Anfang des 4. Jahrhunderts in Spanien begründeten enthusiastischen Sekte, die sich bis zum Ende des 6. Jahrhunderts in Spanien hielt und dort zeitweise sehr einflußreich war. Sie bekämpfte feststehende kirchliche Ordnungen; wahrscheinlich erstrebte sie eine Reform der Kirche.

Prithivi Matar (= Prithivī Mātar) [Sanskrit „Mutter Erde"]: in der wedischen Religion Indiens die dem Himmelsgott *Dyaus Pitar* korrespondierende Erdgöttin; sie wird häufig als seine Gattin angesehen.

Probabilismus: eine umstrittene, von den Jesuiten vertretene moralische Maxime, nach der im Falle eines Zweifels über das Bestehen eines Gesetzes eine Handlung für erlaubt gilt, wenn sie wahrscheinlich (lateinisch probabilis) durch triftige Gründe gestützt werden kann.

Prodigium [lateinisch „Vorhergesagtes, schreckhaftes Vorzeichen"]: im alten Rom ein außergewöhnliches Ereignis, das als Äußerung des Unwillens der Götter und als Anzeichen einer Gefahr für den Staat angesehen wurde. Einem Prodigium begegnete man mit Hilfsmaßnahmen (Remedia), indem man in Orakelbüchern nach Mitteln suchte, die Götter günstig zu stimmen. Mehrfach hat dies zur Einführung neuer Kulte geführt.

profan [von lateinisch profanus „nicht geheiligt, uneingeweiht"]: ursprünglich ein kultischer Begriff, der das vor dem heiligen Bezirk (lateinisch fanum), d. h. außerhalb geweihter Bereiche Liegende und dann den Gegensatz zum Heiligen generell bezeichnet. Profan wird heute in gleicher Bedeutung wie „immanent" und „weltlich" verwendet.

Profeß [lateinisch]: das eidesstattliche Ablegen der klösterlichen Gelübde. Es beendet das Noviziat und bedeutet die volle Aufnahme des *Professen* in den Klosterverband.

Prometheus: Titan der griechischen Mythologie, der den Göttern das Feuer raubt und es als Kulturheros den Menschen bringt, denen es die Götter vorenthalten hatten. Zur Strafe dafür wird Prometheus an einen Felsen des Kaukasus geschmiedet. Ein Adler frißt tagsüber an seiner Leber, die nachts stets wieder nachwächst. Herakles befreit Prometheus aus dieser Lage. Prometheus wurde zum Prototyp für die Auflehnung gegen den göttlichen Willen.

Pronoia ↑ Vorsehung.

Prophet [von griechisch prophḗtēs „Verkünder, Seher"]: Typus religiöser Autorität, der durch das dynamische „*Hervor-Sagen*" (griechisch próphēmi) des göttlich Richtigen und Wahren gekennzeichnet ist; die *Vorhersage* zukünftigen Geschehens, die der moderne Sprachgebrauch in den Vordergrund stellt, ist nur ein Teilaspekt. Das prophetische Hervor-Sagen ist auftragsgebundenes, stellvertretendes Reden. Die griechische Sprache, die den Begriff Prophet prägte, bezeichnete damit den Wahrsprechenden schlechthin, sowohl den Dichter als auch den Priester, der ein Inspirationsorakel erteilt. Der *theologische* und *religionswissenschaftliche* Begriff Prophet ist jedoch nicht allein durch griechischen Gebrauch geprägt, sondern auch durch die Tatsache, daß das hebräische Wort Nabi (Mehrzahl Nebi'im) in der „Septuaginta" mit prophḗtēs wiedergegeben wurde. Damit wurde die prophetische Existenz durch ein spezifisches Gotteserlebnis gekennzeichnet, das der Prophet bei seiner Berufung durch Jahwe erfährt (vgl. Jes. 6; Jer. 1; Ezech. 1–3; Amos 7, 15). Es ist das Erleben eines übermächtigen Willens, das dem Propheten als schwere, jedoch unabdingbare Forderung zuteil wird. – Als religionsgeschichtliche Erscheinung ist das Prophetentum am stärksten in Israel vertreten. Für ein kanaanäisches Prophetentum im Dienst des Gottes Baal findet sich im A. T. selbst der erste Beleg im Bericht vom Gottesurteil auf dem Berg Karmel (1. Kön. 18). Das Briefarchiv von Mari bezeugt die Existenz von Propheten im vorderasiatischen Raum zur Zeit Hammurabis (♔ 1728–1686). Aus dem semitischen Bereich steht dem israelitischen Prophetismus Mohammed am nächsten. Aus dem alten Ägypten sind prophetische Zeugnisse aus der Zeit nach dem Zusammenbruch des Alten Reiches (um 2100 v. Chr.) überliefert. Es ist in der Forschung umstritten, ob Zarathustra als Prophet anzusehen ist; dafür sprechen seine Berufung, die ethische Forderung seiner Botschaft und die eschatologische Perspektive. Innerhalb des sonst ganz unprophetischen Buddhismus trug die Gestalt des Japaners Nitschiren (* 1222, † 1282) prophetische Züge. – Die Geschichte des Prophetismus reicht bis in die Gegenwart. Die sogenannten neuen Religionen unserer Zeit beruhen oft auf prophetischer Offenbarung, und zwar nicht selten auf der Offenbarung durch eine Prophetin. Prophetinnen hat es auch früher neben den männlichen Vertretern des Prophetismus gegeben. Geschichtlich bekannte Erscheinungen des weiblichen Prophetentums sind u. a. die griechische Pythia, die südgermanische Veleda und die nordgermanische Völva. Das A. T. nennt als Prophetinnen: Mirjam (2. Mos. 15, 20), Debora (Richter 4, 4), Hulda (2. Kön. 22, 14) und Noadja (Neh. 6, 14). – Auch Zusammenschlüsse von Propheten, sogenannte Prophetengenossenschaften, erwähnt das A. T. (1. Sam. 10, 5 f., 10 ff.).

Propheten, Kleine ↑ Kleine Propheten.

Prophetinnen ↑ Prophet.

prophetische Religionen: Religionen, die auf prophetischer Offenbarung beruhen. Im allgemeinen rechnet man dazu Judentum und Christentum, Islam, Parsismus und eventuell auch die Sikh-Religion.

Proprium: Bezeichnung für die veränderlichen Texte der Liturgie.

Propst [von lateinisch praepositus „Vorgesetzter"]: in der katholischen Kirche Vorsteher eines Dom- oder Stiftskapitels, in Klöstern Vertreter des Abtes; in den evangelischen Kirchen der Leiter eines größeren Sprengels.

Proselyt [von griechisch prosélytos „der Hinzugekommene"]: ursprünglich Bezeichnung für einen Heiden, der durch Annahme des mosaischen Gesetzes und durch Beschneidung zum Judentum übergetreten war. Der *Proselytenmacher* suchte für den jüdischen Glauben zu werben (Matth. 23, 15). Die Einstellung des Judentums zum Proselyten war in urchristlicher Zeit ausgesprochen günstig, später eher negativ. Im heutigen Sprachgebrauch bezeichnet Proselyt generell denjenigen, der einen Bekenntniswechsel vollzogen hat.

Proserpina ↑Persephone.

Proskynese [von griechisch proskýnēsis „Verehrung, Anbetung"]: das Niederstrecken und Berühren des Bodens mit der Stirn, Gestus der Selbsterniedrigung u. der extremen Ehrerbietung, in abgeschwächter Form auch als Beugen beider Knie und als Fußkuß üblich. Die Proskynese war im Alten Orient weit verbreitet, besonders im Zeremoniell des Herrscherkultes. Das Urchristentum lehnte Proskynese vor Menschen ab (Apg. 10, 26). In der katholischen Kirche ist die Proskynese (Prostration) nur bei feierlicher Mönchsprofeß, bei den drei Weihen und bei der Segnung des Abtes üblich. In der Ostkirche wird sie gegenüber den Ikonen sowie höchsten geistlichen Würdenträgern vollzogen.

Prostitution, sakrale: kultisch vollzogene sexuelle Selbsthingabe von Mädchen oder Frauen, die auf unterschiedlichen Intentionen beruhen kann. Sie findet sich als magische Analogiehandlung, die der Förderung der Fruchtbarkeit dienen soll. Sie tritt ferner als Tempelprostitution im Zusammenhang mit bestimmten Kulten auf, in denen die Frau entweder als Stellvertreterin der Gottheit erscheint oder mit einer Gottheit sexuell verkehrt, die durch den Priester oder einen Fremden vertreten wird. Verbreitungsgebiete der sakralen Prostitution waren vor allem der semitische Bereich mit den Kulten der Ischtar und Astarte, Kleinasien, wo die sakrale Prostitution im Dienst der Magna Mater stand, Griechenland mit einem Zentrum der Aphroditeverehrung in Korinth und Südindien mit seinen Durgakulten. Die Begriffe, mit denen die sakralen Prostituierten bezeichnet werden, lassen erkennen, daß diese keineswegs verachtet waren. Sie hießen in Indien Dewadasi („Dienerin der Gottheit"), in Griechenland Hierodulen („Heilige Mägde"), im semitischen Bereich Kadischtu und Kedeschen (akkadisch bzw. hebräisch „Reine, Geweihte"). Gegen letztere richtete sich der schärfste Protest der israelitischen Propheten (u. a. Ezech. 23; Micha 1, 7). Unter König Josia († um 609 v. Chr.) wurde die nach Jerusalem eingedrungene sakrale Prostitution verboten (2. Kön. 23, 7).

Prostration: in der katholischen Kirche Bezeichnung der ↑Proskynese.

Protestantismus: eine Bezeichnung des evangelischen Christentums, die nach der feierlichen ↑Protestation der evangelischen Reichsstände auf dem Reichstag zu Speyer (1529) entstand. Der Protestantismus ging in der ↑Reformation aus der Auseinandersetzung mit den damaligen Mißständen der katholischen Kirche hervor. Er setzte im wesentlichen der katholischen Rechtskirche die alleinige Geltung der Bibel als Richtschnur des Glaubens und die Rechtfertigung allein aus dem Glauben (↑Sola fide) entgegen. Der Protestantismus ist in zahlreiche Kirchen aufgefächert. Insgesamt bekennen sich zu ihm rund 324 Millionen Gläubige.

Protestation: als der 2. Reichstag zu Speyer 1529 die von den evangelischen Ständen begrüßten Beschlüsse des 1. Reichtags zu Speyer (1526) aufhob, vereinigten sich auf evangelischer Seite 6 Fürsten und 14 oberdeutsche Städte zu einer feierlichen Protestation. ↑Protestantismus.

Protevangelium Jacobi: „Erstevangelium des Jakobus", apokryphes Evangelium mit der Geburtsgeschichte Jesu und dem Leben Marias bis zum bethlehemitischen Kindermord; im Kern wohl im 2. Jahrhundert entstanden.

Protonotar (auch Apostolischer Protonotar): Titel römischer Prälaten.

Proverbien ↑Sprüche Salomos.

Prozession [von lateinisch processio „Umgang, Umzug"]: rituelle Begehung magischen Ursprungs, die tänzerisch oder in betont feierlichem Schreiten vollzogen wird mit dem Ziel, heilige Macht in einen Umkreis zu bannen, über diesen zu verbreiten und ihn vor dämonischen Einflüssen zu schützen. Dies gilt vor allem für menschliche Wohnstätten und für Felder; für letztere ist der Flurumgang bezeichnend, der beim römischen Fest der Ambarvalien im Mai zum Schutze der Äcker und der Ernte veranstaltet wurde. Prozessionen können auch kultisch wiederholende Darstellungen (Repristinationen) mythischen Geschehens sein, so die ägyptischen und babylonischen Götterbesuche. Dabei können Wagen, in Stromkulturen auch Schiffe als Mittel der Prozession benutzt werden. Eine Prozession kann Macht auch zu zerstörerischen Zwecken bannen wie die siebenmalige Umgehung der Stadt Jericho durch die Israeliten (Josua 6). – In der christlichen Kirche kamen Prozessionen im 4. Jahrhundert bei der Überführung von Reliquien auf; als Bittgänge sind sie seit dem 5. Jahrhundert nachweisbar. Heute finden Prozessionen vor allem in der katholischen Kirche statt.

Psalmen: religiöse Lieder der verschiedensten Religionen, insbesondere die 150 Psalmen des A. T., von denen 73 als Verfasser König David nennen. Hinsichtlich ihrer religiösen Verwendung unterscheidet man Individual- und Gemeindepsalmen. Inhaltlich handelt es sich um Bitt-, Dank- und Klagepsalmen.

Pseudepigraphen: in der Antike und im frühen Christentum Schriften, die unter dem Namen eines bedeutenden, aber falschen Verfassers erschienen. Dies geschah, um diesen Schriften besondere Autorität zu verleihen. Zur Beurteilung ist zu bemerken, daß die damalige Zeit den Begriff des literarischen Eigentums nicht kannte.

Pseudoisidorische Dekretalen: eine zwischen 847 und 852 veröffentlichte Sammlung kirchenrechtlicher Fälschungen zum Zwecke der Unterstützung der Herrschaftsansprüche der Päpste. Die Echtheit wurde bereits im späten Mittelalter bezweifelt.

Psyche: griechische Bezeichnung für die menschliche „Seele".

Psychiker: in der Gnosis eine zwischen den *Pneumatikern*, den Trägern göttlichen Geistes, und den der Materie verfallenen *Hylikern* stehende Menschenklasse, die zu Glauben und sittlicher Einsicht fähig ist.

Psychologismus: bezeichnet eine Einstellung zur Religion, die dadurch gekennzeichnet ist, daß sie Religion als rein menschliches, seelisches Erlebnis begreift und experimentell zu erforschen sucht.

Psychopannychie ↑Seelenschlaf.

Psychopompos [griechisch „Seelenführer"]: in der griechischen Mythologie Beiname des Hermes als Begleiter der Seelen Verstorbener in die Unterwelt.

Ptah ['ptax]: im alten Ägypten der stets menschengestaltig dargestellte Stadtgott von Memphis, der Residenz des Alten Reiches (um 2600–2190). Die ↑memphitische Theologie stellt Ptah an die Spitze eines Urgöttersystems und preist ihn als Schöpfergott, der die Welt auf rein geistige Weise geschaffen habe (↑Abbildung Seite 19).

Pubertät ↑Initiationsriten.

Pudscha (= Pūjā) [Sanskrit]: im Hinduismus Bezeichnung für den Tempelkult, der an die Stelle des wedischen Opfers getreten ist und höchstwahrscheinlich drawidische Elemente aufgenommen hat.

Pūjā ↑Pudscha.

Pyramide des Chefren (3. Jahrtausend v. Chr.)

punische Religion: die in Karthago eigenständig weiterentwickelte Religion der vom phönizischen Mutterland getrennten Punier. An der Spitze ihres Pantheons stand Baal-Chammon. Die in semitischen Religionen häufige Gestalt des Baal trägt hier den Beinamen Chammon, unter dessen noch umstrittener Bedeutung möglicherweise die „Hitze" zu verstehen ist, was auf solare Züge des Gottes hinweisen könnte. Er galt als Geber reicher Ernten. Für eine karthagische Göttin nordafrikanischen Ursprungs, deren Name früher Tanit gelesen wurde, kann neuerdings die Aussprache Tinnit als gesichert gelten. Die Göttin stand in enger Beziehung zum Mond. Sie wurde ferner als Muttergottheit verehrt. Ähre, Granatapfel und Traube wurden ihr als Attribute der Fruchtbarkeit zugeordnet. Als jugendlicher Gott galt der tyrische Melkart. Auch Eschmun, der ganz unter dem Aspekt eines Gottes der Heilkräfte stand, besaß in Karthago einen Tempel. Früher nahm man an, in dem Wort Molch („Moloch") den Namen eines weiteren Gottes erkennen zu können. Neuerdings neigt man dazu, Molch als Bezeichnung des punischen Opfers aufzufassen. Die grausamen Menschenopfer wurden in Karthago an Kindern vollzogen, die zunächst auf die Hände eines Götterbildes – wahrscheinlich desjenigen des Baal-Chammon – gelegt wurden, ehe sie von dort in eine Feuergrube hinabfielen. An die Stelle der Verbrennung von Kindern konnte jedoch das tierische Ersatzopfer treten.

Puranas [Sanskrit „alte Erzählungen"]: achtzehn umfangreiche Werke der religiösen Literatur Indiens, die sich mit folgenden Gegenständen beschäftigen: Schöpfung, sekundäre Schöpfung, Genealogie der Götter und Heiligen, Beschreibung der Perioden der großen Patriarchen und Geschichte der Königsgeschlechter. Unter den Puranas ist vor allem das „*Bhagawata-Purana*" berühmt als das große heilige Buch des ↑Wischnuismus.

Purgatorium ↑Fegefeuer.

Purifikation [lateinisch]: liturgische Reinigung der Altargefäße.

Purim [hebräisch]: jüdisches Freudenfest, das im Frühjahr gefeiert wird zur Erinnerung an die im Estherbuch berichtete Vernichtung der Judenfeinde in der persischen Diaspora.

Puritaner: Anhänger einer im 16. Jahrhundert in England einsetzenden Bewegung, die vom Kalvinismus geprägt war und das Bischofsamt, die Liturgie und den Lehrgehalt der anglikanischen Staatskirche bekämpfte. Die Puritaner wurden in England unterdrückt; viele von ihnen wanderten in die USA aus. – ↑ Pilgerväter.

Puruscha [Sanskrit]: Name eines Urmenschen, der in der Vorstellung der spätwedischen Zeit Indiens auftaucht und aus dem die ganze Welt hervorgegangen sein soll. Der Begriff Puruscha wird später auch für die Einzelseele verwendet.

Pygmalion: vorzeitlicher zyprischer König, der sich in eine von ihm geschaffene elfenbeinerne Frauengestalt verliebte, die Aphrodite zum Leben erweckte, damit er sie heiraten konnte.

Pyramide [von griechisch pyramís]: ist der dem Griechischen entstammende, in seiner ursprünglichen Bedeutung ungeklärte Begriff für die monumentalen Königsgräber Ägyptens von der 3. bis zur 17. Dynastie; die ägyptische Bezeichnung war „mer“. Als Bauwerk hat sich die Pyramide aus der Mastaba (arabisch „Bank“) entwickelt, einem rechteckigen, meist mit schrägen Wänden versehenen Grabhügel. Sie erreichte über die Stufenpyramide des Königs Djoser (3. Dynastie, um 2700 v. Chr.) bald eine nahezu reine pyramidale Form, die ihren gewaltigsten Ausdruck in den Bauwerken der Könige Cheops, Chefren und Mykerinos (4. Dynastie, 2723–2563) fand. Sie liegen bei Gise, unweit Kairo am Westufer des Nils. – Im Gegensatz zu den ägyptischen sind die mittelamerikanischen Pyramiden Stumpfpyramiden, die auf ihrer Plattform einen oder mehrere Tempel trugen. Sie waren Kultstätten, während die ägyptischen Pyramiden Grabbauten sind.

Pyramidentexte: altägyptische Texte, die im Alten Reich (um 2600–2190) zuerst der letzte Herrscher der 5. Dynastie, König Unas, und nach ihm die Könige der sechsten, das Alte Reich beschließenden Dynastie (um 2314–2190) in der Sargkammer und den zu dieser führenden Gängen und Räumen der Pyramiden in Hieroglyphen einmeißeln ließen. Die Pyramidentexte sind Auferstehungstexte. Sie wurden wahrscheinlich bei der Beisetzung des verstorbenen Pharao in der Pyramide von Priestern im Rahmen kultischer Handlungen verlesen. Ihr Inhalt sollte der Sicherung des unsterblichen Lebens des Sakralkönigs und seines Eintritts in die Gesellschaft der Götter dienen.

Pyromantie ↑ Mantik.

Pythagoreer [...e-ɛr]: die Mitglieder des *pythagoreischen Bundes*, einer ordensmäßig organisierten und gegenüber der Umwelt streng abgeschlossenen, von Pythagoras (* um 580, † 510 v. Chr.) im süditalischen Kroton (heute Crotone) begründeten Religionsgemeinschaft, die der ↑ Orphik nahestand. Die Pythagoreer, die den Glauben an eine Seelenwanderung vertraten, erstrebten die Befreiung der Seele aus dem Kerker des Körpers. Hierzu dienten strenge asketische Gebote, zu denen Ehelosigkeit zählte, sowie Speisevorschriften, die den Genuß von Wein, Fleisch und Bohnen untersagten. In den pythagoreischen Gottesdiensten nahm die Musik eine beherrschende Stellung ein. Sie stand im Zusammenhang mit einer Theorie über die Zahlen als Grundelemente alles Seins. Nachdem der Pythagoreismus sich seit dem Ende des 4. Jahrhunderts v. Chr. im Rückgang befunden hatte, erfolgte im 1. und 2. Jahrhundert n. Chr. eine erneute Belebung durch die *Neupythagoreer*, die mit der alten Lehre platonische und stoische Elemente verbanden.

Pythia ↑Delphi.
Python: in der griechischen Mythologie ein furchterregender Drache, der in Delphi das Orakel seiner Mutter Gaia bewacht, ehe er von Apollon getötet wird.

Q

Qadariten ↑Kadariten.
Quadragesima: im Kirchenjahr die 40tägige Fastenzeit vor Ostern.
Quäker [von englisch quakers „Zitterer“]: ursprünglicher Spottname, den die „Gesellschaft der Freunde“ („Society of Friends“) wegen der enthusiastisch-ekstatischen Erlebnisse ihrer Mitglieder erhielt. Begründer der Quäker war der Schuster George Fox (* 1624, † 1691). Die Quäker lehnen kirchliche Einrichtungen ab und vertreten einen schlichten Biblizismus. In ihren Versammlungen erwarten sie das Aufstrahlen des „inneren Lichtes“. Sie zeichnen sich aus durch unbedingte Wahrhaftigkeit, Ehrlichkeit, Anspruchslosigkeit und eine umfangreiche soziale Tätigkeit. Die in England unterdrückten Quäker wurden durch William Penn (* 1644, † 1718) in Amerika heimisch, wo Penn das „heilige Experiment“ der Gründung des Staates Pennsylvania unternommen hatte.
Quasireligion: ein von dem deutsch-amerikanischen evangelischen Theologen und Religionsphilosophen Paul Tillich (* 1886, † 1965) geprägter Begriff für Ersatzreligionen, die eine Heiligung des Profanen vollziehen. Es sind Bekenntnisse, unorganisierte wie auch organisierte Bewegungen, die mit einem oft fanatischen, in fast jedem Fall intoleranten Glaubenseifer innerweltliche Ziele verfolgen, die für sie überwertigen Charakter besitzen. Es kann sich hierbei um eine von metaphysischen Bindungen freie „Weltfrömmigkeit“ handeln; ferner ist das biologistische Denken im Rassismus ein markantes Beispiel. Aber auch den Ideen des Aberglaubens und allen Arten des Okkulten, der übertriebenen Verehrung von Menschen, der Verfolgung sowohl von Utopien als auch von Modeströmungen kann eine quasireligiöser Wert beigelegt werden.
Quatember [von lateinisch (ieiunia) quattuor temporum „die Fasten von vier Zeiten“]: Bußwochen des katholischen Kirchenjahres, in der Woche nach dem 3. Advents-, nach dem 1. Fastensonntag, nach Pfingsten und nach dem 3. Septembersonntag; heute nur noch liturgisch begangen.
Quellenkult: eine der ältesten und am zähesten bewahrten Erscheinungen der Religionsgeschichte; er beruht generell auf der lebenspendenden- und erhaltenden, die Fruchtbarkeit fördernden sowie reinigenden Kraft des Wassers; potenziert erscheint diese Macht in den Heilquellen. Quellen galten oft als Wohnsitze von Göttern und Geistern. So war bei den Kelten Nemausus der Quellgeist von Nîmes, Arauso der von Orange. Die griechischen Nymphen und die germanischen Nixen waren weibliche Quellgeister. Auch die Entstehung einer Quelle kann göttliches Werk sein; so öffnete der babylonische Gott Ea die Quellen der Städte, und der griechische Poseidon ließ durch einen Stoß seines Dreizacks auf der Akropolis von Athen eine Quelle hervortreten. Heiligtümer sind oft mit Quellen verbunden, so stets die Kultstätten des Mithras. Im Islam befindet sich gegenüber der Kaaba der heilige ↑Semsembrunnen. Für die Wasserweissagung (Hydromantik) ist die Quelle vornehmste Orakelstätte, außerdem kann sie ein Ort für Regenzauber sein. Quellopfer dienten zur Erhaltung von Quellen. Die Römer warfen Blumen und Kränze in ihre Quellen, später auch Geld, ein bis heute bewahrter Volksbrauch.
Quellnymphen ↑Quellenkult.

Quetzalcoatl

Quetzalcoatl [kɛtsal'koatl; aztekisch „grüne Federschlange"]: die religiös bedeutendste Gestalt des vorkolumbischen Mexiko. Quetzalcoatl war im 10. Jahrhundert n. Chr. der als religiöser Verkünder wirkende Herrscher des Toltekenreiches. Er verließ sein Land nach Auseinandersetzungen mit den Protagonisten des von ihm verabscheuten Menschenopfers. Seine einstige Rückkehr wurde erwartet. In aztekischer Zeit wurde Quetzalcoatl vergöttlicht. Mit ihm verband sich eine vergeistigte, transzendente Vorstellung des Göttlichen, sein Beiname *Johualli Eecatl* („Nacht und Wind") soll das Prinzip des Unsichtbaren und Insubstantiellen zum Ausdruck bringen.

Quietismus [kvi-e...]: heißt eine Haltung größtmöglicher Seelenruhe, die im allgemeinen für die mystische Religiosität charakteristisch ist und im Gegensatz steht zum Aktivismus prophetischer Religionen.

Quilla ['kiλa; Quechua „Mond"]: in der Inkareligion wurde der Mond als Mama Quilla („Mutter Mond") verehrt. Als irdische Repräsentantin der Mama Quilla galt die Gemahlin des jeweils herrschenden Inka.

Quinisextum [von lateinisch Concilium quinisextum „das fünf/sechste Konzil"]: eine das 5. und 6. allgemeine Konzil ergänzende Synode, die 692 in Konstantinopel abgehalten wurde. Ihr Verbot der im Abendland sehr verbreiteten Darstellung Christi in Lammesgestalt hatte Spannungen zwischen Rom und Konstantinopel zur Folge.

Quirinus: altrömischer Kriegsgott, wahrscheinlich ursprünglich Stammesgott der Sabiner, die den Quirinalhügel bewohnten. Später wurde Quirinus mit Romulus, dem sagenhaften Gründer Roms, identifiziert. Als Kriegsgott wurde er dagegen zunehmend von Mars verdrängt.

Qumran ↑Kumran.

Qur'an ↑Koran.

R

Ra ↑Re.

Rabbiner: von der hebräischen Anrede Rabbi („mein Herr") abgeleitete Bezeichnung des jüdischen Geistlichen, der in Predigt, Seelsorge und religiöser Unterweisung Funktionen ausübt wie Geistliche anderer Religionen; außerdem steht ihm eine private Schiedsgerichtsbarkeit zu. Ober-, Bezirks- und Landesrabbiner sind Vorsteher größerer Bezirke.

Rabe: gilt im Volksglauben meist als *„Unglücksrabe"*, als ein unheimlicher, Unglück und Tod ankündigender Vogel. Im Mythos begleiten die Raben Hugin und Munin den germanischen Gott Odin als Vögel des Schlachtfeldes.

Rad: ist in der Religionsgeschichte als Symbol seit frühesten Zeiten nachweisbar. Das Rad, gelegentlich in Form des Hakenkreuzes, ist Sinnbild für die Sonnenscheibe oder für den Wagen, der die Sonne am Himmel entlang zieht; dies beweisen u. a. Fundstücke aus dem steinzeitlichen Nordeuropa. Im alten Indien war das Rad das Symbol des erwarteten Weltherrschers; im Buddhismus erscheint es sowohl als „Rad des Lebens" (Sanskrit Bhawatschakra), das besonders tibetische Bilder in den Armen eines Dämons darstellen, als auch als „Rad der Lehre" (Sanskrit Dharmatschakra), das Buddha mit seiner ersten Predigt in Benares (heute Varanasi) zu rollen begann. Deshalb kann diese Predigt des Buddha in der ersten, ungegenständlichen Epoche der buddhistischen Kunst durch ein Rad angedeutet werden. – Für volkstümliches, mit dem Rad verbundenes Brauchtum ist vor allem das *Radbrennen* bezeichnend, bei dem Räder, die mit Stroh umflochten sind, angezündet und über Abhänge gerollt werden. Meist soll der Brauch den Lauf der Sonne günstig beeinflussen und findet daher oft zur Zeit der Wintersonnenwende statt.

Rad der Lehre (auch Sanskrit Dharmatschakra, Dharmacakra): nach buddhistischem Sprachgebrauch setzte Buddha mit seiner ersten Predigt „das Rad der Lehre" in Bewegung.

Ṛadha ↑Krischna.

Ṛadigast (auch Radogost, Riedegost): nach Adam von Bremen († nach 1081) der Name einer slawischen Gottheit. Es ist umstritten, ob hier ein Mißverständnis vorliegt. Möglicherweise war Radigast nur Beiname des Swarog oder lediglich ein Ortsname.

Ṛadschagriha (= Rājagriha): Ort des ersten buddhistischen Konzils, das um 480 v. Chr. wenige Wochen nach dem Tode Buddhas stattfand. Es wurde von etwa 500 Mönchen besucht. Seine Verhandlungen dienten der Organisation der Mönchsgemeinde. Auch sollen auf Veranlassung von Buddhas Jünger Kaschjapa bereits die Grundlagen des späteren ↑„Tripitaka" festgelegt worden sein.

Ṛadscha-Jọga (= Rāja-Yoga) ↑Joga.

Ṛadschas ↑Samkhja.

Ṛagnarök [altnordisch „letztes Geschick der Götter"] (auch Ragnarökkr „Dunkel der Götter, Götterdämmerung"): der germanische Mythos vom Weltende, der am geschlossensten in der ↑„Völuspa" enthalten ist, in Teilstücken auch in anderen altnordischen Quellen. Das eschatologische Drama vom letzten Geschick der Götter wird durch unheilvolle Vorzeichen in der Natur und in den Sippengemeinschaften eingeleitet. Der Weltenbaum zittert und kracht, die Sonne verfinstert sich, der große Fimbulwinter bricht an, die moralischen Bande verfallen. Der gute Gott Baldr erliegt dem listigen Anschlag des Loki, der Fenriswolf verschlingt Odin, die Einherier ziehen den Feinden entgegen. Eine Reihe von Zweikämpfen endet tödlich. Thor überwindet die Midgardschlange, stirbt aber an deren Gifthauch. Heimdall und Loki töten sich gegenseitig, Freyr erliegt dem bösen Surtr, der den Weltbrand entfacht. Der Fenriswolf verschlingt die Sonne. Die Erde sinkt ins Meer, das Weltall vergeht in Rauch und Feuer. Aber nach dem Untergang wird eine neue grünende Erde aus dem Meer emporsteigen, und Baldr wird aus dem Totenreich Hel in die Welt zurückkehren.

Ṛahab: im A. T. (z. B. Ps. 89, 11) ein gottfeindliches Ungeheuer, vom Propheten Jesaja (30, 7) mit Ägypten gleichgesetzt.

Rā̤jagriha ↑Radschagriha.

Ṛajas ↑Samkhja.

Ṛaja-Yọga ↑Joga.

Ṛam: neuindische Form des Namens ↑Rama.

Ṛama: Sagenheld des indischen Nationalepos ↑„Ramajana". Rama gilt im Hinduismus als ein „Herabstieg" (↑Awatara) des Gottes ↑Wischnu.

Ramadạn [arabisch] (auch persisch und türkisch Ramasan): Fastenmonat des Islams im 9. Monat des islamischen Jahres (dadurch abwechselnd in verschiedene Jahreszeiten fallend). Der Muslim darf im Ramadan vom Aufgang bis zum Untergang der Sonne nicht essen, trinken und rauchen; dies ist jedoch während der Nacht erlaubt.

Ramajana (= Rāmāyana): neben dem „Mahabharata" das zweite große indische Nationalepos, das als Werk des Heiligen Walmiki (= Vālmīki) angesehen wird. Die heutige Gestalt des Werkes dürfte seit dem 2. Jahrhundert n. Chr. feststehen. Im Mittelpunkt des Epos stehen die Kämpfe König Ramas, einer Inkarnation des Gottes Wischnu, gegen den Riesenkönig Rawana (= Rāvana) von Lankā (Ceylon). Das Ramajana erfreut sich in Indien großer Beliebtheit.

Ramakrischna-Mission: religiöse Vereinigung, die auf die Botschaft des Inders Gadāhara Chattopadhyāya (* 1834, † 1886) zurückgeht, der sich mit seinem geistlichen Namen Ramakrischna nannte. Auf Grund von Visionen der Göttin Kali, die ihm als jungem Tempeldiener zuteil geworden waren, verkündete er die All-Einheit des Göttlichen, auf Grund deren er eine übergreifende Synthese aller Religionen erstrebte. Die Anhänger dieser Lehre schloß Ramakrischnas Schüler Vivekānanda (* 1863, † 1902) 1897 organisatorisch in der Ramakrischna-Mission zusammen. Diese Gemeinschaft ist bekannt durch uneigennützige Liebestätigkeit.

Rāmāyana ↑ Ramajana.

Ramman [semitisch „der Donnernde"]: im westsemitischen Bereich ein Beiname des Wettergottes Adad; er findet sich im A. T. (2. Kön. 5, 18) in der Form Rimmon.

Ran: nordgermanische Meeresgöttin, Gattin des ↑ Ägir, dem sie neun Töchter gebiert, die als als göttliche Personen gedachte Meereswogen gelten. Ran lockt die Seefahrer in die Tiefe und sammelt in einem Netz die Ertrunkenen, die sie dann in ihrem Meerespalast bewirtet.

Raphael [hebräisch „Gott heilt"]: Erzengel, der als Helfer der Kranken und Patron der Reisenden gilt.

Raschnu: ein altiranischer Gott, der Mithra besonders nahesteht und wie dieser kriegerische Aspekte aufweist. Im späteren Parsismus erlangt Raschnu die Stellung eines Richters, der beim Totengericht die unbestechliche Waage hält.

Raskolniki ↑ Altgläubige.

Ras Schamra ↑ Ugarit.

Rasul [arabisch „Gesandter (d. h. Allahs)"]: im Islam eine Bezeichnung für Mohammed, dessen religiöse Stellung auch mit „Nabi" gekennzeichnet wird. Während *Nabi* („Prophet") der Empfänger einer Offenbarung ist, hat nach islamischem Verständnis der *Rasul* den Auftrag, eine Botschaft Gottes den Menschen zu übermitteln. Beides trifft für Mohammed zu.

Räucherung (auch Inzensation): religionsgeschichtlich sehr weit verbreitete kultische Handlung, der unterschiedliche Motive zugrunde liegen können. *Apotropäischem* (schadenabwehrendem) Zweck dient insbesondere eine Räucherung mit übelriechenden Stoffen, die durch beißenden Geruch die Dämonen vertreiben sollen. So räuchert man auf Neuguinea mit abgeschabtem Büffelhorn, und an Tobias ergeht das Wort des Engels, eine Räucherung mit Herz und Leber des Fisches vertreibe alle bösen Geister (Tob. 6, 9). Die Räucherung erzeugt ferner *ekstatische Zustände.* Dies gilt vom Tabakrauch der Indianer wie von der Räucherung mit Lorbeer und Gerstenmehl, die zu jenen Mitteln gehörte, die die Pythia von Delphi in Ekstase versetzten. Die Räucherung kann den Sinn einer *Opfergabe* haben, so vor allem im alten Mexiko. Sie ist weiterhin ein Mittel, *die Gottheit wohltätig zu stimmen* (1. Mos. 8, 21); deshalb besaßen die Tempel in der Antike in der Nähe des Götterbildes einen Weihrauchaltar. Generell ist Räucherung ein *Akt der Heiligung* und der *Verbindung der Menschheit mit der Gottheit.* Im alten Ägypten galt der Weihrauch als „Göttlichmacher", und indianische Algonkinstämme blasen Tabakrauch in alle Himmelsrichtungen, um mit überirdischen Wesen zu kommunizieren. Daher kann die Räucherung auch *Symbol* für das Gebet (Ps. 141,

2) und für das Opfer (Eph. 5, 2) sein. Die *Wertung* der Räucherung in den einzelnen Religionen ist unterschiedlich. Schinto, Buddhismus und Dschainismus stehen ihr äußerst positiv gegenüber. Im frühen Christentum galt sie zunächst als „Speise der Dämonen" (Tertullian) und setzte sich erst nach dem Sieg über das Heidentum durch.

Raum, heiliger: ist zum einen der geschlossene Raum des Sakralbaus, zum anderen der offene Raum in freier Natur, der in besonderer Weise als heiliger Raum gekennzeichnet ist. Dies kann durch Naturerscheinungen – Berge, Haine, Quellen – geschehen wie auch durch menschliche Einwirkung, z. B. bei Steinsetzungen.

Rausch: der Zustand der Trunkenheit hat in der Religionsgeschichte unterschiedliche Wertungen erfahren. Eine positive Einstellung sieht im Rausch die Möglichkeit der Teilhabe an einem mächtigeren, göttlichen Leben. So tritt der Schamane im Rausch mit Geistern in Verbindung, die ihm Auskünfte erteilen. Die kultische Verwendung des heiligen Rauschtranks Soma erfüllte im wedischen Indien die Trinkenden mit göttlicher Kraft. Als Bild für die Erfahrung des Unaussprechlichen verwendet die Mystik des Sufismus die Trunkenheit. – Religiös völlig negativ wertete Zarathustra den altiranischen Rauschtrank Hauma. Der Buddhismus sieht im Rausch ein schweres Hindernis für die Meditation.

Raymi (auch Intip Raymi): in der Religion der Inka das große Sonnenfest zu Ehren des Gottes Inti.

Re (auch Ra): der große Sonnengott Ägyptens, der im Sonnenschiff tagsüber über den Himmel, nachts durch die Unterwelt fährt. Sein Hauptkultort war Heliopolis (hebräisch On).

Rechabiten [rɛça...]: eine Gruppe im alten Israel, die sich zur Reinerhaltung der ursprünglichen Jahwereligion verpflichtete und gelobte, keinen Wein zu trinken, keine Häuser zu bauen und in Zelten zu wohnen.

Rechtfertigung: Begriff der christlichen, insbesondere der evangelischen Heilslehre, die Wiederherstellung des durch die Sünde gestörten Verhältnisses zwischen Gott und Mensch. In der protestantischen Theologie besagt die besonders von Luther vertretene Lehre, daß der Mensch allein durch den Glauben und nicht durch Werke vor Gott gerechtfertigt werde.

rechts ↑links und rechts.

Rechtsbuch des Manu ↑Gesetzbuch des Manu.

Recht und Religion: gehören aufs engste zusammen. Jedes Recht ist ursprünglich eine religiöse Satzung. In frühen Kulturen ist oft alles Irdische in eine ganzheitliche Ordnung eingeschlossen, die mit einem numinosen Ordnungsbegriff (↑Maat, ↑Rita, ↑Tao) bezeichnet wird. Auch wo dieser seine Gültigkeit verloren hat, bedarf das Recht einer religiösen Legitimation; bezeichnend ist, daß Hammurabi (♔ 1728–1686) seinen Rechtskodex aus der Hand des Sonnengottes Schamasch empfängt. Wo das Recht jede religiös-moralische Bindung verloren hat, bedarf es anderer Legitimationen und Sanktionen zu seiner Aufrechterhaltung.

Rede ↑Legomenon, ↑Predigt.

Redemptoristenorden (lateinisch Congregatio Sanctissimi Redemptoris; Abk. CSSR): den Jesuiten nahestehender Orden, den der Neapolitaner Alfonso Maria de Liguori (* 1696, † 1787) im Jahre 1732 gründete. Es handelt sich dabei um die einzig bedeutende Ordensstiftung des 18. Jahrhunderts. Die Redemptoristen werden auch nach ihrem Stifter *Liguorianer* genannt. Ihr Orden ist heute weltweit verbreitet und zählte 1974 rund 9 500 Mitglieder.

Reformation: die durch den Thesenanschlag Luthers (1517) ausgelöste religiöse Bewegung, die mit dem Niedergang des päpstlichen Ansehens und der Reformbedürftigkeit der katholischen Kirche zusammentraf. Die Reformation führte zur Entstehung evangelischer Konfessionen. Aus der raschen Ausbreitung reformatorischer Gedanken ergab sich der Zerfall der konfessionellen Einheit des Abendlandes. Die Bildung der neuen Kirchen wurde weitgehend gefördert durch das Zusammenwirken der reformatorischen Bewegung mit landesherrlichen Kräften. Über den religiös-kirchlichen Bereich hinaus hat die Reformation die mit ihr beginnende Neuzeit auch in kultureller Hinsicht entscheidend geprägt. – ↑auch Reformatoren.

Reformationsfest: in den evangelischen Kirchen der Tag zum Gedenken an die Einführung der Reformation. Die einheitliche Festsetzung dieses Feiertags auf den 31. Oktober, den Tag von Luthers Thesenanschlag, folgte einem zuerst 1667 in Sachsen nachweisbaren Brauch.

Reformator [lateinisch „Umgestalter, Verbesserer, Wiederhersteller“]: in der Religionsgeschichte Bezeichnung für einen Typus religiöser Autorität, der auf Grund eigener, übermächtiger Erfahrung des Heiligen sich gegen die herrschende religiöse Praxis seiner Zeit auflehnt, seine Verkündigung aber nicht als völlig neue Botschaft auffaßt, sondern als Wiederherstellung einer verlorengegangenen Tradition. In diesem Sinne versteht man den Kirchenvater Augustinus (* 354, † 430), den islamischen Theologen Al-Ghassali (* 1059, † 1111), Martin Luther (* 1483, † 1546), Ulrich Zwingli (* 1484, † 1531) und Johann Calvin (* 1509, † 1564) als Reformatoren. Weil jedoch jede Reformation Elemente einer Neuschöpfung in sich trägt, ist der Begriff *Reformator* nicht immer eindeutig vom *Religionsstifter* zu trennen, was bei einer religiösen Persönlichkeit wie dem ägyptischen König Echnaton (♕ etwa 1370–1352) besonders deutlich wird. Sicher ist, daß der Reformator meist zugleich auch anderen Typen religiöser Autorität zugerechnet werden kann, insbesondere dem prophetischen Typus.

Reformatoren:
Martin Luther (Kupferstich von Lucas Cranach d. Ä.)
Johann Calvin (Kupferstich)
Ulrich Zwingli (Kupferstich)

Reformatoren: Martin Luther (* 1483, † 1546) löste mit seinem Thesenanschlag am 31. Oktober 1517 die ↑ Reformation aus. Er wandte sich gegen einen Mißbrauch des Ablasses und den Verfall der Kirche. Theologisch bewegte ihn in erster Linie der Gedanke der ↑ Rechtfertigung des Sünders. Seine Bibelübersetzung, die in einer von Luther selbst betreuten Ausgabe letztmals 1545 erschien, war von entscheidender religiöser Bedeutung für die Reformation und von fortwirkendem Einfluß auf die deutsche Sprache. Wenige Jahre nach Luther trat Ulrich Zwingli (* 1484, † 1531) in Zürich offen gegen die kirchlichen Mißstände auf und begann damit die Reformation der Schweiz. Ein dritter Mittelpunkt der Reformation neben Wittenberg und Zürich wurde Genf mit Johann Calvin (* 1509, † 1564), dessen Reformation für ganz Westeuropa von Bedeutung war. Über dogmatische Gegensätze in der Lehre vom ↑ Abendmahl konnte bei dem von Landgraf Philipp I. von Hessen (♔ 1509–1567) zustande gebrachten Religionsgespräch auf dem Marburger Schloß (1529) keine Einigung zwischen den Standpunkten der Reformatoren erzielt werden.

Reformhinduismus: zusammenfassende Bezeichnung für die modernen hinduistischen Reformbewegungen, zu denen u. a. ↑ Brahmasamadsch, ↑ Arjasamadsch und ↑ Ramakrischna-Mission gehören.

reformierte Kirche: Sammelbezeichnung für die auf die Reformatoren Zwingli und insbesondere Calvin zurückgehenden Landes- und Freikirchen, vor allem in der Schweiz, Frankreich, Deutschland, den Niederlanden, England und den USA.

Reformkatholizismus ↑ Modernismus.

Reformkonzilien: Bemühungen um eine „Reform der Kirche an Haupt und Gliedern" gingen seit dem Ende des 13. Jahrhunderts der ↑ Reformation voraus; sie fanden Ausdruck in den Reformkonzilien von Pisa (1409), Konstanz (1414–1418) und Basel (1431–1437), deren Erfolg gering war.

Regel [von lateinisch regula] (auch Ordensregel): festgelegte Ordnung des klösterlichen Lebens.

Regen: gilt oft als Spende uranischer (himmlischer) Götter. Hierzu zählen der indische Indra, der mit seinem Donnerkeil den Wolkendämon Writra erschlug und damit den Weg für den Regen freimachte, ferner der griechische „Wolkensammler" Zeus sowie der römische Jupiter als Jupiter pluvialis („Regen-Jupiter"). Auch der Soter des Hellenismus ist nicht allein eine Heilandsgestalt, sondern er galt auch als Regenspender. Im hethitischen Bereich wurden der ursprünglich churritische Teschub und der protohattische Taru als Regengötter angesehen, im indianischen Mesoamerika der aztekische Tlaloc und der Chac der Maya.

Regenbogen: gilt oft als Brücke zwischen Diesseits und Jenseits und daher als Weg der Gottheiten zur Erde und der Verstorbenen in den Himmel.

Regenzauber: magische Handlung, die der Regenmacher, der Priester oder Medizinmann sein kann, vollzieht, um den Regen zu beeinflussen, d. h. meist um ihn herbeizuführen. Die häufigste Form des Regenzaubers wird zur imitativen Magie gerechnet und geht durch Ausgießen von Wasser oder lärmende Geräusche vor sich, die den Donner vorwegnehmen sollen. Im Kult des aztekischen Regengottes Tlaloc symbolisierten die Tränen der ihm sakral geopferten Kinder den Regen. Ein Ende des Regens kann magisch durch Vergraben von Wasser bewirkt werden. Regenzauber findet sich in fast allen frühen Agrarkulturen.

Reich Gottes (auch Gottesreich, Himmelreich): die Herrschaft Gottes, im A. T. als Königsherrschaft Jahwes vorgebildet, Zentralbegriff der Botschaft Jesu, verknüpft mit dem Aufruf zur Buße.

Reich, tausendjähriges ↑ Chiliasmus.

Reijukai (= Reiyukai) [rɛɪ...; japanisch etwa „Gesellschaft der Seelenfreunde"]: eine der neuen Religionen Japans, die 1925 von Kakutaro Kubo (* 1892, † 1944) und Jasukitschi Kotani (* 1884, † 1924) gestiftet wurde. Sie basiert auf einem als kanonisch bezeichneten Text, den sie nach der Farbe seines Papiers die „Blaue Schrift" nennt. Dieser Text steht inhaltlich in der Tradition des Nitschiren-Buddhismus. Für die religiöse Praxis der Reijukai sind Gruppenkonferenzen („Hosa") charakteristisch, bei denen in kleinen Zirkeln religiöse Fragen besprochen werden. Die karitative Tätigkeit der Gemeinschaft ist höchst bemerkenswert. Ihre Mitgliederzahl, die nach dem Ende des 2. Weltkriegs 3 Millionen erreichte, ist heute im Abnehmen begriffen.

Reikai Monogatari ↑ Omotokio.

Reinheit: in der Religionsgeschichte ist Reinheit ursprünglich ein kultischer Begriff. Sie ist Voraussetzung für die Kontaktaufnahme mit dem Göttlichen, für das Betreten des Tempels, insbesondere des Allerheiligsten. Die stark dingliche Auffassung der Unreinheit bedingt es, daß Reinheit durch rituelle Reinigung, durch ein Bad oder durch Teilwaschungen hergestellt werden kann; so wurde jeder Schintotempel in der Nähe fließenden Wassers errichtet, weil vor seinem Betreten die Hände gewaschen werden müssen. Reinheit ist die Herstellung eines paradiesischen Zustandes durch Beseitigung der Unreinheit. Diese ist meist stark mit der sexuellen Sphäre verbunden; daher gilt asketisches Leben als rein. Menstruation, Krankheiten und Tod gelten als Befleckung (griechisch míasma). Aber auch bestimmte Tiere und Orte, das Fremde schlechthin, besonders fremde Götter, auch Ausgestoßene und Verbrecher sind unrein. Schließlich kann die Materie insgesamt als Unreinheit verstanden werden, so im Manichäismus. Demgegenüber gilt in den Religionen Gott als Inbegriff der Reinheit. Die Symbolfarbe der Reinheit ist meist weiß. – Auf höherer Stufe der Religion tritt bei zunehmender Ethisierung eine Verinnerlichung des Reinheitsbegriffes ein, der dann vornehmlich auf seelische Reinheit bezogen wird.

Reinkarnation [re-in...] ↑ Seelenwanderung.

rein und unrein ↑ Reinheit.

Rekonziliation [von lateinisch reconciliatio „Versöhnung"]: im katholischen Kirchenrecht 1. Lossprechung eines Büßenden (z. B. vom Kirchenbann); 2. erneute Weihe einer entweihten, geschändeten Kirche oder eines Friedhofs.

Religion [lateinisch]: zusammenfassende Bezeichnung für eine Fülle historischer Erscheinungen, denen jeweils, mit Ausnahme des frühen Buddhismus, ein spezifischer Bezug zwischen dem überweltlichen, transzendenten Heiligen in personaler Gestalt einer oder mehrerer Gottheiten einerseits und den Menschen andererseits in einer deren Verhalten normativ bestimmenden Weise zugrunde liegt. Die verschiedenen *Begriffe* für Religion lassen unterschiedliche Aspekte dieser komplexen Größe deutlich werden. Durch die christliche Übernahme des lateinischen „religio" sind Weiterbildungen hiervon in die neueren europäischen Sprachen eingegangen. „Religio" kann in verschiedener Weise gedeutet werden: Cicero („De natura deorum", 2, 72) stellte *religio* zu dem Verb *religere* („sorgsam beachten") und definierte demgemäß Religion als „die *sorgfältige Beachtung* alles dessen, was zum Kult der Götter gehört". Eine zweite Deutung findet sich bei dem christlichen Rhetor Lactantius (* 250/60, † nach 317), der *religio* von *religare* („binden, wieder verbinden") ableitet; diese Deutung vertritt auch der Kirchenvater Augustinus (* 354, † 430), wenn für ihn die wahre Religion diejenige ist, „durch welche sich die Seele mit dem einen Gott, von dem sie sich gewissermaßen losgerissen hat, in der Versöhnung *wieder verbindet*". Treten damit hier bereits unterschiedliche, aber jeweils gültige Interpretationen auf, so bezeichnet im Griechischen eusébeia Aspekte der Gottesfurcht und Frömmigkeit, latreía den Dienst für die Götter, thrēskeía das religiöse Gebot und sébas die heilige Scheu. Das arabische din betont den rechtlichen Aspekt der Religion, das indische dharma (Sanskrit; Pali dhamma) das unerschütterlich Feststehende, chinesisch chiao und japanisch kio den Aspekt der Lehre. – Mit der Gottheit als überwertigem Zentrum jeder Religion verbindet sich das Offenbarungserlebnis des Stifters, dessen Wirken wir auch für Religionen anzunehmen haben, die in vor- bzw. frühgeschichtlicher Zeit entstanden. Der *Inhalt* der neuen Offenbarung bezieht sich auf die Vorstellungswelt der Religion, auf das Gottesbild, die Geschichtsschau, den Jenseitsglauben und besonders auf die Aufweisung eines neuen Heilsweges und die damit verbundenen ethischen Forderungen und kultischen Verpflichtungen. Diese Offenbarungsinhalte werden in Buchreligionen in heiligen Texten festgehalten, sie können in Dogmen formuliert und fixiert werden. Dabei sind innerhalb ein und derselben Religion unterschiedliche Wertsetzungen möglich, die in den Begriffen der Gesetzes- und der Gefühlsreligion Ausdruck finden. Auch besteht fast immer eine Kluft zwischen der offiziellen Religion der Priester und volkstümlichen Vorstellungen und Bräuchen. Jede Religion besitzt eine die Gesellschaft strukturierende Kraft, die zur Organisation von Gemeinden, Kirchen oder Orden führt (↑auch Religionssoziologie); eine Identifikation der Religion mit dem Staat ist v. a. für das Sakralkönigtum charakteristisch. Jede Religion manifestiert sich in profanen Erscheinungsformen, die durch sie geheiligt werden. Dies sind im *Raum* heilige Stätten, die als Orte der Offenbarung, des Wunders oder des Übergangs zwischen Himmel und Erde gelten (↑auch Religionsgeographie). Die *Zeit* wird geheiligt durch religiöse Feste und Feiern, die ein Ereignis des Mythos oder ein für die Religion bedeutsames geschichtliches Ereignis kultisch vergegenwärtigen. Die Existenzweise des *religiösen Menschen* äußert sich in der Hingabe an die Gottheit, die v. a. im Gebet, Dank, Opfer und in der Heiligung der wichtigsten Einschnitte des Lebens, Geburt, Hochzeit und Tod, zum Ausdruck kommen (↑Initiationsriten). Die Religion schafft menschliche Ausdrucksformen in Sprache und Kunst. Drama, Tanz, Musik sind aus religiösen Handlungen hervorgegangen, und bedeutendste Werke der bildenden Künste entsprangen religiösen Intentionen. Schließlich wirken Normen der Religion rechtsbildend (↑Recht und Religion).

Religionsedikt [lateinisch]: staatlicher Erlaß zur Regelung religiöser Angelegenheiten, ↑Edikt.

Religionsersatz ↑Quasireligion.

Religionsethnologie: Zweig der Religionswissenschaft, der die Glaubensvorstellungen, die magischen und rituellen Praktiken der schriftlosen Völker untersucht.

Religionsfreiheit: das in zahlreichen Verfassungen verankerte bürgerliche Recht auf die Freiheit des einzelnen, zu glauben oder nicht zu glauben, den Glauben allein oder mit Überzeugungsgenossen öffentlich zu bekennen, zu verbreiten und für ihn zu werben. Dazu gehört auch das Recht des einzelnen, sein gesamtes Verhalten an den Lehren seines Glaubens auszurichten und seiner Überzeugung gemäß zu handeln.

Religionsgeographie: ist ein sehr junger Zweig der Religionswissenschaft. Seine Aufgabe ist es, den Einfluß der Religion auf die Landschaft zu erforschen. Die Religionsgeographie befaßt sich daher z. B. mit der Prägung von Kulturlandschaften durch Kultbauten, der Schaffung von Verkehrswegen durch Wallfahrten, mit religiös beeinflußten Siedlungsformen (z. B.

des Klosters und seiner Umgebung), mit Agrarlandschaften, die durch den Anbau religiös geforderter Pflanzen (Wein im christlichen Bereich, Tee im buddhistischen) ihr Gepräge erhielten.

Religionsgeschichte: der *historische Ablauf* und die sich in ihm vollziehenden Wandlungen einzelner Religionen sowie der Gesamtheit aller Religionen, zugleich Bezeichnung der *wissenschaftlichen Disziplin*, die sich der Erforschung dieser Vorgänge widmet. Sie besitzt bereits in der Antike Vorläufer in der Geschichtsschreibung und der philosophischen Auseinandersetzung mit der Religion. Die christlichen Theologen der Spätantike und des Mittelalters verfolgten bei Darstellungen und Wertungen fremder Religionen apologetische Interessen. Eine vorurteilsfreie Betrachtung fremder Religionen begann nach Ansätzen im Humanismus mit der Aufklärung. Sie wurde wesentlich gefördert durch die sukzessive Erweiterung der Kenntnisse sowohl über die religiöse Umwelt als auch über untergegangene Religionen des Altertums. – Die Religionsgeschichte umfaßt die *Erforschung* sämtlicher Religionen in ihren historischen und gegenwärtigen Erscheinungsformen. Dabei zeigen sich innerhalb dieses Aufgabenbereichs bestimmte Schulrichtungen und unterschiedliche Forschungsinteressen. Die europäische Religionsgeschichte arbeitet im wesentlichen nach philologisch-historischer Methode mit dem Ziel, geschichtliche Erkenntnisse zu gewinnen. Die nordamerikanische Forschung ist auf eine aktuelle Thematik ausgerichtet und will im Dienst der Begegnungen und Gespräche zwischen den Religionen stehen. Mit missionarischen Interessen verbindet sich v. a. die indische Religionsgeschichte. – *Gesamtdarstellungen* der Religionsgeschichte stehen vor der Aufgabe, die religiöse Vielfalt zu ordnen und in bestimmter Reihenfolge aufzugliedern. Dabei wird meist nach Gottesglauben, ethischen Gehalten und nach der geistigen Höhe der zugehörigen Kulturen unterschieden, wobei Wertungen meistens ebenso impliziert sind wie bei den Aufgliederungen, die zwischen prophetischen und mystischen, gestifteten und stifterlosen Religionen unterscheiden.

religionsgeschichtliche Schule: eine Ende des 19. Jahrhunderts aufkommende und bis in die beiden ersten Jahrzehnte des 20. Jahrhunderts hinein einflußreiche Schulrichtung protestantischer Theologen, die die Umweltbezüge des A. T., N. T. und des frühen Christentums erforschten und ihnen ein oft allzu großes Gewicht beimaßen. Die bleibende Bedeutung der religionsgeschichtlichen Schule liegt in der Bearbeitung eines weitschichtigen religionsgeschichtlichen Materials.

Religionsgespräche: Bezeichnung für Auseinandersetzungen in Dialogform über religiöse Fragen. Diese Religionsgespräche vollziehen sich in sehr unterschiedlichen Formen. Werden religiöse Gegensätze in den Mythos erhoben, so können sie den Gegenstand von *Göttergesprächen* bilden; hierzu zählen das altägyptische Gespräch zwischen Atum und Osiris sowie das germanische Gespräch zwischen Odin und Thor. Für Religionsgespräche *zwischen Göttern und Menschen* bietet die „Bhagawadgita" gute Belege; ferner gehört hierzu das Gespräch zwischen Thor und Olaf Tryggvason. Bekannte Beispiele für Religionsgespräche zwischen *Vertretern der Religion und denen der staatlichen Macht* sind das Gespräch des Moses mit Pharao (2. Mos. 5, 1–5) und das Gespräch Manis mit dem persischen König Bahram I. (♕ 274–277). Für Religionsgespräche zwischen *Vertretern verschiedener Religionen*, denen missionarische Intentionen zugrunde liegen können, bieten die Gespräche des Mogulkaisers Akbar (♕ 1556–1605), die Gespräche der Franziskaner mit den Azteken im Jahre 1524 sowie die Religionsgespräche des siamesischen Königs Mongkut (♕ 1851–1868) gute Beispiele. Derartige Religionsgespräche sind bereits im abendländischen Mittelalter (v. a. zwischen Christen und Juden) geführt worden, und sie wurden in jüngster Zeit neu belebt, besonders zwischen Christen und Muslimen, die Religionsgespräche im Libanon (1954), in Alexandria (1955), Accra (1974) und Kairo (1974 und 1975) führten. Erste Religionsgespräche zwischen Christen, Buddhisten und Taoisten haben im Januar 1975 in Taipeh (Taiwan) stattgefunden. – Speziell werden *interkonfessionelle Disputationen* als Religionsgespräche bezeichnet; sie haben vor allem in der Reformationszeit stattgefunden, so in Leipzig (1519), Baden im Aargau (1526), Bern (1529), Marburg a. d. Lahn (1529), Worms (1540), Regensburg (1541) und später in Kassel (1661). Ein weiterer Typus der Religionsgespräche sind *unterweisende Religionsgespräche;* charakteristisch hierfür sind die Religionsgespräche der „Upanischaden" und diejenigen des Konfuzius. Für ein Religionsgespräch als *innerer Dialog* ist das altägyptische „Gespräch eines Lebensmüden mit seiner Seele" charakteristisch. Schließlich stehen *literarisch fingierte Religionsgespräche* im Dienste der religiösen Auseinandersetzung bzw. des religiösen Friedens. Hierzu rechnen „De pace fidei" („Über den Glaubensfrieden") des Nikolaus von Kues (* 1401, † 1464) aus dem Jahre 1453, die Ringfabel in Lessings „Nathan der Weise" und Dostojewskis „Legende vom Großinquisitor".

Religionskrieg: ↑ Blumenkrieg, ↑ Dschihad, ↑ Kreuzzüge, ↑ Krieg, ↑ Kriegsgefangenenopfer, ↑ Kriegsgott, ↑ Kriegsritual.

Religionskritik: die kritische Auseinandersetzung mit Erscheinungsformen und Lehren von Religionen. Die Religionskritik des *Rationalismus* geht von einer überwertigen Einschätzung der menschlichen Vernunft aus und kritisiert daher vornehmlich die Offenbarung und den Wunderglauben. Es darf aber nicht übersehen werden, daß Religionskritik sehr oft *aus religiösen Motiven* erfolgt. Dies war z. B. der Fall bei der antiken Kritik an der Vermenschlichung, dem Anthropomorphismus der Götter. Ein anderes Beispiel schärfster Religionskritik findet sich bei dem Religionsstifter Zarathustra. Er wandte sich aufs entschiedenste gegen die orgiastischen Opferkulte und die sakralen Tötungen des Rindes, die zu seiner Zeit üblich waren. Sozial- und ideologiekritisch bestimmt ist die Religionskritik v. a. von Ludwig Feuerbach (* 1804, † 1872) und Karl Marx (* 1818, † 1883), wenn sie die Religion als Ideologie und Rechtfertigung bestehender inhumaner gesellschaftlicher und politischer Ordnungen kritisieren oder ihre Funktion in der Vertröstung auf ein illusionäres Jenseits sehen.

Religionspädagogik: die wissenschaftliche Lehre von den Aufgaben und Wegen der religiösen Unterweisung. Über die Erfordernisse der allgemeinen Pädagogik hinaus wird sie in ihren Methoden bestimmt von ihrem spezifischen Ziel, das, allgemein formuliert, in der Herausstellung der Bedeutung der Religion für die menschliche Existenz besteht. Dabei zeigt sich in neuester Zeit eine stoffliche Verlagerung, die von der früheren Vermittlung religiöser Tatsachen zu problemgebundenen Stoffen führt.

Religionsphänomenologie: Teildisziplin der ↑ Religionswissenschaft, die sachlich verwandte religiöse Phänomene einander zuordnet. Aufbauend auf den Ergebnissen der ↑ Religionsgeschichte erfaßt die Religionsphänomenologie Erscheinungen, die in formaler und intentioneller Hinsicht vergleichbar sind. Zu diesen Erscheinungen zählen alle Erscheinungen des Heiligen in den Bereichen des Raumes, der Zeit, des Menschen und seiner Gemeinschaften, ferner Verwirklichungen des Heiligen in bestimmten Handlungen, im Mythos und in den heiligen Schriften. Aufgabe der Religionsphänomenologie ist ferner die vergleichende Erfassung der religiösen Vorstellungswelt, zu der Gottesglaube, Urzeit, Endzeit und Jenseits gehören. – Bahnbrechend für die Anerkennung der Religionsphänomenologie als eines selbständigen Zweiges der Religionswissenschaft war die „Phänomenologie der Religion" (1933) von dem niederländischen Religionswissenschaftler Gerardus van der Leeuw (* 1890, † 1950). Die Religionsphänomenologie fand unterschiedliche Beurteilung. Insbesondere wurde die Forderung erhoben, Religionsphänomenologie nur in engster Verbindung mit Religionsgeschichte zu betreiben, um den historischen Charakter religiöser Phänomene, die nicht aus ihrer historischen Umgebung herausgelöst werden können, herauszuarbeiten.

Religionsphilosophie: die denkerische Bemühung um das Wesen der Religion. Sie ist sowohl mit *religionsbejahender* als auch mit *religionsverneinender* Tendenz seit der Antike nachweisbar. Als ein selbständiger Zweig der Philosophie und der Religionswissenschaft ist jedoch die Religionsphilosophie erst seit dem Beginn des 19. Jahrhunderts gepflegt worden. Sie ist abzugrenzen gegenüber der systematischen Darstellung nur *einer* Religion, die ihren Niederschlag in deren Dogmatik findet. Sie ist ferner zu unterscheiden von einer allein auf historischen Fakten aufbauenden Religionsphänomenologie. Wenn sie die Ergebnisse der historischen Religionsforschung berücksichtigt, so verfährt sie *rezeptiv*. Sie geht dann von der Voraussetzung aus, daß die traditionellen Religionen Gegenstand der Religionsphilosophie sein müssen. Demgegenüber berücksichtigt die *konstruktive* Religionsphilosophie die tatsächlichen Religionen nicht. Sie geht allein davon aus, was Religion sein sollte, um den Anforderungen der Philosophie zu entsprechen. Das Wesen der Religion wird hierbei in der gedanklichen Konstruktion einer philosophischen Idealreligion gesehen.

Religionspsychologie: Teildisziplin der Religionswissenschaft, deren Aufgabe es ist, „das Seelische in und an der Religion zu verstehen" (G. van der Leeuw). Als Vorstufen einer wissenschaftlichen Religionspsychologie können religiöse Selbst- und Seelenbeobachtungen angesehen werden, wie sie in „De anima" („Über die Seele") des lateinischen Kirchenschriftstellers Tertullian (* um 160, † nach 220), in den „Confessiones" („Bekenntnisse") des Kirchenvaters Augustinus (* 354, † 430), bei mittelalterlichen Mystikern, in den „Pensées" („Gedanken") des französischen Philosophen Blaise Pascal (* 1623, † 1662) und in den Tagebüchern des dänischen Philosophen Søren Kierkegaard (* 1813, † 1855) vorliegen. Angeregt wurde die wissenschaftliche Religionspsychologie zu Anfang des 20. Jahrhunderts von der nordamerikanischen Psychologie, die streng empirisch arbeitete. Seitdem sind in der Religionspsychologie zwei grundsätzlich verschiedene Einstellungen vertreten worden. Einerseits sah man die Aufgabe der Religionspsychologie darin, das religiöse *Erlebnis* zu begreifen. Werke des deutschen evangelischen Theologen und Religionsphilosophen Rudolf Otto (* 1869, † 1937) und des deutschen Religionswissenschaftlers und evangelischen Theologen Friedrich Heiler (* 1892, † 1967) zählen zu den bedeutendsten Monographien dieser Forschungsrichtung. Demgegenüber führte eine Neigung zu einem rein immanenten Verstehen seelischer Vorgänge zu Versuchen, Religion als Produkt individueller oder kollektiver Seelenzustände zu begreifen.

Religionssoziologie: Teildisziplin der Religionswissenschaft, deren Aufgabe es ist, die sozialen Aspekte der Religion und das Verhältnis von Gesellschaft und Religion zu untersuchen. Dies geschieht einmal in histo-

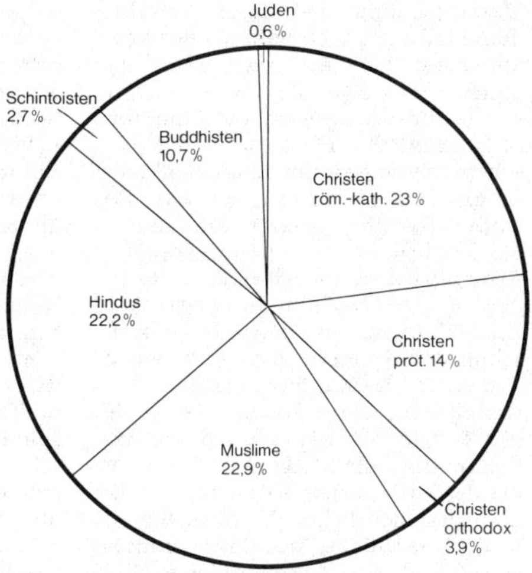

Religionsstatistik (geschätzter Anteil der zahlenmäßig größten Religionen beziehungsweise Denominationen der Welt)

risch-vergleichender Sicht, zum anderen seit neuester Zeit mit einer empirischen Methode, die aktuelle religiös-soziale Gruppen erforscht. – Zu den religiös-sozialen Lebensformen gehören Ehe, Familie, Sippe, Kaste, vielfach auch der religiös legitimierte Staat. Religiös geprägte und initiierte Sondergemeinschaften sind z. B. Männerbünde, Mysterienvereine und mönchische Ordensgemeinschaften.

Religionsstatistik: statistische Erfassung der Anhänger der einzelnen Religionen bzw. Denominationen in der Welt. Hauptprobleme der Religionsstatistik sind neben der allgemeinen Unsicherheit von Schätzungen oder Zählungen der Weltbevölkerung und der Bevölkerung einzelner Länder: 1. die Unsicherheit in der Frage, wer als *Anhänger* einer Religion anzusehen ist (nur Getaufte oder in anderer Weise Initiierte; nur diejenigen, die einen finanziellen Beitrag für ihre Religionsgemeinschaft leisten; die auch nicht formell als solche deklarierten Bekenner; auch die als Bürger eines Staates automatisch zu Anhängern einer Staatsreligion Deklarierten); 2. die Unschärfe, die dadurch entsteht, daß eine große Anzahl (v. a. in Asien) mehreren Religionen angehört; 3. die Problematik, daß folgende Personen einen unverhältnismäßig großen Anteil an der Weltbevölkerung haben (1974: rund 40,5 %), der religionsstatistisch nicht zu differenzieren ist: Religionslose sowie diejenigen, für die keine religionsstatistischen Angaben vorhanden sind, Anhänger traditioneller Religionen in den Ländern der Dritten Welt, bei denen statistische Angaben kaum möglich sind, ferner eine große Anzahl von Personen, die als Anhänger einer Vielzahl kleinerer Religionsgemeinschaften anzusehen sind, schließlich die Bürger sozialistischer Länder, einschließlich Chinas, die religionsstatistisch im allgemeinen nicht erfaßt werden.

Religionsstifter: Typus religiöser Autorität, der auf Grund göttlicher Offenbarung oder eigener Erleuchtung, verbunden mit einem Berufungserlebnis, entweder absichtlich eine neue Religion begründet oder durch seine Person und Verkündigung einen Jüngerkreis zur Religionsbildung anregt. Der Religionsstifter setzt neue Werte, die das Grundmotiv seiner Botschaft bilden, und sie bilden das Prinzip der Auswahl aus der religiösen Tradition.

Damit bestimmen sie deren Abwehr, deren teilweise Übernahme oder Veränderung. Das Auftreten der Religionsstifter fiel in Zeiten einer starken und erwartungsvollen religiösen Spannung, die meist durch das Erscheinen von Konkurrenten der Religionsstifter gekennzeichnet war. So wollte Buddhas Vetter Dewadatta die Führung des buddhistischen Mönchsordens an sich reißen, um eine strengere Disziplin durchzusetzen. Im N. T. wird von Rivalitäten zwischen den Jüngern Jesu und denen Johannes' des Täufers berichtet.

Religionstheologie (auch Theologie der Religionen): die theologische Reflexion über die Stellung der Theologie der christlichen Kirchen zur religionsgeschichtlichen Vielfalt. Sie ist in der Geschichte des Christentums erstmals in der Auseinandersetzung der alten Kirche mit der heidnischen Umwelt akut geworden, und sie gewinnt in der gegenwärtigen Abschlußphase der Erschließung der Welt erneute Bedeutung durch die weltweite Begegnung und Konfrontation der Religionen. Die Frage nach der Gültigkeit außerchristlicher Offenbarung hatte in der alten Kirche eine antithetische und eine synthetische Lösung gefunden: Im 2. Jahrhundert wandte sich Marcion (* um 85, † um 160) mit seiner religionsgeschichtlichen Isolierung des Christentums gegen jede vorbereitende Gottesoffenbarung. Gültigkeit erlangte jedoch eine theologische Wertung der Religionen, die um 200 von Klemens von Alexandria (* um 150, † vor 216) am umfassendsten ausgebaut wurde: Danach ist der ↑Logos auf Grund einer Schöpfungsoffenbarung keimhaft und damit als Wegbereiter der christlichen Wahrheit auch in den außer-(bzw. vor-)christlichen Religionen lebendig gewesen (griechisch lógos spermatikós). Diese Wertung der nichtchristlichen Religionen als Vorstufe des Christentums ist, mit Modifikationen in ihrer theologischen Begründung, für die theologische Beurteilung der Fremdreligionen bis heute vorherrschend geblieben. Schärfsten Einspruch erfuhr sie jedoch seitens der ↑dialektischen Theologie, insbesondere von Karl Barth (* 1886, † 1968), der ihr eine Verwischung der Einmaligkeit des Christusereignisses vorwarf. Die heutigen Bemühungen um ein theologisches Verständnis der Fremdreligionen sind noch nicht abgeschlossen.

Religionsvergehen: Bezeichnung für Straftaten, die sich auf Religion und Weltanschauung beziehen. Bestraft wird, wer öffentlich oder durch Verbreiten von Schriften den religiösen Inhalt des religiösen oder weltanschaulichen Bekenntnisses anderer, eine Kirche oder andere Religionsgemeinschaften, religiöse Einrichtungen oder Gebräuche in einer Weise beschimpft, die geeignet ist, den religiösen Frieden zu stören (§ 166 Strafgesetzbuch). Strafbar ist auch die Störung von Gottesdiensten und gottesdienstlichen Handlungen, beschimpfender Unfug an dem Gottesdienst gewidmeten Orten (§ 167) und die absichtliche oder wissentliche Störung von Bestattungsfeiern (§ 167 a) und der Totenruhe (§ 168).

Religionsvergleichung: die Aufgabe, Vergleich und Unterscheidung zwischen einzelnen religiösen Erscheinungsformen sowie zwischen Religionen durchzuführen, ist heute im wesentlichen die Aufgabe der religionswissenschaftlichen Teildisziplin *Religionsphänomenologie*. Früher bezeichnete man oft das Gesamtgebiet der Religionswissenschaft mit dem Begriff „Vergleichende Religionswissenschaft". Dies geschieht noch bis heute im angelsächsischen Raum, wo die Religionswissenschaft „Comparative Religion" heißt.

Religionswissenschaft: wissenschaftliche Disziplin, deren Aufgabe die empirische und/oder historisch-philologische Erforschung sämtlicher Religionen in der Gesamtheit ihrer Erscheinungsformen und ihrer Beziehungen zu anderen Lebensbereichen ist. Die Religionswissenschaft ist in verschiedene Teildisziplinen aufgegliedert (↑Religionsgeschichte, ↑Religionspsychologie, ↑Religionsphänomenologie, ↑Religionssoziologie, ↑Religionsgeographie). Die Zuordnung der eher normativ ausgerichteten ↑Religionsphilosophie zur Religionswissenschaft als empirischer Disziplin ist umstritten. Die ↑Religionstheologie ist als Themenbereich innerhalb der christlichen Theologien kein Zweig der Religionswissenschaft, benötigt aber die Kenntnis ihrer Forschungsergebnisse. – Die Geschichte der Religionswissenschaft kann auf erste Ansätze bei antiken Historikern und Philosophen zurückgeführt werden. Im Mittelalter verfolgte die Beschäftigung mit Fremdreligionen keine wissenschaftlichen, sondern ausschließlich apologetische Interessen. Erst seit der Aufklärung kann man von einer eigentlichen Religionswissenschaft sprechen. Ihre weltanschauliche Voraussetzung war zunächst die Idee einer ↑natürlichen Religion. Hinzu kam die geographische und geistige Horizonterweiterung seit dem Zeitalter der Entdeckungen sowie die Erschließung einer großen Masse bislang unbekannter literarischer Quellen. – Als akademisches Fach ist Religionswissenschaft heute an zahlreichen Universitäten vertreten, in Europa am stärksten in Schweden und in den Niederlanden, in Asien vorwiegend in Japan. – Unter den verschiedenen Schulrichtungen der Religionswissenschaft kann die astralmythologische Deutung (↑Astralmythologie) religiöser Fakten heute ebenso als überwunden gelten wie die lange Zeit vorherrschende ↑Evolutionstheorie; zur endgültigen Abkehr von ihrer Theorie einer Entwicklung der Religion aus niederen Formen besonders des Seelen- und Machtglaubens trug vor allem der Nachweis eines frühen Hochgottglaubens bei. Auch die kultgeschichtliche Methode, die besonders von britischen und skandinavischen Forschern vertreten wird, wendet sich gegen evolutionistische Religionstheorien. Die psychologische Mythendeutung, die im Mythos den Ausdruck überindividueller Lebenswahrheiten sieht, ist besonders von dem schweizerischen Psychoanalytiker Carl Gustav Jung (* 1875, † 1961) angeregt worden. Die Symbolforschung befaßt sich mit Phänomenen, die durch ihren Symbolcharakter die Welt transparent machen für die Erfahrung der Transzendenz. Der deutsche evangelische Theologe und Religionsphilosoph Rudolf Otto (* 1869, † 1937) hat den Begriff des „Heiligen" (↑heilig) in den Mittelpunkt religionswissenschaftlichen Interesses gestellt.

Reliquien. Reliquiar in Sankt Matthias in Trier

Religiosen (auch Ordensleute): im katholischen Kirchenrecht werden männliche und weibliche Angehörige des Ordensstandes (lateinisch „status *religiosus*") Religiosen genannt.

Reliquie [...kvi-e; von lateinisch reliquia „Überrest, Überbleibsel"]: Gegenstand einer besonderen Form der Heiligenverehrung. Die Reliquie besteht aus Gebeinen oder der Asche großer religiöser Gestalten, aus ihren Kleidern oder Gebrauchsgegenständen oder von Teilen von Gegenständen, die in ihrem Leben eine bedeutende Rolle gespielt haben. Die Reliquienverehrung gründet sich auf den Glauben, Überreste des Körpers oder des Besitzes heiliger Menschen seien besonders machthaltig, und ihre Verehrung durch Prozessionen, durch Berührung oder Kuß, selbst die Nähe ihrer Gegenwart, bedeute eine Übertragung dieser Macht. Die Bedeutung, die Reliquien in vielen Religionen besitzen, hat gelegentlich zu Reliquienhandel sowie dazu geführt, daß neben echten auch zahlreiche unechte Reliquien existieren. Als Träger besonderer Macht und als Zaubermittel finden sich Reliquien bereits bei primitiven Völkern, vor allem solche, die von großen Häuptlingen oder Kriegern abstammen. Im *aztekischen Mexiko* fand sich der Brauch, kultische Gewänder von sakral getöteten Menschen aufzubewahren. In *Griechenland* wurde die Reliquienverehrung im Zusammenhang mit dem Heroenkult verbreitet. Einzelne griechische Städte schützten sich vor Entführung von Reliquien durch Geheimhaltung der Grabstätten ihrer Heroen. Im *Buddhismus* begann die Reliquienverehrung mit der Asche des Buddha, die unter acht adlige Familien verteilt und in Reliquienbehältern („Stupa“) beigesetzt wurde. Unecht ist sicher die übergroße, rund 5 cm lange Zahnreliquie Buddhas in Kandy (Ceylon). Im *Lamaismus* wurden Reliquien der Großlamen verehrt. Auch im *Islam* findet sich Reliquienkult: In einigen Moscheen werden Barthaare Mohammeds in Glasflaschen aufbewahrt. Besondere Verehrung genießen die Turbane großer Heiliger. Der *christliche* Reliquienkult begann in der alten Kirche mit der Verehrung der Gebeine der Märtyrer. Über ihren Grabstätten wurden seit dem 4. Jahrhundert oft die Altäre der Märtyrerkirchen errichtet. Im Westen ist seit dem 5. Jahrhundert kein Altar mehr ohne Reliquie nachweisbar. Auch in der Ostkirche gewann die Reliquienverehrung große Bedeutung, insbesondere in der Volksfrömmigkeit und im Zusammenhang mit dem Glauben an die Unverweslichkeit bzw. langsamere Verwesung der Körper der Heiligen. Die *Kritik* an der Reliquienverehrung setzte in der Reformation ein, besonders stark bei Luther und Calvin. Demgegenüber entschied das Konzil von Trient (1545–1563) daß zu verurteilen sei, wenn jemand behauptet, man schulde den Reliquien der Heiligen keine Verehrung. Die katholische Kirche begründet diese Haltung sowohl mit der altchristlichen Praxis als auch mit biblischen Berichten, die darlegen, daß durch Reliquien Wunder gewirkt wurden (2. Kön. 2, 14; 13, 21; Matth. 9, 20; Apg. 5, 15).

Remonstranten ↑Arminianer.

Renaissance [rənɛ'sã:s; französisch „Wiedergeburt“] (auch italienisch Rinascimento): eine in ihrer zeitlichen Ansetzung umstrittene, etwa vom Ende des 14. bis zum Ende des 16. Jahrhunderts andauernde Epoche der europäischen Geistesgeschichte, deren religionswissenschaftliche Bedeutung in ihrem Rückgriff auf Götter und Mythen der griechischen und römischen Antike besteht.

Renegat [lateinisch]: „Abtrünniger“, der seinen Glauben wechselt oder verleugnet.

Rephaim [...a-'im]: im A. T. (u. a. Jes. 26, 14; Ps. 88, 11; Hiob 26, 5) eine Bezeichnung der Totengeister in der Unterwelt.

Reschef: westsemitischer Gott der Pest, des Fiebers und des Brandes, der die Menschen hinab in die Unterwelt holt.

Reservatfälle (auch lateinisch Casus reservati): vorbehaltene Rechte kirchlicher Würdenträger, z. B. bei der Absolution bestimmter Sünden; früher auch Rechte des Landesherrn, besonders bei der Besetzung kirchlicher Ämter.

Reservatio mentalis [lateinisch] ↑Mentalreservation.

Responsorium [lateinisch]: liturgischer Wechselgesang.

Restauration [von lateinisch restaurare „wiederaufrichten“]: die Wiederherstellung früherer, als legitim angesehener Zustände, kirchengeschichtlich vor allem die durch das Konzil von Trient (1545–1563) eingeleitete Rekatholisierung protestantisch gewordener Gebiete.

Restitutionsedikt: eine 1629 von Kaiser Ferdinand II. (♕ 1619–1637) erlassene Aufforderung an die Protestanten zur Rückgabe eingezogener geistlicher Güter. Der Westfälische Friede von 1648 hob die Bestimmungen des Restitutionsedikts auf.

Reue [von althochdeutsch hriuwa „Schauder"; dann „seelischer Schmerz, Betrübnis"]: wichtigster Akt der Buße, der den Abscheu vor begangenen Sünden und den Vorsatz der sittlichen Läuterung und Umkehr enthält, sie setzt die menschliche Willensfreiheit voraus. Die katholische Theologie unterscheidet die Reue aus Furcht vor ewiger Strafe (lateinisch Attritio) von der Kontrition, der „Herzenszerknirschung" (Contritio cordis), deren Motiv die Liebe zu Gott ist. Die Reue ist Voraussetzung für die Erteilung der Absolution im Bußsakrament.

Rex sacrorum [lateinisch] (auch Rex sacrificulus): der „Opferkönig", in der republikanischen Zeit Roms Titel jenes Priesters, der die kultischen Funktionen der früheren Könige wahrzunehmen hatte.

Rhadamanthys: in der griechischen Mythologie Sohn des Zeus und der Europa, Bruder des kretischen Königs Minos, galt zu Lebzeiten als einer der gerechtesten Männer und wurde nach seinem Tod zu einem der Richter in der Unterwelt.

Rhea: in der griechischen Mythologie Tochter des Uranos und der Gaia, Gemahlin des Kronos, Mutter des Zeus und anderer olympischer Götter. Ihre Verehrung dürfte von Kreta ausgegangen sein. In Kleinasien verschmolz sie später mit der ↑Magna Mater.

Richter Israels: charismatische Führer Israels in der Zeit zwischen Josua und Samuel. Von ihrer Tätigkeit berichtet das *Richterbuch* des A. T. Man unterscheidet die 6 großen Richter Othniel, Ehud, Barak (mit Debora), Gideon (mit seinem Sohn Abimelech), Jephtha und Simson von den 6 kleinen: Samgar, Thola, Jair, Ibzan, Elon und Abdon.

Riedegost ↑Radigast.

Riesen (auch Giganten): übergroße Gestalten der Sage und des Mythos, die oft Naturgewalten oder dämonische Kräfte verkörpern und den Menschen meist feindlich, gelegentlich aber auch freundlich gesonnen sind.

Rigorismus und Laxismus: extreme Gegensätze des moralischen Verhaltens. Während Rigorismus durch ein unbeugsames und starres Festhalten an moralischen Grundsätzen gekennzeichnet ist, bedeutet Laxismus eine lässige, schlaffe und unbekümmerte moralische Einstellung.

Rigweda (= Rigveda) [Sanskrit „Weda der Lieder"]: die erste der vier Sammlungen des Weda; sie enthält 1 028 Hymnen, die vom Hotar-Priester beim Opfer rezitiert wurden, um die Götter herbeizurufen.

Rind (auch altnordisch Rindr): in der nordgermanischen Mythologie ein Weib Odins, das der Gott durch Zauber gewinnt und das ihm Vali, den Rächer Baldrs, gebiert.

Ring: die magische und symbolische Bedeutung des Ringes im Sinne einer besonders engen Bindung beruht auf der Tatsache, daß er einen sichtbaren und gegenwärtigen ↑Kreis darstellt. Gleiche Vorstellungen verbinden sich mit der ↑Krone.

Ringa-tu ↑Pai-Marire.

Rinsaisekte ↑Zen-Buddhismus.

Riobu Schinto (= Ryobu Shinto) ↑Schinto.

Rischi [Sanskrit „Seher"]: in Indien die Bezeichnung des Sehers wie überhaupt eines im Ansehen besonderer Heiligkeit stehenden Mannes. Ein besonderer Ehrentitel ist *Maharischi* („großer Seher").

Risscho Koseikai (= Rissho Koseikai) [japanisch „Gesellschaft für Aufrichtung von Recht und mitmenschlichen Beziehungen"]: eine der neuen Religionen Japans, die am 5. März 1938 von Nikkio Niwano (* 1906) und der Mioko Naganuma (* 1889, † 1957) begründet wurde; beide Stifterpersönlichkeiten entstammten ärmsten Kreisen des japanischen Kleinbauerntums. Die Lehre der Risscho Koseikai behauptet, daß die jedem Menschen eigene Buddha-Natur durch die Pflege harmonischer mitmenschlicher Beziehungen zum vollen Bewußtsein gebracht werden könne. Die Gesellschaft widmet sich daher in intensiver Weise der Persönlichkeitsbildung ihrer Mitglieder, vor allem durch offenherzige Aussprachen in kleinen Gruppen. Die Betreuung ihrer Anhänger erstreckt sich ferner auf schulische Ausbildung und karitative Fürsorge. Das Zentrum der Risscho Koseikai, die über 2 Millionen Mitglieder zählt, liegt in Suginami, einem Bezirk von Tokio. Dort befindet sich auch die 50 000 Menschen fassende Versammlungshalle, die als „großes Heiligtum" *(Daiseido)* bezeichnet wird.

Rita [Sanskrit rə'ta]: Begriff für die heilige Ordnung (numinoser Ordnungsbegriff) der frühen wedischen Periode Altindiens. Rita ist die Ordnung des Weltgefüges und die den Menschen bindende Macht zur Ordnung und zum Recht. Später verschwindet Rita aus dem indischen Sprachgebrauch. Seinen ethischen Aspekt übernimmt das Wort *Satja* („Wahrheit").

Ritenstreit: Auseinandersetzung innerhalb der katholischen Kirche, im 17. Jahrhundert hervorgerufen durch eine weitgehende missionarische Anpassung (Assimilation) der Jesuiten an fernöstliches Gedankengut, was schärfsten Widerspruch der Dominikaner und Franziskaner hervorrief. Dieser Streit endete damit, daß Papst Benedikt XIV. 1742 die Anpassung an die von den Jesuiten als rein bürgerlich und religiös irrelevant angesehenen „Riten" östlicher Religionen verbot. In den dreißiger Jahren des 20. Jahrhunderts entzündete sich der Ritenstreit erneut, als die japanische Regierung die Teilnahme an den Riten des Staatsschinto zur staatsbürgerlichen Pflicht erklärte. Diesmal entschied der Vatikan für die Jesuiten, die auf Grund der staatlichen Erklärung keine Einwände gegen die Beteiligung japanischer Christen am Staatsschinto erhoben.

Rites de passage [französisch ritdəpɑ'sa:ʒ] ↑ Initiationsriten.

Ritterorden: während der Kreuzzüge entstandene religiöse Gemeinschaften, deren Mitglieder die Mönchsgelübde ablegten und mit ritterlichem Waffendienst für die Verteidigung und Ausbreitung des christlichen Glaubens wirkten. Am bedeutendsten waren der Johanniterorden, der Templerorden, der Deutsche Orden und der mit diesem 1237 vereinigte Schwertorden. – Die evangelischen Johanniter und die katholischen Malteser der Gegenwart sind Neugründungen, die vornehmlich im Dienst der Krankenfürsorge stehen.

Ritualbücher ↑ Ritus.

Rituale ↑ Ritus.

Rituale Romanum [lateinisch „römisches Ritualbuch"]: das für den Gebrauch in der katholischen Kirche maßgebende liturgische Buch, von Papst Paul V. im Jahre 1614 veröffentlicht.

Ritualmord: eine aus kultischen oder magischen Gründen vollzogene Tötung von Menschen, die vom kriminellen Mord, obwohl auch dieser, besonders als Sexualmord, zeremonielle Züge tragen kann, doch im wesentlichen zu unterscheiden ist und sich vom sakralen Menschenopfer im Hinblick auf dessen Hingabe an das Göttliche abhebt. Als Ritualmord ist sicher der im Sakralkönigtum weit verbreitete Königsmord anzusehen, der an dem alternden, seiner Kraft verlustig gegangenen Herrscher vollzogen wird. Umstritten ist, ob die zahlreichen Menschentötungen in Polynesien dem Ritualmord zuzurechnen waren. In sublimer, nur angedeuteter Form findet sich Ritualmord oft im Verlauf von Initiationsriten. Der Vorwurf des Ritualmordes, der gegen die frühen Christen und im Mittelalter wie im modernen Antisemitismus gegen die Juden erhoben wurde, gehört in den Bereich einer Haßlegende.

rituelle Reinigung ↑ Reinheit.

Ritus [lateinisch]: ist der ordnungsgemäße, geheiligte Brauch. Insbesondere versteht man darunter eine kultische Handlung, die eine „Ritualisierung" erfahren hat. Das bedeutet, daß sie nicht spontan erfolgt, sondern in *Ritualen*, d. h. *Ritualbüchern*, liturgischen Texten und Festformularen, hinsichtlich der Formen ihres Vollzugs genau festgelegt ist. Diesem kultischen Ritus ist im allgemeinen eine außerordentlich starke Kraft eigen, tradierte Formen zu bewahren.

Robigalia: ein am 25. April gefeiertes altrömisches Bauernfest, bei dem am fünften Meilenstein der Via Claudia ein Schaf und ein Hund geopfert wurden, um von der jungen Saat Sonnenbrand und Getreidekrankheiten abzuwenden. Der Gott Robigus, dem das Fest später unterstellt wurde, war eine nachträgliche Konstruktion.

Rock, heiliger: berühmte und umstrittene Reliquie von Trier, der Leibrock Christi, der angeblich von Helena, der Mutter Konstantins des Großen, dem Bischof von Trier geschenkt und dort erstmals 1512 ausgestellt wurde; seitdem ist er öfters das Ziel von Wallfahrten gewesen.

Rom: eine der heiligen Städte der Christenheit, insbesondere der katholischen Kirche. Die christliche Bedeutung Roms setzte die politische fort, die diese Stadt als Metropole ihres antiken Weltreichs besaß. Sie wurde in christlicher Weise geprägt durch die (umstrittenen) Apostelgräber, durch das Martyrium vieler Christen in dieser Stadt, durch Märtyrergräber, vor allem dadurch, daß Rom der Sitz der Päpste wurde.

Romantik: Epoche der europäischen Geistesgeschichte, die vom Ende des 18. Jahrhunderts bis in die ersten Jahrzehnte des 19. Jahrhunderts andauerte. Sie war religionswissenschaftlich von größter Bedeutung durch ihre Indienbegeisterung, die zur europäischen Kenntnisnahme indischer Religionstexte führte, ferner durch ihr Interesse an der Eigentümlichkeit fremder Völker und des eigenen Volkes, das zur Beschäftigung mit deren (auch religiösen) Vorstellungen führte.

Römerbrief (Abk. Röm.): im N. T. der umfangreichste und bedeutendste Brief des Apostels Paulus, den dieser im Jahre 58 an die christliche Gemeinde in Rom schrieb. Die Echtheit dieses Briefes ist niemals ernsthaft bestritten worden. Sein übergreifendes Thema ist, daß nicht die Beachtung der jüdischen Gesetze, sondern die Erlösung durch Christus den Menschen vor Gott rechtfertigt.

römische Religion: in der ältesten uns erreichbaren Zeit eine bäuerliche Religion, deren Vegetationskulte vom Familienvater („Paterfamilias") vollzogen wurden und als dörfliche Riten umgeformt wurden, ehe sie in der zweiten Epoche der römischen Religionsgeschichte von der offiziellen Religion des sich bildenden Stadtstaates übernommen wurden. Die dritte Epoche der römischen Religionsgeschichte ist die Pontifikalreligion, die den Pontifex maximus („größter Brückenbauer, Wegebahner") und das ihm unterstellte Kollegium an die Spitze des römischen Sakralwesens bringt. Das letzte Jahrhundert der Republik ist eine Zeit des Verfalls der alten römischen Religion. Mit dem Prinzipat des Augustus (♔ 31 v. Chr.–14 n. Chr.) beginnt die Vergöttlichung der Herrscher. Wie diese orientalischen Ursprungs war, so auch die meisten Mysterienkulte, die in der Zeit des Hellenismus Aufnahme in Rom fanden. – Die Individualität der römischen *Gottheiten* war ursprünglich wenig ausgeprägt. Erst unter etruskischem und griechischem Einfluß sind die Götter Roms zu profilierten Gestalten geworden. An der Spitze des Pantheons stand zunächst die *Götterdreiheit* von Jupiter, Mars und Quirinus. Wahrscheinlich war das Vorbild der etruskischen Dreiheit Tinia, Uni und Menrva mitbestimmend dafür, daß diese erste Götterdreiheit Roms später von Jupiter, Juno und Minerva abgelöst wurde. Mit Jupiter, Juno, Minerva und Mars sind vier jener Gottheiten genannt, die später in einem *Zwölfgöttersystem* zusammengefaßt wurden; hierzu zählten noch: Neptun, Venus, Diana, Vulcanus, Mercurius, Vesta, Apollo und Ceres. Bedeutung besaßen auch einige Gottheiten, die außerhalb des Zwölfgötterkreises standen; so Saturnus, Consus, Flora, Janus, Terminus und Dispater, der düstere Herr der Unterwelt. Auch *abstrakte Begriffe* sind von den Römern in den Rang von Gottheiten erhoben worden. *Kollektive Gottheiten* waren die Penaten, die Laren und die Manen. *Kultstätten* waren ursprünglich heilige Haine, in denen eine Ara („Opfertisch, Altar") errichtet wurde, später der Sakralbau des Tempels. Mittelpunkt des Staatskultes war das Kapitol. Wichtigste Kulthandlung war das *Opfer* von Getreide, Wein und Tieren. *Priesterliche Funktionen* im Interesse des gesamten Volkes nahm in der Monarchie der König ein. Später entwickelte sich das Amt des Pontifex maximus zu dem des ranghöchsten Priesters. Bestimmte priesterliche Funktionen wurden von Priesterkollegien versehen. Die römische *Ethik* war durch den Begriff der Pietät geprägt und umfaßte die familiären Beziehungen, die Stellung zum Staat und das Verhalten gegenüber den Göttern.

Römischer Katechismus ↑Catechismus Romanus.

Rose: gilt im Christentum im allgemeinen als Symbol der Schönheit der Jungfrau Maria; die deutsche Mystikerin Mechthild von Magdeburg (* um 1210, † 1282 oder 1294) nennt Christus die „edel rose".

Rosenkranz: findet als Gebetsschnur vielfach Verwendung in *außerchristlichen Religionen*, besonders in den Religionen Indiens. Im Islam setzte sich sein Gebrauch seit dem 9. Jahrhundert gegen den starken Widerstand orthodoxer Kreise durch, wurde aber in neuester Zeit energisch von den Wahhabiten bekämpft. – In der *katholischen Kirche* wird der Rosenkranz als außerliturgische Gebetsart zu Ehren Marias sowohl von einzelnen als auch in Familien, Bruderschaften und Volksandachten gepflegt. Er besteht aus 15 Vaterunsern mit jeweils zehn Ave Maria und 15 „Ehre sei dem Vater", denen 15 Ereignisse (nicht alle biblisch belegt) aus dem Leben Jesu und Marias, die sogenannten „Gesätze" (d. h. Geheimnisse), zur Betrachtung zugeordnet sind; auch ein Teil dieses ganzen Rosenkranzes („Psalter") aus fünf Vaterunsern mit jeweils zehn Ave Maria wird Rosenkranz genannt; nach dem Inhalt der Gesätze wird zwischen dem freudenreichen, dem schmerzhaften und dem glorreichen Rosenkranz unterschieden; als Einleitungsgebete gehen ihm meist das Glaubensbekenntnis, ein Vaterunser und drei Ave Maria zur Erweckung der „göttlichen Tugenden" (Glaube, Hoffnung, Liebe) voraus; im deutschen Sprachgebiet werden die Gesätze jedem Ave Maria nach dem Wort „Jesus" eingefügt, sonst den zehn Ave Maria vorangestellt. Die einzelnen Gebete werden an einer aus 6 größeren (für das Vaterunser) und 53 kleineren (für das Ave Maria) Perlen zusammengesetzten Schnur oder Kette, die in einem Kreuz endet, durchgezählt.

Rosenkreuzer (= Rosenkreutzer): ein angeblich im 14. Jahrhundert von einem Christianus Rosenkreutz begründeter okkultistisch-theosophischer Geheimorden, der durch Schriften des württembergischen Theologen Johann Valentin Andreae (* 1586, † 1654) in den Jahren 1614 bis 1616 zuerst in Kassel und Frankfurt bekannt wurde. Im 20. Jahrhun-

dert sind als „Rosenkreuzer" verschiedene Neubildungen in Erscheinung getreten.
Rota Romana [lateinisch „römisches Rad"]: vollständig „Sacra Romana Rota" (Abk. SSR) genannter Gerichtshof bei der römischen Kurie, der in einem runden Raum tagt. Er ist zuständig für kirchliche Rechtsangelegenheiten und fungiert als Berufungsgericht in 2. und 3. Instanz.
Rote Kirche ↑Lamaismus.
Rotmützen ↑Lamaismus.
Ruach [hebräisch „Hauch, Wind, Geist"]: im A. T. das dem Menschen von Gott gegebene Lebenselement; auch der Geist Gottes.
Rübezahl: deutsche Sagengestalt, vielleicht von Vorstellungen über den germanischen Gott Odin beeinflußt. Rübezahl ist Berggeist und Herr des Riesengebirges. Sein Name ist nicht mit Sicherheit geklärt. Er erscheint den Wanderern in vielerlei Gestalt, hilft Armen und Bedrängten und rächt sich an Spöttern.
Rudra: in der wedischen Zeit Indiens ein Gott, der die schreckenerregende Macht des Verderbens verkörpert; sein Wesen geht in nachwedischer Zeit z. T. in die Gestalt des Gottes Schiwa ein.
Runen: altgermanische Schriftzeichen, deren Herkunft bis heute umstritten ist. Die Etymologie, die „Runen" mit neuhochdeutsch „raunen" in Verbindung bringt, verweist auf den geheimen, magischen Charakter dieser Schriftzeichen. Als Urheber der Runen galt der Gott Odin.
russisch-orthodoxe Kirche: die größte und bedeutendste Ostkirche, durch die Stellung, die Moskau nach dem Fall von Konstantinopel (1453) als das „Dritte Rom" gewann, für Jahrhunderte die führende Kirche der Orthodoxie. Das Patriarchat von Moskau und Altrußland wurde 1589 errichtet. Zar Peter I. der Große (♕ 1682–1725) ersetzte das Patriarchat 1721 durch den „Allerheiligsten Synod", ein zur Leitung der Kirche bestimmtes Gremium, in dem ein Oberprokuror den Zaren vertrat. Durch die Revolution erfolgte 1917 die Wiederherstellung der Patriarchatsverfassung. Die einsetzende atheistische Propaganda erreichte nicht ihre Ziele, zumal im 2. Weltkrieg eine vorübergehende Annäherung der Kirche an den Staat erfolgte.
Ruth: im A. T. die Hauptgestalt des nach ihr benannten Buches, eine Moabiterin, die nach dem frühen Tod ihres israelitischen Mannes mit dessen Verwandten Boas eine *Leviratsehe* eingeht und einen Sohn zur Welt bringt, den späteren Großvater des Königs David.
ruthenische Kirche: eine Ende des 16. Jahrhunderts der katholischen Kirche angegliederte Ostkirche mit altslawischer Kultsprache, die vor allem in Galizien, der Ukraine und den USA verbreitet ist. Die Zahl ihrer Mitglieder, die vor dem 2. Weltkrieg etwa 6 Millionen betrug, ist heute nicht sicher anzugeben, da die ruthenische Kirche nach dem 2. Weltkrieg z. T. der russisch-orthodoxen Kirche eingegliedert wurde.
Ryobu Shinto ↑Schinto.

S

sabäische Religion: die vorislamische Religion der semitischen Völkerschaften Südarabiens, vornehmlich der Sabäer und Minäer, ist durch eine Fülle von Inschriften bekannt. Am besten sind wir über *die Götter* unterrichtet. An der Spitze stand der Gott Athtar. In den einzelnen Stadtstaaten Südarabiens wurde der Mondgott unter verschiedenen Namen als Nationalgott verehrt. Er hieß in Saba Almaqah, in Hadramaut Sin („Mond"), in Qataban Amn („Oheim"), im minäischen Staat Wadd („Liebe,

Freundschaft"). Außerdem ist durchweg die Verehrung einer Sonnengöttin Schamsch („Sonne") bezeugt. Vor ihrer Umwandlung in Königreiche (Mitte des 5. Jahrhunderts v. Chr.) waren die südarabischen Staaten *Theokratien*, an deren Spitze ein Mukarrib („Opferfürst") stand.

Sabazios: thrakisch-phrygischer Gott, der mit Dionysos verwandte, jedoch ungleich rohere Züge aufweist. Er wurde als Gott des Lebens, des Ackerbaus und der ärztlichen Kunst verehrt. Sein Kult verbreitete sich auch in Griechenland und im Römischen Reich, wo ihm in der Kaiserzeit als Dank für glückliche Entbindungen bronzene Hände gestiftet wurden. Diese fast ausnahmslos rechten Hände stellen mit drei ausgestreckten und zwei eingezogenen Fingern den Segensgestus des Sabazios dar.

Sabbat [hebräisch]: jüdischer Ruhe- und Feiertag, der 7. (nach neuester internationaler Zählung der Wochentage: der 6.) Tag der Woche, geheiligt dadurch, daß an ihm Gott von seinem Schöpfungswerk ausruhte (1. Mos. 2, 2 f.). Der Sabbat dauert vom Freitagabend bis Samstagabend. Er ist durch völlige Arbeitsruhe (2. Mos. 20, 10), Gottesdienste und religiöse Hausfeiern gekennzeichnet. Seine Feier trug wesentlich zum Zusammenhalt des Diasporajudentums bei.

Sabbatarier (auch Sabbatisten): Sammelbezeichnung verschiedener christlicher Gruppierungen, die mit einer vorrangigen Betonung des A. T. die Feier des Sabbats verbinden.

Sabbateion ↑ Synagoge.

Sabbatianismus: messianische Bewegung im Judentum des 17. Jahrhunderts, die von dem Ekstatiker Sabbatai Zwi (* 1626, † 1676) ausgelöst wurde, der sich im Jahre 1648 zum Messias erklärt und den baldigen Anbruch der Heilszeit verkündet hatte. Sabbatai Zwi geriet später in die Gewalt des türkischen Sultans und trat zum Islam über. Seine Bewegung lebte im Ostjudentum noch einmal auf unter den *Frankisten*, die sich um den polnischen Messiasanwärter Jakob Frank (* 1726, † 1791) scharten. In der Türkei entstand als Nachfolgebewegung der Sabbatianer die jüdisch-islamische Mischsekte der Dönmeh („Heimgekehrte").

Sabbatisten ↑ Sabbatarier.

Sabbat- und Jubeljahr ↑ Jobeljahr.

Sacerdotium: lateinische Bezeichnung für Amt und Würde des Priestertums, im Mittelalter auch Ausdruck für die geistliche Macht des Papstes.

Sacharja: Prophet und gleichnamiges Buch des A. T., das zu den ↑ Kleinen Propheten zählt. Der Priester Sacharja wirkte in der Zeit von 520 bis 518 v. Chr. in Jerusalem als Prophet. Die Kapitel 1 bis 9 seines Buches enthalten die „Nachtgesichte", die ihm von einem Engel gedeutet wurden. Der zweite Teil des Buches (Kapitel 9 bis 12), wissenschaftlich *Deuterosacharja* genannt, geht nicht auf den Propheten Sacharja zurück.

Sachmet [ägyptisch „die Mächtige"]: in der ägyptischen Mythologie eine löwenköpfige Göttin, die Gefahren,

Sachmet. Ausschnitt eines Hochreliefs aus Herakleopolis (um 1250 v. Chr.; Kairo, Ägyptisches Museum)

Krankheiten und Zerstörungen verursacht. Sachmet galt auch als Kriegsgöttin des Pharao. Ihr Hauptkultort war Memphis.

Sacrificium: lateinischer Begriff für Opfer.

Saddharmapundarika [Sanskrit „(Sutra) vom Lotos des guten Gesetzes"]: einer der bedeutendsten Texte des Mahajana-Buddhismus. In ihm wird der bloß scheinbare (doketische) Charakter von Buddhas Eingang in das Nirwana behauptet. In Wirklichkeit habe Buddha nie aufgehört zu existieren und gebe sich nur aus Mitleid mit den Törichten dieser Welt als hingeschieden aus.

Saddiq ↑Zaddik.

Saddschada (= Saǧǧada) ↑Gebetsteppich.

Sadduzäer: Anhänger einer aus dem N. T. bekannten jüdischen Religionspartei, die ihren Namen wahrscheinlich auf den von König Salomo eingesetzten Hohenpriester Zadok zurückführte (1. Kön. 2, 35; Ezech. 40, 46). Die Sadduzäer waren politisch interessierte Aristokraten, die auf religiösem Gebiet eine liberal-skeptische Haltung einnahmen. Sie verwarfen die Auferstehung (Matth. 22, 23) und verneinten die Existenz von Engeln (Apg. 23, 8).

Sadhu [Sanskrit „rechtschaffen, heilig"]: im Hinduismus Ehrenname der frei umherziehenden Asketen.

Saeculum [lateinisch]: Begriff, der entweder etruskischen Ursprungs ist oder von lateinisch „serere" („säen") abzuleiten ist und dann ursprünglich „Menschensaat, Geschlechterfolge" bedeuten würde. Zur Zeit des Kaisers Augustus (♕ 31 v. Chr. – 14 n. Chr.) wird Saeculum dem griechischen Aion („Äon, Weltzeitalter") gleichgesetzt und mit der etruskischen Säkularidee verbunden, nach der ein Saeculum etwa 100 Jahre dauerte. Im Christentum gewinnt Saeculum die Bedeutung von „Welt" im Sinne des diesseitigen, sündigen Äons; im mittelalterlichen Latein bezeichnet „saecularis" den weltlichen Menschen im Gegensatz zum Mönch („religiosus). Als die Humanisten eine mechanisch-zahlenmäßige Aufgliederung der Geschichte vornahmen, verwendeten sie Saeculum als Begriff für „Jahrhundert". Diesen späten Gebrauch haben die romanischen Sprachen übernommen (französisch siècle, italienisch secolo, spanisch siglo).

Sagas: altisländische Prosaerzählungen, ursprünglich mündlich tradiert und zwischen dem 12. und 14. Jahrhundert literarisch fixiert; sie gehören zu den wichtigsten Quellen für die Erforschung der nordgermanischen Religion.

Sage: sie besitzt im Gegensatz zum Mythos keine existentielle Verbindlichkeit und wird nicht kultisch vergegenwärtigt (repristiniert). Da ihre Erzählstoffe aber oft mythisch motiviert sind, besitzt sie beträchtliche religionsgeschichtliche Aussagekraft.

Saǧǧada ↑Gebetsteppich.

Sahampati ↑Brahma.

Sakat: die islamische Armensteuer, die pflichtmäßige Abgabe für Arme und Kranke.

sakral [von lateinisch sacer]: das Heilige betreffend; im Unterschied zu ↑profan.

Sakraljahr: das geheiligte, durch religiöse Feste und Feiern geprägte und in seinem Rhythmus bestimmte Jahr im Gegensatz zum profanen, astronomischen Jahr. In manchen archaischen Kulturen, z. B. in der aztekischen des alten Mexiko, existierten zwei Kalender, von denen der eine, analog dem unsrigen, nach dem Sonnenjahr ausgerichtet, der andere aber durch das kultische Jahr bestimmt war.

Sakralkönigtum (auch Gottkönigtum): findet sich bei vielen Naturvölkern, im früheren Asien, besonders in Japan, in den altorientalischen Staaten, am ausgeprägtesten im alten Ägypten, im Hellenismus und in der römischen Kaiserzeit. Der sakrale König oder Gottherrscher gilt als Gott auf Erden, als Sohn Gottes oder als göttlich Erwählter. Er ist übermächtiger Mittelpunkt des Kosmos. Das hervorstechendste Charakteristikum des altägyptischen Pharao war seine allumfassende Macht; der altägyptische Ausdruck für „Majestät" („hem") bedeutete vielleicht ursprünglich das Machtinstrument der „Keule". Die göttliche Bedeutung des Sakralherrschers wird durch seine Insignien und Gewänder symbolisiert. Im Herrscherkult (Kaiserkult, Königskult) wird der sakrale Herrscher als Gott verehrt und zugleich mit einer Fülle von Tabus umgeben. Seine Lebensdauer kann durch sakrale Tötung befristet werden. In seinen Funktionen, die der Erhaltung des Lebens dienen, ist der Sakralherrscher bedingungslos abhängig von traditionellen Vorschriften.

Sakralsprache (auch Kultsprache): die von den Priestern beim Vollzug kultischer Handlungen gesprochene, von der lebendigen, im gewöhnlichen Leben benutzten, profanen Sprache abweichende und den Laien oft schwer verständliche oder ganz unverständliche Sprache, deren Fremdartigkeit jedoch fast durchweg nicht als Nachteil, sondern als die dem Umgang mit dem Göttlichen gemäße sprachliche Form verstanden wird. Dem Gebrauch von Sakralsprachen kann die Überzeugung zugrunde liegen, daß die Götter in ihrer eigenen Sprache anzureden seien. Hierauf beruhte die kultische Verwendung sehr verschiedener Sprachen im Hethiterreich, im wesentlichen wohl auch die Beibehaltung des Sumerischen im Gottesdienst der Babylonier und Assyrer. Auch der Isiskult bewahrte noch in römischer Zeit liturgische Formeln in altägyptischer Sprache. Fühlt sich eine Religion in spezifischer Weise an eine bestimmte Sprache gebunden, so wird diese in missionierten Gebieten zur Sakralsprache, wie dies beim Arabischen in den islamischen Ländern außerhalb des arabischen Sprachraumes der Fall ist. Häufig führt das unveränderte Festhalten an einer einstigen Volkssprache zur Sakralsprache; so hielt sich im hinduistischen Kult das Sanskrit, im parsistischen das Awestische. Die Lutherbibel und das englische „Book of Common Prayer" („Buch des gemeinsamen Gebetes") bewahrten den sprachlichen Charakter ihrer Entstehungszeit. Das Lateinische als römisch-katholische *Kirchensprache* tradiert im Abendland die Verwaltungssprache des 4. Jahrhunderts und beruht in außereuropäischen Gebieten auf missionarischer Verbreitung. Sein Gebrauch nimmt jedoch seit der Liturgiereform des 2. Vatikanischen Konzils ab.

Sakrament [von lateinisch sacramentum „Eid, Geheimnis, Gnadenmittel"]: Benennung wirksamer äußerer Zeichen (u. a. Wasser, Wein, Brot, Öl), die, in feierlicher Weise gespendet, göttliche Gnade und eine Kommunion zwischen der Gottheit und den Menschen vermitteln. In diesem Sinne kennen sehr viele Religionen Sakramente. In der katholischen Sakramentslehre setzte sich durch den Einfluß des italienischen Theologen Petrus Lombardus (* um 1095, † 1160) die Siebenzahl der Sakramente durch; sie wurde auf dem Konzil von Ferrara-Florenz (1438–1439) zum Dogma erhoben. Diese sieben Sakramente sind: Taufe, Abendmahl, Buße, Firmung, Ehe, Ordination und Krankensalbung. Nach katholischer Lehre wirken die Sakramente durch den *Vollzug* der Spendung, sofern der Empfänger kein Todsünder ist. Die evangelische Lehre bindet die Wirkung der Sakramente an den *Glauben* des Empfängers und kennt nur die beiden biblisch belegten Sakramente der Taufe und des Abendmahls.

Sakramentalien: in der katholischen Kirche den Sakramenten ähnliche heilige Handlungen, die jedoch nicht zu den Sakramenten selbst zählen, z. B. Segnungen und Weihungen. Auch geweihte Gegenstände, wie etwa das Weihwasser, gehören zu den Sakramentalien.

Sakramentare: seit dem frühen Mittelalter existierende kirchliche Liturgiebücher.

Sakrileg [von lateinisch sacrilegium „Tempelraub, Verletzung des Heiligen"]: Vergehen gegen Heiliges, z. B. Gotteslästerung, Kirchenraub, unwürdige Behandlung von geweihten Personen, Orten oder Sachen.

Sakristei: Nebenraum von Kirchen, Aufenthalts- und Ankleideraum der Geistlichen, Aufbewahrungsort für liturgische Gewänder und Geräte.

Säkularfeiern: im alten Rom mit Säkularspielen („ludi saeculares") verbundene Feiern, die erstmals während des 1. Punischen Krieges im Jahre 249 v. Chr. begangen wurden und, gemessen an der maximalen Lebensdauer eines Menschen, etwa alle 100 Jahre wiederholt werden sollten. Ob diese zeitliche Festsetzung von der etruskischen Säkularidee (↑Saeculum) beeinflußt war, ist unsicher. Im Jahre 146 v. Chr. wurden die Säkularfeiern erstmals wiederholt. Unter Kaiser Augustus (♔ 31 v. Chr. – 14 n. Chr.), der die Feiern im Jahre 17 v. Chr. veranstalten ließ, wandelte sich der ihnen ursprünglich zugrundeliegende Gedanke einer Entsühnung zurückliegender Schuld zur Begrüßung eines anbrechenden neuen Zeitalters. In der Kaiserzeit sind die Säkularfeiern mehrfach wiederholt worden.

Säkularinstitute: moderne katholische Genossenschaften von Klerikern und Laien mit Bindung an die Evangelischen Räte (Keuschheit, Armut, Gehorsam). Die Mitglieder arbeiten in ihrer weltlichen Umgebung und sollen in ihr ein Zeugnis vom Evangelium ablegen.

Säkularisation (auch Säkularisierung): Begriff, der allgemein im Sinne von „Verweltlichung" gebraucht wird. Gemeint war hiermit zunächst die Einziehung von kirchlichem Besitz durch den Staat. Im heutigen Sprachgebrauch bedeutet Säkularisation die Loslösung menschlicher, gesellschaftlicher und staatlicher Ordnungen aus den Bindungen an eine Religion. – Mit Säkularisierung wird auch die kirchliche Erlaubnis für Ordensleute bezeichnet, den Orden zu verlassen und ohne Bindung an die Gelübde in der Welt zu leben.

Salat [arabisch; syrisches Lehnwort]: im Islam das rituelle Gebet, das zu den „fünf Grundpfeilern" des Islams gehört, die für den Muslim religiöse Pflicht sind. Die Salat ist fünfmal täglich zu beten; sie besteht aus der 1. Sure des Koran und anderen feststehenden Koranversen, dem Glaubensbekenntnis und einem Segenswunsch über den Propheten Mohammed.

Salbung: im profanen Bereich seit altorientalischen Zeiten ein Mittel zu Körperpflege und Krankenheilung, wobei z. T. magische Vorstellungen von Öl und Fett als krafthaltigen Substanzen bestimmend waren. Auf religiösem Gebiet ist die Salbung ein Weiheritus. Sie übermittelt dem Gesalbten göttliche Gnade, und sie verleiht ihm eine Sonderstellung unter den Menschen. Dies gilt für die Salbung des Herrschers, die das A. T. für Saul (1. Sam. 10, 1), David (2. Sam. 2, 4), Salomo (1. Kön. 1, 34) und andere Könige bezeugt. Die abendländischen Herrscher wurden seit dem 7. Jahrhundert n. Chr., die byzantinischen Kaiser seit dem 1. Jahrtausend n. Chr. gesalbt. Die religiöse Sonderstellung der Priester findet oft Ausdruck in deren Salbung, die im nachexilischen Judentum zunächst für den Hohenpriester, später für alle Priester üblich wurde. Die israelitischen Propheten galten im übertragenen Sinne als Gesalbte, und vor allem Jesus erhielt den Würdenamen *Christos* („der Gesalbte"). Die katholische Kirche weiht am Gründonnerstag das mit Balsam vermischte Salböl (Chrisam), das bei Taufe, Firmung, Priesterweihe und Krankensalbung sakramentale Verwendung findet. – In vielen Religionen ist die Salbung nicht auf Menschen begrenzt. Oft findet sich die Salbung des Götterbildes.

Salesianer (lateinisch Societas Salesiana Sancti Joannis Don Bosco; Abk. SDB): die 1857 in Turin von Giovanni Bosco (genannt Don Bosco) (* 1815, † 1888) begründete „Gesellschaft des hl. Franz von Sales", die im Erziehungswesen und in der Mission tätig ist. Sie zählt heute rund 22 800 Mitglieder.

Salii [lateinisch „die Springer"]: die Mitglieder eines nach römischer Tradition von König Numa Pompilius errichteten Kollegiums von 12, später 24 Priestern, die im Dienste des Kriegsgottes Mars standen.

Salomonische Psalmen (auch Psalmen Salomos): achtzehn, inhaltlich dem Geist der Pharisäer nahestehende apokryphe Psalmen aus dem 1. Jahrhundert v. Chr.

Salus [lateinisch „Heil, Wohlbefinden, Gesundheit"]: in der römischen Religion ein abstrakter Begriff, der relativ früh in den Rang einer Göttin erhoben wurde, die als Herrin der staatlichen Wohlfahrt des römischen Volkes *(Salus populi Romani)*, in der Kaiserzeit auch als Salus des Kaisers *(Salus Augusta)* verehrt wurde. In der Republik war ihr Kult streng getrennt von der mit der griechischen *Hygieia* identifizierten Salus, die als Schützerin persönlicher Gesundheit galt.

Salutisten: die Mitglieder der ↑ Heilsarmee.

Salvatorianer (lateinisch Societas Divini Salvatoris; Abk. SDS): eine 1881 begründete katholische Ordenskongregation zur Seelsorge, Jugendfürsorge und äußeren Mission; zur Zeit rund 1 500 Mitglieder.

Salz: gilt als Träger besonderer Heiligungskraft. Seine reinigende Funktion findet vor allem im Schinto Anwendung; das Ausstreuen von Salz vor den Besuchern eines Schinto-Schreins gehört zu den schintoistischen Reinigungszeremonien.

Samadhi [Sanskrit „Versenkung"]: nach der Verkündigung des Buddha (↑ Pfad, achtfacher) ist „rechtes Sichversenken" ein Schritt auf dem Weg zur Aufhebung des Leidens und zur Erleuchtung.

Samaria (auch Samarien): seit etwa 880 v. Chr. Hauptstadt des israelitischen Nordreichs. Nach Samaria sind die *Samaritaner* (oder Samariter) benannt, ein palästinensisches Mischvolk aus jüdischen Bewohnern des Nordreichs und dort angesiedelten Fremden. Die Samaritaner trennten sich etwa in der Mitte des 4. Jahrhunderts v. Chr. vom Judentum und erbauten auf dem Berg Garizim einen eigenen Tempel. Von den Schriften des A. T. anerkannten sie nur die 5 Bücher Mose. Reste der Samaritaner haben sich bis heute erhalten.

Samatismus: eine nach ihrem Gründer Samat († 1920) benannte national-religiöse Bewegung Indonesiens, in deren Zentrum die Erwartung eines „gerechten Königs" („Ratu Adel") steht, der auf den indonesischen Inseln ein Reich des Friedens, Wohlstands und Glücks errichten werde. Der Samatismus stellt eine Fortführung des 1890 von Samin von Rembang begründeten *Saminismus* dar, in dessen Mittelpunkt ebenfalls die Erwartung des Ratu Adel stand. Diese Erwartung eines Friedenskönigs geht zurück auf die Prophetie des etwa von 1130 bis 1160 herrschenden ostjavanischen Fürsten Djajabhaja.

Samaweda [Sanskrit „Weda der Lieder"]: die zweite Sammlung des „Weda", die Texte für priesterliche Gesänge enthält; die meisten von ihnen finden sich bereits im „Rigweda".

Sambhogakaja ↑ Trikaja.

Samhitas ↑ Weda.

Saminismus ↑ Samatismus.

Samkhja (= Sāmkhya, Sānkhya) [Sanskrit „Aufzählung (von Weltprinzipien)"]: ein religionsphilosophisches System Indiens, das auf den legendären Kapila zurückgeführt wird, der im 6. Jahrhundert in Nordindien gelebt haben soll. Die Samkhjaphilosophie ist ein dualistisches System, das zwischen unveränderlichen, individuellen Seelen („puruscha") und einer ungeistigen, aber aktiven Urmaterie („prakriti") unterscheidet. Die Entfaltung der Urmaterie zur Welt der Erscheinungen erfolgt durch das Mit- und Gegeneinanderwirken der drei Kräfte *Sattwa* („Seiendes"), *Radschas* („Energie, Leidenschaft") und *Tamas* („Finsternis, Hemmung").

Sammā-Sambodhi ↑Bodhi.

Samsara (= Samsāra, Sansāra) [Sanskrit „Umherwandern, Kreislauf"]: der Geburtenkreislauf, indischer Begriff für die ↑Seelenwanderung.

Samskara: im Buddhismus Begriff für die Triebkräfte, die den Lebensprozeß bedingen, so vor allem Lebenskraft und Gemütsregungen wie Wille, Gier, Haß, Verblendung.

Samuelbücher (Abk. Sam.): im A. T. zwei Geschichtsbücher, von denen das erste von Samuel, dem letzten Richter, und der von ihm vollzogenen Salbung der Könige Saul und David (um 1000 v. Chr.) berichtet. Das zweite Samuelbuch enthält Überlieferungen über das Königtum Davids.

Sanctissimum [lateinisch „Allerheiligstes"]: im katholischen Ritus Bezeichnung der geweihten Hostie.

Sanctus: lateinischer Begriff für „heilig"; im Christentum zum ↑Trishagion erweiterter liturgischer Gesang.

Sangha (= Samgha) [Sanskrit „Gemeinde"]: im Buddhismus die Mönchs- und Nonnengemeinde, der von Buddha gestiftete Orden.

Sanhedrin ↑Synedrium.

Sannjasin (= Sannyāsin) [Sanskrit „Weltflüchtiger, Asket"]: indische Bezeichnung des Asketen, der einsam und in völliger Einöde lebt; im alten Indien das vierte und letzte Stadium im Leben des Brahmanen.

Santería ↑Wodu-Kult.

San-ts'ang ↑Tripitaka.

Saoshyant [saʊ...] ↑Sauschjant.

Sapientia ↑Weisheit Salomos.

Saraswati: in der indischen Mythologie ursprünglich eine Flußgöttin, galt später als Gattin Brahmas und als Herrin der Sprache und Literatur, der Rede und der Gelehrsamkeit.

Sarkiker [von griechisch sárx „Fleisch"] (auch Somatiker): dem Fleisch bzw. dem Körper (griechisch sõma) verfallene Menschen; in der Gnosis diejenigen, die in diesem Leben keine Erlösung erlangen können.

Sarvastivadins ↑Sarwastiwadins.

Sarvodaya-Samaj [...sa'ma:dʒ] ↑Sarwodajasamadsch.

Sarwastiwadins (= Sarvāstivādins) [von Sanskrit sarvam asti „alles ist"]: die Anhänger einer Schulrichtung des Hinajana-Buddhismus, nach deren Lehre alles, auch die äußeren Dinge existent sind und nie zu existieren aufhören. Die Existenz einer menschlichen Persönlichkeit mit einer individuellen Seele wird allerdings bestritten.

Sarwodajasamadsch (= Sarvodaya-Samaj) [Sanskrit „Gesellschaft zum Wohle aller"]: eine von dem indischen Freiheitskämpfer Mohandas Karamchand Gandhi (* 1869, † 1948) kurz vor seiner Ermordung ins Leben gerufene Vereinigung, deren Leitung nach seinem Tode der Brahmane Vinoba Bhave (* 1895) übernahm. Die Vereinigung verfolgt keine politischen Ziele; sie soll vielmehr auf ethischem Gebiet Gandhis Ideale des selbstlosen Dienens, der Demut und der Wahrheitsliebe wachhalten. Hinzu kam unter Vinoba Bhaves Führung das Programm der „Landschenkung", mit dem er die indischen Grundbesitzer aufrief, ein Sechstel ihres Landes den Feldarbeitern zu schenken.

Sarx [griechisch „Fleisch"]: in gnostischen Systemen Gegenbegriff zu *Pneuma* („Geist"). Sarx bezeichnet die materielle, unerlöste, sündige Welt.

Satan [hebräisch „Widersacher, Gegner"]: bezeichnet im A. T. zunächst den Gegner im Krieg (1. Sam. 29, 4) und vor Gericht (Ps. 109, 6), dann den Ankläger vor Gott (Sach. 3, 1 f.), den Zweifler und Opponenten Gottes (Hiob 1, 6ff.), schließlich den Versucher und Verführer (1. Chron. 21, 1). Im nachbiblischen Judentum wird der Satan durch den Einfluß des Parsismus ganz zum Feind Gottes, zum Teufel schlechthin. Daher gebraucht das N. T. Satan synonym zu *Diabolos* („Teufel"); so in der Erzählung von der Versuchung Jesu in der Wüste (Matth. 4; Luk. 4). Als „Gott dieser Welt" (2. Kor. 4, 4) verblendet der Satan den Sinn der Ungläubigen. Die Gleichsetzung von Satan mit Teufel ist weiterhin in der christlichen Tradition lebendig geblieben.

Sat-cit-ānạnda [...tʃit...] ↑Sattschitananda.

Satisfaktiọn [lateinisch]: „Genugtuung", zentraler Begriff in der scholastischen Theologie des Anselm von Canterbury (* 1033, † 1109). Durch die Sünde ist die Ehre Gottes verletzt, und die Ordnungen seines Reiches sind gestört. Allein der Tod des Gottessohnes Christus ist hierfür eine *Genugtuung*, wie sie ein gewöhnlicher Mensch nicht leisten könnte.

Sạtja (= Satya) [Sanskrit]: indischer Begriff für „Wahrheit".

Satjạgraha (= Satyāgraha) [Sanskrit „Ergreifen der Wahrheit"]: von dem indischen Freiheitskämpfer Mohandas Karamchand Gandhi (* 1869, † 1948) geprägter Begriff für seine religiös-moralische Verkündigung.

Satjạsja Sạtjam (= Satyasya Satyam) [Sanskrit „das Seiende des Seienden"]: ein bereits in den indischen „Upanischaden" verwendeter Begriff für die letzte jenseitige Wirklichkeit.

Sạtor-Formel (auch Sator-Arepo-Formel): eine je nach graphischer Anordnung in verschiedenen Richtungen lesbare Formel (Palindrom), dessen früheste Bezeugung aus Pompeji, d. h. 79 n. Chr., bekannt ist, meist als magisches Quadrat überliefert in der Form:

```
S A T O R
A R E P O
T E N E T
O P E R A
R O T A S
```

Hieraus ergeben sich bei Vor- und Rückwärts-, Ab- und Aufwärtslesung stets 5 gleiche lateinische Wörter, deren Übersetzung zu lauten hätte: „Der Sämann Arepo hält die Werke, die Räder". Da diese Auflösung wenig sinnvoll erscheint und zudem das nur hier belegte „Arepo" am einfachsten als Umkehrung von „Opera" verstanden werden kann, dürfte das Ganze als geistreiche Spielerei zu deuten sein. Sie hat jedoch zu vielfachen Spekulationen Anlaß gegeben, zumal die Formel in aufgelöster Form als „Pater Noster" mit zweimaligem A und O in folgender Weise kreuzförmig angeordnet werden kann:

```
            P
            A
    A       T       O
            E
            R
P A T E R N O S T E R
            O
            S
    A       T       O
            E
            R
```

Auch Zahlenspekulationen sind mit der Sator-Formel in Verbindung gebracht worden. Im Aberglauben hat sie als schadenabwehrendes (apotropäisches) Mittel bis in die Neuzeit hinein eine beachtliche Rolle gespielt.

Sạtori [japanisch]: Begriff des ↑Zen-Buddhismus, mit dem das Erlebnis einer plötzlichen, intuitiven Erleuchtung bezeichnet wird, in der man das Wesen der Welt und des Daseins durchschauen soll.

Sattschitanạnda (= Sat-cit-ānanda) [Sanskrit „Sein, Denken, Wonne"]: eine im Kern auf die indischen „Upanischaden" zurückgehende Formel des Wedanta, die mit Sein, Denken und Wonne das Wesen des ↑Brahman umschreiben will.

Sạttwa ↑Samkhja.

Satụrn (auch lateinisch Saturnus): auf den etruskischen Gott Satres zurückgehender römischer Gott des Ackerbaus, insbesondere der Schutzherr der jungen Aussaat. Saturn galt auch als früher Herrscher eines goldenen

Zeitalters. Sein Fest waren die ↑Saturnalien.

Saturnalien [von lateinisch Saturnalia]: das Fest des Gottes ↑Saturn, das in Rom ursprünglich am 17. Dezember gefeiert, später an diesem Datum begonnen und auf mehrere Tage ausgedehnt wurde. Auf ein Opfer am Tempel des Saturn folgte ein allgemeines Mahl auf Staatskosten. Da Saturn als Herrscher eines goldenen Zeitalters allgemeiner Freiheit galt, waren an den Saturnalien alle Standesunterschiede aufgehoben, und Herren bedienten ihre Sklaven.

Satyr [von griechisch Sátyros]: dämonische Gestalt der griechischen Mythologie, Mischwesen aus Mensch und Pferd bzw. Ziegenbock. Die Satyrn treten kollektiv als derb-lüsterne Begleiter des Dionysos auf.

Säulenheilige: auch *Styliten* (von griechisch stŷlos „Säule") genannt, waren zuerst im 5. Jahrhundert in Syrien auftretende mönchische Einsiedler, die zum Zeichen besonderer Askese auf dem Kapitell einer Säule lebten. Der berühmteste Säulenheilige war Symeon Stylites († 459), der 30 Jahre auf einer Säule verbrachte.

Sauschjant (= Saoshyant) [awestisch; Partizip des Futurs von sav „nützen"; etwa „Heilbringer"]: im Parsismus ursprünglich der Prophet Zarathustra, der seiner Gemeinde „Nutzen" bringt, nach späteren eschatologischen Vorstellungen der aus dem in einem See verborgenen Samen Zarathustras von einer Jungfrau geborene endzeitliche Retter, der 3000 Jahre nach Zarathustra erscheinen und die Auferstehung und das Gericht aller Menschen einleiten wird.

Sauwastika ↑Swastika und Sauwastika.

Sawitar (= Savitar) [Sanskrit „der Antreiber"]: wedischer Gott, der alle lebenden Wesen zu ihrer Tätigkeit aufweckt und antreibt. Da auch die Sonne den neuen Tag erweckt, steht Sawitar in enger Beziehung zu ihr.

Sawitri (= Sāvitrī) [Sanskrīt] (auch Gayatri): indischer Name eines brahmanischen Gebetes, das vor Sonnenaufgang gesprochen wird. Sawitri wird auch als Göttin gedacht, als Tochter des Sonnengottes Surja und als Gattin des Gottes Brahma.

Saxnot: der kriegerische Gott der alten Sachsen, der wahrscheinlich dem nordgermanischen Tyr entsprach.

Schabakatext ↑memphitische Theologie.

Schaddaj: im hebräischen Text des A. T. eine öfters zu *El* („Gott") hinzugefügte Bezeichnung, deren Bedeutung umstritten ist. Schaddaj könnte auf einen göttlichen Herrn der Berge verweisen; meist wird es mit „allmächtig" übersetzt.

Schadenzauber ↑Magie, ↑Zauber.

Schafiiten: Anhänger der nach dem islamischen Theologen Schafii (* 767, † 820) benannten Schulrichtung der islamischen Rechtswissenschaft.

Schahpurakan ↑Manichaica.

Schaiwas (= Shaivas): im Hinduismus Bezeichnung für die Verehrer des Gottes Schiwa.

Schakjamuni (= Shākyamuni) ↑Buddha.

Schakti [Sanskrit „Kraft"]: im Hinduismus eine weibliche Urkraft des Kosmos, oft der Göttin Durga gleichgesetzt.

Schaktismus: eine dem Tantrismus nahestehende Richtung des Hinduismus, deren Anhänger in einer oft orgiastischen Form die ↑Schakti als höchste Gottheit verehren.

Schalom: hebräisches Wort für „Frieden", der im A.T. (4. Mos. 6, 26; Ps. 119, 165) als höchste Gottesgabe gilt. Im modernen Hebräisch ist „Schalom" allgemeine Grußformel.

Schamanismus: eine Technik der Ekstase, in deren Mittelpunkt der Schamane steht. Mit seinem wichtigsten Requisit, der Schamanentrommel, aber auch durch Glöckchen, andauernden Tanz oder Narkotika versetzt sich der Schamane in Trancezustände, in denen er eine Seelenreise zum Himmel unternimmt und sich mit Geistern in Verbindung setzt. Das Ziel ist, übersinnliche Erkenntnisse zu gewinnen, böse Geister zu bannen und gnädige Geister um Beistand und Hilfe für die Menschen zu gewinnen. – Der Schamanismus wurde vor allem in arktischen, sibirischen und zentralasiatischen Gebieten erforscht. Die Erweiterung und Unschärfe, die der Begriff Schamanismus in zunehmendem Maße erfuhr, erfordern den Hinweis darauf, daß Schamanismus keine eigenständige Religion ist, sondern eine innerhalb verschiedener Religionen anzutreffende magisch-ekstatische Praxis. – Auch die Bezeichnung des Schamanen ist in den einzelnen Verbreitungsgebieten des Schamanismus sehr unterschiedlich. Unser Begriff Schamanismus geht sprachlich auf das tungusische Wort shaman (chinesisch sha-men) zurück, das früher meist von Pali samana (Sanskrit shramana), „Asket", abgeleitet wurde. Wahrscheinlicher ist eine Verbindung mit dem mandschurischen samarambi („sich empören, um sich schlagen"). Neben dem Schamanen kennt der Schamanismus auch weibliche Träger der Schamanenwürde. Das Schamanentum ist häufig vererbbar, doch bleibt die definitive Erlangung meist an den Vollzug von Initiationsriten gebunden.

Schạmasch [akkadisch „Sonne"]: babylonischer Sonnengott. Als allwissender Gott, der, wie die Sonne, alles sieht, ist Schamasch zugleich Hüter des Rechts. Aus seiner Hand empfängt König Hammurabi (♔ 1728–1686) sein Gesetzbuch.

Schang-ti [chinesisch „der oberste Herr, der Herr in der Höhe"]: in der altchinesischen Religion der Name des Himmelsgottes. Durch chinesischen Einfluß wurde die Verehrung dieses Gottes auch in Korea verbreitet; die koreanische Namensform lautet *Sang-tje*.

Scharịa (= Scharī'a) [arabisch]: bezeichnet ursprünglich den Weg zum Tränkplatz und dann den zu befolgenden Weg überhaupt. Im Islam ist die Scharia zum Begriff für das muslimische Gesetz geworden. Die Scharia kennt vier Wurzeln ihrer Rechtsordnung. Das ist einmal der Koran, sodann die Überlieferung von exemplarischen Handlungen des Propheten Mohammed. Hinzu kommen der Analogieschluß, der auf rechtliche Ordnungen angewendet wird, die im Koran und der Prophetenüberlieferung nicht ausdrücklich erwähnt sind, sowie die Übereinstimmung der Rechtsgelehrten in strittigen Fragen. Ihrem Wesen nach ist die Scharia eine religiöse Pflichtenlehre, die nicht allein die zwischenmenschlichen Beziehungen regelt, sondern auch die Verpflichtungen der Menschen gegenüber Allah aufzeigt. Sie teilt alle Handlungen der Menschen in fünf Kategorien ein. Es sind dies pflichtmäßige, empfehlenswerte, erlaubte, verwerfliche und verbotene Taten.

Schạstra (= Shāstra): zusammenfassende Bezeichnung für indische Lehrbücher, die sich mit Wissenschaften befassen, die in Zusammenhang mit dem Studium des Weda und mit dem Kult stehen, so u. a. mit Grammatik, Astronomie, auch mit juristischen Fragen.

Schạta-Pạtha-Brạhmana [Sanskrit „Brahmana der hundert Pfade"]: der bedeutendste Text der altindischen ↑„Brahmanas".

Schatten: häufige Bezeichnung für die Seelen der Toten; so ist der griechische Unterweltsherr Hades ein Gott der Schatten. Der Schatten, den ein lebender Mensch wirft, gilt als sein zweites Ich; wer in diesen Schatten tritt, gewinnt nach weit verbreitetem Aberglauben Macht über denjenigen, der den Schatten wirft.

Schaubrote: im israelitischen Kult 12 ungesäuerte Brote, die an jedem Sabbat „vor das Angesicht Jahwes" gelegt wurden; daher auch „Angesichtsbrote" (hebräisch lächäm panim) genannt. Die Brote wurden nach Ablauf einer Woche von den Priestern gegessen.

Schechinạ [hebräisch-aramäisch „das Wohnen"]: im Judentum die Anwesenheit Gottes auf Erden; auch, unter Vermeidung der Nennung des Gottesnamens, Bezeichnung für Gottes Herrlichkeit.

Schedu: ein dem sumerischen Alad entsprechender guter Schutzgeist der babylonisch-assyrischen Religion.

Scheol [hebräisch]: im A. T. das unterweltlich gedachte Reich der Toten.

Schia [arabisch „Partei (Alis)"]: die Anhänger der islamischen Schia, die *Schiiten*, anerkennen allein Ali, den Schwiegersohn des Propheten Mohammed und vierten Kalifen (♕ 656–661), sowie dessen Nachkommen als rechtmäßige Stellvertreter Mohammeds. Die Nachkommen Alis gelten als Imame, als „Führer der Gemeinde". Die Rückkehr des letzten Imam, der ein islamisches Friedensreich aufrichten soll, wird von den Schiiten erwartet. Die Schiiten sind in verschiedene Schulrichtungen aufgespalten, die sich hinsichtlich der Anerkennung von fünf, sieben oder zwölf rechtmäßigen Imamen unterscheiden.

Schicksal: Bezeichnung für die dem Menschen von einer übergeordneten Macht zugeteilten Geschicke. Diese Schicksalsmacht ist vielfach und wohl ursprünglich ein Hochgott; bezeichnend ist, daß das indogermanische Appellativ für Gott „Zuteiler" (baga) bedeutet. Doch nicht allein indogermanische Hochgötter sind Schicksalsspender; im semitischen Bereich ist dies im stärksten Maße Allah. Gegenüber dem Hochgott kann sich die Funktion der Schicksalsbestimmung verselbständigen. Ansätze hierzu sind vorhanden, wenn beim Hochgott im Himmel *Schicksalstafeln* aufbewahrt werden. Eine von der Gottheit im Verlauf der Religionsgeschichte in unterschiedlicher Weise abhängige Macht stellen numinose Ordnungsbegriffe dar, die das menschliche Leben einer übergreifenden Weltordnung unterstellen; hierzu zählen die ägyptische Maat, das indische Rita und das chinesische Tao. Der Polytheismus zeigt die Tendenz, die Schicksalsbestimmung in zunehmendem Maße als Funktion einer dem Hochgott untergeordneten Gottheit zu verstehen, die meist als weiblich angesehen wird; dies gilt für die griechische Moira, die römische Fortuna, die lettische Laima und die germanischen Nornen. – Der Raum, den die Schicksalsidee menschlicher Freiheit offenläßt, ist wesentlich für *ethisches Handeln*. Sie bestimmt auch die *menschliche Reaktion* gegenüber dem Schicksal, die zwischen Geborgenheit und absolutem Fatalismus liegen kann. – Das Bestreben, das Schicksal im voraus zu erkunden, ist eine Voraussetzung für die Mantik, besonders für die Astrologie.

Schicksalsfaden ↑ Lebensfaden.

Schicksalstafeln ↑ Schicksal.

Schiiten ↑ Schia.

Schi-king ↑ Shi-ching.

Schingon-Sekte [japanisch Shingonshū „Schule des magischen Wortes" (↑ Mantra)]: von dem japanischen Mönch Kukai (* 744, † 835), postum Kobo Daischi genannt, begründete Sekte des Buddhismus, die durch geheime magische Praktiken gekennzeichnet ist. In ihrer Lehre vertritt sie die Ansicht, daß Menschen, andere Lebewesen und alle Dinge eins seien mit dem unendlichen Buddha.

Schinko-Schukio (= Shinkō-shūkyō): japanische Bezeichnung für die gerade in Japan sehr zahlreich vertretenen „neuen Religionen".

Schintai ↑ Mi-tama-schiro.

Schinto [sinojapanisch „Weg numinoser Wesenheiten"]: Begriff, der für die ursprünglich namenlose einheimische Religion Japans nach der Einführung des Buddhismus (552 n. Chr.) zur Unterscheidung von Butsudo („Weg des Buddha") gebildet wurde. Die rein japanische Bezeichnung ist Kami no mitschi. Der Schinto ist gekennzeichnet durch *Naturverehrung* und *Ahnenkult*. Beiden Bereichen kann göttlicher, d. h. Kamicharakter verliehen werden. Damit ist im Schinto die Zahl der *Kami* außerordentlich groß. Die Japaner spre-

Schinto-Göttin aus Japan (9. Jahrhundert; Kioto, Kioogokokudschi)

chen von acht Millionen Kami (Jaojorosu-no-kami), und sie nennen Japan „Land der Schin (d. h. Kami)“ (Schinkoku). Als Schöpfer Japans gelten der Gott Isanagi und die Göttin Isanami. Isanagi übergab die Herrschaft über den Himmel der Sonnengöttin Amaterasu, diejenige über die Nacht dem Mondgott Tsukijomi; zum Herrn des Meeres bestimmte er den Sturmgott Susa-no-o. Aus dem Widerstreit dieser Gottheiten ging Amaterasu siegreich hervor. Sie ernannte ihren Enkel Ninigi zum Herrscher über Japan. Er gilt als göttlicher Ahnherr der bis heute herrschenden Dynastie. Ihr jeweiliges Oberhaupt ist der Tenno („Himmelsherrscher“), der Kaiser Japans. – Der schlichte, betont ästhetische *Kult* des Schinto (Matsuri) besteht vornehmlich aus der Darbringung von Zweigen des Kirschbaumes und in Speiseopfern sowie rituellen Gebeten (Norito). Er wird sowohl als Familienkult als auch offiziell an den mit Mija („erlauchtes Haus“) bezeichneten Schreinen vollzogen. Diese Schreine sind stets an fließendem Wasser errichtet, um den Besuchern vor Betreten die obligatorische Reinigung von Mund und Händen zu ermöglichen. Am Eingang zum Tempelbezirk steht meist ein rot gestrichenes, aus Holz gefertigtes Portal (Torii). – Die Priester (Kannuschi) sind verheiratet und vererben oft ihr Amt. Ihre Sakralkleidung besteht aus einem weißen Gewand und schwarzer Mütze. – Die *Ethik* ist im Ideal des Buschido, des Weges der Buschi (Samurai), zusammengefaßt und fordert Pflichttreue, Ehrlichkeit, Selbstbeherrschung und Todesverachtung. – *Jenseitsvorstellungen* beginnen sich erst in neuester Zeit deutlicher auszubilden. – Für die *Geschichte* des Schinto war die im 8. Jahrhundert n. Chr. vollzogene Kodifizierung heiliger Texte im Kodschiki und Nihongi bedeutsam. Einflüsse des Buddhismus bewirkten nach einer Epoche der Auseinandersetzung mit dem Schinto eine Mischform im *Ryobu Schinto*. Eine Gegenbewegung, die vornehmlich von Priestern und Gelehrten getragen wurde, forderte demgegenüber die Wiederherstellung des „ausschließlichen Schinto“ (Jui-itsu-Schinto). Sie erreichte in der Ära Meidschi (1867–1912) ihr Ziel, als 1871 ein kaiserliches Edikt die strenge Scheidung beider Religionen anordnete.

Schịrk [arabisch „Zugesellung“]: islamischer Begriff für Abgötterei. Damit ist jede Verehrung gemeint, die nicht ausschließlich Allah betrifft, ihm vielmehr andere verehrungswürdige Wesen „zugesellt". Der orthodoxe Islam verwirft damit die Heiligenverehrung wie auch die christliche Trinität. Derjenige, der Abgötterei treibt, heißt *Muschrik*.

Schịsma ['sçɪsma; griechisch „Zwiespalt, Uneinigkeit, Trennung"]: Spaltung der kirchlichen Einheit. Ein Schisma kann weltlich-politische Gründe haben; ihm brauchen daher keine Lehrstreitigkeiten bzw. eine Häresie zugrunde zu liegen.

Schịwa (= Shiva) [Sanskrit „der Gnädige"]: zunächst euphemistischer Name des Gottes ↑Rudra, dessen grauenvolle, zerstörerische Qualitäten in nachwedischer Zeit auf die verselbständigte Gestalt des Schiwa übergehen, der zunehmend zu einem Universalgott wird. Als solcher gilt er als *Mahadewa* („der große Gott"), *Wischwanatha* („Herr des Alls"), *Ugradewa* („der schreckensvoll-gewaltige Gott") und *Trilokeschwara* („Herrscher über die drei Welten"). Oft wird er als großer Tänzer dargestellt und dann *Nataradscha* („König der Tänzer") genannt. Sein Beiname *Paschupati* („Herr des Viehs") verweist auf Aspekte eines Fruchtbarkeitsgottes; als solcher wird er unter dem Symbol des ↑Linga verehrt. Als seine Gattin wird *Parwati* genannt, ferner auch *Durga*. Der heilige Sänger, der den Ruhm des Schiwa verkündet, heißt *Naja Nar*.

Schlachtopfer ↑Opfer.

Schlaf: nach antikem und alttestamentlichem Glauben erscheint die Gottheit dem Menschen im Schlaf (1. Mos. 28, 11 f.). Besondere Bedeutung hat die ↑Inkubation, der Schlaf im Tempel zum Zwecke der Erlangung einer Offenbarung. In Sagen und Märchen ist das Motiv des *Zauberschlafs* weit verbreitet. Für den Schlafenden steht dann die Zeit still. Das gilt für den im Kyffhäuser schlafenden Barbarossa, für Siebenschläfersagen und die Märchen von Dornröschen und Schneewittchen.

Schlange: sie gilt vielfach als dämonisches Tier und als Verkörperung des Bösen (1. Mos. 3). Wo die Schlange nicht als widergöttliches Prinzip und als Chaosmacht auftritt, erfährt sie oft Heilighaltung und auch kultische Verehrung, wie z. B. die indischen *Nagas*, Schlangengeister, die in unterirdischen Palästen wohnen sollen. Oft ist die Schlange Seelentier, Fruchtbarkeitsspender oder guter Hausgeist. Als Symbol der Heilkunst erscheint die den Äskulapstab umwin-

Schiwa (mit seiner Frau Parwati), Bronzegruppe des 14./15. Jahrhunderts

dende Schlange. Als wohltätige Gottheit genoß die Schlange im indianischen Mittelamerika weitreichende Verehrung, besonders in der Gestalt des ↑ Quetzalcoatl.

Schlange, eherne: eine *Nehuschtan* genannte, nach der Erzählung 4. Mos. 21, 5–9 von Moses aus Erz gefertigte Schlange, die von den Israeliten bis zur Zeit des Königs Hiskia (2. Kön. 18, 4) verehrt wurde.

Schlange, eherne. Glasfenster (um 1360; Frankfurt, Städelsches Kunstinstitut)

Schlüsselgewalt: in der katholischen Kirche die auf das N. T. (Matth. 16, 19) gestützte Kirchengewalt, insbesondere ihre Machtbefugnis, die Freisprechung von Sünden zu erteilen oder zu versagen.

Schmạ [hebräisch „höre!"]: das nach seinem Anfangswort benannte jüdische Bekenntnis: „Höre, Israel, der Herr ist unser Gott, der Herr allein ..." (5. Mos. 6, 4–9).

Schmalkạldische Artikel: von Luther 1536 für den ↑ Schmalkaldischen Bund verfaßte Bekenntnisschrift, ursprünglich als Verhandlungsgrundlage bestimmt für das von Papst Paul III. in Mantua geplante Konzil.

Schmalkạldischer Bund: der in Schmalkalden im Februar 1531 von Kurfürst Johann Friedrich I. von Sachsen (♔ 1532–1547), Landgraf Philipp von Hessen (♔ 1509–1567) und anderen Fürsten sowie mehreren Städten zur Verteidigung des evangelischen Glaubens gegen die Religionspolitik Kaiser Karls V. (♔ 1519–1556) geschlossene Bund. Gegen ihn schritt Karl V. im Schmalkaldischen Krieg (1546–1547) militärisch ein. Der Bund wurde im April 1547 bei Mühlberg an der Elbe geschlagen und zerfiel.

Schmerzensmann: der leidende, dornengekrönte Christus, seit dem späten Mittelalter ein weit verbreitetes Andachtsbild.

Schmerzensmutter (auch lateinisch Mater dolorosa): Maria unter dem Kreuz im Leiden um die Passion ihres Sohnes, auch Maria mit dem toten Christus auf dem Schoß, seit dem Mittelalter weit verbreiteter Typus von Andachtsbildern.

Schmetterling: gilt weitverbreitet als Seelentier. Bezeichnend ist, daß die griechische Sprache mit dem Wort für „Seele" (psychḗ) auch den Schmetterling bezeichnet. Im aztekischen Mexiko wurden in den Schmetterlingen die Seelen gefallener Krieger erblickt.

Schmọne Ẹsre ↑ Achtzehngebet.

Schmuck: geht in seinen verschiedenen Formen des direkten Körperschmucks (Bemalung, Tätowierung), des Kleiderschmucks und des Geräteschmucks auf religiöse und magische Ursprünge zurück. Der Schmuck ist beim Talisman ein glückbringender, beim Amulett ein schadenabwehrender (apotropäischer) Gegenstand.

Scholạstik [von lateinisch scholastica „Schulwissenschaft"]: die christliche Philosophie des Mittelalters, die auf der Bibel, den Kirchenvätern, insbesondere Augustinus (* 354, † 430), und auf dem griechischen Philosophen Aristoteles (* 384, † 322) aufbaute und die christlichen Glaubensaussagen philosophisch zu erhärten und in ein geschlossenes System zu bringen versuchte. Die bedeutendsten

Scholastiker waren Anselm von Canterbury (* 1033, † 1109), Petrus Abaelardus (* 1079, † 1142), Petrus Lombardus (* um 1095, † 1160), die Dominikaner Albertus Magnus („Doctor universalis", * 1193, † 1280) und Thomas von Aquin („Doctor angelicus", * 1225, † 1274), die Franziskaner Bonaventura („Doctor seraphicus", * 1221, † 1274) und Johannes Duns Scotus („Doctor subtilis", * 1270, † 1308).

Schöpfung ↑ Kosmogonie.

schottische Kirche (auch englisch Church of Scotland): die auf die Reformation von John Knox (* 1505, † 1572) zurückgehende reformierte Staatskirche Schottlands, die 1567 ihre offizielle staatsrechtliche Anerkennung erlangte. Sie ist mit rund 1,3 Millionen Mitgliedern die größte Kirche Schottlands und hat bis heute ihren Charakter als Volkskirche bewahrt.

Schramana (= Shramana) [Sanskrit] (auch Pali Samana): indische Bezeichnung des Bettelasketen. Von Pali Samana leiten einige Forscher den sprachlich hinsichtlich seiner Herkunft umstrittenen Begriff Schamanismus ab.

Schratt: gilt im germanischen Bereich als zottiger Waldgeist.

Schrein: Bezeichnung für Heiligtum, Tempel, besonders im Schinto.

Schri ↑ Lakschmi.

Schriftbesitzer ↑ Ahl Al Kitab.

Schriftbeweis: die Rückführung dogmatischer und ethischer Aussagen einer Religion wie auch heilsgeschichtlicher Ereignisse auf Belegstellen in deren heiliger Schrift. Die Methode des Schriftbeweises ist typisch für das Judentum zur Zeit des N. T. und für das N. T. Der Schriftbeweis des N. T., der oft mit den Worten „damit die Schrift erfüllet werde" angeführt wird, beruht auf der Überzeugung, daß bereits das A. T. Aussagen über die in Christus erschienene neue Heilswirklichkeit enthalte. In der evangelischen Theologie ist der Schriftbeweis ausschließliche Grundlage der Dogmatik, während die katholische Theologie zusätzlich die Begründung mit Aussagen der Kirchenväter und anderer theologischer Autoritäten (den Traditionsbeweis) kennt. – Eine wesentlich erweiterte Form des Schriftbeweises liegt vor, wenn Belege für neuzeitliche Erkenntnisse und Entdeckungen außerhalb des religiösen Bereichs in alten heiligen Schriften gesucht werden. Dies ist in extremer Form im Arjasamadsch, einer Gruppierung innerhalb des Reformhinduismus, der Fall, die behauptet, moderne technische Erfindungen seien bereits im „Weda" niedergelegt.

Schriften, heilige ↑ heilige Schriften.

Schriftenkanon ↑ Kanon.

Schriftgelehrte (auch hebräisch Soferim): seit Esra die jüdischen Bibelausleger, Sammler und Erforscher der Tradition, deren Aufgabe es war, das A. T. zu studieren und zu kommentieren.

Schruti (= Shruti) [Sanskrit „das Hören"]: indische Bezeichnung für heilige Texte, die ursprünglich nicht schriftlich niedergelegt und dann gelesen, sondern auswendig gelernt, rezitiert und gehört wurden. Sachlich sind damit solche Werke der religiösen Literatur gemeint, deren geistli-

Schrein. Tamamuschi-Schrein im Horiudschi bei Nara (1. Hälfte des 7. Jahrhunderts)

che Autorität außer Frage steht, die als heilige Offenbarung gelten und deren Anerkennung und Verbindlichkeit in Fragen der Religion, der Ethik und des sozialen Lebens vom Hinduismus gefordert wird. Hierbei handelt es sich in erster Linie um den „Weda", dann auch um die „Brahmanas" und die „Upanischaden".

Schu [ägyptisch „Luft, Leere"]: in der altägyptischen Religion der Luftgott, dessen Funktion es ist, Erde und Himmel auseinanderzuhalten. In der ↑Götterneunheit von Heliopolis ist Schu der Gatte der Tefnut; beide bilden dort das erste, von dem Urgott Atum geschaffene Götterpaar.

Schu: die vier „klassischen Bücher" des Konfuzianismus, die nachkonfuzianisch sind und die die fünf konfuzianischen Ching („kanonische Bücher") ergänzen.

Schudra ↑Kastensystem.

Schuhausziehen: bereits im A. T. (2. Mos. 3, 5) eine religiöse Pflicht vor dem Betreten heiliger Stätten. Islamische Moscheen und Schreine des Schinto dürfen nicht mit Schuhen betreten werden.

Schukio-Kioku (= Shūkyō-Kyoku): das dem japanischen Unterrichtsministerium unterstellte „Religionsamt", das von 1913 bis 1945 die staatliche Kontrolle über die nichtschintoistischen Religionen ausübte.

Schulchan Aruch [hebräisch „gedeckter Tisch"]: bedeutende Sammlung jüdischer Religionsgesetze, verfaßt von dem Talmudisten und Mystiker Joseph Ben Ephraim Karo (* 1488, † 1575), erstmals 1567 in Venedig im Druck erschienen.

Schuld ↑Sünde.

Schuldopfer ↑Opfer.

Schulterblattorakel ↑Mantik.

Schunjata (= Shūnyatā) [Sanskrit „Leerheit"]: Begriff des Mahajana-Buddhismus, der die völlige Leere zum Inhalt hat. Diese Leere kann sowohl nihilistisch im Sinne der Leugnung jeder Realität verstanden werden als auch im Sinne einer ↑negativen Theologie; im zweiten Fall ist sie Umschreibung für das Absolute.

Schuschinak [sumerisch-elamisch „Herr von Susa"] (auch Inschuschinak): ein später ins babylonische Pantheon aufgenommener elamischer Gott, der als Herr von Susa, der Hauptstadt des elamischen Reiches, im 12. Jahrhundert v. Chr. die Stellung eines Königs- und Reichsgottes besessen hatte.

Schutzengel: nach jüdischem, islamischem und katholischem Glauben der dem Menschen zum Schutz beigegebene Engel. Das A. T. kennt wohl das Eingreifen von Engeln in menschliches Geschick; jedoch tritt der Schutzengel als ständiger Begleiter eines Menschen erst im außerkanonischen jüdischen Schrifttum auf, vielleicht unter persischem Einfluß. Das N. T. kennt Schutzgeister von Kindern (Matth. 18, 10) und Erwachsenen (Apg. 12, 15). Die christliche Verehrung der Schutzengel ist seit dem 9. Jahrhundert nachweisbar; die Feier ihres Festes, die zuerst im 15. Jahrhundert für Spanien bezeugt ist, wurde im Laufe der Zeit auf den 2. Oktober festgelegt.

Schutzpatrone: Heilige, unter deren Schutz bestimmte Kirchen, Länder, Orte oder auch gesellschaftliche Stände gestellt sind.

Schutzrecht (auch Asylrecht): der Tempel, insbesondere der Altar gilt in vielen Religionen als Freistatt für Verfolgte, die dort nicht ergriffen werden dürfen.

Schutzzauber ↑Zauber.

Schwangerschaft: gilt in primitiven Religionen oft als eine Periode besonderer Gefährdung der Frau, gelegentlich auch beider Elternteile, durch dämonische Wesen. Die schwangere Frau selbst wird als kultisch unrein angesehen und muß sich nach der Geburt bestimmten Reinigungsriten unterziehen.

Schwärmer (auch Schwarmgeister): im engeren Sinne die von Luther abgelehnten Täufer, Schwenckfelder und Zwickauer Propheten; im weiteren Sinne apokalyptische und spiritualistische Gruppen der Kirchengeschichte.

Schwefel: gilt im Volksglauben als Mittel zur Vertreibung böser Geister.

Schweigen: tritt in der Religionsgeschichte als Ausdruck tiefster Ehrfurcht, als asketisches und als betendes Schweigen auf. In der Mystik ist es Zeichen der Meditation. Kultisches Schweigen wird geboten, um die kultische Handlung ungestört und wirksam verlaufen zu lassen; so enthält die Mithrasliturgie die dreimalige Aufforderung: *Sigḗ* (griechisch „Schweigen!").

Schwein: gilt im Judentum und im Islam als unreines Tier. Das A. T. (3. Mos. 11, 7; 5. Mos. 14, 8) und der Koran (16, 116) verbieten daher in ihren Speisegeboten das Essen von Schweinefleisch.

Schweiß: gilt, wie oft auch andere Ausscheidungen des menschlichen Körpers, als machthaltig. Schweißtücher heiliger Menschen sollen Heilkraft besitzen, und sie werden als Reliquien verehrt. Schwitzkuren zur Erzielung ritueller Reinheit und zur Vorbereitung auf kultische Akte finden sich besonders häufig im Bereich indianischer Religionen.

Schwelle: gilt häufig, ebenso wie die *Türe*, als besonders heilig und wird daher mit schadenabwehrenden Mitteln versehen. In der römischen Religion unterstanden Türen den Göttern Janus und Portunus.

Schwetạmbaras (= Shvetāmbaras) [Sanskrit „Weißgekleidete"]: im Dschainismus werden diejenigen Mönche Schwetambaras genannt, die im Gegensatz zu den ursprünglich völlig unbekleideten ↑Digambaras bekleidet sind. Heute betrifft der Unterschied zwischen beiden Schulrichtungen vornehmlich die verschiedene Bewertung der literarisch überlieferten Tradition des Dschainismus.

Schwirrholz (auch Tjurunga): in Australien, auf Neuguinea und in Teilen Afrikas und Amerikas verbreitetes kultisches Gerät, eine schmale, lanzettförmige Holzscheibe, die, wenn sie durch die Luft geschwungen wird, ein Surren verursacht, das für Stimmen der Ahnen oder Geister gehalten wird.

Schwur ↑Eid.

Schwurgötter: im Polytheismus vornehmlich Gottheiten des Rechtes und der Ordnung, bei denen man Eide schwört und deren Namen man als Garanten in Verträge einsetzt.

Scientology [saɪən'tɔlɔdʒɪ; englisch „Lehre vom Wissen"]: Bezeichnung für eine mit religiösem Anspruch auftretende Bewegung. 1950 veröffentlichte der ehemalige Science-Fiction-Autor Lafayette Ron Hubbard (* 1911) in den USA das Buch „Dianetics, the modern science of mental health" („Dianetik, die moderne Wissenschaft von der geistigen Gesundheit"), aus dem er eine Art Psychotechnik entwickelte: Mit Hilfe eines sogenannten „E-Meters" (eine primitive Form des „Lügendetektors") sollen in vielen Sitzungen („Auditings", eine Art psychotherapeutisches Beichtverhör) negative geistige Prägungen u. a. aus zahlreichen früheren Leben des Probanden entdeckt und „gelöscht" werden. Dabei werden auch Zeiträume einbezogen, die weit vor der Entstehung der Erde liegen. 1954 wurde Scientology offiziell registriert. Die von Hubbard gegründete Organisation nahm das Aussehen einer Kirche an, seit 1970 gibt es die „Scientology Kirche Deutschland" (Sitz in München). Diese Vereinigung arbeitet wie ein Wirtschaftsunternehmen, das immer neue kostspielige Kurse der „totalen Freiheit" anbietet.

Seele: das geistige, lebenspendende Prinzip im Menschen. Der Seelenglaube ist weltweit verbreitet, jedoch keineswegs stets mit nur einer Seele des Menschen verbunden. Es ist schwer entscheidbar, ob die Vielfalt menschlichen Innenlebens zu einer *Mehrzahl von Seelenbegriffen* geführt hat, für den die altägyptische Vorstellung von einer Ka-, Ba- und Ach-Seele bezeichnend ist. Wo die Anschauung von nur einer einzigen Seele des Menschen besteht, kann diese eng mit dem Körper verbunden sein. Man spricht dann von einer *Ganzheitsseele*. Die Körperseele kann auch in einzelnen Organen lokalisiert gedacht werden; man spricht dann von einer *Organseele*. Sitz dieser Seele können Haare, Herz, Leber, Nieren oder das Blut sein. Häufig gilt der Atem als Seelenträger; für diese *Hauchseele* ist bezeichnend, daß das griechische Wort „Pneuma" sowohl „Hauch" als auch „Seele" bedeutet und der indische Seelenbegriff „Atman" mit dem deutschen Wort „atmen" sprachverwandt ist. Die Vorstellung, daß die Seele während des menschlichen Lebens untrennbar mit dem Körper verbunden sei, findet sich keineswegs überall. Vielmehr gibt es auch die Vorstellung von einer freien, nur gelegentlich dem Körper innewohnenden „Außenseele" (englisch „external soul"), die dann auch in andere Lebewesen, sogenannte Seelentiere eingehen kann. Eine weit entwickelte Form der Seelenvorstellung ist die *Ich-* oder *Ego-Seele*, die als Geist, Wille und Gemüt eines Menschen verstanden und gewöhnlich im Kopf oder im Herz lokalisiert gedacht wird. Diese Seelenvorstellung nähert sich am ehesten derjenigen der *christlichen Theologie*, die die Seele als von Gott geschaffene geistige und unsterbliche Wesensform des Menschen ansieht, die seine unverwechselbare Individualität bestimmt. – Neben dem Glauben an die Menschenseele besteht derjenige an eine *Weltseele*. Er findet sich im Platonismus und Neuplatonismus sowie in der Stoa und in verschiedenen Richtungen des Pantheismus.

Seelenfest: ein den Verstorbenen dargebrachter Kult, der der Verehrung ihrer Seelen gewidmet, aber auch durch Furcht vor deren Verbleiben gekennzeichnet ist; so riefen die Griechen den *Keren* („Seelen") am Schluß der dem Totenkult nahestehenden Anthesterien zu: „Hinaus, ihr Keren, die Anthesterien sind beendet!" – Die katholische Form des Seelenfestes ist ↑Allerseelen.

Seelenführer ↑Psychopompos.

Seelenfünklein (auch lateinisch Scintilla animae): in der mittelalterlichen Mystik Bezeichnung für die göttliche Kraft in der menschlichen Seele.

Seelengrund: wird in der Sprache der Mystik in gleicher Bedeutung wie ↑Seelenfünklein gebraucht.

Seelenmesse: in der katholischen Kirche eine Messe, die für das Seelenheil von Verstorbenen gelesen wird. Eine gesungene Seelenmesse heißt Requiem nach ihren lateinischen Anfangsworten: „Requiem aeternam dona eis, Domine" („Herr, gib ihnen die ewige Ruhe").

Seelenschlaf (auch Psychopannychie): die im Christentum älteste und schon im N. T. (1. Thess. 4, 15 f.) nachweisbare Auffassung über den Zwischenzustand der Verstorbenen zwischen dem Tod und der allgemeinen Auferstehung. Aus ihrem Schlaf wird die Seele am Jüngsten Tag durch den Schall der endzeitlichen Posaune erweckt.

Seelentiere: Tiere, in deren Gestalt die menschliche Seele den Körper verläßt und in denen sie nach dem Tod des Menschen weiter lebt, eine Vorstellung, die auf der Annahme einer „Außenseele" (englisch „external soul") beruht. Wo diese Anschauung besteht, sind Schlange, Eidechse, Grille, Maus und Fledermaus bevorzugte Seelentiere, vor allem aber der Schmetterling und der *Seelenvogel*, was auf der Vorstellung des Auffliegens der Seele zum Himmel beruhen dürfte. Die Azteken des alten Mexiko glaubten, in Schmetterlingen die Seelen gefallener Krieger zu erkennen. Seelenvögel sind Rabe, Taube und Uhu. Die alten Ägypter kannten eine Mehrzahl von Seelen. Die Ba-Seele wurde vogelgestaltig, oft mit Menschenkopf, dargestellt und hieroglyphisch geschrieben; wahrscheinlich handelte es sich um eine Storchenart. Ebenfalls vogelgestaltig war die Ach-

Seele; vielleicht lag ihr das Bild des Schopfibis zugrunde.

Seelenvogel ↑Seelentiere.

Seelenwanderung: der auch mit *Metempsychose*, *Palingenese* und *Reinkarnation* bezeichnete Geburtenkreislauf durch wiederholte Erdenleben in verschiedenen Existenzweisen, zu denen meist auch tierische, gelegentlich pflanzliche gerechnet werden. Die Lehre von der Seelenwanderung wird heute vornehmlich von den indischen Religionen und den durch sie beeinflußten Weltanschauungen (u. a. Theosophie, Anthroposophie) vertreten, für die jede neue Existenz durch die Vergeltungskausalität der Tat (↑Karma), d. h. durch das Verhalten im vorherigen Leben bestimmt wird. Im Altertum bekannten sich die Orphiker, Platon, die Pythagoreer sowie Mani zur Seelenwanderung.

Seelgerät: Stiftungen von Meßfeiern, auch karitative Vermächtnisse zum eigenen oder fremden Seelenheil.

Seelsorge (auch lateinisch cura animarum): die Aufgabe des Geistlichen, im Gespräch den ihm anvertrauten Menschen geistlichen Beistand zu leisten; wissenschaftlich untersucht und entfaltet in der [evangelischen] praktischen Theologie und der [katholischen] Pastoraltheologie.

Segen: machthaltiges Wort mit heil- und glückbringendem Inhalt, steht im Gegensatz zu Verwünschung und Fluch, die unheilvoll wirken sollen. Der Segen wird verstärkt durch Handauflegung, durch mehrmalige Wiederholung oder durch die in seine Formulierung eingeflochtene Nennung eines Gottesnamens. Eine an das Gebet angenäherte Form des Segens ist die Zuweisung seiner Erfüllung an eine Gottheit. Der Segen gilt vielfach als stofflich gedachte Kraft; nach seiner Übertragung kann er nicht mehr zurückgenommen werden (1. Mos. 27, 33). Spender des Segens sind in bevorzugter Weise der Priester oder Prophet, der Familienvater, Häuptling, König oder Medizinmann. Empfänger des Segens sind in erster Linie Menschen; aber auch Tiere und Gegenstände können gesegnet werden. Kultische Bilder, Statuen oder Geräte erhalten oft erst durch den Segen ihren sakralen Charakter.

Seidr [altnordisch] (auch Sejd): in der nordgermanischen Mythologie eine zauberische Kraft, über die unter den Göttern Odin verfügt. Man kann zwei Arten des Seidr unterscheiden, eine positive, die die Seherin in einen ekstatischen Zustand versetzt, in dem sie weissagen kann, und eine verderbliche, die Unheil und Tod heraufbeschwört.

Sein ↑Ontologie.

Sekte: ein von lateinisch sequi („folgen") abgeleiteter religionssoziologischer, meist abwertend gebrauchter Begriff für eine religiöse Gruppe, die aus Protest gegen den Amtscharakter der offiziellen Religion entstanden ist und auf freiwilligem Zusammenschluß ihrer Mitglieder beruht. Christliche Sekten betonen meist Einzelzüge der christlichen Botschaft, oft deren Enderwartung. Die Mitglieder von Sekten heben deren Gemeinschaftscharakter hervor und zeigen häufig ein persönliches Berufungsbewußtsein. Sie vertreten ihre Ansichten nicht selten mit Radikalismus und missionarischem Einsatz.

Selbsterlösung ↑Dschiwanmuktas.

Selbstmord: hat nach weitverbreitetem Glauben zur Folge, daß der Selbstmörder als ruheloser Geist umherirrt. Eine eigentümliche Ausnahme findet sich in der Religion der alten Maya, die eine Göttin Ixtab („Herrin des Seils") kannte, die die Selbstmörder unmittelbar ins Paradies führte. – Von Selbstmord ist hinsichtlich seiner Intention das *Selbstopfer* zu unterscheiden, das sich vor allem als Königsopfer und als Totenbegleitopfer findet; zu letzterem zählte die Witwenverbrennung, oft auch das Harakiri des japanischen Gefolgsmannes.

Selene: griechische Mondgöttin, später mit der Göttin Artemis identifiziert.

Seligkeit (auch ewige Seligkeit): nach christlicher Vorstellung das vollkommene Heil und Glück der Menschen in der ewigen Anschauung Gottes.

Seligsprechung (auch Beatifikation): im katholischen Kirchenrecht eine durch den Seligsprechungsprozeß vorbereitete Erklärung des Papstes, die einem vor mindestens 50 Jahren Verstorbenen örtlich begrenzte kirchliche Ehren zubilligt. Der Seliggesprochene muß ein tugendhaftes Leben geführt und mindestens zwei Wunder bewirkt haben. Die Seligsprechung ist Vorstufe und Voraussetzung der Heiligsprechung.

Semele: in der griechischen Mythologie Geliebte des Zeus, die den Gott in seiner vollen Herrlichkeit zu sehen begehrte und, als ihr Zeus unter Donner und Blitz erscheint, vor seinem Anblick verbrennt. Zeus rettet ihr Kind, den noch ungeborenen Dionysos.

Semsembrunnen [von arabisch samsam „reichliches Wasser"]: heiliger Brunnen in der Stadt Mekka. Er liegt im Südosten der ↑Kaaba, gegenüber der Ecke, in die der schwarze Stein eingelassen ist. Der Brunnen ist 42 m tief. Der Legende nach soll ihn der Engel Gabriel geöffnet haben, um Hagar und Ismael vor dem Verdursten in der Wüste zu bewahren. Die Mekkapilger trinken das Wasser des Brunnens und nehmen es auf die Heimfahrt mit, um damit Kranke zu heilen. Auch tauchen sie in den Brunnen die Tücher, in denen sie begraben sein wollen.

Sentenzen [lateinisch]: Sammlung von Bibel- und Kirchenväterzitaten als Grundlage des scholastischen Studienbetriebs. Die bedeutendste Sentenzensammlung sind die „Sententiarum libri quattuor" („Vier Sentenzenbücher") des Petrus Lombardus (* um 1095, † 1160).

Senusi: streng orthodoxer islamischer Reformorden, christen- und europäerfeindlich. Seine Anhänger sind gewillt, dem Vorbild des Propheten Mohammed nachzueifern. Der Orden wurde 1833 von Mohammed Ibn Ali Ibn As Senusi († 1859) gegründet und ist über ganz Nordafrika verbreitet. Sein politischer Einfluß war zeitweise stark.

Sephardim: Bezeichnung für die spanischen und portugiesischen Juden und ihre 1492 von der iberischen Halbinsel vertriebenen Nachkommen. Der Name Sephardim ist von *Sepharad* abgeleitet, einer im A. T. (Obadja 20) genannten, uns unbekannten, aber früh auf Spanien bezogenen Landschaft. Die Sephardim waren im Mittelalter die Vermittler griechischer Philosophie und arabischer Wissenschaft an das Abendland.

Septuaginta ↑Bibelübersetzungen.

Sequenz [lateinisch]: „Folgegesang" nach dem Halleluja der Messe, in der 2. Hälfte des 9. Jahrhunderts aus Jubilationen hervorgegangene Melodie, der zuerst der Sankt Gallener Mönch Notker Balbulus († 912) hymnenartige Texte unterlegte. Im katholischen Gottesdienst sind heute noch fünf Sequenzen gebräuchlich.

Seraphim: in der Berufungsvision des Propheten Jesaja (Jes. 6) erwähnte himmlische Wesen, deren Aufgabe es ist, das Lob Gottes zu verkünden. Ihr Name hängt mit dem hebräischen Wort für „brennen" (saraph) zusammen und deutet wohl auf den brennenden, strahlenden Lichtglanz, der die Seraphim umgibt.

Serapis (= Sarapis): hellenistischer Gott, dessen gräzisierter Name auf Osiris-Apis, die Bezeichnung des heiligen Stiers von Memphis zurückgeht. Durch einen Traum bestimmt, soll Ptolemaios I. Soter (♕ 305–285) das Kultbild des Serapis aus Sinope am Schwarzen Meer nach Alexandria haben holen lassen, vermutlich um einen den Ägyptern und Griechen dieser Hauptstadt seines Reiches gleichermaßen anerkennenswerten Kult einzuführen. Offizielle Eide waren im Ptolemäerreich hinfort „bei Serapis, Isis und den anderen Göttern" zu leisten. In der hellenistischen Mittelmeerwelt entfaltete sich die Verehrung des eher griechischen als ägyptischen Gottes beträchtlich; er galt als Soter, als Retter und Heilgott. Überliefert sind zahlreiche Heilungen, besonders durch Inkubation. Die Tempel des Serapis, die Serapeen hießen, waren im Römischen Reich weit verbreitet.

Serviten (lateinisch Ordo Servorum Mariae; Abk. OSM): ein von Florentiner Patriziern 1233 gegründeter katholischer Männerorden zur Verehrung der Jungfrau Maria, der sich zunächst dem beschaulichen Leben, später auch der Seelsorge widmete. Er zählt zur Zeit rund 1 750 Mitglieder.

Seth: ägyptischer Gott der Wüste und der Fremdländer; deshalb vielleicht von den Ägyptern als Gott der Hyksos („Herrscher der Fremdländer") bezeichnet. Im Osirismythos ist Seth der Mörder seines Bruders Osiris. Als solcher wurde er im Laufe der ägyptischen Geschichte zunehmend verfemt. Seine tiergestaltig gedachte Erscheinungsform und die diese wiedergebende Hieroglyphe entbehren noch einer gesicherten zoologischen Bestimmung.

sexuelle Riten: kultische Handlungen, die ursprünglich entweder mit Vegetationsfesten oder mit Initiationsfeiern in Verbindung stehen. Sie sind als phallische Kulte vor allem für Indien charakteristisch. Der ↑Hieros Gamos ist zuerst im alten Sumer nachweisbar. Die sakrale Prostitution (↑Prostitution, sakrale) war einst weit verbreitet; Zentren scheinen der semitische Bereich Vorderasiens und Indien gewesen zu sein.

Shakers ['ʃɛɪkəz; englisch „Schüttler"]: ursprünglicher Spottname für die kleine, von den Quäkern abgespaltene Gemeinde der „United Society of Believers in Christ's Second Appearing" („Vereinigte Gemeinschaft der an die zweite Wiederkunft Christi Glaubenden"), begründet von Anne Lee (* 1736, † 1784).

Shakyamuni ↑Buddha.

Shi-ching [chinesisch „Buch der Lieder"]: enthält die Überlieferung der ältesten Poesie Chinas. Konfuzius (* 551, † 479) hat in diesem Buch 305 Lieder gesammelt, von einigen allerdings nur die Titel. Religionsgeschichtlich besonders wertvoll sind die Hymnen der alten Zeit, die Texte für Opfergesänge bei königlichen Festen bieten.

Sibylle: Name verschiedener Seherinnen des Altertums. Am bekanntesten war die Sibylle von Cumae in Kampanien, der man die im kapitolinischen Jupitertempel in Rom aufbewahrten und 83 v. Chr. durch Brand vernichteten *Sibyllinischen Bücher* zuschrieb. Name und Autorität der Sibylle haben in späterer Zeit entstandene sogenannte *Sibyllinische Orakel* benutzt.

Sichem [hebräisch „Nacken"]: alte kanaanäische Stadt im nördlichen Palästina, für die eingewanderten israelitischen Stämme bedeutsam als Ort ihres *Landtags zu Sichem* (Jos. 24).

Siddhanta: Bezeichnung für den Kanon heiliger Schriften des Dschainismus.

Siebenschläfer: nach der Legende sieben christliche Brüder, die zur Zeit der Christenverfolgung unter Kaiser Decius (♔ 249–251) in einer Höhle bei Ephesus eingemauert wurden und dort nahezu 200 Jahre schliefen. Sie erwachten im Jahre 446 und legten vor Kaiser Theodosius II. (♔ 408–450) Zeugnis ab für die leibliche Auferstehung. – Die Siebenschläfer gelten als Schützer der Schiffahrt. Der Siebenschläfertag (27. Juni) soll das Wetter für die nächsten 7 Wochen bestimmen.

Sif (= Siv) [altnordisch „die Verwandte, die Gattin"]: in der nordgermanischen Mythologie die goldhaarige Gattin Thors.

Sikh-Religion: indische Religion, deren Stifter und erster Guru („Lehrer, Meister") Nanak (* 1469, † 1538) war. Er war beeinflußt von der Gedankenwelt des legendenumrankten Webers

Kabir (* 1440, † 1518) und forderte wie dieser die bildlose Verehrung eines monotheistischen Gottes. Nach dem Tode des zehnten Guru der Sikh-Religion, des Gobind Singh (* 1675, † 1708) ging die religiöse Autorität auf den ↑Granth, die heilige Schrift der Sikhs, über. Ein Prachtexemplar des Granth liegt im goldenen Sikh-Tempel von Amritsar (Nordwestindien). Ihm wird eine nahezu göttliche Verehrung zuteil. Die Sikhs sind durch Bart, lange Haartracht und das Tragen des Turbans kenntlich. Ihre militärisch organisierte Gemeinschaft, die heute in Indien etwa 9 Millionen Anhänger besitzt, lehnt das Kastensystem ab. Als erbitterte Feinde der Muslime mußten die Sikhs 1947 große Teile ihrer Siedlungsgebiete im pakistanischen Teil des Pandschab verlassen.

Silene [von griechisch Silēnós] (Einzahl Silen): in der griechischen Mythologie Mischwesen aus Mensch und Pferd, Begleiter des Dionysos, den Satyrn verwandt.

Silvanus: römischer Gott des Waldes, seiner Pflanzen und Tiere.

Simonie: nach dem im N. T. (Apg. 8, 9 ff.) erwähnten Simon Magus, der den Aposteln Geld für die Gabe des Heiligen Geistes anbot, benannter Versuch des Kaufs oder Verkaufs von geistlichen Ämtern. Im Mittelalter dehnte Papst Gregor VII. auf der Höhe des Investiturstreites den Begriff der Simonie auf jede Einsetzung Geistlicher durch Laiengewalt aus.

Simultankirche: Kirchengebäude, das mehreren Konfessionen zu Gottesdiensten offensteht. Die häufigste Form der Simultankirche sind Friedhofskapellen.

Sin: dem sumerischen Gott ↑Nanna entsprechender babylonischer Mondgott, dessen Verehrung im semitischen Bereich des Alten Orients sehr weit verbreitet war.

Sinaibund ↑Berith.

Singh: „Löwe“, ein Wort, das jeder Anhänger der ↑Sikh-Religion seinem Namen hinzufügt.

Sintflut [von althochdeutsch sinvluot, mittelhochdeutsch sint-vluot „große, allgemeine Überschwemmung“]: weltweit verbreitete und in über 250 Berichten überlieferte *Flutsagen*, die durch Wanderung übernommen sein können, für die sich aber z. T., wie beim sumerischen Ur, örtliche Wasserkatastrophen als realer Hintergrund archäologisch feststellen lassen. Die Sintflut bewirkt die Vernichtung eines vorzeitlichen Menschengeschlechts; an ihrem Ende steht das Überleben eines Paares oder die völlige Neuschöpfung von Menschen. Die auslösenden Motive der Flut sind unterschiedlich. Im A. T. (1. Mos. 6–8) ist es die Sünde der Menschen; hier trifft die volkstümliche Umdeutung von „Sintflut“ in „Sündflut“ sachlich zu. Der Unmut des Gottes Zeus über die Schlechtigkeit der Menschen ist auch das Motiv der griechischen Sage, deren Held Deukalion ist. Der auf sumerischen Überlieferungen fußende Bericht auf der 11. Tafel des „Gilgamesch-Epos“ nennt keinen Grund; andere fragmentarische Texte sprechen von zu großer Lärmentwicklung der Menschen. Nach dem „Popol Vuh“ der Maya zerstören die Götter ihre erste, von ihnen ausdrücklich als „Experiment“ bezeichnete Menschenschöpfung durch eine Flut, weil diese Menschen unfähig waren, die Götter zu verehren.

Sippe: ein meist mit keltisch *Clan* identisch gebrauchter Begriff für die Großfamilie, die in frühen Kulturen eine sehr enge Lebensgemeinschaft bildete. Sie gründete sich sowohl auf blutsmäßige als auch religiöse Bindungen. Der blutsmäßige Zusammenhang bedingte die Verpflichtung zur Blutrache einerseits, er kennzeichnete andererseits den Verwandtenmord als furchtbares Vergehen. Der religiöse Zusammenhalt äußerte sich in der priesterlichen Stellung des Sippenoberhauptes, oft auch in totemistischen Bindungen aller Sippenangehörigen.

Sirach ↑Jesus Sirach.
Sirenen: in der griechischen Mythologie dämonische Mischwesen, teils mädchen-, teils vogelgestaltig, die mit ihrem Gesang die an ihrer Insel vorbeifahrenden Schiffer ins Verderben locken.
Sistrum: kultische Rassel der alten Ägypter, die der Göttin Hathor zugeordnet wurde. Möglicherweise ist das Sistrum afrikanischen Ursprungs.
Sisyphus [lateinisch] (auch Sisyphos): Gestalt der griechischen Sage, der schlaueste aller Menschen, durch List, Trug und Raubgier berüchtigt, ist für seine Frevel dazu verdammt, in der Unterwelt einen Felsblock emporzuwälzen, der ihm jedoch immer aufs neue entgleitet; danach „Sisyphusarbeit" als Ausdruck für sinnlose, vergebliche Anstrengung.
Sittengesetz: auf ethischem Gebiet dem religiösen Dogma entsprechend, wird in polytheistischen Religionen oft auf einen allwissenden Gott zurückgeführt, der Wächter über Recht und Ordnung ist. In prophetischen Religionen gilt das Sittengesetz als Offenbarung eines monotheistischen Gottes.
Skadi: mit Hasenohren vorgestellte nordgermanische Wintergöttin, die in den Bergen Ski fährt und Wild erlegt. Um ihren von den Asen erschlagenen Vater, den Riesen Thjazi, zu rächen, begibt sie sich nach Asgard, wo die Asen sie durch eine Ehe mit Njörd zu versöhnen suchen. Da sie nicht mit ihm am Meer wohnen will, vermählt sie sich später mit Ullr.
Skanda ↑Kumara.
Skarabäus [...'be-ʊs]: im alten Ägypten als Amulett benutzte plastische Nachbildung des als Sinnbild des Sonnengottes verehrten Mistkäfers, der als durch sich selbst entstanden galt.
Skeptizismus: philosophische Richtung, die im Zweifel das Prinzip ihres Denkens sieht. Auf religiösem Gebiet bezweifelt der Skeptizismus die Erkennbarkeit und Existenz religiöser und ethischer Wirklichkeiten und Werte.
Skirnir [altnordisch „der Hellmacher"]: in der nordgermanischen Mythologie der Diener des Gottes Freyr, der für seinen Herrn erfolgreich um die schöne Gerd wirbt.
Skopzen [von russisch skopzy „Selbstverstümmler"]: Anhänger einer zu Anfang des 19. Jahrhunderts entstandenen asketischen Bewegung der russischen Sekten, die von ihren Mitgliedern die Kastration forderte. Bis in die Gegenwart bestehende Reste der Skopzen verlangen strenge Enthaltsamkeit ohne Kastration.
Skuld: in der germanischen Mythologie eine der ↑Nornen, die das menschliche Schicksal bestimmen.
Skurgod [germanisch „Schnitzgott"]: Bezeichnung für aus Holz geschnitzte Götterbilder der Germanen.
slawische Religion: die vorchristliche Religion der Slawen, die uns nur lückenhaft bekannt ist, da literarische Zeugnisse aus der Zeit ihrer Eigenständigkeit fehlen und Berichte aus späterer Zeit oft nur begrenzte Räume betreffen. Gemeinslawisch war das Wort für „Gott", das bog lautete und „Reichtum, Fülle" bedeutet. *Götter* galten somit als Spender des Wohlstands. In frühe Zeiten dürfte die Verehrung des Feuers reichen, das im Gotte Swarog personifiziert war. Als Herr der Sonne galt Daschbog. Der Name eines Gewittergottes ist in der russischen Form Perun („Schläger, Donner") überliefert. Über den Aufenthaltsort der Toten gebot Wolos (westslawisch Weles), der auch als Beschützer des Viehs galt. Zwischen Elbe und Oder wurden Jarowit und Rujewit als Kriegsgötter verehrt. Außerdem ist für Westpommern ein gütiger Gott Triglaw („Dreikopf") bezeugt. In Arkona auf Rügen stand ein Tempel des Swantewit, dessen Kultbild der Dänenkönig Waldemar der Große (♕ 1157–1182) im Jahre 1168 zerstören ließ. Unter den weiblichen Gottheiten, die gegenüber den männlichen stark zurücktra-

ten, nahm Mokosch als Schutzherrin der Frauenarbeiten eine bevorzugte Stellung ein. Die jungfräulichen Wilen waren Kollektivgeister des Meeres, der Quellen und Flüsse. – Die Stellung des *Priestertums* war offenbar stark, und seine Funktionen scheinen vornehmlich Orakelerteilung und Opferhandlungen betroffen zu haben. Im *Kult* wurden den Ahnen Lebensmittel dargebracht, den Göttern Trankopfer, tierische Schlachtopfer, aber auch Menschenopfer. Das *Jenseits* wurde offensichtlich in Analogie zur diesseitigen Welt vorgestellt.

Sleipnir [altnordisch „der rasch Gleitende"]: in der nordgermanischen Mythologie das Reittier Odins, ein graues, achtfüßiges Pferd. Abbildungen eines solchen Pferdes sind auf gotländischen Bildsteinen erhalten.

Smith, Joseph [englisch smɪθ]: der Stifter des Mormonentums (* 23. Dezember 1805, † 27. Juni 1844). In Joseph Smith erwachte durch Veranlagung, Lektüre des A. T. und die sektiererische Unruhe seiner Zeit früh der Sinn für visionäre Erlebnisse und Offenbarungen. Seit 1820 widerfuhren ihm Erscheinungen eines Wesens, das er als Engel Moroni bezeichnete. Am 22. September 1827 überreichte ihm dieser Engel auf dem Berg Cumorah beim Dorfe Manchester (New York) Goldplatten mit Inschriften in angeblicher „reformägyptischer" Schrift, die Smith ins Englische übersetzte und Anfang 1830 als „Buch Mormon" herausgab. Dieses Buch wurde Grundlage der Mormonenkirche, die Smith am 6. April 1830 in Fayette (New York) ins Leben rief. Er konnte seine Gemeinde jahrelang leiten, bis er wegen mehrerer Delikte in das Gefängnis von Carthage (Illinois) gebracht wurde. Volksmassen stürmten das Gefängnis und erschossen Joseph Smith.

Smriti [Sanskrit „Erinnerung"]: indische Bezeichnung für eine uralte heilige Überlieferung, die als Menschenwerk gilt und legendären Sehern der Vorzeit zugeschrieben wird. Zur Smriti-Literatur zählen vor allem die indischen Nationalepen „Mahabharata" und „Ramajana" sowie das „Gesetzbuch des Manu".

Sobek ↑Krokodil.

Sobornost [russisch „Gemeinschaftlichkeit"]: die in der russischen Orthodoxie anerkannte Lehre von Alexei Chomjakow (* 1804, † 1860), die keine Unterscheidung zwischen lehrender und lernender Kirche kennt, sondern Episkopat, Klerus und Laienanhänger zu Hütern des Glaubenserbes bestimmt und deren Übereinstimmung als verbindlich anerkennt.

Sohak [koreanisch „westliche Lehre"]: koreanische Bezeichnung des Christentums, speziell der seit 1784 in Korea missionierenden katholischen Kirche.

Sohar (= Zohar) [hebräisch „Lichtglanz"]: das grundlegende Werk der jüdischen ↑Kabbala, in aramäischer, z. T. auch in hebräischer Sprache von Mose de León (* 1250, † 1305) verfaßt.

Sohn des Himmels [Übersetzung von chinesisch T'ien-tse]: Titel der chinesischen Kaiser.

Sohn des Re [Übersetzung von ägyptisch sa Ra]: ägyptischer Königstitel, den in der 4. Dynastie des Alten Reiches (2723–2563) als erster Chefren führte und den die Pharaonen der 5. Dynastie (2563–2423), die den Glauben an den Sonnengott Re zum Staatsdogma erhoben, als obligatorischen Bestandteil in die Königstitulatur einfügten.

Sohn Gottes (auch Gottessohn): im A. T. der König (2. Sam. 7, 14) und der erwartete Messias (Ps. 2, 7). Nach dem N. T. (u. a. Joh. 3, 16–18) und der christlichen Dogmatik hat allein Jesus Christus Anspruch auf diesen Titel.

Soka Gakkai [japanisch „Gesellschaft zur Schaffung von Werten"]: eine der neuen Religionen Japans mit einem nicht unbeträchtlichen politischen Einfluß. Die Soka Gakkai geht nicht auf einen einzelnen Stifter zurück; vielmehr formten mehrere „Stiftungsvorstände" ihre heutige Gestalt. Der erste dieser Stiftungsvorstände war Tsunesaburo Makigutschi (* 1871, † 1944), ihm folgte Josei Toda (* 1900, † 1958); seit 1960 ist Daisaku Ikeda (* 1928) Stiftungsvorstand. Die Soka Gakkai versteht sich als Fortführung der von Nitschiren verkündeten Ausdeutung des Buddhismus. Sie teilt mit Nitschiren die Betonung des Geschichtlichen und die Forderung der Erfüllung irdischer Pflichten. Sie sondert sich jedoch von Nitschiren mit ihrer vorrangigen Bewertung des Strebens nach Glück und einer diesem Ziel dienenden Ethik. Sie erstrebt die Schaffung einer glücklichen menschlichen Gesellschaft durch eine von ihr nur sehr unbestimmt qualifizierte *Menschenreform*. Gegenüber anderen Religionen tritt die Soka Gakkai mit selbstbewußter Intoleranz auf. Die Zahl ihrer Mitglieder, zu denen auch Nichtjapaner gehören, ist auf 20 Millionen geschätzt worden; doch ist diese Zahl sehr ungenau, da die Soka Gakkai nur die Mitgliedschaft von Haushalten, nicht aber von Einzelpersonen zählt.

Sol [lateinisch] ↑Sonnengottheiten.

Sola fide [lateinisch „allein durch den Glauben"]: der Mensch erlangt nach der Rechtfertigungslehre Luthers die göttliche Gnade nicht durch Werke, sondern durch Glauben.

Sola gratia [lateinisch]: Prinzip der Rechtfertigungslehre Luthers, nach der der Mensch „allein durch die Gnade" Gottes gerechtfertigt wird.

Sol invictus [lateinisch „die unbesiegte Sonne"]: der von dem römischen Kaiser Elagabal (♛ 218–222), der vor seiner Inthronisierung Priester des gleichnamigen Sonnengottes von Emesa gewesen war, in Rom eingeführte Gott, den Elagabal in Gestalt eines schwarzen Steinkegels als „Sol invictus Elagabal (Heliogabalus)" verehren ließ. Den zunächst nur kurzlebigen Kult des Sol invictus festigte Kaiser Aurelian (♛ 270–275), der den „Geburtstag der unbesiegten Sonne" (lateinisch natalis Solis invicti) am 25. Dezember feiern ließ; das Christentum hat dieses Datum später für das Fest der Geburt Christi übernommen. Der Kult des Sol invictus stellte in der ausgehenden Antike den schärfsten Gegner des Christentums dar.

Sol iustitiae [lateinisch „Sonne der Gerechtigkeit"]: ebenso wie Sol salutis („Sonne des Heils") eine auf Aussagen des N. T. (Matth. 17, 2; Apk. 1, 16) zurückzuführende Bezeichnung Jesu Christi.

Sol salutis ↑Sol iustitiae.

Solstitium [lateinisch]: der Zeitpunkt der Sonnenwende, an dem in bevorzugter Weise Sonnenfeste gefeiert werden.

Soma [Sanskrit]: ein dem iranischen ↑Hauma entsprechender kultischer Rauschtrank der altindischen Zeit, der Unsterblichkeit verleihen sollte. Im „Rigweda" wird berichtet, daß der Gott Indra den Soma braute und daß er 30 Seen des Soma mit einem einzigen Ansatz austrank.

Soma Christu [griechisch] (auch lateinisch corpus Christi mysticum): auf Aussagen des N. T. (1. Kor. 12, 12 ff.) beruhende Bezeichnung der christlichen Kirche als „Leib Christi".

Soma Sema [griechisch „der Leib ein Grab"]: von Platon („Kratylos", 400 C) geprägte Formulierung, die zum Ausdruck bringen soll, daß die Seele des Menschen sich im materiellen Leib wie in einem Grab befindet. Das Wortspiel erfreute sich großer Beliebtheit in den Kreisen der Orphiker.

Sondergötter (auch Funktionsgötter): im Polytheismus Gottheiten, deren Funktionen auf einen ganz bestimmten, eng abgegrenzten Sonderbereich beschränkt sind. Sondergötter sind besonders charakteristisch für die römische Religion.

Sonne: erscheint in vielen Religionen als der Held, der siegreich gegen die Finsternis und ihre Dämonen kämpft. Die tägliche und die jahreszeitliche Wiederkehr der Sonne werden ängstlich erwartet und sollen mit kultischen Mitteln gefördert werden. Die Sonne wird als Bringer des Lichts und des Lebens verehrt und oft als göttliche Person (↑Sonnengottheiten) gedacht. Durch ihre nächtliche Unterweltsfahrt ist die Sonne mit dem Totenglauben und mit Jenseitsvorstellungen verbunden. Sie steht auch in Beziehung zur menschlichen Ethik, da ihr oft eine visuelle Allwissenheit zugesprochen wird, durch die sie über gute oder böse Taten der Menschen unterrichtet ist.

Sonnengesang: religiös motivierte Lobpreisung der Sonne. Aus dem christlichen Bereich ist der Sonnengesang des Franz von Assisi (* 1182, † 1226) berühmt, aus dem alten Ägypten sind es eine Fülle von Sonnenliedern, unter denen diejenigen des Königs ↑Echnaton am bekanntesten geworden sind.

Sonnengottheiten: genießen in polytheistischen Religionen meist eine besonders große Verehrung. Bekannte Sonnengottheiten sind der indische Surja, der sumerische Utu und der babylonische Schamasch. Im alten Ägypten wurde Re als Sonnengott verehrt, in der Epoche des Königs ↑Echnaton der Gott Aton. Dem griechischen Helios entsprach der römische Sol, der in der Kaiserzeit als Sol invictus („unbesiegte Sonne"), Sol aeternus („ewige Sonne") und Sol divinus („göttliche Sonne") weit verbreitet war. Im alten Mexiko wurde Tonatiuh von den Azteken als Sonnengott verehrt; auch Itzamná, der Hauptgott der Maya, trug solare Züge. Im Pantheon der Inka nahm der Sonnengott Inti den ersten Platz ein. – Bekannte Sonnengöttinnen sind die baltische Saule, die japanische Amaterasu, die churritische Chepa und die südarabische Schams.

Sonnenheiligtümer: sind in der Religionsgeschichte weit verbreitet. Sie sind besonders charakteristisch für das alte Ägypten. Dort errichteten die meisten Könige der 5. Dynastie (2563–2423) Sonnenheiligtümer, in denen sie täglich die aufgehende Sonne und mit ihr den Sonnengott Re begrüßten. Kultmittelpunkt dieser Sonnenheiligtümer war der Obelisk, auf dessen Spitze die ersten Strahlen der Morgensonne fielen.

Sonnenschiff und Sonnenwagen: in der Religionsgeschichte eine weitverbreitete Vorstellung, nach der der Sonnengott im Schiff oder im Wagen tagsüber am Himmel entlang und nachts durch die Unterwelt fährt.

Sonnenwendfeier: altes und weitverbreitetes Fest der Sommer- und Wintersonnenwende, dessen mit umfangreichem, regional unterschiedlichem Brauchtum verbundene Zeremonien, zu denen vor allem das Anzünden von Feuern gehört, die Wiederkehr bzw. den erneuten Anstieg der Sonne magisch sicherstellen sollen.

Sonntag: auf lateinisch dies Solis („Tag der Sonne, des Sonnengottes") zurückgehender Name sakralen Ursprungs. Die Sonntagsfeier ist letztlich auf den Festtag des babylonischen Gottes Schamasch zurückzuführen. Die urchristliche Gemeinde versammelte sich am Sonntag als dem Auferstehungstag Jesu, dem „Herrentag" (griechisch kyriakḕ hēméra; lateinisch dies domenica). Damit trat er für die ersten Christen als Feiertag der Woche allmählich an die Stelle des jüdischen Sabbat. Konstantin der Große (♕ 306–337) verordnete im Jahre 321 gesetzlich die Sonntagsfeier.

Sophịa [griechisch „Weisheit"]: galt in einigen Systemen der ↑Gnosis als göttliches Urprinzip, nach anderen gnostischen Anschauungen als Mittelwesen und auch als ein aus der Welt des Geistes in die Materie gefallenes Wesen.

Sophịsten: griechische Wanderlehrer, unter denen seit der 2. Hälfte des 5. Jahrhunderts v. Chr. Protagoras, Gorgias, Prodikos und Hippias hervorragten. Als Bestreiter einer allgemein gültigen Norm kritisierten die Sophisten die Religion. Ihr Bestreben, durch Spitzfindigkeiten *(Sophistereien)* Recht zu behalten, trug den Sophisten den Spott des Aristophanes und die Gegnerschaft von Sokrates und Platon ein.

Soter [griechisch „Heiland, Retter, Erlöser"]: in der Antike Beiname von Göttern wie Zeus, später hellenistische und römische Bezeichnung des Herrschers. Das junge Christentum übernahm diese Terminologie des Kaiserkults und übertrug Soter auf Jesus Christus.

Soteriologie [griechisch]: die Lehre von Heil und Erlösung.

Soutane [zu...; französisch]: bis zu den Knöcheln reichendes, enganliegendes Obergewand des katholischen Geistlichen; vom Papst weiß, von Kardinälen rot, von Bischöfen und Prälaten violett, sonst schwarz getragen.

Sozinianer ↑Unitarier.

Spätjudentum: nicht völlig eindeutig festgelegter Begriff, im allgemeinen für das Judentum der neutestamentlichen Zeit und der talmudischen Epoche gebräuchlich, nicht für das mittelalterliche Judentum.

Speise, heilige ↑Essen und Trinken.

Spes [lateinisch „Hoffnung"]: in der römischen Religion ein als Göttin der Hoffnung gedachter Begriff.

Sphinx: 1. altägyptisches Königsbild, ein Löwe mit dem Kopf des Pharao; 2. weibliches Ungeheuer der griechischen Mythologie mit dem Rumpf eines geflügelten Löwen und dem Kopf einer Frau. Die griechische Sphinx, die vor Theben saß, gab jedem Vorübergehenden ein Rätsel auf; wer es nicht lösen konnte, wurde von ihr getötet. Ödipus gelang die Lösung und die Befreiung Thebens von dem Ungeheuer. – Ungeklärt ist, ob zwischen der ägyptischen und der griechischen Sphinx irgendeine Beziehung besteht.

Spiegel: in der Sprache der Mystik Symbol für Gott („Spiegel der Ewigkeit") und für Christus sowie für die Seele als „Spiegel der Gottheit". – Im Schinto war der achteckige Spiegel (Jata no Kagami) das Unterpfand, das die Sonnengöttin Amaterasu ihrem Enkel Ninigi als erstem Herrscher Japans übergab; dieser Spiegel gilt als eines der Heiligtümer des Schreins von Ise. – Der Spiegel ist ferner Sinnbild göttlicher Allwissenheit; dies gilt für den aztekischen Gott Tezcatlipoca („rauchender Spiegel"). Auch zur eigenen Selbst- und Gewissensprüfung diente den Azteken der Spiegel. – In der Magie und im Märchen gibt der *Zauberspiegel* Antwort auf Fragen, die an ihn gerichtet werden.

Spiel: ist vielfach eine in die profane Sphäre abgesunkene Handlung, die ursprünglich sakrale oder magische Bedeutung hatte. So war das bis heute in Mittelamerika übliche ↑Ballspiel (Tlachtli) früher ein Ritus, der den Lauf der Sonne beeinflussen sollte. Die in Rom zuerst im Jahre 264 v. Chr. veranstalteten Gladiatorenkämpfe gingen auf das etruskische Totenopfer zurück, bei dem das Blut der getöteten Kämpfer zur magischen Kraftübertragung an die Verstorbenen dienen sollte. Liebes-, Kriegs- und Jagdtänze haben magische Bedeutung; sie sollen mit Hilfe der spielerischen Vorwegnahme eines Ereignisses dessen Eintreffen sicherstellen.

Spinne: wird verschiedentlich als See-

Sphinx im Gebiet der altägyptischen Stadt Memphis

lentier angesehen. Die Annahme, daß die Spinne am Morgen Unglück, am Abend Glück bringe, beruht auf späterem, irrtümlichem Verständnis. Tatsächlich handelte es sich bei diesem volkstümlichen Sprichwort zunächst nicht um einen mit der Spinne verbundenen Aberglauben, sondern um das „Spinnen" mit dem Spinnrad.

Spiritismus [lateinisch]: die Beschwörung von Geistern mit Hilfe von Mittlerpersonen (Medien) ist eine geschichtlich sehr alte und vielfach verbreitete Erscheinung. In neuerer Zeit findet sich Spiritismus als Reaktion auf materialistisches Denken. Er kann die Bedeutung einer ↑Quasireligion gewinnen. Für einige der neuen Religionen unserer Zeit, vornehmlich für den Caodaismus, ist der Spiritismus integrierender Bestandteil ihres Systems. In Brasilien zählt heute eine spiritistische Gemeinschaft mit kirchenähnlicher Organisationsform, die sich auch nach Allan Kardec (Pseudonym für L. D. Rivail, * 1804, † 1869) *Kardecisten* nennen, mehrere Millionen Anhänger.

Spiritualen ↑Franziskaner.

Spiritualisten [lateinisch]: Anhänger einer der Mystik verwandten religiösen Haltung, in deren Mittelpunkt die persönliche Erfahrung des rein Geistigen steht. Der Spiritualismus neigt häufig zum Pantheismus, er verwirft Dogmen und steht meist jenseits von traditionellen Religionen und Konfessionen. Er ist individualistisch und nur insofern gemeinschaftsbildend, als er zu „Seelenfreundschaften" neigt. Schwärmerische Züge können ihm eigen sein.

Spirituals [englisch 'spɪrɪtjʊəls] (auch Negro Spirituals): geistliche Gesänge der nordamerikanischen Neger, insbesondere derjenigen der Südstaaten der USA. Die Spirituals verbinden musikalisches Erbe afrikanischer Herkunft mit einer christlich geprägten Religiosität ihrer Texte.

Sprache und Religion: stehen in einem äußerst engen Zusammenhang. Die Sprache ist das Medium der Vermittlung religiöser Inhalte. Daher ist es verständlich, daß religiöse Neustiftungen und Reformen sprachschöpferisch wirken; dies ist am deutlichsten bei Zarathustra der Fall, der die Sinngehalte der Sprache seiner Zeit weitgehend umformte. Die von der Religion geprägte Sprache wirkt normativ: Ulfilas Bibelübersetzung gewann entscheidenden Einfluß auf Sprache und Schrift der Goten, und Luthers Bibelübersetzung ist bis heute im Neuhochdeutschen von fortwirkendem Einfluß. Eine Besonderheit stellt die ↑Sakralsprache dar, die im Dienste der Religion altertümliche und auch fremde Formen tradiert.

Springprozession: berühmte Tanzprozession, die in Echternach (Luxemburg) alljährlich am Pfingstdienstag zum Gedenken an das Erlöschen eines im 8. Jahrhundert grassierenden Veitstanzes (Krankheit mit unkontrollierbaren Zuckungen von einzelnen Muskelgruppen) veranstaltet wird.

Sprüche Salomos (auch Proverbien): ein dem König Salomo als Verfasser zugeschriebenes Buch des A. T., eine z. T. stark von der altägyptischen Weisheitsliteratur beeinflußte Sammlung von Weisheitssprüchen, deren genaue Datierung nahezu unmöglich ist. Die Sprüche tragen fast ganz profanen Charakter, betonen jedoch die Gottesfurcht als Voraussetzung der Weisheit.

Srauscha (= Sraosha) ↑Amescha Spentas.

Staat: kann zur Religion sehr unterschiedliche Haltungen einnehmen. Diese bewegen sich zwischen den Extremen einer *Identifikation* von Religion und Staat im Sakralkönigtum und einer *Religionsfeindlichkeit* und Religionsverfolgung durch den Staat. Die *Theokratie* erstrebt eine Lenkung und Kontrolle des Staates durch die Religion. Die Anerkennung und Förderung einer *Staatsreligion* durch den Staat tendiert dazu, die Religion dem Staate nutzbar zu machen. Eine *Trennung von Kirche und Staat* soll zu einer

Abgrenzung der beiderseitigen Einflußsphären führen.

Staatsreligion: Religion, die innerhalb eines Staates das allein zugelassene oder zumindest weitestgehend bevorzugte Bekenntnis darstellt.

Stab: gilt seit alters als besonders machthaltiges Instrument. Mit einem Stab teilt Moses das Rote Meer (2. Mos. 14, 16) und schlägt Wasser aus dem Felsen (2. Mos. 17, 5–6). Der aufs neue grünende Stab bestätigt das Priestertum Aarons (4. Mos. 17). Ein grünender Stab zeigt dem büßenden Tannhäuser, daß ihm durch die Wallfahrt nach Rom seine Sünden vergeben wurden. – Der *Bischofsstab* ist Zeichen geistlicher Würde, das *Szepter* Insigne weltlicher Macht.

Stadt, heilige: ↑heilige Stätten.

Stamm und Geschlecht ↑Sippe.

Starez ['st..., 'ʃt...; russisch „der Alte"] (Mehrzahl Starzen): Bezeichnung für alte russische Mönche und Laienseelsorger.

Starowęrzen ↑Altgläubige.

Statio [lateinisch]: in der alten Kirche der gottesdienstliche Versammlungsort sowie das kirchliche Fasten an den *Stationstagen* Mittwoch und Freitag, den Tagen des Verrats und der Kreuzigung Jesu; später der päpstliche Gottesdienst in den verschiedenen *Stationskirchen* Roms.

Stationstage ↑Statio.

Stätten, heilige ↑heilige Stätten.

Status integritatis [lateinisch „Zustand der Unversehrtheit"]: Urstand des Menschen, der Stand der Gottebenbildlichkeit des Menschen als *Imago Dei* und *Similitudo Dei*, als Bild und Ähnlichkeit Gottes, ein Zustand, dessen der Mensch durch den Sündenfall verlustig ging.

Stein: gilt auf Grund seiner Härte und Unerschütterlichkeit seit alters als Ausdruck des Heiligen und als Objekt des Kults. Für die *Megalithkultur* sind Großsteingräber (Megalithgräber), Cromlechs und Menhire charakteristisch. Besondere Bedeutung kommt *Grenzsteinen* zu sowie solchen, die mit religionsgeographischen Mittelpunktsvorstellungen verbunden sind und den „Nabel der Erde" markieren. Das Geheimnis ihrer Herkunft tritt bei *Meteorsteinen* hinzu, zu denen vor allem der schwarze Stein der Kaaba gehört. – In der *Symbolsprache* findet sich der Stein als Symbol für Christus (Mark. 12, 10) und vor allem für Petrus als dem Felsen, auf den die christliche Gemeinde gebaut werden soll (Matth. 16, 18).

Steinkreise ↑Gilgal.

Stellvertreter Christi (auch lateinisch Vicarius Christi): Titel des Papstes.

Stellvertretung: findet sich in verschiedenen religiösen Bereichen. Stellvertreter eines Gottes sind sakrale Könige, oft auch Priester. Auf ethischem Gebiet erfolgt eine stellvertretende Übernahme von Sünden durch den ↑Sündenbock. Im Kult können Ersatzgaben stellvertretend für kostbarere Opfer dargebracht werden, ebenso Tieropfer anstelle einstiger Menschenopfer. Sumerische Beterstatuetten, die in den Tempeln aufgestellt wurden, sollten ihren Herrn beim ständigen Gebet vor der Gottheit vertreten.

Sterbende und auferstehende Götter: sind charakteristisch für Vegetationskulte, in denen bei einbrechender Dürre der Tod des Fruchtbarkeitsgottes betrauert, bei Wiederkehr der Regenzeit aber seine Rückkehr aus der Unterwelt jubelnd begrüßt wird. In den Mysterien der Spätantike trat eine Motivverschiebung ein: die Auferstehung des Gottes galt nun als Unterpfand für Wiedergeburt und Unsterblichkeit des Mysten.

Sterne: gelten seit alters in polytheistischen Religionen häufig als göttliche Wesen oder als Schmuck am *Sternenmantel* des Himmelsgottes. Auch werden die Seelen Verstorbener mit den Sternen in Verbindung gebracht. Daß die Konstellationen der Himmelskörper Rückschlüsse auf irdische Ereignisse und menschliche Geschikke zulasse, beruht auf der Anschauung von einem sehr engen Bezug zwischen Makrokosmos und Mikrokosmos und ist Grundlage der Astrologie, die im Altertum in Babylonien ihre klassische Ausprägung fand.

Sthawira (= Sthavira) [Sanskrit „Alte"] (auch Pali Theras): die konservativen Anhänger des Buddhismus, deren Ansichten sich im wesentlichen im Hinajana-Buddhismus durchsetzten.

Stier: genoß in Tierkulten auf Grund seiner Kraft besondere Verehrung; charakteristisch hierfür sind der Apis- und der Mnevis-Stier des alten Ägypten. Die kultische Tötung des Stiers war im alten Iran Bestandteil nächtlicher Opferfeiern, und sie wurde vom Mithraskult in der Spätantike weiter tradiert. In den Mysterien des Kybelekultes wurde Stierblut beim Vollzug eines Taufritus verwendet.

Stift: Bezeichnung für die Körperschaft eines Domes (Domkapitel) oder eines Klosterkapitels, meist mit Grundbesitz als Stiftsvermögen ausgestattet. Auch Bistümer und Erzbistümer können als Stift (Erzstift) bezeichnet werden.

Stifterreligion: Bezeichnung einer Religion, die auf eine historisch greifbare Stifterpersönlichkeit zurückgeht.

Stiftshütte: durch Luthers Bibelübersetzung gebräuchlich gewordene Bezeichnung für das Zelt, das auf der Wüstenwanderung der Israeliten die Bundeslade beherbergte.

Stigmatisation [von griechisch stígma „Stich"]: das Auftreten der Wundmale, die Jesus am Kreuz zugefügt wurden, am Körper lebender Personen. Die Wunden führen nie zu Entzündungen oder Eiterungen, und sie entziehen sich jeder medizinischen Therapie. Bei den Stigmatisierten liegt fast immer ein intensives Sichversenken in die Passion Christi (Passionsmystik) vor. Es werden rund 300 Stigmatisationen gezählt; bekannte Beispiele sind Franz von Assisi (* 1182, † 1226) und Therese Neumann, genannt Therese von Konnersreuth (* 1898, † 1962).

Stoa: antike Philosophie, benannt nach der „Säulenhalle" (Stoa) Athens, in der der Schulgründer Zenon um 300 v. Chr. seine Anhänger versammelte. Der Schwerpunkt des Stoizismus liegt auf ethischem Gebiet; ein tugendhaftes Leben wird als vernunftgemäß herausgestellt. Die Weltvernunft wird pantheistisch gefaßt, doch wird dem Mythos durch allegorische Deutung eine relative Bedeutung belassen. In der Spätantike waren Seneca (* etwa 4 v. Chr., † 65 n. Chr.) und Kaiser Marc Aurel (* 121, † 180) die bedeutendsten Stoiker.

Stola: liturgisches Gewandstück, breiter, häufig mit Ornamenten versehener Stoffstreifen, der um den Hals gelegt und über der Brust gekreuzt oder herabhängend getragen wird.

Stolgebühren (auch lateinisch ius stolae): feste Gebühren für Amtshandlungen katholischer Geistlicher.

Storch: gilt als Frühlingsbote und Schützer des Hauses, auf dem er nistet. Die in Deutschland, Schweden und der Schweiz verbreitete volkstümliche Vorstellung vom Storch als Überbringer von Neugeborenen geht vermutlich auf den vogelgestaltigen nordgermanischen Gott ↑Hönir zurück.

Studiten: Mönche des 463 gegründeten Studion-Klosters in Konstantinopel, das sich zu einem berühmten Gelehrtenzentrum entwickelte und auf das ostkirchliche Mönchtum bedeutende Einflüsse ausübte. Das Kloster wurde 1555 von den Türken zerstört.

Stufengebet: bis 1969 das zu Beginn der katholischen Messe gesprochene Gebet.

Stundengebet: in der katholischen Kirche das den Klerikern und Ordensleuten für bestimmte Stunden vorgeschriebene Gebet, gegliedert in die acht Tageszeiten: Matutin, Laudes, Prim, Terz, Sext, Non, Vesper und Komplet.

Stundismus: von „Stunda", pietistischen Bibelstunden, abgeleitete Bezeichnung einer Erweckungsbewegung, die unter südrussischen Bauern in der zweiten Hälfte des 19. Jahrhunderts durch den Einfluß pietistischer süddeutscher Ansiedler entstand. Einwirkungen des Baptismus, z. T. auch der Ideen von Leo Tolstoi (* 1828, † 1910) traten später hinzu.

Stupa [Sanskrit „Reliquienbehälter"] (auch Pali Thupa): der indische, vor allem vom Buddhismus entwickelte Behälter für Reliquien, in erster Linie für die Asche verstorbener Heiliger. Aus einem anfänglichen Rundhügel mit viereckigem Aufbau entwickelte sich der Stockwerkbau der ↑ Pagode.

Stupa. Dhamekh-Stupa in Sarnath (6. Jahrhundert)

Styliten ↑ Säulenheilige.

Styx: Unterweltsfluß der griechischen Mythologie.

Subdiakon: Inhaber des Subdiakonats, einer höheren, nichtsakramentalen Weihestufe in der katholischen Kirche. Die kirchliche Tätigkeit des Subdiakons ist auf liturgische Assistenz beschränkt. Der Subdiakonat wurde 1973 zusammen mit den „niederen" Weihen abgeschafft.

Subordinatianismus [lateinisch]: trinitarische Lehre über die Unterordnung des Sohnes (Christus) unter den Vater (Gott), wurde vornehmlich von den christlichen Apologeten des 2. Jahrhunderts vertreten.

Sub utraque [lateinisch „unter beiderlei (Gestalt)"]: Bezeichnung für das Abendmahl unter den beiden Gestalten von Brot und Wein; d. h. die reformatorische, in den evangelischen Kirchen verwirklichte Forderung nach Zulassung des Laienkelchs.

Suchos ↑ Krokodil.

südlicher Buddhismus: wird auf Grund der geographischen Verbreitungsgebiete in Süd- und Südostasien jene Form des Buddhismus genannt, die auf Ceylon, in Burma, Thailand und Kambodscha vertreten ist. Es ist die strengere Richtung des Buddhismus, nach deren Lehre nur wenige das Nirwana erreichen können; deshalb nennt man sie auch ↑ Hinajana-Buddhismus („Buddhismus des kleinen Fahrzeugs"). Da ihre heilige Schrift, das ↑ „Tripitaka", in der Pali-Sprache verfaßt ist, wird auch die Bezeichnung Pali-Buddhismus für den südlichen Buddhismus verwendet.

Sufismus: mystische Richtung innerhalb des Islam, die ihren Namen von dem arabischen Wort *suf* erhielt, das den groben Wollstoff bezeichnet, aus dem die Keidung dieser Mystiker, der *Sufis*, gefertigt war. Die Sufis waren bestrebt, durch Meditation (arabisch dhikr „Gedenken") eine Vergottung des Menschen und seine Vereinigung mit der absoluten Wahrheit zu erreichen. Dieses Heilsziel wurde von ihnen häufig mit dem Bilde der Trunkenheit beschrieben. Als ihren Schutzpatron verehrten sie die schillernde, schwer faßbare Gestalt eines *Chadhir* (eigentlich „grün"), der auch als Patron der Seefahrer gilt. Die Verbindung des Sufismus mit der islamischen Überlieferung wurde durch eine sinnbildhafte, allegorische Deutung des Koran erstrebt. Bedeutende Vertreter des Sufismus waren Al-Halladsch († 922), Faridoddin Attar († 1229) und Dschalaladdin Rumi († 1273). Der orthodoxe Islam sträubte sich anfangs gegen den Sufismus; versöhnend wirkte Al Ghassali († 1111).

Sufi-Society [englisch sə'saıətı]: aus dem Sufismus hervorgegangene, von

Inayat Khan († 1927) ins Leben gerufene religiöse Gemeinschaft, die ein friedliches Miteinander der verschiedensten Religionen erstrebt und in ihren Gottesdiensten heilige Texte aller großen Buchreligionen zur Verlesung kommen läßt.

Sühne: erstrebt die Wiederherstellung eines friedvollen Zustandes zwischen Göttern und Menschen (lateinisch pax deorum). Auslösendes Motiv der Sühne können sakrale Verfehlungen sein, die meist durch Sühneopfer behoben werden sollen. Auf höherer Stufe ist echtes menschliches, meist ethisches Schuldbewußtsein der Anlaß zur Sühne, die dann als innere Abkehr von der Sünde verstanden wird.

Sühneopfer ↑ Opfer.

Sukhawati (= Sukhāvatī) [Sanskrit „Glücksland"]: im Mahajana-Buddhismus Bezeichnung für das „Paradies des Westens".

Sukhawatiwjuha (= Sukhāvatīvyūha) [Sanskrit „Beschreibung des Glückslandes"]: Text des Mahajana-Buddhismus, der in einer ausführlichen und einer gekürzten Fassung eine Vorstellung vom „Paradies des Westens" vermittelt.

Sukkubus (= Succubus) [von lateinisch succubus „darunterliegend"]: im mittelalterlichen Aberglauben ein weiblicher Dämon, der mit Menschen sexuell verkehrt haben soll. ↑ auch Inkubus.

Sukzession, apostolische ↑ apostolische Sukzession.

sumerische Religion: die Religion der alten Sumerer, die seit etwa 3000 v. Chr. Träger der ältesten Hochkultur Mesopotamiens waren. Die Zahl ihrer *Götter* war außerordentlich groß, da ursprünglich jeder Stadtstaat eigene Gottheiten verehrte. Eine Systematisierung, die die Götter nach unterschiedlichen Funktionen differenzierte, stellte die Dreiheit des Himmelsgottes An, des Sturmgottes Enlil und des Grundwassergottes Enki an die Spitze des Pantheons. Hervorragende Bedeutung besaßen ferner die Liebesgöttin Inanna, der Sonnengott Utu, der Mondgott Nanna und Ereschkigal, die Herrin der Unterwelt. – Das sumerische Denken kannte keine eigentlich weltliche Sphäre. An der Spitze jedes Stadtstaates stand daher ein *Priesterfürst*, dessen vornehmste Aufgabe es war, im *Kult* den Göttern zu dienen; es war sumerische Auffassung, daß die Menschen zum Dienst für die Götter erschaffen seien. Die vornehmste Kulthandlung war die „heilige Hochzeit", die der Stadtfürst mit der Hohenpriesterin vielleicht in einem Hochtempel auf der ↑ Zikkurat vollzog. – Bemerkenswert ist ein starkes Zurücktreten *ethischer Verpflichtungen*. Der *Jenseitsglaube* ist nachweisbar; er war mit der Vorstellung eines freudlosen Totenreichs verbunden.

Summepiskopat [lateinisch] (auch Episkopalsystem, Territorialismus): in einigen evangelischen Kirchen und bis heute noch in England übliche Form der Kirchenleitung, nach der der Landesherr auf seinem Territorium „oberster Bischof" (lateinisch Summus episcopus) ist.

Summum Bonum [lateinisch „das höchste Gut"]: theologischer Begriff für das Göttliche im Sinne einer Zusammenfassung aller Werte des religiös Heiligen und des sittlich Guten.

Summus episcopus ↑ Summepiskopat.

Sünde: Absonderung und Schuld gegenüber der Gottheit. Die Sündenvorstellung kennt impersonale und personale Elemente. Auf einer niederen Stufe wird sie als impersonale Befleckung durch einen nahezu oder ganz materiell gedachten Sündenstoff verstanden, von dem sich der Mensch rituell reinigen kann. Eine vergeistigte Sündenvorstellung liegt dann vor, wenn die Sünde als ein persönliches Vergehen angesehen wird, das die Erzürnung der Gottheit zur Folge hat. Dies geschieht durch Übertretung göttlicher Gebote, die den kultischen und vor allem den ethischen Bereich betreffen. Das Problem der Entstehung der Sünde wird von der christlichen Theologie mit der Annahme der durch den ↑Sündenfall bedingten ↑Erbsünde gelöst.

Sündenbekenntnis ↑Beichte.

Sündenbock: der Bock, dem am jüdischen Versöhnungstag (Jom Kippur) der Hohepriester nach dem Sündenbekenntnis des Volkes beide Hände auflegte und damit die Sünden des Volkes auf diesen Bock übertrug, der dann in die Wüste gejagt wurde (3. Mos. 16). – Der der Beseitigung von Sünden dienende (eliminatorische) Ritus fand sich nicht allein in Israel. Ein menschlicher „Sündenbock" ist vor allem für das alte Griechenland, für Babylonien und Tibet bezeugt.

Sündenfall: Bezeichnung für die Ursünde Adams und Evas, die auf die Verführung durch die Schlange zurückgeführt wird (1. Mos. 3, 1 ff.); sie gilt als Ursprung der ↑Erbsünde.

Sündenvergebung ↑Rechtfertigung.

Sunna [arabisch „Gewohnheit"]: die orthodoxe Tradition und Lehre des Islams, zu der sich die überwiegende Mehrheit der Muslime bekennen. Sie stützt sich auf den Koran und auf die mit *Hadith* bezeichneten Berichte über normative Äußerungen und Handlungen des Propheten Mohammed.

Suovetaurilia: ein dem römischen Gott Mars dargebrachtes Opfer, bei dem ein Schwein (sus), Schaf (ovis) und Stier (taurus) um die Feldmark herumgeführt und dann getötet wurden. Der Ritus sollte Unheil, insbesondere Unwetter abwenden.

Superintendent [lateinisch]: heute meist *Dekan* genannt, in den evangelischen Kirchen der leitende Geistliche eines Kirchenkreises.

Superstition ↑Aberglaube.

Supplikationen: in der römischen Religion Bittgänge aller erwachsenen Männer und Frauen mit einem Besuch sämtlicher Tempel Roms. Hierbei trugen die Männer Kränze und hielten Lorbeerzweige in den Händen, die Frauen knieten mit gelöstem Haar in den Tempeln. Aus diesem anfangs in Zeiten dringender Not vollzogenen Ritus wurde später ein geregeltes Dankfest mit der Ehrung siegreicher Feldherren.

Supralapsarismus [lateinisch]: eine im 17. Jahrhundert von holländischen Kalvinisten vertretene Lehre, nach der die Prädestination unabhängig vom Sündenfall (lateinisch supra lapsum) sei und Gott schon *vor* dem Sündenfall einen Teil der Menschen verworfen habe.

Supranaturalismus [lateinisch]: eine Denkrichtung, die das über und jenseits der natürlichen Erfahrung und der menschlichen Vernunft Liegende als eine Realität anerkennt, die nur durch Offenbarung und Glauben zugänglich ist.

Sure [arabisch]: Bezeichnung für die „Kapitel" des ↑Koran.

Surja (= Surya) [Sanskrit]: altindischer Sonnengott.

Surtr [altnordisch „der Schwarze"]: in der nordgermanischen Mythologie der götterfeindliche Riese, der bei der Götterdämmerung den Weltbrand entzündet.

Survivals [sə'vaɪvəlz; englisch „Überbleibsel"]: Bezeichnung für Reste untergegangener Religions- und Kulturformen, die jedoch noch in Kinderspielen, Volksbräuchen und Vorstellungen des Aberglaubens fortleben.

Sūrya ↑Surja.

Susa-no-o: im Schinto der der Sonnengöttin Amaterasu feindliche Sturmgott und Herr des Meeres.

Sutra [Sanskrit „Faden, Leitfaden"] (auch Pali Sutta): Bezeichnung für indische Lehrtexte über Religion, Kult und Recht.

Suttung [altnordisch Suttungr]: Riese der nordgermanischen Mythologie, der sich in den Besitz des Skaldenmets gebracht hat, dessen Genuß Weisheit verleiht und zum Dichten befähigt. Es gelingt Odin, der sich in eine Schlange verwandelt hat, zu Gunnlöd vorzudringen, der Tochter des Suttung, die den Met bewacht. Odin betört sie und kann ihr den Skaldenmet entwenden.

Synagoge. Scheunensynagoge in Bechhofen bei Windsbach

Swadhạrma [Sanskrit]: Begriff für die jeder indischen Kaste eigenen Tugenden und Pflichten.

Swạmi [Sanskrit]: indische Bezeichnung für einen Heiligen, insbesondere einen heiligen Lehrer.

Swạntewit: Gott der slawischen Religion, dessen Haupttheiligtum sich in Arkona auf Rügen befand. Es wurde 1168 von dem Dänenkönig Waldemar I. (♔1157–1182) zerstört. Nach der Beschreibung von Saxo Grammaticus (* um 1150, † um 1220) befand sich in einem Tempel das überlebensgroße, vierköpfige Standbild des Gottes. Swantewit galt als kriegerischer Gott. Man glaubte, daß er, auf einem weißen Pferd reitend, mit den Slawen in den Kampf zöge. Im Kult wurde er vornehmlich als Gott des Wachstums und der Ernte verehrt.

Swarog: slawischer Gott des irdischen Feuers, ursprünglich wohl auch des himmlischen, d. h. der Sonne.

Swạstika und Sauwạstika [Sanskrit]: die beiden altindischen, bereits in vorindoiranischer Zeit nachweisbaren Formen des Hakenkreuzes: 卐 Swastika, 卍 Sauwastika. Die ursprüngliche Bedeutung ist umstritten; später oft als Glückszeichen gedeutet. – ↑auch Kreuzformen.

Sỵllabus [lateinisch]: ein 1864 von Papst Pius IX. herausgegebenes Verzeichnis von 80 „Zeitirrtümern", mit dem eine scharfe Grenze zwischen dem Katholizismus und der modernen Kulturentwicklung, aber auch einer religionsfreien Ethik gezogen wurde.

Symbọl: heiliges Zeichen, das durch das Zusammentreffen (griechisch symbállein) einer profanen Erscheinung mit der Sphäre des Göttlichen entsteht. Damit erhält ein an sich profaner Gegenstand einen religiösen Sinn und vermittelt dem Menschen die Gegenwart des Heiligen. Symbole sind uralt und weltweit verbreitet. Es kann sich bei ihnen um Naturobjekte wie etwa heilige Steine handeln oder auch um Gegenstände, die vom Menschen gefertigt sind. Außerhalb des religiösen Bereichs finden sich Symbole vornehmlich auf politischer Ebene, besonders in Fahnen und Abzeichen.

Sympathie ↑Analogie.

Synagọge [griechisch „Versammlungsort"] (auch Sabbateion): gottesdienstliche Versammlungsstätte der Juden, seit dem 3. Jahrhundert v. Chr. nachweisbar, nach der Zerstörung des Jerusalemer Tempels (70 n. Chr.) religiöses Zentrum der jüdischen Gemeinden. Zur Einrichtung der Synagoge gehören ein erhöhter Platz mit dem Lehrpult (Bema) und der Thoraschrein mit den heiligen Schriftrollen. Im Unterschied zum Opferkult des Jerusalemer Tempels besteht der synagogale Gottesdienst vornehmlich aus Bekenntnis, Gebet, Schriftlesung, Auslegung der Schrift und Segen. Die Gebetsrichtung ist nach Jerusalem orientiert.

Synedrium [von griechisch synédrion „Ratsversammlung"] (auch Sanhedrin): der auf Grund des A. T. (4. Mos. 11, 16) aus 70 Mitgliedern und dem Hohenpriester als Vorsitzendem gebildete „Hohe Rat" der Juden, der in römischer Zeit die höchste einheimische Behörde darstellte.

Synergismus [griechisch]: das Zusammenwirken von göttlicher Gnade und menschlichem Willen und Handeln bei der Rechtfertigung. In der Reformationszeit wurde diese Ansicht von Melanchthon im Gegensatz zu Luthers Lehre von der Alleinwirksamkeit der Gnade vertreten. Der *synergistische Streit* (1556–1560) endete zugunsten Luthers.

Synkretismus [griechisch]: Begriff, der sich zunächst auf *Kreta* bezog und einen Zusammenschluß der gewöhnlich untereinander verfeindeten kretischen Städte bezeichnete. Erasmus von Rotterdam (* 1466, † 1536) brachte das Wort Synkretismus mit dem griechischen Verbum synkeránnymi („zusammenmischen") in Verbindung und wandte es an für Bemühungen um ein friedfertiges Verhalten religiöser Gegner. Später wurde es für die Vereinigung an sich unvereinbarer Gegensätze gebraucht. Die Religionswissenschaft nahm den Begriff auf; sie bezeichnet mit Synkretismus eine Vermischung und Verschmelzung verschiedener Religionen bzw. einzelner religiöser Phänomene, besonders der Götter (Theokrasie) und der Kulte.

Synodalverfassung: eine Art der Kirchenverfassung, die der aus Geistlichen und Laien gebildeten Synode die oberste Kirchenleitung zuspricht.

Synode ↑Konzil.

Synoptiker [griechisch]: werden die ersten drei Evangelien des Matthäus, Markus und Lukas genannt, weil bei einer Synopse („Zusammenschau") ihre weitgehende Übereinstimmung in Stoffwahl und -anordnung wie auch weitgehend im Wortlaut deutlich in Erscheinung tritt.

syrische Religion: die Religion der aramäischen Gruppe der Westsemiten, die gegenüber derjenigen der phönizisch-kanaanäischen Gruppe weniger gut bekannt ist. El und Baal, die großen Götter der Kananäer, sind auch im syrischen Raum von den Aramäern verehrt worden. Als Gott des Sturmes wie auch als Himmelsherr galt Hadad. Ramman war ein Gewittergott. Mit der Atargatis waren Aspekte der Fruchtbarkeit verbunden. Wahrscheinlich ist ein Vegetationsritus in der jährlich zweimal veranstalteten Prozession zu sehen, bei der Wasser geholt wurde, um es im Tempel der Atargatis auszugießen.

syrisches Christentum: war mit seinem Zentrum in Antiochia zur Zeit der alten Kirche von großer dogmengeschichtlicher Bedeutung. Die wichtigsten Gruppen des syrischen Christentums sind die ostsyrischen Kirchen, zu denen die Nestorianer zählen, und die westsyrische Kirche der Jakobiten, deren Oberhaupt, der Patriarch von Antiochia, seinen Sitz in Beirut hat.

systematische Theologie: vor allem in der evangelischen Theologie Bezeichnung für die Fächer Dogmatik, Ethik, Religionsphilosophie im Unterschied zu den exegetischen, der Auslegung des A. T. und N. T. gewidmeten Fächern, zur Kirchengeschichte und zur praktischen Theologie.

Szepter ↑Stab.

T

Tabernakel [von lateinisch tabernaculum „Zelt, Hütte"]: kunstvoll gearbeitetes Gehäuse zur Aufbewahrung geweihter Hostien.

Tabernakel in der Stadtpfarrkirche Heilig Blut in München-Bogenhausen

Tabor: in Israel östlich von Nazareth gelegener Berg mit Gipfelplateau, der als Berg der Verklärung Christi (Mark. 9, 2 ff.) gilt.

Taboriten ↑Hussiten.

Tabu [Tonga (polynesisch) bu „intensiv" und ta „gemerkt"]: kennzeichnet den gefahrvollen Aspekt numinoser Macht und bedeutet daher ein Meidungsgebot, das das Berühren oder Betreten manahaltiger (↑Mana) Bereiche untersagt.

Tafsir [arabisch „Erklärung, Kommentar"]: im Islam Bezeichnung für Korankommentare sowie für die Wissenschaft der Koraninterpretation.

Tagewählerei: sehr weit verbreiteter Glaube an Glücks- und Unglückstage, an denen bestimmte Handlungen wie Eheschließungen, Reisen oder Käufe auszuführen bzw. zu unterlassen sind.

Tag, Jüngster ↑Jüngstes Gericht.

Tag und Nacht: finden in der Religionsgeschichte sehr unterschiedliche Wertungen, die mit dem Gegensatz von *Licht und Finsternis* verbunden sind. Religionen, in deren Mittelpunkt die Verehrung der Sonne steht, preisen den lichten Tag gegenüber dem Dunkel der Nacht. Auch gilt die Nacht fast durchweg als Stunde der Geister und Gespenster. Gegenüber dem schauervollen Aspekt der Nacht (dem tremendum) steht der positive, der die Nacht als Zeit des Wunderbaren (des mirum), der Erkenntnis und der Offenbarung erscheinen läßt. Schöpfungsberichte betonen oft den uranfänglichen Charakter von Nacht und Finsternis, so im A. T. (1. Mos. 1, 2). Tag und Nacht werden im A. T. (1. Mos. 8, 22) gemeinsam unter jenen Rhythmen genannt, die, solange die Erde besteht, nicht aufhören sollen.

Ta hsio [da xio; chinesisch „das große Studium"]: Titel eines der vier nachkonfuzianischen klassischen Bücher (Shu) des Konfuzianismus; enthält philosophische Erörterungen über die Lehre des Konfuzius (* 551, † 479).

T'ai-p'ing [chinesisch „großer Friede"]: eine von dem chinesischen Dorfschullehrer Hung Hsiu-ch'üan († 1864) gegründete synkretistische Geheimgesellschaft mit monotheistischer Gottesverehrung, strengen ethischen Forderungen und dem politischen Ziel, die Mandschudynastie (1644–1912) zu stürzen und auf die Traditionen der Mingdynastie (1368–1644) zurückzugreifen. Nach dem kurzfristigen Erfolg, mit Nanking als Hauptstadt ein „himmlisches Reich des großen Friedens" (T'ai-p'ing t'ien-kuo) zu errichten, scheiterte die T'ai-p'ing-Rebellion 1864 mit der Einnahme Nankings durch kaiserliche Truppen.

Taka-Okami: Regengott des Schinto, der drachengestaltig gedacht wird und auf Bergen wohnen soll.

Talar [von lateinisch talaris „bis an die Knöchel reichend"]: die schwarze Amtstracht der evangelischen Geistlichen.

Talisman [von arabisch tilasm „Zauberbild"]: Gegenstand, der gegen Schaden und Zauber schützen und Glück bringen soll.

Talmud [hebräisch „Studium, Lehre"]: religiös-rechtliches Literaturwerk der kodifizierten rabbinischen Auslegung des biblischen Gesetzes (Thora) und der nachbiblischen Gesetzesüberlieferung, das für das Judentum eine einzigartige Bedeutung gewonnen hat und wesentlich zu seinem Zusammenhalt in der Diaspora beitrug. Der Talmud ist in zwei Versionen überliefert. Die im 4. Jahrhundert n. Chr. abgeschlossene Sammlung ist der „Talmud des Landes Israel" (Talmud Erez Jisrael), der auch als Jerusalemischer Talmud (Jeruschalmi) bezeichnet wird. Der „babylonische Talmud" (Talmud Babli) fand seinen endgültigen Abschluß im 6. Jahrhundert. Er ist die umfangreichere und bedeutendere Sammlung und gilt als der Talmud schlechthin.

Tamas ↑Samkhja.

Tammuz [...muz; hebräisch] (auch sumerisch Dumuzi): babylonischer Vegetationsgott, dessen Abstieg in die Unterwelt das Eintreten der Dürre symbolisiert. Nach jeweils einem halben Jahr kann der Gott auf die Oberwelt zurückkehren. Nach neu entdeckten Texten ist dies, entgegen früherer Ansicht, nicht das Verdienst seiner Geliebten Ischtar, die ihn vielmehr in der Unterwelt verraten hat.

Tana Bhagat: religiöse Bewegung unter dravidischsprachigen Einwohnern im indischen Bundesstaat Bihar, die während des 1. Weltkriegs ihren Höhepunkt erreichte. Die diese Bewegung leitenden Propheten (Bhagats) verkündeten den baldigen Anbruch eines Goldenen Zeitalters. Nächtliche Gebete und Gesänge mit dem oft wiederholten Wort tana („durchhalten") sollten der Vertreibung böser Geister dienen. Gegen eine drohende Revolte seitens der Bewegung griffen die britischen Behörden ein.

Tandschur (= Tanjur) [von tibetisch bsTan-'gyur „Übersetzung der Lehre"]: neben dem ↑„Kandschur" die zweite Sammlung heiliger Texte des Lamaismus in tibetischer Sprache. Der Tandschur umfaßt 225 Bände. Inhaltlich ist er keineswegs, wie gelegentlich behauptet, nur ein Kommentar zum Kandschur, sondern ein riesiger Komplex selbständiger Werke, die religiöse, wissenschaftliche, kulturelle und magische Themen behandeln.

Tanha [Pali] ↑Trischna.

Tankun [koreanisch „Fürst des Sandelbaumes"]: in der koreanischen Mythologie der Enkel des Himmelsgottes ↑Hananim. Tankun gilt als göttlicher Begründer des koreanischen Reiches, dem er den Namen Chonson-kuk („Land der Morgenfrische") gab. Das soll im Jahre 2333 v. Chr. geschehen sein.

Tankunkio [koreanisch „Lehre von ↑Tankun"]: eine von dem Koreaner Na Chol zu Anfang des 20. Jahrhunderts begründete nationalistisch-koreanische Bewegung, deren religiöses Fundament auf dem Glauben an Tankun, den mythischen Begründer des koreanischen Reiches, beruhte. Die Lehre betont, daß alle Koreaner Kinder Tankuns seien. Chinesischer Einfluß äußert sich in der Übernahme von Spekulationen über eine Zweiheit von sich ergänzenden Prinzipien (komplementärer Dualismus; ↑Yang-Yin). Die Ethik ist konfuzianisch beeinflußt. – Während der japanischen Besetzung Koreas tarnte sich die Bewegung durch Namenswechsel; sie nannte sich in jener Zeit Täjongkio („Lehre des großen Ahnengottes"). Die Tankunkio, die zunächst am stärksten im Norden Koreas vertreten war, hat heute in Südkorea über 100 000 Anhänger.

Tannaiten [...a-i...; von aramäisch tanna'im]: Bezeichnung für die Lehrer der ↑Mischna.

Tantalus (auch griechisch Tantalos): in der griechischen Mythologie kleinasiatischer König, Sohn des Zeus, Vater des Pelops und der ↑Niobe; entwendete den Göttern Nektar und Ambrosia, um sterbliche Freunde damit zu bewirten; setzte den Göttern seinen später wieder zum Leben erweckten Sohn zur Speise vor, um ihre Allwissenheit auf die Probe zu stellen. Dafür muß er in der Unterwelt hungernd und dürstend „*Tantalusqualen*" erleiden; er kann die über ihm hängenden Früchte ebensowenig erreichen wie das ihm bis zum Kinn stehende Wasser, das zurückweicht, sobald er sich ihm mit dem Mund nähert.

Tantrismus [von Sanskrit tantra „Faden, Gewebe", dann: „System, systematische Anordnung von Riten"]: eine indische Erlösungslehre, die im 6. Jahrhundert n. Chr. sowohl auf den Hinduismus Einfluß gewann als auch auf den Buddhismus, besonders auf dessen tibetische Sonderform des Lamaismus. Es handelt sich um geheime, esoterische Zeremonien, die mit magisch-mystischen Mitteln die Befreiung von allen irdischen Bindungen und die Erlösung in der Vereinigung mit dem Absoluten bewirken sollen. Dieses Absolute wird oft als Schakti, als weibliche göttliche Kraft, gedacht, häufig als die Göttin Durga, die Gattin des Gottes Schiwa. Die Vereinigung Schiwas mit Durga, seiner Schakti, hebt alle Zweiheit auf und führt zum höchsten Glück. Analog zu dieser Vorstellung spielen erotische Meditationen im Tantrismus eine vorrangige Rolle.

Tanz: ist in seinen Ursprüngen keine profane Handlung, sondern ein magischer oder religiöser Ritus, der der Abwehr böser und der Anlockung guter Geister, der menschlichen Kraftsteigerung und der Ehre der Gottheit dient. Bedeutsam ist vor allem der ekstatische Tanz, der eigenes religiöses Erleben erhöhen soll und bis zu Trancezuständen führen kann. Auch Gottheiten werden gelegentlich als tanzend vorgestellt; dies gilt vornehmlich für den indischen Schiwa und den Baal Markod („Herr des Tanzes") der Phönizier.

Tao [daʊ; chinesisch „Weg"]: numinoser Ordnungsbegriff und Schlüsselwort für die altchinesische Weltanschauung, das die ewige, universistische Ordnung der Welt und des Lebens bezeichnet (↑Universismus).

Taoismus [von chinesisch ↑Tao]: eine der Religionen Chinas, die auf ↑Laotse und seinen Schüler Tschuangtse (letzte Hälfte des 4. bis erste Hälfte des 3. Jahrhunderts v. Chr.) zurückzuführen ist, sich jedoch von beider Lehren zunehmend entfernte durch naturphilosophische und magische Spekulationen sowie durch Aufnahme von okkulten, phantastischen und auch buddhistischen Vorstellungen und Bräuchen. Durch seine Pflege des Mönchtums entfernte sich der Taoismus sehr weit von dem in China bis zum Ende der Kaiserzeit (1912) einseitig vorherrschenden konfuzianischen Ideal des Lebens für Familie und Staat.

Taoteking [chinesisch „Buch vom ↑Tao und ↑Te"]: die einzige von ↑Laotse hinterlassene Schrift. Sie umfaßt 81 meist sehr knapp gehaltene Kapitel. Von ihnen handeln die Kapitel 1 bis 37 vornehmlich vom Tao, die Kapitel 38 bis 81 vom Te.

Tao-Yuan [daʊ; chinesisch „Gesellschaft des Weges"]: im Jahre 1921 begründete chinesische Geheimgesellschaft mit synkretistischer, die Religionen Ostasiens sowie Christentum und Islam umfassender Tendenz. Die Gesellschaft vertritt humanitäre und karitative Ziele, fordert Meditationsübungen und betreibt Geisterphotographie. Über ihre heutige Situation fehlen zuverlässige Nachrichten.

Tapas [Sanskrit „Erhitzung"]: indischer Begriff für die Askese als Mittel zur Erlangung übernatürlicher Kräfte.

Taranis (auch kymrisch und bretonisch Taran, altirisch Torann): keltischer Gott des Donners.

Targum [aramäisch „Übersetzung"]: die Übertragung des hebräischen Textes des A. T. in die im synagogalen Gebrauch aufgekommene aramäische Landessprache Palästinas, anfangs mündlich tradiert und später schriftlich fixiert. Bedeutsam sind vor allem der *Targum Onkelos*, der im 5. Jahrhundert n. Chr. in Babylonien redigiert wurde, und der aus Palästina stammende, vermutlich im 7. Jahrhundert n. Chr. abgeschlossene *Targum Jeruschalmi*.

Tartarus (auch griechisch Tartaros): finsterer Abgrund des ↑Hades, Ort der Strafe für die Gottlosen.

Taschmetum: in der babylonischen Mythologie die Gattin des ↑Nabu.

Tatenen [ägyptisch „die sich erhebende Erde"]: Bezeichnung des Urhügels, der sich nach ägyptischer Kosmogonie in der Urzeit zuerst aus dem Wasser erhob, in der ↑memphitischen Theologie mit ↑Ptah identifiziert.

Tathagata [Sanskrit „der so (d. h. auf dem Heilsweg) Gegangene"]: häufigste Selbstbezeichnung Buddhas in seinen Reden.

Tatosi [utoaztekisch „unser Ahne"]: bei den Huichol-Indianern der Name einer Gottheit in Hirschgestalt, aus deren Fußspuren die Peyote entstehen soll (↑Peyotekulte).

Tätowierung [von tahitisch tatau „Zeichen, Malerei"]: Einritzen meist farbiger Muster in die Haut, in Afrika, Mikronesien und Polynesien üblich, hat wohl ursprünglich stets den Sinn der Auszeichnung durch ein religiöses Symbol.

Tat twam asi (= Tat tvam asi) [Sanskrit „das bist du"]: das sogenannte „große Wort" (mahāvākyam) der ↑„Upanischaden", mit dem in knapper Formulierung eine mystische All-Einheitslehre zum Ausdruck gebracht wird; gemeint ist: dein ↑Atman ist identisch mit dem allumfassenden ↑Brahman.

Taube: war Attribut der Göttinnen Ischtar und Atargatis. Sie gilt außerdem weithin als Seelentier. Im A. T. (1. Mos. 8, 11) ist es eine Taube, die Noah einen Ölzweig bringt und ihm damit den Rückgang der Gewässer der Sintflut anzeigt. Im N. T. (Mark. 1, 10) ist die Taube Symbol des Heiligen Geistes, in der christlichen Kirche Sinnbild für die Kirche selbst, für Maria und für die Eucharistie.

Taufe: nach dem N. T. (Matth. 28, 19) von allen christlichen Kirchen gespendetes Sakrament der Initiation und Rechtfertigung, das den Getauften mit einem „unauslöschlichen Merkmal" (Charakter indelebilis) versieht und das daher beim Übertritt

Taufe. Moderner Taufstein

zu einer anderen Konfession nicht wiederholt wird. Gegenüber der in der christlichen Kirche ursprünglich vollzogenen *Erwachsenentaufe* setzte sich seit dem 3. Jahrhundert die *Kinder-(Säuglings-)taufe* durch. Während die Taufe generell von einem Geistlichen zu vollziehen ist, kann ein Laie einem in Todesgefahr Befindlichen die *Nottaufe* spenden. Im Falle völliger Verhinderung wird mit der Auffassung von der *Begierdetaufe* auf die Möglichkeit der Rechtfertigung auch ohne vollzogene Taufe vertraut. Der Vollzug der Taufe kann, wie in der alten Kirche, durch *Immersion*

(Eintauchen) geschehen. Die im Mittelalter vielfach übliche *Infusionstaufe* bestand meist in einem dreimaligen Ausgießen von Wasser. Als Ersatz dient die *Aspersion* (Besprengung). – Außerhalb des Christentums werden Taufakte vor allem von den Mandäern vollzogen. Taufähnliche Riten kannten auch die Germanen und die Azteken Mexikos.

Täufer (auch Wiedertäufer, Anabaptisten): seit der Reformationszeit Bezeichnung für die Anhänger einer schwärmerischen Bewegung. Die Täufer verwarfen die Kintertaufe und forderten die Erwachsenentaufe. Ihre Bewegung breitete sich von Zürich aus und ergriff die Schweiz, Ober- und Niederdeutschland. Ihre anfängliche Forderung des Ertragens von Unrecht schlug um in das Ziel der Vernichtung ihrer Gegner. Hiermit verbanden sich apokalyptische Vorstellungen und kommunistische Bestrebungen. Den Höhepunkt erreichte die Täuferbewegung mit der Errichtung einer Schreckensherrschaft im westfälischen Münster (1534), die durch die Erstürmung der Stadt und die grausame Bestrafung der Täufer 1535 beendet wurde.

Taurobolium: in den Mysterienkulten die Taufe mit dem Blut des über einer Opfergrube geschlachteten Stiers (griechisch taũros); den Vollzug dieser Bluttaufe mit dem Blut eines Widders (griechisch kriós) bezeichnet man mit *Kriobolium*.

Tẹ [də; chinesisch „Tugend"]: sie bestimmt bei Konfuzius den Wert eines Menschen und berechtigt den Herrschenden zu regieren. Für Laotse bedeutet sie das Wandeln auf dem Pfad der Mystik.

Tẹ Dẹum ↑Ambrosianischer Lobgesang.

Tee: ist nach buddhistischer Ansicht ein die Meditation nicht störendes, weil wohl anregendes, aber nicht berauschendes Getränk. Daher hat der Buddhismus die Anpflanzung des Teestrauchs in Ostasien ganz bedeutend gefördert.

Tefnut ↑Götterneunheit von Heliopolis, ↑Schu.

Telekinẹse [griechisch]: Bewegung von Gegenständen, die ohne Berührung hervorgerufen wird.

Teleologie ↑Gottesbeweise.

Telepathie [griechisch]: Fernfühlen, Wahrnehmung entfernter Geschehnisse ohne Vermittlung der Sinnesorgane.

Tell Al-'Amārna ↑Amarna.

Tẹllus [lateinisch „Erde"]: altrömische Göttin der Erde und Spenderin von Fruchtbarkeit, weitgehend mit ↑Ceres identifiziert.

Telpochcạlli [tɛlpɔtʃ'kalli; aztekisch „Jünglingshaus"]: bei den Azteken die der kriegerischen Ausbildung der männlichen Jugend dienende Erziehungsstätte, die dem Patronat des Gottes ↑Tezcatlipoca unterstand.

Tẹmenos ↑Tempel.

Tẹmpel [von lateinisch templum]: von

Tempel in Paestum (Heratempel und sogenannte „Basilika")

griechisch témenos abgeleiteter Begriff, der das Gotteshaus im Sinne des von der profanen Welt abgeschnittenen (griechisch témnein „schneiden"), heiligen Bezirks bezeichnet.

Tempelprostitution ↑Prostitution, sakrale.

Tempelschlaf ↑Inkubation.

Tempelstädte: werden Anlagen von Städten genannt, die sich um einen im Mittelpunkt liegenden Tempel entfalten und deren übrige Bauten, wie Priesterwohnungen und Magazine, teilweise mit dem Tempel in Verbindung stehen. Im weiteren Abstand vom Tempel können profane Gebäude errichtet sein. Tempelstädte sind meist Wallfahrtsorte; sie dienen der Feier großer religiöser Feste, die mit Messen und Märkten verbunden sein können. Charakteristisch hierfür waren viele Städte der alten Maya.

Templerorden: ein geistlicher Ritterorden, entstanden aus einem 1119 in Palästina gegründeten Bund französischer Ritter. Seine Regel wurde 1128 bestätigt, 1307 wurden die Templer in Frankreich wegen angeblicher Ketzerei verhaftet und einem Inquisitionsprozeß unterworfen; 1312 wurde der Templerorden von Papst Klemens V. aufgehoben und sein Besitz meist von weltlichen Fürsten eingezogen.

Temporalien ↑Kirchengut.

Tengri [mongolisch „Himmel"]: Name des mongolischen Himmels- und Hochgottes.

Tenno [japanisch „Himmelskaiser, himmlische Majestät"]: Titel des japanischen Kaisers, der auf seine Abstammung von der Sonnengöttin ↑Amaterasu hinweisen soll.

Tenrikio (= Tenrikyo) [japanisch „Lehre von der himmlischen Vernunft"]: eine der bedeutendsten neuen Religionen Japans, im Jahre 1838 von der später im Glauben ihrer Gemeinde vergöttlichten Bäuerin Miki Nakajama (* 1798, † 1887) gestiftet, deren Offenbarungen in dem heiligen Buch ↑„Ofudesaki" niedergelegt sind. Für den *Gottesglauben* der Tenrikio ist der Begriff der Elterngottheit (Ojagami) charakteristisch. Im Mittelpunkt des *Kults* steht der mit *Teodori* bezeichnete Tanz. Das *Heilsziel* ist ein „frohes Leben" (Jokiguraschi). Seine *ethische* Voraussetzung ist die Reinigung des Herzens vom „Staub" (Hokori), einer Art Sündenbegriff. Die religiöse Praxis äußert sich vornehmlich in einem freiwilligen Arbeitsdienst, der „tägliches Schenken" (Hinokischin) genannt wird. Das Oberhaupt der Tenrikio wird „Hauptsäule des Hauses" (Schimbaschira) genannt, außerhalb Japans im allgemeinen „Patriarch". Zentrum der Tenrikio ist die Stadt Tenri in der Provinz Nara. Die Gemeinschaft zählt in und außerhalb Japans über 2 Millionen Anhänger.

Terminus [lateinisch „Grenzstein"]: römischer Gott der Grenzen, die als heilig und unverletzlich galten. Die Terminalia wurden zu Ehren des Terminus als Fest der Grenznachbarn am 23. Februar begangen.

Terreiro [tɛrˈrɛiru; portugiesisch „Gelände, freier Platz, Hof"]: in der Umbanda-Religion Brasiliens die Bezeichnung für die Kultstätte.

Tertiaren [von lateinisch tertius „der dritte"]: Angehörige eines sogenannten „dritten Ordens", Bezeichnung für Laien, die sich einem kirchlichen Orden angeschlossen haben, aber keine Ordensgelübde ablegen und außerdem ihrem weltlichen Beruf weiterhin nachgehen. Tertiaren sind besonders bei Franziskanern und Dominikanern verbreitet.

Teschub: ursprünglich churritischer, in das hethitische Pantheon aufgenommener Wettergott.

Teteo innan [aztekisch „Göttermutter"]: häufige Bezeichnung einer im aztekischen Mexiko weithin verehrten Gottheit, die als Mutter der Götter galt. An der Stelle ihres nahe bei der Stadt Mexiko gelegenen Hauptheiligtums Tepeyacac („an der Bergspitze") steht heute die Wallfahrtskirche der Madonna von Guadalupe.

Tetragramm [von griechisch tétra... „vier" und grámma „Zeichen"]: Bezeichnung für die vier hebräischen Konsonanten JHWH des Gottesnamens Jahwe.
Teufel ↑Satan.
Teufelsanbeter ↑Jesiden.
Teutates: ein vornehmlich im alten Gallien verehrter keltischer Gott, dessen Name mit *teuta („Volk, Stamm") zusammenhängt. Wahrscheinlich war Teutates ein kriegerischer Gott; er dürfte dem von Cäsar mit Mars bezeichneten Gott der Kelten entsprechen.
Textkritik (auch Literarkritik): wissenschaftliche Aufgabe der Bearbeitung antiker Texte, die sich für den Religionsforscher bei der Erschließung der Urfassung religionsgeschichtlicher Quellenwerke stellt. Zur Textkritik gehört das Ordnen und Vergleichen verschiedener Handschriften, die Verbesserung eindeutiger Schreibfehler und die Rekonstruktion fehlerhaft überlieferter Textstellen.
Tezcatlipoca [tɛskatli'poka; aztekisch „der rauchende Spiegel"]: kriegerischer Gott der Azteken, Patron des der Erziehung zum Kriege dienenden ↑Telpochcalli. Das Symbol des Spiegels, das auf bildlichen Darstellungen des Gottes häufig die Stelle eines abgerissenen Fußes einnimmt, verweist auf die visuelle Allwissenheit des Tezcatlipoca. In seinem Verhalten gegenüber den Menschen trägt er ausgeprägte Züge eines ↑Trickster.
Thanatos [griechisch „Tod"]: Todesgott der griechischen Mythologie, der die Verstorbenen in die Unterwelt holt, Sohn der Nyx („Nacht"), Zwillingsbruder des Hypnos („Schlaf").
Thaumaturg [griechisch]: Beiname antiker Wundertäter, z. T. auch östlicher Heiliger.
Theatiner (lateinisch Ordo Clericorum Regularium vulgo Theatinorum; Abk. OTheat): katholischer Reformorden, benannt nach der italienischen Stadt Theate (heute Chieti). Der Orden wurde 1524 von Cajetan von Thiene (* 1480, † 1547) und S. P. Caraffa, dem späteren Papst Paul IV., zur sittlichen und religiösen Erneuerung des Klerus gegründet. Er zählt heute nur noch 300 Mitglieder.
Thebaische Legion: eine aus ägyptischen Christen gebildete, unter Führung des hl. Mauritius († um 300) stehende römische Legion, die unter Kaiser Diokletian (♕ 284–305) wegen Verweigerung der Christenverfolgung in Saint Maurice das Martyrium erlitten haben soll.
Theismus [te-'is...; von griechisch theós „Gott"]: der Glaube an einen personalen, überweltlichen Gott, der im Gegensatz zum Verständnis des religionsphilosophischen Begriffs ↑Deismus als eine die Welt erhaltende und lenkende, mit seiner Schöpfung, dem Menschen und seiner Geschichte in Verbindung stehende Macht angesehen wird. Der Begriff Theismus wird meist gleichbedeutend mit Monotheismus gebraucht.
Themis: griechische Göttin des Rechts, der Sitte und Ordnung.
Theodizee [von griechisch theós „Gott" und díkē „Gerechtigkeit"]: „Rechtfertigung Gottes", von Gottfried Wilhelm Leibniz (* 1646, † 1716) in seinem philosophischen Hauptwerk „Theodizee" (1710) geprägter Begriff für das Problem der Vereinbarkeit des Übels in der Welt und des menschlichen Leidens mit der Gerechtigkeit und Vollkommenheit Gottes. Das Problem stellt sich nur bei einem streng monotheistischen Gottesbegriff, während der Dualismus zwischen einer oder mehreren Mächten des Guten und des Bösen unterscheidet. Leibniz sah die Lösung in der menschlichen Natur und ihrer Begrenzung; religiös kann das Übel als Folge der Erbsünde oder als Mittel zur Prüfung und Bewährung verstanden werden.
Theogonie [von griechisch theogonía „Entstehung der Götter"]: mythischer Bericht über die Abstammung der Götter; berühmt ist die „Theogonía" des Hesiod (um 700 v. Chr.).

Theokratie: [von griechisch theós „Gott" und krátos „Herrschaft"]: eine Herrschaftsform, bei der die Staatsgewalt als Vertretung der Gottesherrschaft angesehen und dadurch legitimiert wird. Die Theokratie braucht durchaus keine Priesterherrschaft (Hierokratie) zu sein.

Theologia crucis [lateinisch „Theologie des Kreuzes"]: die Theologie der Reformatoren, insbesondere diejenige Luthers, der das Kreuz Christi als zentrale Heilstatsache ganz in den Mittelpunkt des Christentums stellte.

Theologia Deutsch ↑Deutsche Theologie.

theologia negativa: lateinischer Begriff für die ↑negative Theologie.

Theologie [von griechisch theología „Rede von Gott"]: wissenschaftliche, sowohl historische als auch systematische Erfassung der Glaubens- und Offenbarungsgehalte einer Religion. Hierbei wird unter „Theologie" in erster Linie die wissenschaftliche Beschäftigung mit dem Christentum verstanden, während die Erforschung der außerchristlichen Religionen Aufgabe der „Religionswissenschaft" ist. Die Theologie gliedert sich in verschiedene Unterdisziplinen. Die Wissenschaften vom A. T. und N. T. haben exegetische, den jeweiligen Urtext interpretierende Aufgaben. Kirchen- und Dogmengeschichte verfolgen die äußeren und lehrmäßigen Entwicklungen des Christentums. Die systematische Theologie widmet sich der Dogmatik und Ethik, während die praktische Theologie die wissenschaftliche Grundlage für kirchliches und seelsorgerliches Handeln erarbeitet.

Theologumenon [griechisch]: fest umrissene theologische Aussage.

Theomachie [von griechisch theomachía „Götterkampf"]: der Kampf zweier Göttergenerationen oder -geschlechter gegeneinander, wie der Kampf des Zeus und der Olympier gegen die ↑Titanen und der germanische Krieg zwischen Asen und Wanen.

Theonomie [von griechisch theós „Gott" und nómos „Gesetz"]: Gottesgesetzlichkeit, Ableitung der Ethik von göttlichen Geboten.

Theopanismus ↑Pantheismus.

Theophanie [von griechisch theós „Gott" und phaínomai „erscheinen"]: Begriff für eine Gotteserscheinung; sie wird religionswissenschaftlich im allgemeinen gleichbedeutend mit *Epiphanie* verwendet. Im Christentum bezeichnet Epiphanie das Erscheinen Gottes in Jesus Christus.

theophorisch [von griechisch theós „Gott" und phoréō „tragen"]: „Gott tragend" sind Personen- und Ortsnamen, die den Namen einer Gottheit in sich tragen, z. B. Hannibal („Gnade Baals"), Odenwald („Wald Odins"). – Theophorische Prozessionen sind im katholischen Kult Prozessionen mit dem Allerheiligsten.

Theos: griechischer Begriff für „Gott".

Theosophie [von griechisch theós „Gott" und sophía „Weisheit"]: ein Begriff, der allgemein das Bestreben bezeichnet, religiöse Überzeugungen mit höheren, übersinnlichen Erkenntnissen zu verbinden. In diesem Sinne können die spätantiken Gnostiker, aber auch Plotin (* 205, † 270), Paracelsus (* 1493 [?], † 1541), Jakob Böhme (* 1575, † 1624) und Emanuel Swedenborg (* 1688, † 1772) als Theosophen bezeichnet werden. – Im engeren Sinne versteht man unter Theosophie die 1875 von dem amerikanischen Oberst Henry Steel Olcott (* 1832, † 1907) und der Russin Helena Petrowna Blavatsky (* 1831, † 1891) begründete „*Theosophische Gesellschaft*", in deren Mittelpunkt anfangs spiritistische Experimente standen. Später erfolgte unter dem Einfluß der Engländerin Annie Besant (* 1847, † 1933) eine Hinwendung zum indischen Denken und seiner Seelenwanderungslehre. Auch der Sitz der Gesellschaft wurde nach Indien verlegt; er befindet sich seit 1882 in Adyar bei Madras. Rudolf Steiner (* 1861, † 1925), der seit 1903 den deutschen Zweig von Berlin aus geleitet hatte, trennte sich 1913 von der „Theosophischen Gesellschaft" und begründete die „Allgemeine Anthroposophische Gesellschaft".

Theotokos ↑Mariologie.

Theoxenien ↑Lektisternien.

Therapeuten [griechisch]: Anhänger einer von Philon von Alexandria (* um 25 [oder 13?] v. Chr., † um 50 n. Chr.) beschriebenen jüdisch-hellenistischen Eremitengemeinschaft bei Alexandria.

Therawada-Buddhismus (= Theravāda) [Sanskrit]: Schule der Alten, d. h. der Konservativen, jene Schulrichtung des Buddhismus, die im wesentlichen den Hinajana-Buddhismus geprägt hat.

Theriomorphie [von griechisch thēr „Tier" und morphḗ „Gestalt"]: Tiergestalt, in der Religionsgeschichte die Vorstellung der Gottheiten in tierischer Gestalt, wie sie besonders im alten Ägypten sehr verbreitet war.

Theseus: legendärer Heros von Athen, der den Ruhm des ↑Herakles erreichen wollte. Auch Theseus vollbrachte viele heldische Taten, u. a. beseitigte er den Wegelagerer Prokrustes („der gewaltsam Ausreckende"), der Wanderer durch Strecken und Zerreißen oder Abhacken von Gliedmaßen in sein „Prokrustesbett" einpaßte, und er erlegte im kretischen Labyrinth den Minotauros, dem Athen jährlich sieben Jünglinge und sieben Mädchen opfern mußte.

Thesmophorien: ein nur von Frauen gefeiertes griechisches Herbstfest zu Ehren der „gesetzgebenden" (thesmophóros) Göttin Demeter als der Lehrerin des Ackerbaus und der Begründerin von Ehe und bürgerlicher Ordnung.

Thessalonicherbriefe (Abk. Thess.): im N. T. zwei Briefe des Apostels Paulus, von denen der erste der älteste erhaltene Paulusbrief ist. Beide Briefe wenden sich gegen falsche Vorstellungen über die Wiederkunft Christi.

Theurgie [von griechisch theós „Gott" und érgon „Werk"]: die vornehmlich im Neuplatonismus geübte Praxis der magischen Beeinflussung von Göttern durch Menschen, meist in der Absicht, den Göttern geheimes Wissen (Gnosis) zu entlocken. Auch die Beseelung von Götterstatuen gehörte zu den theurgischen Handlungen.

Thomasakten: apokryphe Apostelgeschichte über die angebliche Mission des Apostels Thomas in Indien, wohl im 3. Jahrhundert in Syrien entstanden.

Thomaschristen: an der indischen Malabarküste ansässige Christen, daher auch als *Malabarchristen* bekannt. Sie führen ihre sicher sehr frühe Missionierung auf den Apostel Thomas zurück. Etwa die Hälfte der Thomaschristen ist heute mit Rom uniert.

Thomasevangelium: dem Apostel Thomas zugeschriebene Sammlung von Herrenworten in koptischer Sprache, inhaltlich von gnostischen Anschauungen beeinflußt.

Thomismus: die Lehre des Thomas von Aquin (* 1225, † 1274) und ihre Weiterführung durch die Thomisten. Der Thomismus bietet eine Systematisierung des gesamten christlichen Glaubensgutes und blieb bis in die jüngste Zeit die theologisch-philosophische Grundlage des kirchlichen Lehramtes in der katholischen Kirche.

Thor [auch altnordisch Thórr, deutsch Donar]: germanischer Herr des Donners, ein Gott der Stärke, der mit seinem Hammer Mjöllnir Heldentaten vollbringt, mit denen er Götter und Menschen vor der Bedrohung durch Dämonen schützt. Im Gegensatz zu Odin, dem Gott der Krieger, ist Thor vornehmlich der Beschützer bäuerlicher Arbeit. Sein heiliger Baum ist die Eiche. Die Fällung der Donarseiche bei Geismar durch Bonifatius (724) sollte die Ohnmacht des heidnischen Gottes demonstrieren. Der Name des Thor lebt fort in der deutschen Bezeichnung „Donnerstag".

Thora [hebräisch „Gesetz"]: hebräische Bezeichnung für den Pentateuch, die fünf Bücher Moses.

Thot: ägyptischer Gott der Weisheit und der Wissenschaften, Schreiber der Götter, in der Spätantike mit ↑Hermes Trismegistos gleichgesetzt.

Thot. Zeichnung nach einer Statue

Thron: Herrschaftszeichen, daher Attribut von Göttern und Königen. Zeichen ihrer Gegenwart kann der *leere Thron* sein. So war es in den späthethitischen Staaten üblich, derartige Sitze für verstorbene Fürsten aufzustellen. Die Manichäer feierten das Fest des Thronsessels (Bema) und glaubten, daß dabei Mani auf dem Throne Platz genommen habe.

Thyrsosstab: der mit Efeu und Weinlaub umwundene, mit einem Pinienzapfen bekrönte Stab des griechischen Gottes Dionysos und seines Gefolges.

Tiamat: im babylonischen Weltschöpfungsepos „Enuma elisch" der als Person gedachte chaotische Urozean. Der Gott Marduk zerspaltet die Tiamat, um aus ihren beiden Teilen Himmel und Erde zu bilden.

Tiara [lateinisch „Abts-, Bischofsmütze"]: Name der außerliturgischen dreifachen Papstkrone. Ihre drei Kronreifen sollen die päpstliche Macht in der leidenden, streitenden und triumphierenden Kirche oder auch das Priester-, Hirten- und Lehramt des Papstes symbolisieren. Die Tiara wurde 1964 von Papst Paul VI. symbolisch abgelegt.

tibetische Religionen ↑Bon-Religion, ↑Lamaismus.

T'ien [chinesisch „Himmel"]: im Chinesischen sowohl der sichtbare Himmel als auch der persönlich gedachte Himmelsgott, der als Schirmherr des Weltalls galt und frühzeitig mit ↑Schang-ti identifiziert wurde.

T'ien t'an [chinesisch „Opfergelände des Himmels"]: der Name des Altars des Himmels in Peking.

Tierkult: religiös-rituelle Verehrung von Tieren. Sie ist charakteristisch für Jägerkulturen, die einen „Herrn der Tiere" verehren. Außerdem war sie kennzeichnend für die Spätzeit der altägyptischen Religion, in der nicht nur einzelne Tiere, sondern ganze Tiergattungen als heilig galten.

Timotheusbriefe (Abk. Tim.): im N. T. zwei der ↑Pastoralbriefe, die von Paulus an seinen Mitarbeiter Timotheus gerichtet sind. Sie sind bedeutsam für die frühchristliche Auffassung des kirchlichen Amtes.

Tipitaka [Pali] ↑Tripitaka.

Tirtha [Sanskrit „Furt, Badeplatz"]: im Hinduismus allgemeine Bezeichnung für heilige Stätte und Wallfahrtsort.

Tirthankara [Sanskrit „Furtbereiter"]: Bezeichnung für die legendären 24 Vorläufer von Wardhamana, dem Stifter des Dschainismus. Historische Realität besaß wohl nur der letzte dieser Tirthankaras, der 250 Jahre vor Wardhamana lebende Parschwa.

Titanen: in der griechischen Mythologie die Söhne und Töchter des Uranos und der Gaia, die vor Zeus und den Olympiern herrschenden Götter, die im Titanenkampf (Titanomachie) von Zeus besiegt und entmachtet wurden.

Titelkirchen: die römischen Kirchen der Kardinäle.

Ti-ts'ang-wang [chinesisch „König der Eingeweide der Erde"]: einer der chinesischen Unterweltskönige, der als wohlwollend gilt und keine Züge einer Schreckensgestalt aufweist.

Titularbischof (auch lateinisch Episcopus titularis): katholischer Bischof, der auf den Titel eines Bistums außerhalb des heutigen Gebietes der römischen Kirche, d. h. „in ungläubigen Gegenden" (in partibus infidelium; Abk. i. p. i.) geweiht ist und andere kirchliche Aufgaben erfüllt.

Titusbrief (Abk. Tit.): im N. T. einer der ↑Pastoralbriefe, der von Paulus an seinen Schüler Titus gerichtet ist. Er ist bedeutsam für die Bezeugung der frühchristlichen Ämterbesetzung sowie für die Praxis der Bekämpfung von Irrlehren.

Tityos: Riese der griechischen Mythologie, der sich an Leto vergreifen will und deshalb von Apollon und Artemis erschossen wird. In der Unterwelt zerfleischen zwei Geier seine stets wieder nachwachsende Leber.

Tjurunga: australische Bezeichnung des ↑Schwirrholzes, das bei den Eingeborenen als heiligster Gegenstand gilt. Die Bedeutung des Wortes Tjurunga ist wahrscheinlich „der Person bzw. dem Geist zugehörig".

Tlachtli [aztekisch 'tlatʃtli] ↑Ballspiel.

Tlaelquani [aztekisch tla-ɛl'kwa:ni] ↑Tlazolteotl.

Tlaloc: aztekischer Regengott, Herr des auf wolkenverhangenen Bergen lokalisierten Jenseitsreiches Tlalocan, in das die Ertrunkenen, die vom Blitz Erschlagenen sowie Aussätzige und Gichtbrüchige gelangten.

Tlazolteotl (= Tlaçolteotl) [aztekisch „Gottheit des Unrats"]: die auch Tlaelquani („Dreckfresserin") genannte aztekische Göttin der außerehelichen Liebe, bei deren Priestern die Ehebrecher beichteten.

Tloque Nahuaque ['tlɔk-e na'wak-e; aztekisch „der Besitzer des Mit und Bei"]: Begriff für den Hochgott der Azteken, der wahrscheinlich als „Herr der unmittelbaren Nähe" zu verstehen ist.

Tobitbuch (Abk. Tob.): apokryphe Schrift des A. T., deren Titelgestalt Tobit (Tobias) ein Vorbild der Nächstenliebe und Gesetzestreue ist.

Tod: wird in der Religionsgeschichte äußerst selten als ein unwiderrufliches, die menschliche Existenz vernichtendes Ereignis angesehen. Vorherrschend ist vielmehr der Glaube an ein Weiterleben nach dem Tode. Dabei kann es sich um eine Auferstehung in verklärtem Zustand handeln oder um eine Unsterblichkeit, die entweder mit der Erhaltung des Leibes verbunden ist oder die Seele nach ihrer Trennung vom Körper betrifft. Das Christentum sieht im Tod eine Folge des Sündenfalls, die im Glauben an Christus besiegt wird.

Todsünden: sind nach katholischer Lehre Sünden, die die Verbindung mit Gott zerstören und den Verlust der göttlichen Gnade bewirken. Für die Bewertung einer Verfehlung im Sinne der Todsünde ist der persönliche, willentliche Einsatz des sündigen Menschen gegen Gott entscheidend. Zu den Todsünden zählen v. a. die *himmelschreienden Sünden* (Mord, Homosexualität, Unterdrückung der Armen) und die *sieben Hauptsünden* (Hoffart, Neid, Zorn, Geiz, Unzucht, Unmäßigkeit, Trägheit [d. h. religiöse Indifferenz]). Von Todsünden unterscheidet die katholische Moraltheologie *läßliche Sünden.*

To-gaku ↑Tonghak.

Tohuwabohu [hebräisch „wüst und leer"]: nach dem A. T. (1. Mos. 1, 2) das Urchaos vor der Schöpfung durch das Wort Gottes; heute übliche Bezeichnung für „Chaos, Durcheinander, Wirrwarr".

Toleranz [lateinisch]: Duldsamkeit gegenüber andersartigen und fremden Anschauungen, Gebräuchen und Glaubensformen, speziell die Gewissens- und Religionsfreiheit, die ein Staat seinen Bürgern garantiert.

Tonacacihuatl [aztekisch tɔ'na:ka 'si-watl] ↑Tonacatecutli.

Tonacatecutli [aztekisch „Herr unseres Fleisches"]: zusammen mit Tonacacihuatl („Herrin unseres Fleisches") eine andere Bezeichnung für die aztekische Elterngottheit ↑Ometecutli und Omecihuatl. Mit „unser Fleisch" waren die den menschlichen Körper aufbauenden und erhaltenden Nahrungsmittel, in erster Linie der Mais, gemeint.

Tonalismus ↑Nagualismus.

Tonan ↑Tota.

Tonatiuh [tɔ'natiw; aztekisch „er geht um zu leuchten, um zu wärmen"]: Name des Sonnengottes der Azteken.

Tonghak [koreanisch „östliche Lehre"] (auch japanisch To-gaku): von dem Koreaner Ch'ö Chye-u (* 1824, † 1864) gestiftete synkretistische Religion, aufbauend auf einer „himmlischen Schrift" (koreanisch Chonso), die Ch'ö Chye-u von einem geheimnisvollen Greis in der Nähe des Diamantberges erhalten zu haben behauptete. Die Religionsstiftung verbindet einen Rückgriff auf den altkoreanischen Himmelsgott ↑Hananim mit konfuzianischen Idealen der Menschlichkeit, taoistischer Begierdelosigkeit und buddhistischem Erbarmen. Sie ist antiwestlich und antichristlich orientiert. Seit 1906 trägt sie den Namen ↑Chondokio.

Tong-Il [koreanisch „Vereinigung"]: ursprünglicher Name einer neuen Religion, die später unter den Bezeichnungen „Holy Spirit Association" und „Gesellschaft zur Vereinigung des Weltchristentums" auftrat und sich jetzt „Unification Church" bzw. „Vereinigungskirche" nennt. Sie beruht auf den Lehren des Koreaners San Myung Mun (* 1920), der im Kreise seiner Anhänger als zweiter Messias verehrt wird. Diese Lehren, die ausdrücklich als noch unvollständig bezeichnet werden, sind in einem „Studienführer" mit dem Titel „Die göttlichen Prinzipien" niedergelegt. Sie enthalten eine vom Christentum sehr weit abweichende Geschichtsdeutung, die auf die Unterwerfung des Satans durch San Myung Mun hinzielt. Öffentlich bekannt wurde die Vereinigungskirche v. a. durch ihren entschiedenen Antikommunismus, der den Kommunismus für ein Werk des Satans hält. Anleihen bei der altchinesischen Yang-Yin-Spekulation (↑Yang-Yin) führen zur Lehre von einem durch Heiraten zu verwirklichenden komplementären Dualismus des Männlichen und Weiblichen. Die Zahl der Anhänger der Tong-Il beträgt heute rund zwei Millionen.

Tonsur [von lateinisch tonsura „Haarschur"]: eine alte, häufig beim Eintritt in den geistlichen Stand vollzogene Form des Haaropfers. Zu unterscheiden sind die *Tonsura Petri*, die einen Haarkranz bestehen läßt, die *Tonsura Ioannis*, das Scheren des Vorderkopfes von Ohr zu Ohr, und die *Tonsura Pauli*, eine Totalschur.

Tota [aztekisch „unser Vater"]: zusammen mit Tonan („unsere Mutter") Benennung der aztekischen Elterngottheit ↑Ometecutli und Omecihuatl.

Totem. Totempfähle

Totem: Begriff, der im Algonkin, einer nordamerikanischen Indianersprache, „Verwandtschaft, Familienemblem, Schutzgeist" bedeutet und zur Bildung des religionswissenschaftlichen Terminus ↑Totemismus verwendet wurde.

Totemismus [von ↑Totem]: die Vorstellung von einer Verwandtschaft und Schicksalsgemeinschaft zwischen Menschen und ihrem Totem, das ein Naturobjekt, meist ein Tier ist. Es besteht dann die Ansicht, daß das Wohl einer menschlichen Gruppe aufs engste mit diesem Totemtier zusammenhänge, das als Doppelgänger der Gruppenmitglieder und oft als deren Ahne gilt. Das Totemtier ist durch Tabuvorschriften geschützt,

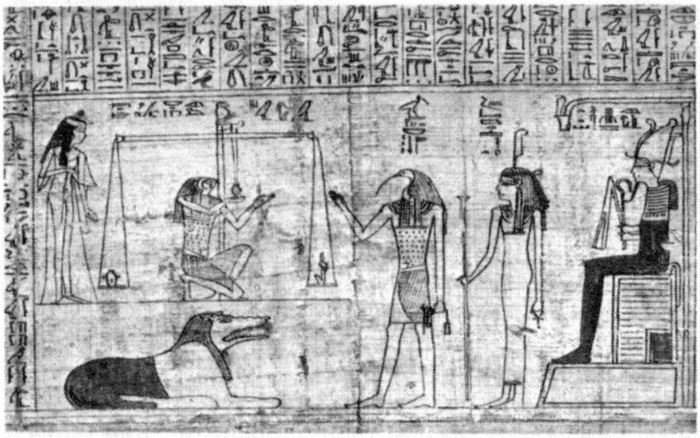

Totengericht. Vignette aus einem ägyptischen Totenbuch (11./10. Jahrhundert; Oudheden, Rijksmuseum)

die ein Jagd- und Eßverbot einschließen.

Totenbegleitopfer: tierische oder menschliche Opfer, die bei der Bestattung eines Verstorbenen dargebracht werden. Sie haben entweder den Sinn, dem Toten im Jenseits in irgendeiner Weise behilflich zu sein, oder sie wurden geopfert, weil sie der Machtsphäre des Verstorbenen, meist des Sakralherrschers, unverbrüchlich verbunden waren. Beide Motive können gelegentlich zusammentreffen. Als menschliches Totenbegleitopfer hielt sich bis in die neueste Zeit die indische Witwenverbrennung.

Totenbeschwörung: sie dient der Orakelerteilung. Charakteristische Beispiele sind die Beschwörung Samuels durch die Hexe von Endor und die anschließende Weissagung, die Samuel dem König Saul erteilt (1. Sam. 28, 7 ff.), sowie der Hinabstieg des Odysseus in den Hades, wo er sich von dem Seher Teiresias sein zukünftiges Schicksal voraussagen läßt („Odyssee", XI).

Totenbuch, ägyptisches: beschriftete und bemalte Papyrusrollen, die dem Toten seit Beginn des Neuen Reiches (1580 v. Chr.) mit ins Grab gegeben wurden. Sie sollten dem Verstorbenen das Bestehen vor dem Jenseitsgericht des Osiris und ein glückliches Fortleben sichern. Die Vignetten des Totenbuches stellen die Stätten des Jenseits und des Gerichtes dar. Die Texte dienen der magischen Sicherung eines glücklichen Jenseitsgeschicks. Bedeutsam sind die in ihnen enthaltenen „negativen Konfessionen", die dem Toten Worte über nicht begangene Verfehlungen in den Mund legen; z. B. „ich habe nicht Leiden von Menschen geschaffen". Diese Texte sind aufschlußreich, weil sie, ins Positive gewendet, ethische Ideale deutlich werden lassen.

Totenbuch, tibetisches: Text, den ein Lama dem Sterbenden oder bereits seit kurzem Verstorbenen ins Ohr flüstern soll, damit dieser die nach buddhistischer Lehre relative Wirklichkeit auch der jenseitigen Welt erkennen möge.

Totenerweckung: Begriff, der sowohl für die endzeitliche Auferstehung der Toten gebraucht wird als auch für diesseitige Wunder wie die im N. T. (Mark. 5, 35–43; Luk. 7, 11–15) berichteten Erweckungen der Tochter des Jairus und des Jünglings zu Nain.

Totenfeste ↑ Seelenfest.

Totengeister ↑ Geister.

Totengericht: eine in vielen Religionen ausgebildete Vorstellung, die sowohl das individuelle Gericht über die einzelne Seele als auch das eschatologische Gericht am Weltende betrifft. Meistens wird der Begriff Totengericht in erster Linie für das Gericht über den einzelnen Menschen verwendet. Hierüber haben der Parsismus und die altägyptische Religion besonders ausführliche Anschauungen entwickelt. Nach der parsistischen Individualeschatologie, die auf das Judentum, auf das Christentum und den Islam Einflüsse ausgeübt hat, findet an der Tschinwatbrücke („Brücke des Entscheiders") ein Verhör der Seele statt. Besteht sie dies Verhör, so kann sie ohne Furcht über diese Brücke ins Paradies gehen, während die Gottlosen von der Brücke fallen und ewigen Qualen ausgesetzt sind. – Das ägyptische Totengericht findet vor dem Totenrichter Osiris statt. Dabei liegt das Herz des Verstorbenen auf der einen Schale einer Waage, auf der anderen das Symbol für Wahrheit, gegen das es abgewogen wird.

Totengötter: in polytheistischen Religionen die Herrscher in der Unterwelt, die oft zugleich Richter der Verstorbenen sind.

Totenkult ↑Bestattung.

Totenmesse ↑Seelenmesse.

Totenorakel ↑Mantik.

Totenreich ↑Jenseits.

Totenrichter ↑Totengericht.

Totenschiff: ein vornehmlich für die mikronesische Inselwelt charakteristisches Mittel der Bestattung. Die Schiffs- oder Bootsbestattung wurde vollzogen, indem man entweder die Toten in Booten auf der See treiben ließ oder sie hinausfuhr und im Meer versenkte.

Totensonntag: in den deutschen evangelischen Kirchen der dem Gedächtnis der Verstorbenen gewidmete letzte Sonntag des Kirchenjahres; heute wird der Begriff Totensonntag durch die Bezeichnung *Ewigkeitssonntag* ersetzt.

Totenstadt ↑Nekropole.

Totentanz: Motiv spätmittelalterlicher Darstellungen eines vom Tod angeführten Reigens von Toten. Angehörige aller Stände und Altersstufen, die der Tod plötzlich aus dem Leben gerissen hat, tanzen einen makabren Reigen.

Toxcatl-Fest [aztekisch 'tɔʃkatl]: das zu Ehren des Gottes ↑Tezcatlipoca gefeierte Fest, eine der bedeutendsten kultischen Handlungen der Azteken, die mit der Opferung eines jungen Kriegsgefangenen verbunden war.

Tradition [lateinisch]: die Überlieferung und Weitergabe ihrer ursprünglichen Gehalte ist für jede Religion von wesentlicher Bedeutung. Träger dieser Überlieferung kann sowohl ein Priestertum sein, das seine religiösen Lehren mündlich tradiert, als auch eine schriftlich festgelegte Offenbarungsurkunde. – Das christliche Tra-

Totentanz aus der Schedelschen Weltchronik (1493)

ditionsverständnis erfuhr in der Reformationszeit eine konfessionelle Aufspaltung. Seitdem vertritt der Protestantismus das Prinzip, „allein durch die Schrift" (lateinisch sola scriptura) sei das christliche Glaubensgut bewahrt. Für den katholischen Traditionsbegriff, der auf dem Konzil von Trient (1545–63) seine endgültige Festlegung erfuhr, gilt neben der Bibel auch das Lehramt der Kirche als Traditionsträger.

Traduzianismus ↑Kreatianismus.

Trance ['trã:s(ə), tra:ns; von lateinisch transire „hinübergehen"]: Zustand der Entrückung mit übernatürlichen Gesichten und Erlebnissen.

Trank, heiliger ↑Essen und Trinken.

Transfiguration ↑Verklärung Christi.

Transsubstantiation [lateinisch]: „Wesensverwandlung", katholische Abendmahlslehre, nach der Brot und Wein in der Eucharistie in Leib und Blut Christi umgewandelt werden.

Transzendentale Meditation: eine Jogaschule, die am 1. Januar 1958 in Madras (Indien) von Maharischi Mahesch Jogi begründet wurde, einem Hindu-Mönch unbekannten Alters. Er verbindet eine vereinfachte Jogapraxis mit der Abkehr von asketischen Forderungen. Seinen Anhängern, die ihn als ihren geistlichen Lehrer, ihren Guru, verehren, verheißt er Befreiung von Streß und psychosomatischen Erkrankungen. Seine Gefolgschaft, die er auf weiten Reisen gewann, besteht vornehmlich aus begeisterten Jugendlichen. Sie soll in den USA etwa 100 000 Anhänger umfassen. Die deutsche Landesgruppe wurde 1960 in Bonn gegründet; ihr Sitz ist jetzt Frankfurt am Main.

Transzendenz [lateinisch]: im Gegensatz zur Innerweltlichkeit (Immanenz) der Bereich, der außerhalb der Grenzen natürlicher menschlicher Erfahrung liegt; das Übersinnliche, Absolute, vor allem die Jenseitigkeit Gottes.

Trappisten (lateinisch Ordo Cisterciensium Reformatorum sive Strictioris Observantiae; Abk. OCR): Zisterzienser der strengen Observanz, ein 1664 von Jean Le Bouthillier de Rancé (* 1626, † 1700) im Zisterzienserkloster La Trappe (Normandie) gegründeter und nach diesem Kloster benannter katholischer Orden, zu dessen äußerst strenger Askese das Gebot des völligen Schweigens gehört, mit Ausnahme von Gebet, Gottesdienst und dem Gruß „memento mori" („gedenke des Sterbens"). Die Trappisten sind zur Feldarbeit verpflichtet. Der Orden zählt heute 3 000 Mitglieder in 85 Klöstern.

Traum: gilt weithin in der Religionsgeschichte als eine Realität, der eine äußeren Ereignissen nicht nachstehende Bedeutung beigemessen wird. Im Traum begegnet der Mensch den Einwirkungen guter wie auch böser Mächte. In der Bethelgeschichte sieht Jakob im Traum eine Himmelsleiter, und ihm wird eine Theophanie zuteil (1. Mos. 28, 11–22). Oft erfordern Träume eine Deutung, und der *Traumdeuter* stand im Alten Orient, wie die Josephsgeschichte zeigt (1. Mos. 41), in hohen Ehren. In bevorzugter Weise galt Daniel als Traumdeuter; auf ihn berufen sich noch in späterer Zeit viele *Traumbücher*.

tremendum, Mysterium [lateinisch] ↑heilig.

Tretayuga [Sanskrit] ↑Weltzeitalter.

Treuga Dei [lateinisch] ↑Gottesfriede.

Triaden ↑Dreiheiten.

Trichotomie [griechisch]: die Anschauung von der Dreigeteiltheit des menschlichen Wesens in Leib, Geist und Seele.

Trickster ['trɪkstə; englisch „Gauner"] (auch *Hero-Trickster*): eine unberechenbare göttliche Gestalt, die als Widersacher und Vertreter des Bösen auftritt, aber auch Züge eines Schelms trägt, der die Menschen verspottet.

Tridentinum: Bezeichnung für das Konzil zu Trient (1545–1563), das den Anstoß zur Reform der katholischen Kirche gab, die Gegenreformation einleitete und die konfessionelle Spaltung vertiefte.

Triglaw [slawisch „Dreikopf"]: Gott der Ostseeslawen.

Trikaja (= Trikāya) [Sanskrit „dreifacher Leib"]: nach späterer buddhistischer Lehre manifestiert sich Buddha in drei verschiedenen Körpern oder Aspekten. Als letzte geistige Essenz wird er mit Dharmakaja („Körper der Lehre") bezeichnet; als Sambhogakaja („Segenskörper") verweilt er in himmlischen Regionen; seine zahlreichen irdischen Erscheinungen in verschiedenen Weltzeitaltern gehen auf einen Nirmanakaja („Verwandlungsleib") zurück.

Trilokeschwara [Sanskrit] ↑Schiwa.

Trimurti [Sanskrit]: die hinduistische Götterdreiheit von Brahma dem Schöpfer, Wischnu dem Erhalter und Schiwa dem Zerstörer. Sie ist keine Trinität im christlichen Sinne, sondern ein Dreigötterglaube (Tritheismus), und sie besaß im indischen Frömmigkeitsleben nur eine sehr untergeordnete Bedeutung.

Trinitarier (lateinisch Ordo Sanctissimae Trinitatis redemptionis captivorum; Abk. OST; „Orden der Allerheiligsten Dreifaltigkeit vom Loskauf der Gefangenen"): ein 1198 in Südfrankreich begründeter katholischer Orden zur Befreiung christlicher Gefangener; heute mit rund 700 Mitgliedern in Mission und Seelsorge tätig.

Trinität [lateinisch]: „Dreieinigkeit, Dreifaltigkeit", zentrale, auf Aussagen des N. T. (Matth. 28, 19; 2. Kor. 13, 13) beruhende Lehre des christlichen Glaubens, nach der der eine Gott in drei Personen oder Seinsweisen als Vater, Sohn und Heiliger Geist eine Einheit darstellt.

Trinitatisfest [lateinisch]: das am ersten Sonntag nach Pfingsten in den evangelischen Kirchen als „Fest der Dreieinigkeit", in der katholischen Kirche als „Fest der allerheiligsten Dreifaltigkeit" begangene Fest der christlichen ↑Trinität.

Tripitaka [Sanskrit „Dreikorb"] (auch Pali Tipitaka, chinesisch sants'ang): heilige Schrift des südlichen oder Hinajana-Buddhismus, in der Pali-Sprache verfaßt, daher auch *Palikanon* genannt. Das Tripitaka ist unterteilt in die drei Schriftensammlungen oder „Körbe" („Pitaka"): *Winaja-Pitaka* („Korb der Ordensdisziplin"), *Sutta-Pitaka* („Korb der Lehrreden") und *Abhidhamma-Pitaka* („Korb der subtileren Lehrbegriffe"). Innerhalb des Sutta-Pitaka sind für die Kenntnis des Hinajana-Buddhismus von besonderer Bedeutung die Texte: *Dighanikaja* („Sammlung der langen Texte") mit ausführlicher Erörterung über Buddhas Nirwana, *Itivuttakam* („also sprach Buddha") und *Dhammapada* („Worte der Religion").

Triptolemos: in der griechischen Mythologie Kulturheros von Eleusis, Erfinder des Pfluges und Verbreiter des Getreidebaues im Dienste der Göttin Demeter.

Triptychon. Georgsaltar in Schloß Ambras

Triptychon [griechisch]: dreiflügeliger, geschnitzter oder gemalter Altaraufsatz.

Triratna [Sanskrit „die drei Juwelen"]: im Buddhismus zusammenfassende Bezeichnung für Buddha, die Lehre (Dharma) und den Orden (Sangha).

Trischna (= Trishna) [Sanskrit „Durst"] (auch Pali Tanha): im Buddhismus Begriff für den Lebensdurst, der als Ursache des leidvollen Daseins und unerlösten Zustandes der Lebewesen gilt.

Trishagion [griechisch „Dreimal-Heilig"]: die Akklamation, die der Prophet Jesaja aus Engelmund vernahm (Jes. 6, 3): „Heilig, heilig, heilig ist der Herr Zebaoth"; in der katholischen Karfreitagsliturgie und in den ostkirchlichen Liturgien erweitert zu „Heiliger Gott, heiliger Starker, heiliger Unsterblicher".

Trismegistos ↑Hermes.

Tritheismus [...te-'is...; griechisch]: Dreigötterglaube, die Annahme dreier im Wesen unterschiedlicher göttlicher Personen innerhalb der christlichen ↑Trinität. Der bedeutendste Tritheist der abendländischen Kirchengeschichte, der die Wesenseinheit der drei Personen der Trinität bestritt, war der französische Philosoph und Theologe Roscellin von Compiègne (* um 1045, † nach 1120); er wurde 1092 auf der Synode zu Soissons zum Widerruf veranlaßt.

Tritojesaja: in der Wissenschaft vom A. T. Bezeichnung für die Kapitel 56 bis 66 des Buches Jesaja, die Verwandtschaft zu ↑Deuterojesaja aufweisen und im Anschluß an ihn von einem oder mehreren Autoren verfaßt sind.

Triton: alter griechischer Meeresgott, menschengestaltig mit Fischunterleib, auf einer Muschel blasend. Das Auftauchen seiner dämonischen Gestalt war für die Menschen gefahrbringend. In späterer Zeit nahm man eine Vielzahl von Tritonen im Gefolge des Poseidon an.

Troll [von altnordisch trylla „zaubern", „Zauberwesen"]: meist als Riese gedachter unheimlicher Geist der nordgermanischen Religion, oft kollektiv auftretend, lebt im Volksglauben fort; mit seinem Namen gebildete Ortsbezeichnungen finden sich bis heute in Skandinavien, z. B. Trollhättan.

Trude (auch Drude, Drut): deutsche Bezeichnung weiblicher Unholde, gleichbedeutend mit „Hexe, Alp". Wahrscheinlich ist das Wort von altnordisch Thrudr abzuleiten, dem Namen der Tochter der nordgermanischen Gottheiten Thor und Sif. Wörtlich bedeutet Thrudr „Kraft".

Trudenfuß: volkstümliche Bezeichnung für das ↑Pentagramm.

Trullanische Synode (auch Trullanum): Name zweier Konzile, die im „Trullus", einem Saal des kaiserlichen Palastes zu Konstantinopel, abgehalten wurden: das „Concilium Trullanum I" war das 6. ökumenische Konzil (680); das zweite Trullanum fand 692 statt.

Tschakrawartin (= Cakravartin) [Sanskrit]: indische Bezeichnung für einen in sagenhafter Vorzeit aufgetretenen wie auch in Zukunft erwarteten Universalherrscher.

Tschinwatbrücke (= Cinvatbrücke) [awestisch „Brücke der Entscheidung"]: eschatologische Vorstellung des Parsismus (↑Totengericht).

Tschitta (= Citta) [Sanskrit „Bewußtsein, Geist"]: indischer Begriff, der eine Qualifikation des Brahman ausdrückt. Im Buddhismus ist *Bodhitschitta* das Bewußtsein der Erleuchtung.

Tschung Yung [chinesisch „Maß und Mitte"]: eines der vier klassischen nachkonfuzianischen Bücher.

Tsuki-jomi (= Tsuki-yomi): Mondgott des Schinto.

Tuatha de Danann [keltisch „Leute der Dana"]: kriegerische Götter der keltischen Iren, deren Abstammung von der Erdgöttin Dana hergeleitet wurde.

Tummim ↑Urim und Tummim.

Tupí-Guaraní: Indianerstämme Südamerikas, deren Gebiete südlich des Amazonas beginnen und sich bis zur Grenze zwischen Brasilien und Paraguay erstrecken. Diese Stämme sind religionsgeschichtlich deshalb interessant, weil sie in den Jahren 1539 bis 1912 zu wiederholten Malen weite, mühevolle Züge zur Küste des Atlantik unternahmen, um vor einem von ihren Medizinmännern prophezeiten drohenden Untergang der Welt das „Land ohne Übel" zu erreichen, den Wohnort ihres Hochgottes Nanderuvuçú.

Türe ↑Schwelle.
Turfantexte: Texte, die seit 1898 in der innerasiatischen, im nördlichen Tarimbecken gelegenen Oase Turfan erschlossen wurden. Die vielsprachigen, vor allem in persischer, soghdischer, uigurischer und chinesischer Sprache verfaßten Texte sind aufschlußreich für die Erforschung des Manichäismus, Buddhismus und des nestorianischen Christentums.
Türme des Schweigens: im Parsismus turmartige Bauwerke, die entgegen ihrer Bezeichnung mit *Dachma* („Verbrennungsstätte, Scheiterhaufen") nicht der Leichenverbrennung, sondern der Luftbestattung dienten.
Tyche [griechisch „Geschick, Zufall"]: griechische Schicksalsgöttin, die Glück oder Unglück unberechenbar verteilt.
Typhon: in der griechischen Mythologie ein urzeitliches Ungeheuer, Sohn des Tartarus und der Gaia, Vater des Zerberus. Typhon erhob sich nach dem Sturz der Titanen gegen Zeus, der ihn erst nach schwerem Kampf bezwang, mit dem Blitz erschlug und in den Ätna bannte. In hellenistischer Zeit wurde Typhon mit dem in Ägypten verfemten Gott Seth identifiziert.
Typologie: die Auslegung des A. T. nach den Prinzipien des typischen, d. h. auf neutestamentliche Ereignisse verweisenden Sinnes. Dabei werden alttestamentliche Aussagen als Voraussagungen neutestamentlicher Sachverhalte aufgefaßt. – In der modernen Religionswissenschaft wird „Typologie" in einer nahezu oder vollständig gleichen Bedeutung wie Religionsphänomenologie gebraucht.
Tyr (= Týr) [altnordisch „der Leuchtende, Glänzende"] (auch althochdeutsch Ziu): ursprünglich oberster germanischer Himmelsgott, in dieser Stellung von Odin verdrängt, galt Tyr später als Wahrer des Rechts und als einarmiger Gott des Krieges. Mit Tyr gebildete Ortsnamen finden sich vornehmlich in Dänemark und Südschweden. Die Bezeichnung „Dienstag" (dänisch Tirsdag, schwedisch Tisdag) geht auf seinen Namen zurück.

U

Übergangsriten ↑Initiationsriten.
Überlieferung ↑Tradition.
Ubiquität [lateinisch]: „Allgegenwart", Zentralbegriff der Abendmahlslehre Luthers, der besagt, daß der Leib Christi im Abendmahl im Brot real gegenwärtig ist, ohne daß dadurch seine *All*gegenwart eingeschränkt ist.
Udschi-gami (= Uji-gami) [japanisch]: im Schinto Bezeichnung der Ahnengottheiten.
Ugarit: Name der beim heutigen *Ras Schamra* im nördlichen Syrien gelegenen Ruinenstätte, deren Ausgrabung durch französische Archäologen Zufallsfunde im Jahre 1928 angeregt hatten. Den dabei gefundenen Texten aus dem 15. Jahrhundert v. Chr. verdanken wir eine bedeutende Erweiterung unserer Kenntnisse der westsemitischen, kanaanäischen Religion. An der Spitze ihres *Pantheons* stand der alte, weise und gütige Göttervater El. Baal war ein junger Gott

Ugarit. Relief vom sogenannten Königsbett

des Regens und der Fruchtbarkeit, den Mot, der Herr des Todes, alljährlich besiegt und in die Unterwelt entführt. Daraufhin beginnt auf der Erde die Zeit der Dürre. Doch Baals Schwester Anat befreit ihren Bruder. Wahrscheinlich diente dieser Mythos als Vorlage für ein *Kultdrama*, das jährlich begangen wurde.

Ugradẹwa ↑Schiwa.

Ụkko [finnisch „alter Mann"]: oberster Gott der alten Finnen, zugleich Herr des Donners.

Ụllr [altnordisch „der Herrliche"]: nordgermanischer Gott, Sohn der ↑Sif, Stiefsohn des ↑Thor. Ullr galt als großer Skiläufer und Bogenschütze. Sein Kult war in Mittelschweden und im Oslofjord verbreitet.

Ultramontanịsmus [von lateinisch ultra montes „jenseits der Berge" (d. h. der Alpen)]: Bezeichnung für die streng päpstliche, nach Rom orientierte Gesinnung innerhalb des deutschen Katholizismus.

Umbạnda-Religiọn: synkretistische Religion Brasiliens, deren Grenzen zur Macumba und Candomblé, anderen neuen Religionen Brasiliens, fließend sind. Die Umbanda-Religion identifiziert *Gottheiten* westafrikanischer Herkunft mit biblischen Gestalten und katholischen Heiligen, zuweilen auch mit indianischen Numina. Eingeteilt werden diese Gottheiten in die beiden Klassen der gütigen Orixá und der bösen Exú. Der gütige Oxalá, der Schöpfer und Himmelsherr, wird Jesus Christus gleichgesetzt, die Meeresgöttin Yemanjá der Maria und der indianischen Flußnixe Jára. Der Kriegsgott Ogún wird mit dem Drachentöter Georg identifiziert, der Gewittergott Xangó mit dem hl. Hieronymus. Die Windgöttin Nha-San verschmolz mit der gegen Unwetter angerufenen Barbara, der Heilgott Omulú mit Lazarus. Das Haupt böser Numina ist Exú-Rei, der seine Entsprechung im Satan findet. – Zur Ekstase führende *Kulte* werden auf sogenannten Terreiros („Höfe"), speziellen Kultplätzen, vollzogen. Sie sind mit der Darbringung von Opfern verbunden, die mit portugiesisch Despacho („Absendung") bezeichnet werden. Bevorzugte Opfergaben sind geröstete Maiskörner und getötete Hähne. Ausgeprägt ist der *Spiritismus* der Umbanda, der mediale Verbindung mit Geistern vornehmlich zu therapeutischen Zwecken erstrebt.

Ụmma [arabisch]: die religiös-politische Gemeinde aller Muslime.

Ụna-Sạncta-Bewegung: Bewegung für „eine heilige" Kirche, eine von dem katholischen Priester Maximilian Metzger (* 1887, † 1944) ins Leben gerufene und von dem Benediktinerkloster Niederaltaich vorangetriebene Bewegung zur interkonfessionellen Versöhnung.

Ụnctio extrẹma ↑Krankensalbung.

Unfehlbarkeit des Papstes (auch Infallibilität): Irrtumslosigkeit des Papstes, wenn er feierlich in voller Lehrautorität (ex cathedra) Entscheidungen über Glauben und Sitte erläßt, wurde auf dem 1. Vatikanischen Konzil zum Dogma erklärt (18. Juli 1870).

Unglückstage ↑Tagewählerei.

Unheil ↑Heil.

unierte Kirchen: 1. Kirchen oder Teile von Kirchen innerhalb der Ostkirchen, die unter Beibehaltung orientalischer Riten mit eigener Kirchensprache die Kirchengemeinschaft mit der katholischen Kirche wiederhergestellt haben und den Primat des Papstes anerkennen; 2. lutherische und reformierte Kirchen, die sich zu einer *Union* zusammengeschlossen haben, wie die Kirchen der ↑Altpreußischen Union.

Unification Church [englisch junifi'kɛɪʃn 'tʃə:tʃ] ↑Tong-Il.

Ụnio mystica ↑Mystik.

Uniọn ↑unierte Kirchen.

Uniọn, hypostạtische ↑Hypostase.

Unitạrier: Bezeichnung für christliche Gemeinschaften, die die Trinitätslehre verwerfen. Sie sind heute vornehmlich in den USA vertreten und dort in der „Amerikanischen Unitarischen Gesellschaft" zusammengefaßt. Die

Unitarier gehen auf den Einfluß emigrierter *Sozinianer* zurück, der Anhänger einer 1579 in Polen begründeten und dort bald verfolgten antitrinitarischen Kirche.

Unität ↑Brüdergemeine.

Universalismus: das Bestreben großer Religionen, durch missionarisches Wirken weltweite, universale Ausbreitung zu erlangen. Es fußt auf der in diesen Religionen vertretenen Auffassung, die in ihnen verkündigten Werte besäßen uneingeschränkte, universale Geltung.

Universalreligion: Begriff, der gelegentlich unscharf in gleicher Bedeutung wie „Weltreligion" gebraucht wird. Richtiger ist, mit „Universalreligion" das Programm zu bezeichnen, durch eine Synthese der bestehenden Religionen zu nur einer, universalen, die gesamte Menschheit umfassenden Religion zu gelangen. In dieser Weise erstrebte Nikolaus von Cues († 1464) eine Vereinigung aller Religionen, „eine Religion in der Mannigfaltigkeit der Kulte" (una religio in rituum varietate). Der Mogulkaiser Akbar (♔ 1556–1605) wollte die Toleranz, die er gegenüber den Religionen seines Reiches gezeigt hatte, krönen, als er 1582 den Versuch der Begründung einer „Religion Gottes" (arabisch Din i'ilahi) unternahm. Im modernen Reformhinduismus sind ähnliche Tendenzen erkennbar.

Universismus: die Annahme eines ideal geordneten Universums mit umfassender Harmonie von Makrokosmos und Mikrokosmos. Die bestimmende Macht dieses Universums wird in einem numinosen Ordnungsprinzip gesehen, das den kosmischen, ethischen und rituellen Bereich gleichermaßen umfaßt. Für das alte China, an dem die Erscheinung des Universismus zuerst erforscht wurde, war dieser numinose Ordnungsbegriff das ↑Tao.

Universum ↑Weltordnung.

unrein ↑Reinheit.

Unsterblichkeit ↑Tod.

Unsterblichkeitsspeise und Unsterblichkeitstrank ↑Ambrosia, ↑Hauma, ↑Nektar, ↑Soma.

Unterwelt ↑Jenseits.

Upanischaden [von Sanskrit upanischad „Danebensitzen" (des Schülers neben dem Lehrer; Begriff für die Übermittlung einer esoterischen Geheimlehre)]: Bezeichnung für eine umfangreiche Gruppe religiöser Texte Altindiens, die seit etwa 800 v. Chr. entstanden sind. Im Gegensatz zu der ihnen vorangehenden Literatur des „Weda" sind die Upanischaden durch Gedanken des Pessimismus und der Weltmüdigkeit gekennzeichnet. Sie wollen den Weg weisen aus dem leidvollen Kreislauf der Wiedergeburten und zur Erkenntnis der Wesensgleichheit der Einzelseele (Atman) mit dem unendlichen Brahman führen. Sowohl die Upanischaden selbst als auch nachfolgende religionsphilosophische Versuche der systematischen Zusammenfassung ihres Inhalts werden mit *Wedanta* („Ende des Weda") bezeichnet; denn die Upanischaden stehen literarhistorisch am Ende des Weda und sie werden als dessen Vollendung angesehen. – Die wichtigsten Upanischaden sind die Brihadaranjaka-, Chandogja-, Kathaka-, Maitrajani-, Mundaka- und Schwetaschwatara-Upanischad.

Upasaka: im Buddhismus Bezeich-

Uppsala. Dom

nung für die Laienanhänger, die nicht den strengen Geboten des Mönchtums unterworfen sind, jedoch für den Lebensunterhalt der Mönche zu sorgen haben. Die Laienanhängerinnen heißen *Upasika*.

Uppsala: in Uppsala befand sich ein großes Heiligtum der nordgermanischen Religion. Es besaß nach Adam von Bremen († nach 1081) einen Tempel mit einem riesigen Baum, der in seinem Innern wuchs, und mit Bildern der Götter Freyr, Odin und Thor (er soll sich im heutigen Alt-Uppsala, schwedisch Gamla Uppsala, befunden haben). Seine Existenz dürfte durch Ausgrabungen 1926 erwiesen sein. Der Dom stammt aus dem 13. Jahrhundert, er wurde 1893 umfassend restauriert.

Ur: Name einer bedeutenden, sehr alten sumerischen Stadt; nach dem A. T. (1. Mos. 11, 31) war „Ur in Chaldäa" die Heimat Abrahams.

Urania: „die Himmlische", griechische Muse der Astronomie, auch Beiname der Göttin Aphrodite.

Uranos: griechischer Himmelsgott, Gatte der Gaia, Vater der Titanen. Von seinem Sohn Kronos, der sich der Herrschaft über die Welt bemächtigt, wird Uranos entthront und entmannt.

Uräusschlange: die am Diadem des ägyptischen Pharao getragene Stirnschlange, die Nachbildung einer sich aufbäumenden Kobra, galt als gefahrvolles Machtzeichen des Königs.

Ur. Kopf einer Gottheit (spätes 3. Jahrtausend v. Chr.; Paris, Louvre)

Urbi et orbi [lateinisch „der Stadt (Rom) und dem Erdkreis"]: Bezeichnung des Segens, den der Papst von der Loggia der Peterskirche erteilt; auch Formel in päpstlichen Dekreten.

Ur-Buddha (auch Sanskrit Adibuddha): ein Begriff, der nach späterer buddhistischer Lehre den seit ewigen Zeiten existierenden Buddha bezeichnet.

Urbuddhismus: der Buddhismus zur Zeit Buddhas und seines ersten Jüngerkreises.

Urchristentum (auch Urkirche): die Epoche des Christentums von der Loslösung vom Judentum bis zur Mitte des 2. Jahrhunderts. An ihrem Beginn steht der durch Paulus und seine Heidenmission bewirkte Eintritt des Christentums in die hellenistische Welt sowie das Verlassen Jerusalems durch die Urgemeinde, die zur Zeit des großen jüdischen Aufstandes gegen die Römer (66–70) nach Pella im Ostjordanland zog. Beide Ereignisse bewirkten, daß das Christentum keine jüdische Sekte, sondern eine eigenständige Religion wurde.

Urd [altnordisch Urdr]: eine der schicksalsbestimmenden Nornen der germanischen Mythologie.

Urgemeinde: Bezeichnung für die erste christliche Gemeinde, die sich bald nach der Kreuzigung Christi in Jerusalem um Petrus und die übrigen Jünger sammelte und deren Leitung nach Petrus der Bruder Jesu Christi, Jakobus der Gerechte innehatte.

Urheber: von Nathan Söderblom (* 1866, † 1931) eingeführter Begriff für uranfängliche Gestalten des Mythos, die als Schöpfer der Welt wirkten, vornehmlich aber die Menschen Kultus, Recht, Kultur und Ackerbau lehrten, sich aber dann von der Welt und den Menschen völlig zurückzogen.

Uriel: einer der jüdischen Erzengel, der erst für das nachbiblische Judentum bezeugt ist. Sein Name hängt mit dem hebräischen Wort für „Licht" (Or) zusammen.

Urim und Tummim [hebräisch]: im A. T. die heiligen Lose, die der Hohepriester in seinem Brustschild trug.

Urkirche ↑Urchristentum.

Urmaterie: in manchen Kosmogonien die Vorstellung von einem vor der eigentlichen Schöpfung existierenden Urstoff, den ein Schöpfergott oder ein Demiurg zu Erde und Kosmos gestaltet.

Urmensch: in zahlreichen Mythologien ein meist mehr oder weniger übermenschliches Wesen, nach der iranischen Überlieferung der paradiesische Urkönig ↑Jima, nach indischer Vorstellung ↑Jama, der erste Herrscher im Totenreich, in gnostischen Systemen ein Lichtmensch, im A. T. Adam als der erste Mensch, von dem die gesamte Menschheit abstammen soll.

Urmonotheismus: religionswissenschaftliche These, nach der der Eingottglaube am Anfang der menschlichen Geschichte steht und der Polytheismus ein späterer Abfall hiervon ist. Die Theorie des Urmonotheismus erfuhr größte Beachtung durch die umfangreichen Arbeiten des deutschen Ethnologen Wilhelm Schmidt (* 1868, † 1954). Die Kritik an dieser Theorie galt der Forschungsmethode, die von den religiösen Verhältnissen bei primitivsten Stämmen der Gegenwart auf Zustände der Urmenschheit schließt.

Urreligion: die ursprüngliche und erste Form menschlicher Religion ist geschichtlich nicht erreichbar. Deshalb sind alle religionsgeschichtlichen Ursprungstheorien bloße Hypothesen, die wissenschaftlich nicht zu erhärten sind. Das gilt für die evolutionistischen Versuche, Religion aus einem uranfänglichen ↑Animismus oder einem ↑Dynamismus abzuleiten, ebenso aber auch für die ↑Dekadenztheorie. Der Versuch, derartige Theorien mit Beobachtungen der Religion primitivster Völker unserer Zeit zu

Uschebtis: a) Uschebti der 19. Dynastie (um 1250 v. Chr.; Paris, Louvre)
b) der 18. Dynastie (um 1350 v. Chr.; New York, Brooklyn Museum)
c) der 20. Dynastie (1156 v. Chr.; Paris, Louvre)
d) der Spätzeit (Berlin-Charlottenburg)

stützen, ist deshalb wissenschaftlich nicht haltbar, weil unbekannt ist, ob diese heute lebenden Völker gleiche Anschauungen haben wie die Menschen frühester Zeiten.

Urstand ↑Status integritatis.

Urwan (= Urvan) [awestisch „Seele“]: im Parsismus gebräuchlicher Seelenbegriff.

Uschas (= Ushas) [Sanskrit]: indische Göttin der Morgenröte.

Uschebtis: „Antwortende“, kleine Dienerfiguren als Grabbeigaben für den vornehmen Ägypter, die, wenn er im Jenseits zur Arbeit aufgerufen würde, für ihn „antworten“ und arbeiten sollten.

Utgard (= Utgarđ) [altnordisch „Draußenwelt“]: im germanischen Weltbild das außerhalb des Lebensraums der Menschen lokalisierte Reich der Riesen und Dämonen.

Utnapischtim ↑Gilgamesch-Epos.

Utopie [griechisch]: „Nirgendort“, nach dem 1516 erschienenen Werk „Utopia“ des englischen Staatsmannes und Humanisten Thomas Morus (* 1478, † 1535) benannter spekulativer Plan für eine aus vernünftigem Denken und menschlicher Bemühung resultierende ideale, humanitäre Gestaltung der gesellschaftlichen und politischen Verhältnisse. Urbild aller Utopien ist Platons „Staat“. – Da Utopien niemals verwirklicht wurden, hat das Wort „utopisch“ den Sinn von „unerfüllbar, unwirklich, schwärmerisch“ gewonnen.

Utraquisten: Gruppe der ↑Hussiten, die das Abendmahl Sub utraque („in beiderlei [Gestalt]“) forderte, d. h. auch den Laienkelch, daher auch Kalixtiner („Kelchler“) genannt.

Utu: Sonnengott der sumerischen Religion, Richtergott und Wahrer des Rechts.

V

Vac ↑Watsch.

Vairocana ↑Wairotschana.

Vaishya ↑Kastensystem.

Vajra ↑Wadschra.

Vajrapani ↑Wadschrapani.

Vajrayana ↑Wadschrajana-Buddhismus.

Vali (= Váli) [altnordisch]: in der nordgermanischen Mythologie ein Sohn Odins, der den Tod Baldrs an Hödr rächt.

Vampir [serbisch]: im slawischen Volksglauben besonders auf dem Balkan und in der Ukraine ein dämonisches Wesen, das lebenden Menschen das Blut aussaugt und damit deren Tod bewirkt. Die Etymologie von Vampir ist umstritten; Übersetzungen mit „Untoter“ und „fliegendes Wesen, Fledermaus“ sind vorgeschlagen worden.

Vanaprastha ↑Wanaprastha.

Varanasi [Sanskrit]: heutiger Name von *Benares*, der heiligen Stadt der Hindus, am linken Ufer des Ganges gelegen, 120 km östlich von Allahabad. In Varanasi finden sich über 1500 hinduistische Tempel; auf 47 hundertstufigen Treppen (ghats) steigen die Hindus zum Ganges herab, um sich in seinem Wasser rituell zu reinigen.

Vardhamana (= Wardhamana) ↑Dschina.

Varuna ↑Waruna.

Varya ↑Warja.

Vāsudeva ↑Wasudewa.

Vata ↑Wata.

Väter ↑Ahnen.

Vaterrecht ↑Patriarchat.

Vaterunser (auch lateinisch Paternoster): das *Gebet des Herrn*, von Jesus seinen Jüngern gegebener Gebetstext, der im N. T. (Matth. 6, 9–13; Luk. 11, 2–4) in zwei Versionen überliefert ist.

Vatikan: der in Rom auf dem Mons Vaticanus neben der Peterskirche errichtete päpstliche Palast; Sitz zahlreicher Behörden der Kurie. Angegliedert sind die Vatikanischen Sammlungen. Vatikan ist seit 1929 auch die Bezeichnung des souveränen ↑Kirchenstaates.

Vatikanische Konzile: die im Vatikan abgehaltenen Konzile der katholischen Kirche. Das 1. Vatikanische Konzil tagte 1869–1870 unter Pius IX. Es definierte die ↑Unfehlbarkeit des Papstes. Das 2. Vatikanische Konzil fand 1962–1965 unter Johannes XXIII. und Paul VI. statt. Es verabschiedete die Liturgiereform und gab bedeutende Anstöße zum Dialog mit anderen christlichen Konfessionen und Fremdreligionen sowie mit der modernen Welt.

Vaudou [französisch vo'du:] ↑Wodu-Kult.

Vāyu ↑Waju.

Ve: in der nordgermanischen Mythologie ein Bruder Odins.

Veda ↑Weda.

Vedangas ↑Weda.

Vedanta ↑Upanischaden.

Vegetationskult (auch Agrarkult): in bäuerlichen Kulturen die rituelle Feier der Aussaat und der Ernte, verbunden mit der Verehrung von Vegetationsgottheiten, die das jahreszeitliche Vergehen, Wiederaufleben und Wachstum der Pflanzenwelt in ihren mythischen Schicksalen symbolisieren, die in einem Kultdrama rituell vergegenwärtigt (repristiniert) werden.

Veleda: nach dem römischen Geschichtsschreiber Cornelius Tacitus (* um 53, † um 120) („Germania", Kapitel 8) die berühmteste und vom Volke göttlich verehrte Seherin der Germanen. Sie wirkte in Westfalen und starb als Gefangene des Kaisers Vespasian (♔ 69–79 n. Chr.).

Vendidat ↑Videvdat.

Venerabile [lateinisch „verehrungswürdiges (Sakrament)"]: in der katholischen Kirche Bezeichnung für die geweihte Hostie.

Veni Creator Spiritus [lateinisch „Komm, Schöpfer Geist"]: mittelalterliche Hymne des Pfingstfestes.

Venus: ursprünglich italische Garten- und Frühlingsgöttin, in Rom zunächst noch ohne Kulte, später der griechischen Aphrodite gleichgesetzt als Göttin der Schönheit und Liebe. Als *Venus genetrix* („Mutter Venus") galt sie als Ahnherrin des Geschlechts der Julier.

Venusberg: Bezeichnung verschiedener mit der Göttin Venus verknüpfter Berge, in Deutschland besonders in Thüringen und Schwaben. In ihnen hält der Sage nach Venus Hof und lockt Menschen hinein, die dort auf Kosten der ewigen Seligkeit ein Leben der Lust führen; mit der Sage vom Tannhäuser in Beziehung gesetzt.

Verbot ↑Gebot und Verbot.

Verdammnis, ewige (auch lateinisch damnatio aeterna): nach christlicher Lehre der Zustand der ewigen Gottferne.

Verdienst: im religiösen Bereich Bezeichnung für den Lohn, der durch gute ↑Werke beansprucht wird.

Verethraghna ↑Writrahan.

Vergebung: ↑Entsühnung, ↑Rekonziliation, ↑Versöhnung.

Vergeltung: setzt die Überzeugung voraus, daß menschliche Taten eine über die jeweils aktuelle Situation hinauswirkende Bedeutung haben. Diese kann rein innerweltlich verstanden werden; dann wird die Vergeltung im gegenwärtigen oder, wenn der Gedanke der Seelenwanderung vorherrscht, in einem erneuten Erdenleben erwartet. In den meisten Religionen jedoch bestimmt der Vergeltungsgedanke das ethisch bedingte Urteil in einem jenseitigen Gericht, in dem Lohn und Strafe die Art der Fortexistenz des Menschen bestimmen.

Verhüllung: eine meist teilweise Bedeckung, vornehmlich des Kopfes, des Mundes oder der Hände, findet sich vielfach in der Religionsgeschichte als Voraussetzung für die Teilnahme an kultischen Akten. Grundlegend hierfür ist die Forderung, daß der Mensch nicht in seiner Profanität vor das Heilige treten dürfe. Charakteristisch ist, daß nach dem Bericht des A.T. (1. Kön. 19, 13) der Prophet Elia sein Antlitz mit einem Mantel verhüllt, als ihm eine Theophanie zuteil wird.

Verklärung Christi (auch Transfiguration): im N.T. (Matth. 17, 1–9) die Schilderung des auf dem Berge Tabor vor seinen Jüngern Petrus, Jakobus und Johannes verklärten Christus, eine Messiasvision, bei der Moses und Elias erscheinen. Das liturgische Fest der Verklärung Christi wird in der katholischen Kirche am 6. August begangen.

Verkündigung Mariä: die im N.T. (Luk. 1, 26ff.) berichtete Verkündigung der Geburt Christi an Maria durch den Erzengel Gabriel, eines der häufigsten Motive der christlichen Ikonographie. Das Fest der Verkündigung Mariä wird in der katholischen Kirche am 25. März gefeiert.

Vermittlungstheologie: an Friedrich Ernst Daniel Schleiermacher (* 1768, † 1834) anknüpfende Schulrichtung der protestantischen Theologie des 19. Jahrhunderts, die einen vermittelnden Standpunkt zwischen neuzeitlichem Denken und kirchlicher Überlieferung einzunehmen suchte.

Vernunftreligion: in der Aufklärung Bezeichnung für die ↑natürliche Religion.

Ver sacrum [lateinisch „heiliger Frühling"]: altrömischer Brauch, in Notzeiten dem Gotte Jupiter die Erstlinge eines Frühlings zu geloben und sie ihm später zu opfern. Das Gelübde bezog sich in historischer Zeit auf den gesamten Nachwuchs eines Frühlings.

Versenkung ↑Meditation.

Versöhnung: im Gegensatz zur Sühne, die dinglicher Natur sein und mechanisch vollzogen werden kann, ist die Versöhnung durch eine Auseinandersetzung des Menschen mit Gott in der personalen Sphäre charakterisiert. Zur Versöhnung gehört auf menschlicher Seite das Bewußtsein individueller Verschuldung, zu dem auf göttlicher Seite die Vergebung hinzutritt. Es ist bezeichnend, daß der Buddhismus, der die Existenz der Götter entwertet und die menschliche Individualität auflöst, keinen eigentlichen Versöhnungsgedanken kennt.

Versöhnungsfest ↑Jom Kippur.

Verstehen: in der Religionswissenschaft eine insbesondere von dem Religionswissenschaftler Joachim Wach (* 1898, † 1955) geförderte Methode zur Erfassung fremdreligiöser Fakten in ihrem Sinnzusammenhang und hinsichtlich der Bedeutung für die Bekenner fremder Religionen.

Versucher: in dualistischen Religionen der numinose Vertreter des bösen, widergöttlichen Prinzips, im Judentum, Christentum und Islam der ↑Satan.

Versuchung: Bezeichnung für die Verlockung, das religiös und sittlich Verwerfliche zu tun.

Vertrauen ↑Glaube.

Vertumnus: römischer Gott etruskischen Ursprungs, Gatte der ↑Pomona. Wie diese stand er vermutlich zunächst mit dem Obst in Verbindung. Durch volksetymologische Ableitung seines Namens von lateinisch vertere („wenden") wurde er zu einem Gott der Jahreswende.

Verunreinigung ↑Reinheit.

Verwandlung ↑Metamorphose.

Verwandtschaft ↑Sippe.

Vesper ↑Stundengebet.

Vesperbild ↑Pietà.

Vesta: der griechischen ↑Hestia entsprechende römische Göttin des häuslichen Herdfeuers sowie des in ihrem Rundtempel auf dem Forum Romanum von den ↑Vestalinnen gehüteten Staatsfeuers.

Vestalinnen: jungfräuliche, aus vornehmen römischen Familien stammende Dienerinnen der Göttin ↑Vesta, denen die Bewahrung des Staatsfeuers im Tempel der Vesta oblag. Sie mußten sich zu 30jährigem Dienst verpflichten, genossen besondere Ehrenrechte und trugen den Ehrentitel *Virgines sanctae* („heilige Jungfrauen“). Auf Verlust ihrer Jungfräulichkeit stand die Strafe der lebendigen Einmauerung.

Vetalas ↑Wetalas.

Vetus Latina ↑Bibelübersetzungen.

Via causalitatis ↑Gotteserkenntnis.

Via Dolorosa [lateinisch „schmerzensreicher Weg“]: der Leidensweg Christi in Jerusalem. Die Via Dolorosa führt von der nur noch in sehr geringen Resten erhaltenen Antoniafestung, der einstigen Residenz des Pilatus, über 14 Stationen bis zur Grabeskirche.

Via eminentiae ↑Gotteserkenntnis.

Via negationis ↑Gotteserkenntnis.

Viaticum [lateinisch „Wegzehrung“]: in der katholischen Kirche die Kommunion, die Kranken und Sterbenden gereicht wird.

Vicarius Christi ↑Stellvertreter Christi.

Victoria [lateinisch „der Sieg“]: römische Siegesgöttin, der griechischen ↑Nike gleichgesetzt.

Vidar: in der nordgermanischen Mythologie Sohn Odins und der Riesin Grid, gilt als schweigsamer Ase; sein Göttersitz ist mit Gestrüpp und hohem Gras bewachsen. Vidar tötet während der Götterdämmerung ↑Fenrir.

Videvdat [von awestisch Vīdaēva dāta „Gesetz gegen die bösen Geister“] (auch Vendidat): ein Teil des „Awesta“, der 22 Kapitel umfaßt und hauptsächlich priesterliche Gesetze des Parsismus enthält.

Vielgötterei ↑Polytheismus.

Vigilien [...i-ən; lateinisch] (Einzahl Vigil): „Nachtwachen“, in der Religionsgeschichte nächtliche Kultfeiern, im Christentum zunächst nächtliche Gottesdienste vor hohen Festtagen, dann generell die abendliche Vorfeier eines hohen Festes. Die verbreitetste Vigil ist der Heiligabend, hinter den das eigentliche Weihnachtsfest des kommenden Tages an Bedeutung zurücktrat.

Vihara ↑Wihara.

Vili: in der nordgermanischen Mythologie ein Bruder Odins.

Vinaya-Pitaka (= Winaja) ↑Tripitaka.

Vinzentinerinnen (auch Barmherzige Schwestern, Soeurs grises, Filles de charité): ein 1633 von Vinzenz von Paul (Vincent de Paul) (* 1576, † 1660) gegründeter katholischer Frauenorden zur Krankenpflege, der als größte katholische Frauengenossenschaft heute rund 62200 Angehörige besitzt. Die Tracht besteht aus blaugrauem Kleid und weißer Flügelhaube.

Viracocha [wi:ra'kɔtʃa] ↑Huiracocha.

Virgines sanctae ↑Vestalinnen.

Vision [lateinisch]: übernatürliche Schau, die sich auf Zukünftiges wie auch als „zweites Gesicht“ auf räumlich Entferntes beziehen kann. Im religiösen Bereich hat die Vision einen Offenbarungscharakter, der mit einem richtungweisenden Auftrag verbunden ist.

Visitatio Beatae Mariae Virginis ↑Heimsuchung Mariä.

Visitatio liminum (zu ergänzen: Apostolorum) [lateinisch „Besuch der Schwellen (der Apostel)“]: vorgeschriebener Rombesuch der katholischen Bischöfe, für europäische Bischöfe alle fünf, für außereuropäische alle zehn Jahre.

Visitation [lateinisch]: „Besuch“, Besichtigung kirchlicher Institutionen durch den zuständigen Vorgesetzten.

Vispered [von awestisch Vīspe rātavō „alle Herren“]: Teil des ↑„Awesta“, der Gebete mit Anrufungen zahlreicher „Herren“ (d. h. Heiliger) sowie Opferformulare enthält.

Vitzliputzli ↑Huitzilopochtli.

Vohu Manah ↑Wohu Manah.

Vogelschau ↑Auspizien.

Volcanus ↑Vulcanus.

Völkertafel: die im A. T. (1. Mos. 10) überlieferte Liste, die die damaligen Völkerschaften nicht nach ihrer geographischen und ethnologischen Verteilung, sondern nach familienhaften, genealogischen Gesichtspunkten ordnet.

Volk Gottes (auch Gottesvolk, auserwähltes Volk): das Volk Israel, das nach dem A. T. (5. Mos. 7, 6; Amos

3, 2) von Jahwe aus allen Völkern der Erde erwählt worden ist und mit seinem Gott am Sinai einen Bund geschlossen hat (2. Mos. 19), der von Josua auf dem Landtag zu Sichem (Jos. 24) erneuert wurde. Der Begriff des Gottesvolkes wurde vom frühen Christentum aus seiner völkischen Bindung gelöst und auf die christliche Gemeinde übertragen.

Volksfrömmigkeit (auch Volksglaube): die auch mit „Religion der Tiefe" bezeichnete Frömmigkeit, die sich von der offiziellen Religion dadurch unterscheidet, daß in ihr ↑Survivals früherer Zeiten und untergegangener Religionen lebendig geblieben sind und als *Aberglaube* weiter gepflegt werden.

Volkskirche: eine Kirche, die den überwiegenden Teil der Bevölkerung eines Staatsgebiets umfaßt, jedoch institutionell und finanziell vom Staat unabhängig ist.

Volksmission: Aufgabengebiet der Inneren Mission zur religiös-sittlichen Erneuerung und zur Erfassung kirchenfremd gewordener Christen. Die Volksmission veranstaltet innerhalb und außerhalb kirchlicher Räume Evangelisationswochen mit Vortragsreihen und Bibelabenden.

Volksreligion: äußerst unscharfer Begriff, der zum einen im Gegensatz zu *Weltreligion* für weniger weit verbreitete, auf Völker oder aber auch auf geographische Bereiche begrenzte Religionen angewendet wird. Zum anderen kann Volksreligion innerhalb ein und derselben Religion eine *niedere Schicht* gegenüber der Religion einer gesellschaftlich höheren Klasse, schließlich allgemein die Religion des Volkes im Unterschied zu derjenigen des *Priestertums* bezeichnen.

Vollkommenheit ↑Status integritatis.

Voluntarismus [von lateinisch voluntas „Wille"]: Welt- und Lebensanschauung, die den Willen in psychologischer Sicht als seelische Grundfunktion und im metaphysischen Bereich als Grundprinzip des Seins auffaßt. Der klassische Philosoph des Voluntarismus war Arthur Schopenhauer (* 1788, † 1860).

Völuspa [altnordisch Voluspá „der Seherin Weissagung"]: ein Gedicht der „Edda", das eine visionäre Schau von der Urzeit bis zum Weltuntergang enthält.

Völva [altnordisch Volva „Stabträgerin"]: im nordgermanischen Bereich die Trägerin des runden Zauberstabes (altnordisch volr), mit dem sie weissagt; die nordgermanische Seherin. Eine Völva verkündet in der „Edda" den Inhalt der ↑„Völuspa".

Voodoo [englisch vu:'du:] ↑Wodu-Kult.

vorgeschichtliche Religionen: Religionen, deren Verbreitungszeit vor der schriftlich überlieferten Geschichte lag. Von ihnen zeugen vornehmlich Steinsetzungen, figürlich behauene Steine, Zeichnungen und Höhlenmalereien. Ihre Deutung bereitet oft beträchtliche Schwierigkeiten und erfordert größte Vorsicht. Mit Sicherheit läßt das überlieferte Material Rückschlüsse auf Opfer zu, die Gottheiten dargebracht wurden, ferner auf Totenkult und Seelenglauben sowie auf magische Praktiken, die im Zusammenhang mit der Jagd gestanden haben dürften.

Vorherbestimmung ↑Prädestination.

Vorhölle ↑Limbus.

Vorreformatoren: Vorläufer der ↑Reformation, insbesondere John Wiclif (* 1328, † 1384) und Johannes Hus (* 1369, † 1415).

Vorsehung (auch lateinisch providentia, griechisch prónoia): ein zuerst von der ↑Stoa entwickelter Begriff für eine vernunftmäßig über der Welt waltende Macht; nach christlicher Anschauung die Lenkung von Welt, Geschichte und Menschen durch Gott.

Vorzeichen ↑Omen.

Votivbild [von lateinisch votivus „gelobt, versprochen"]: für Errettung aus Gefahren oder zum Dank für Gebetserhörungen vornehmlich für Wallfahrtskirchen gestiftete Bilder,

Votivbild

deren Darbringung der Stifter versprochen hatte; meist eine Kombination von Stifterbild und Wunderdarstellung, oft mit erklärenden *Votivinschriften* versehen.

Votivgaben [von lateinisch votivus „gelobt, versprochen“]: Weihgeschenke für Götter oder Heilige, die auf Grund eines Gelübdes (ex voto) gestiftet werden.

Votivinschriften ↑Votivbild.

Vritra ↑Writra.

Vritrahan ↑Writrahan.

Vulcanus (auch Volcanus): römischer Gott des Feuers, Herr der Schmiede und Schmied der Götter, entsprach weitestgehend dem griechischen ↑Hephaistos und dem etruskischen Sethlans.

Vulgata ↑Bibelübersetzungen.

Vulkan: von dem Namen des römischen Feuergottes Vulcanus abgeleiteter Begriff für feuerspeiende Berge, deren Tätigkeit oft als Ausdruck der zürnenden Gottheit empfunden wird. Im A. T. (2. Mos. 19, 18; Ps. 18, 8 f.) finden sich Hinweise darauf, daß Jahwe ursprünglich ein midianitischer Vulkangott war.

Vulva ↑Joni.

W

Waage ↑Totengericht.

Wadschra (= Vajra) [Sanskrit „Donnerkeil, Diamant“]: im „Weda“ Bezeichnung für die eherne, tausendzakkige, immer treffsichere Wurfkeule des Gottes Indra. Später gewinnt das Wort die Bedeutung von „Zauberstab“; daher wird das Szepter, das die Priester magischer Schulen in der Hand halten, ebenfalls Wadschra genannt.

Wadschrajana-Buddhismus (= Vajrayāna) [Sanskrit „Diamantfahrzeug“]: neben Hinajana und Mahajana die dritte große Schulrichtung des Buddhismus, die in den ersten Jahrhunderten n. Chr. entstand. Sie nahm in synkretistischer Weise in Indien Elemente des hinduistischen Volksglaubens, in Tibet solche der dort ursprünglich herrschenden Bon-Religion in ihr System auf. Gekennzeichnet ist der Wadschrajana-Buddhismus durch mystische Lehren und magische Praktiken, die z. T. sexuellen Charakter haben. Seine Hauptverbreitungsgebiete sind die Länder des Himalaja, besonders Tibet; außerdem findet er sich in China und Hinterindien.

Wadschrapani (= Vajrapāni) [Sanskrit „der den Donnerkeil Haltende“]: im Buddhismus eine Gestalt, die sowohl als Bodhisattwa als auch als Schutzgottheit aufgefaßt wird. Wadschrapani gilt als Beschützer der buddhistischen Lehre, v. a. als Herr der Geheimlehren. Er wird mit einem Donnerkeil („Wadschra“) in der Hand dargestellt.

Wahhabiten: islamische Gemeinschaft, benannt nach ihrem Begründer, dem aus Innerarabien stammenden Theologen Mohammed Ibn Abd Al Wahhab (* 1703, † 1787). Die Wahhabiten wenden sich gegen Neuerungen, die seit dem 9. Jahrhundert den Islam verfälscht haben sollen, sie fordern die Rückkehr zu den puritanischen Formen des Urislams. Im Glaubensleben und in der kultischen Praxis vertreten sie einen exklusiven Monotheismus. Als Polytheismus verdammen sie die Einfügung von Namen der Heiligen in Gebete ebenso wie die Wallfahrt zu deren Gräbern. Einzige Richtschnur für Leben und Glauben des Muslim sollten der Koran und andere sicher bezeugte Worte des Propheten Mohammed sein. – Bedeutung erlangte diese Reformsekte, als es Abd Al Wahhab 1744 gelang, die innerarabische Fürstenfamilie Ibn Saud für seine Lehre zu gewinnen. Nachdem im 1. Weltkrieg die osmanisch-türkische Herrschaft über die arabischen Länder zerfallen war, konnte die Familie Saud bis 1926 ganz Nord- und Zentralarabien unter ihre Oberhoheit bringen und dort den Wahhabismus verbreiten.

Wahrheit: bedeutet im religiösen Verständnis nicht allein eine einzelne wahrhaftige Aussage, die im Gegensatz zur Lüge steht, sondern darüber hinaus einen umgreifenden, Gott und Welt umfassenden objektiven Sachverhalt. Für den Menschen mythischer Zeiten findet dieser Sachverhalt seinen Ausdruck im Mythos, der als absolute Wahrheit gilt. In den prophetischen Religionen ist der Inhalt der Offenbarung diese Wahrheit schlechthin.

Wahrheiten, die vier edlen: nach der Verkündigung Buddhas die edle Wahrheit vom Leiden, von der Entstehung des Leidens, der Vernichtung des Leidens und dem zur Vernichtung des Leidens führenden Weg.

Wahrsagung ↑Mantik.

Wairọtschana (= Vairocana) [Sanskrit „der Sonnenhafte"] (auch chinesisch P'i-lu-Fo, japanisch Dainitschi): ein Buddha, der als Vorgänger des historischen Buddha angesehen wird. Er genießt v. a. in Ostasien große Verehrung. Seine Kolossalstatue in Nara ist die größte und eine der berühmtesten Buddhastatuen Japans.

Waischạli (= Vaishali): Ort des 2. buddhistischen Konzils, das um 380 v. Chr., etwa 100 Jahre nach dem Tode Buddhas, stattfand. Hierbei traten erhebliche Differenzen über Lehre und Ordensdisziplin in Erscheinung. Diejenige Mönchspartei, die eine Milderung der moralischen Vorschriften erstrebte, belegte die strengere, konservative Richtung mit dem Spottnamen *Hinajana* (↑Hinajana-Buddhismus).

Waischja ↑Kastensystem.

Wa̱ischnawa (= Vaishnava): Anhänger des indischen Gottes ↑Wischnu.

Wạju (= Vāyu) [Sanskrit]: Windgott der wedischen Religion.

Wakạnda: bei den Sioux Begriff für übernatürliche, außerordentlich wirkungsvolle Macht.

Wạlabhi (= Valabhī; heute Vālā): Ort im indischen Gujarat, an dem in der Mitte des 5. Jahrhunderts n. Chr. unter Vorsitz des Devarddhi ein Konzil der Dschainas stattfand, auf dem die ↑Schwetambaras („Weißgekleidete") die damals noch erhalten gebliebenen Texte des Dschainismus kanonisierten.

Waldenser: von dem Lyoner Kaufmann Petrus (?) Waldes 1176 begründete mittelalterliche Laienbewegung mit Bußpredigt und Armutsideal, Verwerfung des Eides, des Krieges, der Seelenmessen, der Ablässe, Bestreitung des Fegefeuers und der Wirksamkeit der Sakramente, die von unwürdigen Priestern gespendet wurden. Der Gegensatz zur katholischen Hierarchie bereitete den Waldensern wechselvolle Schicksale, insbesondere Verfolgungen durch die Inquisition. Reste der Waldenser hielten sich in piemontesischen Alpentälern und verbreiteten sich seit 1860 in ganz Italien. Die *Chiesa Evangelica Valdese* („Evangelische Waldenserkirche") zählt heute rund 45 000 Mitglieder.

Wạli Allạh [arabisch „Freund Gottes"]: bei den islamischen Schiiten eine Bezeichnung des von ihnen hochverehrten Ali, des vierten Kalifen (♔ 656–661) und Schwiegersohns des Propheten Mohammed.

Walhall [altnordisch „Halle der Gefallenen"]: in der nordgermanischen Religion der Aufenthaltsort der in der Schlacht Gefallenen.

Walküren: „Totenwählerinnen", in der germanischen Mythologie Dienerinnen Odins, Kampfjungfrauen, die den Sieg verleihen, aber auch die dem Tode geweihten Helden auswählen und sie nach der Schlacht nach Walhall geleiten.

Wallfahrt: Wanderung oder Reise zu heiligen Stätten. Als Motive hierfür kommen Buße und Danksagung, Andacht und erstrebte religiöse Erleuchtung in Betracht. Oft wird auch an der heiligen Stätte die Befreiung von irdischen Übeln, besonders von Krankheiten, gesucht. Im alten Israel war die Wallfahrt zum Jerusalemer Tempel üblich. Im Islam ist die Wallfahrt zur Kaaba in Mekka geboten. Christliche Wallfahrten werden zu den heiligen Stätten in Palästina unternommen. Bedeutende katholische Wallfahrtsorte sind Rom, Assisi, Loreto, Fátima, Lourdes, Tschenstochau; in Deutschland u. a. Altötting und Kevelaer.

Walpurgisnacht: die Nacht vor dem 1. Mai, benannt nach der hl. Walpurgis (auch Walburga) († 779). Nach dem Volksglauben fliegen in der Walpurgisnacht die Hexen zu ihren Tanzplätzen.

Wanaprastha (= Vānaprastha) [Sanskrit „Waldeinsiedler"]: der dritte Abschnitt im Leben des altindischen Brahmanen (↑Aschrama). Wenn der Brahmane alt geworden war, seine Pflichten als Priester, als Hausvater und in der priesterlichen Ausbildung seiner Söhne erfüllt hatte, zog er, zuweilen begleitet von seiner Frau, in die Waldeinsamkeit, um sich der Askese und Meditation zu widmen.

Wandlung ↑Messe.

Wanen (= Vanen) [von altnordisch vanir, Einzahl vanr]: nordgermanisches Göttergeschlecht, von dem namentlich Njörd, Freyr und Freyja bekannt sind. Die Wanen haben ihren Sitz in Wanenheim (Vanaheimr). Nach kriegerischer Auseinandersetzung haben sie mit den ↑Asen einen Vergleich geschlossen.

Wardhamana (= Vardhamana) ↑Dschina.

Warja [awestisch „zu erwählend"]: in der Botschaft Zarathustras ein zentraler Begriff zur Kennzeichnung der von ihm geforderten ethischen „Wahlentscheidung" zwischen gut und böse.

Waruna (= Varuna): in der wedischen Religion ein eng mit Mitra verbundener Gott. Waruna ist Hüter der Wahrheit und des Rechts; er gilt als allwissender Gott.

Waschungen ↑Reinheit.

Wasser: gilt weithin als machthaltige Substanz, die Leben und Fruchtbarkeit spendet. Besonders mit fließendem Wasser verbindet sich die Vorstellung der Sündenreinigung. In polytheistischen Religionen gilt das Wasser oft als Machtbereich einer besonderen Gottheit, oder es wird als Aufenthaltsort von Geistwesen angesehen. Nach dem A. T. (Jer. 17, 13) ist Jahwe „die Quelle lebendigen Wassers". Die Bedeutung des Wassers kommt auch darin zum Ausdruck, daß es öfters als Urstoff des Kosmos angesehen wird.

Wasudewa (= Vāsudeva) [Sanskrit]: Beiname des indischen Gottes Wischnu und seines „Herabstiegs" (↑Awatara) ↑Krischna.

Wata (= Vata): Windgott der wedischen Religion.

Watsch (= Vac) [Sanskrit „Rede"]: in der indischen Religionsphilosophie die abstrakte Wesenheit der Rede.

Weda (= Veda) [Sanskrit „Wissen"]: älteste, der ↑Schruti zugerechnete Urkunde der indischen Religion, literarisch in die vier Samhitas („Sammlungen") aufgeteilt: 1. *Rigweda*, der „Weda der Lieder", 2. *Samaweda*, der „Weda der Melodien", 3. *Jadschurweda*, der „Weda der Opferformeln", 4. *Atharwaweda*, der „Weda der Zaubertexte". Nicht mehr zur Schruti zählen die *Wedangas* („Glieder des Weda"), Erläuterungsschriften zum Weda, die v. a. rituelle Vorschriften betreffen. – Der Weda ist Zeugnis einer jahrhundertelangen religiösen Entwicklung; seine Anfänge dürften etwa um 1500 v. Chr. liegen.

Wedangas ↑Weda.

Wedanta ↑Upanischaden.

wedische Religion: die durch den ↑„Weda" literarisch bezeugte Religion, die älteste Stufe der indischen Religion nach der Einwanderung indoiranischer Stämme in die Gebiete des Indus und des Ganges. Im Gegensatz zur späteren Entwicklung der indischen Religion zeigt die Epoche des „Weda", die ungefähr um 1500 v. Chr. beginnt, einen lebensfrohen Optimismus. An der Spitze der zahlreichen polytheistischen *Götter* steht der trinkfreudige Indra, der den Genuß des Soma liebt, eines kultischen Rauschtranks. Mit seinem Donnerkeil (Wadschra) hat er den Wolkendämon Writra getötet. Der eng mit Mitra verbundene Gott Waruna ist ein allwissender Gott, der über die durch das Rita repräsentierte Ordnung wacht. Agni ist der Herr des Opferfeuers, Surja der Gott der Sonne, Jama der Herrscher über die Toten. Ein Urgötterpaar, das Himmel und Erde verkörpert, sind Djaus Pitar und Prithivi Matar. Religionsphilosophische Spekulationen, die die Vielheit der Götter auf eine Einheit zurückführen wollen, beginnen in der spätwedischen Zeit. – Im *Kult* der wedischen Zeit gewinnt das *Opfer* eine zunehmende Bedeutung; es verpflichtet nach wedischer Vorstellung die Götter zu Gegenleistungen. Damit tritt der des Brahman, der heiligen Opferformel kundige Priester, der Brahmane, an die Spitze des indischen Kastensystems. Die *Jenseitsvorstellungen* waren mit dem Glauben an eine himmlische Welt verbunden, in die der Gott Agni die Seelen der Verstorbenen trägt.

Weg, heiliger: ist zunächst im natürlichen Raum der Weg zum Heiligtum, die Prozessionsstraße und der Wallfahrtsweg. Im übertragenen Sinn hat „Weg" die Bedeutung des Heilsweges und ist dann ein Synonym für sittliches Streben und für religiöses Erkennen. Schließlich kann der Begriff „Weg" das gesamte kosmische und irdische Geschehen umfassen; dies ist beim chinesischen ↑Tao der Fall, dessen wörtliche Übersetzung „Weg" bedeutet.

Wegzehrung ↑Viaticum.

Weihen: sind rituelle Handlungen, durch die eine Person oder eine Sache in besonderer Weise geheiligt und zum Dienst bzw. zur Verwendung im Kult befähigt wird. In der katholischen Kirche werden mit Weihen die Grade der Ordination bezeichnet.

Weihgeschenke ↑Votivgaben.

Weihnachten: „heilige Nacht", das von allen christlichen Kirchen begangene Fest der Geburt Christi. Es wurde zunächst am 6. Januar gefeiert und seit der Mitte des 4. Jahrhunderts auf den 25. Dezember verlegt, womit es das heidnische Fest des Sol invictus verdrängte. Das Weihnachtsfest, das sich zu einem Familienfest entwickelte, wurde mit zahlreichem Brauchtum umgeben. Das *Christkind* gelangte durch Visionen in Frauenklöstern des 14. Jahrhunderts in den engeren Vorstellungsbereich des Weihnachtsgeschehens. Als Gabenbringer findet es sich erst seit der Reformation. Mit dem Christkind verbunden ist die Sitte der *Krippenspiele*. Der *Christbaum* ist relativ späten Ursprungs; er ist zuerst 1539 für Straßburg belegt. Daß er mit Wachstum und Fruchtbarkeit in Verbindung gebracht werden kann, ist nicht zu bestreiten. Die *Lichter*, die er trägt, brauchen jedoch nicht Mittel der Abwehr von Dämonen zu sein; sie können vielmehr als Symbol für Christus als das Licht der Welt verstanden werden. – ↑auch Jul.

Weihrauch ↑Räucherung.

Weihwasser: in der katholischen und in der Ostkirche vom Priester geweihtes Wasser, in der katholischen Kirche unter Beimengung von geweihtem Salz. Die Weihe des Wassers erfolgt sonntäglich vor der Messe, nicht jedoch am Oster- und am Pfingstsonntag. Das Weihwasser wird bei liturgischen Segnungen und bei Selbstbekreuzigungen angewendet.

Weisheit: eine der bloßen Klugheit überlegene Geistigkeit, als Eigenschaft Gottes in der hebräischen *Chokma* und in der griechischen *Sophia* personifiziert.

Weisheit Salomos (auch lateinisch Sapientia): eine zu den Apokryphen zählende Sammlung von Weisheitssprüchen, von einem alexandrinischen Juden im 1. Jahrhundert v. Chr. verfaßt und unter dem Namen des für seine Weisheit berühmten Königs Salomo veröffentlicht. Die Schrift will die Überlegenheit jüdischer Weisheit und des monotheistischen Glaubens der Juden gegenüber heidnischer Philosophie und Religion herausstellen. Sie wendet sich auch gegen verweltlichte Juden.

Weisheitsliteratur: eine im Alten Orient und besonders in Ägypten beliebte Literaturgattung, die aus Sammlungen einzelner Maximen besteht, die meist nicht thematisch, sondern durch Wortassoziationen aneinandergefügt sind. Die Weisheitsliteratur ist aufschlußreich für das moralische Denken ihrer Zeit; auf genuin religiösem Gebiet zeigen sich in ihr monotheistische Tendenzen. Es steht außer Zweifel, daß die altorientalische Weisheitsliteratur Schriften des A. T., besonders das „Predigerbuch" und die „Sprüche Salomos" beeinflußt hat.

Weissagung ↑Mantik.

Weiße Väter (auch französisch Pères Blancs; Abk. PB; offizielle Abk. PA, für lateinisch Patres Albi): von Kardinal Charles Martial Allemand Lavigerie (* 1825, † 1892) 1868 gegründete katholische Missionskongregation für Afrika, mit bedeutenden afrikanistischen Sprachinstituten. Der angeschlossene weibliche Zweig sind die *Weißen Schwestern*.

Weltanschauung: Begriff, der früher im Sinne von *Weltbild* als einer Gesamtauffassung des Weltganzen verwendet wurde. Der heutige Sprachgebrauch bedeutet demgegenüber eine Einschränkung. Er bezieht sich vornehmlich auf soziale und politische Ideen und ist religionswissenschaftlich insofern von Bedeutung, als diese *Ideologien* den Wert von ↑Quasireligionen erlangen können.

Weltbild ↑Kosmologie.

Weltbrand: apokalyptische Vorstellung von der endzeitlichen Vernichtung der Welt durch Feuer. Sie ist weit verbreitet und findet sich in charakteristischer Weise in der germanischen Eschatologie, in der Stoa, im Manichäismus und bei den Tupí-Guaraní Südamerikas. Der Parsismus kennt ein Weltgericht, bei dem durch Feuer und geschmolzenes Metall die Anhänger der Wahrheit von denen der Lüge getrennt werden.

Weltbund der Religionen ↑Weltkongreß der Religionen.

Weltei: die Vorstellung von einem kosmischen Urei, aus dem die Welt hervorgegangen ist. Nach der wedischen Kosmogonie spaltete sich dieses Weltei in eine goldene Hälfte, die zum Himmel wurde, und eine silberne, aus der die Erde entstand; der Eidotter wurde zur Sonne. Die Vorstellung vom Ursprung des Kosmos aus einem Weltei ist auch für die Orphik charakteristisch.

Weltenbaum ↑Weltsäule.

Weltenberg: mythischer, im Zentrum des Kosmos lokalisierter Berg. Typisch hierfür ist die indische Vorstellung vom Weltenberg Meru. Symbol des Weltenberges war die babylonische ↑Zikkurat. Der Idee vom Weltenberg verwandt ist diejenige vom Urhügel, der ersten Landerhebung, die sich nach einer ägyptischen Kosmogonie aus den Wassern des Urchaos erhob.

Weltende ↑Eschatologie.

Weltenesche ↑Yggdrasil.

Weltentstehung ↑Kosmogonie.

Weltfrömmigkeit: von Goethe geprägter und besonders von Eduard Spranger (* 1882, † 1963) erörterter Begriff für eine Diesseitsreligion, in der aus eigenen, menschlichen Impulsen das tätige Dasein die Form eines gottesdienstlichen Handelns gewinnt, aber überirdischer, metaphysischer Bindungen entbehrt.

Weltgeistlicher (auch Weltpriester): katholischer Kleriker, der keinem Orden angehört und nicht durch Ordensregeln und -gelübde gebunden ist.

Weltgericht ↑Eschatologie.

Weltjahr ↑Weltzeitalter.

Weltkongreß der Religionen (auch englisch World Congress of Faiths; Weltbund der Religionen): eine von dem früheren britischen Oberst und Tibetforscher Francis Younghusband (* 1863, † 1942) im Jahre 1938 ins Leben gerufene Vereinigung, die den wechselseitigen geistigen Austausch der Religionen und ihre Zusammenarbeit, zumindest auf ethischem Gebiet, fördern sollte.

Weltordnung: die makrokosmische wie mikrokosmische Ordnung des Universums, der Umlauf der Jahreszeiten wie der Wechsel von Werden und Vergehen werden in archaischen Kulturen oft der Wirkung eines numinosen Ordnungsbegriffs (↑Maat, ↑Rita, ↑Tao) unterstellt; nach biblischem Verständnis (1. Mos. 8, 22) gilt der Bestand der Weltordnung als göttliche Verheißung.

Weltperioden ↑Weltzeitalter.

Weltrat der Kirchen (auch World Council of Churches; Ökumenischer Rat der Kirchen): aus der ökumenischen Bewegung hervorgegangene, 1948 in Amsterdam konstituierte Gemeinschaft christlicher Kirchen, die im Sinne des Zusammenwirkens der christlichen Konfessionen arbeitet. Ihr gehören über 200 Mitgliedskirchen an. Oberstes Organ sind die Vollversammlungen, die 1954 in Evanston, 1961 in Delhi und 1968 in Uppsala stattfanden. Die laufenden Geschäfte führt das Generalsekretariat in Genf.

Weltreligionen: Begriff, der nicht einheitlich angewendet wird. Zum einen werden Religionen im Hinblick auf die geographische Weite ihres Verbreitungsgebietes und die Zahl ihrer Bekenner als Weltreligionen angesprochen. Andererseits kann der Begriff Weltreligion zur Kennzeichnung der geistigen und ethischen Qualität einer Hochreligion im Gegensatz zu sogenannten primitiven Religionen verwendet werden. Beide Sinngehalte von Weltreligion treffen auf das Christentum, den Islam und Buddhismus zu, während jedoch für Judentum, Hinduismus und die meisten Hochreligionen der Antike nur der zweite angemessen ist.

Weltsäule: außerordentlich weit verbreitete Vorstellung von einer Säule, die von der Erde bis zum Himmel reicht und diesen stützt. Oft ist hiermit die Ansicht von einem axis mundi („Weltachse") verbunden, um den sich der Sternhimmel dreht. Eine Variante hierzu ist der *Weltenbaum*, für den die germanische Weltesche Yggdrasil das bekannteste Beispiel bietet.

Weltschöpfungsepos ↑Enuma elisch.

Weltseele ↑Seele.

Weltuntergang ↑Eschatologie.

Weltzeitalter: Weltperioden oder Weltjahre, in die der Ablauf der menschlichen Geschichte eingeteilt wird. Diese Vorstellung von verschiedenen, einander ablösenden Zeitaltern ist in Indien in besonders starkem Maße systematisiert worden. Die größte Einheit, ein Kalpa, besteht nach indischer Anschauung aus 1 000 Mahajuga, die jeweils in die vier Jugas: Kritajuga, Tretajuga, Dwaparajuga und Kalijuga aufgeteilt werden, die mit absteigender Skala 4 800, 3 600, 2 400 und 1 200 Jahre andauern. Wie ihre zeitliche Länge, so sinkt auch ihre moralische Beschaffenheit. Da das indische Denken zyklisch ist, wiederholen sich diese Perioden in unendlicher Folge. – Die babylonisch-assyrische Religion rechnete mit einem Wechsel von Glücks- und Unglücksperioden. – Eine Aufgliederung der Geschichte in vier Perioden findet sich im A. T. (Daniel 2, 32) und in sehr ähnlicher Weise bei Hesiod, Ovid und Vergil. – Der Geschichtspessimismus der „Disciplina Etrusca" rechnete für das Etruskertum mit zehn Saecula, in denen sich ein vorherbestimmter Abstieg vollziehen sollte. – Im christlichen Mittelalter erlangte die Geschichtstheologie des italienischen Theologen Joachim von Fiore (* um 1130, † 1202) große Bedeutung; sie kennt die Abfolge eines Zeitalters des Vaters, des Sohnes und des Heiligen Geistes. – Die christliche Vorstellung von einem endzeitlichen Millenium, einem tausendjährigen Reich, geht auf das N. T. (Apk. 20, 2 ff.) zurück.

Werke: umfassen in der Religionsgeschichte Handlungen der Askese, des Kultes, ethische Verhaltensweisen und Arbeiten im Dienste der Aufrechterhaltung der diesseitigen Ordnung. Sie erfolgen aus unterschiedlichen Motiven und unterliegen daher verschiedenen Wertungen. Einmal können sie als selbstverständliche Konsequenz einer *Gesinnungsethik* auftreten. Sie entsprechen dann dem Willen eines Gottes, oder sie dienen der Verwirklichung eines numinosen Ordnungsbegriffs. Hiervon zu unterscheiden ist eine *Werkgerechtigkeit*, die dem Werk an sich einen von der Gesinnung unabhängigen Wert beimißt und oft dazu neigt, ihm eine magische Kraft der Realisation zuzuschreiben.

Werkgerechtigkeit ↑ Werke.

Werwolf: im europäischen Volksglauben weit verbreitete Vorstellung von einem Mann, der sich zeitweise in einen Wolf verwandelt und wie dieser handelt, insbesondere Morde verübt. Der lettische Werwolf (Vilkacis) hat nicht nur diese negativen Eigenschaften, sondern gilt auch als Schatzbringer.

Wessobrunner Gebet: im bayerischen Kloster Wessobrunn entdeckte Handschrift aus dem Anfang des 9. Jahrhunderts, die in althochdeutschen Stabreimen eine Schilderung der Schöpfung enthält, an die sich ein Prosagebet anschließt.

Westen ↑ Himmelsrichtungen.

Westminster Confession [englisch 'wɛstmɪnstə kʌn'fɛʃn]: das streng kalvinistische Bekenntnis, das auf der Westminster-Synode (1643–1647) beschlossen wurde und bis heute für die schottischen und amerikanischen Presbyterianer verbindliche Geltung besitzt.

Wetạlas (= Vetalas): böse, vampirähnliche Geister der indischen Mythologie.

Wetter: besitzt für den naturverbundenen, insbesondere den bäuerlichen Menschen größte Bedeutung. Daher sucht er es auf primitiver Stufe mit Mitteln der Mantik zu erkunden und durch Wettermacher magisch zu bestimmen. Polytheistische Religionen besitzen fast immer spezielle Gottheiten des Wetters und seiner Einzelerscheinungen wie des Regens, des Blitzes, Donners und des Sturms.

Wettersegen: in der katholischen Kirche ein noch vereinzelt nach dem sonntäglichen Hochamt gespendeter Segen, der ursprünglich nur bei drohendem Gewitter erteilt wurde.

Wiclifi̱ten: Anhänger des englischen Theologen John Wiclif (* 1328, † 1384), der sich zunächst aus nationalen Motiven und dann auf Grund seines strengen Biblizismus gegen das Papsttum wandte und die Rückkehr des Klerus zum urchristlichen Armutsideal forderte. Seine Anhänger, die in allen Schichten des englischen Volkes vertreten waren, wurden auch ↑ Lollarden genannt.

Wiederbringung aller Dinge ↑ Apokatastasis.

Wiedergeburt ↑ Seelenwanderung.

Wiederkunft Christi ↑ Parusie.

Wiedertäufer ↑ Täufer.

Wihạra (= Vihāra) [Sanskrit]: im Buddhismus anfangs Bezeichnung für die von den Mönchen nur während der Regenzeit aufgesuchten festen Unterkünfte, später allgemeiner Begriff für das buddhistische Kloster.

Wildes Heer (auch Wilde Jagd): das gespenstische Totenheer, an dessen Spitze ↑Odin in Sturmnächten, vor allem in den ↑Zwölften, durch die Lüfte reitet.

Willensfreiheit (auch Indeterminismus): die Wahlfreiheit des Menschen zwischen verschiedenen Handlungsmöglichkeiten, insbesondere die Fähigkeit zu freier sittlicher Entscheidung.

Winaja-Pitaka ↑Tripitaka.

Wind ↑Luft.

Wingolf: in der germanischen Mythologie ein Saal in Walhall.

Winter ↑Jahreszeiten.

Wintersonnenwende ↑Sonnenwendfeier.

Wischnu (= Vishnu): indischer Gott, der im „Weda" als Freund Indras erscheint. Im Hinduismus gewinnt Wischnu, der auch unter den Namen Hari und Wasudewa verehrt wird, zunehmend eine völlig selbständige Bedeutung und wird in den Kreisen der Waischnawas als einziger, ewiger Weltenherr verehrt. Seine große Beliebtheit beruht auf seinem gütigen Wesen und auf der Vorstellung von seinen „Herabstiegen" (↑Awatara). Nach indischer Anschauung besagt diese Vorstellung, daß Wischnu jedesmal erneut irdische Gestalt annimmt und in dieser Welt das Gute schützt, wenn auf der Erde das Böse Überhand gewonnen hat. So kam er als Fisch, Schildkröte, Eber, Mannlöwe und Zwerg auf die Erde. Seine berühmtesten Awataras aber sind Rama und Krischna. Als Gattin Wischnus wird Lakschmi verehrt.

Wischnu. Bronzefigur aus dem 7. Jahrhundert (Berlin-Dahlem)

Wischnuismus: Schulrichtung innerhalb des Hinduismus, deren Anhänger, die Waischnawas, den Gott ↑Wischnu als einzigen und ewigen Weltenherrn verehren.

Wischwakarman (= Vishvakarman) [Sanskrit „Allschöpfer"]: eine abstrakte indische Schöpfergottheit, die der Spekulation der spätwedischen Religionsphilosophie entstammte.

Wischwanatha ↑Schiwa.

Witwenverbrennung: Brauch, nach dem die Witwe eines verstorbenen Mannes diesem bei der Leichenverbrennung in den Tod zu folgen hat; in Indien 1829 von den Engländern verboten.

Wochenfest (auch hebräisch Schawuot): wird im Judentum sieben Wochen nach Passah gefeiert. Es ist ein altes Erntedankfest, das zugleich zum Gedächtnis an die Gesetzgebung vom Sinai begangen wird.

Wodan ↑Odin.

Wodu-Kult (= Vaudou[x], Voodoo) [von Ewe Wudu bzw. Fon Wodun „Schutzgeist"]: synkretistischer Geheimkult auf Haiti, auf anderen karibischen Inseln unter dem Namen *Santería* verbreitet, charakterisiert durch die Vermischung westafrikanischer Gottheiten mit Gestalten vornehmlich der christlichen Heiligengeschichte. Die *Götter* werden afrikanisch Loa oder Orixá genannt, aber auch französisch als Anges oder Saints bezeichnet. An der Spitze des

Pantheons steht Bon Dieu („der gute Gott"). Papa Legba gilt als Mittler zwischen Göttern und Menschen. Agwe ist Herr der Meere, Dambala, mit dem hl. Patrick identifiziert, als Gott der Fruchtbarkeit. Die Todesgottheiten werden in der Gruppe der Ghede zusammengefaßt, an deren Spitze Baron Cimetière-Boumba steht. Der ekstatische *Kult*, in dem Tänze eine beherrschende Stellung einnehmen, soll zur Identifikation einiger Kultteilnehmer mit Gottheiten führen.

Wọhu Mạnah (= Vohu Manah) [awestisch „gutes Denken"]: zu den ↑Amescha Spenta zählende Größe.

World Congress of Faiths [englisch 'wə:ld 'kɔngrɛs əv 'fɛɪθs] ↑Weltkongreß der Religionen.

World Fellowship of Buddhists ['wə:ld 'fɛloʊʃɪp əv 'bʊdɪsts; englisch „Weltgemeinschaft der Buddhisten"]: im Jahre 1950 von dem ceylonesischen Pali-Gelehrten Malalasekera begründete Vereinigung, die den Zusammenschluß aller sich zu Buddha Bekennenden erstrebt.

World Fellowship of Religions ['wə:ld 'fɛloʊʃɪp əv rɪ'lɪdʒɪns; englisch „Weltgemeinschaft der Religionen"]: eine 1958 in Indien gegründete Vereinigung zur Zusammenarbeit der Religionen.

World Parliament of Religions ['wə:ld 'pɑləmənt əv rɪ'lɪdʒɪns; englisch „Weltparlament der Religionen"]: eine 1893 anläßlich der Weltausstellung in Chicago veranstaltete Tagung von Vertretern der großen lebenden Religionen.

Wrịtra (= Vritra) [Sanskrit]: in der wedischen Mythologie ein Drache, der die Wasser gefangenhält und von Indra getötet wird. – ↑Writrahan.

Wrịtrahan (= Vritrahan) [Sanskrit „der den Writra Schlagende"]: im „Weda" Beiname des Gottes Indra, der den Drachen ↑Writra tötete. Die iranische Form von Writrahan ist Verethraghna, der Name eines im alten Iran hochbedeutenden, kämpferischen Gottes.

Wu-ching [chinesisch „fünf kanonische Bücher"]: zusammenfassender Name für fünf Bücher des chinesischen Altertums, die Konfuzius (* 551, † 479) redigierte und der Nachwelt überlieferte. Es sind dies: 1. das „Buch der Urkunden" (Shu-ching), 2. das „Buch der Lieder" (Shi-ching), 3. „Aufzeichnungen über die Sitten" (Li-chi), 4. das „Buch der Wandlungen" (I-ching), 5. die „Frühlings- und Herbstannalen" (Ch'un Ch'iu).

Wunder: ein die Gesetzmäßigkeit des natürlichen Geschehens durchbrechendes und die Naturkräfte überschreitendes sinnenfälliges Ereignis, das Staunen oder Furcht erregt und vom religiösen Menschen als göttliche Machtbezeugung verstanden wird.

Wundertäter ↑Thaumaturg.

Wundmale Christi: Nägelmale an Händen und Füßen, Seitenwunde, Male der Dornenkrone und der Geißelung.

Würfel ↑Mantik.

Wurm: Bezeichnung, die in Mythos und Sage synonym zu Drache und Schlange gebraucht wird. Als Seelentier erregt der Wurm Gewissensbisse („Gewissenswurm"), diese Vorstellung ist in der sprachlichen Wendung „es wurmt mich" erhalten geblieben.

Wüste: durch ihre Einsamkeit und grandiose Gestalt ein von religiösen Menschen bevorzugter Aufenthaltsort, der von vielen Propheten vorübergehend, von Einsiedlern auf Dauer aufgesucht wurde. Religionsgeographische Überlegungen über die Wüste hat Ernest Renan (* 1823, † 1892) angeregt mit seinem Satz: „Die Wüste ist monotheistisch".

Wüstenwanderung: der im A. T. (vor allem 2. Mos.) berichtete Zug der Israeliten durch die Wüste Sinai, vom Auszug aus Ägypten bis zur Gewinnung des gelobten Landes Kanaan, der Landnahme.

Wu-Wei [chinesisch „Nichttun"]: Ideal der quietistischen Mystik des ↑Laotse.

X

Xenios Zeus ↑Zeus.
Xipetotec [ʃɪpəˈtoːtɛk; aztekisch „unser Herr der Schinder"]: aztekischer Frühlingsgott, in dessen Kult das sakrale Menschenopfer in der Form vollzogen wurde, daß dem Opfer bei lebendigem Leib die Haut abgezogen wurde.
Xiuhtecutli [ʃɪwtəˈkʊtli; aztekisch „Herr des Türkises"]: der aztekische Feuergott, der zu den ältesten Gottheiten im Pantheon der mexikanischen Hochlandindianer gehörte.
Xochipilli [ʃoːtʃiˈpɪli; aztekisch „Blumenprinz"]: aztekischer Frühlings- und Vegetationsgott.
Xochiquetzal [ʃoːʃiˈkɛtsal; aztekisch „aufrechtstehende Blume"]: aztekische Göttin der Blumen, der Spiele und der Liebe.
Xolotl [ˈʃoːlɔtl; aztekisch „Zwilling"]: in der aztekischen Religion der hundeköpfige Gott der Zwillinge und Mißgeburten, galt auch als Begleiter der Sonne, die er nachts in die Unterwelt und am Morgen wieder aus ihr hinausführt.
Xshathra [xˈʃaθra] ↑Amescha Spentas.

Y

Yacatecutli [aztekisch „der Herr an der Spitze"]: aztekischer Gott der „weitreisenden Kaufleute", eines Standes im alten Mexiko, der sich dem Fernhandel widmete und damit zugleich diplomatische Aufgaben verband.
Yakshas ↑Jakschas.
Yama ↑Jama.
Yami ↑Jama.
Yang-Yin [chinesisch]: nach altchinesischer Anschauung die beiden polaren in Makrokosmos und Mikrokosmos wirksamen Kräfte, die gemeinsam das übergeordnete Prinzip des ↑Tao bilden. *Yang* gilt als männlich, aktiv, schöpferisch, licht und warm, und ihm entsprechen die rote Farbe, der Himmel, die Sonne und der Süden. *Yin* ist weiblich, passiv, dunkel, kalt; ihm entsprechen die schwarze Farbe, der Norden, Erde und Mond.
Yashts ↑Jaschts.
Yasna ↑Jasna.
Yaxkokahmut [jaʃkoˈkaxmʊt] ↑Itzamna.
Yazata ↑Jasata.
Yemanjá [jemanˈdʒa]: Meeresgöttin, deren Verehrung von Sudanesen nach Brasilien übertragen und dort in der ↑Umbanda-Religion der Jungfrau Maria gleichgesetzt wurde; sie gilt als Herrin der Schiffbrüchigen wie auch der Opfer von Flugzeugkatastrophen.
Yen-lo Wang: chinesischer Unterweltsgott, Entsprechung zu japanisch ↑Emma-O.
Yggdrasil: in der germanischen Mythologie die immergrüne Weltenesche, die Himmel und Erde verbindet. Ihre Wurzeln ziehen ihr Wasser aus dem Brunnen *Hwergelmir* und aus den Quellen der ↑Urd und des ↑Mimir.
Yima ↑Jima.
Ymir: Urriese der nordgermanischen Mythologie, aus dessen Fleisch die Erde, aus seinem Blut das Meer und aus seinem Schädel der Himmel gestaltet wurde.
Yin ↑Yang-Yin.
Yoga ↑Joga.
Yogācāra ↑Jogatschara.
Yogin ↑Joga.
Yoni ↑Joni.
Yuga ↑Weltzeitalter.
Yü-huang Shang-ti [chinesisch „Erhabener Edelsteinkaiser"]: Himmelsherr und oberster Gott des Taoismus.
Yu-kyo: koreanische Bezeichnung des Konfuzianismus.

Z

Zababa: in sumerischer Überlieferung früh bezeugter Kriegsgott, vornehmlich in der Stadt Kisch verehrt, von den Babyloniern mit ↑Ninurta identifiziert.

Zaddik [hebräisch]: der „Gerechte", im jüdischen Chassidismus ein geistlicher Führer, der seinen Mitmenschen zum rechten Umgang mit Gott verhelfen soll.

Zagreus: in der Orphik als Gott verehrte Gestalt der griechischen Mythologie, Sohn des Zeus und der Persephone, wurde auf Befehl der Hera von den Titanen zerrissen. Nur sein Herz wird gerettet, das Zeus verschluckt. Aus diesem Herzen entsteht bei der Vereinigung des Zeus mit der Semele als neuer göttlicher Sohn Dionysos.

Zahlensymbolik: bei fast allen Völkern gibt es die Vorstellung von einer symbolischen Bedeutung der Zahlen, z. B. der 3, 7, 13 und der mit ihnen erzielten Produkte. Neben unzähligen Beispielen, bei denen die Anzahl nicht als zufällig, sondern als bedeutsam empfunden wurde, gibt es z. B. im A.T. alle 7 Jahre ein Sabbatjahr, alle 49 (= 7 × 7) Jahre ein Jobeljahr; 12 ist die Zahl der Stämme Israels, der Jünger Jesu und der Tierkreiszeichen, im Parsismus gibt es die 7 Amescha Spentas.

Zakat ↑Sakat.

Zarathustra [awestisch] (auch griechisch Zoroaster): Name des iranischen Priesterpropheten, auf dessen Verkündigung der ↑Parsismus fußt. Über das Leben Zarathustras gibt es nur wenige zuverlässige Angaben. Er entstammte der adligen Familie Spitama und war mit der Tochter des Adligen Frashaostra verheiratet. Seine Prophetie schaffte ihm Feinde; wahrscheinlich mußte er aus dem Westen in den Osten des Iran fliehen. Er gewann jedoch den Fürsten Vishtaspa (griechisch Hystaspes) zum Beschützer. Die Lebenszeit Zarathustras ist umstritten; im allgemeinen wird heute eine Zeit um 600 v. Chr. angenommen.

Zarathustrismus: Begriff, mit dem im allgemeinen die ursprüngliche, direkt auf den Propheten ↑Zarathustra zurückgehende Form des ↑Parsismus bezeichnet wird.

Zauber: ein der ↑Magie nahestehender und von ihr oft schwer abzugrenzender Begriff. Zu den Zaubermitteln zählen Fetisch, Stab, Lied, Beschwörung, die Zauberformel und der Zauberkreis, der Blick und Gestus des Zauberers. Auf dem Grundsatz, daß Gleiches Gleiches hervorbringe, beruht der Ähnlichkeits- oder *Analogiezauber*. Die häufigsten Intentionen des Zaubers betreffen eigenen Schutz und Abwehr feindlicher Mächte, Schadensübertragung, ferner die Förderung guten Wetters, der Liebe und der Gesundheit.

Zazen ↑Zen-Buddhismus.

Zebaoth [hebräisch „Heerscharen"]: im A. T. häufiger Zusatz zum Gottesnamen Jahwe. Wahrscheinlich ist unter „Heerscharen" nicht das israelitische Heer zu verstehen, sondern Sterne (5. Mos. 4, 19; Jes. 40, 26) oder Engel (1. Kön. 22, 19; Ps. 103, 21). Diese Deutung legt auch die „Septuaginta" nahe, die Zebaoth mit ↑Pantokrator übersetzt.

Zeit: sie ist in der Religionsgeschichte zum einen in ihren Abschnitten bedeutsam, die als heilige und profane Zeiten unterschieden werden. Außerdem erscheint die Zeit als übergeordnetes, höchstes Prinzip mehrfach in religionsphilosophischen Spekulationen. Dies gilt für die spätwedische Periode Indiens, in der Kala („Zeit") als oberster Begriff alles Seins herausgestellt wurde, es gilt für den ↑Zervanismus mit Zervan akarana („unerschaffene Zeit") als eine den Göttern übergeordnete Größe und für Chronos („Zeit") als Urprinzip der Orphik.

Zeitalter ↑Weltzeitalter.

Zelebrant [lateinisch]: der Leiter einer gottesdienstlichen Feier, auch der aktiv an ihr Teilnehmende.

Zeloten [griechisch „Eiferer"]: Angehörige einer gesetzestreuen, nationalistischen und antirömischen jüdischen Partei zur Zeit Jesu.

Zen-Buddhismus ['zɛn; japanisch von chinesisch Ch'an-tsung „Meditationsschule"]: buddhistische Schulrichtung, die in China v. a. durch Bodhidharma († 528) bekannt war und die in Japan von zwei Lehrern eingeführt wurde: Eisai (* 1141, † 1215) begründete die *Rinsaisekte* des Zen, Dogen (* 1200, † 1253) die *Sōtōsekte*. In Japan wurde das Zen vornehmlich deshalb heimisch, weil seine harten Meditationsübungen vom Kriegeradel der Samurai als Mittel zur Selbstdisziplin benutzt wurden. Das Zen beeinflußte nachhaltig die japanische Kunst, die Gestaltung der Gärten und die Teezeremonie. Im Mittelpunkt der Praxis steht die „sitzende Versenkung" (japanisch *Zazen*). Sie soll zum *Satori* („Erleuchtung") führen, der plötzlichen Erkenntnis der Einheit alles Seins, des Höchsten und Niedrigsten, des Heiligsten und Profansten. Über seine Erfahrungen während der Meditationsübungen hat der Jünger des Zen seinem Zenmeister (japanisch San-zen) zu berichten, der ihn oft sehr hart zurechtweist und auch körperlich züchtigt.

Zend ↑Awesta.

Zenturien (= Centurien) [lateinisch] (auch Magdeburger Zenturien): nach Jahrhunderten gegliederte, epochemachende protestantische Kirchengeschichte, die von Matthias Flacius Illyricus (* 1520, † 1575) konzipiert, von Johann Wigand (* 1523, † 1587) u. a. in den Jahren 1559 bis 1574 herausgegeben wurde.

Zephanja: Prophet des A. T., dessen gleichnamiges Buch zu den ↑Kleinen Propheten zählt. Zephanja wirkte zur Zeit des Königs Josia (♕ 640–609). Das Buch Zephanja enthält Ermahnungen zur Buße und Drohworte im Hinblick auf das Weltgericht, den „Tag des Herrn" (1, 14 f.). Auf diesem Text beruhen die Worte „Dies irae dies illa".

Zerberus (= Cerberus, Kerberos): Höllenhund der griechischen Mythologie, der die Unterwelt bewacht, in die er jeden hinein-, aber niemanden wieder hinausgelangen läßt.

Zervanismus [zɛrva...]: theologische Schulrichtung innerhalb des Parsismus, die während der Partherzeit (250 v. Chr. – 226 n. Chr.) und der Sassanidenzeit (226–650) Bedeutung besaß. Der Zervanismus versuchte eine spekulative Überwindung des Dualismus Zarathustras, in dem er Zervan akarana („die unerschaffene Zeit") als eine den „Zwillingen" Ahura Masda und Angra Manju übergeordnete Größe herausstellte.

Zeugen Jehovas: Anhänger einer von Charles Taze Russell (* 1852, † 1916) im Jahre 1874 begründeten Religionsgemeinschaft, die dem Staat und den Kirchen ablehnend gegenübersteht. Sie erwartet auf Grund fragwürdiger Bibelauslegung das baldige Weltende. Die Zeugen Jehovas vollziehen die Erwachsenentaufe als Aufnahmeritus in ihre Gemeinschaft. Sie betreiben eine rege Missionstätigkeit, u. a. mit ihrer Zeitschrift „Der Wachtturm". Bis zum Jahre 1931 trugen sie den Namen „*Ernste Bibelforscher*".

Zeus: oberster Gott der Griechen, Sohn des Kronos und der Rhea, Gatte der Hera, Vater zahlreicher Götter. Als König der Götter thront Zeus auf Bergen, vornehmlich dem Olymp. Er ist Himmels- und Gewittergott, Sender des Blitzes (Zeus *Keraunos*). Er lenkt das Schicksal der Menschen, hütet das Recht und schützt als Zeus *Horkios* den Eid. Weitere Beinamen verweisen auf seine Wesenszüge: als *Herkeios* schützt er Haus und Hof, als *Ktesios* den Besitz, als *Hikesios* die Schutzflehenden und als *Xenios* Gast und Gastfreundschaft.

Zikkurat: babylonisch-assyrischer Stufenturm, ein sich nach oben verjüngender Bau, zu dessen wahrscheinlich mit einem Kultraum versehener Plattform eine mehrteilige Freitreppe hinaufführte. Die Zikkurat des Marduk in Babel lag wahrscheinlich der Vorstellung vom *Turm zu Babel* zugrunde (↑Abbildung Seite 46).

Zinsverbote: richten sich wohl in erster Linie gegen unbotmäßigen Wucher und betreffen meist Angehörige des eigenen Volkes. Sie finden sich im A.T. (2. Mos. 22, 25; 3. Mos. 25, 36; 5. Mos. 23, 20) und im Koran (2, 276 ff.; 4, 159; 30, 38).

Zion: ursprünglich Name der von David eingenommenen Jebusiterfestung (2. Sam. 5, 6 f.), die auf dem Osthügel Jerusalems lag, später Bezeichnung des Tempelberges, schließlich Name für das gesamte Jerusalem.

Zeus. Sogenannter Dresdner Zeus

Zionismus: die seit der Zerstörung des jüdischen Staates niemals ganz erloschene, in der Neuzeit durch Theodor Herzl (* 1860, † 1904) mit seinem Buch „Der Judenstaat" (1896) neu entfachte Bewegung zur Rückkehr der Juden nach Palästina und dortiger Eigenstaatlichkeit, die 1948 mit der Proklamation des Staates Israel erfüllt wurde. Die religiösen Komponenten des Zionismus bestehen in der Abwendung vom liberalen, zur Assimilation neigenden Judentum, in der Bindung des Volkes an das verheißene heilige Land und in der Wiederbelebung der hebräischen Sprache.

Zipakna (= Zipacna): Erd- und Erdbebengott der Maya.

Zisterzienser (lateinisch Sacer Ordo Cisterciensis; Abk. SOCist): Angehörige eines 1098 von Robert von Molesme (* um 1027, † 1108) in Cîteaux (lateinisch Cistercium) begründeten benediktinischen Reformordens, der v. a. durch Bernhard von Clairvaux (* 1091, † 1153) einen großen Aufschwung nahm. Der Orden ist aristokratisch verfaßt, er betont Innerlichkeit und Einfachheit von Kult und Kunst, Bibelstudium und praktische Arbeit. Durch ihre Musterlandwirtschaft wurden die Zisterzienser bedeutende Träger der deutschen Ostkolonisation. Dem Orden angeschlossen sind die um 1132 begründeten *Zisterzienserinnen*.

Ziu ↑Tyr.

Zohar ↑Sohar.

Zölibat [von lateinisch coelibatus „Ehelosigkeit"]: Ehelosigkeit und sexuelle Abstinenz, asketische Forderung vornehmlich in typischen Mönchsreligionen wie Buddhismus und Dschainismus. In der katholischen Kirche wurde das Verbot der Priesterehe seit Papst Gregor VII. aufs strengste gefordert und vom Konzil von Trient (1545–1563) bestätigt. In der Ostkirche ist der Zölibat nur für Mönche und Bischöfe vorgeschrieben. Der Zölibat ist in neuester Zeit wieder in der allgemeinen Diskussion.

Zönobiten (= Coenobiten, Koinobiten) [von griechisch koinós „gemeinsam" und bíos „Leben"]: die miteinander in einer klösterlichen Gemeinschaft lebenden Mönche (im Gegensatz zu den Eremiten).

Zorn Gottes ↑göttlicher Zorn.

Zoroaster ↑Zarathustra.

Zoroastrismus: von Zoroaster, der gräzisierten Namensform Zarathustras, abgeleiteter Begriff, mit dem im allgemeinen die nach Zarathustra im jüngeren „Awesta" und in der mittelpersischen Literatur vorliegende Gestalt des ↑Parsismus bezeichnet wird.

Zu: Sturmvogel der babylonischen Mythologie.

Zufluchtsformel, buddhistische: alte Formel, deren dreifache Wiederholung als Bekenntnis zum Buddhismus gilt: „Zum Buddha nehme ich meine Zuflucht. Zur Lehre nehme ich meine Zuflucht. Zur Mönchsgemeinde nehme ich meine Zuflucht.“.

Zungenreden ↑Glossolalie.

Zukunftsschau ↑Mantik.

Zwei-Naturen-Lehre ↑Christologie.

Zweireichelehre: seit Augustinus und v. a. seit Luther ein Modell zur Erklärung der Art und Weise göttlicher Weltregierung. Im geistlichen Reich regiert Gott durch sein geistliches Regiment (Evangelium, Wort und Sakrament), in ihm gilt nur die Beziehung Individuum-Gott. Im weltlichen Reich, das das gesamte Universum mit seinen ↑Ordnungen umfaßt, regiert Gott durch sein weltliches Regiment, hauptsächlich repräsentiert im Gesetz. Da jeder Mensch in einem sozialen Gefüge steht, gehört jeder Mensch dem weltlichen Reich an. Nach Luther ist jeder Christ Gerechter und Sünder zugleich (lateinisch simul iustus et peccator), gehört also beiden Reichen an.

Zweischwerterlehre: die Lehre von der geistlichen und weltlichen Gewalt (im Anschluß an Luk. 22, 38). Die Unterscheidung zwischen den beiden Gewalten oder Reichen und die Auseinandersetzung über die Zuständigkeit des Papstes auch über die weltliche Gewalt waren zentrale Themen in der Geschichte des Mittelalters.

Zweites Gesicht ↑Vision.

Zwerge: kleine Wesen von menschenähnlicher Gestalt, die als schlau gelten und gelegentlich Züge eines ↑Trickster aufweisen. Sie hausen im Erdinnern, in Höhlen und im Gestein, wo sie ihre Schätze hüten. Sie sind kunstvolle Verfertiger von Kleinodien und geschickte Schmiede. Die altägyptische Religion kannte in Bes einen zwergenhaften Gott.

Zwillinge: im Mythos ein Götterpaar wie die indischen ↑Aschwins und die griechischen ↑Dioskuren. Im menschlichen Bereich ist die Wertung von Zwillingen ambivalent; sie können geschätzt, aber auch als Unglücksboten angesehen werden.

Zwölfapostellehre ↑Didache.

Zwölfgöttersystem: die 217 v. Chr. unter griechischem Einfluß erfolgte Zusammenfassung der sechs Hauptgötterpaare der römischen Religion: Jupiter – Juno, Neptun – Minerva, Mars – Venus, Apollo – Diana, Vulcanus – Vesta, Merkur – Ceres.

Zwölfprophetenbuch ↑Kleine Propheten.

Zwölften (auch Zwölfnächte): die Nachtzeiten zwischen dem 25. Dezember und 6. Januar, die im Volksglauben als Periode der Geisterumzüge und der Traumorakel gelten.

LITERATUR

In der folgenden Literaturübersicht sind nur deutschsprachige Titel enthalten, die weiterführende Literaturhinweise enthalten.

Gesamtdarstellungen

Handbuch der Religionsgeschichte. Herausgegeben von J. P. Asmussen und anderen. Deutsche Übersetzung Göttingen 1971–75. 3 Bände.

Lanczkowski, G.: Geschichte der Religionen. Frankfurt am Main ^{2}1976.

Mythen der Völker. Herausgegeben von P. Grimal. Deutsche Übersetzung Frankfurt am Main und Hamburg 1967. 3 Bände.

Die Religionen der Menschheit in Vergangenheit und Gegenwart. Herausgegeben von F. Heiler. Stuttgart ^{2}1962 (Neuauflage in Vorbereitung).

Christus und die Religionen der Erde. Herausgegeben von F. König. Wien–Freiburg im Breisgau ^{2}1961. 3 Bände.

Ringgren, H./Ström, Å. V.: Die Religionen der Völker. Deutsche Übersetzung Stuttgart 1959.

Lehrbuch der Religionsgeschichte. Begründet von P. D. Chantepie de la Saussaye. Herausgegeben von A. Bertholet und Edvard Lehmann. Tübingen ^{4}1925. 2 Bände.

Lexika

Lexikon für Theologie und Kirche. Herausgegeben von J. Höfer und K. Rahner. Freiburg im Breisgau ^{2}1957–67. 10 Bände und 1 Registerband.

Wörterbuch der Mythologie. Herausgegeben von H. W. Haussig. Stuttgart 1965 ff. Auf mehrere Bände in verschiedenen Abteilungen berechnet.

Die Religion in Geschichte und Gegenwart. Herausgegeben von K. Galling und anderen. Tübingen ^{3}1957–65. 5 Bände und 1 Registerband.

Evangelisches Kirchenlexikon. Herausgegeben von H. Brunotte und O. Weber. Göttingen 1956–61. 3 Bände und 1 Registerband.

Quellen

Religionsgeschichtliches Lesebuch. Herausgegeben von A. Bertholet. Tübingen 1926–32. 17 Hefte.

Religionsphänomenologie

Leeuw, G. van der: Phänomenologie der Religion. Tübingen ^{3}1970.

Widengren, G.: Religionsphänomenologie. Deutsche Übersetzung Berlin 1969.

Heiler, F.: Erscheinungsformen und Wesen der Religion. Stuttgart 1961.

Eliade, M.: Die Religionen und das Heilige. Deutsche Übersetzung Salzburg 1954.

Religionswissenschaft

Selbstverständnis und Wesen der Religionswissenschaft. Herausgegeben von G. Lanczkowski. Darmstadt 1974.

Wach, J.: Vergleichende Religionsforschung. Deutsche Übersetzung Stuttgart 1962.

Neue Religionen

Religiöse Gruppen. Alternativen in Großkirchen und Gesellschaft. Herausgegeben von J. Lell und F. W. Menne. Düsseldorf 1976.

Lanczkowski, G.: Die neuen Religionen. Frankfurt am Main 1974.

Christliche Sondergruppen

Hutten, K.: Seher, Grübler, Enthusiasten. Stuttgart ^{11}1968.

Bildquellenverzeichnis

Andres, Erich, Hamburg; Archiv für Kunst und Geschichte, Berlin; Bavaria-Verlag, Heinrich Freese, Gauting; Bibliographisches Institut AG, Mannheim; Bildarchiv Preußischer Kulturbesitz, Berlin; F. Bruckmann KG, München; Deutsche Presse Agentur GmbH, Stuttgart; Erich Fischer, Hamburg-Blankenese; Hirmer Verlag, München; Historia Photo, Charlotte Fremke, Bad Sachsa; Internationale Bilder-Agentur, Oberengstringen-/Zürich; Foto Marburg, Marburg/Lahn; Süddeutscher Verlag, München; Ullstein GmbH, Berlin.

REGISTER

Das folgende Register bietet in seinem ersten Teil (I) über den lexikalischen Hauptteil hinaus eine Fülle von zusätzlichen Informationen und sachlichen Querverbindungen. Aus diesem Grunde sind die alphabetisch angeordneten Stichwörter des Hauptteils hier nur dann erfaßt, wenn sie in anderen Artikeln erwähnt werden.
Ein zweites kurzes thematisches Register (II) schließt sich an, das bei den größeren Religionen, die in einem systematischen Artikel behandelt sind, auf weitere relevante Stichwörter (z. B. Gottheiten) hinweist, die diese Artikel abrunden und ergänzen.

I

A

Aaron 9, 155, 399
Abaelardus, Petrus 385
Abbas Effendi 47
Abbasiden 210
abbé 9
abbot 9
Abd Al Malik 134
Abdon 367
Abd-ru-shin 160
Abe Kamui 21
Abercius 10
Abraham 121, 134, 149, 330, 426
Abraham Abulafia 208
Achatius 307
Acheloos 137
Achet-Aton 26, 110
Achthoes 275
Adad 354
Adam 427
Adam von Bremen 353, 426
Adapa 14
Ad Darazi 107
Addis Abeba 10
Adibuddha 426
Adon 336
Adonis 293
Adonai 201
Aedesius 10
Aeschma 328
Agamemnon 215
Agenor 126
Ägidius 307
Ägina 9
Ägir 271
Ägisthus 215
Aglaia 77
Agni 436
Agricola, Johann 30
Agricola, Mikael 136
Agwe 441
Ahasveros 124
Ahu 264
Ahura Masda 328, 444
Aigyptos 92'
Aischa 284
Aitu 264, 340
Ajanta 184
Akbar 100, 360, 425
Aksum 10, 22
Alad 381
Alamut 39
Albertus Magnus 103, 385
Albi 22
Albigenser 216
Albrecht V. 146
Al Burak 203
Alexander VI. 218
Alexander der Große 20, 28, 111, 163, 174, 207
Alexandria 22
Al-Ghassali 199, 356, 401
Al Hakim 107
Al-Halladsch 401
Ali 77, 213, 381, 434
Alkuin 16, 173
Allat 296
Allemand, Charles Martial 437
Almaqah 371
Amn 371
Alpirsbacher Kreis 252
Al Wahhab 433
Amaterasu 382, 396
Amaunet 19, 156
Ambrosius von Mailand 26, 291
Amenophis II. 39
Amenophis IV. 110
Ammonios Sakkas 303
Amn 371
Amos 277
Amritsar 160
Amun 156
An 402
Anahita 278
Analogiezauber 443
Ana-no-gawa 278
André, Matswa 27
Andreae, Johann Valentin 370
Andronikos von Rhodos 276
Äneas 28, 321
Angata 200
Angra Manju 444
Angrboda 253, 278
Anno Santo 76
Anquetil-Duperron, A.H. 45

Anselm von Canterbury 158, 378, 385
Anthropophagie 211
Antiochia 30, 405
Antiochos IV. Epiphanes 92
Antisthenes 241
Antonius der Große 28, 285
Antonius von Padua 64
Anu 46, 239
Aphrodite 251, 292
Apollon 247, 253
Apollonius von Tyana 64
Appolýon 9
Äquatortaufe 193
Arallu 201
Arauso 351
Archipresbyter 122
Ardschuna 58
Aristeas 37
Aristophanes 397
Aristoteles 158, 260, 308, 384
Arius 37
Arminius, Jacobus 37
Arnarquashaq 123
Artaxerxes II. 281
Artemis 247
Artus 44, 117
Asarhaddon 121
Asariluchi 318
Aschoka 330
Aschtoret 39
ásmegin 271
Assisi 224
Assur 47
Assurbanipal 304
Astar 22
Astarte 336
Astralleib 116
Athanasios 37
Athen 40
Athenagoras von Athen 33
Athtar 371
Atlas 180, 338
Atropos 245, 284
Attis 215, 293, 336, 338
Atua 264, 340
Atum 157
Auberon 22
Audhumla 73
Augias 175
Augustinus 43, 104, 136, 262, 356, 358, 384
Augustus 33, 149, 155, 207, 341, 369, 373, 375
Aurelian 395
Aurobindo Ghosh, Sri 195
Auxo 185
axis mundi 438
Aztlan 45

B

Baal 405, 423
Baal-Chammon 349
Baal Markod 408
Baal Schem Tov 78
Baal Sebul 52
Bab 47
Babylonisches Exil 123
Babylonische Verwirrung 46
Bacchanalien 293
Baeumker, Clemens 303
Baha Ullah 47
Bahram I. 262, 360
Baker, George 331
Baker-Eddy, Mary 85
Bakis 48
Baldr 281, 298, 310, 353
Balsamierung 57
Balthasar 106
Bara 235
Barabara 235
Barak 93, 367
Barbara 307
Barbelo 49
Bardesanes 111
Bärenfest 177
Barnabas 33, 50
Barth, Karl 49, 98, 364
Bartholomäus 37
Bartholomäusnacht 187
Baruch 50
Basel, Konzil von 230
Basilides 12
Basilius von Caesarea 50
Beda (Venerabilis) 173, 318
Beher 22
Bektasch 53
Bektaschi 95
Bel 46
Belsazar 273
Benan 54
Benares 171
Benedictus 75
Benedikt XIV. 368
Benedikt XV. 87
Benedikt von Nursia 54, 285, 287
Beni ʿAmran 26
Bernadette 254
Berneuchener Bewegung 252
Bernhardt, Oskar Ernst 160
Bernhard von Clairvaux 294, 445
Berossos 308
Bes 446
Besant, Annie 413
Bestla 68
Bethel 27
Betsäule 64
Beuron 252
Bhagawata 58
Bhaktivedanta Swami Prabhupada, A.C. 164
Bhawatschakra 59
Bhikkhu 59
Bhikkhuni 59
Bhikschuni 59
Bibelforscher, Ernste 444
Biezais, Haralds 247
Bige 9
Bileam 307
Birgittenorden 183
Bismarck 239
Blackham, John 70
Blasius von Sebaste 307
Blavatsky, Helena Petrowna 413
Bleigießen 52
Blot 150
Blumhardt, Johann Christoph 172
blutende Lanze 159
Bodenstein, Andreas Rudolf 64
Bodhidharma 444
Boğazkale 67
Boğazköy 113, 178
Bogomil 67
Böhme, Jakob 413
Bolland, Jean 67
Bonaventura 294, 385
Bon Dieu 441
Bonifatius 84, 112, 113, 414
Bonifatius IV. 323
Bonifatius VIII. 76, 170
Booth, William 171
Bosco, Giovanni 376
Bouthillier de Rancé, Jean Le 420
Boxeraufstand 147
Brosses, Charles de 135
Brüderunität 67

Brunner, Emil 98
Bruno von Köln 214
Bubastis 51
Buber, Martin 78, 294
Bucer, Martin 88, 265
Buchman, Frank 287
Bullinger, Heinrich 88
Bultmann, Rudolf 98, 117, 130, 220
Bundschiro Kawate 228
Buschido 382
Butsu 71
Buttlar, Eva von 74

C

Calumet 140
Calvin, Johann 9, 37, 105, 166, 210, 356, 357
Campbell, Thomas 101
Camenae 111
Candomblé 424
Canterbury 29
Capito, Wolfgang 88
Caraffa, G. P. 412
Carus, Carl Gustav 294
Cäsar, Gajus Julius 209
Chac 357
Chadidscha 283
Chalkedon, Konzil von 230
Chalkidike 41
Chaminade, G.J. 265
Chammon 349
Chartreuse, La 214
Charun 77, 125
Chasid 78
Chattopadhyāya, Gadāhara 354
Chefren 350
Cheltschitz, Peter von 67
Ch'en 79
Chenti Imentiu 318
Cheops 350
Chepa 396
Chiao 359
Chichén Itzá 76
Chlodwig 84
Chnum 19
Ch'ö Chye-u 417
Chomjakow, Alexei 394
Chorum 17
Chrétien de Troyes 159
Christi Himmelfahrt 180
Christophorus 307
Chronos 443
Chumbaba 153
Chwarenah 250
Cicero 358
Cimetière-Boumba, Baron 441
Clay, Cassius 65
Coccejus, Johannes 138
Codex Hammurabi 124
Codrington, Robert Henry 109, 128
Columbanus 197
Compiègne, Roscellin von 422
Compitalia 235
Comte, August 128
Concilium Trullanum I 422
Concordia 333
Congregatio Rituum 16
Corbie 90
Cortés, Hernán 117
Crell, Nikolaus 236
Creuzer, Georg Friedrich 294
Cromwell, Oliver 248
Cues (Kues), Nikolaus von 361, 425
Cupido 121
Curche 344
Cyprian(us) von Karthago 119, 220
Cyriakus von Rom 307
Cyrill von Jerusalem 53

D

Dagan 336
Daikjoschu 229
Dainas 48, 247
Daisaku Ikeda 395
Damasus I. 170
Dambala 441
Dämonenbeschwörung 270
Daniel 92
Dante 134, 180, 184, 202
Dar Al-Harb 199
Dar Al-Islam 199
Darby, John Nelson 339
Darius I. (Dareios I.) 115, 258
Daschbog 393
David 25, 202, 203, 205, 228, 233, 291, 336, 348, 371, 375, 377, 445
Dea Syria 40
Debora 93, 139, 346, 367
Decius 84, 391
Dedun 307
Deivas 344
Dekan 122
Delila 162
Delitzsch, Friedrich 46
Delphi 16, 313
Demeter 292, 414
Dendera 165
Denifle, Heinrich 303
Descartes 158
Despacho 424
Deukalion 392
Deutsche Orden 368
Devarddhi 434
Dewadasi 347
Dewadatta 364
dGe-lugs-pa 242
dhamma 359
dharma 359
Dharmakaja 421
Dharmasutras 97
Diana 182
Dickbauchbuddha 252
Dienstag 423
Dievs 247
Dimme 242
Dimstipatis 252
Diodor 126
Dionysios Areopagita 300
Dionysius von Paris 307
Dionysos 249, 293, 313, 338, 415
Diogenes von Sinope 241
Diokletian 412
Diomedes 175, 321
Dione 31
Dioskuren 248
Divine United Organisation 102
Djajabhaja 376
Djaus Pitar 436
Djoser 191, 350
Doctor angelicus 385
Doctor seraphicus 385
Doctor subtilis 385
Doctor universalis 385
Dodona 112
Dogen 444
Döllinger, Ignaz von 25
Dominikus 103
Domowoi 104
Donatus 104
Don Bosco 376
Dönmeh 372
Doris 301
Dostojewski 361
Dreißigjähriger Krieg 146
Drug 328
Drugwan 106

Druiden 344
Dschabirija 342
Dschalaladdin Rumi 277, 401
Dschingis-Khan 285
Dschingukio 310
Dschiso 236
Dschodo Schin Schu 27
Dschodo-Schu 27
Durga 292, 383
Durkheim, Émile 168
Dusares 296

E

Ea 14, 46, 351
Eanna 198
Echnaton 20, 41
Echo 298
Eden 327
Eduard VI. 88
Ehud 367
Einherier 353
Eirene 141
Eisai 444
Ekhi 51
El 405, 423
Elagabal 395
Elam 114
Elburs 55
Elchasai 116
Elephantine 115, 200
Elia 180
Elias 214, 430
Elipandus von Toledo 15
Elisabeth von Schönau 294
Elkesai 116
Ellora 184
Elon 367
Enki 402
Enkidu 153
Enlil 46, 402
Ennius 126
Enuma elisch 47, 232, 303
Eos 288
Ephesus, Konzil von 230
Ephräm der Syrer 111
Epidauros 194
Epikur 118
Epilepsie 233
Epimetheus 322
Erasmus von Rotterdam 307, 405
Erechtheion 119
Eremo dei Carceri 184
Ereschkigal 297, 402
Eros 251
Erweckungsbewegung 303
Erymanthischer Eber 175
Esana 10, 22
Eschmun 336, 349
Esra 300, 385
Esther 124
Estomihi 329
Etschagie 11
Etschmiadsin 37
Etügen 285
Euhemeros von Messene 126
Eule 40
Euphrosyne 77
Euryale 155
Eurynome 77
eusébeia 359
Eusebios von Caesarea 11, 261
Euterpe 291
Eva 14
Ewigkeitssonntag 419
exogamer Klan 196
Exú 424
Exú-Rei 424
Ezechiel 24, 131

F

Faridoddin Attar 401
Father Divine 331
Febronius, Justinus 133
Fenriswolf 134, 353
Ferrara-Florenz, Konzil von 230
Feuerbach, Ludwig 361
Feuerpriester 41
Feuerprobe 159
Fides 333
Filippow, Danila 80
Fimbulwinter 353
Fliedner, Theodor 98
Floralia 137
Fo 71
Fontana di Trevi 291
Forte Colombo 184
Fortuna 186, 381
Forum Romanum 88
Fosite 138
Fox, George 351
Francke, August Hermann 337
Frank, Jakob 372
Frankfurt 16
Franz von Assisi 138, 184, 224, 396, 400
Franz Xaver 64, 203
Frashaostra 443
Frazer, James George 129
Freitag 141
Freud, Siegmund 294
Freyja 306, 435
Freyr 306, 335, 353, 435
Friedensgruß 275
Friedrich I. Barbarossa 240
Friedrich II. 195
Friedrich III. (von der Pfalz) 88, 166
Frumentius 10
Fudschijama 55
Fudschiwara Tadahira 117
Fudschiwara Tokihira 117
Fulgur 208
Funeralriten 57
Fürbitten 275

G

Gabijà 252
Gabriel 122, 230, 283
Galli 40
Gallus 197
Gandhi, Mohandas Karamchand („Mahatma“) 164, 215, 378
Garizim 314, 376
Gasparri, Pietro 244
Gaumata 258
Gaia 301
Geb 18, 157, 255, 308
Geheimwissen 270
Gemeinschaften Christlichen Lebens 265
Gemeinschaft in Christo Jesu 253
Gemmio 226
Genius 146
Genius loci 52
Geoffrey of Monmouth 275
Georg 105, 307
Gethsemane 329
Geryoneus 175
Ghede 441
Gilgamesch 153, 255
Gilgamesch-Epos 392
Gilson, Étienne 303
Girru 152
Gjallarbrú 153
Gladiatorenkämpfe 274

Gloria 275
Gnadauer Konferenz 148
Gobind Singh 221, 392
Gobineau, Joseph Arthur Graf 302
Goethe, Johann Wolfgang 30, 111, 154
Gogarten, Friedrich 98
Gondar 11
Gopa 71
Gorgias 396
Govu Laima 247
Grabmann, Martin 303
Gratian 341
Gregor I., der Große 16, 84, 160, 324
Gregor III. 325
Gregor V. 297
Gregor VII. 196, 392, 445
Gregor IX. 171, 195
Gregor XIII. 209
Gregor der Erleuchter 37
Grid 431
Grønbech, Vilhelm 295
Groote, Gerd 71
Grottaferrata 51
gShen-rab mi-bo 67
Gudea von Lagasch 144
Gullinborsti 109
Gunnlöd 403
Guru 272
Gyges 155

H

Hadad 405
Hades 380
Hadrian VI. 326
Hagar 390
Haman 124
Hammurabi 46, 124, 151, 226, 265, 266, 355, 380
Hanak Pacha 327
Hanisch, Otto 269
Hannibal 259
Hapi 137
Haran 12
Harnack, Adolf von 249
Harris, William Wadé 164
Hasan As-Sabbah 39
Hathor 19
Hattusa 67
Hauer, Jakob Wilhelm 96
Hauhet 19, 156
Hauma 328
Hausbestattung 166
Hausurnen 166
Hedschra 284
Heiler, Friedrich 183, 275
Heiligenminne 280
Heimdall 353
Heinrich III. 196
Heinrich IV. (Frankreich) 111, 187
Heinrich IV. (Hl. Römisches Reich) 196
Heinrich V. 196
Hekate 116
Hel 150, 353
Heliopolis 18, 110
Helios 396
Heqo 17
Herakles 207
Heraklit 114
Herder, Johann Gottfried 96, 294
Hermaphroditos 28
Hermas 182
Hermes 335, 348
Hermon 55
Hermopolis 19
Herodot 48
Heroon 176
Herrad von Landsberg 186
Herzl, Theodor 445
Hesiod 31, 76, 116, 143, 300, 308, 412, 439
Hierapolis 40
Hierodulen 347
Hieronymus 63, 299
Hieropolis 10
Hildegard von Bingen 294
Himmelsbrief 181
Hinokischin 411
Hippias 396
Hippolyte 175
Hiskia 384
hitobashira 274
Hito no Mitschi 339
Hludana 182
Hobbes, Thomas 248
Hochgebet 275
hochkirchliche Bewegung 252
Hoddmimir 251
Höhendienst 55
Hokkaido 21
Hokori 411
Holofernes 206
Homer 31, 40, 41, 92, 94, 100, 143, 172, 173, 176, 311
Hondo 210
Honen Schonin 27
Honorius 103
Honorius III. 138
Hontheim, Johannes Nikolaus von 133
Horus 19, 293
Hosain Ali Nuri 47
Hou-t'u 79
Hrabanus Maurus 173
Hrungnir 259
Hsiao 80
huang chiao 242
Hugin 290, 352
Huh 19, 156
Hulda 139, 346
Humban 114
Hun Came 188
Hun Hunahpu 188
Hung Hsiu-ch'üan 406
Hus, Jan (Johannes) 188, 432
Husain 213
Huxley, Thomas 18
Hvergelmir 304
Hyazinthe 189
Hydra 175
Hygieia 39, 376
Hyksos 391
Hymenaios 184
Hypermnestra 92
Hypnos 412
Hystaspes 443

I

Ibn Saud 434
Ibzan 367
Idisiaviso 190
Idistaviso 190
Ignatius von Antiochia 125, 217
Ignatius von Loyola 129, 203
Igorlied 92
Ikigami Konko Daidschin 228
Ikonoklasmus 64
Illargui 51
Illyricus, Matthias Flacius 444
Ilmarinen 136
Imbe Hironari 226
Inanna 120, 407
Inayat Khan 402
Indra 192, 357, 395, 436

Ingaevones 193
Innozenz II. 214
Innozenz III. 22
Inschuschinak 114
Inti 355, 396
Intip Churin 193
Introitus 275
Io 264
Irving, Edward 197, 302
Isaak 121, 134, 149, 330
Isaak der Blinde 208
Isaak Luria 77, 209
Isaiah Mayekise Shembe 300
Isanagi 382
Isanami 382
Ischtar 46, 251, 292, 407
Ise 397
Isipatana 72
Isis 18, 157, 293, 301, 318
Ismael 390
Ismail 199
Israel Ben Elieser 77
Itzá 78
Itzamná 396
Ixtab 389

J

Jahwe 15, 297
Jair 367
Jakob 57, 149, 181, 330
Jakobsleiter 181
Jakobus, Apostel 430
Jakobus, Herrenbruder 334, 426
Jama 436
Jami 201
Jamnia 239
Jansen, Cornelius 201
Jao-jorosu-no-kami 211, 382
Jára 424
Jarnsaxa 259
Jarowit 393
Jaschodhara 71
Jasukitschi Kotani 358
Jata no Kagami 397
Jen 136
Jensen, Adolf Ellegard 94
Jephtha 367
Jeremia 25, 50, 154, 224
Jeremias, A. 39
Jerobeam II. 27
Jerusalem 171, 221, 314, 445
Jesaja 25, 191, 353, 422
Jethro 278
Ji 79
Joachim von Fiore 79, 128, 148, 329, 439
Johann von Sachsen 42
Johannes II. 297, 326
Johannes XXIII. 312, 429
Johannes (Apostel) 118, 430
Johannes Chrysostomos 86
Johannes Damascenus 49
Johannes der Täufer 18, 203, 261, 364
Johannes Duns Scotus 385
Johannes (Evangelist) 15
Johannes vom Kreuz 214
Johannesminne 280
Johann Friedrich I. von Sachsen 384
Johanniterorden 368
Jokiguraschi 411
Jom Kippur 403
Josei Toda 395
Joseph 149
Joseph II. 205
Josephus, Flavius 123, 203
Joseph von Arimathia 159, 243
Joseph von Calasanza 337
Josia 96, 347, 444
Josua 25, 432
Juan de la Cruz 214
Judas Makkabäus 76, 260
Judika 329
Jui-itsu-Schinto 382
Juliana von Lüttich 141
Jumo 136
Jung, Carl Gustav 36, 295, 365
Juno 149
Jupiter pluvialis 357
Jupiter Terminus 160
Justinian I. 230, 307
Justinus Martyr 33, 120
Juventas 166

K

Kaaba 277
Kabir 392
Kadischtu 347
Kain 209
Kaiserswerther Verband 98
Kakutaro Kubo 358
Kala 443
Kalevipoeg 210
Kali 292
Kalixt II. 196
Kalliope 291
Kama 251
Kamakura 91
Kambyses 258
Kami-gakari 211
Kamui 211
Kami no mitschi 381
Kanaan 12
Kandake 307
Kannuschi 382
Kant, Immanuel 158
Kapila 376
Kapilawastu 71
Kapitolinische Trias 280
Kardec, Allan 398
Kardecisten 398
Karl V. 43, 83, 384
Karl der Große 16, 84, 122, 136, 197
Karl Martell 199
Karmel 55
Karo, Joseph Ben Ephraim 386
Karpo 185
Karthago 272, 349
Kaspar 106
Kasuga 215
Katharina von Alexandria 307
Katharina von Siena 294
Kauket 19, 156
Kawadh I. 267
Keble, John 319
Kedeschen 347
Kemal Atatürk 210
Kephissos 298
Kerynitische Hirschkuh 175
Keshab Chandra Sen 15, 69
Kesselfang 159
Kierkegaard, Søren 98, 130
Kimbangu, Simon 221
Kinich Ahau 200
kio 359
Kisch 124
Kitschi Manitu 161
Klara von Assisi 224
Kleine Propheten 25
Klemens XIV. 203

Klemens von Alexandria 22, 179, 320, 364
Klemens von Rom 87
Klio 291
Klotho 245, 284
Klytemnästra 215
Knox, John 90, 385
Kobo Daischi 381
Kodesch kodaschim 93
Kodschiki 382
Koine 302
Kondschin 211
Konfuzius 86, 228, 246, 249, 250, 255, 361, 391, 406, 441
Konstantin der Große 37, 51, 83, 84, 85, 111, 194, 229, 230, 241, 333, 396
Konstantinopel 85
Konstantinopel, Konzil von 230
Konstanz, Konzil von 230
Koran 198
Koslowska, Maria Franziska 265
Kredo 275
Kreta 17
Kronos 116, 339, 426
Krummstab 182
Kuan Yü 236
Kudurru 160
Kuk 19, 156
Kukai 381
K'ung-fu-tse 228
Kybele 292, 293, 336
Kyffhäusermotiv 117
Kyffhäusersage 55
Kyros II. 96, 130

L

La Chartreuse 214
Lachesis 245, 284
Lactantius 358
Lagasch 46, 144
Laima 247, 252, 344, 381
Laima māte 247
Lama 242
Landesbischof 243
Landsberger, Benno 151
Lang, Andrew 183
Langton, Stephen 212
Laotse 207, 251, 408, 410
Laren 332
Larven 246
Laterankonzile 230
latinischer Bund 44
Latium 28
latreía 359
Laud, William 183
Lavigerie, Charles Martial Allemand 437
Laxismus 367
Leber 113
Lee, Anne 391
Leeuw, Gerardus van der 295, 362
Lehrer der Gerechtigkeit 240
Leibniz, Gottfried Wilhelm 412
Lemuria 247
Leo I., der Große 118, 341
Leo XIII. 303
Leon III. 64
Lessing, Gotthold Ephraim 361
Leukippiden 248
Le-van-Trung 75
Lévy-Bruhl, Lucien 295
Lhasa 92, 171, 324
Liber 335
Lichterfest 76
Liguori, Alfonso Maria de 355
Linga 383
Linientaufe 193
Liturgik 343
Livius, Titus 128
Loa 440
Loisy, Alfred 283
Loki 278, 353
Lönnrot, Elias 210
Lorber, Jakob 253
Lorenz, Hermann 253
Losungen 70
Lotan 248
Lourdes 184
Lucetius 208
Ludendorff, Erich 302
Ludendorff, Mathilde 96, 302
Ludwig XIV. 143, 187
Lugdunum 255
Lukas 33, 255
Lukas von Prag 67
Lukumonen 125
Lur 51
Luther, Martin 9, 11, 30, 63, 64, 83, 95, 96, 110, 216, 265, 355, 357, 384, 395, 398, 400, 405, 413, 446
Lutherischer Weltbund 256
Luxeuil 197
Lyon 255
Lyon, Konzil von 230

M

Maat 19, 333, 381
Machrem 22
Macumba 424
Madonna von Guadalupe 411
Magna Mater 41, 215, 292, 293
Magyar Isten 136
Mahabharata 259
Mahadewa 383
Maharaj Ji 102
Maharischi Mahesch Jogi 420
Maimonides 206
Maja 71
Makigutschi Tsunesaburo 395
Malachias von Armagh 260
Malalasekera 441
Malcom X 65
Malik Ibn Anas 261
Mama Quilla 193
Manabozho 192
Manawyddan fab Llŷr 261
Mani 338, 360, 389, 415
Manitu 161
Manuk, Peter 270
Marae 340
Marburger Religionsgespräch 9
Marc Aurel 400
Marcellus II. 326
Marcion 265, 364
Mardochai 124
Marduk 47, 181, 415
Mari (Archiv von) 91, 346
Mari (baskische Göttin) 51
Mari (etruskischer Gott) 125
Maria-Eich 112
Mariä Himmelfahrt 180
Maria Laach 252

Maritain, Jaques 303
Markian 76
Markus 255
Marne 268
Maro 266
Marranen 195
Mars 125, 352
Marter 64
Marterl 64
Martin von Tours 212
Marut 255
Marx, Karl 361
Maryam 262
Masdak 267
Mastaba 350
Matsuri 382
Matsurigoto 268
Mattiwaza 192
Mauritius 412
Mawu 17
Mechthild von Magdeburg 294, 370
Medein 165
Medina 171
Medizinmann 270
Medr 22
Medusa 155
Meidschi 382
Meister Eckhart 294
Mekka 171, 221
Melanchthon, Philipp 30, 42, 236, 265, 405
Melchior 106
Melkart 349
Melpomene 291
Memphis 19, 272
Men 336
Menandros 279
Menins 344
Mennonite World Conference 273
Menno Simons 273
Menrva 125, 279
Mens 333
Menschenopfer 45
Menstruation 138
Menulis 252
Mercurius 326
Meru 55, 72
Mesa 283
Mesopotamien 46
Messias 25, 274
Metzger, Maximilian 424
Mewlewija 95
Michael 105, 122, 256
Midgardschlange 353
Mija 382
Miki Nakajama 411
Miki Tokuharu 339
Miki Tokutschika 339
Milinda 279
Miller, William 16
Min 19, 335
Minerva 125
Minos 37, 126
Minotauros 17, 414
Mioja-okami 339
Mioko Naganuma 368
Mirsa Ali Mohammed 47
Mirsa Ghulam Ahmad 20
Mirjam 346
Mitanni 192
Mithras 180, 181, 184, 293, 351
Mitra 15, 192, 436
Mjöllnir 259, 278
Mnemosyne 291
Mnevis-Stier 400
Modi 259
Modraniht 206
Mohammed 22, 134, 181, 199, 202, 203, 208, 210, 221, 230, 270, 272, 290, 346, 354, 375, 435
Mohammed, Elijah 65
Mohammed Ahmad 260
Mohammed Ali 65
Mohammed Ibn Ali Ibn As Senusi 390
Mohammed Ibn Nusair 308
Moira (Moiren) 284, 381
Molch 349
Molesme, Robert von 445
Moloch 147, 349
Mongkut 361
Montanus 286
Mordechai 124
Morisken 195
Moroni 288, 394
Morus, Thomas 428
Mose (Moses) 24, 73, 105, 152, 155, 199, 278, 399, 430
Mose Ben Maimon 206
Mose de León 394
Moskau 171, 371
Mot 424
Muezzin 279
Muga no odoru 310
Mukarrib 372
Müller, F. Max 109, 128, 174
Mulungu 17
Mun San Myung 417
Munetada Kurosumi 240
Munin 290
Munsalvaesche 160
Murri, Romolo 283
Mut 19
Mykerinos 350
Myrmidonen 9

N

Nachchunte 114
Na Chol 407
Nagas 383
Nagasena 279
Nag Hammadi 331
Najaden 308
Naja Nar 383
Nanak 391
Nanderuvuçú 422
Nanna 402
Nantes 187
Nao Degutschi 313
Napir 114
Nara 91, 215, 434
Nasatya 38, 192
Nataradscha 383
Naunet 19, 156
Ndjambi-Karunga 17
Nebukadnezar II. 92, 130, 206
Neck 305
Nefertem 254
Nehuschtan 384
Nemausus 351
Nemeischer Löwe 175
Nephthys 18, 157
Nereiden 271, 308
Nereus 301
Nergal 120
Neri, Philipp 315
Nero 30, 84
Nestorius 301
Neuguinea 75
Neujahrsfest 47
Neumann, Therese 400
Neuplatonismus 414
Newman, John Henry 319
Ngai 17
Ngunza 221
Nha-San 424
Nichiren-Sekte 305
Niemöller, Martin 53
Nihongi 382
Nikkio Niwano 368

Hephaistos 174
Hera 174
Herakles 174
Herme 175
Hermes 176
Heroen 176
Hestia 177
Hikesios 180
Hyakinthos 189
Hybris 189
Hydra 189
Hygieia 189
Hymenaios 189
Hyperion 189
Iatros 189
Kabiren 209
Kadmos 209
Kassandra 214
Kyklopen 240
Lethe 247
Leto 247
Medusa 271
Minotauros 280
Musen 291
Narziß 298
Nemesis 300
Nereiden 301
Nereus 301
Nike 304
Nymphen 308
Nyx 308
Ödipus 310
Odysseus 310
Okeanos 311
Orestes 316
Orpheus 317
Pan 321
Pandora 322
Plejaden 338
Pluton 339
Poseidon 341
Prometheus 345
Rhadamanthys 367
Rhea 367
Satyr 379
Semele 390
Silene 392
Sirenen 393
Sisyphus 393
Tantalus 408
Tartarus 409
Thanatos 412
Theseus 414
Thesmophorien 414
Tityos 416
Triptolemos 421
Triton 422
Typhon 423
Urania 426
Uranos 426
Zagreus 443
Zerberus 444
Zeus 444

Hinduismus
Affengott 16
Arjasamadsch 37
Artha 38
Aschram 38
Aschrama 38
Atman 41
Awatara 44
Bhagawadgita 58
Bhagawata-Purana 58
Bhakti 59
Bhuta 59
Brahma 68
Brahman 68
Brahmasamadsch 69
Brahmatscharja 69
Dharma 97
Dharmasutras 97
Durga 109
Ganescha 143
Garuda 143
Indra 192
Integraler Joga 195
Ischwara 198
Joga 204
Kalkin 210
Karma 213
Kastensystem 215
Krischna 236
Lakschmi 241
Mahabharata 259
Maja 260
Pudscha 348
Rama 353
Ramajana 354
Ramakrischna-Mission 354
Samsara 377
Samskara 377
Sannjasin 377
Sarwodajasamadsch 377
Schaiwas 379
Schakti 379
Schaktismus 379
Schiwa 383
Trimurti 421
Varanasi 428
Waischnawa 434
Weltzeitalter 438
Wischnu 440

Islam
Ahl Al Kitab 20
Ahmadijja 20
Allah 22
Allat 22
Assassinen 39
Basmala 51
Batiniten 52
Derwisch 95
Dhikr 97
Drusen 107
Dschihad 107
Dua 107
Fatiha 133
Gebetsnische 145
Haddsch 162
Haddschi 162
Hadith 162
Hafis 162
Hanif 163
Haram 164
Hedschra 166
Iblis 189
Idschma 190
Imam 191
Ismailiten 199
Jerusalem 202
Kaaba 208
Kalam 209
Kalifat 210
Kibla 221
Koran 230
Medina 270
Mekka 272
Minarett 279
Mohammed 283
Muezzin 290
Ramadan 353
Sakat 373
Salat 375
Schia 381
Sufismus 401
Sunna 403
Tafsir 406
Wahhabiten 433

römische Religion
Arvalische Brüder 38
Auguren 43
Aurora 43
Auspizien 43
Aventin 44
Bacchanalien 47
Bacchus 47
Bellona 54
Cara cognatio 75
Cerealia 76

Ceres 76
Cippus 87
Comitium 88
Compitalia 88
Concordia 88
Consualia 89
Consus 89
Dea Dia 93
Diana 99
Dies fasti 100
Dies nefasti 100
Di Parentum 101
Dispater 101
Diva Angerona 101
Egeria 111
Evokation 128
Faunus 133
Flamen 137
Flora 137
Fortuna 138
Genius 149
Haruspices 165
Juno 208
Jupiter 208
Justitia 208
Laren 243
Lustrum 255
Manen 262
Mars 267
Mefitis 271
Merkur 275
Minerva 279
Neptun 301
Parentalia 328
Parilia 328
Paterfamilias 330
Parzen 329
Penaten 332
Pontifex maximus 341
Portunus 341
Quirinus 352
Salii 376
Salus 376
Spes 397
Suovetaurilia 403
Supplikationen 403
Tellus 410
Terminus 411
Venus 429
Ver sacrum 430
Vertumnus 430
Vesta 430
Vestalinnen 430
Victoria 431
Vulcanus 433

keltische Religion
Aes Sidhe 16
Avalon 44
Badb 47
Banfathi 48
Belisama 54
Birgit 64
Cernunnus 76
Dagda 91
Diancecht 99
Druiden 106
Esus 124
Geis 147
Grannus 160
Lug 255
Manannán mac Lir 261
Matronen 268
Merlin 275
Ogmios 311
Taranis 408
Teutates 412
Tuatha de Danann 422

sumerische Religion
An 28
Baba 46
Dumuzi 109
Enki 117
Enlil 117
Ereschkigal 120
Etana 124
Gatumdug 144
Gibil 152
Inanna 191
Nanna 298
Ninlil 304
Ninurta 304